井下控制工程学导论

苏义脑　等著

石油工业出版社

内 容 提 要

本书对井下控制工程学进行了系统介绍，涵盖了理论基础、技术基础、产品开发、实验室建设和实验方法4个部分，具有较强的创新性和应用性。本书共分7章，主要内容包括井下系统动力学模型与求解、可控信号分析、井下控制机构与系统设计、井下信息的随钻测量与传输等，还举例阐释了几种井下系统，并对井下控制工程实验设施与实验方法进行了详细介绍。

本书可供从事井下控制领域的工程技术人员和科研人员使用，也可作为高等院校相关专业师生的参考用书。

图书在版编目（CIP）数据

井下控制工程学导论 / 苏义脑等著 . — 北京：石油工业出版社，2019.8

ISBN 978-7-5183-2987-8

Ⅰ . ①井… Ⅱ . ①苏… Ⅲ . ①油气钻井 – 井下控制 Ⅳ . ① TE28

中国版本图书馆 CIP 数据核字（2018）第 242438 号

出版发行：石油工业出版社

（北京安定门外安华里 2 区 1 号　100011）

网　址：www.petropub.com

编辑部：(010) 64523583　图书营销中心：(010) 64523633

经　销：全国新华书店

印　刷：北京中石油彩色印刷有限责任公司

2019 年 8 月第 1 版　2019 年 8 月第 1 次印刷

787×1092 毫米　开本：1/16　印张：42.75

字数：1200 千字

定价：320.00 元

（如出现印装质量问题，我社图书营销中心负责调换）

谨以此书

献给在井下控制工程领域奋力拼搏的同志们！

作者简介

苏义脑　男，1949年7月出生于河南省偃师县，油气钻井工程专家，教授级高工，博士生导师，2003年当选为中国工程院院士。1976年毕业于武汉钢铁学院，分别于1982年、1988年获硕士、博士学位，1990年由北京航空航天大学博士后流动站（力学）出站。曾任中国石油集团钻井工程技术研究院副院长、国家油气钻井工程实验室主任、北京市振动工程学会理事长、北京市科协常委；现兼任中国工程院能源与矿业工程学部主任、中国科协委员、中国振动工程学会理事长、国家自然科学基金委员会战略咨询委员会委员、《振动工程学报》主编、《Frontiers in Energy》主编及《石油学报》等多家刊物编委。

多年来承担和主持了多项国家重点科技项目攻关，在定向井、丛式井、水平井等钻井技术研究与应用方面有深厚造诣，在钻井力学、井眼轨道控制和井下工具研究中多项创新成果居国际先进水平，形成体系用于生产效益显著。创造性地把工程控制论和航天制导技术引入钻井工程，开拓新领域，提出“井下控制工程”这一新概念并做开拓性基础研究，创建的“井下控制工程”现已成为我国学位教育石油天然气工程这个一级学科下的新分支；主持研制P5LZ四大系列导向钻具和K7LZ系列空气螺杆钻具，主持导向钻井工艺技术、高陡构造防斜打快技术研究，均取得很好的经济效益；主持设计全国第一口薄油层中曲率水平井轨道控制方案并实施成功；主持研发成功拥有我国自主知识产权的CGDS近钻头地质导向钻井系统，填补国内空白，为提高我国钻井技术的核心竞争力做出了贡献。项目成果获国家科技进步奖一等奖2项、二等奖1项，国家技术发明奖二等奖1项；省部级一等奖以上5项，国家专利优秀奖1项。获国家专利29（发明11）件，国家自主创新产品证书2件；出版学术著作25部（其中专著9部，编译、主译3部，主编、参编13部）；发表学术论文200余篇；指导硕士、博士、博士后100余名。

被国家授予“做出突出贡献的中国博士学位获得者”称号，获全国首届博士后奖和“全国优秀博士后”称号，中国石油天然气集团公司科技铁人奖，中央企业劳动模范，中国石油天然气集团公司特等劳动模范和“首届铁人奖章获得者”称号，何梁何利科学技术奖和光华工程科技奖。

▪ 苏义脑院士近照

序

中国工程院院士苏义脑教授最近完成一部新著《井下控制工程学导论》，该书的基础是苏院士及其领导的科技团队多年来开拓创新的科技成果，是作者在这一领域多年刻苦耕耘奋力创新的成果总结。

序者拜读之余，感触良深。首先是一系列数字十分引人关注：在科技战线奋力拼搏30余年，成果十分丰硕；开创石油工程中的一个新领域，形成一个新的二级学科(井下控制工程)；科研团队出版中、英文版专著11部，发表论文300余篇；与新著内容相关的国家级和省部级科技奖励20余项（其中包括科技进步奖、技术发明奖、优秀新产品奖和专利奖等）；授权国家专利155件（其中发明专利87件），中国石油天然气集团有限公司专有技术几十项；具有自主知识产权的高新井下工具和仪器系统22项。

由此引起我的进一步思考，想到两个问题：(1) 该书有何特色？其学术意义和应用价值如何？ (2) 为什么作者及其团队能够获得这么丰硕的科技成果？为什么他们能创建一个二级学科？为什么他们能写出这么高水平的著作？

(1) 该书的特色和价值。

该书的特色之一是有很强的系统性。正如作者在本书绪论中所述，井下控制工程学是用工程控制论的观点和方法，去研究和解决油气井井下工程控制问题的有关理论、技术手段的一个新学科分支；它是油气井工程井下工艺问题与工程控制论相结合的产物，是一个多学科的交叉应用技术领域；其特征可概括为“以井下为对象，以控制为目标，以力学为基础，以机械为主体，以流体为介质，以计算机为手段，以实验为依托。”该书对井下控制工程学进行了系统地、全面地、深入地论述，涵盖了井下控制工程学的4个基本组成部分：理论基础——井下系统动力学与控制信号分析理论及方法；技术基础——井下控制机构与系统设计学，井下参数采集与传输技术；产品开发；实验室建设和实验方法。

该书的特色之二是有很强的创新性和应用性，在理论创新和技术创新方面都非常突出。

理论创新主要有4个方面：

①率先开拓井眼轨道制导控制理论与技术新领域，将工程控制论和航天控制的基本思路和理念引入钻井工程（1988年），进而提出井下控制工程学（1993年），为油气井工程开辟了一个新的研究方向。(见第1章)

②率先提出井下系统动力学，运用系统和流固耦合方法，把基于固体力学的管柱力学和基于流体力学的环空水力学统一起来，建立新的力学模型并求解，从而更全面和系统地反映油气井下各种作业过程的物理性质，以达到更好的控制效果。(见第2章)

③率先提出井下控制中的一些新概念和定义，对井下控制的4类30种信号进行分析和归纳，给出具体的分析方法和原则，并探索了4种控制方法在井下应用的可行性和工程设计案例。(见第3章)

④率先提出井下控制机构与系统设计学概念和模块化设计方法，建立井下控制机构库，分析研究了28种实用的井下控制机构的典型机械结构和内特性，可使缺乏相关理论基础和设计经验的人员借助机构库实现模块化设计，大幅度提升了新产品开发的可能性。(见第4章)

应用研究和产品开发实践的技术创新主要有3个方面（这些技术创新特别能说明该书内容具有很强的应用性）：

①系统阐明了3类18种井下参数的测量和3类5种信道的信息传输的物理特性，研究建立了提高信息传输速率和质量的方法与技术，并应用于自主研发的系统中。(见第5章)

②自主开发了以CGDS地质导向钻井系统为代表的22种高端井下控制系统和工具，并在生产中得到应用，经济和社会效益显著，提升了我国钻井工程技术在国际上的核心竞争力。(见第6章和附录)

③在课题研究和产品开发中形成了自主创新的20余种实验方法，研发成功7种实验装备，提升了自建的井下控制工程实验室的实验能力。(见第7章)

由上可知，该书是作者带领科研团队在自己开拓的新领域中，历经30年的辛苦耕耘锐意创新的历史记录，是他们自主创新的科技成果的总结和升华；其中绝大部分成果具有原创性，书中许多新的观点和提法在国外出版物中至今未见报道。其理论创新成果有重要的理论意义和学术价值；其技术创新成果有重要的应用价值。

(2) 关于第二个问题，我个人认为，从作者自身素质方面看有以下几点原因：一是作者具有多个专业背景（机械、力学、钻井和控制等领域）的学习与工作经历，能从多个专业角度审视和分析问题，这就为实现学科交叉渗透提供了有利条件；二是作者具有很强的开拓创新素质和追求，重视科学研究方法论的学习，进而能洞察专业技术的发展方向；三是作者具有自觉的实事求是的科学态度；四是他和研究团队的成员具有坚持不懈、刻苦攻关、团结一致、力攀高峰的信念和精神；最后一点，也是最重要和最根本的一点，是他具有强烈的热爱人民、报效国家和赶超世界先进水平的使命感。这部新著《井下控制工程学导论》的孕育、诞生过程和“井下控制工程学”二级学科的形成过程以及苏院士团队30年来在科技战线奋力拼搏并获丰硕成果的过程，说明了一个道理：开拓创新是科学研究技术开发的灵魂，踏实诚实、实事求是乃治学之根本，百折不挠、勇攀高峰的精神为成功之保证。

作为从事石油工程理论和技术研究的科技工作者，我和苏义脑院士有多年的业务交往，相知甚深。今天，当其新著《井下控制工程学导论》即将出版之际，我诚心向他学习并乐于为本书作序。最后，衷心祝愿该书早日面世，以促进我国乃至国际石油工程技术获得更大新进展。

中国科学院院士

2017年4月于北京

序

“惟创新者进，惟创新者强，惟创新者胜。”坚持创新，科技进步；坚持创新，国家强盛；坚持创新，竞争取胜。在拜读《井下控制工程学导论》的前言、绪论和目录后，作为一位专业不同的同一学部的同仁，深深为作者及其团队的创新精神所感动、不懈奋斗所钦佩、辉煌业绩所激励。

创新性地提出油气钻井工程中的一个研究新方向，带领科技团队以基础性研究为先导开展技术攻关，形成了石油天然气工程下的一个新的二级学科；集30年理论研究成果和技术开发实践，写成了这部篇幅超过百万字的学术专著。这部专著，就是苏义脑院士历经4年辛勤笔耕完成的《井下控制工程学导论》，而其基础就是他带领团队成员开拓并建立的分支学科“井下控制工程学”。

这部书中有很多创新之处：包括学科发展的理念创新，得到教育部的新分支学科“井下控制工程”备案公示；也包括一系列的理论创新，如“井下系统动力学”“井下控制机构与系统设计学”以及有关井下控制的新定义、新方法和新概念；还包括很多技术创新，如井下控制机构库、多种实验新方法和独立自主开发的多种高端工具和系统。多项国家和省部级科技成果奖励证明这些理论创新和技术成果经生产验证是成功的。

党中央、国务院高度重视科技创新，作出深入实施创新驱动发展战略的重大决策部署。科技创新成为当前全国上下耳熟能详的热词，但细究起来，究竟什么是科技创新？它有哪些内涵、有何特点、如何界定、又如何验证？《井下控制工程学导论》提供了很好的答案。

早在我国古代典籍如《周书》《魏书》中就有“创新”一词出现，最早的一部百科词典《广雅》有“创，始也”的解释。在西方，英语中Innovation（创新）源于拉丁语，它原有3层含义：一是更新，二是创造新物，三是变更现状。对理念和思路的成功变革也是创新，而且是更重要的创新，它是理论创新和技术创新的基础和源头。《井下控制工程学导论》一书中就包含了理念创新，即作者把工程控制论和导弹、航天测控的原理概念性地引入钻井工程，从而提出了“井眼轨道制导控制理论与技术”这一新方向，并在此基础上发展形成了一门新的学科分支“井下控制工程学”。

学科交叉是科技创新的重要方式，也是当今科技创新的一个突出特点。当代学科门类林立，这是科技高度发展的结果，它要求科技人员“术业有专攻”，可以促进科学研究向纵深发展，这是好的一个方面；但同时也会带来另一倾向，即相近学科门类之间的研究人员“不敢越雷池”，留下了不少的“空白地带”乏人问津，把原本是一个完整的自然领域分割开来，其结果又阻碍了科技的发展。因此，现代科技创新提倡学科交叉，我国博士后制度鼓励学科交叉，“井眼轨道制导控制理论与技术”和“井下控制工程学”的提出与建立就是苏义脑攻读博士和在博士后期间把“上天”和“入地”学科交叉的结果。

优秀的科技团队是科技创新的主体。井下控制工程是多学科交叉的新领域，苏义脑院士的科技团队也是由多个专业（如油气钻井、工程力学、自动控制、机械工程、石油测井、流体传动、电子技术、信息测量、仪器仪表、计算机技术、工程物理等）的科研人员组成，他们有本专业的深厚造诣，又在这个团队中交叉融合，更重要的是具有强烈的爱国情怀和努力攀登科技高峰的进取精神，所以才能在这个新领域中取得多项国家级和省部级的重要科技成果，如CGDS近钻头地质导向钻井系统的研发成功就是一例。

坚持不懈是科技创新成功的保证。科技创新是对旧理论旧技术的改造和否定，需要有勇敢的创新精神，但同时也给创新者很大的心理压力和体力考验。因为在科学研究和技术开发中往往一个实验可能要重复千百次，一个工程问题可能要试验几天几夜。创新愈多，困难愈大，压力也愈大，创新者只有坚定信心，坚守信念，坚持前行，才有可能取得最终的成功。“区分成功与不成功，一半的因素就是纯粹的毅力差别。”乔布斯的名言说明这是一条规律。苏义脑院士及其团队的经历和这部著作，印证了这一规律。

转化和应用是科技创新成功的标准。并不是任意的改变就称得上是创新，只有经过大量的实践验证说明新技术优于旧技术，才能算是创新，只有形成新理论、新产品、新工艺、新材料乃至新学科、新产业才是最成功的科技创新。苏义脑院士及其团队过去的成功如此，相信这部专著问世后将发挥的作用和产生的影响会更证明如此。

“生命只有走出来的精彩，没有等待出来的辉煌。”苏义脑院士撰写的《井下控制工程学导论》，是国内外专论油气井井下控制的第一部专著，是他带领科技团队在井下控制工程学这个新领域内30年努力拼搏、刻苦攻关的记录，是对所取得的理论研究成果和技术开发成果的系统总结，其中多数成果具有原创性和实用性。当此专著即将出版之际，承蒙信任，奉命作序，倾至恳诚，学习为上，斗胆试笔，谨为祝贺！深信该专著对推动油气工程技术的发展、对加快井下控制工程技术人才的培养并进一步提高我国石油工程技术在国际上的核心竞争力，一定会产生重要的作用和非凡的影响。

是为序。

中国工程院院士 谢克昌

2017年5月于北京

序

石油和天然气是当今人类社会主要的能源和资源，在当前世界的能源结构中占比高达50%以上。在我国，石油工业是国民经济的支柱性产业，影响国计民生和国防安全。几十年来，油气资源勘探和开发的难度不断加大，“低、深、海、非”（低渗透、深层、海洋、非常规）日益成为重要的接替领域，同时对工程技术的发展提出了更高的要求。

钻井是油气资源勘探开发的基本手段。由于井下情况十分复杂，油气井工程是一个由多个施工环节构成的高难度、高投入、高风险和高技术的系统工程。回顾百年来世界钻井技术的发展历程，每一次重大进步，都离不开新概念的引入，离不开科技创新。特别是20世纪80年代以来，随着信息化的引入和计算机技术的应用，油气钻井工程愈来愈显示出高技术的特征和“六更”（更深、更快、更清洁、更便宜、更安全、更聪明）的发展趋势；我国的油气钻井技术正在经历着“3个转变”，即：(1)钻井工程的功能由构建一条传统意义上的油气通道向提高勘探成功率、油气采收率和降低“吨油成本”转变；(2)钻井技术由单一解决工程自身问题向解决“增储上产”问题转变；(3)中国钻井科研由主要跟踪国外向自主创新转变。而由苏义脑院士提出的“井下控制工程学”，则是他带领科研团队历经多年奋力开拓、攻关所形成的石油天然气工程中的一个新分支学科，是在上述大背景下由我国钻井科研工作者树起的自主创新的一个里程碑。

20世纪80年代中期，苏义脑同志在攻读博士学位期间，受工程控制论在导弹制导和航天测控中成功应用的启发，产生了把工程控制论概念性地引入钻井工程，来进一步提高油气井井眼轨道控制精度的创新理念；1988年他进入北京航空航天大学博士后流动站，提出了“采用闭环控制”和“用手段解决问题”的技术思路和“井眼轨道制导控制理论与技术研究”这一新方向；在1990年出站前，他基本上完成了这个新领域的学术框架设计、研究内容分解并申报了在这一新领域内的第一个发明专利，初步形成了这一新分支学科的雏形。在此基础上，随着逐步把研究对象扩展到各种井下工艺过程，把对具体问题的研究上升为理论体系建设，于1993年提出了“井下控制工程学”这一新兴分支学科。从当年提出的新概念、新思路不被人理解和接受，到其后这一新领域成为国际石油工程中的热点和发展非常迅速的技术前沿，再一次揭示和诠释了科技创新的规律和内涵，其中也包含着苏院士及其团队成员的心血和贡献。

近30年来，苏院士率领他的研究团队在这一新的领域披荆斩棘，克服重重困难，坚持不懈地进行了一系列的开拓性工作，在基础理论研究和学科建设、新产品研制开发、实验方法研究和实验手段建设以及人才培养等多方面都取得了丰硕的成果，先后获得多项国家奖励和发明专利。《井下控制工程学导论》就是作者和他的团队多年来创新成果的系统总结和升华。我认为该书具有原创性、系统性、理论性、实用性等几个突出特点。

该书具有很强的原创性。其一是由于油气井结构和井下作业环境的特殊性，对工程控制论和自动控制引入油气井工程只能是思路和概念性引入，具体技术很难直接应用，需要作者和研究团队从最基础的研究工作做起，包括有针对性地建立一系列新定义和新概念；其二是书中涉及大量的理论研究成果和成功开发的多种高端井下控制工具和系统，都是作者和团队成员独立的研究成果，其中包含很多重要的技术思路、新方法和新模型，这些在国内外的出版物中尚未见到；其三是研制成功的很多高新控制系统和测量工具，也多是国外对我国实行禁售、封锁或仅提供高价技术服务的产品，甚至所需的特种钢也是由他们自己在攻关过程中研制解决的；其四是国外公司一般局限于个体产品的开发，而没有像他们那样是站在学科的高度来规划和解决问题。

该书具有很强的系统性。苏义脑院士提出井下控制工程学的4个基本组成部分，即：理论基础——井下系统动力学与控制信号分析理论及方法（见第2章和第3章）；技术基础——井下控制机构与系统设计学，井下参数采集与传输技术（见第4章和第5章）；产品开发（见第6章）；实验室建设和实验方法（见第7章）。这4个部分相互关联，在该书中都有专门章节详加论述，既各有侧重，又形成一个系统性的整体。前有绪论（见第1章）概括，给读者以全局视角；后有附录支撑，供读者查阅选用。

该书具有很强的理论性。在第2章论述了井下系统动力学的概念和研究方法，建立了基于流固耦合的井下系统动力学的基本方程，从理论上把传统的井下管柱力学和环空水力学统一起来，因而具有原创性和一定的普适性。第3章论述了井下控制系统的设计原则，提出井下控制的概念、定义、控制链、模块化设计方法，从理论上分析了多种控制信号和控制方法。第4章对28种控制机构进行结构设计和理论分析，并作为典型模块进入机构库。第5章从理论上系统分析阐明了地质参数、几何参数和工艺参数等3类多种井下参数的测量方法，和液体脉冲信道、电磁波信道与声波信道等3类信道的信息传输的物理特性；研究建立了提高信息传输速率和质量的新方法与新技术；在建立新的实验方法和研制实验装备的同时，开展了相关理论研究和设计研究，这些成果也反映在本书中。

该书具有很强的实用性。其一是在介绍理论和方法之后，给出多例典型的应用案例；其二是书中介绍的多数理论成果，都在该团队的研究项目与开发的产品中得到应用和验证；其三是书中提出了井下控制系统设计的模块化设计方法、控制链和机构库，可使缺乏相关理论基础和设计经验的人员借助机构库，能像“搭积木”一样进行模块化设计，大幅度提升了新产品开发的可能性；其四是井下控制工程学的一个组成部分就是产品开发，本书专章列举了该团队独立自主开发的8种井下控制系统和工具，便于读者在学习前几章的基础上能获得系统的、典型的综合训练，由此来学习和掌握产品开发过程；其五是在本书的附录中列出了自主开发的8种井下控制系统和工具的结构图片、系统组成和功能参数，便于使用者参考选用。

还需特别一提的是本书中所述的CGDS近钻头地质导向钻井系统。这是苏义脑院士带领研究团队历经10年攻关、研发成功并实现产业化的一种高新井下测量和控制系统，被业内专家称为“我国钻井界的两弹一星”。近钻头地质导向钻井系统是国外在20世纪90年代中期推出的机电液一体化的高端工具系统，具有测量、传输和导向功能，能在几千米的井下追寻油气层，俗称“闻着油味儿走的航地导弹”，也被国外专家称为“21世纪的钻井新技术”和“衡量一个国家钻井水平的标志”，研制难度很大。在国外高度保密和技术封锁条件下，从 1999 年开始，苏义脑教授带领团队成员克服多重困难，从基础研究做起，刻苦攻关，独立自主研制成功并实现产业化和规模工业化应用，取得显著经济效益和重大社会效益，使我国成为继美国、法国之后第三个掌握这一高端钻井技术的国家。2007 年产品鉴定的结论是："该项目技术难度大，创新性强，是我国油气钻井技术的重大突破，属国内首创并达到国际先进水平"。该成果于 2009 年荣获国家技术发明奖，并被评为国家级优秀新产品，为提升我国钻井技术在国际上的核心竞争力做出了突出贡献。

鉴于信息化、智能化、绿色化是当代科技发展的大趋势，提高井下控制技术水平是提高我国油气井工程整体水平的迫切需求，高端井下工具系统目前仍是我国石油装备的主要薄弱环节，这些都决定了井下控制工程学这一新兴学科具有强大的生命力和广阔的发展应用前景。

"宝剑锋从磨砺出，梅花香自苦寒来。"作为一个老石油装备、教育工作者，我曾多次参加苏义脑院士及其团队的论文答辩和成果评审，深知新学科创建之艰辛，很高兴为《井下控制工程学导论》一书作序。如前所述，本书具有很强原创性等 4 个突出特点，内容丰富实用，阐述严谨科学，不仅可供专门从事井下控制工程的研究人员、机械制造厂的设计人员和油田现场的技术人员阅读，也可供石油高等院校相关工程专业的青年教师学习参考，还可作为研究生、博士生乃至高年级本科生的选修课教材。我相信这一著作的出版，必将有力地推动我国油气井工程技术、特别是井下控制核心技术的发展，为加速我国石油工业发展做出更大贡献。

教授，博士生导师 赵国珍

2017 年 5 月于北京

前 言

《井下控制工程学导论》这本书，是笔者带领研究团队经过近30年探索研究和技术攻关的积累，并经3年思考和资料准备，然后用4年时间完成的一本专著。

今天，在本书基本脱稿、面对着约百万字的草稿篇幅时，不禁如释重负。回想起从提出这一领域至今，弹指之间，竟然30年过去了，不免又生出些许感慨。

忆往昔峥嵘岁月稠。笔者在1984—1987年攻读博士学位和参加国家“七五”重点科技项目“定向井丛式井钻井技术研究”攻关期间，为了进一步提高井眼轨道的控制水平和质量，曾产生了把工程控制论引入石油钻井工程，实现航天制导与钻井轨道控制相结合的想法。当时基于这样的认识：油气井井眼轨道控制的3个角（即井斜角、方位角和工具面角）和航空器姿态控制的3个角（即俯仰角、偏航角和滚动角）一一对应，对它们的控制在科学的本质上是一致的。所以在完成博士学位论文《用井下动力钻具钻井时若干力学问题的分析和定向井轨道预测控制的初步研究》答辩后，1988年6月，我即带着要尝试探索新途径的想法进入了北京航空航天大学博士后流动站，师从我国著名航空力学专家黄克累教授。感谢北航宽松而又浓厚的学术氛围和黄先生对我的高度信任，在站的两年中，我除了完成国家“七五”重点科技项目专题“定向井井眼轨道控制理论与技术研究”的后续实验和结题任务及撰写专著《井斜控制理论与实践》之外，就集中精力学习航空航天控制知识，探索提出并致力开拓“井眼轨道制导控制理论与技术”这一新领域，寄希望于实现“井下闭环控制”和“用手段解决问题”。

大凡要开辟一个新的研究方向，特别是突破传统观念去开拓一个新领域时，所遭遇的压力是可想而知的。正如在此12年后的2000年，我在《井下控制工程学研究进展》一书的前言中所写的那样：“开始的路走得艰难而又谨慎，从问题性质的判断到新概念的引入或建立，从对新领域内涵的思索和界定到一系列研究课题的分解，从系统模型、方程、边界条件的推演和确定到某项专利方案的构思和设计，无不伴随着反复的徘徊、反思、自我诘问和自我验证，并且基本上是以‘业余’方式进行和完成的。”尽管在1990年6月从北航出站时已经建立了这一新领域的框架并完成了我自己在这方面的第一个发明专利，但是这一新方向还没有得到广泛的认同，“1991年末，当从技术消息报道中发现国外一些同行也在或开始在致力于这一方向的研究并也采用了‘Closed Loop Control（闭环控制）’的思路和提法，这使我们进一步坚定了继续前进的信心。”直到1993年前后，在前几年探索工作的基础上，考虑到油气井各种工艺环境的共性及都存在控制问题的普遍性，我们又把研究对象从钻井轨道控制进一步扩展到各种井下工艺过程，把认识从对具体问题的研究提高到对理论与技术体系乃至于学科分支的考虑，于是产生了“井下控制工程学”这一提法。这一点，我在本书第1章“绪论”中有所述及。

随着时间的推移，这一新领域逐步获得较多同行专家和有关领导的理解和支持。1995年3月，我应邀在《中国科学报》上发表了“正在兴起的井下控制工程学”一文；同年，“井眼轨道遥控技术研究”被立为中国石油天然气总公司的“九五”前沿技术攻关项目；1997年，中国石油工程专业委员会钻井工作部钻井基础理论学组在讨论钻井专业学科方向时，第一次把“钻井控制工程”列为油气钻井工程的新分支。1999年，在多方面的努力之下，“CGDS地质导向钻井系统研制”被列为中国石油天然气集团公司的科研项目，笔者带领团队全体成员历经10年艰苦攻关，研发成功具有我国自主知识产权的“CGDS地质导向钻井系统”并实现了产业化，使我国成为继美国和法国之后第三个掌握此项高端钻井技术的国家，该成果荣获2009年度国家技术发明奖二等奖。2008年1月，“井下控制工程”被教育部公示为学位教育中“石油天然气工程”这个一级学科下新增的二级学科，获准独立招收硕士、博士生。笔者带领的这支集理论研究、技术开发和工程服务于一体的专业团队，已成为中国石油钻井工程技术研究院所属的专业研究所；几个相关高等院校也在开设井下控制方面的选修课程，有的院校也在组建相关的研究团队。进入21世纪以来，油气井下控制技术已成为国际石油工程中最具发展活力的热点之一；在我国，从油气钻井工程轨道控制为起点的这一新领域，也在向采油采气等相关专业扩展。

2010年初，笔者和研究团队的主要骨干在总结此前22年间的研究经历时曾说过：这22年基本上可划分为前后11年两个阶段。第一个11年即1988—1999年，是新领域的提出和理论奠基时期，以理论方法研究为主和以产品开发为辅（受立项和经费限制），而且主要是通过笔者指导研究生（硕士、博士和博士后）的方式和作为“副业”（当时笔者同时承担着八五和九五攻关任务）进行的；第二个11年即1999—2010年，是以产品开发为主和以理论研究为辅，其标志是以“CGDS地质导向钻井系统”为代表的一系列井下控制系统和工具等高端技术与装备，以及为研发这些产品所开展的相关理论研究成果和专有技术。而现在，已经到了第三个阶段的起点，目标之一是要在前22年的基础上进行系统的理论总结和升华，写出《井下控制工程学导论》这本专著；目标之二是要在这本专著的指导下去开发更多的创新产品并发展完善已有的理论体系。这就是笔者写作本书的初衷。

在本书即将脱稿之际，回顾30年来笔者和研究团队的难忘经历，使我不禁想起岳飞《满江红》中的名句：“三十功名尘与土，八千里路云和月。”这也是该团队攻关过程的一个写照。本书的字里行间无不包含着团队每一个成员的心血和汗水，因此，它是大家不畏艰难奋力攻关的记录，也是全体同仁呕心沥血求实创新的结晶。

鲁迅先生说过：“人类血战前行的历史正如煤的形成，当时用大量的木材，其结果却只是一小块。”（《纪念刘和珍君》）我不禁在想，集一个团队30年创新工作积累和笔者4年倾力撰写所成的这本小书，倘若能成为其中一粒煤粉而为社会贡献出一丝正的能量，则于愿足矣！

30年来在这一领域中所经历的诸多往事，似乎在印证一条规律：创新是一件很难的事情，它要求大胆和坚持。创新就是对旧物的否定或改造，在创新初期必然是“和者盖寡”，不要奢望“应者云集”，这是对创新者定力的考验。打破常规，大胆设想，严密求证，锲而不舍，攻坚克难，坚持前行，才有可能取得成功。而且创新要经受实践的检验，只有被实践证明正确才是创新。理论创新和技术创新最终要转化为生产力，这才算完成创新。我想这应是笔者和团队成员的共识，并时刻以此自勉。

本书名曰“导论”，导论包含初见、引导、不成熟之意。正如我在2000年出版的《井下控制工程学研究进展》一书前言中所写：“毫不讳言，它还是一项发展中的技术，还处在童年时期，还远远没有臻于完善。等待我们的是大量要做的工作，前进的路上还要洒下更多的汗水。”“出版本书，旨在抛砖引玉，以期加速我国在这一新方向上的进展步伐。但由于这是一片刚刚开拓和尚待进一步开拓的、难度较大且诸多学科交叉的领域，更因为笔者水平所限，因此难免一孔之见，甚至不乏错讹之处。笔者盼望同行专家不吝赐教，我们诚恳听取来自各方面的批评和教诲。”诚则斯言！今日仍持拙见，不改初心。

本书共分7章，虽由本人主笔，但每章都蕴含着研究团队的集体智慧。在此，我衷心感谢我所带过的研究团队（组成包括原钻井工艺研究所、西安石油仪器总厂、武汉科技大学和井下控制工程研究所等）和所指导过的研究生（包括从事井下控制方向研究的历届博士生、博士后和硕士生），主要人员包括：盛利民、窦修荣、邓乐、李林、王家进、高文凯、宋延淳、张维、储昭坦、刘白雁、谢剑刚、张磊、陈新元、洪迪锋、林雅玲、刘修善、沈跃、季细星、朱军、边海龙、刘伟、石荣、房军、梁涛、李松林、刘英辉、彭烈新、董海平、王珍应、李献录、艾伟平、张连成、庞保平等，恕难一一列举。他们（列名者和未列名者）的支持和贡献才使笔者有可能写成此书。

笔者由衷感谢我的恩师赵国珍教授、谢竹庄教授、于炳忠教授、白家祉教授和黄克累教授对我的指导和教诲；由衷感谢各级有关领导和专家对我的培养和信任；还特别感谢我们研究团队每位成员的家人，她（他）们是这个团队的编外成员，如果没有她（他）们的理解和支持，就没有我们在该领域这些年来取得的进展和成果，当然也就没有今天的这本书。

2017年3月于北京

目　录

1 绪论

石油是当代人类社会的主要能源和战略物资，影响国计民生和国防安全。要把深埋在地下数百米乃至几千米的原油和天然气开采出来，就要进行钻井和建井作业，以形成沟通地下储层和地面的油气通道。因此，油气井工程是石油工业上游业务的重要组成部分，是一个集钻井、完井（含固井）、测井、测试、采油和井下作业及增产改造等多个工艺环节、多学科和多专业交叉的技术领域，而井下控制工程学则是研究油气井井下控制问题和技术的新兴学科分支。

1.1 井下控制工程学的性质、目的和任务

1.1.1 井下控制问题的普遍性

在石油开采中，很多工程问题，如勘探、钻井、完井、测井、采油、修井等均与油井有关。各种井下生产与作业过程都普遍存在控制问题。仅以钻井作业的井下控制为例，就涉及安全控制、质量控制和成本控制 3 大方面的多种控制问题，如图 1.1 所示。

针对每一个控制问题，都可以研发一种或多种不同控制方式的控制工具或系统。这些均属于井下控制工程学的研究范畴。

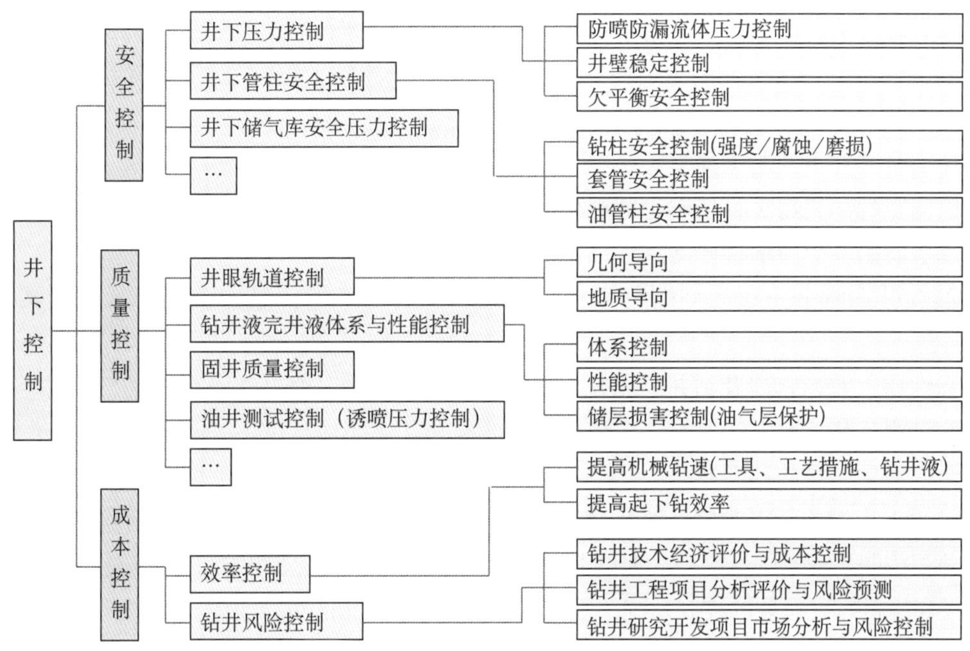

图1.1 钻井作业的井下控制分类示意图

1.1.2 井下控制问题的特征和难点

井下控制问题有其固有的特征和难点。这是由油气井的结构、井下作业环境和载荷性质所决

定的：

（1）径向尺寸小。油气井是一个细长孔，从地表开始向下其长度一般可达数千米，但直径往往在半米以内，而且随着井深逐级缩小（最小的井眼直径可在 0.1m 以下）。由于人无法抵达井底并参与操作过程，因此这种控制方式表现为遥控或闭环自动控制，特别是因径向尺寸的限制，使得井下工具或系统在设计和制造中存在困难。

（2）井下存在多种工作媒体。以钻井为例，井下存在固体（钻柱）和液体（钻井液），实际工作过程中的钻井液又是由非牛顿流体、固相颗粒、甚至气泡（在泡沫钻井条件下）组成的多相介质。由多体耦合作用下的井下系统具有十分复杂的物理特性。

（3）工作环境恶劣。以钻井为例，钻柱工作在高温（最高可达 200℃以上）、高压（最大可达 100MPa 以上）、强振（最大冲击可在 500g 以上）、重载（最大轴向拉力可高达近千吨）和有冲蚀、腐蚀的条件下，因此在地面控制设备中可以使用的元器件和控制技术却经常无法直接应用于井下。

综上所述，由于井下控制问题的特殊性，使得在其他行业及地面场合中有效应用的控制系统、机构、元器件以及常规的成熟的方法很难简单地搬用到井下控制中来。井下控制工程学必须研究这些特殊问题，从而形成一套特殊的设计方法和工艺方法。

1.2 井下控制工程学的基本问题与学科框架

1.2.1 井下控制工程学的若干基本问题

在提出一门新的分支学科时，必须回答有关的若干基本问题，如该学科的定义、性质、特点、研究对象和研究目的，提出这一分支学科的学术和技术背景等；要描述这一学科的基本框架即组成结构，并提出这一学科要研究的重要内容等。对于“井下控制工程学”，笔者将在下面回答和阐述以上的基本问题。

（1）什么是“井下控制工程学”。

井下控制工程学是用工程控制论的观点和方法，去研究和解决油气井井下工程控制问题的有关理论、技术手段的一个新学科分支。

它是油气井工程井下工艺问题与工程控制论相结合的产物，是一个多学科的交叉应用技术领域。

从工程性质上看，它涉及钻井、完井、试井、测井、采油、修井等一切与油气井井下工艺有关的施工作业过程；从控制方式上看，它涉及开环遥控和井下闭环自控。

（2）研究对象、目的和性质。

井下控制工程学的研究对象是涉及油气井井下各种作业过程的所有工程控制问题。

研究井下控制工程学的目的是从理论上认清井下控制问题的物理性质和控制过程的基本规律，从实践上开发和提供行之有效的控制系统、工艺和手段，从技术和经济上最优地解决有关工程问题。

油气井的特殊结构和井下的恶劣工况决定了井下控制问题的难度、复杂性和特点。因此，也决定了井下控制工程学这一分支学科的研究性质：它是一个理论性和实践性都很突出的多学科交叉的应用技术学科。

（3）井下控制工程学的学科特点。

如上所述，井下控制工程学是一个集理论研究、产品开发和实验研究于一体的应用性技术领域。多专业多学科的交叉是其主要特点，可概括归纳为："以井下为对象，以控制为目标，以力学为基础，以机械为主体，以流体为介质，以计算机为手段，以实验为依托。"

1.2.2 井下控制工程学的学科框架

作为一个新的学科分支，井下控制工程学由以下 4 个基本部分组成：

(1) 理论基础——井下系统动力学与控制信号分析理论及方法。

这一新的学科分支的理论基础是井下系统动力学和控制信号分析理论。由于井下系统是一个多体耦合作用的复杂系统，必须建立一系列的理论模型来描述井下系统的动力学特性，以确定一些重要物理参数（如速度、加速度、应力、位移、流速、压强、振幅、频率等）的分布规律和变化特性，即建立井下系统动力学的基本理论。对于井下系统的控制信号，具有一定的特殊要求，必须研究其动态分析方法和发生、传输过程，确定其动态品质和稳定性指标，进一步用于对控制信号进行优选。

(2) 技术基础——井下控制机构与系统设计学，井下参数采集与传输技术。

这一新的学科分支的技术基础是井下控制机构与系统设计学，以及井下参数采集与传输技术。对适用于井下控制的各种实用控制信号，要设计出相应的信号发生、传输、放大和执行机构，要确定这些机构的典型结构，并建立各种不同类型信号控制机构的结构库和特性仿真库，以达到模块化的设计水平。

井下参数可分为状态参数和控制参数。状态参数是描述井下系统工作边界与工作过程特征的各种几何参数和物理参数，在控制过程中要用到很多状态参数。要研究不同种类的井下状态参数和控制参数的测量方法和测量手段，以及这些参数信号在井下对井下的短传、井下对地面的双向传输方法和实用技术。

(3) 产品开发。

这一新的学科分支的应用目标是要研制和开发不同井下作业过程所需要的各种控制工具和控制系统，以解决实际生产问题。机电液一体化往往是这种井下控制系统的基本特征。它是井下控制机构设计学的综合应用。由于产品开发的多样性和实用性，决定了井下控制工程学这一分支必将具有针对性很强的专业应用范围，能产生重大的经济效益和社会效益，并可望以此为基础形成一种新的高技术产业。

(4) 实验室建设和实验方法。

相应的实验室是井下控制工程学的依托和基础。由于理论分析结果需要进行实验验证，设计中的关键结构参数有时要靠实验加以确定，特别是涉及真实流体系统的系数只有通过实验才能选定，所以在井下系统动力学的理论研究和信号分析研究中，在井下控制机构设计学研究、井下参数采集与传输技术研究、产品开发中，实验研究具有不可忽视的作用。井下控制工程实验室实际上也是这一新的学科分支的重要组成部分。

综上所述，4 个部分的关系（图 1.2）：产品开发是井下控制工程学研究的主要目的，而设计方法研究是产品开发的基础，井下系统动力学与控制信号分析方法研究又是设计方法的基础，实验室建设和实验方法则是开展理论基础研究、技术基础研究和产品开发的重要手段和依托。开展理论基础和技术基础研究的实际意义，在于形成一种模块化的设计方法，根据上述的硬件结构库和特性仿真库，使没有从事过理论和技术基础研究的产品开发人员，也能够按"搭积木"的方式而不是靠发明的"灵感"完成产品的设计和开发。这将减小产品设计开发的难度，提高设计水平，扩大井下控制工程学应用的范围。

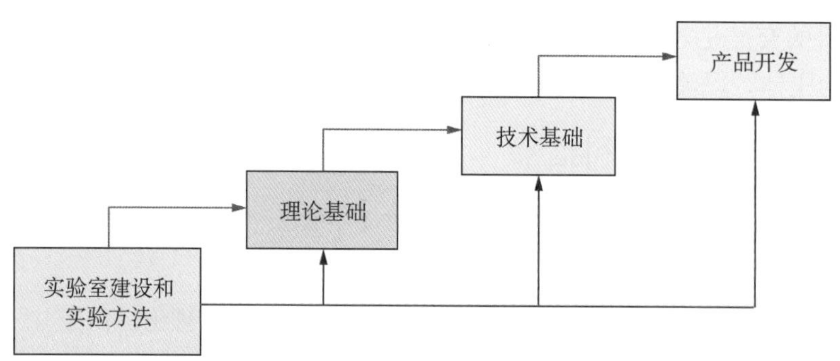

图1.2　井下控制工程学4个部分之间的关系

1.3　井下控制工程学产生的背景与发展过程

井下控制工程学这一概念是笔者于1988年开始形成并于1993年前后正式提出的，至今也只有短短的20多年时间，其研究的对象是油气井的井下控制问题。它首先是从解决油气钻井的井眼轨道控制成功率和精度问题而发端，至今发展迅速，逐步成为油气钻完井中的一个新领域，最近10多年来在其他井下专业方面也获得了日益广泛的应用。因此，回顾和分析百年来油气钻井技术特别是井眼轨道控制理论和技术的发展过程，对深入认识井下控制工程学产生的技术与学术背景，感悟和认识技术创新的规律与方法，都是必要的和有益的。

1.3.1　钻井技术的百年发展及认识

钻井工程起源于公元前3世纪的中国，我国古代的先民们就在四川自贡钻井采卤，并形成一定的生产规模。近代油气钻井工程发展于西方，19世纪国外工业发达国家就采用顿钻方式钻油气井，为20世纪现代石油工业的发展奠定了基础。19世纪末和20世纪初，在世界范围内，旋转钻井取代冲击钻井成为主要的钻井方式，20世纪30年代发明了井下动力钻具，促进了定向井技术于50—60年代获得快速发展；此后工程力学、计算机技术和信息技术的引入，以及材料科学和井下工具的进步，进一步推动定向井技术向水平井、大位移井不断发展，从而为油气成为当代社会主要能源提供了强有力的技术支撑。

1.3.1.1　从井型的发展看油气钻井技术的进步

当代的石油钻井工程技术已形成一个包括钻前、钻进、完井和油气测试等多个环节的综合性配套的系统工程，它涉及地面装备、井下工具、井眼轨道控制、钻井液与储层保护、测量与测试、完井与固井等多个技术方面，是一个包括机械、力学、化学、控制等几个专业交叉的应用技术学科。

从井型的发展演变能清楚看出百年来油气钻井工程技术发展的足迹，那就是直井—定向井（斜井）—丛式井—水平井—大位移井—其他特殊工艺井（如侧钻水平井、分支井、倒立丛式井等）等。

20世纪50年代以前世界范围内的油气钻井基本上都是以直井为目标。由于技术条件的限制，人们还只能用直井形式去开采浅层的油气。

20世纪50—70年代是国际上定向井和丛式井技术迅速发展并普及推广的时期。钻定向井主要是为了解决地面障碍、减少土地租赁、救险灭火及利用地层自然造斜规律，尽量避免去钻直井。丛式井的发展则是为节约占地面积、减少环境污染范围、提高钻井效率和降低钻井成本，从而在一块井场上按一定的规划和设计钻成多口定向井（和直井）。

水平井是最大井斜角为90°左右并在储层内有一段水平延伸长度的特殊定向井。在从定向井向水平井的过渡发展过程中，经历了大斜度井这一技术阶段，大斜度井是最大井斜角超过 60° 的定向井。由于水平井在储层内的穿越长度是常规直井及定向井的几倍乃至上百倍，因此水平井的产量可以是常规直井及定向井的几倍甚至 10 倍以上。另外钻水平井可以解决水气锥进等问题，可以大幅度地提高单井产量和油气采收率，从而达到少井高产的效果。

如果说钻定向井的目的是为了解决地面问题和钻井工程本身的问题，那么，钻水平井的目的则是为了解决地下问题即提高油气井产量和采收率问题。这应是钻井工程技术发展过程中的一个突出特征。

水平钻井开始于 20 世纪 50 年代，但在 80 年代才开始大规模发展，90 年代得到进一步推广应用。其间有 20 余年的停滞期，准确地说应是一种“审视期”，就像定向井从最初的尝试到大规模发展其间有 20 余年“审视期”一样。这种“审视期”是人们对新生技术的一种冷静分析和审查，一种精细的经济评价，一种基本理论的研究和多种配套技术的开发和积累。推而广之，很多新兴技术尤其是重大工艺技术进步都存在这种“审视期”，这是一个规律。

大位移井是大斜度定向井的发展，其特点是有很长的大斜度稳斜段和很大的水平位移，其发展趋势是与水平井技术结合而形成大位移水平井。大位移井技术开始于 20 世纪 70 年代末期的海洋平台钻井，其目的是尽量扩大控油面积以减少平台数量。20 世纪 80 年代特别是 20 世纪 90 年代以来，大位移钻井技术发展迅速，现在世界上已经钻成了水平位移超过 10km 的大位移井，而且应用领域扩大到陆地，用大位移井实现“海油陆采”，进一步降低开发成本。

侧钻井和多分支井（又称多底井）等特殊工艺井钻井技术正呈现日益蓬勃发展的趋势。老井侧钻技术与水平井技术相结合形成的老井侧钻短半径和中短半径水平井，可以明显地提高油气采收率并大幅度降低钻井成本。多分支井实现了一井多层开采，正日益受到关注。此外，美国和加拿大把采矿（金属矿、煤矿）技术与石油钻井技术相结合，用大口径竖井和井底人工巷道方式向上钻多口“倒立丛式井”，利用重力来采特稠油取得成功，被誉为“四次采油”技术。

钻直井的技术还在发展，重点在于“复杂地质结构”条件下的深井和超深直井。世界上已有相当数量直井的井深超过了 7000m 和 8000m，我国也钻成了井深为 8408m 的塔深 1 井。德国为研究大陆地壳的物理和化学问题而设立 KTB 工程，计划钻一口 10km 的超深井（实际钻深 9001m）；苏联在克拉半岛钻成了一口深达 12262m 的超深井 C г –3 井，历时 17 年，现已成为研究地壳构造的全球性开放实验室。

与 20 世纪初相比，油气钻井的地面装备、井下工具、钻井液等方面都发生了显著的变化和变革，而且从无到有建立了井眼轨道的测量、控制和油气层保护、完井等技术环节，使钻井工程形成了现代化的工程技术学科。

从一百多年来钻井工程技术的发展过程可以得出以下几点认识：

(1) 油气勘探开发的需求和效益始终是推动钻井技术进步的最大动力；

(2) 井型的演变表明钻井技术早已摆脱“单纯为完成一条油气通道”的局限，日益成为提高油气勘探“钻遇率”和油田开发“采收率”的重要技术途径；

(3) 今后钻井技术的发展趋势是，为降低“吨油成本”和提高总体效益，需要钻什么样的井就要钻成这样的井，沿储层钻进和一井钻穿多个地下油气目标将成为重要技术方向；

(4) 为满足上述勘探开发和钻井工程的需求，关键在于提高井眼轨道控制技术的能力和水平。

1.3.1.2 井眼轨道控制技术的发展

井眼轨道控制理论与技术是钻井工程成套技术的基础和关键环节之一。油气勘探开发的需求推动着井型的演变与发展。井型的发展又向井眼轨道控制理论与技术提出了明确要求，促进了井眼轨道控制理论与技术的进展。反过来，它又构成了井型进一步发展的技术基础。

井眼轨道控制技术的发展过程“全息”地反映了20世纪重大的技术进步。现代的井眼轨道控制理论与技术体系，是在融汇了钻井工程、工程力学、机械、控制、计算机、仪器仪表等多个专业技术的基础上形成的。

从19世纪80年代到20世纪80年代，百年来井眼轨道控制技术的进展，可以粗略地通俗地划分为如下几个阶段：

（1）“摸着钻”。即主要靠经验钻井，这一阶段是20世纪50年代以前。在20世纪20年代，人们开始认识到钻直井时产生的井斜问题及其严重性，1950年以前，据不完全统计，世界上大约发表了40篇左右关于井斜及其原因探讨的文章。1928年，开始在钻井中首次使用稳定器。一些学者和钻井工作者尝试用钻铤重量来减少井斜，并用梁的弹性理论来分析直井中钻柱的弯曲和稳定问题，以探索防斜打直的技术途径，但尚无大的突破。

（2）“算着钻”。由理论分析提供用于井斜控制的图版和软件。这一阶段大约可以认为自20世纪50年代初开始至20世纪70年代末和20世纪80年代初。1950年，美国著名学者A.Lubinski提出了直井中钻柱弯曲的力学模型。这一开创性工作是井眼轨道控制研究历史上的重要里程碑，使井斜控制由“摸着钻”进入“算着钻”的阶段。此后产生了多种不同的理论算法，按其力学模型的不同可分为“微分方程法”“有限元法”“能量法”和“纵横弯曲法”4类代表性方法，相应的计算图版和软件为现场应用提供了理论和技术支持。在这一阶段中，钻井工程由“工艺”进入“科学”，下部钻具组合的受力与变形分析、地层与钻头的相互作用和井眼轨道的预测构成了这一“科学”内容的3大方面，计算机应用是其外部特征。以下部组合受力变形分析为例，除了解法的多样性外，研究问题的层次由一维发展到三维，由静态发展到动态，由小变形发展到大变形。在这一时期，井眼轨道控制的对象由直井发展到定向井、丛式井乃至水平井，控制目标由单一的井斜控制发展到对全角变化率、造斜率与方位变化率的控制。

（3）“看着钻”。即通过随钻测量仪器提供的测量信息来及时控制井眼轨道。这一时期大约可以认为自20世纪80年代初至20世纪90年代。井眼轨道的测量仪器经历了氟氢酸瓶测斜仪、单点测斜仪、多点测斜仪、有线随钻测斜仪和无线随钻测斜仪的进步。随钻测斜仪使井眼轨道控制进入“看着钻”的新阶段，大大提高了轨道控制决策的准确性。当前先进的随钻测斜仪是无线随钻测斜仪（MWD，Measurement While Drilling），它克服了有线随钻测斜仪只能用于“滑动钻井”状态的缺点，也可用于“旋转钻井”状态。配置高的MWD的测量参数可高达10种以上，不仅包括井斜、方位、工具面等方向参数，还能监测井下钻压、井下扭矩、井下振动、环空温度等工况参数，以及测量地层自然伽马、电阻率、密度和中子孔隙度等地质参数，这种仪器系统通称为随钻测井仪（LWD，Logging While Drilling）。

1.3.2 井眼轨道控制技术的新问题及其思考

从“摸着钻”到“算着钻”，是井眼轨道控制技术的一大进步，是工程力学和计算机软件技术引入钻井工程的结果。但是，仅靠力学模型和软件还不能彻底解决井眼轨道控制技术中存在的一些问题和难点，这是因为：

（1）多种井底钻具组合（BHA，Bottom Hole Assembly）受力分析变形模型均建立在一些简化假设基础上，如“井眼内壁为规则光滑的圆柱体”，但实际上井壁并不规则，这就影响钻柱与井壁的接触状况并可能影响侧向力的计算值；又如，一些BHA的动态力学分析虽然考虑了扭矩和钻压变化的影响，但其简化载荷频谱与实际情况尚有差距；另外，BHA受力分析模型的一些输入参数仅具有名义性质（如钻压、扭矩等，目前一般均用地面指重表上显示的钻压与转盘扭矩代替。但在定向井、水平井中，由于摩阻问题突出，钻头上的实际钻压和扭矩与其名义值相差甚远），这就必然影响钻头侧向力的计算结果。严格地说，每种模型和方法求出的侧向力都只有名义性质。

（2）确定地层岩石各向异性指数的模拟实验与实际的井下岩石状况存在一定差异，如围压情况、岩石各向均匀连续假设等。此外，一些测定钻头横向切削指数的实验装置因未消除摩擦力的影响也使计算结果产生系统误差。

（3）现有的控制方式基本上是依靠 BHA 的受力分析来确定所用的钻具组合。一旦钻具组合下井，整个钻井系统的特性大体已经确定，所能进行的只是局部调控，如变更钻压、改变转速或调整工具面。如果对 BHA 的力学特性估算不准，或因地层和其他随机因素的影响造成实钻轨道较大地偏离设计轨道时，则必须起钻更换钻具组合。尤其是对轨道要求严格的薄油层水平井，往往需要频繁起下钻更换钻具组合，导致钻井成本增加。

以上这些难点和问题对井眼轨道控制技术提出了严峻的挑战。力学模型的误差、测量参数的误差、某些重要计算参数在实际施工中的难于获取、BHA 不可变更的结构和特性，以及传统的控制方法，严重制约了井眼轨道控制技术的有效性和控制精度，难以满足超薄油层和更复杂结构井的井眼轨道控制的精度要求和高效率要求。

这些带有根本性的重要问题，在 20 世纪 80 年代中后期引发了笔者及同行们的深入思考：如何在实钻过程中克服 BHA 理论模型带来的误差？如何在不能准确预知的参数条件下实施高精度的控制？如何在实钻过程中及时改变 BHA 的固有结构和固有力学特性？如何在目标位置发生变化（由地质误差引起）的情况下钻入靶区？如何使钻头能在地下灵活地改变轨道从而准确钻入油气层？等等。

考虑到钻井技术的每一次重大进步都是其他学科和新技术引入并结合的结果，考虑到钻头与飞行器在姿态和轨道控制方面的共性，以及工程控制论在导弹制导中的成功应用，促使笔者产生了把工程控制论和飞行器制导技术引入油气钻井工程，从而另辟蹊径以发展井眼轨道控制理论与技术的想法。在经过一段时间的类比、分析和较深入的研究工作之后，1988 年笔者提出"井眼轨道制导控制理论与技术"这一新的研究方向，寄希望于"井下闭环控制"和"用手段解决问题"。开始的路走得艰难而又谨慎，从问题性质的判断到新概念的引入或建立，从对新领域内涵的思索和界定到一系列研究课题的分解，从系统模型、方程、边界条件的推演和确定到某项专利方案的构思和设计，无不伴随着反复的徘徊、反思、自我诘问和自我验证，并且基本上是以"业余"方式进行和完成的。1991 年末，当从技术消息报道中发现国外一些同行也在或开始在致力于这一方向的研究，并也采用了"Closed Loop Control"的思路和提法，这使我们进一步坚定了继续前进的信心。

1.4 井下控制工程学的提出

在 20 世纪 80 年代末笔者提出"井眼轨道制导控制理论与技术"这一新的研究领域，并预测井眼轨道控制技术在继"摸着钻""算着钻"和"看着钻"的发展过程之后，将进入"变着钻"和"自动钻"的新阶段，绝不是偶然的，其背景在于：

从需求方面看，国际钻井技术正在大力发展水平井和大位移井，迫切需要进一步提高井眼轨道控制能力和水平；从技术方面看，MWD、LWD 等随钻测量技术的进步为其提供了必要的基础；同时，国外少数大的钻井技术服务公司相继研发的遥控变径稳定器和遥控可变弯接头等产品，证明赋予井下执行工具可调结构和特性即实现"变着钻"是可行的。但是当时的技术现状距离实现"自动钻"还有一段较大的差距。

而且，上述这些技术方面的例子只能作为井下控制工程研究中的初级阶段，这是因为井下执行工具一般是开环遥控的；仪器和工具各自分离，还未组成完整的闭环控制系统。

20 世纪 80 年代末期和 20 世纪 90 年代初期，井下控制技术开始向闭环化、系统化发展。美国、法国、英国、挪威、德国等 5 个国家的 8 家公司先后开始研制用于井眼轨道自动化控制的实际系统。

在国内，1988—1990 年，笔者先后完成“井眼轨道制导控制理论与技术”的可行性研究、概念性设计和课题分解，把这一领域的研究划分为基础研究、产品开发和实验方法 3 部分，并完成和申报了“自动井斜角控制器”发明专利。在此基础上，鉴于以下的几点考虑：

（1）国外在这一领域的研究主要集中在几种典型的系统产品开发，有关的理论和方法研究结果鲜见报道并互设壁垒；

（2）产品的深层开发需要以针对油气井井下特点的共性的基础理论和设计方法作指导，由此可带来更大程度的创新，当时未见过有关研究成果；

（3）国外的这些产品都局限于钻井过程中井眼轨道的自动控制，而这些原理和方法则可扩展到井下其他作业过程的控制问题，并用于相关的新工具系统的开发；

（4）在新的理论研究成果基础上进一步开展控制机构和系统设计方法的研究，并形成模块化设计方法，可以使没有从事过有关基础研究工作的设计人员根据需要用给定的方法而不是靠“灵感”进行创新和创造，必将带来更大的成功率。

笔者于 1992—1993 年间又进一步提出了“井下控制工程学”这一新的概念，把原来的研究范围由原来的钻井井眼轨道控制问题扩展到油气井下各个专业的所有的工程控制问题。

从理论、学科（分支）的提出、形成与发展规律来看，理论总是来源于实践，它是实践的总结与升华。同样，一个学科（分支）的提出也往往是以这一领域中局部的、单项的技术为基础，它是对若干局部、单项技术的整理与总结，它的提出可以使人们站在较高的层面上去把握全局，从而指导和推动这一领域内更深入的理论研究和更大规模的技术开发。

井下控制工程学的提出推动了钻井及其他井下专业前沿技术研究的进展。以钻井为例，在经历了“摸着钻”“算着钻”和“看着钻”等阶段后，国际钻井技术开始进入“变着钻”并向“自动钻”阶段发展。

1.5 井下控制工程学的主要研究内容

井下控制工程学在应用基础理论与设计方法研究方面的主要研究内容如下。

（1）井下系统动力学与控制信号分析方法研究：

①井下系统（钻柱—内液柱—管外环空系统）的动力学模型；

②井下系统在各种不同情况下的载荷性质和模型的初始、边界（井底、井壁状态）条件；

③井下系统几种物理场（压力场、速度场、流速场、力场）的定量描述；

④井下控制信号动态分析和稳定性评价方法；

⑤井下控制信号的传输过程、传递函数和频谱特性分析；

⑥井下实用控制信号的筛选。

（2）井下控制机构与系统设计学研究和井下参数采集与传输技术研究。

①信号发生—传递—执行机构设计方法和原则；

②各种实用控制信号的发生、传递、执行机构的设计和分析；

③各种实用控制信号的发生、传递、执行机构的计算机仿真；

④井下控制系统总体设计方法和设计原则；

⑤不同控制信号的系统综合与模块化设计方法；

⑥井下控制系统智能化基本算法和系统仿真；

⑦井下控制系统的动态调试方法和技术评价；

⑧各种控制信号的子系统（机构）的结构模块库与仿真软件库；

⑨各种参数采集方法和装置（传感器）设计方法；

⑩提高参数传输特性（频率与品质）的方法。

（3）井下控制工程的产品开发。

关于产品开发，应结合各种井下作业过程（如钻井、完井、试井、测井、采油、修井等）对控制的要求，来研制所需的控制工具和系统。例如，对钻井过程而言，目前主要是针对井眼轨迹的几何导向和地质导向，研制开发各种开环遥控型井下工具和闭环自控型的工具和仪器系统。

（4）实验方法研究与实验室建设。

实验室是上述理论研究和产品开发的依托基础。实验室应具备检验上述各种理论研究结果、确定关键结构尺寸、组装和统调实验样机等功能。由于油气井结构和工况的特殊性，需要研究相应的行之有效的实验方法，形成相关的技术标准和操作规程；还要根据实验要求，在必要的情况下，自行设计和开发特种实验装备。

1.6 主要研究进展和技术发展趋势

自 1988 年以来，笔者和研究团队在井下控制工程学方面从事基础性研究和开展技术攻关，在井下系统动力学研究、可控信号分析、井下控制系统与机构设计、前沿技术研发、实验方法研究和实验室建设等工作中取得若干成果和进展。

（1）研究确定了井眼轨道控制系统的性质。该系统属多目标、多干扰的复杂系统（就目前认识程度而言，仍属灰色系统），因此很难用一个确定性模型完全描述，需加控制环节（闭环自控或开环遥控）。研究确定了该系统中的控制对象、被控量、给定量、操作量和扰动量。例如，把钻井过程中的地层变化及其他随机干扰视为扰动量，为建立系统的分析和控制模型提供了可能。

（2）研究了可用于井下控制的多种信号，提出了一些新的概念和方法。列举并研究了 4 类（机械类、水力类、几何类、电磁参数等其他类）共 22 种以上控制信号，并从中进行分析筛选可控信号。针对井下控制系统的特殊性，进一步提出了可控信号、b 控制、控制链与主控信号等新概念和术语，有助于系统和机构的分析和设计工作。已掌握多种可控信号的品质、特性和发生方法。

（3）提出了井下系统动力学的概念和研究方法，以作为井下控制系统分析和建模的理论基础。其特点是把基于固体力学的管柱力学和基于流体力学的井下环空水力学结合起来，把钻柱（或套管柱、作业管柱、其他管柱等）、管内流体和环空流体作为一个系统，进行分析和建模，实现“流固耦合”，有别于传统的管柱力学和环空水力学各自分析、互不相连的分析方法，因而能更准确地反映井下系统的物理特性。用多种方法去建立井下系统动力学的基本方程，从操作工艺和设备特点上抽象提出切合实际的边界条件，使求解结果更具有一定的普适性。在此基础上，针对具体的工艺过程，该基本方程可简化为相应的力学方程：若只研究钻柱而忽略环空，则可由此得出钻柱动力学方程；同理，若只研究环空而忽略钻柱，则基本方程可演变为环空水动力学方程。因此，传统的井下管柱力学和环空水力学均为井下系统动力学的特例。

(4) 油气井井下控制系统特别是钻井过程动力学分析的基本问题就是要确定钻头在井底工作时的真实载荷频谱和特性。针对国内外在这一方面研究工作的匮乏，组织开展钻进中钻头载荷变化的理论研究和实验研究，研发专用数据采集短节，海量采集在实验台架和实际钻井中的相关数据并进行分析和辨识，总结规律，从而使钻井系统的力学分析建立在坚实的实验基础上。

(5) 运用井下系统动力学的分析方法，针对钻井起、下钻这两种基本工况，开展了钻柱和液柱耦合系统条件下钻柱纵向振动问题研究，建立了该固—液耦合系统的纵振方程和边界条件，用差分法求解，从而定量分析了起下钻时的波动压力和反压差的影响因素，阐明了井下钻柱所受载荷变化与大钩载荷变化规律，为井下工况预测、井下事故原因分析及井眼轨道控制系统控制信号的确定提供了理论根据。

(6) 开展了信息传输通道和信息传输规律的理论研究和实验研究。针对从井下到地面、从地面到井下和从井下到井下的信息传输要求，开展了液体脉冲、电磁波、声波等多种不同传输信道的物理建模和理论分析，并辅之以实验验证，研究结果为信道设计、脉冲发生器研制和信息编码提供了理论依据。

(7) 开展了井眼轨道遥控系统和自动控制系统的目标、基本结构与设计原则的研究。给出了井眼轨道遥控系统和自动控制系统的目标及其数学描述，并根据系统的功能分配，提出了系统的基本结构以及控制方法，阐明了控制系统的基本设计原则。在此基础上，进一步研究了开关控制、模糊控制、自适应控制等多种方法在井下控制中的应用特点，从而为系统研发提供了设计依据。

(8) 针对井下控制器这一井下闭环智能钻井系统中的核心部件，开展了井下控制器的理论与设计研究，分析了井下控制器的功能结构、硬件模块组成和软件结构模式及其设计的原则和方法，为井下控制器的物理设计打下基础。

(9) 提出了井下控制系统和机构设计学的概念和模块化设计方法。针对油气井井下特殊的作业环境和特点，研究确定了井下控制机构和系统的设计原则；研究了多种井下控制机构如液控分流机构、液动跟随机构、排量控制机构、重力信号机构、重力寻边机构、行程控制变径机构、井下变角机构、旋转变径机构、销槽机构、锁位机构、伞状变径机构、反压差机构等多种实用机构的主控信号和结构形式，确定了这些实用机构中的信号发生、放大、传递和执行环节的特性和传递函数，建立了这些机构的硬件结构库和仿真软件库。运用作者提出的控制链和模块化设计方法，可把有关机构有序组合，产生多种可达同一控制目的的技术方案并进行比较、评价和优化，从而形成设计方案，为技术开发提供了基础和保障。该库集硬件和软件于一体，并具有开放性，是设计人员从事技术创新的有力工具，降低了制造厂和现场技术人员一般不具备有关理论基础的使用门槛，扩大了应用范围，提高了创新性技术开发的机会和能力。

(10) 开展了井下若干种工程参数和地质参数的测量研究，如井斜、方位、工具面、钻压、扭矩、温度及振动等工程参数，和电阻率（近钻头电阻率、方位电阻率）、自然伽马、中子孔隙度等地质参数。研究这些井下参数的测量方法、模型和实验技术，并形成实用技术（工艺、装置与软件）。

(11) 开展了井下无线短传技术的研究与开发，从模型建立到实用技术并应用于工具系统。

(12) 研究提高井下信息上传速率的方法和技术，包括脉冲发生器的设计方法、技术开发和编码方法，提出一种组合码编码方法并用于实际仪器系统。开展了钻井液连续压力波信号的特性分析与处理方法研究，包括编码调制规则、信号数学模型、频谱特性、传输特性、检测与处理方法、压力相移键控信号的解调与解码等，为连续波传输技术的开发提供了理论基础。

(13) 开展了井下发电机设计研究，开发的井下发电机用于实际工具系统，为井下测量和控制提供了电源保证。

(14) 开展了井下控制实验方法研究，建立了井下控制工程实验室；为配合连续波传输技术的研发，设计建造了长风洞、短风洞等实验装置。

(15) 在上述应用基础理论、设计方法研究和实验室建设的基础上，笔者及其研究团队进一步致力于井下控制工具和系统的研发工作，例如：遥控可变径稳定器、CGMWD 正脉冲无线随钻测量系统、CGDS 近钻头地质导向钻井系统、PWD 随钻压力测量系统、无线电磁波随钻测量系统、连续波压力脉冲无线随钻测量系统、自动垂直钻井系统、旋转导向系统、工程用 LWD 随钻测量系统、SWD 随钻地震系统、中子孔隙度测量系统、遥控分层配采系统等。这些具有自主知识产权的控制工具和系统，获得多项国家发明专利，其中一部分已经产业化并工业化规模应用，取得了显著的技术效果和经济效益；一部分止在由样机向产品转化。这些科研成果和产品提升了我国在钻井高端控制工具和仪器方面的核心竞争力，具有广阔的应用前景和社会效益，同时丰富和扩展了井下控制工程学的技术内涵和应用范围（例如遥控分层配采系统的研发成功标志着这一技术思想由钻井扩展到采油）。

20 余年来，井下控制工程学这一新分支学科日益得到国内业界专家学者的认可，1997 年被列为我国油气钻井专业的新分支；2008 年被教育部列为学位教育中“石油天然气工程”这个一级学科下新增的二级学科，批准招收硕士、博士学位研究生。笔者带领的这一集有关理论研究、技术开发和工程服务于一体的专业团队，已成为中国石油钻井工程技术研究院所属的专业研究所；相关高等院校也在开设井下控制工程方面的选修课程，有的院校也在组建相关的研究团队。这一切为井下控制工程学的未来发展提供了组织和人才保证。

当前，作为石油天然气工程中的一个新领域和一个新兴的学科分支，井下控制工程学正在向进一步的广度和深度发展，这是由当代科学技术的发展趋势、油气井井下控制问题的普遍性和相关工艺工程对控制技术的需求所决定的。

控制论、信息论和系统论的产生与发展均可列为 20 世纪世界科学技术的重大成就，以此为基础，推动了控制技术的快速发展和在诸多领域里的大规模应用，极大地丰富了相关工程技术的内涵和水平，例如对机械行业和学科，控制论扩展了“机器”的定义，使其在原有的 3 个组成部分即原动机、传动机和工作机的基础上又增加了控制机。概括而言，控制论改善了工程技术的功能，系统论提高了工程技术的整体性，信息论提升了工程技术的精度。以此为基础的计算机技术、工程力学与机械科学技术的交叉和融合，则为油气井井下控制技术提供了强有力的技术保障，并展示出未来的技术发展方向和趋势：

(1) 井下控制技术正在从钻井领域向其他井下工艺领域扩展应用，如完井、采油、测井、测试、井下作业和储层改造等；

(2) 控制技术正在从单体工具或仪器向高度集成化、系统化和特殊作业化发展；

(3) 控制系统正在向实时化、自动化和智能化方向发展；

(4) 井下控制系统的工作特点正在向高性能指标（如高温、高压、大容量、高传输速率等）、高可靠性、长工作寿命和强适应性方向发展。

井下控制技术与油气勘探开发的结合将更加紧密，逐渐成为提高勘探发现率、开发采收率和单井产量的直接手段，目标是降低吨油成本。

回顾井下控制工程学的提出和相关技术的发展过程，再一次说明了理论创新、技术创新的重要性、作用与价值。有理由可以预言，在需求引领和创新驱动下，通过我们的不断努力，井下控制工程学这一新的学科分支必将日趋完善，井下控制技术也将成为有广阔应用前景的高新技术，对石油井下工程乃至勘探和开发，提供重要的技术支持和手段保证，从而产生重大的经济和社会效益，为提升我国石油工程技术的核心竞争力做出贡献。

参考文献

[1] 刘广志．中国钻探科学技术史 [M]. 北京：地质出版社，1998.

[2] 申力生．近代石油工业 [M]// 申力生．中国石油工业发展史：第二卷．北京：石油工业出版社，1988：61.

[3] 苏义脑．自动井斜角控制器：90109809.4[P]. 1991–08–21.

[4] 苏义脑．正在兴起的“井下控制工程学”[N]. 中国科学报，1995–03–20.

[5] 苏义脑．建立在百年发展基础上的重大进步 [C]// 北京振动工程学会“世纪展望学术活动月活动”论文集，1998.

[6] The University of Texas.Rotary Drilling Series，Unit 3 – Nonroutine Operations，1976.

[7] Inglis T A. 定向钻井 [M]. 苏义脑，等，译．北京：石油工业出版社，1995.

[8] 李克向，周煜辉，苏义脑，等．国外大位移井钻井与完井技术 [M]. 北京：石油工业出版社，1998.

[9] 白家祉，苏义脑．井斜控制理论与实践 [M]. 北京：石油工业出版社，1990.

[10] Lubinski A. Astudy of Buckling of Rotary Drilling String [C]//American Petroleum Institute. Drilling and Production Practice. New York：American Petroleum Institute，1950：178–214.

[11] Millheim K K，et. al. Bottom–Hole Assembly Analysis Using the Finite–Element Method [J]. JPT，1978.

[12] Walker B H.some Technical and Economic Aspects of Stabilizer Placement [J]. JPT，1973.

[13] 白家祉．应用纵横弯曲梁理论求解钻具组合的受力与变形 [C].SPE 10561，1982.

[14] 苏义脑．关于井眼轨道控制研究的新思考 [J]. 石油学报，1993，14（4）：117–123.

[15] 钱学森，宋健．工程控制论（上、下册）[M]. 北京：科学出版社，1980.

[16] 苏义脑，等．井下控制工程学研究进展 [M]. 北京：石油工业出版社，2001.

[17] 苏义脑，盛利民，窦修荣，等．地质导向钻井技术及其在我国的研究进展 [C]// 钻井承包商协会论文集．北京：石油工业出版社，2003.

[18] 刘广志．美国先进钻探与掘进技术工艺学若干新决策 [J]. 探矿工程译丛，1996（2）：1–7.

2　井下系统动力学模型与求解

本章介绍井下控制工程学的理论基础之一，即井下系统动力学的有关基本内容。

图 2.1 给出了油气井井下系统物理结构的示意图。对于油气井井下系统力学特性的研究，半个多世纪以来取得了诸多进展，在 20 世纪 80 年代末之前的相关研究工作主要依据解决问题的目标不同而分为 2 个方面：其一是管柱力学，其二是环空水力学。管柱力学以固体力学为理论基础，以井下管柱为研究对象，建立其力学模型，研究管柱的运动状态和静动力学特性，为井下管柱的强度、刚度分析和管柱串的设计及井眼轨道控制提供理论依据；环空水力学则是以流体力学为理论基础，以管内流体和管外环空流体为研究对象，建立其力学模型，研究井下工作流体的运动状态和静动力学特性，为确定流体速度、压力、排量计算并进而解决携屑、固壁、井控等工程问题提供理论基础。上述这些研究成果，多年来从一维发展到三维，从静态发展到动态，从单相发展到多相，为油气井相关技术的进步做出了重要贡献。

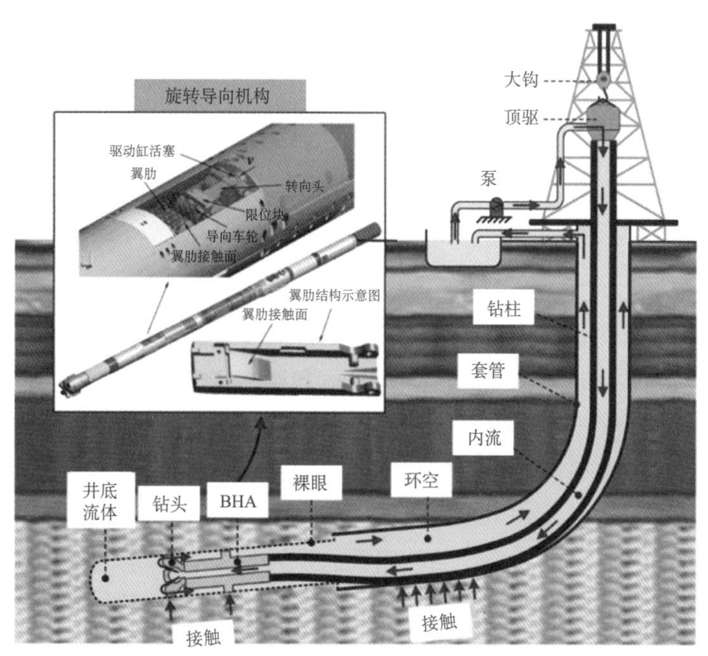

图2.1　油气井井下系统物理结构的示意图

本章介绍的井下系统动力学，目标是研究井下系统的控制问题，其特点是把基于固体力学的管柱力学和基于流体力学的井下环空水力学结合起来，把钻柱（或其他管柱如套管柱、作业管柱等）、管内流体和环空流体作为一个系统进行分析和建模，实现“流固耦合”，这有别于传统的管柱力学和环空水力学各自分析、互不相连的分析方法，能更准确地反映井下系统的物理特性，以满足井下控制技术的需要。以此为指导建立井下系统动力学的基本方程，从操作工艺和设备特点上抽象提出切合实际的边界条件，因而使求解结果更具有一定的普适性。在此基础上，针对具体的工艺过程，该基本方程可简化为相应的力学方程；若只研究钻柱而忽略环空，则可由此得出钻柱动力学方程；同理，若只研究管内流体与环空流体而忽略钻柱，则基本方程可演变为环空水力学方程。因此，传统的井下管柱力学和环空水力学均为井下系统动力学在特定条件下的特例。

2.1 井下系统动力学的补充假设和边界条件处理

本书将井下管柱和工作流体视为一个完整系统，在建立弹性钻柱和可压缩钻井液耦合的井下系统多体动力学模型时，除了遵循油气井管柱力学和环空水力学的一般假设外，还采取如下补充假设，并对流固耦合的边界条件进行如下处理：

（1）钻柱（管柱）部分。

①钻柱结构视作欧拉—伯努利（Euler–Bernoulli）梁和若干刚体的组合。将那些尺寸相对较小、柔性影响不大的结构部件抽象为刚体，如钻头、稳定器、顶驱等；将那些长细比较大、柔性影响明显的结构部件抽象为欧拉梁，如导向工具、钻铤、测量仪器（如 MWD/LWD）、钻杆等。

②考虑构件的大位移和大转动。

③忽略温度和热应力对钻柱材料的影响。

（2）工作流体部分。

①考虑流体的可压缩性。

②考虑流道的轴向伸缩效应。

③忽略温度对流体工作特性的影响，流动过程视为等熵过程，即不存在热量交换。

（3）边界条件部分。

①在考虑钻井液对钻柱的横向耦合力时，为简化起见，假设环空为无限大圆柱区域而得到横向附加质量系数，仍然应用于有限环空。

②在考虑钻井液对钻柱的轴向耦合力时，假设环空均匀包裹在钻柱上，即环空、内流和钻柱拥有重合的轴线。

基于上述的补充假设和边界条件的简化处理方法，本书建立的弹性管柱和可压缩钻井液耦合的井下多体系统动力学模型，考虑了因钻柱的弹性变形造成的流道伸缩效应；考虑钻柱结构为欧拉梁和若干刚体的组合，钻井液路由管内流体、环空流体和井底流体组成，钻井液为一维可压缩绝热流体，导向机构由若干刚体相互约束组成；此后以绝对节点坐标法建立欧拉梁和刚体的动力学方程，以任意拉格朗日－欧拉方法描述刻画钻井液的相对流动，将钻柱对钻井液的作用力通过钻井液的牵连运动引入，将钻井液对钻柱的反作用力通过钻柱的外载荷引入；同时联合各类钻柱和钻井液的边界条件，最终建立了可压缩钻井液和弹性钻柱耦合的井下多体系统动力学模型。

为便于叙述，在本章以下几节中，先用上述方法分别建立弹性管柱分系统（以钻柱为代表）和工作流体分系统的动力学模型，在此基础上，合成建立流固耦合的完整的井下系统动力学模型。接下来检验耦合模型的正确性，首先检验退化模型的正确性：若耦合模型不考虑钻井液的可压缩性，则其退化为井下钻柱动力学模型，并对比了三种钻具组合的受力分析算例（该退化模型和有限元法、纵横弯曲梁法等传统钻柱力学方法结果吻合）；若耦合模型不考虑钻柱的弹性，则其退化为井下钻井液动力学模型，对比了堵口套管下放的井底波动压力分析算例（该退化模型和传统的可压缩钻井液分析方法结果吻合）；若耦合模型不考虑环空流体，只研究钻柱和管内流体的相互耦合作用，则退化为一维管流模型，对比了悬臂输流管道失稳颤振时的临界流速和临界频率（该退化模型和已有的研究成果吻合）。进一步应用井下耦合系统动力学模型，进行了三维钻柱系统的受力分析、轨迹导向能力分析、起下钻时的井底波动压力分析、井下控制信号的研究，分别发现了一些采用流固耦合模型的新特征和新结论，体现了井下耦合系统动力学模型的实用性和正确性，可为现场生产和工具研发提供分析手段和理论指导。

2.2 钻柱系统动力学建模

如图 2.1 所示，井下钻柱系统结构是指井下系统中产生动力、传递扭矩钻压和执行破岩等结构部件的总称，往往包括钻头、导向工具、钻铤、测量仪器总成（MWD/LWD）、稳定器、钻杆等结构部件。在动力学系统建模时，将那些尺寸相对较小、柔性影响不大的结构部件抽象为刚体，如钻头、稳定器、顶驱等；将那些长细比较大、柔性影响明显的结构部件抽象为欧拉梁，如导向工具、钻铤、MWD/LWD、钻杆等。采用多体系统动力学的方法，分别建立起刚体和梁的动力学模型，进一步引入各类复杂边界条件，最后组装成钻柱系统的动力学模型。

2.2.1 基于欧拉四元数的刚体建模

刚体的广义坐标表示为：

$$\boldsymbol{q}_{\mathrm{b}}=\left[\boldsymbol{r}_{\mathrm{b}}^{\mathrm{T}} \quad \boldsymbol{\theta}_{\mathrm{b}}^{\mathrm{T}}\right]^{\mathrm{T}}$$

式中：$\boldsymbol{r}_{\mathrm{b}}$ 是刚体质心的坐标；$\boldsymbol{\theta}_{\mathrm{b}}$ 是刚体的欧拉四元数。

刚体的无约束动力学方程为：

$$\begin{cases} m_{\mathrm{b}}\ddot{\boldsymbol{r}}_{\mathrm{b}}-\boldsymbol{F}_{\mathrm{b}}=0 \\ 4\boldsymbol{G}_{\mathrm{b}}^{\mathrm{T}}\boldsymbol{J}_{\mathrm{b}}\boldsymbol{G}_{\mathrm{b}}\ddot{\boldsymbol{\theta}}_{\mathrm{b}}-8\dot{\boldsymbol{G}}_{\mathrm{b}}^{\mathrm{T}}\boldsymbol{J}_{\mathrm{b}}\boldsymbol{G}_{\mathrm{b}}\dot{\boldsymbol{\theta}}_{\mathrm{b}}+2\boldsymbol{\theta}_{\mathrm{b}}\sigma_{\mathrm{b}}-\boldsymbol{Q}_{\mathrm{b}}=0 \\ \boldsymbol{\theta}_{\mathrm{b}}^{\mathrm{T}}\boldsymbol{\theta}_{\mathrm{b}}-1=0 \end{cases} \tag{2.1}$$

式中：m_{b} 和 $\boldsymbol{J}_{\mathrm{b}}$ 分别是刚体的质量和惯量矩阵；$\boldsymbol{F}_{\mathrm{b}}$ 和 $\boldsymbol{Q}_{\mathrm{b}}$ 分别是刚体受到的广义外力和广义外力矩；$\boldsymbol{G}_{\mathrm{b}}$ 是四元数组成的矩阵，表示为：

$$\boldsymbol{G}_{\mathrm{b}}=\begin{bmatrix} -\theta_{\mathrm{b},1} & \theta_{\mathrm{b},0} & \theta_{\mathrm{b},3} & -\theta_{\mathrm{b},2} \\ -\theta_{\mathrm{b},2} & -\theta_{\mathrm{b},3} & \theta_{\mathrm{b},0} & \theta_{\mathrm{b},1} \\ -\theta_{\mathrm{b},3} & \theta_{\mathrm{b},2} & -\theta_{\mathrm{b},1} & \theta_{\mathrm{b},0} \end{bmatrix}$$

2.2.2 基于欧拉四元数的 ANCF 梁建模

如图 2.2 所示，在一个两结点梁中，选取两端结点的中心点位置 $\boldsymbol{r}$ 和截面欧拉四元数 $\boldsymbol{\theta}$，以及截面正应变 ε 为广义坐标，也就是说取广义坐标 $\boldsymbol{q}^{\mathrm{I}}$ 和 $\boldsymbol{q}^{\mathrm{II}}$ 为：

$$\boldsymbol{q}^{\mathrm{I}}=\begin{bmatrix} \boldsymbol{r}^{\mathrm{I}} \\ \boldsymbol{\theta}^{\mathrm{I}} \\ \varepsilon^{\mathrm{I}} \end{bmatrix}, \quad \boldsymbol{q}^{\mathrm{II}}=\begin{bmatrix} \boldsymbol{r}^{\mathrm{II}} \\ \boldsymbol{\theta}^{\mathrm{II}} \\ \varepsilon^{\mathrm{II}} \end{bmatrix} \tag{2.2}$$

并定义单元的广义坐标 $\boldsymbol{q}_{\mathrm{e}}$ 为：

$$\boldsymbol{q}_{\mathrm{e}}=\begin{bmatrix} \boldsymbol{q}^{\mathrm{I}} \\ \boldsymbol{q}^{\mathrm{II}} \end{bmatrix} \tag{2.3}$$

式中：符号 Ⅰ 和 Ⅱ 分别用来表征第一个和第二个结点。那么单元内任意自然坐标处的物质坐标系

$[\boldsymbol{t},\ \boldsymbol{m},\ \boldsymbol{n}]$ 可由欧拉四元数 $\boldsymbol{\theta}$ 表示：

$$\begin{cases} \boldsymbol{t}=\begin{bmatrix} (\theta_0^2+\theta_1^2)-(\theta_2^2+\theta_3^2) \\ 2(\theta_1\theta_2+\theta_0\theta_3) \\ 2(\theta_1\theta_3-\theta_0\theta_2) \end{bmatrix} \\ \boldsymbol{m}=\begin{bmatrix} 2(\theta_1\theta_2-\theta_0\theta_3) \\ (\theta_0^2+\theta_2^2)-(\theta_1^2+\theta_3^2) \\ 2(\theta_2\theta_3+\theta_0\theta_1) \end{bmatrix} \\ \boldsymbol{n}=\begin{bmatrix} 2(\theta_1\theta_3+\theta_0\theta_2) \\ 2(\theta_2\theta_3-\theta_0\theta_1) \\ (\theta_0^2+\theta_3^2)-(\theta_1^2+\theta_2^2) \end{bmatrix} \end{cases} \tag{2.4}$$

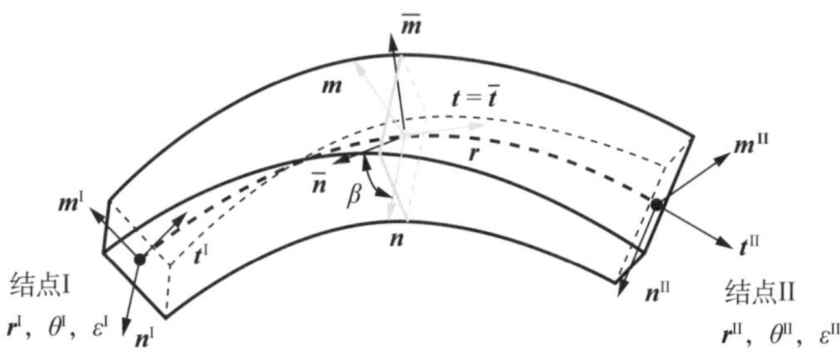

图2.2　两结点欧拉–伯努利梁单元

在确定了广义坐标后，下一步是通过广义坐标插值得到任意弧长坐标处的中心点位置 $\boldsymbol{r}$ 和欧拉四元数 $\boldsymbol{\theta}$，且需要保证插值出来的 $\boldsymbol{r}$ 对弧长的导数与由插值出来的 $\boldsymbol{\theta}$ 决定的截面法向 $\boldsymbol{t}$ 同向。

假设单元总长为 L，x 为弧长坐标，且定义 $\xi=x/L$。那么根据正应变的定义：

$$\varepsilon=\left|\frac{\mathrm{d}\boldsymbol{r}}{\mathrm{d}x}\right|-1=\frac{1}{L}\left|\frac{\mathrm{d}\boldsymbol{r}}{\mathrm{d}\xi}\right|-1 \tag{2.5}$$

可以求出中心线在两个结点处的导数：

$$\left(\frac{\mathrm{d}\boldsymbol{r}}{\mathrm{d}\xi}\right)^{\mathrm{I}}=L\left(1+\varepsilon^{\mathrm{I}}\right)\boldsymbol{t}^{\mathrm{I}} \quad \left(\frac{\mathrm{d}\boldsymbol{r}}{\mathrm{d}\xi}\right)^{\mathrm{II}}=L\left(1+\varepsilon^{\mathrm{II}}\right)\boldsymbol{t}^{\mathrm{II}}$$

然后利用有限元中常用的 Hermite 插值方法，即可以得到中心线的全局坐标：

$$\begin{aligned} \boldsymbol{r}(\xi)&=N_1(\xi)\boldsymbol{r}^{\mathrm{I}}+N_2(\xi)\left(\frac{\mathrm{d}\boldsymbol{r}}{\mathrm{d}\xi}\right)^{\mathrm{I}}+N_3(\xi)\boldsymbol{r}^{\mathrm{II}}+N_4(\xi)\left(\frac{\mathrm{d}\boldsymbol{r}}{\mathrm{d}\xi}\right)^{\mathrm{II}} \\ &=N_1(\xi)\boldsymbol{r}^{\mathrm{I}}+N_2(\xi)L\left(1+\varepsilon^{\mathrm{I}}\right)\boldsymbol{t}^{\mathrm{I}}+N_3(\xi)\boldsymbol{r}^{\mathrm{II}}+N_4(\xi)L\left(1+\varepsilon^{\mathrm{II}}\right)\boldsymbol{t}^{\mathrm{II}} \end{aligned} \tag{2.6}$$

式中

$$\begin{cases} N_1(\xi)=1-3\xi^2+2\xi^3 \\ N_2(\xi)=\xi(1-\xi)^2 \\ N_3(\xi)=\xi^2(3-2\xi) \\ N_4(\xi)=\xi^2(\xi-1) \end{cases} \tag{2.7}$$

为 Hermite 插值函数。

在由式（2.4）确定出中心线位置后，通过对 ξ 求导，即可定出切向量，而欧拉－伯努利梁假设要求该切向与截面法向一致，所以有：

$$t(\xi)=\frac{\boldsymbol{r}'}{|\boldsymbol{r}'|} \tag{2.8}$$

接下来，将结点 I 处的物质坐标系 $[\boldsymbol{t}^{\mathrm{I}}, \boldsymbol{m}^{\mathrm{I}}, \boldsymbol{n}^{\mathrm{I}}]$绕向量 $\boldsymbol{t}^{\mathrm{I}}\times\boldsymbol{t}$ 旋转一个角度 $\arccos(\boldsymbol{t}^{\mathrm{I}}\cdot\boldsymbol{t})$ 从而得到一个中间参考坐标系$[\bar{\boldsymbol{t}}, \bar{\boldsymbol{m}}, \bar{\boldsymbol{n}}]$，它相应的四元数 $\bar{\boldsymbol{\theta}}$可以通过两个四元数的乘法表示出：

$$\bar{\boldsymbol{\theta}}(\xi)=\boldsymbol{\theta}^{\mathrm{I}}\boldsymbol{\pi} \tag{2.9}$$

式中

$$\boldsymbol{\pi}=(\pi_0, \pi_1, \pi_2, \pi_3)=\left(\sqrt{\frac{1+\boldsymbol{t}\cdot\boldsymbol{t}^{\mathrm{I}}}{2}}, 0, \frac{-\boldsymbol{t}\cdot\boldsymbol{n}^{\mathrm{I}}}{\sqrt{2(1+\boldsymbol{t}\cdot\boldsymbol{t}^{\mathrm{I}})}}, \frac{\boldsymbol{t}\cdot\boldsymbol{m}^{\mathrm{I}}}{\sqrt{2(1+\boldsymbol{t}\cdot\boldsymbol{t}^{\mathrm{I}})}}\right) \tag{2.10}$$

显然，最终的物质坐标系对应的 $\boldsymbol{\theta}$ 与中间参考坐标系对应的 $\bar{\boldsymbol{\theta}}$只差一个绕 $\boldsymbol{t}$ 轴的转角，用 β（ξ）来记这个转角，根据四元数乘法的定义，可知：

$$\boldsymbol{\theta}(\xi)=\bar{\boldsymbol{\theta}}(\xi)\left(\cos\frac{\beta(\xi)}{2}, \sin\frac{\beta(\xi)}{2}, 0, 0\right) \tag{2.11}$$

且

$$\begin{cases}\beta(0)=0\\ \beta(1)=2\arcsin\dfrac{\Pi_1}{\sqrt{\Pi_0^2+\Pi_1^2}}\end{cases} \tag{2.12}$$

式中：$\boldsymbol{\Pi}_0$ 和 $\boldsymbol{\Pi}_1$ 是四元数 $\boldsymbol{\Pi}$ 的前两个分量，$\boldsymbol{\Pi}$ 的表达式为：

$$\begin{aligned}\boldsymbol{\Pi}&=(\boldsymbol{\theta}^{\mathrm{I}})^{-1}\boldsymbol{\theta}^{\mathrm{II}}=(\theta_0^{\mathrm{I}}, \theta_1^{\mathrm{I}}, \theta_2^{\mathrm{I}}, \theta_3^{\mathrm{I}})^{-1}(\theta_0^{\mathrm{II}}, \theta_1^{\mathrm{II}}, \theta_2^{\mathrm{II}}, \theta_3^{\mathrm{II}})\\&=(\theta_0^{\mathrm{I}}\theta_0^{\mathrm{II}}+\theta_1^{\mathrm{I}}\theta_1^{\mathrm{II}}+\theta_2^{\mathrm{I}}\theta_2^{\mathrm{II}}+\theta_3^{\mathrm{I}}\theta_3^{\mathrm{II}}, \ \theta_0^{\mathrm{I}}\theta_1^{\mathrm{II}}-\theta_1^{\mathrm{I}}\theta_0^{\mathrm{II}}-\theta_2^{\mathrm{I}}\theta_3^{\mathrm{II}}+\theta_3^{\mathrm{I}}\theta_2^{\mathrm{II}},\\&\quad\theta_0^{\mathrm{I}}\theta_2^{\mathrm{II}}-\theta_2^{\mathrm{I}}\theta_0^{\mathrm{II}}-\theta_3^{\mathrm{I}}\theta_1^{\mathrm{II}}+\theta_1^{\mathrm{I}}\theta_3^{\mathrm{II}}, \ \theta_0^{\mathrm{I}}\theta_3^{\mathrm{II}}-\theta_3^{\mathrm{I}}\theta_0^{\mathrm{II}}-\theta_1^{\mathrm{I}}\theta_2^{\mathrm{II}}+\theta_2^{\mathrm{I}}\theta_1^{\mathrm{II}})\end{aligned} \tag{2.13}$$

梁单元满足 Lagrange 方程：

$$\frac{\mathrm{d}}{\mathrm{d}t}\left(\frac{\partial T}{\partial\dot{\boldsymbol{q}}_{\mathrm{e}}}\right)-\frac{\partial T}{\partial\boldsymbol{q}_{\mathrm{e}}}+\frac{\partial U}{\partial\boldsymbol{q}_{\mathrm{e}}}=\frac{\delta W}{\delta\boldsymbol{q}_{\mathrm{e}}} \tag{2.14}$$

式中：$\boldsymbol{T}$ 为单元动能，$T=\dot{\boldsymbol{q}}_{\mathrm{e}}^{\mathrm{T}}\boldsymbol{M}\dot{\boldsymbol{q}}_{\mathrm{e}}/2$ ；$\boldsymbol{M}$ 为单元质量矩阵；$\dot{\boldsymbol{q}}_{\mathrm{e}}$为单元广义速度；$U$ 为单元弹性势能；W 为外力做的虚功。将动能表达式代入式（2.14）后，可将单元满足的动力学方程简化为：

$$\boldsymbol{M}\ddot{\boldsymbol{q}}_{\mathrm{e}}+\boldsymbol{V}\dot{\boldsymbol{q}}_{\mathrm{e}}+\frac{\partial U}{\partial\boldsymbol{q}_{\mathrm{e}}}=\frac{\delta W}{\delta\boldsymbol{q}_{\mathrm{e}}} \tag{2.15}$$

式中

$$\boldsymbol{V}=\frac{\partial(\boldsymbol{M}\dot{\boldsymbol{q}}_{\mathrm{e}})}{\partial\boldsymbol{q}_{\mathrm{e}}}-\frac{1}{2}\left(\frac{\partial(\boldsymbol{M}\dot{\boldsymbol{q}}_{\mathrm{e}})}{\partial\boldsymbol{q}_{\mathrm{e}}}\right)^{\mathrm{T}} \tag{2.16}$$

当然，单元除需满足方程（2.15）外，因为四元数并不独立，所以对每个结点来说，还需要增加约束方程：

$$\boldsymbol{C}(\boldsymbol{q}_{\mathrm{e}})=\begin{bmatrix}\boldsymbol{\theta}^{\mathrm{I}}\cdot\boldsymbol{\theta}^{\mathrm{I}}-1\\ \boldsymbol{\theta}^{\mathrm{II}}\cdot\boldsymbol{\theta}^{\mathrm{II}}-1\end{bmatrix}=\boldsymbol{0}$$

最终，在求解该梁单元的动力学问题时，需要求解一个微分代数方程，即

$$\begin{cases}\boldsymbol{M}\ddot{\boldsymbol{q}}_{\mathrm{e}}+\boldsymbol{V}\dot{\boldsymbol{q}}_{\mathrm{e}}+\dfrac{\partial U}{\partial \boldsymbol{q}_{\mathrm{e}}}+\left(\dfrac{\partial \boldsymbol{C}}{\partial \boldsymbol{q}_{\mathrm{e}}}\right)^{\mathrm{T}}\boldsymbol{\lambda}=\dfrac{\delta W}{\delta \boldsymbol{q}_{\mathrm{e}}}\\ \boldsymbol{C}(\boldsymbol{q}_{\mathrm{e}})=\boldsymbol{0}\end{cases} \tag{2.17}$$

式中：$\boldsymbol{\lambda}$ 为 Lagrange 乘子组成的向量；$\boldsymbol{M}$ 为单元的质量矩阵，表示为：

$$\boldsymbol{M}=\rho L\int_0^1\left[A\left(\frac{\partial \boldsymbol{r}}{\partial \boldsymbol{q}_{\mathrm{e}}}\right)^{\mathrm{T}}\left(\frac{\partial \boldsymbol{r}}{\partial \boldsymbol{q}_{\mathrm{e}}}\right)+4\left(\frac{\partial \boldsymbol{\theta}}{\partial \boldsymbol{q}_{\mathrm{e}}}\right)^{\mathrm{T}}\bar{\boldsymbol{E}}^{\mathrm{T}}\boldsymbol{J}\bar{\boldsymbol{E}}\left(\frac{\partial \boldsymbol{\theta}}{\partial \boldsymbol{q}_{\mathrm{e}}}\right)\right]\mathrm{d}\xi \tag{2.18}$$

K 为切线刚度矩阵 $\left(\boldsymbol{K}=\dfrac{\partial U}{\partial \boldsymbol{q}_{\mathrm{e}}}\right)$，可以表示为两部分之和：

$$\boldsymbol{K}=\boldsymbol{K}_0+\boldsymbol{K}_1 \tag{2.19}$$

此处

$$\begin{cases}\boldsymbol{K}_0=L\int_0^1\left(EA\dfrac{\partial \varepsilon}{\partial \boldsymbol{q}}\dfrac{\partial \varepsilon}{\partial \boldsymbol{q}}+GJ_{\mathrm{T}}\dfrac{\partial \kappa_1}{\partial \boldsymbol{q}}\dfrac{\partial \kappa_1}{\partial \boldsymbol{q}}+EJ_{22}\dfrac{\partial \kappa_2}{\partial \boldsymbol{q}}\dfrac{\partial \kappa_2}{\partial \boldsymbol{q}}+EJ_{33}\dfrac{\partial \kappa_3}{\partial \boldsymbol{q}}\dfrac{\partial \kappa_3}{\partial \boldsymbol{q}}\right)\mathrm{d}\xi\\ \boldsymbol{K}_1=L\int_0^1\left(EA\varepsilon\dfrac{\partial^2 \varepsilon}{\partial \boldsymbol{q}^2}+GJ_{\mathrm{T}}\kappa_1\dfrac{\partial^2 \kappa_1}{\partial \boldsymbol{q}^2}+EJ_{22}\kappa_2\dfrac{\partial^2 \kappa_2}{\partial \boldsymbol{q}^2}+EJ_{33}\kappa_3\dfrac{\partial^2 \kappa_3}{\partial \boldsymbol{q}^2}\right)\mathrm{d}\xi\end{cases} \tag{2.20}$$

2.2.3 钻柱系统的边界条件

2.2.3.1 钻头破岩边界

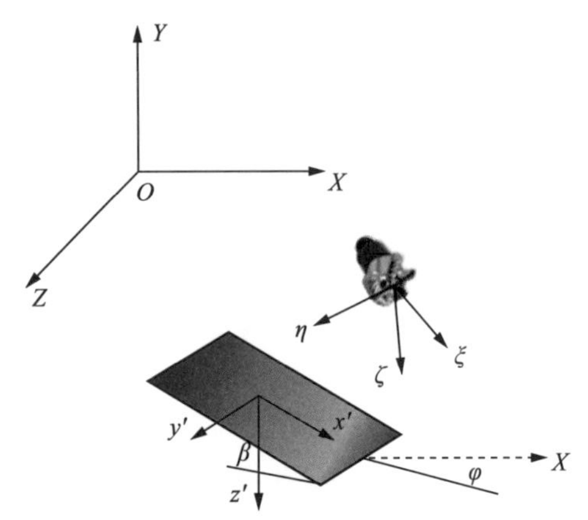

图2.3 钻头切削相关坐标系示意图

钻头在井眼中受力情况非常复杂。在钻进作业时，钻头破坏岩石产生进尺，对应的岩石会对钻头施加反作用力。钻头破岩钻进受到岩石可钻性、钻头切削能力、机械转速、钻压、钻头各向异性、地层各向异性等诸多因素的影响，这方面的研究成果颇丰，但是都有其应用的局限性。某个模型往往只适用于特定地区的特定岩层。

本书沿用了已有研究成果中的几个典型模型，引入了井下钻柱系统的动力学模型中。

（1）三维钻速方程。

文献 [1] 给出的三维钻速方程考虑了钻头切削能力各向异性、地层可钻性各向异性。如图 2.3 所示，钻头

坐标系为 $o\text{–}\xi\eta\zeta$，ξ 表示钻头轴向，地层坐标系为 $o\text{–}x'y'z'$，z' 表示地层法向。

钻头破岩钻井过程中，钻头对岩石的作用力和钻头的钻进速度满足如下关系：

$$\begin{bmatrix} v_{x'} \\ v_{y'} \\ v_{z'} \end{bmatrix} = \begin{bmatrix} 1-h_1 & 0 & 0 \\ 0 & 1-h_2 & 0 \\ 0 & 0 & 1 \end{bmatrix} \cdot \boldsymbol{A} \cdot \begin{bmatrix} F_\xi \\ c_1 F_\eta \\ c_2 F_\zeta \end{bmatrix} \cdot n_\xi \tag{2.21}$$

式中：h_1、h_2 表示岩层各向异性参数；c_1、c_2 表示钻头各向异性参数；$\boldsymbol{A}$ 表示钻头坐标系到地层坐标系的方向转换矩阵；n_ξ 表示轴向切削系数，该系数和机械转速、钻压等相关。此外，

$$\boldsymbol{v} = \begin{bmatrix} v_{x'} & v_{y'} & v_{z'} \end{bmatrix}^{\mathrm{T}}$$

表示的是钻进速度在地层坐标系中表示的分量形式。

$$\boldsymbol{F} = \begin{bmatrix} F_\xi & F_\eta & F_\zeta \end{bmatrix}^{\mathrm{T}}$$

表示的是钻头对岩石的作用力在钻头坐标系中表示的分量形式。

由式（2.21）可进一步得到钻头对岩石的作用力在钻头坐标系中的分量形式

$$\boldsymbol{F} = \frac{1}{n_\xi} \boldsymbol{C}^{-1} \boldsymbol{T}^{-1} \boldsymbol{H}^{-1} \boldsymbol{v} \tag{2.22}$$

其中，地层各向异性矩阵 $\boldsymbol{H}$ 和钻头各向异性矩阵 $\boldsymbol{C}$ 分别为：

$$\boldsymbol{H} = \begin{bmatrix} 1-h_1 & 0 & 0 \\ 0 & 1-h_2 & 0 \\ 0 & 0 & 1 \end{bmatrix}, \quad \boldsymbol{C} = \begin{bmatrix} 1 & 0 & 0 \\ 0 & c_1 & 0 \\ 0 & 0 & c_2 \end{bmatrix}$$

式（2.21）和式（2.22）都给出了钻头钻速与钻头受力关系。

（2）多元幂积侧向切削模型。

文献 [2] 根据试验结果，认为钻头的侧向切削量是侧向切削力、机械钻速、机械转速、岩石强度等因素的函数，侧向切削量还与轴向进尺相关，给出了如下的非线性多元侧向切削模型：

$$S = K S_{\mathrm{f}}^{t} R^{r} H^{h} N^{n} \xi_{\mathrm{f}}^{u} \tag{2.23}$$

式中：S 表示侧向切削量；S_{f} 表示侧向切削力；R 表示机械钻速；N 表示机械转速；ξ_{f} 表示岩石强度指标；K 表示系数（除与上述五个因素外的其他因素相关，如钻头类型、井底情况、井下水力条件等）。

2.2.3.2 接触边界

井下钻柱系统中所有钻杆、钻铤都有和井壁发生接触的可能性，且接触具有随机性和不连续性，本书采用 Hertz 接触理论来描述这些接触边界。

考虑到钻头、稳定器的表面形状较为复杂，可以在上述单元体几何表面上定义若干个点。通过这

些点与井壁接触近似地描述与井壁的接触作用。钻具在工作时，钻具的外套与井壁也会有接触作用。考虑到实际的钻具外套具有复杂的几何形状，也可以通过点与圆柱接触模型近似地描述钻具外套—井壁相互作用模型。此外研究翼肋伸出过程时，转向头前端导向轮与翼肋接触面之间作用模型可以等效为圆—圆接触模型。上述提及的基本几何体接触模型的具体建模过程，附录中有相关描述。

结合附录中柔性梁建模相关理论，比较梁的轴线位置与井眼轴线的相对关系就可以判断钻杆或者钻铤是否与井壁发生接触。为简便起见，在钻杆（或钻铤）中轴线上定义若干个离散待检测的接触点。从井眼的横向剖面中观察，这些离散点实际上是具有一定半径的圆面。该圆的半径根据研究接触具体问题，或等于钻杆外径，或等于钻杆接头的有效外径，或等于钻铤的外径。当这些离散点到井眼轴线的距离大于一定的间隙，即大于等效圆半径与井眼半径之差时，钻杆或钻铤与井壁发生接触。根据上面接触过程分析，并结合上文描述的三维井眼模型，可以将钻杆和钻铤与刚性井壁之间的接触问题简化为等效“点”与直圆柱段内接触的基本几何接触模型。有关具体利用点与圆柱的内接触模型计算钻柱（或钻铤）与井壁的接触力、摩擦力和摩擦力矩等问题将在附录中研究。此外直接采用上述模型，进行钻杆和钻铤与刚性井壁接触问题，计算效率很低。附录中采用了轴向包围盒技术作为接触预检测来提高接触检测效率，具有明显的效果。

2.2.3.3 顶驱边界

由于现代石油钻井往往配备顶部驱动装置（Top Drive，简称顶驱），它在钻台上方与钻柱上端连接，构成了钻柱系统的物理边界，因此有必要加以讨论。考虑典型 DC 电动机模型作为顶部驱动边界条件，如图 2.4 所示。假设 L_m 表示电动机的电感，R_m 表示电动机电阻，K_m 为电动机常数，U_m 表示电动机的输入电压，I_m 表示电动机内的电流，n_e 表示变速装置的传动比，ω_d 表示正常情况下顶驱的工作转速，$\dot{\varphi}_d$ 表示顶驱的瞬时角速度。

电动机电流变化方程为：

$$L_m I_m + R_m I_m + K_m n_e \dot{\varphi}_d = U_m \tag{2.24}$$

当顶驱转速达到指定工作转速 ω_d 时，电动机中电压 U_m 有如下关系：

$$U_m = K_m n_e \omega_d$$

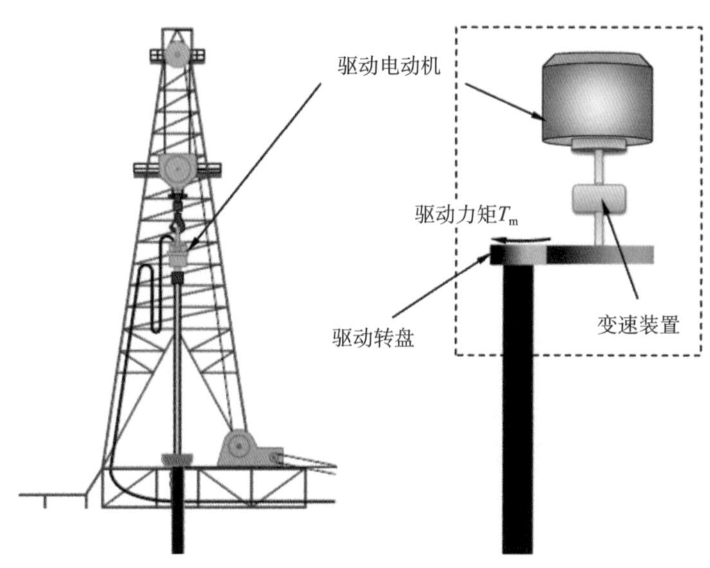

图2.4　电动机驱动模型示意图

电动机的驱动力矩 T_m 为：

$$T_m = n_e K_m I_m \tag{2.25}$$

以电动机内电量为变量将方程（2.24）从描述电流变化的一阶微分方程转化为描述电动机内电量变化的二阶微分方程，并且与系统方程统一求解。通过数值积分方法得到电动机内电流变化规律，结合式（2.25）中关系，可以得到驱动力矩 T_m。

2.2.3.4 连接边界

（1）刚体—梁固支约束条件。

如图 2.5 所示，作一般运动的刚体和柔性梁在 P 处固支。为简便起见，设点 P 为梁单元的端点，$\boldsymbol{r}_0$ 表示该点的绝对位矢。矢量 $\boldsymbol{m}$ 和 $\boldsymbol{n}$ 表示梁截面内相互垂直的惯量主轴方向。矢量 $\boldsymbol{t}$ 表示 P 处梁轴线的切线方向，并且与梁截面垂直。坐标系 $OXYZ$ 为惯性坐标系；坐标系 $oxyz$ 为刚体的质心坐标系，o 表示刚体质心。矢量 $\boldsymbol{\rho}$ 表示点 P 在刚体的质心坐标系中的位矢。矢量 $\boldsymbol{r}$ 表示刚体质心 o 的绝对位矢。矢量 $\boldsymbol{f}$、$\boldsymbol{g}$ 和 $\boldsymbol{h}$ 是定义在刚体质心坐标系 $oxyz$ 中一组向量，假设该组向量在惯性坐标系 $OXYZ$ 中可表示为 $\boldsymbol{Af}$、$\boldsymbol{Ag}$ 和 $\boldsymbol{Ah}$，其中 $\boldsymbol{A}$ 表示刚体质心坐标系相对于惯性坐标系的坐标转换矩阵。假设任意时刻，矢量 $\boldsymbol{Af}$、$\boldsymbol{Ag}$ 和 $\boldsymbol{Ah}$ 与矢量 $\boldsymbol{t}$、$\boldsymbol{n}$ 和 $\boldsymbol{m}$ 分别对应平行。

根据上述假设，并结合附录中刚体与柔性体建模理论，得到刚体与梁之间固支约束的数学方程为：

$$\boldsymbol{C} = \begin{bmatrix} \boldsymbol{r} + \boldsymbol{A\rho} - \boldsymbol{r}_0 \\ \boldsymbol{t} \cdot (\boldsymbol{Ag}) \\ \boldsymbol{t} \cdot (\boldsymbol{Ah}) \\ \boldsymbol{m} \cdot (\boldsymbol{Ag}) \end{bmatrix} = 0 \tag{2.26}$$

（2）梁—梁固支约束条件。

如图 2.6 所示，作一般运动的两段梁固支模型。为简便起见，假设两端梁在端面进行固接，O_1 和 O_2 分别表示对应梁端面的中心点。$\boldsymbol{r}_1$ 和 $\boldsymbol{r}_2$ 分别表示对应端面中心点在惯性坐标系 $OXYZ$ 中的绝对位矢。$\boldsymbol{t}_1$ 和 $\boldsymbol{t}_2$ 分别表示对应截面中心处梁轴线的切线方向。$\boldsymbol{m}_1$ 和 $\boldsymbol{n}_1$ 以及 $\boldsymbol{m}_2$ 和 $\boldsymbol{n}_2$ 分别表示相应梁的截面内相互垂直的惯性主轴方向矢量。矢量 $\boldsymbol{t}_1$、$\boldsymbol{m}_1$ 和 $\boldsymbol{n}_1$ 以及矢量 $\boldsymbol{t}_2$、$\boldsymbol{m}_2$ 和 $\boldsymbol{n}_2$ 构成右手坐标系。

考虑到图 2.6 所示相关矢量之间的关系，可以得出柔性梁之间固支约束数学方程为：

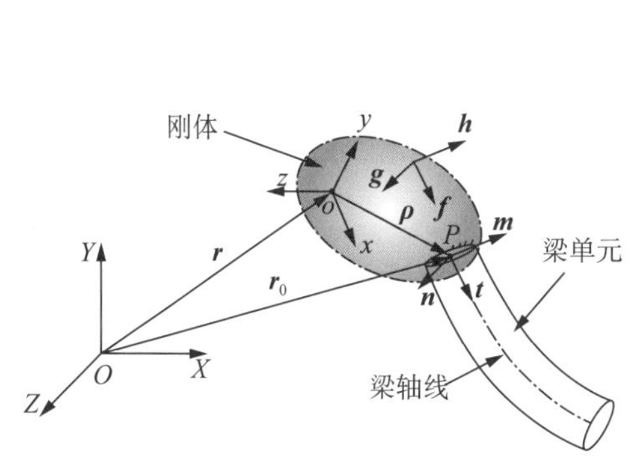

图2.5　刚体与柔性体固支约束示意图

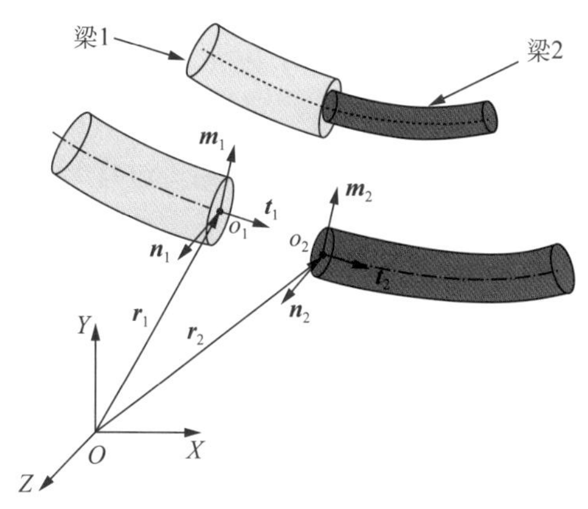

图2.6　柔性梁与柔性梁固支约束示意图

$$\boldsymbol{C}=\begin{bmatrix}\boldsymbol{r}_1-\boldsymbol{r}_2\\ \boldsymbol{t}_1\cdot\boldsymbol{m}_2\\ \boldsymbol{t}_1\cdot\boldsymbol{n}_2\\ \boldsymbol{m}_1\cdot\boldsymbol{n}_2\end{bmatrix}=0 \tag{2.27}$$

2.2.4 井眼轨迹预测方法

传统的井眼轨迹预测方法基本上都是基于静力学分析的静态分析方法，该方法考虑范围相对狭窄，在面临一些动态载荷作用明显的情况时（如旋转导向、涡动等），预测精度相对较低。为解决这一问题，本书提出了一种动态预测井眼轨迹的方式，如图 2.7 所示。

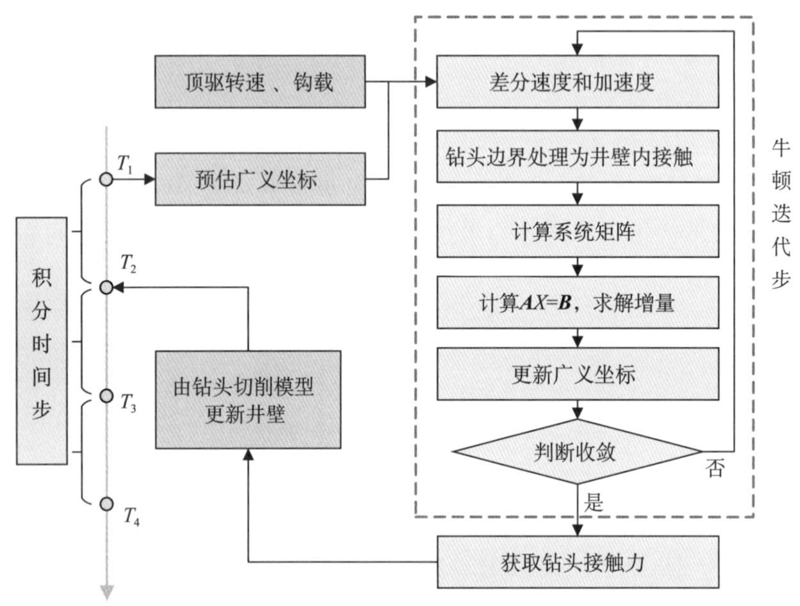

图2.7 井眼轨迹预测计算流程图

将顶驱转速、大钩载荷和导向控制作为系统输入条件，将钻柱和岩石的相互作用作为接触边界条件，以 BDF（Backward Differential Formula）方法作为动态求解和预估方法。在每一个时刻的牛顿迭代步中，将钻头和井壁的作用作为接触碰撞考虑，从而计算得到它们之间的相互作用力；在牛顿迭代收敛后，以该相互作用力代入钻头切削模型中，得到该时刻的钻头钻进量作为井壁生长，及时的更新井壁数据，从而进入下一时刻的迭代计算。

采用该方法，方便地描述了钻进过程和通井过程的钻头边界条件，从而为钻进过程和通井过程的系统动力学建模奠定基础。

2.3 钻井液系统动力学建模

如前所述，本节研究的钻井液满足以下假设：

（1）在各流道中的流动均为一元流动；

（2）体积应变和压强成正比，流道截面积增量和压强成正比；

（3）计算定常流动液体的流动压力损失的公式也适用于非定常流；

(4) 考虑流道的轴向伸缩效应；

(5) 流动过程不存在热量交换，即等熵过程。

2.3.1 液体的质量方程

如图 2.8 所示，某一段流道，初始时刻长度为 dx，经过变形后其流道长度变化为 ds。初始时刻，流道内的液体密度 ρ_0，流道面积 A_0；当前时刻，流道内的液体密度变化为 ρ，流道面积变化为 A。

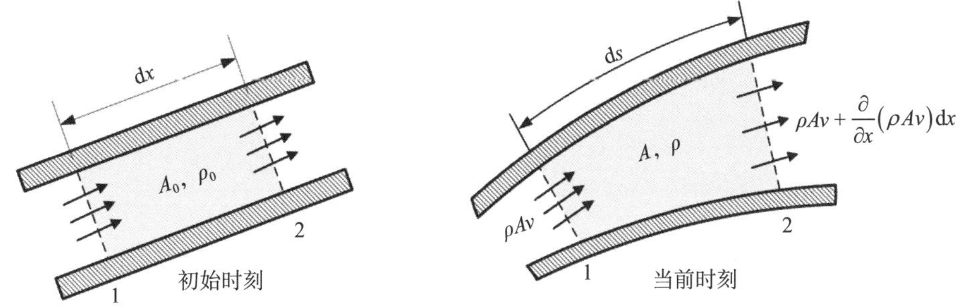

图2.8 液体质量守恒示意图

由质量守恒知，该流段内液体质量的变化量和流入流出的液体质量平衡，即

$$\frac{\partial}{\partial t}(\rho A\mathrm{d}s)=\rho Av-\left[\rho Av+\frac{\partial}{\partial s}(\rho Av)\mathrm{d}s\right] \tag{2.28}$$

由于流道长度 ds 随时间变化，不能直接求解时间偏导数，所以选用初始时刻的流道长度作为研究对象，则式（2.28）等价于：

$$\frac{\partial}{\partial t}\left(\rho A\frac{\mathrm{d}s}{\mathrm{d}x}\mathrm{d}x\right)=\rho Av-\left[\rho Av+\frac{\partial}{\partial x}(\rho Av)\mathrm{d}x\right] \tag{2.29}$$

式中：ds/dx 表示的是流道的伸缩比，它和流道的轴向应变 λ 满足如下关系：

$$\mathrm{d}s/\mathrm{d}x=\lambda+1$$

式（2.29）中，流道初始长度 dx 和时间无关，因此化简变形得：

$$\frac{\partial}{\partial t}\left(\rho A\frac{\mathrm{d}s}{\mathrm{d}x}\right)+\frac{\partial}{\partial x}(\rho Av)=0 \tag{2.30}$$

从上式发现：流道的轴向伸缩效应是会影响质量守恒方程的，例如，当流道两端不发生液体的流入流出，若流道长度变长，流道面积不变，则液体密度必然变小。当流道为刚性流道时，其流道的伸缩比 $\mathrm{d}s/\mathrm{d}x\equiv 1$，则式（2.30）退化为经典的一维流体的质量方程：

$$\frac{\partial}{\partial t}(\rho A)+\frac{\partial}{\partial x}(\rho Av)=0$$

2.3.2 液体的动量方程和对钻柱的反作用力

从力学建模角度，钻井液主要可以分为 3 大类：管内流体、环空流体和井底流体。在建立动量方程时，需要对这 3 类流体分别研究。

2.3.2.1 管内流体

如图 2.9 所示，管内流体的截面质心始终与钻柱的截面中心重合，即 $\boldsymbol{r}_{\mathrm{in}}=\boldsymbol{r}_{\mathrm{p}}$。式中，$\boldsymbol{r}_{\mathrm{in}}$ 表示管内流体的截面质心位置矢量，$\boldsymbol{r}_{\mathrm{p}}$ 表示钻柱的截面质心位置矢量。

根据物质导数求导法则，计算得到钻柱内流的速度和加速度：

$$\begin{aligned}&\frac{\mathrm{d}\boldsymbol{r}_{\mathrm{in}}}{\mathrm{d}t}=\frac{\partial}{\partial t}\boldsymbol{r}_{\mathrm{p}}+v\frac{\partial}{\partial s}\boldsymbol{r}_{1}=\dot{\boldsymbol{r}}_{\mathrm{p}}+v\boldsymbol{t}_{\mathrm{p}}\\&\frac{\mathrm{d}^{2}\boldsymbol{r}_{\mathrm{in}}}{\mathrm{d}t^{2}}=\frac{\partial}{\partial t}\frac{\mathrm{d}\boldsymbol{r}_{\mathrm{in}}}{\mathrm{d}t}+v\frac{\partial}{\partial s}\frac{\mathrm{d}\boldsymbol{r}_{\mathrm{in}}}{\mathrm{d}t}=\ddot{\boldsymbol{r}}_{\mathrm{p}}+2v\dot{\boldsymbol{t}}_{\mathrm{p}}+\left(\frac{\partial v}{\partial t}+v\frac{\partial v}{\partial s}+\frac{\dot{\lambda}v}{1+\lambda}\right)\boldsymbol{t}_{\mathrm{p}}+v^{2}\frac{\partial\boldsymbol{t}_{\mathrm{p}}}{\partial s}\end{aligned}\tag{2.31}$$

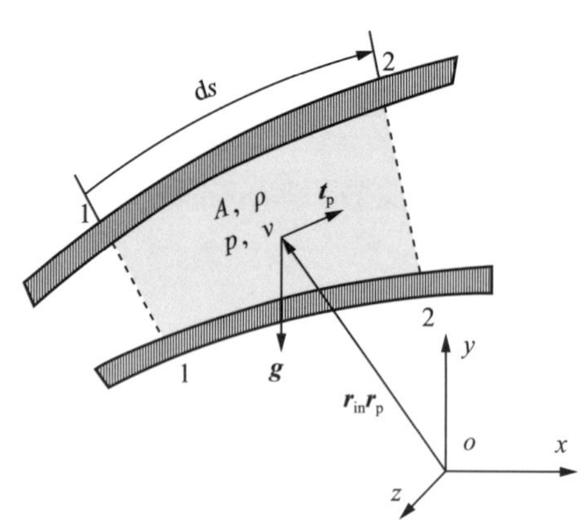

图2.9 管内流体动量平衡示意图

式中：$\dot{\boldsymbol{r}}_{\mathrm{p}},\ddot{\boldsymbol{r}}_{\mathrm{p}}$ 分别表示钻柱的截面质心的速度矢量和加速度矢量；$\boldsymbol{t}_{\mathrm{p}},\dot{\boldsymbol{t}}_{\mathrm{p}},\partial\boldsymbol{t}_{\mathrm{p}}/\partial s$ 分别表示钻柱轴向的方向矢量、方向矢量的时间变化率和方向矢量的位置变化率；$\lambda,\dot{\lambda}$ 分别表示钻柱的轴向应变和轴向应变率；v，$\partial v/\partial t$，$\partial v/\partial s$ 分别表示管内流体的流速速度、流速的时间变化率和流速的位置变化率。

管内流体受到重力、钻柱内壁压力、钻柱内壁摩擦力和端面压力的作用，它们分别表示为：

端面 1 的压力：$\left[pA-\frac{1}{2}\frac{\partial(pA)}{\partial s}\mathrm{d}s\right]\left(\boldsymbol{t}_{\mathrm{p}}-\frac{1}{2}\frac{\partial\boldsymbol{t}_{\mathrm{p}}}{\partial s}\mathrm{d}s\right)$；

端面 2 的压力：$\left[pA+\frac{1}{2}\frac{\partial(pA)}{\partial s}\mathrm{d}s\right]\left(\boldsymbol{t}_{\mathrm{p}}+\frac{1}{2}\frac{\partial\boldsymbol{t}_{\mathrm{p}}}{\partial s}\mathrm{d}s\right)$；

重力：$\rho A\boldsymbol{g}\mathrm{d}s$；

管壁对液体压力：$pA\frac{\partial\boldsymbol{t}_{\mathrm{p}}}{\partial s}\mathrm{d}s$；

管壁对液体摩擦力：$\pi D\tau\boldsymbol{t}_{\mathrm{p}}\mathrm{d}s$ （D 为流道直径，τ 为流体边界受到的剪应力）。

由牛顿第二定律，管内流体的加速度和外力平衡，即

$$\begin{aligned}&\rho A\left[\ddot{\boldsymbol{r}}_{\mathrm{p}}+2v_{\mathrm{in}}\dot{\boldsymbol{t}}_{\mathrm{p}}+\left(\frac{\partial v}{\partial t}+v\frac{\partial v}{\partial s}+\frac{\dot{\lambda}v}{1+\lambda}\right)\boldsymbol{t}_{\mathrm{p}}+v^{2}\frac{\partial\boldsymbol{t}_{\mathrm{p}}}{\partial s}\right]\mathrm{d}s\\&=\left[pA-\frac{1}{2}\frac{\partial(pA)}{\partial s}\mathrm{d}s\right]\left(\boldsymbol{t}_{\mathrm{p}}-\frac{1}{2}\frac{\partial\boldsymbol{t}_{\mathrm{p}}}{\partial s}\mathrm{d}s\right)-\left[pA+\frac{1}{2}\frac{\partial(pA)}{\partial s}\mathrm{d}s\right]\left(\boldsymbol{t}_{\mathrm{p}}+\frac{1}{2}\frac{\partial\boldsymbol{t}_{\mathrm{p}}}{\partial s}\mathrm{d}s\right)+\\&\rho A\boldsymbol{g}\mathrm{d}s+pA\frac{\partial\boldsymbol{t}_{\mathrm{p}}}{\partial s}\mathrm{d}s-\pi D\tau\mathrm{d}s\end{aligned}$$

上式整理化简得到管内流体的三维动力学方程：

$$\begin{aligned}&\frac{\partial}{\partial t}\left(\rho Av\frac{\mathrm{d}s}{\mathrm{d}x}\boldsymbol{t}_{\mathrm{p}}\right)+\rho Av\frac{\partial}{\partial t}\left(\frac{\mathrm{d}s}{\mathrm{d}x}\boldsymbol{t}_{\mathrm{p}}\right)+\frac{\partial}{\partial x}\left[\left(\rho Av^{2}+Ap\right)\boldsymbol{t}_{\mathrm{p}}\right]+\\&\rho A\frac{\mathrm{d}s}{\mathrm{d}x}(\ddot{\boldsymbol{r}}_{\mathrm{p}}-\boldsymbol{g})+p_{\mathrm{c}}A\frac{\mathrm{d}s}{\mathrm{d}x}\boldsymbol{t}_{\mathrm{p}}-Ap\frac{\partial\boldsymbol{t}_{\mathrm{p}}}{\partial x}=\boldsymbol{0}\end{aligned}\tag{2.32}$$

式中：p_{c} 表示为液体流动损耗，$p_{\mathrm{c}}A=\pi D\tau$。并且有：

$$p\frac{\partial A}{\partial x}\ll A\frac{\partial p}{\partial x}$$

因此，忽略由于流道面积变化带来的附加压力。

将管内流体的三维动力学方程投影到 $\boldsymbol{t}_{\mathrm{p}}$ 方向，得到管内流体的一维动力学方程：

$$\frac{\partial}{\partial t}\left(\rho A v \frac{\mathrm{d}s}{\mathrm{d}x}\right)+\rho A v \frac{\partial}{\partial t}\left(\frac{\mathrm{d}s}{\mathrm{d}x}\right)+\frac{\partial(\rho A v^{2}+pA)}{\partial x}+A\frac{\mathrm{d}s}{\mathrm{d}x}\left[\rho \boldsymbol{t}_{\mathrm{p}}^{\mathrm{T}}(\ddot{\boldsymbol{r}}_{\mathrm{p}}-\boldsymbol{g})+p_{\mathrm{c}}\right]=0 \tag{2.33}$$

式（2.33）中：第 1 项表示流体动量的时间变化率，第 2 项表示流道伸缩产生和的附加惯性力，第 3 项表示流体动压力的梯度，第 4 项表示流体的牵连运动、重力和摩擦力等外力。若不考虑流道的伸缩效应，可退化为经典的一维流动方程：

$$\frac{\partial}{\partial t}(\rho A v)+\frac{\partial(\rho A v^{2}+pA)}{\partial x}+\rho A \boldsymbol{t}_{\mathrm{p}}^{\mathrm{T}}(\ddot{\boldsymbol{r}}_{\mathrm{p}}-\boldsymbol{g})+p_{\mathrm{c}}A=0$$

观察式（2.32）中，钻柱内壁对流体的压力和摩擦力是钻柱和流体之间的内力，由于管内流体只受到钻柱的作用力，因此式（2.32）中刨去该两项内力后，剩下的便是管内流体对钻柱的反作用力，表示为：

$$\boldsymbol{F}_{\mathrm{p}}=\frac{\partial}{\partial t}\left(\rho A v \frac{\mathrm{d}s}{\mathrm{d}x}\boldsymbol{t}_{\mathrm{p}}\right)+\rho A v \frac{\partial}{\partial t}\left(\frac{\mathrm{d}s}{\mathrm{d}x}\boldsymbol{t}_{\mathrm{p}}\right)+\frac{\partial}{\partial x}\left[\left(\rho A v^{2}+Ap\right)\boldsymbol{t}_{\mathrm{p}}\right]+\rho A\frac{\mathrm{d}s}{\mathrm{d}x}\left(\ddot{\boldsymbol{r}}_{\mathrm{p}}-\boldsymbol{g}\right)$$

2.3.2.2 环空流体

如图 2.10 所示，环空流体的截面质心始终与钻柱的截面中心并不重合，但是它们两者沿井眼方向投影相等，而在井眼的横截面内满足面积形心关系，即

$$\boldsymbol{t}_{\mathrm{w}}^{\mathrm{T}}\boldsymbol{r}_{\mathrm{ex}}=\boldsymbol{t}_{\mathrm{w}}^{\mathrm{T}}\boldsymbol{r}_{\mathrm{p}}=\boldsymbol{t}_{\mathrm{w}}^{\mathrm{T}}\boldsymbol{r}_{\mathrm{w}}$$

$$\boldsymbol{r}_{\mathrm{ex}}A+\boldsymbol{r}_{\mathrm{p}}(A_{\mathrm{w}}-A_{\mathrm{e}})=\boldsymbol{r}_{\mathrm{w}}A_{\mathrm{w}}$$

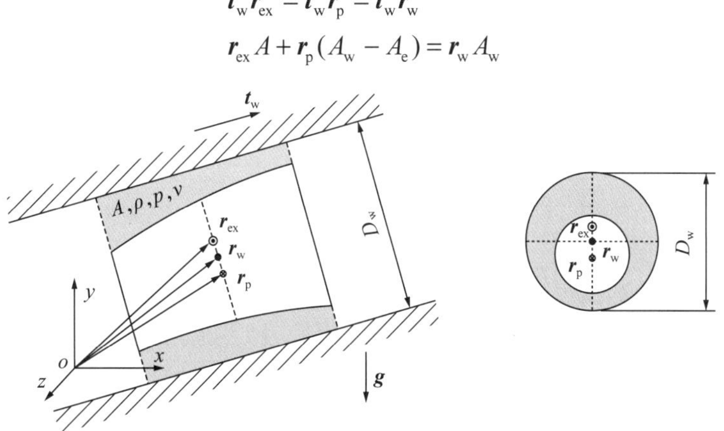

图2.10 环空流体动量平衡示意图

式中：$\boldsymbol{r}_{\mathrm{ex}}$ 表示环空的截面质心位置矢量；$\boldsymbol{r}_{\mathrm{p}}$ 表示钻柱的截面质心位置矢量；$\boldsymbol{r}_{\mathrm{w}}$ 表示井眼截面中心的位置矢量；$\boldsymbol{t}_{\mathrm{w}}$ 表示井眼轴线的方向矢量；A_{w} 表示井眼横截面积；A_{e} 表示环空流体的流道面积。由以上关系得环空流体的截面质心位置为：

$$\boldsymbol{r}_{\mathrm{ex}}=\boldsymbol{r}_{\mathrm{w}}\frac{A_{\mathrm{w}}}{A_{\mathrm{e}}}-\boldsymbol{r}_{\mathrm{p}}\frac{A_{\mathrm{w}}-A_{\mathrm{e}}}{A_{\mathrm{e}}}$$

需要说明的是，$\boldsymbol{r}_{\mathrm{w}}$ 对应的井眼截面中心是由钻柱截面质心投影到井眼轴线上得到的。随着钻柱的运动，该投影点也会变化，表示为：

$$\frac{\partial \boldsymbol{r}_{\mathrm{w}}}{\partial t}=\boldsymbol{t}_{\mathrm{w}}\boldsymbol{t}_{\mathrm{w}}^{\mathrm{T}}\frac{\partial \boldsymbol{r}_{\mathrm{p}}}{\partial t},\quad \frac{\partial \boldsymbol{r}_{\mathrm{w}}}{\partial s}=\boldsymbol{t}_{\mathrm{w}}\boldsymbol{t}_{\mathrm{w}}^{\mathrm{T}}\frac{\partial \boldsymbol{r}_{\mathrm{p}}}{\partial s}$$

根据物质导数求导法则，环空流体速度和加速度的计算方法如下：

$$\frac{\mathrm{d}\boldsymbol{r}_{\mathrm{ex}}}{\mathrm{d}t}=\left(\frac{\partial}{\partial t}+v\frac{\partial}{\partial s}\right)\boldsymbol{r}_{\mathrm{ex}}$$

$$\frac{\mathrm{d}^2\boldsymbol{r}_{\mathrm{ex}}}{\mathrm{d}t^2}=\left(\frac{\partial}{\partial t}+v\frac{\partial}{\partial s}\right)^2\boldsymbol{r}_{\mathrm{ex}}$$

忽略 $\partial\boldsymbol{t}_{\mathrm{w}}/\partial s$ 的影响，最终得到环空流体的速度和加速度为：

$$\begin{cases}\dfrac{\mathrm{d}\boldsymbol{r}_{\mathrm{ex}}}{\mathrm{d}t}=\boldsymbol{E}_{\mathrm{w}}(\dot{\boldsymbol{r}}_{\mathrm{p}}+v\boldsymbol{t}_{\mathrm{p}})\\ \dfrac{\mathrm{d}^2\boldsymbol{r}_{\mathrm{ex}}}{\mathrm{d}t^2}=\boldsymbol{E}_{\mathrm{w}}\left[\ddot{\boldsymbol{r}}_{\mathrm{p}}+2v\dot{\boldsymbol{t}}_{\mathrm{p}}+\left(\dot{v}+v\dfrac{\partial v}{\partial s}+\dfrac{\dot{\lambda}v}{1+\lambda}\right)\boldsymbol{t}_{\mathrm{p}}+v^2\dfrac{\partial\boldsymbol{t}_{\mathrm{p}}}{\partial s}\right]\end{cases}\tag{2.34}$$

式中

$$\boldsymbol{E}_{\mathrm{w}}=\frac{-(A_{\mathrm{w}}-A_{\mathrm{o}})\boldsymbol{I}+A_{\mathrm{w}}\boldsymbol{t}_{\mathrm{w}}\boldsymbol{t}_{\mathrm{w}}^{\mathrm{T}}}{A_{\mathrm{o}}}$$

表示了环空流体的流动变换矩阵。$\boldsymbol{E}_{\mathrm{w}}$ 是可逆的，其逆矩阵为：

$$\boldsymbol{E}_{\mathrm{w}}^{-1}=\frac{-A\boldsymbol{I}+A_{\mathrm{w}}\boldsymbol{t}_{\mathrm{w}}\boldsymbol{t}_{\mathrm{w}}^{\mathrm{T}}}{A_{\mathrm{w}}-A}$$

比较式（2.31）和式（2.34）发现，环空流体的速度、加速度和管内流体相比，只相差一个变换矩阵 $\boldsymbol{E}_{\mathrm{w}}$，当 $\boldsymbol{t}_{\mathrm{w}}$ 和 $\boldsymbol{t}_{\mathrm{p}}$ 重合时，环空流体的速度、加速度的表达式和管内流体一致。

环空流体受到重力、钻柱外壁压力和摩擦力、井眼内壁压力和摩擦力和端面压力的作用，它们分别表示为：

端面 1 的压力：$\boldsymbol{E}_{\mathrm{w}}\left[pA-\frac{1}{2}\frac{\partial(pA)}{\partial s}\mathrm{d}s\right]\left(\boldsymbol{t}_{\mathrm{p}}-\frac{1}{2}\frac{\partial\boldsymbol{t}_{\mathrm{p}}}{\partial s}\mathrm{d}s\right)$；

端面 2 的压力：$\boldsymbol{E}_{\mathrm{w}}\left[pA+\frac{1}{2}\frac{\partial(pA)}{\partial s}\mathrm{d}s\right]\left(\boldsymbol{t}_{\mathrm{p}}+\frac{1}{2}\frac{\partial\boldsymbol{t}_{\mathrm{p}}}{\partial s}\mathrm{d}s\right)$；

重力：$\rho A\boldsymbol{g}\mathrm{d}s$；

钻柱外壁对液体压力：$p(A_{\mathrm{w}}-A)\frac{\partial\boldsymbol{t}_{\mathrm{p}}}{\partial s}\mathrm{d}s$；

井眼内壁对液体压力：$pA_{\mathrm{w}}\frac{\partial\boldsymbol{t}_{\mathrm{w}}}{\partial s}\mathrm{d}s$；

钻柱外壁对液体摩擦力：$\pi D_{\mathrm{p}}\tau_{\mathrm{p}}\boldsymbol{t}_{\mathrm{p}}\mathrm{d}s$（$D_{\mathrm{p}}$ 为钻柱外径，τ_{p} 为钻柱外壁处的流体剪应力）；

井眼内壁对液体摩擦力：$\pi D_{\mathrm{w}}\tau_{\mathrm{w}}\boldsymbol{t}_{\mathrm{w}}\mathrm{d}s$（$D_{\mathrm{w}}$ 为井眼直径，τ_{w} 为井眼内壁处的流体剪应力）。

由牛顿第二定律，环空流体的加速度和外力平衡，即

$$\begin{aligned}&\rho A\boldsymbol{E}_{\mathrm{w}}\left[\ddot{\boldsymbol{r}}_{\mathrm{p}}+2v_{\mathrm{in}}\dot{\boldsymbol{t}}_{\mathrm{p}}+\left(\frac{\partial v}{\partial t}+v\frac{\partial v}{\partial s}+\frac{\dot{\lambda}v}{1+\lambda}\right)\boldsymbol{t}_{\mathrm{p}}+v^2\frac{\partial\boldsymbol{t}_{\mathrm{p}}}{\partial s}\right]\mathrm{d}s\\&=\boldsymbol{E}_{\mathrm{w}}\left[pA-\frac{1}{2}\frac{\partial(pA)}{\partial s}\mathrm{d}s\right]\left(\boldsymbol{t}_{\mathrm{p}}-\frac{1}{2}\frac{\partial\boldsymbol{t}_{\mathrm{p}}}{\partial s}\mathrm{d}s\right)-\boldsymbol{E}_{\mathrm{w}}\left[pA+\frac{1}{2}\frac{\partial(pA)}{\partial s}\mathrm{d}s\right]\left(\boldsymbol{t}_{\mathrm{p}}+\frac{1}{2}\frac{\partial\boldsymbol{t}_{\mathrm{p}}}{\partial s}\mathrm{d}s\right)+\\&\rho A\boldsymbol{g}\mathrm{d}s+p(A_{\mathrm{w}}-A)\frac{\partial\boldsymbol{t}_{\mathrm{p}}}{\partial s}\mathrm{d}s+pA_{\mathrm{w}}\frac{\partial\boldsymbol{t}_{\mathrm{w}}}{\partial s}\mathrm{d}s-\pi D_{\mathrm{p}}\tau_{\mathrm{p}}\boldsymbol{t}_{\mathrm{p}}\mathrm{d}s-\pi D_{\mathrm{w}}\tau_{\mathrm{w}}\boldsymbol{t}_{\mathrm{w}}\mathrm{d}s\end{aligned}$$

将钻柱外壁和井眼内壁对环空流体的摩擦力作用等效为一项，化简得到环空流体的三维动力学方程：

$$\boldsymbol{E}_{\mathrm{w}}\left[\frac{\partial}{\partial t}\left(\rho A v\frac{\mathrm{d}s}{\mathrm{d}x}\boldsymbol{t}_{\mathrm{p}}\right)+\rho A v\frac{\partial}{\partial t}\left(\frac{\mathrm{d}s}{\mathrm{d}x}\boldsymbol{t}_{\mathrm{p}}\right)+\frac{\partial}{\partial x}\left(\rho A v^2\boldsymbol{t}_{\mathrm{p}}+pA\boldsymbol{t}_{\mathrm{p}}\right)+\rho A\frac{\mathrm{d}s}{\mathrm{d}x}\ddot{\boldsymbol{r}}_{\mathrm{p}}+p_{\mathrm{c}}A\frac{\mathrm{d}s}{\mathrm{d}x}\boldsymbol{t}_{\mathrm{p}}\right]- \rho A\frac{\mathrm{d}s}{\mathrm{d}x}\boldsymbol{g}-pA_{\mathrm{w}}\frac{\partial\boldsymbol{t}_{\mathrm{w}}}{\partial x}+pA_{\mathrm{p}}\frac{\partial\boldsymbol{t}_{\mathrm{p}}}{\partial x}=\boldsymbol{0} \tag{2.35}$$

式中：p_{c} 表示为流动压力损耗。并且有：

$$p\frac{\partial A}{\partial x}\ll A\frac{\partial p}{\partial x}$$

因此，忽略由于流道面积变化带来的附加压力。

将环空流体的三维动力学方程投影到 $\boldsymbol{E}_{\mathrm{w}}^{-1}\boldsymbol{t}_{\mathrm{p}}$ 方向，得到环空流体的一维动力学方程：

$$\frac{\partial}{\partial t}\left(\rho A v\frac{\mathrm{d}s}{\mathrm{d}x}\right)+\rho A v\frac{\partial}{\partial t}\left(\frac{\mathrm{d}s}{\mathrm{d}x}\right)+\frac{\partial(\rho A v^2+pA)}{\partial x}+A\frac{\mathrm{d}s}{\mathrm{d}x}\left[\rho\boldsymbol{t}_{\mathrm{p}}^{\mathrm{T}}(\ddot{\boldsymbol{r}}_{\mathrm{p}}-\boldsymbol{E}_{\mathrm{w}}^{-1}\boldsymbol{g})+p_{\mathrm{c}}\right]=0 \tag{2.36}$$

式（2.36）中：第一项表示流体动量的时间变化率，第二项表示流道伸缩产生和的附加惯性力，第三项表示流体动压力的梯度，第四项表示流体的牵连运动、重力和摩擦力等外力。若不考虑流道的伸缩效应，可退化为经典的一维流动方程：

$$\frac{\partial}{\partial t}(\rho A v)+\frac{\partial(\rho A v^2+pA)}{\partial x}+A\left[\rho\boldsymbol{t}_{\mathrm{p}}^{\mathrm{T}}(\ddot{\boldsymbol{r}}_{\mathrm{p}}-\boldsymbol{E}_{\mathrm{w}}^{-1}\boldsymbol{g})+p_{\mathrm{c}}\right]=0$$

比较环空流体和管内流体的一维动力学方程发现，两者的区别主要是管内流体是投影到了 $\boldsymbol{t}_{\mathrm{p}}$ 方向，环空流体则是投影到了 $\boldsymbol{E}_{\mathrm{w}}^{-1}\boldsymbol{t}_{\mathrm{p}}$ 方向，导致的结果是重力作用效果也会相应的有一些差异，其他的作用项都是一致的。当井眼轴线和钻柱轴线重合时，即$\boldsymbol{t}_{\mathrm{p}}=\boldsymbol{t}_{\mathrm{w}}$，则此时$\boldsymbol{E}_{\mathrm{w}}^{-1}\boldsymbol{t}_{\mathrm{p}}=\boldsymbol{t}_{\mathrm{p}}$，环空流体和管内流体的一维动力学方程完全一致。

观察式（2.35）中，钻柱外壁对流体的压力和摩擦力是钻柱和流体之间的内力，井眼内壁对流体的压力和摩擦力是钻柱和流体之间的作用力，由于环空流体只受到钻柱和井壁的作用力，因此式（2.35）中除去钻柱和流体之间的内力后，剩下的便是环空流体对钻柱的反作用力，表示为：

$$\boldsymbol{F}_{\mathrm{p}}=\boldsymbol{E}_{\mathrm{w}}\left[\frac{\partial}{\partial t}\left(\rho A v\frac{\mathrm{d}s}{\mathrm{d}x}\boldsymbol{t}_{\mathrm{p}}\right)+\rho A v\frac{\partial}{\partial t}\left(\frac{\mathrm{d}s}{\mathrm{d}x}\boldsymbol{t}_{\mathrm{p}}\right)+\frac{\partial(\rho A v^2\boldsymbol{t}_{\mathrm{p}}+pA\boldsymbol{t}_{\mathrm{p}})}{\partial x}\right]+ \rho A\frac{\mathrm{d}s}{\mathrm{d}x}(\boldsymbol{E}_{\mathrm{w}}\ddot{\boldsymbol{r}}_{\mathrm{p}}-\boldsymbol{g})-pA_{\mathrm{w}}\frac{\partial\boldsymbol{t}_{\mathrm{w}}}{\partial x}+2\pi R_{\mathrm{w}}\tau_{\mathrm{w}}\frac{\partial s}{\partial x}\boldsymbol{t}_{\mathrm{w}}$$

2.3.2.3 井底流体

井底流体可以由管内流体退化得到，直接将 $\boldsymbol{t}_{\mathrm{p}}$ 替换为 $\boldsymbol{t}_{\mathrm{w}}$，消去牵连加速度和流道伸缩的影响，则井底流体的三维动力学方程为：

$$\frac{\partial}{\partial t}(\rho A v\boldsymbol{t}_{\mathrm{w}})+\rho A v\frac{\partial}{\partial t}(\boldsymbol{t}_{\mathrm{w}})+\frac{\partial}{\partial x}\left[(\rho A v^2+Ap)\boldsymbol{t}_{\mathrm{w}}\right]+A(-\rho\boldsymbol{g}+p_{\mathrm{c}}\boldsymbol{t}_{\mathrm{w}})-Ap\frac{\partial\boldsymbol{t}_{\mathrm{w}}}{\partial x}=\boldsymbol{0}$$

化简得：

$$\frac{\partial}{\partial t}(\rho A v)\boldsymbol{t}_{\mathrm{w}}+\frac{\partial}{\partial x}\left[(\rho A v^2+Ap)\right]\boldsymbol{t}_{\mathrm{w}}+A(-\rho\boldsymbol{g}+p_{\mathrm{c}}\boldsymbol{t}_{\mathrm{w}})=\boldsymbol{0} \tag{2.37}$$

将三维动力学方程投影到 $\boldsymbol{t}_{\mathrm{w}}$ 方向，得到井底流体的一维动力学方程：

$$\frac{\partial}{\partial t}(\rho A v)+\frac{\partial}{\partial x}\left(\rho A v^{2}+A p\right)+A\left(-\rho \boldsymbol{t}_{\mathrm{w}}^{\mathrm{T}} \boldsymbol{g}+p_{\mathrm{c}}\right)=0 \tag{2.38}$$

值得注意的是：井底流体对钻柱没有直接反作用力，只有钻头处的约束反力。

2.3.3 液体的本构方程

可压缩一维管流的本构方程表示为：

$$\frac{1}{E}=\frac{1}{\rho} \frac{\mathrm{d} \rho}{\mathrm{d} p}+\frac{1}{A} \frac{\mathrm{d} A}{\mathrm{d} p} \tag{2.39}$$

式中：E 表示管道流体的等效弹性模量；$\frac{1}{\rho} \frac{\mathrm{d} \rho}{\mathrm{d} p}$ 表示液体的压缩系数，用 α 表示；$\frac{1}{A} \frac{\mathrm{d} A}{\mathrm{d} p}$ 表示流道的弹性系数，用 β 表示。

对式（2.39）进行一次积分，得：

$$p=E \ln \left(\frac{\rho A}{\rho_{0} A_{0}}\right) \approx E\left(\frac{\rho A}{\rho_{0} A_{0}}-1\right)$$

同时，还能进一步得到流道面积的伸缩量：

$$A=A_{0} \mathrm{e}^{\beta p} \tag{2.40}$$

有

$$p \frac{\partial A}{\partial x}=(\beta p) A \frac{\partial p}{\partial x}<\frac{p}{E} A \frac{\partial p}{\partial x} \ll A \frac{\partial p}{\partial x}$$

可以看出，流道面积的变化带来的附加压力很小，可以忽略。为方便建模计算，本书只考虑流道面积的变化造成的流体等效弹性模量，在其他建立方程时均忽略了流道面积的变化量。因此本书采用以下简化的本构方程：

$$\begin{cases}\varepsilon=\rho / \rho_{0}-1 \\ p=-E \varepsilon\end{cases}$$

其中的等效弹性模量 E 同时考虑了液体的压缩性和流道的弹性。

为了计算流体的等效弹性模量，必须具体研究液体的压缩系数和流道弹性系数。

2.3.3.1 液体的压缩系数

液体的压缩系数与液体种类、温度、压力有关，还和混合气体、岩屑情况有关。一般需要通过实测得到特定条件下特定液体的压缩系数，为方便应用也可以采用一些合理近似。

（1）单相液体。

表 2.1 给出了 4 种液体在不同压力下的实测压缩系数。研究表明，钻井液压缩系数在 0 ~ 49MPa 范围内变化不大，为了方便应用，在实际计算时，以水在 50℃、50MPa 时的压缩系数代替钻井液的实际压缩系数。

表2.1　4种液体压缩系数表[3]

序号	被测液体	压缩系数（GPa^{-1}）	
		0 ~ 7.8MPa 压力条件下	7.8 ~ 49MPa 压力条件下
1	液压油	0.510 ~ 0.663	0.479 ~ 0.540
2	水	0.357 ~ 0.408	0.357 ~ 0.408
3	水基膨润土泥	0.408 ~ 0.510	0.388 ~ 0.510
4	水基混油钻井液	0.255 ~ 0.510	0.235 ~ 0.275

（2）多相液体。

一般情况下，钻井液会混入少量气体、岩屑等，此时体积模量（压缩系数的倒数）为[4]：

$$K_m=\frac{K_l\left(3K_g-\rho\omega^2a^2-\dfrac{2\sigma}{a}\right)+\rho\omega^2R^2x\left(K_l-K_g+\dfrac{2\sigma}{3a}\right)}{\left(3K_g-\rho\omega^2a^2-\dfrac{2\sigma}{a}\right)+3x\left(K_l-K_g+\dfrac{2\sigma}{3a}\right)}$$

式中：x 表示气泡含量，或饱和汽体积分数；K_l 表示液体的体积模量；K_g 表示混入气体的体积模量；σ 表示液体的表面张力系数；ω 表示液体的所受的扰动频率。

对于钻井液来说，气泡占有体积小，扰动频率低，表面张力影响小，因此到如下近似关系：

$$\frac{1}{K_m}=(1-x)\frac{1}{K_l}+x\frac{1}{K_g} \tag{2.41}$$

从以上式子可以看出，混合了饱和气的钻井液压缩系数为各相物质按照体积系数的叠加，因此很容易进一步推广到固液气三相混合的钻井液，即

$$\frac{1}{K_m}=(1-x-y)\frac{1}{K_l}+x\frac{1}{K_g}+y\frac{1}{K_s} \tag{2.42}$$

式中：y 表示岩屑的体积分数；K_s 表示岩屑的体积模量。

2.3.3.2　流道的弹性系数

根据弹性力学[5]，内外径分别为 D_i、D_o 的厚壁筒在内外压力 p_i、p_o 作用下，直径为 D 的圆其直径增量为：

$$\Delta D=\frac{1-\mu}{E}\frac{D_i^2p_i-D_o^2p_o}{D_o^2-D_i^2}D+\frac{1+\mu}{E}\frac{D_i^2D_o^2(p_i-p_o)}{D_o^2-D_i^2}\frac{1}{D} \tag{2.43}$$

式中：D_i、D_o 表示厚壁筒内外直径；p_i、p_o 表示厚壁筒所受内外压强；E 表示材料弹性模量；μ 表示材料泊松系数。

图 2.11 给出了井内流道的构成情况。钻柱内外径分别为 D_1、D_2，套管的内外径分别为 D_3、D_4，裸眼的内径为 D_f。钢材和地层的弹性模量和泊松比分别为 E_s、μ_s 和 E_f、μ_f。

文献 [3] 给出了以下 4 种流道的弹性系数：

（1）钻柱内流道的弹性系数：

$$\beta=\frac{2}{E_s}\left(\frac{D_2^2+D_1^2}{D_2^2-D_1^2}+\mu_s\right)$$

（2）裸眼井流道的弹性系数：

$$\beta=\frac{2}{E_f}(1+\mu_f)$$

（3）裸眼与钻柱间环空流道的弹性系数：

$$\beta=\frac{2}{D_f^2-D_2^2}\left[\frac{D_f^2}{E_f}(1+\mu_f)+\frac{D_2^2}{E_s}\left(\frac{D_2^2+D_1^2}{D_2^2-D_1^2}-\mu_s\right)\right]$$

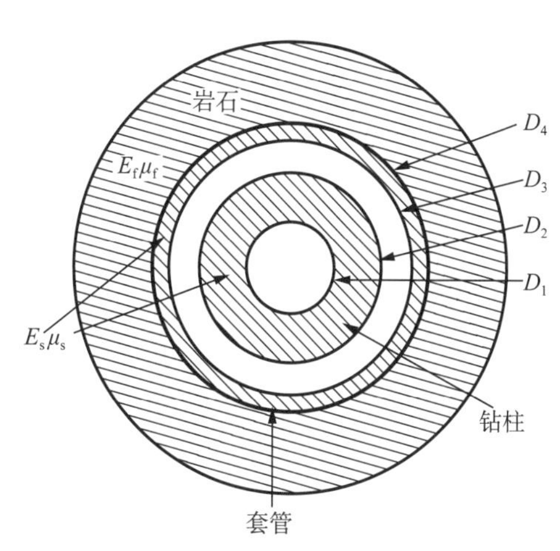

图2.11　各流道截面的直径示意图

（4）套管与钻柱间环空流道的弹性系数：

$$\beta=\frac{2}{E_s}\left[\frac{1}{D_3^2-D_2^2}\left(D_3^2\frac{D_4^2+D_3^2}{D_4^2-D_3^2}+D_2^2\frac{D_2^2+D_1^2}{D_2^2-D_1^2}\right)+\mu_s\right]$$

2.3.4 液体的流动压力损耗

在3类流体的动力学方程中，均存在流动阻力项，表现为流动压力的损耗。液体的流动压力损耗主要来自3个方面：沿程阻力、钻杆接头变径和钻头出口射流。

2.3.4.1 沿程阻力

沿程阻力主要是由液体本身的黏度特性、流体状态和流变模式决定的。工程上采用直读式旋转黏度计来实测钻井液的黏度，结合不同的流变模式，确定沿程压力损耗。以剪切率 $dv/dx=1020s^{-1}$（在600r/min）的扭转格数 $\varPhi_{600}$ 和剪切率 $dv/dx=510s^{-1}$（在300r/min）的扭转格数 $\varPhi_{300}$ 作为测定数据，确定各种流变模式参数。

（1）牛顿流体。

牛顿流体假设流体剪切应力和速度梯度成正比，即

$$\tau=\mu\frac{dv}{dx}$$

$$\mu=\frac{\varPhi_{600}+\varPhi_{300}}{3000}$$

式中：μ 为流体的黏度，Pa · s。

（2）宾汉流体。

宾汉流体假设流体的剪切应力和速度梯度成分段线性关系：当剪切力小于临界值时，流体只能整体流动；当剪切力大于临界值时，流体才发生梯度流动，即

$$\frac{dv}{dx}=\begin{cases}0 & (\tau<\tau_0)\\ \dfrac{\tau-\tau_0}{\mu} & (\tau\geqslant\tau_0)\end{cases}$$

式中：μ 为流体的塑性黏度，Pa · s；τ_0 为动切应力，Pa。计算公式为：

$$\mu=(\varPhi_{600}-\varPhi_{300})/1000$$
$$\tau_0=0.511(2\varPhi_{300}-\varPhi_{600})$$

（3）幂律流体。

指数流体假设流体的剪切应力和速度梯度成幂指数关系，即

$$\tau=K\left(\frac{dv}{dx}\right)^n$$

式中：K 为流体的稠度系数，Pa · s^n；n 为流体的流性指数。计算公式为：

$$n=\frac{1}{\lg 2}\lg\left(\frac{\varPhi_{600}}{\varPhi_{300}}\right)=3.322\lg\left(\frac{\varPhi_{600}}{\varPhi_{300}}\right)$$
$$K=0.511\frac{\varPhi_{300}}{511^n}$$

以上 3 种流变模式流体的沿程压力损失计算公式见表 2.2。

表2.2 3类流变模式的沿程压力损失计算

流变模式	流道	雷诺数	流态判断	沿程压力损耗
牛顿流体	管内流	$v=v_i$ $Re=\frac{\rho D_I v}{\mu}$	$Re<2100$	$p_c=\frac{32}{Re}\frac{\rho v^2}{D_I}$
			$Re\geqslant 2100$	$p_c=\frac{0.1582}{\sqrt[4]{Re}}\frac{\rho v^2}{D_I}$
	环空流	$v=v_e-(1-K_c)v_p$ $Re=\frac{\rho(D_W-D_O)v}{\mu}$	$Re<2100$	$p_c=\frac{48}{Re}\frac{\rho v^2}{D_W-D_O}$
			$Re\geqslant 2100$	$p_c=\frac{0.1582}{\sqrt[4]{Re}}\frac{\rho v^2}{D_W-D_O}$
宾汉流体	管内流	$v=v_i$ $Re=\frac{\rho D_I v^2}{\eta v+\tau_0 D_I/6}$	$Re<2100$	$p_c=\frac{32}{Re}\frac{\rho v^2}{D_I}$
			$Re\geqslant 2100$	$p_c=\frac{0.1582}{\sqrt[4]{Re}}\frac{\rho v^2}{D_I}$
宾汉流体	环空流	$v=v_e-(1-K_c)v_p$ $Re=\frac{\rho(D_W-D_O)v^2}{\eta v+\tau_0(D_W-D_O)/8}$	$Re<2100$	$p_c=\frac{48}{Re}\frac{\rho v^2}{D_W-D_O}$
			$Re\geqslant 2100$	$p_c=\frac{0.1582}{\sqrt[4]{Re}}\frac{\rho v^2}{D_W-D_O}$
指数流体	管内流	$v=v_i$ $Re=\frac{8\rho v^2}{K}\left[\frac{D_I}{(6+2/n)v}\right]^n$	$Re<3470-1370n$	$p_c=\frac{32}{Re}\frac{\rho v^2}{D_I}$
			$Re\geqslant 3470-1370n$	$p_c=\frac{\lg n+3.93}{25Re^{(0.25-\lg n/7)}}\frac{\rho v^2}{D_I}$
	环空流	$v=v_e-(1-K_c)v_p$ $Re=\frac{12\rho v^2}{K}\left[\frac{D_W-D_O}{(8+4/n)v}\right]^n$	$Re<3470-1370n$	$p_c=\frac{48}{Re}\frac{\rho v^2}{D_W-D_O}$
			$Re\geqslant 3470-1370n$	$p_c=\frac{\lg n+3.93}{25Re^{(0.25-\lg n/7)}}\frac{\rho v^2}{D_W-D_O}$

在表 2.2 的公式中，D_I 表示钻柱内径，D_O 表示钻柱外径，D_W 表示井眼直径；v_p 表示钻柱沿轴向运动的速度，v_i 表示管内流体相对于钻柱的流速，v_e 表示环空流体相对于钻柱的流速；K_c 为黏附系数，表示环空流体黏附于运动管柱时引起的等效流动系数，该系数由钻井液本身特性、流动状态和井壁钻柱尺寸等因素决定，Burkhardt[6] 建议采用如下公式计算：

$$K_c=\begin{cases}1-\dfrac{1}{\ln\sigma^2}-\dfrac{1}{1-\sigma^2} & \text{层流}\\[2ex] 1-\dfrac{1-\sqrt{\sigma^3-\sigma^2+\sigma}}{1-\sigma^2} & \text{紊流}\end{cases}\tag{2.44}$$

$$\sigma=D_O/D_W$$

由于需要确定黏附系数来判断流动状态，同时由流动状态又决定黏附系数的数值，原则上需要采用循环迭代的方式确定黏附系数，本书采用以下方式确定：假定层流，计算层流黏附系数，计算雷诺数，判断流动状态；若流动状态为层流，则取层流黏附系数，若流动状态为紊流，则取紊流黏附系数。采用式（2.44）计算的紊流黏附系数总是大于层流黏附系数，因此如果采用层流黏附系数判断为紊流，那么采用紊流黏附系数也一定判断为紊流，所以本书采用的选取方法是可行的。

2.3.4.2 钻杆接头变径

接头变径在实际管路系统中非常常见，如图 2.12 所示。处理该边界的方式是：在接头处建立 1 个梁节点，分别绑定两个流体节点，根据接头压力损失，建立 2 个流体节点之间的关系。

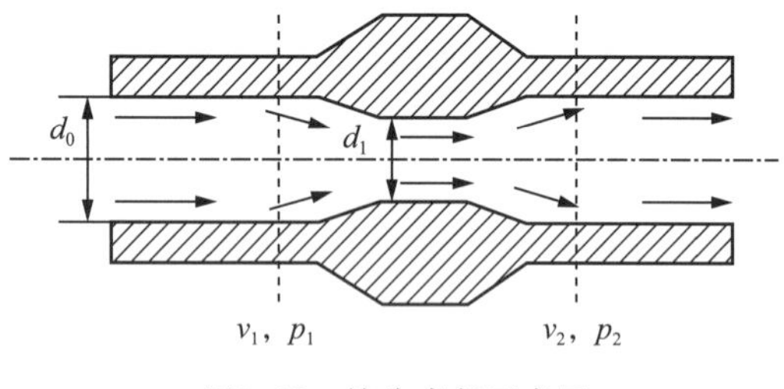

图2.12 接头半径示意图

接头处压力损失表示为：

$$\Delta p=\frac{1}{2}\zeta_1\rho v_1^2+\frac{1}{2}\zeta_2\rho v_2^2 \tag{2.45}$$

式中：ζ_1 和 ζ_2 分别表示接头半径缩小和扩张带来的压力损失系数，它们的数值由 d_0/d_1 决定，ζ_1 数值见表 2.3，而 $\zeta_2=\left(d_0^2/d_1^2-1\right)^2$。

表2.3 缩径压力损失系数的数值

d_0/d_1	4.0	3.5	3.0	2.5	2.0	1.5	1.25	1.1	1.0
ζ_1	0.45	0.43	0.42	0.40	0.37	0.28	0.19	0.10	0

进而得到了接头变径处的边界方程：

$$\begin{cases}(p_2-p_1)-\dfrac{1}{2}(\zeta_1+\zeta_2)\rho v_2^2=0\\ v_1-v_2=0\end{cases} \tag{2.46}$$

2.3.4.3 钻头出口射流

不失一般性，设出口射流处共存在 n 个水眼，每个水眼的直径为 $d_1,d_2,\cdots,d_n$，水眼轴线的偏斜角度为 $\beta_1,\beta_2,\cdots,\beta_n$，水眼结构如图 2.13 所示。

为了方便分析，假设每个水眼中水流的流速是一致的，那么这 n 个水眼就可以近似等效为一个大水眼，该等效水眼的直径 $\overline{d}$ 和轴线偏斜角度 $\overline{\beta}$ 分别为：

$$\begin{cases}\overline{d}=\sqrt{\sum\limits_{i=1}^{n}d_i^2}\\ \overline{\beta}=\sum\limits_{i=1}^{n}d_i^2\beta_i\Big/\overline{d}^2\end{cases} \tag{2.47}$$

经过等效后知，该处的流道缩径和轴线偏斜导致流体压力损失，即

$$\Delta p=\frac{1}{2}\zeta_{\mathrm{d}}\rho v_{\mathrm{c}}^2+\frac{1}{2}\zeta_{\beta}\rho v_{\mathrm{c}}^2 \tag{2.48}$$

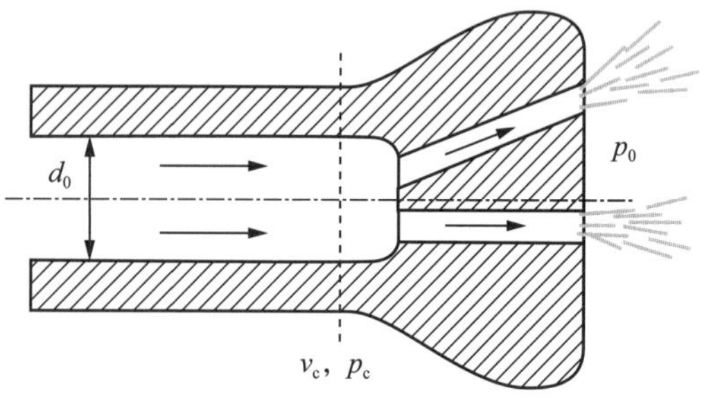

图2.13 钻头水眼示意图

式中：ζ_{d} 和 ζ_{β} 分别表示流道半径缩小和轴线偏斜带来的压力损失系数，ζ_{d} 的数值可以由表 2.3 得到，ζ_{β} 的数值见表 2.4。

表2.4 轴线偏斜压力损失系数的数值

β	10°	20°	30°	40°	50°	60°	70°	80°	90°
ζ_{β}	0.04	0.10	0.17	0.27	0.40	0.55	0.70	0.90	1.12

2.3.5 液体的动力学方程组和液体反作用力

结合前文给出的质量方程、动量方程、本构方程，组成了钻井液系统的动力学方程组：

$$\begin{cases}
\dfrac{\partial}{\partial t}\left(\rho_{\mathrm{i}} A_{\mathrm{i}} \dfrac{\mathrm{d}s}{\mathrm{d}x}\right)+\dfrac{\partial}{\partial x}(\rho_{\mathrm{i}} A_{\mathrm{i}} v_{\mathrm{i}})=0 \\
\dfrac{\partial}{\partial t}\left(\rho_{\mathrm{i}} A_{\mathrm{i}} v_{\mathrm{i}} \dfrac{\mathrm{d}s}{\mathrm{d}x}\right)+\rho_{\mathrm{i}} A_{\mathrm{i}} v_{\mathrm{i}} \dfrac{\partial}{\partial t}\left(\dfrac{\mathrm{d}s}{\mathrm{d}x}\right)+\dfrac{\partial(\rho_{\mathrm{i}} A_{\mathrm{i}} v_{\mathrm{i}}^2+p_{\mathrm{i}} A_{\mathrm{i}})}{\partial x}+A_i \dfrac{\mathrm{d}s}{\mathrm{d}x}\left[\rho_{\mathrm{i}} \boldsymbol{t}_{\mathrm{p}}^{\mathrm{T}}(\ddot{\boldsymbol{r}}_{\mathrm{p}}-\boldsymbol{g})+p_{\mathrm{ic}}\right]=0 \\
p_{\mathrm{i}}=E_{\mathrm{i}}\left(\dfrac{\rho_{\mathrm{i}}}{\rho_0}-1\right) \\
\dfrac{\partial}{\partial t}\left(\rho_{\mathrm{e}} A_{\mathrm{e}} \dfrac{\mathrm{d}s}{\mathrm{d}x}\right)+\dfrac{\partial}{\partial x}(\rho_{\mathrm{e}} A_{\mathrm{e}} v_{\mathrm{e}})=0 \\
\dfrac{\partial}{\partial t}\left(\rho_{\mathrm{e}} A_{\mathrm{e}} v_{\mathrm{e}} \dfrac{\mathrm{d}s}{\mathrm{d}x}\right)+\rho_{\mathrm{e}} A_{\mathrm{e}} v_{\mathrm{e}} \dfrac{\partial}{\partial t}\left(\dfrac{\mathrm{d}s}{\mathrm{d}x}\right)+\dfrac{\partial(\rho_{\mathrm{e}} A_{\mathrm{e}} v_{\mathrm{e}}^2+p_{\mathrm{e}} A_{\mathrm{e}})}{\partial x}+A_{\mathrm{e}} \dfrac{\mathrm{d}s}{\mathrm{d}x}\left[\rho_{\mathrm{e}} \boldsymbol{t}_{\mathrm{p}}^{\mathrm{T}}(\ddot{\boldsymbol{r}}_{\mathrm{p}}-\boldsymbol{E}_{\mathrm{w}}^{-1}\boldsymbol{g})+p_{\mathrm{ec}}\right]=0 \\
p_{\mathrm{e}}=E_{\mathrm{e}}\left(\dfrac{\rho_{\mathrm{e}}}{\rho_0}-1\right) \\
\dfrac{\partial}{\partial t}\left(\rho_{\mathrm{b}} A_{\mathrm{b}} \dfrac{\mathrm{d}s}{\mathrm{d}x}\right)+\dfrac{\partial}{\partial x}(\rho_{\mathrm{b}} A_{\mathrm{b}} v_{\mathrm{b}})=0 \\
\dfrac{\partial}{\partial t}(\rho_{\mathrm{b}} A_{\mathrm{b}} v_{\mathrm{b}})+\dfrac{\partial}{\partial x}(\rho_{\mathrm{b}} A_{\mathrm{b}} v_{\mathrm{b}}^2+A_{\mathrm{b}} p_{\mathrm{b}})+A_{\mathrm{b}}(-\rho_{\mathrm{b}} \boldsymbol{t}_{\mathrm{w}}^{\mathrm{T}}\boldsymbol{g}+p_{\mathrm{bc}})=0 \\
p_{\mathrm{b}}=E_{\mathrm{b}}\left(\dfrac{\rho_{\mathrm{b}}}{\rho_0}-1\right)
\end{cases}$$

钻井液对钻柱的反作用力为：

$$\begin{aligned}
\boldsymbol{F}_{\mathrm{p}}=&\frac{\partial}{\partial t}\left(\rho_{\mathrm{i}} A_{\mathrm{i}} v_{\mathrm{i}} \frac{\mathrm{d}s}{\mathrm{d}x} \boldsymbol{t}_{\mathrm{p}}\right)+\rho_{\mathrm{i}} A_{\mathrm{i}} v_{\mathrm{i}} \frac{\partial}{\partial t}\left(\frac{\mathrm{d}s}{\mathrm{d}x} \boldsymbol{t}_{\mathrm{p}}\right)+\frac{\partial}{\partial x}(\rho_{\mathrm{i}} A_{\mathrm{i}} v_{\mathrm{i}}^2 \boldsymbol{t}_{\mathrm{p}}+p_{\mathrm{i}} A_{\mathrm{i}} \boldsymbol{t}_{\mathrm{p}})+ \\
&\boldsymbol{E}_{\mathrm{w}}\left[\frac{\partial}{\partial t}\left(\rho_{\mathrm{e}} A_{\mathrm{e}} v_{\mathrm{e}} \frac{\mathrm{d}s}{\mathrm{d}x} \boldsymbol{t}_{\mathrm{p}}\right)+\rho_{\mathrm{e}} A_{\mathrm{e}} v_{\mathrm{e}} \frac{\partial}{\partial t}\left(\frac{\mathrm{d}s}{\mathrm{d}x} \boldsymbol{t}_{\mathrm{p}}\right)+\frac{\partial}{\partial x}\left(\rho_{\mathrm{e}} A_{\mathrm{e}} v_{\mathrm{e}}^2 \boldsymbol{t}_{\mathrm{p}}+p_{\mathrm{e}} A_{\mathrm{e}} \boldsymbol{t}_{\mathrm{p}}\right)\right]+ \\
&\rho_{\mathrm{i}} A_{\mathrm{i}} \frac{\mathrm{d}s}{\mathrm{d}x}(\ddot{\boldsymbol{r}}_{\mathrm{p}}-\boldsymbol{g})+\rho_{\mathrm{e}} A_{\mathrm{e}} \frac{\mathrm{d}s}{\mathrm{d}x}(\boldsymbol{E}_{\mathrm{w}} \ddot{\boldsymbol{r}}_{\mathrm{p}}-\boldsymbol{g})-p_{\mathrm{e}} A_{\mathrm{w}} \frac{\partial \boldsymbol{t}_{\mathrm{w}}}{\partial x}+2\pi R_{\mathrm{w}} \tau_{\mathrm{w}} \frac{\partial s}{\partial x} \boldsymbol{t}_{\mathrm{w}}
\end{aligned}$$

以上方程中，下标 i 全称“internal”，表示管内流体；下标 e 全称“external”，表示环空流体；下标 b 全称“bottom”，表示井底流体。钻井液的动力学方程组共有 9 个微分代数方程，9 个未知量 $\rho_{\mathrm{i}}, v_{\mathrm{i}}, p_{\mathrm{i}}, \rho_{\mathrm{e}}, v_{\mathrm{e}}, p_{\mathrm{e}}, \rho_{\mathrm{b}}, v_{\mathrm{b}}$ 和 p_{b}，未知量和方程数相等，方程组是封闭的，结合边界条件和初始条件可以定解。但是求解的未知数较多，求解难度较大。

为克服求解的困难，引入函数 u（x，t），满足：

$$\begin{cases}\dot{u}=\dfrac{\partial u}{\partial t}=\dfrac{\rho A}{\rho_0 A_0}v\\ u'=\dfrac{\partial u}{\partial x}=1-\dfrac{\rho A}{\rho_0 A_0}\dfrac{\mathrm{d}s}{\mathrm{d}x}\end{cases}$$

式中：A 表示当前的流道面积；A_0 表示流体压力为 0 时的流道面积；ρ 表示当前的流体密度；ρ_0 表示流体压力为 0 时的流体密度。

该函数 u（x，t）天然满足质量方程：

$$\frac{\partial}{\partial t}\left(\rho A\frac{\mathrm{d}s}{\mathrm{d}x}\right)+\frac{\partial(\rho Av)}{\partial x}=\frac{\partial}{\partial t}[\rho_0 A_0\left(1-\frac{\partial u}{\partial x}\right)]+\frac{\partial}{\partial x}\left(\rho_0 A_0\frac{\partial u}{\partial t}\right)$$
$$=-\rho_0 A_0\frac{\partial}{\partial t}\left(\frac{\partial u}{\partial x}\right)+\rho_0 A_0\frac{\partial}{\partial x}\left(\frac{\partial u}{\partial t}\right)=0$$

函数 u（x，t）是有物理意义的，ρAv 表示的是单位时间内流过某一个流道截面的液体质量，而 $\rho_0 A_0\Delta u=\int_{t_1}^{t_2}\rho_0 A_0\dot{u}\mathrm{d}t=\int_{t_1}^{t_2}\rho Av\mathrm{d}t$，因此$\rho_0 A_0 u(x,t)$表征的是流过某一个流道截面的液体质量总和。

进一步可以用函数 u（x，t）表示流体的压力和流速：

$$\begin{cases}p=E\left(\dfrac{\rho}{\rho_0}-1\right)=-E\dfrac{u'+\lambda}{1+\lambda}\\ v=\dfrac{\rho_0 A_0}{\rho A}\dot{u}=\dfrac{1+\lambda}{1-u'}\dot{u}\end{cases}$$

式中：λ 表示流道的轴向应变，$\lambda=\mathrm{d}s/\mathrm{d}x-1$。将函数 u（x，t）代入钻井液的动力学方程，得到等效的钻井液系统动力学方程组：

$$\begin{cases}\rho_\mathrm{i}^{(0)}A_\mathrm{i}^{(0)}\left\{\ddot{u}_\mathrm{i}(1+\lambda)+2\dot{u}_\mathrm{i}\dot{\lambda}+(1-u_\mathrm{i}')[\boldsymbol{t}_\mathrm{p}^\mathrm{T}(\ddot{\boldsymbol{r}}_\mathrm{p}-\boldsymbol{g})+f_\mathrm{i}]\right\}+\dfrac{\partial}{\partial x}(\rho_\mathrm{i}A_\mathrm{i}v_\mathrm{i}^2+p_\mathrm{i}A_\mathrm{i})=0\\ \rho_\mathrm{e}^{(0)}A_\mathrm{e}^{(0)}\left\{\ddot{u}_\mathrm{e}(1+\lambda)+2\dot{u}_\mathrm{e}\dot{\lambda}+(1-u_\mathrm{e}')[\boldsymbol{t}_\mathrm{p}^\mathrm{T}(\ddot{\boldsymbol{r}}_\mathrm{p}-\boldsymbol{E}_\mathrm{w}^{-1}\boldsymbol{g})+f_\mathrm{e}]\right\}+\dfrac{\partial}{\partial x}(\rho_\mathrm{e}A_\mathrm{e}v_\mathrm{e}^2+p_\mathrm{e}A_\mathrm{e})=0\\ \rho_\mathrm{b}^{(0)}A_\mathrm{b}^{(0)}\left\{\ddot{u}_\mathrm{b}+(1-u_\mathrm{b}')[\boldsymbol{t}_\mathrm{p}^\mathrm{T}(\ddot{\boldsymbol{r}}_\mathrm{p}-\boldsymbol{g})+f_\mathrm{b}]\right\}+\dfrac{\partial}{\partial x}(\rho_\mathrm{b}A_\mathrm{b}v_\mathrm{b}^2+p_\mathrm{b}A_\mathrm{b})=0\end{cases}$$

钻柱受到的反作用力等效为：

$$\boldsymbol{F}_\mathrm{p}=\rho_\mathrm{i}^{(0)}A_\mathrm{i}^{(0)}\left[\ddot{u}_\mathrm{i}(1+\lambda)\boldsymbol{t}_\mathrm{p}+2(1+\lambda)\dot{u}_\mathrm{i}\dot{\boldsymbol{t}}_\mathrm{p}+2\dot{u}_\mathrm{i}\dot{\lambda}\boldsymbol{t}_\mathrm{p}\right]+$$
$$\rho_\mathrm{e}^{(0)}A_\mathrm{e}^{(0)}\boldsymbol{E}_\mathrm{w}\left[\ddot{u}_\mathrm{e}(1+\lambda)\boldsymbol{t}_\mathrm{p}+2(1+\lambda)\dot{u}_\mathrm{e}\dot{\boldsymbol{t}}_\mathrm{p}+2\dot{u}_\mathrm{e}\dot{\lambda}\boldsymbol{t}_\mathrm{p}\right]+\frac{\partial}{\partial x}\left[\left(\rho_\mathrm{i}A_\mathrm{i}\dot{u}_\mathrm{i}^2\frac{1+\lambda}{1-u_\mathrm{i}'}-E_\mathrm{i}A_\mathrm{i}\frac{u_\mathrm{i}'+\lambda}{1+\lambda}\right)\boldsymbol{t}_\mathrm{p}\right]+$$
$$\boldsymbol{E}_\mathrm{w}\frac{\partial}{\partial x}\left[\left(\rho_\mathrm{e}A_\mathrm{e}\dot{u}_\mathrm{e}^2\frac{1+\lambda}{1-u_\mathrm{e}'}-E_\mathrm{e}A_\mathrm{e}\frac{u_\mathrm{e}'+\lambda}{1+\lambda}\right)\boldsymbol{t}_\mathrm{p}\right]+$$
$$\rho_\mathrm{i}^{(0)}A_\mathrm{i}^{(0)}(1-u_\mathrm{i}')(\ddot{\boldsymbol{r}}_\mathrm{p}-\boldsymbol{g})+\rho_\mathrm{e}^{(0)}A_\mathrm{e}^{(0)}(1-u_\mathrm{o}')(\boldsymbol{E}_\mathrm{w}\ddot{\boldsymbol{r}}_\mathrm{p}-\boldsymbol{g})-p_\mathrm{e}A_\mathrm{w}\frac{\partial\boldsymbol{t}_\mathrm{w}}{\partial x}+2\pi R_\mathrm{w}\tau_\mathrm{w}\frac{\partial s}{\partial x}\boldsymbol{t}_\mathrm{w}$$

同时满足边界条件

井口：$\begin{cases} p_o = p_o(t) \\ p_i = p_i(t) \text{ 或 } v_i = v_i(t) \end{cases}$；

井底：$v_b = 0$；

钻头处：开口，$\begin{cases} p_o = p_b \\ p_i = p_b \\ A_w v_b = A_i v_i + A_o v_o \end{cases}$；闭口，$\begin{cases} p_o = p_b \\ A_w v_b = A_o v_o \\ v_i = 0 \end{cases}$。

2.3.6 液体单元有限元动力学方程及其对管道的反作用力

将长流道划分为若干小段，在截面处建立流体节点，相邻的节点组成单元，取节点处的 u、应变 ε 作为单元广义坐标：

$$\boldsymbol{q} = [u_1 \quad \varepsilon_1 \quad u_2 \quad \varepsilon_2]^{\mathrm{T}} \tag{2.49}$$

由质量方程得到单元两端的当量位移梯度：

$$\begin{cases} u_1' = \varepsilon_1(1+\lambda_1) - \lambda_1 \\ u_2' = \varepsilon_2(1+\lambda_2) - \lambda_2 \end{cases} \tag{2.50}$$

引入 Hermite 插值方法来描述单元内当量位移的分布：

$$u = N_1 u_1 + N_2 u_1' + N_3 u_2 + N_4 u_2' \tag{2.51}$$

式中

$$N_1 = \frac{1}{4}(\xi - 1)^2(2+\xi)$$
$$N_2 = \frac{L}{8}(\xi - 1)^2(\xi+1)$$
$$N_3 = \frac{1}{4}(\xi + 1)^2(2-\xi)$$
$$N_4 = \frac{L}{8}(\xi + 1)^2(\xi-1)$$
$$\xi = 2x/L - 1$$

将式（2.50）代入式（2.51）中，得到有广义坐标表示的单元插值公式：

$$u = \boldsymbol{N}\boldsymbol{q} - N_2\lambda_1 - N_4\lambda_2 \tag{2.52}$$

式中：$\boldsymbol{N}$ 是单元的插值函数矩阵，表达式为：

$$\boldsymbol{N} = [N_1 \quad N_2(1+\lambda_1) \quad N_3 \quad N_4(1+\lambda_2)]$$

对式（2.52）进一步求导可以得到广义梯度的各类偏导数：

$$u' = \boldsymbol{N}'\boldsymbol{q} - N_2'\lambda_1 - N_4'\lambda_2$$
$$\dot{u}' = \boldsymbol{N}'\dot{\boldsymbol{q}} + N_2'\dot{\lambda}_1(\varepsilon_1 - 1) + N_4'\dot{\lambda}_2(\varepsilon_2 - 1)$$
$$\dot{u} = \boldsymbol{N}\dot{\boldsymbol{q}} + N_2\dot{\lambda}_1(\varepsilon_1 - 1) + N_4\dot{\lambda}_2(\varepsilon_2 - 1)$$
$$\ddot{u} = \boldsymbol{N}\ddot{\boldsymbol{q}} + N_2\ddot{\lambda}_1(\varepsilon_1 - 1) + N_4\ddot{\lambda}_2(\varepsilon_2 - 1) + 2N_2\dot{\lambda}_1\dot{\varepsilon}_1 + 2N_4\dot{\lambda}_2\dot{\varepsilon}_2$$

式中：$\boldsymbol{N}'$ 是单元的插值函数的梯度矩阵，表达式为：

$$\boldsymbol{N}'=\left[N_1' \quad N_2'(1+\lambda_1) \quad N_3' \quad N_4'(1+\lambda_2)\right]$$
$$N_1'=\frac{3}{2L}(\xi^2-1)N_2'=\frac{1}{4}(\xi-1)(3\xi+1)$$
$$N_3'=\frac{3}{2L}(1-\xi^2)N_4'=\frac{1}{4}(\xi+1)(3\xi-1)$$

采用伽辽金加权余量法建立单元积分方程，取权函数为单元形函数，则管内流体单元的单元积分方程为：

$$\int_0^L \boldsymbol{N}^{\mathrm{T}}\rho_{\mathrm{i}}^{(0)}A_{\mathrm{i}}^{(0)}\left[\ddot{u}_{\mathrm{i}}(1+\lambda)+2\dot{u}_{\mathrm{i}}\dot{\lambda}+(1-u_{\mathrm{i}}')\boldsymbol{t}_{\mathrm{p}}^{\mathrm{T}}\left(\ddot{\boldsymbol{r}}_{\mathrm{p}}-\boldsymbol{g}\right)+(1-u_{\mathrm{i}}')f_{\mathrm{i}}\right]\mathrm{d}x+$$
$$\int_0^L \boldsymbol{N}^{\mathrm{T}}\frac{\partial}{\partial x}\left(\rho_{\mathrm{i}}A_{\mathrm{i}}v_{\mathrm{i}}^2+p_{\mathrm{i}}A_{\mathrm{i}}\right)\mathrm{d}x=0$$

第二项应用一次分部积分，得到单元积分方程的弱解形式：

$$\int_0^L \boldsymbol{N}^{\mathrm{T}}\rho_{\mathrm{i}}^{(0)}A_{\mathrm{i}}^{(0)}\left[(1+\lambda)\ddot{u}_{\mathrm{i}}+2\dot{u}_{\mathrm{i}}\dot{\lambda}+(1-u_{\mathrm{i}}')\boldsymbol{t}_{\mathrm{p}}^{\mathrm{T}}(\ddot{\boldsymbol{r}}_{\mathrm{p}}-\boldsymbol{g})+(1-u_{\mathrm{i}}')f\right]\mathrm{d}x-$$
$$\int_0^L \boldsymbol{N}'^{\mathrm{T}}\left(\rho_{\mathrm{i}}A_{\mathrm{i}}v_{\mathrm{i}}^2+p_{\mathrm{i}}A_{\mathrm{i}}\right)\mathrm{d}x+\boldsymbol{N}^{\mathrm{T}}\left[\rho_{\mathrm{i}}A_{\mathrm{i}}v_{\mathrm{i}}^2+p_{\mathrm{i}}A_{\mathrm{i}}\right]\Big|_0^L=0$$

上式中，u 只需要满足一阶连续即可，符合 Hermite 插值的特点。另外，$\boldsymbol{N}^{\mathrm{T}}[p_{\mathrm{i}}A_{\mathrm{i}}]\big|_0^L$ 表示的是压力的积分边界项，存在 3 种情况：

（1）中间节点：中间节点的前后单元叠加后消去边界项；

（2）位移边界节点：压力的边界项由约束反力体现，单元方程不予考虑；

（3）力边界节点：边界项通过载荷引入，单元方程不予考虑。

因此，管内流体的有限单元方程表示为：

$$\begin{cases}
\boldsymbol{M}_{\mathrm{f}}^{(\mathrm{i})}\ddot{\boldsymbol{q}}_{\mathrm{i}}+\boldsymbol{K}_{\mathrm{f}}^{(\mathrm{i})}\boldsymbol{q}_{\mathrm{i}}-\boldsymbol{W}_{\mathrm{f}}^{(\mathrm{i})}+\boldsymbol{Q}_{\lambda}^{(\mathrm{i})}+\boldsymbol{Q}_{\mathrm{p}}^{(\mathrm{i})}+\boldsymbol{Q}_{\mathrm{c}}^{(\mathrm{i})}-\boldsymbol{Q}_{\mathrm{v}}^{(\mathrm{i})}+\boldsymbol{Q}_{\mathrm{end}}^{(\mathrm{i})}=\boldsymbol{0} \\
\boldsymbol{M}_{\mathrm{f}}^{(\mathrm{i})}=\int_0^L \rho_{\mathrm{i}}^{(0)}A_{\mathrm{i}}^{(0)}\boldsymbol{N}^{\mathrm{T}}\boldsymbol{N}(1+\lambda)\mathrm{d}x \\
\boldsymbol{K}_{\mathrm{f}}^{(\mathrm{i})}=\int_0^L EA\boldsymbol{N}'^{\mathrm{T}}\boldsymbol{N}'^{\mathrm{T}}/(1+\lambda)\mathrm{d}x \\
\boldsymbol{Q}_{\lambda}^{(\mathrm{i})}=\int_0^L 2\boldsymbol{N}^{\mathrm{T}}\dot{u}\dot{\lambda}\mathrm{d}x \\
\boldsymbol{W}_{\mathrm{f}}^{(\mathrm{i})}=\int_0^L \rho A\boldsymbol{N}^{\mathrm{T}}(\boldsymbol{g}^{\mathrm{T}}\boldsymbol{t}_{\mathrm{b}})(1-u_{\mathrm{i}}')\mathrm{d}x \\
\boldsymbol{Q}_{\mathrm{p}}^{(\mathrm{i})}=\int_0^L \rho A\boldsymbol{N}^{\mathrm{T}}(\ddot{\boldsymbol{r}}_{\mathrm{b}}^{\mathrm{T}}\boldsymbol{t}_{\mathrm{b}})(1-u_{\mathrm{i}}')\mathrm{d}x \\
\boldsymbol{Q}_{\mathrm{c}}^{(\mathrm{i})}=\int_0^L \boldsymbol{N}^{\mathrm{T}}(1+\lambda)p_{\mathrm{c}}\mathrm{d}x \\
\boldsymbol{Q}_{\mathrm{v}}^{(\mathrm{i})}=\int_0^L \boldsymbol{N}'^{\mathrm{T}}\rho_{\mathrm{i}}^{(0)}A_{\mathrm{i}}^{(0)}\dot{u}_{\mathrm{i}}^2\dfrac{1+\lambda}{1-u_{\mathrm{i}}'}\mathrm{d}x \\
\boldsymbol{Q}_{\mathrm{end}}^{(\mathrm{i})}=\left[(\rho_{\mathrm{i}}A_{\mathrm{i}}v_{\mathrm{i}}^2)\big|_{x=0} \quad 0 \quad -(\rho_{\mathrm{i}}A_{\mathrm{i}}v_{\mathrm{i}}^2)\big|_{x=L} \quad 0\right]^{\mathrm{T}}
\end{cases} \tag{2.53}$$

式中：$\boldsymbol{M}_{\mathrm{f}}^{(\mathrm{i})}$表示管内流体的单元质量矩阵；$\boldsymbol{K}_{\mathrm{f}}^{(\mathrm{i})}$表示管内流体的单元刚度矩阵；$\boldsymbol{Q}_{\lambda}^{(\mathrm{i})}$表示由于流道伸缩变化造成的单元广义附加力；$\boldsymbol{W}_{\mathrm{f}}^{(\mathrm{i})}$表示管内流体的单元广义重力；$\boldsymbol{Q}_{\mathrm{p}}^{(\mathrm{i})}$表示由于钻柱牵连运动的广义力；$\boldsymbol{Q}_{\mathrm{c}}^{(\mathrm{i})}$表示黏滞力对应的广义力；$\boldsymbol{Q}_{\mathrm{v}}^{(\mathrm{i})}$表示流体的对流对应的广义力；$\boldsymbol{Q}_{\mathrm{end}}^{(\mathrm{i})}$表示管内流体单元的积分边界项。

将加权余量法应用到环空流体和井底流体，最终得到管内流体、环空流体和井底流体的有限元动力学方程：

$$\begin{cases}\boldsymbol{M}_{\mathrm{f}}^{(\mathrm{i})}\ddot{\boldsymbol{q}}^{(\mathrm{i})}+\boldsymbol{K}_{\mathrm{f}}^{(\mathrm{i})}\boldsymbol{q}^{(\mathrm{i})}-\boldsymbol{W}_{\mathrm{f}}^{(\mathrm{i})}+\boldsymbol{Q}_{\chi}^{(\mathrm{i})}+\boldsymbol{Q}_{\mathrm{b}}^{(\mathrm{i})}+\boldsymbol{Q}_{\mathrm{c}}^{(\mathrm{i})}-\boldsymbol{Q}_{\mathrm{v}}^{(\mathrm{i})}+\boldsymbol{Q}_{\mathrm{end}}^{(\mathrm{i})}=\boldsymbol{0}\\ \boldsymbol{M}_{\mathrm{f}}^{(\mathrm{e})}\ddot{\boldsymbol{q}}^{(\mathrm{e})}+\boldsymbol{K}_{\mathrm{f}}^{(\mathrm{e})}\boldsymbol{q}^{(\mathrm{e})}-\boldsymbol{W}_{\mathrm{f}}^{(\mathrm{e})}+\boldsymbol{Q}_{\chi}^{(\mathrm{e})}+\boldsymbol{Q}_{\mathrm{b}}^{(\mathrm{e})}+\boldsymbol{Q}_{\mathrm{c}}^{(\mathrm{e})}-\boldsymbol{Q}_{\mathrm{v}}^{(\mathrm{e})}+\boldsymbol{Q}_{\mathrm{end}}^{(\mathrm{e})}=\boldsymbol{0}\\ \boldsymbol{M}_{\mathrm{f}}^{(\mathrm{b})}\ddot{\boldsymbol{q}}^{(\mathrm{b})}+\boldsymbol{K}_{\mathrm{f}}^{(\mathrm{b})}\boldsymbol{q}^{(\mathrm{b})}-\boldsymbol{W}_{\mathrm{f}}^{(\mathrm{b})}+\boldsymbol{Q}_{\mathrm{c}}^{(\mathrm{b})}-\boldsymbol{Q}_{\mathrm{v}}^{(\mathrm{b})}+\boldsymbol{Q}_{\mathrm{end}}^{(\mathrm{b})}=\boldsymbol{0}\end{cases} \tag{2.54}$$

同样采用加权余量法得到钻井液对钻柱的反作用力积分形式：

$$\begin{aligned}\boldsymbol{F}_{\mathrm{p}}=&\int_0^L\rho_{\mathrm{i}}^{(0)}A_{\mathrm{i}}^{(0)}\left(\frac{\partial\boldsymbol{r}_{\mathrm{p}}}{\partial\boldsymbol{q}_{\mathrm{p}}}\right)^{\mathrm{T}}\left[\ddot{u}_{\mathrm{i}}(1+\lambda)\boldsymbol{t}_{\mathrm{p}}+2\dot{u}_{\mathrm{i}}(1+\lambda)\dot{\boldsymbol{t}}_{\mathrm{p}}+2\dot{u}_{\mathrm{i}}\dot{\lambda}\boldsymbol{t}_{\mathrm{p}}+(1-u_{\mathrm{i}}')(\ddot{\boldsymbol{r}}_{\mathrm{p}}-\boldsymbol{g})\right]\mathrm{d}x+\\&\int_0^L\rho_{\mathrm{e}}^{(0)}A_{\mathrm{e}}^{(0)}\left(\frac{1}{\alpha}-1\right)^2\left(\frac{\partial\boldsymbol{r}_{\mathrm{p}}}{\partial\boldsymbol{q}_{\mathrm{p}}}\right)^{\mathrm{T}}\left[\ddot{u}_{\mathrm{e}}(1+\lambda)\boldsymbol{t}_{\mathrm{p}}+2\dot{u}_{\mathrm{e}}(1+\lambda)\dot{\boldsymbol{t}}_{\mathrm{p}}+2\dot{u}_{\mathrm{e}}\dot{\lambda}\boldsymbol{t}_{\mathrm{p}}+(1-u_{\mathrm{e}}')(\ddot{\boldsymbol{r}}_{\mathrm{p}}-\boldsymbol{E}_{\mathrm{w}}^{-1}\boldsymbol{g})\right]\mathrm{d}x+\\&\int_0^L\rho_{\mathrm{e}}^{(0)}A_{\mathrm{e}}^{(0)}\frac{(2\alpha-1)}{\alpha^2}\left(\boldsymbol{t}_{\mathrm{w}}^{\mathrm{T}}\frac{\partial\boldsymbol{r}_{\mathrm{p}}}{\partial\boldsymbol{q}_{\mathrm{p}}}\right)^{\mathrm{T}}\boldsymbol{t}_{\mathrm{w}}^{\mathrm{T}}\left[\ddot{u}_{\mathrm{e}}(1+\lambda)\boldsymbol{t}_{\mathrm{p}}+2\dot{u}_{\mathrm{e}}(1+\lambda)\dot{\boldsymbol{t}}_{\mathrm{p}}+2\dot{u}_{\mathrm{e}}\dot{\lambda}\boldsymbol{t}_{\mathrm{p}}+(1-u_{\mathrm{e}}')(\ddot{\boldsymbol{r}}_{\mathrm{p}}-\boldsymbol{E}_{\mathrm{w}}^{-1}\boldsymbol{g})\right]\mathrm{d}x-\\&\int_0^L\left(\frac{\partial\lambda}{\partial\boldsymbol{q}_{\mathrm{p}}}\right)^{\mathrm{T}}(\rho_{\mathrm{i}}A_{\mathrm{i}}v_{\mathrm{i}}^2+p_{\mathrm{i}}A_{\mathrm{i}})\mathrm{d}x-\int_0^L S_1\left(\frac{\partial\lambda}{\partial\boldsymbol{q}_{\mathrm{p}}}\right)^{\mathrm{T}}(\rho_{\mathrm{e}}A_{\mathrm{e}}v_{\mathrm{e}}^2+p_{\mathrm{e}}A_{\mathrm{e}})\mathrm{d}x-\int_0^L S_2\left(\frac{\partial\boldsymbol{t}_{\mathrm{p}}}{\partial\boldsymbol{q}_{\mathrm{p}}}\right)^{\mathrm{T}}\boldsymbol{t}_{\mathrm{w}}(\rho_{\mathrm{e}}A_{\mathrm{e}}v_{\mathrm{e}}^2+p_{\mathrm{e}}A_{\mathrm{e}})\mathrm{d}x+\\&\int_0^L\left(\frac{\partial\boldsymbol{r}_{\mathrm{p}}}{\partial\boldsymbol{q}_{\mathrm{p}}}\right)^{\mathrm{T}}\left[\frac{A_{\mathrm{w}}(A_{\mathrm{w}}-A_{\mathrm{e}})}{A_{\mathrm{e}}}p_{\mathrm{e}}\frac{\partial\boldsymbol{t}_{\mathrm{w}}}{\partial x}+\rho_{\mathrm{e}}^{(0)}A_{\mathrm{e}}^{(0)}(1-u_{\mathrm{e}}')f_{\mathrm{w}}\boldsymbol{t}_{\mathrm{w}}\right]\mathrm{d}x\end{aligned}$$

式中

$$\begin{aligned}&\alpha=A_{\mathrm{o}}/A_{\mathrm{w}}\\&S_1=\frac{1}{\alpha^2}[(1-\alpha)^2+(2\alpha-1)(\boldsymbol{t}_{\mathrm{p}}^{\mathrm{T}}\boldsymbol{t}_{\mathrm{w}})^2]\\&S_2=\frac{1}{\alpha^2}(1+\lambda)(2\alpha-1)(\boldsymbol{t}_{\mathrm{w}}^{\mathrm{T}}\boldsymbol{t}_{\mathrm{p}})\end{aligned}$$

2.4 钻井液和钻柱耦合的系统动力学方程

2.4.1 井下系统动力学方程的建立

将长管道划分为若干小段，在截面处建立单元节点，相邻的节点组成单元，建立管道单元的动力学方程（图 2.14）。在管道节点上绑定内流节点和环空节点，分别建立内流和环空的流体单元方程。然后组装所有的单元方程，得到整个系统动力学方程。

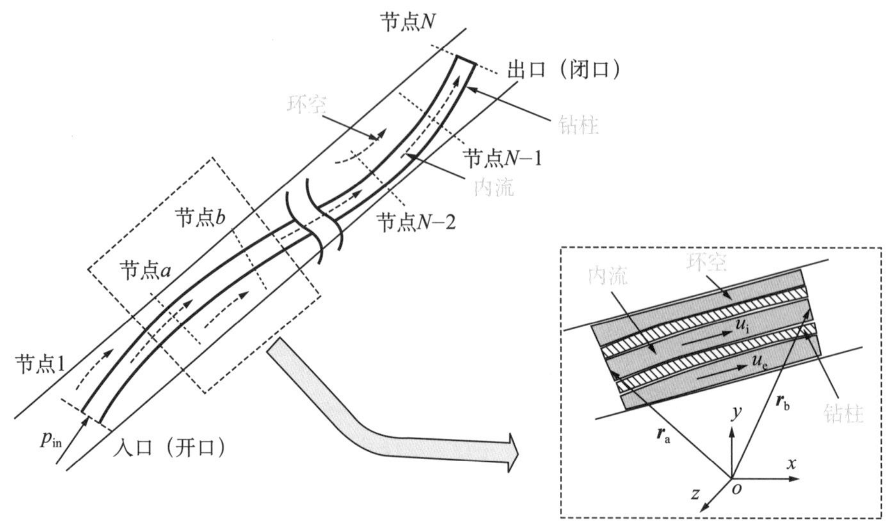

图2.14　一维可压缩流体与弹性管道的耦合系统示意图

综合本章前两节的讨论，弹性钻柱－弹性液柱耦合的系统动力学方程表示为：

$$\begin{cases}\boldsymbol{M}_{\mathrm{f}}^{(\mathrm{i})}\ddot{\boldsymbol{q}}^{(\mathrm{i})}+\boldsymbol{K}_{\mathrm{f}}^{(\mathrm{i})}\boldsymbol{q}^{(\mathrm{i})}-\mathbf{W}_{\mathrm{f}}^{(\mathrm{i})}+\boldsymbol{Q}_{\lambda}^{(\mathrm{i})}+\boldsymbol{Q}_{\mathrm{b}}^{(\mathrm{i})}+\boldsymbol{Q}_{\mathrm{c}}^{(\mathrm{i})}-\boldsymbol{Q}_{\mathrm{v}}^{(\mathrm{i})}+\boldsymbol{Q}_{\mathrm{end}}^{(\mathrm{i})}=\mathbf{0}\\ \boldsymbol{M}_{\mathrm{f}}^{(\mathrm{e})}\ddot{\boldsymbol{q}}^{(\mathrm{e})}+\boldsymbol{K}_{\mathrm{f}}^{(\mathrm{e})}\boldsymbol{q}^{(\mathrm{e})}-\boldsymbol{W}_{\mathrm{f}}^{(\mathrm{e})}+\boldsymbol{Q}_{\lambda}^{(\mathrm{e})}+\boldsymbol{Q}_{\mathrm{b}}^{(\mathrm{e})}+\boldsymbol{Q}_{\mathrm{c}}^{(\mathrm{e})}-\boldsymbol{Q}_{\mathrm{v}}^{(\mathrm{e})}+\boldsymbol{Q}_{\mathrm{end}}^{(\mathrm{e})}=\mathbf{0}\\ \boldsymbol{M}_{\mathrm{f}}^{(\mathrm{b})}\ddot{\boldsymbol{q}}^{(\mathrm{b})}+\boldsymbol{K}_{\mathrm{f}}^{(\mathrm{b})}\boldsymbol{q}^{(\mathrm{b})}-\boldsymbol{W}_{\mathrm{f}}^{(\mathrm{b})}+\boldsymbol{Q}_{\mathrm{c}}^{(\mathrm{b})}-\boldsymbol{Q}_{\mathrm{v}}^{(\mathrm{b})}+\boldsymbol{Q}_{\mathrm{end}}^{(\mathrm{b})}=\mathbf{0}\\ m_{\mathrm{b}}\ddot{\boldsymbol{r}}_{\mathrm{b}}-\boldsymbol{F}_{\mathrm{b}}=\mathbf{0}\\ 4\boldsymbol{G}_{\mathrm{b}}^{\mathrm{T}}\boldsymbol{J}_{\mathrm{b}}\boldsymbol{G}_{\mathrm{b}}\ddot{\boldsymbol{\theta}}_{\mathrm{b}}-8\dot{\boldsymbol{G}}_{\mathrm{b}}^{\mathrm{T}}\boldsymbol{J}_{\mathrm{b}}\boldsymbol{G}_{\mathrm{b}}\dot{\boldsymbol{\theta}}_{\mathrm{b}}+2\boldsymbol{\theta}_{\mathrm{b}}\sigma_{\mathrm{b}}-\boldsymbol{Q}_{\mathrm{b}}=\mathbf{0}\\ \boldsymbol{\theta}_{\mathrm{b}}^{\mathrm{T}}\boldsymbol{\theta}_{\mathrm{b}}-1=0\\ \boldsymbol{M}\ddot{\boldsymbol{q}}_{\mathrm{e}}+\boldsymbol{V}\dot{\boldsymbol{q}}_{\mathrm{e}}+\dfrac{\partial U}{\partial \boldsymbol{q}_{\mathrm{e}}}+\boldsymbol{F}_{\mathrm{l}}+\left(\dfrac{\partial \boldsymbol{C}}{\partial \boldsymbol{q}_{\mathrm{e}}}\right)^{\mathrm{T}}\boldsymbol{\lambda}=\dfrac{\delta W}{\delta \boldsymbol{q}_{\mathrm{e}}}\\ \boldsymbol{C}(\boldsymbol{q}_{\mathrm{e}})=\mathbf{0}\end{cases} \tag{2.55}$$

若不考虑钻井液，钻柱结构部分的系统动力学方程组表示为：

$$\begin{cases}m_{\mathrm{b}}\ddot{\boldsymbol{r}}_{\mathrm{b}}-\boldsymbol{F}_{\mathrm{b}}=\mathbf{0}\\ 4\boldsymbol{G}_{\mathrm{b}}^{\mathrm{T}}\boldsymbol{J}_{\mathrm{b}}\boldsymbol{G}_{\mathrm{b}}\ddot{\boldsymbol{\theta}}_{\mathrm{b}}-8\dot{\boldsymbol{G}}_{\mathrm{b}}^{\mathrm{T}}\boldsymbol{J}_{\mathrm{b}}\boldsymbol{G}_{\mathrm{b}}\dot{\boldsymbol{\theta}}_{\mathrm{b}}+2\boldsymbol{\theta}_{\mathrm{b}}\sigma_{\mathrm{b}}-\boldsymbol{Q}_{\mathrm{b}}=\mathbf{0}\\ \boldsymbol{\theta}_{\mathrm{b}}^{\mathrm{T}}\boldsymbol{\theta}_{\mathrm{b}}-1=0\\ \boldsymbol{M}\ddot{\boldsymbol{q}}_{\mathrm{e}}+\boldsymbol{V}\dot{\boldsymbol{q}}_{\mathrm{e}}+\dfrac{\partial U}{\partial \boldsymbol{q}_{\mathrm{e}}}+\left(\dfrac{\partial \boldsymbol{C}}{\partial \boldsymbol{q}_{\mathrm{e}}}\right)^{\mathrm{T}}\boldsymbol{\lambda}=\dfrac{\delta W}{\delta \boldsymbol{q}_{\mathrm{e}}}\\ \boldsymbol{C}(\boldsymbol{q}_{\mathrm{e}})=\mathbf{0}\end{cases} \tag{2.56}$$

若不考虑钻柱结构，钻井液部分的系统动力学方程组表示为：

$$\begin{cases}\boldsymbol{M}_{\mathrm{f}}^{(\mathrm{i})}\ddot{\boldsymbol{q}}^{(\mathrm{i})}+\boldsymbol{K}_{\mathrm{f}}^{(\mathrm{i})}\boldsymbol{q}^{(\mathrm{i})}-\boldsymbol{W}_{\mathrm{f}}^{(\mathrm{i})}+\boldsymbol{Q}_{\lambda}^{(\mathrm{i})}+\boldsymbol{Q}_{\mathrm{b}}^{(\mathrm{i})}+\boldsymbol{Q}_{\mathrm{c}}^{(\mathrm{i})}-\boldsymbol{Q}_{\mathrm{v}}^{(\mathrm{i})}+\boldsymbol{Q}_{\mathrm{end}}^{(\mathrm{i})}=\mathbf{0}\\ \boldsymbol{M}_{\mathrm{f}}^{(\mathrm{e})}\ddot{\boldsymbol{q}}^{(\mathrm{e})}+\boldsymbol{K}_{\mathrm{f}}^{(\mathrm{e})}\boldsymbol{q}^{(\mathrm{e})}-\boldsymbol{W}_{\mathrm{f}}^{(\mathrm{e})}+\boldsymbol{Q}_{\lambda}^{(\mathrm{e})}+\boldsymbol{Q}_{\mathrm{b}}^{(\mathrm{e})}+\boldsymbol{Q}_{\mathrm{c}}^{(\mathrm{e})}-\boldsymbol{Q}_{\mathrm{v}}^{(\mathrm{e})}+\boldsymbol{Q}_{\mathrm{end}}^{(\mathrm{e})}=\mathbf{0}\\ \boldsymbol{M}_{\mathrm{f}}^{(\mathrm{b})}\ddot{\boldsymbol{q}}^{(\mathrm{b})}+\boldsymbol{K}_{\mathrm{f}}^{(\mathrm{b})}\boldsymbol{q}^{(\mathrm{b})}-\boldsymbol{W}_{\mathrm{f}}^{(\mathrm{b})}+\boldsymbol{Q}_{\mathrm{c}}^{(\mathrm{b})}-\boldsymbol{Q}_{\mathrm{v}}^{(\mathrm{b})}+\boldsymbol{Q}_{\mathrm{end}}^{(\mathrm{b})}=\mathbf{0}\end{cases} \tag{2.57}$$

满足边界条件

井口：$\begin{cases} p_{\mathrm{o}} = p_{\mathrm{o}}(t) \\ p_{\mathrm{i}} = p_{\mathrm{i}}(t) \text{ 或 } v_{\mathrm{i}} = v_{\mathrm{i}}(t) \end{cases}$；

井底：$v_{\mathrm{b}} = 0$；

钻头处：开口，$\begin{cases} p_{\mathrm{o}} = p_{\mathrm{b}} \\ p_{\mathrm{i}} = p_{\mathrm{b}} \\ A_{\mathrm{w}} v_{\mathrm{b}} = A_{\mathrm{i}} v_{\mathrm{i}} + A_{\mathrm{o}} v_{\mathrm{o}} \end{cases}$；闭口，$\begin{cases} p_{\mathrm{o}} = p_{\mathrm{b}} \\ A_{\mathrm{w}} v_{\mathrm{b}} = A_{\mathrm{o}} v_{\mathrm{o}} \\ v_{\mathrm{i}} = 0 \end{cases}$；

钻柱连接处：$\boldsymbol{C} = \begin{bmatrix} \boldsymbol{r} + \boldsymbol{A\rho} - \boldsymbol{r}_0 \\ \boldsymbol{t} \cdot (\boldsymbol{Ag}) \\ \boldsymbol{t} \cdot (\boldsymbol{Ah}) \\ \boldsymbol{m} \cdot (\boldsymbol{Ag}) \end{bmatrix} = 0$；

接触边界：$\boldsymbol{f} = f_n \boldsymbol{n} + f_t \boldsymbol{\tau}$；

钻头破岩边界：$\begin{bmatrix} v_{x'} \\ v_{y'} \\ v_{z'} \end{bmatrix} = \begin{bmatrix} 1-h_1 & 0 & 0 \\ 0 & 1-h_2 & 0 \\ 0 & 0 & 1 \end{bmatrix} \cdot \boldsymbol{A} \cdot \begin{bmatrix} F_\xi \\ c_1 F_\eta \\ c_2 F_\zeta \end{bmatrix} \cdot n_\xi$。

以上系统动力学方程可以纳入多体系统动力学体系，统一采用如下表示：

$$\begin{cases} \boldsymbol{M}(\dot{\boldsymbol{q}}_{\mathrm{s}}, \boldsymbol{q}_{\mathrm{s}}, t)\ddot{\boldsymbol{q}}_{\mathrm{s}} + \boldsymbol{Q}(\dot{\boldsymbol{q}}_{\mathrm{s}}, \boldsymbol{q}_{\mathrm{s}}, t) + \boldsymbol{A}_{\mathrm{s}}^{\mathrm{T}} \boldsymbol{\lambda}_{\mathrm{A}} + \left(\dfrac{\partial \boldsymbol{C}_{\mathrm{s}}}{\partial \boldsymbol{q}_{\mathrm{s}}} \right)^{\mathrm{T}} \boldsymbol{\lambda}_{\mathrm{C}} = \boldsymbol{0} & \text{(a)} \\ \boldsymbol{C}_{\mathrm{s}}\left(\boldsymbol{q}_{\mathrm{s}}, t\right) = \boldsymbol{0} & \text{(b)} \\ \boldsymbol{A}_{\mathrm{s}}\left(\boldsymbol{q}_{\mathrm{s}}, t\right)\dot{\boldsymbol{q}}_{\mathrm{s}} + \boldsymbol{B}_{\mathrm{s}}\left(\boldsymbol{q}_{\mathrm{s}}, t\right) = \boldsymbol{0} & \text{(c)} \end{cases} \tag{2.58}$$

式（2.58）中：(a) 表示系统动力学方程组，(b) 表示系统所有的完整约束方程组，(c) 表示系统所有的非完整约束方程组，其中，$\boldsymbol{q}_{\mathrm{s}}$ 表示系统的广义变量，$\boldsymbol{M}$ 是系统的广义质量矩阵，$\boldsymbol{\lambda}_{\mathrm{A}}$ 表示非完整约束对应的 Lagrange 乘子向量，$\boldsymbol{\lambda}_{\mathrm{C}}$ 表示完整约束对应的 Lagrange 乘子向量。

式（2.58）是典型的微分代数方程组，可以采用向后差分法（Backward Diffe–rence Method）求解[7, 8]。

2.4.2　退化算例检验

为了检验上述耦合模型的正确性，首先检验了退化模型的正确性。若耦合模型不考虑钻井液的可压缩性，则退化为井下钻柱动力学模型，对比了 3 种钻具组合的受力分析算例；若耦合模型不考虑钻柱的弹性，则退化为井下钻井液动力学模型，对比了堵口套管下放的井底波动压力分析算例；若耦合模型不考虑环空流体，只研究钻柱和管内流体的相互耦合作用，则退化为一维管流模型，对比了悬臂输流管道失稳颤振时的临界流速和临界频率。

2.4.2.1　ANCF 法、经典有限元法和纵横弯曲法比较

Millheim 采用有限元法进行了 BHA 的力学分析[9]，给出了 3 种钻具组合和有限元计算结果，分别采用了 2 个稳定器、3 个稳定器和 4 个稳定器，如图 2.15 所示。井眼直径为 250.8mm，井斜角 10°，井斜方位角 0°。钻铤外径 203.2mm、内径 50.8mm，金属密度为 7977kg/m³，杨氏模量 200×10^9 Pa，泊松比 0.3。钻头外径 250.8mm，稳定器外径 250.8mm，钻井液密度为 1198.3kg/m³。建模所考虑的钻铤总长度为 48.768m（160ft）。

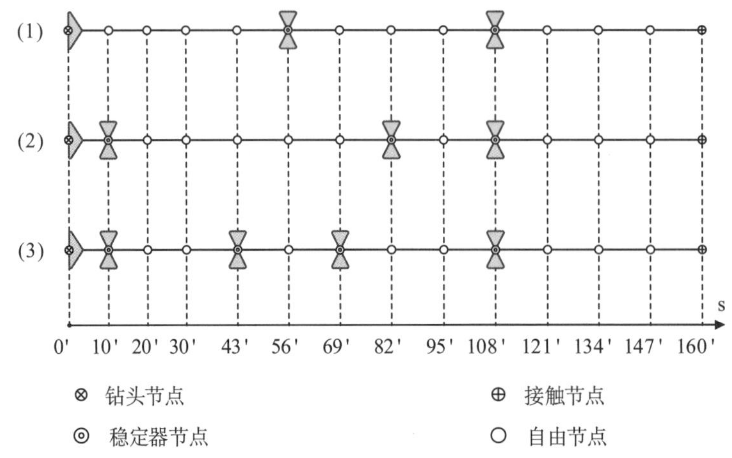

图2.15　文献[9]中3种钻具组合的配置和单元划分图

采用本书提出的钻柱系统动力学建模方法，如式（2.56）所示，建立这 3 类底部钻具组合的动力学模型，通过足够时间的仿真，使得系统最终达到静平衡，得到所要的结果数据。由于钻头和稳定器外径和井眼直径一致，建模时将钻头和稳定器处理为球铰；有限元法和 ANCF 法都无法预先判断上切点的准确位置，本章采用的方法是钻具组合上端建立足够多的接触单元，通过力学平衡，自动计算得到上切点。

采用 3 种方法得到的结果如图 2.16 所示，观察发现：采用本章 ANCF 梁得到的结果和经典有限元法、纵横弯曲法结果吻合，相对误差在 5% 以内；采用 ANCF 梁得到的结果几乎与纵横弯曲法的重合，计算的位移比经典有限元法的小，计算的接触力比经典有限元法的大，说明建立的模型中，ANCF 梁的刚度和纵横弯曲梁的刚度相当，比经典有限元模型的刚度大。

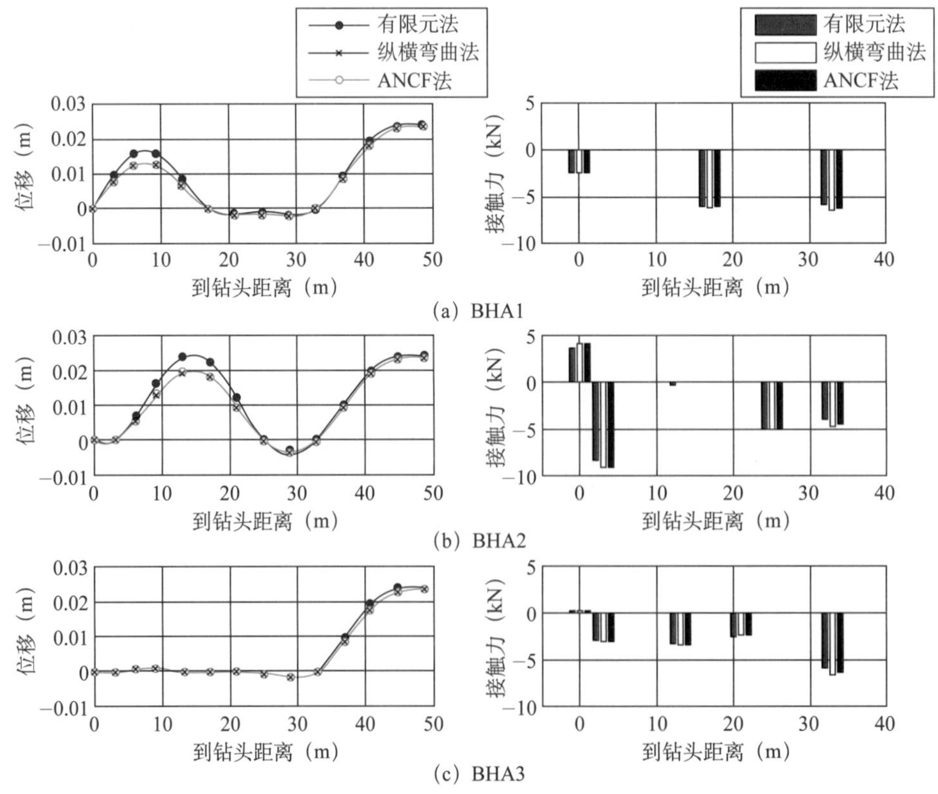

图2.16　有限元法、纵横弯曲法和ANCF法结果比较

2.4.2.2 堵口套管下放时的井底波动压力

本书首先研究钻柱下放中最简单的一类问题——堵口套管下放，在文献 [3] 也进行了该方面的研究。井身结构和其他的一些关键参数如图 2.17（a）所示，套管运行情况如图 2.17（b）（c）所示。初始时刻，套管静止在井深 H_x 处；0 ~ 0.7s，套管加速度线性增加，达到 0.61m/s^2；0.7 ~ 1.4s，套管加速度线性减小，速度达到 0.427m/s；1.4 ~ 18.6s，套管匀速运动；18.6 ~ 19.3s，套管加速度线性减小，达到 −0.61m/s^2；19.3 ~ 20s，套管加速度线性增加，加速度和速度都变为 0，下套管作业完成。

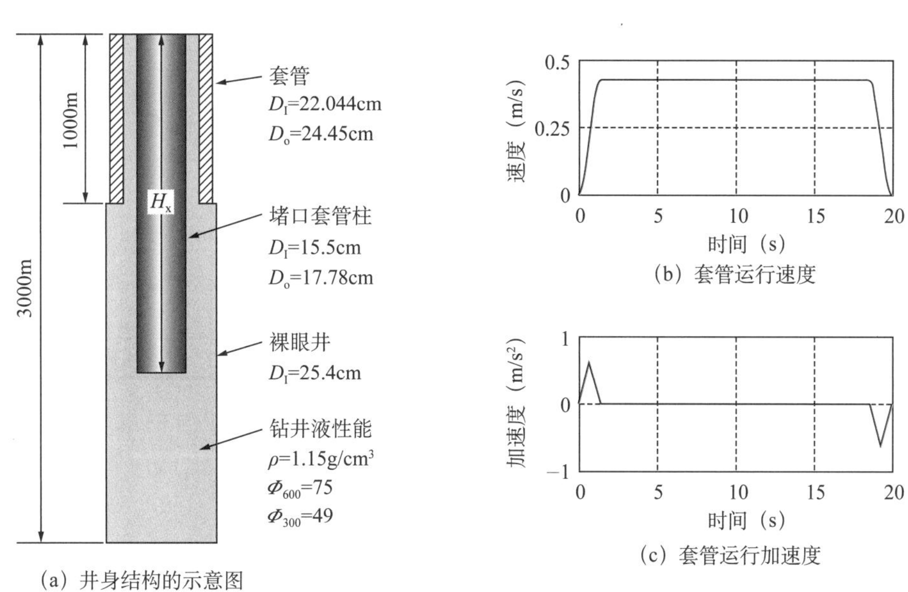

图2.17 井身结构及套管运行情况示意图

本书忽略套管的弹性变形，采用前文所述的钻井液系统动力学建模方法，如式（2.57）所示，建立了堵口套管下放的动力学模型。研究了初始套管深度为 800m 和 2000m 时，井底波动压力随时间的变化过程。当套管深度为 800m 时，套管和环空流体划分了 40 个单元，井底流体划分了 110 个单元，每个单元长度为 20m；当套管深度为 2000m 时，套管和环空流体划分了 100 个单元，井底流体划分了 50 个单元，单元长度也为 20m。环空流体的黏附系数取 0.5。按照图 2.17（b）（c）所示的运动模式下放套管 8m，将井底流体节点的压强减去静止时的压强作为井底波动压力，输出结果如图 2.18 所示。观察发现：本书计算的井底波动压力和文献 [3] 给出的结果基本吻合，相对误差在 5% 以内；本书给出的波动压力曲线和文献 [3] 仍有一定差异，主要原因是本书考虑了流体的对流项，而参考文献 [3] 中并没有考虑这一影响。

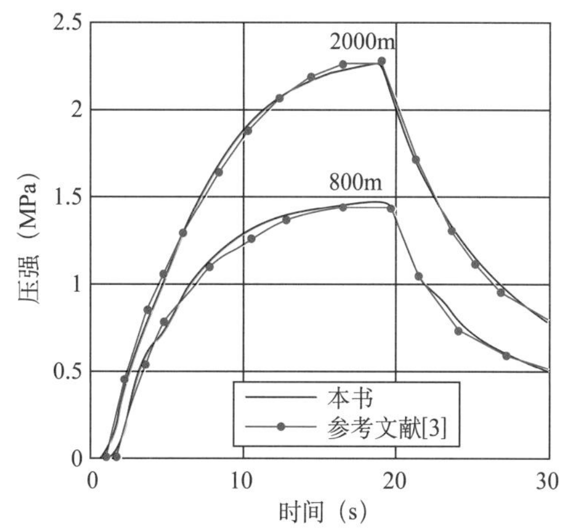

图2.18 套管深度在800m和2000m时的下套管井底波动压力变化曲线

在套管深度 2000m 的情况下，具体研究了下套管速度对井下波动压力的影响，如图 2.19 所示。观察发现，下套管速度直接影响了井底波动压力，下放速度越快，井底波动压力越大。在下放速度 0.3 ～ 2.0m/s 之间，下放速度和井底波动压力几乎呈线性关系。井底最大波动压力往往出现在 18s 前后，此时正好是下放速度减小的时候；然而，当下放速度为 0.8 ～ 1.2m/s 时，最大波动压力出现在匀速下放过程中。

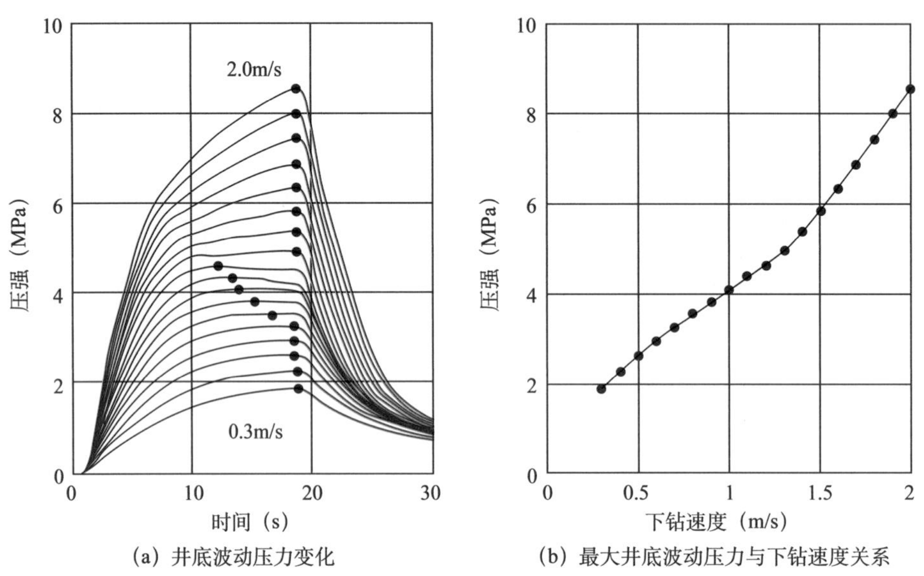

(a) 井底波动压力变化　　(b) 最大井底波动压力与下钻速度关系

图2.19　2000m套管的井底波动压力和下套管速度关系曲线

2.4.2.3　悬臂输流管道的失稳临界条件

为了检验流体单元的准确性，本书首先研究了悬臂输流管道的失稳临界条件。很多研究表明，当悬臂输流管道内液体的流动流速大于某一个值时，管道就会失稳发生颤振，如图 2.20 所示，我们称此时的流速为临界流速。

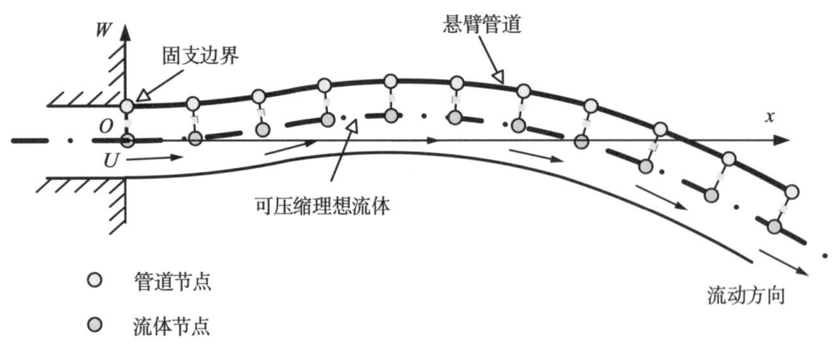

图2.20　输流悬臂管道的模型示意图

由于管道的失稳前后，系统发生的都是小位移小转动响应，因此可以采用线性模型进行失稳临界条件的研究。悬臂输流管道的线性方程由 Paidoussis[10] 给出，具体是：

$$EJ\frac{\partial^4 W}{\partial x^4}+\rho AU^2\frac{\partial^2 W}{\partial x^2}+2\rho AU\frac{\partial^2 W}{\partial x\partial t}+(\rho A+m)\frac{\partial^2 W}{\partial t^2}=0 \tag{2.59}$$

满足边界条件

$$
\begin{cases}
W|_{x=0}=0 \\
\dfrac{\partial W}{\partial x}|_{x=0}=0 \\
\dfrac{\partial^2 W}{\partial x^2}|_{x=L}=0 \\
\dfrac{\partial^3 W}{\partial x^3}|_{x=L}=0
\end{cases}
\tag{2.60}
$$

式中：E、J、W、x、L 和 m 分别表示管道结构的弹性模量、截面惯性矩、挠度、长度坐标、总长度和截面质量；ρ、A 和 U 分别表示管内流体的密度、截面积和流动速度。

本书应用输流管道单元建立了悬臂输流管的多体动力学模型。采用了 10 个输流管道单元来离散悬臂输流管，输流管的一端与地面建立固支约束，另一端为自由边界。该模型由于自身的局限性不能直接预估失稳的临界流速，只能采用多次打靶计算的方式迭代逼近，直至达到临界状态。本算例中的相关输入参数都罗列在表 2.5 中。

表2.5　本算例中的输入参数

管道长度（m）	管道截面质量（kg/m）	管道截面惯性矩（m^4）	管道杨氏模量（Pa）	流体密度（kg/m^3）	流体截面积（m^2）
0.5	3.1416×10^{-3}	1.2×10^{-13}	9.0×10^{9}	1000	7.854×10^{-7}

按照参考文献 [10] 中所描述的，当 $\beta=\rho A/(\mu+\rho A)$ =0.2 时，将系统的临界速度和此时的颤振频率与数值模型计算结果做比较，见表 2.6。比较发现：本书计算的临界流速和临界频率与文献 [10] 中的结果基本吻合，验证了输流管道单元在线性范围内的准确性；另外，本模型的计算结果高于文献 [10] 中的结果，主要原因是多体动力学模型为了使得数值积分稳定，采用了黏弹性本构方程，因此管道结构存在很小的阻尼，从而提高了系统失稳的临界流速，相应的也提高了临界频率。

表2.6　2个模型计算的临界速度和临界频率比较

模型	临界流速（m/s）	临界频率（Hz）
本书的模型	13.15	4.545
参考文献 [10] 的模型	13.13	4.54

管道在临界条件下发生颤振的振幅是非常小的，但是在失稳后，只要稍微提高流速，管道的颤振振幅就会急剧增加。如图 2.21 所示，流速从 13.14m/s 提高到 13.3m/s，只提升了 1.2% 的流速，但是管道的颤振振幅增加了 121 倍。此时，管道自由端的运动响应是一个稳定的极限环，半个周期内的管道构型如图 2.22 所示。

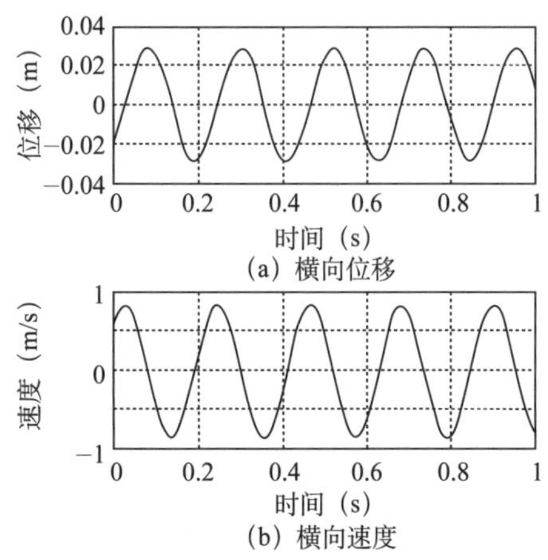

（a）横向位移

（b）横向速度

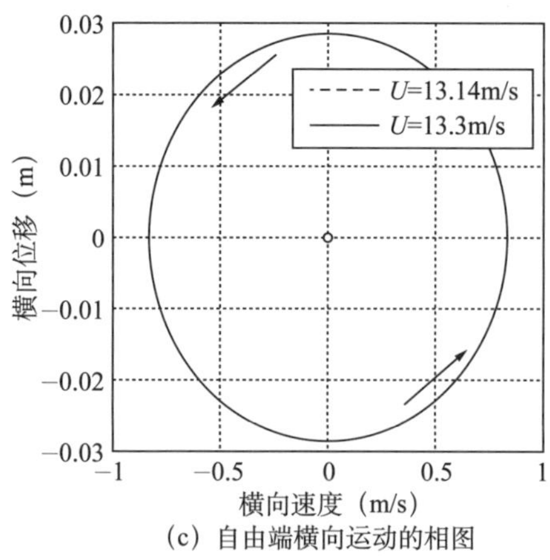

（c）自由端横向运动的相图

图2.21　流速在13.14m/s和13.3m/s时，管道自由端的横向运动响应

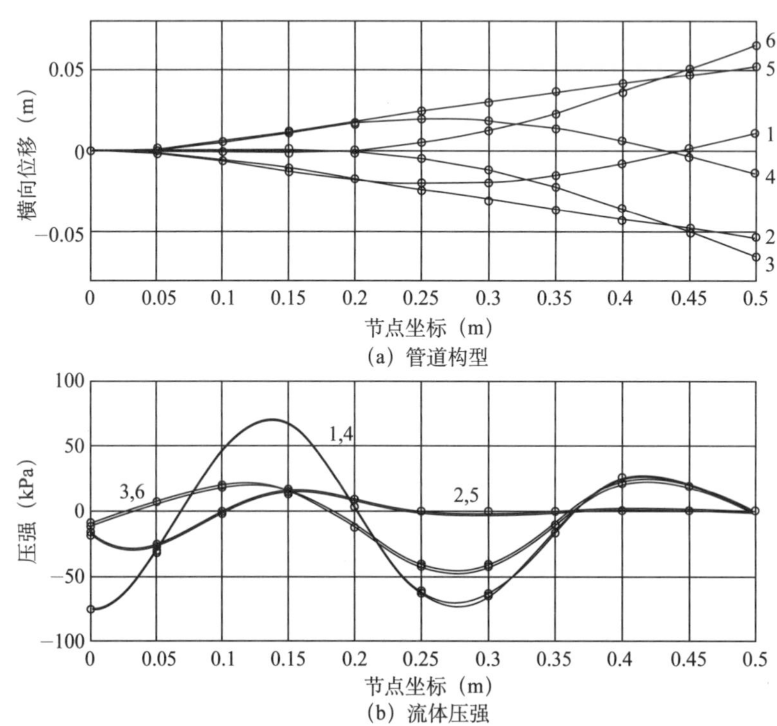

（a）管道构型

（b）流体压强

图2.22　流速在13.3m/s时，半个周期内的管道构型和液体压强

2.5　井下系统动力学模型的应用研究

在本章的前几节中，建立了基于多体动力学和以流固耦合为特征的井下系统动力学模型和基本方程，并对其退化算例进行了分析和验证，证实了该模型的普适性和实用性。本节将对井下系统动力学模型做进一步的应用研究。

2.5.1　钻柱系统的力学分析

本节应用井下系统动力学模型来研究和分析钻柱系统受力情况，为强度校核、优化设计等提供参考依据。

研究了三维水平井某种钻具配置的旋转导向钻井系统在设计井眼里的力学特性。钻具配置如图2.23所示，由于水平井的特殊性，采用了倒装组合配置的钻具组合，即将钻铤配置在竖直井段，以提供足够的钻压。井眼轨迹和几个关键设计点如图2.24所示，该井眼的最大狗腿度为10°/30m，并存在大角度的方位变化。选取钻压为20t，钻头破岩扭矩5kN·m，导向工具钻头偏角0.6°。钻井液密度1350kg/m³，声速1400m/s，剪切率在600r/min的扭转格数Φ_{600}=100，剪切率在300r/min的扭转格数Φ_{300}=60作为测定数据，认为钻井液是幂律流体。钻柱在给定井眼中随着顶驱电动机的驱动旋转，机械转速为150r/min。在上述工况条件下，研究顶驱、钻头以及钻柱的受力情况。

采用本书提出的井下流固耦合动力学系统建模方法，如式（2.55）所示，建立该三维水平井的全钻柱耦合动力学模型，钻杆和加重钻杆每单根划分2个梁单元，钻铤按照3m为单元长度划分梁单元，柔性短节以1.5m为单元长度划分单元，导向工具采用1m为单元长度划分单元，并采用多体动力学约束建模建立钻头偏角。由于钻头、稳定器和井壁之间存在间隙，建模时将钻头、稳定器和井壁的相互作用关系处理为接触。

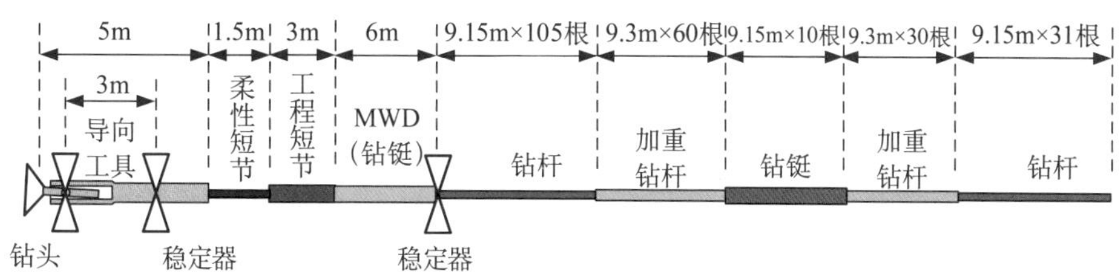

图2.23 钻具配置示意图

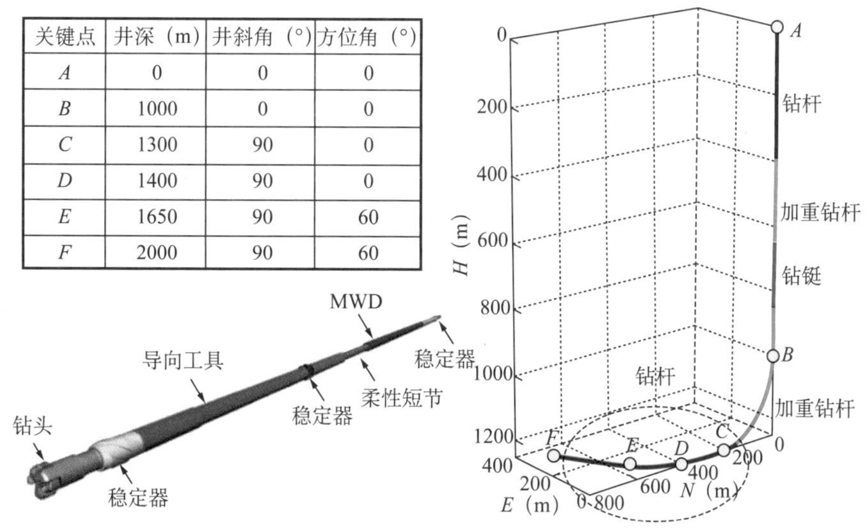

关键点	井深（m）	井斜角（°）	方位角（°）
A	0	0	0
B	1000	0	0
C	1300	90	0
D	1400	90	0
E	1650	90	60
F	2000	90	60

图2.24 设计井眼和钻具配置示意图

2.5.1.1 中性点确定

钻柱置于钻井液包裹中，受到钻井液的液体压力作用。钻柱端面液压产生钻柱附加轴力，而钻柱侧壁液压的情况却比较复杂。当钻柱为笔直形态时，侧壁液压的合力和合力矩都为零；当钻柱为弯曲形态时，侧壁液压的合力为零，而合力矩不为零，该合力矩作用使钻柱趋向于恢复为笔直形态。

在研究钻柱的拉压问题时，只需考虑钻柱的端面液压，而研究钻柱的弯曲问题时，必须考虑钻柱的侧壁液压。为此，引入真实轴力和有效轴力的概念[11]。真实轴力是钻柱横截面上所有轴向应力的积分总和；有效轴力是在真实轴力的基础上再考虑了钻柱侧壁液压。有效轴力能够直接反映钻柱的力学性质，钻头处的有效轴力等于钻压，大钩处的有效轴力等于大钩悬重，有效轴力为零的点就是中性点。如图 2.25 所示，有效轴力和真实轴力之间的换算关系为[12]：

$$F_{ae} = F_a + \frac{\pi}{4}\left(p_a d_o^2 - p_i d_i^2\right)$$

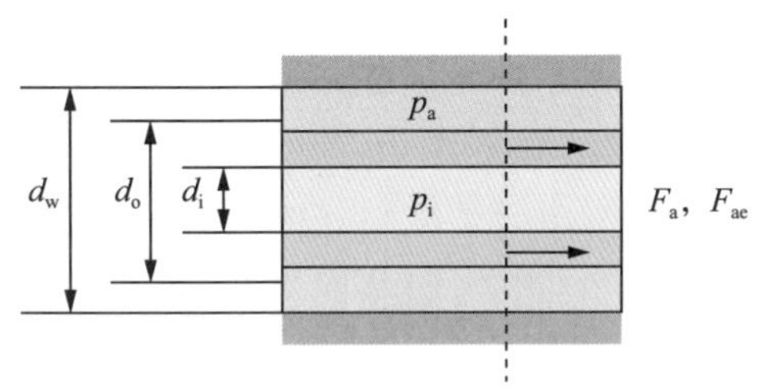

图2.25　真实轴力F_a和有效轴力F_{ae}之际之间的计算关系

工程上在设计钻柱系统时，比较关注钻柱系统中性点的位置。按照 Lubibskia[13] 的定义：中性点将钻柱分为两部分，中性点以上部分在钻井液中的浮重等于大钩悬重，以下部分在钻井液中的浮重等于钻压。中性点也是有效轴力为零的点[12]，因此通过分析钻柱有效轴力的分布，可以快速地找到中性点。

建立在上述仿真模型的基础上，进一步分析钻柱系统的有效轴力分布，就可以确定出中性点的位置。根据中性点的位置，就可以判断在当前设计钻压下，钻柱系统的设计是否合理。假设设计钻压为 20tf，其他仿真条件和参数不变。对应上述工况下，分别研究了钻柱系统的真实轴力和有效轴力分布，结果如图 2.26 所示。

图 2.26 数据表明：钻柱的真实轴力是不连续的，因为钻井液的压力作用在变截面上；而有效轴力是连续的。钻柱系统轴力总体上沿井深呈现减小趋势。在直井段基本上按线性变化；在造斜段和变方位段由于受到井壁接触与钻杆弯曲变形的作用，轴力分布变化较为复杂；在水平段轴力几乎不受重力影响。由于加重钻杆、钻铤、MWD、柔性短节以及旋转导向的等效梁的几何参数不同，对应上述部分轴力变化斜率也有所不同。从图 2.26 中还可以看出，当钻压为 20tf 时，中性点在钻铤的中部，因此这样的钻柱配置是合理的。

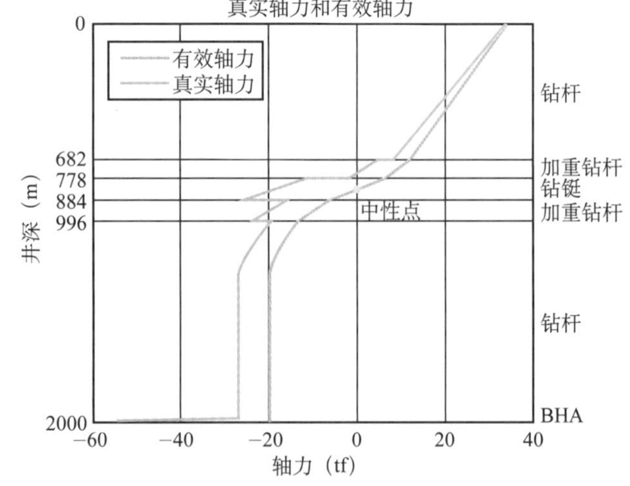

图2.26　钻柱系统轴力分布规律

2.5.1.2　顶驱受力分析

在上一节算例模型基础上，进行整个钻柱系统的受力分析。假设顶驱采用直流电动机驱动模型。电动机的基本参数见表 2.7，仿真结果如图 2.27、图 2.28 和图 2.29 所示。

表2.7　电动机基本参数

参数	参数值	参数	参数值
电动机电感（H）	0.005	电动机传动比	7.2
电动机电阻（Ω）	0.01	电动机转速（r/min）	60
电动机电压（V）	6	电动机启动时间（s）	1

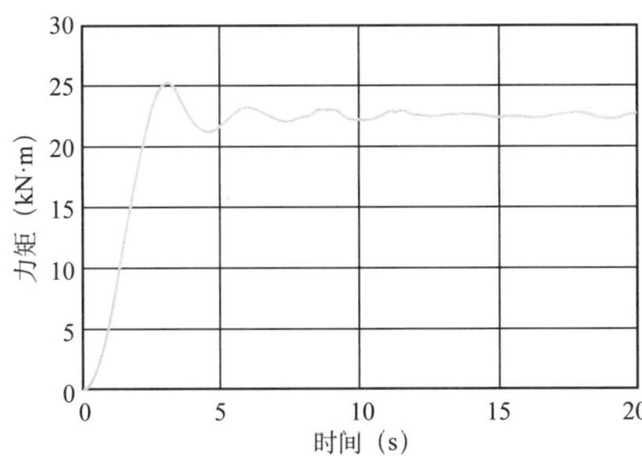

图2.27　顶驱驱动力矩变化规律图

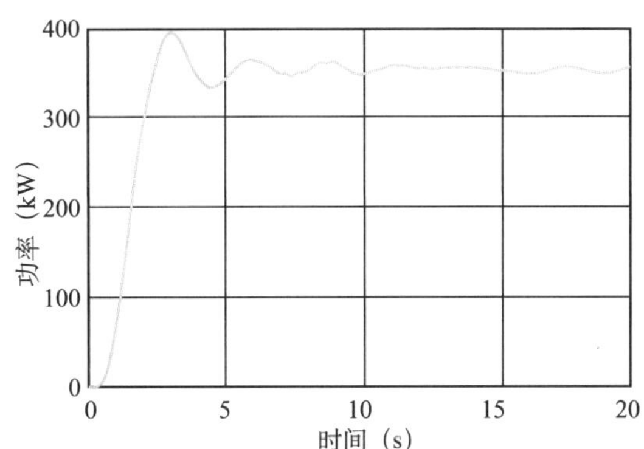

图2.28　电动机输出功率变化图

从图 2.27 中可以看出电动机在刚启动阶段，驱动力矩会出现最大值，约 25kN · m；当电动机运行稳定后驱动力矩在均值 22kN · m 附近振荡变化。如果将顶驱受到的力矩与顶驱的转速作乘积，就可以得出上述过程顶驱电动机的输出功率变化规律。图 2.28 中数据表明，电动机最大输出功率为 400kW 左右；电动机正常工作后电动机的输出功率稳定在 355kW 左右。

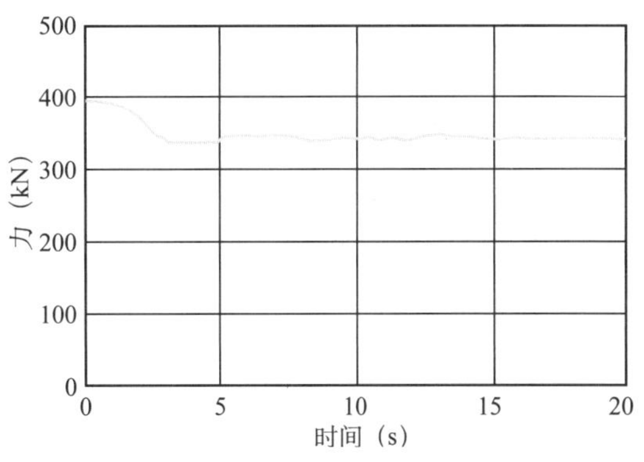

图2.29　大钩载荷变化曲线图

顶驱大钩载荷的变化规律，如图 2.29 所示。观察发现：电动机启动阶段诱发了钻柱的纵向振动，大钩载荷存在短时间的波动，最大值为 400kN 左右，最小值为 338kN 左右；随着时间推移，载荷趋于稳定，均值在 350kN 左右。

2.5.1.3　钻头和稳定器分析

读取钻头和稳定器的接触力，如图 2.30 和图 2.31 所示。图中数据表明：钻头对井壁的接触力在空间三个方向都存在分量，其中 y 方向接触力最大，x、z 方向接触力很小；y 方向接触力为正值，均值约 5kN，表示钻头对井壁的作用力是沿着 y 轴正方向的，也就是说钻头贴在井眼高边，造斜力为 5kN；钻头接触力存在小振幅振荡，通过分析数据发现该振荡周期为 0.4s，刚好和机械转速 150r/min 吻合，说明钻头接触力的振荡主要是由钻柱的旋转造成的。

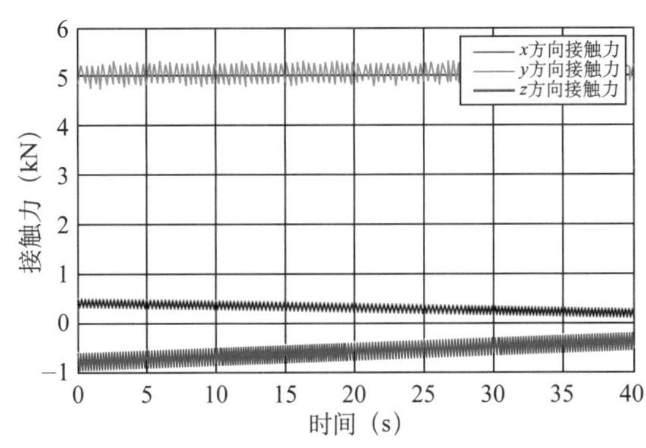

图2.30　钻头接触力变化曲线图

图 2.31 反映了导向工具中近钻头稳定器和次近钻头稳定器的接触力变化规律。从图中可以看出稳定器接触力在空间 3 个方向都存在分量，其中 y 方向分量最大，x、z 方向分量很小；y 方向接触力为负值，表明稳定器对井壁的作用力是沿着 y 轴负方向的，即稳定器是贴在井眼低边；同样由于稳定本身的旋转，钻头接触力存在振荡，该振荡周期也为 0.4s，和机械转速 150r/min 吻合；近钻头稳定器的接触力振荡幅度较大，说明近钻头稳定器和钻头之间的关系作用密切，导致接触力的振荡效果明显；次近钻头的接触力振荡幅度很小，说明和钻头之间的关系作用不太密切。

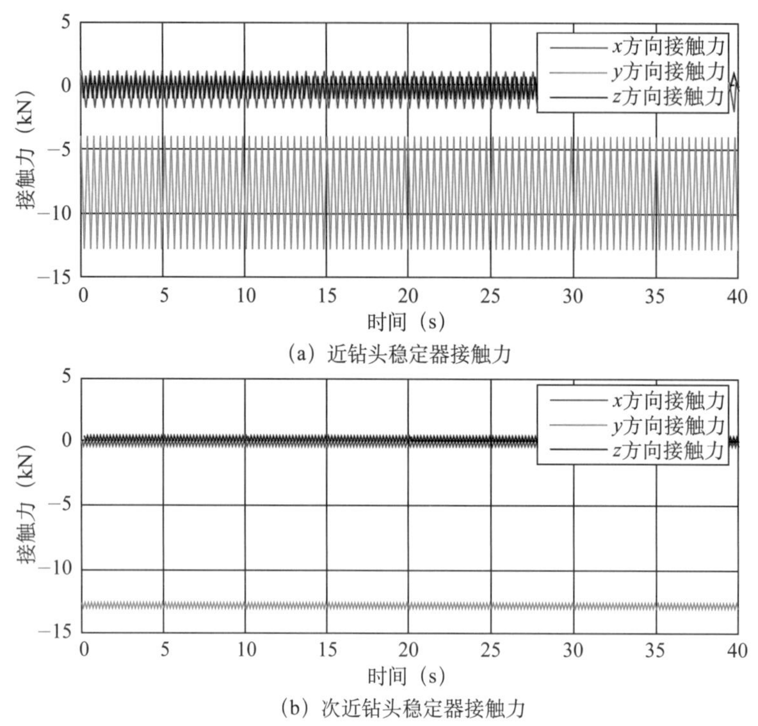

图2.31　稳定器接触力变化曲线图

图 2.32 反映了钻柱传递机械转速的规律。从图中可以看出钻头转速比顶驱转速延迟 0.6s 左右，而扭转波速为$c=\sqrt{G/\rho}$ =3210.7m/s，井深 2000m，扭转波从顶驱下传到钻头所需时间为 0.6229s，和仿真结果完全吻合。顶驱在电动机驱动下，转速加载并稳定在 150r/min，钻头受钻柱驱动，由于钻柱本身的扭转弹性，并不能立刻稳定在 150r/min，而是经过了一个振荡衰减并稳定的过程，最终也基本稳定在了 150r/min。在长时间的仿真中发现，由于钻柱和井壁之间的摩擦作用，钻头转速并不是一直稳定在 150r/min，而是在其附近波动，该转速波动不衰减也不发散，波动幅度由摩擦作用的强烈程度决定。当钻柱和井壁之间的摩擦十分剧烈，甚至出现黏滑现象时，钻头转速波动将更加剧烈。

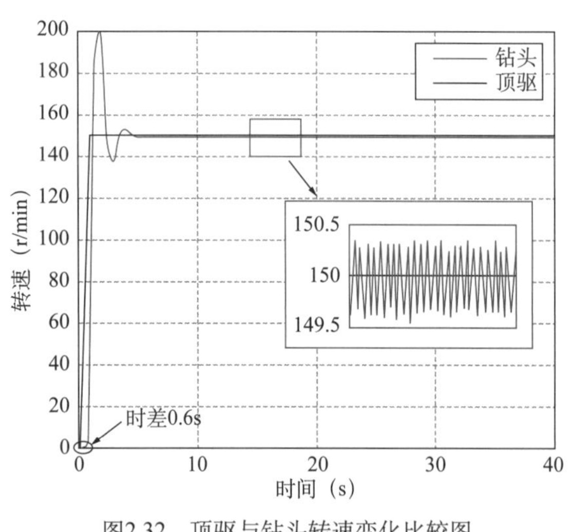

图2.32　顶驱与钻头转速变化比较图

2.5.1.4　全井段钻柱内力分析

对整个钻柱系统进行受力分析，包括轴力、弯矩、扭矩等，可以得到钻柱内力沿井深分布情况，如图 2.33、图 2.34 和图 2.35 所示。其中图 2.33 是仿真时间到达 20s 时，轴力沿井深变化曲线。图 2.34 和图 2.35 分别表示了弯矩和扭矩沿井深分布规律。

图 2.33 反映了钻柱中轴力的变化趋势。可以看出钻柱在水平段时，轴力不受重力影响，数值基本保持在 −20tf；在垂直井段处于受拉状态，且该段钻杆与井壁接触不明显，该段钻柱中轴力沿井深线性减小，其中轴力的最大值出现在钻柱顶端，其最大值约为 34tf，这也就是大钩载荷；在造斜和调方位井段，由于受到接触，钻柱的旋转等因素作用，轴力分布存在小量波动，但是总体变化趋势是不断减小。中性点落在井深 780m 左右的钻铤上。

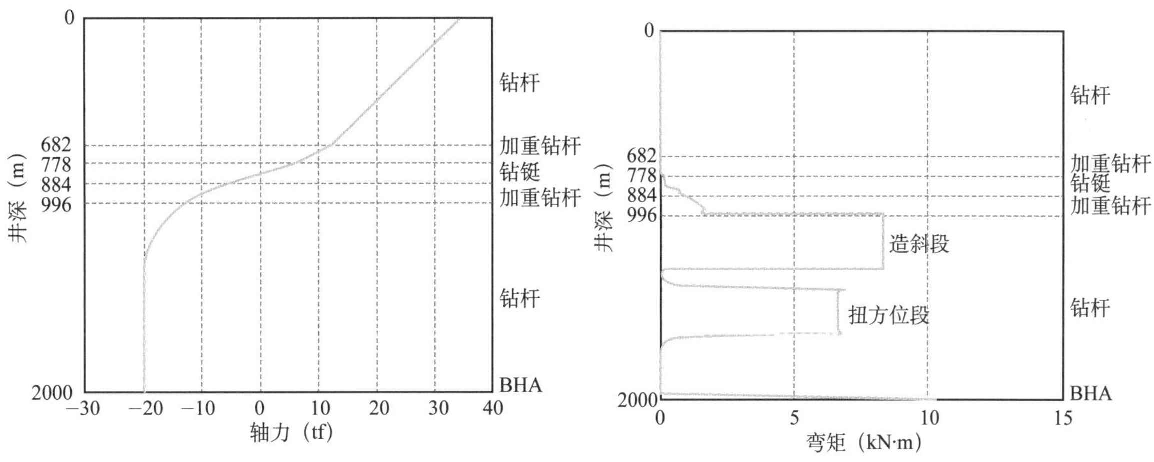

图2.33 钻柱系统轴力分布　　　图2.34 钻柱系统弯矩分布

图 2.34 反映了钻柱中弯矩变化趋势。从该图中可以看出，在直井段和水平段中钻柱的弯矩较小，这是因为钻柱这些井段基本贴在井眼低边，其曲率基本上和井眼本身的曲率一致，因此钻柱的曲率也基本上为 0，弯矩很小。由于导向工具本身的钻头偏角作用，钻柱底部的弯矩数值达到了 10kN · m左右，最大弯矩出现在底部钻具组合上，最大值约为 11.2kN · m。钻柱在造斜井段内发生明显的弯曲振动，所以弯矩变化比较剧烈。但是考虑到造斜井段为一致曲率圆弧段，受到井壁约束的作用，钻杆在造斜井段内弯曲曲率应基本一致。在不同曲率的井眼过渡段，弯矩出现了比较大的波动，是因为单元划分在这些过渡井段不够精细，导致弯矩描述存在小量误差。

图 2.35 反映了整个钻柱系统内扭矩沿井深的变化规律。图中相关数据表明：扭矩值整体上是上端大，下端小。在直井段扭矩值数值保持不变，这是因为钻柱和井壁没有接触，因此钻柱几乎没有受到摩阻扭矩，因此扭矩保持恒定。扭矩开始发生变化的井深约为 700m，刚好就是井眼由直井开始造斜的转折点。在井斜段和调方位段钻柱扭矩基本上以线性变化不断减小。与钻头连接处钻柱内扭矩值约为 5.6kN · m，而钻头受到的破岩扭矩为 5kN · m（模型输入参数），说明钻头受到摩阻扭矩约为0.6kN · m。扭矩最大值出现在顶驱处，数值约为 21kN · m，这也是顶驱所需的驱动扭矩。

根据钻柱受到的轴力、扭矩、弯矩和钻井液压力，可以计算得到每个钻柱截面处的最大应力为：

$$\boldsymbol{\sigma}=\begin{bmatrix}-p & & \tau \\ & -p & \\ \tau & & \sigma_0+\sigma_t-p\end{bmatrix} \tag{2.61}$$

式中：p 表示钻井液的压强；σ_0 表示钻柱轴力引起的截面正应力，数值等于轴力除以钻柱截面积，即 $\sigma_0=F_x/A_p$；σ_t 表示钻柱弯矩引起的截面正应力，数值等于弯矩除以截面弯曲惯性矩再乘以钻柱截面半径，即 $\sigma_t=M_xR/I_p$；τ 表示钻柱弯扭矩引起的截面剪应力，数值等于扭矩除以截面扭转惯性矩再乘以钻柱截面半径，即 $\tau=T_xR/G_p$。

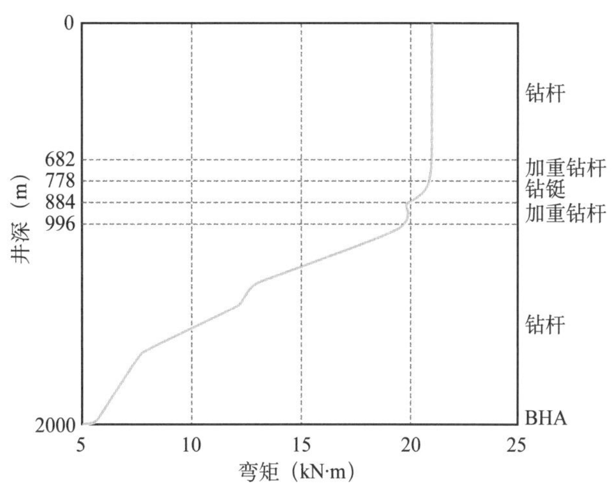

图2.35 钻柱系统扭矩分布

正交变换后，得到三个主应力为：

$$\begin{cases}\sigma_{\mathrm{m1}}=-p \\ \sigma_{\mathrm{m2}}=(\sigma_0+\sigma_{\mathrm{t}})/2-\sqrt{(\sigma_0+\sigma_{\mathrm{t}})^2+4\tau^2}/2-p \\ \sigma_{\mathrm{m3}}=(\sigma_0+\sigma_{\mathrm{t}})/2+\sqrt{(\sigma_0+\sigma_{\mathrm{t}})^2+4\tau^2}/2-p\end{cases} \tag{2.62}$$

从而得道截面处最大 von Mises 等效应力为：

$$\begin{aligned}\sigma_{\mathrm{Mises}}&=\frac{\sqrt{2}}{2}\sqrt{(\sigma_{\mathrm{m1}}-\sigma_{\mathrm{m2}})^2+(\sigma_{\mathrm{m2}}-\sigma_{\mathrm{m3}})^2+(\sigma_{\mathrm{m3}}-\sigma_{\mathrm{m1}})^2}=\sqrt{(\sigma_0+\sigma_{\mathrm{t}})^2+3\tau^2} \\ &=\sqrt{\left(\frac{F_x}{A_{\mathrm{p}}}+\frac{M_xR}{I_{\mathrm{p}}}\right)^2+3\left(\frac{T_xR}{G_{\mathrm{p}}}\right)^2}\end{aligned} \tag{2.63}$$

将前面计算得到的轴力、扭矩和弯矩数据，代入式（2.63）计算 Mises 应力，并绘制成图，如图 2.36 所示。

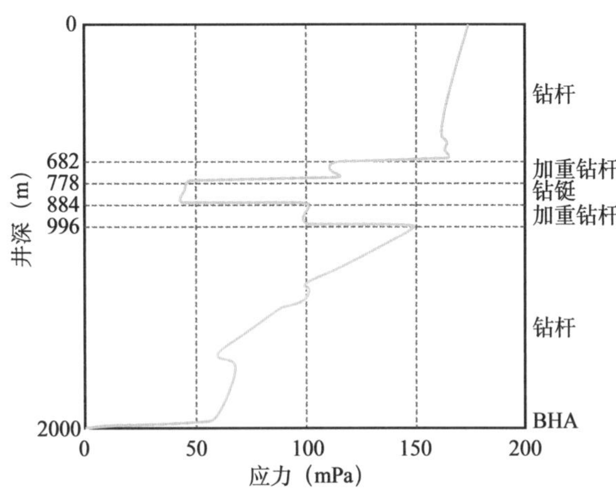

图2.36　钻柱系统Mises应力分布

图 2.36 反映了整个钻柱系统内 Mises 应力沿井深的变化规律。图中相关数据表明：Mises 应力值整体上是上端大，下端小。Mises 应力分布是不连续的，因为钻柱的有效轴力、扭矩和弯矩是连续分布的，但是钻柱的截面几何形状是非连续的，例如在钻杆和钻铤连接处截面积存在较大的变化，因此计算得到的 Mises 应力也不连续。在直井段 Mises 应力基本是线性变化的，这是因为钻柱和井壁没有接触，钻柱弯矩和扭矩保持不变，轴力线性分布，因此 Mises 应力也是线性分布。在造斜段和扭方位段，Mises 应力的分布规律比较复杂，因为它融合了轴力、扭矩和弯矩三者的分布特征。Mises 应力最大值出现在顶驱处，数值约为 175MPa，处于刚性材料的线弹性范围内，符合强度要求。

下面研究钻杆在相关特征秒状态时受力情况，并将其中内力分布以等值云图的形式显示，如图 2.37 ～图 2.43 所示，分别代表了 0s、0.5s、1s、2s、5s、10s 和 30s 时的轴力、弯矩和扭矩分布情况。需要说明的是：为了达到最佳的视觉效果，在作图时钻柱的直径被放大了 200 倍。

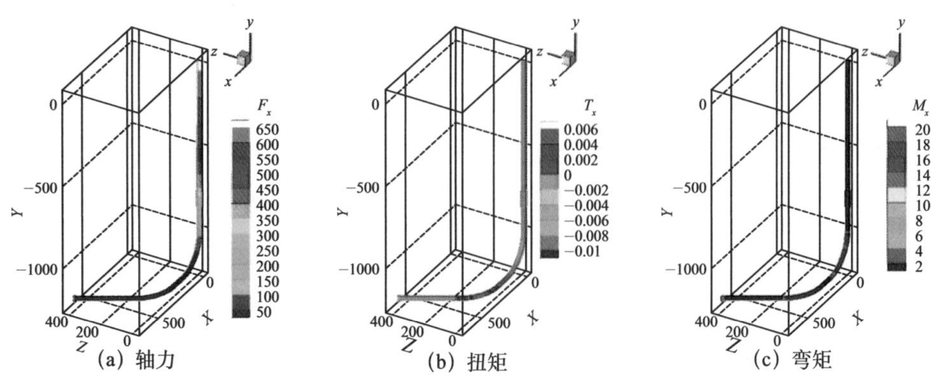

图2.37　钻柱系统内力等值云图（t=0s）

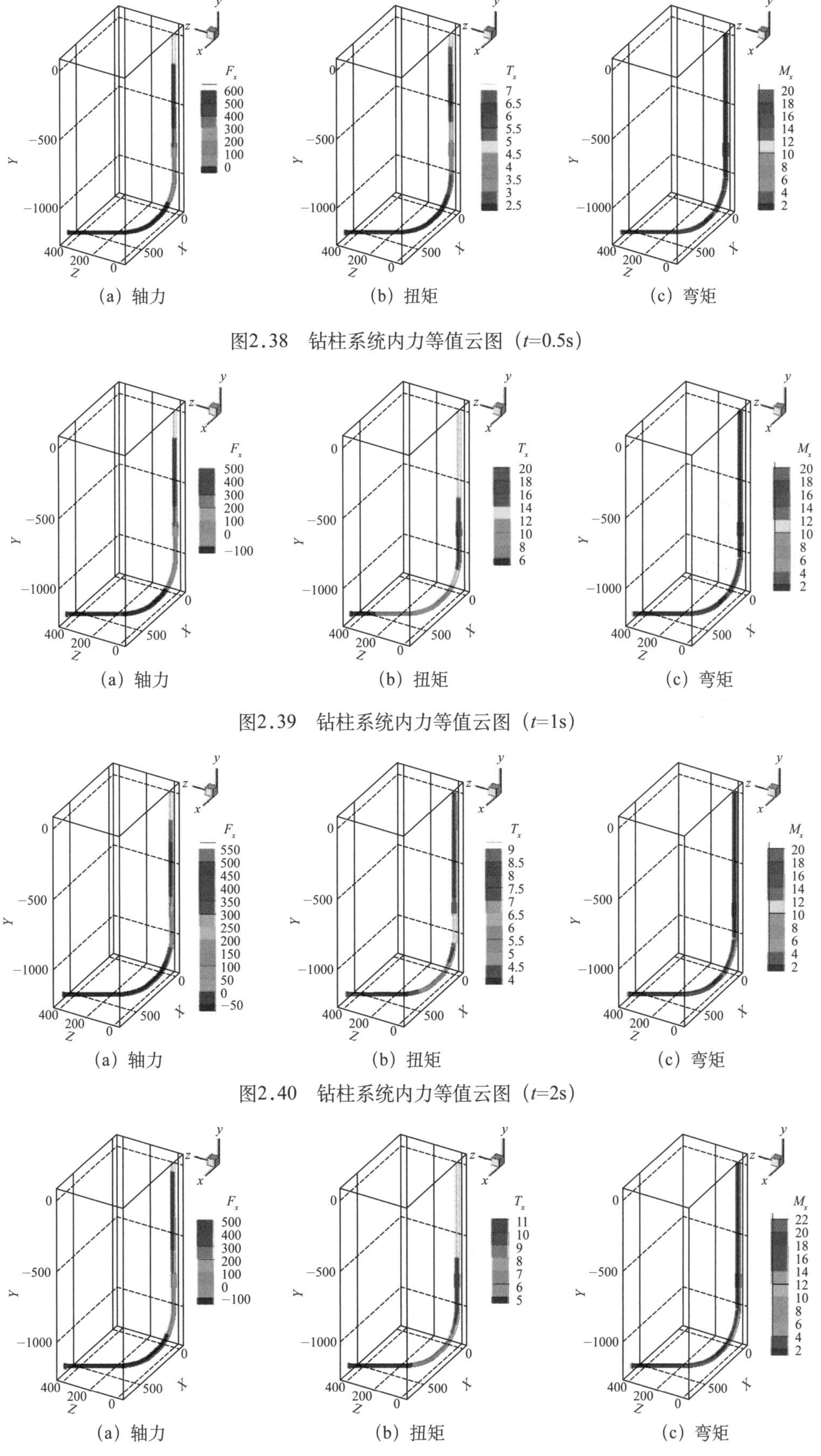

(a) 轴力　(b) 扭矩　(c) 弯矩

图2.38　钻柱系统内力等值云图（t=0.5s）

(a) 轴力　(b) 扭矩　(c) 弯矩

图2.39　钻柱系统内力等值云图（t=1s）

(a) 轴力　(b) 扭矩　(c) 弯矩

图2.40　钻柱系统内力等值云图（t=2s）

(a) 轴力　(b) 扭矩　(c) 弯矩

图2.41　钻柱系统内力等值云图（t=5s）

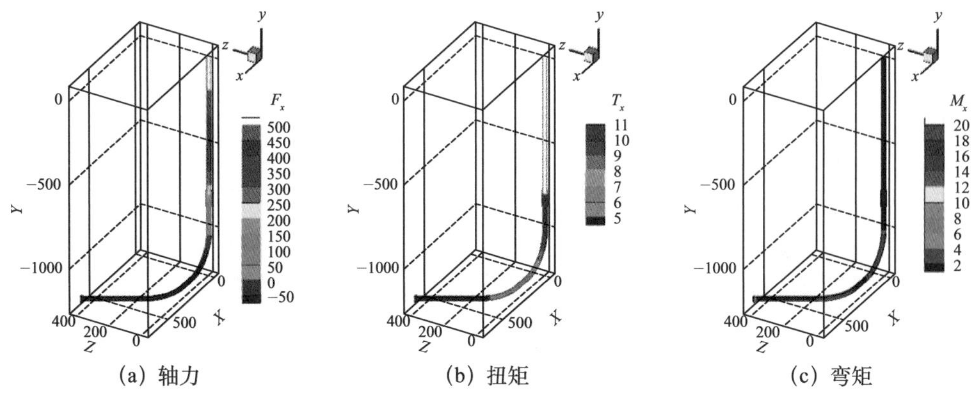

图2.42　钻柱系统内力等值云图（t=10s）

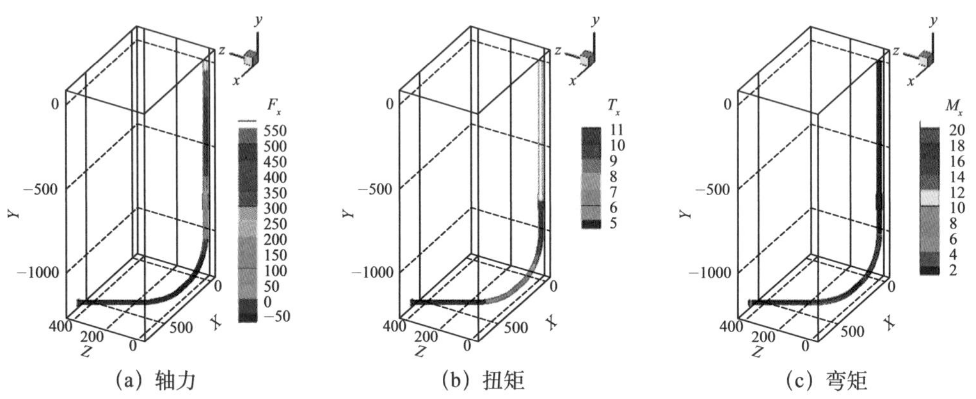

图2.43　钻柱系统内力等值云图（t=30s）

由轴力等值图可知：轴力沿井深分布规律大体上是逐渐减少。直井段轴力随井深变化明显、随时间变化不明显；造斜段内的轴力随井深变化明显，在起钻阶段随时间变化明显，稳定旋转后也基本稳定；水平段轴力特性和直井段类似，主要是由钻压造成的。

由钻杆内弯矩分布云图可以明显看出：弯矩分布基本和井眼轨迹的曲率吻合。在直井段、水平段弯矩数值都很小；在造斜段和调方位段，弯矩随井深变化很小。纵观时间变化过程，发现弯矩基本都保持稳定，说明该问题中，轴力和扭矩对弯矩耦合作用小，弯矩可以独立进行分析。

分析钻杆内扭矩分布云图可知：扭矩在初始阶段变化比较明显，主要表现在扭矩以波的形式在钻杆内传播。当扭转波由井口到达井底后，就会被反射回来形成发射波；发射波与行进波相互叠加会造成扭矩值在初始阶段变化很显著。当钻柱系统扭转振动稳定后，扭矩值由井口到井底逐渐减小。

2.5.2　钻井液对钻柱导向系统的导向能力影响研究

为研究钻井液对导向能力的影响，我们考虑几个层次的问题：

(1) 钻井液静水压力对导向能力的影响。首先建立钻柱模型进行仿真，然后附加流体单元和流体反作用力建立耦合模型，但是设定钻井液的循环排量为0，比较该两者之间的造斜情况差异。

(2) 循环排量对导向能力的影响。在耦合模型的基础上，只改变钻井液的循环排量，比较由此产生的导向能力的差异。

(3) 钻柱长度对导向能力的影响。在耦合模型的基础上，只改变钻柱长度，比较由此产生的导向能力的差异。

（4）钻井液密度对导向能力的影响。在耦合模型的基础上，选用两种密度的钻井液，1350kg/m³和2350kg/m³，比较由此产生的导向能力的差异。

以上均采用了单因素分析方法，即只改变某一个因素，保持其他因素不变，比较由此带来的结果差异。由该方法提出的一些输入条件都是理想状况，和实际钻井工况无关。

2.5.2.1　动态造斜过程分析

采用如图2.44所示的底部钻具组合，研究了指向式旋转导向工具的动态造斜能力。

为了方便研究，设置顶驱下放速度为0.01m/s，钻压为245kN，井眼直径219mm，钻头破岩扭矩3kN·m，钻井液密度1200kg/m³，导向工具钻头偏角0.6°。钻柱在给定井眼中随着顶驱电动机的驱动旋转，机械转速为150r/min。钻具从直井段开始造斜，研究井眼轨迹动态变化情况。

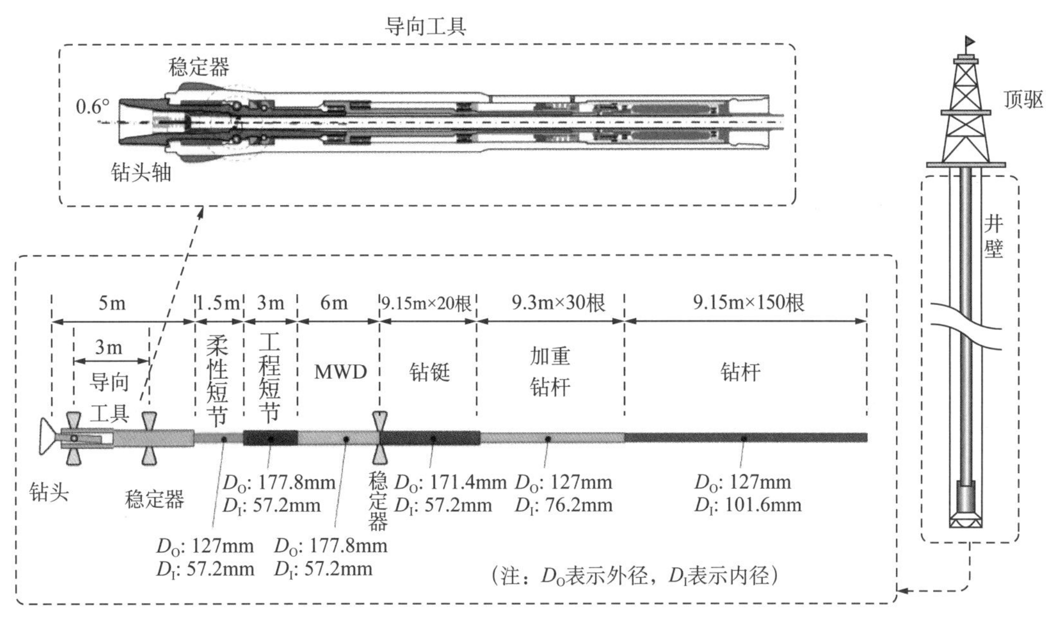

图2.44　动态造斜分析的钻具组合

图2.45给出了动态造斜过程的仿真结果。从图中可以看出，井眼中井深100 m的直井开始造斜，在钻压245kN的情况下，钻进了300m左右，最终达到85°的井斜角，该过程的平均造斜率为8°/30m。进一步发现，该工具的造斜能力很稳定，井斜角从0°～85°的过程中，造斜率基本都保持在8°/30m左右，变化范围小。工具在全力造斜过程中，造斜率达到最大值，此时钻压保持在245kN，而钻头侧向力几乎为0，这和作者以前提出的最大造斜率概念是吻合的。

本书主要研究近钻头稳定器外径对钻具造斜能力的影响。默认的近钻头稳定器外径为216mm（实际钻井中不会做到绝对满眼，出于研究需要而人为扩大参数的选取范围），为考虑该参数对动态造斜率的影响，额外仿真了稳定器外径为214mm和218mm时（如实际钻井时有扩眼发生）的造斜情况，并与外径为216mm时的情况作对比。图2.46给出了近钻头稳定器外径对动态造斜的影响。需要说明的是，稳定器外径一般不会达到218mm，本书只是研究该参数条件下的造斜率，以此获取稳定器外径的影响情况，结果如图2.47所示。从图中可以看出，近钻头稳定器的外径改变，对造斜过程的整体趋势没有影响，只是对动态造斜率有一定的改变。近钻头稳定器的外径越大，工具的动态造斜率越大。

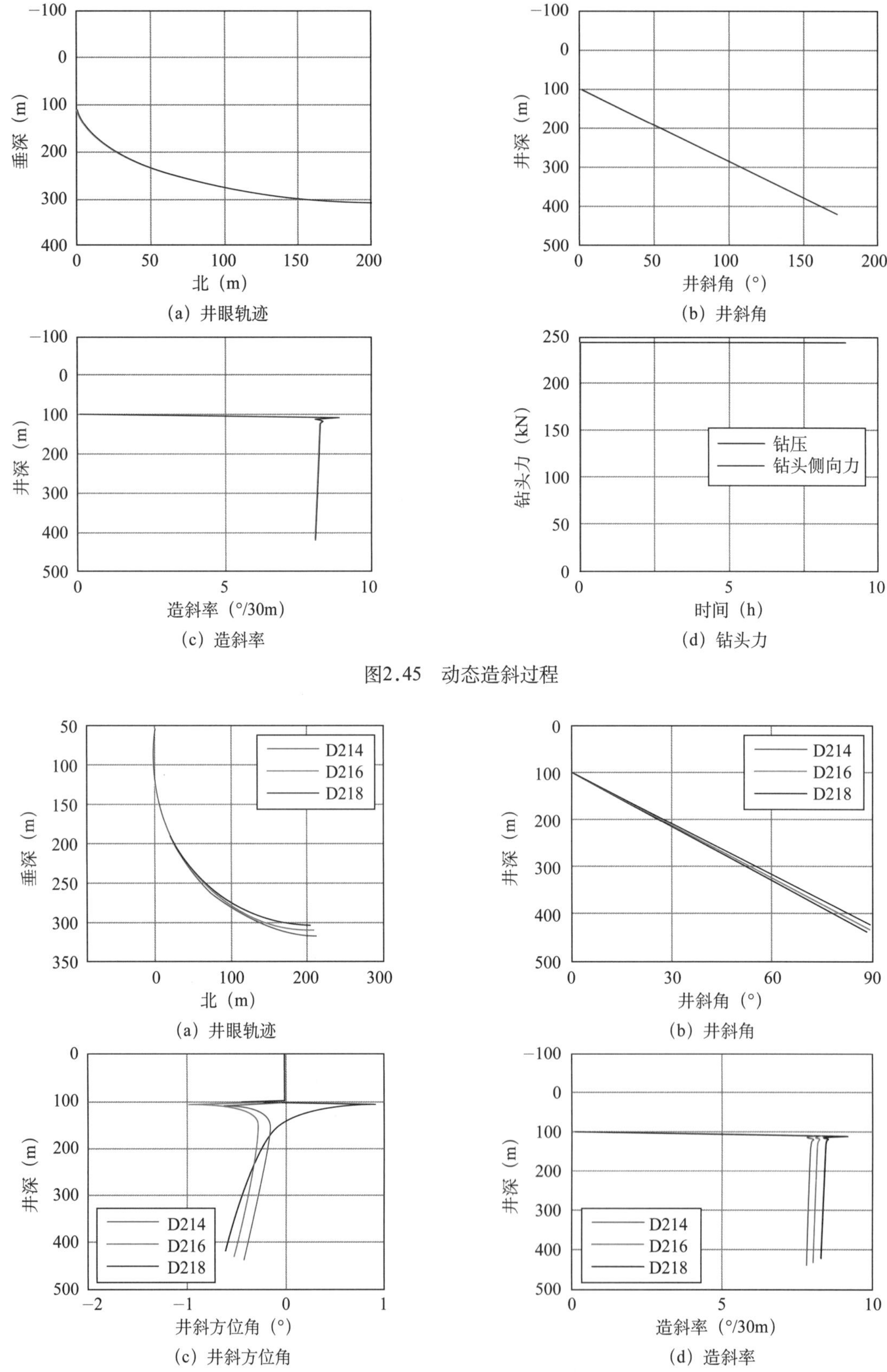

图2.46 近钻头稳定器外径对动态造斜的影响

从以上的分析可以发现，采用动态造斜率分析和广义纵横弯曲法（静态分析）得到的结果数据基本一致，但其中也存在一定的差异。通过纵横弯曲法分析给出的工具最大造斜率在7°/30m ～ 8°/30m

之间，而动态造斜率分析给出的数据为 8.2°/30m，两者结果基本一致。动态造斜率分析得到的数据较大，是因为动态分析时稳定器和井壁之间的作用采用了接触边界，静态分析时则采用了约束边界，如图 2.48 所示。采用约束边界时，稳定器刚好贴在井眼低边，它们之间不发生相互挤压；采用接触边界时，稳定器不仅贴在井眼低边，而且还会因为接触弹性将发生相互挤压，实际上稳定器质心还将随接触力反方向偏移很小的位移。由于接触作用产生的质心偏移量与相互作用力的大小相关的，由前面的分析知，近钻头稳定器的接触力较小，次近钻头稳定器的接触力较大，导致次近钻头稳定器的偏移量大于近钻头稳定器的偏移量，该差异直接引起了钻头造斜能力的增加。真实的钻头造斜过程中，稳定器和井壁之间并不是理想的约束边界，而是存在一定弹性的复杂接触边界，是会发生相互挤压变形的，因此采用接触边界更加符合实际情况。

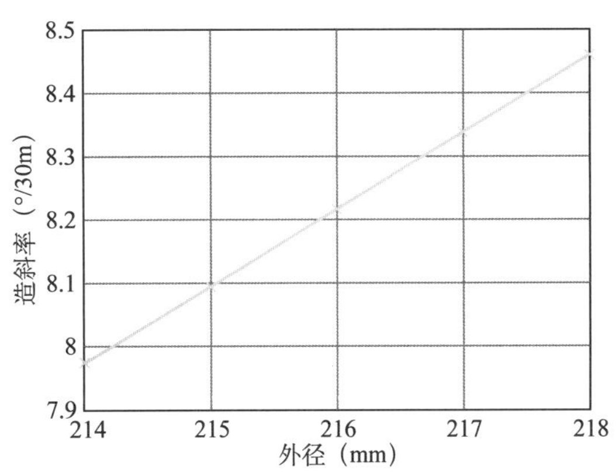

图2.47　近钻头稳定器外径和造斜率之间的关系图

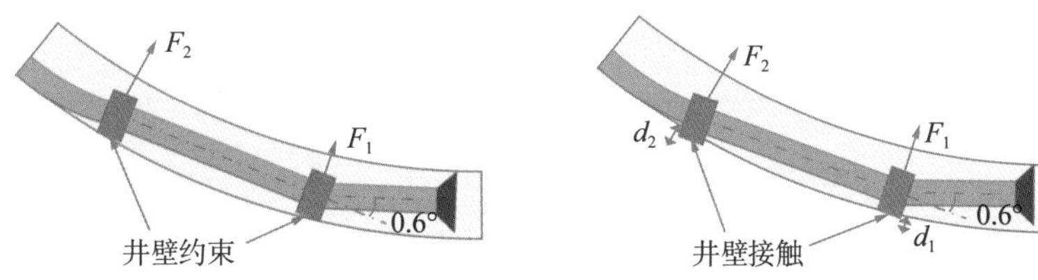

图2.48　不同的井壁条件对造斜率预测的差异

2.5.2.2　钻井液静水压力对导向能力的影响

为了分析钻井液静水压力对导向能力的影响，不妨假设如下的理想实验并进行计算仿真：首先建立了光钻柱的 1000m 钻柱模型，接着附加钻井液的流体单元，建立考虑钻井液的 1000m 耦合模型，设定钻井液循环流量为 0，两个模型在同样的地质参数和造斜输入条件下同时钻进 300m，比较井眼轨迹、井斜角和造斜率之间的差异关系，如图 2.49 所示。

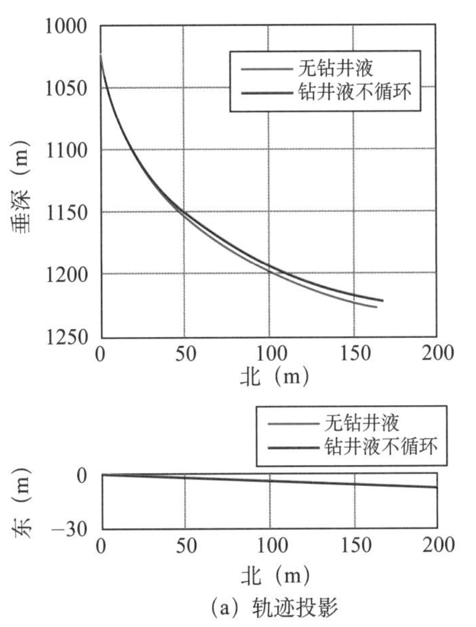

(a) 轨迹投影

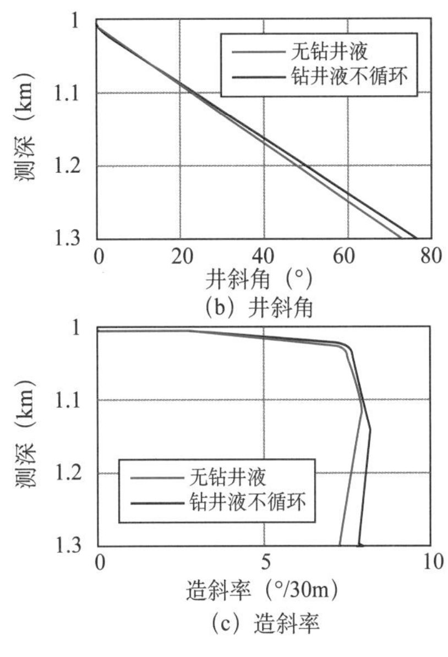

(b) 井斜角

(c) 造斜率

图2.49　比较钻井液的压力影响（1000m）

接着建立了光钻柱的2000m钻柱模型，然后附加钻井液的流体单元，建立考虑钻井液的2000m耦合模型，设定钻井液循环流量为0，2个模型在同样的地质参数和造斜输入条件下同时钻进300m，比较井眼轨迹、井斜角和造斜率之间的差异关系，如图2.50所示。

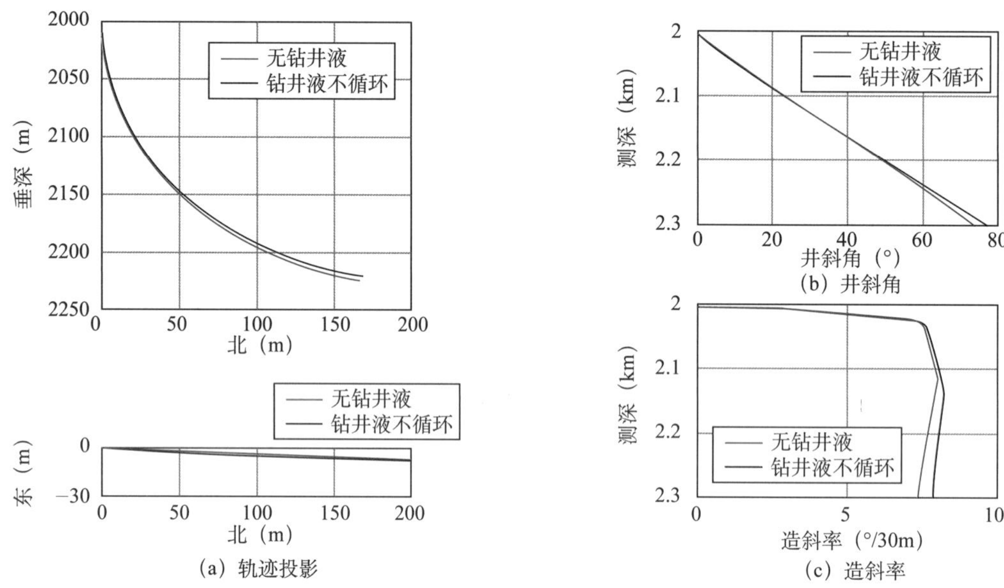

图2.50　比较钻井液的压力影响（2000m）

最后建立了光钻柱的3000m钻柱模型，接着附加钻井液的流体单元，建立考虑钻井液的3000m耦合模型，设定钻井液循环流量为0，两个模型在同样的地质参数和造斜输入条件下同时钻进300m，比较井眼轨迹、井斜角和造斜率之间的差异关系，如图2.51所示。

通过图2.49的结果分析，钻柱1000m时，不考虑钻井液和考虑钻井液但不循环流动这两种情况下，工具的造斜能力差异很小，在同样钻进了300m的情况下，轨迹终点最大相差4.0m，井斜角最大相差2.4°，最大造斜率最大相差0.17°/30m。从最大造斜率曲线可以看出，静水压力在小井斜角时影响不明显，在大井斜角时才有所体现。总体差异相对其他因素造成的误差都可以忽略。

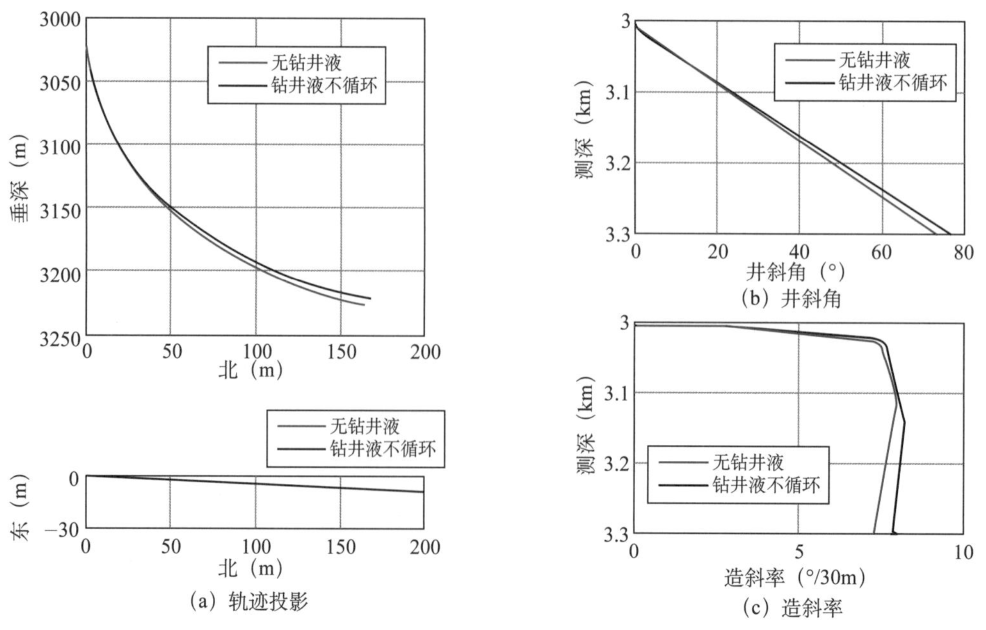

图2.51　比较钻井液的压力影响（3000m）

通过图 2.50 的结果分析，钻柱 2000m 时，不考虑钻井液和考虑钻井液但不循环流动这两种情况下，工具的造斜能力差异很小，在同样钻进了 300m 的情况下，轨迹终点最大相差 4.4m，井斜角最大相差 2.6°，最大造斜率最大相差 0.19°/30m。从最大造斜率曲线可以看出，静水压力在小井斜角时影响不明显，在大井斜角时才有所体现。总体差异相对其他因素造成的误差都可以忽略。

通过图 2.51 的结果分析，钻柱 3000m 时，不考虑钻井液和考虑钻井液但不循环流动这两种情况下，工具的造斜能力差异很小，在同样钻进了 300m 的情况下，轨迹终点最大相差 5.3m，井斜角最大相差 3.1°，最大造斜率最大相差 0.23°/30m。从最大造斜率曲线可以看出，静水压力在小井斜角时影响不明显，在大井斜角时才有所体现。总体差异相对其他因素造成的误差都可以忽略。

因此，该数值仿真说明了如果钻井液不循环流动，对钻柱只有静水压力的作用，那么其对钻柱导向能力的影响很小，可以忽略。当然，钻井液循环流动可以带出岩屑、工具降温、平衡压力等重要作用，在实际钻井过程中并不会有这种工况，但是通过理想实验这种简化方式我们可以比较清楚的认识钻井液静水压力的影响情况。

2.5.2.3 排量对导向能力的影响

为了分析钻井液排量对导向能力的影响，不妨假设如下的理想实验并进行计算仿真：首先建立了 1000m 的耦合模型，分别设定钻井液排量为 0L/s、30L/s、60L/s，在同样的地质参数和造斜输入条件下同时钻进 300m，比较 3 种工况下的井眼轨迹、井斜角和造斜率之间的差异关系，如图 2.52 所示。

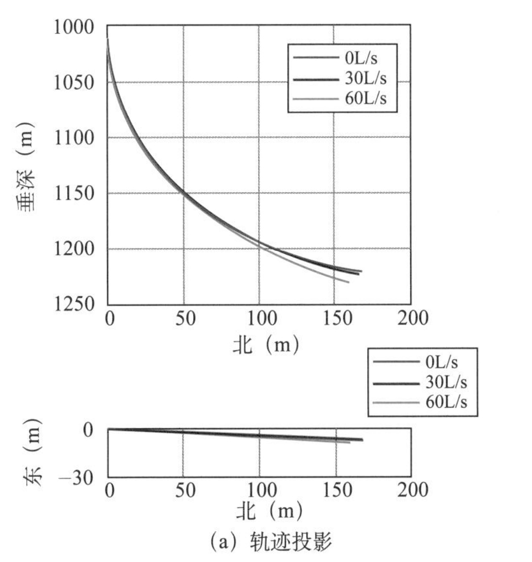

(a) 轨迹投影

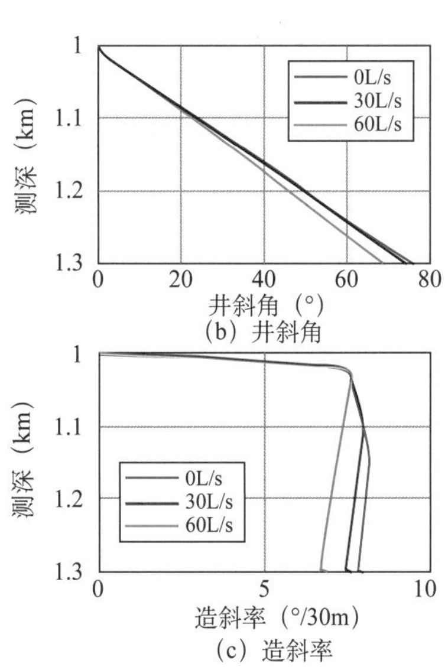

(c) 造斜率

图2.52 比较循环排量的影响（1000m）

接着建立了 2000m 的耦合模型，分别设定钻井液循环流量为 0L/s、30L/s、60L/s，在同样的地质参数和造斜输入条件下同时钻进 300m，比较 3 种工况下的井眼轨迹、井斜角和造斜率之间的差异关系，如图 2.53 所示。

然后建立了 3000m 的耦合模型，分别设定钻井液循环流量为 0L/s、30L/s、60L/s，在同样的地质参数和造斜输入条件下同时钻进 300m，比较 3 种工况下的井眼轨迹、井斜角和造斜率之间的差异关系，如图 2.54 所示。

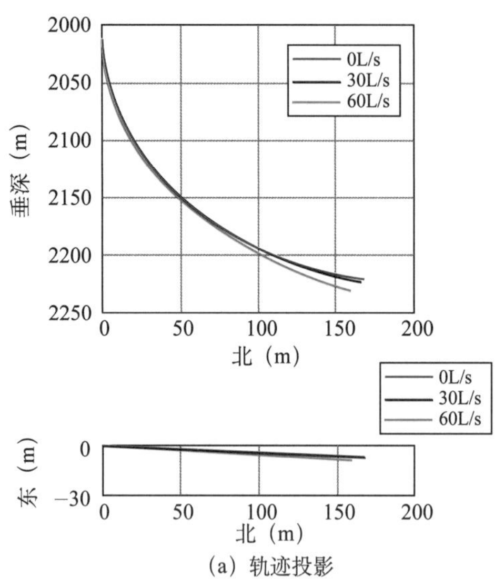

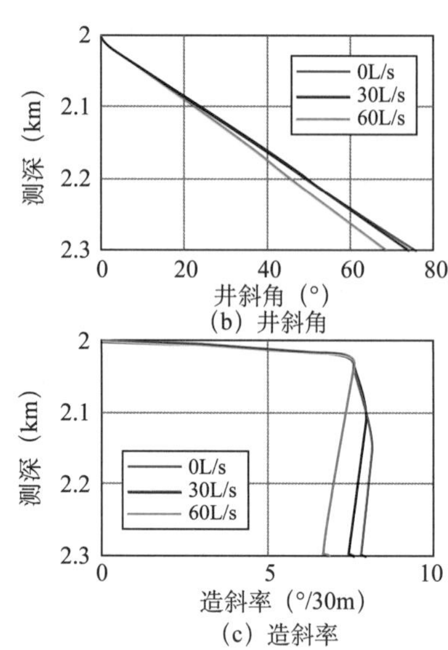

图2.53 比较循环排量的影响（2000m）

通过图 2.52 的结果分析，钻柱 1000m 时，在钻井液循环排量分别为 0L/s、30L/s 和 60L/s 的 3 种情况下，工具的造斜能力差异较大，在同样钻进了 300m 的情况下，轨迹终点最大相差 13.7m，井斜角最大相差 7.5°，最大造斜率最大相差 0.50° /30m，这个差异相对其他因素造成的误差不可忽略。

通过图 2.53 的结果分析，钻柱 2000m 时，在钻井液循环排量分别为 0L/s、30L/s 和 60L/s 的 3 种情况下，工具的造斜能力差异较大，在同样钻进了 300m 的情况下，轨迹终点最大相差 13.2m，井斜角最大相差 7.4°，最大造斜率最大相差 0.50° /30m，这个差异相对其他因素造成的误差不可忽略。

通过图 2.54 的结果分析，钻柱 3000m 时，在钻井液循环排量分别为 0L/s、30L/s 和 60L/s 的 3 种情况下，工具的造斜能力差异较大，在同样钻进了 300m 的情况下，轨迹终点最大相差 12.7m，井斜角最大相差 7.2°，最大造斜率最大相差 0.49° /30m，这个差异相对其他因素造成的误差不可忽略。

该数值仿真说明了如果钻井液循环流动，其对钻柱导向能力的影响随着排量的增加而变大。该误差相对钻井液的静水压力影响较大，但是相对其他不可测因素（如地质条件等）还是较小。

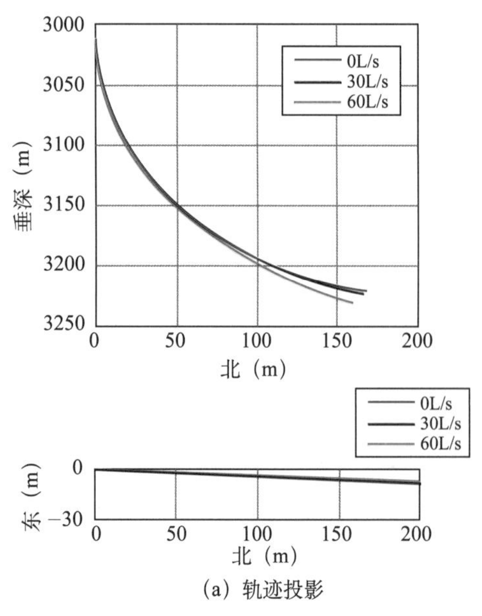

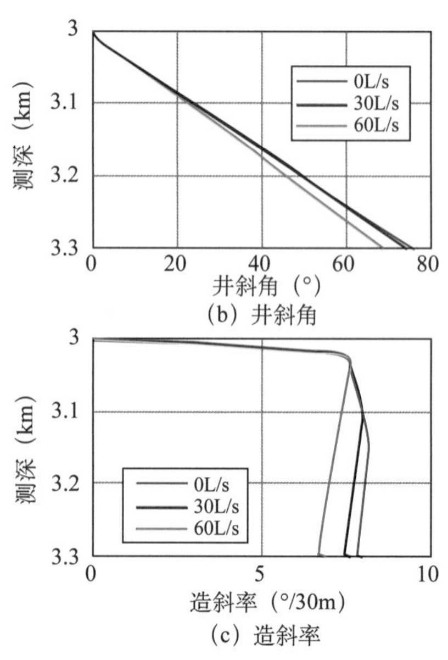

图2.54 比较循环排量的影响（3000m）

2.5.2.4　钻柱长度对导向能力的影响

为了分析钻柱长度对导向能力的影响，不妨假设如下的理想实验并进行计算仿真：分别建立了1000m钻柱、2000m钻柱和3000m钻柱的耦合模型，选定钻井液循环流量为0L/s，地质参数和其他造斜输入条件相同，同时钻进300m，比较3种工况下的井眼轨迹、井斜角和造斜率之间的差异关系。为了便于比较，选取了开始造斜点为参考点，分别得到两个井眼轨迹相对参考点的数据，绘制图像，如图2.55所示。

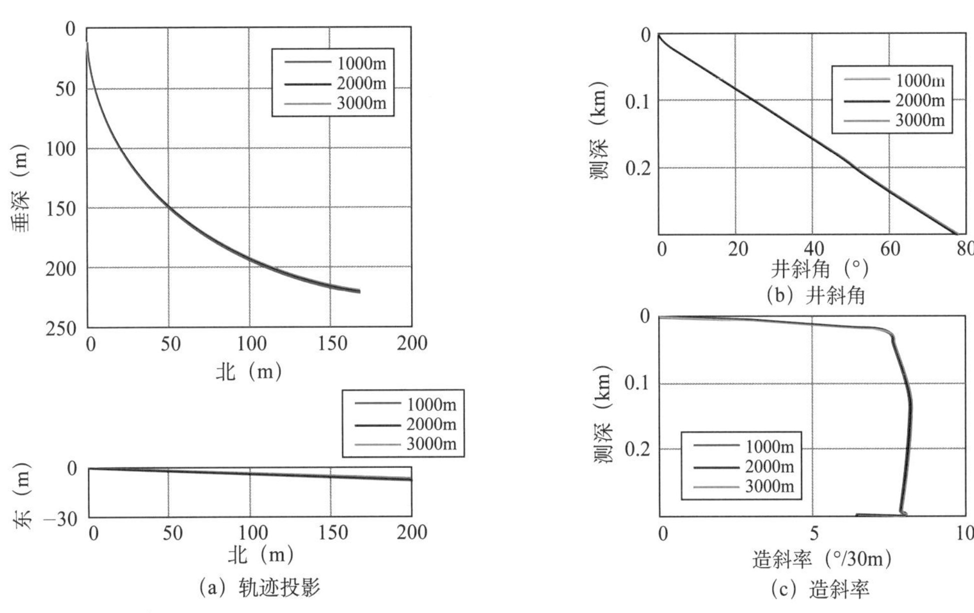

图2.55　比较钻柱长度的影响（排量为0L/s）

分别建立了1000m钻柱、2000m钻柱和3000m钻柱的耦合模型，选定钻井液循环流量为30L/s，地质参数和其他造斜输入条件相同，同时钻进300m，比较3种工况下的井眼轨迹、井斜角和造斜率之间的差异关系。为了便于比较，选取了开始造斜点为参考点，分别得到两个井眼轨迹相对参考点的数据，绘制图像，如图2.56所示。

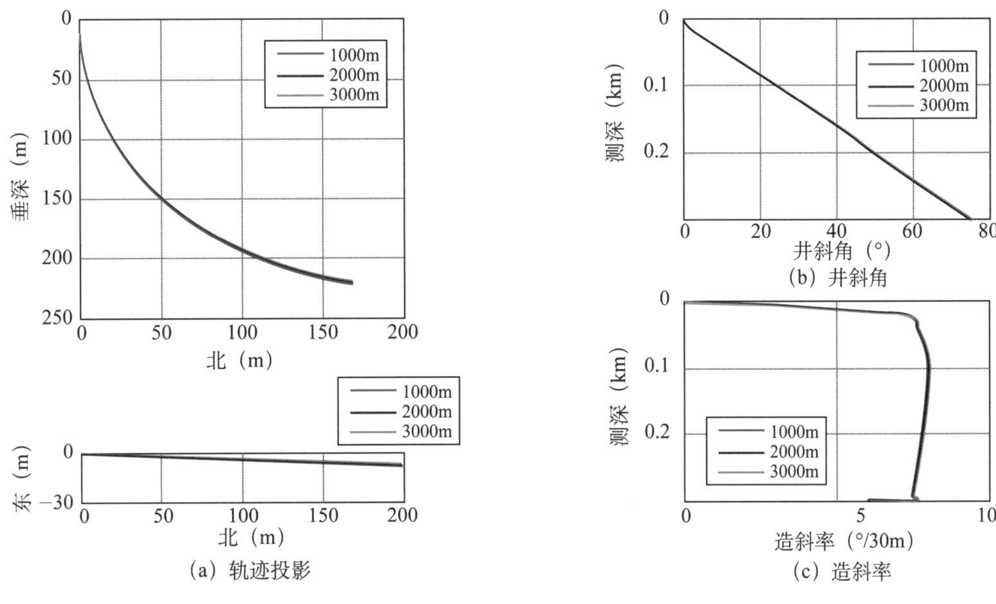

图2.56　比较钻柱长度的影响（排量为30L/s）

分别建立了1000m钻柱、2000m钻柱和3000m钻柱的耦合模型，选定钻井液循环流量为60L/s，地质参数和其他造斜输入条件相同，同时钻进300m，比较3种工况下的井眼轨迹、井斜角和造斜率之间的差异关系。为了便于比较，选取了开始造斜点为参考点，分别得到两个井眼轨迹相对参考点的数据，绘制图像，如图2.57所示。

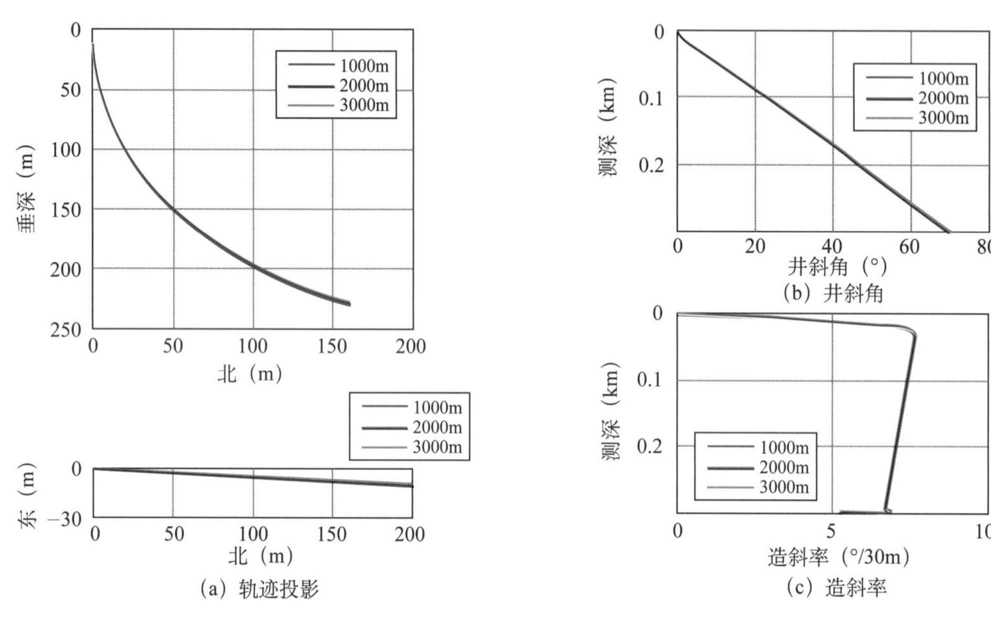

图2.57　比较钻柱长度的影响（排量为60L/s）

通过图2.55的结果分析，钻柱长度为1000m、2000m和3000m时，在钻井液循环排量为0L/s的情况下，工具的造斜能力差异很小，在同样钻进了300m的情况下，轨迹终点最大相差0.8m，井斜角最大相差0.2°，最大造斜率最大相差0.02°/30m，这个差异相对其他因素造成的误差可以忽略。

通过图2.56的结果分析，钻柱长度为1000m、2000m和3000m时，钻井液循环排量为30L/s的情况下，工具的造斜能力差异很小，在同样钻进了300m的情况下，轨迹终点最大相差0.9m，井斜角最大相差0.3°，最大造斜率最大相差0.03°/30m，这个差异相对其他因素造成的误差可以忽略。

通过图2.57的结果分析，钻柱长度为1000m、2000m和3000m时，钻井液循环排量为60L/s的情况下，工具的造斜能力差异很小，在同样钻进了300m的情况下，轨迹终点最大相差1.7m，井斜角最大相差0.5°，最大造斜率最大相差0.03°/30m，这个差异相对其他因素造成的误差可以忽略。

以上分析表明：在不同钻柱长度条件下，工具的造斜能力差异非常小，可以忽略不计。说明造斜率主要由底部钻具组合决定，受上端钻具影响较小。

2.5.2.5　钻井液密度对导向能力的影响

为了分析钻井液密度对导向能力的影响，不妨假设如下的理想实验并进行计算仿真：首先建立了1000m的耦合模型，设定钻井液循环流量为30L/s和60L/s，采用了2种密度的钻井液（1350kg/m^{3}和2350kg/m^3，为方便表述，以低密和高密简称），地质参数和其他造斜输入条件相同，同时钻进300m，比较这4种工况下的井眼轨迹、井斜角和造斜率之间的差异关系，如图2.58所示。

接着建立了2000m的耦合模型，设定钻井液循环流量为30L/s和60L/s，采用了两种密度的钻井液（1350kg/m^{3}和2350kg/m^3，为方便表述，以低密和高密简称），地质参数和其他造斜输入条件相同，同时钻进300m，比较这4种工况下的井眼轨迹、井斜角和造斜率之间的差异关系，如图2.59所示。

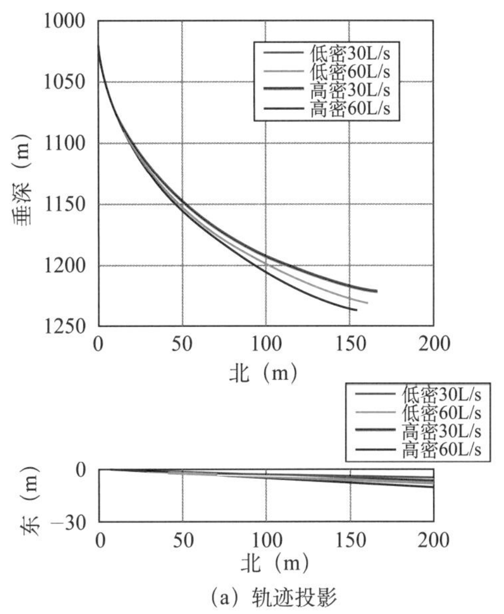

（a）轨迹投影

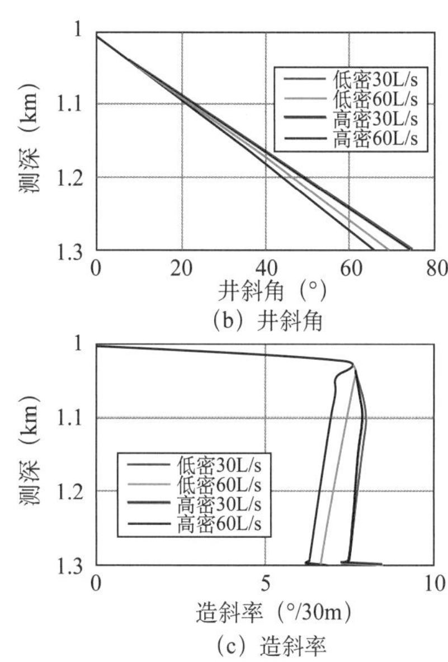

（b）井斜角

（c）造斜率

图2.58　钻井液密度对导向能力的影响（1000m钻柱）

然后建立了3000m的耦合模型，设定钻井液循环流量为30L/s和60L/s，采用了两种密度的钻井液（1350kg/m³和2350kg/m³，为方便表述，以低密和高密简称），地质参数和其他造斜输入条件相同，同时钻进300m，比较这4种工况下的井眼轨迹、井斜角和造斜率之间的差异关系，如图2.60所示。

通过图2.58的结果分析，钻柱1000m时，钻井液循环排量分别为30L/s和60L/s，钻井液密度分别为1350kg/m³和2350kg/m³，工具的造斜能力差异较大，在同样钻进了300m的情况下，轨迹最大相差21.0m，井斜角最大相差9.9°，最大造斜率最大相差0.43°/30m，这个差异相对其他因素造成的误差不可忽略。

通过图2.59的结果分析，钻柱2000m时，钻井液循环排量分别为30L/s和60L/s，钻井液密度分别为1350kg/m³和2350kg/m³，工具的造斜能力差异较大，在同样钻进了300m的情况下，轨迹最大相差20.5m，井斜角最大相差9.6°，最大造斜率最大相差0.42°/30m，这个差异相对其他因素造成的误差不可忽略。

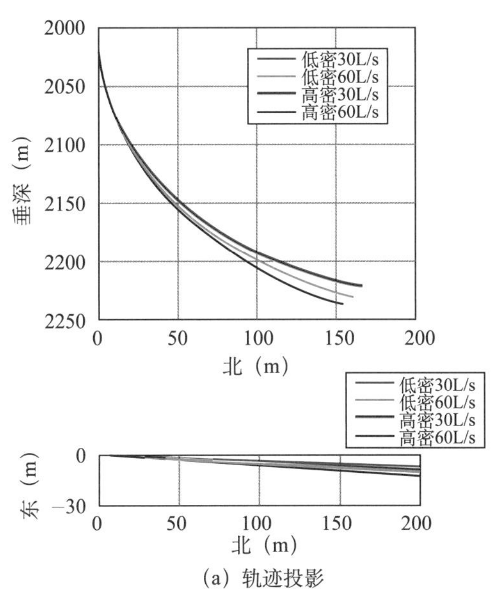

（a）轨迹投影

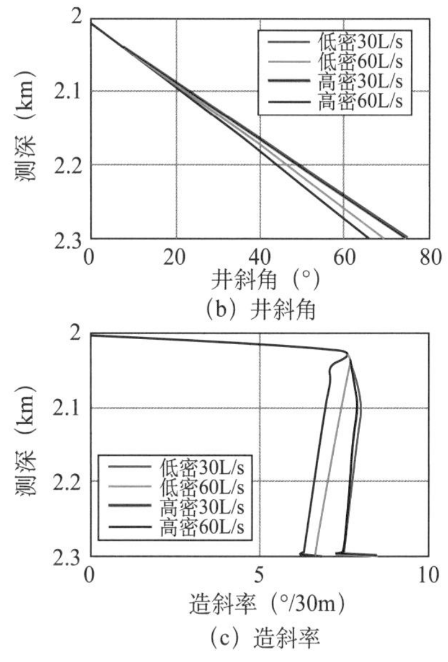

（b）井斜角

（c）造斜率

图2.59　钻井液密度对导向能力的影响（2000m钻柱）

通过图 2.60 的结果分析，钻柱 3000m 时，钻井液循环排量分别为 30L/s 和 60L/s，钻井液密度分别为 1350kg/m³ 和 2350kg/m³，工具的造斜能力差异较大，在同样钻进了 300m 的情况下，轨迹最大相差 19.7m，井斜角最大相差 9.4°，最大造斜率最大相差 0.39°/30m，这个差异相对其他因素造成的误差不可忽略。

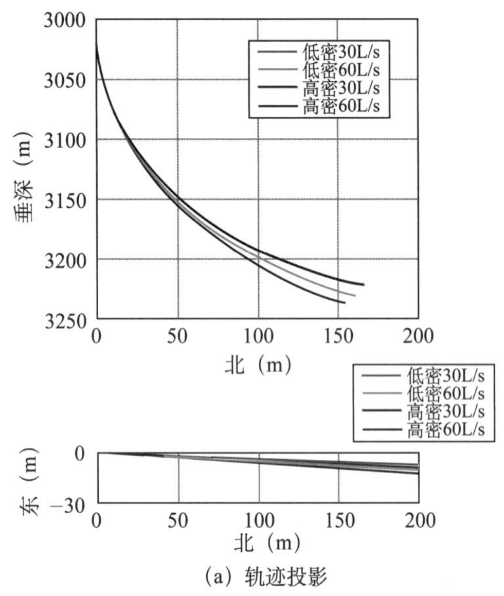

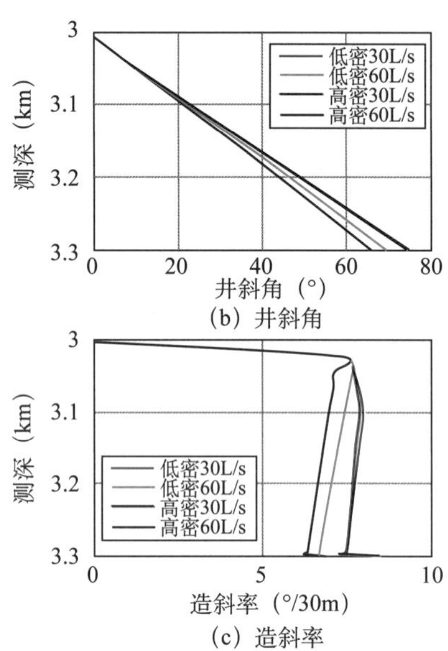

图2.60 钻井液密度对导向能力的影响（3000m钻柱）

钻井液密度的影响随着排量的增加而增加，这个和液体的水动力项 ρv^2 是符合的，说明排量越大、密度越大，水动力越大，对钻柱导向能力的影响越大。

2.5.2.6 综合讨论

将所有关于钻井液对导向能力影响的计算例汇总，见表 2.8。

表2.8 钻井液导向能力相关因素的算例汇总

输入条件		轨迹增量<北，东，地>(m)	最大井斜角(°)	最大方位角(°)	最大造斜率(°/30m)
1000m钻柱	低密度 0L/s	<167.59，−6.35，219.29>	76.76	−1.06	8.18
	低密度 30L/s	<166.24，−6.75，221.76>	74.82	−1.34	8.00
	低密度 60L/s	<159.89，−9.08，230.34>	69.24	−2.34	7.68
	无钻井液	<165.52，−7.11，222.59>	74.37	−1.33	8.01
	高密度 30L/s	<164.98，−7.47，223.09>	74.15	−1.57	7.88
	高密度 60L/s	<152.89，−10.28，237.64>	64.94	−3.31	7.57
2000m钻柱	低密度 0L/s	<167.53，−6.86，218.99>	76.84	−1.08	8.19
	低密度 30L/s	<166.22，−7.31，221.41>	74.93	−1.37	8.01
	低密度 60L/s	<160.15，−8.98，229.77>	69.46	−2.30	7.69
	无钻井液	<165.31，−6.40，222.72>	74.19	−1.28	8.00
	高密度 30L/s	<164.98，−8.02，222.40>	74.36	−1.58	7.91
	高密度 60L/s	<153.17，−11.19，236.69>	65.30	−3.36	7.59

续表

输入条件		轨迹增量<北，东，地>(m)	最大井斜角(°)	最大方位角(°)	最大造斜率(°/30m)
3000m 钻柱	低密度 0L/s	<167.51，−6.81，218.60>	76.94	−1.06	8.20
	低密度 30L/s	<166.40，−6.59，220.89>	75.09	−1.29	8.03
	低密度 60L/s	<160.48，−8.05，229.15>	69.69	−2.17	7.71
	无钻井液	<164.67，−6.93，223.11>	73.87	−1.33	7.97
	高密度 30L/s	<165.17，−7.14，221.52>	74.59	−1.49	8.47
	高密度 60L/s	<153.64，−9.93，235.55>	65.71	−3.14	7.64
统计	最大值	<167.59，−6.35，219.29>	76.94	−1.06	8.47
	最小值	<152.89，−10.28，237.64>	64.94	−3.36	7.57

注：表中高密度是指钻井液密度为2350kg/m³，低密度是指钻井液密度为1350kg/m³。

总结前面的比较研究可以认为，在本书设定的参数条件下，钻井液对钻柱导向能力的影响可以归类如下：

（1）钻井液静水压力对导向能力的影响很小，可以忽略。

（2）循环排量对导向能力的影响较大。钻进 300m 后，轨迹终点最大相差 13.7m，井斜角最大相差 7.5°，最大造斜率最大相差 0.50°/30m。

（3）钻柱长度对导向能力的影响很小，可以忽略。

（4）钻井液密度对导向能力的影响较大。钻进 300m 后，轨迹终点最大相差 21.0m，井斜角最大相差 9.9°，最大造斜率相差 0.43°/30m。

以上结果可以看出，钻井液影响工具导向能力主要体现在钻井液的水动力相关项，水动力的特征表达式是 ρv^2，因此钻井液密度增加、排量增加都会影响工具导向能力，但总体影响还在可控范围内，和其他干扰因素相当。此例表明采用液固耦合的井下系统动力学方法进行分析的必要性，因为基于固体力学的管柱动力学方法不考虑液体的影响就自然得不出这个结论。

2.5.3 起下钻时的井底波动压力分析

钻井过程中经常需要进行起下钻作业。在起升和下放钻柱时，运行的钻柱将导致产生波动压力。波动压力是引起井漏、井塌等复杂事故的主要原因之一。因此，控制波动压力对减少井下复杂事故具有重要的意义。

1974 年，Clark[14] 等在密西西比（Mississppi）深井实测了下钻时的井内波动压力。Mississippi 试验井进行了多组实验测试，每组测试采用相同的钻柱配置并测试了多种下钻速度时的井内波动压力。其中，前 2 组钻柱配置的测试情况良好，从第 3 组钻柱配置起传感器失效，因此实验发表的结果也只有前 2 组钻柱配置的测试数据。如图 2.61 所示，Mississippi 试验井的井眼采用 3 段套管：$9^{5}/_{8}$in 套管，外径为 244.8mm，壁厚 11.99mm，长度 3530m；$9^{5}/_{8}$in 套管，外径为 244.8mm，壁厚 13.84mm，长度 1178m；7in 尾管，外径为 177.8mm，壁厚 13.7mm，长度 931m。第 1 组测试的钻柱采用三段钻柱：$4^{1}/_{2}$in 钻杆，外径 114.3mm，壁厚 8.56mm，长度 2012m；$3^{1}/_{2}$in 钻杆，外径 88.9mm，壁厚 9.35mm，长度 1121m；$4^{1}/_{8}$in 钻铤，外径 104.8mm，壁厚 26.2mm，长度 279m。运动钻柱最下部还连接循环接头、带眼锚管和加重头，相对钻柱的尺寸来说，循环接头、带眼锚管和加重头可以等效为一个质点。第 2 组测试同样采用 3 段钻柱，和第 1 组差异是 $4^{1}/_{2}$in 钻杆的长度增加到 3171m。钻井液密度 2097kg/m³，钻井液流变模式为宾汉模式，其屈服切应力 16.5Pa，塑形黏度 88mPa · s。

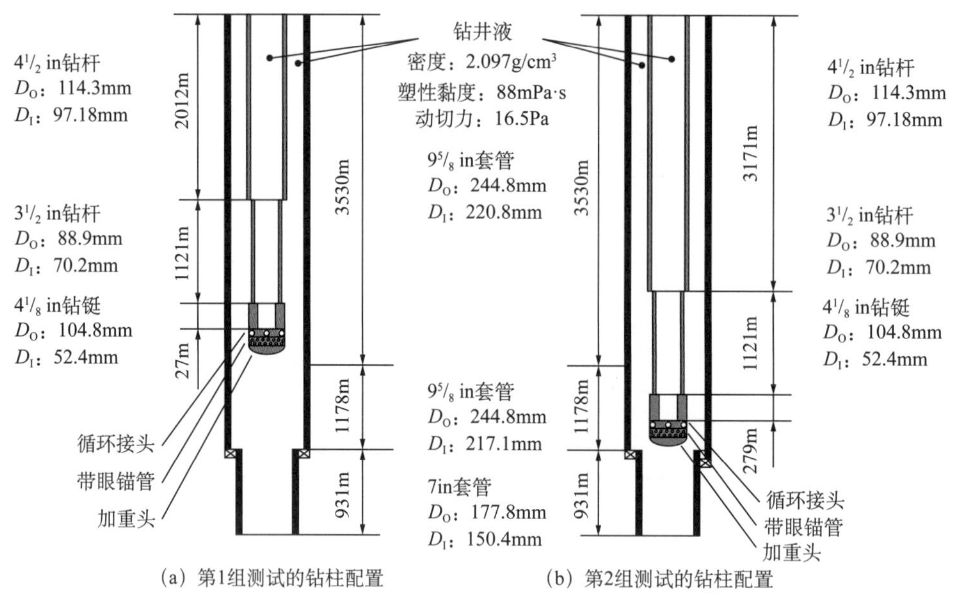

图2.61　Mississippi试验井的前2组钻柱配置

发表的实验结果共有 2 组，每组各有 3 次测试结果，如图 2.62 所示。其中，第 1 组的 3 次测试中，循环接头都是打开的；而第 2 组的 3 次测试中，测试 #2 循环接头打开，测试 #4 循环接头关闭，测试 #7 循环接头打开并开泵循环。

1988 年，Mitchell[15] 分别建立了不可压和可压缩钻井液的动力学模型，分别提出了稳态分析和瞬态分析方法，以 Mississppi 实验井的第 1 组测试为研究对象，对比了理论结果和实测数据，如图 2.63 所示。比较发现，采用不可压缩流体假设的稳态分析得到的结果和实测数据相差较大，而采用可压缩流体假设的稳态分析结果相对接近，论证了在深井中考虑钻井液压缩性的必要性。

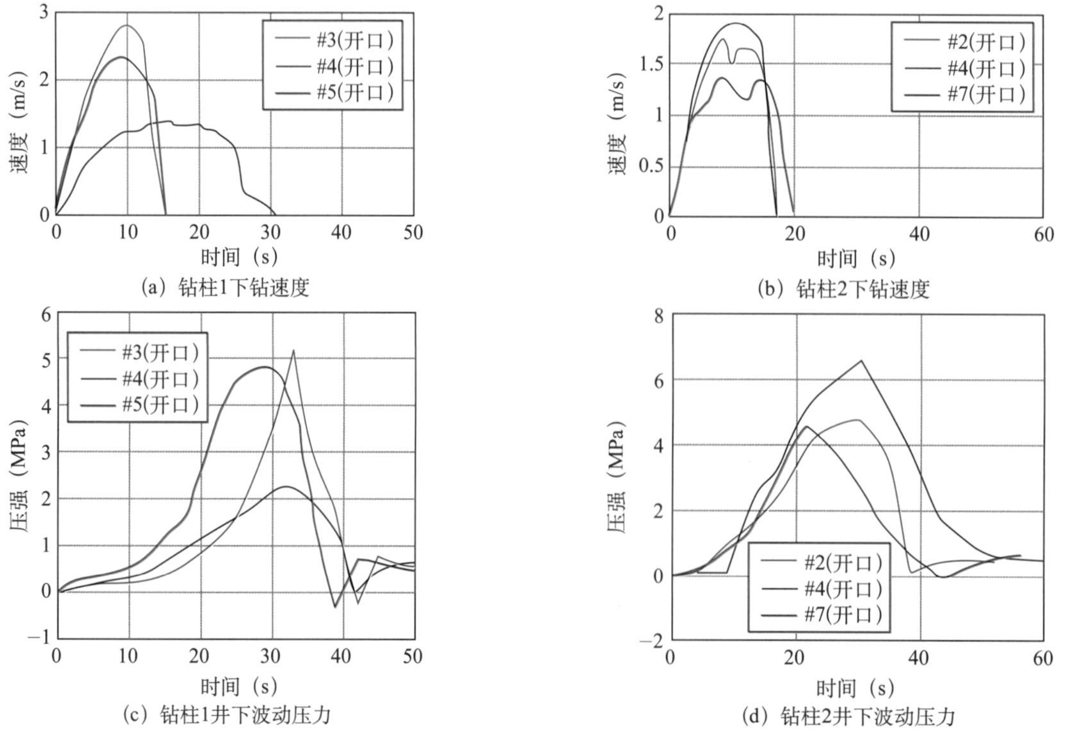

图2.62　前两组钻柱配置时3次测试的下钻速度和井下波动压力

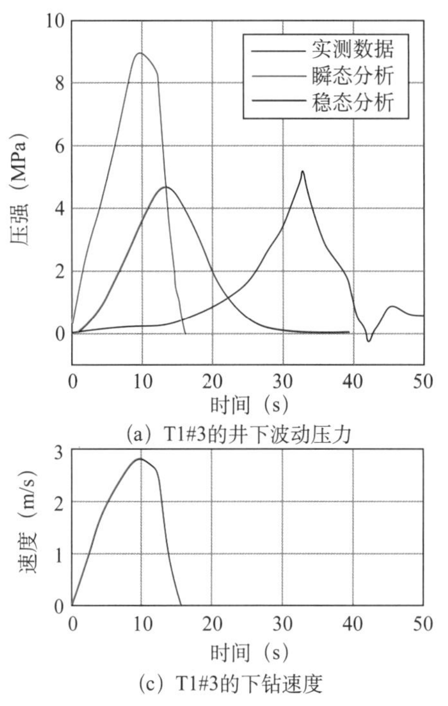

(a) T1#3的井下波动压力

(c) T1#3的下钻速度

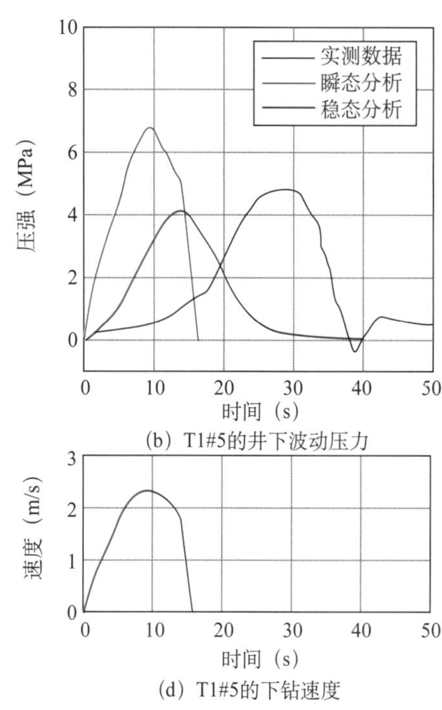

(b) T1#5的井下波动压力

(d) T1#5的下钻速度

图2.63 Mitchell等的瞬态分析、稳态分析结果和实测数据对比

本书首先建立了Mississippi试验井第1组钻柱配置工况下的“弹性液柱+刚性钻柱”的系统动力学模型，该模型中考虑了钻井液的压缩性，忽略了钻柱的弹性，忽略了下钻前后的传感器井深变化带来的压差，和Mitchell的瞬态分析模型假设是一致的。$4^1/_2$in钻杆以8.3833m为单元长度，分别划分了240个环空流体单元和管内流体单元；$3^1/_2$in钻杆以8.3657m为单元长度，分别划分了134个环空流体单元和管内流体单元；$4^1/_8$in钻铤，以9m为单元长度，分别划分了31个环空流体单元和管内流体单元。模型的计算结果如图2.64所示，本书建立的“弹性液柱+刚性钻柱”动力学模型动和Mitchell瞬态分析结果比较，最大偏差为0.15mPa，数据吻合度高，论证了本书建立的“弹性液柱+刚性钻柱”的系统动力学模型和Mitchell瞬态分析模型的一致性。

然而，和Mitchell的瞬态分析模型一样，本书建立的“弹性液柱+刚性钻柱”系统动力学模型也存在一些不足，如图2.64所示：

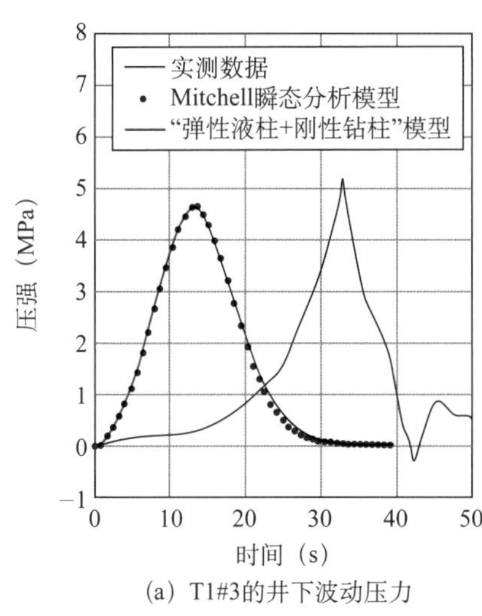

(a) T1#3的井下波动压力

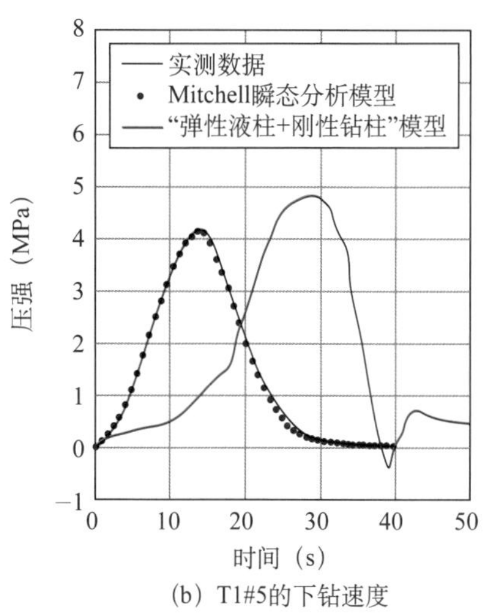

(b) T1#5的下钻速度

图2.64 Mitchell瞬态分析和“弹性液柱+刚性钻柱”模型结果比较

（1）分析结果和实测数据在时间上存在差异，实测数据延迟 20s 左右；

（2）波动压力峰值相对实测数据偏小；

（3）下钻结束后，瞬态分析的结果是稳步衰减的，而实测数据振荡衰减；

（4）最终稳定后，压力传感器所在的井深增加，压强变大，而理论模型没有体现这一变化。

为解决以上的不足，本书进一步建立了起下钻过程的“弹性液柱 + 弹性钻柱”的流固耦合动力学模型。$4^1/_2$in 钻杆以 8.3833m 为单元长度，分别划分了 240 个梁单元、环空流体单元、和管内流体单元；$3^1/_2$in 钻杆以 8.3657m 为单元长度，分别划分了 134 个梁单元、环空流体单元和管内流体单元；$4^1/_8$in 钻铤，以 9m 为单元长度，分别划分了 31 个梁单元、环空流体单元和管内流体单元。设定循环接头、带眼锚管和加重头总质量为 40t。考虑下钻后井深变化带来的压差，设定环空和内流的井口压强是下钻深度的函数，即 $p_0=\rho gh(t)$，式中 $h(t)$ 是下钻深度随时间的变化规律。

当钻柱和钻井液都静止时，钻柱的轴力分布如图 2.65 所示。从图中可以看出，钻柱的轴力不是连续的，在钻柱截面发生变化的连接点上，钻柱真实轴力存在跳变，这是由钻井液压力作用在变化截面上造成的。

需要特别说明的是，钻井液的压缩系数对井下波动压力的时间历程曲线是有明显影响的。在 Mitchell 的研究论文中，并没有明确给出钻井液的压缩系数，但是从本书的“弹性液柱 + 刚性钻柱”模型的研究中，可以估计选取的压缩系数约为 0.5GPa^{-1}。在该参数取值下，下钻结束后的井内波动压力是不存在如实测数据那样的振荡衰减过程的，因此认为该压缩系数选取不合理。本书以下的研究中，选取钻井液的压缩系数为 0.2GPa^{-1}，钻柱按照图 2.63 给定的下钻速度运动后，井内的波动压力如图 2.66 所示。

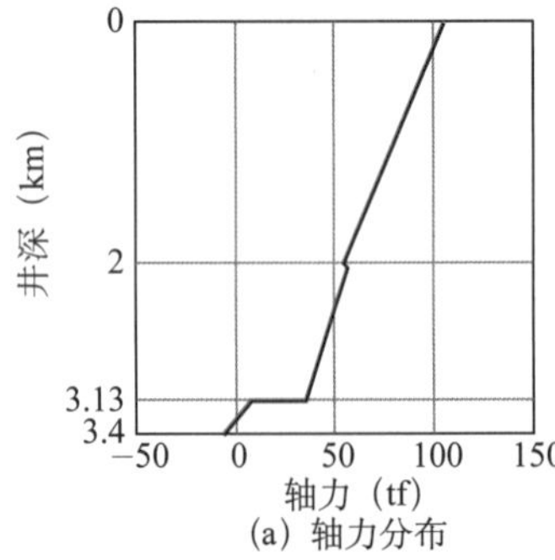

(a) 轴力分布

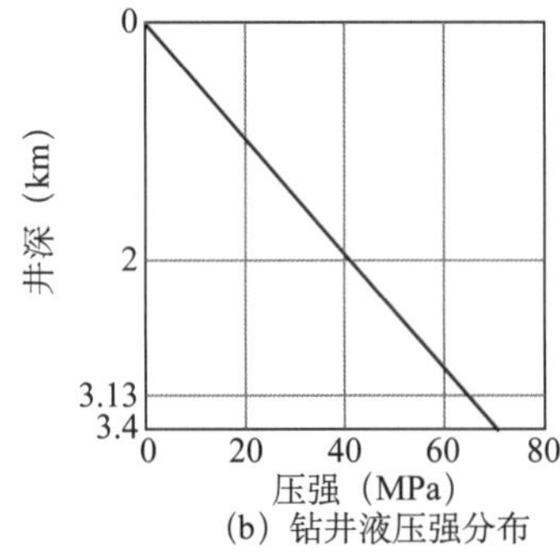

(b) 钻井液压强分布

图2.65 钻柱轴力分布和钻井液压强分布

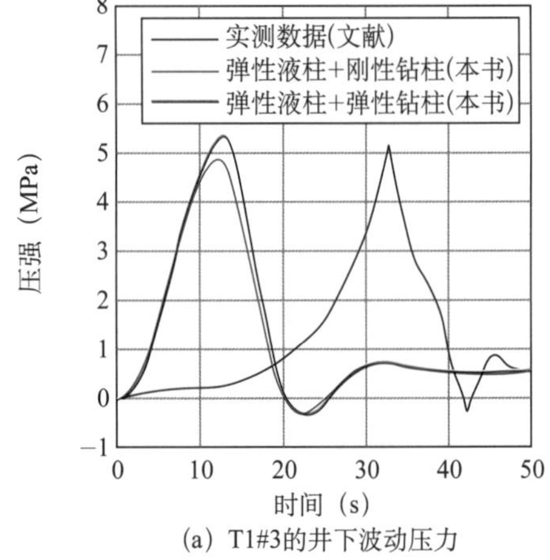

(a) T1#3的井下波动压力

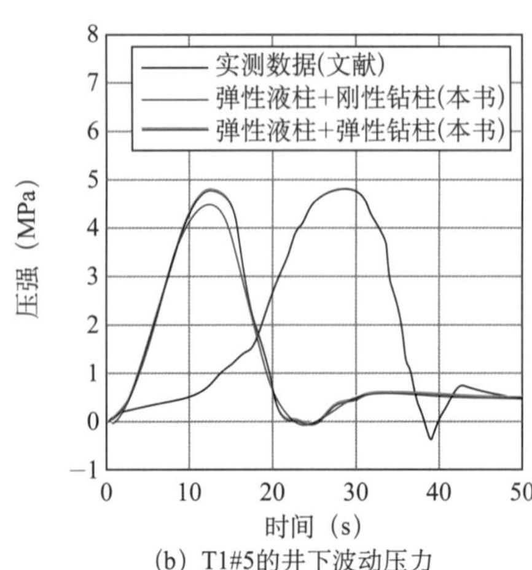

(b) T1#5的井下波动压力

图2.66 井内波动压力

比较上图中的“弹性液柱 + 刚性钻柱”和“弹性液柱 + 弹性钻柱”的仿真结果，发现后者的压力峰值较高，和实测数据的压力峰值一致，说明该问题中采用流固耦合的动力学模型是存在理论必要性和工程实际意义的。“弹性液柱 + 弹性钻柱”模型能够反应峰值下滑区域中的压力波动现象，该现象在实测数据中也有体现。然而，这两个模型都不能体现峰值的延迟。说明“弹性液柱 + 弹性钻柱”在预测井内波动压力峰值和时间历程时精度高，但是在刻画压力峰值的延时存在不足。

从该问题的分析结果可以看出，采用液固耦合的系统动力学建模仿真是很有必要的。“弹性液柱 + 弹性钻柱”模型和“弹性液柱 + 刚性钻柱”模型的波动压力峰值相差 16.6%，该差异较大，不宜被忽视。分析其原因，是由于循环接头、带眼锚管和加重头总质量达 40t，而钻柱系统可以视作带质量的弹簧，它们之间组成了一个质量弹簧系统，该系统的固有频率受加重头的质量影响明显，质量越大，固有频率越低。一般情况下，钻柱的固有频率远远高于液柱的固有频率，但是附加了加重头后，钻柱固有频率会下降，当钻柱的固有频率和液柱的固有频率接近时，两者的弹性耦合效应比较明显。因此，通过比较钻柱的固有频率和液柱的固有频率，可以判断两者的弹性耦合效应是否可以被忽略。当两者频率接近时，需要考虑耦合效应；当两者频率相差较大时，耦合效应可以被忽略。

2.5.4 井下控制信号的研究

作为基于多体动力学和流固耦合的井下系统动力学模型的应用实例，以下讨论其在井下控制信号方面的研究应用。此外，关于井下控制信号，本书将在后续章节中作更全面和深入的讨论。

2.5.4.1 上传信号——管内液路压力连续波的传输特性研究

以钻井液为介质的信号传输方式主要有正脉冲、负脉冲和连续波三种方式，其中连续波传输相对脉冲信号传输来说具有更高的数据传输速率、工作可靠性以及环境适应能力。以连续波方式传输信息的随钻测量系统，因结构复杂、难度大，目前只有斯伦贝谢公司（Anadrill）拥有产品 PowerPulserTM，声称可以 24Hz 的频率发送信号，数据传输率最高为 12bit/s，但现场应用一般显著低于此值，也鲜见有理论文献发表。另据报道哈里伯顿公司目前也在致力于开发以连续波方式传输信息的随钻测量系统，目标是使传输速率达到 20 ~ 30bit/s[16]。

连续波信号是由 MWD 内的压力脉冲发生器通过改变流道面积产生压力连续波，并沿管内流体和环空流体向井口传播，传输过程如图 2.67 所示。但由于环空井口是液体自由面，压力在此处波动很小，不能作为信号检测点。而管内流体的井口是流量稳定点，同时也是压力波动剧烈点，所以在此处检测钻井液的压力波动，就可以很好地获取连续波信号，因此管内流体是连续波信号的载体。若 MWD 处的激励产生一个单一频率的压力波信号，则井口检测到的压力波频率与激励频率一致，相位差延迟 $\Delta t=H/c$（式中 H 代表井深，c 代表压力波速）。另外井口检测到的压力波振幅会小于激励的振幅，这是由于压力波信号传至井口的过程中会受到阻尼作用而衰减。

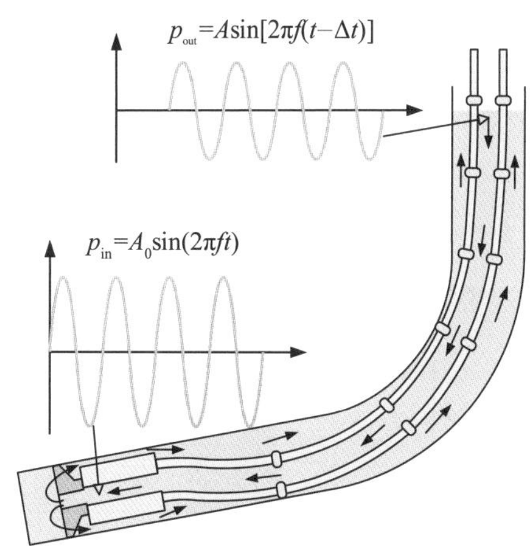

图2.67 压力连续波信号传输过程示意图

为了研究连续波的传输特性和衰减特性，建立了如式（2.57）所示的钻井液系统动力学模型。该模型研究的钻具组合如图 2.68 所示，井眼直井 216mm，钻井液为幂律流体，循环排量为 50L/s，密度 1350kg/m^3，直读式旋转黏度计的读数为 Φ_{600}=100 和 Φ_{300}=60，选用不同的参数条件进行时域动力学仿真。

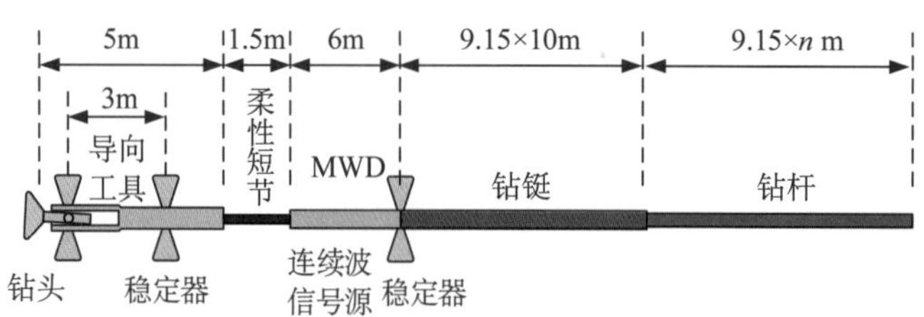

图2.68　连续波信号传输的钻具组合示意图

首先研究连续波在稳定传输时随井深的传输特性。考虑井深为2000m，相应的钻杆由207个单根组成，MWD处产生的连续波频率为20Hz，压力波动振幅为1MPa。在MWD的连续波发生器关闭和工作两种状态时，井下的压强分布如图2.69所示。

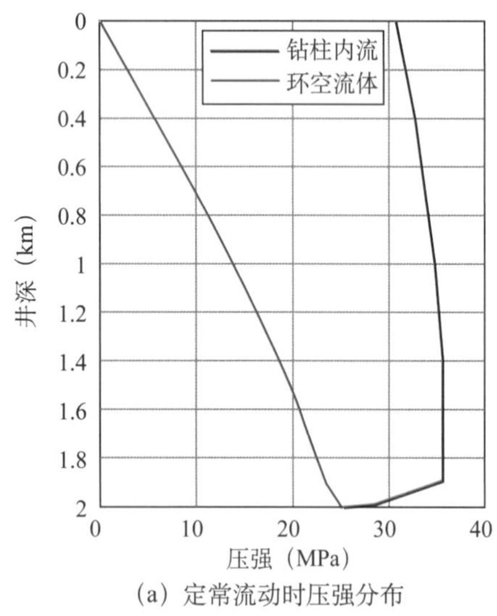

(a) 定常流动时压强分布

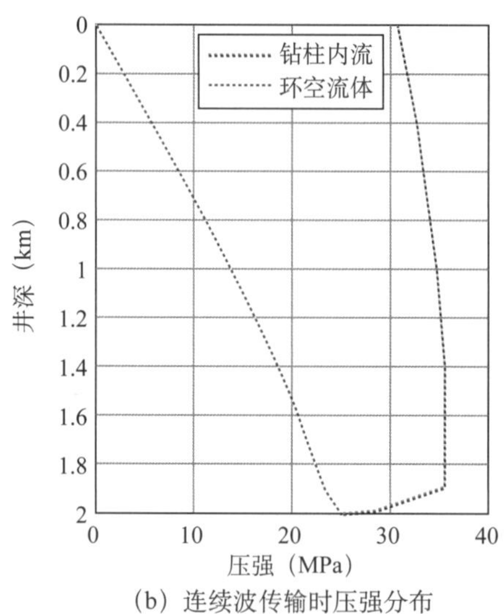

(b) 连续波传输时压强分布

图2.69　连续波发生器关闭和工作状态下的井下压力分布

从图2.69可以看出，在连续波发生器工作时，井下压力是在定常流动时附加一个扰动量，该扰动量就是压力连续波，将两组数据相减得到了连续波部分的压力分布，如图2.70所示。其

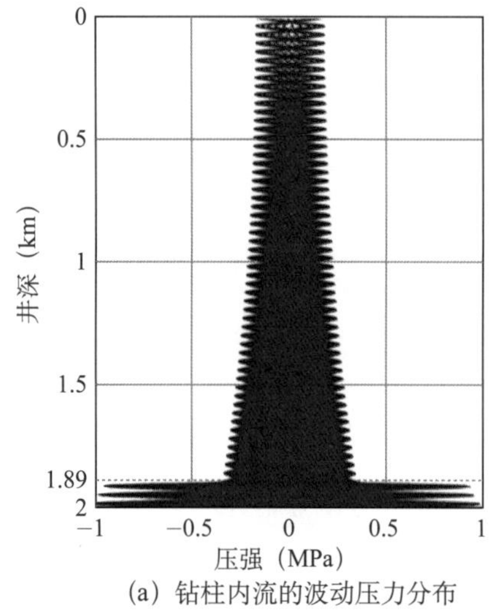

(a) 钻柱内流的波动压力分布

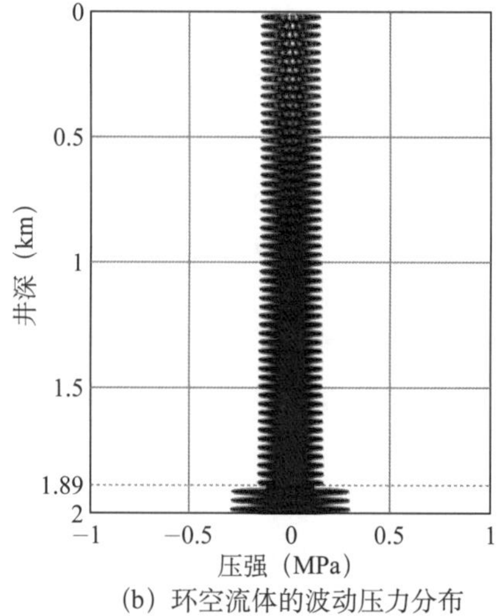

(b) 环空流体的波动压力分布

图2.70　井下波动压力的分布图

中井深 1.89km 处是钻杆和钻铤的分界点，MWD 连续波发生器产生的压力波动振幅是 1MPa，由于流道面积的变化，波动振幅在经过钻杆和钻铤的分界点时出现了跳变。图 2.70 是 0.4s 内的每隔 2ms 的波动压力分布曲线的叠加，在这段时间内连续波已经传播了 500 ~ 600m，这些分布曲线的包络线就是连续波的压力波动振幅随井深的分布特征。从包络边界线可以看出，连续波的波动振幅随井深是振荡指数分布的，且该振荡在井口处较大，在井底处较小。

进一步提取管内流体各个深度处的压力波动的振幅，并绘制波动振幅随深度的变化曲线，如图 2.71 所示，从图中也可以看出波动振幅随井深是振荡指数分布的。

为了研究连续波传输的衰减特性，必须找到压力波动幅度随井深分布的中轴线。采用井深的指数函数进行拟合，拟合的目标函数为

$$A = a\exp(H/b)$$

式中：H 表示井深；A 表示压力波动振幅；a 和 b 是需要拟合的系数。选取钻杆部分的振幅数据进行拟合，求得

$$a = 0.1004\ \text{MPa}$$
$$b = 1.638\ \text{km}$$

相关系数 R 达到 0.9748。该拟合曲线和原数据对比如图 2.72 所示，从图中可以看出该拟合曲线很好地反映了振幅随井深的变化趋势，波动幅度总体上随井深是指数关系。从该拟合曲线数据可以知道，井口处接收到的压力波动信号振幅在（0.1 ± 0.08）MPa 范围内，即在 0.02 ~ 0.18MPa 之间，具体的数值和传感器布置有关，且较敏感。

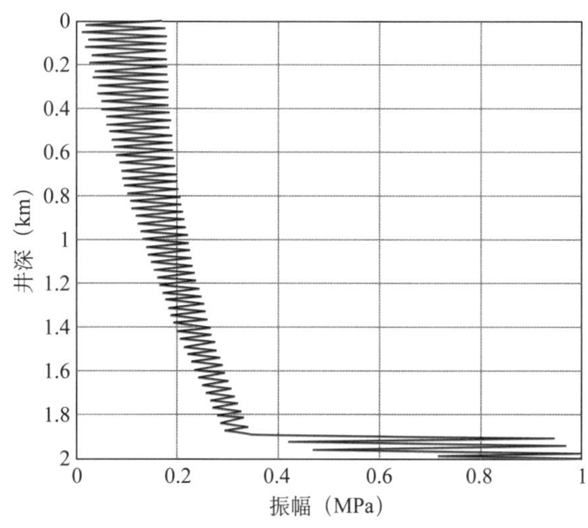

图2.71　连续波激励的钻井液压力波动振幅随井深的分布

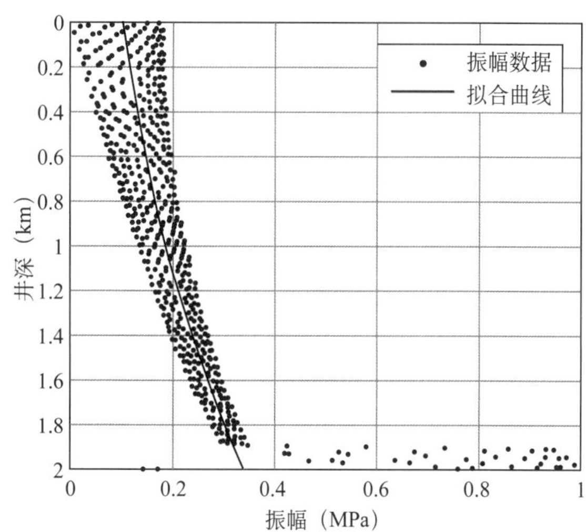

图2.72　振幅数据的拟合

由图 2.72 还可以看出，在 2000m 的井深条件下，MWD 产生的振幅为 1MPa 的压力波动信号，传到井口时振幅只有 0.1MPa 左右，这差异是由钻铤到钻杆的流道面积变化和钻柱内的阻尼衰减同时造成的。

拟合系数 b 反映了连续波的衰减特性，称系数 b 为衰减的特征长度，b 越大，连续波振幅衰减越快。本书分别研究了 2km、2.5km 和 3km 井深条件下，连续波频率在 20 ~ 40Hz 之间的拟合系数 b，如图 2.73 所示。

从仿真结果可以看出：特征长度和信号频率、井深相关。频率增加，特征长度变大；井深关系

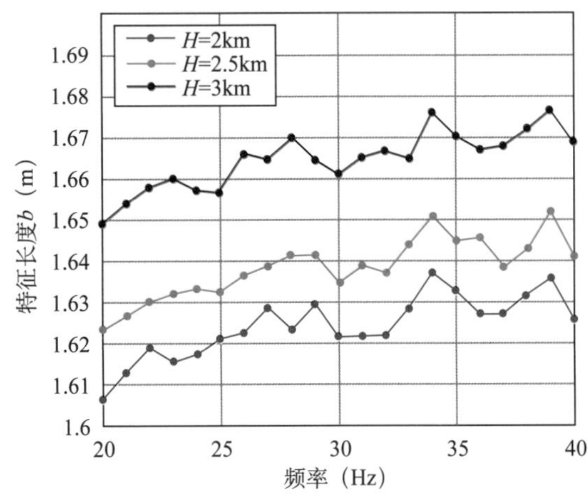

图2.73　特征长度和频率、井深的关系

增加，特征长度也变大，频率增加或井深的增加都会使得信号衰减变快。

通过压力连续波信号衰减的研究，可以认为：由于压力连续波的振幅在深度方向分布是波动的，因此采用井口多传感器接收会达到较好的效果；信号衰减快慢和信号频率、井深都有关系，可采用本书的动力学模型具体研究来选取合适的传输频率。

本书将在后续的第5章和第7章进一步讨论连续波压力脉冲的发生、传输特性与连续波脉冲发生器的设计和实验。

2.5.4.2　下传信号——开停泵、排量信号的研究

选取如图2.23和图2.24所示的钻具组合配置和井眼条件。此外，钻井液流变模式为幂律流体，直读式范式黏度计的读数为Φ_{600}=100、Φ_{300}=60对应的钻井液流性指数（n）和稠度系数（K）分别为：

$$n=\frac{1}{\lg 2}\lg\frac{\Phi_{600}}{\Phi_{300}}=0.73697$$

$$K=0.511\frac{\Phi_{300}}{511^n}=0.30943 \quad (\mathrm{Pa\cdot s}^n)$$

此外，泵排量为50L/s，钻井液密度为1350kg/m³，等效声速为1401m/s。

当稳定循环时，钻井液的压强和流速分布情况如图2.74所示。从图中可以看出，直井段的钻井液压强是随着井深的增加而增加的，几乎呈线性关系；造斜段的压强也随井深增加而增加，但是呈非线性关系；水平段的压强几乎保持不变。井底压强达到了20MPa。钻井液的流速分布很好地反映了钻柱内流道和环空流道的面积变化。在单一钻杆或钻铤内部，其几何尺寸基本保持一致，因此对应的流道面积变化很小，钻井液在对应的内流道和环空中流动时，流速基本保持不变；而当结构几何尺寸发生变化时，钻井液的流速也发生了跳变。

钻井液的压强包括了因液体自重形成的静水压强和液体流动形成的沿程损耗。将管内流体和环空压强分别减去静水压强，就得到了钻井液沿程压强损耗，如图2.75所示。这一数据是以环空井口为基准的，例如，内流井口的沿程压强损耗表示的是钻井液从内流井口－钻头－环空井口这一流路上的压强损耗，内流1km处的沿程压强损耗表示的是钻井液从内流1km处－钻头－环空井口这一流路上的压强损耗，环空1km处的沿程压强损耗表示的是钻井液从环空流1km处－环空井口这一流路上的压强损耗。压强损耗是阻力，需要外动力即泵压抗衡，内流井口的沿程压强损耗就是所需的最小泵压，从图中可以看出，泵排量要达到50L/s，则泵压应不小于36.8MPa。沿程压强损耗主要包括3部分：

（1）钻井液和流道壁的黏滞力；

（2）流道变径造成的压强损失；

（3）钻井液动力做功（涡轮发电等）。

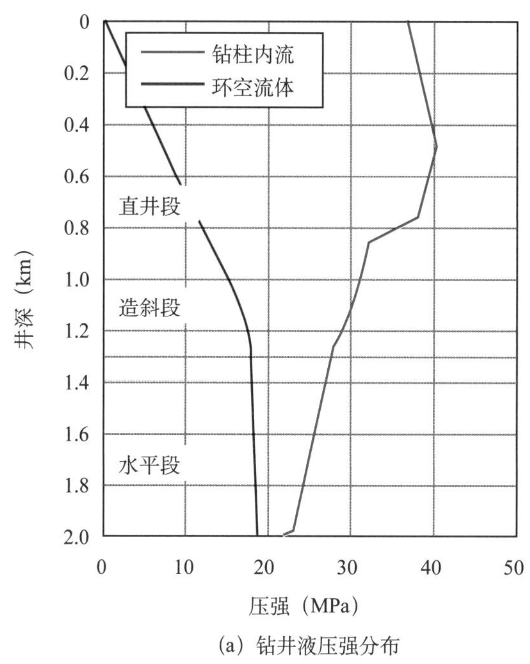

(a) 钻井液压强分布

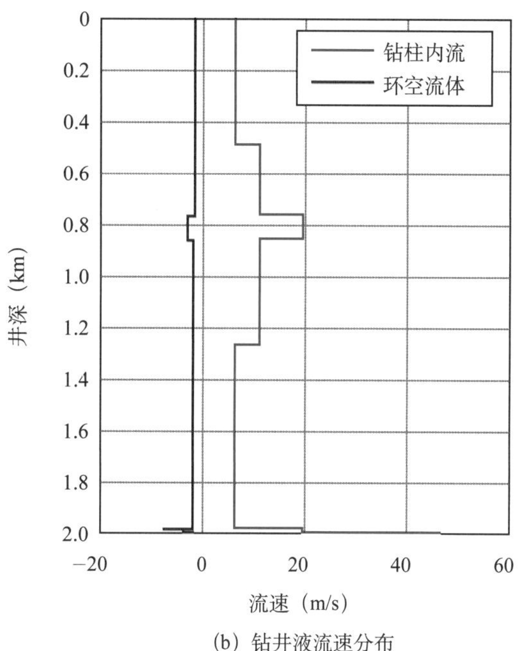

(b) 钻井液流速分布

图2.74 稳定循环时的钻井液压强和流速的分布

从图 2.75 可以看出，黏滞力效应最为明显，在钻杆和钻铤部分，沿程压强损耗和井深几乎呈分段线性关系。在底部钻具处，特别是涡轮和喷嘴附近，动力做功造成的压强损耗效果比较明显。

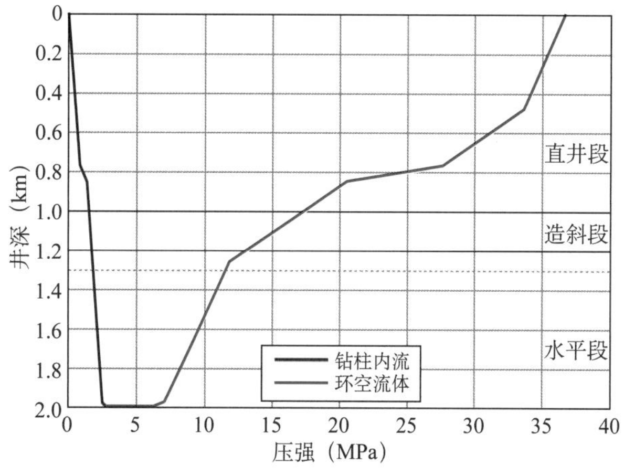

图2.75 钻井液沿程压强损耗

在开泵和停泵时，井口泵压快速变化。井口的压强突变，以应力波的形式往钻头处传播，在钻头处传递到环空流体，然后压强信号同时往井底和环空井口传播，压强信号通过多次反射和叠加，最终达到平衡。排量的改变也能产生井下压强和流量的变化。可以通过改变泵排量或分流装置来调节井口输入流量，这两种方式都能将井口的信号传递给井下工具，其传递特点过程和开停泵信号类似。

井下工具若要接收开停泵和排量信号，可能的两个方式是检测压强变化和流量变化。一般来说，压强变化比较容易被检测到，采用压力传感器就可以实现。而流量变化相对比较难检测，因为井下一般不安装流量计等直接检测仪器，但是可以采用间接测量方式。例如，发电机的涡轮转速和流量是强相关的，而发电机的输出电压又和涡轮转速是线性相关的，因此通过检测发电机的输出电压，可以检测到钻井液流量的变化。

为了研究开停泵信号的特性，建立了井下液路系统的动力学模型，假设泵是理想的，排量为50L/s，在 2s 内就可以实现一次开停泵，并此后保持稳定。分别研究了开泵、停泵时井底的流量、压强变化。在 0s 时刻开泵，泵排量从 0L/s 增加到 50L/s，用时 2s；在 40s 时刻停泵，泵排量从 50L/s 减小到 0L/s，也用时 2s，如图 2.76 所示。

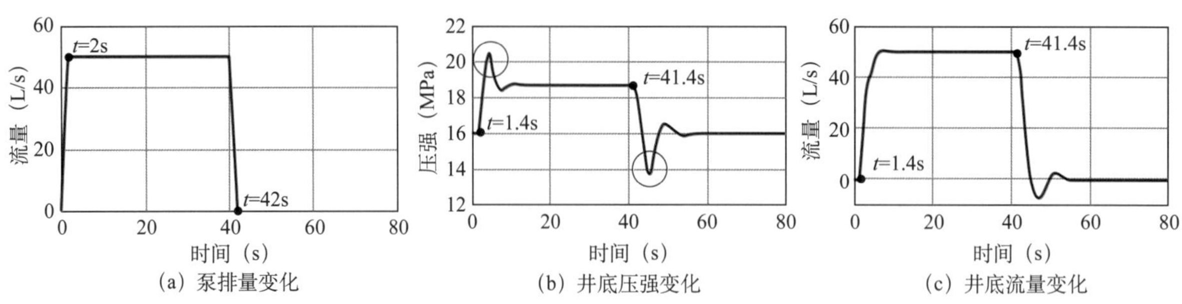

(a) 泵排量变化 (b) 井底压强变化 (c) 井底流量变化

图2.76　开停泵时的泵排量、井底压强、井底流量变化情况

开泵时，从井口发生流量增加从而改变泵压，作为压力波信号一直下传到井底，共用时1.4s，此时井底的压强和流量才开始发生变化，该1.4s的延时和1400m/s的声速传递到2000m的井底刚好吻合，说明计算是准确的。从井底的压强变化曲线来看，当泵排量增加（或减小）完毕时，而井底压强却并没有马上稳定下来，而是先产生一个明显的压力波动峰值，然后再衰减直至稳定下来，该峰值偏离稳定值达到2MPa左右，时间跨度为5s左右，是一个良好的孤立脉冲信号。从井底的流量变化曲线来看，开泵时井底流量比较快的趋于稳定值，而停泵时流量发生了明显的振荡衰减过程。因此，开停泵时井底压力波动峰值可以作用井下控制信号，为井下工具提供一种可能的通信手段。

从图2.76中还可以看出，开泵和停泵并不是完全对称的互逆过程，停泵时的井底压力波动峰值大于开泵时的波动峰值，停泵时的井底流量波动也大于开泵时的流量波动，这是由钻井液的沿程阻力在层流和紊流时的不同阻尼效果造成的，这正好反映了该系统的非线性特性。从表2.2的计算公式可以看出，层流流动状态下，钻井液的沿程阻力基本上和速度成正比，在紊流流动状态下，则与速度的1.75次方成正比。停泵时，钻井液流动速度慢慢下降并进入层流状态，沿程阻力和速度正比，其压强和流量的波动衰减过程类似于线性阻尼弹簧。而开泵时，钻井液流动速度慢慢上升并进入紊流状态，沿程阻力和速度的1.75次方成正比，其压强和流量的波动衰减过程类似于超阻尼弹簧。所以，停泵时的压强流量波动衰减的过程是振荡衰减的，而开泵时则是波动较快衰减，较快的达到稳定流动状态。

通过井口分流装置，将泵排量一部分分流，实际进入井口的排量就会减小。设循环排量为50L/s，通过分流装置分流5L/s，分流装置完全打开和关闭耗时2s，在0s时进行一次减排量操作，在40s时进行一次恢复排量操作。通过动力学仿真，模拟了泵排量减小和复原的过程，提取了井下压力和流量的信息，如图2.77所示。泵排量变化的信号，同样需要1.4s才能从井口传递到井底。从信号传到井底到最终信号稳定，大约需要10s时间。在本书设定的条件下，泵排量减小和恢复是对称的互逆过程，因为泵排量变化只有10%，排量变化前后钻井液都处于紊流状态，沿程阻力的作用效果是相似的，因此排量减小和恢复时，井底的物理量变化过程是对称的。

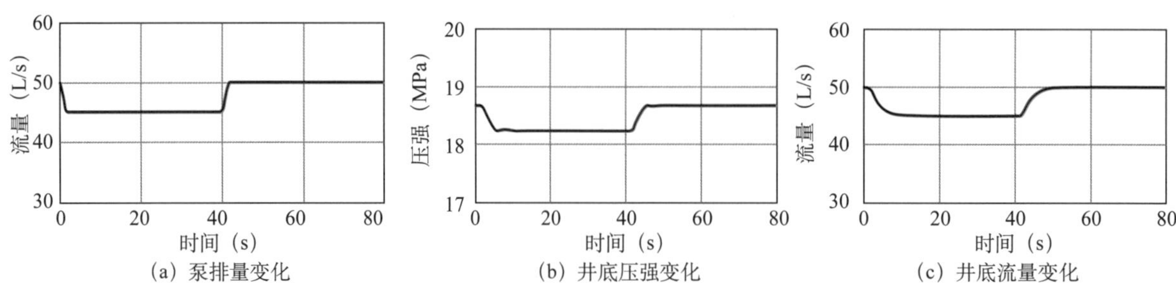

(a) 泵排量变化 (b) 井底压强变化 (c) 井底流量变化

图2.77　变排量时的泵排量、井底压强、井底流量变化情况

通过本节的分析，可得出如下认识：

(1) 通过经典算例的研究验证了液固耦合的系统动力学模型。

(2) 运用该模型进一步研究了钻柱在钻井液作用下的受力情况和动态造斜率，说明采用液固耦合动力学模型可以很好地反映出液体对结构的影响。

(3) 运用该模型进一步研究了起下钻过程的波动压力。模拟了堵口套管下放时的井内波动压力，并和相关文献比对，验证了该耦合建模方法的正确性。此外还分析了 Mississippi 实验井的波动压力，说明采用液固耦合模型可以很好地吻合实验结果。

(4) 运用该模型进一步研究了开停泵信号、排量信号的产生机理和信号特征，给出了一种通过系统动力学仿真进行信号甄别的方法，可为井下控制工具的开发和设计提供参考。

(5) 运用该模型进一步研究了连续波传输信号的衰减特性，阐明了其受频率和阻尼影响的机理。

2.6 小结

本章讨论了井下控制工程学的理论基础之一即井下系统动力学的基本方程、求解及其应用举例。其思路是把实际的井下系统视作一个多体耦合作用的统一的复杂系统；其特点是把基于固体力学的管柱力学和基于流体力学的井下环空水力学结合起来，把钻柱（或套管柱、作业管柱等其他管柱）、管内流体和环空流体连在一起进行分析和建模，实现“流固耦合”，因而能更准确地反映井下系统的物理特性；其目标是建立弹性钻柱和可压缩钻井液耦合的井下系统多体动力学模型和基本方程，从操作工艺和设备特点上抽象提出比较切合实际的边界条件，以使求解结果更具有一定的普适性。

建立弹性管柱和可压缩钻井液耦合的井下多体系统动力学模型的过程是：考虑因钻柱的弹性变形造成的流道伸缩效应；考虑钻柱结构为欧拉梁和若干刚体的组合，钻井液路由管内流体、环空流体和井底流体组成，钻井液为一维可压缩绝热流体，导向机构由若干刚体相互约束组成；此后以绝对节点坐标法建立欧拉梁和刚体的动力学方程，以任意拉格朗日—欧拉方法描述刻画钻井液的相对流动，将钻柱对钻井液的作用力通过钻井液的牵连运动引入，将钻井液对钻柱的反作用力通过钻柱的外载荷引入；同时联合各类钻柱和钻井液的边界条件，最终建立了可压缩钻井液和弹性钻柱耦合的井下多体系统动力学模型。

在此基础上，针对具体的工艺过程，研究了基本方程的退化算例并进行分析验证。首先检验退化模型的正确性：若耦合模型不考虑钻井液的可压缩性，则其退化为井下钻柱动力学模型，并对比了 3 种钻具组合的受力分析算例（该退化模型和有限元法、纵横弯曲梁法等传统钻柱力学方法结果吻合）；若耦合模型不考虑钻柱的弹性，则其退化为井下钻井液动力学模型，对比了堵口套管下放的井底波动压力分析算例（该退化模型和传统的可压缩钻井液分析方法结果吻合）；若耦合模型不考虑环空流体，只研究钻柱和管内流体的相互耦合作用，则退化为一维管流模型，对比了悬臂输流管道失稳颤振时的临界流速和临界频率（该退化模型和已有的研究成果吻合）。研究表明传统的井下管柱力学和环空水力学均为井下系统动力学的特例：若只研究钻柱而忽略环空，则可由此基本方程得出钻柱动力学方程；若只研究环空而忽略钻柱，则基本方程可演变为环空水动力学方程。

接下来分析和研究井下耦合系统动力学模型和基本方程的几个应用案例：进行了三维钻柱系统的受力分析、轨迹导向能力分析、起下钻时的井底波动压力分析和井下控制信号的研究等，得到了一些新的认识和结论。由于流固耦合的井下系统动力学基本方程考虑了更多的情况和因素，所以更能反映出井下系统的静力学和动力学特性，因而更适合于作为工具用于井下控制系统的分析和计算，包括信号提取、信号分析、传感器参数设计和测量仪器最佳安放位置的确定等。

参考文献

[1] 吕英民．有限元法在钻柱力学中的应用——井眼轨迹控制理论与实践[M]. 北京：石油大学出版社，1996.

[2] 白家祉，苏义脑．井斜控制理论与实践[M]. 北京：石油工业出版社，1990.

[3] 郝俊芳．平衡钻井与井控[M]. 北京：石油工业出版社，1992.

[4] 姚文苇．气泡对声传播影响的研究[J]. 陕西教育学院学报，2008（1）：107–109.

[5] 陆明万，罗学富．弹性理论基础（下册）[M]. 北京：清华大学出版社，2001.

[6] Burkhardt J A，et al. Wellbore Pressure Surges Produced by Pipe Movement[J]. Journal of Petroleum Technology，1961，13（6）：595–605.

[7] Hairer E，Wanner G.Solving Ordinary Differential Equations II：Stiff and Differential–Algebraic Problems（2nd ed）[M]. Berlin：Springer–Verlag，1996.

[8] Hairer E，Norsett S P，Wanner G.Solving Ordinary Differential Equations I：Nonstiff Problems（2nd ed）[M]. Berlin：Springer–Verlag，1996.

[9] Millheim K，Jordan S，Ritter C J. Bottom–Hole Assembly Analysis Using the Finite–Element Method[J]. Journal of Petroleum Technology，1978，30（2）：265–274.

[10] Païdoussis M P. Fluid–Structure Interactions：Slender Structures and Axial Flow[M]. Salt Lake City：American Academic Press，1998.

[11] 龚伟安．液压下的管柱弯曲问题[J]. 石油钻采工艺，1988（3）：11–22.

[12] 韩志勇．垂直井眼内钻柱的轴向力计算及强度校核[J]. 石油钻探技术，1995（S1）：8–13，84.

[13] Lubibskia A.Study of the Buckling of Rotary Drilling Strings[C]//American Petroleum Institute. Drilling and Production Practice. New York：American Petroleum Institute，1950：178–214.

[14] Clark R K，Fontenot J E. Field Measurements of the Effects of Drillstring Velocity，Pump Speed，and Lost Circulation Material on Downhole Pressures[C]. Fall Meeting of the Society of Petroleum Engineers of AIME，1974.

[15] Mitchell R F. Dynamic Surge/Swab Pressure Predictions[J].Society of Petroleum Engineers，1988，3（3）：325–333.

[16] Gardner W R.High Data Rate MWD Mud Pulse Telemetry[C]. U S Department of Energy's Natural Gas Conference，1997.

3　井下控制系统与可控信号

如第 1 章所述，由于油气井的特殊环境、结构和井下各种工艺过程的特殊性和复杂性，决定了井下控制系统在结构组成和特性方面与其他控制系统存在很大差别，这些差别构成了井下控制系统的特殊内涵，成为井下控制工程学要研究的重要内容。而可控信号则是设计或分析井下控制系统的基本出发点，它是井下控制工程学的理论基础之一。

本章将介绍井下控制系统的构成及其相关的几个基本概念，以及可能用于井下控制的信号及分类；介绍对于井下控制信号的标准和要求；在此基础上，进一步介绍几种可控信号的分析方法，并对可用于井下控制系统的几种控制方法做一简介。

本书的前提是假定读者具备控制工程的基础理论知识，这在很多专门著作[1-7]中已有详述。但为了方便尚未学习过有关课程的读者，本章第 1 节专门介绍控制工程的有关基础知识要点以作为入门过渡，然而仅有此还远远不足，希望读者能进一步阅读相关文献。

3.1　控制工程的基础知识

自然界和人类社会普遍存在控制现象，小到人们的日常生活、衣食住行；大到社会管理、国防战争、经济运行、重大工程等，无一不包含控制问题。人类的生产斗争和科学实验，促进了控制技术的发展和推广应用，从瓦特 1770 年发明的蒸汽机飞球调速器到 1948 年维纳的著作《控制论》出版，诸多科学家和工程师在有关理论和实践研究中做出了卓越的贡献。维纳作为集大成者，控制论这一新学科的正式诞生，是 20 世纪人类科学技术发展的重大标志性成果，它是自动控制、电子技术、计算机科学等多种学科相互渗透的产物。实践和技术催生了理论和学科，反之，理论和学科又进一步指导和推动了技术的进步和实践应用。1954 年，钱学森先生运用控制论的思想和方法，建立了《工程控制论》，把控制论推广到工程技术领域。此后，控制理论和技术进入了快速发展时期，至今已应用于各个工程技术领域，并且渗透到社会、经济、生物等多个领域。

根据发展阶段不同，一般以 20 世纪 60 年代为分界，把控制理论分为古典控制理论和现代控制理论。古典控制理论的内容是以传递函数为基础，主要研究单输入、单输出这类线性控制系统的分析和设计问题。现代控制理论的主要内容则是以状态空间法为基础，研究多输入、多输出、变参数、非线性、高精度和高效能系统的分析与设计问题。

作为入门介绍，本节只涉及古典控制理论的基本知识要点。

3.1.1　控制系统的工作原理

所谓控制，就是要求被控对象或生产过程的某些物理量准确地按照预定规律进行变化，换言之，就是在一定的输入条件下，系统的输出达到预期值，不产生偏差或尽量使偏差在允许的范围之内，如图 3.1 所示。

图3.1　控制系统原理示意图

按照人是否参与控制过程，可将控制分为人工控制和自动控制。人工控制过程就是由人去检测偏差和纠正偏差；而自动控制则是由系统自身完成而不需人工参与。可见偏差是控制的原因，纠正（或称约束和调节）是控制的手段；没有偏差则没有控制，偏差加纠正（约束和调节）就是控制。

为了进一步说明控制的原理，并比较人工控制和自动控制的异同，可用经典的恒温箱控制为例，如图 3.2 所示 [5]。

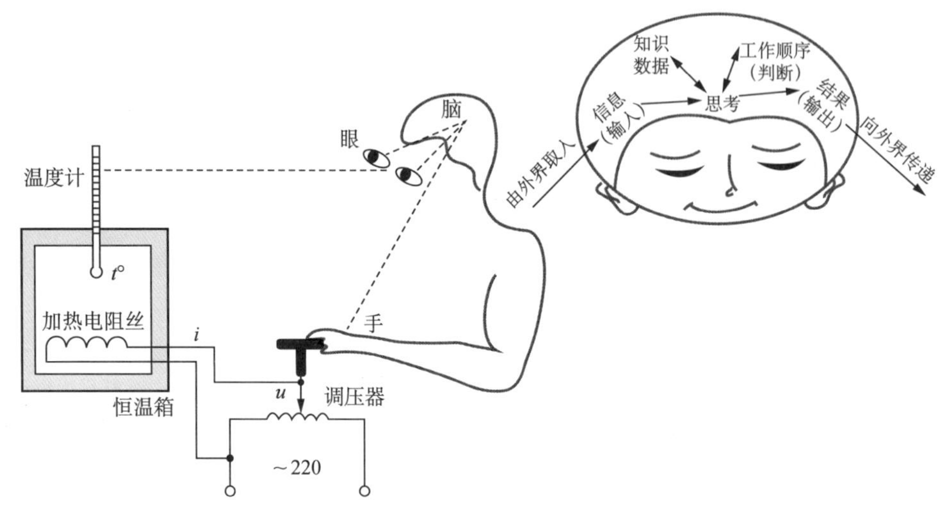

(a) 恒温箱的人工控制原理

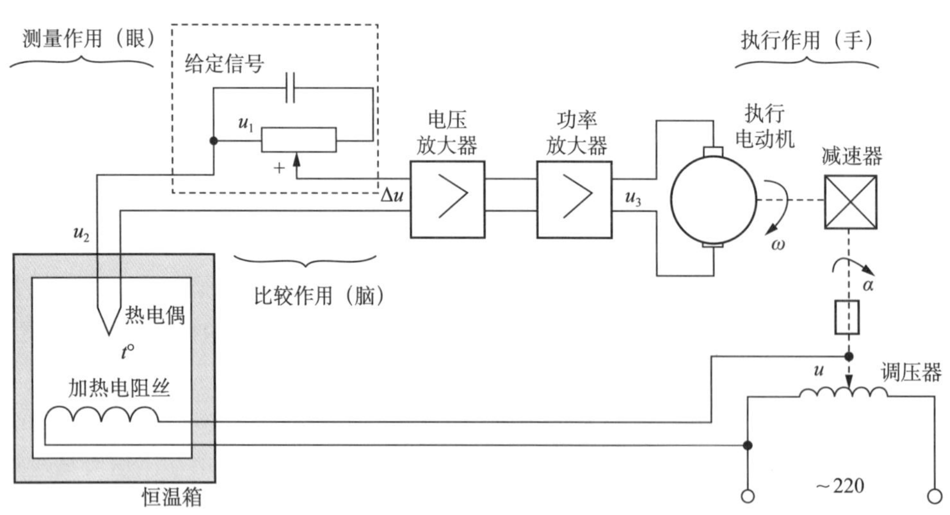

(b) 恒温箱的自动控制原理

图3.2　恒温箱控制原理

由对比可知，自动控制与人工控制的根本差别在于自动控制系统具有反馈控制环节。反馈就是将系统的输出量通过适当的测量装置将信号的全部或部分送回输入端，并与输入量进行比较得到偏差，进而根据偏差值的正负（大小与方向）实施纠偏，以减小或消除输入量的偏差，从而使输出量达到预定值。

反馈是自动控制中的关键环节。反馈分为负反馈和正反馈两种，负反馈的偏差为负值，其作用是缩小实际输出量与预定值之间的误差，保持系统稳定；正反馈的偏差值为正，其作用会扩大实际输出量与预定值之间的误差，导致系统不稳定甚至崩溃。一般的自动控制系统均为负反馈系统。

控制系统常用方块图表示其工作原理和结构。图 3.3 给出了恒温箱的自动控制系统方块图 [5]。

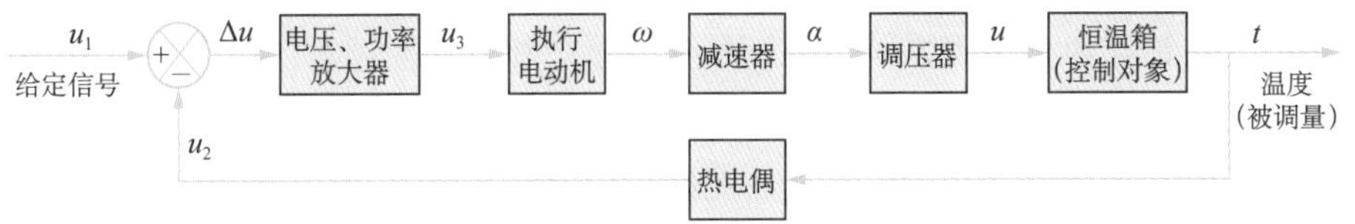

图3.3　恒温箱的自动控制系统方块图

3.1.2　控制系统的组成和概念

图 3.4 给出了一般自动控制系统的结构组成方块图 [7]。

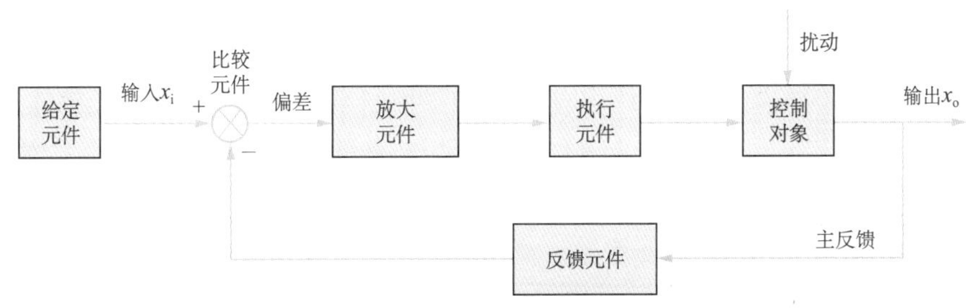

图3.4　一般自动控制系统的结构组成方块图

由图 3.4 可以看出，一般的控制系统由给定元件、检测元件、比较元件、放大元件、执行元件和控制对象组成。

（1）给定元件：主要用于产生给定信号或输入信号。

（2）检测元件：测量被控量或输出量，产生反馈信号，并反馈到输入端。

（3）比较元件：用于比较输入信号和反馈信号的大小，产生反映两者差值的偏差信号。

（4）放大元件：对较弱的偏差信号进行放大，以推动执行元件产生相应动作。

（5）执行元件：用于驱动被控对象的元件。

（6）控制对象：又称被控对象，即对其运动规律或状态量值实施控制作用的装置。

控制过程实际上就是信号或信息的有序流动。信号包括输入信号、输出信号、反馈信号、偏差信号和扰动信号。

（1）输入信号：又称控制量、调节量或操作量。

（2）输出信号：又称输出量、被控量或被调量。

（3）反馈信号：又称反馈量，是输出信号经过反馈元件变换后加到输入端的信号，若其符号和输入量相同即为正反馈，反之为负反馈。控制系统中的主反馈一般采用负反馈，以免系统失控。

（4）偏差信号：系统输入信号与反馈信号叠加值，即比较环节的输出信号。

（5）扰动信号：又称干扰量，指偶然引发难以预先确知的非人为信号，会对系统的工作造成不利影响。对要求较高的控制系统要通过系统的特殊设计提高其抗干扰能力。

3.1.3　控制系统的分类与基本要求

（1）分类。

对控制系统有多种分类方法，依系统的结构、特性、功能、控制方式与特点的不同，均可进行相应的分类。例如：

①依是否由人完成控制任务，可将系统分为人工控制系统和自动控制系统；

②依系统有无反馈作用，可将系统分为开环控制系统和闭环控制系统；

③依输入量的变化规律，可将系统分为恒值控制系统、程序控制系统和随动控制系统；

④依系统中各环节的输入、输出信号是否是时间的连续信号，可将系统分为连续控制系统、离散控制系统和采样离散控制系统；

⑤依系统中各环节的输入、输出特性是否是线性的，可将系统分为线性控制系统和非线性控制系统；

⑥依输入和输出量的多少，可将系统分为单输入单输出控制系统和多输入多输出控制系统；

⑦依通信媒体与被控对象的距离远近，可将系统分为远程控制系统（遥控）和非远程控制系统。遥控是指通过通信媒体对远距离的被控对象进行控制的技术。

线性系统的特点在于可用叠加原理来处理输入量和输出量之间的关系，其状态和性能可用线性微分方程进行描述，可用传递函数作为分析工具。如果控制系统中只要有一个元部件的输入输出特性是非线性的，则该系统就是非线性控制系统，就要用非线性微分方程进行描述。本节主要介绍的是线性控制系统。

单输入单输出控制系统是指只有一个输入量和输出量的系统。这类系统的分析方法主要有以传递函数为基础的时域法和频域法，属古典控制理论范畴。多输入和多输出的控制系统，因信号多、回路多、变量多且存在耦合关系，所以要用状态空间法进行分析，属现代控制理论范畴。本节只讨论古典控制理论设计的问题。

在油气井的井下控制系统中，要遇到人工控制和自动控制、开环控制和闭环控制、单输入单输出的单变量系统和多输入多输出的多变量系统，以及人在地面对井下工具的遥控和井下工具本身的闭环自控问题。

（2）基本要求。

对控制系统的基本要求，一般可概括为 3 点，即稳定性、准确性和快速性，简称稳、准、快。除此之外，往往还要注意平稳性。

①稳定性。它是指系统在干扰信号作用下偏离原定的工作平衡状态，但当干扰信号消失后系统恢复到平衡状态的能力。系统的稳定性是一般控制系统能够正常工作的首要条件，也是最重要的条件。

②准确性。它是指系统在调整过程结束后，系统的输出量和给定的输入量之间的偏差，又称稳态精度或静态偏差。它是衡量系统工作性能的重要指标，因为系统在工作过程中会经历调整，人们总是希望系统在调整前后能由一个稳态过渡到另一个稳态，其输出量尽量接近或复现给定的输出量，即稳态精度要高。

③快速性。它是指在系统稳定的前提下，当输出量和给定的输入量之间产生偏差时，消除这种偏差的快慢程度。因此它也是衡量系统工作性能的重要指标。对快速性一般有两种提法，即时域法（调整时间表征）和频域法（用频带宽度表征）。这种提法或表征方法主要是依据对系统的分析和研究方法的不同，但它们均能反映系统的快速性能，而且在一定的条件下二者存在一定的内在联系。

④平稳性。它是指系统在调整的过渡过程中不产生剧烈振荡，维持其正常的工作性能。为保持系统的平稳性，就要对调整时间、振荡次数、超调量有一定的要求，即保证系统有合理的动态品质指标。

3.1.4 系统分析与设计

控制系统的分析与设计（综合）是一对反问题。系统分析是对一个既定存在的系统（物理系统或方案）进行特性研究和评定，确定其是否达到规定的指标和满足应用要求；而系统设计则是根据应用要求和预定的技术及经济指标，来设计一个方案或进一步制造出一个物理系统。这两者既是对立的也是统一的，既有重大区别又有必然联系。

在进行控制系统的分析时，一般是要对物理系统或方案画出控制系统的结构框图，明确表述其结构联系，建立局部环节和全部系统的数学模型，然后在此基础上运用数学解析或计算机的数值分析方法，计算确定系统的传递函数（针对线性系统），绘制表达信息流程的方块图（或信号流程图），求取时间响应特性和频率特性，进行误差分析和系统稳定性分析，从而对系统（或方案）特性做出综合评价。

在进行控制系统的设计时，一般是根据应用要求，拟定技术和经济性指标，并以此为前提，构思系统的结构（可能由多个控制环节组成）和选定控制信号，画出与此相适应的结构框图和信号流程方块草图，在此基础上建立局部环节和全部系统的数学模型，然后对形成的初步设计方案进行系统分析，即与上述的过程相同：运用数学解析或计算机的数值分析方法，计算确定系统的传递函数（针对线性系统）、时间响应和频率特性，进行误差分析和系统稳定性分析，从而对系统（或方案）特性做出初步的综合评价。但实际的设计过程到此往往并未完结，如果系统特性达不到技术指标，则要反复修改设计方案直到满足技术性能；还要考虑经济性指标，达到满意的性价比。设计过程是一个多方案对比和优中选优的优化设计过程。物理样机设计不仅属于技术范畴，也是工程内容，不考虑应用经济性的技术不是好技术。但事实上，诸多的技术指标之间，技术指标和经济指标之间，往往存在矛盾，所以确定方案的过程就是协调矛盾的过程，完整的设计本身就是妥协和折中的结果。

综上所述，控制系统设计是系统分析的反演，系统分析是系统设计的基础。在实际的设计过程中随着方案的修改要多次进行系统分析工作，设计就是在确定了应用要求和技术指标后的多次的系统分析过程。而系统分析中最为基础的工作就是画出系统结构框图和信号流程方块图，并建立局部环节和全部系统的数学模型，它对于系统分析和系统设计都是必不可少的基础工作。

以下简单介绍建立数学模型、方块图的基本要点，更详细的内容读者可进一步阅读本章给出的相关参考文献。

3.1.4.1　数学模型的建立

对于一个控制系统，只有建立其数学模型，才能定量地对其特性指标和动态品质进行准确的描述。对于一个具体的控制单元和控制系统，往往需要建立一个乃至一组数学模型才能表征。数学模型是描述系统的输入、输出变量以及内部各变量之间相互关系的数学表达式，它揭示了系统结构及参数和性能间的内在联系。

一般来说，系统的数学模型有多种形式，这取决于变量和坐标系统的选择。在时间域，通常采用微分方程或微分方程组形式；在频率域，采用频率特性形式；在复数域，则采用传递函数形式。建模方法主要有解析法和实验法。

以下主要介绍在时间域内的解析法建模要点，所用工具就是物理定律。

建立系统数学模型的一般步骤是：

（1）画出系统的简图，并决定变量。

（2）应用物理定律，写出每个元件的方程，根据系统简图综合这些方程，得到系统的数学模型。

（3）求解与验证。用解析法或数值解法求解，用实验方法或计算机仿真对模型的解及系统性能进行验证。只有验证通过（相符性较好或误差在设定范围内），才能说明模型是正确的，否则就要重新建模，直至通过验证。

由于实际的物理系统的复杂性，在建模时要注意以下问题：

（1）简化与精度分析。对于任何实际的物理系统，如果不做简化处理，就得不到合适的数学模型。首先要抓主要矛盾，确定哪些物理量和关系对于所要求的精度是必须考虑的，而对次要的影响较小的因素则予以忽略。合理的简化模型便于求解。

（2）反映实际系统的数学模型（一般是微分方程）多是非线性的，但是在一定的参数条件下可以忽略非线性，而得到线性微分方程，这个参数值即为该系统的工作点，简化的线性模型便于求解和分析，在给定的工作点附近具有较好的线性特性。

（3）建模时物理系统可能包含有未知参数，往往需要通过实际试验来事先确定其取值。

（4）当用物理定律不能够完全确定系统行为而难以建立方程时，可以考虑采用实验建模方法，即给系统一组已知的输入并测量其输出（响应），由一组输入—输出关系来确定系统的模型（也就是系统辨识方法）。

3.1.4.2　传递函数及其求法

传递函数是对控制系统进行分析的有用工具，它的作用是通过系统的输入量和输出量之间的关系来描述系统的固有特性，亦即用系统的外部特性来揭示内部特性。当系统的内部结构不清（灰箱及黑箱）而无法揭开黑箱（灰箱）时，其作用就显得尤为重要。

传递函数的定义是：线性定常系统在零初始条件下，其输出量的拉氏变换与输入量的拉氏变换之比，即

$$G(s)=\frac{X_{\mathrm{o}}(s)}{X_{\mathrm{i}}(s)} \tag{3.1}$$

式中：$G(s)$ 为系统的传递函数；$X_{\mathrm{o}}(s)$ 是输出量的拉氏变换；$X_{\mathrm{i}}(s)$ 是输入量的拉氏变换。须注意：这里一般用小写字母表示时间函数，用大写字母表示复变函数。

描述系统或元件的线性微分方程式和零初始条件的一般表达式为

$$a_n\dot{x}_{\mathrm{o}}^{(n)}+a_{n-1}\dot{x}_{\mathrm{o}}^{(n-1)}+\cdots+a_1\dot{x}_{\mathrm{o}}+a_0x_{\mathrm{o}}=b_m\dot{x}_{\mathrm{i}}^{(m)}+b_{m-1}\dot{x}_{\mathrm{i}}^{(m-1)}+\cdots+b_1\dot{x}_{\mathrm{i}}+b_0x_{\mathrm{i}} \tag{3.2}$$

$x_{\mathrm{i}}(0)$，$\dot{x}_{\mathrm{i}}(0)$，…，$\dot{x}_{\mathrm{i}}^{(m-1)}(0)$ 和 $x_{\mathrm{o}}(0)$，$\dot{x}_{\mathrm{o}}(0)$，…，$\dot{x}_{\mathrm{o}}^{(n-1)}$ 均为零，对方程（3.2）两端进行拉氏变换，可得系统的传递函数

$$G(s)=\frac{X_{\mathrm{o}}(s)}{X_{\mathrm{i}}(s)}=\frac{b_ms^m+b_{m-1}s^{m-1}+\cdots+b_1s+b_0}{a_ns^n+a_{n-1}s^{n-1}+\cdots+a_1s+a_0} \tag{3.3}$$

须作如下强调说明：

（1）拉氏变换是工程数学中的经典方法。《数学手册》中列出了常用的拉氏变换和逆变换表，可像查字典一样方便使用。

（2）传递函数的概念只适用于线性定常系统，而且是在零初始条件下。

（3）传递函数也是系统的数学模型，它和系统的运动方程一一对应，若给定了系统的运动方程式，则相应的传递函数即可唯一确定。

（4）传递函数反映系统的是系统的输出—输入特性，但与系统的物理属性无关；它与系统本身

的参数有关，但与外界输入信号的大小无关。

3.1.4.3　系统框图与方块图的画法

系统框图对于控制系统的分析至关重要，它是系统数学模型的图解形式，可形象、直观地描述系统中信号传递、变换的过程，更方便地求取传递函数，因而在控制工程中应用广泛[7]。

一个系统可由多个环节（单元）组成，对每一个环节可用一个方块表示，方块中是该环节的传递函数，左侧是输入的拉氏变换，右端是输出的拉氏变换，箭头表示信息流向。如图3.5所示为单个环节（或机构、单元）的方块图。将这些环节的方块图依照系统构成和信息流向依序连接起来，就构成了系统框图。

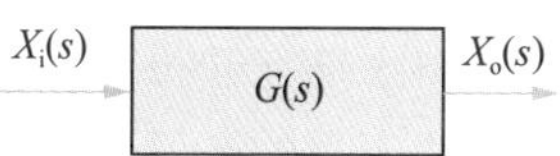

图3.5　单个环节的方块图

显然，由图3.5可得出

$$X_o(s)=G(s)X_i(s)$$

系统框图直观表征了系统各环节之间以及系统与外界之间的信息交换关系及其流向，它是系统的一种图解方法。

关于系统框图的组成，一般认为有3个要素：单元方块、求和点（包括引出点和比较点）和引出线（包括信号线），如图3.6所示[7]。

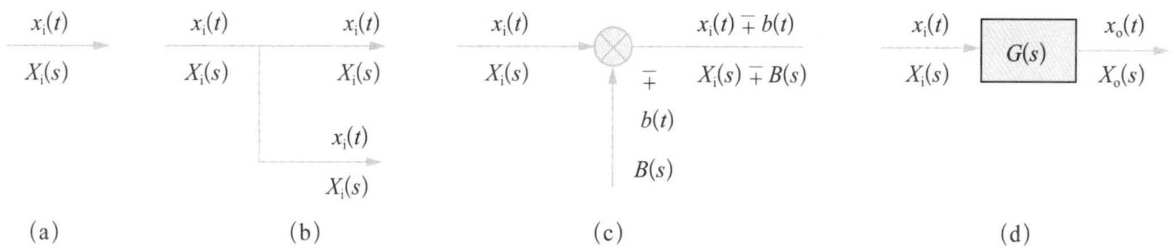

图3.6　系统框图的组成

信号线如图3.6（a）所示，箭头表示信号传递的方向，在信号线的上方或下方可以标出信号的时间函数或拉氏变换式。

引出点如图3.6（b）所示，表示把一个信号分成两路（或多路）输出。信号线只传送信号而不传送能量，引出的每一路信号都与原信号相等。

比较点如图3.6（c）所示，表示两个（或多个）输入信号进行相加或相减，以“+”对应相加，以“−”对应相减，相加减的量应具有相同的量纲。

单元方块如图3.6（d）所示，表示该环节的传递函数、输入和输出及其变换关系。

关于系统框图的绘制，一般步骤如下：

（1）根据系统结构图建立系统各元件、部件的微分方程，注意相邻元件之间的负载效应；

（2）在零初始条件下，对上述各微分方程进行拉氏变换；

（3）整理拉氏变换式，绘制各单元的方块图，输入在左，输出在右，注意进出的箭头方向；

（4）将各个方块图的相同信号连接起来，依照系统中信号的传递关系，画出整个系统框图。

对于复杂系统，有时画出的系统框图会显得十分复杂，需要做简化整理，也可以用信号流程图来替代系统框图。有关内容请读者进一步阅读有关专业书籍，本书不予赘述。

3.2 井下控制系统的构成与几个特殊概念

如前所述，井下控制工程学是油气井工程井下工艺问题与工程控制论相结合的产物，它是用工程控制论的观点和方法，去研究和解决油气井井下工程控制问题的有关理论、技术手段的一个新学科分支。由于油气井特殊的结构特点、井下环境和工艺要求，使得工程控制论中所介绍的在其他相关领域成功应用的产品、方法和技术很难直接移植过来加以应用，需要我们从系统构成、原理、信号、方法等基础层面开展相关研究，甚至提出一些适用于本领域的特殊概念和术语，继而研发形成本领域的技术体系。

在油气井下的钻井、完井、试井、测井、采油、修井多种施工作业过程中，存在多种不同的工艺要求，需要应用和研发的既有单一目标的控制工具，也有多目标的大型控制系统；从控制方法上看，既有开环控制，也有闭环控制；从控制方式上看，既有地面遥控，也有井下自动控制。究竟采用何种控制方式和方法，要根据工艺要求并结合经济性评价确定。

以下以钻井过程的井眼轨道控制为例来阐述井下控制工程的有关共性问题。

3.2.1 井眼轨道控制系统的构成

油气井井眼轨道控制的基本任务，就是在实际钻井过程中，根据预先设计的轨道形态和参数，对井斜角、方位角及其变化率（井斜变化率和方位变化率）实施控制，也就是说，使钻头在规定的位置（井深）达到预先规定的井斜角和方位角，或使其位于所允许的误差范围内。对于传统的几何导向钻井，只要在满足轨道参数的条件下钻达预定的目标区（靶区），就算完成任务，而不必考虑是否钻达储层以及是否达到产量指标。由于地下情况的复杂性导致地质设计给出的储层位置往往会存在误差，这种情况对水平井能否成功影响甚大，所以对于现代的地质导向钻井，则不仅要考虑对于轨道几何参数的控制，还要通过在钻井过程中不断实时测量若干能反映地层属性的参数，使钻头能寻找、辨识和准确钻入储层，并使井眼轨道保持在储层中的最优部位，以求获得好的发现率、采收率和产量。

仅从几何导向钻井即可看出，井眼轨道控制系统就是一个具有多目标的控制系统。加之地下岩层变化、参数未知（地下岩石的真实属性参数往往事先很难获取）以及钻井过程中经常遇到的随机性，都会对井眼轨道控制产生很大的干扰。因此，井眼轨道控制是一个多目标、多扰动的复杂的动态控制过程。

传统的井眼轨道控制方法是通过钻柱力学理论来设计井下钻具组合，根据地层对钻头造成偏斜的性质，来选取合理的钻压；加上通过测量仪器的检测信息，结合预测软件对待钻井段的预测，不断地对钻压和工具面角实施动态调整。但是，这种传统的控制方法由于下述原因，以致控制效果往往不能尽如人意：

（1）多种下部钻具组合（BHA，Bottom-Hole Assembly）受力分析变形模型均建立在一些简化假设基础上，如“井眼内壁为规则光滑的圆柱体”，但实际上井壁并不规则，这就会影响钻柱与井壁的接触状况进而可能影响侧向力的计算值；又如，一些 BHA 的动态力学分析虽然考虑了扭矩和钻压变化的影响，但其简化载荷频谱与实际情况尚有差距；另外，BHA 受力分析模型的一些输入参数仅具有名义性质（如钻压、扭矩等），目前一般均用地面指重表上显示的钻压与转盘扭矩代替。但在定向井、水平井中，由于摩阻问题（井下钻柱轴向滑动摩擦和转动摩擦的统称）突出，钻头上的实际钻压和扭矩与其名义值相差甚远，这就必然影响钻头侧向力的计算结果。严格地说，每种模型和方法求出的侧向力都只有名义性质（对当前几种理论计算模型的分析结果仅能相互比较和相互验证；直至目前，钻井界还未直接从井下实测到钻头侧向力的真实值）。

（2）确定地层岩石各向异性指数的模拟实验与实际的井下岩石状况存在一定差异，如围压情况、岩石各向均匀连续假设等。此外，一些测定钻头横向切削指数的实验装置因未消除摩擦力的影响也使计算结果产生系统误差。

（3）现有的控制方式基本上是依靠 BHA 的受力分析来确定所用的钻具组合。一旦钻具组合下井，整个钻井系统的特性大体已经确定，所能进行的只是局部调控，如变更钻压、改变转速或调整工具面。如果对 BHA 的力学特性估算不准，或因地层和其他随机因素的影响造成实钻轨道较大地偏离设计轨道时，则必须起钻更换钻具组合。尤其是对轨道要求严格的薄油层水平井，往往需要频繁起下钻更换钻具组合，导致钻井成本增加。

根据控制理论中对控制的定义，是指被控对象中某一（某些）被控制量，克服干扰影响达到预先要求状态的手段（或操作）。也就是说，控制是一种手段（或操作），目的是克服干扰使被控制量达到要求状态，而干扰就是指一切破坏被控制量达到要求状态的因素。控制可分为人工控制和自动控制，前者是由人工完成的，后者是靠机器装置自动实现的。自动控制系统多设有反馈环节，构成闭环回路，控制方法按偏差原理进行。在人工控制系统中，没有反馈环节，形成开环控制，检验偏差和纠正偏差是靠人工（包括测量仪器）完成的。

如图 3.7 所示，与自动控制相比，传统的井眼轨道控制方法缺少一个自动的检测、反馈、调整环节，而是由人来分析测斜仪器（单点或随钻测斜仪器等）的读值，从而确定控制策略，即如果可以通过人工调整工艺参数（钻压 P_B、转速 N、排量 Q、工具面角 Ω）而达到控制目的，则优先实施，这意味着系统状态的调整；但是，当下井钻具组合的实际特性与设计要求不相符合，或在钻井过程中其特性发生了不符合要求的变化（如稳定器外径磨损而使增斜组合变成降斜组合）时，在当前的技术条件下，就应该起下钻变换下部钻具组合，这意味着系统结构的变动。这是由于目前的 BHA 只具有固定结构而在钻进过程中不能进行结构调控所致。如果 BHA 具有可调控的结构，而人工在地面遥控调节或在井下根据反馈信号去自行调节，则必然会带来井眼轨道控制技术的重大变革。

综上所述，这种传统的控制方法的最大不足之处在于井下钻具组合的结构和特性不能够在井下进行实时调整，因此，运用工程控制论的理论和思路，赋予井下工具系统以可调的结构和工作特性，即“用手段解决问题”（而不是仅凭理论计算）和必要时采用“闭环控制”，是提高钻井井眼轨道控制质量的必由之路，如图 3.8 所示。图 3.9 给出了井眼轨道控制系统结构方案的原理示意图。

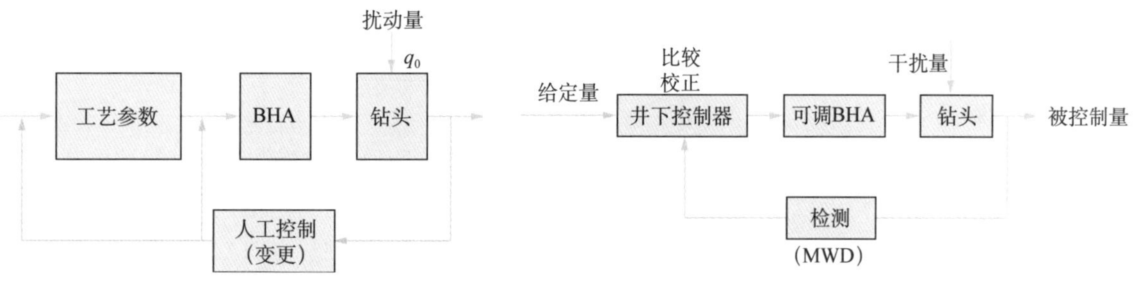

图3.7　传统的井眼轨道控制系统示意方块图　　图3.8　井眼轨道控制示意方块图

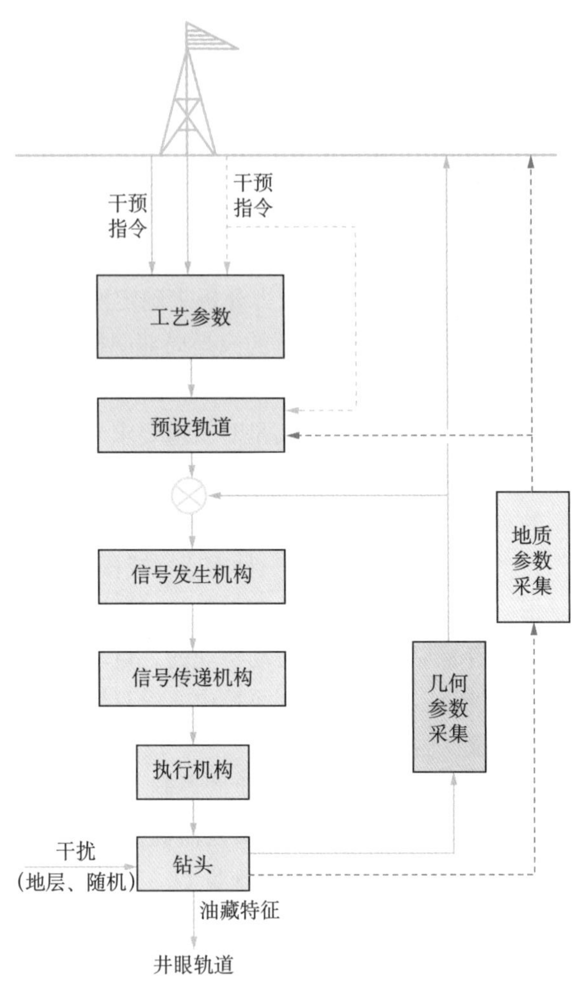

图3.9　井眼轨道控制系统结构方案原理示意图

3.2.2　几个特殊概念

根据工程控制论的概念，结合井眼轨道控制系统的特殊情况，常用如下特殊概念：

(1) 常用术语。

控制对象：钻头。

被控制量：井斜角和方位角，或井斜变化率和方位变化率。

给定量：设计的最大井斜角和闭合方位角、规定靶区和给定的岩性分布。

操作量（控制量）：BHA 结构、钻压 P_B、转盘转速 N、排量 Q 和工具面角 Ω 等。

扰动量：地层产状误差、井壁不规则性、岩石不均质性、岩性分布变化、井底工况及其他随机因素（如井塌、断层等）。

(2) b 控制。

如图 3.8 所示，井下控制器是该负反馈回路的核心。控制器要对检测仪器测出的被控制量（实钻轨道的井斜角、方位角，以及钻进时的工具面角）和预置在其中的给定值进行比较，得出误差，并发出负反馈校正指令。井下的执行机构，即具有可调结构的钻井工具（BHA）根据控制器发出的控制指令进行相应动作，对其结构和功能实施相应调整。图 3.8 所示的信号流程构成了一个闭环。

井眼轨道自动控制系统应具备地面控制台。它是井下控制系统的上级，具有监督控制（RCC）功能和结构。检测仪器（MWD）测量的轨道参数值应上传至地面控制台，以便于钻井工程师作出分析和决策；同时，地面控制台还应对井下传输参数（如井深值）和干预指令（状态参数），监督井下闭环的工作情况。地面控制台与井下闭环回路之间的双向信道是通过钻柱（MWD是通过钻柱内的钻井液）实现的。

综上所述，双向信道和井下闭环是井眼轨道自动控制系统的基本特征。这种控制特征可以用图3.10表示，如同英文字母“b”一样，形象地称之为“b”控制。

对于一般的井眼轨道自动控制系统，即几何导向系统，井下只有一个闭环（几何导向的闭环），可称之为单环系统（图3.10）。

而对于带有地质导向功能的井眼轨道自动控制系统，因其近钻头地质测量参数（如近钻头电阻率R、自然伽马G等）信息将上传至井下控制器，从而形成地质导向闭环。这种系统比图3.10所示的单环系统多了一个地质导向闭环控制回路，因此可称为双环系统，如图3.11所示。

图3.10、图3.11所示的单环、双环系统都表述了井眼轨道自动控制系统的“b控制”结构与功能特征。这种井眼轨道自动控制系统的控制方案原理方块图如图3.9所示。

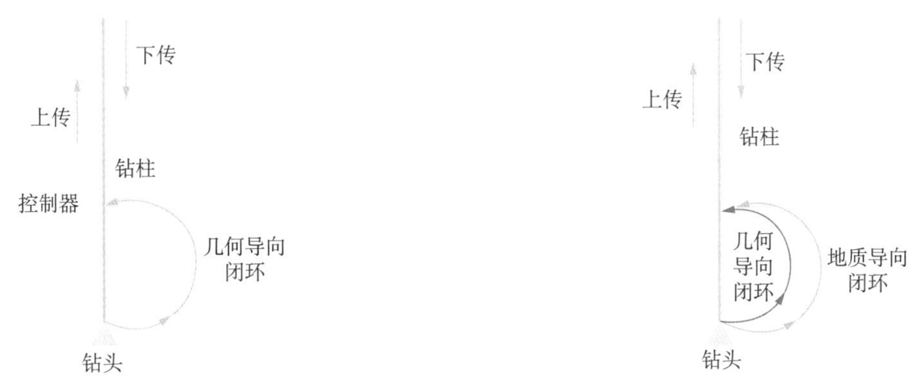

图3.10　b控制（单环系统）　　图3.11　b控制（双环系统）

（3）控制链与主控信号。

任何一个实际的复杂的控制系统都不可能是由一个控制环节或单元构成的，井眼轨道自动控制系统或遥控系统也是如此。为便于对井眼轨道控制系统乃至于其他的井下控制系统进行分析和综合，并为模块化设计方法奠定基础，提出“控制链”和“主控信号”的概念是有益的。

所谓控制链，是指由多个控制单元（或称环节）首尾串联（局部可有并联）而组成的控制系统的信号流程。在一个控制链中，控制信号（初始信号）由初节（最前的一个单元）输入，并逐步经过一系列中间环节（若干中间单元）传至末节（最后一个单元），末节的输出即是被控量。

图3.12给出了一个开环系统的控制链示意图。对于一个闭环控制系统，末节输出的被控量被反馈引入某一中间环节，从而构成闭环控制回路。

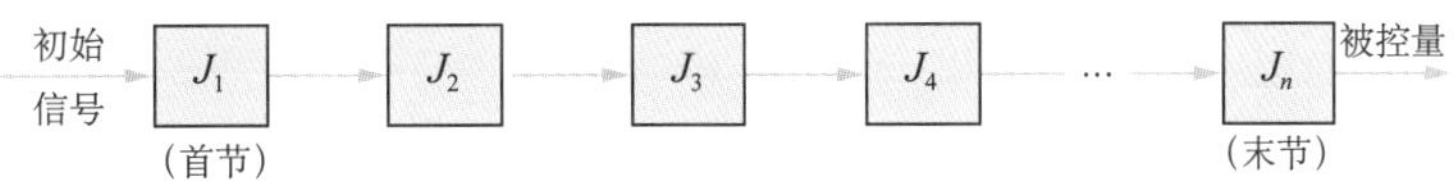

图3.12　控制链（开环）示意图

在控制链中，控制单元J_i是J_{i+1}的前级，同时也是J_{i-1}的后级。前级的输出是后级的输入。对J_i，其输出和输入往往是不同性质的信号。对控制单元J_i可以是一种机构，也可以是一个其他类型的物理模块。对一线性系统，可由控制单元的内部特性确定其传递函数；在此基础上，可依自动控制的理论方法确定系统的传递函数或特性。

以下以开环遥控变径稳定器为例，画出其控制链如图 3.13 所示。

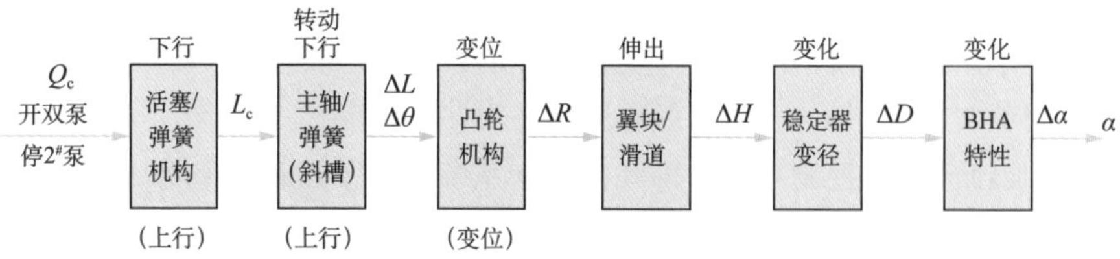

图3.13　某种遥控变径稳定器的控制链示意图

图 3.13 所给的以开 / 停泵为初始控制信号的遥控变径稳定器的控制链共有 6 个控制环节（J_1 ~ J_6）组成。J_1 是一个活塞 / 弹簧机构，它输入的是开（停）泵造成的系统排量变化ΔQ，从而造成 J_1 内部的主活塞下行，输出下行位移ΔL；J_2 是带有斜直槽的主轴 / 弹簧机构，J_1 的输出ΔL 造成 J_2（主轴）产生下行（ΔL）和转动（$\Delta\theta$）响应；J_3 是固结在主轴上的变径凸轮，不同的转角与预定的半径对应，输入$\Delta\theta$，输出ΔR；J_4 是翼块 / 滑道机构，凸轮外径变化（ΔR）导致翼块沿滑道产生相应的响应ΔH，从而造成 J_5（稳定器变径部分）直径产生ΔD，它使 J_6（下部组合 BHA）的总体结构和力学特性进行调整，从而产生井斜角变化量$\Delta\alpha$，达到控制井斜角和调整造斜率的目的。

在这里，进一步提出“主控信号”的概念是必要的。所谓主控信号，是指一个控制系统或其控制链区别于其他控制系统及其控制链的特征信号。例如，图 3.13 所示的开 / 关泵遥控变径稳定器的主控信号是开 / 关泵，这是因为若把开 / 关泵换成投球（在钻柱中投入一个特定直径的钢球），其他控制单元（环节）不变，仍可形成遥控变径稳定器。后者的主控信号是“投球”（改变流道面积）。

控制系统（或控制工具）往往是以其控制链中的主控信号加以命名以示区别的。如上述两种变径稳定器，前者一般称为“开 / 关泵式”遥控变径稳定器，后者一般称为“投球式”遥控变径稳定器。当然，某种控制信号被作为主控信号是相对于控制链而言的，并非固定不变。同一种信号在某一控制系统的控制链中是主控信号，但在其他的控制系统（控制链中）则不是主控信号，这样的例子是很多的。

根据主控信号的定义，主控信号可以是某一控制链的初始信号，也可以是其中间环节的控制信号。一般以把初始信号作为主控信号者居多。

控制链与主控信号概念的提出，对于构思复杂控制系统和确定控制信号类型，进行系统方案和信号流程设计，非常重要和必要。需要补充说明的是，在构思一个复杂系统时，画控制链往往是由后（级）至前级，即采用反其道而行之的倒推式设计方法，亦即从被控量入手，先画末节 J_n（可有不同方案），再画 J_{n-1}、J_{n-2}……以至 J_1 和初始信号。在倒推设计过程中可有多种方案供选择、比较。在这里，主控信号是关键，确定了主控信号对方案设计具有指导意义。

3.3　井下控制信号与典型控制信号分析

3.3.1　井下控制信号

广义而言，差异就是信号。只要能敏感采集到某量的变化，或人为地制造出该量的变化，就可得到信号。

但是，并非所有信号都能用于井下控制。可用于井下控制的信号称为可控信号。可控信号在品质与成本方面须满足要求，即要求可靠性、稳定性、显著性、易实现性和经济性。

对井下控制可能遇到的诸多物理量和其他方面的参数开展研究，从中寻找可控信号，并进一步研究其信号发生机构、放大机构、执行机构，分析其内部特性，从而建立可控信号的机构硬件库和特性仿真库，对实现井下机构和系统的模块化设计，具有重要意义。

以下给出了可能用于井下控制的信号种类，其中多种已用于实际的井下工具系统。

（1）机械量类信号。

①力：包括重力信号和钻压信号。

②速度：包括速度的大小、方向 2 种信号，可通过起 / 下钻方式实现。

③加速度：包括加速度的大小、方向 2 种信号，可通过起 / 下钻方式实现。

④位移：包括位移的大小、方向 2 种信号。

⑤转动：包括转动的大小、方向 2 种信号，可以是钻柱的转动，也可以是内部构件的转动。转动量可分为转动角位移、角速度和角加速度。

⑥振动：以钻柱的纵振、横振或扭振，以及弹性波、声波振动作为信号。

（2）水力量类信号。

①钻井液压力（压强）：以钻井液某压力值作为信号。

②钻井液压差：以钻柱内与环空内的压差作为信号，可以有正压差、反压差两种信号。

③钻井液排量（流量）：以钻柱内的钻井液排量作为信号。以正常钻进排量为基准，可形成正排量（增大排量）、负排量（减小排量）2 种信号。

（3）几何量类信号。

①流道：以改变液流的不同流道作为信号。

②过流面积：采用一定的动作改变流道面积，以此形成信号，例如投球堵孔就是一例。

（4）其他量类信号。

①时间：以时间作为信号，如间隔时间。

②温度：以特定温度值作为信号。

③电信号：如电压值、电流值、电路通 / 断等。

上述信号虽然进行了分类，但很多信号往往是相互连带与伴生的，形成局部的控制链。至于主控信号的确定，要在不同的应用场合作具体分析。

3.3.2 典型控制信号分析

以下介绍几种典型的控制信号，包括排量信号、钻压信号、重力信号、反压差信号、投球信号、时间信号等，并对其中的部分信号做出分析。之所以选取这几种信号，一是因其实用性，它们在实际的井下控制技术中已成功应用而具有实用性，二是因其分析方法具有一定的典型性。当然，由于控制信号和相应的发生机构设计与特性分析紧密相连，所以更多和更详细地介绍控制信号的内容，放在本书的第 4 章。

（1）排量信号。

排量控制信号是井下控制中常用的一种信号，这是因为它具有以下主要优点：

①钻井液是钻井过程中必须的工作介质，因此利用方便；

②由于液体的不可压缩性和管柱中流体的连续性，通过各截面的流量保持不变，因此在地面变化排量时，井下能准确地反映出排量变化，容易实现遥控；

③排量信号发生机构具有结构简单、价格低廉，输入和输出准确等优点。

排量控制可分为正排量控制和负排量控制。以正常钻进的工作排量为额定值，凡控制排量大于额定排量的，称为正排量控制；凡控制排量小于额定排量的，称为负排量控制。

由于现有钻井泵结构会造成排量的不均度，所以在选择控制排量值时，要明显避开泵排量不均度造成的瞬时最大工作排量或最小工作排量，以免引起井下排量控制信号机构产生误动。

对电驱动钻机，因钻井泵的驱动转速可以实现无级调节，所以能方便地实现正排量控制和负排量控制。但对柴油机驱动的钻机，钻井泵因难以实现准确调速，且停泵更换缸套时不能适应控制过程和正常钻进工艺要求，所以对正排量控制，比较实用的办法是并入一台钻井泵（如正常钻进是单泵作业，发出控制排量时短时启动备用泵）。在这种情况下，实施负排量控制比较困难（在特殊情况下可在地面增设一套分流管汇来降低排量）。

以排量作为信号可形成不同的信号发生机构，如正排量控制信号发生机构。以下对其中最常用的活塞—弹簧机构作简单介绍。

图 3.14（a）是一种正排量控制机构即活塞—弹簧机构的结构原理图。它由控制器本体（外筒）1、密封圈 2、活塞 3 和弹簧 4 等基本元件组成。活塞 3 的活塞外圆面与本体 1 的缸套内圆面形成动配合，其间装有密封圈 2，以防止钻井液经其配合间隙直接进入活塞下腔。活塞下部是一节流口，可造成控制所需要的钻井液压差Δp。活塞下腔装有与本体固连的挡环 6。在无排量或正常的工作排量 Q_0 下，弹簧 4 推压活塞处于上位，即压在与本体固连的挡环 5 上。

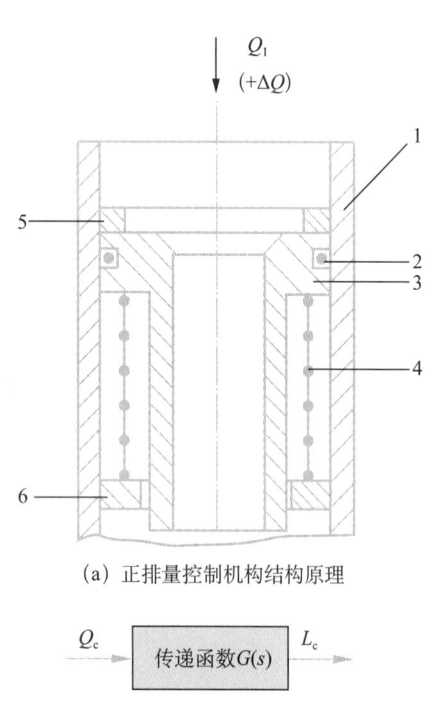

（a）正排量控制机构结构原理

（b）正排量信号机构的控制方块图

图3.14　正排量控制机构结构原理及控制方块图

1—本体；2—密封圈；3—活塞；4—弹簧；5—挡环；6—挡环

当发出设定的控制排量 Q_c 时，由节流口压降Δp_c 造成的附加钻井液推力将使弹簧压缩、活塞下行，输出下行位移 L_c。其控制方块图如图 3.14（b）所示。

该机构的输出量 L_c 可作为控制链中下一个控制机构的输入量，去完成下一个预定的控制动作，如推动变径稳定器的主轴下行。因此一般需要在图 3.14 中活塞 3 下端连一个传力杆件。图 3.15 是采用正排量控制机构（活塞—弹簧机构）作为首节的某种遥控变径稳定器的控制链示意图，由此可以清楚地了解正排量控制机构的作用及其输入、输出量。

图 3.15 中正排量控制机构的传递函数 G（S），可通过系统动力学方法对该机构进行建模而求出。

（2）钻压信号。

钻压信号是一种力信号，它是利用在钻井过程中司钻加大钻压至某一预设的门限值，或减小钻压至某一门限值来实现井下机构的预定动作。如前所述，差异就是信号，只要能产生与常态量的稳定偏差，就有可能得到有用的信号。不管是增钻压信号还是减钻压信号，其优点是便于产生，操作简便，但缺点是稳定性差，要求有一定的经验。这是因为在钻井过程中，钻压值有时往往不够稳定（当钻遇硬底层或砾石层容易发生跳钻导致钻压瞬时突变），因此在设置门限值时必须充分考虑以避开这种情况导致的误动作。在设计相应的机构时，从结构上要有锁定功能和解锁功能，即加大钻压至门限值时所需的工具结构状态要能在钻压恢复到正常值时锁定保持，直至发出新的信号时解除锁定状态。

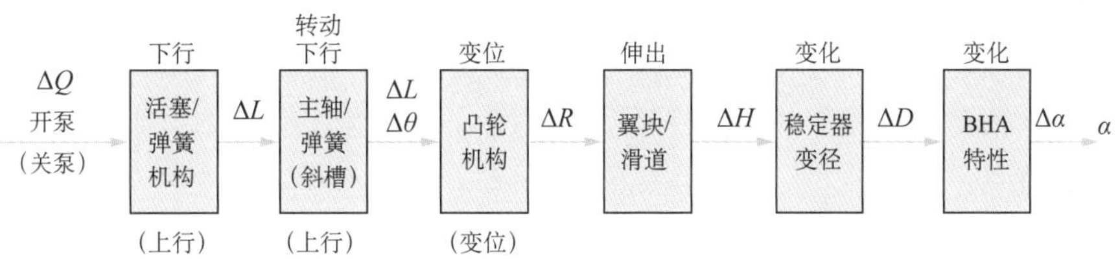

图3.15 某种遥控变径稳定器控制链示意图

(3) 开泵 / 停泵信号。

开泵或停泵也经常被作为控制信号，其优点是在地面容易操作，以遥控实现所需的井下动作。在停泵状态下开泵，或在开泵状态下停泵，都意味着井下钻井液状态的改变或差异，因此可被用来作为信号。在开泵或停泵时，井下特设的接收器能感知和获取这一信号，然后产生相应的控制动作。在实际应用中，有时把“开泵—停泵”按一定的顺序进行编码，开泵为 1，停泵为 0，发出驱动井下控制器的指令序列，完成地面指令的下传。需要注意的是，当发生开泵或停泵时，井下的钻井液压力有一个从激励、过渡到平稳的过程，在设计井下接受机构时一定要考虑这一过程时间，以免产生误动作。开泵 / 停泵信号可以驱动多种井下控制机构，例如和销槽机构连用，可以实现井下工具弯角的顺序变化和分级调整。

(4) 重力信号。

重力可作为井下控制技术的一种信号，并已有成功应用的先例，如广泛用于井下测量的加速度计，就是利用重力方向和重力加速度值作为其设计的依据；另如在定向钻井中使用的方位控制器 [12]，就是利用钻具在重力作用下产生挠度作为其工作的主控信号。重力信号的特点是：在自由状态下重力方向始终向下，可使运动部件在无外力影响下始终朝向下方运动，即向势能最低点运动，并维持在势能最低点。除上述应用实例外，利用重力信号的检测、比较元件，欲产生信号差异，还有以下两种途径：

①利用重力信号装置改变液流的过流面积，从而产生压力降的变化；

②导致液流换向，产生两个状态差异，即产生“0”或“1”信号。

利用重力信号，可设计成多种控制机构，如重力寻边机构、示位机构、换向机构等，涉及在控制链中与其他信号的配合与转换。

(5) 变流道信号。

在井下控制系统和控制工具中，有目的地改变工作流体的通道，或改变通道的过流面积，就可以实现系统和工具工作状态与性能的改变与调整，而且这种方法在结构设计中不难实现，因此变流道信号获得广泛应用。例如，利用改变通道可以实现液流换向，进一步去控制井下工具的不同状态；利用通道过流面积的变化可得到不同的压力差，从而去实现井下工具的分级控制。投球机构就是变流道信号的典型应用实例，它是指操作者在钻台上由钻柱内向井底投放适当外径的小球去堵塞井下工具中的流道，由此产生流道处的突加高压，驱动活塞或主轴向下运动，进而实现所要求的工作状态和控制功能。

(6) 反压差信号。

在正常的钻井过程中，钻柱内的流体压力大于环空的压力，这是钻井工作者的常识。但在特殊的情况下，也会出现环空中的流体压力大于钻柱内的流体压力，这一点很多钻井工作者往往没有认识。我们把前者这种压差称为正压差，把后者这种压差称为反压差，这在本书第 2 章有所提及。

钻进或循环钻井液时只会发生正压差。而反压差往往是在起下钻或停止钻井液循环、上下活动钻柱的过程中可能发生，其最大值发生在上提钻柱的最后。研究表明，反压差的数值，和司钻的操作有很大关系，即钻柱运动的加速度是决定反压差的主要因素；同时，由井下系统动力学的分析可知，钻井液的密度、钻铤的直径、井口钻柱运动的速度对反压差也有较大影响。

反压差有两个特点：

①反压差与钻柱长度成正比。以 $5^1/_2$in 钻杆为例，理论计算可得Δp=9.4MPa/（1000m 钻柱），可见反压差数值是很大的。相关例子的多次现场实测值均很接近 10.3MPa/（1000m 钻柱）（比计算结果约大 10%，主要是理论分析忽略了一些次要影响因素，或某些参数取值与实际实验略有误差 [13]），如此之大的反压差会造成井下工具的损坏，必须予以重视。

②反压差是一个前沿很陡峭的矩形波，瞬间可达很大的数值且持续时间很短，即呈现脉冲性。

针对这两点特性，可把反压差作为井下控制信号。

提出反压差的理论依据是基于对钻柱中的弹性波的分析研究 [13]。考虑到很多读者过去很少关注这一问题，而且本书第 4 章关于反压差机构设计也要涉及这一理论基础，故以下加以引述。

3.3.3 钻柱中的弹性波

钻井工程中常要研究钻柱的力学问题。钻柱是一个悬挂着的数千米长的钢质管柱，这样的管柱必须把它看成一个弹性体，它的应力和运动均为截面的函数。由于自重造成钻柱在悬点有很大的自重应力，上下活动钻柱时悬点应力有很大的变化。悬点应力的变化造成钻柱的运动及钻井液压力出现一些非常现象，是值得重视的。

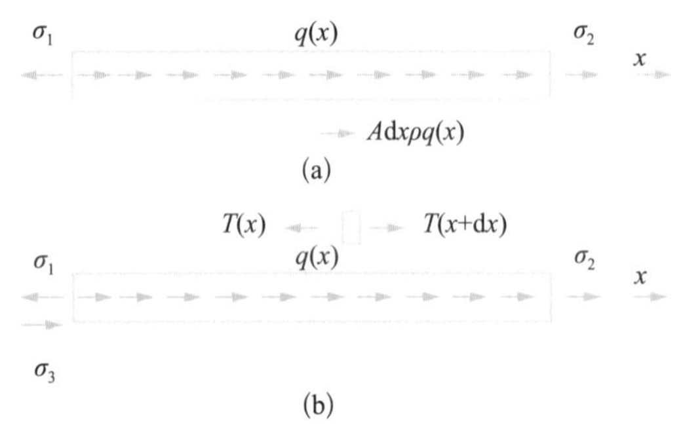

图3.16 有体积力的弹性杆

（1）弹性柱形杆的平衡。

首先讨论的是只受纵向的体积力和端点力的弹性柱形杆［图 3.16（a)］，取杆的轴线向右为 x 轴。假设杆的横截面在变形时保持为平面，各截面可用杆在不受力时各点的坐标 x 表示。图 3.16（a）中杆受外力 σ_1、σ_2 及沿 x 轴变化的体积力 $q(x)$ 作用。$q(x)$ 为单位质量所受的体积力，如果体积力是重力则 $q(x)=g$，g 是重力加速度。各点的位移以 u 表示，一般情况下 u 是时间 t 和坐标 x 的函数

$$u = u(x,t) \tag{3.4}$$

杆的应变 ε 和所受的内力 T 也是 x 和 t 的函数，

$$\varepsilon = \frac{\partial u}{\partial x} \tag{3.5}$$

$$T = AE\left(\frac{\partial u}{\partial x}\right) \tag{3.6}$$

式中：A 为杆的横截面积；E 为材料的弹性模量。规定拉应变、拉应力为正，否则式（3.5）和式（3.6）需要加一负号。

弹性杆平衡的充要条件为：各点受力均为平衡力系，各点具有相同的速度。平衡状态下各点位移以 $u(x)$ 表示。平衡时的应变以 ε_s 表示，设杆的长度为 l，两端的应变分别为：

$$\varepsilon_{s(x=0)}=\left(\frac{\partial u_s}{\partial x}\right)^{(x=0)}=\frac{\sigma_1}{E} \tag{3.7}$$

$$\varepsilon_{s(x=1)}=\left(\frac{\partial u_s}{\partial x}\right)^{(x=1)}=\frac{\sigma_2}{E} \tag{3.8}$$

由式（3.4）考虑任一微元的平衡可得：

$$AE\left(\frac{\partial u_s}{\partial x}+\frac{\partial^2 u_s}{\partial x^2}\mathrm{d}x\right)-AE\frac{\partial u_s}{\partial x}+A\mathrm{d}x\rho q(x)=0$$

式中：ρ 为弹性杆材料的密度。令

$$c^2=E/\rho \tag{3.9}$$

式中：c 为弹性波的速度。

则有

$$\frac{\partial^2 u_s}{\partial x^2}=-\frac{q}{c^2} \tag{3.10}$$

考虑整体平衡则所有外力应符合刚体的平衡条件$\sum X=0$。

两种平衡状态的叠加仍是一个平衡状态。在杆上加一平衡力系（指对刚体的平衡力系），开始时杆可能发生变形运动或振动，经过一段时间以后，由于事实上存在的摩擦和内耗，杆终将处于平衡状态，式（3.10）终将成立。杆平衡状态下，在端点再加一力，平衡被破坏，运动状态的变化是由加力的端点向杆内传递的，离开边界的点还能在很小一段时间内保持平衡。

（2）突加常力作用下杆的运动。

设杆原来是静平衡的，t=0 时在左端突加一不变的压应力 σ_0（方向在图中示出，这里 σ_0 是个正数），如图 3.16（b）所示，求杆的运动。考虑 x 处的微元可得运动微分方程：

$$A\mathrm{d}xp\frac{\partial^2 u}{\partial t^2}=AE\left(\frac{\partial u}{\partial x}+\frac{\partial^2 u}{\partial x^2}\mathrm{d}x\right)-AE\frac{\partial u}{\partial x}+A\mathrm{d}x\rho q(x)$$

$$\frac{\partial^2 u}{\partial t^2}=e^2\frac{\partial^2 u}{\partial x^2}+q(x) \tag{3.11}$$

式（3.11）为有体积力的一维波动方程。由式（3.11）可以求解运动方程（3.4），每个具体情况需满足边界条件和初始条件。以上问题的边界条件为：

$$\left(\frac{\partial u}{\partial x}\right)_{(x=0)}=\frac{\sigma_1-\sigma_0}{E} \tag{3.12}$$

$$\left(\frac{\partial u}{\partial x}\right)_{(t=s)}=\frac{\sigma_2}{E} \tag{3.13}$$

初始条件为：

$$(u)_{(t=0)}=u_s(x) \tag{3.14}$$

$$\left(\frac{\partial u}{\partial t}\right)_{(t=0,x=0)} = v_0 \tag{3.15}$$

$$\left(\frac{\partial u}{\partial t}\right)_{(t=0,0<x\leqslant s)} = 0 \tag{3.16}$$

对式（3.15）中的 v_0 说明如下：杆沿全长的初速度为 0，但 t=0 瞬时在 x=0 处有应力 σ_0 作用，因为一个截面的质量为零，所以对 x=0 截面可以假设它由 σ_0 无需时间地引起任意速度。一个截面的速度并不意味着具有动量或动能。t=0 瞬时对一个几何面假设任意速度均不违反任何力学原理。这里假设 v_0 为未知常数，沿 x 轴的正方向为正。这个道理在下面讨论波的反射时也要用到。

波动方程（3.11）满足边界条件和初始条件即式（3.12）～式（3.16）的定解为以下形式：

$$u = \begin{cases} u_s + (ct - x) - \dfrac{v_0}{c} & x \leqslant ct \\ u_s & ct \leqslant x \leqslant t \end{cases} \tag{3.17}$$

此定解仅在 $0 \leqslant t<l/c$ 区间有效，此区间称为弹性波传播的第一阶段。式（3.17）对 t 求偏导数得速度 v（x，t）；对 x 求偏导数得应变 ε（x，t）如下，

$$v = \frac{\partial u}{\partial t} = \begin{cases} v_0 & x \leqslant ct \\ 0 & ct < x \leqslant l \end{cases} \tag{3.18}$$

$$\varepsilon = \frac{\partial u}{\partial t} = \begin{cases} \varepsilon_s - \dfrac{v_0}{c} & x \leqslant ct \\ \varepsilon_s & ct < x \leqslant l \end{cases} \tag{3.19}$$

不难验证式（3.17）满足波动方程（3.11）和式（3.13）～式（3.16）。以下验证式（3.17）也满足式（3.12）。x=0 时有：

$$\left(\frac{\partial u}{\partial x}\right)_{(x=0)} = \varepsilon_{s(s=0)} - \frac{v_0}{c} = \frac{\sigma_1}{E} - \frac{v_0}{c}$$

由于 v_0 尚未确定，可令

$$v_0 = \frac{c\sigma_0}{E} \tag{3.20}$$

代入上式则有：

$$\left(\frac{\partial u}{\partial x}\right)_{(x=0)} = \frac{\sigma_1 - \sigma_0}{E}$$

故式（3.17）也满足式（3.12）。

以上证明了式（3.12）确为式（3.11）的定解，并由式（3.20）确定 v_0 定解式（3.17）有以下特性：

① u 具有因子（ct–x），故为波函数，波向右传递，c 为弹性波的速度。由式（3.9），对钢来说，c 等于 5100m/s，对钻井液来说 c 约等于 1500m/s。

②由式（3.18）可见，在 t 瞬时，波前到达 x=ct，在 $x \leqslant ct$ 范围内杆上各质点均有相同的速度 v_0，v_0 与应力 σ_0 成正比，而在 x>ct 范围内均无速度。

③由式（3.19）可见，在 t 瞬时，波前到达 x=ct。在 $x \leqslant ct$ 范围内除原有的静平衡状况的应变

外均有相同的应变增量$\Delta\varepsilon=-\frac{v_0}{c}=-\frac{\sigma_0}{E}$（相同的应力增量$\Delta\varepsilon=\sigma_0$），而在$x>ct$范围内应变（应力）无变化。

总之，以波前$x=ct$为界面将杆分成两段，左段有相同的速度增量和相同的应力增量，而波前尚未到达的右段，应力和速度均无变化，仍保持初始状态，界面是以波速c右移。由此得出结论之一为：杆上任一点在$t=x/c$时，速度突增v_0。

以上是按左端加压应力叙述的。如果是拉应力，上述性质不变，只是杆的应力增量是拉应力，速度总与所加应力方向相同。需要注意的是如果σ_0作用在右端，则拉应力使用式（3.20）而压应力需加负号。特解式（3.17）仅在弹性波传递的第一阶段有效，以后的运动是波由右端面的反射。对实际问题有意义的是第一阶段和第二阶段（$l/c\leqslant t<2l/c$）的情况。

以上所得的结果可以用于$\sigma_1=\sigma_2=q$（x）$=0$的平衡情况（以下简称这种情况为自由状态），只需将这些量以0代入即可。然而由式（3.18）可以看出，杆的速度情况与这些量根本无关，即不论$t=0$以前是受力平衡或是自由状态，所发生的速度是一样的；由式（3.19）看出，原平衡力系对应变的影响也只反映在ε_s上。由此可以得到一个解有体积力问题的简便方法：计算$t=0$以前为自由状态的结果，其速度就是真实结果，其应变（应力）只要与静平衡的应变（应力）叠加就是真实结果。

不难理解以上的解也完全适用于各点具有相同速度的平衡状态，这种情况下v_0是速度增量。

以上的讨论忽略了与应变$\partial u/\partial x$相伴发生的横向应变$\mu(\partial u/\partial x)$及横向惯性力，并且假设杆处于真空中。对空气中的杆，因空气的密度很小，可以认为与真空中一样。对钻井液中的杆，横向应变还要受到钻井液的作用。不过可以证明，这些影响都是不重要的。

（3）钻柱中的弹性波。

钻柱是一根悬挂着的很长的管柱，它浸在钻井液中。假设钻柱是均质等截面的有底管柱，钻头有水眼，所以应是开口系统。在后面图3.17中底面示有小孔，但因孔较小，其面积可以不计。忽略钻井液对钻柱表面的摩擦力，其受力情况与前节讨论的力学模型一样。在上提、下放钻柱时悬点应力变化将产生弹性波沿钻柱向下传递。由于钻机的构造，最值得注意的是上提过程终了的很短一段时间。等速上提钻柱时，大钩的提升力主要由钻柱在钻井液中的重量决定。当上提到最后，总是先松开绞车然后紧住刹车。在松开绞车之后紧住刹车之前必有一很短时间间隔钻柱上端处于不受力的状态。

分析上提终了时钻柱的运动。设松开绞车的动作是瞬时完成的，以此瞬时为$t=0$。在$t=0$之前钻柱等速上升经过数秒，可以认为是处于平衡状态。设钻柱长度为l并且全长浸在钻井液中。以γ表示钢的重度，γ'表示钻井液的重度，则钻井液的浮力σ_2和悬点的应力σ_1为：

$$\begin{cases}\sigma_2=-l\gamma'\\ \sigma_1=l(\gamma-\gamma')\end{cases}\tag{3.21}$$

松开绞车使σ_1突然变为0，可以认为相当于在上端突然增加了一个不变的压应力σ_0，其值与σ_1相等，如图3.17所示（图中左端表示上端，右端表示下端），图中略去了$t=0$以前的平衡力系。自$t=0$有一个弹性波从悬点向下传递。以波前为界面将杆分为两段，上段长ct，有速度增量

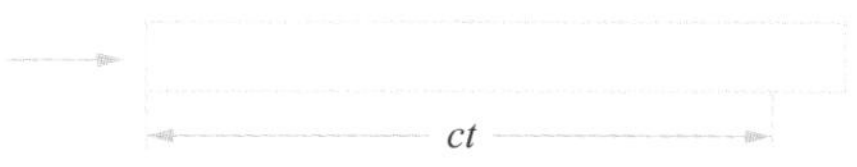

ct

图3.17　杆中的弹性波

$$v_0=ct(\gamma-\gamma')/E\tag{3.22}$$

v_0的方向向下，对应前述结论之一，钻柱上各点在$t=x/c$时发生v_0的速度突变。以上过程自

t=0 持续到 $t<l/c$，即波前无限趋近下端面的瞬时。$t=l/c$ 以后下端面要发生速度增量，将推动钻井液也一起运动。设钻井液受到的应力增量为 σ_3，σ_3 需由连续条件得到。

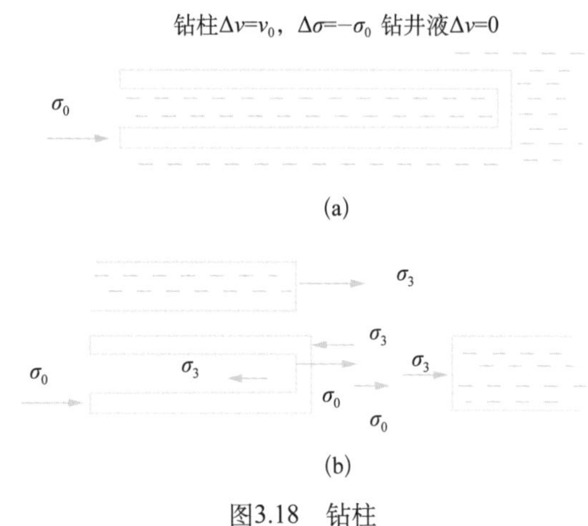

图3.18　钻柱

前面的讨论未强调钻柱是一个管柱，如图 3.18 所示。因为 $t=l/c$ 之前底面并不发生速度变化。自 $t=l/c$ 开始，将涉及底面与钻井液间的作用力。$t\to l/c$ 时，如图 3.18（a）所示。由 $t=l/c$ 开始钻柱与钻井液之间的压力发生增量 σ_3。将管柱内的钻井液画在管柱的上方。管柱内外钻井液的速度相同，应力增量均为 σ_3（管柱外的钻井液应力增量较小，此处有省略），管柱外钻井液受压力，管柱内钻井液受拉力，见图 3.18（b）。此图中假想在下端面再增加一组平衡力系，一个压应力 σ_0 和一个拉应力 σ_0。这样，两端的压应力 σ_0（图中标有括号）可不考虑，因此可以再一次利用式（3.20）计算。$l/c\leqslant t<2l/c$ 过程中波自底面反射，发生速度增量 v_0'，考虑面积因素，σ_3 造成的管柱应力需要换算。设管柱的横截面环形面积为 S，外圆面积为 S_o，内孔面积为 S_i，$S=S_o-S_i$。

$$v_0'=\frac{c\left(\sigma_0-\sigma_3\dfrac{S_o+S_i}{S}\right)}{E} \tag{3.23}$$

下端面总的速度增量：

$$\Delta v'=v_0+v_0'=\frac{c\left[2\sigma_0 S-\sigma_3\left(S_o+S_i\right)\right]}{ES} \tag{3.24}$$

钻井液的速度增量为：

$$\Delta v'=\frac{c'\sigma_3}{E'} \tag{3.25}$$

E' 和 c' 为钻井液相应的物理量，Δv 与 $\Delta v'$ 应该相等，可解得：

$$\sigma_3=\frac{2cE'S}{cE'(S_o+S_i)+c'ES}l(\gamma-\gamma') \tag{3.26}$$

代入式（3.24）可得：

$$\Delta v=\frac{2cc'S}{cE'(S_o+S_i)+c'ES}l(\gamma-\gamma') \tag{3.27}$$

式（3.26）和式（3.27）表示第二阶段开始钻井液的压力突变量和钻井液（钻柱底面）的速度突变量。由此得出结论之二为：杆上任意一点在 $l/c\leqslant t<2l/c$ 时间内又发生一次速度的突变，突变量由式（3.23）计算，两次速度突变之和由式（3.24）计算。点越靠近下端面发生 2 次速度突变的时间越近，结论之三为：杆的下端面在 $t=l/c$ 瞬时发生速度突变，突变量由式（3.27）计算。

$t=2l/c$ 之后弹性波又由上端面向下反射，重复开始时的现象。但是事实上摩擦力是存在的，弹性波逐渐减弱，因而后继的情况无需讨论。

（4）应用。

①反压差。

钻井过程中，钻柱内的钻井液压力大于环空的压力。这种方向的压差称为正压差，相反方向的压差称为反压差。钻进或循环钻井液时只会发生正压差。反压差在起下钻或停止钻井液循环上下活动钻柱的过程中发生，而数值最大的是发生在上提钻柱的最后。当悬点应力突变为 0 之后的 l/c 秒弹性波传到钻柱底面以使钻柱之下的钻井液压力突然上升 σ_3，钻柱内部的钻井液压力突然下降 σ_3。因此钻柱内外发生反压差

$$\Delta p = 2\sigma_3 = \frac{4cE'S}{cE'(S_o + S_i) + c'ES} l(\gamma - \gamma') \tag{3.28}$$

反压差与钻柱长度成正比。用 $5^1/_2$in 钻杆的数值代入，可得Δp=9.4MPa/（1000m 钻柱），可见反压差数值是很可观的。以上理论推导是在忽略了很多次要因素下进行的，这些因素有：

a. 由于钻井操作的特点使我们可以简单地给出 σ_0 的值，$\sigma_0 \approx \sigma_1$。实际上提升时悬点的应力大于 σ_1，并与提升速度有关；

b. 实际操作时，松开绞车不是在瞬间完成的；

c. 弹性波在钻柱中传递时必有所衰减；

d. 实际钻柱并非等截面管柱，在每间隔约 9m 处就有一个钻杆接头，壁厚变大，钻铤壁厚变大，当弹性波传到截面变化处就要有部分反射。

以上诸多因素的影响使计算结果不可能十分准确。多次在井下实测，在正常操作下，实测值均很接近 10.3MPa/（1000m 钻柱），比计算结果约大 10%。

前面的讨论没有涉及钻柱是开口管柱还是闭口管柱，钻柱底面的速度是突发的，实际上水眼面积较小，对反压差没有多大影响。

如此大的反压差经常造成井下工具的损坏，而且不由反压差的角度来考虑，这些损坏是无法解释的。另一方面，反压差是一个前沿很陡峭的矩形波，适当安排可以作为信号用来控制井下可变工况的工具。

②与钻柱相连接的物体的受力。

假设有一物体以任何方式固定在钻柱上，物体的位置靠近钻柱的下端。当钻柱运动时，与物体相邻的钻柱可以发生速度突变 $\Delta v = v_0 + v_0'$。这就发生了具有速度的弹性钻柱与物体的碰撞问题。碰撞力是相当大的，与物体的质量和长度有关，可用与前述计算波的反射的相似方法求解，本书不再仔细讨论。用数字略加说明，以 3000m 的 $5^1/_2$in 钻杆为例，由式（3.27）可以求得钻柱下端附近的突发速度为 7.6m/s，相当于 2.94m 高自由落体的末速度，以此速度与物体相碰撞，足见其破坏力是相当大的。这一点在设计井下工具时值得充分注意。

以上是针对提升钻柱的最后停止时刻讨论的。它也适用于对下放钻柱时猛然松开刹车工况的分析计算。司钻一般都知道，上下活动钻柱必须轻提、慢放（特别在深井时）。因此下放钻柱时一般不会猛然松开刹车，最后以刹车制动终止钻柱下行时，通常也都是逐渐刹住的。在这过程中悬点应力都不会发生很大的突变。开始提升钻柱时靠绞车的提升力大于悬重。因设备功率所限，这时的悬点应力绝不会有很大的突变。只有在提升的最终停止时刻突然松开绞车，悬点的应力才会有很大的突变。这样的操作比较容易发生，其后果又常被人忽略。由上述的分析可见，对起下钻或上下活动钻柱的要求应该是轻提、缓放、慢停。特别是上提钻柱时需要注意慢停，因为不加注意很容易发生突然松开绞车的急停情况。

3.4 井眼轨道自动控制系统设计的几个基本问题

本节以井眼轨道自动控制系统为例，阐述井下控制系统设计的几个基本问题，给出了井眼轨道自动控制的目标及其数学描述；并根据系统的功能分配，提出了井眼轨道自动控制系统的基本结构，即由两个分系统构成的监督控制结构；在此基础上分别对这两个分系统的结构特点以及控制方法进行了分析；进一步总结了井眼轨道自动控制系统的基本设计原则。

井眼轨道控制系统是个复杂的大系统，而且是一个典型的机电液一体化系统，其共性相关技术多，所以井眼轨道自动控制系统的设计与实现必须从系统工程的概念入手，通过系统总体设计使各个相关技术形成有机的结合。

3.4.1 井眼轨道自动控制的目标及控制系统的基本结构

3.4.1.1 井眼轨道自动控制的目标

众所周知，在石油钻井中，由于诸多因素的影响，钻头的实钻井眼轨道往往会偏离预先设计的理论轨道。由实用的要求看，一条成功的实钻井眼轨道是允许存在偏差的，只要偏差在允许值以内，当可能超出允许值时就要实施控制。因此，井眼轨道自动控制的目标可归纳为：

（1）尽量使实钻轨道接近设计轨道，以保证良好的井身质量；

（2）提高钻井效率，最后归结为降低钻井成本。

很显然，第一条是工艺性目标，是井眼轨道自动控制系统的基本目标；第二条则是经济性目标。

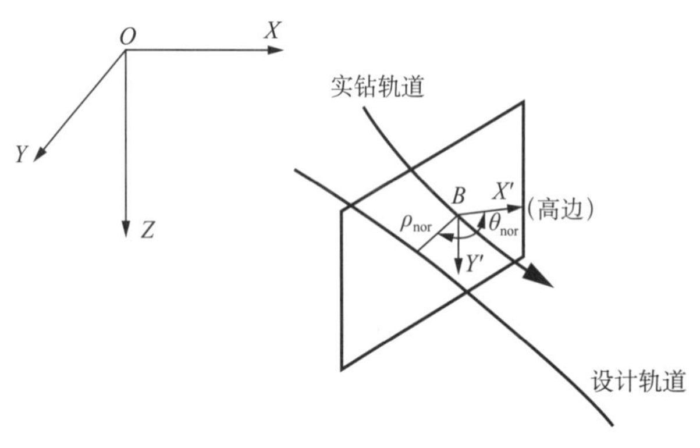

图3.19 坐标系及法面距离示意图

为了对工艺性目标进行数学描述，首先建立图 3.19 所示的右手空间坐标系 $OXYZ$，原点选在井口位置上，以正北（N）作为 X 轴正向，正东（E）作为 Y 轴的正向，Z 轴铅垂指向地心——垂深（H）的方向。取实钻轨道上某比较点 B，设设计轨道上距离 B 点最近的点为 A，最近距离为 $\rho_{min}=AB$。过 B 点作实钻轨道的法平面，交设计轨道于 C 点，则 BC 为轨道的法面距离 ρ_{nor}。设允许的误差半径为 r，如果 $\rho_{nor}>r$（包括 ρ_{nor} 为∞），说明 B 点到设计轨道的距离（ρ_{min}）太大或者 B 点的姿态（α_B，ϕ_B）与设计轨道上 A 点附近段各点的姿态的偏差太大，而这两种情况都是不允许的，所以井眼轨道自动控制的工艺性目标可描述为：

$$\rho_{nor} \leqslant r \tag{3.29}$$

在法平面内，过 B 点的高边（BX' 轴）与过 B 点的水平线（BY' 轴）构成直角坐标系 $BX'Y'$。将法面距离 ρ_{nor} 在 BX' 轴、BY' 轴上投影可得：

$$X_B = \rho_{nor}\cos\theta_{nor} \tag{3.30}$$

$$Y_B = \rho_{nor}\sin\theta_{nor} \tag{3.31}$$

式中：θ_{nor} 为法面距离的扫描角。井眼轨道自动控制的目标可进一步描述为：

$$|X_B| \leqslant l_1 \tag{3.32}$$

$$\left|Y_B\right| \leqslant l_2 \tag{3.33}$$

对于一般定向井及水平井非目的层，l_1 见式（3.34）；对于水平井目的层，l_1、l_2 见式（3.35）和式（3.36）。

$$l_1 = l_2 = r \tag{3.34}$$

$$l_1 = \frac{H}{2} \tag{3.35}$$

$$l_2 = \frac{W}{2} \tag{3.36}$$

式中：H、W 分别为水平井误差长方体的高和宽。

3.4.1.2 控制系统的基本结构

井眼轨道自动控制系统是在可调 BHA（控制系统的执行机构）的基础上，增设反馈环节，从而实现对井眼自动控制。井眼轨道自动控制系统的结构方块图如图 3.20（a）所示。

井眼轨道自动控制系统反馈信号的测量与传输主要由 MWD 系统完成。现今多种 MWD 系统是利用钻井液压力脉冲信号完成与地面信息的传输。为了提高井眼轨道的控制能力和实时性，可考虑增设井下闭环控制回路，其方法是对现有 MWD 进行改造，增设传感器和控制器，以实现井下闭环控制。地面控制台可利用钻井液通道与井下控制系统进行双向通信，从而实现对井下控制过程的监督和干预，这种结构可形象地称为“b”控制。

井下闭环控制系统的输入信号由上级——地面控制台给出，实际上成为上级控制级的“执行机构”——井眼轨道自动跟踪分系统。因此，具有监控能力的井眼轨道自动控制系统实际上具有监督控制（SCC）结构，该系统由两个分系统组成：地面监控分系统，井下轨道自动跟踪分系统，如图 3.20（b）所示。

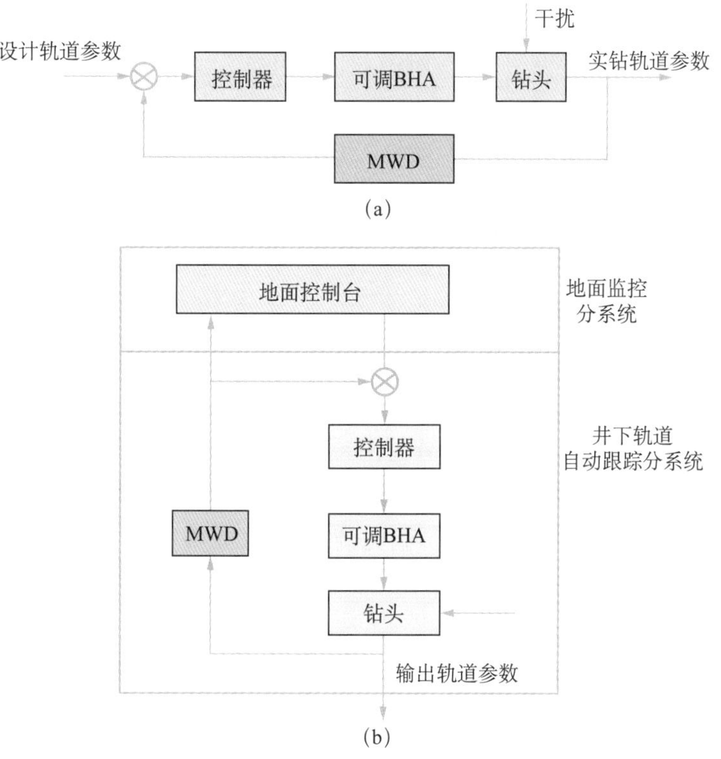

图3.20 井眼轨道自动控制系统结构图

3.4.2 井眼轨道自动跟踪分系统

3.4.2.1 基本结构特点

根据井眼轨道的几何关系，实钻轨道上 B 点的法平面（即 $BX'\ Y'$）与过 B 点处轨道的切线构成左手坐标系 $BX'\ Y'\ Z'$，Z' 轴沿切线指向钻进方向，因此，平面 $X'\ BZ'$ 即 B 点处轨道的井斜平面 P，平面 $Z'\ BY'$ 即方位平面 Q（图 3.21）。根据井斜控制理论[12]，认为造成井斜变化的钻头侧向分力 p_α（即变井斜力）就作用在 P 平面内；而造成方位变化的钻头侧向力 p_ϕ（即变方位力）就作用在 Q 平面内。这样可将三维空间井眼轨道分解为 2 个二维问题。所以，相应地可将井眼轨道自动跟踪分系统分解为 2 个子系统。

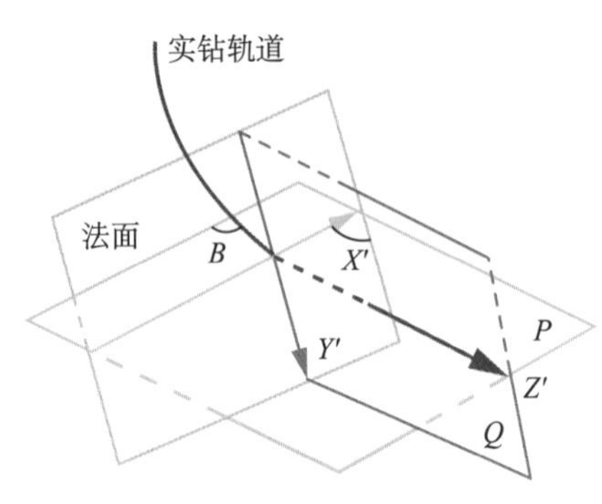

图3.21 过B点的法面、井斜平面和方位平面示意图

（1）井斜平面的井眼轨道自动跟踪子系统，其基本控制目标为：通过对 BHA 的控制，使井斜平面内的实钻轨道满足$|X_B| \leqslant l_1$；

（2）方位平面的井眼轨道自动跟踪子系统，其基本控制目标为：通过对 BHA 的控制，使方位平面内的实钻轨道满足$|Y_B| \leqslant l_2$。

通常这 2 个子系统之间存在耦联，其原理结构如图 3.22 所示。图中：u_1、u_2 为输入信号；y_1、y_2 为输出信号。

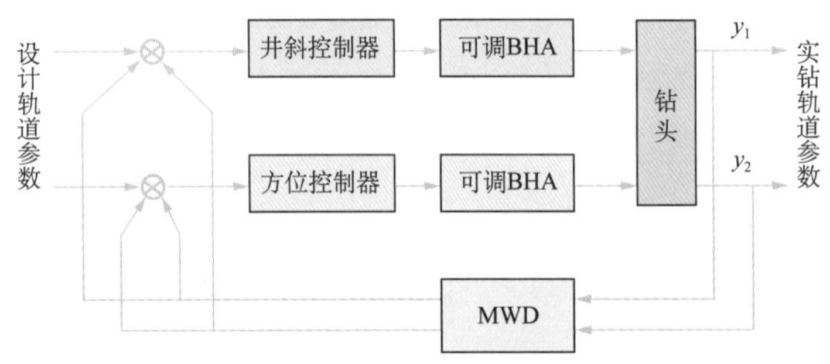

图3.22 井眼轨道自动跟踪分系统原理结构图

3.4.2.2 执行机构的类型及结构形式

控制系统的执行机构是整个系统中的关键环节。执行机构在很大程度上决定了整个系统的结构形式。

3.4.2.2.1 执行机构的类型

可调 BHA 执行机构根据其工作原理可分为：

（1）可控结构弯角类，包括：动力钻具 + 可控弯接头、可控弯壳体动力钻具；

（2）可控稳定器类，包括：动力钻具 + 可移式稳定器（或垫块）、转盘钻用可变径稳定器。

由于可控结构弯角类执行机构可以具备中曲率造斜的控制能力，因而作为讨论的重点。

3.4.2.2.2 可控结构弯角类井眼轨道自动跟踪分系统

可控结构弯角类执行机构具有相同的工作原理：应用井下动力钻具并且通过调节 BHA 的结构弯角 γ 得到所需的造斜率，因而可利用相同的理论即极限曲率法（K_c 法）[16] 对结构弯角 γ 的简化形式来分析其造斜能力。所以可控结构弯角类井眼轨道自动跟踪分系统具有相似的控制方法及系统结构。

为了解除常规带弯角的工具在井下因装置角造成的井斜与方位控制的耦合关系，在设计自动控制系统时，从理论上可解除这种耦联，用图3.23（a）、图3.23（b）两个分系统分别实现对井斜、方位的控制。

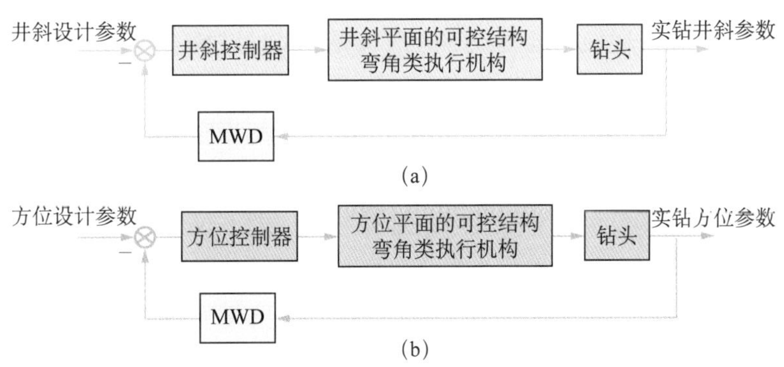

图3.23　可控结构弯角类井眼轨道自动跟踪分系统原理结构方块图

3.4.2.2.3　控制对象数学模型的特点及其控制策略

（1）控制对象数学模型的特点。

①分析系统执行机构的多种BHA受力变形模型均建立在一些简化假设的基础上，并且一些输入参数仅具有名义性质；

②确定地层岩石各向异性指数的模拟实验与实际的井下岩石状况存在较大的差异，因此实钻井眼轨道的精确预测具有一定的困难；

③工作过程中，系统的结构参数有可能发生变化，如稳定器的外径因磨损而减小等；

④由于系统工作在高温、高压、振动和冲蚀的恶劣环境中，环境因素以及其他一些模型未能完全描述的因素对系统造成不可忽略的干扰。

以上几个特点可概括为：控制对象的模型具有不确定性。所以，井眼轨道自动跟踪分系统是一个具有不确定性的系统。

（2）控制策略。

井眼轨道自动跟踪分系统中的不确定性是井眼轨道自动控制理论的研究重点和难点。目前，在控制理论中解决不确定性系统的控制问题主要有两个研究方向：

①鲁棒控制。在系统中引入鲁棒控制器，使系统对不确定性因素具有不灵敏性，从而增加系统鲁棒性。

②自适应控制。根据要求的性能指标与实际系统的性能指标相比较所获得的信息，修正控制规律或控制器的参数，使系统具有并保持最优或次最优控制。

在具体的系统实现中，应根据执行的特点、仿真以及实验结果合理地选用控制策略。由于不确定系统的控制问题是控制理论的前沿课题之一，因此井眼轨道自动跟踪分系统为这一前沿课题提供了研究对象和应用场所。

3.4.3　地面监控分系统

3.4.3.1　地面监控分系统的功能及组成

地面监控分系统的基本功能是：为井眼轨道自动跟踪分系统提供设计轨道参数或经实时修正的轨道参数，从而实现对实钻轨道的引导；对井眼轨道自动跟踪分系统的运行过程进行监督，当其发生故障时，对井下控制对象进行直接干预。因此，地面监控分系统包括以下几个功能子系统：

（1）轨道设计子系统：根据地质、物探信息及油田开发部署的要求，设计井眼轨道。

（2）轨道实时监控分析子系统：对实钻进眼轨道实时监控，对其与设计轨道的相符程度作实时计算分析。

（3）井下设备及控制系统故障诊断子系统。

（4）决策子系统：根据轨道实时监控分析子系统和井下设备及控制系统故障诊断子系统的输出结果做出综合决策，从而为井眼轨道自动跟踪分系统提供实时控制信号；当井下的井眼轨道自动跟踪分系统发生故障时，对井下控制对象进行直接干预。

另外，对于可控结构弯角类井眼轨道自动跟踪分系统，其相应的地面监控分系统还应包括工具面角调节子系统。

井眼轨道自动控制系统的发展趋势是要实现地质导向，即不仅要控制钻头轨道使其尽量符合设计轨道，而且还要在钻进过程中依据地质参数来自动调整设计轨道，以满足地质和油藏的需要。因此地面监控分系统还应包括：地质导向分析子系统，其输入为地质导向传感器采集到的地质及油藏信息，经过分析，为轨道设计子系统提供实时的轨道设计相关参数。

3.4.3.2 地面监控分系统综合集成的技术路线

地面监控分系统是井眼轨道自动控制系统的监督级，集中了井眼轨道自动控制的高级（管理级）功能。由于地面监控分系统包含的子系统数量多，各子系统间信息传输量大，子系统内的计算决策涉及许多领域大量的专家知识。因此，地面监控分系统是个复杂的大系统，传统的程序方法很难处理这类性质的控制与决策问题，必须依靠人工智能等手段。

人工智能是指机器（计算机）来执行某些与人的智能有关的复杂功能（如判断、图像处理、理解、学习、规划和问题求解等）的能力。利用人工智能技术不但可实现井眼轨道自动控制系统的工艺性目标，而且也是追求最高目标——经济性目标，即成本最优的重要途径。

3.4.4 井眼轨道自动控制系统的基本设计原则和几点认识

由于井下环境十分恶劣，井眼轨道自动控制系统（尤其是井眼轨道自动跟踪分系统）工作在高温、高压、振动和冲蚀的条件下，因此井眼轨道自动控制系统的设计必须考虑其可靠性。另外，还应尽量降低系统的成本。所以，井眼轨道自动控制系统的基本设计原则可概括为：在保证实现功能的前提下，还应满足高可靠性和经济性。

井眼轨道自动控制系统的实现应是高可靠性和经济性原则的综合。在具体设计中，一方面应尽量降低系统及其元件的失效率；在系统结构上采用冗余结构；增强系统的容错能力。另一方面，应尽量利用现有的成熟技术，减少攻关点；尽量采用简单的系统和元件结构。

由于井眼轨道自动控制系统是典型的机电液一体化系统，共性相关技术多，因此应从系统工程的概念入手，通过系统总体设计来使各个相关技术形成有机的结合。

由上述可得出以下几点认识：

（1）井眼轨道自动控制的目标分为工艺性目标和经济性目标。工艺性目标是井眼轨道自动控制系统的基本目标；经济性目标也是井眼轨道自动控制系统的工程化目标。

（2）井眼轨道自动控制系统的基本结构是监督监控（SCC）结构，由两个分系统组成：地面监控分系统和井下井眼轨道自动跟踪分系统。

（3）井眼轨道自动跟踪分系统可分为两个子系统：井斜平面的井眼轨道自动跟踪子系统和方位平面的井眼轨道自动跟踪子系统。井眼轨道自动跟踪分系统的执行机构分为：可控结构弯角类和可控稳定器类。井眼自动跟踪分系统是一个具有不确定性的系统。解决不确定性系统的控制问题主要有两个研究方向：鲁棒控制及自适应控制。

（4）地面监控分系统主要包括：轨道设计、轨道实时监控分析、井下设备及控制系统故障诊断和决策子系统，以及工具面角调节子系统和地质导向子系统。

（5）井眼轨道自动控制系统的基本设计原则为：在保证实现功能的前提下，应满足高可靠性及经济性。由于井眼轨道自动控制系统是典型的机电液一体化系统，共性相关技术多，因此应从系统工程的概念入手，通过系统总设计来使各个相关技术形成有机的结合。

3.5 井下控制系统的井下控制器与控制方法的初步研究

井下控制器和控制方法是井下控制系统的重要组成部分，井下控制器的质量和控制方法的优劣，直接决定了井下控制系统的工作特性与品质。因此，在全面介绍井下控制系统设计方法之前，本节对井下控制器和几种控制方法加以讨论。由于井下控制系统的设计涉及井下控制机构等诸多问题，故放在本书第 4 章中详细论述。

3.5.1 井下控制器的初步研究

以下以井眼轨道自动控制系统为例，讨论井下控制器的功能、硬件组成和软件结构以及设计原则和方法，以便为井下控制器的物理设计提供基础和指导。

3.5.1.1 井下控制器功能分析

井下控制器是井眼轨道自动跟踪过程的井下指挥控制中心，是实现井下闭环智能钻井的关键环节。

第一，它应该具有接收信息和状态监测的功能：能与 MWD 井下仪器中的中央处理模块进行双向数据通信，从 MWD 井下仪器接收井斜角、方位角、工具面角和其他井下传感器的信息，并能通过 MWD 向地面传送井下仪器和井下钻具组合的工作状态信息和出错报警信息，具体为：

（1）能接收地面系统发出下传的井深信息、对井眼轨道设计参数的实时修改信息和其他地面干预命令信息；

（2）能接收从近钻头传感器包传来的（经过处理）数据信息；

（3）能实时监测井下电源、井下工具和井下仪器的工作状态信息。

第二，具有计算和比较的功能：根据接收到的信息，计算出在对应深度下的实钻井眼轨道，然后与储存在井下控制器里的设计参数值进行比较。

第三，具有智能判断和智能决策功能：井眼轨道控制是一个多目标、多扰动的复杂动态控制过程，传统控制器的结构和算法很难解决井眼轨道的控制问题。控制理论的发展趋势表明，要解决这种多扰动、具有高度复杂性和不确定性控制系统的控制问题，只能采用将控制理论分析与人工智能结合起来的这样一种智能控制方式来解决。因此，井下控制器是一种智能控制器，它必须具有智能判断和智能决策的功能。它能根据比较的结果，判断出目前的实钻井眼的偏离程度和偏离规律，预测下一段井眼的变化趋势，并能根据实时采集到的地层信息和井下工具的状态及工具本身的定向能力等因素，综合预先存储在控制器里的各种智能控制算法和人们在已钻相关类型井眼时积累的知识和经验，进行基于规则的推理，做出智能的决策。

第四，具有多种类型的输出控制功能：针对井下可调弯壳体、可变弯接头、可控偏心稳定器和变径稳定器等不同类型的井下可控机构，能输出相应的信号去驱动和控制它们按指令工作。

第五，具有对井下控制系统本身的各个组成模块进行实时状态监测、管理和报警功能：对井下电源的供电情况，井下仪器和井下钻具组合是否工作正常等信息随时通过 MWD 传送到地面。

其功能结构如图 3.24 所示。

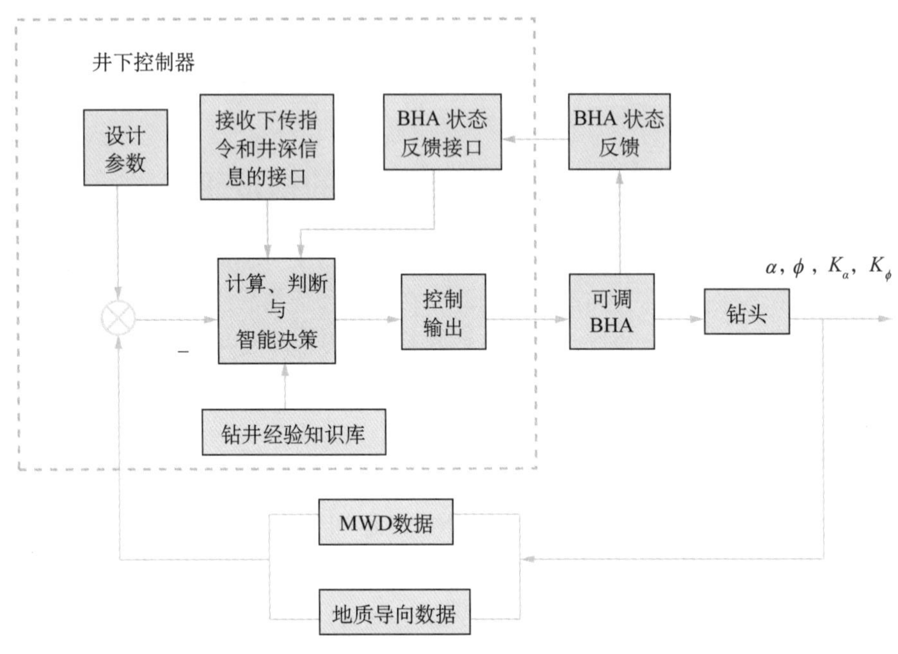

图3.24　井下控制器功能结构框图

3.5.1.2　硬件组成模块分析

在井下闭环智能钻井系统中，井下控制器要完成信号监测、数据比较、误差判断、智能决策、输出控制以及对井下控制系统的组成模块进行管理和控制等功能。这些功能是通过井下控制器的硬件、软件以及它们的组合来实现的。根据硬件和软件不同的分工，要完成上述功能，井下控制器的硬件组成必须包括以下几个功能模块：

(1) 井下微处理器：可选用性能高的系列单片机，执行预先编好的程序，完成系统要求的监测、比较、判断、决策、控制以及报警的功能。

(2) 井下存储器：由一定数量的 SRAM（静态随机存取存储器）和 EEPROM（电擦写可编程只读存储器）组成，存储预先编好的智能控制软件包、井眼轨道的设计参数和钻井经验知识库等数据。

(3) 与 MWD 进行双向数据通信的接口模块：在井下微处理器的控制下，通过该接口模块可以实现井下控制器与 MWD 之间的双向数据通信，井下控制器可以从 MWD 接收实时的井斜角、方位角、工具面角和其他井下传感器的信息，并且也可以通过 MWD 向地面传送井下电源的工作情况、井下钻具组合的状态信息和出错报警信息。

(4) 与地面信息下传通信系统的接口电路模块：根据地面与井下控制器的约定，通过该接口模块，井下控制器接收地面下传的井深数据、对井眼轨道的实时修正信息和地面对井下工具的直接干预指令。

(5) 接收地质导向数据的接口模块：井下控制器通过该接口接收近钻头的地质参数，与预先存储的地层特性相比较，参与智能决策，实现地质导向功能，同时把近钻头地层参数通过 MWD 传送到地面。

(6) 可调 BHA 的状态反馈接口模块：通过该接口，井下控制器可以实时监测井下可调 BHA 的工作状态，核对井下闭环自动控制的效果，并能检测到井下可调 BHA 的故障，及时通过 MWD 向地面报警。

(7) 对井下可调执行机构的控制输出接口模块：把井下微处器的输出信号，经过 D/A 转换或电流放大，变成能驱动井下可调执行机构的信号，实现对井下钻具组合的井下闭环控制。

其硬件组成框图如图 3.25 所示。

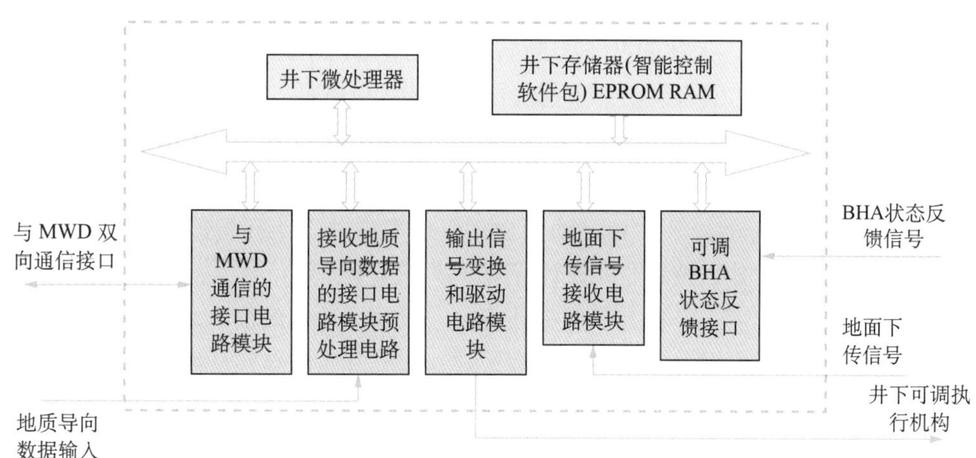

图3.25 井下控制器硬件组成框图

3.5.1.3 井下控制器智能控制软件分析

3.5.1.3.1 井下控制器智能控制软件结构

井下闭环自动控制系统是一个所受干扰因素多，并具有高度复杂性、高度不确定性的动态控制系统，其控制问题只能采用智能控制的方式来解决。

采用了智能控制方式的控制系统叫智能控制系统。在智能控制系统中，研究对象是控制器，而不是控制对象和环境。因此，在井下闭环自动控制系统中，井下控制器是主要研究对象，它的“智能”水平体现了井下闭环自动控制系统的“智能”水平，决定了该系统克服其本身所受的干扰和本身的复杂性与不确定性的能力。井下控制器的“智能”主要通过井下监控和决策软件来实现，该软件主要由以下六部分组成：感知信息与处理、数据库、控制决策、认知学习、控制知识库及评价机构。它的基本结构如图 3.26 所示。

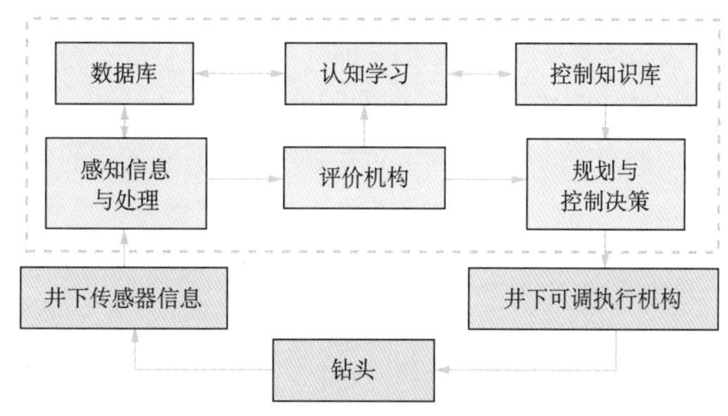

图3.26 井下控制器软件基本结构图

这种结构与传统控制系统结构的主要差别在于控制器的结构复杂但功能相应增强，目的是有效对付外部环境的复杂性和不确定性。

3.5.1.3.2 井下控制器智能控制软件的实现

智能控制的类型有多种，目前研究较多、发展较成熟的智能控制方式有基于知识的专家控制、基于模糊逻辑的模糊控制、基于神经网络的神经控制和基于规则的仿人智能控制等。智能控制的方式类型主要体现在控制器的软件结构中。根据对井下闭环自动控制系统的不同要求，井下控制器的软件结构可以选用一种智能控制方式，也可以采用由多种智能控制方式结合在一起的综合智能控制方式。针对每一种实现方法，上述的井下控制器软件基本结构中的组成部分及其内容都会发生变化，下面以井下专家控制器为例来说明井下控制器的智能控制软件的实现方法。

3.5.1.4 设计原则和方法

3.5.1.4.1 设计原则

为了克服井下控制系统的复杂性和不确定性，真正实现井下闭环智能钻井，达到缩短钻井时间，降低钻井成本的目标，井下控制器的设计应遵守以下几个原则：

（1）可靠性。井下控制器工作在井下恶劣环境中，可靠性是其最根本的要求。任何不可靠的因素都会使井下工具工作失常，对井眼轨道的跟踪失效，造成井眼偏斜，从而导致井下闭环自动跟踪系统的技术优势被全部抵消。

（2）高度适应性。井下干扰因素多，分布无规律，且系统本身的结构和参数也会出现不确定的变化，这些因素都会导致井眼轨道自动跟踪系统的性能下降。井下控制器应该通过自动反馈环节随时监测井下系统各部件的运行状态、环境变化和钻进过程参数，调节系统结构或参数，以使系统适应环境条件或系统本身结构和参数的变化。

3.5.1.4.2 设计方法

井下控制器是井下闭环智能钻井系统的核心，它的设计是更好地研究和设计井下闭环智能钻井系统的基础。井下控制器的设计主要包括以下几项内容：

（1）确定井下控制器的输入变量和输出变量（即控制量）。

井下控制器是一种智能控制器，它所依据的信息量是与手动控制系统里人在做判断与决策时所依据的信息量是类同的。因此，井下控制器的输入变量可以有以下 3 种类型，即

①井眼轨道实钻参数与设计参数的误差 e；

②该误差的变化率 $\dot{e}$；

③该误差变化率的变化率 $\ddot{e}$。

通常的井眼轨道都是三维的，其设计参数有两个，即井斜角 α 和方位角 φ。但由于在井眼轨道控制系统中，有一点与普通的控制系统显著不同，即目标参数井斜角 α 和方位角 φ 不是属于时间连续的变量，而是属于空间连续的变量，它们针对井眼深度时才是连续的。另外，考虑到输入变量的个数与控制器的维数和控制器实现的难易程度之间的制约关系，在实际的井眼轨道控制系统中往往采用以下几个输入变量：

①井斜角的误差 $\Delta\alpha$；

②方位角的误差 $\Delta\varphi$；

③井斜变化率误差$\Delta\dfrac{\mathrm{d}\partial}{\mathrm{d}l}$；

④方位角变化率误差$\Delta\dfrac{\mathrm{d}\varphi}{\mathrm{d}l}$。

根据文献 [12]，可将三维空间井眼轨道分解为两个二维平面问题求解，即在井斜平面 P 和方位平面 Q 内求解，井眼轨道控制系统也随之分为两个子系统，即井斜平面 P 内的井眼轨道跟踪子系统和方位平面 Q 内的井眼轨道跟踪子系统。对于前一子系统，一般取输入变量为：

①井斜角的误差 $\Delta\alpha$；

②井斜变化率误差$\Delta\frac{\mathrm{d}\partial}{\mathrm{d}l}$。

对于后一子系统，一般取输入变量为：

①方位角的误差 $\Delta\varphi$；

②方位角变化率误差$\Delta\frac{\mathrm{d}\varphi}{\mathrm{d}l}$。

由于输入变量的个数决定了控制器的维数，维数越高，控制越精细，动态控制性能越好，但控制规则会变得越加复杂，控制算法的实现会更加困难。采用以上所说的系统分解和输入变量的选取方法，能使系统达到控制器的维数与控制精度和实现难度之间的平衡。

输出变量可以选控制量 u 或控制量的变化 Δu，或者也可以精心设计控制器的结构和算法，使之具备能按两种方式输出的能力，若误差“大”时，则以绝对的控制量 u 输出；而当误差为“中”或“小”时，则以控制量的变化 Δu 输出。

(2) 井下控制器硬件模块的设计。

井下控制器是井下闭环自动控制系统的智能指挥中心，是一个多接口、数据处理能力强的部件。它的硬件模块的设计是实现井下控制器所有功能的物质基础。第一，必须选择合适的井下微处理器和井下存储器；第二，设计好能完成各个接口功能的电路原理图和各接口信号连接的电气协议；第三，根据对控制器的稳定性和可靠性的要求与对井下恶劣工作环境的充分考虑，从原理上进行电路容错设计，采取硬件抗干扰措施，并进行元器件优选设计。

(3) 井下控制器的软件结构设计。

井下控制器与传统控制器相比，它的一个本质特征是其智能性，它能模拟人的思维过程进行判断、推理与控制决策。井下控制器的“智能”可以通过不同的软件结构模式来实现，如模糊控制、专家控制、智能开关控制（Bang–Bang 控制）、自学习控制、仿人智能控制等。根据我们对这方面的研究表明，采用基于模糊逻辑的模糊智能控制模式的井眼轨道控制系统能收到较理想的控制效果。进一步的研究还表明，针对井下情况的复杂性和不确定性，采用其他形式的智能控制模式也能收到良好的控制效果。比如，在钻井工程中，对于钻进结构复杂且情况不明的井眼，司钻、定向工程师和地质工程师先前积累的知识和经验是非常有用的，有时甚至对能否高效、准确地完成钻井任务起决定作用。随着集成电路技术、电子技术和计算机技术的快速发展，井下计算机的运算速度、体积和存储器的容量都已不是主要问题，因此可以把较为复杂的专家系统控制技术应用到井下控制器中，进一步提高井下闭环智能钻井的性能，同时它还与地面监督系统实时互通信息，联合诊断，共同决策，以确保对井眼轨道的控制精度和实现安全钻井。在井下与地面协调工作的过程中，井下专家控制器与地面监督系统扮演着不同的角色，地面监督系统在系统中实现高层次推理，其中包括用于诊断的反向推理，指导井下专家控制器的数据采集、智能判断和决策工作，同时能监视整个系统的运行过程，并向井场工作人员提供一个图形界面；井下专家控制器的工作是实现低层次推理，其中包括对控制过程的检测和报警的规则推理，以及对实时算法计算结果的推理等。下面以井下专家控制器为例来说明井下控制器软件结构设计的实现方法。另外，井下控制器在实际设计时，不一定只是采用一种软件结构模式，往往是多种模式的综合。

井下专家控制器就是将许多司钻、定向工程师和地质工程师以及其他的一些钻井专家的理论知识、实践知识、操作经验和该领域的一些常识性的推理规则同控制理论及其分析方法结合起来，针对井下的复杂环境和不确定性，仿效钻井专家的智能判断和决策过程，实现对井眼轨道的理想控制。它主要由以下 4 部分组成。

①信息获取与处理。

井下专家控制器获取的信息主要有井下传感器的输入信息、MWD 的数据信息、近钻头地质导向的地层参数信息和地面下传的井眼深度及地面干预指令信息等，对这些信息的接收和处理可以获得井斜角误差 $\Delta\alpha$、井斜变化率误差$\Delta\frac{\mathrm{d}\partial}{\mathrm{d}l}$、方位角误差 $\Delta\varphi$、方位角变化率误差$\Delta\frac{\mathrm{d}\varphi}{\mathrm{d}l}$等对井眼轨道控制有用的信息。

②知识库。

由事实集、经验数据库和经验公式等构成。知识库主要包括井下钻具组合的类型、结构特征、井眼的地层分层数据、岩性变化等知识，还包括井眼轨道的井身结构、靶点目标、轨道设计参数和控制性能指标等；此外，还包括许多钻井专家给出的或由实验总结出的经验公式等。

③控制规则集。

钻井专家根据不同的井下钻具组合的特点、用途和不同区域的地层数据、岩石特性及其操作、控制的经验，采用产生式规则、模糊关系或解析形式等多种方法来描述和处理各种与钻井过程有关的定性的、模糊的、定量的和精确的信息，从而总结出若干条行之有效的控制规则，即控制规则集，它集中反映了众多钻井专家和司钻在钻井过程中运用的专门知识和经验。下面以井斜平面 P 内的井眼轨道自动跟踪系统中的井下专家控制器为例说明控制规则集的建立过程。

根据井眼轨道控制的特点，可以采用产生式规则描述控制过程的因果关系，并通过模糊控制规则建立控制规则集。

如以上所说，可取该井下专家控制器的输入为井斜角误差 $\Delta\alpha$、井斜变化率误差$\Delta\frac{\mathrm{d}\partial}{\mathrm{d}l}$，分别记为 E 和 C，输出为 U。假设 E 及 C 的语言变量的辞集均为：

{ NB，NS，0，PS，PB }

U 的语言变量的辞集为：

{ NB，NM，NS，0，PS，PM，PB }

根据在钻井过程中可能遇到的各种情况和钻井专家的知识和经验，可以形成一套集中反映了人在操作过程中的智能控制行为的控制规则集。该控制规则集包含以下 17 条规则：

a. IF E=NB and C=NB or NS or 0 THEN U=PB；

b. IF E=NB and C =PS THEN U =PM；

c. IF E=NB and C =PB THEN U =0；

d. IF E=NS and C =NB or NS or 0 THEN U =PM；

e. IF E=NS and C =PS THEN U =0；

f. IF E=NS and C =PB THEN U =NS；

g. IF E=0 and C =NB THEN U =PM；

h. IF E=0 and C =NS THEN U =PS；

i. IF E=0 and C =0 THEN U =0；

j. IF E=0 and C =PS THEN U =NS；

k. IF E=0 and C =PB THEN U =NM；

l. IF E=PS and C =NB THEN U =PS；

m. IF E=PS and C =NS THEN U =0；

n. IF E=PS and C =0 or PS or PB THEN U =NM；

o. IF E=PB and C =NB THEN U =0；

p. IF E=PB and C =NS THEN U =NM；

q. IF E=PB and C =0 or PS or PB THEN U =NB；

④推理机构。

根据知识库里的内容和当前获得的信息，在控制规则集里进行搜索，寻找所有匹配的规则，选择并执行其中的一个动作。一般采用正向推理方法，逐次判别各规则的条件，若满足条件就执行该规则，否则继续搜索。由于对每一个输入变量 E 及 C 的数值都有对应的控制规则，因此保证能搜索到目标。

图 3.27 是用于井斜平面 P 内的井眼轨道自动跟踪系统中的井下专家控制器的结构图。

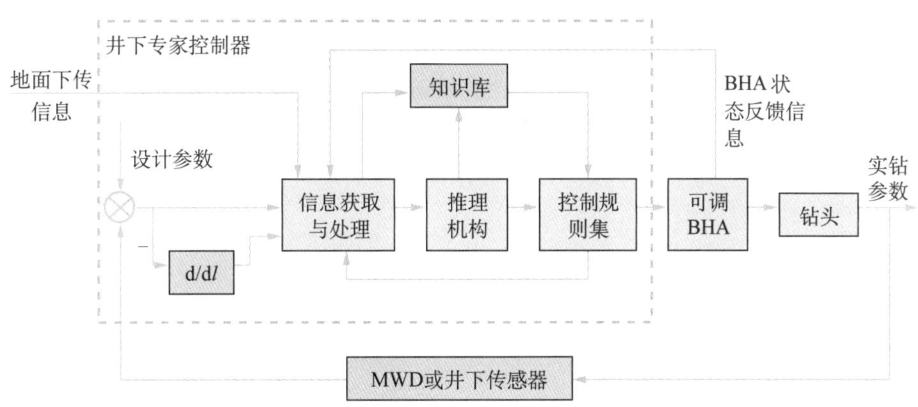

图3.27 井下专家控制器结构框图

（4）井下控制器智能控制软件的实现。

确定了软件结构后，对软件的各组成部分进行更深入的分析，然后决定选用合适的开发工具来开发井下智能控制软件包。比如研制以上所说的专家控制器系统，我们可以采用一些专家系统开发工具，如骨架型工具、语言型工具、构造辅助工具和支撑环境等，以提高其开发效率和开发质量。另外要注意的一点是，井下智能控制软件包要完成的任务很多，井下参数的采集、存储、运算以及井下控制器的比较、判断及决策过程和对井下全部硬件的管理和控制，都是通过井下控制器智能控制软件包来实现的，再加上井下软件运行还要受到井下存储空间、井下微处理器的运算速度的影响，因此，对井下控制软件的流程一定要做深入仔细的研究和精心设计，以使井下智能控制软件包的设计简洁、功能完备且结构合理。

3.5.1.5 几点认识

（1）井下控制器作为井眼轨道智能控制系统的主要研究对象之一，它是井下闭环智能钻井系统的核心部件，对它的深入研究和精心设计是实现井下闭环智能钻井系统的根本保证。

（2）井下控制器是一种智能控制器，必须采用人工智能和反馈理论相结合的方法进行研究和设计。与传统控制器相比，它的一个本质特征是它的智能性，它能模拟人的思维过程进行判断、推理与控制决策。井下控制器的“智能”可以通过不同的软件结构模式来实现，如模糊控制、专家控制、智能开关控制（Bang−Bang 控制）、自学习控制、仿人智能控制等。

（3）井下控制器是一个多功能多接口部件。它具有实时监测、比较、计算、反馈、决策及输出等功能，它主要由以下硬件模块组成：井下微处理器、井下存储器、与 MWD 进行双向数据通信的接口模块、与地面信息下传通讯系统的接口电路模块、接收地质导向数据的接口模块、可调 BHA 的状态反馈接口模块和对井下可调执行机构的控制输出接口模块。

(4) 对于井下控制器的研究，应该硬件与软件并重，即不仅要注重硬件接口电路模块的研究和设计，而且要注重智能控制模式的选用和智能控制算法的研究。

3.5.2 用于井下闭环控制的几种控制方法研究

井眼轨道的井下自动控制对象具有结构和参数两方面的不确定性，是一个不确定的系统。我们针对这一特点，并以井斜角的自动控制为例，运用普通开关控制、智能开关控制、自适应控制及模糊控制方法进行分析研究和仿真控制，并对控制效果进行了初步比较。

3.5.2.1 井斜角自动控制问题的性质

对于具有不确定性的控制系统，无论用经典的 PID 控制，还是现代控制理论（要求精确的数学模型）都很难实现对不确定系统的准确控制。目前，在控制理论中解决不确定性系统的控制问题主要有两个研究方向：一是鲁棒控制，即在系统中引入鲁棒控制器，使系统对不确定因素具有不灵敏性，从而增加系统的鲁棒性；二是自适应控制，即根据要求的性能指标与实际系统的性能指标相比较所获得的信息，修正控制规律或控制器的参数，使系统具有并保持最优或次最优控制。这些对研究和设计井眼轨道控制系统都具有重要的指导作用。

根据井眼轨道控制理论中关于变井斜力和变方位力的正交性，它们分别作用和独立地控制井斜角参数和方位角参数，因此可以把井眼轨道井下闭环控制系统分解为两个独立的子系统：

(1) 井斜平面的井眼轨道井下闭环自动控制子系统，它以给定的井斜角或造斜率为控制目标，其井下闭环控制过程流程图如图 3.28 所示。

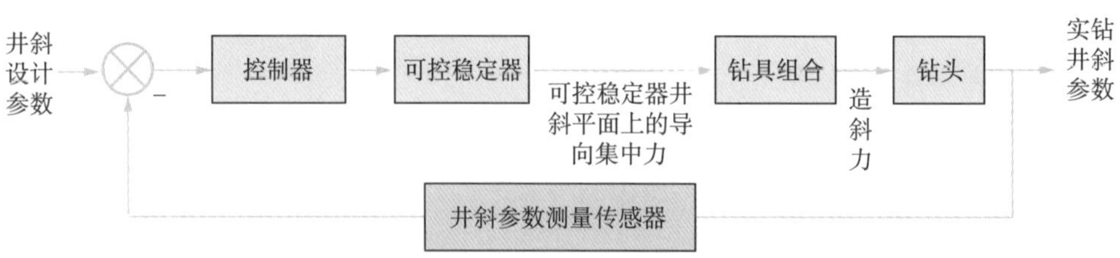

图3.28 井斜平面的井眼轨道井下闭环自动控制子系统

(2) 方位平面的井眼轨道井下闭环自动控制子系统，它以给定方位角或方位变化率为控制目标，其井下闭环控制过程流程图如图 3.29 所示。

以下以井斜平面的井眼轨道井下闭环控制子系统为例，来讨论针对井斜角的井下闭环控制的方法，包括开关控制、自适应和模糊控制方法。

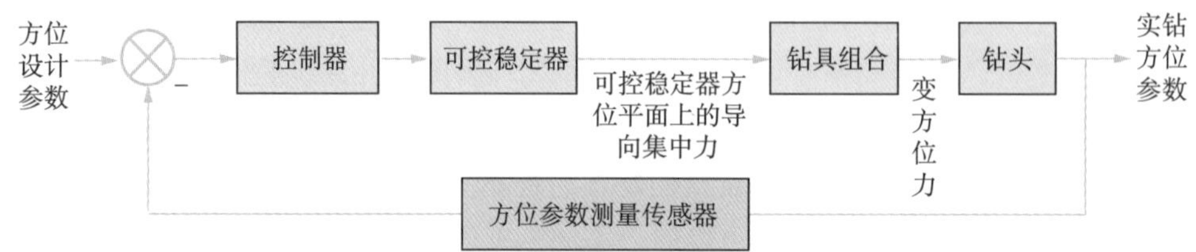

图3.29 方位平面的井眼轨道井下闭环自动控制子系统

3.5.2.2 井斜角井下闭环控制的开关控制方法

要使钻头稳斜钻进，应保证作用在钻头上的井斜平面内的合侧向力 R_p 为零。R_p 由以下公式求出：

$$R_p = P_\alpha + F_\alpha \tag{3.37}$$

式中：P_α为钻具的造斜力；F_α为地层造斜力。

自动旋转导向工具中，调整可控稳定器在井斜平面上的导向集中力可以控制钻具的造斜力。根据公式（3.37），如果要使井斜角保持在给定值，就要调整钻具的造斜力，使其与地层产生的造斜力大小相等方向相反，以补偿地层造斜力对井斜的影响。但是影响地层造斜力的产状要素和岩石各向异性等参数在钻前难以准确预测，而且在钻进过程中又可能经常发生变化，因此很难通过固定的控制数学模型使实际井斜角和方位角稳定在给定的井斜角和方位角。

基于规则的开关控制能够有效地避免对精确数学模型的依赖，只需根据以上讨论的井斜机理，就可以有效地对干扰因素的综合效应做出必要的反应，达到稳定井斜的目的。

开关控制又称Bang-Bang控制，是一类简单易行的控制方法。开关控制分为常规开关控制和智能开关控制。以下讨论在井下闭环控制系统中利用常规开关控制和智能开关控制保持给定井斜角的方法。

（1）保持给定井斜角或方位角的常规开关控制方法。

常规开关控制的基本方式为：在采样间隔时间内，当被控制量与给定量的差值在允许误差范围之内时，使控制量为零。当被控制量与给定量相差超过允许范围时，使控制量为一固定常数。

常规开关控制采用的是单输入—单输出的控制结构，在井斜角开关控制器中，输入量为实际井斜角与给定井斜角的偏差，输出量为执行机构（如可控稳定器）井斜平面内的导向集中力，如图3.30所示。

设给定要保持的井斜角为α_0，实际输出井斜角为α，则实际井斜角与给定井斜角之差：$\Delta\alpha=\alpha-\alpha_0$，实际井斜角与给定井斜角的最大允许偏差为$e_\alpha$，$M$为常数，则井斜角普通开关控制器的具体控制规则可以总结如下：

图3.30　单输入单输出井斜角普通开关控制器

① IF $\alpha=\alpha_0$，THEN $Q_P(k)=0$；（当实际井斜角等于给定井斜角时，使可控稳定器井斜平面内的导向集中力为零）

② IF $\Delta\alpha>e_\alpha$，THEN $Q_P(k)=-M$；（当实际井斜角大于给定井斜角且超出允许范围时，调整可控稳定器井斜平面内的导向集中力为M，方向指向井眼低边，使钻头上的合造斜力为降斜力）

③ IF $\Delta\alpha<-e_\alpha$，THEN $Q_P(k)=M$；（当实际井斜角小于给定井斜角且超出允许范围时，调整可控稳定器井斜平面内的导向集中力为$-M$，方向指向井眼高边，使钻头上的合造斜力为增斜力）

④ IF $-e_\alpha<\Delta\alpha<e_\alpha$，$\alpha\neq\alpha_0$，THEN $Q_P(k)=Q_P(k-1)$。（当实际井斜角不等于给定井斜角且未超出允许范围时，保持可控稳定器井斜平面内原来的导向集中力）

由以上控制规则可以看到，由于井下地层力的变化范围可能很大，而且是难以预测的，因此为了在不同地层力及井眼条件下，使控制都能够起作用，必须把M的值设置得较大，这样避免了外界条件对控制系统的影响，使控制系统具有了较好的鲁棒性，但可能会影响井眼轨道的光滑程度。

假设某段地层造斜力为增斜力，如果利用以上控制规则进行井斜角控制，则控制得到的实际井斜角与钻进距离的关系如图3.31所示。

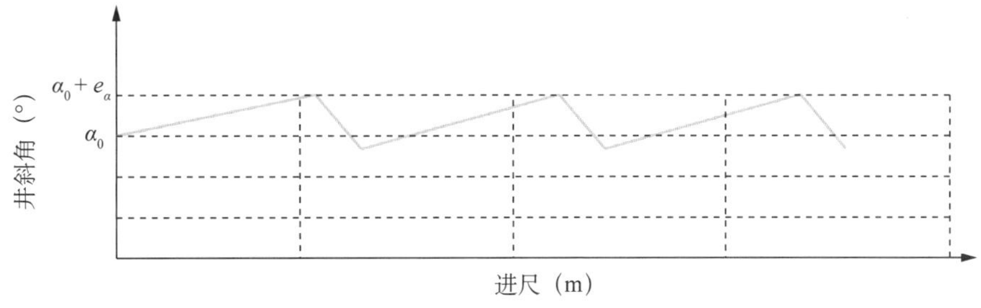

图3.31　利用普通开关控制器进行控制得到的井斜角随进尺的变化

可以看出，利用普通开关控制的控制规则进行井斜角控制，虽然可以把井斜角控制在一定范围之内，但井斜角变化较为频繁，这主要是由于在控制规律中未能对地层力及其他干扰项的大小进行预测，不能够施加一个控制力（钻具造斜力）以抵消地层造斜力，这样就影响了井眼轨道的光滑程度导致摩阻增加。

实际井眼轨道与给定井眼轨道的距离偏差 ΔS 与井斜角变化量 $\Delta\alpha$ 及进尺 ΔH 有如下近似关系：

$$\Delta S = \frac{1}{2}\Delta\alpha \cdot \Delta H \tag{3.38}$$

则通过以上开关控制后，井斜平面上的实际井眼轨道与设计井眼轨道的距离偏差随进尺的关系如图 3.32 所示。

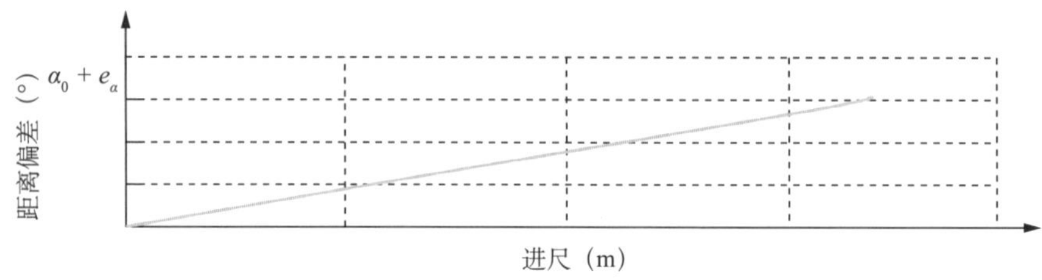

图3.32　普通开关控制器得到的距离偏差随进尺变化关系

利用以上普通开关控制造成实际井眼轨道与设计井眼轨道的距离偏差随钻井进尺的增加而增加，同时还与井斜角控制的最大允许误差成正比。因此当钻进较长的距离后，虽然井斜角在控制误差范围之内，但井眼轨道的距离偏差可能会超出控制范围，这就需要地面控制分系统对井眼轨道进行重新修正，把井眼轨道的距离偏差纠回到误差范围以内。

在井斜角的普通开关控制方法中，减小实际井斜角与给定井斜角的最大允许误差 e_α，即提高井斜角的测量精度，不但可以提高井眼轨道的光滑程度，同时可以减小实际井眼轨道与设计井眼轨道的距离偏差，但无疑增加了调整的次数。

（2）井斜角的智能开关控制方法。

以上的常规开关控制方式简单且易于实现，但因常规的开关控制的控制模式固定不变，不能适应控制系统中变化多端的动态过程，因此难于满足进一步提高控制精度的要求。在以上井斜角的普通开关控制中，不管地层力大小，可控稳定器的纠偏导向力的大小始终为 M，为了使控制能适应更多的情况，必须设置较大的 M，但在地层力较小时，却会使井眼变化率较大，故而影响井眼轨道的光滑程度。很显然由于这种控制方法不能识别地层力的大小，因此在井斜角恢复到给定值之后，不能给钻头施加一个与地层造斜力大小相等方向相反的钻具造斜力以补偿地层力的影响，使井斜角保持稳定。而智能开关控制则可以弥补以上这种控制方法的缺点。

仿人智能开关控制的基本思想是：控制系统的动态过程是不断变化的，为了获得良好的控制性能，控制器必须根据控制系统的动态特征，不断地改变或调整控制决策，以便使控制器本身的控制规律适应于控制系统的需要。在控制决策过程中，经验丰富的操作者并不是依据数学模型进行控制，而是根据操作经验以及对系统动态特征信息的识别进行直觉推理，在线确定或变换控制策略，从而获得良好的控制效果。仿人智能控制的基本思想是在控制过程中利用计算机模拟人的控制行为功能，最大限度地识别和利用控制系统动态过程所提供的特征信息，进行启发和直觉推理，从而实现对缺乏精确模型的对象进行有效的控制。智能控制中往往选用误差 e 和误差的变化 Δe 作为控制器的输入变量。

保持给定井斜角的智能开关控制方法是：如果利用地面遥控的方法控制该自动旋转导向工具，钻井技术人员可以根据井斜角变化率的情况，估计地层造斜力的大小，然后遥控井下工具，利用可控稳定器给钻头施加附加钻具造斜力，使它基本补偿地层造斜力，这样，既可以使井眼轨道更加光滑，同时还可以减少实钻井眼轨道与设计井眼轨道的距离偏差。

如果把以上的控制方法让井下控制工具在井下自动实现，就是一种智能开关控制。

在保持井斜角的智能开关控制中，除了利用实际井斜角与给定井斜角的误差控制可控稳定器的导向力外，还要利用井斜变化率的信息来判断地层力的大小，以便当把井斜角纠回到给定值后，调整可控稳定器的井斜平面上的导向集中力，使钻具组合产生一个与地层力大小相等、方向相反的钻具造斜力以抵消地层力的影响；而不是像常规开关控制中那样，在井斜角恢复到给定值后，可控稳定器井斜平面的导向集中力又变为零，其结果是钻头在地层造斜力的作用下又会使井斜发生变化。

井斜角的智能开关控制采用的是双输入—单输出的控制结构，输入参数为井斜角偏差和井斜角变化率，输出参数为井斜平面内的导向集中力，如图 3.33 所示。

$\Delta\alpha$ K_α Q_P

图3.33 双输入—单输出井斜角智能开关控制器

井斜角的智能控制算法有以下控制规则：

① IF $\Delta\alpha>0$，$K_\alpha>0$，THEN $Q_P(k)=Q_P(k-1)-(A_1K_\alpha+B_1)$；（表明当井斜角大于给定井斜角，且井斜角在继续增大时，应该调整可控稳定器井斜平面内的导向集中力使钻头产生降斜力，使井斜角减小）

② IF $\Delta\alpha>0$，$K_\alpha<0$，THEN $Q_P(k)=Q_P(k-1)$；（表明虽然井斜角大于给定井斜角，但井斜角正在减小时，应该保持可控稳定器井斜平面内的导向集中力稳定使钻头上的造斜力保持不变，使井斜角继续减小）

③ IF $\Delta\alpha<0$，$K_\alpha>0$，THEN $Q_P(k)=Q_P(k-1)$；（表明虽然井斜角小于给定井斜角，但井斜角正在增大时，应该保持可控稳定器井斜平面内的导向集中力稳定使钻头上的造斜力维持不变，使井斜角继续增大以回到给定井斜角）

④ IF $\Delta\alpha<0$，$K_\alpha<0$，THEN $Q_P(k)=Q_P(k-1)+(-A_1K_\alpha+B_1)$；（表明当井斜角小于给定井斜角，且井斜角在继续减小时，应该调整可控稳定器井斜平面内的导向集中力使钻头产生增斜力，使井斜角增大以回到给定井斜角）

⑤ IF $\Delta\alpha=0$，$K_\alpha>0$，THEN $Q_P(k)=Q_P(k-1)-(A_0K_\alpha+B_0)$；（表明当井斜角虽然等于给定井斜角，但井斜角在继续增大时，应该调整可控稳定器井斜平面内的导向集中力使钻头上的造斜力为零，使井斜角保持不变）

⑥ IF $\Delta\alpha=0$，$K_\alpha<0$，THEN $Q_P(k)=Q_P(k-1)+(-A_0K_\alpha+B_0)$；（表明当井斜角虽然等于给定井斜角，但井斜角在继续减小时，应该调整可控稳定器井斜平面内的导向集中力补偿原来钻头上的降斜力，使钻头上的造斜力为零，使井斜角保持不变）

⑦ IF $\Delta\alpha=0$，$K_\alpha=0$，THEN $Q_P(k)=Q_P(k-1)$。（表明当井斜角虽然等于给定井斜角，且井斜角不再继续变化时，应该保持可控稳定器井斜平面内的原来的导向集中力，使井斜角保持不变）

以上 A_0、B_0、A_1、B_1 为根据经验而整定的参数。分析以上的井斜角智能开关控制器的控制规则可知，由于考虑了井斜角误差的大小、趋势和井斜角变化率的大小，从而决定了本次控制量的大小及方向，因此这种具有仿人智能的开关控制较普通的开关控制具有较高的控制精度和较强的鲁棒性，同时也有助于减少实钻井眼轨道与设计井眼轨道间的距离偏差。

3.5.2.3 造斜率井下闭环控制的自动控制方法

3.5.2.3.1 造斜率控制的自适应控制方法

如果控制对象的环境剧烈变化或由于负载等变化使系统参数大幅度变化时，针对某一特定条件下设计的一般反馈系统，则不能保证期望的控制品质，甚至可能出现不稳定而无法正常工作。自适应控制正是针对这一问题提出的。自适应控制是一种具有一定适应能力的系统，它能认识环境的变化，并能自动调整控制作用，改变系统参数和结构，以保证系统达到满意的控制品质。

一个自适应系统，是利用它的可调节的输入、状态、输出来度量某个性能指标，将得到的性能指标与规定的性能指标相比较，然后由自适应机构来修改系统的可调参数，或产生一个控制信号，使系统性能指标保持或接近规定的动态指标。自适应系统的结构是在经典控制系统的基本控制回路中再加上一部分自适应机构，即构成了自适应控制系统，如图 3.34 所示。

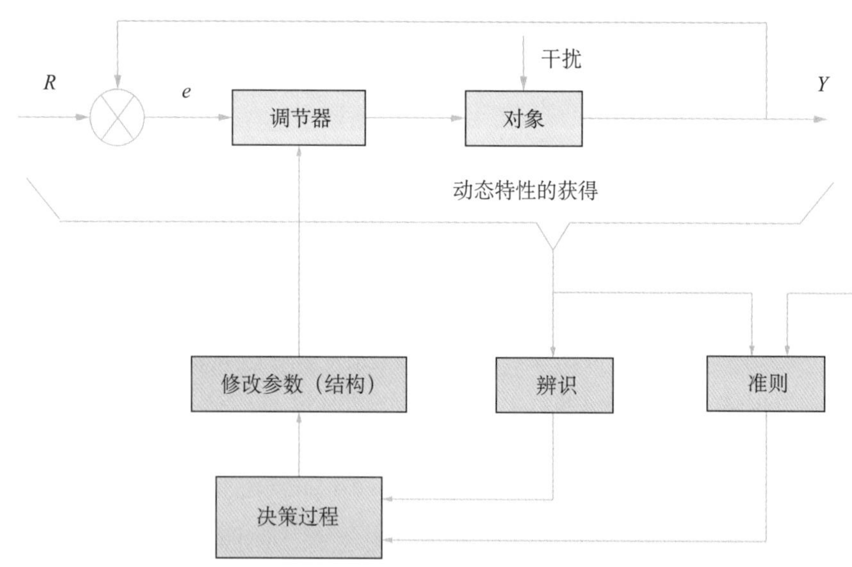

图3.34 自适应控制系统框图

由图 3.34 可清楚地看到，自适应控制基本上由三部分组成。

（1）辨识：自动测量分析输入、输出信号和被控对象内部参数变化和动态性能的变化。

（2）决策：根据辨识的结果和事前给定的准则计算出响应的适应算法或调整决策。一般给定的准则可根据系统的特征或者根据提出的任务来确定。决策过程包括自适应算法，各种不同自适应控制系统的区别就在于自适应算法的不同。

（3）调整：由执行机构按决策改变调节器的结构和参数（如放大系数和时间常数等）以适应系统的变化。一般这种调整是通过在原系统加上一些部件来实现的。可见，自适应控制系统是比较复杂的非线性控制系统。

由于自适应控制的结构特点，自适应控制系统不仅具有适应环境变化的能力，使得系统在恶劣的环境中工作仍能保持良好的控制品质，还可以实现对系统原设计的整定和设计偏差的自动修正，甚至能克服因次要元件损坏造成的系统故障，从而提高系统的可靠性，降低了对系统维护的要求。

以下介绍造斜率井下自动控制的自适应控制方法。

（1）井眼轨道造斜率自适应控制的数学模型。

建立造斜率井下自动控制的自适应控制模型如下：

$$Q_P = f(i) \cdot B \cdot K_\alpha \tag{3.39}$$

式中：Q_P 为可控稳定器井斜平面内的导向集中力；K_α 为造斜率；B 为常数，它代表可控稳定器性能，可根据极限曲率法 [16] 计算得到；f 为反映井斜、地层力及工具磨损等变化的自适应控制系数，它可以通过钻井过程中不断地在线辨识获得。

(2) 自适应控制的算法。

设某一井段的设计造斜率为 $K_{\alpha P}$，设定初始自适应控制系数为 f (0)，则根据自适应控制模型，可控稳定器在井斜平面内的导向集中力 Q_P (0) 为：

$$Q_P(0)=f(0)\cdot B\cdot K_{\alpha P} \tag{3.40}$$

在 Q_P (0) 的作用下，井下钻具组合实际产生的造斜率为 K_α (0)，如果由于地层造斜力或其他随机因素的影响，实际的造斜率与给定值不相等，它们之间的绝对值误差为 ΔK_α。

$$\Delta K_\alpha=|K_{\alpha 0}-K_{\alpha P}| \tag{3.41}$$

如果造斜率的控制误差允许值为 $e_{k\alpha}$，当 $\Delta K_\alpha > eK_\alpha$，则说明设定的自适应控制系数与现有的钻井情况不相符合，需要重新修正，修正的自适应系数为：

$$f(1)=f(0)\cdot[K_{\alpha P}/K_\alpha(0)] \tag{3.42}$$

相应根据自适应模型重新调整可控稳定器上的导向集中力为：

$$Q_P(1)=f(1)\cdot B\cdot K_{\alpha P} \tag{3.43}$$

如果钻具组合在可控稳定器导向集中力 Q_P (1) 的作用下，使实际造斜率控制在给定范围之内，则保持 Q_P (1)。如果实际造斜率与给定造斜率的偏差仍旧很大，仍需要继续调整自适应控制系数，重新调整可控稳定器上井斜平面内的导向集中力。

以上控制过程可以用图 3.35 所示控制过程流程图表示。

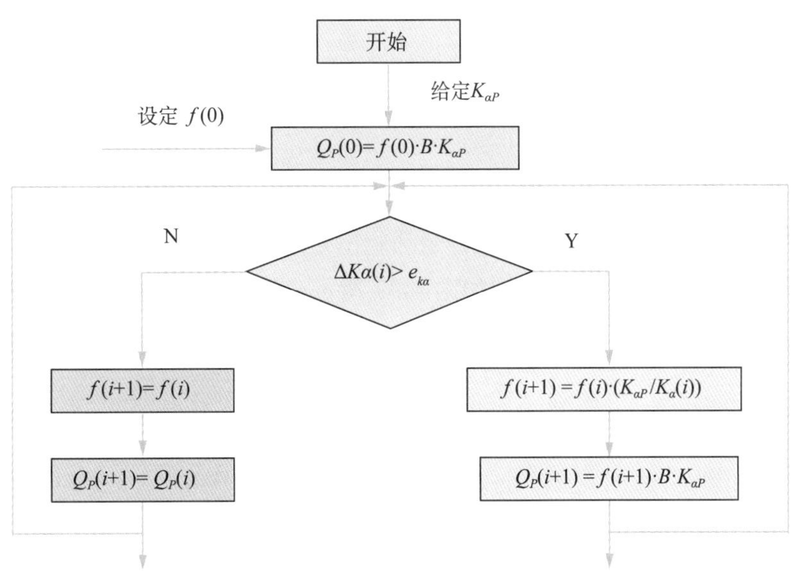

图3.35　自适应控制算法流程图

3.5.2.3.2　造斜率控制的模糊控制方法

模糊控制可以完全不依赖于数学模型，而利用根据操作人员的经验总结成的控制规律，达到对复杂系统的精确控制。如果该旋转导向工具通过地面对井斜变化率进行人工遥控，地面技术人员可以根据实际造斜率与给定造斜率的偏差，利用丰富的实践经验，通过多次遥控调整可控稳定器井斜平面上的导向集中力，使实际造斜率十分接近或等于给定造斜率。

在人工操作控制造斜率时，操作者的经验可以用语言描述如下：

（1）若实际造斜率低于给定造斜率则增加可控稳定器上的造斜力，低得越多增量越大；

（2）若实际造斜率高于给定造斜率则降低可控稳定器上的造斜力，高得越多减量越大；

（3）若实际造斜率等于给定造斜率则保持可控稳定器上的造斜力不变。

若把以上控制经验用模糊数学的语言进行描述，总结成一系列规则，就形成了模糊控制器，以下就以造斜率的井下控制为例探讨井眼轨道模糊控制的原理及设计计算方法。

模糊控制的基本原理可由图 3.36 表示，它的核心部分为模糊控制器，如图中虚线框内部分所示。模糊控制器的控制规律由计算机的程序实现，其过程如下：微机经中断采样获取造斜率的精确值，然后将此量与给定造斜率比较得到误差信号 E，作为模糊控制器的输入量。把误差信号 E 的精确量进行模糊量化变成模糊量，用相应的模糊语言表示，得到了误差信号 E 的模糊语言集合的一个子集 e。再由 e 和模糊控制规则 R 根据推理的合成规则进行模糊决策，得到一个模糊控制量 u 为：

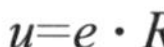

$$u=e\cdot R$$

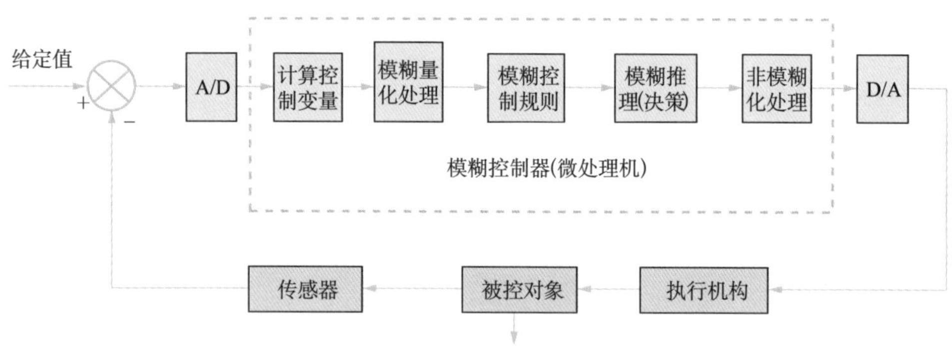

图3.36　模糊控制原理框图

为了对被控对象施加精确控制，还需要将模糊量 u 转换为精确量，称为非模糊化处理。得到精确的数字控制量后，经数模转换为精确的模拟量送给执行结构，对被控对象进行控制。这样循环下去，就实现了被控对象的模糊控制。

下面进行自动旋转导向系统井眼轨道模糊控制的设计。

（1）确定井斜变化率模糊控制器的输入变量和输出变量。井斜变化率模糊控制器采用单输入—单输出模糊控制器结构，其控制系统结构如图 3.37 所示。设 $K_{\alpha P}$ 是要保持的给定造斜率，测量的实际造斜率为 K_α，则误差为：

$$e=K_\alpha-K_{\alpha P} \tag{3.44}$$

把 e 作为模糊控制器的输入变量。

模糊控制器的输出量是可控稳定器在井斜平面内的导向力的变化 u，它又是控制造斜率的控制量。

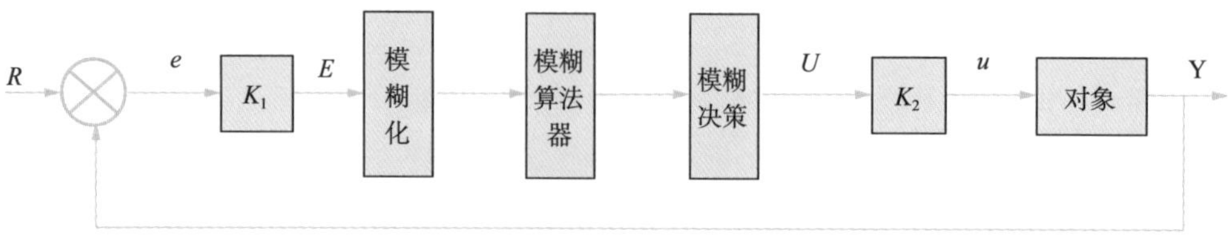

图3.37　井斜角模糊控制系统的结构

（2）进行输入精确量的模糊化。误差 e 通过量化因子 K_1 转化为偏差变量 E，E 的论域为 [−6，+6]，将 E 分为十三个等级，即

$$E=\{-6，-5，-4，-3，-2，-1，0，+1，+2，+3，+4，+5，+6\}$$

（3）建立模糊控制的输出量的模糊集。将模糊控制的输出量 U 的论域分为 13 个等级，即

$$U=\{-6，-5，-4，-3，-2，-1，0，+1，+2，+3，+4，+5，+6\}$$

模糊控制的输出量 U 与受控对象的输入量 u 间的量化因子为 K_2。

（4）列出井斜变化率模糊控制总表。在实际控制中，可以把模糊总控制表（表 3.1）编程存储在井下控制器中。只要得到实际造斜率与给定造斜率之间的偏差 E，就可通过程序找到相应导向集中力的调节量。

表3.1　模糊总控制表

E	−6	−5	−4	−3	−2	−1	0	+1	+2	+3	+4	+5	+6
U	+6	+5	+4	+3	+2	+1	0	−1	−2	−3	−4	−5	−6

3.5.2.3.3　造斜率控制的模拟仿真分析

为了对造斜率井下闭环控制的自适应控制方法和模糊控制方法的控制效果进行对比，对两种控制方法进行了系统控制仿真分析。

首先建立仿真对象模型。在造斜期间，如果不考虑过渡过程，井眼轨道的造斜率 K_α 与合造斜力 R_P 有如下关系：

$$K_\alpha=CR_P$$
$$R_P = P_\alpha + F_\alpha \tag{3.45}$$

式中：P_α 为钻具的造斜力；F_α 为地层造斜力。

钻具的造斜力 P_α 与可控稳定器井斜平面内导向集中力 Q_P 的关系为：

$$P_\alpha = aQ_P+b \tag{3.46}$$

根据以上仿真对象模型，建立系统仿真的结构框图如图 3.38 所示。

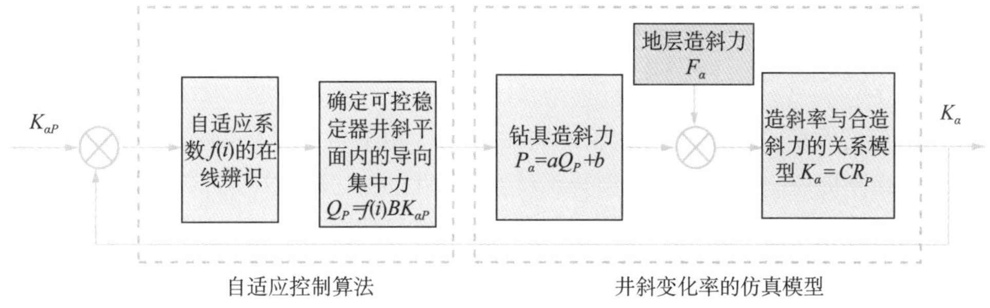

图3.38　系统仿真结构框图

假设给定造斜率 K_{aP}=16°/100m 造斜率最大允许误差 eK_α=0.5°/100m，在仿真对象模型中施加的地层力 −3kN，设定导向集中力 Q_P（i）每隔 10m 调整一次，对仿真对象模型分别进行自适应控

制和模糊控制得到的造斜率与进尺的变化关系分别如图 3.39（a）和图 3.39（b）所示。

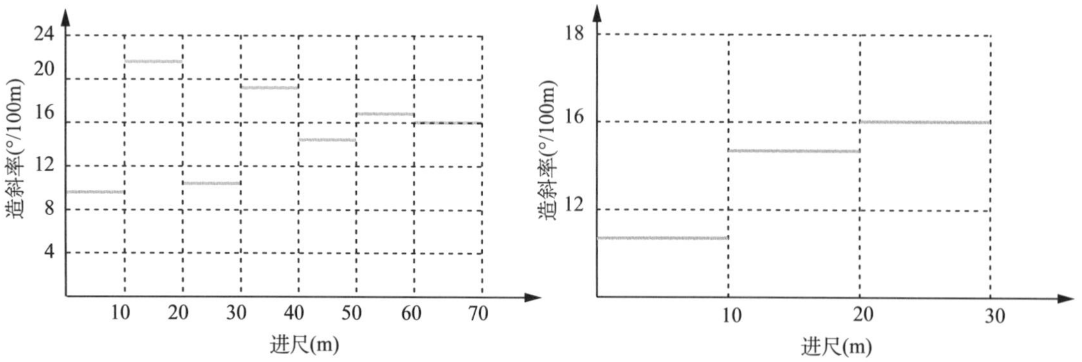

（a）对仿真对象模型自适应控制结果

（b）对仿真对象模型模糊控制结果

图3.39　对仿真对象模型控制结果

从以上控制过程及结果可以看到，当有作用地层力使实际造斜率偏离给定造斜率时，利用模糊控制方法只要经过 3 次调节，钻进 30m 以后，就能使实际造斜率达到给定造斜率，而利用自适应控制方法需要经过 7 次调节，钻进 70m 以后，才能使实际造斜率达到给定造斜率。另外还可以看到，利用模糊控制方法，实际造斜率是从单边逼近给定造斜率，利用自适应控制则是从双边逼近给定造斜率，这样造成的井眼狗腿度较大，影响了井眼的光滑程度。

因此，利用模糊控制方法对造斜率进行控制相比利用自适应控制方法更好，它能够更快地消除干扰因素的影响，使实际造斜率尽快回到给定造斜率，同时不会造成更大的狗腿度。

3.6　井眼轨道遥控系统简述

在实际的井眼轨道控制系统中，从不同的应用场合和综合因素（控制质量和经济成本）来看，井眼轨道遥控系统和自动控制系统均有重要应用。本节以井眼轨道遥控系统为例，进一步对井眼轨道控制系统的结构、原理、设计要点作简要介绍。

井眼轨道遥控技术是以研制井下随钻测量系统、遥控型钻井工具和人工控制的井眼轨道制导软件为主要目标，结合传统的钻井工艺技术，在不起下钻的情况下，根据工程需要由人在地面对井下工具的结构和状态参数实施遥控来实现井下工具姿态的调整，从而钻出符合工程及地质要求的井眼轨道。钻进过程中井下信息与地面指令能双向通信，人具有地面监测、干预、中断、调整地下可控系统工作状态的能力。该系统若配有地质导向接口和必要的装置即可实现地质导向。

3.6.1　研究目的及内容

井眼轨道遥控技术研究是把工程控制论与钻井工程相结合，以研制遥控型钻井工具、闭环自控钻井工具和带计算机控制的井眼轨道制导系统为主要目标。开展这项研究的技术目的其一是解决在复杂地质条件下常规钻井技术难以解决的井眼轨道控制问题，提高轨道控制的精度、可靠性和效率，降低控制费用和钻井成本；其二是作为实现井眼轨道控制的全自动化和地质导向的预演和过渡，准备必要的技术基础。

“井眼轨道遥控技术”主要包括以下研究：

（1）新型井下遥控工具；

（2）井眼轨道遥控系统所需的控制基础理论和系统方案设计；

(3) 井下随钻测量系统、井下与地面数据和控制指令信号的发射、传输与接收系统；

(4) 地面数据采集与处理、井下工具和井眼轨道状态监测与控制系统。

本节主要讨论系统总体设计方案和井下控制子系统、地面控制中心的概念性设计，以及地面与地下的信号、指令的双向传输问题。这些问题，也是井眼轨道自动化控制系统设计的基本问题。

3.6.2　钻井过程控制系统总体方案研究

钻井过程控制系统总体设计包括：开环和闭环钻井过程控制的系统构成研究，机电液一体化分析，各控制部分的设计、联系与配合研究。闭环控制系统包括 4 个大的部分：

(1) 井下控制子系统（包括井下控制器、井下执行机构和井下工具工作状态监测）；

(2) 地面控制中心（包括中心控制器、井下信号接收和指令信号发送等）；

(3) 指令信号向井下传输子系统（包括井口发射信号的装置和井下接收装置等）；

(4) 井下信号向井口传输子系统（现有的 MWD 系统）。

开环控制与闭环控制在系统配置上的区别仅在于控制指令不是由计算机自动下传，而是靠人工操作。在井下工具工作状态监测、可控井下工具设计、地面控制中心、钻井参数测量和井下数据传输等方面两者基本上是一样的，都是控制系统设计必须研究的内容。

以下将着重介绍钻井过程控制系统的总体设计方案，以及地面控制子系统和井下控制子系统的概念性设计。

钻井过程控制系统的构成如图 3.40 所示，图 3.41 为地面控制子系统原理图，图 3.42 为井下控制子系统原理图。

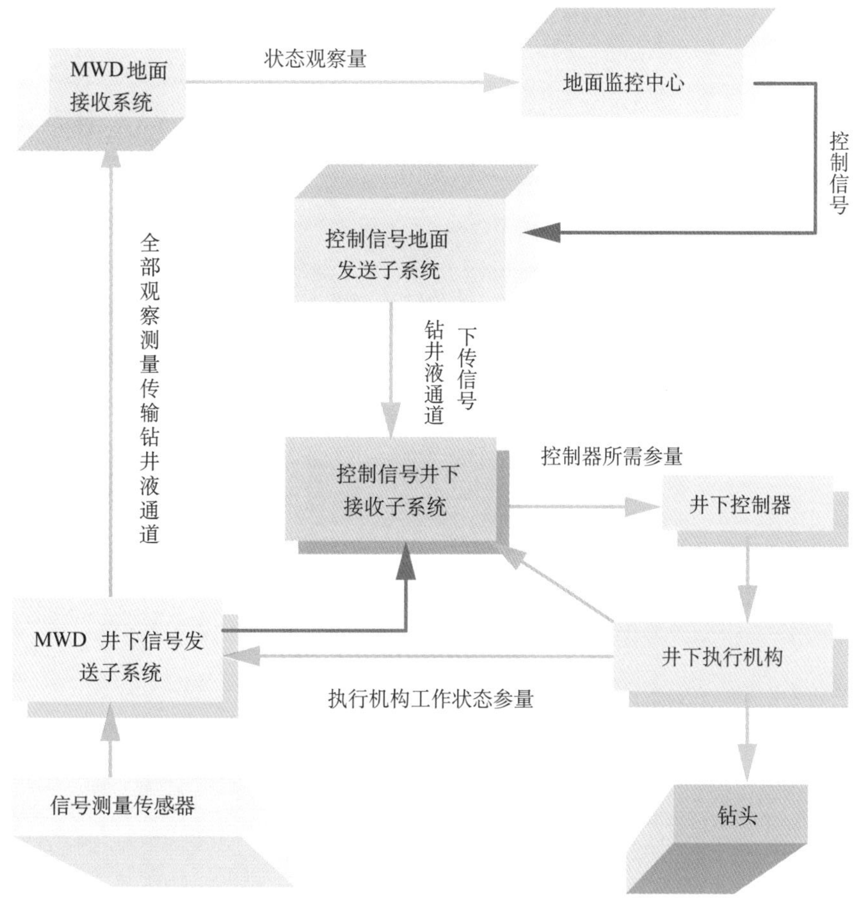

图3.40　钻井过程控制系统结构示意图

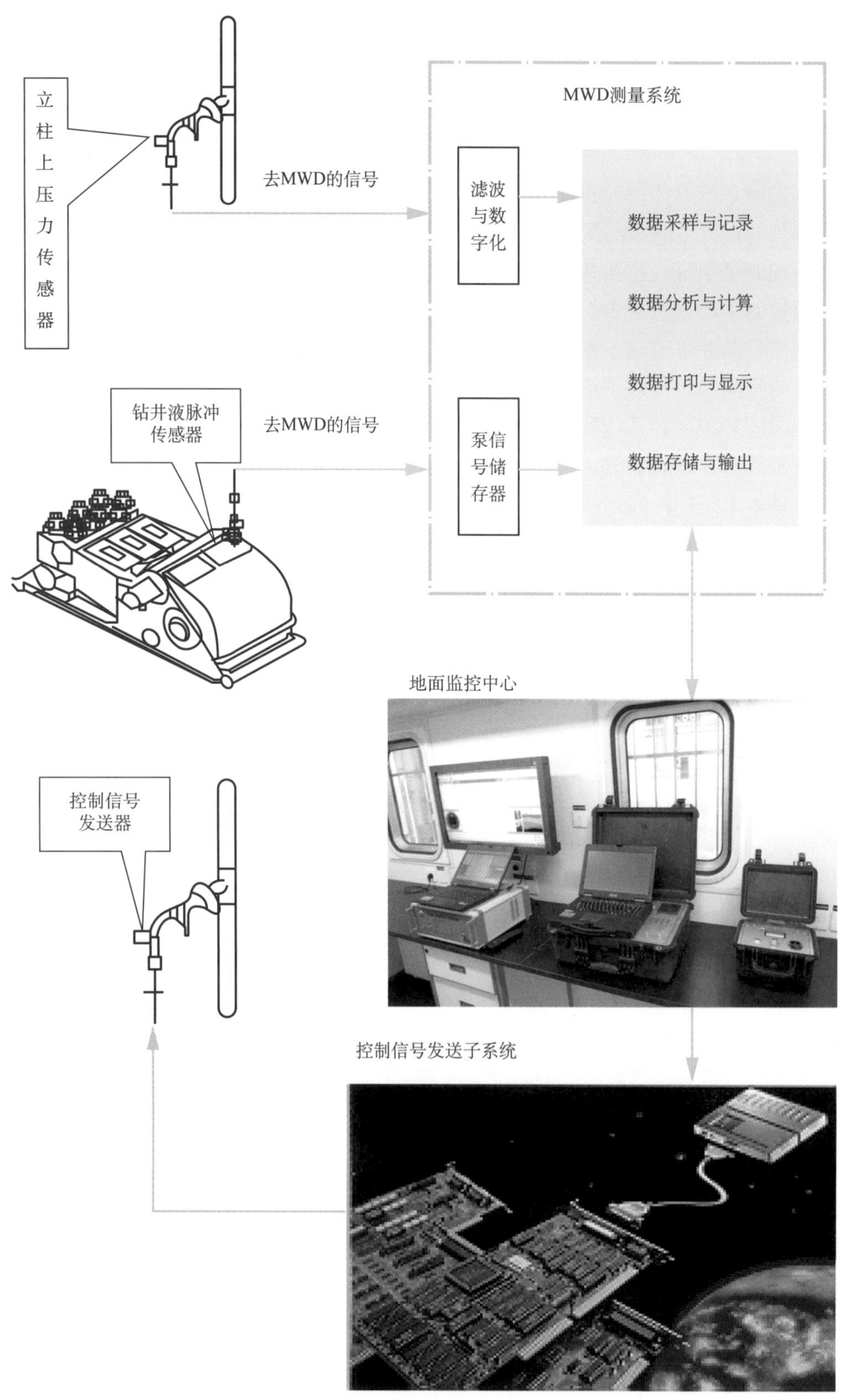

图3.41　地面控制子系统原理图

3.6.3　钻井过程控制系统的地面系统

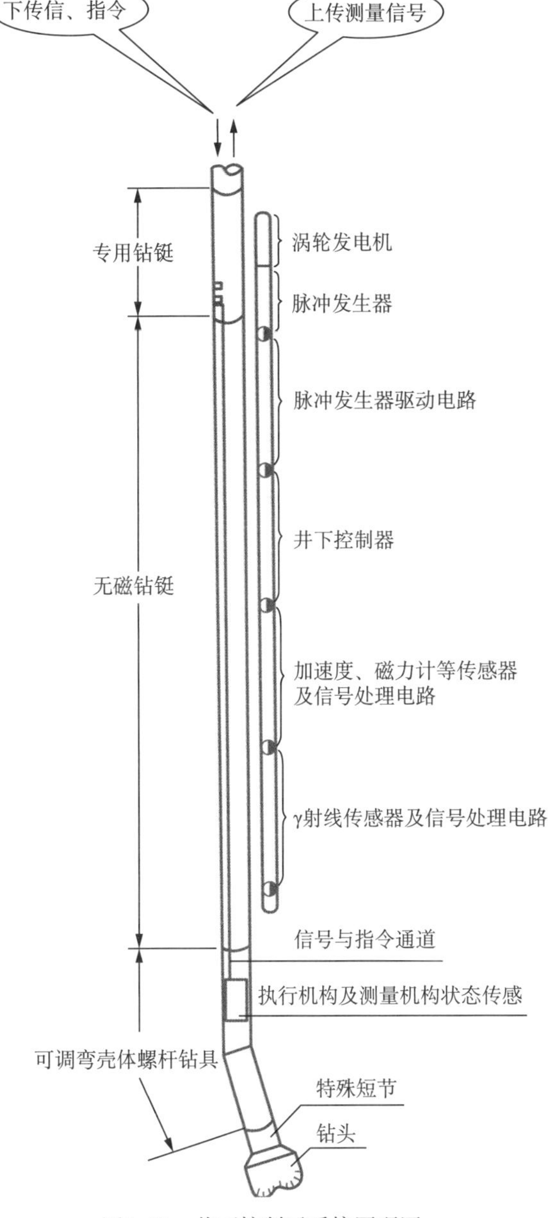

图3.42　井下控制子系统原理图

地面系统是遥控与自控钻井系统的一个子系统。它负责接收井下仪器传上来的数据和采集地面上的传感器信号，并在对接收到的数据进行处理、优化后，传送到数据处理主机显示和进行更深层次的处理；另外也把处理后的数据送到司钻显示台显示，同时对控制系统作出分析，对井下工具和轨道进行监控，向井下发送控制指令。该系统主要由传感器、前端接收机、主机、信号发送子系统、外部设备、系统分析子系统和控制软件系统组成。

3.6.3.1　地面传感器构成

（1）立管压力传感器（SPPT）：把立管的钻井液脉冲的压力信号转换成电流信号；

（2）方钻杆压力传感器（测量深度）：高度变化会产生差压，通过差压可以计算出实际的深度；

（3）钻井泵上传感器：测量由钻井泵的开、关引起的钻井液压力的变化；

（4）载荷传感器：测量范围 0 ～ 10^6kN。

3.6.3.2　地面监控中心的设计

地面监控中心（图 3.43）完成控制系统的状态观测，控制过程的实时显示，钻井深度的实时记录与发送，控制系统异常情况的报警，紧急情况的人工干预等。

这里所指的状态观测是与控制系统正常工作有关的量，包括 3 个方面：

（1）与系统工作状况有关的量：导向马达的转速、钻压、扭矩、井下工具的振动和井下温度等；

（2）与执行机构工作状态有关的量：弯壳体的弯角、工具面角等；

（3）与控制过程有关的量：井深、井斜角和方位角等。

井深是轨迹控制最基本的输入量，直接影响控制精度，采取人工记录井深与自动记录井深相配合的方式，确保井深测量的准确性。

监控中心设计包括对现有的 MWD 接收与显示部分进行必要的改造和设计接口的硬件与软件。

前端接收机主要由 1 个符合工业控制标准的箱体和 3 块 IS 隔离栅、1 块定向预处理板、1 块深度预处理板、1 块 RS485 转换板、1 块电源供电模块、1 块电源辅助模块和一块底（母）板。

主机处理系统包括 2 台计算机、1 台服务器、2 台打印机和 1 台调制解调器等外围设备。计算机必须考虑井场工作环境恶劣的问题，可以采用专门的工控机。

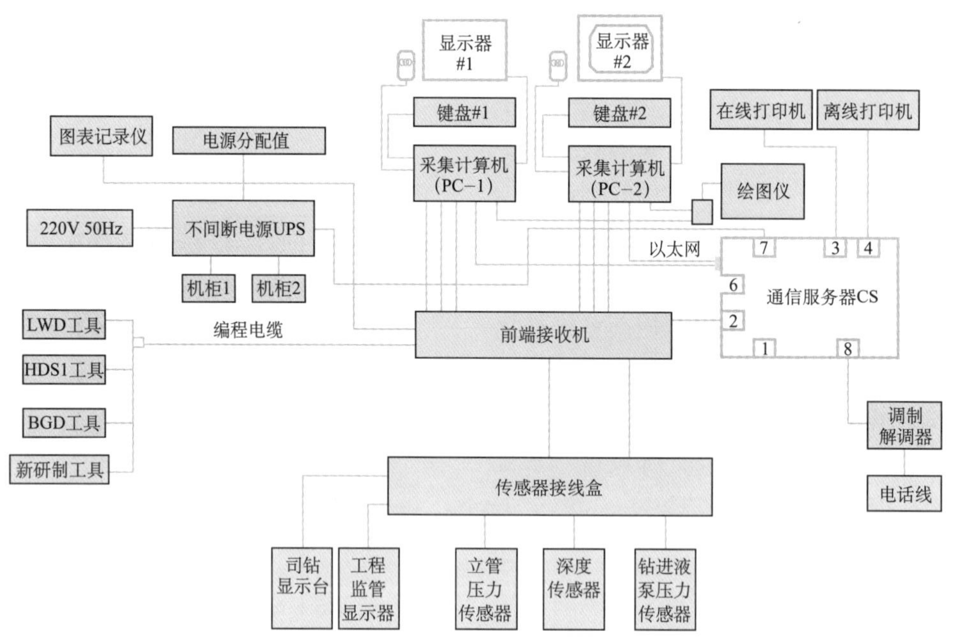

图3.43　地面控制中心结构简图

3.6.3.3　控制信号地面发送子系统设计

控制信号地面发送子系统的功能是完成控制参数及人工干预指令的发送工作。

向井下发送的控制参数是井深。每次换单根时向井下控制器发送当前所换单根时的井深。

人工干预指令是经过精心挑选的约定编码，完成其不同的控制方式。

3.6.3.4　地面系统分析和控制软件系统

地面系统分析和控制软件系统包括井眼轨道地面分析与控制的理论研究和软件设计。

（1）井眼轨道地面分析与控制的理论研究。

①井眼轨道半自动（人工）控制和全自动控制的控制方法研究，包括控制理论研究、仿真理论研究、仿真系统的建立等；

②井眼轨道预测和控制工艺研究，包括井下控制 BHA 系统的动态性能分析、钻头与地层相互作用对井眼轨道的影响研究、工具造斜能力研究等；

③控制系统的数据处理方法研究，包括数据采集和发送方法研究、数据处理方法研究、知识分析和知识库的建立与应用、知识获取和管理等；

④轨道优化设计技术研究，包括井身结构设计原则与方法研究、地层油藏特性研究、轨道自动生成方法研究、专家系统的建立与应用研究、钻柱和机构的强度及可靠性分析。

（2）井眼轨道地面分析与控制的软件设计。

①室内控制系统仿真软件，专供研究各种控制方法、仿真方法和系统模型使用；

②井眼轨道模拟和预测软件，包括 BHA 性能分析、钻头和地层的相互作用规律以及实时井眼轨道模拟等；

③随钻测量数据实时处理与显示软件，包括与 WMD 接口程序、实时数据处理程序、井下执行机构的状态在线显示、钻头轨迹显示、油藏分析程序和异常情况报警程序；

④轨道的优化设计软件，包括轨道前期设计程序、自动生成程序、异常情况处理程序等；

⑤轨道自动控制软件，包括可供选择的各类控制方法、指令发送程序以及与其他程序间的接口程序等；

⑥钻井轨道控制的专家系统软件，包括知识库建立、知识获取、推理体系和知识库的管理等。

3.6.4　钻井过程控制系统的井下控制子系统

井下控制子系统是钻井过程控制系统最重要的组成部分之一，包括开环和闭环钻井过程控制的系统构成研究、机电液一体化分析和各控制部分的设计。具体要重点考虑：井下信息采集与处理、井下控制器、井下执行机构、井下信号接收和指令信号发送、井下接收装置和井下信号向井口传输子系统等。

3.6.4.1　井下数据接收、采集与处理系统

(1) 信号的类型。

①采集定向短节所需的物理量和几何量：系统工作温度、振动参数、井斜角、方位角、井下马达的转速、井下工具的受力，以及与地层信息有关的量；

②采集执行机构状态信号：弯壳体的弯角和工具面角等；

③接收地质导向工具系统的测传信息：井斜角、方位角、自然伽马和地层电阻率。

(2) 井下电子仪（图3.44）。

对需要发送的数据进行编码和排序，等待系统发送。允许有10种静态序列和12种动态序列选择。软件驱动发生器传送静态头和动态头告诉地面现在选择的是哪一种工作方式。编码方式根据本系统的需要进行优选。

根据脉冲发生器的特性研制相应的驱动电路。驱动电路给脉冲发生器供电，产生钻柱管内的压力变化。根据定制的钻井液压力波形，井下控制系统按约定的编码方式和顺序控制脉冲发生器动作，实现信息的传送。

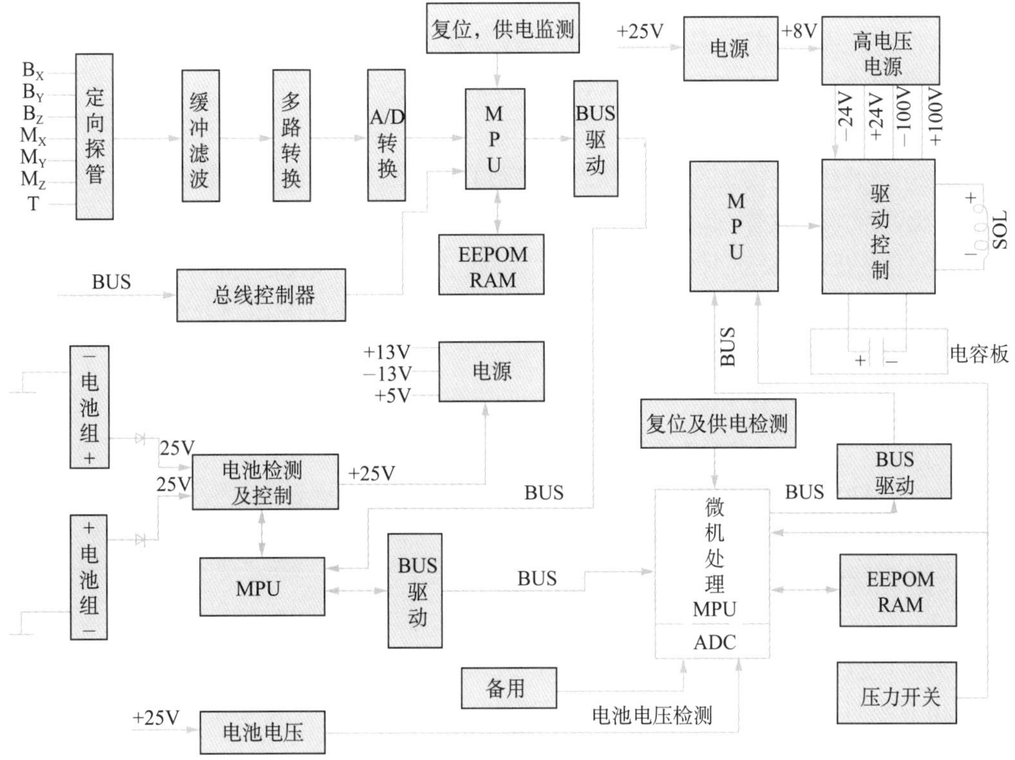

图3.44　井下电子仪原理图

3.6.4.2 控制信号井下接收子系统设计

井下接收子系统将完成井下控制器所需要的输入参数及人工干预指令的接收、分类和记忆等。信号来源于 4 个方面：

（1）原 MWD 系统的部分信号：井斜角、方位角和钻压等；

（2）地面下传的信号：井深和人工干预指令信号等；

（3）执行机构状态观测信号：弯壳体的弯角和工具面角等；

（4）地质导向工具的短传参数：地层的方位电阻率、钻头电阻率，地层的自然伽马、方位伽马，近钻头的井斜角和方位角等。

3.6.4.3 井下控制器的设计

井下控制器对井下的全部硬件进行管理和控制，使系统根据定制的工作模式和由地面向井下系统发送的指令工作，实现系统管理、信号采集、信号处理、数据存储、信息编码和排序、脉冲发生器的控制和井下执行机构的驱动。

井下控制器将完成系统的全部控制工作，包括：

（1）选择合理的控制方法；

（2）轨道自动生成器的研制；

（3）系统故障诊断专家系统的研制；

（4）控制方式确定。

3.6.4.4 控制系统仿真

钻井控制过程仿真是指建立钻井系统的仿真模型并在模型上进行计算机模拟实验。

这里所指的系统是广义的，是指钻井及其控制系统中互相联系又相互作用着的各对象之间的有机组合，是属于复杂的具有工程意义的系统。

同任何其他仿真系统一样，钻井自动控制系统存在 3 个方面需研究的内容：

（1）实体：组成钻井控制系统的具体对象，包括地面设备、钻柱系统、钻井液系统、井下受控制系统、测量系统和复杂的被钻地层等；

（2）属性：钻井控制系统的特性（状态和参数），包括描述仿真对象状态参数、钻井工艺参数以及系统工作环境状态参数等；

（3）活动：钻头及其相关部件随时间推移而发生的变化，指对钻头及相关部件驱动及钻头的运动响应。

通过对钻井控制系统进行计算机仿真，能选择适合于钻井系统的控制方法，同时对控制系统的属性及其难于确定的因素作进一步地了解。

3.6.4.5 井下控制工具设计

目前研制的井下控制工具有井下可调弯壳体螺杆钻具、遥控变径稳定器、地质导向测传马达、自动井斜角控制器、垂直钻井控制工具等。

3.7 井下控制系统设计案例

在井眼轨道控制中，带有可调结构弯角的自动控制系统具有一定的代表性。它是以螺杆钻具中间的结构弯角为控制对象，并赋以自动调节的功能，从而根据要求实现对井斜角和造斜率的控制。本书以此为例，来阐述井下控制系统的设计过程、系统分析与综合方法。

3.7.1 可控结构弯角类井眼轨道自动控制系统的分析与综合方法

3.7.1.1 系统构成

在井眼轨道自动控制系统的两类执行机构（可控结构弯角类和可控稳定器类）中，由于可控结构弯角类执行机构可以具备中曲率造斜的控制能力，因而需要开展深入对此类执行机构及其系统的设计方法研究。可控结构弯角类井眼轨道自动控制系统由可控结构弯角类井眼轨道自动跟踪分系统和地面监控分系统组成，总体结构如图 3.45 所示。

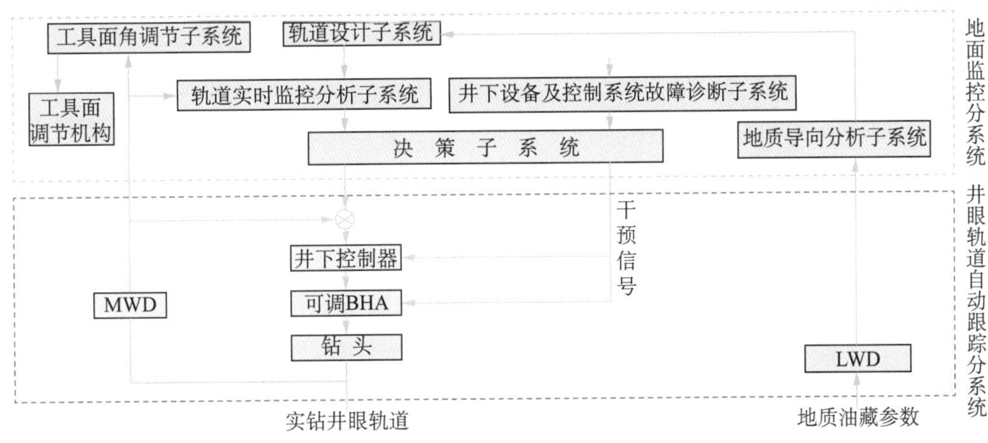

图3.45 可控结构弯角类井眼轨道自动控制系统总体结构框图

可控结构弯角类井眼轨道自动跟踪分系统原理结构如图 3.46 所示，从图中可知，其又包括 2 个子系统，即井斜平面的可控结构弯角类井眼轨道自动跟踪子系统和方位平面的可控结构弯角类井眼轨道自动跟踪子系统。为便于分析，认为井斜平面内可控结构弯角类执行机构的装置角 Ω 为 0°，两个子系统间的耦合作用可以忽略，这样两个子系统相互独立，其结构形式如图 3.47 所示。

由于在多数情况下井眼轨道自动控制系统对井斜平面内系统的造斜控制能力有更高的要求，所以本节将以井斜平面的可控结构弯角类井眼轨道自动跟踪子系统（以下可控结构弯角类井眼轨道自动跟踪分系统实际上是指井斜平面的可控结构弯角类井眼轨道自动跟踪子系统）为例进行讨论，而且不失一般性，这是因为方位平面的可控结构弯角类井眼轨道自动跟踪子系统的分析与综合方法与井斜平面的基本相同。相应地，地面监控分系统的分析与综合，也主要针对井斜平面内井眼轨道自动控制系统工艺性目标（基本目标）的实现进行讨论。

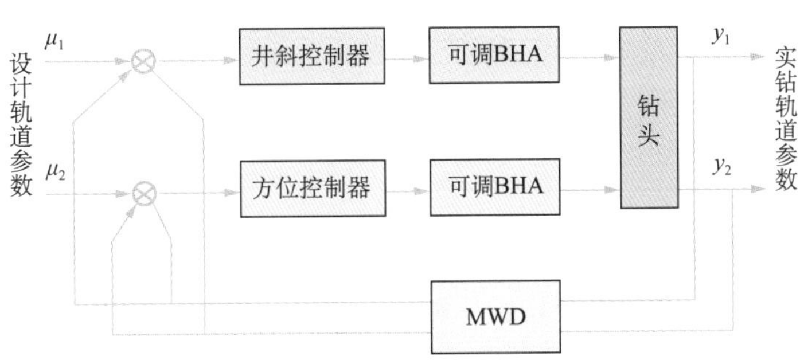

图3.46 可控结构弯角类井眼轨道自动跟踪分系统原理结构方块图

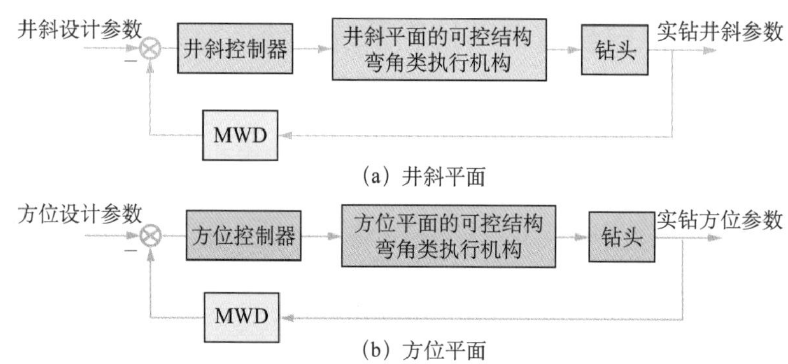

(a) 井斜平面

(b) 方位平面

图3.47 可控结构弯角类井眼轨道自动跟踪分系统2个子系统原理结构方块图

本节力图给出井眼轨道自动控制系统基本功能的实现方法。因此在地面监控分系统的诸多子系统中，本节以轨道实时监控分析子系统和决策子系统的设计为重点，而不讨论如轨道设计子系统、井下设备及控制系统故障诊断子系统、工具面角调节子系统和地质导向分析子系统等其他子系统。

3.7.1.2 数学模型及其特点

3.7.1.2.1 可控结构弯角类井眼轨道自动跟踪分系统的数学模型

（1）预测可控结构弯角类执行机构造斜能力的极限曲率法[16]。

为了建立可控结构弯角类井眼轨道自动跟踪分系统的数学模型，首先应分析执行机构与被控对象的相互作用模型。预测钻具组合造斜能力的极限曲率法（即 K_c 法）为此提供了一个简便而实用的方法。

根据理论分析与钻井实践，极限曲率 K_c、全角变化率 K_T、工具造斜率 $K_{T\alpha}$ 存在如下关系：

$$K_T = AK_c \tag{3.47}$$

$$K_{T\alpha} = BK_T \tag{3.48}$$

或

$$K_{T\alpha} = (AB)\ K_c \tag{3.49}$$

式中：K_c 为极限曲率（下部钻具组合的钻头侧向力为 0 时所对应的井眼曲率值）；K_T 为工具造斜能力（工具在钻进过程中，改变井斜和方位的平均综合能力，指全角变化率而非单指井斜角变化率）；$K_{T\alpha}$ 为工具造斜率（又称工具实际造斜能力，是指工具在钻进过程中的实际造斜率）。

一般，系数 A（与工具刚度有关，如对 P5LZ165 型弯壳体钻具，$A \approx 0.7$）可取 0.70 ～ 0.85；折减系数 B 按经验为 0.8 ～ 0.9，反映了因工具面对准程度低而使工具的造斜能力不能全部发挥的情况。因为在可控结构弯角类井眼轨道自动跟踪分系统中应用了 MWD 及工具面实时调节技术，工具面对准程度高，所以实钻井眼的井斜变化率基本接近 K_T，可直接用式（3.47）来预测井斜变化率 K_α，即

$$K_\alpha = AK_c \tag{3.50}$$

K_c 值是造斜工具的一项重要力学指标，它是工具结构参数、井眼几何条件和工艺参数的函数。根据极限曲率 K_c 的定义，利用纵横弯曲法（参见本书附录 1），可求得可控结构弯角类执行机构不同的结构弯角 γ（连续变化或离散序列）相对应的 K_c 值，然后利用曲线拟合的方法就可得到 γ 和 K_c 值的函数关系。以 P5LZ120 型导向螺杆钻具（地面调节）为例，其结构弯角 γ 与 K_c 值的函数关系如图 3.48 所示。

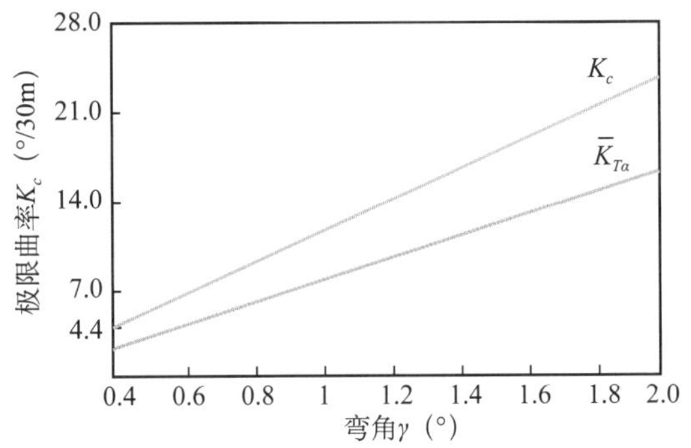

图3.48　P5LZ120系列导向螺杆钻具结构弯角γ与K_c值的函数关系

由图3.48可知，P5LZ120系列的结构弯角γ与K_c值有很好的线性关系，可表示为：

$$K_c=C\cdot\gamma+D \tag{3.51}$$

由图3.48和式（3.51）可得井斜变化率：

$$K_\alpha=AC\cdot\gamma+AD \tag{3.52}$$

对于P5LZ120系列，C=11.1，D=1.06。一般，可控结构弯角γ与K_c值的函数关系均可近似为比例关系，即C为常数，D=0。所以，可控结构弯角类执行机构可近似为一个比例环节，即

$$K_\alpha=AC\cdot\gamma \tag{3.53}$$

可控结构弯角类执行机构输入输出方块图如图3.49所示。

（2）可控结构弯角类执行机构的调节特性。

井眼轨道自动跟踪分系统的输入输出是随井深L变化的，是井深L的函数。因此，不同于一般的时间系统，井眼轨道自动跟踪分系统属于井深系统，其建模与分析均在井深L域内进行。

如果可控结构弯角类执行机构要求在停止钻进（例如接单根或人为停钻）时调节，那么其调节特性只是时间的函数，与井深L无关。因此，在L域内执行机构的输入输出关系是固定的，有了输入立即决定了输出，属于静态系统。可控结构弯角类执行机构调节环节的输入输出方块图如图3.50所示，图中u为执行机构调节环节的输入，对于具体机构u为一个电压信号。

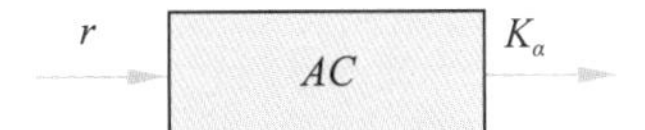

图3.49　可控结构弯角类执行机构输入输出方块图

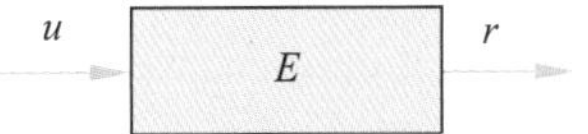

图3.50　可控结构弯角类执行机构调节环节的输入输出方块图

（3）可控结构弯角类井眼轨道自动跟踪分系统的数学模型。

根据以上系统各环节的输入输出方块图，可组成可控结构弯角类井眼轨道自动跟踪分系统的原理方块图，如图3.51（a）所示。图3.51（a）可进一步简化为图3.51（b）。

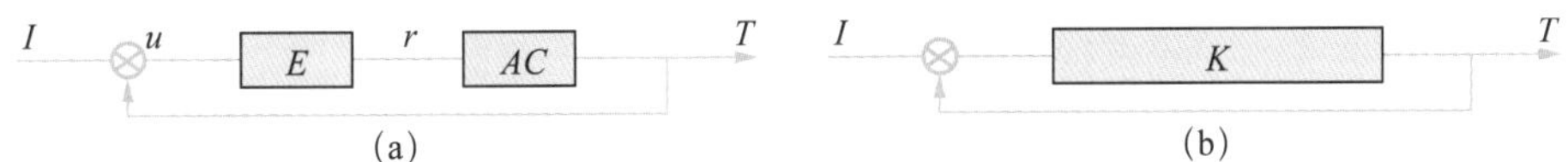

图3.51　可控结构弯角类井眼轨道自动跟踪分系统的原理方块图

图3.51中，I（即井斜变化率K_α）为系统的输入信号，K为系统增益：

$$K=EAC \tag{3.54}$$

根据图3.50可得到系统的闭环传递函数：

$$G(S)=\frac{K}{1+K}=G \tag{3.55}$$

所以，可控结构弯角类井眼轨道自动跟踪分系统的闭环传递函数可化简为一个比例环节，系统的输入和输出成简单的比例关系，如图3.52所示。因此，可控结构弯角类井眼轨道自动跟踪分系

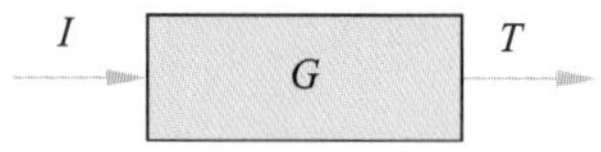

I → G → T

图3.52 可控结构弯角类井眼轨道自动跟踪分系统

统是个静态系统。

由式（3.55），可得系统的输出为：

$$T = I \cdot \frac{K}{1+K} \tag{3.56}$$

系统的误差为：

$$E = I - T = I - I \cdot \frac{K}{1+K} = \frac{I}{1+K} \tag{3.57}$$

式（3.56）说明：只要系统增益 K 足够大，系统的输出就可以以要求的精度跟踪输入值。

3.7.1.2.2 可控结构弯角类井眼轨道自动跟踪分系统数学模型的特点

（1）模型的不确定性。

在以上的讨论中，系统各环节及系统的综合模型均为静态系统。但实际上，由于以下两个原因，可控结构弯角类井眼轨道自动跟踪分系统数学模型一定是一个动态系统：

①在钻井过程中，可控结构弯角类执行机构的弯角 γ 所对应的实际井斜变化率的建立过程应是一个动态过程。井斜变化率 K_α 应是井深 L、结构弯角 γ 和初始井斜变化率 $K_{\alpha 0}$ 的函数，即

$$K_\alpha = f(L, \gamma, K_{\alpha 0}) \tag{3.58}$$

而图 3.48、式（3.51）只反映了井斜变化率建立过程的均值，忽略了其动态过程。

②反馈信号的测量与传输由 MWD 来完成。MWD 直接采集到的信号是井斜角 α，如果井眼轨道自动跟踪分系统跟踪的信号（即系统输入）为井斜变化率 K_α，那么就需要计算井斜变化率的反馈值。因此反馈环节应是一个时延环节，设反馈信号的测量、计算与传输的延迟为 Δl_2，那么反馈环节的传递函数为：

$$G(s) = e^{-\Delta l_2 s} \tag{3.59}$$

反馈环节输入输出方块图如图 3.53 所示。而图 3.51、式（3.55）忽略了其动态过程。

另外，在推导可控结构弯角类井眼轨道自动跟踪分系统的数学模型时，实际上将极限曲率法中的系数 A 设定为常值，由此得到了系统固定的开环增益 K_α。但是，在极限曲率法中，A 的取值仍有一定的不确定性。一般 A 值可取 0.70 ~ 0.85，反映了地层因素、岩石各向异性等变化。另外，由于系统工作在高温、高压、振动和冲蚀的恶劣环境中，环境因素对系统造成的干扰也是系统模型应考虑的一个重要因素。

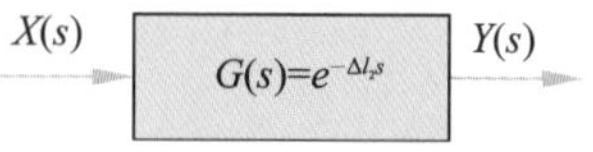

X(s) → $G(s)=e^{-\Delta l_2 s}$ → Y(s)

图3.53 反馈环节的输入输出方块图输入输出方块图

综上所述，现有的描述可控结构弯角类井眼轨道自动跟踪分系统的数学模型具有结构和参数两方面的不确定性。目前解决不确定性系统的控制问题主要有 2 个研究方向：鲁棒控制和自适应控制。从 1974 年模糊控制由英国 Mamdani 教授首先成功地应用于锅炉和蒸汽机以来，模糊控制为解决具有不确定性的系统控制开辟了一条新的途径，日益得到广泛应用。模糊控制是一类重要的鲁棒控制，也是智能控制的一个十分活跃的应用研究领域。下面将重点介绍可控结构弯角类井眼轨道自动跟踪分系统模糊控制策略的综合方法。

（2）距离偏差。

在实际钻井过程中，尤其在造斜段，习惯上以井眼轨道的造斜率为控制对象。在系统的数学模型具有不确定性的情况下应用模糊控制，为了尽量与实际钻井过程相统一并充分利用现有的操作经验，则选择设计轨道的造斜率为可控结构弯角类井眼轨道自动跟踪分系统的跟踪对象，即为

系统的输入，而实际轨道的造斜率则为系统的输出。由于实钻轨道与设计轨道的距离偏差为造斜率偏差的二次积分，因此，即使在图 3.52 和式（3.55）所描述的最理想的系统简化模型情况下，只要 K 足够大，系统的输入就可以以要求的精度跟踪输入，实钻轨道与设计轨道的距离偏差也很可能超过工艺性目标的允许误差半径。所以，在井眼轨道（造斜率）自动跟踪的基础上应考虑利用外环对距离偏差加以控制和补偿，以实现井眼轨道自动控制工艺性目标（这是地面监控分系统的基本功能之一），本节将进一步详细讨论其综合方法。

3.7.1.3 可控结构弯角类井眼轨道自动跟踪分系统的综合

3.7.1.3.1 可控结构弯角类井眼轨道自动跟踪分系统的模糊控制

（1）模糊控制原理。

由于井眼轨道自动跟踪分系统的数学模型具有结构和参数两方面的不确定性，因此，无论用经典的 PID 控制，还是用现代控制理论（要求精确的数学模型）都很难实现。但是我们知道，在实际钻井过程中，一个熟练的定向技术人员根据 MWD 的实测数据及计算机处理结果并凭借自己的经验，有时可以获得满意的定向效果。如果利用可控结构弯角类执行机构作为手段，避免了起下钻更换钻具的限制，可以实时调整结构弯角，那么定向的精度能够大大提高。定向技术人员的观察与思维判断过程实际上就是一个模糊化及模糊计算的过程。如果把定向人员正确的操作经验归纳成一系列的规则，利用模糊集理论将其定量化，使控制器模仿人的操作策略，这就是可控结构弯角类井眼轨道自动跟踪分系统的模糊控制。

（2）模糊控制系统的结构及分析。

可控结构弯角类井眼轨道自动跟踪分系统采用典型的模糊控制系统结构，如图 3.54 所示。

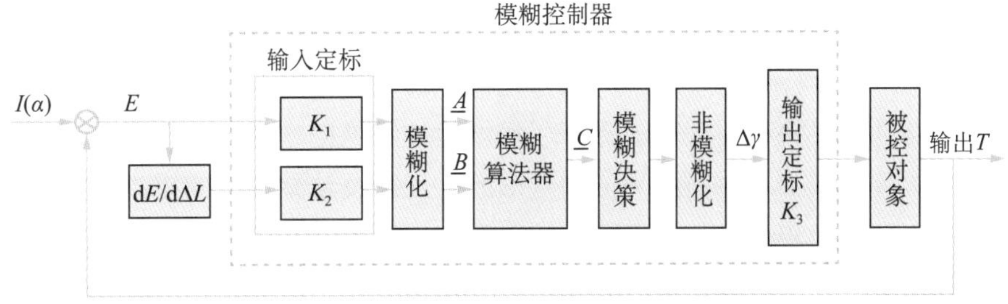

图3.54 典型的模糊控制系统结构示意图

系统的输入 I 为设计井斜变化率 α（已经补偿并由地面监控分系统给出），输出为实际井斜变化率。输入与输出相比较得到偏差 E 进而计算出偏差变化率 $\frac{dE}{dL}$，分别乘以标度因子 K_1、K_2 再经过模糊化，将精确量 EK_1、EK_2 转化为模糊量 $\underline{A}$ 和 $\underline{B}$。模糊算法器是模糊控制器的核心，它将操作经验及推理过程总结为模糊关系和模糊推理法则，计算出相应的控制 $\underline{C}$，经过模糊决策、非模糊化及输出定标 K_3 得到精确的调节量 $\Delta\gamma K_3$（可控制结构弯角类执行机构结构弯角的变化量），去控制被控对象。

上述结构的模型控制器有 3 个可调参数，即标度因子 K_1、K_2、K_3。根据对模糊控制系统的分析，三个标度因子对系统特性有如下关系：

①标度因子 K_1 和 K_2 决定了模糊控制器对 E 和 $\frac{dE}{dL}$ 的分辨率。所以选用较大的 K_1 和 K_2，同时选用较小的 K_3，可以提高控制精度。

②选用较大的 K_3 可使系统具有较快的动态响应，缩短过渡时间，提高动态性能。

因此，系统的动态性能与静态性能之间是相互矛盾的，如果采用固定的控制器参数就不能灵活地适应系统对特性的不同要求。所以可在如图 3.54 所示的典型的模糊控制系统结构的基础上，增加一个标度因子调节机构，组成参数自调整模糊控制系统，其结构如图 3.55 所示。

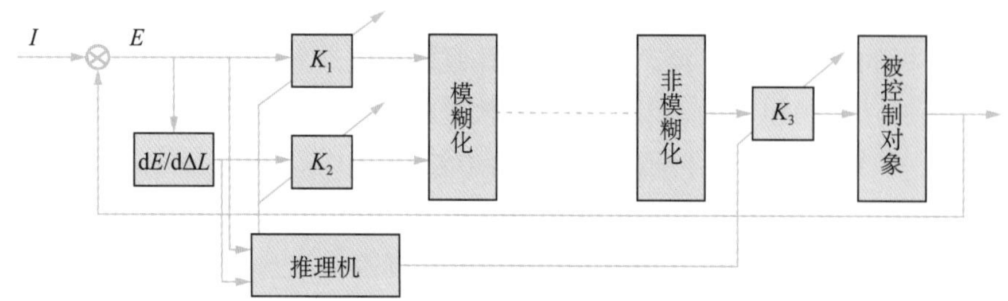

图3.55　参数自调整模糊控制系统结构示意图

参数自调整的思想就是：当误差 E 或误差变化率 $\frac{\mathrm{d}E}{\mathrm{d}L}$ 较大时，进行“粗调”控制。这时可以降低对 E 和 $\frac{\mathrm{d}E}{\mathrm{d}L}$ 的分辨率，而采取较大的控制改变量，要求缩小 K_1 和 K_2，放大 K_3；当误差 E 或变化率 $\frac{\mathrm{d}E}{\mathrm{d}L}$ 较小时，也就是系统已接近稳态，就进行“细调”控制。这时要提高对 E 和 $\frac{\mathrm{d}E}{\mathrm{d}L}$ 的分辨率，而采用比较谨慎的控制改变量，要求放大 K_1 和 K_2，缩小 K_3。“细调”控制区决定了系统的精度，“粗调”控制区对系统动态性能起决定作用。

模糊控制系统设计的关键在于模糊控制器的设计。其中模糊算法器的推理法则、标度因子的设定应根据执行机构的工作性能以及系统的要求进行设计，最后应通过仿真及试验进行检验和调定。

3.7.1.3.2　控制策略的选择

在井眼轨道控制的实践中，对于不同井段（如造斜段、稳斜段和水平段）井眼轨道控制对精度的要求不尽相同。在设计井眼轨道自动控制系统时，应在满足精度的前提下，尽量降低成本提高钻速。如果可控结构弯角类执行机构（例如可调弯壳体螺杆钻具）的调节要求在停止钻进的情况下进行，那么，就应在满足井眼轨道精度的前提下尽量增大控制周期（在 L 域内，表示为ΔL）。这就意味着执行机构调节次数的减少、磨损的降低和寿命的延长以及钻井效率的提高。所以可控结构弯角类井眼轨道自动控制系统的管理级——地面监控分系统应在不同井段的井眼轨道控制中对井眼轨道自动跟踪分系统进行干预，适时调整其控制周期。下文要讨论的地面监控分系统的综合方法拟采用基于规划的决策方法，由于井眼轨道自动跟踪分系统的模糊控制也是一种基于规划的推理系统，因此，模糊控制比自适应控制更便于地面控制分系统对其进行干预和调节。

3.7.1.4　地面监控分系统的分析与综合

轨道实时监控分析子系统和决策子系统是地面监控分系统的核心，是井眼轨道自动控制系统实现其基本目标——工艺性目标的关键环节。

3.7.1.4.1　轨道实时监控分析子系统

其基本功能（任务）是对实钻井眼轨道实时监控，对其与设计轨道的相符程度作实时计算分析。即利用 MWD 实时测得的实钻井眼轨道姿态以及输入的井深 L 求得实钻井眼轨道当前位置（B 点）的坐标，然后与输入的设计轨道相比较，求得两者过 B 点的法面距离 ρ_{nor}（设设计轨道上的比较点为 C）。将法面距离 ρ_{nor} 在过 B 点实钻井眼轨道的井斜平面和方位平面上投影得到：

$$X_B = \rho_{\text{nor}} \cos\theta_{\text{nor}} \tag{3.60}$$

$$Y_B = \rho_{\text{nor}} \sin\theta_{\text{nor}} \tag{3.61}$$

式中：θ_{nor} 为法面距离的扫描角。

另外，轨道实时监控分析子系统还应通过判断比较 C 所在的井段，输出该井段的允许偏差 l_1。

轨道实时监控分析子系统的功能结构框图可以归纳为图 3.56。

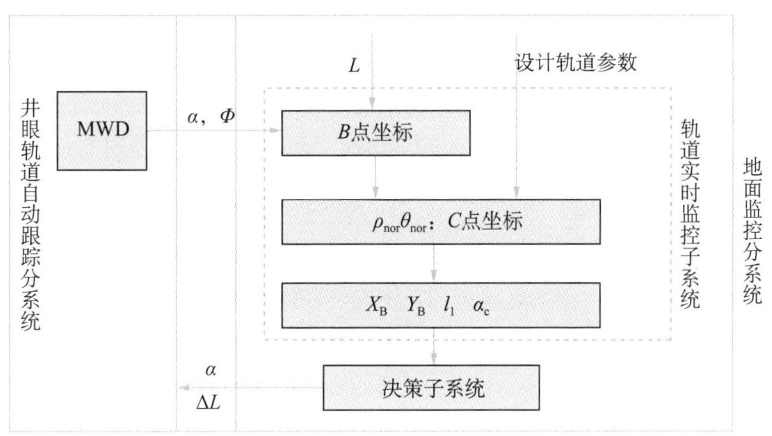

图3.56 轨道实时监控分析子系统的功能结构框图

3.7.1.4.2 决策子系统

（1）基本功能（任务）。

决策子系统的基本功能（任务）是根据轨道实时监控分析子系统的输出结果作出综合决策，从而为井眼轨道自动控制分系统提供实时控制信号。

决策子系统是井眼轨道自动跟踪分系统的管理级，其输出结果也担负着补偿井眼轨道自动跟踪分系统产生的距离偏差的任务。同时，决策子系统还应具有协调井眼轨道自动跟踪分系统的控制周期与轨道精度之间关系的能力。因此，决策子系统的基本功能（任务）又可归纳为：

①修正（计算比较点 C 处井斜变化率 $\dot{\alpha}_c$ 的修正量 $\Delta\dot{\alpha}$）；

②干预（根据 l_1 整定 ΔL）。

（2）决策子系统的综合。

①修正。

决策子系统应根据轨道实时监控分析子系统的输出 X_B 及 X_B 的变化率，推理出井斜变化率的修正量 $\Delta\dot{\alpha}$，设 X_{Bi} 为第 i 个修正周期时的 X_B 值；$\dot{X}_{Bi}$ 为第 i 个修正周期时偏差变化率 $\dot{X}_B$ 值，并且：

$$\dot{X}_{Bi}=\frac{X_{Bi}-X_{B(i-1)}}{\Delta L_x} \tag{3.62}$$

式中：ΔL_x 为修正周期。

由于距离偏差的产生与井眼轨道自动跟踪分系统的动态过程有关，所以难以建立 X_B、$\dot{X}_B$ 与 $\Delta\dot{\alpha}$ 之间确定的数学关系。如果不考虑其动态过程，则可建立如下的修正模型：

设第 i+1 个修正周期与第 i 个修正周期偏差变化率相同，则可预测第 i+1 个修正周期的偏差为：

$$X_{B(i+1)}=X_{Bi}+\dot{X}_{Bi}\times\Delta L_x \tag{3.63}$$

代入式（3.62）可得：

$$X_{B(i+1)}=X_{Bi}+X_{Bi}-X_{B(i-1)}=2X_{Bi}-X_{B(i-1)} \tag{3.64}$$

设补偿 $X_{B(i+1)}$ 所需的井斜变化率修正量为 $\Delta\dot{\alpha}_{i+1}$。$\Delta\dot{\alpha}_{i+1}$ 经过一个修正周期 ΔL_x 后所对应的角度变化为：

$$\Delta\dot{\alpha}_{i+1}=\Delta\dot{\alpha}_{i+1}\Delta L_x \tag{3.65}$$

由于$\Delta\alpha_{i+1}$为小值并且ΔL_x相对于井眼曲率半径也为小值，所以可近似认为$\Delta\alpha_{i+1}$与ΔL_x组成如图3.57所示的三角形，$\Delta\alpha_{i+1}$所对的直边即为$X_{B(i+1)}$。所以：

$$X_{B(i+1)}=\Delta L_x\sin\Delta\alpha_{i+1} \tag{3.66}$$

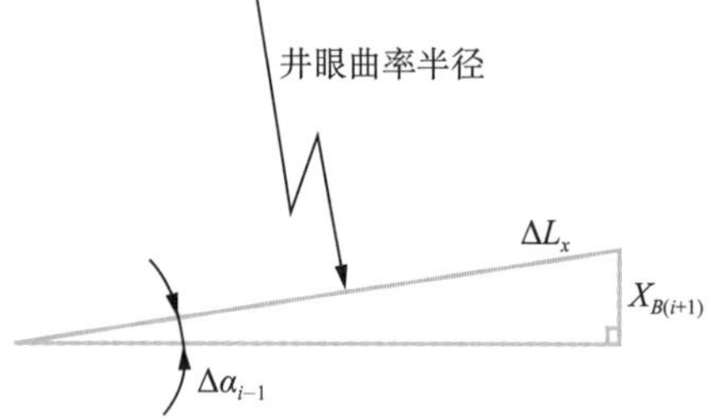

图3.57　$\Delta\alpha_{i+1}$与ΔL_x的近似几何关系

又因$\Delta\alpha_{i+1}$为小量，故上式可进一步化简为：

$$X_{B(i+1)}=\frac{\pi}{180}\Delta\alpha_{i+1}\Delta L_x \tag{3.67}$$

结合式（3.65）可得：

$$X_{B(i+1)}=\frac{\pi}{180}\Delta L_x^2\Delta\dot{\alpha}_{i+1} \tag{3.68}$$

将式（3.64）代入，经整理就得到了井斜变化率修正量$\Delta\dot{\alpha}_{i+1}$的计算公式：

$$\Delta\dot{\alpha}_{i+1}=\frac{2X_{Bi}-X_{B(i-1)}}{\frac{\pi}{180}\Delta L_x^2} \tag{3.69}$$

因此，决策子系统系统输出的井斜变化率应为：

$$\dot{\alpha}_{i+1}=\dot{\alpha}_{c(i+1)}+\Delta\dot{\alpha}_{i+1} \tag{3.70}$$

式中：$\dot{\alpha}_{c(i+1)}$为第i+1个修正周期时的设计井斜变化率，由轨道实时监控分析子系统输入。

在具体设计中，修正周期ΔL_x的选择还可具有自调整功能。当允许偏差小时，可相应地减小修正周期。

②干预。

为了协调精度与钻进效率（如减小执行机构调节次数等）之间的关系，决策子系统必须合理选择控制周期。控制周期指井眼轨道自动跟踪分系统对被控对象施加控制的井深间隔ΔL。在实际钻进过程中，因为可在接单根时施加控制，所以：

$$\Delta L_{\max}=L_{\mathrm{d}} \tag{3.71}$$

式中：L_{d}为一个单根长度。控制周期的最小值应满足：

$$\Delta L_{\min}\geqslant\Delta l \tag{3.72}$$

式中：Δl为采样周期，指井眼轨道自动跟踪分系统采集参数的井深间隔。综合式（3.71）和式（3.72）可得到控制周期的取值范围：

$$\Delta L\leqslant\Delta L\leqslant L_{\mathrm{d}} \tag{3.73}$$

另外，控制周期还应小于修正周期，即

$$\Delta L_{\max}<\Delta L_x \tag{3.74}$$

采样周期的选择应考虑如下因素：

a. 根据Shannon采样定理，采样周期必须与过程的最小时间相适应，即采样频率应大于2倍的上限频度；

b. 为了保证实时进行运算和控制，采样周期必须足够长。

由于钻进过程不是高速过程，采样周期Δl所对应的钻进时间很容易满足实时运算和控制的要求，所以b因素一般不用考虑。Δl应根据井眼轨道控制过程的特点进行整定。

由于在井眼轨道自动跟踪过程中，相邻控制施加点之间的偏差信息被忽略掉了。所以控制周期的大小将直接影响跟踪效果。因此，控制周期的选取既要考虑钻进效率尽量取大值，又要根据不同井段对精度的要求作适时调整，精度要求高时控制周期ΔL应取小值。

井眼轨道自动跟踪分系统控制周期的调节由地面监控分系统中决策子系统进行干预，即根据l_1的大小实时选择控制周期ΔL。选取方法可采用规则决策，其推理模型的形式为：

$$\text{IF（}l_1\text{等于某值）THEN（选择某控制周期}\Delta L\text{）}\tag{3.75}$$

推理模型式（3.75）应根据井眼轨道控制过程的特点及试验结果进行设计和修正，例如可预设为：采样周期Δl选为0.5m；在最大的允许偏差$l_{1\max}$段上，控制周期ΔL选为L_d（10m）；其他段的ΔL按下式求得：

$$\Delta L = L_d \cdot \frac{l_1}{l_{1\max}}\tag{3.75}$$

综上所述，决策子系统的功能结构框图可归纳为图3.58。

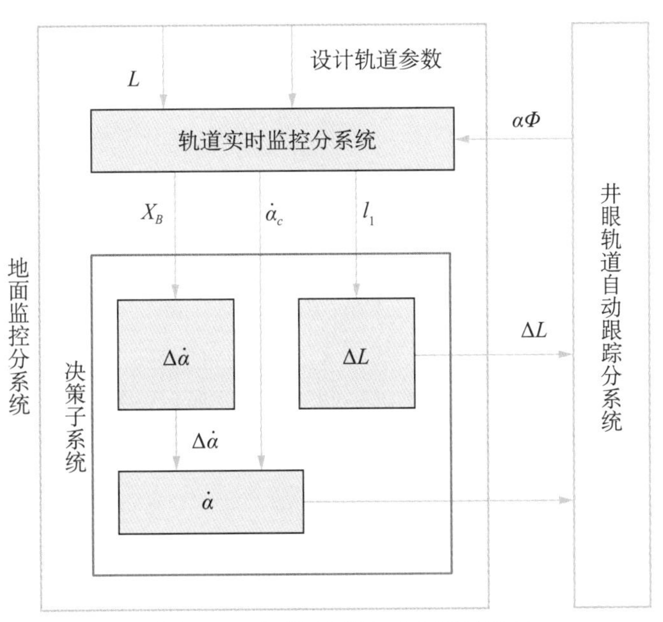

图3.58　决策子系统的功能结构框图

3.7.2　模糊控制在自动跟踪分系统中的应用

根据文献[9]和文献[29]分析，基于极限曲率法（K_C法）的可控结构弯角类井眼轨道自动跟踪分系统的数学模型只是静态模型，具有结构和参数两方面的不确定性。另外，因为恶劣环境对系统的干扰以及工作过程中结构参数的改变（由于磨损等原因），井眼轨道自动跟踪分系统是一个非线性、时变、有干扰甚至具有延时环节的系统。这类系统建模的困难使得很多基于模型的控制方法难以实现。但是，在实际定向钻井中，预测井眼轨道的极限曲率法（K_C法）的正确性和有效性已得到充分的证实。一个熟练的定向技术人员根据极限曲率法的结果以及自己对井眼轨道变化趋势的认识，通过变换螺杆钻具的结构弯角就可以获得比较满意的定向效果。如果利用井下可调弯壳体螺杆钻具，避免了起下钻更换钻具的限制，可以实时调整结构弯角，那么轨道的控制精度就能够大大提高。如果把定向技术人员正确的决策经验归纳成一系列的规则，利用模糊集理论将其定量化，使控制器模仿人的操作，这就是基于可调弯壳体螺杆钻具的井眼轨道自动跟踪分系统的模糊控制。

3.7.2.1 模糊控制的结构

基于可调弯壳体螺杆钻具的井眼轨道自动跟踪分系统的模糊控制的结构拟采用双输入—单输出模糊控制器结构，如图 3.59 所示。

图中 e 为系统输出与输入间的偏差（实钻轨道与设计轨道造斜率的偏差）；$\dot{e}$（e 对井深 L 的导数）为偏差的变化率，用来为控制器判断井眼轨道的变化趋势；K_1、K_2 为标率因子。这种模糊控制器结构可看作比例加微分控制策略。控制器的输出要通过输出环节转换为实际控制量再加到被控制对象上。常用的输出环节有两种：比例输出和积分输出。根据有关控制文献的结论：比例输出结构的模糊控制器的阶跃响应较快，但为有差控制；积分输出结构则可接近无差控制，但响应较慢，且超调较大。如果把二者结合起来，采用比例积分输出结构，则具响应快的优点又可使超调量小，过渡期短。其输出环节的结构图如图 3.60 所示。

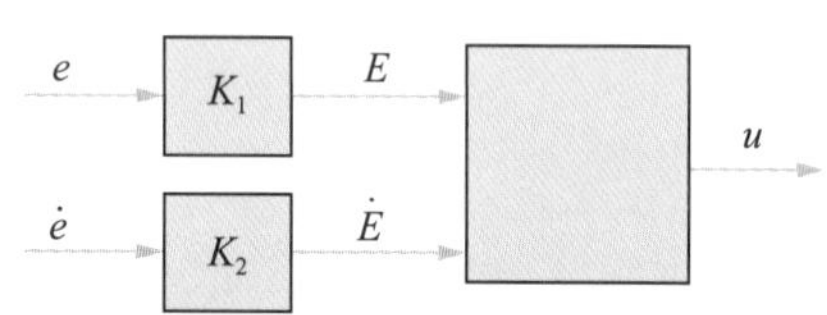

图3.59 双输入—单输出模糊控制器结构

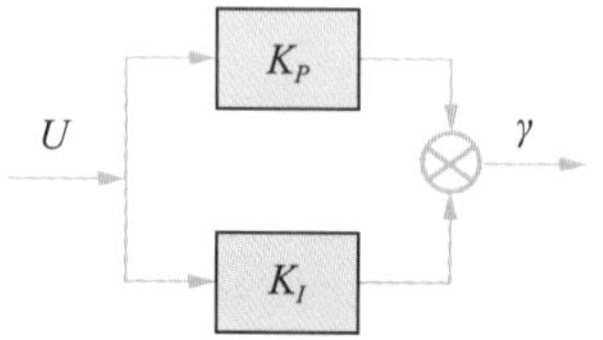

图3.60 比例积分输出结构

输出环节的输入输出方程式为：

$$\gamma(L) = K_P U + K_I \int_0^L U \mathrm{d}\Delta L \tag{3.77}$$

式中：K_P 为比例系数；K_I 为标度因子；ΔL 为控制周期。

另外，为了实现对模糊控制器各参数 K_1、K_2、K_P、K_I 的自调整，从而进一步改进控制器的性能，在以上模糊控制器结构的基础上增加一个标度因子调节机构。所以，基于可调弯壳体螺杆钻具的井眼轨道自动跟踪分系统的模糊控制器就属于参数自调整 Fuzzy–PI 调节器，其系统框图如图 3.61 所示。

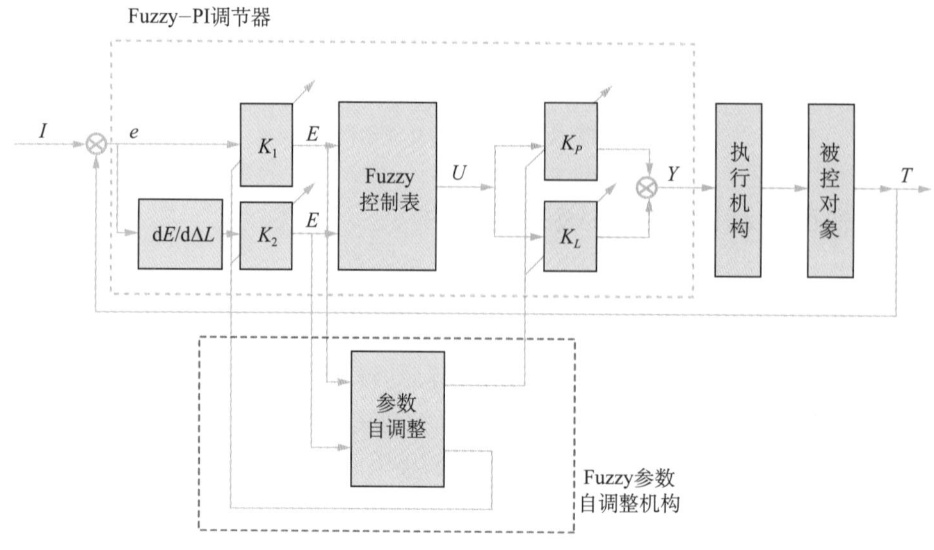

图3.61 参数自调整Fuzzy–PI调节器控制系统框图

3.7.2.2　模糊控制的设计

模糊控制系统设计的关键在于设计出模糊控制器（图 3.61 中的 Fuzzy–PI 调节器），模糊控制器由三部分组成：模糊化、模糊控制算法和模糊判别，如图 3.62 所示；另外，该系统还包括 Fuzzy 参数自调整机构。下面分别讨论各部分的设计。

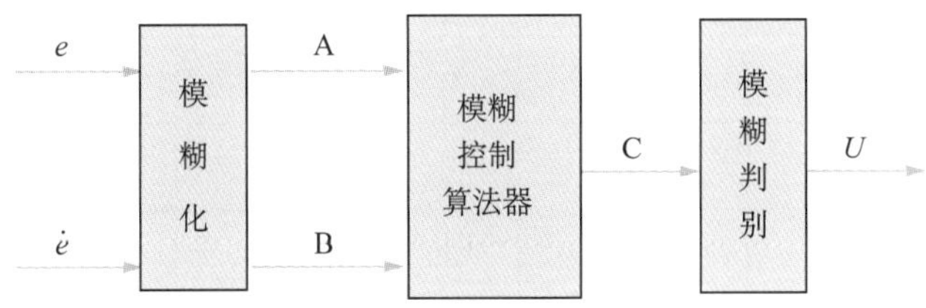

图3.62　模糊控制器的组成

（1）输入精确量的模糊化。

设实钻轨道与设计轨道造斜率的最大允差为 e_{max}=6°/30m，取标度因子 K_1=30m/（°），则 e 通过 K_1 转化为偏差量 E，E 的论域为 [−6，+6]。将论域分为 13 个等级，即

$$E=（-6，-5，-4，-3，-2，-1，0，+1，+2，+3，+4，+5，+6） \tag{3.78}$$

取 E 的辞集为：

$$T(E)=\mathrm{NL}（负大）+\mathrm{NM}（负中）+\mathrm{NS}（负小）+0+\mathrm{PS}（正小）+\mathrm{PM}（正中）+\mathrm{PL}（正大） \tag{3.79}$$

设 E 的模糊集为 A，E 的辞集内各语言值所对应的模糊子集 $\underline{Ai}$ 由表 3.2 给出。

表3.2　偏差变量E的模糊子集

语言值	−6	−5	−4	−3	−2	−1	0	+1	+2	+3	+4	+5	+6
PL	0	0	0	0	0	0	0	0	0	0.1	0.6	0.8	1.0
PM	0	0	0	0	0	0	0	0	0.1	0.8	1.0	0.7	0.1
PS	0	0	0	0	0	0	0.1	0.7	1.0	0.8	0.1	0	0
0	0	0	0	0	0	0.7	1.0	0.7	0	0	0	0	0
NS	0	0	0.1	0.8	1.0	0.7	0.1	0	0	0	0	0	0
NM	0.1	0.7	1.0	0.8	0.1	0	0	0	0	0	0	0	0
NL	1.0	0.8	0.6	0.1	0	0	0	0	0	0	0	0	0

实钻轨道与设计轨道造斜率偏差的最大变化率为$\dot{e}_{max}$ =20°/30m² 取标度因子 K_2=9m²/（°），则 $\dot{e}$ 通过 K_2 转化为变化率变量$\dot{E}$，$\dot{E}$的论域分为 13 个等级，即

$$\dot{E}=（-6，-5，-4，-3，-2，-1，0，+1，+2，+3，+4，+5，+6） \tag{3.80}$$

取$\dot{E}$的辞集为：

$$T(\dot{E})=\mathrm{NL}（负大）+\mathrm{NM}（负中）+\mathrm{NS}（负小）+0+\mathrm{PS}（正小）+\mathrm{PM}（正中）+\mathrm{PL}（正大） \tag{3.81}$$

设$\dot{E}$的模糊集为 B。$\dot{E}$的辞集内各语言值所对应的模糊子集 $\underline{Bj}$ 由表 3.3 给出。

表3.3　变化率变量$\dot{E}$的模糊子集

语言值	−6	−5	−4	−3	−2	−1	0	+1	+2	+3	+4	+5	+6
PL	0	0	0	0	0	0	0	0	0	0.1	0.6	0.8	1.0
PM	0	0	0	0	0	0	0	0	0.1	0.8	1.0	0.7	0.1
PS	0	0	0	0	0	0	0.1	0.7	1.0	0.8	0.1	0	0
0	0	0	0	0	0	0.7	1.0	0.7	0	0	0	0	0
NS	0	0	0.1	0.8	1.0	0.7	0.1	0	0	0	0	0	0
NM	0.1	0.7	1.0	0.8	0.1	0	0	0	0	0	0	0	0
NL	1.0	0.8	0.6	0.1	0	0	0	0	0	0	0	0	0

（2）模糊控制的输出量的模糊集。

设$\Delta\gamma$为受控对象输入量γ的变化量，由于e_{max}=6°/30m，可求得$\Delta\gamma_{max}$约为0.8°，所以其取值范围为[−0.8°，+0.8°]。将模糊控制的输出量U的论域分为13级，即

$$U=(-6, -5, -4, -3, -2, -1, 0, +1, +2, +3, +4, +5, +6) \tag{3.82}$$

则U与$\Delta\gamma$间的标度因子K_1为（1/7.5)°。取U的辞集为：

$$T(U)=\text{NL（负大）}+\text{NM（负中）}+\text{NS（负小）}+0+\text{PS（正小）}+\text{PM（正中）}+\text{PL（正大）} \tag{3.83}$$

设U的模糊集为C，U的辞集内各语言值所对应的模糊子集$\underline{Ck}$由表3.4给出。

表3.4　输出量U的模糊子集

语言值	−6	−5	−4	−3	−2	−1	0	+1	+2	+3	+4	+5	+6
PL	0	0	0	0	0	0	0	0	0	0.1	0.6	0.8	1.0
PM	0	0	0	0	0	0	0	0	0.1	0.8	1.0	0.7	0.1
PS	0	0	0	0	0	0	0.1	0.7	1.0	0.8	0.1	0	0
0	0	0	0	0	0	0.7	1.0	0.7	0	0	0	0	0
NS	0	0	0.1	0.8	1.0	0.7	0.1	0	0	0	0	0	0
NM	0.1	0.7	1.0	0.8	0.1	0	0	0	0	0	0	0	0
NL	1.0	0.8	0.6	0.1	0	0	0	0	0	0	0	0	0

（3）模糊控制规则。

根据极限曲率法（K_C法）的结果，实钻轨道井眼的造斜率与工具的结构弯角（模糊控制的输出量）之间具有良好的比例关系。在实际钻井中，一个有经验的定向技术人员可根据以上的比例关系，针对不同的实际造斜率偏差及其变化趋势给出相应的结构弯角调节量，从而得到满意的定向效果。例如，当偏差变量E为负大（NL），偏差变化率变量$\dot{E}$为负时，为了尽快消除偏差，应当使控

制量增大、增加快，故应使模糊控制的输出量 U 取正大（PL）；当 $\dot{E}$ 值变为正值时，可减小控制量的变化，故应使模糊控制的输出量 U 取正中或正小；当 $\dot{E}$ 变为正大（PL）时，可以不增加控制量取 $U=0$ 等。所以，控制规则形式应为：

$$\text{IF}\quad \underline{A_i}\quad \text{AND}\quad \underline{B_j}\quad \text{THEN}\quad \underline{C_k} \tag{3.84}$$

将 $\underline{A_i}$ 和 $\underline{B_j}$ 各种情况所对应的控制规则总结出来，见表 3.5。

表3.5　控制规则表

A \ C \ B	NL	NM	NS	0	PS	PM	PL
NL	PL	PL	PL	PL	PM	0	0
NM	PL	PL	PM	PM	PM	0	0
NS	PM	PM	PM	PS	0	NS	NS
0	PM	PM	PS	0	NS	NM	NM
PS	PS	PS	0	NS	NM	NM	NM
PM	0	0	NM	NM	NM	NL	NL
PL	0	0	NM	NL	NL	NL	NL

（4）总控制表。

根据模糊控制规则表 3.5，可以求出总的模糊关系 R：

$$R=A\times B\times C \tag{3.85}$$

然后以 R 为控制原则，输入某 E 和 $\dot{E}$ 后，利用模糊变换算出相应的模糊控制输出量 $\underline{C_k}$。$\underline{C_k}$ 是一个模糊集，利用最大隶属度法将其转换为精确输出量 U 以便进行控制。对于不同的 E 和 $\dot{E}$，可以求出相应的 U。具体的计算方法包括：常规算法和快速算法。本书采用快速算法，计算结果见总控制表(表 3.6)。

表3.6　总控制表

E \ U \ $\dot{E}$	−6	−5	−4	−3	−2	−1	0	+1	+2	+3	+4	+5	+6
−6	+6	+6	+6	+6	+6	+6	+6	+5	+4	+3	0	0	0
−5	+6	+6	+6	+6	+6	+6	+5	+5	+3	+2	0	0	0
−4	+6	+6	+6	+5	+4	+4	+4	+4	+4	+2	0	0	0
−3	+5	+5	+5	+5	+4	+3	+3	+2	+2	0	−1	−1	−1
−2	+4	+4	+4	+4	+4	+3	+2	+1	0	−1	−2	−2	−2
−1	+4	+4	+4	+3	+3	+2	+1	0	−1	−2	−3	−3	−3
0	+4	+4	+4	+3	+2	+1	0	−1	−2	−3	−4	−4	−4

续表

E \ U \ $\dot{E}$	−6	−5	−4	−2−3	−2	−1	0	+1	+2	+3	+4+	+5	+6
+1	+3	+3	+3	+2	+1	0	−1	−2	−3	−3	−4	−4	−4
+2	+2	+2	+2	+	0	−1	−2	−3	−4	−4	−4	−4	−4
+3	+1	+1	+1	1	−2	−2	−3	−3	−4	−5	−5	−5	−5
+4	0	0	0	0	−4	−4	−4	−4	−4	−6	−6	−6	−6
+5	0	0	0	−2	−3	−5	−5	−6	−6	−6	−6	−6	−6
+6	0	0	0	−2	−4	−5	−6	−6	−6	−6	−6	−6	−6

在实际控制中，可能将总控制表存储在单片微机中。只要测得 E 然后计算出 $\dot{E}$，就可查出内存中的总控制表找到相应的输出量 U，因此也就将图 3.62 所示的控制器结构图简化为表 3.5 的总控制表形式。

（5）Fuzzy 参数自动调节机构。

为了简化起见，在控制量的输出环节中，取比例因子 $K_P = K_I =$（1/10）°；在参数自调整机构中，取 K_1 和 K_2 的放大（或缩小）倍数 n 与 K_P 和 K_I 的缩小（或放大）倍数 m，即 $n=m$。在“粗调”控制阶段，K_1、K_2、K_P 和 K_I 的取值不变。当 E 和 $\dot{E}$ 较小时，也就是系统接近稳态时，实行“细调”控制。此时，应放大 K_1 和 K_2，缩小 K_P 和 K_I。在具体设计中取：

$$\text{IF} \quad |E| \leqslant 2 \quad \text{AND} \quad |\dot{E}| \leqslant 2 \quad \text{THEN} \quad n=m=2 \quad \text{ELSE} \quad n=m=1 \tag{3.86}$$

由于目前对于模糊控制的稳定性判别尚未形成完整的理论，因此，需要利用系统来检验井眼轨道自动跟踪分系统的稳定性。以下用系统仿真方法来判断采用模糊控制时该系统的稳定性。

3.7.3 井眼轨道自控系统仿真设计与结果分析

如上所述，由于目前对于模糊控制的稳定性判断尚未形成完整的理论，因此，需要利用系统仿真来检验井眼轨道自动跟踪分系统的稳定性。另外，还需要利用仿真来检验地面监控分系统对距离偏差的修正功能和对控制周期的干预功能。

3.7.3.1 系统仿真设计

3.7.3.1.1 对仿真对象模型的建立

由于现有的描述可控结构弯角类井眼轨道自动跟踪分系统被控对象的模型只是静态模型，不能全面反映被控对象的特征。但是，在缺乏被控对象精确模型的情况下，可以近似地对其静态模型进行仿真，为系统设计提供参考。

根据已进行的理论分析，可调弯壳体螺杆钻具（属可控结构弯角类执行机构）的输入输出传递函数是一个比例环节：

$$G(S) = K_\alpha / \gamma = AC \tag{3.87}$$

对以 P5LZ165 型螺杆钻具为基础的可调弯壳体导向工具，可取 AC=7.6，则

$$G（S）=7.6°/30\text{m} \tag{3.88}$$

在式（3.88）中，A 值取 0.80。实际中 A 的取值为 0.70 ~ 0.85，所以，可求得 AC 的实际取值范围为 [6.65，8.075]，结合式（3.88）可求得 G（S）的变化范围为：

$$\Delta = G（S）[-0.95，+0.475] \tag{3.89}$$

ΔG（S）的单位为（°）/30m。

由于在设计中，可调弯壳体输入调节量的幅值为 0.8°，根据式（3.87）和式（3.89）可求得可调弯壳体造斜能力的不确定性范围为：

$$\Delta' G（S）=[-0.76，+0.38] \tag{3.90}$$

$\Delta' G$（S）的单位为（°）/30m。在仿真中，将可调弯壳体螺杆钻具造斜能力的不确定性当作干扰，则干扰信号的取值范围为式（3.90）。干扰信号的产生利用一个伪随机信号序列进行模拟。

系统仿真结构框图可归纳为图 3.63。

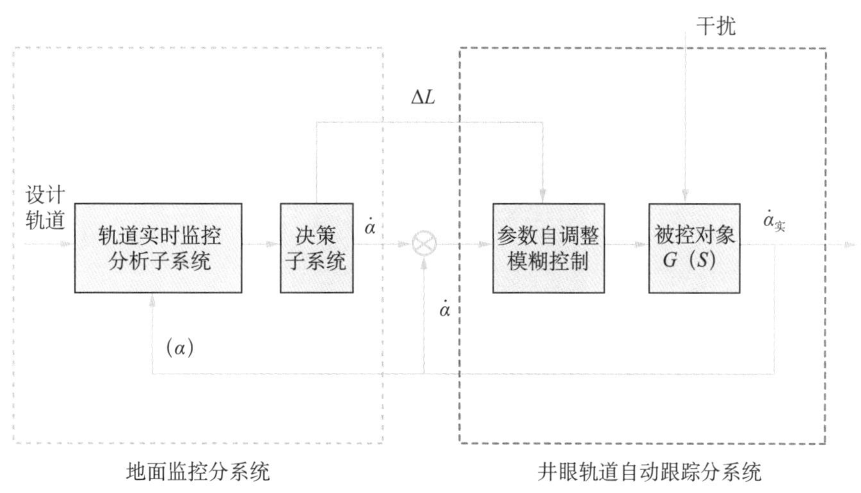

图3.63　系统仿真的结构框图

3.7.3.1.2　系统仿真流程图

根据图 3.63 系统仿真的结构框图以及对井眼轨道自动控制系统的综合方法，可得到如图 3.64 所示的系统仿真程序流程图。

3.7.3.2　系统仿真结果分析

根据图 3.64 所示的系统仿真程序流程图，用 C 语言编制了仿真程序，仿真的结果分析如下。

3.7.3.2.1　井眼轨道自动跟踪分系统的阶跃响应

井眼轨道自动跟踪分系统的阶跃输入函数（设计轨道造斜率函数）为：

$$\dot{\alpha}(L)=\begin{cases}6°/30\text{m}，L\geqslant 0\\0°/30\text{m}，L<0\end{cases} \tag{3.91}$$

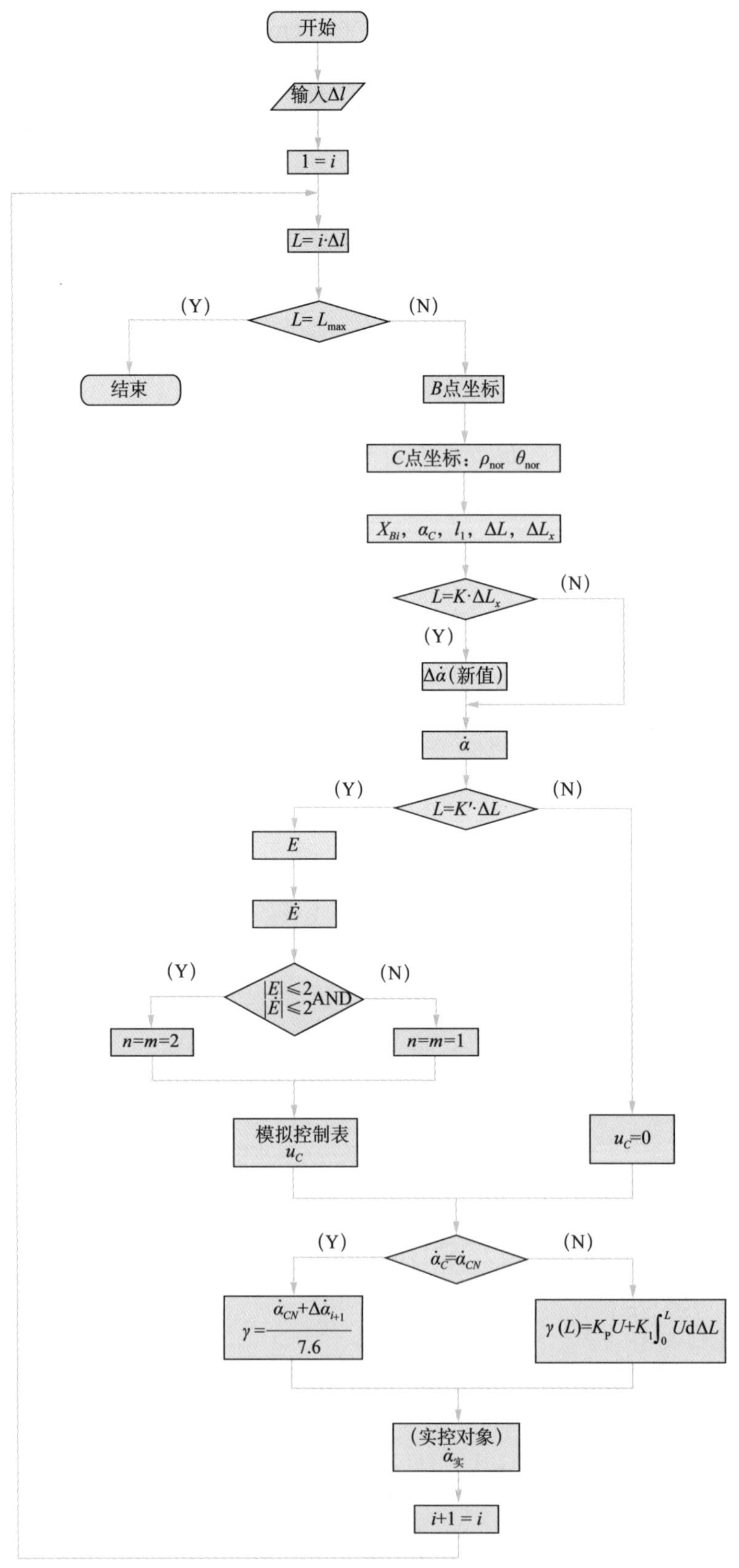

图3.64　系统仿真程序流程图

仿真系统的输出结果（实际造斜率）如图 3.65 ~图 3.68 所示。

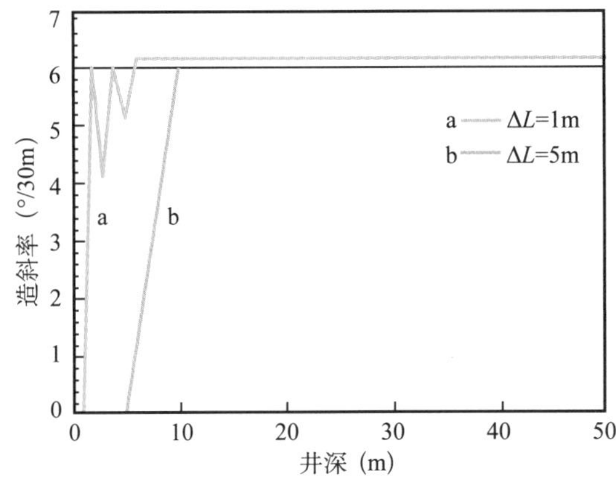

图3.65　井眼轨道自动分系统的阶跃响应

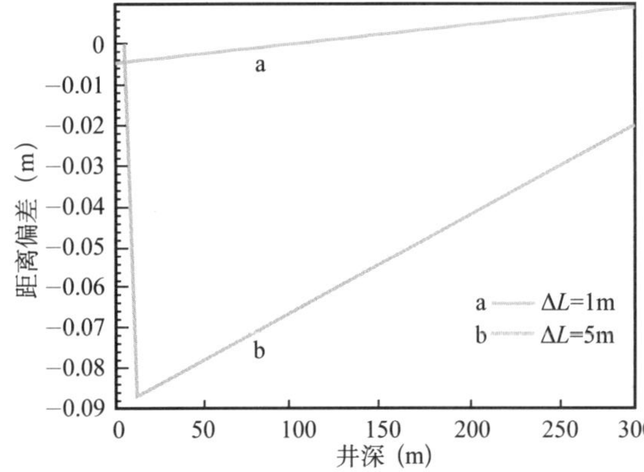

图3.66　不同控制周期所对应的距离偏差（未加干扰）

在图 3.65 中，横坐标为井深（L），纵坐标为实际造斜率$\dot{\alpha}_{实}$。曲线 a 的控制周期为 ΔL=1m，曲线 b 的控制周期为 ΔL=5m。从仿真的结果可以看出，系统具有良好的稳定性。曲线 a 经过 6 个控制（L=6m）后达到稳态，曲线 b 在 $L \geqslant$ 10m 后达到稳态，稳态值均为：$\dot{\alpha}_{实}$=6.08°/30m。因此，曲线 b 的调整“时间”（井深）大于曲线 a，必然导致曲线 b 的距离偏差值（造斜率偏差的二次积分）大于曲线 a 的距离偏差值，如图 3.66 所示。

在图 3.66 中，当 L=4m 时，曲线 a（控制周期为 1m）有初时最大距离偏差，其值为 –5.071mm；在仿真的终点井深处（L=300m），距离偏差为 8.699mm。当 L=10m 时，曲线 b（控制周期为 5m）有初始最大距离偏差，其值为 –87.222mm；在仿真的终点井深处，距离偏差为 –19.77mm。图 3.67 和图 3.68 为加干扰后井眼轨道自动跟踪分系统的阶跃响应。从图中可以看到，系统在干扰作用下的鲁棒性较好。另外，曲线 a 的调整时间和距离偏差情况同样明显优于曲线 b。

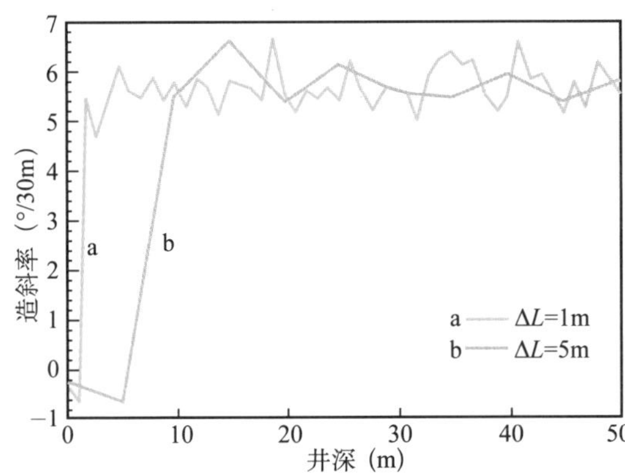

图3.67　井眼轨道自动跟踪分系统的阶跃响应（加干扰）

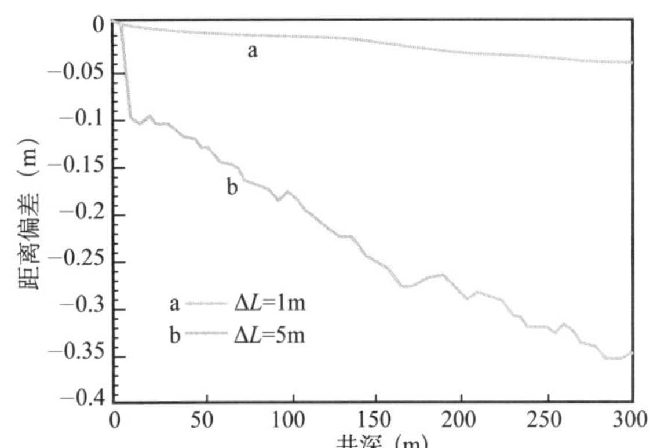

图3.68　不同控制周期所对应的距离偏差（加干扰）

3.7.3.2.2　地面监控分系统对距离偏差的修正（补偿）功能

在仿真试验中，系统的设计造斜率为：

$$\dot{\alpha}(L)=\begin{cases}0^{\circ}/30\text{m} & L<0\\ 6^{\circ}/30\text{m} & L\geqslant 0\end{cases}$$

针对不同的修正周期 ΔL_x 和控制周期 ΔL，通过仿真试验，验证了地面控制分系统对距离偏差的修正（补偿）功能，结果如下：

（1）不同修正周期对系统距离偏差的修正效果。

图 3.69 是在干扰的作用下，不同修正周期所对应的系统距离偏差（控制周期均为 ΔL=1m）。

在图 3.69 中，曲线 a 的修正周期为 ΔL_x=10m，当井深 L=300m 时，距离偏差为 d=−38.677mm；曲线 b 的修正周期为 ΔL_x=20m，当井深 L=300m 时，距离偏差为 d= – 46.737mm；曲线 c 为不启动修正功能的情况下系统的距离偏差，当井深 L 为 300m 时，距离偏差为 d= – 46.089mm。从仿真结果可以明显看出：在相同的控制周期情况下，对距离偏差的修正效果与修正周期有关；当修正周期为 10m 时，地面监控分系统对距离偏差具有较好的修正（补偿）功能；当修正周期为 20m 时，系统对距离偏差几乎没有修正作用。

（2）控制周期对距离偏差修正精度的影响。

图 3.70 是在干扰作用下，不同控制周期所对应的系统距离偏差（修正周期均为 ΔL_x=10m）。

曲线 a 的控制周期 ΔL=1m，在仿真试验的终点井深 L=300m 时，系统的距离偏差为 d=−38.677mm；曲线 b 的控制周期为 ΔL=5m，当 L=300m 时，系统的距离偏差为 d=0.241596m。从仿真的结果可以看到：控制周期对距离偏差的修正精度有着明显的影响；在相同的修正周期情况下，控制周期越小，系统对距离偏差的修正精度就越高。

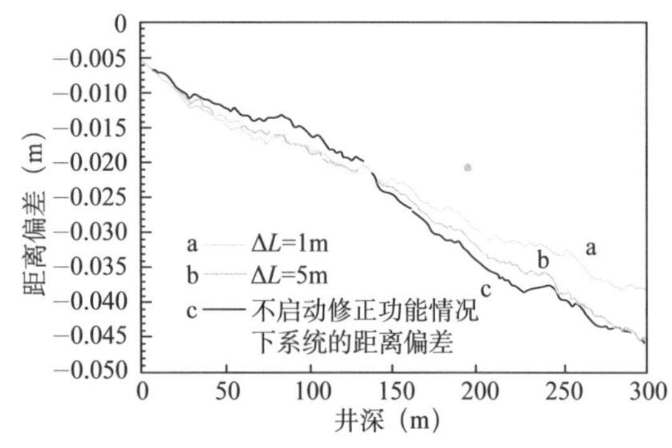

图3.69　不同修正周期对系统距离偏差的修正效果（加干扰）

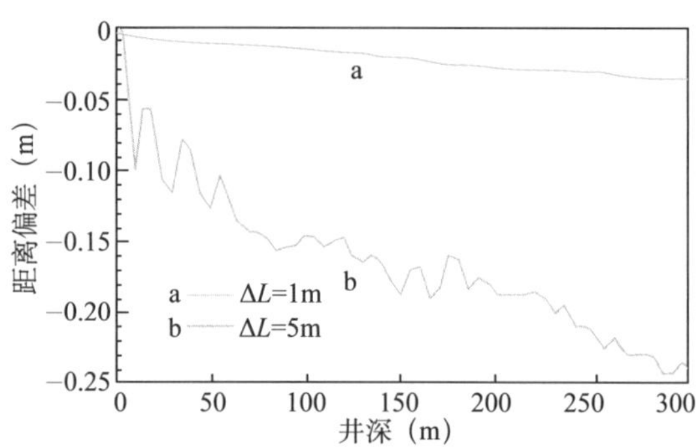

图3.70　控制周期对距离偏差修正精度的影响

3.7.3.3　认识与结论

综合以上的仿真结果及其分析，可以得到以下认识和结论：

（1）井眼轨道自动跟踪分系统的模糊控制稳定性好，且具有较好的鲁棒性。系统的跟踪性能取决于系统控制周期的取值。在满足跟踪性能要求的前提下，为了减少执行机构的调节次数、延长其寿命，控制周期应尽量取大值。

（2）地面控制分系统对距离偏差具有较好的修正（补偿）功能。距离偏差的修正（补偿）精度取决于系统的控制周期和修正周期，其中，控制周期对修正周期有着显著的影响。控制周期和修正周期越小，距离偏差的修正精度就越高。当控制周期取定后，可以通过调整修正周期来使距离偏差的修正精度达到要求。

（3）本节利用模糊控制实现井眼轨道的自动跟踪，利用地面监控分系统构成外环实现对控制周期的调整（干预）以及对距离偏差的补偿（修正）。仿真试验的结果证明了这种井眼轨道自动控制结构的合理性。

（4）在仿真试验中，干扰信号的最大幅度为 0.76°/30m，是最大控制信号幅值 6°/30m 的 12.7%，对仿真系统所施加的干扰是比较大的。在这种情况下，仿真试验仍然取得了较好结果。另外由于在仿真试验中所建立的被控对象数学模型只是一个简化模型，所以井眼轨道自动控制系统还需要经过实验及现场应用进行验证和修正。

参考文献

[1] 绪方胜彦．系统动力学 [M]. 孙祥根，译．北京：机械工业出版社，1983.

[2] 钱学森．工程控制论（新世纪版）[M]. 上海：上海交通大学出版社，2007.

[3] 季新宝．自动控制理论基础 [M]. 上海：上海科技出版社，1987.

[4] 张伯鹏．控制工程基础 [M]. 北京：机械工业出版社，1982.

[5] 王显正，等．控制理论基础 [M]. 北京：科学出版社，2000.

[6] 董景新，等．控制工程基础 [M]. 北京：清华大学出版社，1992.

[7] 杨建玺，等．控制工程基础 [M]. 北京：科学出版社，2008.

[8] 樊昌信，等．通信原理 [M]. 北京：国防工业出版社，2001.

[9] 苏义脑．关于井眼轨道控制研究的新思考 [J]. 石油学报，1993，14（4）：117–123.

[10] 苏义脑．有关井眼轨道自动控制系统的几个特殊概念 [M]// 苏义脑，等．井下控制工程学研究进展．北京：石油工业出版社，2001：13–17.

[11] 苏义脑，王珍应．井眼轨道遥控系统的研究 [M]// 苏义脑，等．井下控制工程学研究进展．北京：石油工业出版社，2001：68–76.

[12] 白家祉，苏义脑．井斜控制理论与实践 [M]. 北京：石油工业出版社，1990.

[13] 谢竹庄．钻柱中的弹性波 [J]. 石油学报，1992，13（3）：94–101.

[14] 苏义脑，董海平，王珍应．井下控制器的初步研究 [M]// 苏义脑，等．井下控制工程学研究进展．北京：石油工业出版社，2001：77–84.

[15] 苏义脑，梁涛．井眼轨道自动控制系统设计的几个基本问题 [J]. 石油学报，1999，20（1）：67–72.

[16] 苏义脑．极限曲率法及应用 [J]. 石油学报，1997，18（3）：110–114.

[17] 苏义脑．正在兴起的井下控制工程学 [N]. 中国科学报，1995–03–20.

[18] 苏义脑．新发明—自动井斜角控制器的原理及应用 [C]// 中国博士后首届学术大会论文集．1993.

[19] 刘修善，等．井眼轨道设计理论与描述方法 [M]. 哈尔滨：黑龙江科学技术出版社，1993.

[20] 赵长安，王子才．控制系统设计手册（上、下）[M]. 北京：国防工业出版社，1991.

[21] 蔡自兴，徐光右．人工智能及其应用 [M]. 北京：清华大学出版社，1996.

[22] 周祖德，唐泳洪．机电一体化控制技术与系统 [M]. 武汉：华中理工大学出版社，1993.

[23] 王宗学．飞行器控制系统概论 [M]. 北京：北京航空航天大学出版社，1994.

[24] 王益群，阳含和．控制工程基础 [M]. 北京：机械工业出版社，1989.

[25] 李清泉．自适应控制系统理论、设计与应用 [M]. 北京：科学出版社，1990.

[26] 韩曾晋．自适应控制 [M]. 北京：清华大学出版社，1995.

[27] 肖芳淳，等．模糊分析设计在石油工业中的应用 [M]. 北京：石油工业出版社，1993.

[28] 周其鉴，等．智能控制及其展望（综述）[J]. 信息与控制，1987（2）：37–45.

[29] 苏义脑，梁涛 . 带有结构弯角类井眼轨道自动控制系统的分析与综合方法研究 [M]// 苏义脑，等 . 井下控制工程学研究进展 . 北京：石油工业出版社，2001：47–57.
[30] 胡家耀 . 参数自调整 Fuzzy–PI 调节器 [J]. 信息与控制，1987（6）：26–33.
[31] 苏义脑，梁涛 . 带有可调弯壳体螺杆钻具的井眼轨道自控仿真设计与结果分析 [M]// 苏义脑，等 . 井下控制工程学研究进展 . 北京：石油工业出版社，2001：58–62.
[32] 苏义脑，梁涛 . 模糊控制在带有可调弯壳体螺杆钻具的井眼轨道自动跟踪分系统中的应用 [M]// 苏义脑，等 . 井下控制工程学研究进展 . 北京：石油工业出版社，2001：63–67.

4 井下控制机构与系统设计

本章介绍井下控制机构与系统的设计方法，它是井下控制工程学的技术基础即井下控制机构与系统设计学的重要内容。在阐述井下控制系统设计准则、控制机构设计注意事项和模块化设计方法的基础上，逐一讨论多种典型控制机构的工作原理、结构设计、特性分析和井下控制的机构库，并举例介绍几种井下控制系统的设计过程与主要内容。

4.1 井下控制系统和机构设计方法概述

如前所述，井下控制工程学的应用目标是要研制和开发应用于油气井下的各种控制工具和控制系统，机电液一体化往往是这种工具或系统的基本特征，因此具有较大的难度，这不仅对于具备有关理论基础和一定设计经验的专业人员是这样，对于缺少相关理论知识和设计实践的应用者和初学者更是如此。所以，如何把设计者从“靠灵感设计”的桎梏中解放出来，让缺少相关理论知识和设计经验的应用者和初学者在确定了工艺要求的前提下，能按照一定的流程和方法设计出满足要求的井下控制工具和系统，“不靠灵感靠方法”则是笔者在研究工作中一直追求的目标。

这个方法就是本章要讨论的模块化设计方法。这个流程就是在确定了控制量和主控信号后，按照控制链逐步从机构库中选取所需的合适的中间机构，像“搭积木”一样组装成相应的工具系统。对于不同的控制量，采用相应的主控信号、控制链和中间机构，就可以设计出满足工艺要求的控制系统；而且对于同一种控制量，如果采用不同的主控信号和控制链，选用不同的中间机构，也可以设计出不同结构的控制系统。这就给了设计者很大的设计空间和创新机会。

由此可见，控制机构是组成控制系统的基本元素或模块。针对适用于井下控制目标的多种实用控制信号，设计和开发出相应的信号发生机构、传递机构、放大机构和执行机构，确定这些机构的典型结构，并建立各种不同类型信号的控制机构结构库和特性仿真库，是实施模块化设计方法的基础工作，也是本章要讨论的基本内容。

4.1.1 井下控制系统的设计准则

对于井下控制系统，由于工作环境和操作工艺的特殊性，要求满足以下设计准则：可靠性、快速性、稳定性、准确性、相容性、长寿命、经济性和简约性。其中稳定性、快速性和准确性是控制系统的一般要求（即稳、准、快，见本书第 2 章），其他几点则是对井下控制系统的特殊要求。

(1) 可靠性。

高的工作可靠性是对井下控制系统的最基本要求。因为任何不可靠的因素都会使井下工具工作失常，严重时会引发井下事故甚至灾难性后果，这对陆地上油气井是这样，对海上的油气井更是如此。

众所周知，一方面油气井井下环境恶劣，井下控制工具或系统工作在高温、高压、重载、强振和有腐蚀的条件下，这些客观存在对井下系统和井下工具提出了严峻的挑战；另一方面，井下系统工作在几千米深的井下，如果发生问题，轻则会中断正常工作和起钻维修，延误工作周期，造成较大的经济损失；重则会造成卡钻和井下事故，甚至井眼报废和机毁人亡。所以要求井下控制系统要比地面系统拥有更高的可靠性；在具体设计中，一方面应尽量降低系统及其元件的失效率，要求系统或元件具有较高的抗温、抗压和抗震特性，系统方案尽量采用冗余结构，以增强系统的容错能力；另一方面，应最大限度利用现有的成熟技术，以减少攻关点，来保证系统工作的可靠性。

（2）快速性。

响应速度快也是井下控制系统设计准则之一。提高系统的响应速度对提高工作效率有很大帮助，同时也有利于地面人员对系统状态进行检测。例如，不能因井下控制系统的自身操作造成原有钻井操作的过分延时，特别是在某些紧急事故情况下，必须要求系统对控制信号做出及时的反应以避免事故进一步扩展，这就对机构乃至系统的响应速度提出了更高的要求。

（3）稳定性。

由于井下情况复杂，客观上存在多种情况会使控制系统的工作误差加大，这些误差主要包括：各个环节上的简化理论模式均有一定的系统误差；多种干扰会在不同程度上放大理论模式产生的系统误差。而且井下系统误差造成的危害比在地面上会更大，因为井下系统工作在几千米深的井下，对出现的误差不易及时发现并给予调整。过度的误差会对井下控制造成严重影响和不良后果，甚至带来重大经济损失。所以，对于井下控制系统，应严格控制系统稳态误差以保证系统工作的稳定性。

（4）准确性。

准确性是对一般控制系统的基本要求，也是井下控制系统设计必须要满足的设计准则之一。井下控制系统的稳态精度对保证系统的稳定性和控制的准确性也至关重要，因此控制合理的静态偏差是系统设计者不容忽视的问题。

（5）相容性。

相容性主要是针对控制系统或工具的机械结构设计而言。由于油井是一个细长孔，从地表开始向下长度可达数千米，但初始直径（最大）往往在半米以内，而且逐级逐段向下依次缩小，有时最下段的套管、油管的内径尺寸小于 100mm。我们曾用“圆珠笔模拟”形象地描述井下工具的结构特征，即“细长圆筒分层结构”，层间布置有相关机构和电路，中心有液流通道和传递运动与动力的主轴等，苛刻的径向尺寸和恶劣的受力状况，即能否做到“放得下，摆得开，受得住”，这往往给控制工具的机械设计带来很大的困难。

（6）长寿命。

井下控制系统必须要保证具有足够长的工作寿命，不仅是为了确保井下作业的正常进行，而且也是为了尽量避免由于更换部件而造成工时浪费，节约成本。以钻井工具和仪器系统为例，其工作寿命（不更换部件和电池）一般要在 200h 以上，至少不能低于一只钻头的工作寿命，决不能因为工具和仪器的故障而被迫中断正常的钻井作业而提前起钻。

（7）经济性。

经济性是工程设计和建造的一个基本原则，也是井下控制系统设计必须遵循的准则之一。在设计和制造井下控制系统时，要在满足以上设计准则的前提下，尽量考虑降低成本，使产品有合理的性价比。

（8）简约性。

简约性是指在满足需求的前提下尽量使系统简单化。复杂的系统本身隐含了较多发生故障的可能性，复杂的操作也会增加使用者的劳动强度和失误频率。对于井下控制工具和系统，设计时要尽可能减少零部件的数量，这就等于减少了系统的故障概率，从而提高了系统的可靠性和经济性。越是复杂的系统其操作应该越简单，这对于系统设计者要有足够 的重视。

一个成功的系统应该是一个和谐的系统。上述几个准则之间有着紧密的联系，但也存在矛盾。例如要增加系统的可靠性，设计时需考虑采用冗余结构或选用优质性能的元器件，但会导致成本增加。所以在进行设计时，一定要协调矛盾，统筹兼顾，从最优化的观点综合考虑、比较，得出综合性能最优的设计方案。设计本身就是一个不断协调、妥协、寻优的过程。

4.1.2 井下控制机构设计的注意事项

井下控制系统是由若干个控制机构按控制链组成的，每个机构性能的优劣在很大程度上决定了系统性能的优劣，所以机构设计是系统设计的基本保证。上述关于控制系统设计的准则同样适用于机构设计，在进行机构设计的过程中要予以遵循和考虑。

机构按其功能可分为信号发生机构、信号传递机构、信号放大机构和执行机构。信号发生机构是要制造出所需的控制信号，信号传递机构是把前者产生的控制信号传递到信号放大机构，使原来较弱的控制信号变得具有足够的量值，从而推动执行机构工作。前三种机构属于信号级，传递的主要是信号和动作，准确性是其关键指标；执行机构属于功率级，传递的是运动和动力，力学参数（强度、刚度、力、扭矩、速度和加速度等）是其关键指标。这些要在机构设计中予以充分注意。

机构设计的步骤和流程如下：

（1）根据选定的控制信号确定机构的工作原理和工作参数；

（2）构思并画出机构的结构草图；

（3）画出信号流程图，确定信号（发生、传递、放大）的准确性；

（4）分析求出机构的传递函数；

（5）分析机构内特性并进行计算机仿真；

（6）完成各零部件的结构设计，验算其力学性能指标并形成装配图。

设计过程是一个反复修改和逐步寻优的过程。如果上述某一步骤达不到要求，就要进行修改和调整，直至得到满意的结果。最终得到的方案可确定作为此类机构的典型机构，即可进入井下控制机构的结构库和特性仿真库，作为库中的一个基本模块，供后续的设计工作者参考选用。

在实际的设计工作中，有时会把某种信号的发生机构、传递机构甚至放大机构巧妙地组合成一个整体，即复合式机构，但其分阶段的流程和功能是明晰的。这样做是为了把机构集成化，以求大幅度压缩空间和降低成本，如后面将要介绍的组合阀、自动井斜角控制器即是复合式机构。

4.1.3 井下系统设计的“控制链”法

如前所述，油气井的井下控制问题常常表现为开环遥控或闭环自控方式。一般而言，任何一个实际的复杂的控制系统都不可能是由一个控制环节或单元构成的。为便于说明模块化设计方法，再次重提和强调“控制链”和“主控信号”的概念是有益的。

所谓控制链，是指由多个控制单元（或称环节）首尾串联（局部可有并联）而组成的控制系统的信号流程（或结构流程）。在一条控制链中，控制信号（初始信号）由初节（最前的一个单元）输入，并逐步经过一系列中间环节（若干中间单元）传至末节（最后一个单元），末节的输出即是被控量。图 4.1 为一个开环系统的控制链示意图。对于一个闭环控制系统，末节输出的被控量被反馈引入某一中间环节，从而构成闭环控制回路。

在控制链中，控制单元 J_i 是 J_{i+1} 的前级，同时也是 J_{i-1} 的后级。前级的输出是后级的输入。对 J_i，其输出和输入往往是不同性质的信号，对控制单元 J_i 可以是一种机构，也可以是一个其他类型的物理模块。图 4.2 为某种开环遥控变径稳定器的控制链。

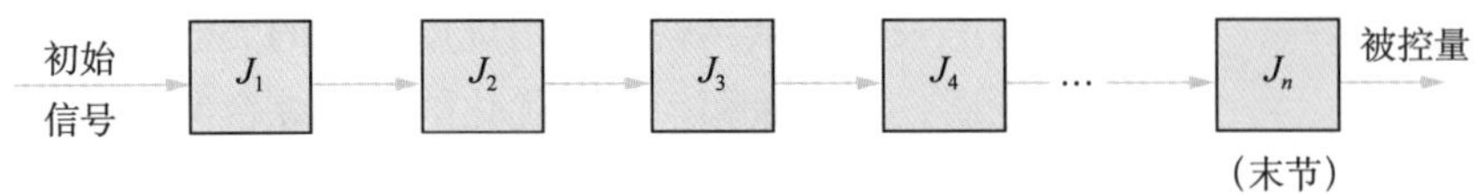

图4.1　开环系统控制链示意图

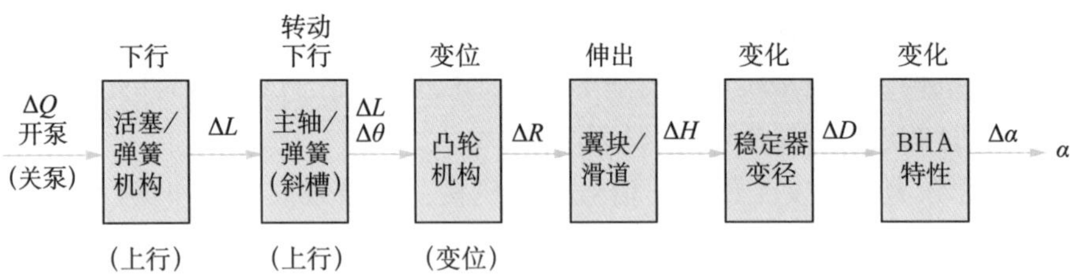

图4.2　开环遥控变径稳定器控制链

该控制链共有 6 个控制环节。J_1 是一个活塞 / 弹簧机构，它输入的是开（停）泵所造成的系统排量变化Δ Q，从而造成 J_1 内部的主活塞下行，输出下行位移Δ L；J_2 是带有斜直槽的主轴 / 弹簧机构，J_1 的输出Δ L 造成 J_2（主轴）产生下行（Δ L）和转动（Δ θ）响应；J_3 是固结在主轴上的变径凸轮，不同的转角与预定的半径对应，输入Δ θ，输出Δ R；J_4 是翼块 / 滑道机构，凸轮外径变化（Δ R）导致翼块沿滑道产生相应的响应Δ H，从而造成 J_5（稳定器变径部分）直径产生Δ D，它使 J_6（即下部组合 BHA）的总体结构和力学特性进行调整，从而产生井斜角变化量$\Delta\alpha$，达到控制井斜角和调整造斜率的目的。

同样，通过对遥控型井下可调弯壳体 [1] 的工作原理分析，得到控制链如图 4.3 所示。自动井斜角控制器的控制链如图 4.4 所示。

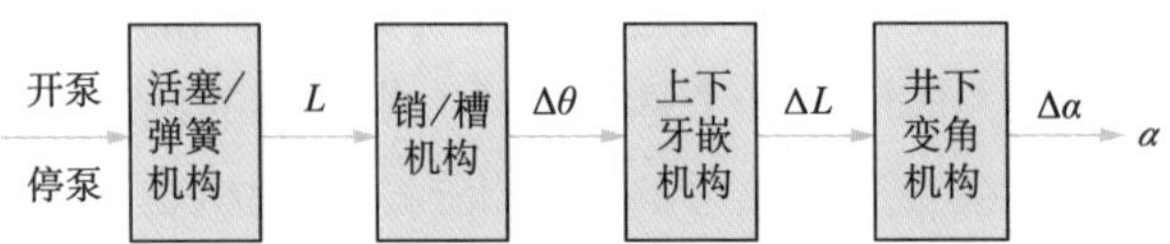

图4.3　遥控型井下可调弯壳体的控制链

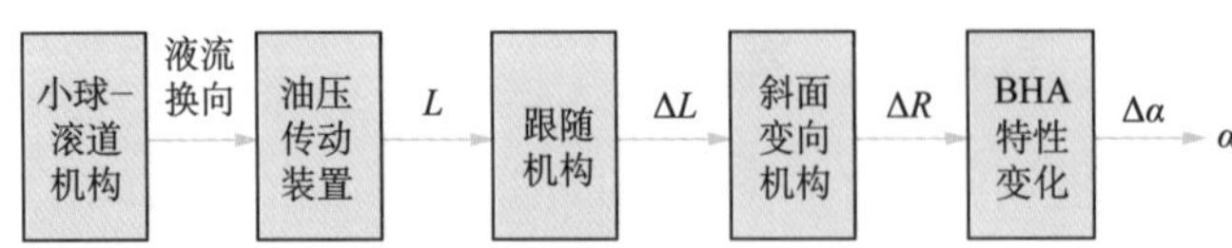

图4.4　自动井斜角控制器的控制链

所谓主控信号，是指一个控制系统或其控制链区别于其他控制系统及其控制链的特征信号，如开关泵信号、投球信号等。当然，某种控制信号被作为主控信号是相对于控制链而言的，并非固定不变。同一种信号在某一控制系统的控制链中是主控信号，但在其他的控制系统则不一定是主控信号。根据主控信号的定义，主控信号可以是某一控制链的初始信号，也可以是其中间环节的控制信号。一般把初始信号作为主控信号者居多。

控制链方法与主控信号概念的提出，对于构思复杂控制系统和确定控制信号类型，进行系统方案和信号流程设计，非常重要和必要。

4.1.4　井下控制机构库与模块化设计方法要点

前面讨论了井下控制系统的设计准则、控制机构设计的注意事项和控制链方法，并简单提及井下控制机构库（本章后续将作专门介绍），这些工作都是为实现井下控制系统的模块化设计方法所做的基础性工作。图 4.5 给出了笔者及其研究团队建立的井下控制机构库的主界面，该机构库中收入了 20 余种相对成熟的典型机构，包括结构、特性及其仿真。该机构库具有开放性，随着研究工作的积累会不断地加以补充和扩展，可为模块化设计提供较大的选择空间。

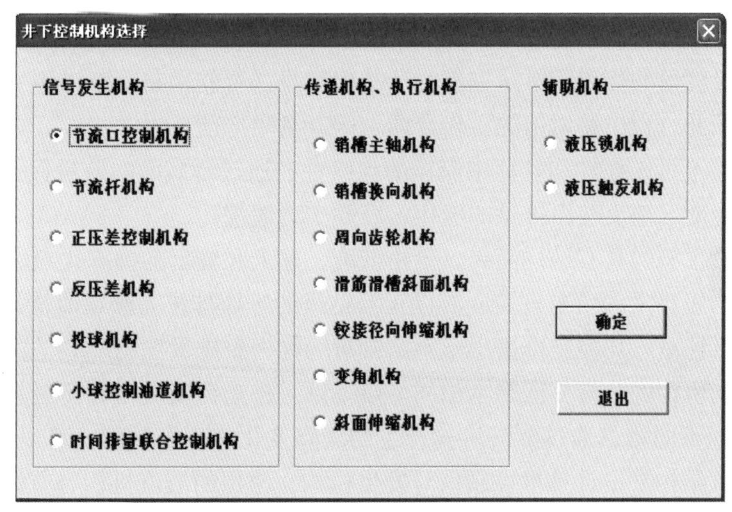

图4.5　井下控制机构库主界面

据前述可归纳出井下控制系统模块化设计方法的要点是：

设计者根据工艺需求提出目标和参数，根据控制链方法确定被控制量（控制链的末节输出）和主控信号（控制链的首节，操作量），然后根据首节的输出量和末节所要求的输入量，从控制机构库中选出首节、末节对应的典型机构（模块）；接着按此方法确定第 2 节机构模块和末 2 节机构模块，依次向中间类推完成衔接，最后完成整条控制链，就得到了控制系统的信号流程和结构流程。这一方法可简称为“抓住首尾，完善中间”。

在这里有一点要加以注意：如果中间的一节没有典型的模块机构，就需要设计者根据对其输入和输出信号来做设计。不过在对机构库的模块机构有一定了解之后，会在此前选择模块时兼顾考虑，尽量避开这一问题。

之所以会发生这一问题，主要是事先确定了主控信号的缘故。如果不先确定主控信号，可以采用“逐步倒推”的方式，由末节开始，逐步选择相应模块，最后确定合适的主控信号和控制链的首节机构模块。这种方法在实践中也常用到。

其实这些问题并不突出，这是因为常用的实用的主控信号并不很多，而且选择中间模块时有一定的自由度，因此只要在选择模块时做到前后兼顾，问题并不难得到解决。笔者的多次设计实践可以证明这一点。

还要重点说明，控制链方法可为设计者提供很大的设计空间和多种选择（本章后续部分将会给出实例），但一定要本着简约性准则，不要选择过于复杂的方案。要综合考虑，统筹兼顾，优中选优，依据就是前文提到的“八条准则”。

4.2 排量控制机构设计

排量信号控制机构是井下控制机构中的典型机构，既可用来作为主轴机构的前驱机构，也可作为示位机构，因此在井下控制机构设计中应用广泛。这主要是由排量信号的优点所决定，在本书第3章中已略有简述。本节将对正排量信号控制机构中的节流口机构和节流杆机构进行详细讨论，介绍节流口与节流杆机构的结构、工作原理、主要设计参数与设计要求，建立机构的传递函数，并分析其工作特性。由此得到的典型结构和内在特性可进入井下控制机构库和特性仿真库，作为一个典型模块以便为设计人员选用和参考。

在这里回顾排量信号的优点和排量控制的分类仍然是必要的。它具有以下主要优点：

（1）钻井液是钻井过程中最常用的工作介质，因此利用方便；

（2）由于液体的不可压缩性和管柱中流体的连续性，通过各截面的流量保持不变，因此在地面变化排量时，井下能准确地反映出排量的变化，容易实现遥控；

（3）排量信号发生机构具有结构简单、价格低廉、输入和输出准确等优点。

排量控制可分为正排量和负排量控制。以正常钻进的工作排量为额定值，凡控制排量大于额定排量的，称为正排量控制；凡控制排量小于额定排量的称为负排量控制。

正、负排量控制机构的分析方法基本相同，以下以正排量控制机构为例对其进行分析。

排量控制是根据不同排量通过节流机构产生的压降变化实现控制的，可以利用排量改变压降，因此可利用各种节流结构来设计排量控制信号发生机构。常用的节流机构有节流口机构和节流杆机构，对应形成两种排量控制机构，以下分别加以讨论。

4.2.1 排量信号控制机构工作原理及其水力学基础

如上所述，节流机构是典型的排量信号控制机构，其工作原理是：通过节流结构产生压降Δp，使构件受到附加作用力；改变正常工作流量Q，即给出ΔQ，产生的力可克服正常Q时的弹簧力，从而导致产生控制动作。现有节流机构的结构形式有喷嘴、节流杆等，地面工作人员可以从立管泵压表的压力变化来“遥控”操纵井下控制机构，或者来监测井下工况的变化。

由于排量信号机构的工作介质是水，工作参数是排量和压降，工作条件是不同形式和几何尺寸的节流口和环隙等，所以有必要介绍相关的水力学知识，以作为分析计算的理论基础。

实际流体流动时，由于流体间的摩擦阻力，以及某些局部管件引起的附加阻力，使得流体在流动过程中产生能量损失，所损失的机械能变成热能而散失。

对总流上任意两个缓变流断面，以$h_{\mathrm{w}_{1-2}}$代表单位重力流体由断面流道1到断面流道2的水头损失，则实际流体总流的伯努利方程为：

$$z_1+\frac{p_1}{\rho g}+\frac{\alpha_1 v_1^2}{2g}=z_2+\frac{p_2}{\rho g}+\frac{\alpha_2 v_2^2}{2g}+h_{\mathrm{w}_{1-2}} \tag{4.1}$$

式中：ρ为流体密度；α_1、α_2为动能修正系数；z_1、z_2为在两断面处的位置水头；p_1、p_2为在两断面处的压力；v_1、v_2为在两断面处的液流速度。

动能修正系数α是由于断面上速度分布不均匀引起的。在工程实际计算中，由于流速水头本身所占的比例较小，故一般常取α=1。

流体在流动过程中的能量损失h_{w}主要包括[2]：

(1) 沿程阻力与沿程水头损失：流体沿均一直径的直管段流动时所产生的阻力，称为沿程阻力。克服沿程阻力所产生的水头损失，称为沿程水头损失，用 h_f 表示。

(2) 局部阻力与局部水头损失：流体经过局部管件时所产生的阻力，称为局部阻力。克服局部阻力所产生的水头损失称为局部水头损失，用 h_j 表示。

因此，总的水头损失 h_w 应为各段沿程水头损失与所有局部管件的局部水头损失之和，即

$$h_w = \sum h_f + \sum h_j \tag{4.2}$$

对某装置前、后断面的钻井液应用伯努利方程，若装置很短，可以忽略位置水头和沿程水头损失的影响，装置前后液流通道截面假设不变，则根据连续性方程，两断面处液流速度相同 $v_1=v_2=v$，则（4.1）式可简化成如下形式：

$$\frac{p_1 - p_2}{\rho g}=h_j \tag{4.3}$$

由（4.3）式可知液流流经该装置产生的压力水头的变化就等于水头损失。

局部水头损失 h_j 是由于液流断面急剧变化以及液流方向转变而产生的，可按（4.4）式计算：

$$h_j=\xi\frac{v^2}{2g} \tag{4.4}$$

式中；ξ 为局部阻力系数；v 为流体平均流速。

从理论上计算局部阻力系数是较困难的，仅有极少量的局部阻力系数可用理论分析方法推得，而绝大多数的局部阻力都需用实验方法来确定。它与管路的形状及雷诺数有关。

综合式（4.3）和式（4.4）式可得局部压力降Δp 为：

$$\Delta p = p_1 - p_2=\xi\frac{\rho v^2}{2} \tag{4.5}$$

由式（4.5）可知，ξ 和 v 的变化必然造成Δp 的变化。ξ 与管件局部几何形状及雷诺数有关，v 与流量有关。所以，流量、过流面积和流道局部几何形状的变化均可产生压力降。

节流机构就是利用过流面积的变化或改变排量产生压力降变化，在系统的控制链构成中，或者是作为执行机构（主轴机构）的前驱机构，或者是作为示位机构。

由流体经过节流口的流量公式

$$Q=CA\sqrt{\frac{2\Delta p}{\rho}} \tag{4.6}$$

可求得压降为：

$$\Delta p=\frac{\rho}{2}\left(\frac{Q}{CA}\right)^2 \tag{4.7}$$

式中：Q 为流体流量；C 为流量系数，其值靠实验确定；A 为流体通过的面积。

若流体流经的管件结构不发生改变，即过流面积不发生改变，两断面间的压力降主要由流体流量 Q 来确定，不同的节流元件对应不同的流量—压降关系。当物体的上下端面的受力面积相等时，则物体受力主要由流体流量 Q 来决定。排量控制信号发生的机理，就是通过控制钻井液排量来控制机构的受力及发生的动作。

由排量控制信号发生机理可知，节流机构就是一种可以利用排量来改变压降的元件，我们可以利用各种节流结构来设计排量控制信号的发生机构。通过节流结构产生压降Δp，从而使构件受到附加作用力；改变流量 Q，即给出ΔQ，产生的力可克服正常 Q 时的弹簧力，从而产生控制动作。

4.2.2 节流口机构

4.2.2.1 结构与工作原理

节流口机构的典型结构是活塞——弹簧机构，输入量为控制排量，输出量为活塞行程。

当流经其中的流体排量为正常工作排量时，机构不发生动作；而当排量增加到控制排量时，机构中的节流口造成的附加钻井液推力将压缩弹簧，推动活塞下行，下行位移常作为另一控制信号以启动系统下一环节。

图4.6是节流口的结构原理图。它由控制器本体（外筒）1、上挡环2、密封圈3、活塞4、节流口5、弹簧6、定位套筒7、下挡环8等元件组成。活塞4的活塞外圆面与本体1的缸套内圆面形成动配合，其间装有密封圈3，以防止钻井液经配合间隙直接进入活塞下腔，以保证活塞上、下端面有不同的钻井液压力，避免高、低压腔的泄漏。一方面，活塞内部某位置装有节流口5，其作用是能够以较精确的内径和长度尺寸得到较精确的节流压降Δp，而且可以设计成系列尺寸，以适应不同控制排量和不同压降的需要；另一方面，作为冲蚀的易损件更换节流口，可保护活塞4，从而降低使用成本。压缩弹簧6套在活塞杆外，上部顶在活塞的下端，下部置于下挡环上。弹簧外面有定位套筒7，其下端装在下挡环8上，其作用有二：一是给出活塞的下极限位置，保证控制机构的输出位移为定值；二是保证弹簧6能居中工作和不被过量压缩。下挡环上钻有通孔，其作用是在活塞上下运动时，钻井液通过这些小孔能吸进和排出。活塞杆上钻有一孔，位于节流口的下方一定距离，其作用在于保证活塞下方环形空间内的钻井液压降与节流口下方处相等，即保证活塞上下端面的压差即为节流口压降Δp，从而便于保证排量机构的工作性能。

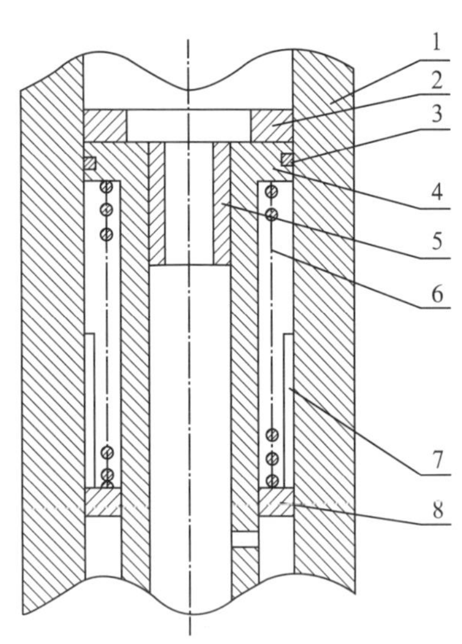

图4.6 节流口机构结构原理

1—本体；2—上挡环；3—密封圈；4—活塞；5—节流口；6—弹簧；7—定位套筒；8—下挡环

当未开泵或泵量为正常工作排量Q_0时，弹簧6在弹簧回复力作用下推动活塞4处于上极位，顶在上挡环2上；当发出设定的控制排量Q_C时，由节流口5压降Δp_C造成的附加钻井液推力将使弹簧6压缩、活塞4下行，活塞下端面顶在定位套筒7上，输出下行位移L_C，弹簧被压缩至下极位；当再次减至正常工作排量或停泵时，活塞在弹簧回复力作用下上行直至上极位，完成一个工作周期。

该机构的输出量L_C可作为控制链中下一个控制机构的输入量，去完成下一个预定的控制动作，如推动变径稳定器的主轴下行。因此，一般需要在活塞4下端连一个传力杆件。

4.2.2.2 活塞的运动与受力分析

以活塞为研究对象，取活塞下行方向为正，对活塞进行受力分析，如图4.7所示。

活塞上端面受液压作用力P_A，下端面受液压作用力P_B，弹簧压缩变形造成的回复力$k\Delta L$；活塞侧壁圆柱面上作用有摩擦阻尼力F_m，活塞杆向下运动时若需推动其他物体，则还会受到推力反力F_t，上挡环或定位套筒加给活塞的约束反力P_S，此外还有活塞杆的自重mg，所以活塞所受合力F为：

$$F=(P_A-P_B)+mg-k\Delta L\pm P_S\pm F_m-F_t \tag{4.8}$$

式中：当活塞处于上极位时，P_S取“+”；当处于下极位时取“−”；当活塞在运动过程中取P_S=0。F_m

的“±”，由运动方向、运动趋势而定，与运动方向（趋势）相反。只有活塞在向下运动过程中或处于下极位时可能存在 F_t。

对于节流口机构，活塞上下端的液压受力面积相同，但其上下端面的压降不同。活塞所受液压作用力和节流口的压降可分别用下面的公式[3]来计算：

$$P_A - P_B = \Delta P = \frac{\pi}{4}\left(D^2 - d^2\right)\Delta p \tag{4.9}$$

式中：ΔP 为活塞所受液压作用力，又称活塞力，N；D 为活塞的外径，mm；d 为节流口的内径，mm；Δp 为节流口入、出口间压力降，MPa。Δp 的表达式为：

$$\Delta p = 0.020424\frac{Q^{1.8}H}{d^{4.8}} \tag{4.10}$$

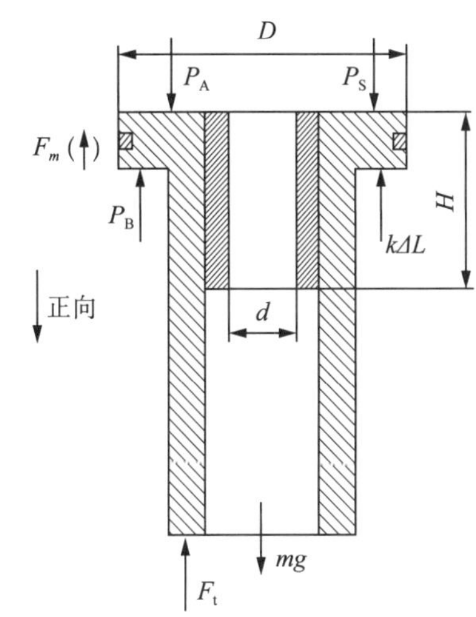

图4.7　节流口机构活塞受力分析

式中：Q 为节流口钻井液排量，L/s；H 为节流口的长度，cm。

通过对活塞各个工况（上极位—下行—下极位—上行—上极位）的综合分析，得出满足整个工作周期条件的两个重要不等式：

$$k(L_0 - L_1) \geqslant \Delta P_0 + mg + F_m \tag{4.11}$$

$$k(L_0 - L_1 + L_C) \leqslant \Delta P_C + mg - F_m - F_t \tag{4.12}$$

式中：k 为弹簧刚度；L_0 为弹簧自由长度；L_1 为弹簧在上极位时的长度；L_C 为活塞的最大行程；ΔP_0 为正常工作排量时的活塞力；ΔP_C 为控制排量时的活塞力。

在式（4.11）和式（4.12）中，令控制排量时的活塞力 $\Delta P_C = x$，预紧力 $k(L_0 - L_1) = y$，并引入控制排量系数 $K = \dfrac{Q_C}{Q_0}$。当 K>1 时，为正排量控制；当 K<1 时为负排量控制。可得如下不等式：

$$y \geqslant \frac{1}{K^{1.8}}x + mg + F_m \tag{4.13}$$

$$y \leqslant x + mg - F_m - F_t - kL_C \tag{4.14}$$

该不等式的分析求解是节流口机构参数设计的重要环节，下面对该不等式进行详细分析与讨论。要确定满足要求的设计参数，相当于求解图 4.8 中的阴影部分。

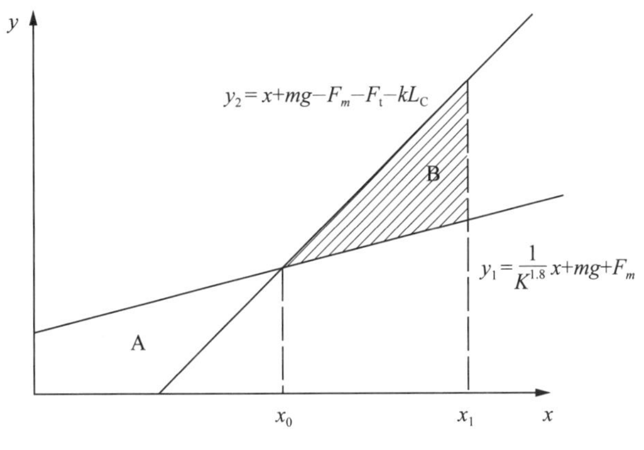

图4.8　节流口机构的取值范围

如图 4.8 所示，x_0 为临界控制排量活塞力，x_1 为最大控制排量活塞力（因为 x 取值过大会造成压降过大，造成不必要的能量损失），只有在当 $x_1 > x > x_0$，且 $y_2 > y > y_1$ 时，该节流口机构能够满足机构的动作要求。在设计控制排量确定后，再根据式（4.9）和式（4.10）求出节流口内径与长度。

令

$$y_1 \geqslant \frac{1}{K^{1.8}}x + mg + F_m$$

$$y_2 = x + mg - F_m - F_t - kL_C$$

当 $y_1=y_2$，得出临界控制排量活塞力为：

$$\Delta P_{C临} = \frac{2F_m + F_t + kL_C}{1 - \frac{1}{K^{1.8}}} \tag{4.15}$$

式中：工作排量 Q_0 属于基本参数，必须首先确定；其次应确定合理的控制排量 Q_C，要使 Q_C 明显大于 Q_0，以避免排量不均度造成误动作。行程 L_C、F_t 是由控制链中下一个环节的要求所确定，属于设计的基本参数。可以预设摩擦力 F_m，所以临界控制排量活塞力随着弹簧刚度系数的增大而增大。

下面就不同取值范围分别讨论活塞运动状况。

当 $x > x_0$，且 $y > y_2$：正常排量能上压到上极位，控制排量不能下压至下极位；

当 $x > x_0$，且 $y_2 > y > y_1$：正常排量能上压到上极位，控制排量能下压至下极位；

当 $x > x_0$，且 $y < y_1$：正常排量不能上压到上极位，控制排量能下压至下极位；

当 $x < x_0$，且 $y > y_1$：正常排量能上压到上极位，控制排量不能下压至下极位；

当 $x < x_0$，且 $y_1 > y > y_2$：正常排量不能上压到上极位，控制排量不能下压至下极位；

当 $x < x_0$，且 $y < y_2$：正常排量不能上压到上极位，控制排量能下压至下极位。

活塞运动状况的分析有助于我们根据观察活塞运动情况，判断机构取值。

4.2.2.3 参数分析

（1）弹簧刚度对弹簧变形量的影响。

为了达到预紧力、活塞力及弹簧参数的设计要求，还需要分析满足预紧力所使用弹簧的长度尺寸、刚度系数组合，以保证弹簧的压缩变形量在合理范围内。

在本机构中，弹簧的总压缩量ΔL 等于弹簧预压缩量与活塞行程之和。为了保证弹簧的正常使用，应确保弹簧的总压缩量与原长之比在一定范围之内。

弹簧的预紧力等于弹簧预压缩量与刚度系数的乘积。要得到比较大的预紧力，需要较大的弹簧刚度系数和预压缩量。一般情况下，弹簧受力不变时弹簧的刚度与弹簧的变形量成反比，但在本机构中，临界控制排量活塞力随着弹簧刚度的增大而增大，设计控制排量活塞力必然随着增大，相应地预紧力的取值也将增大，此时我们有必要进一步研究弹簧刚度对于弹簧压缩量设计的影响。

取 $\Delta P_C = 1.2\Delta P^0_{C临}$（因为控制排量活塞力的取值过大会造成压降过大，造成不必要的能量损失），根据不等式（4.13），令

$$k(L_0 - L_1)_{\min} = \left(\frac{Q_0}{Q_C}\right)^{1.8} 1.2\Delta P_{C临} + mg + F_m$$

根据不等式（4.14），令

$$k(L_0 - L_1)_{\max} = 1.2\Delta P_{C临} + mg - F_m - F_t - kL_C$$

取设计预紧力为：

$$k(L_0 - L_1) = \frac{k(L_0 - L_1)_{\min} + k(L_0 - L_1)_{\max}}{2} \tag{4.16}$$

由式（4.16）确定的设计参数必然满足控制要求。

弹簧的总压缩量为：

$$\Delta L = L_0 - L_1 + L_C \tag{4.17}$$

根据以上分析，设 Q_0=28L/s，Q_C=33L/s，mg=500kN，F_t=1000N，F_m=500N，L_C=100mm 时，弹簧总压缩量 ΔL 与刚度系数 k 之间的关系如图 4.9 所示。由图可见，当弹簧刚度增加到一定数值时，通过增加刚度来减小弹簧变形量的作用并不大。为了控制弹簧的变形量与原始长度的比值，除了适当的增加弹簧刚度外，有时也可以通过增加弹簧原始长度来解决。

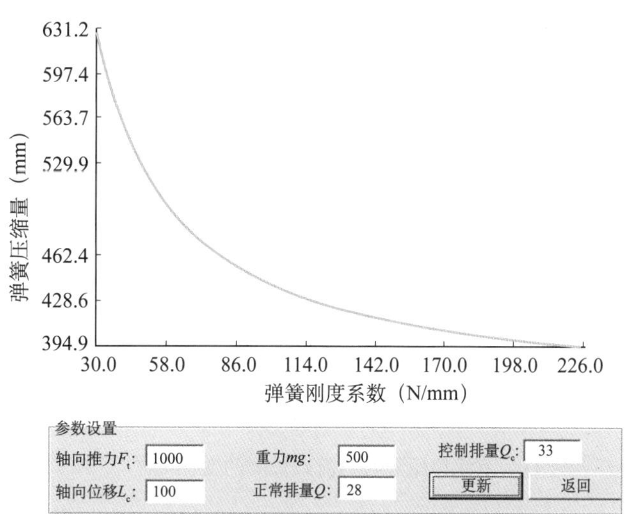

图4.9　弹簧设计总压缩量与刚度系数的关系

（2）流量、节流口内径、长度对于压降的影响。

在控制排量确定后，仍然需要分析求出满足控制排量活塞力的节流口尺寸。

节流口压降对于整个正排量控制机构的正常工作至关重要。由节流口压降公式（4.10）可以得出节流口压降随流量、节流口内径、节流口长度的变化曲线。

当节流口内径为 10mm，长度为 100mm 时，节流口压降随流量的变化曲线如图 4.10 所示，随着流量的增大，节流口压降增大。

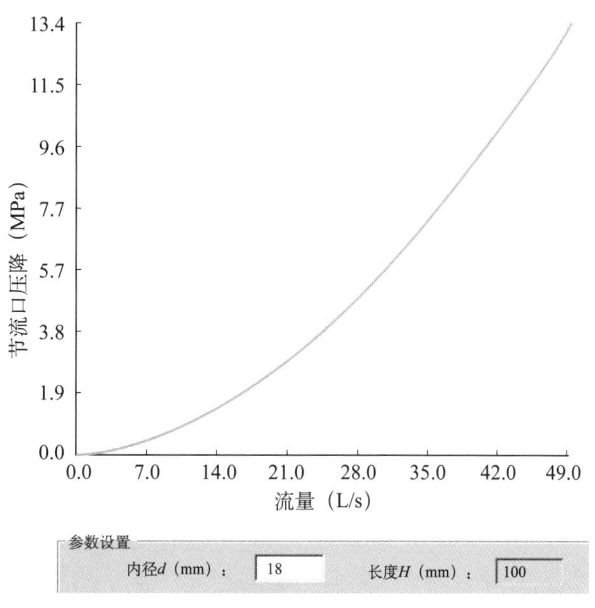

图4.10　节流口压降与流量的变化关系

当流量为 30L/s，节流口内径为 10mm 时，节流口压降随节流口长度的变化曲线如图 4.11 所示，随着节流口长度的增加，节流口压降线性增加。

当流量为30L/s，节流口长度为100mm时，节流口压降随节流口内径的变化曲线如图4.12所示，随着节流口内径的减小，节流口压降急剧增加。

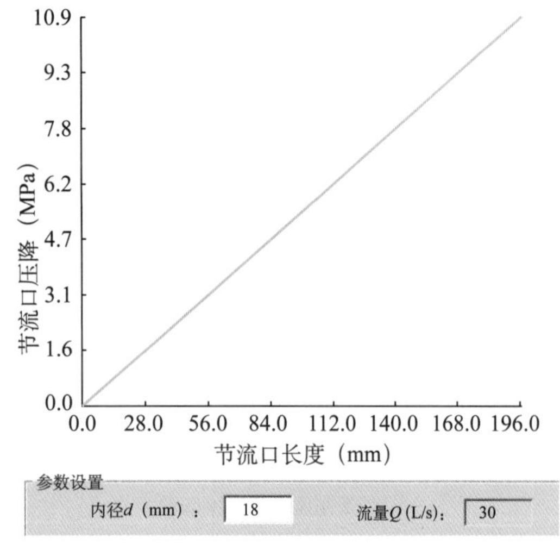

图4.11　节流口压降与节流口长度的变化关系

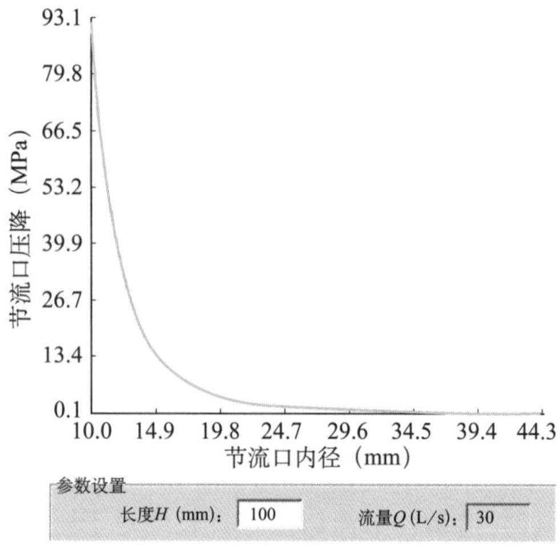

图4.12　节流口压降与节流口内径的变化关系

由图4.11和图4.12可知，节流口内径小于20mm时，节流口直径的减小较节流口长度的减小所引起的压降变化要快，所以一般可以预设节流口长度为某一长度，通过调整节流口直径以获得所需要的压降值。

4.2.2.4　动态特性分析

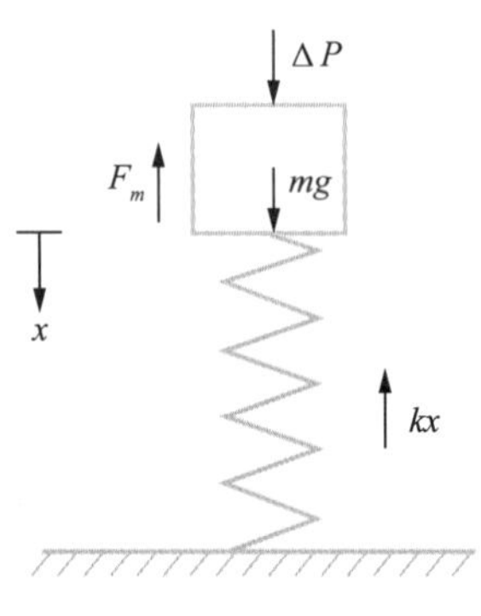

图4.13　活塞动力学分析

为了进一步分析活塞的运动情况，对活塞进行动力学分析。设活塞在运动过程中所受摩擦力的大小为常量F_m，不考虑速度阻尼，则活塞可简化为无阻尼单自由度系统，如图4.13所示。图示活塞力ΔP、重力mg和弹簧力kx，弹簧自由状态为x轴原点。

活塞在运动过程中所受摩擦力与运动方向相反，若用符号sign来表示任意值A的正负号，则摩擦力$f=-F_m\left(\mathrm{sign}\dfrac{\mathrm{d}x}{\mathrm{d}t}\right)$，这样，当$\dfrac{\mathrm{d}x}{\mathrm{d}t}>0$时，$f=-F_m$，当$\dfrac{\mathrm{d}x}{\mathrm{d}t}<0$时，$f=F_m$。

根据活塞受力情况，列出动力学方程：

$$\sum F=\Delta P-F_m\left(\mathrm{sign}\frac{\mathrm{d}x}{\mathrm{d}t}\right)+mg-kx=m\frac{\mathrm{d}^2x}{\mathrm{d}t^2}$$

即

$$m\frac{\mathrm{d}^2x}{\mathrm{d}t^2}+kx=\Delta P-F_m\left(\mathrm{sign}\frac{\mathrm{d}x}{\mathrm{d}t}\right)+mg \tag{4.18}$$

当活塞下行时，$\mathrm{sign}\dfrac{\mathrm{d}x}{\mathrm{d}t}=1$，$f=-F_m$，摩擦力方向向上，式（4.18）变为：

$$m\frac{\mathrm{d}^2x}{\mathrm{d}t^2}+kx=\Delta P-F_m+mg=F_{\mathrm{C1}} \tag{4.19}$$

设$t=0$时，$x=x_0$，$\dfrac{\mathrm{d}x}{\mathrm{d}t}=0$，求解式（4.19），可得该二阶常系数线性微分方程的解为：

$$x=\left(x_0-\frac{F_{C1}}{k}\right)\cos\left(\sqrt{\frac{k}{m}}\cdot t\right)+\frac{F_{C1}}{k} \tag{4.20}$$

$$\frac{dx}{dt}=\sqrt{\frac{k}{m}}\left(\frac{F_{C1}}{k}-x_0\right)\sin\left(\sqrt{\frac{k}{m}}\cdot t\right) \tag{4.21}$$

要想活塞能够压缩弹簧下行，应满足$\frac{F_{C1}}{k}>x_0$，由式（4.21）可知，当$\sin\left(\sqrt{\frac{k}{m}}\cdot t\right)>0$，即$0<t<\pi\sqrt{\frac{m}{k}}$时，$\frac{dx}{dt}>0$，即活塞运动方向不发生改变，在$t=t_1=\pi\sqrt{\frac{m}{k}}$瞬时，$\frac{dx}{dt}=0$，此时活塞下行达到最大值$x_1$。

$$x=x_1=x(t_1)=\frac{2F_{C1}}{k}-x_0 \tag{4.22}$$

此后，活塞开始朝向x轴的负方向运动（活塞上行），$\mathrm{sign}\frac{dx}{dt}=-1$，$f=F_m$，摩擦力方向向下，式（4.18）变为：

$$m\frac{d^2x}{dt^2}+kx=\Delta P+F_m+mg=F_{C2} \tag{4.23}$$

注意到起始条件是$t=t_1=\pi\sqrt{\frac{m}{k}}$时，$x=x_1=\frac{2F_{C1}}{k}-x_0$，$\frac{dx}{dt}=0$求解式（4.23），可得方程解为：

$$x=\left(\frac{F_{C2}-2F_{C1}}{k}+x_0\right)\cos\left(\sqrt{\frac{k}{m}}\cdot t\right)+\frac{F_{C2}}{k} \tag{4.24}$$

$$\frac{dx}{dt}=-\left(\frac{F_{C2}-2F_{C1}}{k}+x_0\right)\sqrt{\frac{k}{m}}\sin\left(\sqrt{\frac{k}{m}}\cdot t\right) \tag{4.25}$$

要想弹簧能够推动活塞上行，应满足$kx_1>F_{C2}$，即$-\left(\frac{F_{C2}-2F_{C1}}{k}+x_0\right)>0$，当$\sin\left(\sqrt{\frac{k}{m}}\cdot t\right)<0$，即$\pi\sqrt{\frac{m}{k}}<t<2\pi\sqrt{\frac{m}{k}}$时，$\frac{dx}{dt}<0$活塞上行。当$t=t_2=2\pi\sqrt{\frac{m}{k}}$时，活塞上行到达顶点时，$x=x_2$。

$$x_2=x(t_2)=-\left(\frac{2F_{C1}}{k}-x_0\right)+\frac{2F_{C2}}{k} \tag{4.26}$$

之后，活塞下行，根据式(4.18)来求解，起始条件为：当$t=t_2=2\pi\sqrt{\frac{m}{k}}$时，$x=x_2=-\left(\frac{2F_{C1}}{k}-x_0\right)+\frac{2F_{C2}}{k}$，$\frac{dx}{dt}=0$。可以求出当$t=t_3=3\pi\sqrt{\frac{m}{k}}$时，活塞下行到达顶点时$x=x_3=-\left[-\left(\frac{2F_{C1}}{k}-x_0\right)+\frac{2F_{C2}}{k}\right]+\frac{2F_{C1}}{k}$。

同理，可以得出活塞上下运动的顶点位置，其中x_{2n+1}为下极限位置，x_{2n+2}为上极限位置，n为整数。

$$x_{2n+1}=-x_{2n}+\frac{2F_{C1}}{k}，\quad x_{2n+2}=-x_{2n+1}+\frac{2F_{C2}}{k}$$

所以

$$x_{2n+2}-x_{2n}=\frac{2F_{C2}-2F_{C1}}{k}=\frac{4F_m}{k}$$

$$x_{2n+3}-x_{2n+1}=\frac{2F_{C1}-2F_{C2}}{k}=-\frac{4F_m}{k} \tag{4.27}$$

由此可知，由于摩擦力的存在，活塞的运动并不严格地做简谐振动，其振幅在相邻两次到达上极限或下极限位置时减小了 $4F_m/k$ 的距离，但在其向下或向上运动的过程中仍分别为简谐振动，振动周期 T_n 并不发生改变，向下或向上的时间都是 $t=\frac{T_n}{2}=\pi\sqrt{\frac{m}{k}}$ 。当 $x_0=0$ 时，活塞运动如图 4.14 所示。

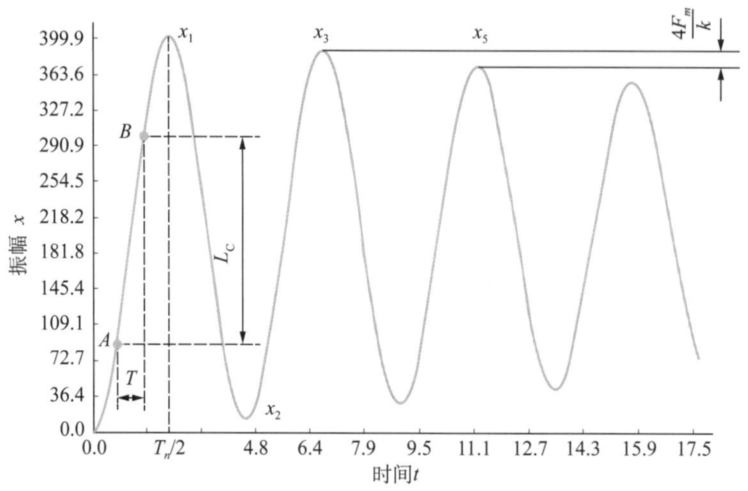

图4.14　活塞运动曲线

在井下工具中，经常会用挡环等部件对活塞的轴向位移量进行限定，因为活塞在到达极限位置之前就被迫停止，所以不会出现图 4.14 所示的类似简谐的反复运动，而使活塞的运动只是局限在 $0<t<T_n/2$ 的范围内的单向移动，如图 4.6 所示的节流口机构，由于上、下挡环对活塞的位移限定，活塞的运动范围从图 4.14 中 A 点到 B 点。根据活塞的运动范围及式（4.20）和式（4.21），可以得出当节流活塞轴向输出位移为任意 L 时，所需时间 t_L 和其运动速度 v_L，需要注意的是 $\frac{F_{C1}}{k}>x_0$ ，$0<L<x_1$。

$$t_L=\sqrt{\frac{m}{k}}\arccos\left(\frac{kL-F_{C1}}{kx_0-F_{C1}}\right) \tag{4.28}$$

$$v_L=\frac{\mathrm{d}x}{\mathrm{d}t}=\sqrt{\frac{(F_{C1}-kx_0)^2-(F_{C1}-kL)^2}{mk}} \tag{4.29}$$

活塞轴向输出位移为 L_C 时下端碰到下挡环，位移受到限制，设碰撞作用时间为 t'，那么活塞所受到的冲击力为：

$$F_{冲}=\frac{\Delta mv}{t'}=-\sqrt{\frac{m(F_{C1}-kx_0)^2-m(F_{C1}-kL_C)^2}{kt'^2}} \tag{4.30}$$

在节流机构的设计中，缩短节流活塞输出位移所需的时间可以提高机构的响应速度，但同时会增加活塞下行的速度，从而造成活塞在接触下挡环时会遭受更大的冲击力，可以通过式（4.28）和式（4.30）来深入理解节流口机构的动态特性。

4.2.2.5　基于 ADAMS 的仿真设计研究

利用 ADAMS 提供的参数化建模和分析功能，可大幅提高分析效率。参数化建模过程中，可将参数值设置为变量，分析时，只需改变样机模型中有关参数值，程序就可以自动地更新整个模型，从而获得进行一系列的仿真分析结果，据此可获得不同参数对控制机构工作性能的影响规律。

对节流口机构的设计参数创建设计变量，并将物理模型参数化，添加弹簧力时将弹簧预紧力设为 $y=(y_1+y_2)/2$，这样就保证了控制排量活塞力与预紧力的取值落在图 4.8 所示 A 或 B 的范围内（约束取值范围，能简化分析过程）。当在 A 区域内时，活塞在正常排量不能上压到上极位，控制排量不能下压至下极位；当在 B 区域内时，活塞在正常排量能上压到上极位，控制排量能下压至下极位。

参考图 4.6 初步建立物理模型，以节流口长度 H（在模型中设为变量 DV−1）、节流口半径 $r=d/2$（在模型中设为变量 DV−2）、弹簧刚度系数 k（在模型中设为变量 DV−8）为关键参数，讨论其对于节流口机构工作性能的影响规律。

在 ADAMS 中的 Simulate 菜单中，选择 Design Evaluation 子菜单进行设计研究，在本例中取 Q_0=28L/s，Q_C=33L/s，mg=500kN，F_t=1000N，F_m=500N，L_C=90mm，D=100mm。仿真动作为：

（1）正常排量 Q_0（上极位）；

（2）正常排量逐渐增大到控制排量 Q_0 ~ Q_C（向下压缩）；

（3）控制排量 Q_C（下极位）；

（4）控制排量逐渐减小到正常排量 Q_C ~ Q_0（向上复位）；

（5）正常排量 Q_0（上极位）。

设计要求为：

（1）满足活塞行程要求，即正常工作排量时在回位弹簧的作用下上压到上极位，控制排量时下行到下极位，达到活塞最大行程 L_C；

（2）在满足活塞行程要求的基础上，确定弹簧的原始长度。

①活塞行程要求。

设计目标为弹簧变形量取最小值（即弹簧下压到下极位）。当 r=8.5mm、k=110 N/mm 时，对 H 进行设计研究：修改 H 的设计变量 DV−1，最小值 50mm，最大值 100mm，5 次迭代（Trial_1：H=50mm；Trial_2：H=62.5mm；Trial_3：H=75mm；Trial_4：H=87.5mm；Trial_5：H=100mm），结果如图 4.15 所示。

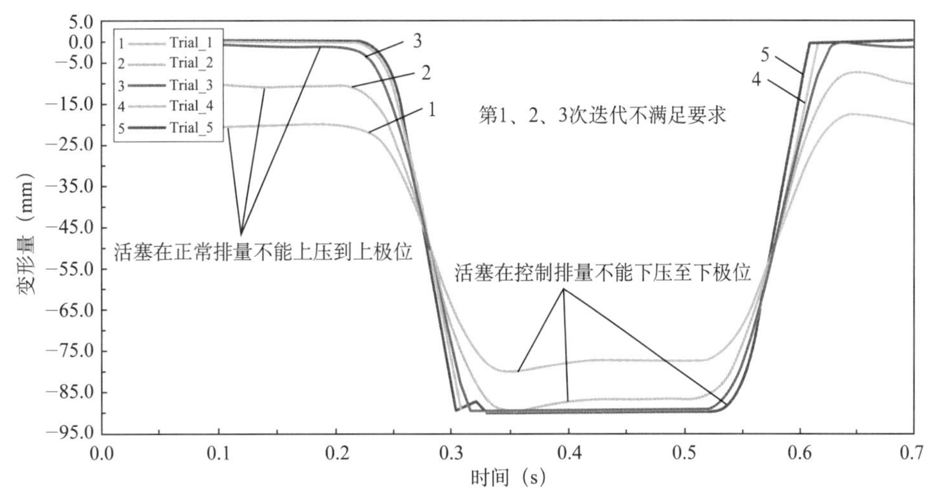

图4.15　对于节流口长度的设计研究

由图 4.15 可见，当 r 和 k 确定时，随着 H 的增大，活塞行程逐渐增大满足机构动作要求。这是因为随着 H 的增大，节流口压降增大，活塞力大于临界活塞力，取值位于图 4.8 中的 B 区域，满足要求。

当 H=70mm、k=110 N/mm 时，对 r 进行设计研究：修改 r 的设计变量 DV−2，最小值 6mm，最大值 10mm，5 次迭代（Trial_1：r=6mm；Trial_2：r=7mm；Trial_3：r=8mm；Trial_4：r=9mm；Trial_5：r=10mm），结果如图 4.16 所示。

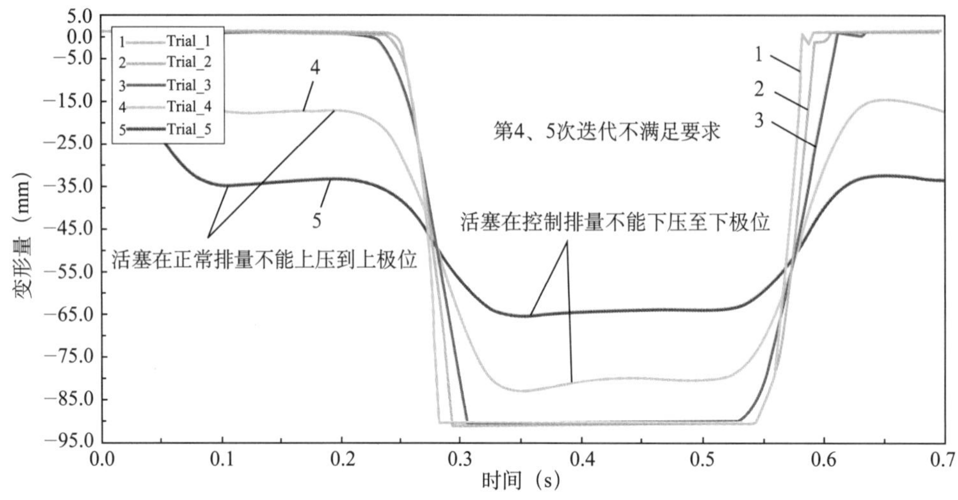

图4.16　对于节流口半径的设计研究

由图 4.16 可见，当 H 和 k 确定时，随着 r 的增大，活塞行程逐渐减小，不满足机构要求。这是因为随着 r 的增大，节流口压降减小，活塞力小于临界活塞力，取值位于图 4.8 中的 A 区域，不满足要求。

当 H=70mm、r=8.5mm 时，对 k 进行设计研究：修改 k 的设计变量 DV−8，最小值 50N/mm，最大值 150N/mm，5 次迭代（Trial_1：k=50N/mm；Trial_2：k=75N/mm；Trial_3：k=100N/mm；Trial_4：k=125 N/mm；Trial_5：k=150N/mm），结果如图 4.17 所示。

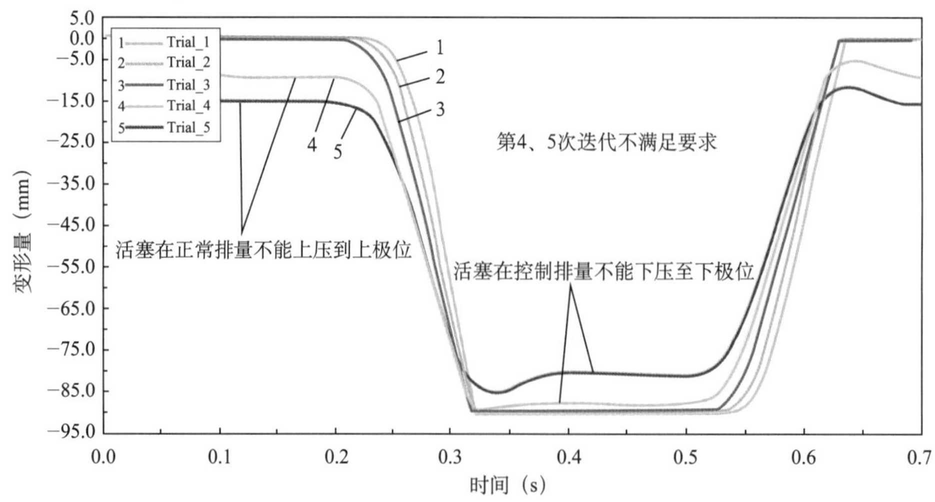

图4.17　对于弹簧刚度的设计研究

由图 4.17 可见，当 r 和 H 确定时，随着 k 的增大，活塞行程逐渐减小，不满足机构动作要求。

这是因为随着 k 的增大，临界活塞力逐渐增大，使取值位于图 4.8 中的 A 区域，不满足要求。

②弹簧原始长度。

压缩弹簧是节流口机构的重要元件，设计弹簧的原始长度需要考虑弹簧的压缩变形量与原始长度的比值问题。

由前面的分析，在本例中，选取 H=70mm、r=8.5mm、k=110 N/mm，经过仿真验证满足活塞行程要求。设计目标为弹簧的变形比（即弹簧的变形量与原始长度的比值）等于 0.5（根据变量要求可更改）。对弹簧的原始长度 L_0（设计变量为 DV−10）进行研究，修改 DV−10，最小值 600mm，最大值 1300mm，5 次迭代（Trial_1：L_0=500mm；Trial_2：L_0=775mm；Trial_3：L_0=950mm；Trial_4：L_0=1125mm；Trial_5：L_0=1300mm），结果如图 4.18 所示。

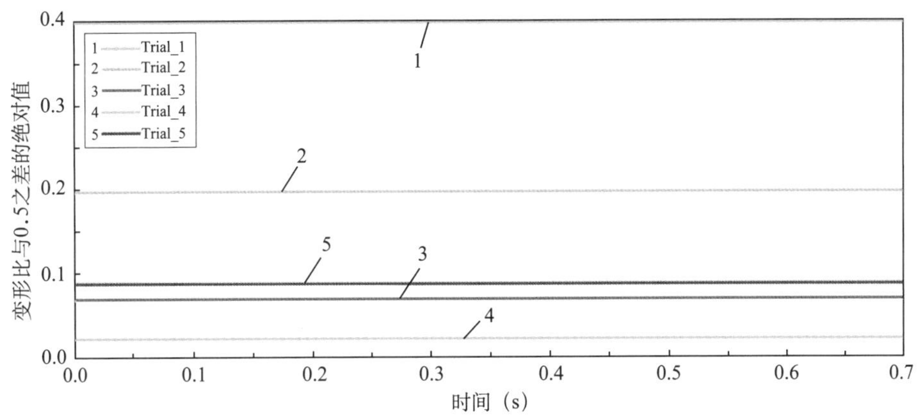

图4.18　对于弹簧原始长度的设计研究

由图 4.18 可见，第 4 次迭代，当 L_0=1120mm 时，弹簧的变形比与 0.5 之差的绝对值为 0.022092，最接近 0.5。据此，可选择弹簧的原始长度。

4.2.2.6　节流口机构的传递函数与工作特性

下面分析节流口机构的工作特性并求解其传递函数。需画出节流口机构的控制原理图，对机构进行动力学分析，建立系统的数学模型，得到系统的微分方程，进行拉普拉斯变换，建立系统的传递函数，重点分析活塞下行的位移随着控制流量压降的变化。

图 4.19 所示为节流口控制原理图，输入量为控制流量产生的压降Δp，输出量为活塞下移的距离 x。

由于在实际工程中，当活塞与井筒发生相对运动时，活塞与井筒壁间会产生阻尼力，此阻尼力为$f\dfrac{\mathrm{d}x}{\mathrm{d}t}$，其中 f 为阻尼系数，则式（4.18）可改写为：

$$m\frac{\mathrm{d}^2x(t)}{\mathrm{d}t^2}+f\frac{\mathrm{d}x(t)}{\mathrm{d}t}+kx(t)=\Delta p(t)+mg \tag{4.31}$$

节流口机构控制系统框图如图 4.20 所示。

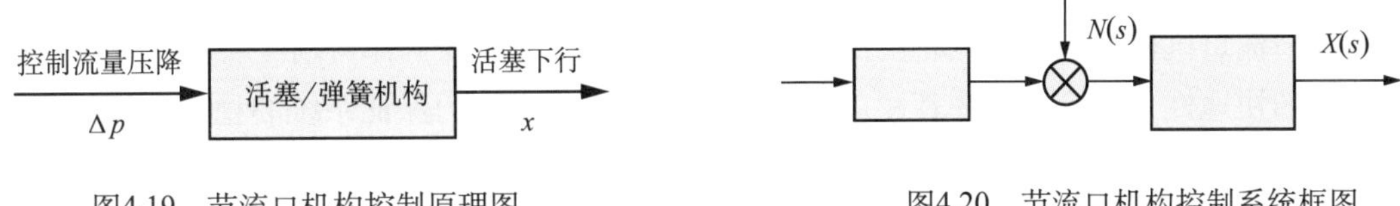

图4.19　节流口机构控制原理图　　图4.20　节流口机构控制系统框图

令初始条件 $\dot{x}(0)=x(0)=0$，将式（4.31）进行拉普拉斯变换，可得：

$$m[s^2+\frac{f}{m}s+\frac{k}{m}]X(s)=\Delta p(s)+\frac{mg}{s} \tag{4.32}$$

考虑到系统在运动过程中，会存在外界干扰，设为$F_z(s)$，则$N(s)=F_z(s)+\frac{mg}{s}$，则以Δp和N为输入信号时，

$$X(s)=\frac{\frac{1}{m}}{s^2+\frac{f}{m}s+\frac{k}{m}}\cdot\left[P(s)+N(s)\right] \tag{4.33}$$

由式（4.33）可得：

$$G(s)=\frac{\frac{1}{m}}{s^2+\frac{f}{m}s+\frac{k}{m}} \tag{4.34}$$

再由式（4.9），可得：

$$G_1(s)=\frac{\pi}{4}(D^2-d^2)\times 10^{-6} \tag{4.35}$$

由式（4.35）可得，$G_1(s)$为常数，即令$A=G_1(s)$。则以Δp为输入，x为输出的传递函数，得：

$$\phi_{px}(s)=\frac{X(s)}{\Delta p(s)}=\frac{\frac{A}{m}}{s^2+\frac{f}{m}s+\frac{k}{m}} \tag{4.36}$$

由系统传递函数式（4.36）可知，节流口机构控制系统为二阶系统。此二阶系统的特征方程为：

$$s^2+\frac{f}{m}s+\frac{k}{m}=0 \tag{4.37}$$

为保证系统的稳定性，要求阻尼比$\zeta>0$，则有：

$$k-A_1A_2>0 \tag{4.38}$$

由此，得到该系统的阻尼比ζ、ω_n分别为：

$$\zeta=\frac{f}{2\sqrt{km}} \tag{4.39}$$

$$\omega_n=\sqrt{k/m} \tag{4.40}$$

对于二阶系统，阻尼比越大，系统响应的稳定性越好；固有频率越高，系统响应的快速性越好。

故对于节流口机构控制系统，若要提高系统的稳定性，则应降低弹簧刚度和活塞机构质量；若要提高系统的快速性，则应提高弹簧刚度和降低活塞机构质量。为保证系统的稳定性和快速性，需在实际工程设计中，找二者的平衡点。

4.2.3 节流杆机构

节流机构在系统控制链构成中，或者是作为执行机构（主轴机构）的前驱机构，或是作为示位

机构[4]。节流杆机构就是一种典型的节流示位机构。

节流杆机构以中心插杆进入主轴下孔内不同深度造成不同的液阻，使钻井液系统产生不同的附加压力降，并在井口压力表上显示出来，以此可判断井下的变径稳定器处于何种外径状态。也有的排量遥控式变径稳定器将节流杆机构用于制造更大的节流压降使驱动轴下行更快[5]。

本书对节流杆在节流控制和节流示位两种不同控制机构中的应用分别进行了研究，通过对各个工况的受力分析，提出了节流杆机构的使用条件。

4.2.3.1　节流杆控制机构

节流杆机构的结构原理如图 4.21 所示。当钻井液为正常排量时，节流活塞 2 在回位弹簧 3 的作用下处于初始位置，顶在挡环 1 的下端面上；当加大排量到控制排量时，节流活塞 2 与插入活塞内部的节流杆部分产生附加压降而造成的活塞力使回位弹簧 3 压缩，活塞向下运动时，节流杆 5 进入节流活塞 2 的长度增加，减少了钻井液的过流面积，压力降增大，钻井液由于节流杆引起的附加压力使节流活塞运动加快，直至节流活塞运行到下极位（活塞靠在限位块上）。

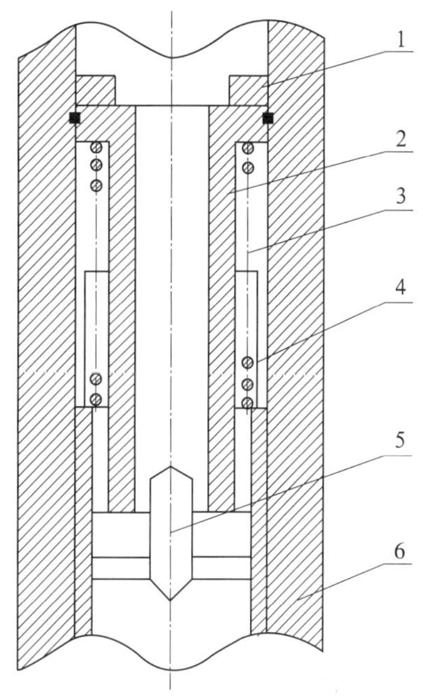

图4.21　节流杆节流控制机构原理图

1—挡环；2—节流活塞；3—回位弹簧；4—定位套筒；5—节流杆；6—外壳体

（1）节流杆压降。

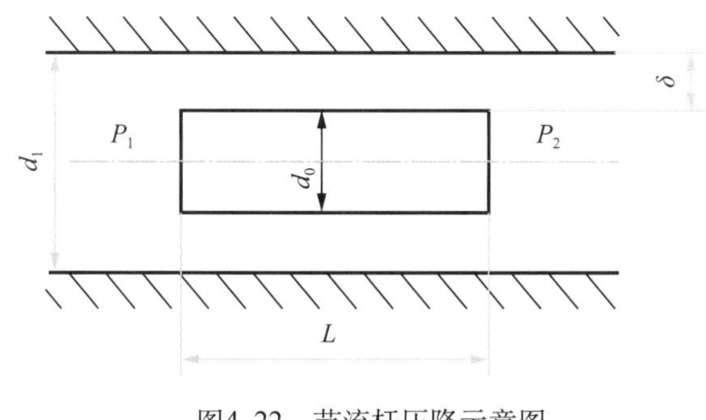

图4.22　节流杆压降示意图

图 4.22 为节流杆压降示意图，根据环形缝隙流公式 $Q=\dfrac{\pi d_1\delta^3}{12\mu L}\Delta p$ [6]，可得节流杆引起的压降

$$\Delta p=\frac{12Q\mu L}{\pi}\cdot\frac{1}{d_1\delta^3} \tag{4.41}$$

式中：Q 为排量，m^3/s；δ 为缝隙量，m [$\delta=(d_1-d_0)/2$]；d_0 为节流杆直径，m；d_1 为孔直径，m；μ 为动力黏度，Pa · s；L 为节流杆长度，m；Δp 为压降，Pa。

由此可得由于节流杆作用引起的附加活塞力，此附加活塞力将促使节流活塞快速下行，

$$\Delta P^*=\frac{\pi}{4}\left(D^2-d^2\right)\frac{\Delta p}{10^6} \tag{4.42}$$

式中：D 为活塞外径，m；d 为活塞内径，m；Δp 为压降，MPa；ΔP^* 为附加活塞力，N。

设控制排量 $Q=Q_C$ 的活塞力 ΔP^* 是节流杆插入节流活塞长度的函数，设节流杆插入节流活塞长度为 x，则由式（4.41）和式（4.42）可得：

$$\Delta P^*\big|_x=3\left(D^2-d^2\right)\frac{Q_C\mu}{d\delta^3}x \tag{4.43}$$

式中：变量 x 的单位为 m。若则正常排量 $Q=Q_0$，活塞力为

$$\Delta P\big|_x = \frac{Q_0}{Q_C}\Delta P^*\big|_x \tag{4.44}$$

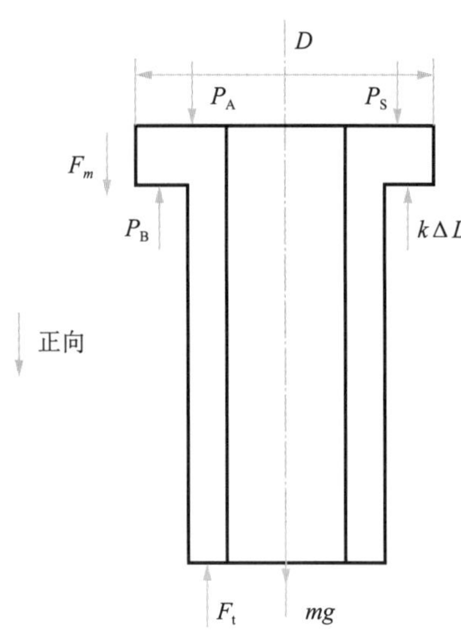

图4.23 活塞受力分析

（2）活塞受力分析。

节流杆控制机构可参照节流口机构的活塞受力分析[7]，如图 4.23 所示。

活塞上端面受活塞力 P_A，下端面受活塞力 P_B，弹簧压缩变形造成的回复力 $k\Delta L$；活塞侧壁圆柱面上作用有摩擦阻尼力 F_m，活塞杆向下运动时若推动其他物体则会受到推力反力 F_t，上挡环或定位套筒加给活塞的约束反力 P_S，此外还有活塞杆的自重 mg。

设初始位置节流杆插入节流活塞长度为 H，活塞向下运动行程为 L_C，则下极位位置节流杆插入节活塞长度为 L_C+H，由式（4.43）、式（4.44）可以得出：在初始位置即上极位，控制排量活塞力为 $\Delta P^*\big|_H$，正常排量活塞力为 $\frac{Q_0}{Q_C}\Delta P^*\big|_H$ ；在下极位，控制排量活塞力为 $\Delta P^*\big|_{L_C} + \Delta P^*\big|_H$ ，正常排量活塞力为 $\frac{Q_0}{Q_C}\Delta P^*\big|_{L_C} + \frac{Q_0}{Q_C}\Delta P^*\big|_H$ 。

对于节流口机构 $Q_C > Q_0$ ，下面分工况讨论活塞受力情况：其中当 $Q=0$ 和 $Q=Q_0$ 时，上挡环给活塞的约束反力分别为 P_{S1}、P_{S2}，方向向下。下极位时定位套筒施加给活塞的约束反力为 P_{S3}，方向向上。

①活塞处于上极位（初装状态或停泵状态）。

$$k(L_0 - L_1) = mg + P_{S1} + F_m$$

即

$$k(L_0 - L_1) > mg + F_m \tag{4.45}$$

②活塞处于上极位（正常工作排量 $Q=Q_0$）。

$$k(L_0 - L_1) = \frac{Q_0}{Q_C}\Delta P^*\big|_H + mg + P_{S2} + F_m$$

即

$$k(L_0 - L_1) > \frac{Q_0}{Q_C}\Delta P^*\big|_H + mg + F_m \tag{4.46}$$

③活塞向下运动（控制排量 $Q=Q_C$），$L_2=0 \sim L_C$，L_C 为活塞的最大行程。

$$k(L_0 - L_1) + kL_2 < \Delta P^*\big|_{H+L_2} + mg - F_m - F_t \tag{4.47}$$

④活塞处于下极位（控制排量 $Q=Q_C$）。

$$k(L_0 - L_1) + kL_C = \Delta P^*\big|_{H+L_C} + mg - F_m - P_{S3} - F_t$$

即

$$k(L_0 - L_1) + kL_C < \Delta P^*\big|_{H+L_C} + mg - F_m - F_t \tag{4.48}$$

⑤活塞向上运动（$Q=Q_0$），$L_2=L_C \sim 0$。

$$k(L_0 - L_1) + kL_2 > \frac{Q_0}{Q_C}\Delta P^*\big|_H + \frac{Q_0}{Q_C}\Delta P^*\big|_{L_2} + mg + F_m \tag{4.49}$$

（3）机构关键设计参数分析。

令 $\Delta P^*(H) = x$，预紧力 $k(L_0 - L_1) = y$，经分析，各个不同工况的参数条件等价为以下不等式方程组。当 $x \geqslant \frac{kHQ_C}{Q_0}$ 时为：

$$\begin{cases} y > \left(\dfrac{Q_0}{Q_C}\right)x + \left(\dfrac{Q_0}{Q_C}\right)\dfrac{L_C}{H}x + mg + F_m - kL_C \\ y < x + mg - F_m - F_t \end{cases} \tag{4.50}$$

当 $kH \leqslant x < \frac{kHQ_C}{Q_0}$ 时为：

$$\begin{cases} y > \left(\dfrac{Q_0}{Q_C}\right)x + mg + F_m \\ y < x + mg - F_m - F_t \end{cases} \tag{4.51}$$

当$x < kH$时为：

$$\begin{cases} y > \left(\dfrac{Q_0}{Q_C}\right)x + mg + F_m \\ y < x + mg - F_m - F_t + x\dfrac{L_C}{H} - kL_C \end{cases} \tag{4.52}$$

通过对不等式组（4.50）、（4.51）和（4.52）进行进一步分析，根据不等式方式画出$\Delta P^*(H)$与预紧力 k（L_0-L_1）关系曲线，不等式组中涉及的几个不等式方程组分别用 y_1、y_2、y_3 和 y_4 来表示。

如图 4.24 所示，要满足机构运动要求，应满足大于图 4.24 中第 1 和第 2 条线，小于第 3 和第 4 条线的取值范围。图 4.24 所示为 Q_0=28L/s 和 Q_C=33L/s 时折线的大体趋势图，如图所示当折线无交集时，不存在满足要求的取值。

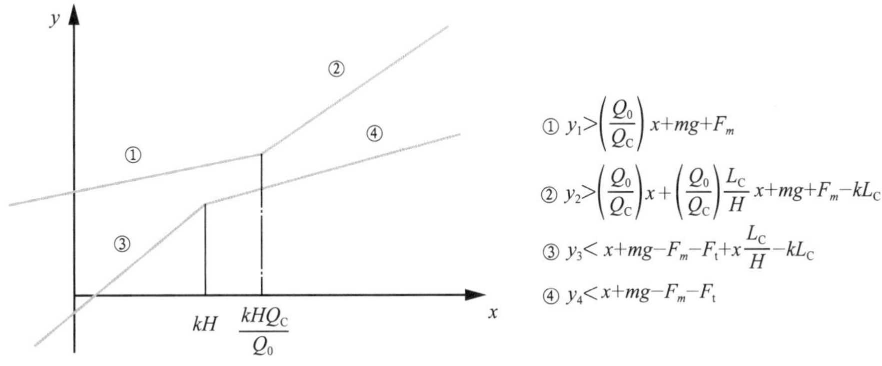

y
x
①
②
③
④
kH
$\frac{kHQ_C}{Q_0}$
① $y_1 > \left(\frac{Q_0}{Q_C}\right)x + mg + F_m$
② $y_2 > \left(\frac{Q_0}{Q_C}\right)x + \left(\frac{Q_0}{Q_C}\right)\frac{L_C}{H}x + mg + F_m - kL_C$
③ $y_3 < x + mg - F_m - F_t + x\frac{L_C}{H} - kL_C$
④ $y_4 < x + mg - F_m - F_t$

图4.24　$\Delta P^*(H)$与$k(L_0 - L_1)$关系图

Q_0 是钻进时的正常工作排量，应首先给定；行程 L_C、F_t 由控制链中下一个环节的要求确定的，属于设计的基本参数，所以应调整设计参数 Q_C、k、H 使不等式组有解。

分析发现：当 Q_0 是钻进时的正常工作排量（$Q_0 \neq 0$）时，通过合理调整设计参数有时也很难得到不等式组的解。从理论上讲，只要满足不等式$y_1\left(\frac{kHQ_C}{Q_0}\right) > y_4\left(\frac{kHQ_C}{Q_0}\right)$，即满足$\frac{Q_C}{Q_0} - 1 > \frac{2F_m + F_t}{kH}$，则不等式一定有解。但受 4 个不等式方程的约束，这种情况下取值范围很小，在有误差存在的前提下，这样的取值显然是不安全的。此时在工程上的处理办法就是适当解除不重要的约束，最大限度地保证得到比较合理的解。

当控制排量前为停泵状态（Q=Q_0）时，图 4.24 中①线将无限延长，没有②线，不等式组的取值范围就很大，可以有很多的参数组合能够满足设计要求，如图 4.25 所示。所以这种节流控制机构应用于往复循环的运动机构中，更适用于停泵开泵的操纵方式。

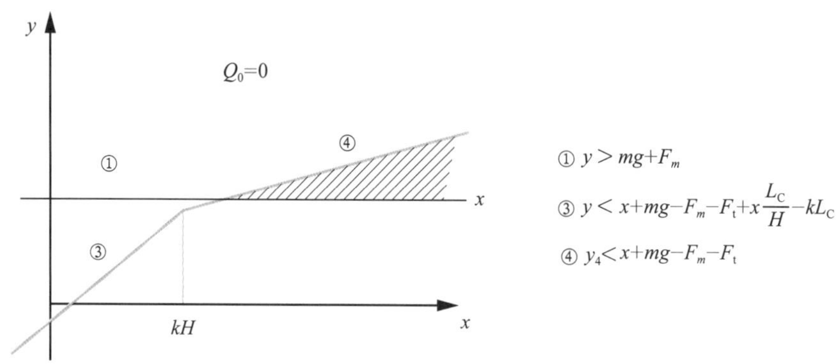

图4.25　Q_0=0时 $\Delta P^*|_H$ 与 $k(L_0 - L_1)$ 关系图

4.2.3.2　节流口机构 + 节流杆示位机构

节流口机构 + 节流杆节流示位机构的结构如图 4.26 所示。正常排量时，节流活塞保持在上极位不动，节流杆未插入节流活塞，所以节流杆造成的压降为零，当排量增大到控制排量时，节流活塞下行，节流杆插入活塞内部造成附加压降。由式（4.43）可知，控制排量 Q=Q_C 的节流压降是节流杆插入节流活塞长度的函数，所以节流杆机构可以作为示位机构，通过检测到的地面的压降情况，可以判断节流活塞轴向运动的位置。

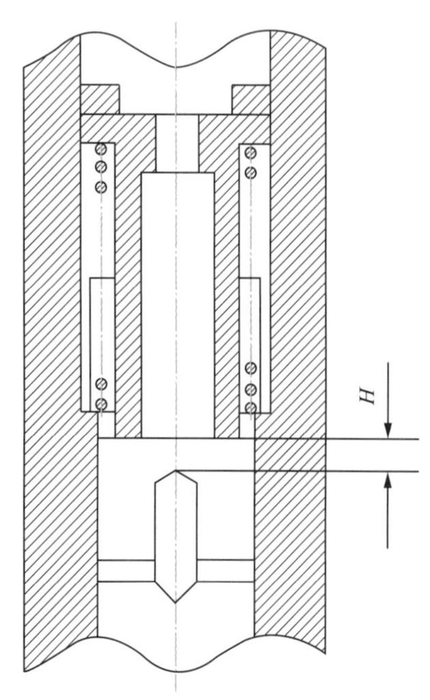

图4.26　节流杆节流示位机构原理图

（1）活塞受力分析及参数分析。

设正常工作排量时节流口处产生的压降为Δp_0，控制排量时节流口处产生的压降为ΔP_C，初始位置节流杆距离节流活塞长度为 H，令

$$3\left(D^2 - d^2\right)\frac{Q_C \mu}{d\delta^3} = A$$

由式（4.43），$\Delta P^*|_x = Ax$，对于节流口机构 $Q_C > Q_0$。

下面分情况讨论示位机构活塞受力情况：

①活塞处于上极位（初装状态或停泵状态）：同式（4.45）；

②活塞处于上极位（正常工作排量 $Q = Q_0$）：

$$k(L_0 - L_1) = \Delta P_0 + mg + P_{S2} + F_m > \Delta P_0 + mg + F_m \tag{4.53}$$

③活塞向下运动（控制排量 $Q = Q_C$）：

$$k(L_0 - L_1) + kL_2 < \Delta P_C + mg - F_m - F_t \quad (L_2 = 0 \sim H) \tag{4.54}$$

$$k(L_0-L_1)+kL_2<\Delta P_C+\Delta P^*\big|_{L_2-H}+mg-F_m-F_t \quad (L_2=H\sim L_C) \tag{4.55}$$

④活塞处于下极位（控制排量 $Q=Q_C$）：

$$\begin{cases} k(L_0-L_1)+kL_C=\Delta P_C+\Delta P^*\big|_{L_C-H}+mg-F_m-P_{S3}-F_t \\ \qquad <\Delta P_C+\Delta P^*\big|_{L_C-H}+mg-F_m-F_t \end{cases} \tag{4.56}$$

⑤活塞向上运动（$Q=Q_0$）：

$$k(L_0-L_1)+kL_2>\Delta P_0+\Delta P^*\big|_{L_2-H}+mg+F_m \quad (L_2=L_C\sim H) \tag{4.57}$$

$$k(L_0-L_1)+kL_2>\Delta P_0+mg+F_m \quad (L_2=H\sim 0) \tag{4.58}$$

满足第 5 工况要求则一定满足第 1、2 工况的情况，满足第 3 工况要求则一定满足第 4 工况的情况，现对工况 3、5 进行讨论。

①当$A\geqslant k$时，以上不等式等价为：

$$\begin{cases} k(L_0-L_1)>\Delta P_0+A(L_C-H)+mg+F_m-kL_C, \quad A>k\left(\dfrac{L_C}{L_C-H}\right) \\ k(L_0-L_1)>\Delta P_0+mg+F_m, \quad k\left(\dfrac{L_C}{L_C-H}\right)>A>k \\ k(L_0-L_1)<\Delta P_C+mg-F_m-F_t-kH, A=k \end{cases} \tag{4.59}$$

②当$A<k$时，以上不等式等价为：

$$\begin{cases} k(L_0-L_1)>\Delta P_0+mg+F_m \\ k(L_0-L_1)<\Delta P_C+A(L_C-H)+mg-F_m-F_t-kL_C \end{cases} \tag{4.60}$$

将以上不等式组与节流口机构的不等式（4.11）和（4.12）相比较可以得知，在节流口节流控制＋节流杆示位的控制机构中，只要满足$A<k\left(\dfrac{L_C}{L_C-H}\right)$，则预紧力与控制排量压降的取值范围都比单纯的节流口排量控制机构大。可见，满足节流口正排量控制机构设计要求的设计参数，在增加节流杆装置后，只要使δ、H满足式（4.61）的要求，则一定能够满足整个控制机构的动作要求。

$$A=\left(D^2-d^2\right)\frac{3Q_C\mu}{d\delta^3}<k\left(\frac{L_C}{L_C-H}\right) \tag{4.61}$$

（2）对节流杆机构的数值仿真分析。

首先建立并参数化排量控制模型（不包括节流杆部分），设计仿真动作为：

①正常排量 Q_0（上极位）；

②正常排量逐渐增大到控制排量 $Q_0\sim Q_C$（向下压缩）；

③控制排量 Q_C（下极位）；

④控制排量逐渐减小到正常排量 $Q_C\sim Q_0$（向上复位）；

⑤正常排量 Q_0（上极位）。

设计要求为：满足活塞行程要求，即正常工作排量时在回位弹簧的作用下上压到上极位，控制排量时下行到下极位，达到活塞最大行程 L_C。

本例中取 Q_0=28L/s，Q_C=33L/s，mg=500kN，F_t=1000N，F_m=500N，L_C=90mm，D=100mm，k=50N/mm。选取节流口参数和预紧力参数使节流口正排量控制机构满足运动要求。

在以上模型的基础上增加节流杆部分，设置 H=30mm，所以 $k\left(\dfrac{L_C}{L_C-H}\right)=75$，在 ADAMS 中的 Simulate 菜单中，选择 Design　Evaluation 子菜单对 A 进行设计研究，目标函数为弹簧的变形量。修改 A 的设计变量 DV−14：最小值 0，最大值 120，5 次迭代（Trial_1：A=0；Trial_2：A=35；Trial_3：A=70；Trial_4：A=105；Trial_5：A=140），结果如图 4.27 所示。

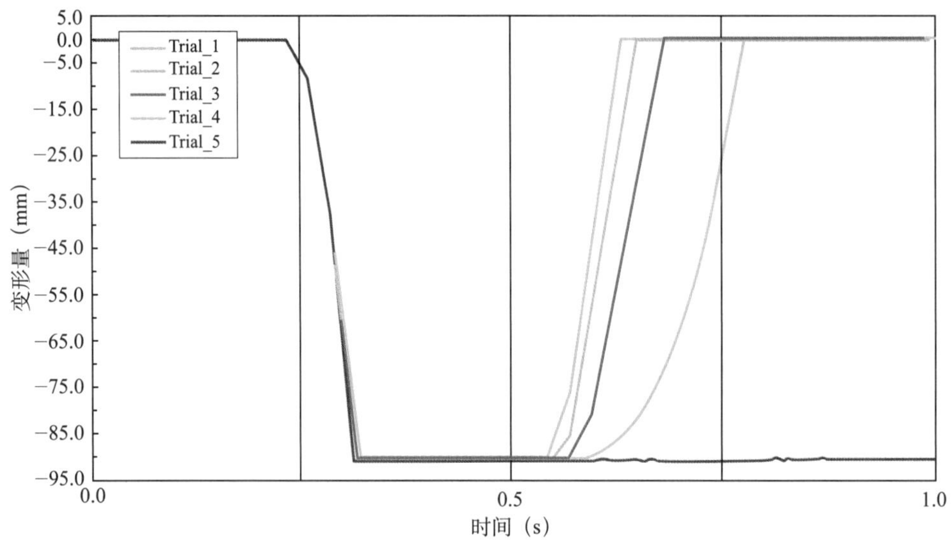

图4.27　对于A的设计研究

Trial_1：A=0 的情况，相当于正排量控制机构没有节流杆部分的仿真，由图 4.27 可知，5 次迭代活塞下行部分基本重合，但随着 A 的增大，活塞上行部分速度明显变慢，当 Trial_5：A=140 的时候，活塞已经不能在弹簧回复力的作用下克服节流口和节流杆部分的活塞力回复上行了。

对于前三次迭代 A 都满足式（4.61）的要求，由图可知，这三次迭代也都满足整个机构的动作要求。

（3）节流口 + 节流杆机构的传递函数与工作特性。

图 4.28 所示为节流口 + 节流杆机构控制原理图。当钻井液加大排量到控制排量时，控制流量产生的压降为Δp_1，节流活塞与插入活塞内部的节流杆部分产生附加压降为Δp_2，总的压力降会使活塞下行，下行的总位移为 x，由此建立了一个动态的闭环反馈控制系统。

具体的分析过程与节流口机构控制系统相仿，控制系统框图如图 4.29 所示。

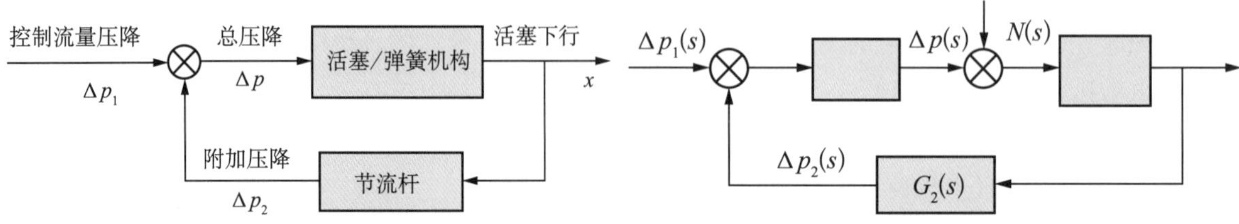

图4.28　节流口+节流杆机构控制原理图　　图4.29　节流口+节流杆机构控制系统框图

$$G(s)=\frac{\frac{1}{m}}{s^2+\frac{f}{m}s+\frac{k}{m}} \tag{4.62}$$

$$G_1(s)=\frac{\pi}{4}(D^2-d^2)\times\frac{1}{10^6} \tag{4.63}$$

$$G_2(s)=\frac{12\mu L}{\pi}\cdot\frac{1}{d_1\delta^3} \tag{4.64}$$

考虑到系统在运动过程中，会存在外界干扰，设为 F_z（s），则 $N(s)=F_z(s)+\frac{mg}{s}$，则以 Δp 和 N 为输入信号时：

$$X(s)=\frac{\frac{1}{m}}{s^2+\frac{f}{m}s+\frac{k}{m}}\cdot\left[P(s)+N(s)\right]$$

由式（4.63）和式（4.64）可知，G_1（s）、G_2（s）为常数，即令 A_1=G_1（s）、A_2=G_2（s），则系统的传递函数为：

$$J(s)=\frac{X(s)}{p_1(s)}=\frac{\frac{A_1}{m}}{s^2+\frac{f}{m}s+\frac{k}{m}-\frac{A_1A_2}{m}} \tag{4.65}$$

由系统传递函数式（4.65）可知，节流口 + 节流杆机构控制系统为二阶系统。此二阶系统的特征方程为：

$$s^2+\frac{f}{m}s+\frac{k}{m}-\frac{A_1A_2}{m}=0 \tag{4.66}$$

为保证系统的稳定性，要求阻尼比 $\zeta>0$，则有：

$$k-A_1A_2>0 \tag{4.67}$$

由此，得到该系统的阻尼比 ζ、ω_n 分别为：

$$\zeta=\frac{f}{2\sqrt{km-A_1A_2m}} \tag{4.68}$$

$$\omega_n=\sqrt{\frac{k}{m}-\frac{A_1A_2}{m}} \tag{4.69}$$

对于二阶系统，阻尼比越大，系统响应的稳定性越好；固有频率越高，系统响应的快速性越好。

故对于节流杆机构控制系统，若要提高系统的稳定性，则应降低弹簧刚度和增大活塞机构质量，增大节流杆与孔间缝隙、孔的直径等；若要提高系统的快速性，则应提高弹簧刚度和降低活塞机构质量，减小节流杆与孔间缝隙、孔的直径。同样，为保证系统的稳定性和快速性，需在实际工程设计中找二者的平衡点。

4.3 液动跟随机构

跟随机构是井下控制机构里的一种典型机构，它的输入是位移（前级机构的输出信号，即主动件的位移），它的输出也是位移（从动件的位移）。如图 4.30 所示，锥形节流口是液动跟随机构的核心结构，当主动件活塞下行，逐步深入锥形节流口中时，堵孔节流压降产生的力会推动从动件随动轴向下运动，最终形成随动。由于从动件大活塞对液压力的放大作用，该机构常常被设计作为功率执行机构，例如它可作为井下可变径稳定器等主轴执行机构的前驱机构，为其提供动力，同时通过节流压降的变化监测其运动行程，达到遥控目的。

锥形节流口的压降计算与跟随机构的动力学分析是锥形节流口跟随机构设计的关键。本节重点研究锥形节流口的压降问题，导出计算公式；同时，对锥形节流口跟随机构进行了动力学分析，给出主要参数的动态特性；并求解系统传递函数，对系统的控制特性进行了研究。这些研究结果对液动跟随机构关键部件的参数设计具有指导和参考作用。

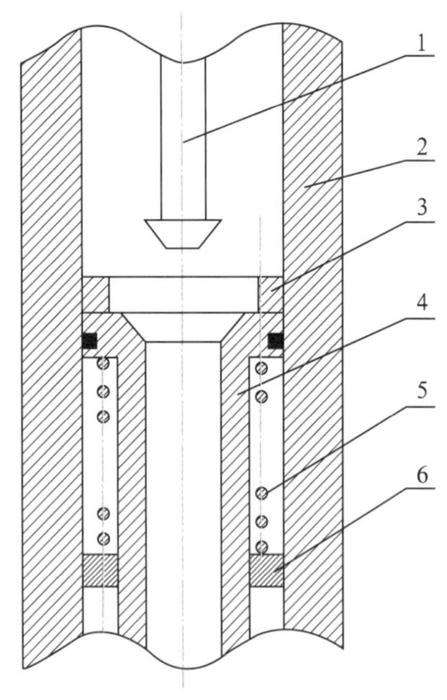

图4.30　跟随机构结构原理图

1—活塞；2—外壳体；3—上挡环；4—随动轴；5—弹簧；6—下挡环

4.3.1 跟随机构的结构与工作原理

图 4.30 所示为跟随机构的结构原理图。当需要机构动作时，主动件活塞 1 下行，开始时从动件随动轴 4 保持不动。

随着活塞 1 下移，它与随动轴 4 之间距离减小，形成节流口，堵孔节流压降产生向下的推力使随动轴 4 克服弹簧 5 的弹簧阻力开始向下运动。发生运动是必然的：假设活塞完全堵住锥形节流口，则形成无穷大压力，势必能够推动随动轴下行，实际上当活塞下行至某一位置时，压力差足以推动随动轴下行。之后，随着活塞的进一步下移，节流压降增大，随动轴下行，最终从动件随动轴与主动件活塞的运动速度近似相等，达到随动状态。活塞总会与随动轴的节流口保持适当距离，使液流从缝隙中流过，保持正常工况的连续性。

4.3.2 锥形节流口压降研究

活塞与随动轴上端之间形成锥形节流口，设活塞上外径为 D_1、下外径为 D_2，插入深度为 L，端面倾角为 α，侧向间隙为 δ，如图 4.31 所示。

为解决锥形节流口压降的求解问题，可先由同心环状间隙流的公式入手，再考虑解决锥形问题。参见图 4.32。

图 4.32 所示的同心环状间隙流的压降为：

$$\Delta p=\frac{12\mu LQ}{\pi D_0\delta^3} \tag{4.70}$$

式中：Δp 为同心环状间隙流的压降，Pa；Q 为排量，m^3/s；μ 为动力黏度，Pa · s；L 为插入深度，m；δ 为缝隙量 $[\delta=(D-d)/2]$，m；D_0 为中径 $[D_0=(D+d)/2]$，m。

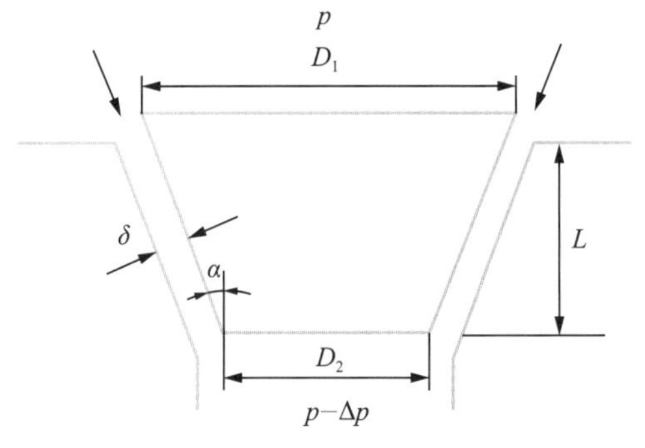

图4.31 锥形节流口压降分析

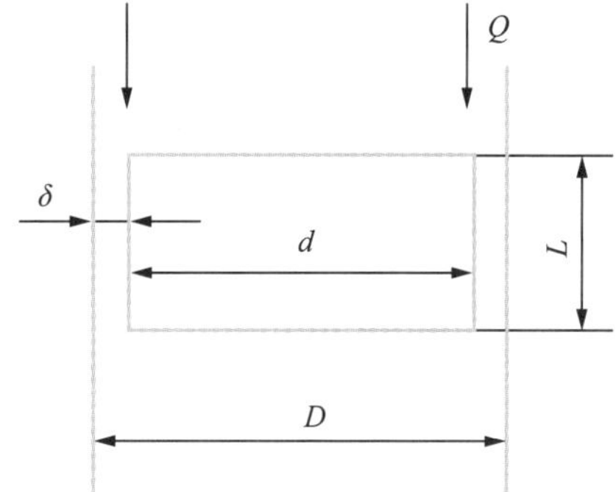

图4.32 同心环状间隙流示意图

对于锥形节流口结构，同一截面的过流面积随着活塞的下移而不断减小，这是与同心环状间隙流所不同的。对此，在同心环状间隙流压降公式的基础上，可以通过简单估算和精确求解两种方法来解决锥形节流口的压降问题。

4.3.2.1 简单估算法

如图 4.31 所示，活塞外径由 D_1 到 D_2 逐步缩小，过流面积也逐步缩小，压降肯定大于外径为 D_1 的环状间隙流压降而小于外径为 D_2 的环状间隙流压降，如果插入深度 L 不大，可近似按均值计算。

$$\Delta p=\frac{12\mu L_0 Q}{\pi D_0\delta^3}$$

$$D_0=\frac{D_1+D_2}{2}+\delta/\cos\alpha \tag{4.71}$$

$$L_0=L/\cos\alpha$$

如令 $\alpha=0$，则式（4.71）可转化为式（4.70），说明同心环状节流口是锥形节流口的特例，式（4.71）具有广义性。

4.3.2.2 精确求解法

（1）积分法。

采用积分法来精确求解锥形节流口压降。如图 4.33 所示，对锥形节流口取微元，对图中 dL 微元应用环状间隙流的压降公式。相应的中径 D_0 取为 x，从上到下，外径变小，dx 取负值，根据对应的几何关系可得：

$$\mathrm{d}L=\frac{\mathrm{d}x}{-2\tan\alpha}=\frac{L\mathrm{d}x}{D_2-D_1} \tag{4.72}$$

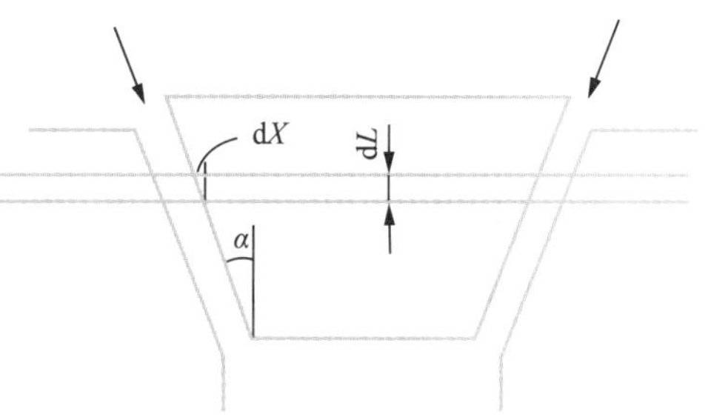

图4.33 积分法求解示意图

$$\mathrm{d}L_0=\frac{\mathrm{d}L}{\cos\alpha}=\frac{L\mathrm{d}x}{(D_2-D_1)\cos\alpha} \tag{4.73}$$

故

$$\mathrm{d}(\Delta p)=\frac{12\mu LQ}{\pi\delta^3\cos\alpha}\cdot\frac{\mathrm{d}x}{(D_2-D_1)x}=A\frac{\mathrm{d}x}{(D_2-D_1)x} \tag{4.74}$$

其中，$A=\dfrac{12\mu LQ}{\pi\delta^3\cos\alpha}$，所以，可以将锥形节流口压降的计算问题转化为对 x 的积分求解

$$\Delta p=\int \mathrm{d}(\Delta p)=\frac{A}{D_2-D_1}\int_{D_{10}}^{D_{20}}\frac{\mathrm{d}x}{x}$$

可得：

$$\Delta p=\frac{12\mu LQ}{\pi\delta^3\cos\alpha}\cdot\left(\frac{\ln D_{20}-\ln D_{10}}{D_2-D_1}\right) \tag{4.75}$$

$$D_{10}=D_1+\delta/\cos\alpha$$

$$D_{20}=D_2+\delta/\cos\alpha$$

（2）中值定理法。

如图 4.34 所示，对于函数 $f(x)=\dfrac{1}{x}$，

$$S=\int_{D_{10}}^{D_{20}}f(x)\mathrm{d}x=\int_{D_{10}}^{D_{20}}\frac{1}{x}\mathrm{d}x=\ln D_{20}-\ln D_{10} \tag{4.76}$$

$$f(\overline{D}_0)=\frac{S}{D_{20}-D_{10}}=\frac{\ln D_{20}-\ln D_{10}}{D_2-D_1} \tag{4.77}$$

所以

$$D_0=\overline{D}_0=\frac{D_2-D_1}{\ln D_{20}-\ln D_{10}} \tag{4.78}$$

将式（4.78）代入式（4.70）中，可得：

$$\Delta p=\frac{12\mu LQ}{\pi\delta^3\cos\alpha}\cdot\left(\frac{\ln D_{20}-\ln D_{10}}{D_2-D_1}\right) \tag{4.79}$$

由此可见，利用中值定理求解法求得的锥形节流口压降公式与积分求解法所得的压降公式一致，说明求解的正确性。

4.3.2.3 计算误差比较

由分析结果可以看出，对于锥形节流口压降的求解公式无论用估算法或是精确求解法，都可以表达成 $\Delta p=\dfrac{12\mu L_0Q}{\pi D_0\delta^3}$ 的形式，只是其中 D_0 的表达式有所不同。

例：若取 α=30°，δ=0.02m，D_1=0.15m，D_2=0.1m，并令 $B=\dfrac{12\mu Q}{\pi\delta^3}$，若用估算法计算，得：

$$\Delta p(D_0)=\frac{12\mu L_0Q}{\pi\delta^3D_0}\approx 7.7973B\cdot L \tag{4.80}$$

若按精确求解法计算，得：

$$\Delta p(D_0)=\frac{12\mu L_0Q}{\pi\delta^3D_0}\approx 7.8730B\cdot L \tag{4.81}$$

两种方法的计算结果接近，相对误差 $\varepsilon \approx 1.0\%$，所以估算法的精度也较高，同样满足工程需要。

4.3.2.4　锥形节流口的侧面压力

式（4.75）给出的是锥形节流口上下端压降 Δp 的值，对于形成节流的侧面液压力值不能用它来求解，因为在节流口内各处的 Δp 是不同的，节流口内沿液流方向压降是逐渐增强的，涉及沿程压降，这和以前的节流口和节流杆机构是不同的。应该取 dL 微分段，求出相应 Δp_i，对该微分段侧面环面求出液压正压力 P_i，再求出其分力 $P_i\sin\alpha$。

如图 4.35 所示，取 dL 微分段，此处 $\mathrm{d}L_0 = \mathrm{d}L/\cos\alpha$，设微分段的进口处的直径为 D_{1i}，出口处的直径为 $D_{2i} = D_{1i} - 2\mathrm{d}L_0 \sin\alpha$，该微分段的侧面环面积，d$S_i$ 则：

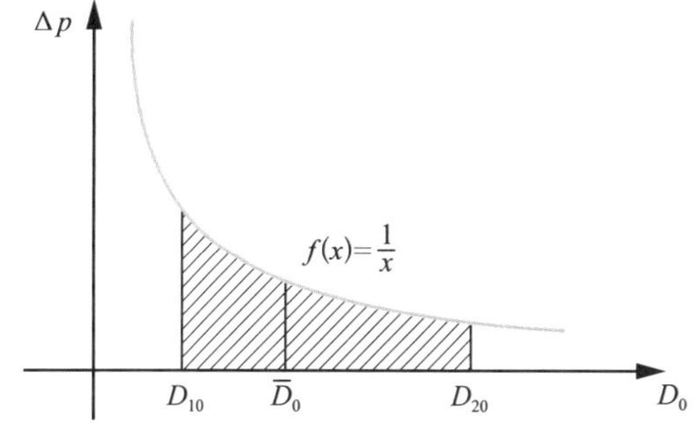

图4.34　中值定理求解示意图

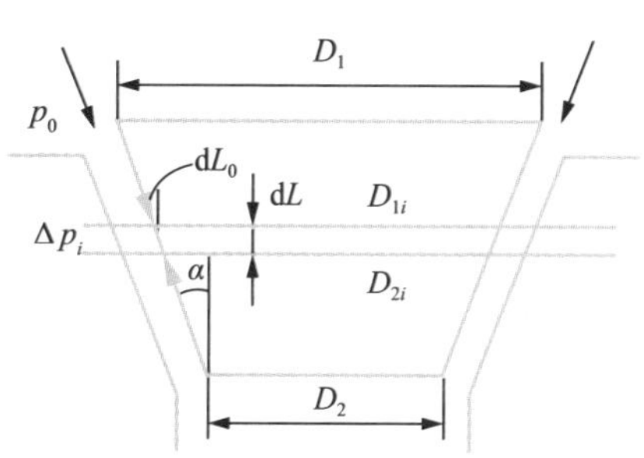

图4.35　数值积分求侧面液压力

$$\mathrm{d}S_i = \frac{\pi \mathrm{d}L_{0i}}{2}\left(D_{1i} + D_{2i}\right) = \frac{\pi \mathrm{d}L_{0i}}{2}(2D_{1i} - 2\mathrm{d}L_{0i}\sin\alpha) \tag{4.82}$$

略去二阶微量，得：

$$\mathrm{d}S_i = \pi D_{1i}\mathrm{d}L_{0i} = \frac{\pi D_{1i}\mathrm{d}L_i}{\cos\alpha} \tag{4.83}$$

此处 Δp_i 按出口处近似计算，应用式（4.75），可得

$$\Delta p_i = \frac{12\mu Q}{\pi\delta^3\cos\alpha}\frac{\mathrm{d}L_i}{D_{0i}} \tag{4.84}$$

$$D_{0i} = \frac{D_{2i} - D_{1i}}{\ln D_{20i} - \ln D_{10i}}$$

$$D_{20i} = D_{2i} + \delta/\cos\alpha$$

$$D_{10i} = D_{1i} + \delta/\cos\alpha$$

设活塞与随动轴上端节流入口处的液压值为 p_0，则环形侧面实际液压值为：

$$p_i = p_0 - \sum_1^i \Delta p_i = p_0 - \sum_1^i \frac{12\mu Q}{\pi\delta^3\cos\alpha}\cdot\frac{\mathrm{d}L_i}{D_{0i}} \tag{4.85}$$

所以，对于锥形节流口，形成节流的活塞侧面所受的向上的液压力为：

$$\begin{aligned} P_{侧} &= \sum p_i s_i \sin\alpha \\ &= \sin\alpha\cdot\sum\left(p_0 - \sum_1^i \frac{12\mu Q}{\pi\delta^3\cos\alpha}\cdot\frac{\mathrm{d}L_i}{D_{0i}}\right)\cdot\frac{\pi D_{1i}}{\cos\alpha}\mathrm{d}L_i \end{aligned} \tag{4.86}$$

活塞所受向上液压力 P_2 就等于侧面液压力向上分量与底面液压力之和：

$$P_2 = P_{侧} + \frac{\pi D_2^{\ 2}}{4}(p_0 - \Delta p) \tag{4.87}$$

式中：Δp 按式（4.75）计算。

4.3.2.5 锥形节流口的压降特性曲线

（1）锥形节流口沿程压降曲线。

图 4.36 所示为锥形节流口示意图，设锥形节流口上端大径为 D，节流口上端面为 x 轴原点，活塞插入节流口深度为 L。

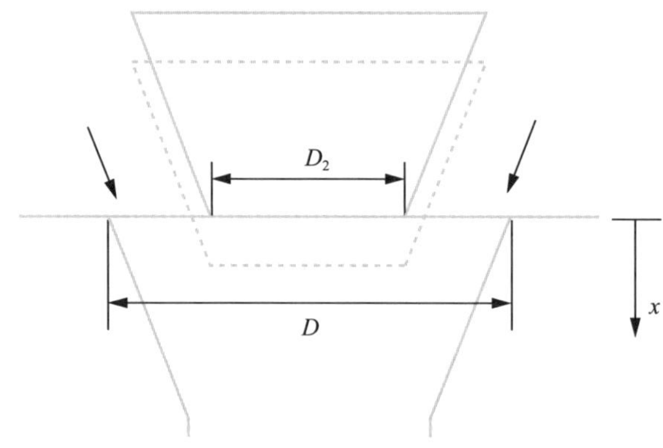

图4.36 锥形节流口示意图

例：当 L–0.03m，μ=0.025Pa · s，Q=30L/s，D=0.095m，D_2=0.058m，α=30° 时，根据几何关系和式（4.84）可以得到在活塞插入节流口深度为 L 时，节流口侧面距离节流口上端面不同位置处的沿程压降曲线，如图 4.37 所示。若设 p_0=30MPa，则可得到锥形节流口任意位置的压降值，如图 4.38 所示。

由图 4.37 和图 4.38 可知，对于锥形节流口节流压降并不是线性的，随着通流面积减小，压降增大，验证了锥形节流口内各处 Δp 不同，节流口内沿液流方向压降逐渐增强的说法。

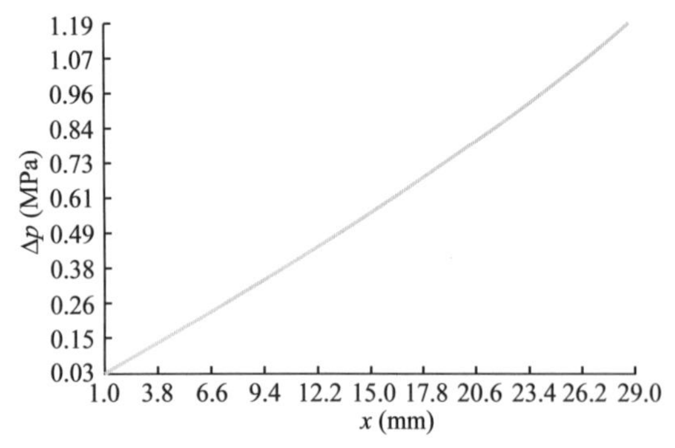

图4.37 锥形节流口沿程压降曲线图

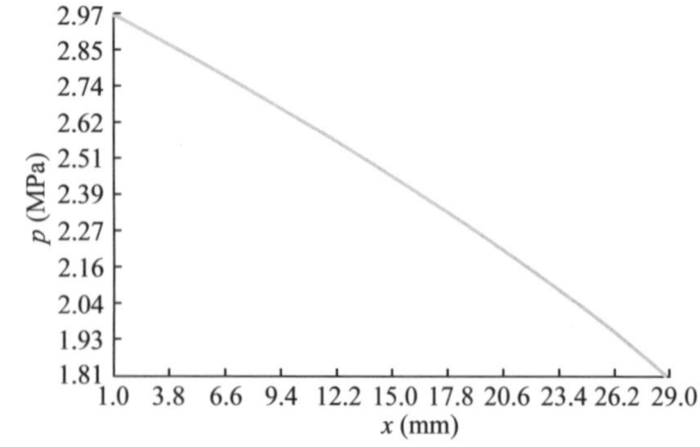

4.38 锥形节流口沿程压力值曲线

（2）沿程压降随插入深度变化曲线。

设活塞插入节流口的深度为 x，随着活塞插入节流口深度增加，过流间隙减小，长度增加，压降急剧增大。例如：当 μ=0.025 Pa · s，Q=30L/s，D=0.095m，D_2=0.058m，α=30° 时，活塞压降随插入深度变化曲线如图 4.39 所示。

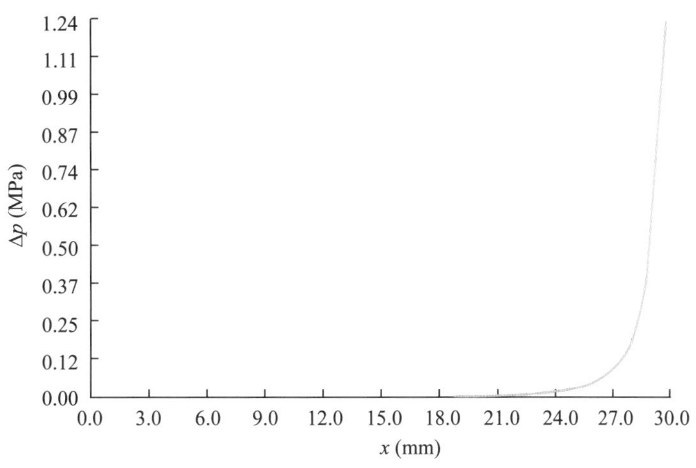

图4.39 活塞压降随插入深度变化曲线

4.3.3 锥形节流口液动跟随机构的动特性分析

4.3.3.1 活塞的动力学方程

如图 4.40 所示，活塞在下行运动过程中受活塞上部的液压力 P_1，受锥形侧面和下端面的液压力之和 P_2，阻尼力和$F_{m_1}=f_1\dfrac{\mathrm{d}x}{\mathrm{d}t}$ （f_1 为阻尼系数）自身重力 m_1g，活塞加速度$\dfrac{\mathrm{d}^2x}{\mathrm{d}t^2}$，则主动件活塞动力学方程为：

$$m_1\frac{\mathrm{d}^2x}{\mathrm{d}t^2}=P_1-P_2+m_1g-f_1\frac{\mathrm{d}x}{\mathrm{d}t} \tag{4.88}$$

4.3.3.2 随动轴的动力学方程

因为随动轴所受弹簧力是随着下移量的增加而不断增大的，所以要保证随动轴向下运动，则必然要求活塞与随动轴之间的相对距离逐步缩小以保证产生更大的节流压降。

如图 4.41 所示，随动轴下行时，随动轴受钻井液作用于上端部环面上的液压力 P_3，下端部受液压力 P_5，受锥形槽内液压力向下分量 P_4（与活塞侧面液压力向上分量 $P_{侧}$大小相等，方向相反），受弹簧力 T，受阻尼力 $F_{m_2}=f_2\dfrac{\mathrm{d}y}{\mathrm{d}t}$和自身重力 m_2g。随动轴向下运动加速度为$\dfrac{\mathrm{d}^2y}{\mathrm{d}t^2}$，则随动轴动力学方程为：

$$m_2\frac{\mathrm{d}^2y}{\mathrm{d}t^2}=P_3+P_4+m_2g-T-P_5-f_2\frac{\mathrm{d}y}{\mathrm{d}t} \tag{4.89}$$

$$T=k\Delta L_0+ky$$

式中：ΔL_0 为预设弹簧压缩长度，m；k 为弹簧系数，N/m。

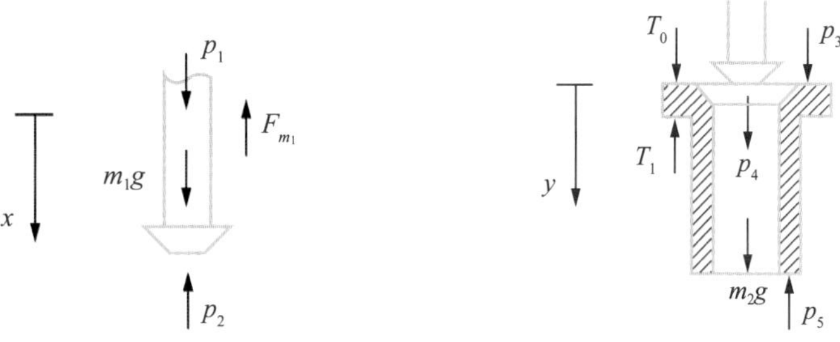

图4.40 活塞受力分析　　图4.41 随动轴受力分析

4.3.3.3 锥形节流口液动跟随机构主要参数的动态特性

设锥形节流口上端面初始位置为活塞运动的原点，也为随动轴运动的原点，即在锥形节流口上端面处，x=0，y=0。

从初始时刻 t=0 开始，随着活塞伸入随动轴锥形节流口的长度 x 的增加，锥形槽内液压力向下分量 P_4 增大，当增大到一定值时，随动轴开始下行，令随动轴下行的启动时间为 t_0，在 $t=0\sim t_0$ 期间，随动轴始终静止。

假设活塞做匀速直线运动，可令活塞下行速度为 v，则当 $t=t_0$ 时，$\dfrac{\mathrm{d}^2x}{\mathrm{d}t^2}=0$，$\dfrac{\mathrm{d}x}{\mathrm{d}t}=v$，$y$=0，再由式（4.71）、式（4.88）和式（4.89），并对锥形节流口液动跟随机构中的定常参数（m_1、m_2、D_1、D_2、D、α、Q、μ、f_1、f_2、k、ΔL_0、v、p_0、随动轴上端面环形面积 S_1、随动轴下端面环形面积 S_2）赋值，即可求出启动时间 t_0。

当 $t>t_0$ 时，将式（4.89）写为：

$$\begin{cases} y''=\dfrac{1}{m_2}(-f_2y'-ky-k\Delta L_0+m_2g+P_3+P_4-P_5) \\ y(t_0)=y'(t_0)=0 \end{cases} \tag{4.90}$$

利用 Runge—Kutta 法，可对上式求出随动轴行程 y 的数值解，即得到 y 随时间 t 的变化关系。

$$L=x-y \tag{4.91}$$

$$\delta=-L*\sin\alpha+\frac{1}{2}(D-D_2)\cos\alpha \tag{4.92}$$

由式（4.71）、式（4.91）和式（4.92），可得到活塞与随动轴间隙 δ、锥形节流口压降 Δp 随时间 t 变化的变化关系。

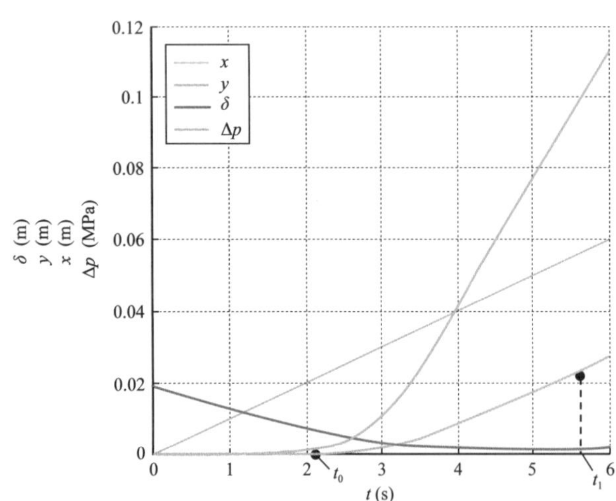

图4.42 跟随机构主要参数动态特性曲线

例：当 m_1=10kg，m_2=50kg，D_1=0.09m，D_2=0.058m，D=0.1m，α=30°，Q=30L/s，μ=0.025 Pa·s，f_1=f_2=1000N/（m·s），k=1×10^5N/m，ΔL_0=0.132m，v=0.01m/s，p_0=3mPa，S_1=0.0075m²，S_2=0.0071m² 时，得到活塞行程 x、随动轴行程 y、间隙 δ 和锥形节流口压降 Δp 随时间的变化曲线，如图 4.42 所示。

经计算得，随动轴的启动时间 t_0=2.1s。如图 4.42 所示，在 t>2.1s 以后，随着随动轴的下行，y 值增大，活塞与随动轴间的间隙 δ 逐渐减小，在一定时刻以后，随动轴与活塞间的间隙 δ 几乎保持不变，当随动轴的速度接近活塞的运动速度，相差不到 5% 时，此时 t_1=5.6s，可近似认为二者保持随动状态。

4.3.4 锥形节流口液动跟随机构控制系统特性分析

图 4.43 所示为在 $t>t_0$ 以后，锥形节流口液动跟随机构的控制系统原理图。控制系统的输入量是活塞的行程 x，输出量是随动轴的行程 y。

通过对式（4.88）主动件活塞动力学方程以及式（4.89）随动轴动力学方程进行线性化，并进行拉普拉斯变换，再由初始条件$\dot{x}(0)=v_0$，$x(0)=x_0$，$\dot{y}(0)=y(0)=0$ 可得：

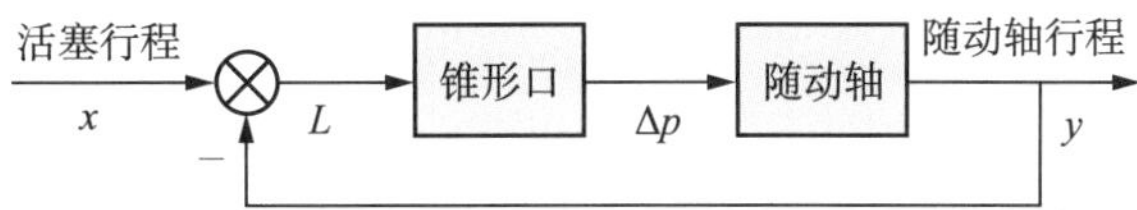

图4.43 锥形节流口液动跟随机构的控制系统原理

$$(m_1s^2+f_1s)*X(s)=C_1(s)+\frac{\pi}{4}D_2^{\ 2}\Delta p(s)-P_{侧}(s) \tag{4.93}$$

$$(m_2s^2+f_2s+k)*Y(s)=C_2(s)+S_2\Delta p(s)+P_{侧}(s) \tag{4.94}$$

式中

$$C_1(s)=m_1x_0s+f_1x_0+m_1v_0+\left[\left(\frac{\pi}{4}D_1^{\ 2}-\frac{\pi}{4}D_2^{\ 2}\right)p_0+m_1g\right]\frac{1}{s}$$

$$C_2(s)=\left[(S_1-S_2)p_0+m_2g-k\Delta L_0\right]\frac{1}{s}$$

由式（4.71）、式（4.92），可知Δ$p=f$（t，L），此方程为非线性方程，可对其在某一点（t_1，L_1）处利用泰勒级数展开，进行线性化，再进行拉普拉斯变换，得：

$$\Delta p(s)=K_L\cdot L(s) \tag{4.95}$$

式中，$K_L=\left.\frac{\partial f}{\partial L}\right|_{L_1}$，再由式（4.91），得：

$$L(s)=X(s)-Y(s) \tag{4.96}$$

通过式（4.93）～式（4.96），可得锥形节流口液动跟随机构的控制系统框图，如图 4.44 所示。

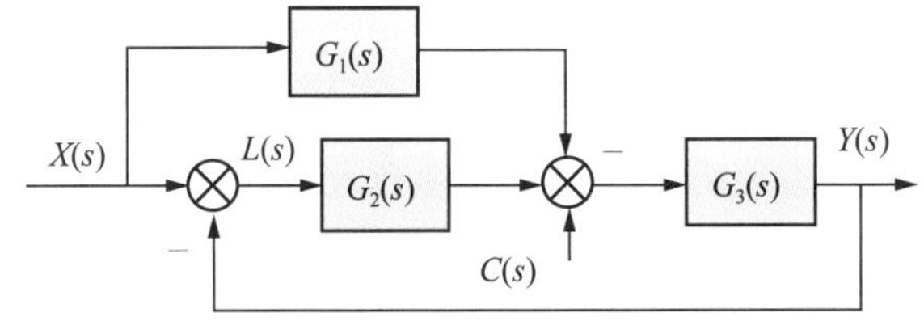

图4.44 锥形节流口液动跟随机构控制系统框图

$$G_1(s)=m_1s^2+f_1s \tag{4.97}$$

$$G_2(s)=\frac{\pi}{4}(D_2^{\ 2}+S_2)\cdot K_L=A \tag{4.98}$$

$$G_3(s)=\frac{1}{m_2s^2+f_2s+k} \tag{4.99}$$

$$C(s)=C_1(s)+C_2(s) \tag{4.100}$$

由式（4.97）～式（4.99）可知，以 x 为输入，y 为输出的传递函数：

$$\phi(s)=\frac{Y(s)}{X(s)}=\frac{\frac{1}{m_2}(-m_1s^2-f_1s+A)}{s^2+\frac{f_2}{m_2}s+\frac{k}{m_2}+\frac{A}{m_2}} \tag{4.101}$$

由系统传递函数式（4.101）可知，锥形节流口液动跟随机构控制系统为二阶系统。此二阶系统的特征方程为：

$$s^2+\frac{f_2}{m_2}s+\frac{k}{m_2}+\frac{A}{m_2}=0 \tag{4.102}$$

由此，得到该系统的阻尼比ζ、ω_n 分别为：

$$\zeta = \frac{f_2}{2\sqrt{km_2 + Am_2}} \tag{4.103}$$

$$\omega_n = \sqrt{\frac{k}{m_2} + \frac{A}{m_2}} \tag{4.104}$$

对于二阶系统，阻尼比越大，系统响应的稳定性越好；固有频率越高，系统响应的快速性越好。为保证整个系统的稳定性和快速性，需在实际工程设计中，调节各参数，找二者的平衡点。

4.3.5 堵孔圆板压降的分析与计算

在实际工具结构设计中有时会碰到圆形平板向下运动，靠近甚至封堵下方孔道的情况，我们把这样的圆形平板称为堵孔圆板。

虽然堵孔圆板机构在很多工具结构中能够见到，但是如何计算堵孔圆板机构相关各处的压力（强）值及压降，却鲜有相关介绍，这使得堵孔圆板机构的广泛应用受到一定限制。

堵孔圆板机构结构简单，径向尺寸小，控制灵活，适合应用在井下的复杂环境中。研究堵孔圆板机构相关各处的压力（强）值及压降的计算方法，对于井下控制机构设计及地面装置设计和计算，具有理论意义和实用价值。

4.3.5.1 堵孔圆板机构的压降问题

堵孔圆板机构的工作示意如图 4.45 所示。

流体经堵孔圆板的边缘进入下方孔道，随着堵孔圆板 1 的下行，圆板与下方工件 2 之间的间隙变小，堵孔圆板机构引起的压降增大。

从流体进入堵孔圆板机构到流体流出工件孔道，其压力经历了两个阶段的变化。一是环形平板流阶段：流体从堵孔圆板母线下方进入，通过环形平板流在工件中心孔道上方交汇，其间压降为 Δp_1；二是节流口阶段：流体流经工件孔道产生的沿程压降Δp_2。

对于Δp_2 的计算，参考节流口压降计算公式很容易得到，不再赘述；以下对于Δp_1 的计算进行讨论。

如图 4.45 所示，设对应于堵孔圆板母线下方的液压力值为 p_1，下方长圆孔入口处的液压力值为 p_2，下方长圆孔出口处的液压力值为 p_3，圆板与下方工件间的间隙值为 δ。

流体的运动为环形平板间的流动。取图 4.46 所示的控制体为扇环体，进口处的流速值为 v_1，出口处的流速值为 v_2，下方长圆孔内的流速值为 v_3。

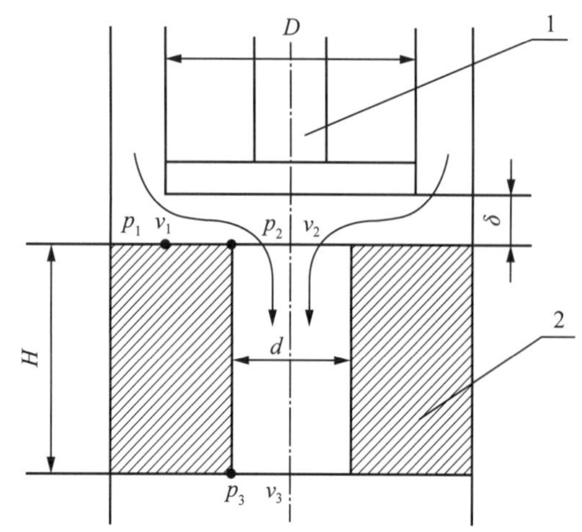

图4.45 堵孔圆板机构工作示意图

1—堵孔圆板；2—工件

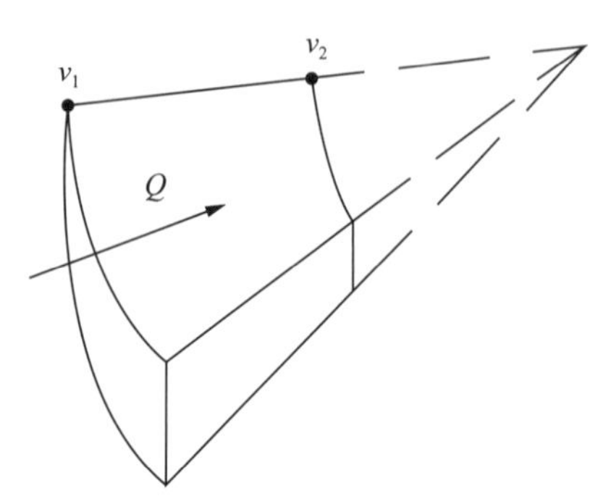

图4.46 控制体分析

所分析的流体为保守系统，且平板间为水平流动，没有高度差，因此对圆形平板间的流体应用伯努利方程如下：

$$\frac{p_1}{\gamma}+\frac{v_1^{\ 2}}{2g}=\frac{p_2}{\gamma}+\frac{v_2^{\ 2}}{2g}+h_{损} \tag{4.105}$$

式中：γ 为流体密度；$h_{损}$为流体能量损失。

能量损失 $h_{损}$可以表达为两项之和，即

$$h_{损}=h_L+h_{局} \tag{4.106}$$

式中：h_L 为环形平板沿程损失，可视为径向平板流动；$h_{局}$为环形平板局部损失，为流体在中心交汇时流体碰撞，消耗流速的动能变为热能所造成的能量损失。

结合式（4.105）、式（4.106）可得堵孔圆板机构环形平板流阶段的压降 Δp_1 为：

$$\Delta p_1=p_1-p_2=\frac{\gamma(v_2^{\ 2}-v_1^{\ 2})}{2g}+\gamma h_L+\gamma h_{局} \tag{4.107}$$

式中：γh_L 为环形平板沿程压降；$\gamma h_{局}$为环形平板局部压降。

4.3.5.2 环形平板沿程压降的分析与计算

在式（4.107）中，γh_L 即环形平板流的沿程压降 Δp_L，其中 $L=R-r$，目前没有计算公式可以直接应用，本节着重讨论。

（1）积分中值等效法。

首先利用积分中值等效的办法来进行求解。如图 4.47 所示，如果想套用矩形平面流公式，那么长度 $L=R-r$，宽度则需用中值等效方法求出相应的 b'，即把外径为 R，内径为 r 的圆环面积等效为边长为 $R-r$，宽度为 b' 的矩形面积，即

$$\begin{cases} b'(R-r)=\pi(R^2-r^2) \\ b'=\pi(R+r) \end{cases} \tag{4.108}$$

利用矩形平板流公式，压降为：

$$\Delta p=\frac{12\mu LQ}{b\delta^3} \tag{4.109}$$

取 $b=b'$，$L=R-r$，得：

$$\Delta p_L=\frac{12\mu LQ}{b'\delta^3}=\frac{12\mu(R-r)Q}{\pi(R+r)\delta^3} \tag{4.110}$$

（2）积分精确求解法。

用积分精确求解法计算Δp_L，并以此验证上述结果。此问题属于平板流，只不过宽度是变化的，在取微元的情况下，可视为平板流。如图 4.48 所示，取扇环形微元 $\mathrm{d}\theta$，取宽度 $\mathrm{d}b=\frac{R+r}{2}\mathrm{d}\theta$，为便于积分，令 $A=\frac{1}{\Delta p_L}=\frac{b\delta^3}{12\mu LQ}=Bb$，其中 $B=\frac{\delta^3}{12\mu LQ}$，则有：

$$\mathrm{d}A=B\mathrm{d}b=B\frac{R+r}{2}\mathrm{d}\theta$$

$$A=\int_0^{2\pi}B\frac{R+r}{2}\mathrm{d}\theta=B\frac{R+r}{2}\cdot 2\pi=B\pi(R+r)$$

可得

$$\Delta p_L=\frac{1}{A}=\frac{1}{B\pi(R+r)}=\frac{12\mu LQ}{\pi\delta^3(R+r)}$$

将 $L=R-r$ 代入上式即可得式（4.110）的结果，即两种方法求解结果相同。由此可见，积分中值等效法是一种精确的计算方法，在处理复杂问题时十分有效。

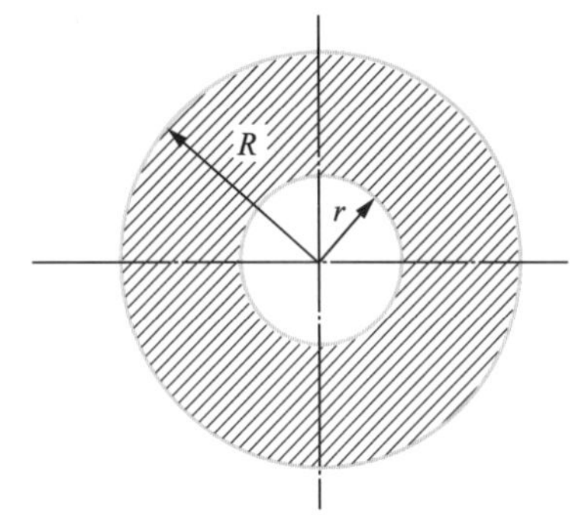

图4.47　环形平板流示意图

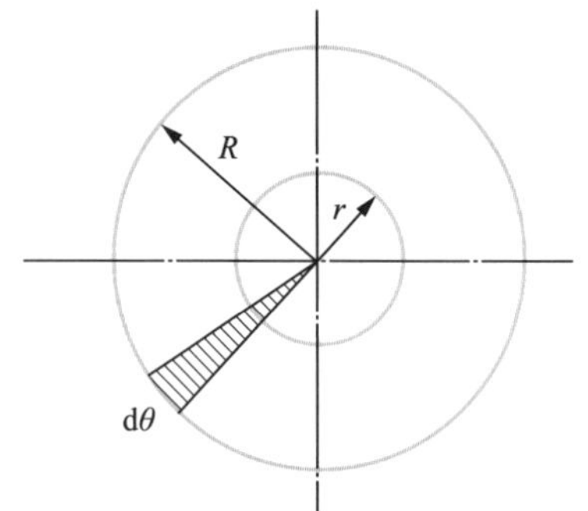

图4.48　环形平板流积分微元

4.3.5.3　实验方法修正环形平板沿程压降

利用实验方法对上述的环形平板沿程压降进行修正。

设流量为 Q，根据质量守恒定律，则有：

$$Q=v_1\pi D\delta=v_2\pi d\delta=v_3\frac{\pi d^2}{4} \tag{4.111}$$

故

$$v_1=\frac{Q}{\pi\delta D} \tag{4.112}$$

$$v_2=\frac{Q}{\pi\delta d} \tag{4.113}$$

$$v_3=\frac{4Q}{\pi d^2} \tag{4.114}$$

取流量 Q，在相应位置安装压力传感器可测出 p_1、p_2、p_3。

$\gamma h_{局}$即是环形平板局部压降$\Delta p_{局}$，是由于剧烈的速度对冲造成的，可表述为：

$$\Delta p_{局}=\zeta\frac{\gamma v_2^{\ 2}}{2g} \tag{4.115}$$

如果 v_2 不大，引不起大的损失，则可先忽略不计，即$\Delta p_{局}$，亦即取小流量值 $Q_{小}$，由式（4.107）可得这种情况下环形平板沿程压降$\overline{\Delta p_L}$（即 gh_L）：

$$\overline{\Delta p_L} = p_1 - p_2 + \frac{\gamma(v_1^2 - v_2^2)}{2g} \tag{4.116}$$

其中 p_1、p_2 为测量值，$\frac{\gamma(v_1^2 - v_2^2)}{2g}$ 可结合式（4.112）、式（4.113）计算出来，由此可根据式（4.116）计算出小流量下 $\overline{\Delta p_L}$ 的值。

令 $\overline{\Delta p_L} = \alpha_1 \left[\frac{12\mu(R-r)}{\pi(R+r)\delta^3} Q_{小}\right]$，得实验修正系数 α_1 为：

$$\alpha_1 = \left[\frac{12\mu(R-r)}{\pi(R+r)\delta^3} Q_{小}\right] \Big/ \overline{\Delta p_L} \tag{4.117}$$

所以，取消小流量的限制，利用实验方法对环形平板沿程压降进行修正的结果为：

$$\Delta p_L = \alpha_1 \frac{12\mu LQ}{\pi\delta^3(R+r)} \tag{4.118}$$

4.3.5.4 实验方法求取环形平板局部压降

对于局部压降，可用实验方法来得到。

通过实验可以测得 p_1、p_2，并由式（4.118）计算出Δp_L，则由式（4.107）可得：

$$\overline{\Delta p_{局}} = p_1 - p_2 - \frac{\gamma(v_2^2 - v_1^2)}{2g} - \Delta p_L \tag{4.119}$$

综合式（4.115）和式（4.119），可求出局部损失系数 ζ 的值。

也可由另一组数据验证。设长圆孔长度为 H，其沿程压降为$\Delta p_{沿}$，对长圆孔上下端口处应用伯努利方程，得：

$$p_2 + \frac{\gamma v_2^2}{2g} + H\gamma = p_3 + \frac{\gamma v_3^2}{2g} + \Delta p_{局} + \Delta p_{沿}$$

$$\Delta p_{局} = p_2 - p_3 - \frac{\gamma(v_3^2 - v_2^2)}{2g} + H\gamma - \Delta p_{沿} \tag{4.120}$$

其中，对$\Delta p_{沿}$应用节流口公式，为：

$$\Delta p_{沿} = \frac{32\mu H v_3}{d^2} \tag{4.121}$$

综合式（4.115）和式（4.120）也可以得出 ζ 的值。

对于两种方法求出的 ζ，或求均值定出最终值。

需要说明，以上分析计算中未考虑雷诺数（层流、紊流）且略掉了一些实际因素。在实际工作中应该最终由实验确定影响系数（α_1、ζ 等）。

4.4 正压差信号控制机构

管柱是井下系统的重要组成部分，流体是井下系统中的工作介质。当流体流经管柱及其局部结构时，由于液阻会造成压力差，这是非常普遍的现象。根据“差异就是信号”的原则，经常把压力差用作控制信号。凡用压力差作为控制信号或作为系统主要工作参数的控制机构可称为压差控制机构。

在正常的工况中（如钻井或循环钻井液），管柱内的流体压力大于环空的流体压力。但在特殊的情况下，也会出现环空中的流体压力大于钻柱内的流体压力。通常把前者这种压差称为正压差，把后者这种压差称为反压差。

本节讨论正压差控制机构的有关问题。

4.4.1 正压差信号控制机构工作机理

4.4.1.1 钻井水力计算基础

当在停泵的状态下，井下压力按静止工况确定。距井口深度为 H 处的流体单元，其静液压力为：

$$p = 9.81\rho H + p_0 \tag{4.122}$$

式中：p 为静液压力，kPa；H 为液柱垂直高度，m；ρ 为钻井液密度，g/cm^3；p_0 为地面压力，kPa，正常情况下静止的地面压力为 0。

在开泵的情况下，钻井液正常循环，大体上分四部分：地面管汇，钻柱内部，钻头喷嘴和环形空间。钻井液流过这四部分都要受到阻力，克服阻力就要消耗泵压和水力功率，所以这四个部分都要使钻井液的压力降低[8]。

$$p_p = p_s + p_d + p_a + p_b \tag{4.123}$$

式中：p_p 为钻井泵泵压；p_s 为地面管汇压力损耗；p_d 钻柱内部压力损耗；p_a 为环空压力损耗；p_b 为钻头压力损耗。

对于井下控制工具，我们主要关心的是钻柱内部压力损耗、环空压力损耗和钻头压力损耗这三部分，钻井液在循环管路中流动时的压力损耗，就是该段两端的压力差。压力损耗计算公式如下：

（1）管内流（钻柱内部压力损耗）：

$$p_L = 0.0324\frac{f\rho LQ^2}{D_{PI}^{\ 5}} \tag{4.124}$$

式中：p_L 为管内循环井段两端压力损耗，MPa；f 为钻井液和管壁之间的摩擦系数；ρ 为井液密度，kg/m^3；L 为井段长度，m；Q 为排量，L/s；D_{PI} 为钻柱内径，cm。

（2）环空流（环空压力损耗）：

$$p_c = 0.0324\frac{f\rho LQ^2}{(D_h - D_{PO})^3(D_h + D_{PO})^2} \tag{4.125}$$

式中：p_c 为环空循环井段两端压力损耗，MPa；D_h 为井径，cm；D_{PO} 为钻柱外径，cm。

摩擦系数 f 与流动时的雷诺数 Re 有关，不同的流型、管内流和环空流，它们的雷诺数计算不同，f 与 Re 之间的关系又因流态的不同而不同。

（3）钻头喷嘴压降（钻头压力损耗）。

$$p_b = 8.27\frac{\gamma Q^2}{C^2 d^4} \tag{4.126}$$

式中：p_b 为钻头喷嘴压降，MPa；γ 为钻井液重率，N/cm^3；Q 为排量，L/s；C 为流量系数；d 为喷嘴当量直径，cm。

4.4.1.2　正压差简化模型及分析

为了清楚地说明正压差控制信号的工作原理，可简化模型如图 4.49 所示。并假设从井口到钻头范围内的钻杆内径、外径、井眼直径均保持不变，中间没有其他引起钻井液损耗的机构。

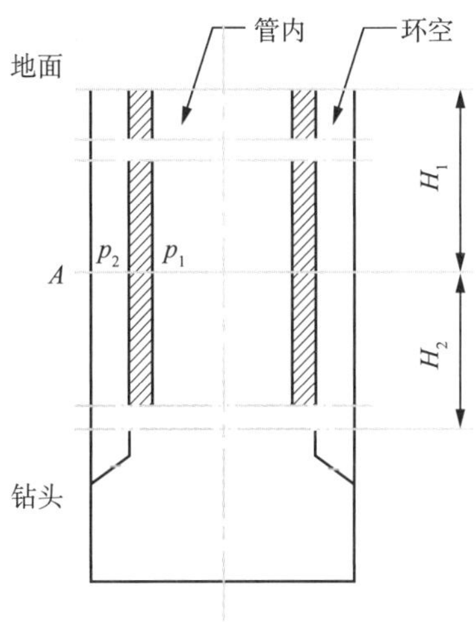

图4.49　管内与环空压力差分析图

如图 4.49 所示，截面 A 距离井口长度 H_1，距离钻头长度 H_2，钻杆内部压力 p_1，环空压力 p_2。

在停泵状态下，由式（4.122）可得：

$$\begin{cases} p_1 = p_2 = 9.81\rho H_1 \\ \Delta p = p_1 - p_2 = 0 \end{cases} \tag{4.127}$$

在开泵状态下，有：

$$\begin{cases} p_2 = p_1 - p_{\mathrm{L}} - p_{\mathrm{c}} - p_{\mathrm{b}} \\ \Delta p = p_1 - p_2 = p_{\mathrm{L}} + p_{\mathrm{c}} + p_{\mathrm{b}} \end{cases} \tag{4.128}$$

式中

$$p_{\mathrm{L}} = 0.0324 \frac{f \rho H_2 Q^2}{D_{\mathrm{PI}}{}^5}$$

$$p_{\mathrm{c}} = 0.0324 \frac{f \rho H_2 Q^2}{(D_{\mathrm{h}} - D_{\mathrm{PO}})^3 (D_{\mathrm{h}} + D_{\mathrm{PO}})^2}$$

$$p_{\mathrm{b}} = 8.27 \frac{\gamma Q^2}{C^2 d^2}$$

由式（4.127）、式（4.128）可知，当在停泵状态下，同一截面处管内和环空的压力差为零，与截面位置无关；当在开泵状态下，同一截面处管内和环空的压力差等于该截面到钻头之间管内压力损耗、钻头到截面之间的环空压力损耗和钻头损耗三者之和，压力差的数值除了与排量、钻柱内外径、井眼直径、喷嘴尺寸等参数有关之外，还与截面距离钻头的长度 H_2 有关。

当然，这只是假设的理想化状态，实际结构与简化模型相差很大，在从截面 A 到钻头的距离内，钻井液流通管径和钻柱外径一般不可能保持不变，这就需要分段考虑；而且还会包括一些井下工具对钻井液产生的节流作用，产生额外的压力损耗，例如节流口、节流杆等机构引起的节流压降不容忽视。所以实际上井下某截面处管内与环空压力差要比式（4.128）计算的数值大得多，应包含截面以下其他机构或结构产生压降的计算，设 p_0 为其他机构或结构产生压降，则 Δp 为：

$$\Delta p = p_1 - p_2 = p_{\mathrm{L}} + p_{\mathrm{c}} + p_{\mathrm{b}} + p_0 \tag{4.129}$$

所以，可以使同一截面位置钻柱管内的压力 p_1 和环空压力 p_2 分别作用在运动部件的上下端面，利用其较大压力差（p_2-p_1）作为动力来源。在工具结构等其他条件确定的情况下，由以上分析可知，当增大钻井液排量时，压力差（p_1-p_2）是按照排量的平方关系增加的，无论是开泵 / 停泵或是在正常工作排量下增大钻井液排量，都能够引起驱动压力（p_1-p_2）的变化，从而控制机构动作；有时也可以用他实现对于钻井液支路通道的打开 / 关闭，从而触发其他机构动作。这就是正压差控制信号的发生机理。

4.4.2 正压差信号控制机构工作原理及受力分析

4.4.2.1 工作原理

正压差控制机构的结构如图 4.50 所示，主要由主轴 3、弹簧 4、密封圈 2、通道 9 等部件组成。密封圈的作用是隔绝钻柱内钻井液与环空钻井液，保证主轴 3 上下端面的压力差。通道的作用是连通环空钻井液。

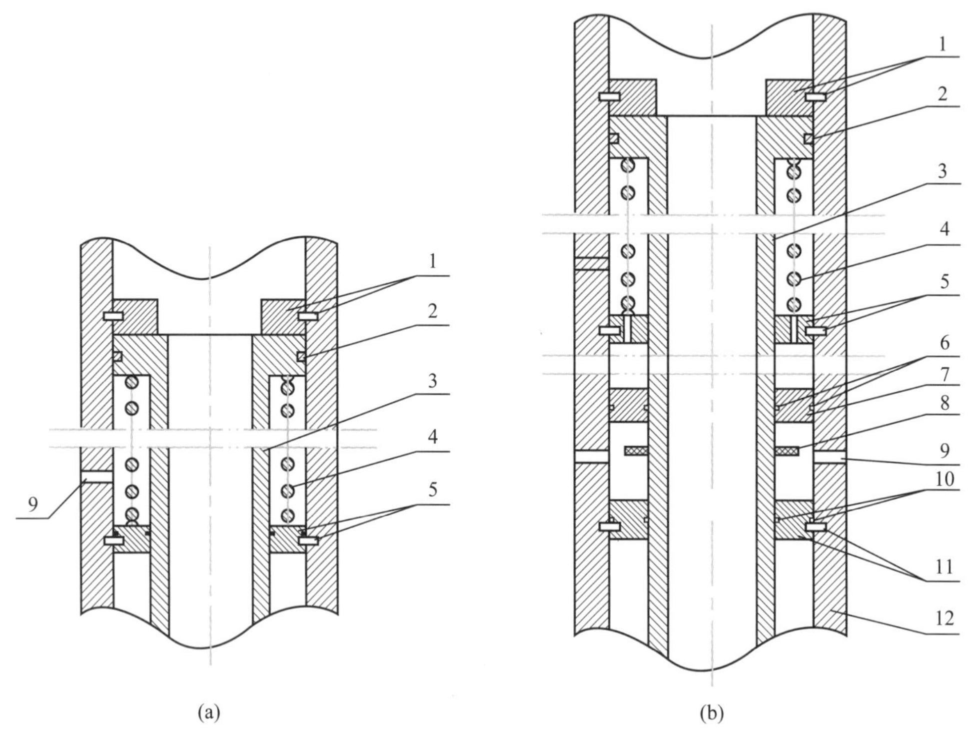

图4.50 正压差控制机构

1—上挡环及定位销；2、6、10—密封圈；3—主轴；4—弹簧；5—弹簧挡圈及定位销；7—平衡活塞；8—限位螺母；9—通道；11—下挡环及定位销；12—外壳

开泵时，钻井液经过主轴 3 的中央通道、流经下部连接件通道、钻头水眼等部件上返至环空，通过通道 9 与主轴 3 下端面钻井液连通。钻井液流经主轴 3、下部连接件、钻头水眼等部件产生压降，使得主轴 3 下端面钻井液压力减小，主轴 3 上下端面产生压差，推动主轴 3 下移。停泵后，主轴 3 上下端面压差消失，主轴在弹簧 4 的作用下上行至初始位置。上挡环 1 与限位螺母用来限定主轴的轴向位移。有时可在通道 9 上加筛孔板，防止环空钻井液的岩屑流入工具内。

当机构在某段结构需要将液压油与钻井液隔离时，这时可以考虑应用平衡活塞 [9] 或全浮动活塞 [10] 来平衡压力。如图 4.50（b）中所示，主轴 3、平衡活塞 7、壳体 12 组成液压腔中充满液压油，通过通道 9，平衡活塞 7 和下挡环 11 之间的钻井液与环空钻井液连通。开泵时，压差推动主轴 3 下移，下移时液压腔内压力增大，平衡活塞 7 下移；反之，停泵时，压差消失，主轴 3 上移，液压腔压力减小，平衡活塞上移。

由于液体的流动性，正压差控制机构的结构形式很灵活，如图 4.51 所示的外套筒压差控制机构。

外套筒压差控制机构主要由外套筒 9、弹簧 7 等部件组成。开泵时，主轴 2 中央通道中的钻井液经过通道4进入外套筒9、主轴2和上壳体1围成的空腔内，同时环空钻井液通过通道6进入外套筒下端面的空腔内，外套筒上下端面钻井液的压力差推动外套筒9压缩弹簧7下移。停泵后，外套筒上下端面钻井液压差消失，外套筒在弹簧7的作用下上行至初始位置。

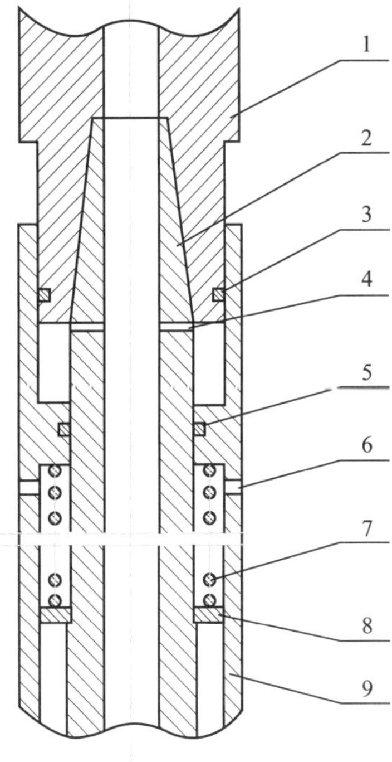

图4.51　正压差外套筒控制机构

1—上壳体；2—主轴；3、5—密封圈；4、6—通道；7—弹簧；8—挡圈；9—外套筒

4.4.2.2　受力分析

以正压差控制机构的主轴为对象进行受力分析。

主轴受力如图4.52所示。主轴上端面受主轴内部钻井液液压力p_1，下端面受有环空钻井液液压力p_2，弹簧压缩变形造成的反作用力$k\Delta L$，主轴侧壁圆柱面上作用有摩擦阻尼力F_m（因有橡胶密封圈而形成的摩擦力，其方向由运动方向、运动趋势而定），主轴向下运动时受到推力反力F_t，以及限位元件施加给主轴的约束反力P_S（在上极限位置P_S方向向下，下极限位置P_S方向向上），此外还有主轴的自重mg。

主轴所受合力为：

$$F=(P_1-P_2)+mg-k\Delta L\pm P_S\pm F_m-F_t \tag{4.130}$$

式中：P_S当活塞处于上极位时，取“+”；当处于下极位时取“−”。F_m的“±”，由运动方向、运动趋势而定。推力反力F_t一般情况下只有在主轴下行时才存在。

参照节流口机构工况分析同样可以得到：主轴只要满足在上极位和下极位时的受力则满足整个工作循环的要求，即只要满足不等式（4.131）即可保证机构的工作特性要求，这一表达式与节流口机构相同。

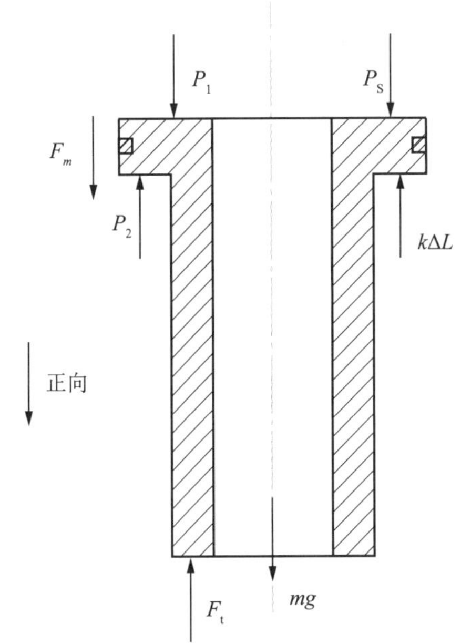

图4.52　正压差外套筒控制机构

$$\begin{cases}k(L_0-L_1)>\Delta P_0+mg+F_m\\k(L_0-L_1+L_C)<\Delta P_C+mg-F_m-F_t\end{cases} \tag{4.131}$$

当采用在正常工作排量下以增大排量的方式来触发时，ΔP_0为正常排量时主轴上的作用力，ΔP_C为控制排量时主轴上的作用力。

当采用开停泵（或是利用其他机构对于钻井液通道的打开、封闭来触发或关闭机构的动作）的控制方式时，ΔP_0为零，ΔP_C为工作排量时主轴上作用力。当然，因为钻柱与环空压差较大，所以利用在正常工作排量下增大排量的方式来触发时，弹簧刚度的选择要大得多。

在一些特殊情况下，当单根弹簧不能满足设计要求时，往往需要考虑采用并联弹簧或串联弹簧。设弹簧1、2的刚度分别为k_1和k_2，则有：

并联组合弹簧刚度：

$$k=k_1+k_2 \tag{4.132}$$

串联组合弹簧刚度：

$$k = \frac{k_1 k_2}{k_1 + k_2} \tag{4.133}$$

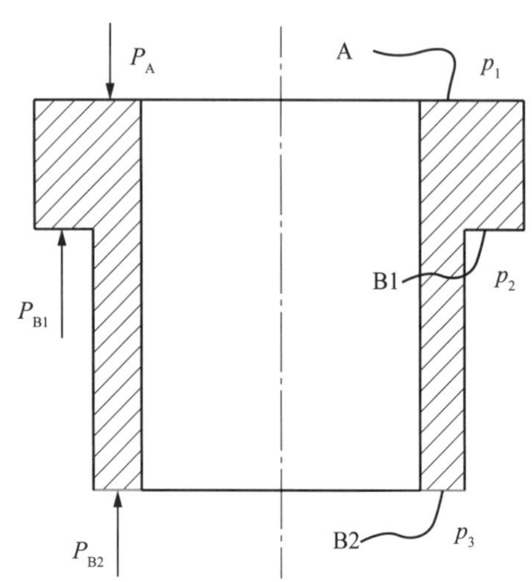

图4.53　正压差控制机构主轴受力分析

与节流口机构不同的是，对于正压差控制机构，主轴下端面的压力 P_2 是由两部分组成的，$P_2=P_{B1}+P_{B2}$，如图 4.53 所示。

正压差控制机构的下挡圈与主轴之间有密封圈，隔绝了钻柱内钻井液和环空内的钻井液，若主轴造成的压降可忽略，图中主轴上端面 A 处压强为 p_1，下端面 B2 处压强为 p_3，则 $p_1=p_3$，而下端面 B1 处的压强由于滤板导通环空而与环空压力保持一致，设为 p_2，得：

$$P_1 - P_2 = p_1(S_A - S_{B2}) - p_2 \cdot S_{B1} \tag{4.134}$$

对于图 4.50 所示的主轴结构，有 $S_A=S_{B1}+S_{B2}$，则

$$p_1 - p_2 = P_A - P_B = S_{B1} \cdot (p_1 - p_2) = S_{B1} \cdot \Delta p \tag{4.135}$$

与节流口的活塞力公式（4.9）相比，除了压降不同之外，受力面积也不同。

当主轴结构尺寸确定后，P_1-P_2 的大小主要由钻具内部、钻头喷嘴压降和环空间的钻井液压力损失决定，压力损失越大，则越大。由式（4.129）的分析可知，压力损失与机构安装位置、钻头喷嘴当量、机构与井底之间其他压降机构或结构等多种因素有关。

行程 L_C、轴向推力 F_t 是由控制链中下一个环节的要求确定的，属于设计的基本参数，应该提前给出，预设摩擦力 F_m。下一步就是设计弹簧参数，以满足不等式组（4.131）的要求。

4.4.3　液压触发机构

液压触发机构是一种典型的正压差控制机构，该机构用于触发井下工具中轴向运动部件动作，相当于轴向运动部件动作的开关机构。

正压差控制液压触发机构的结构原理如图 4.54 所示。上壳体 5 上开有旁通孔，使驱动套筒 2 上端面压力与环空相一致，下壳体 7 上开有旁通孔，使触发活塞 6 下端（安装弹簧处）压力与环空一致。驱动套筒 2 与中心轴 4、上壳体 5 之间有密封圈密封，触发活塞 6 与下壳体 7 之间有密封圈密封，中心轴 4 与触发活塞 6 的接触面上有密封圈密封。触发活塞 6 与下壳体 7 之间的环形空间中安装有回位弹簧 8，上壳体 5 上有喷嘴 3。

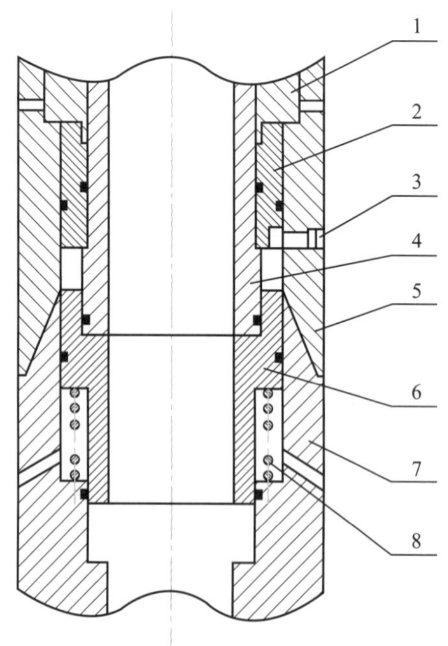

图4.54　井下液压触发机构结构原理

1—轴向运动体；2—驱动套筒；3—喷嘴；4—中心轴；5—上壳体；6—触发活塞；7—下壳体；8—回位弹簧

当正常钻进的情况下，机构不需要触发，此时钻井液作用于触发活塞 6 上的作用力不足以进一步压缩回位弹簧下行（在正常钻进时，回位弹簧 8 已经在正常排量钻井液的压力下具备一定的预紧力），机构

处于图 4.54 所示关闭状态；当需要触发动作时，增大钻井液排量，当压力增至触发机构的开启压力时，触发活塞 6 压缩回位弹簧 8 下行直至触发活塞 6 的上端完全离开中心轴 4 下端的密封圈，这时，触发机构处于开启状态，钻井液可以通过中心轴 4 与触发活塞 6 之间的通道，到达驱动套筒 2 下部中心轴 4 与上壳体 5 之间的环形空间中，与喷嘴 3 连通，造成压力下降，所以当机构从关闭状态到开启状态变化时，地面人员能够监测到明显的压力下降，以此来判断机构是否动作，同时，钻井液作用于驱动套筒 2 的下端面，促使驱动套筒 2 推动轴向运动体 1 上行；当需要关闭动作时，减小钻井液排量，当压力降至关闭压力，钻井液对触发活塞 6 和驱动套筒 2 的作用力减小，在上部回位机构（例如弹簧，图中未画出）的作用下，轴向运动体 1 推动驱动套筒 2 下行，在回位弹簧 8 的作用下，触发活塞上行，直至回到图 4.54 所示初始状态，中心轴 4 与触发活塞 6 之间的通道被堵死，机构处于关闭状态。

下面以触发活塞为分析对象，分工况来讨论触发活塞的受力情况。

（1）关闭状态。

图 4.55 所示是触发活塞在正常钻进状态下机构处于关闭状态时的受力分析，A1 面积上受压力 p_{A1}，B1 面积上受压力 p_{B1}，B2 面积上受压力 p_{B2}，还受到回位弹簧的回复力 $k\Delta L$，此时触发活塞满足关闭状态的条件是：

$$k\left(L_0-L_1\right)+p_{B1}\cdot S_{B1}+p_{B2}\cdot S_{B2}>p_{A1}\cdot S_{B3} \tag{4.136}$$

式中：k 为弹簧刚度系数；L_0 为弹簧自由长度；L_1 为弹簧在触发机构处于关闭状态时的长度。

假设钻井液经过触发活塞的损失可忽略不计，则 $p_{B2}=p_{A1}$，设 p_1 为正常排量时钻井液压力，令 $p_{B2}=p_{A1}=p_1$，B1 处的钻井液通过下壳体上的旁通孔与环空之间相连，所以 p_{B1} 的压力与正常排量时环空压力 $p_{环空1}$ 相等，即 $p_{B1}=p_{环空1}$，则式（4.134）可表达为：

$$k\left(L_0-L_1\right)+p_{环空1}\cdot S_{B1}>p_1\cdot\left(S_{A1}-S_{B2}\right) \tag{4.137}$$

（2）开启状态。

当需要触发动作时，增大钻井液排量，钻井液作用于触发活塞上的作用力增大，当增大排量至开启压力 p_2 时，触发活塞的运动分两个阶段：一是触发活塞在钻井液作用力下压缩弹簧，但触发活塞上端没有离开中心轴下端的密封圈，此时触发机构仍然处于关闭状态，设此时摩擦力为 f_1；二是触发活塞上端到达密封圈后继续下行，使密封圈完全暴露出来，这时机构处于开启状态，钻井液可以通过中心轴与触发活塞之间的通道到达驱动套筒下部中心轴与上壳体之间的环形空间中，同时钻井液通过喷嘴造成压力下降，此时压力从开启压力 p_2 下降至维持开启状态压力 p_3，设此时摩擦力为 f_2，很显然，$f_1>f_2$。忽略密封圈轴向长度，设开启机构前的关闭状态下触发活塞上端到中心轴下端密封圈的距离为 L_m，弹簧在触发机构处于稳定开启状态时的长度为 L_2。设增大排量后机构处于关闭状态时的环空压力为 $p_{环空2}$，机构开启后的环空压力为 $p_{环空2}$ 和 $p_{环空3}$，则有：

①当 $L=L_1\sim L_1-L_m$ 时，触发活塞受力如图 4.55 所示，为：

$$k\left(L_0-L\right)+p_{环空2}\cdot S_{B1}+f_1<p_2\cdot\left(S_{A1}-S_{B2}\right) \tag{4.138}$$

②当 $L=L_1-L_m\sim L_2$ 时，触发活塞的上端完全离开中心轴下端的密封圈，机构开启，钻井液的作用力面积增大，变为 A_1 和 A_2 之和，受力如图 4.56 所示，此时触发活塞满足开启状态的条件是：

$$k\left(L_0-L\right)+p_{环空3}\cdot S_{B1}+f_2<p_3\cdot\left(S_{A1}+S_{A2}-S_{B2}\right) \tag{4.139}$$

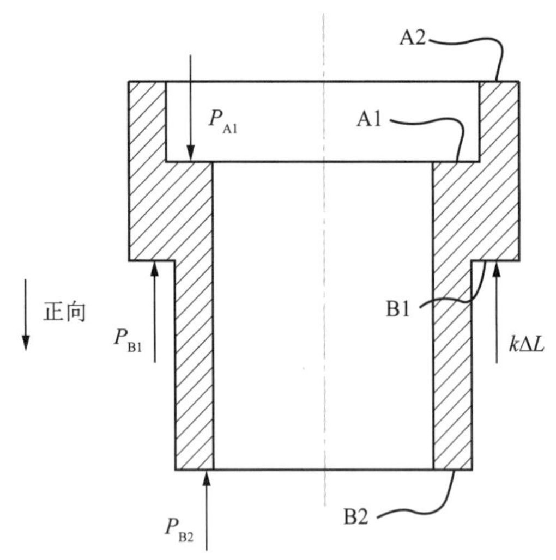

图4.55 触发活塞关闭状态受力分析图

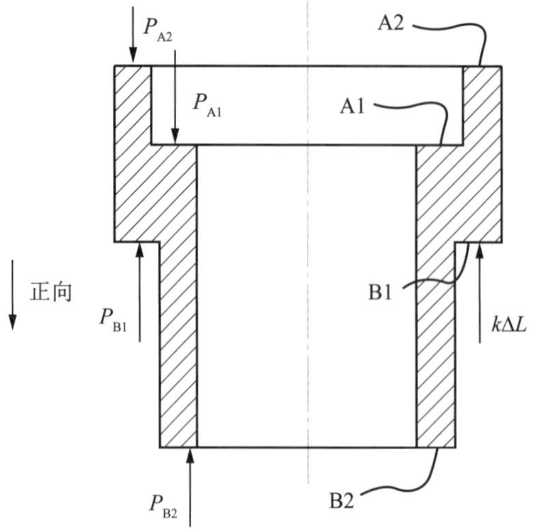

图4.56 触发活塞开启状态受力分析

（3）关闭过程。

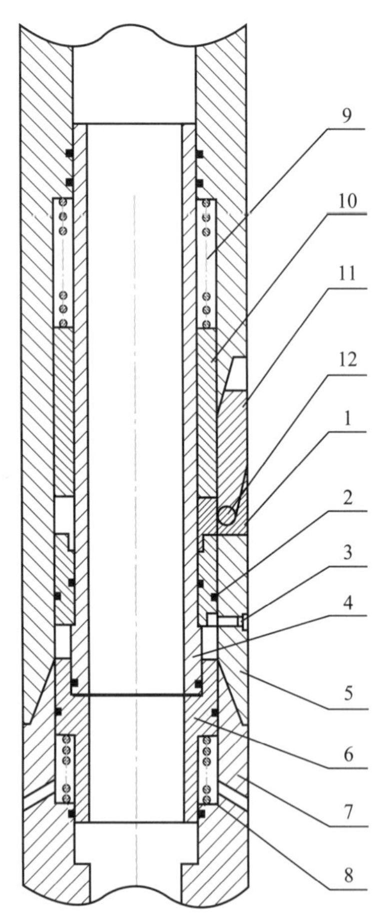

图4.57 井下液压触发机构在扩眼器中的应用

1—轴向运动体；2—驱动套筒；3—喷嘴；4—中心轴；5—上壳体；6—触发活塞；7—下壳体；8—下弹簧；9—上弹簧；10—弹簧驱动环；11—刀翼；12—销

当需要关闭动作时，降低压力至关闭压力 p_4，触发活塞上钻井液的作用力减小，在回位弹簧的作用下，触发活塞上行。关闭过程触发活塞的受力分两个阶段，与开启过程触发活塞的受力过程相反。设此时的环空压力为 $p_{环空4}$，则有：

①当 $L=L_2 \sim L_1-L_m$ 时，受力如图 4.56 所示，为：

$$k\left(L_0-L\right)+p_{环空4}\cdot S_{B1}-f_2>p_4\cdot\left(S_{A1}+S_{A2}-S_{B2}\right) \quad (4.140)$$

② 当 $L=L_1-L_m \sim L_1$ 时，触发活塞受力，如图 4.55 所示，为：

$$k\left(L_0-L\right)+p_{环空4}\cdot S_{B1}-f_1>p_4\cdot\left(S_{A1}-S_{B2}\right) \quad (4.141)$$

通过对以上工况下触发活塞受力的综合分析，可以得出以下结论：正压差控制液压触发机构的开启压力大于正常钻进时的工作压力，$p_2>p_1$；触发机构一旦打开，维持机构处于打开状态的工作压力小于开启压力，$p_3<p_2$；触发机构关闭压力应该小于正常钻进时的工作压力，$p_4<p_1$。所以正压差控制液压触发机构可以通过增大钻井液排量至开启压力来触发动作；通过减小钻井液排量至关闭压力来完成关闭动作，即相当于井下工具开关的作用。

图 4.57 是正压差控制液压触发机构在扩眼器中的应用实例图。

当需要扩眼动作时，增大钻井液排量至开启压力，触发机构动作，轴向运动体带动与其铰接在一起的刀翼，推动弹簧驱动环压缩上弹簧向上运动，刀翼在上壳体底面的斜面作用下径向向外伸出，完成伸出动作。当扩眼动作完成需要缩回刀翼时，减小钻井液排量至关闭压力，触发机构关闭，中心轴与触发活塞之间的通道被堵死，弹簧驱动环在上弹簧回复力作用下推动轴向运动体下行，刀翼缩回。

4.5　反压差信号接收控制机构

在第 3.3 节中我们曾对反压差信号进行过讨论，提出了反压差信号的定义及发生场合，并对其理论基础即钻柱中的弹性波做过较为详细的介绍。这种特殊信号过去常常被人们所忽视，而且有时会达到较大的压力值，会造成井下工具甚至钻柱的安全事故。但是任何事情都有两面性，我们也可以利用反压差作为控制信号并开发出相应的控制工具，用于井下控制工具和控制系统。

4.5.1　反压差信号发生机理与计算

如第 3 章所述，反压差在起下钻或停止钻井液循环、上下活动钻柱的过程中发生，而数值最大的是发生在上提钻柱的最后。当钻柱的悬点应力突变为 0 之后的 l/c 秒，弹性波传到钻柱底面以使钻柱之下的钻井液压力突然上升 σ_3；钻柱内部钻井液压力突然下降 σ_3，因此管柱内外发生反压差[11]：

$$\Delta p = 2\sigma_3 = \frac{4cE'\ S}{cE'\left(S_e + S_i\right) + c'\ \ ES} l\left(\gamma - \gamma'\right)$$

$$S \geqslant S = S_e - S_i \tag{4.142}$$

式中：E' 为钻井液的弹性模量；S_e 为管柱外圆面积；S_i 为管柱内孔面积；c' 为弹性波在钻井液中的速度（c' =1500m/s），m/s。

反压差有两个主要的特征：一个是数值很大且与钻柱长度成正比，另一个是瞬间达到很大的数值且持续时间很短，即为脉冲性的[12]。

进一步考虑内外液柱的影响，即把钻柱及其内外液柱视为一个系统进行分析，可得出结论：钻井液的密度、钻铤的直径、井口钻柱运动的速度对反压差也有较大影响；同样，井口钻柱运动加速度对反压差也有较大影响[13]。

图 4.58 是利用反压差作为信号的原理图。在钻柱 1 的下部水平放置的活塞 2，A 端受环形空间的压力，B 端受钻柱内压力。在停止钻井泵循环的情况下控制钻柱的运动就可以控制正、反压差，同时也就控制了活塞 2 在缸内的左右位置。这就是反压差控制信号的发生机理。

同理，当把管柱看成弹性体时，在突加力作用下弹性波波前未达到某一截面时，该截面的质点速度为零，而波前一旦达到该截面，它就立即产生速度，而固定在管柱上的另一物体因惯性其速度仍然为零。以管柱为参考系可以认为物体突然有了相对动能，即使物体与管柱之间有极大的摩擦力也不可避免地发生相对移动。

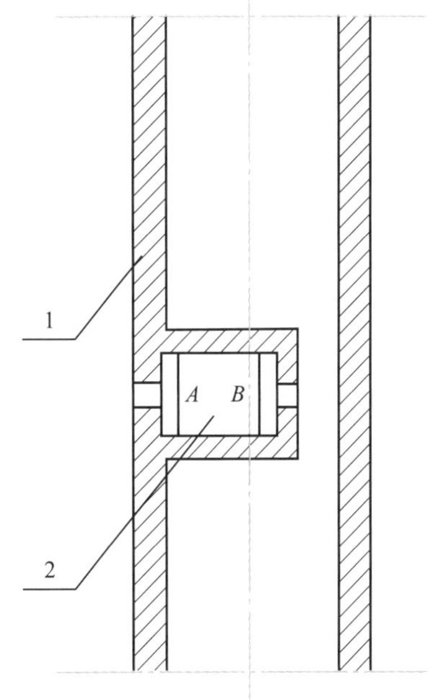

图4.58　利用反压差作为信号的原理图
1—钻柱；2—活塞

所以，由以上分析可知，只要在钻井操作中停止钻井液循环，上下活动钻柱就可以发出反压差和惯性力信号，反压差实质上是由运动引起的钻柱系统的动力学效应。

与其他井下信号不同的是，在钻井作业过程中有时会上下活动钻柱，这时反压差信号就会出现，因此需要区分哪个信号才是用于控制所需的信号。要针对井下工况，采用不同的操作方法，来设计相应的信号接收控制机构。

由于钻进或循环钻井液时只会发生正压差，而反压差仅仅是在起下钻（特别是快起 / 快下）或停止钻井液循环时上下活动钻柱的过程中发生，所以对于在停泵状态下的控制可以利用反压差直接接收机构进行反压差信号控制，如图 4.58 所示；而大多数对于钻进过程中的控制，可以利用停泵后提取的反压差信号使受控机构状态（或位置）发生改变，为开泵后的机构动作做准备。这分两种情况：

一是，因为反压差信号的持续时间很短，所以对于反压差控制机构的设计还应该考虑信号的脉冲性特点，通过增加阻尼结构来延缓机构状态的恢复，并结合开泵时间—排量的联合控制，达到控制的要求，这种机构叫作反压差限时接收控制机构。

二是，把停泵与下次开泵之间是否活动钻柱作为不同的信号。在停泵与开泵之间的时间内活动钻柱，发出信号，开泵接收机构处于状态 A；时间间隔内不活动钻柱，不发出信号，开泵后接受机构处于状态 B，这种机构称为反压差“无操作”控制机构。

4.5.2 反压差限时接收控制机构

4.5.2.1 机构结构与工作原理

反压差限时接收控制机构操作方式是停泵状态下活动钻柱发出反压差信号，之后的一段规定时间内开泵，接收机构可以捕捉到此信号，过了这段时间再开泵则这个信号作废。

图 4.59 所示是一个典型的反压差限时接收控制机构的结构原理图，这是一个按要求将预藏的钢球抛出的机构。

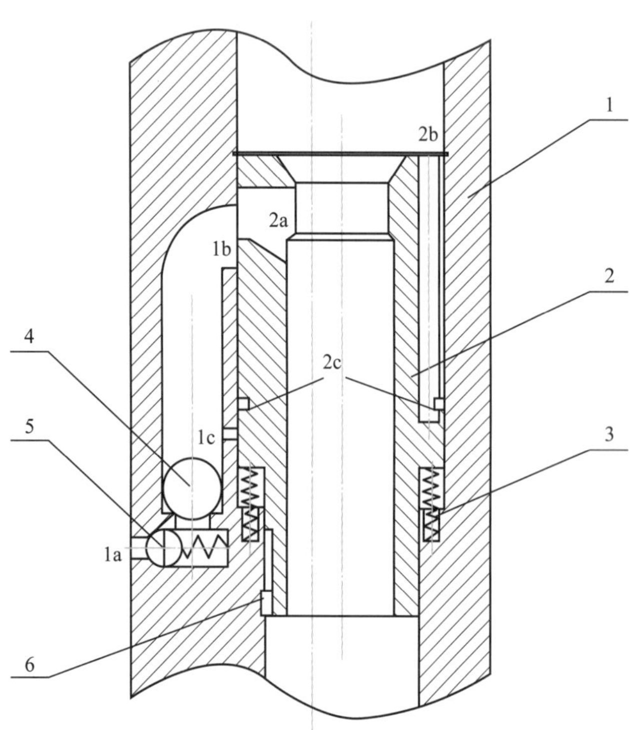

图4.59 反压差限时接收控制机构结构原理图

1—壳体；2—滑套；3—弹簧；4—钢球；5—单向阀；6—导向键

当发生反压差时，钻井液由外壳 1 的孔 1a 推开单向阀 5，并将钢球 4 托起，这时滑套 2 的位置较高，外壳 1 上的孔 1b 与滑套 2 上的孔 2a 错开，钢球 4 不可能进入滑套 2 内。反压差作用之后单向阀关闭。钢球 4 与孔的直径相差不多，钢球下落很慢，需要经过规定的时间 t 才能下落至孔 1c 的高度，这时孔 1c 是被滑套 2 堵住的。若在 t 时间之前开钻井泵，钻井液流经滑套 2 的中心孔产生压力降，滑套 2 被推下使外壳 1 上孔 1b 与滑套 2 上孔 2a 对正。同时，钻井液由孔 2b 流入环形槽 2c，这时环形槽 2c 与孔 1c 相通，故钻井液由孔 1c 流入外壳 1 的孔内，这一股钻井液把钢球 4 推入滑套 2 中心孔，完成将钢球抛入钻柱的动作。若在 t 时间之后，钢球已落到孔 1c 之下才开钻井泵，这股钻井液同样流动，但对钢球则毫无作用，不完成将钢球抛入钻柱的动作。停泵时由弹簧使滑套向上复位。

反压差限时接收控制机构的工作原理如图 4.60 所示。这样反压差信号与时间信号的联合控制制造了两种不同的机构状态，可以实现对井下工况的控制。

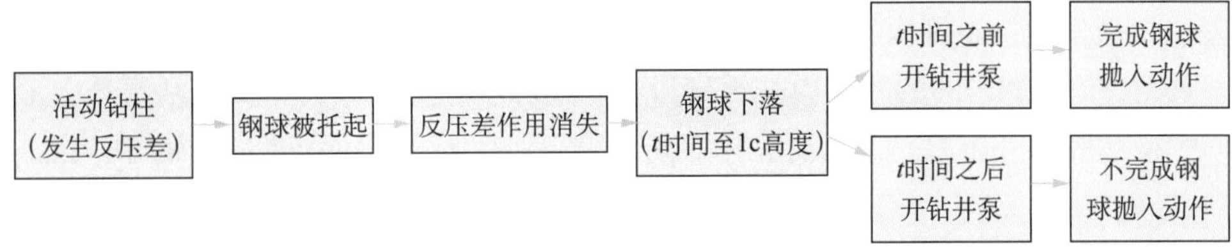

图4.60　反压差限时接收控制机构的工作原理

4.5.2.2　参数分析

图 4.59 所示的反压差限时接收控制机构能够动作的前提是钢球能被反压差信号托起，设钢球的重力是 mg，钢球最大截面积为 A，忽略小球上升时的阻力，则小球被抬起需要满足条件：$\Delta p \cdot A>mg$。

该机构的关键参数是时间间隔 t，t 的计算可以参考阻尼结构中时间间隔的计算方法或由实验确定。

当反压差消失后，钢球从孔内 1b 的位置运动到 1c 的位置，钢球下部钻井液通过钢球与孔的间隙流到钢球上部的钻井液体积 Q 为：

$$Q = S\frac{\pi}{4}D^2 \tag{4.143}$$

式中：S 为钢球运动的长度，即孔内 1b 到 1c 的距离，m；D 为孔的内径，m。

根据环形缝隙流量公式 [6] 可得，在本例中流经钢球缝隙的流量 q 为：

$$q = \frac{\pi D\delta^3\Delta p}{12\nu\rho L'} \tag{4.144}$$

$$\delta = \left(D - d_2\right)/2$$

式中：d_2 为钢球直径，m；δ 为钢球与孔内壁间的间隙，m；Δp 为钢球上下压差，Pa；ν为钻井液的运动黏度，m^2/s；ρ 为钻井液的密度，kg/m^3；L' 为当量长度，m。

对钢球应用环形缝隙流量公式，L' 应该大于 0，小于 d_2，具体应根据实验来界定。

钢球的上下压差是由钢球的重力 mg 引起的，因此，可以认为：

$$\Delta p = \frac{4mg}{\pi d_2^2} \tag{4.145}$$

综合式（4.143）、式（4.144）、式（4.145），可以得到活塞由上端运动到下端所经历的时间ΔT:

$$\Delta T = \frac{Q}{q} = \frac{3\pi D^2 d_2\nu\rho L'S}{4\delta^3 mg} \approx \frac{3\pi D^3\nu\rho L'S}{4\delta^3 mg} \tag{4.146}$$

4.5.3　反压差“无操作”控制机构

4.5.3.1　机构结构与工作原理

这里所说的“无操作”是指在获取反压差信号后的停泵与下次开泵之间的时间间隔内不进行上提或下放钻柱的操作。

在停泵与下次开泵之间，可以有两种操作方式：一是活动钻柱，发出信号；另一种是不活动钻柱，不发出信号。在钻井过程中总会时不时地上下活动钻柱，但是在这种获取了反压差信号之后的停泵与下次开泵的时间间隔内有意地上下活动钻柱或者不活动钻柱，完全可以人为掌控。反压差“无操作”控制机构就是利用停泵之后不活动钻柱作为一种信号而改变机构受控件的位置。

反压差“无操作”控制机构的结构原理如图 4.61 所示。受控件 7 两处与“O”形圈配合的柱面直径相等，两“O”形圈之间的腔室内注满润滑油。当环境压力增大时，平衡活塞 8 向上移动一小段距离，以平衡油腔内外压力。上止动块和下止动块分别有压簧和拉簧使它们靠向中心。

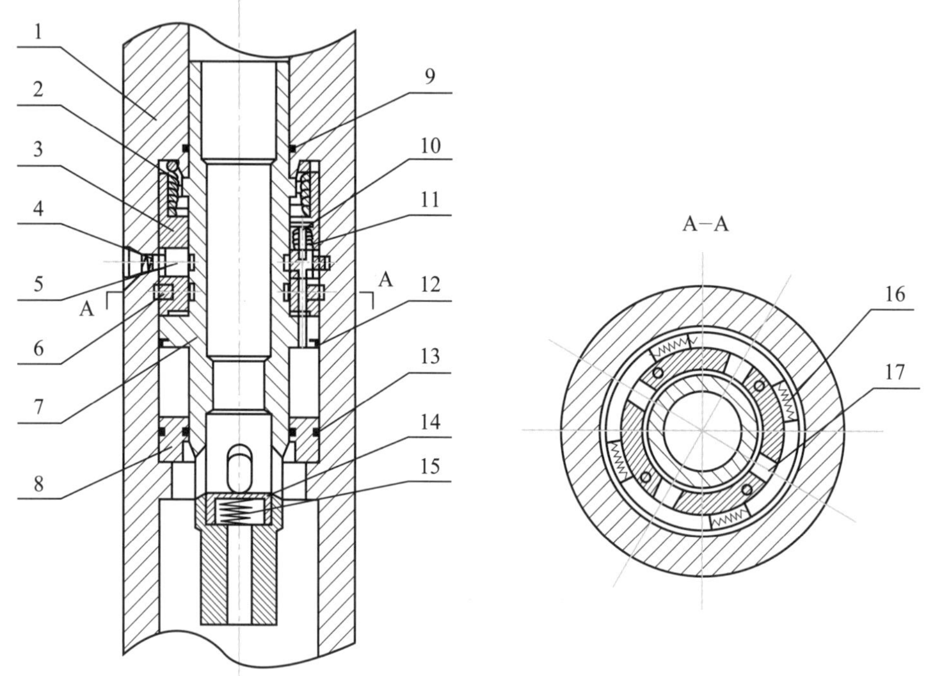

图4.61　反压差“无操作”控制机构结构原理图（受控件在顶位）

1—外壳体；2—上弹簧；3—控制套；4—上止动块组件（包含压簧）；

5—上推柱；6—下止动块；7—受控件；8—平衡活塞；9、13—“O”形圈；

10—螺钉；11—小弹簧；12—密封圈；14—堵盖；15—弹簧；16—拉簧；17—下推柱

当未开钻井泵而有反压差作用时（惯性力也同时作用），受控件 7 上移至顶位，如图 4.61 所示。上弹簧 2 被压缩，上止动块 4 一半在外壳体 1 的槽内，一半在控制套 3 的槽内，下止动块 6 则完全在控制套 3 的槽内。堵盖 14 和弹簧 15 是为了将通道部分堵住以增加向上推力而设的，它们不是必需的。

一方面，第一次开钻井泵，钻井液流经中心孔而造成正压差推动受控件 7 向下，起初控制套 3 不动。受控件 7 下移时通过螺钉 10 压缩小弹簧 11，另一方面，受控件 7 向下时，其环形凹槽斜面推动上推柱 5 和下推柱 17 径向向外，带动上、下止动块同时向外，当上止动块 4 被完全推入外壳体 1 的凹槽中而解锁时，控制套 3 就可以下移了。这时下止动块 6 已经处于一半在外壳 1 的凹槽内，一半在控制套 3 的凹槽内的锁住状态。所以控制套 3 下移一距离后因下止动块 6 而受阻，如图 4.62 所示，受控件 7 在上位。这时，受控件 7 压在控制套 3 上，小弹簧 11 是被压缩的。

停钻井泵后无压差作用，起初小弹簧 11 使受控件 7 上移而控制套 3 不动，当受控件 7 向上碰到了控制套 3 时，下推柱 17 与受控件 7 的环形凹槽轴向对齐，下止动块 6 因拉簧 16 的作用移向中心而解锁。结果上、下止动块均不起作用，这时受控件 7 在上弹簧 2 的推力下处于顶位以下。

之后的操作有两种选择，如果上下活动钻柱，则机构恢复至如图 4.61 所示顶位，开泵则受控件在上位，如图 4.62 所示；如果不活动钻柱，再次开泵则为图 4.63 所示，受控件 7 在下位。总之，根据操作方法司钻可以控制受控件 7 在上位或是在下位。

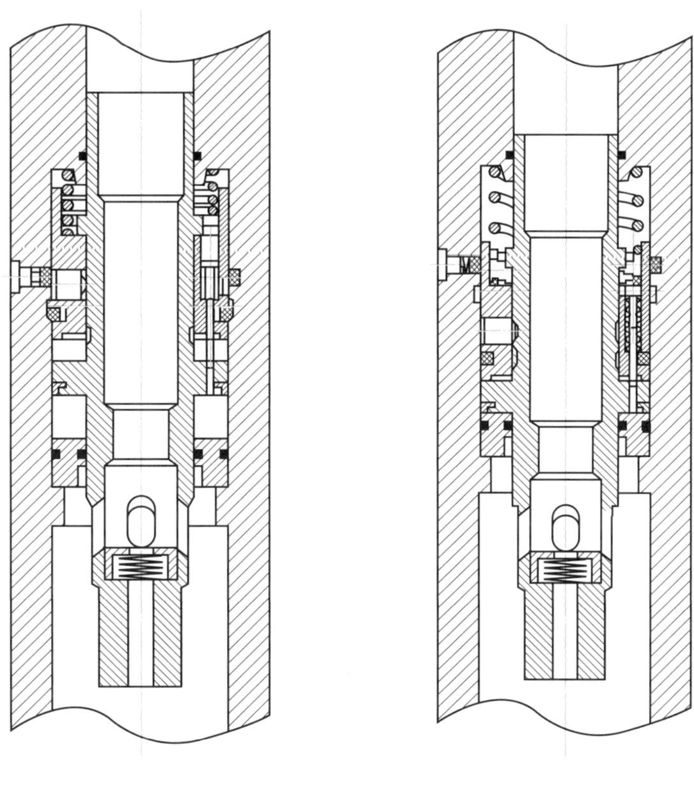

图4.62　受控件在上位　　　　图4.63　受控件在下位

工作循环可以表示为图 4.64 所示。

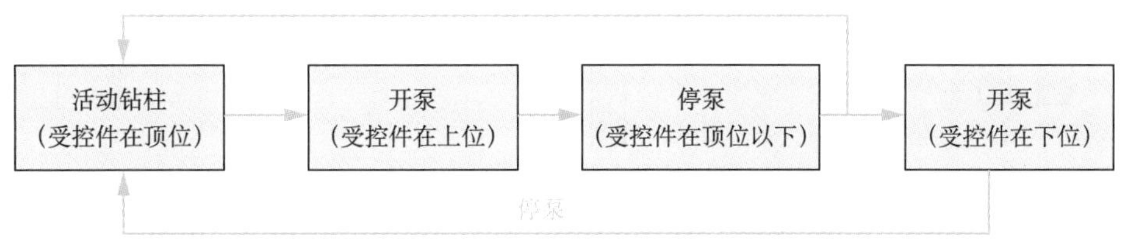

图4.64　反压差“无操作”控制机构工作循环

值得注意的是，机构的设计应避免“运动正压差”，它会造成与“开泵正压差”同样的动作。反压差是由于悬点突加正应力造成的，如果悬点突加拉应力则造成脉冲性的正压差，称为运动正压差。在图 4.61 所示的情况时钻柱的运动显然可能会遇到运动正压差，必须避免运动正压差起到第一次开泵的作用。

运动正压差和开泵正压差存在明显的区别：运动正压差的持续时间很短而开泵正压差随开泵持续时间很长。密封圈 12 只起单方向密封的作用，使受控件 7 凸台以下的油腔内的油向上漏得很慢而构成受控件 7 的阻尼，运动正压差只能将受控件 7 向下推动一小段距离，而开泵正压差却可慢慢将它推到图 4.62 所示位置。但受控件 7 向上运动自由，不受密封圈 12 的限制。

4.5.3.2　参数分析

对于“O”形圈的摩擦力，应按其可能出现的最大值来设计上弹簧 2、小弹簧 11 和受控件 7 的中心孔的直径。如果“O”形圈9的摩擦力大，就需要加大两种弹簧的弹力和减小中心孔直径。后者要消耗一部分钻井液动力。

机构的关键参数设计是上弹簧2和小弹簧11的设计。

设受控件的重力为m_1g，受小弹簧反力$Ft1$；控制套的重力为m_2g，受上弹簧反力$Ft2$。在三处密封处分别受阻力F_1、F_2、F_3；当钻井液开泵正常循环时，受控件受压力差P，当停泵时P=0。

设上弹簧原始长度S_0，小弹簧长度X_0。设机构在顶位时控制套与受控件的位置为初始位置，$a=b=0$，上弹簧长度S_1，小弹簧长度X_1；当机构处于上位时，控制套下行距离$a=D$，受控件下行距离$b=L_1$，上弹簧长度S_1+D，小弹簧长度X_1-L_1+D；当机构处于下位时，控制套下行距离与受控件下行距离相等，即$a=b=L_2$，上弹簧长度S_1+L_2，小弹簧长度X_1。

小弹簧在开泵后机构从顶位到上位，再停泵后机构从上位到解锁的过程中起作用，在其他工况中控制套与受控件相当于整体动作，小弹簧不起作用。所以可以通过机构在这两种工况下受控件的受力分析，得到小弹簧的参数与正压差、密封阻力之间的关系，如图4.65所示。

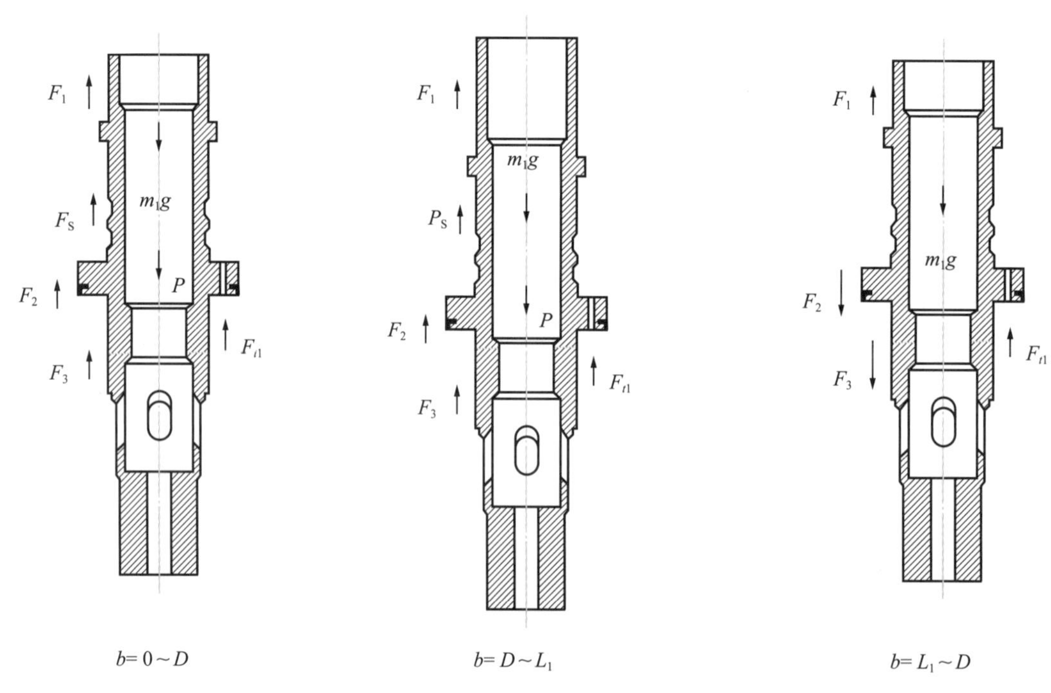

图4.65　两种工况下受控件的受力分析

由受力分析可有如下不等式：

$$m_1g + P > F_1 + F_2 + F_3 + F_S \tag{4.147}$$

$$m_1g + P > F_1 + F_2 + F_3 + F_{t1} = F_1 + F_2 + F_3 + k_1(X_0 - X_1 + L_1 - D) \tag{4.148}$$

$$F_{t1} = k_1(X_0 - X_1) > F_1 + F_2 + F_3 + m_1g \tag{4.149}$$

式中：F_S为受控件将上、下止动块向外推出受到的阻力；k_1为小弹簧的刚度系数。

由式（4.149）可知，若密封圈处的阻力大，就需要增大小弹簧的弹力，同时根据式（4.148）可知，若密封圈处的阻力大，还应该相应增大开泵时受控件所受压力差，可以通过减小中心孔的直径来实现。

同理，当开泵后机构从解锁到下位，停泵后活动钻杆，机构从下位运动到顶位的工况中控制套和受控件相当于整体动作，对控制套和受控件在这两种工况下的受力分析，得到上弹簧的参数与正压差、密封阻力、反压差等参数之间的关系，如图 4.66 所示。

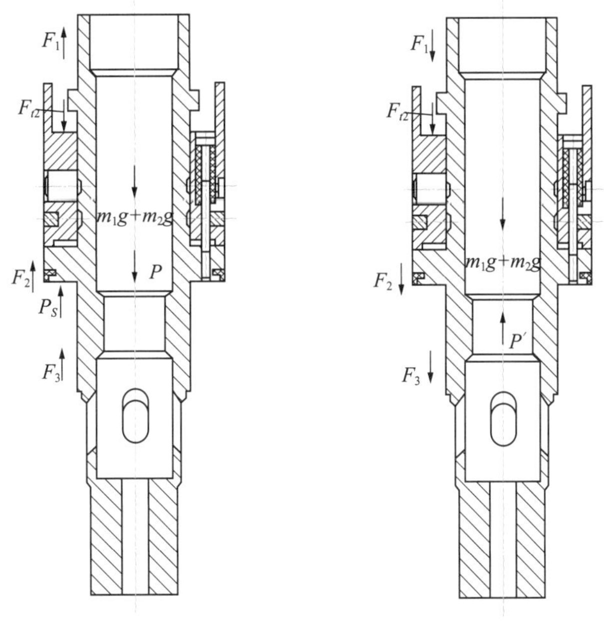

(a) 开泵：从解锁到下位　　(b) 停泵活动钻杆：从下位到顶位

图4.66　两种工况下受控件与控制套的受力分析

由受力分析可得如下不等式：

$$m_1g+m_2g+F_{t2}=m_1g+m_2g+k_2(S_0-S_1-L_2)>F_1+F_2+F_3 \tag{4.150}$$

$$P'>m_1g+m_2g+F_{t2}+F_1+F_2+F_3=m_1g+m_2g+k_2(S_0-S_1)+F_1+F_2+F_3 \tag{4.151}$$

由式（4.150）可知，若密封圈处的阻力大，就需要增大上弹簧的弹力，同时应满足式（4.151）的要求。

4.6　重力信号控制机构研究

重力信号的特点是：任何情况下重力方向始终向下，自由运动部件在无外力影响下始终朝向下方运动，即向势能最低点运动，并维持在势能最低点。利用重力信号的检测、比较元件，欲产生信号差异，有以下 2 种途径 [14]：

(1) 利用重力信号装置改变液流的过流面积，从而产生压力降的变化；

(2) 利用重力信号装置改变流道，导致液流换向，产生状态差异，即产生“0—1”信号。

由此可形成两类重力信号控制机构：重力变过流面积控制机构和重力变流道控制机构。

4.6.1　重力变过流面积控制机构

重力变过流面积控制机构是利用运动部件在重力作用下向势能最低点运动的特点来改变液流的过流面积，从而产生不同压降进而实现控制的。

图 4.67 是自由钢球重力节流信号装置原理图，钻柱中有大、小两个水眼，设大水眼面积 S_1，

小水眼面积 S_2，当钻柱有一定的井斜角时，钢球在自由状态下始终处于势能最低点，钢球的工作介质是钻井液，当钻柱旋转角度 α，钢球在开泵后泵压作用下堵死水眼，造成图 4.67（a）和图 4.67（b）状态下压降 Δp 的变化，从地面泵压显示可以明确分辨，地面操作人员可以识别、监控井下状况的变化 [15]。

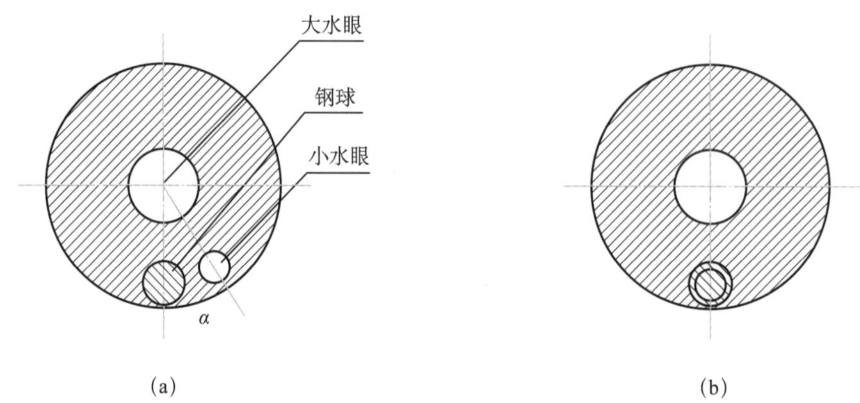

图4.67　自由钢球重力节流信号装置原理图

图 4.67（a）和图 4.67（b）中的压降分别为：

$$\Delta p_1 = \xi \frac{\rho}{2}\left(\frac{Q}{S_1+S_2}\right)^2 \tag{4.152}$$

$$\Delta p_2 = \xi \frac{\rho}{2}\left(\frac{Q}{S_1}\right)^2 \tag{4.153}$$

式中：ξ 为局部阻力系数，可由实验确定。

由式（4.152）和式（4.153）可以看出，由于过流面积的变化，将导致压降的较大变化。所以，过流面积及其变化量是这类重力信号发生的关键参数。

类似的机构还有如图 4.68 所示的铰接挡板节流信号装置。水眼可以做成偏心的，铰接挡板铰接于和钻柱固连的工具本体上，若忽略挡板与钻柱（工具本体）间的摩擦，在重力作用下挡板处于势能最低点。

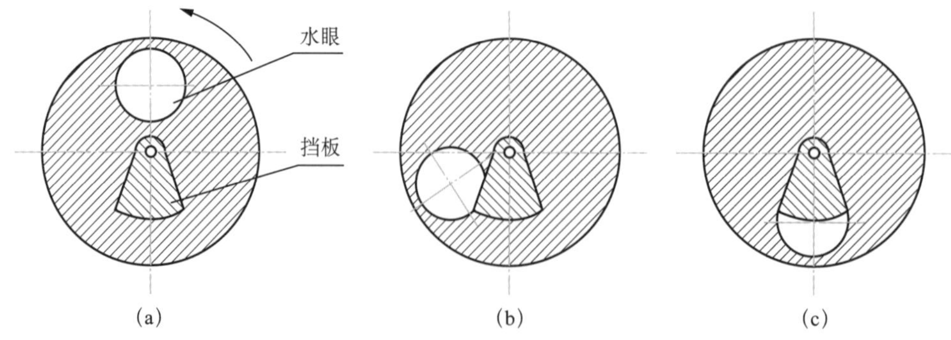

图4.68　铰接挡板重力节流信号装置原理图

当旋转钻柱时，挡板在随钻柱转动的同时也绕销轴转动，这样，当钻柱旋转时，造成节流面积的变化，从而引起压降的变化，便于地面人员监测井下情况。

以上两种重力变过流面积控制机构都可以在定向钻进中用于寻找高边。

4.6.2 重力变流道控制机构

井下重力变流道控制机构是利用小球在自由状态下始终向势能最低点运动，并维持在势能最低点的特点进行控制的。根据小球改变油道的方式，可以将变流道方式分为小球直接控制油道和小球间接控制油道两种方式。

4.6.2.1 小球直接控制油道

典型的重力信号发生机构就是小球—滚道换向机构。图 4.69 是一种小球—滚道换向机构的工作原理图[14]。

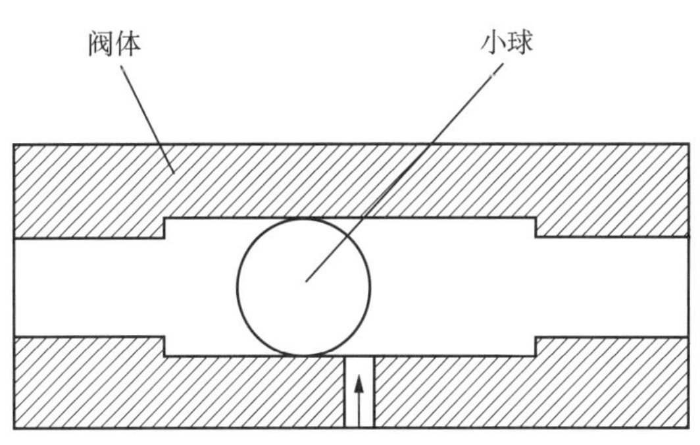

图4.69 小球—滚道换向机构原理

它主要由控制本体（阀体）中的滚道和其内的小球构成，本体上有油路，对于具体结构还应有其他部件。小球的工作介质是液压油，当滚道倾斜时，小球在自由状态下靠自重作用滚动至阀的低边堵住一侧油口，并在压差作用下封闭住油路，从而导致液压油的两个流向，产生两个状态差异。它有一个进口和两个出口，压力较高的进口侧和一个出口相通，而且高、低压互不干扰，当阀体随钻柱上下倾斜时，钢球滚至低边，控制液路换向，相当于两个单向阀。

小球—滚道换向机构作为信号发生机构，可用于检测井斜角和钻柱旋转角的变化。例如，它利用重力信号感知井斜角的变化，当实钻井斜角大于或小于设定井斜值时，即发出两种不同信号，造成密闭油路内的油流换向。该机构的输出量为液流换向信号，可作为控制链中下一个控制机构的输入量，去完成下一个预定的控制动作。

笔者发明的自动井斜角控制器就是利用小球 — 滚道换向机构作为控制器的信号发生机构[35]，保证在钻达规定井斜角时滚珠的流道处于水平位置。当实钻井斜角大于或小于标定井斜角时立即发出两种不同信号，以造成密闭油路内油流换向，通过特殊设计的阀组使油缸产生伸缩运动，从而导致变径稳定器的柱塞伸缩，这两种不同工况使钻具组合的性能发生改变以控制井斜角。油压传动装置采用传动油与钻井液相隔离的油压传动系统。

4.6.2.2 小球间接控制油道

除上述的小球—滚道换向机构是一种利用小球自身重力使小球直接改变液压油油路通道的机构外，还有一种重力发生机构，虽然小球不直接打开或封堵油路通道，但可以通过小球由于重力在低点位置而改变液压阀阀芯的相对位置，来导通或关闭相应的通道用以控制机构的动作[16]。

图 4.70 是一种重力信号发生装置示意图。一般情况下，为避免重力换向机构受钻井液复杂情况的影响，机构采用液压油与钻井液相隔离的油压传动系统，这样滚球在自由状态下受重力作用向低点位置滚动并处在下死点不动。图中所示左侧为高边，右侧为低边。

开泵时，高压钻井液通过本体 3 的中央通孔及导通孔推动环形塞 2 下行，挤压环形油腔高压油，高边控制阀的阀芯下行，高压进油口 A 打开，油路通道 A—B—C—G 打开，通道 D—E—F 不通，阀芯底部液压油通过通道 E—F 至平衡活塞 7，平衡活塞 7 另一端通过筛板 6 与环空相通；低边控制阀阀芯下行，遇滚球 5 受阻并压住，通道 D1—E1—F1 打开，油路通道 A1—B1—C1—G1 不通，阀芯底部液压油通过通道 E1—F1 至平衡活塞。

由此可见，滚球在低边位置时，阻挡了低边位置阀芯的运动，使低边控制阀的通道与高边位置的控制阀相比较发生了改变，借此可以使高边控制阀与低边控制阀有不同输出，执行不同的动作，从而控制与重力方向相关的某些操作。如图 4.70 所示结构：当滚球在低边时，则机构高边控制阀的 G 口可作为其与外部元件连接的高压通道，低边控制阀的 G1 口作为其与外部元件连接的低压通道；当滚球在高边时，机构高边控制阀的 G 口作为其与外部元件连接的低压通道；低边控制阀的 G1 口可作为其与外部元件连接的高压通道；当滚球既不在高边也不在低边时，机构高边控制阀的 G 口和低边控制阀的 G1 口都可作为其与外部元件连接的高压通道。这三种不同的输出形式可以使滚球在不同位置进行不同操作成为可能。

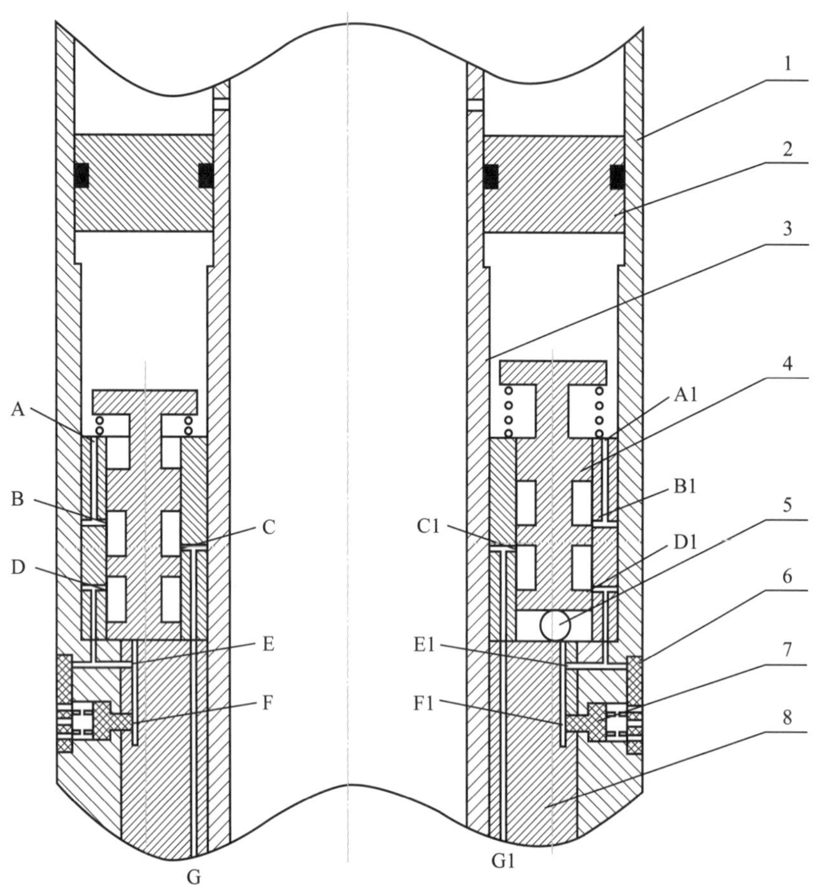

图4.70 重力信号发生装置原理图

1—外套筒；2—环形塞；3—本体；4—控制阀；

5—滚球；6—筛板；7—平衡活塞；8—套筒

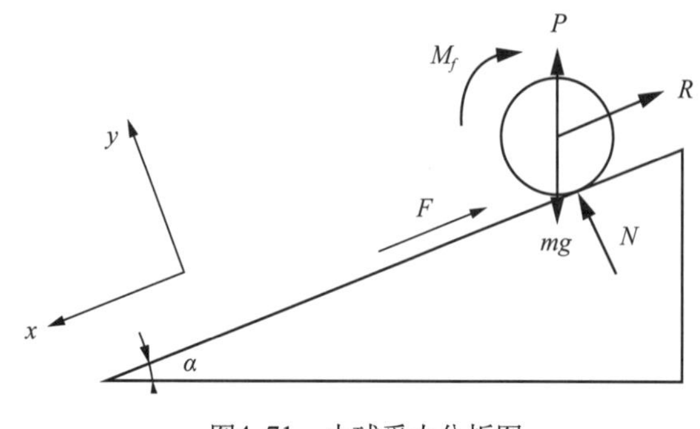

图4.71 小球受力分析图

4.6.3 小球的运动分析

无论是小球直接控制油道还是小球间接控制油道，小球在油液中的运动分析都可以简化为同一种模型，运动主要表现为滑动（因有液体阻力），如图 4.71 所示。

设斜面的倾角为 α，x、y 轴方向如图 4.71 所示，小球受重力 mg，摩擦力 F（滚动时受摩擦力矩 M_f），小球在油液中受浮力 P，在小球下落过

程中受阻力 R，R 与小球运动速度成正比，此外，小球还受斜面支撑力 N。由于小球运动受油的阻力较大，一般是发生滑动；或以滑动为主伴有小量滚动。为简化分析，先讨论滑动情况。

根据受力分析，可列出小球的受力方程如下：

$$\sum F_y = P\cos\alpha + N - mg\cos\alpha = 0 \tag{4.154}$$

即

$$N = mg\cos\alpha - P\cos\alpha \tag{4.155}$$

$$F - N\cdot f = f(mg\cos\alpha - P\cos\alpha) \tag{4.156}$$

$$\sum F_x = m\frac{\mathrm{d}^2x}{\mathrm{d}t^2} = mg\sin\alpha - P\sin\alpha - F - D \tag{4.157}$$

$$D = C\frac{\mathrm{d}x}{\mathrm{d}t}$$

式中：C 为阻力系数，可通过实验确定。式（4.157）可以写成：

$$\frac{\mathrm{d}^2x}{\mathrm{d}t^2} + \frac{C}{m}\frac{\mathrm{d}x}{\mathrm{d}t} = g\sin\alpha - \frac{P}{m}\sin\alpha - f\left(g\cos\alpha - \frac{P}{m}\cos\alpha\right) \tag{4.158}$$

令 $A = g\sin\alpha - \frac{P}{m}\sin\alpha - f\left(g\cos\alpha - \frac{P}{m}\cos\alpha\right)$，求解该二阶微分方程得：

$$x = C_1 + C_2\mathrm{e}^{-(\frac{C}{m}t)} + \frac{mA}{C}t \tag{4.159}$$

设 $t=0$ 时，$x=0$，$\frac{\mathrm{d}x}{\mathrm{d}t}=0$，得 $C_1 = -\frac{m^2A}{C^2}$，$C_2 = \frac{m^2A}{C^2}$，代入式（4.159）得：

$$x = \frac{m^2A}{C^2}\left[\mathrm{e}^{-\left(\frac{C}{m}t\right)} - 1\right] + \frac{mA}{C}t \tag{4.160}$$

$$\frac{\mathrm{d}x}{\mathrm{d}t} = -\frac{mA}{C}\mathrm{e}^{-\left(\frac{C}{m}t\right)} + \frac{mA}{C} \tag{4.161}$$

$$\frac{\mathrm{d}^2x}{\mathrm{d}t^2} = A\mathrm{e}^{-\left(\frac{C}{m}t\right)} \tag{4.162}$$

在倾斜角为 α 的条件下，当斜面长度为 L 时，可在式（4.160）中令 $x=L$，即可求出小球从一端运动到另一端的时间 t，当然对于阻力系数、摩擦系数等数值还需实验确定。

当 $m=0.5\text{kg}$，$C=0.1\text{N·s/m}$，$P=0.2mg$，$f=0.1$，$\alpha=30°$ 时，小球下落速度随时间变化曲线如图 4.72 所示。

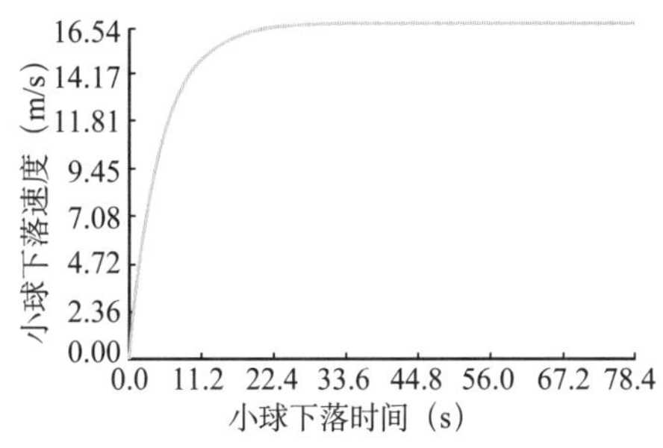

图4.72　小球斜面下落速度随时间变化曲线

实际上，由于井下空间所限，小球的直径一般在 10mm 左右，滑道的长度一般也在 50mm 上下，在油中钢对钢的滑动摩擦系数 f=0.05 ~ 0.1[17]，小球的下滑时间一般会在几秒之内，所以在工程上完全可以认为小球在滑道内作匀速下滑而不会有大的误差。所以针对图 4.72 的曲线起始段做简单的平均处理即可满足工程要求。

上述的力学分析有其普适性。例如，若取倾斜角 α 为 90°，即可得到小球在液体中垂直下落的计算公式。读者可自行导出结果。

4.6.4 小球在滑道内运动的实验与仿真分析

以上针对小球在充油的滑道内作滑动的情况进行了分析。下面针对小球做滚动的情况展开讨论，并结合实验进行仿真分析。

4.6.4.1 小球滚动分析

小球的临界起动角度决定了机构的灵敏性；而小球的滚动下落时间是机构的换向调整时间。因此，临界下落角度和滚动时间是小球—滚道换向机构的重要性能参数。

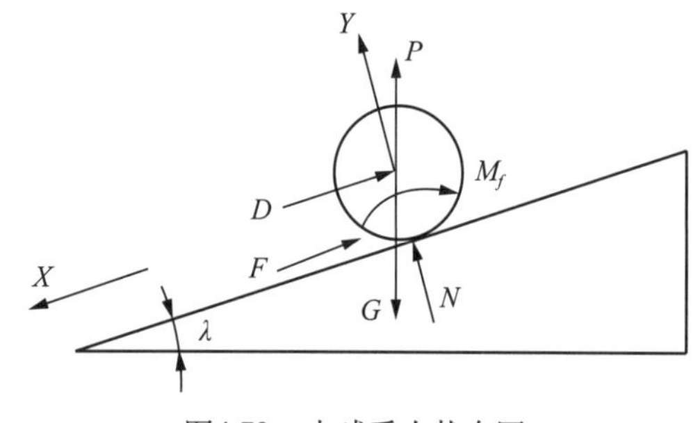

图4.73 小球受力状态图

设临界滚动角度为 λ，小球半径为 r。受力状况如图 4.73 所示。

（1）小球在空气中的临界滚动。

建立力学模型，按照纯滚动条件，确定在空气中小球的临界滚动角度 λ 应满足：

$$\tan\lambda \geqslant \frac{\delta}{r} \tag{4.163}$$

可以看出，临界角度 λ 与 δ 和小球的尺寸有关。由手册[18] 取 δ=0.02 ~ 0.04，若小球半径 r = 7mm，有 3.27° ≤ λ < 6.5°；若 r = 12mm，有 1.9° ≤ λ < 3.8°。

（2）小球在油液里滚动。

与状态 1 比，增加浮力 P 和此时流体对小球的阻力为 D，建立小球在油液里运动的动力学模型，其中流体作用在小球上的总阻力为：

$$D = C_{\mathrm{D}} \cdot \frac{1}{2}\rho v^2 A \tag{4.164}$$

式中：ρ 为流体的密度；A 为小球的面积；C_{D} 为圆球阻力系数，它是 Re 数的函数。C_{D} 与 Re 数的关系可近似地表达如下：

$$C_{\mathrm{D}} = \frac{k}{Re^{\alpha}} \tag{4.165}$$

根据 Re 数的范围，取以下数值：

Re<1：k=24，α=1；

Re=1 ~ 500：k=10，α=0.5；

Re=500 ~ 2×10^5：k=0.44，α =0。

基于以上模型进行编程计算，可以确定小球下落时间、Re 数和运动状态。仿真运算的主要参数有：临界角度 λ，小球直径 d，密度 ρ，油液密度 ρ_1，滚道长度 L，油液运动黏度 v 等。部分运算结果如下：

①对于 d=7.1mm，若取两种油液（a：N46 液压油，运动黏度 $v=3\times10^{-5}\mathrm{m^2/s}$；b：100 号液压油，运动黏度 $v=6\times10^{-5}\mathrm{m^2/s}$），结果见表 4.1；

②对于 d=7.1mm，若取油液 b，对于不同临界角度，结果见表 4.2。

表4.1　d=7.1mm小球的运动状况对比

液压油类型	a	b
下行时间（s）	5.1	12.2
Re	4.1	1
下行距离（m）	0.022	0.022
平均加速度（$\mathrm{m^2/s}$）	1.96×10^{-3}	7.66×10^{-6}

表4.2　不同临界角度小球的运动状况对比

临界角度（°）	3.39	3.67
下行时间（s）	4	3.1
Re	4	5.2
下行距离（m）	0.022	0.022
平均加速度（$\mathrm{m^2/s}$）	7.23×10^{-3}	1.47×10^{-2}

从结果可以看出：

①由于滚道长度短（计算取 L=0.022m），小球以变加速运动，不会在滚道运动中间产生匀速运动，小球会一直运动到底；

②油液运动黏度越大，小球下行时间越长，而且小球在低雷诺数下运动。

4.6.4.2　实验研究

目的：通过实验确定角度的敏感值，即钢珠下行的起动角度；测量滚动时间。

实验方法：自行设计实验方案和实验装置。自制实验台用有机玻璃制成，可通过螺钉调节一端高度，造成倾斜；用有机玻璃做出发生机构的模型，将一金属套筒放于其内。自制实验台如图 4.74 所示。

实验对比：

（1）用弹簧作为激振源，比较静态和有扰动状态下，小球的起动敏感角度和滚动时间；

（2）注入黏度不同的两种油液，测试小球的临界角度和滚动时间。

实验结果：

实验 1：使用 100 号硅油，50℃时运动黏度 v=57 ~ 63$\mathrm{mm^2/s}$，小球直径 d=7.1mm，结果见表 4.3；

实验 2：使用 NC46 液压油，50℃时运动黏度 v=27 ~ 33$\mathrm{mm^2/s}$，小球直径 d=7.1mm，结果见表 4.4；

实验 3：使用 NC46 抗磨液压油，三种基准高度加弹簧扰动，小球直径 d=7.1mm，结果见表 4.5。

说明：井下为随机振动，人工施加不同强度的扰动，相应临界角度分别降至五扰动时的 90%、85% 和 83%。因此，实验加扰动下，临界角度平均降至无扰动时的 82%。

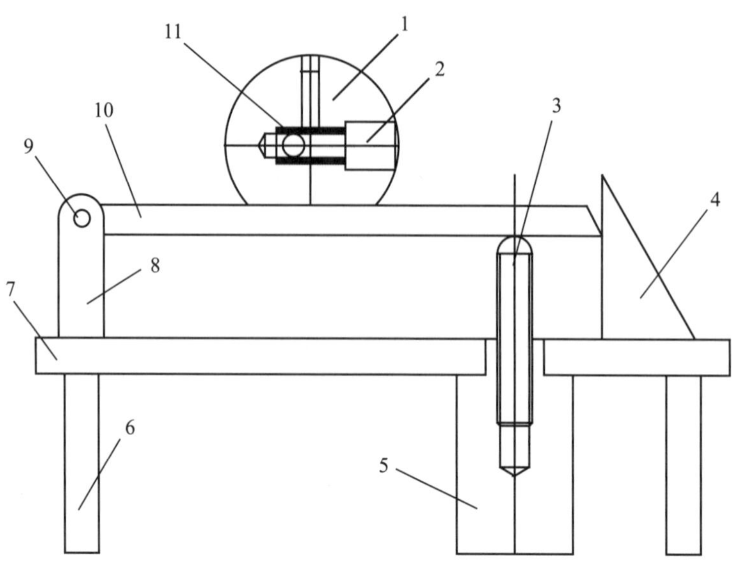

图4.74　实验装置示意图

1—重力信号发生器；2—螺塞；3—可调螺钉；4—测量尺；5—圆筒；

6—支腿；7—下底板；8—铰支座；9—圆柱销；10—可调平板；11—钢球

表4.3　无扰动下小球的临界角度和滚动时间（使用100号硅油）

基准高度（cm）	3.4	3.4
临界高度（cm）	4.6	4.7
临界角度（°）	3.39	3.67
下落时间 s	30	20

表4.4　无扰动下小球的临界角度和滚动时间（使用NC46液压油）

基准高度（cm）	3.4	3.4
临界高度（cm）	4.4	4.5
临界角度（°）	2.82	3.1
下落时间（s）	25	19

表4.5　有扰动和无扰动下小球的临界角度和滚动时间对比（使用NC46抗磨液压油）

基准高度（cm）	3.85	3.85	3.85	3.9
临界高度（cm）	4.9	4.8（有振动）	4.75（有振动）	4.67（有振动）
临界角度（°）	2.96	2.68	2.54	2.17
下落时间（s）		20	22	

4.6.4.3　仿真和实验结果分析

（1）影响小球临界下落角度的因素有：工作介质（油品性质）、结构（小球直径）和工况（外在扰动）。实验得到小球 r=3.55mm 时（油液为 NC46 液压油），其临界起动角度在 3° 左右；有扰动时，起动角度会降至无扰动时的 82%。若小球 r=6mm，可推出小球的起动角度应小于 1.9°，有扰动后会减小。减小临界下落角度可提高本机构的灵敏度。而通过结构上加大小球直径，工艺上施加扰动可提高其灵敏性。

(2) 小球下落时间决定机构的换向调整时间。理论和实验证明，小球下落时间受滚道实际粗糙度、加工精度影响较大。因此，为提高机构的控制精度，对滚道要经特殊加工。

4.7 投球机构

投球机构是一种特殊的变过流面积控制机构。在井下工具中，经常会用到投球的方法来触发机构动作。例如随钻扩眼器、可变角度弯接头、井下钻具旁通阀、遥控变径稳定器等[19-22]。

井下工具可以利用投球机构获取轴向位移、轴向推力输出，有的工具利用投球机构来剪断销钉将锁定的两部件释放，还有的井下工具也会利用投球机构建立新的钻井液循环通道。

尽管各种投球机构的工作原理基本相同，但其结构由于不同的应用场合及用途而差异较大。综合现有井下工具中的投球机构，将投球机构划分为两大类，即单次投球剪钉机构和多次投球弹簧机构。

4.7.1 单次投球剪钉机构

单次投球剪钉机构是指投球一次，动作一次的投球控制机构。

如图 4.75 (a) 所示，单次投球剪钉机构一般包括本体、钢球、活塞体、销钉、密封圈等部件。当井下工具需要执行动作时，先停泵后投球，当钢球 2 落入活塞体 3 上的球座以后，球体封堵了钻井液的循环通道，钻井液压力逐渐增大，当压力增大到销钉 4 的剪切力时销钉 4 被剪断，钢球 2 推动活塞体 3 向下运动，输出轴向位移和轴向推力，实现控制动作。为了避免憋泵，应该另设钻井液通道，也可以在钢球上或在球座上设槽孔，造成堵不全的流道。

建立新的钻井液流通通道，需要在本体上开旁通通道，并相应地在活塞体上开旁通孔，如图 4.75 (b) 所示。若单纯地只是想更改钻井液流通通道而不用活塞体的轴向位移和轴向推力的输出，则活塞体可简化为图 4.75 (c) 的形式。

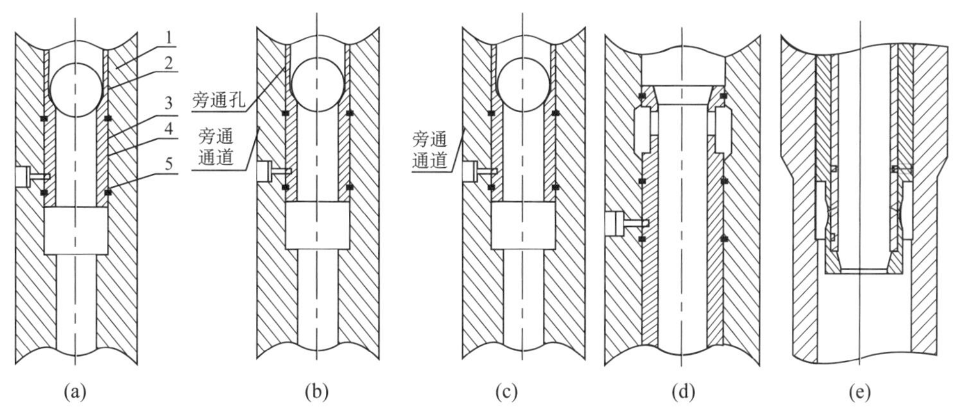

图4.75 单次投球剪钉机构原理示意图

1—本体；2—钢球；3—活塞体；4—销钉；5—密封圈

有时要求投球机构动作之后不影响原来的钻井液流通通道，这时可以更改结构如图 4.75 (d) 所示，当活塞体下行后，钻井液能够通过活塞体侧面的开孔进行正常流通。

也有一些井下工具利用投球机构来剪断销钉将锁定的两部件释放，如图 4.75 (e) 所示。

对于单次投球剪钉机构，活塞体剪断销钉产生运动的条件是：

$$\Delta p \cdot S > n \cdot \tau_{\mathrm{B}} \cdot A \tag{4.166}$$

式中：Δp 为投为球后的泵压；S 为活塞体的当量面积；n 为销钉的个数；τ_{B} 为抗剪切强度；A 为每个销钉承受剪切力的横截面积。

4.7.2 多次投球弹簧机构

对于单次投球剪钉机构，由于投球后销钉被剪断，所以只能进行一次投球动作，使用后必须起钻更换，不能多次使用于井下复杂情况处理，也无法满足现代钻井工艺的要求。多次投球弹簧机构可在不需起下钻的情况下，通过多次投球方式，处理井下复杂情况，提高钻井速度。

要实现多次投球，多次使用，机构应满足两点要求：

(1) 活塞体应能够在动作完成后回复到初始位置；

(2) 球体应能够在动作完成后脱离球座，以便为下次投球做准备。

要达到要求（1），机构应包含回位弹簧以促使活塞体在动作完成后回复到初始位置；要达到要求（2），综合多种应用实例，目前机构实现球体脱离球座的方式有以下两种。

(1) 压力控制释放。

利用投球后的压力差大于球体在球座上的挤脱压力来实现球体的脱离。

如图 4.76 所示，当投放球体 1 后，球体落于球座 2 上，封堵钻井液通道，压力升高，当压力增大到一定程度后，压缩弹簧 4，球体带动球座 2 和活塞体 3 一起下行，其最大行程可由凸台或定位套筒来限定。设定挤脱压力远远大于机构动作压力，所以当投球憋压时，机构实现动作，若动作完成，需要释放球体时，则继续憋压直至压力差大于等于球体在球座上的挤脱压力，球体脱离球座，节流状态消失，活塞体在回位弹簧的作用下上行直至初始位置。这种憋压对系统是一次瞬态高压冲击。

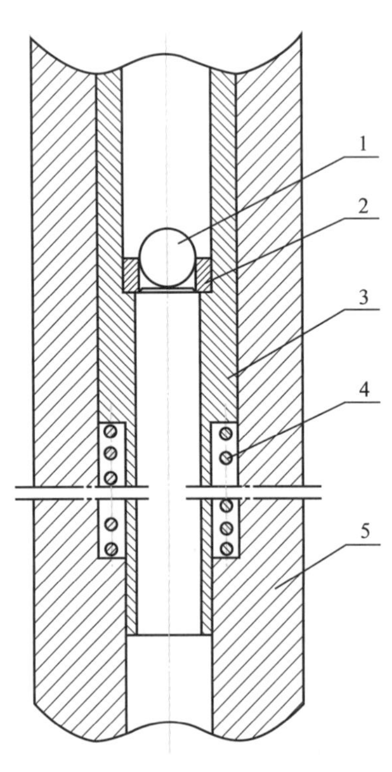

图4.76 压力控制释放投球机构

1—球体；2—球座；3—活塞体；4—回位弹簧；5—本体

若脱落的球体会影响机构下部其他部件的工作，则应该增加球袋部件来回收下落的球体，如图 4.77 中的球袋部件。

(2) 轴向行程控制释放。

当活塞体的轴向位移到达某一位置时，卡球的部位［例如图 4.77（a）中的活塞体前端弹性爪］张开，球体脱落。

如图 4.77（a）所示，当投下钢球 3 以后，留在活塞体 1 前端弹性爪里的钢球产生节流，压力差推动活塞体 1 下移，当活塞体 1 前端弹性爪到达套筒 4 时，筒壁内径增大，受钢球 3 的压力，弹性爪张开，钢球 3 掉入球袋 5 中，节流状态消失，在回位弹簧 2 的作用下，活塞体 1 上行回复至初始状态。

图 4.77（b）与图 4.77（c）所示的投球机构与图 4.77（a）基本相同，只是分别把活塞体 1 前端的弹性爪结构改为释放销 7 和释放臂 8，释放销 7 置于活塞体的侧面开孔内，释放臂分瓣铰接于活塞体 1 的下端。当投球产生节流压降，活塞体 1 压缩弹簧下行至套筒 4 时，释放销 7 在钢球 3 的推力作用下径向向外移动，释放臂绕销轴径向向外转动，钢球 3 掉入球袋 5，节流状态消失。

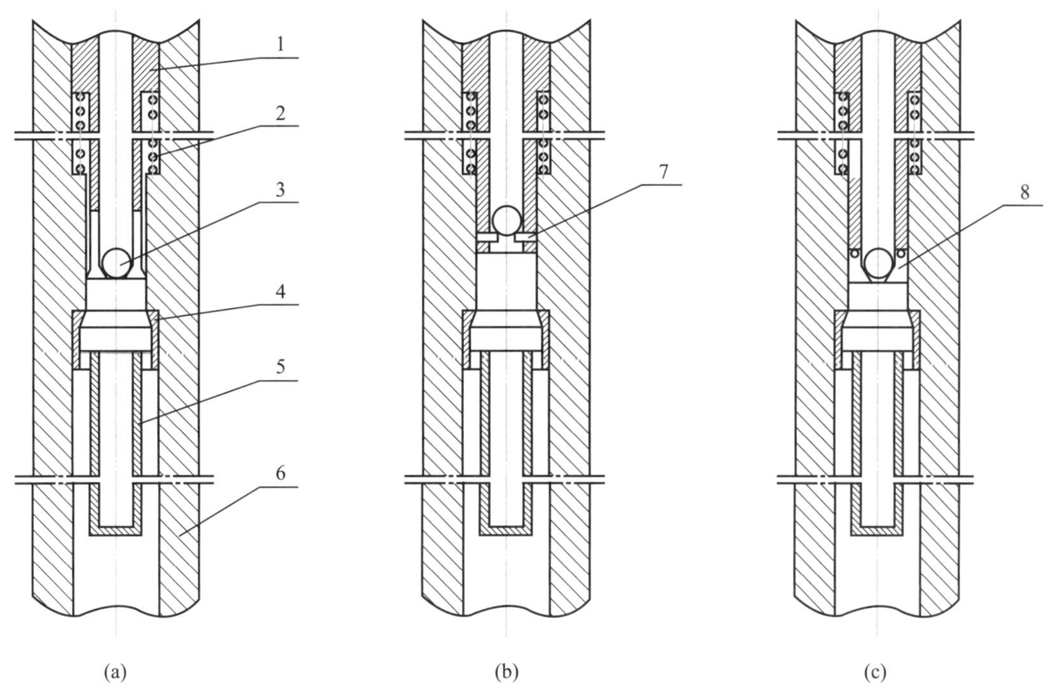

图4.77 轴向行程控制释放投球机构

1—活塞体；2—回位弹簧；3—钢球；4—套筒；5—球袋；6—本体；7—释放销；8—释放臂

4.7.3 特性分析

4.7.3.1 最小流量

投球机构其主要工作原理是利用从井口投放的球体减小钻井液的过流面积产生节流压降或封堵钻井液的流体通道产生较大的压力差，从而推动机构中活塞的动作。

当流体流经局部几何形状变化的管件时，流体流速的大小或方向甚至两者均发生变化，可使局部流体发生能量交换，产生压降。由伯努利方程可得：

$$\Delta p = \xi \frac{\rho v^2}{2} \tag{4.167}$$

式中：Δp 为局部压降，Pa；ρ 为液体密度，kg/m^3；ξ 为局部阻力系数，与管件的形状及雷诺数有关；v 为流体的流速，m/s。

ξ 与 v 的变化必然引起Δp 的变化，ξ 是管件局部几何形状及雷诺数的函数，v 与流体的流量和管件的截面积有关。

当投球后，钢球封堵大部分水眼，因而流速加快，产生压降，驱动活塞前行，其驱动力为：

$$F = \Delta p \cdot S \tag{4.168}$$

式中：F 为推动话塞前行的驱动力，N；S 为活塞的当量截面积，m^2。又因：

$$v = \frac{Q}{A} \tag{4.169}$$

式中：Q 为流体的流量，m^3/s；A 为投球截流后的过流面积，m^2。

取活塞前行的驱动力 F 与其最大阻力 $f_{\max}$ 相等，即

$$F = f_{\max} \tag{4.170}$$

根据式（4.167）、式（4.168）、式（4.169）、式（4.170）和一些已知条件即可算出驱动活塞运行的最小流量 $Q_{\min}$。考虑现场井下的不同恶劣工况，最终确定流量的驱动条件 [23]。

4.7.3.2 小球在静态流体中的落体运动与动力学分析

停泵后投球，到位后再开泵，这是钻井、采油中常见的情况。投球机构在投球过程中，小球在充满静态钻井液的钻柱内下落，除了自身重力 mg 和浮力 F 以外，小球还受到阻力 f，阻力与小球下落速度成正比，设小球下落方向为 x 轴正方向，小球下落起点为 x 轴坐标原点，可以列出沉降小球的动力学方程：

$$mg - f_m \frac{\mathrm{d}x}{\mathrm{d}t} - F = m\frac{\mathrm{d}^2x}{\mathrm{d}t^2} \tag{4.171}$$

式中：f_m 为小球在静态流体中的下降阻力系数，与小球直径、表面光洁度、钻井液黏度等有关，可通过实验确定。

将式（4.171）化为：

$$m\frac{\mathrm{d}^2x}{\mathrm{d}t^2} + f_m\frac{\mathrm{d}x}{\mathrm{d}t} = mg - F \tag{4.172}$$

求解该二阶微分方程，该方程通解为：

$$x = C_1 + C_2 \mathrm{e}^{-\left(\frac{f_m}{m}t\right)} + \frac{mg-F}{f_m}t \tag{4.173}$$

设 t=0 时，x=0，$\frac{\mathrm{d}x}{\mathrm{d}t}=0$，该方程特解为：

$$x = \frac{m(mg-F)}{f_m^{\ 2}}\left[\mathrm{e}^{-\left(\frac{f_m}{m}t\right)} - 1\right] + \frac{mg-F}{f_m}t \tag{4.174}$$

$$\frac{\mathrm{d}x}{\mathrm{d}t} = \frac{mg-F}{f_m}\left[1 - \mathrm{e}^{-\left(\frac{f_m}{m}t\right)}\right] \tag{4.175}$$

$$\frac{\mathrm{d}^2x}{\mathrm{d}t^2} = \left(g - \frac{F}{m}\right)\mathrm{e}^{-\left(\frac{f_m}{m}t\right)} \tag{4.176}$$

由小球的动态分析，可求出从投球到小球座封所需的时间以及冲击力等问题。

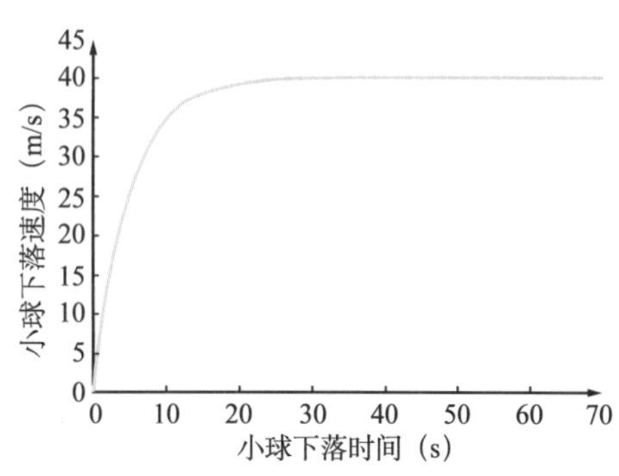

图4.78 小球下落速度随时间变化曲线

算例：当 m=0.5kg，浮力 F=1N，f_m=0.1N·s/m 时，小球在钻井液中下落，下落速度随时间变化曲线如图 4.78 所示。

由图 4.78 可知，当时间趋于无穷大时，小球保持匀速下落，速度 $v = \frac{mg-F}{f_m}$。

小球以速度 v 进入球座堵孔，设堵孔时间为 Δt，由动量定理，可得小球下落至球座时对球座的冲击力：

$$F_{冲} = \frac{m}{\Delta t}\cdot\frac{mg-F}{f_m}\left[1 - \mathrm{e}^{-\left(\frac{f_m}{m}t\right)}\right] \tag{4.177}$$

4.7.3.3 小球在动态流体中的运动与动力学分析

投球后立即开泵或是不停泵投球的情况相当于泵送，也有多种应用场合。例如，对于水平井段投球坐封，就需要借助流体的力量将小球泵送到位。这时，要分别对小球在直井、斜井和水平井井段的运动进行分析。

（1）直井井段。设钻井液在管道中的流速为 u，则小球的动力学方程为：

$$mg - f_m\left(\frac{\mathrm{d}x}{\mathrm{d}t} - u\right) - F = m\frac{\mathrm{d}^2x}{\mathrm{d}t^2} \tag{4.178}$$

（2）斜井井段。设井斜角为 α，小球与管壁的摩擦力为 F_m，则小球的动力学方程为：

$$mg\cos\alpha - f_m\left(\frac{\mathrm{d}x}{\mathrm{d}t} - u\right) - F\cos\alpha - F_m = m\frac{\mathrm{d}^2x}{\mathrm{d}t^2} \tag{4.179}$$

（3）水平井段。对于水平井段，小球的唯一动力来自动态流体，小球的动力学方程为：

$$f_m\left(u - \frac{\mathrm{d}x}{\mathrm{d}t}\right) - F_m = m\frac{\mathrm{d}^2x}{\mathrm{d}t^2} \tag{4.180}$$

通过以上对小球在动态流体中的运动分析，可以帮助我们认识小球在管道中的运动状态，得出小球的下落速度，钻井液流速对小球运动的影响等问题。

4.7.4 投球机构控制特性分析

4.7.4.1 小球控制特性分析

以小球在动态流体中运动，且在直井井段中为例：

令 $G(t)=mg-F-f_mu$，式（4.178）可化为：

$$m\frac{\mathrm{d}^2x(t)}{\mathrm{d}t^2} + f_m\frac{\mathrm{d}x(t)}{\mathrm{d}t} = G(t) \tag{4.181}$$

令初始条件 $\dot{x}(0)=x(0)=0$，将式（4.181）进行拉普拉斯变换，可得：

$$m\left[s^2 + \frac{f_m}{m}s\right]X(s) = G(s) \tag{4.182}$$

以小球下落行程为输出，则有：

$$X(s) = \frac{\frac{1}{m}}{s^2 + \frac{f_m}{m}s}G(s) \tag{4.183}$$

则以小球下落行程为输出的传递函数为：

$$\phi_{XG}(s) = \frac{X(s)}{G(s)} = \frac{\frac{1}{m}}{s^2 + \frac{f_m}{m}s} \tag{4.184}$$

若令 $v(t) = \frac{\mathrm{d}x(t)}{\mathrm{d}t}$，以小球下落速度为输出，则有：

$$V(s) = \frac{\frac{1}{m}}{s + \frac{f_m}{m}}G(s) \tag{4.185}$$

则以小球下落速度为输出的传递函数为：

$$\phi_{VG}(s)=\frac{V(s)}{G(s)}=\frac{\frac{1}{m}}{s+\frac{f_m}{m}} \tag{4.186}$$

由此，可将该系统视作一阶系统，该系统无稳态误差，并且没有超调量，具有较好的稳定性，时间常数为$T=\frac{f_m}{m}$，因此，为提高系统的快速性，应降低时间常数，即减小流道内的阻尼系数，增大小球的质量。

4.7.4.2 活塞/弹簧机构控制特性分析

活塞/弹簧机构是投球机构中另一核心机构，用以产生轴向位移或轴向推力输出。图 4.79 所示为投球机构中活塞弹簧机构的控制原理图，输入量为小球堵孔产生的节流压降Δp，输出量为活塞下移的行程y。为分析机构的控制特性，则需对机构进行动力学分析。

图4.79 活塞/弹簧机构控制原理图

图 4.80 所示为活塞动力学分析图。当小球进入球座堵孔后，球体封堵钻井液流体通道时会产生向下的压降ΔP，推动活塞向下运动，当活塞与内筒壁发生相对运动时，活塞与内筒壁间又会产生阻尼力，此阻尼力为$f_M\frac{\mathrm{d}y}{\mathrm{d}t}$（$f_M$为阻尼系数），同时活塞受到重力$Mg$和弹簧力$ky$，令弹簧自由状态为$y$轴的原点，则活塞的动力学方程为：

$$M\frac{\mathrm{d}^2y(t)}{\mathrm{d}t^2}+f_M\frac{\mathrm{d}y(t)}{\mathrm{d}t}+ky(t)=\Delta P(t)+Mg \tag{4.187}$$

初始条件t=0 时，$y(0)=0$，$\dot{y}(0)=v_M$。令小球到达堵孔的速度为v_m，理想情况下，由动量守恒定律可知：

$$mv_m=(m+M)v_M \tag{4.188}$$

则可得：

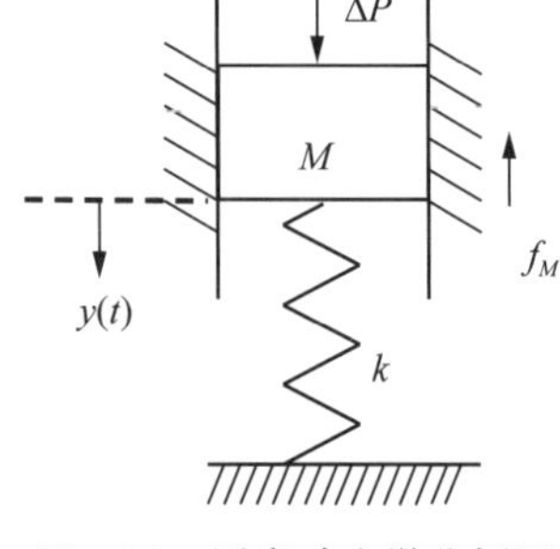

图4.80 活塞动力学分析图

$$\dot{y}(0)=v_M=\frac{mv_m}{m+M}$$

对式（4.187）进行拉普拉斯变换，可得：

$$M\left[s^2+\frac{f_M}{M}s+\frac{k}{M}\right]Y(s)=\Delta P(s)+N(s) \tag{4.189}$$

其中，$N(s)=\frac{M(g+v_M)}{s}$，则得到的系统输出为：

$$Y(s)=\frac{\frac{1}{M}}{s^2+\frac{f_M}{M}s+\frac{k}{M}}\left[\Delta P(s)+N(s)\right] \tag{4.190}$$

则得到控制系统原理框图，如图 4.81 所示。

系统的传递函数为：

$$\phi(s)=\frac{Y(s)}{\Delta P(s)}=\frac{1}{s^2+\frac{f_M}{M}s+\frac{k}{M}} \tag{4.191}$$

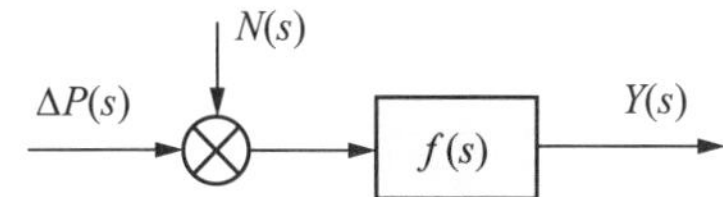

图4.81　活塞/弹簧机构控制系统原理框图

由传递函数式（4.191）可知，该控制系统为二阶系统。此二阶系统的特征方程为：

$$s^2+\frac{f_M}{M}s+\frac{k}{M}=0 \tag{4.192}$$

由此，得到该系统的阻尼比 ζ、ω_n 分别为：

$$\zeta=\frac{f_M}{2\sqrt{kM}} \tag{4.193}$$

$$\omega_n=\sqrt{k/M} \tag{4.194}$$

对于二阶系统，阻尼比越大，系统响应的稳定性越好；固有频率越高，系统响应的快速性越好。

故对于投球机构控制系统，若要提高系统的稳定性，应提高阻尼系数，或降低弹簧刚度和活塞机构质量；若要提高系统的快速性，应提高弹簧刚度或降低活塞机构质量。为保证系统的稳定性和快速性，需在实际工程设计中，找二者的平衡点。

4.8　时间—排量信号联合控制机构

排量控制机构在井下控制工具中比较常见，当排量机构中增加时间控制后，将使控制更为灵活，或者能够实现单独的排量机构所不能实现的动作。

在这里，时间的概念是时间间隔而不是瞬时时间，并且可能是增加排量的时间、减小排量的时间，也可能是停泵的时间。

时间的参与控制主要是要实现以下目的：

（1）防止机构误动作：防止由于压力波动造成的控制机构提前动作，只有在既定时间间隔以上的压力作用下才能确认机构动作有效；

（2）控制机构顺序动作：即要求机构中一部件在另一部件动作完成之后再动作，可以通过设置不同的阻尼系数来确保部件顺序动作；

（3）控制机构的状态：在间隔时间之前动作，机构是一种状态；在间隔时间之后动作，机构是另外一种状态。

4.8.1　时间信号发生机理

对单纯的排量信号发生机理已在前文做过详细讨论，此处不再赘述。这里主要介绍时间控制机构即液压阻尼机构的信号发生机理。

在井下，时间控制主要通过两种方式来完成：电子元件设定和液压阻尼机构。图 4.82 所示为液压阻尼机构的结构原理图。

缸体 2 螺纹连接于壳体 1 上，缸体 2 外充满钻井液，缸体 2 内充满液压油，活塞 3 与缸体 2 内壁之间的间隙很小，当活塞 3 受到向下的推力 F 后，活塞 3 下部的油压与推力成正比地上升，因而

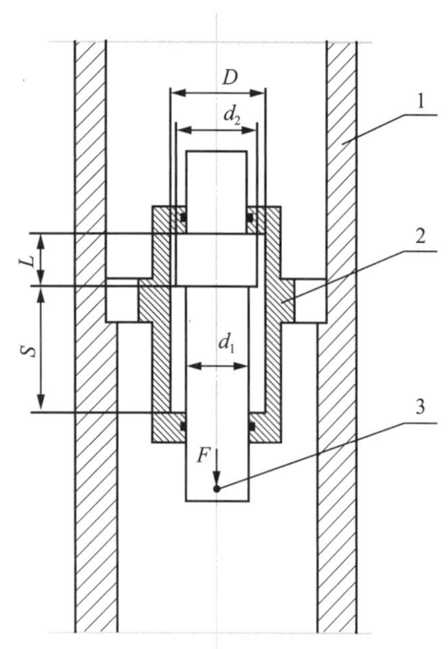

图4.82　液压阻尼机构

1—壳体；2—缸体；3—活塞

活塞 3 受到很大的阻尼作用，只能缓慢运动。在这过程中液压油则通过活塞 3 与缸壁间的间隙逐渐渗漏到活塞 3 的上部。将活塞 3 由上端运动到下端所经历的时间设为延时时间ΔT。这种运动过程与液压震击器的拉伸储能过程相类似[24]。

当活塞从缸体上端运动到下端，活塞下部液压油通过活塞与缸壁的间隙流到活塞上方的油液体积 Q 为：

$$Q=\frac{\pi S}{4}(D^2-d_1^{\ 2}) \tag{4.195}$$

式中：S 为活塞运动的长度，m；D 为缸体的内径，m；d_1 为活塞杆外径，m。

根据缝隙流量公式[6]可得，在本例中流经活塞缝隙的流量 q 为：

$$q=\frac{\pi d_2\delta^3\Delta p}{12\nu\rho L} \tag{4.196}$$

$$\delta=(D-d_2)/2$$

式中：d_2 为活塞外径，m；δ 为活塞与缸体内壁间的间隙，m；Δp 为活塞上下压差，Pa；ν 为液压油的运动黏度，m^2/s；ρ 为液压油的密度，kg/m^3；L 为活塞的长度，m。

运动黏度 ν 与温度有关，当 ν 不超过 76×10^{-6}m^2/s，温度在 30 ～ 150℃范围内时，不同温度时的运动黏度 ν_t 可用下式近似计算[25]：

$$\nu_t=\nu_{50}\left(\frac{50}{t}\right)^n \tag{4.197}$$

式中：ν_t 为温度为 t℃时液压油的运动黏度，m^2/s；ν_{50} 为温度为 50℃时液压油的运动黏度，m^2/s；n 为指数（可从有关液压手册中查到）。

活塞的上下压差是由施加在活塞上的推力 F 引起的，因此，可以认为：

$$\Delta p=\frac{F}{A}=\frac{4F}{\pi(d_2^{\ 2}-d_1^{\ 2})} \tag{4.198}$$

式中：A 为活塞去除杆后的环形面积，m^2。

综合式（4.195）、式（4.196）和式（4.198），可以得到活塞由上端运动到下端所经历的时间ΔT，取 $D\approx d_2$，有：

$$\Delta T=\frac{Q}{q}=\frac{3\pi(D^2-d_1^{\ 2})(d_2^{\ 2}-d_1^{\ 2})\nu\rho LS}{4d_2\delta^3F}\approx\frac{3\pi(d_2^{\ 2}-d_1^{\ 2})^2\nu\rho LS}{4d_2\delta^3F} \tag{4.199}$$

这样，也就能够得到活塞从上运动到下的平均速度 $\bar{v}$ 为：

$$\bar{v}=\frac{S}{\Delta T} \tag{4.200}$$

由式（4.199）可以看出，通过调整活塞和缸体的结构尺寸和配合尺寸，或者改变外力的大小，都可以控制活塞运动的时间ΔT。

在井下控制机构中，用于驱动活塞运动的外力有很多种，例如利用节流、面积差、压差等产生的压力、弹簧的回复力等，或是它们的合力产生的外力。

4.8.2 机构结构及工作原理

时间—排量联合控制机构是以时间和排量两种控制信号的某种结合方式来控制机构的，根据不同的用途可能有多种形式。

在此，用减小排量（负排量）的时间作为时间信号，按照用户的要求设计分界时间ΔT。

可以使井下某特殊设计的机构在钻井液的排量减小到一定数值时发生动作。此机构的动作由排量减小到既定数值的瞬时起保留一段时间ΔT后消失。在负排量的时间大于ΔT之后此机构的动作已经消失，恢复正常排量，则可以得到一种状态A；如果负排量的时间小于ΔT，此机构的动作还存在，恢复正常排量，则可以得到另一种状态B。由机构的两种状态可以进而控制各种井下可控工具的工况变换。这样，负排量的大小和负排量时间的长短可以作为一种联合的遥控信号，控制机构井下状态。当然，对于停泵的状态，一定是满足负排量的排量控制要求的，所以停泵也是一种排量信号，而停泵时间则作为时间信号。

例如，我们设计成ΔT=1.5min，钻井使用时为了稳妥起见，负排量或停泵2min之后再次开泵得到状态A，负排量或停泵1min之内再次开泵就得到状态B。正常钻井操作中一般停泵时间大于2min，所以再开泵得到的是状态A，对钻井正常操作没有影响；当需要状态B时，故意做一次短时间负排量控制或是停泵即可得到。

该排量—时间联合控制机构的结构如图4.83所示。

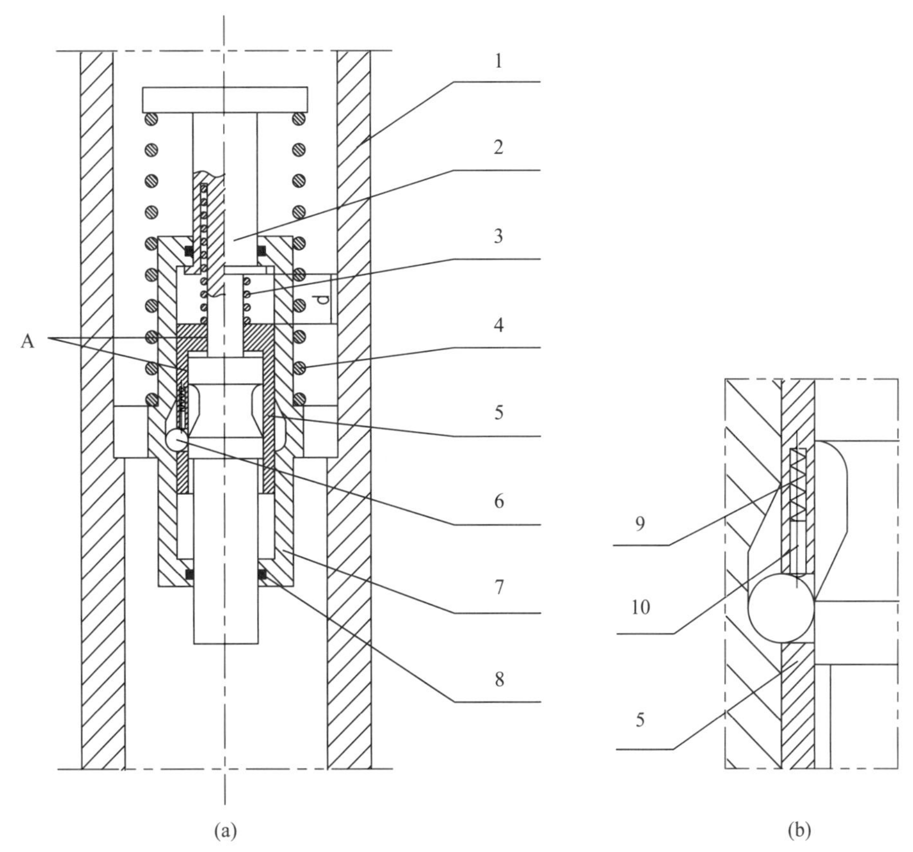

图4.83 排量—时间联合控制机构的结构图

1—外壳；2—活塞；3—中弹簧；4—大弹簧；5—控制体；6—钢球；7—液缸；8—密封圈；9—小弹簧；10—顶销

该机构的优点是信号明确，信号接收机构的运动零件在密封的液压油缸内工作，不与钻井液接触。

机构外壳 1 内固定液缸 7，其中充满液压油，活塞 2 可以上下滑动，活塞 2 上套有控制体 5，它们之间的两个配合面 *A* 的间隙均很小，对液压油的通过构成较强的阻尼，控制体 5 与液缸 7 之间有较大的间隙或轴向开有销槽以便液压油能上下流通，在控制体 5 上有开孔，孔内放有钢球 6，液缸 7 上有环形槽，活塞 2 上也有类似的环形槽，大弹簧 4 是用于将活塞 2 推向上的，中弹簧 3 是用于将控制体 5 推向下的。如图 4.83（b）所示，控制体 5 上钻孔后装有小弹簧 9 和顶销 10，顶销 10 顶在钢球 6 上使钢球 6 可以在它的外侧也可以在它的内侧，但是改换位置时需要有外力推动，不能自行改换。

在装配状态或长时间负排量状态下，机构中活塞处于顶位，如图 4.83（a）所示。

恢复正常工作排量，钻井液推动活塞 2 上端圆盘向下移动，活塞下移一小段距离后台阶面压在控制体 5 上而停止（控制体 5 受钢球 6 和外壳 1 的环形槽的阻挡而停留在图 4.84 所示位置），此时，活塞处于上位。

当减小排量到一定数值时，活塞 2 所受钻井液推力减小，大弹簧 4 推动活塞 2 回到顶位，这个动作是比较迅速的。但是因为活塞 2 与控制体 5 之间的配合面很小，活塞 2 与控制体 5 形成的腔体内的液压油不可能立即排出，因此活塞 2 在回到顶位的同时也将控制体 5 一起抬起。在活塞 2 与控制体 5 一起向上运动的过程中钢球 6 被壳体 1 环形槽的锥面部分推向内，结果将钢球 6 推到顶销 10 的内侧，如图 4.85 所示。

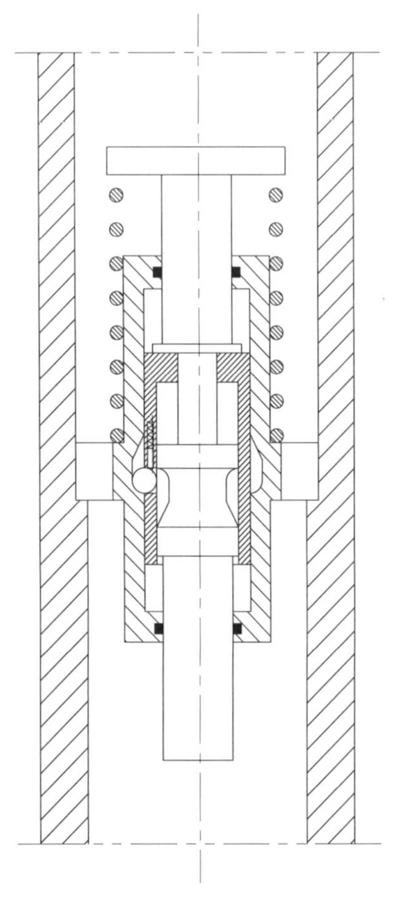

图4.84　正常钻进时机构状态图

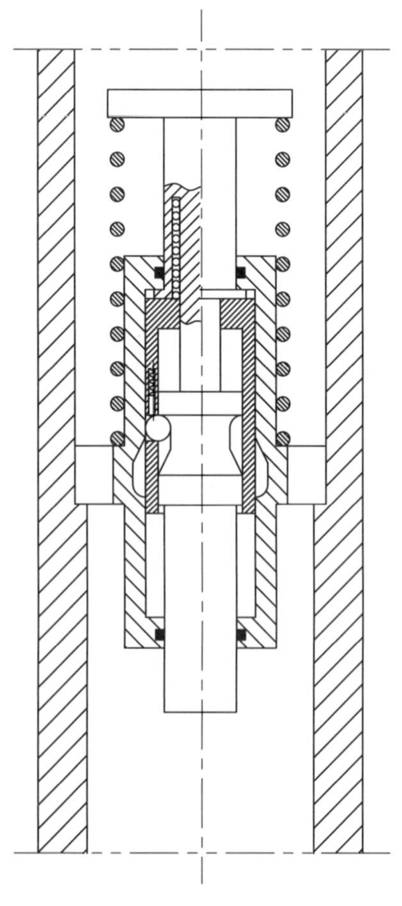

图4.85　排量减小后刚开始的状态

随着负排量时间的延续，中弹簧 3 推动控制体 5 向下移动，而活塞 2 不动，控制体 5 向下移动必须将腔体内的液压油排出，由于配合间隙小，所以这个过程很慢，经过一段距离，钢球 6 被活塞 2 的环形槽的锥面部分推向外，如图 4.86 所示，这时，钢球 6 正好处于顶销 10 之下，所经过的这段时间也就是我们前面设定的分界时间Δ T。

在分界时间 ΔT 之后，控制体 5 继续下移，钢球 6 继续被推向外，跑到顶销 10 的外侧，整个机构恢复到图 4.83（a）所示的情况。因此负排量时间大于分界时间 ΔT 之后再恢复正常排量，得到图 4.84 所示状态，活塞 2 在上位。如果在分界时间 ΔT 之前恢复正常排量，钢球 6 还在顶销 10 的内侧，则活塞 2 向下移动较大距离，称活塞处于下位，如图 4.87 所示。在此状态再发生负排量或是停泵，则机构回到图 4.85 所示情况。

液缸 7 内应该充满液压油，不留一点空气，否则到井下环境压力增大，钻井液企图流入液缸 7，使密封圈承受很大的压差。解决这个问题的办法是在液缸 7 上再加装一个补偿器，如图 4.88 所示。这样，即使液缸内有少量的空气时，钻井液会进入孔内推动橡胶膜变形，使液缸内外压力相等，密封圈就不承受压差，也就不必担心密封问题。综上所述，该机构的工作原理可以用图 4.89 的方框图来表示。

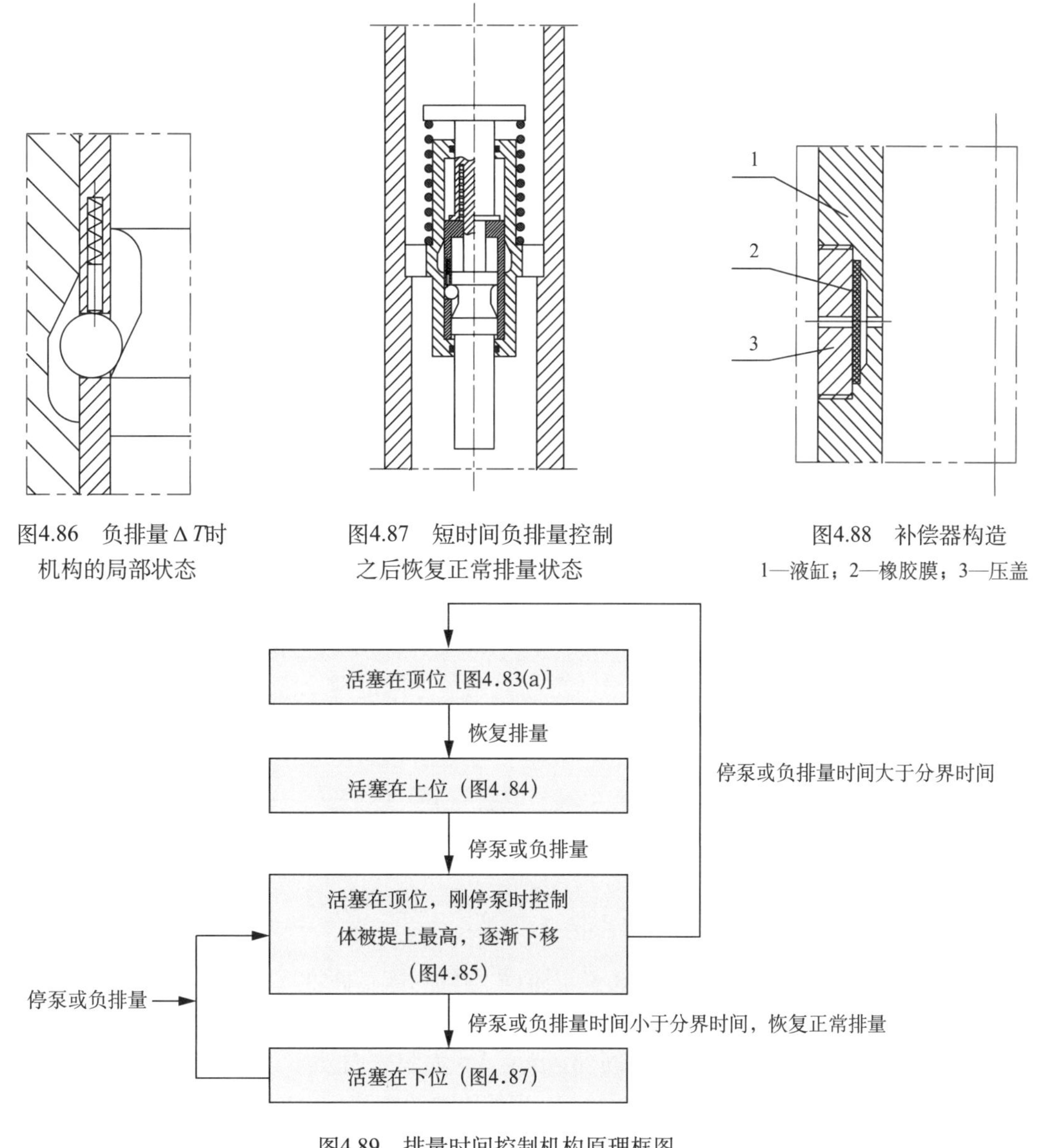

图4.86　负排量Δ T时机构的局部状态

图4.87　短时间负排量控制之后恢复正常排量状态

图4.88　补偿器构造
1—液缸；2—橡胶膜；3—压盖

图4.89　排量时间控制机构原理框图

4.8.3 参数分析

4.8.3.1 排量及大弹簧设计

减小排量的目的是要减小活塞上下端面的压力差，使活塞在大弹簧的回复力作用下能够克服钻井液压力差上行。设正常排量 Q，所以正常排量下活塞力为ΔP_0，当减小排量至 $Q-\Delta Q$ 时，活塞力为ΔP_C。设大弹簧刚度系数为 k_1，原长为 L_0，活塞在顶位时长度为 L_1，设活塞重量为 mg，运动中所受摩擦力为 F_m，d 为活塞从顶位运动到上位的距离，D 为活塞从顶位运动到下位的距离。

对活塞各个工况进行受力分析，得到活塞的受力不等式如下：

$$k_1(L_0-L_1)>\Delta P_C+mg+F_m \tag{4.201}$$

$$k_1(L_0-L_1+D)<\Delta P_O+mg-F_m \tag{4.202}$$

由上式可知，可以通过调整活塞上下压力差与大弹簧弹力之间的关系，使活塞的运动得到满足。类似的分析可以参考正排量控制机构的分析。

4.8.3.2 时间及中弹簧设计

ΔT 是指从图 4.85 负排量控制或是停泵刚开始到控制体运动至图 4.86 所示状态所需要的时间。如图 4.90 所示，即控制体移动 $S-2r$ 距离所用的时间。

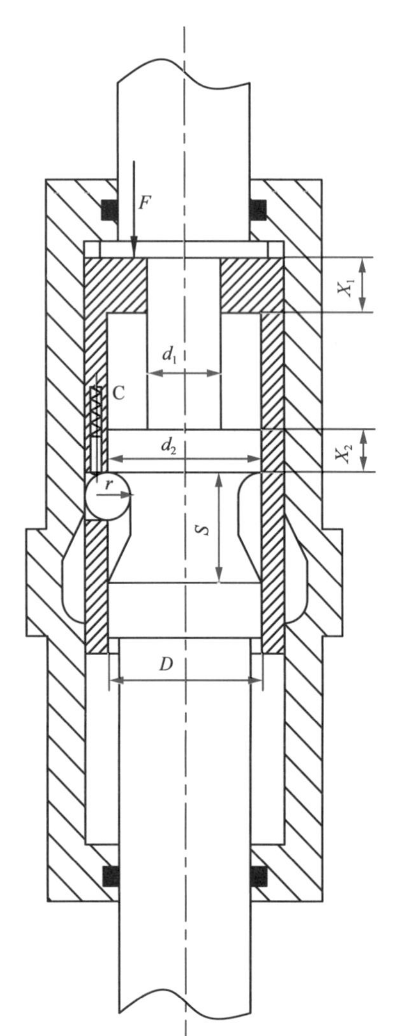

图4.90 控制体下行时间的计算

ΔT 是控制机构的分界时间。在负排量的时间大于ΔT之后才恢复正常排量，则活塞运动到上位；如果负排量的时间小于ΔT就恢复正常排量，则活塞运动到下位。

当控制体受到中弹簧向下的推力 F 时，活塞与控制器的腔体 C 内的液压油油压升高，因活塞与控制体之间的两个配合面间隙较小，活塞受到很大的阻尼作用，只能缓慢运动，液压油则通过活塞与控制体的两个配合面的间隙逐渐渗漏 C 腔外部。

控制体向下移动 $S-2r$，需要排出体积为：

$$Q=(S-2r)\frac{\pi}{4}(D^2-d_1^{\ 2}) \tag{4.203}$$

式中：S 为活塞环形槽的长度，m；r 为钢球的半径，m；D 为控制体的内径，m；d_1 为活塞小径端配合面外径，m。

设活塞与控制体之间的两个配合面 A 的间隙为 δ，在本例中流经活塞缝隙的流量 q 为：

$$q=\frac{\pi d_2\delta^3\Delta p}{12\nu\rho X_2}+\frac{\pi d_1\delta^3\Delta p}{12\nu\rho X_1}$$

$$\delta=(D-d_2)/2 \tag{4.204}$$

式中：d_2 为活塞大径端配合面外径，m；X_1 为活塞小径端配合面长度，m；X_2 为活塞大径端配合面长度，m；δ 为活塞与缸体内壁间的间隙，m；Δp 为腔体内外压差，Pa；ν 为液压油的运动黏度，m²/s；ρ 为液压油的密度，kg/m³。

腔体内外压差Δp 是由施加在控制体上的弹簧力 F 引起的，

随着弹簧推动控制体逐渐下移，作用于控制体的推力 F 实际上是随着弹簧的伸长而逐渐减小的，但由于位移量不大，假设在控制体的运动过程中推力 F 始终不变，为最大弹簧力（设中弹簧的刚度系数为 k_2，原长为 L'_0，图 4.85 所示中弹簧长度为 L'_1）：

$$F = k_2(L'_0 - L'_1) \tag{4.205}$$

$$\Delta p = \frac{F}{A} = \frac{4F}{\pi(d_2^{\ 2} - d_1^{\ 2})} \tag{4.206}$$

综合式（4.203）、式（4.204）和式（4.206），可以得到控制体运动到分界状态所经历的时间ΔT：

$$\begin{aligned}\Delta T = \frac{Q}{q} &= \frac{3\pi(D^2 - d_1^{\ 2})(d_2^{\ 2} - d_1^{\ 2})\nu\rho X_1 X_2 (S - 2r)}{4F\delta^3(d_2 X_1 + d_1 X_2)} \\ &\approx \frac{3\pi(d_2^{\ 2} - d_1^{\ 2})^2 \nu\rho X_1 X_2 (S - 2r)}{4F\delta^3(d_2 X_1 + d_1 X_2)}\end{aligned} \tag{4.207}$$

由式（4.207）可以看出，设计时通过调整活塞和控制体的结构尺寸、配合面的配合参数以及中弹簧的弹力（通过调整弹簧刚度系数或预紧量）即可满足给定的ΔT的设计值。

4.9 位移或转动信号控制机构

在本章的前几节所介绍的几类机构多为井下信号发生机构，本节将简要介绍几种其他类型的井下机构，它们多作为信号转换、传递或运动执行机构，其输入信号一般是位移信号或转动（角位移）信号。

4.9.1 销槽机构

销槽机构是利用销槽结构通过轴向运动产生转动，即把主动件轴向运动变换为自身的附加转动，或使从动件绕自身轴线发生转动的一种机构。目前有两种应用情况：

（1）销槽转动机钩（主动件轴向移动→转动）。

限定圆柱销在机构圆筒本体的轴向、周向自由度，若本体不动，则主动件上的滑槽在作轴向运动时，圆柱销迫使滑槽带动主动件同时绕自身轴线转动。它适用作为在构件轴向运动的同时要求转动一定角度的机构（或由一个部件的轴向运动转换为同一部件的螺旋运动），根据轴向运动与转动方向的关系，同样也可以把这种销槽转动机构分为三种情况：

①滑槽上行同时转动；

②滑槽下行同时转动；

③滑槽上、下行时都转动。

（2）销槽换向机构（主动件轴向运动→从动件周向转动）。

限定主动件的周向转动和从动件的轴向运动，则主动件作轴向运动时，主动件上的滑槽迫使圆柱销带动从动件转动。它适用作为在井下把主动件的往复轴向运动转换为从动件的周向转动的销槽换向机构[26]（即由一个部件的轴向运动转换为另一个部件的周向转动）。根据从动件转动时其轴向往复运动的行程，也可以把这种销槽机构分为以下三种情况：

①滑槽上行时，圆柱销带动从动件转动；

②滑槽下行时，圆柱销带动从动件转动；

③滑槽上、下行时，圆柱销都带动从动件转动。

4.9.1.1　销槽转动机构（主动件轴向移动→转动）

如上所述，滑槽在轴向运动过程中，当圆柱销与滑槽中的斜面位置接触时，接触力迫使滑槽产生螺旋运动。若圆柱销在本体径向上的自由度未被限定，则滑槽底面的斜面会导致圆柱销在本体径向的伸缩，作为运动补偿。销槽转动机构在井下的应用十分常见，在变径稳定器、井下旁通阀[26, 27]等井下工具中有许多应用的实例。

4.9.1.1.1　机构结构与工作原理

图 4.91 是一种销槽转动机构的结构原理图。它由本体 1（外筒）、驱动轴 2、圆柱销 4、弹簧 5、固定螺栓 6 等基本元件组成。驱动轴 2 的外圆周上布置有连续均匀的轴向滑槽 3，相邻滑槽由斜向滑槽连通，圆柱销 4 一端置于滑槽内，一端置于本体 1 的孔内；在孔内，弹簧 5 一端连接螺栓 6，一端连接圆柱销 4。圆柱销 4 在本体轴向和周向上的自由度被限定。

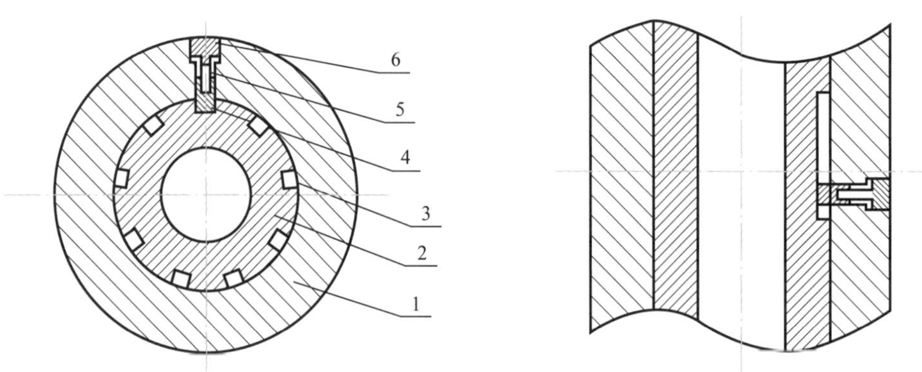

图4.91　销槽转动机构结构原理

1—本体；2—驱动轴；3—滑槽；4—圆柱销；5—弹簧；6—固定螺栓

主动件即驱动轴 2 上的滑槽 3 部分的平面展开图如图 4.92 所示。当驱动轴做轴向运动时，当圆柱销与滑槽中的斜面部分接触时，接触力迫使滑槽在轴向运动的同时产生旋转运动。有时，在滑槽的径向上（底部）也有变化，保证了圆柱销在滑槽内滑动时不返回原路，以增加机构的可控性。

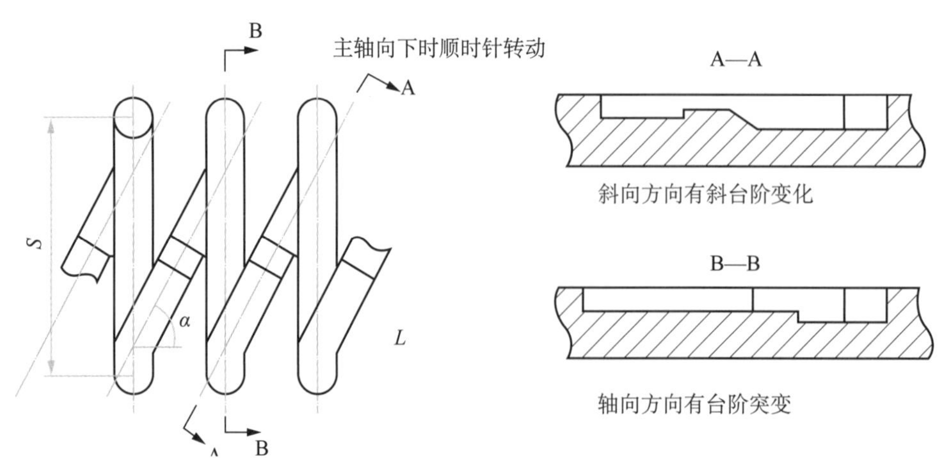

图4.92　驱动轴上轴向滑槽平面展开图

将销槽转动机构螺旋槽部分的受力分析简化为斜面的受力分析，以斜面块为分析对象，如图 4.93 所示。

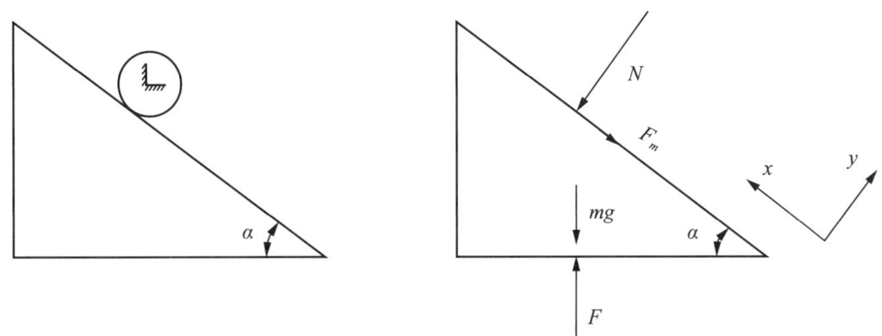

图4.93 斜面块受力分析

当斜面块受推力 F 作用向上运动时，由于圆柱销在 xy 平面被固定，斜面受圆柱销给予的接触反力 N，与斜面相对运动时的摩擦力 F_m，以及自身的重力 mg，设斜面与圆柱销之间的摩擦系数为 f。

将各力分别在图 4.93 所示的 x 和 y 方向投影：

在 y 方向合力为：

$$F_y = (F - mg)\cos\alpha - N = 0$$

$$N = (F - mg)\cos\alpha \tag{4.208}$$

在 x 方向合力：

$$F_x = (F - mg)\sin\alpha - N \cdot f = (F - mg)(\sin\alpha - \cos\alpha \cdot f) \tag{4.209}$$

要想斜面块相对圆柱销运动，则必须满足 $F_x > 0$，即 $\sin\alpha - \cos\alpha \cdot f > 0$，得：

$$\alpha > \arctan f \tag{4.210}$$

对于销槽转动机构，为了保证滑槽与圆柱销之间的正常配合工作，应该保证螺旋槽的螺旋角 $\alpha > \arctan f$。这与滑块在斜面上下滑的不自锁的条件相同。

4.9.1.1.2 滑槽设计

滑槽是销槽机构设计的关键，形式多种多样，应用也十分灵活。但不管滑槽的形状如何变化，只要满足滑槽设计的几个要点，就能达到销槽机构的目的。

(1) 滑槽的主要参数。

一般情况下滑槽包括直导向槽和螺旋槽两部分。

圆柱销置于滑槽内，因它在本体轴向、周向的自由度被限制，直导向槽保证驱动轴的轴向运动，其长度取决于主动件作往复运动的轴向行程 S，其宽度通常取决于圆柱销的直径尺寸；螺旋槽与圆柱销相互作用，使驱动轴产生螺旋运动，螺旋槽的长度 L 与驱动轴在一周内转动的次数 n、驱动轴的半径 R、螺旋角 α 有关，其计算公式为：

$$L = \frac{2\pi R}{n\cos\alpha} \tag{4.211}$$

图 4.94 所示为 3 种滑槽的平面展开图及其主要参数示意。

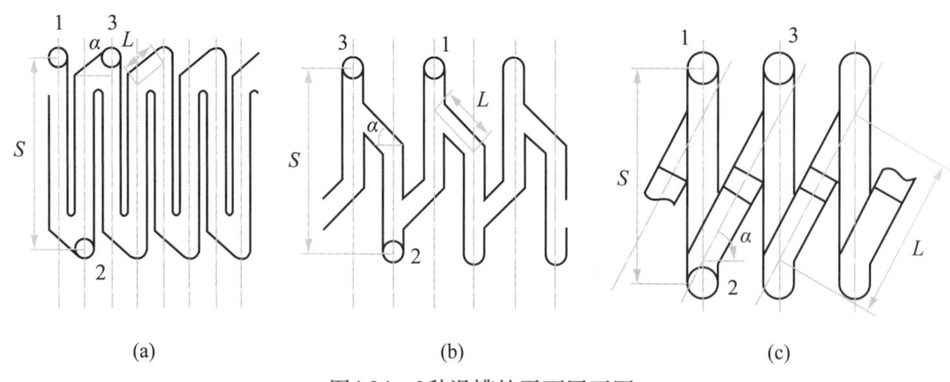

图4.94　3种滑槽的平面展开图

此外，还有一种大螺距副的销槽机构：滑槽为螺旋形，没有直导向槽部分，驱动轴受力时始终做螺旋运动。

（2）螺旋槽的旋向。

当驱动销位于直导向槽部分时，主轴只有轴向位移，没有周向位移；当驱动销位于螺旋槽部分，主轴在轴向位移的同时有周向位移。滑槽中螺旋槽部分的旋向与驱动轴轴向运动、周向转动的方向有关，具体情况见表 4.6。

表4.6　螺旋槽旋向与驱动轴轴向运动、周向转动方向的关系（从上向下看）

驱动轴轴向运动方向	驱动轴周向转动方向	
	逆时针转动	顺时针转动
向下运动	左旋	右旋
向上运动	右旋	左旋
双程运动	左旋在上，右旋在下	右旋在上、左旋在下

在图 4.94（a）中，驱动轴作上行运动，圆柱销由初始位置 1 相对于滑槽垂直向下移动，沿左旋的螺旋面下移，到达位置 2，驱动轴上移到最大行程位置；驱动轴作下行运动，圆柱销由位置 2 相对于滑槽垂直向上移动，沿右旋的螺旋面上移，到达位置 3，驱动轴下移到最大行程位置。当驱动轴向上、向下一次后，圆柱销相对于驱动轴向右运动，又因为圆柱销在周向上是固定的，所以驱动轴在上下轴向运动的过程中发生了顺时针转动，滑槽中的螺旋槽包括右旋螺旋槽和左旋螺旋槽，且右旋在上、左旋在下。

同理，4.94（b）图中，驱动轴在上下轴向运动的过程中发生了逆时针转动，滑槽中的螺旋槽包括右旋螺旋槽和左旋螺旋槽，且左旋在上、右旋在下；4.94（c）图中，驱动轴上行运动时不转动，下行运动时顺时针转动，滑槽中只包括右旋螺旋槽。

由以上分析可知，只要已知驱动轴的半径 R、轴向行程 S，一周内转动的次数 n，结合驱动轴轴向运动及转动的方向，就可以设计滑槽了。

4.9.1.2　销槽换向机构（主动件轴向移动—从动件周向转动）

限定从动件的轴向自由度而不限制其周向转动的自由度，则主动件的滑槽在作轴向运动时，滑槽中的斜面位置与从动件上的圆柱销接触，接触力迫使圆柱销产生周向运动，因圆柱销与从动件固连，所以带动从动件转动。该机构适用于把一个部件的轴向运动转换为另一个部件的周向转动，在井下可调弯壳体中有应用。

4.9.1.2.1　机构结构与受力分析

图 4.95 是一种销槽换向机构的结构原理图。当驱动轴做轴向运动时，拨销与滑槽中的斜面部分接触，接触力迫使拨销带动旋转体产生旋转运动。

销槽换向机构的换向原理简化为如图 4.96 所示。斜面体 1 受轴向推力 F 的作用，当斜面与圆柱销接触时，产生相互作用的正压力和摩擦力，同时对斜面体施加横向力 F_1 以限制其横向运动。圆柱销 3 在斜面力 1 的作用下克服与上端面 2 或下端面 4 之间的横向摩擦力向右运动，F_2 为横向阻力。下面分别以斜面体和圆柱销为分析对象对销槽换向机构进行研究。以斜面体为分析对象，如图 4.97 所示。

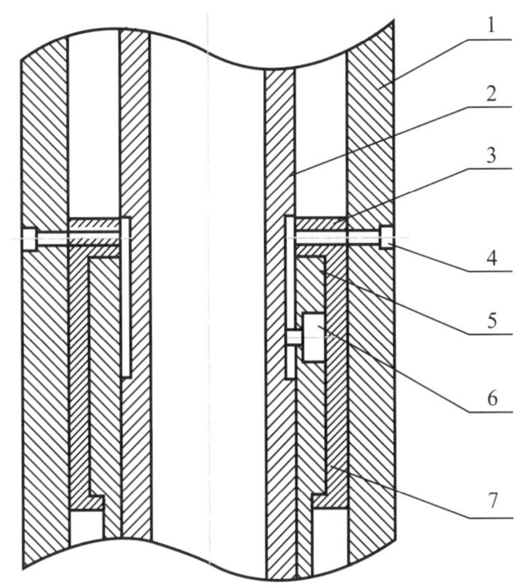

图4.95　销槽换向机构结构示意图

1—本体；2—驱油轴（带滑槽）；3—轴向定位套；4—定位螺钉；5—钢球；6—拨销；7—旋转体

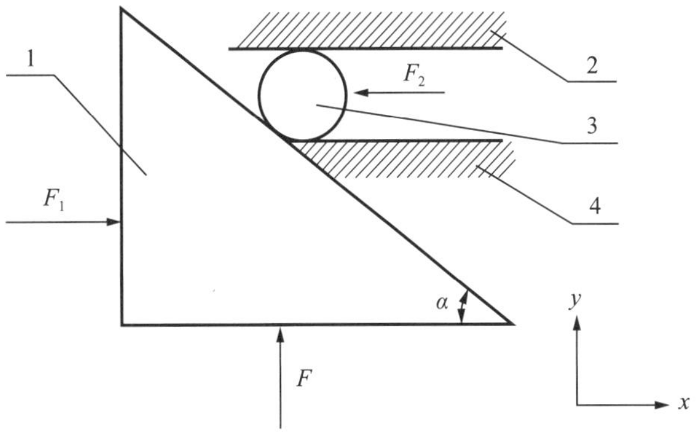

图4.96　销槽换向机构换向原理

1—斜面体；2—上端面；3—圆柱销；4—下端面

当斜面体受推力 F 作用向上运动时，斜面受圆柱销给予的接触反力 N，与斜面相对运动或有运动趋势时的摩擦力 Nf_1（设斜面与圆柱销之间的摩擦系数为 f_1），为了保证斜面体不发生横向运动，对斜面体施加横向阻力 F_1，以及自身的重力 m_1g。

将各力分别在图 4.97 所示的 x 和 y 方向投影，设斜面体在 y 方向的加速度为 a_1，在 y 方向合力为：

$$F_y=(F-m_1g)-N\cos\alpha-Nf_1\sin\alpha=m_1a_1 \quad (4.212)$$

在 x 方向合力为：

$$F_x=F_1-N\sin\alpha+Nf_1\cos\alpha=0 \quad (4.213)$$

$$F_1=N\sin\alpha-Nf_1\cos\alpha \quad (4.214)$$

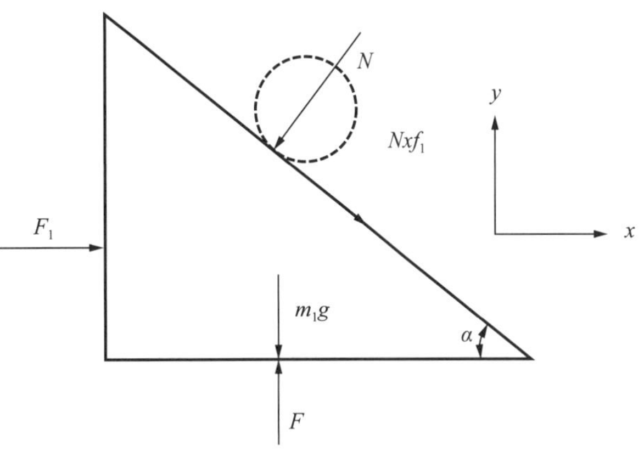

图4.97　斜面体受力分析理

以圆柱销为分析对象，受力分析如图 4.98 所示。

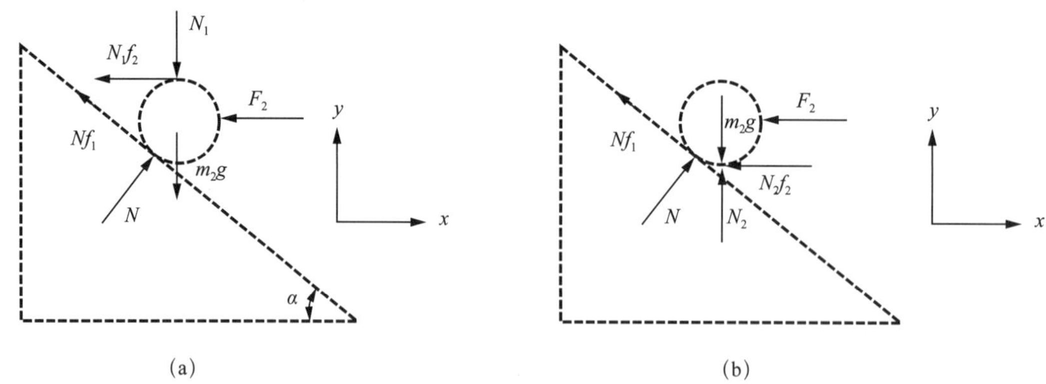

图4.98　圆柱销受力分析

圆柱销受斜面给予的接触反力 N，与斜面相对运动时的摩擦力 Nf_1，上端面对其反力 N_1，下端面对其反力 N_2，受横向阻力 F_2，以及圆柱销以及旋转体的重力 m_2g。圆柱销的受力主要分两种情况：

（1）当 $N\cos\alpha + Nf_1\sin\alpha - m_2g > 0$ 时，受上端面反力 N_1 及摩擦力 N_1f_2（设上下端面与圆柱销之间的摩擦系数为 f_2），圆柱销受力如图 4.98（a）所示（大多数属于此类情况）；

（2）当 $N\cos\alpha + Nf_1\sin\alpha - m_2g > 0$ 时，受下端面反力 N_2 及摩擦力 N_2f_2，圆柱销受力如图 4.98（b）所示。

以下只讨论第一种情况，第二种情况的分析方法基本相同。

对图 4.98（a）所示各力在图中 x 和 y 方向投影，设圆柱销在 x 方向的加速度为 a_2，在 y 方向合力为：

$$F_y = N\cos\alpha + Nf_1\sin\alpha - m_2g - N_1 = 0 \tag{4.215}$$

$$N_1 = N\cos\alpha + Nf_1\sin\alpha - m_2g \tag{4.216}$$

在 x 方向合力为：

$$F_x = N\sin\alpha - Nf_1\cos\alpha - N_1f_2 - F_2 = m_2a_2 \tag{4.217}$$

将式（4.216）代入式（4.217）可得：

$$F_x = N(\sin\alpha - f_1\cos\alpha - f_2\cos\alpha - f_1f_2\sin\alpha) - m_2gf_2 - F_2 = m_2a_2 \tag{4.218}$$

由斜面体与圆柱销的相对运动关系，可以得出：

$$a_1 = a_2\tan\alpha \tag{4.219}$$

联合式（4.212）、式（4.218）和式（4.219），可以求出 N：

$$N = \frac{m_2\cdot(F - m_1\cdot g) + m_1\cdot m_2\cdot g\cdot f_2\cdot\tan\alpha + m_1\cdot F_2\cdot\tan\alpha}{m_1\cdot\tan\alpha\cdot(\sin\alpha - f_1\cdot\cos\alpha - f_2\cdot\cos\alpha - f_1\cdot f_2\cdot\sin\alpha) + m_2\cdot(\cos\alpha + f_1\cdot\sin\alpha)} \tag{4.220}$$

将 N 值代入式（4.212）、式（4.216）和式（4.217）就可以得到斜面体在 y 方向的加速度 a_1 和圆柱销在 x 方向的加速度 a_2 的值。由求解结果可知其取值是由 F、F_2、m_1、m_2、f_1、f_2、α 来确定的。

4.9.1.2.2　参数分析

当设计销槽机构时，F_2 为基本设计参数，设计开始就应该给定，m_1、m_2 也基本为定值，需要研究的是轴向推力 F、摩擦系数 f_1、f_2 与斜面倾角 α 对机构的影响规律。由于圆柱销的受力影响因素较多，为简化问题，取 $f_2=f_1$ 的情况对机构进行讨论。

当 $f_2=f_1$ 时，式（4.218）简化为：

$$F_x=-N\sin\alpha f_1^2-2N\cos\alpha f_1+N\sin\alpha-m_2gf_1-F_2 \tag{4.221}$$

要想圆柱销横向运动，则必须满足 $F_x\geqslant 0$，即

$$-\sin\alpha f_1^2-2\cos\alpha f_1+\sin\alpha\geqslant\frac{m_2gf_1+F_2}{N} \tag{4.222}$$

设 $y_1=-\sin\alpha f_1^2-2\cos\alpha f_1+\sin\alpha$，$y_2=\dfrac{m_2gf_1+F_2}{N}$，所以式（4.222）可以表达为：$y_1\geqslant y_2$。

以 f_1 为横坐标，分别作出曲线 y_1（f_1）和 y_2（f_1）。利用图解法求解，满足 y_1（f_1）$\geqslant y_2$（f_1）且 $f_1\geqslant 0$ 的阴影部分即满足式（4.222），如图 4.99 所示。

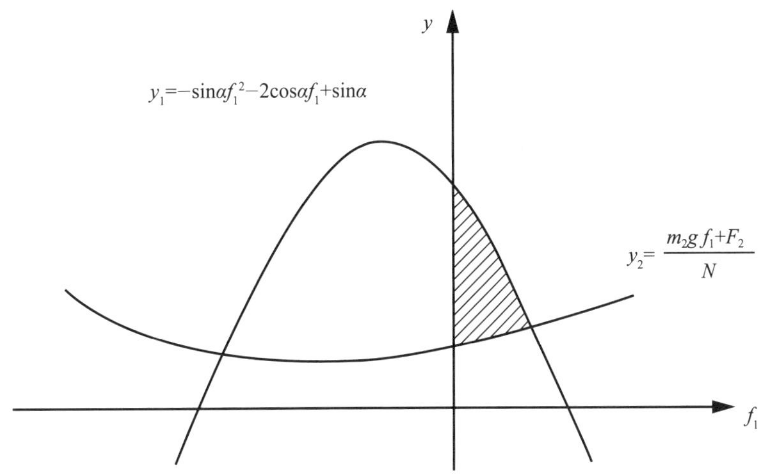

图4.99　图解法求解满足圆柱销运动要求数值

当 F_2=500N，F=8000N，m_1=50kg，m_2=20kg，α=40° 时，经计算机编程，用图解法求得的值为图 4.100 中的阴影部分。

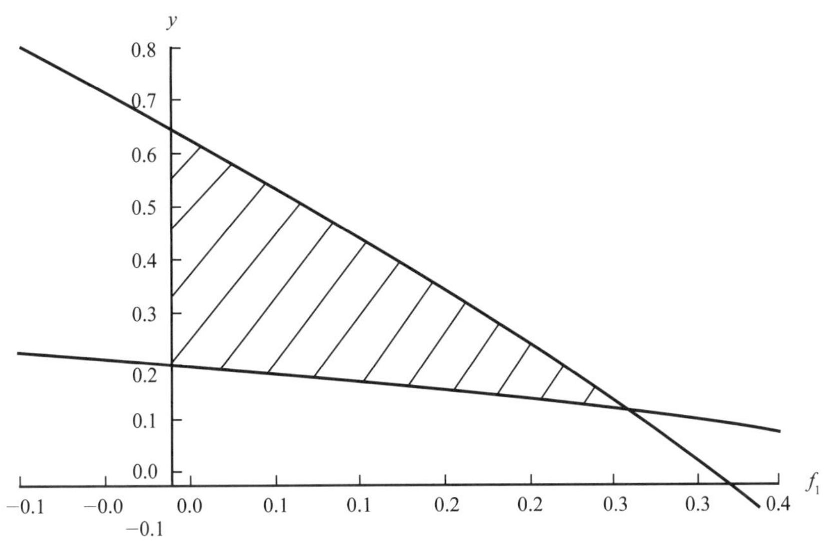

图4.100　图解法求解应用实例

由于N的取值由F、F_2、m_1、m_2、f_1、f_2、α来确定，求解较为复杂，虽然可以通过图解法求得满足要求的数值，但无法获得精确的表达式，无法直观判断。为了简化求解，可把不等式（4.222）放大为：

$$-\sin\alpha f_1^2-2\cos\alpha f_1+\sin\alpha>0 \tag{4.223}$$

虽然放大不等式（4.223）会带来不满足原不等式（4.222）的解，但能确定的是，不满足放大不等式（4.223）的解一定不满足原不等式（4.222），这样有利于缩小参数的取值范围。

对于放大不等式（4.223），设f_1=x，$y=-\sin\alpha x^2-2\cos\alpha x+\sin\alpha$，那么对于这样的二次二元函数，可以很容易就得到：当$y>0$时，x的取值范围为：

$$0\leqslant f_1<\frac{1-\cos\alpha}{\sin\alpha} \tag{4.224}$$

这样对应不同的斜面倾角α，就有不同的摩擦系数f_1的取值范围与之对应。只有满足不等式（4.224）的斜面倾角和摩擦系数才有可能满足机构运动要求，不满足不等式的斜面倾角和摩擦系数则一定不能满足机构运动要求。所以不等式（4.224）是销槽转动机构运动的必要条件。

同理，可得斜面倾角α的取值范围为：

$$\arcsin\left(\frac{2f_1}{f_1^2+1}\right)<\alpha<\frac{\pi}{2} \tag{4.225}$$

必要条件的提出有利于我们对于摩擦系数和斜面倾角取值的初步判断。

4.9.2 斜面径向伸缩机构

斜面径向伸缩机构用于将主轴的轴向运动（或轴向运动的同时也旋转）转换为柱塞或翼块的径向伸缩运动。斜面径向伸缩机构的结构原理如图4.101所示。

图4.101（a）中主轴1的某段圆周上带有径向环形凹槽，凹槽的上缘面为锥环面，下缘面为水平面；外壳体2上有孔，孔内安装有柱塞4，柱塞4由大直径段和小直径段组成，大直径段为锥台状，锥面的锥度与主轴1上凹槽的上缘面的锥度相同，小直径外套有弹簧5，弹簧5一端连接挡板3固定在外壳体2上，一端顶在柱塞4的大直径段底部端面上。

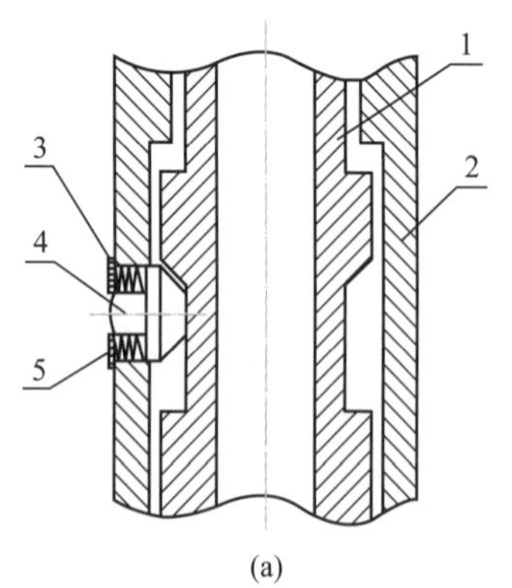

(a)

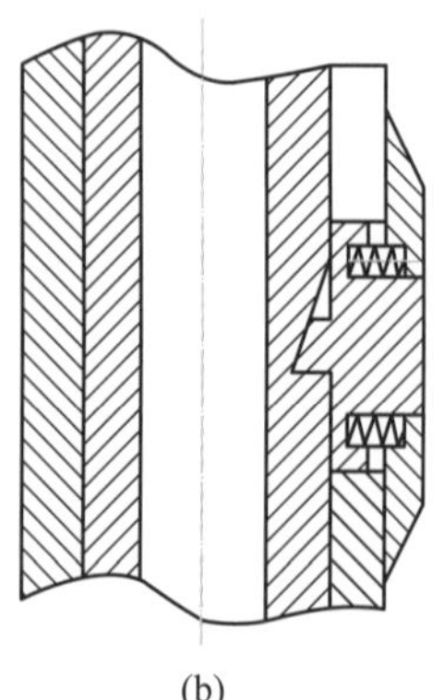

(b)

图4.101　斜面径向伸缩机构结构原理

1—主轴（带斜面）；2—外壳体；3—挡板；4—柱塞；5—弹簧

小柱塞4与孔之间为动配合，当主轴1下行到一定位置时，柱塞大直径段锥面与主轴环形凹槽上缘面的锥面相接触，柱塞在作用力下径向外伸；主轴上移时，柱塞在复位弹簧5的作用下复位。

此处的柱塞也可以转化成翼块的形式，如图 4.101（b）所示，其基本原理及受力分析基本相同。

以柱塞为受力分析对象，如图 4.102 所示。

当主轴向下运动时，柱塞受主轴上斜面作用正压力 N，柱塞斜面与主轴上斜面间的摩擦力 F_1，柱塞与外壳体槽壁间的正压力 N_2，柱塞与外壳体槽壁间的摩擦力 F_2，还受到回位弹簧的回复力 F_T，以及径向阻力 S。

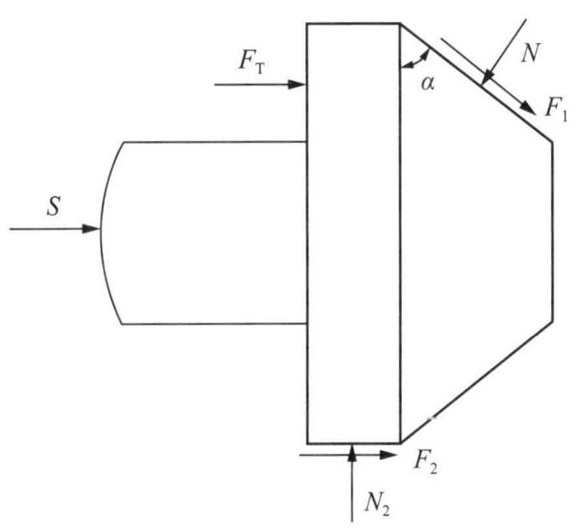

图4.102　柱塞受力分析

柱塞在水平方向的平衡方程为：

$$N\cos\alpha-(F_T+S+N_2\cdot f_2+N\cdot f_1\cdot\sin\alpha)=0 \tag{4.226}$$

式中：f_1 为柱塞斜面与主轴上斜面间的摩擦系数；f_2 为柱塞与外壳体槽壁间的摩擦系数。

柱塞在垂直方向的平衡方程为：

$$N\sin\alpha+N\cdot f_1\cdot\cos\alpha=N_2 \tag{4.227}$$

将式（4.127）代入式（4.126）可以得到柱塞受主轴上斜面作用正压力 N 为：

$$N=\frac{F_T+S}{\cos\alpha-f_2\cdot\sin\alpha-f_1\cdot f_2\cdot\cos\alpha-f_1\cdot\sin\alpha} \tag{4.228}$$

当然，主轴上还有其他运动机构，但在此只考虑主轴推动柱塞运动所需的轴向推力 F，所以主轴斜面部分受力简化为如图 4.103 所示。

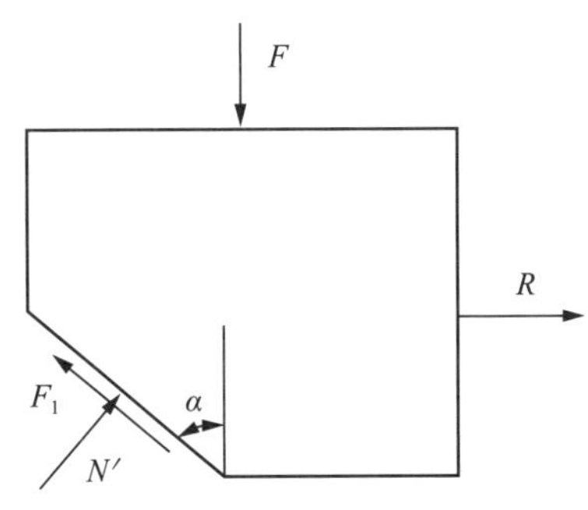

图4.103　斜面受力分析

主轴斜面在轴向方向的方程为：

$$F-N'\sin\alpha+N'\cdot f_1\cdot\cos\alpha=ma_y \tag{4.229}$$

若机构有 n 个柱塞，则推动柱塞径向运动，主轴上需要施加的轴向推力 F 为：

$$F-n\cdot(N'\sin\alpha+N'\cdot f_1\cdot\cos\alpha)=ma_y \tag{4.230}$$

因为 N 与 N' 互为作用力与反作用力，所以

$$N=N' \tag{4.231}$$

要使机构能够动作，应满足

$$a_y\geqslant 0 \tag{4.232}$$

综合式（4.228）、式（4.230）、式（4.231）和式（4.232），可得：

$$F\geqslant\frac{n\cdot(F_T+S)\cdot(\sin\alpha+f_1\cdot\cos\alpha)}{\cos\alpha-f_2\cdot\sin\alpha-f_1\cdot f_2\cdot\cos\alpha-f_1\cdot\sin\alpha} \tag{4.233}$$

当柱塞运动到径向最大位置时，受到的弹簧回复力和径向阻力最大，分别设为 F_{Tmax} 和 S_{max}。所以最小轴向推力 F_{min} 应满足

$$F_{min}=\frac{n\cdot(F_{Tmax}+S_{max})\cdot(\sin\alpha+f_1\cdot\cos\alpha)}{\cos\alpha-f_2\cdot\sin\alpha-f_1\cdot f_2\cdot\cos\alpha-f_1\cdot\sin\alpha} \tag{4.234}$$

$$F_{\mathrm{T\,max}} = F_{\mathrm{yj}} + k \times \Delta D \tag{4.235}$$

式中：F_{yj} 为柱塞回复弹簧预紧力；k 为弹簧刚度系数；ΔD 为柱塞径向伸出量。

由式（4.234）可以得出，随着柱塞数量 n 的增加，以及弹簧回复力 F_{Tmax}、径向阻力 S_{max} 的增大，主轴推动柱塞运动所需要的轴向推力 F 会随之增大。

通过分析也可以得出，当其他条件确定的情况下，主轴推动柱塞运动所需轴向推力 F 会随着主轴斜面与中心轴夹角 α 的增大而增大。

在 n=3，k=15N/mm，F_{yj}=20N，ΔD=20mm，S_{max}=1000N，f_1=f_2=0.15 的情况下，不考虑主轴弹簧力，所需最小轴向推力 F_{min} 随主轴斜面与中心轴夹角 α 的变化关系如图 4.104 所示。

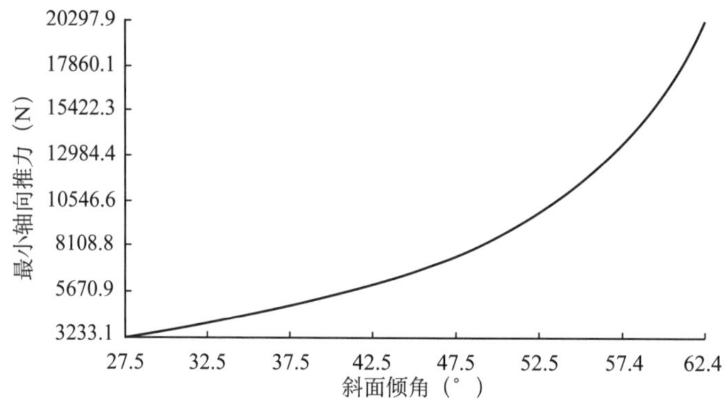

图4.104　最小轴向推力与斜面倾角变化关系

所以在设计时，如果选用较大的夹角 α，则主轴只需移动较短的位移即可推动柱塞达到既定的径向位移要求，但需要较大的驱动力；如果选用较小的夹角 α，虽然驱动力可以降低，但需要主轴运动较长的距离来满足径向设计要求。

在以上介绍的斜面径向伸缩机构中都包含了弹簧等组件，还有一些斜面径向伸缩机构的结构原理如图 4.105 所示。

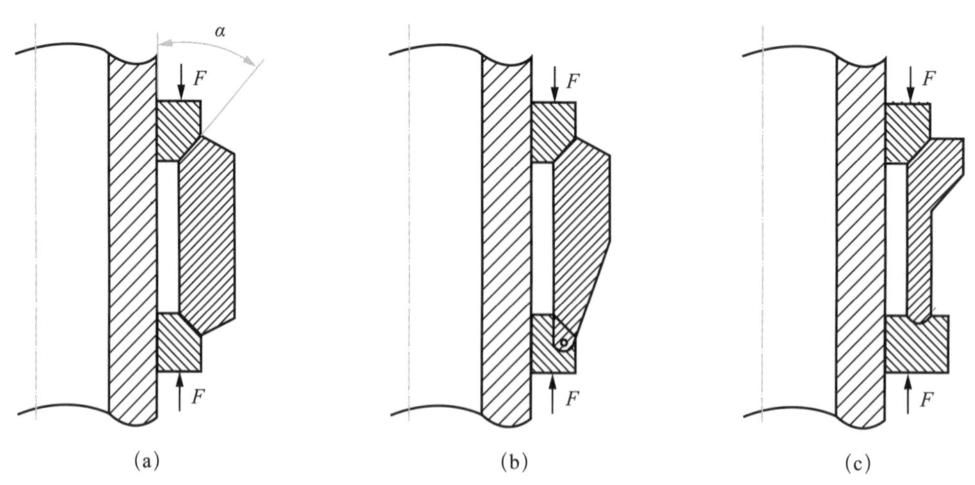

图4.105　其他斜面径向伸缩机构结构原理

图 4.105（a）所示为两端滑块式伸缩机构，两滑块可一端不动，另一端轴向移动，也可以两端滑块都做轴向移动，翼块在斜面作用下径向运动。图 4.105（b）所示为一端滑块，另一端为铰接结

构，图 4.105（c）所示为一端滑块，另一端为具有曲线轮廓外形的端面配合，这种结构的翼块在滑块斜面接触作用力下以另一端为支点做径向圆弧运动。滑块在回位弹簧作用下向上复位，翼块则在外力作用下径向收回。

对于以上结构的斜面径向伸缩机构，其受力分析的步骤与前面介绍的基本相同，但没有柱塞与外壳体槽壁间的正压力 N_2 及柱塞与外壳体槽壁间的摩擦力 F_2，也没有回位弹簧的回复力 F_T，当在不受地层阻力的状态下运动时径向阻力 S 也为零。此时经分析可以得到图 4.105 所示斜面径向伸缩机构的运动条件为：

$$f_1 < \cot\alpha \tag{4.236}$$

例如对于摩擦系数 f_1=0.15 的这种斜面机构，当 α <arccot0.15=81.5° 时，满足式（4.236）。

其实，式（4.236）也是图 4.101 所示机构运动的必要条件，也就是说，无论以上描述的斜面径向伸缩机构是否包含弹簧等元件，式（4.236）是最基本的条件，亦即克服滑块运动自锁的条件，只有在满足这一条件的前提下，再考虑轴向推力 F 是否能够克服弹簧力、地层阻力等推动翼块动作。

4.9.3　铰接径向伸缩机构

铰接径向伸缩机构用于将主动件（滑块）的轴向运动转换为铰接机构的径向伸缩运动。

铰接径向伸缩机构的结构原理图如图 4.106 所示：连接销 1 将曲柄翼 2 与外壳体 7 铰接；连接销 3 将曲柄翼 2 与连杆翼 4 铰接；连接销 5 将连杆翼 4 与滑块 6 铰接。

当滑块 6 不动作时，曲柄翼 2 和连杆翼 4 处于缩回状态；当滑块 6 受向上轴向力时，此时曲柄翼 2 和连杆翼 4 在滑块 6 的轴向推力作用下逐渐伸出，向上运动直至滑块 6 凸台面上端面受到轴向限制时，机构达到最大外径的伸出状态，如图 4.107 所示。

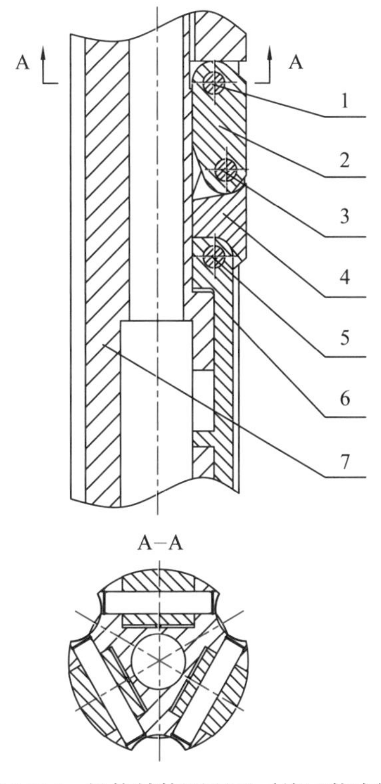

图4.106　机构结构原理图（缩回状态）

1—连接销；2—曲柄翼；3—连接销；4—连杆翼；
5—连接销；6—滑块；7—外壳体

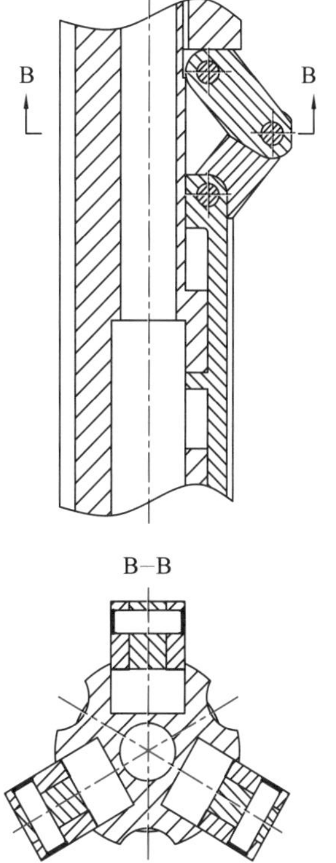

图4.107　机构结构原理图（伸出状态）

当图 4.107 所示机构用于井下扩眼操作时，在伸出状态下连杆翼会受到下面的地层阻力，周向阻力由连接销、外壳体凹槽的边壁等部件承受[28]，只考虑轴向剖面内垂直于连杆翼的力 F_S，受力模型简化为图 4.108 所示。

在图 4.108 所示的受力模型中，铰接径向伸缩机构在驱动力 F 和地层阻力 F_S 的作用下平衡。分别以曲柄翼、连杆翼和滑块为受力对象进行分析，忽略重力的因素，只考虑机构在伸出状态时地层阻力 F_S 对机构伸出状态所需驱动力 F 的影响，由曲柄翼受力分析确定连杆翼滑块端受力方向，由连杆翼滑块端受力方向确定滑块受力分析，如图 4.109 所示。

由图 4.109 可见，由于地层阻力 F_S 的影响对于滑块 6 产生了轴向分力 F_X。当轴向分力与驱动力 F 反向时，机构趋向于缩回；当这一轴向分力与驱动力 F 同向时，机构趋向于伸出，并且随着地层阻力的增大，驱动机构伸出的力越大，当地层阻力增大到一定程度，甚至可以取消原来的驱动力 F 而保持机构状态不变。

经分析不难得出：地层阻力是增加驱动力还是减小驱动力，主要由机构伸出状态下曲柄翼和连杆翼与中心轴夹角 α 的大小来决定的。如图 4.110 所示，地层阻力的存在使驱动力增加；如图 4.111 所示，地层阻力的存在不影响驱动力；如图 4.112 所示，地层阻力的存在使驱动力减小。当然，我们的设计目标是：在伸出的最终状态下曲柄翼和连杆翼与中心轴之间夹角的大小能保证地层阻力的存在使驱动力增加。

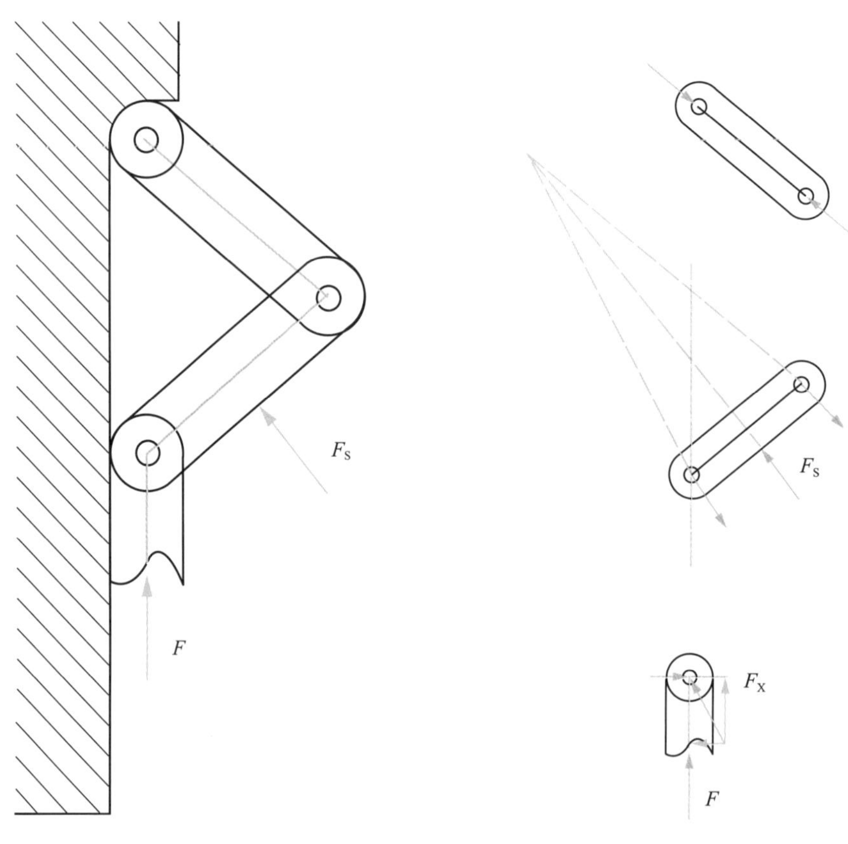

图4.108　受力模型图　　　　图4.109　受力分析图

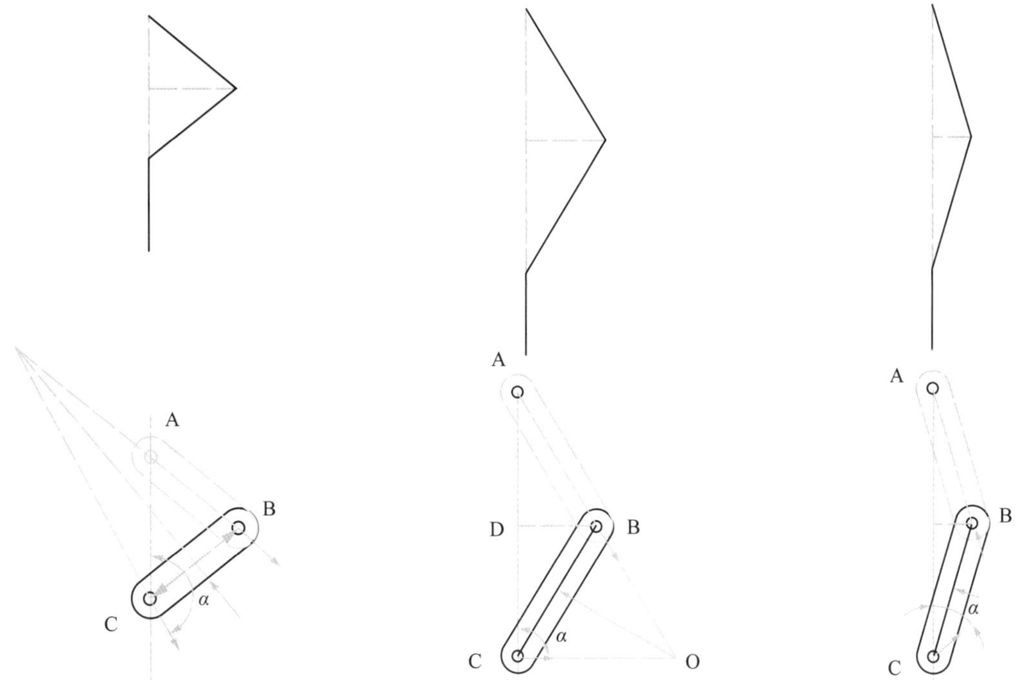

图4.110 地层阻力使驱动力增加（$\alpha>\dfrac{\pi}{2}$）

图4.111 地层阻力不影响驱动力（$\alpha=\dfrac{\pi}{2}$）

图4.112 地层阻力使驱动力减小（$\alpha<\dfrac{\pi}{2}$）

下面来分析曲柄翼和连杆翼与中心轴的夹角与驱动力变化趋势之间的关系。

当曲柄翼的长度等于连杆翼的长度 $l_{AB}=l_{BC}$ 时，由图 4.111 可知：

$$\angle BAC=\angle BCA \tag{4.237}$$

由几何关系可得：

$$\angle OBC=\angle BAC+\angle BCA \tag{4.238}$$

$$\angle OBC=\angle OCB \tag{4.239}$$

$$\angle OCA=\angle OCB+\angle BCA \tag{4.240}$$

由式（4.237）～式（4.240）可得：

$$\angle OCA=3\angle BCA \tag{4.241}$$

地层阻力对驱动力产生影响的临界点是 $\angle OCA=\dfrac{\pi}{2}$，为了保证地层阻力使驱动力增加，应满足条件 $\angle OCA>\dfrac{\pi}{2}$，即

$$\angle BCA>\frac{\pi}{6} \tag{4.242}$$

设 $l_{BD}=\Delta D$，$l_{AB}=L$，由式（4.242）可得：

$$\arcsin\frac{\Delta D}{L}>\frac{\pi}{6} \tag{4.243}$$

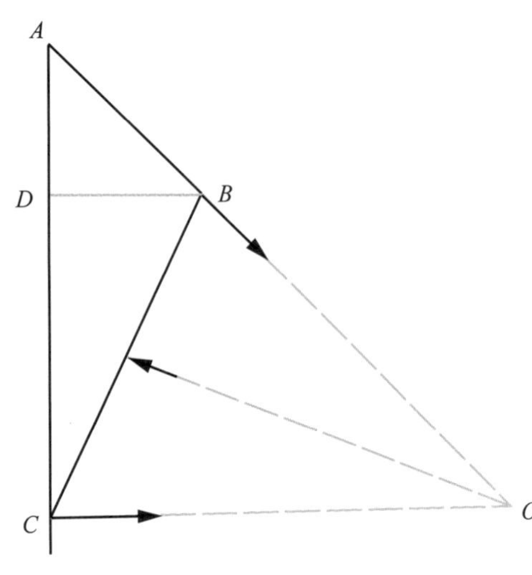

图4.113　曲柄翼的长度不等于连杆翼的长度的状态分析

当 $l_{AB} \neq l_{BC}$ 时，如图 4.113 所示。

同理可得：

$$\angle OBC = \angle BAC + \angle BCA \tag{4.244}$$

$$\angle OBC = \angle OCB \tag{4.245}$$

$$\angle OCA = \angle OCB + \angle BCA \tag{4.246}$$

由式（4.244）、式（4.245）和式（4.246）可得：

$$\angle OCA = \angle BAC + 2\angle BCA \tag{4.247}$$

地层阻力使驱动力增加的条件是 $\angle OCA > \dfrac{\pi}{2}$，设 $l_{BD}=\Delta D$、$l_{AB}=L_1$、$l_{BC}=L_2$，所以

$$\arcsin\frac{\Delta D}{L_1} + 2\arcsin\frac{\Delta D}{L_2} > \frac{\pi}{2} \tag{4.248}$$

利用 ADAMS 对机构进行建模仿真分析，为观察滑块受力变化情况，在滑块上侧增加压缩弹簧，在没有地层阻力作用下弹簧保持原长不变，我们可以根据压缩弹簧的变形量来判断驱动力变化情况。

在 ADAMS 中的 Simulate 菜单中，选择 Design Evaluation 子菜单对 ΔD 进行设计研究。当 $l_{AB}=l_{BC}$=300mm、F_S=1000N 时，修改 ΔD 的设计变量 DV−1：最小值 90mm，最大值 250mm，5 次迭代（Trial_1：ΔD=90；Trial_2：ΔD =122；Trial_3：ΔD =154；Trial_4：ΔD=186；Trial_5：ΔD =218；Trial_6：ΔD =250）；当目标函数为弹簧的变形量时，结果如图 4.114 所示；当目标函数为连杆翼与中心轴夹角∠ BCA 时，结果如图 4.115 所示。

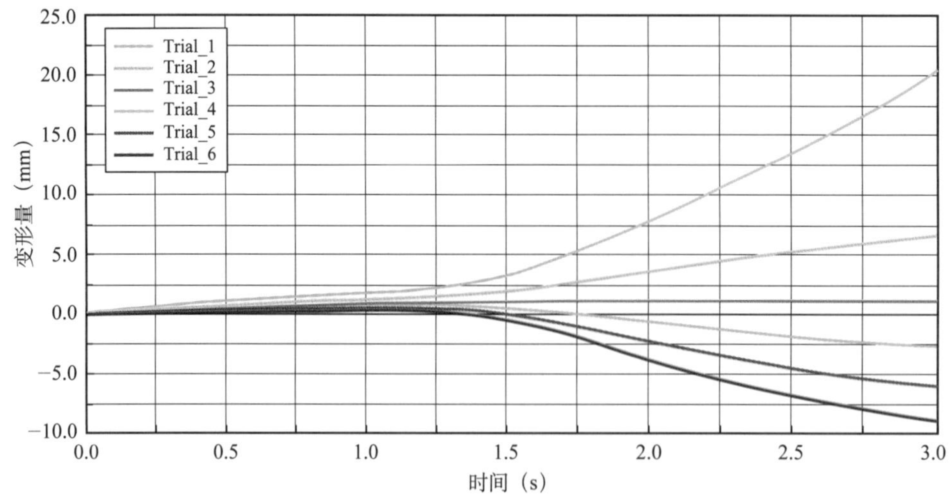

图4.114　径向输出量ΔD的设计研究

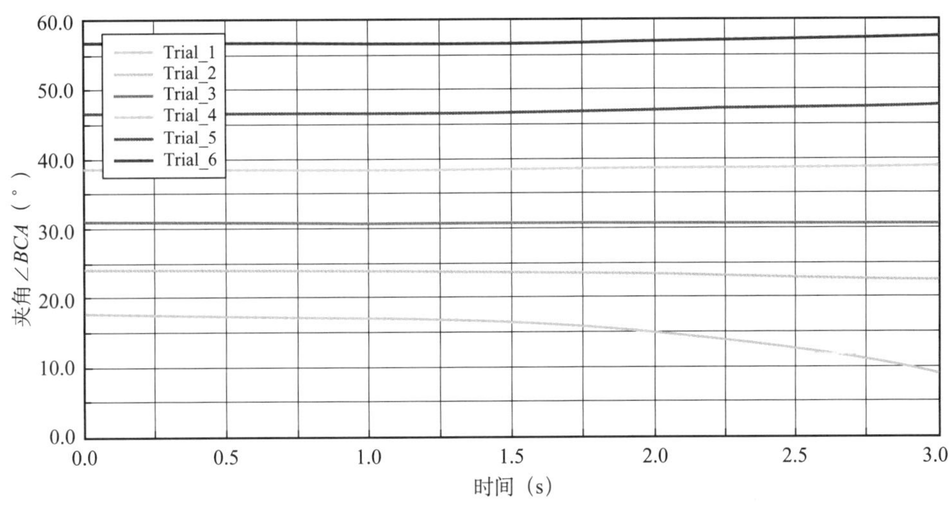

图4.115　连杆翼与中心轴夹角∠*BCA*的设计研究

由图 4.114 可知，随着 ΔD 的增大，弹簧的拉伸变形逐渐减小，压缩变形逐渐增大，说明滑块受力大小和方向都发生了改变。

由图 4.115 可知，当 ΔD 较小时，铰接机构连杆翼与中心轴的初始夹角＜ *BCA* 较小，且在地层阻力的作用下，角度逐渐缩小，说明处于缩回趋势；当 ΔD 较大时，＜ *BCA* 较大，在地层阻力的作用下，角度逐渐增大，说明处于伸出趋势。图 4.115 角度的变化趋势与图 4.114 弹簧的变形量的变化趋势本质上是一致的。

另外，因为 $l_{AB}=l_{BC}$=300mm，Trial_3 时ΔD=154，由图 4.114 和图 4.115 可以看到，此时弹簧基本不发生变形，角度基本不发生改变，即地层阻力不对驱动力造成影响。这一结果与式（4.243）的分析结果相吻合。对于 $l_{AB} \neq l_{BC}$ 的情况，一样能够利用 ADAMS 验证式（4.248）的正确性。

4.9.4　伞状机构

4.9.4.1　伞状机构工作原理

类似的铰接径向机构还有图 4.116 所示的伞状机构。推杆长为 L_3，其 *C* 端铰接在滑块上，滑块可轴向移动，其 *B* 端铰接于支撑臂上，支撑臂长为 L_1+L_2，*A* 端铰接于本体上固定不动，*F* 点为自由状态。当滑块向上运动，*F* 点沿径向向外打开；当滑块向下运动，*F* 点沿径向向里缩回，运动过程类似于开伞和关伞的过程，故简称其为伞状机构。

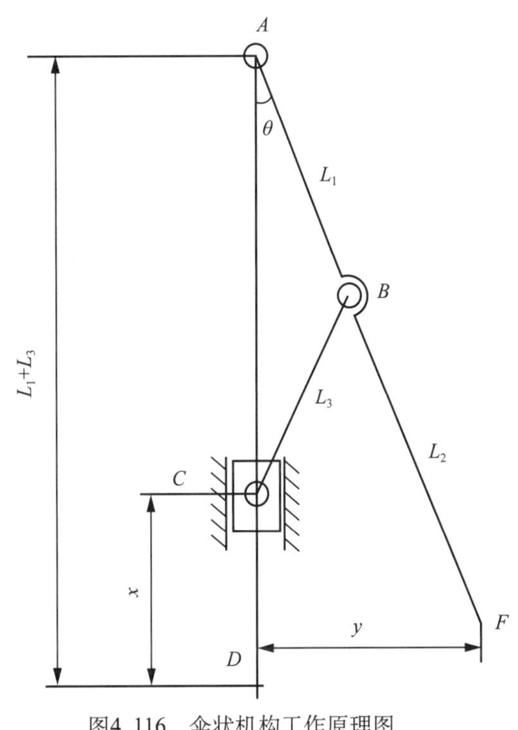

图4.116　伞状机构工作原理图

伞状机构在井下控制工具中有应用，如旋转导向系统的变径机构。由于其变径范围大，结构不复杂且输入、输出关系明确，因而用途较广。

伞状机构类似于曲柄—滑块机构，但不需满足曲柄条件，因支撑臂不需要整周转动，因此支撑臂 *AF* 与滑块运动轴线 *AD* 的夹角 θ 只取锐角即可；类似于摇杆—滑块机构，但因滑块位移是主动参数，故可称其为滑块—摇杆机构。

令 $L_{AB}=L_1$，$L_{BF}=L_2$，$L_{BC}=L_3$。设滑块从 D 点运动到 C 点，向上运动距离为 x（当滑块在 D 点时设为原点，此时 $L_{AD}=L_1+L_3$），轴向向上为 x 轴正方向，$l_{AC}=L_1+L_3-x$；设支撑臂 F 点相对滑块的径向运动距离为 y（y 为机构外径），径向向外为 y 轴正方向。

对三角形△ ABC 应用余弦定理，可得：

$$\cos\theta=\frac{\left(L_1+L_3-x\right)^2+L_1^{\,2}-L_3^{\,2}}{2L_1\left(L_1+L_3-x\right)} \tag{4.249}$$

即

$$\theta=\arccos\left[\frac{\left(L_1+L_3-x\right)^2+L_1^{\,2}-L_3^{\,2}}{2L_1\left(L_1+L_3-x\right)}\right] \tag{4.250}$$

$$\frac{\mathrm{d}\theta}{\mathrm{d}x}=\frac{\left(L_1+L_3-x\right)^2-L_1^{\,2}+L_3^{\,2}}{\sqrt{1-\left[\frac{\left(L_1+L_3-x\right)^2+L_1^{\,2}-L_3^{\,2}}{2L_1\left(L_1+L_3-x\right)}\right]^2}\cdot 2L_1\left(L_1+L_3-x\right)^2} \tag{4.251}$$

由几何关系很容易求得：

$$y=(L_1+L_2)\sqrt{1-\cos^2\theta} \tag{4.252}$$

将式（4.249）代入式（4.252）即可得到伞状机构的输入量 x 和输出量 y 的关系。

当 L_1=200mm、L_3=300mm 时，根据式（4.250）、式（4.251），可以得出 x 与 θ 的关系如图 4.117 所示，得出 x 与 $\frac{\mathrm{d}\theta}{\mathrm{d}x}$ 的关系，由图可知，随着滑块向上运动，θ 逐渐变大，θ 的变化率 $\frac{\mathrm{d}\theta}{\mathrm{d}x}$ 逐渐缩小。

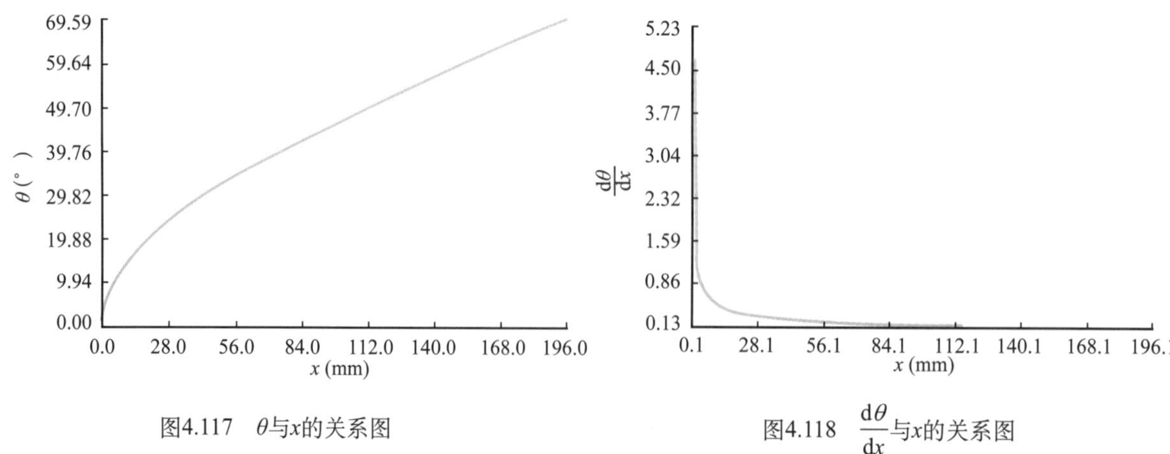

图4.117　θ 与 x 的关系图　　图4.118　$\frac{\mathrm{d}\theta}{\mathrm{d}x}$ 与 x 的关系图

当 L_1=200mm、L_2=400mm 及 L_2=800mm 时，根据式（4.252）可以得与 θ 的关系如图 4.119 所示，图示说明，随着 θ 逐渐变大，机构外径 y 逐渐变大，而且 L_2 越大，y 也越大。L_2 的作用是对外径放大，这是伞状机构的主要优点。

当 L_2=400mm、L_3=300mm 时，分别取 $L_1=\frac{1}{3}L_3$、$L_1=\frac{2}{3}L_3$、L_1=L_3、$L_1=\frac{4}{3}L_3$，得到 θ 与 x 的关系曲线如图 4.120 所示，得到 y 与 x 的关系曲线如图 4.121 所示。由图形可知，在夹角 $\theta<90°$ 时，随着 x 的增大，机构外径 y 也随之增大，且同样条件下，当 $L_1<L_3$ 时，夹角 θ 和机构外径 y 都较大，且 L_1 的变化对夹角 θ 和机构外径 y 的影响较大；当 $L_1>L_3$ 时，夹角 θ 和机构外径 y 都较小，且 L_1 的变化对夹角 θ 和机构外径 y 的影响较小。

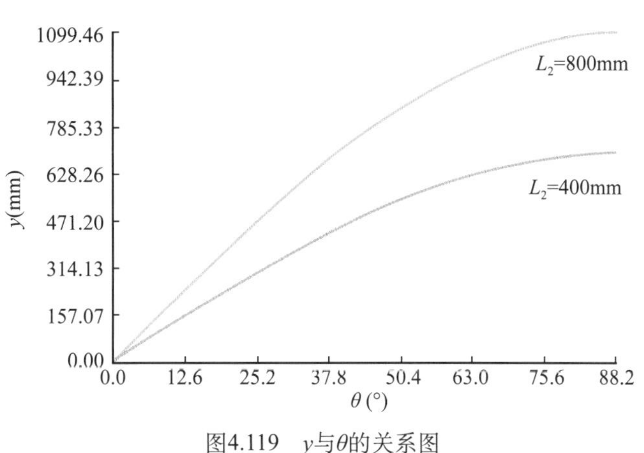

图4.119　y与θ的关系图

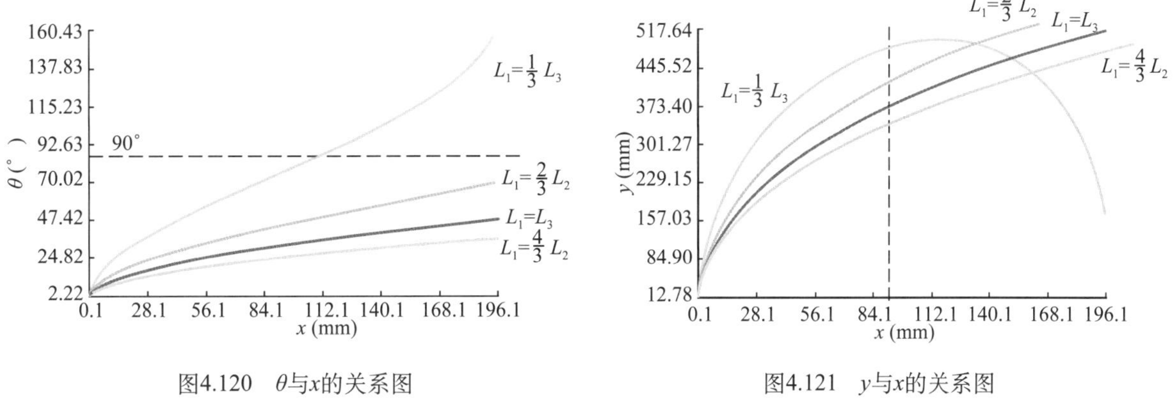

图4.120　θ与x的关系图　　　图4.121　y与x的关系图

由此可知，在机构设计中要想得到较大的机构外径 y，可使 $L_1<L_3$，或通过增大 L_2 的长度来实现。

4.9.4.2　伞状机构受力分析

设机构滑块所受驱动力为 F，支撑臂端所受阻力为 R，在 F 力的作用下，滑块向上的虚位移为 $\mathrm{d}x$，支撑臂 F 端的虚位移弧长为（L_1+L_2）/dθ，则根据虚位移原理可列出方程：

$$F\cdot \mathrm{d}x = R\cdot \mathrm{d}s = R\cdot(L_1+L_2)\mathrm{d}\theta$$

$$F = R\cdot(L_1+L_2)\frac{\mathrm{d}\theta}{\mathrm{d}x}$$

以上分析并未考虑机构所受摩擦力，考虑摩擦力实际上应满足：

$$F > R\cdot(L_1+L_2)\frac{\mathrm{d}\theta}{\mathrm{d}x} \tag{4.253}$$

$\mathrm{d}\theta/\mathrm{d}x$ 由式（4.251）确定。另外，当伞状机构运动到上极位时，由于支撑臂受到阻力有径向缩回的趋势，所以应该在极位位置用锁紧机构对滑块进行锁位。

4.9.4.3　伞状机构控制特性分析

图 4.122 所示为伞状机构的控制系统原理图，输入量是滑块行程 x，输出量是支撑臂行程 y。

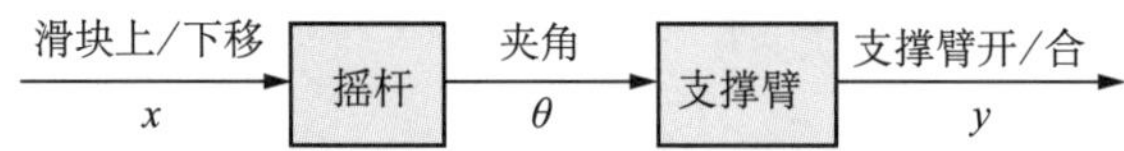

图4.122　伞状机构控制原理图

由式（4.250）可知，θ 与 x 关系为非线性，为分析其传递函数，需将其近似线性化，在系统的某一稳态点 $x=x_0$ 处 Taylor 展开，并忽略掉高次项，可得：

$$\theta = f(x) \approx f(x_0) + \left.\frac{\mathrm{d}f}{\mathrm{d}x}\right|_{x_0} (x - x_0) \tag{4.254}$$

$$\Delta\theta = f(x) - f(x_0) = \left.\frac{\mathrm{d}f}{\mathrm{d}x}\right|_{x_0} \Delta x \tag{4.255}$$

由式（4.252）可知，y 与 θ 关系同样为非线性，同样将其近似线性化，在系统的某一稳态点 $x=x_0$ 处 Taylor 展开，并忽略掉高次项，可得：

$$y = g(\theta) \approx g(\theta_0) + \left.\frac{\mathrm{d}g}{\mathrm{d}\theta}\right|_{\theta_0} (\theta - \theta_0) \tag{4.256}$$

$$\Delta y = g(\theta) - g(\theta_0) = \left.\frac{\mathrm{d}g}{\mathrm{d}\theta}\right|_{\theta_0} \Delta\theta \tag{4.257}$$

伞状机构控制系统框图如图 4.123 所示。由式（4.255）和式（4.257）可得：

$$\theta(s) = \left.\frac{\mathrm{d}f}{\mathrm{d}x}\right|_{x_0} X(s) \tag{4.258}$$

$$Y(s) = \left.\frac{\mathrm{d}g}{\mathrm{d}\theta}\right|_{\theta_0} \theta(s) \tag{4.259}$$

则

$$Y(s) = \left.\frac{\mathrm{d}f}{\mathrm{d}x}\right|_{x_0} \cdot \left.\frac{\mathrm{d}g}{\mathrm{d}\theta}\right|_{\theta_0} \theta(s) \tag{4.260}$$

令

$$G(x_0) = \left.\frac{\mathrm{d}f}{\mathrm{d}x}\right|_{x_0} \cdot \left.\frac{\mathrm{d}g}{\mathrm{d}\theta}\right|_{\theta_0} \tag{4.261}$$

则有：

$$Y(s) = G(x_0)\theta(s) \tag{4.262}$$

则伞状机构控制系统框图可改为图 4.124 所示。

由式（4.262）可知，伞状机构控制系统在某一稳态点 $x=x_0$ 处可近似看作零阶控制系统，只有比例环节，整套系统具有较好的随动特性，具有较好的快速性、稳定性。

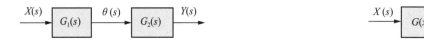

图4.123　伞状机构控制系统框图

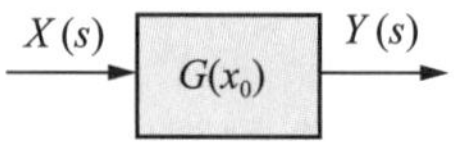

图4.124　$x=x_0$处伞状机构控制系统框图

通过上述分析可得到以下认识：

（1）伞状机构是铰接径向伸缩机构的一种变形，相对于斜面和凸轮机构而言，可以获得更大的径向尺寸输出；

（2）通过几何参数的推算得出伞状机构输入输出量之间的关系：随着滑块向上运动，θ 逐渐变大，但 θ 的变化率逐渐缩小；

（3）通过讨论尺寸参数对伞状机构输出的影响得知：在伞状机构中，较小的 L_1 敏感性更强，要想得到较大的机构外径 y，可使 $L_1<L_3$，或通过增大 L_2 的长度来实现。

4.9.5　周向齿轮机构

利用周向齿轮机构可以得到主动件（旋转体）的周向转动角度输出和不同轴向位移输出。

在井下控制工具中，斜面间的配合十分常见，例如斜面伸缩机构、凸轮机构、销槽机构等，周向齿轮机构也是一种利用斜面接触来实现工作要求的机构。

4.9.5.1　机构工作原理

周向齿轮机构的形式根据工作要求有很多种，以要求两种轴向输出为例来说明这种机构的工作原理。如图 4.125（a）所示：周向齿轮机构主要由换位体 1、主轴 2、旋转体 3、限位体 4 和外壳 5 构成，其中旋转体 3 固连于主轴 2 上，可以随主轴向上向下移动，换位体 1 和限位体 4 固定于外壳体 5 上保持不动。图 4.125（b）为周向齿轮机构去除外壳 5 后的结构图，可以较为清晰地看到换位体、旋转体和限位体的端部齿形轮廓。

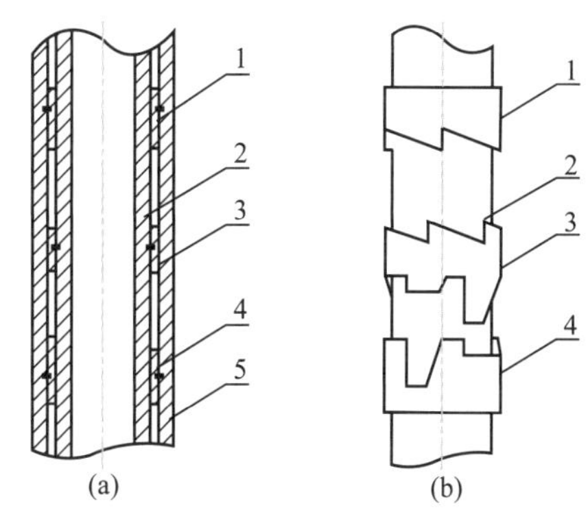

图4.125　周向齿轮机构结构图

1—换位体；2—主轴；3—旋转体；4—限位体；5—外壳

图 4.126 是周向齿轮机构的工作流程图。在图 4.126（a）所示状态下，当主轴受向下的轴向力时，旋转体随主轴下行，旋转体与限位体上的浅槽接触，如图 4.126（b）所示，主轴不能继续下行，此时主轴下行距离最短，轴向输出位移为较小值；当主轴受向上的轴向力时，旋转体随主轴上行，与上部的换位体的螺旋面接触［图 4.126（c）］，并旋转到下一工作位置［图 4.126（d）］，当再次受下行轴向推力时，主轴下行，旋转体深入到限位体的深槽处，如图 4.126（e）所示，此时主轴下行距离最大，轴向输出位移为较大值；当再次向上运动时，旋转体上行再次切换到浅槽位置［图 4.126（f）（g）］，以此类推，主轴每下行两次为一个工作循环。该机构可以应用在可变径稳定器中用以控制主轴的轴向输出[29]。

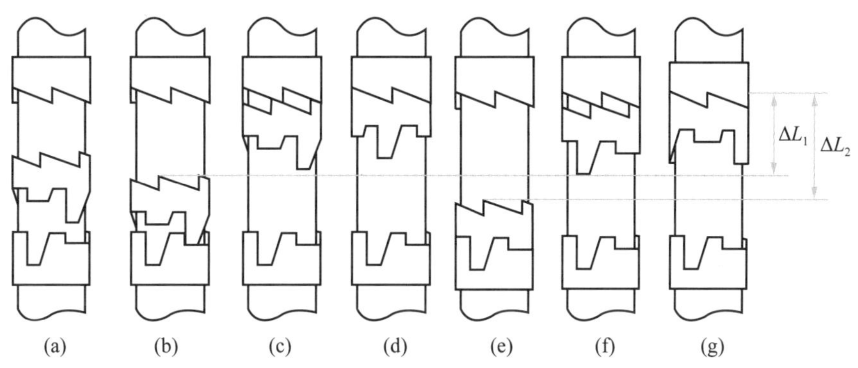

图4.126　周向齿轮机构工作过程图

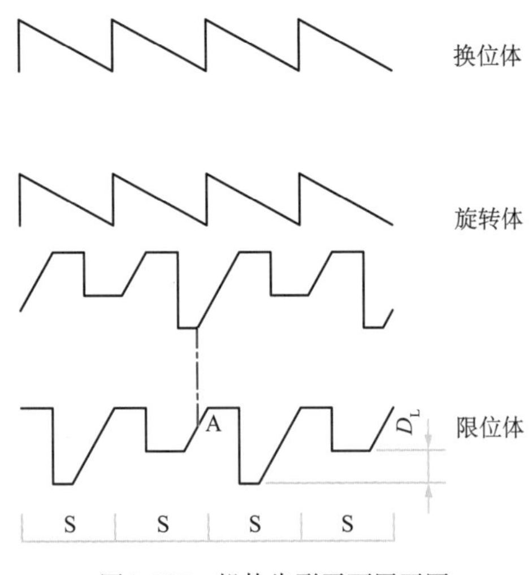

图4.127　机构齿形平面展开图

将周向齿轮机构的齿形按平面展开，每经过一个轴向向下再向上的过程，旋转体转动周向位移为S，如图4.127所示。

4.9.5.2　齿形设计要点

（1）换位体的齿形设计。

一般情况而言，换位体的齿形设计成如图4.127所示的形状都可以满足设计要求，螺旋面的数量根据旋转体在一周内转动的次数要求来确定，转动几次则对应几个螺旋面。

（2）限位体的齿形设计。

限位体的齿槽深度、换位体与限位体之间的距离决定了轴向输出位移的大小，要求的轴向位移数与限位体不同深度的齿槽个数相对应。如图4.127所示为有两种轴向输出位移的齿形，两种齿槽间隔周期性排列，其中*DL*为两种轴向位移输出的差值。

限位体齿槽一边为斜面，若要求旋转体始终向一个方向旋转，则此斜面的倾斜方向与换位体相反，不同深度齿槽的斜面倾斜角度相同。

（3）旋转体的齿形设计。

旋转体有上、下两个端面，上端面与换位体的齿形相同，下端面与限位体的齿形相同。设计上下端面齿形的相对位置时可以先将旋转体上端面放置在与换位体已经完全啮合的位置上（此时旋转体的周向转动被换位体的端面挡住），再使下端面深凸台的斜面顶点位置在限位体浅凹槽的斜面上（可以是斜面顶点与底点之间的任意位置上），如图4.127所示的A点位置。因为在旋转体与换位体完全啮合后，旋转体下行与限位体斜面接触后可以再次滑转以转过换位体的端面限制位置，为下次换位最好充分的准备。之所以用旋转体深凸台的斜面顶点位置与限位体浅凹槽的斜面来定位，是因为在一般情况下，浅凹槽的斜面比深凹槽的斜面短，在深凸台能与浅凹槽的斜面接触的情况下，则必然能够保证下次转动能与深凹槽的斜面相接触，避免下行时位置不对而被卡死。

通过以上分析可以得出：对于周向齿轮机构，无论是固定件还是旋转件都具有上、下两种旋向相反的斜面；转动件无论向上运动还是向下运动都朝一个方向转动；固定件和旋转件可以互换，实现两种不同的转动；周向齿轮机构具有锁定功能，只要锁住主轴的上、下运动即可实现机构的锁定。

4.9.5.3　受力分析

以主轴（带旋转体）为受力对象进行分析，如图4.128所示。

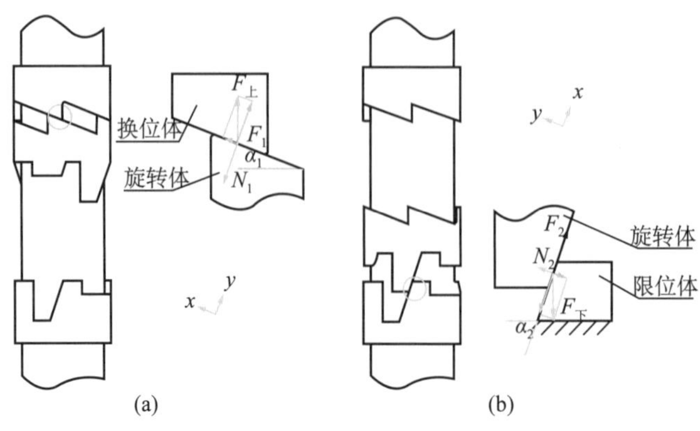

图4.128　主轴受力分析

当主轴上行时，主轴受力如图 4.128（a）所示（仅考虑主轴完成齿轮周向机构动作所需的力），设斜面间的摩擦系数为f，要想旋转体完成换位动作需满足以下条件：

$$\begin{cases} F_{上}\sin\alpha_1 > F_{上} f\cos\alpha_1 \\ \alpha_1 > \arctan f \end{cases} \tag{4.263}$$

即螺旋角大于摩擦角，克服自锁条件。同理经过分析图 4.128（b）所示的主轴下行受力情况，可以得出相同的结果。

由此可见，对于周向齿轮机构，在齿形设计合理能满足机构动作条件的前提下，只需保证主轴下行的驱动力能够克服转动摩擦力矩即可。

4.9.6　滑筋滑槽斜面机构

4.9.6.1　机构结构与工作原理

滑筋滑槽斜面机构是利用滑筋滑槽部件端部的斜面和筋槽结构的共同配合来得到周向转动或是轴向输出的机构。圆珠笔就是最简单的这种伸缩旋转机构。

如图 4.129 所示：滑筋滑槽斜面机构中滑套 6 上带有滑筋结构 7，在滑套 6 内卡装有与连接杆 4 固套的上压套 5 和与连接杆 4 活套的下压套 8，上压套 5、下压套 8 及滑筋 7 相接触的端面为斜面，并有相卡合的卡槽。

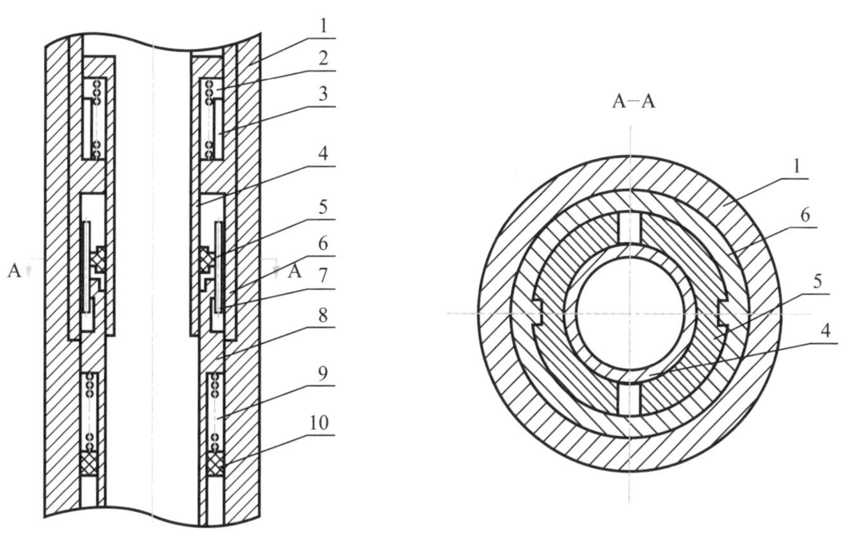

图4.129　滑筋滑槽斜面机构结构原理图

1—本体；2—上弹簧；3—定位套筒；4—连接杆；5—上压套；

6—滑套；7—滑筋；8—下压套；9—下弹簧；10—定位环

设状态 1 为初始状态，即上压套 5 和下压套 8 都卡在滑筋中。当连接杆 4 带动上压套轴向下行，上压套 5 推动下压套 8，因下压套 8 凹槽卡在滑筋 7 内，在开始的行程内，下压套 8 只有轴向移动而无转动，当下压套 8 在上压套 5 的作用下继续下移离开滑筋 7 时，由于两压套相互接触的端斜面的作用，下压套 8 相对上压套 5 周向产生一定角度的滑转，而后被上压套 5 的端面挡住，上压套 5 在定位套筒 3 的限制下停止向下运动。

此时，撤销连接杆 4 轴向推力，被压缩的上弹簧 2 迫使连接杆 4 复位，而下压套在下弹簧 9 的作用下上移复位，当下压套 8 端面斜面与滑筋 7 的端面斜面相接触后发生滑转，直至滑筋的端面卡入下压套 8 的卡槽中为止，此时为状态 2。

当连接杆 4 再次带动上压套 5 轴向下行，上压套 5 下行至一定行程时压住下压套 8 下行，此时下压套 8 脱离滑筋 7 解锁并发生转动，当撤销连接杆 4 轴向推力，上压套 5 上行，下压套 8 端面斜面与滑筋 7 的端面斜面相接触后再次发生滑转，此时下压套 8 的凹槽进入滑筋，回复到初始状态。

所以，滑筋滑槽斜面机构的输入是连接杆下行，输出是下压套转动—锁住（轴向输出 1）—解锁转动—复位（轴向输出 2）。

4.9.6.2 机构运动特点分析

4.9.6.2.1 三个主要部件

滑筋滑槽斜面机构主要靠三个主要部件的接触力来实现机构动作。

（1）上压套。上压套能轴向运动，具有轴向滑槽（或滑筋）结构，配合滑套的滑筋（或滑槽）结构限制自身周向运动，下端面为斜面，当上压套推动下压套下行脱离滑筋（或滑槽）时，此斜面与下压套上端面斜面接触滑动；

（2）滑套。滑套相对本体固定不动，具有轴向滑筋（或滑槽）结构，限定开始运动阶段上压套和下压套的周向运动，下端面为斜面，当下压套回复上行时，此斜面与下压套上端面斜面接触滑动，实现限位和锁位，端面的轴向直面结构在于锁位；

（3）下压套。具有轴向滑槽（或滑筋）结构，在滑筋（或滑槽）结构限制下作轴向运动；上端面为斜面且有卡槽结构，脱离滑筋（或滑槽）后作周向旋转运动，卡槽用于锁定周向旋转运动。

将某滑筋滑槽机构中上、下压套及滑套端面齿形按平面展开如图 4.130 所示。

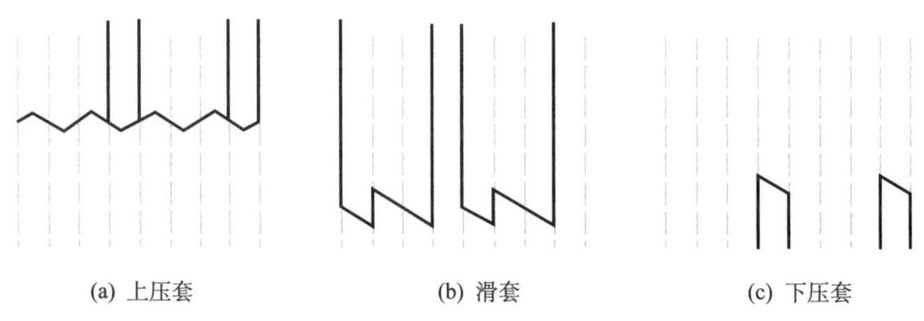

图4.130 端面齿形平面展开图

4.9.6.2.2 三个主要阶段与三个配合

（1）下行轴向运动阶段上、下压套与滑筋、滑槽的共同配合。如图 4.131 所示，在运动第一阶段，上、下压套端面之间和上、下压套的滑槽（或滑筋）与滑套的滑筋（或滑槽）之间的共同配合，上压套推动下压套的同时限定上、下压套的周向转动。

（2）下行换位阶段上压套端面斜面与下压套端面斜面的配合。在轴向运动阶段，上压套斜面 2 与下压套的斜面 1 就已经接触了，但受滑筋滑槽结构的限制，下压套不能周向转动，当下压套轴向运动到一定位置即脱离滑筋（或滑槽）时，两斜面配合产生周向转动。

（3）上行定位（回位）阶段下压套端面斜面与滑套端面斜面的配合。上压套在上弹簧回复力作用下向上运动与下压套分离，下压套在下弹簧回复力的作用下向上运动，其上端面的斜面 1 与滑套的端面斜面 3 相接触，产生相对滑转，直至受到斜面结构的周向限制。

配合端面齿形分析滑筋滑槽斜面机构的三个主要阶段与三个配合。

初始状态如图 4.131 所示，当上压套受轴向力下行，斜面 2 推动下压套斜面 1 沿滑套滑槽下行，当下压套越过滑套斜面3时，斜面1与斜面2产生滑转，此时轴向力取消，上压套在上弹簧的回复力作用下上行，下压套在下弹簧的回复力作用下也做上行运动，斜面1与滑套端面斜面3接触，再次产生滑转，直至斜面1与斜面4重合，下压套停止转动，此时机构锁定在此位置。当上压套再次受轴向力下行，斜面5推动斜面1，上、下压套一起下行，越过斜面6，斜面1与斜面5产生滑转，当轴向力取消，下压套上行运动，斜面1与滑套端面斜面6接触产生滑转，斜面1进入滑套的滑槽回到初始状态，一个工作周期完成。

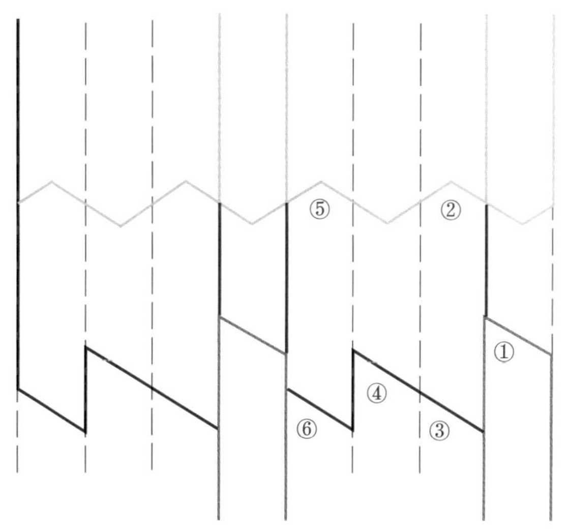

图4.131 端面齿形平面展开图（初始状态）

滑筋滑槽斜面机构的受力情况同周向齿轮机构。

4.9.7 双铰导杆变角机构

双铰导杆变角机构是利用导杆上部的轴向运动导致导杆下部与铅垂线之间的夹角发生改变。

在井下控制工程中，井下工具的弯角调节是实现工具特性调整和控制的重要途径。可实现角度调节的机构有多种，但由于油气井的特殊结构和恶劣的井下工况，特别是由于井径尺寸的苛刻限制，使得能够用于井下变角的机构甚少，并且存在较大的实现难度。双铰导杆机构作为井下变角机构已用于遥控/自动井下可调弯壳体动力钻具。

双铰导杆机构的变角原理如图4.132所示。从理论上讲，该机构属平面机构，运用平面铰链即可，但为了减少工具在安装时对两个铰链的装配精度要求，设计时采用球铰链更合适。

具有固定夹角 θ 的两段构件组成一活动构件——导杆，导杆的上、下段分别由铰链滑套1和铰链滑套2约束。根据平面机构原理，该机构只有一个运动自由度，导杆可在滑套1和滑套2的孔内滑动，同时两铰链发生转动。

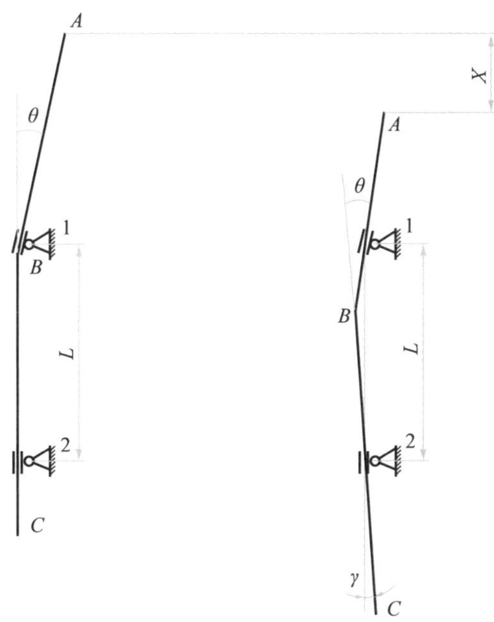

图4.132 变角机构原理示意图

在图4.132中，当导杆上段在双铰连线方向上产生位移 x 时，导杆发生平面转动，下段与其初始位置间产生偏角 γ，实现变角。因此，只要输入一个主动位移，即可得到一个确定的弯角变化。该机构的轴向位移，可由另一个前级控制单元即行程控制机构产生，作为该机构的输入量。

由几何关系可得双铰导杆机构的弯角 γ 的计算式为：

$$\gamma=\frac{x}{L}\theta \tag{4.264}$$

式中：x 为导杆行程；L 为两铰链之间的距离；θ 为导杆结构固定弯角。

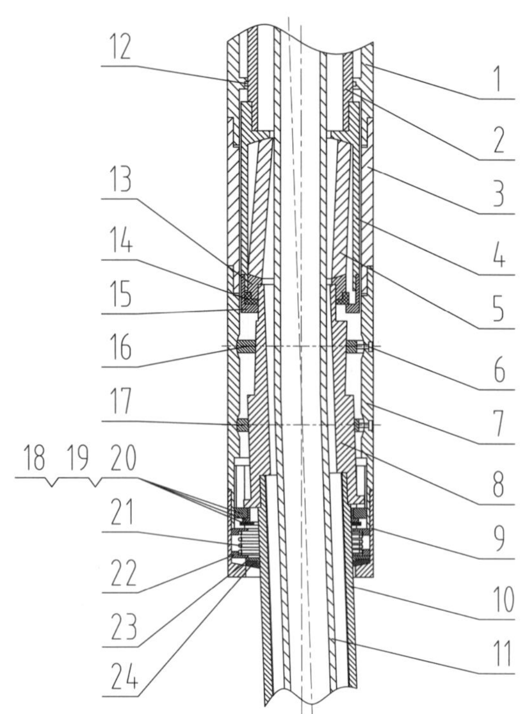

图4.133 双铰导杆变角机构结构原理图

1—壳体；2—推杆；3—壳体；4—上接头；5—球铰；6—防转螺钉及垫圈；7—壳体；8—导杆；9—壳体；10—弯壳体；11—挠性轴；12—密封圈；13—球座；14—橡胶垫；15—下接头；16—上球铰；17—下球铰；18—卡环；19—挡环；20—挡圈；21—密封压紧弹簧；22—挡环；23—压环；24—球面橡胶垫

在机构设计中，弯角最大值 γ_{max} 是一个基本性能参数，一般根据工具所需能力上限确定。设计时要综合考虑结构尺寸，选定 θ、L 和最大行程 γ_{max}，作为设计行程控制机构的基本参数。

对于双铰导杆机构，铰链和滑套可做成一体，即钻有通孔的球铰。由于机构是平面机构，所以在实际结构中必须采用一定方式（如键和滑动键槽）来限定球铰的其他转动，即把球铰变为平面铰链。

双铰导杆机构作为一种新颖的井下变角机构被作者用于遥控型井下可调弯壳体设计，其结构原理图如图 4.133 所示，机构主要由导杆和上、下球铰等组成。导杆 8 为具有一定夹角的两段轴组成的中空结构，上下两段分别由上球铰 17 和下球铰 18 约束，导杆 8 可在球铰的约束下滑动；当导杆上段向下运动时，导杆下段与铅垂线之间的夹角发生改变，为限制导杆作平面运动，导杆的下端有导向结构，导向块在壳体下端的导向槽内滑动；定向钻进时传动轴系统的轴承所承受的摩擦力矩、开转盘钻进时下稳定器所受的摩擦力矩以及装配时的拧紧力矩，都将使导杆产生扭矩作用，为了使导杆在正常工作状态，不会产生转动，在导杆的下端设有抗扭结构。

机构中的导杆柔性接头，由上接头 4 和下接头 15 由螺纹连接形成一腔体，内含球铰 5、球座 13 和橡胶垫 14，实现了导杆 8 与推杆 2 轴向无间隙的连接，既可以满足推杆 2 轴向滑动，又能使导杆 8 在设计平面内灵活转动。

导杆 8 在不同行程时，由于角度的变化，弯壳体 10 与壳体 9 的下端口之间存在径向偏移。为了保证这种情况下的密封，设计了密封环结构。密封环可沿导杆轴向滑动，同时，当导杆 8 径向偏移时，密封环还可沿壳体下端的球形内端面转动。这样密封环始终能与壳体下端保持球面接触。在密封环上装有两个“O”形密封圈，保证了密封环与导杆之间、密封环与壳体下端之间的密封。在机构中的密封环结构，由密封压紧弹簧 21；挡环 22；压环 23；球面橡胶垫 24 组成，使连接壳体作轴向滑动或径向偏移时，球面橡胶垫始终与壳体的球端面接触。

4.9.8 凸轮径向伸缩机构

凸轮径向伸缩机构用于将主轴的周向运动转换为翼块的径向伸缩运动。

凸轮径向伸缩机构的结构原理如图 4.134 所示，主轴 1 的某段圆周上布置了周向依次排列、半径不同的轴向凹槽，形成凸轮径向伸缩机构的凸轮部分，与此对应，外壳体 2 上布置了周向排列的翼块 4，翼块 4 与凸轮配合，当主轴 1 转动时，与凸轮的不同径向尺寸配合，翼块 4 得到不同的径向伸缩尺寸。翼块外侧接有挡板 3，用于限定翼块 4 及其复位弹簧 5 的运动。

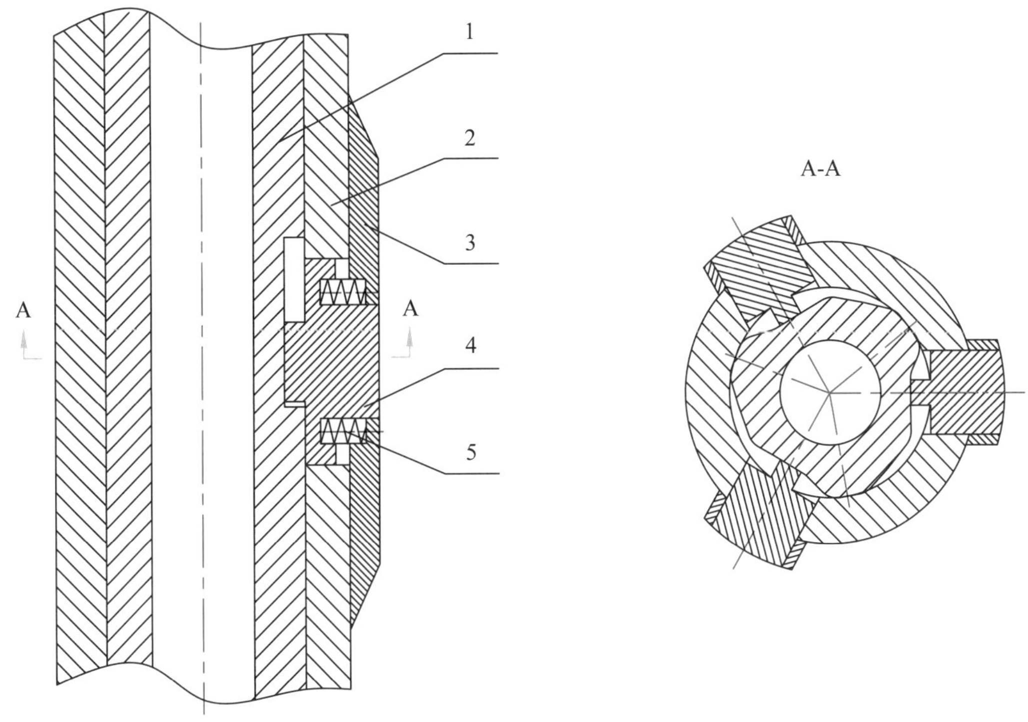

图4.134 凸轮径向伸缩机构结构原理

1—主轴（带凸轮部件）；2—壳体；3—挡板；4—翼块；5—弹簧

图中所示主轴凸轮部分，有三种不同径向尺寸且每种尺寸周向对应有三个支撑面，每种径向尺寸的支撑面应保证一定平面与翼块接触，不同径向尺寸之间用过渡圆弧连接。当主轴转动且凸轮部件与翼块接触部位为大径向尺寸时，翼块径向伸出，当转到小径向尺寸时，翼块在复位弹簧的作用下径向缩回。

凸轮轮廓曲线是凸轮机构设计的关键，而凸轮的轮廓曲线形状取决于从动件（翼块）的运动规律。设凸轮每转一周要求 n 个翼块能同时在 m 个径向尺寸上变化（即每个翼块的径向位置相同），则要求凸轮每隔 $360/n$ 的角度，凸轮曲线开始重复，机构为一个工作循环，且在每个循环中，每隔 $360/(n \cdot m)$ 的角度，都有一确定径向尺寸的平面作为与翼块的支撑面，各个尺寸间用过渡圆弧来连接。

4.9.9 液压锁机构

与前面的控制机构有所不同的是，液压锁机构并不参与动作的传递，是一种井下辅助机构。在液压系统中，以液压缸作为执行器时，经常需要液压缸在任意位置停留并承受一定的负载力，工作中常用液压锁来锁紧回路。井下同样也需要液压锁机构来对控制系统进行位置锁定。

根据锁紧件的运动方向，液压锁机构主要分为两种：

(1) 轴向活塞锁定机构：通过锁紧活塞的轴向运动，实现锁定动作；

(2) 径向活塞锁定机构：通过锁紧活塞的径向运动，达到锁定的目的。

4.9.9.1 轴向活塞锁定机构

轴向活塞锁定机构包括弹性爪锁定机构和锁紧块锁定机构。图 4.135 所示为弹性爪锁定机构处于锁紧状态。

弹性爪锁定机构是靠锁紧活塞2的轴向移动来控制机构锁紧的。当机构需要锁定时，应使被锁件处于被锁定位置，此时被锁件5上的弹性爪4的外台阶面恰好与壳体3上与之对应的内台阶面相卡合，此时启动钻井泵，在泵压作用下，锁紧活塞下行被推入弹性爪4中，壳体的内台阶挡住弹性爪，锁住被缩件5。要释放锁紧机构，要停泵终止循环，使锁紧活塞2在弹簧1的作用下上行，直至完全退出弹性爪4，锁紧机构释放，弹性爪4在被锁件5所受轴向力的作用下退出壳体内台阶，弹性爪锁紧机构释放动作完成。例如弹性爪锁定机构应用于变径稳定器在不同工作状态的锁定。

图4.136所示为锁紧块锁定机构。

锁紧块为剖分结构，图4.136（a）为机构未锁定状态，锁紧块3与锁紧活塞斜面接触，但锁紧块径向位移受壳体和锁紧活塞限定，被锁件4可以推动锁紧块轴向移动。当机构需要锁定时，启动钻井泵，在泵压作用下，锁紧活塞1推动锁紧块3和被锁件4下行，当被锁件与壳体5的内台阶接触时停止下行，此时锁紧块3台阶面位置与壳体5的内台阶位置相对应，锁紧块3在斜面接触的作用力下被推进壳体5的内台阶，锁紧活塞1继续下行，将锁紧块3卡在内台阶中，此时机构处于锁定状态，如图4.136（b）所示。要释放锁紧机构，则停泵终止循环，使锁紧活塞1在弹簧2的作用下上行，锁紧机构释放，锁紧块3在被锁件4所受轴向力的作用下退出壳体内台阶，锁紧块锁定机构释放动作完成。

弹性爪锁定机构和锁紧块锁定机构的受力模型都可以简化为如图4.137所示，图中1为锁紧活塞，径向限定，轴向可移动；2为锁紧块（或弹性爪部分），受向上轴向力；3为壳体，固定不动。

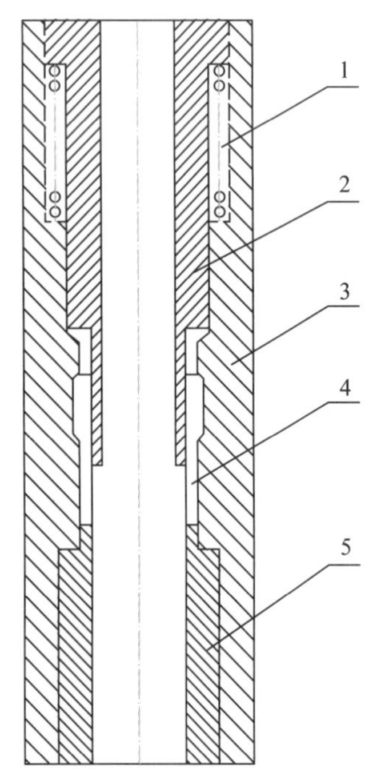

图4.135　弹性爪锁定机构结构示意图

1—弹簧；2—锁紧活塞；

3—壳体；4—弹性爪；5—被锁件

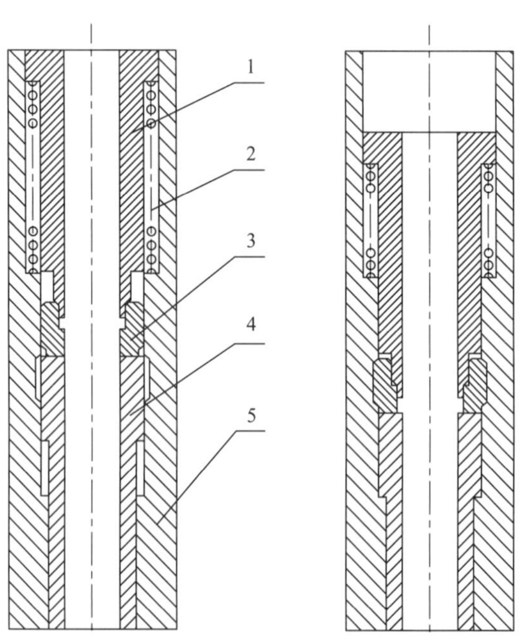

图4.136　锁紧块锁定机构结构示意图

1—锁紧活塞；2—弹簧；3—锁紧块；

4—被锁件；5—壳体

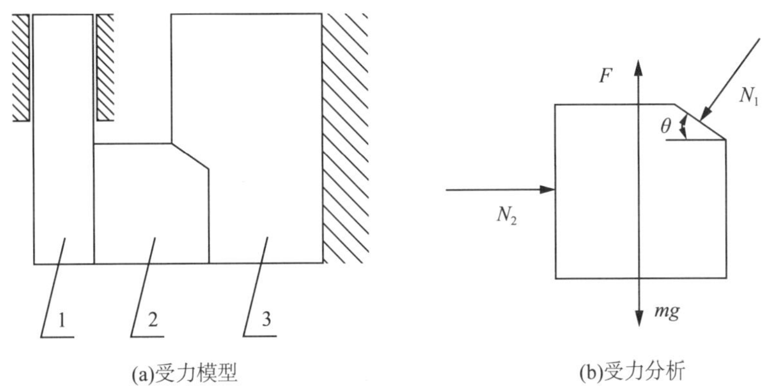

图4.137 锁定释放机构受力模型及受力分析

1—锁紧活塞；2—锁紧块；3—壳体

锁紧状态时，由于锁紧块的径向被锁紧活塞限定，所以其斜台阶部分不能与壳体内台阶发生相对运动，锁紧块轴向向上的自由度被限定，所以当锁紧块受向上轴向力时，锁紧块被锁紧，当锁紧块两侧都有斜台阶并处于锁紧状态时，锁紧块被完全锁定。

根据该受力模型可以对锁紧块进行受力分析，如图 4.137（b）所示。由受力分析可得：

$$N_1 = \frac{F - mg}{\cos\theta} \tag{4.265}$$

$$N_2 = (F - mg)\tan\theta \tag{4.266}$$

由此可见，锁紧块所受壳体斜面的接触反力 N_1 与锁紧活塞的接触反力 N_2 随着轴向推力的增加而增加，锁紧机构所能够承受的轴向推力由锁紧活塞和壳体台阶面所能承受的抗压强度来确定。

4.9.9.2 径向活塞锁定机构

根据锁紧活塞运动的动力来源，可以将径向活塞锁定机构分为斜面接触锁定机构和压差锁定机构。

4.9.9.2.1 斜面接触锁定机构

斜面接触锁定机构如图 4.138 所示。斜面接触锁紧机构主要由挡环 1、本体 2、挡板 3、锁紧活塞 4、弹簧 5、节流活塞 6、套筒 7、主弹簧 8 等组成。在锁定状态下，锁紧活塞 4 在节流活塞 6 的斜面接触力作用下处于伸出状态，外端卡在套筒 7 的卡槽中，套筒 7 处于被锁定的状态，如图 4.138 所示。当需要解锁时，增大排量，节流活塞 6 在上下端面压差作用下下行，锁紧活塞 4 在弹簧 5 的回复力作用下逐渐缩回，套筒 7 被解锁。

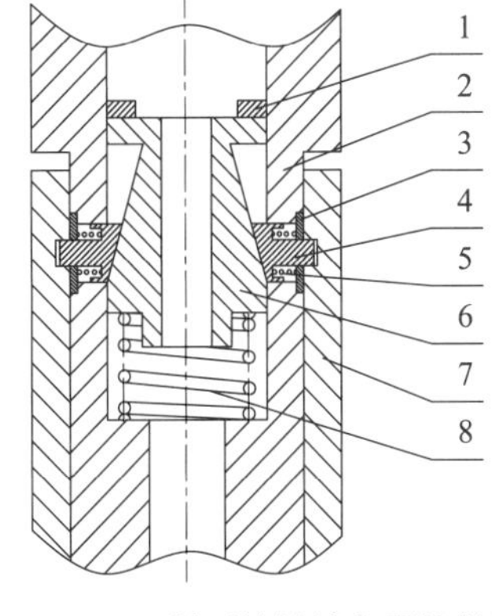

图4.138 斜面接触锁定释放机构

1—挡环；2—本体；3—挡板；4—锁紧活塞；5—弹簧；6—节流活塞；7—套筒；8—主弹簧

4.9.9.2.2 压差锁定机构

压差锁定机构的锁紧原理与斜面接触锁紧机构基本相同，不过锁紧活塞的径向运动的动力来源于活塞两端面的压力差。

一种液压锁紧及其指示机构的结构如图 4.139 所示 [30]，机构实现对约束体轴向向上位移的限定。活塞 4 与上接头 1 之间可相对滑动，主轴 2 与上接头 1 用螺纹连接，连接螺钉 10（连接活塞 4 与解锁套筒 9）可在约束体 11 的轴向销槽中轴向移动，锁紧销 8 可在主轴径向孔中径向移动。

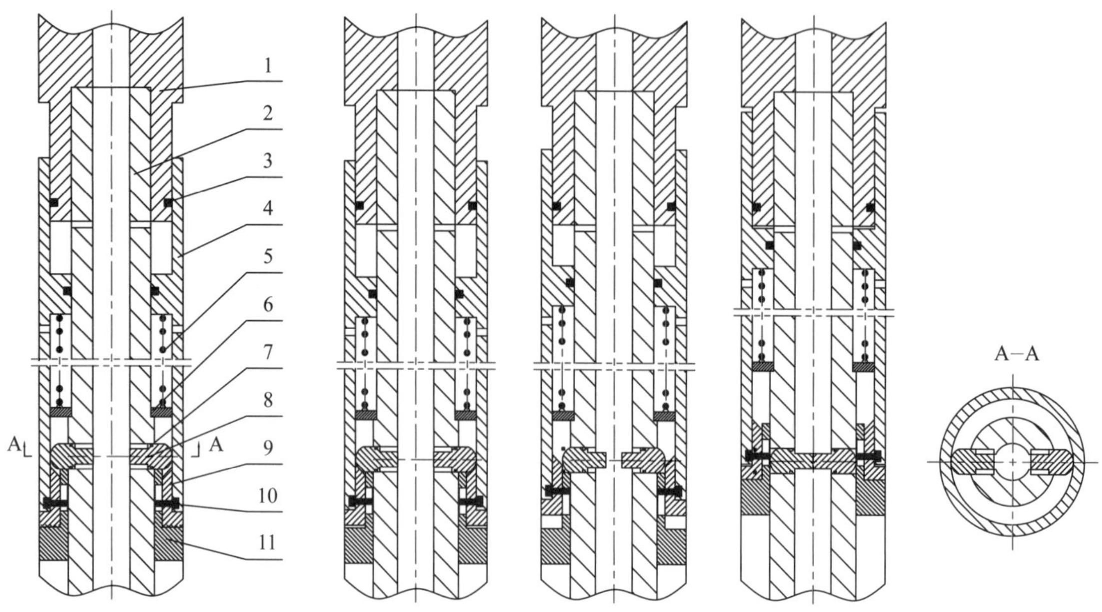

图4.139　液压锁定及其指示机构结构图

1—上接头；2—主轴；3、7—密封圈；4—活塞；5—弹簧；

6—挡环；8—锁紧销；9—解锁套筒；10—连接螺钉；11—约束体

一方面，在停泵状态下机构处于解锁状态下，如图 4.139（d）所示。当上锁时，开泵，钻井液从上接头 1 的中心孔流入，经主轴 2 上的径向通道到达活塞 4 上端面与上接头 1 下端面的空腔内，随着空腔内钻井液压力的升高，在压差作用下活塞 4 和压缩弹簧 5 推动约束体 11 一起轴向下行，当其运动到锁紧销 8 的下端时，锁紧销 8 在钻井液压力作用下径向移动，实现上锁，如图 4.139（a）所示；当需要解锁时，停泵，活塞 4 在弹簧 5 的回复力的作用下带动解锁套筒 9 上行，连接螺钉在约束体 11 的轴向销槽中轴向移动，如图 4.139（b）所示；解锁套筒 9 上端的斜面与锁紧销 8 发生接触，如图 4.139（c）所示，在斜面接触力作用下锁紧销 8 径向向里移动，其次连接螺栓 10 运动到约束体轴向销槽的上端，带动约束体向上运动，最后约束体 11 上端与锁紧销 8 发生接触，锁紧销 8 继续向里运动，最终实现解锁。

另一方面，在解锁状态下，锁紧销会部分堵塞中心孔的通道，对钻井液形成节流；在锁紧状态下，锁紧销径向向外移动，中心孔通道过流面积增大，钻井液压力突然下降，这种压力的变化可以从地面检测到，从这个角度上来说，这种液压锁紧机构同时具有上锁指示的功能，使在地面可以判定机构是否上锁成功。

4.9.10　把转动变换为平动的井下液压泵机构

在井下控制工具和系统中，液压传动与控制是经常采用的一种技术。这是由于液压技术具有一系列突出的优点：传递信号和运动准确、方便、灵活，结构简单，便于布置和实现自动控制，而且可以传递较大的功率，因此可以用于信号发生、传递或执行机构。本节介绍作者学术团队设计的一种井下液压泵机构，它成功地用于自动垂直钻井系统，作为独立和封闭的油压动力源和驱动纠斜液压活塞的执行机构。

4.9.10.1　机构工作原理

为了保证井下液压控制系统的工作可靠性，经常需要把液控系统设计成和钻井液相隔离的封闭的独立油压系统。这就遇到一个突出的问题：在有限的工具径向空间内，如何设置油压动力源？用什么作为驱动油泵的动力？

这一机构设计的特点在于：把井下工具中传递机械功率的旋转主轴作为动力源，把主轴的转动作为主控信号，通过合理的设计把主轴的连续转动信号转化为径向的往复运动，从而构成往复式液压泵的工作条件。

图 4.140 是该液压泵和液压系统的工作原理图。在主轴上固连一个偏心轴承形成凸轮，液压泵的柱塞杆作为推杆，其外端与凸轮工作面接触并由弹簧压紧，凸轮随主轴连续转动时接触点产生径向的水平往复运动，带动推杆和柱塞在工作缸内作往复运动。凸轮转动一周，柱塞完成一个左右运动的工作循环，产生一次吸油和排油的行程。液压系统中设有皮囊作为油箱，设有导向油缸作为动力执行部件（与工具的纠斜块相连），设有吸油单向阀和压油单向阀控制油流方向，设有液流阀控制系统工作压力。

液压系统的功率很小，只是主轴的一个小的负载，它取自主轴但对主轴的运动和功率影响甚小，可以忽略不计。

4.9.10.2　液压系统主要元件的数学建模

很显然上述液压泵和液压系统是一个非常规液压系统，具体表现在：液压泵靠单柱塞工作，当钻柱每旋转一周，泵柱塞半周吸油，另外半周排油，导向液压系统供油不连续；平均流量小，要求液压元件规格小，难以选择参数匹配的成熟液压元件，因此设计难度较大。以下将对这一特殊的液压系统的主要组成元件建立数学模型，作为性能分析和结构设计的基础。

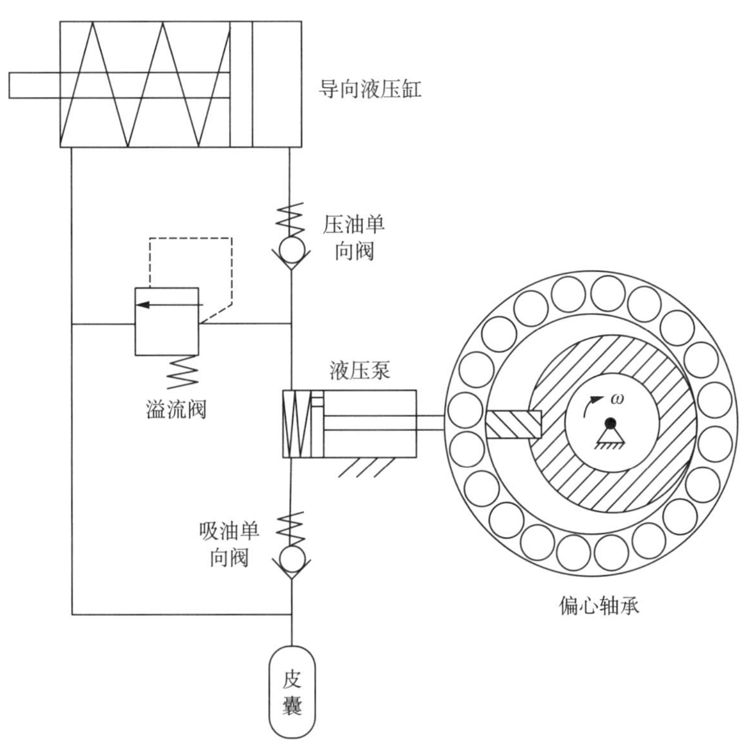

图4.140　井下液压泵和液压系统工作原理图

(1) 液压泵数学模型。

图 4.141 为液压泵结构示意，由复位弹簧、缸体、柱塞、带偏心轴承的钻杆等组成，其中泵柱塞上通孔表示弹簧腔与柱塞腔直接相通，液压油可自由流通，无阻尼作用。当带偏心轴承的钻杆转动时，轴承外圈推动泵的柱塞作往复运动，形成容腔周期性变化，这是泵工作的关键条件之一。

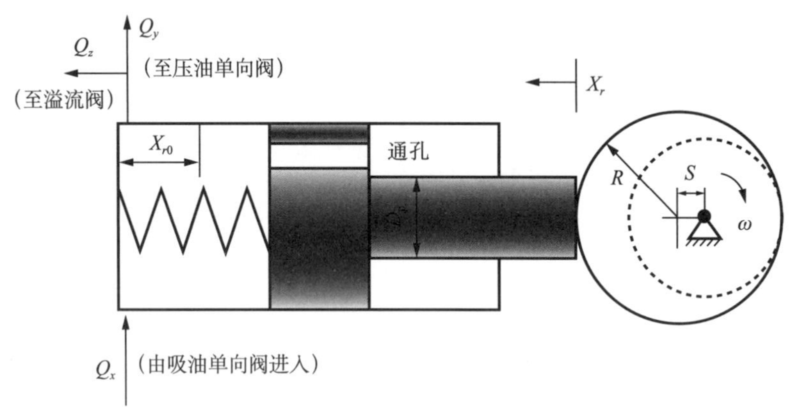

图4.141　液压泵结构示意图

根据凸轮机构运动规律，可得偏心轴承从动件—液压泵柱塞的位移为：

$$X_r = S\left[\cos(\omega t) - 1\right] \tag{4.267}$$

液压泵的流量方程为：

$$Q_{\mathrm{p}} = \frac{\pi}{4} D_{\mathrm{p}}{}^2 v_{\mathrm{p}} = \frac{\pi}{4} D_{\mathrm{p}}{}^2 \frac{\mathrm{d}X_r}{\mathrm{d}t} = \frac{\pi}{4} D_{\mathrm{p}}{}^2 \left[-S\omega\sin(\omega t)\right] \tag{4.268}$$

液压泵建压方程为：

$$\frac{\mathrm{d}p_0}{\mathrm{d}t} = \frac{(Q_x - Q_{\mathrm{p}} - Q_y - Q_z)\beta_e}{\dfrac{\pi}{4} D_{\mathrm{p}}{}^2 (X_{r0} + X_r)} \tag{4.269}$$

式中：X 为液压泵柱塞位移；R 为偏心轴承外径；S 为偏心轴承的偏心距；Ω 为钻杆转速；Q_{p} 为液压泵的流量；D_{p} 为液压泵柱塞直径；v_{p} 为液压泵柱塞运动速度；Q_x 为通过吸油单向阀的流量；Q_y 为通过排油单向阀的流量；Q_z 为通过溢流阀的流量；X_{r0} 为柱塞泵初始位置的位移；p_0 为液压泵腔内压力；β_e 为液压油弹性模量。

(2) 配流吸油单向阀数学模型。

配流吸油单向阀主要由阀体、阀座、球式阀芯和复位弹簧等组成，其结构示意如图 4.142 所示。配流吸油单向阀的作用是当液压泵容腔增大时，在大气压的作用下，配流吸油单向阀开启，液压油进入泵工作容腔。

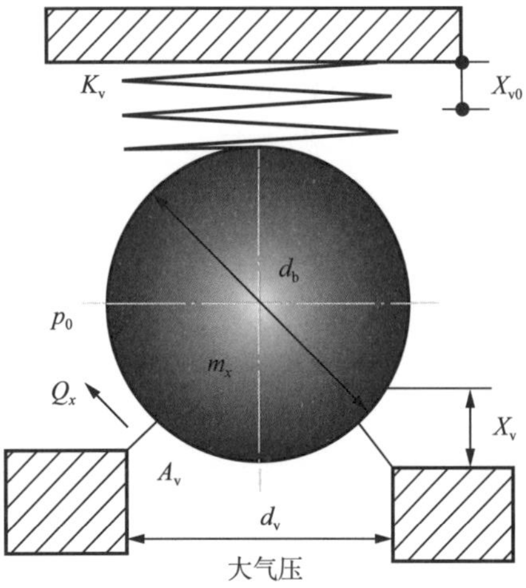

图 4.142　配流吸油单向阀结构示意图

配流吸油单向阀动力学方程为：

$$-\frac{\pi d_{\mathrm{v}}^{2}}{4}p_0-K_{\mathrm{v}}(X_{\mathrm{v}}+X_{\mathrm{v}0})-C_{\mathrm{d}}W_{\mathrm{v}}X_{\mathrm{v}}p_0=m_{\mathrm{v}}\frac{\mathrm{d}^2X_{\mathrm{v}}}{\mathrm{d}t^2} \tag{4.270}$$

式中：$W_{\mathrm{v}}=\pi d_{\mathrm{v}}\sin(2\phi)$ 。

阀口流量特性方程为：

$$Q_x=-\mathrm{sgn}(p_0)C_{\mathrm{d}}A_{\mathrm{v}}\sqrt{\frac{2|p_0|}{\rho}} \tag{4.271}$$

$$A_{\mathrm{v}}=\frac{\pi d_{\mathrm{v}}\alpha}{\sqrt{4\alpha+d_{\mathrm{b}}^{2}}}$$

$$\alpha=X_{\mathrm{v}}^{2}+X_{\mathrm{v}}\sqrt{d_{\mathrm{b}}^{2}-d_{\mathrm{v}}^{2}}$$

式中：p_0 为单向阀出口压力，也为液压泵工作腔压力；K_{v} 为阀芯复位弹簧刚度；X_{v} 为阀芯位移；$X_{\mathrm{v}0}$ 为复位弹簧预压缩量；m_{v} 为球式阀芯质量；Q_x 为通过吸油单向阀口流量；C_{d} 为阀口流量系数；A_{v} 为通流面积；d_{b} 为球式阀芯直径；d_{v} 为阀口直径；ϕ 为液压油流过阀口出射角。

（3）配流压油单向阀数学模型。

配流压油单向阀主要由阀体、阀座、球式阀芯和复位弹簧等组成，其结构示意见图 4.143。配流压油单向阀的作用是当液压泵容腔增大时，泵腔内压力降低，压油单向阀关闭，防止导向液压缸中高压油回流至泵腔；当液压泵容腔减小时，泵腔内压力升高，压油阀打开，向导向液压缸供压力油。

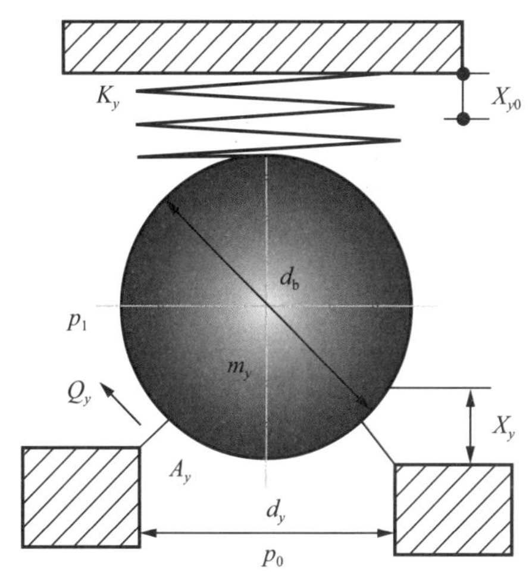

图 4.143　配流压油单向阀结构示意图

配流压油单向阀动力学方程为：

$$\frac{\pi d_y^{2}}{4}(p_0-p_1)-K_y(X_y+X_{y0})-C_{\mathrm{d}}W_yX_y(p_0-p_1)=m_y\frac{\mathrm{d}^2X_y}{\mathrm{d}t^2} \tag{4.272}$$

其中，$W_y=\pi d_y\sin(2\phi)$。

阀口流量特性方程为：

$$Q_y=\mathrm{sgn}(p_0-p_1)C_{\mathrm{d}}A_y\sqrt{\frac{2|p_0-p_1|}{\rho}} \tag{4.273}$$

$$A_y=\frac{\pi d_y\alpha}{\sqrt{4\alpha+d_{\mathrm{b}}^{2}}}$$

$$\alpha=X_y^{2}+X_y\sqrt{d_{\mathrm{b}}^{2}-d_{\mathrm{v}}^{2}}$$

式中：p_0 为液压泵工作腔压力；p_1 为导向液压缸无杆腔压力；K_y 为阀芯复位弹簧刚度；X_y 为阀芯位移；X_{y0} 为阀芯复位弹簧预压缩量；m_y 为球式阀芯质量；Q_y 为通过压油单向阀口流量；C_{d} 为阀口

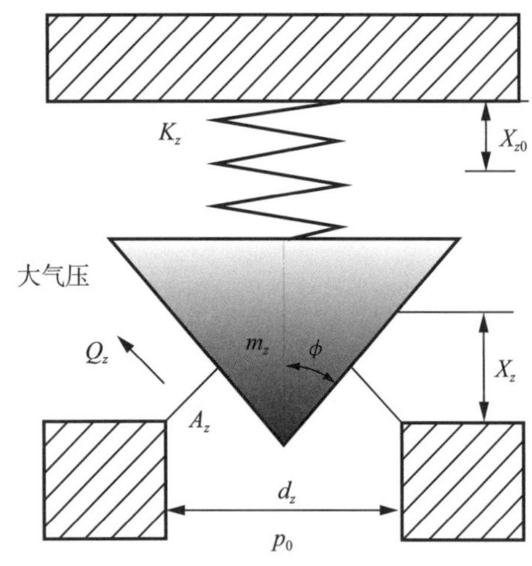

图4.144 溢流阀结构示意图

流量系数；A_y 为通流面积；d_b 为球式阀芯直径；d_y 为阀口直径。

（4）溢流阀数学模型。

溢流阀是导向液压系统最高工作压力调节元件，由阀体、阀芯、阀座、调压弹簧、调压手柄等组成，简化结构如图 4.144 所示。溢流阀的作用是限定导向液压系统工作压力，即设置导向液压缸推力块撑住“井壁”最大导向集中力。溢流阀为一弹簧——质量系统，工作过程中容易产生振荡，其稳定性与阀芯的质量、弹簧刚度、阀口直径、阀口流量、供油压力、阀前容腔、油液弹性模量、油液黏性阻尼系数、进口管路长度和直径等很多因素有关，各参数匹配不当就会导致溢流阀工作不稳定，溢流阀阀芯振荡会引起导向集中力波动。

溢流阀动力学方程为：

$$\frac{\pi d_z^{\ 2}}{4}p_0 - K_z(X_z + X_{z0}) - C_d W_z X_z p_0 = m_z \frac{d^2 X_z}{dt^2} \tag{4.274}$$

式中：$W_y = \pi d_y \sin(2\phi)$ 。

阀口流量特性方程为：

$$Q_z = \text{sgn}(p_0) C_d A_z \sqrt{\frac{2|p_0|}{\rho}} \tag{4.275}$$

$$A_z = \pi X_z \sin\phi(d_z - X_z \sin\phi\cos\phi)$$

式中：p_0 为液压泵工作腔压力；K_z 为溢流阀调压弹簧刚度；X_z 为阀芯位移；X_{z0} 为调压弹簧预压缩量；m_z 为锥阀芯质量；Q_z 为通过溢流阀阀口流量；C_d 为阀口流量系数；d_z 为阀口直径；ϕ 为锥阀的半锥角；A_z 为通流面积。

（5）导向液压缸数学模型。

导向液压缸主要完成导向任务，由缸体、活塞、复位弹簧等组成，结构如图 4.145 所示。

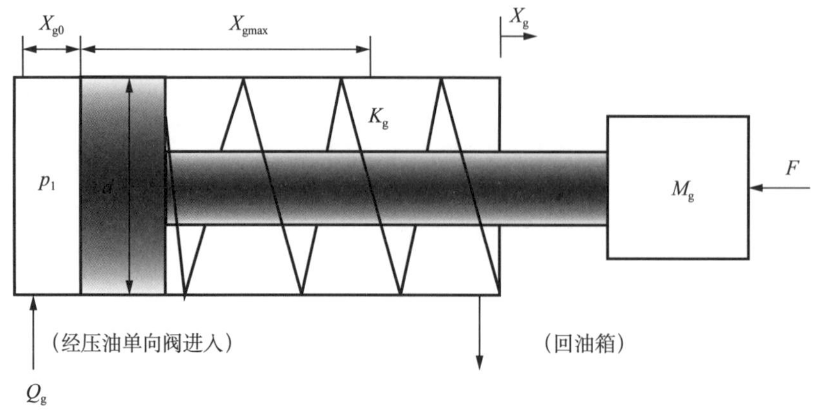

图4.145 导向液压缸结构示意图

导向液压缸动力学方程为：

$$\begin{cases} M_{g}\dfrac{d^{2}X_{g}}{dt^{2}}=\dfrac{\pi\cdot d_{g}^{2}}{4}p_{1}-K_{g}(X_{g0}+X_{g})-B\dfrac{dX_{g}}{dt} & (X_{g}<X_{g\max}) \\ F=\dfrac{\pi\cdot d_{g}^{2}}{4}p_{1}-K_{g}(X_{g0}+X_{g\max}) & (X_{g}=X_{g\max}) \end{cases} \tag{4.276}$$

导向液压缸建压方程为：

$$\frac{dp_{1}}{dt}=\begin{cases} \dfrac{\beta_{e}}{\dfrac{\pi\cdot d_{g}^{2}}{4}(X_{g0}+X_{g})}\left(Q_{g}-\dfrac{\pi\cdot d_{g}^{2}}{4}\cdot\dfrac{dX_{g}}{dt}-C_{t}p_{1}\right) & (X_{g}<X_{g\max}) \\ \dfrac{\beta_{e}}{\dfrac{\pi\cdot d_{g}^{2}}{4}(X_{g0}+X_{g})}\left(Q_{g}-C_{t}p_{1}\right) & (X_{g}=X_{g\max}) \end{cases} \tag{4.277}$$

式中：M_g 为导向活塞（包括推力块）质量；d_g 为导向液压缸活塞直径；p_1 为液压缸无杆腔压力；K_y 为复位弹簧刚度；X_{g0} 为复位弹簧的预压缩量；X_g 为液压缸活塞位移；$X_{g\max}$ 为液压缸活塞处于外伸极限位置时最大行程；B 为黏性阻尼系数；F 为导向液压缸活塞输出推力；β_e 为油液体积弹性模量；Q_g 为进入液压缸无杆腔流量；X_{g0} 为液压缸初始位移；C_t 为液压缸的泄漏系数。

在液压系统各主要元件数学建模与分析的基础上，进行了液压系统油泵吸油条件分析、各模块性能仿真和系统仿真分析。这些内容都是设计自动垂直钻井系统所必需的。本节的重点只是介绍其机构原理和结构要点，所以其他相关内容将在后面有关章节中讨论。

4.10 井下控制机构库

在本章的 4.1 节中我们提到了井下控制机构库概念与模块化设计方法要点，并在后续各节中介绍了 20 余种井下控制机构。本节将在此基础上，进一步介绍井下控制机构库及其应用。

4.10.1 机构库构建思想

4.10.1.1 构建机构库的目的

如前所述，设计井下控制机构和系统是一件有难度的工作，这对于有一定设计经验的工程师和具有相关理论研究基础的专业人员尚且如此，对于没有受过专业设计训练和缺少相关理论知识的应用人员则具有更大的难度。我们提出模块化设计方法，旨在借鉴“搭积木”那样的思路，把专业研究人员通过大量的工作研究定型的各种控制机构及其特性知识作为模块放入机构库中，在应用人员需要开发某种功能的井下控制系统或控制工具时，只需在列出工艺目标和主要参数要求的前提下，运用前述的“控制链”概念，有序地从机构库中提取所需的机构模块进行组合，即可开发出所要求的系统，而不必具备井下系统动力学的详尽知识和机构设计的丰富经验，这样就大大降低了设计者的准入门槛，为应用者提供了很大的创新空间，就像非专业研究人员根据电子元器件符号和电路图、液压元器件符号和油路图来组装电器装置和开发液压系统一样。

由此可知，构建井下控制机构库是实现模块化设计的基础性工作，而此前所研究的各种井下控制机构及其特性内容，更是构建井下控制机构库的基础。类似于“数据库”那样，机构库是一个以图形和公式为基本内涵的专用的软件平台。

4.10.1.2 机构库的构架

在机构库中，将井下控制机构按照在控制原理中的作用分为 3 大部分。

(1) 信号发生机构：信号是主参数，这里的信号往往就是整个控制系统的主控信号；

(2) 传递执行机构：输入、输出物理量是主参数，不同机构的选择决定控制链的构成，产生不同的工作控制原理；

(3) 辅助机构：这类机构主要是保持或显示系统的某种状态及其变化，例如锁定、示位等机构。

为满足设计人员对机构库的使用要求，在机构分类的前提下，对机构库中每个机构根据各自的特点可以进行以下信息的载入：

(1) 结构及部件：包括组成部件及功能、结构形式、关键结构设计等信息；

(2) 工作原理：对应部件详细说明机构工作原理及过程；

(3) 设计参数：通过受力及动态过程分析确定设计参数及影响因素；

(4) 特性分析：分析参数对机构的影响，绘制特性曲线，或过程动态仿真，确定最佳参数组合。

4.10.1.3 机构库的特点

(1) 典型性。要想达到井下控制系统的模块化设计水平，必须将井下控制机构参数化和结构化。由于井下控制会涉及多种控制信号，而每一种控制信号根据要求不同又会对应着一些基本的控制机构和典型结构，这就需要把一些常用的基本机构设计出来，作为典型模块进入机构库，供设计者在具体设计和开发新产品时借鉴和选用。这些典型模块的结构和特性已进行过详细的设计研究，并经室内试验或现场应用证明是正确的，我们将这些基本部分封装起来入库备用，这是不需要设计者再过多考虑的部分。

(2) 选择性。设计者在选用基本控制机构时只需根据具体工艺参数来参考确定相应的结构尺寸。为此，将机构中变化的部分用可变参数的形式表现出来，设计者可以在界面中任意选择和设定，这些可变参数就相当于井下控制机构的外部接口，需要在具体使用中给出，机构库可以根据不同的参数经计算给出相应的特性曲线和结果，供设计者查看和参考。

(3) 开放性。机构库中的机构，会随着应用范围的扩大和不断提出的新要求而增加种类和数量，以及进一步优化其结构设计。这就要求机构库具有开放性，具有结构更新和功能完善的能力。所以，井下控制机构的建设是一个长期的工作。

4.10.2 机构库雏形

在对各个井下控制机构进行深入分析的基础上，结合对于机构库建设的构想，利用 VC++ 语言构建出井下控制机构库的雏形。

本书通过对 21 种井下控制机构的研究，建立了机构库雏形，其主界面如图 4.146 所示，每种机构都是独立的模块单元，详细记录了机构的使用信息。

由于每个控制机构的特点有所不同，机构库中的信息有所差异，下面以节流口控制机构为例说明机构库中机构的信息。

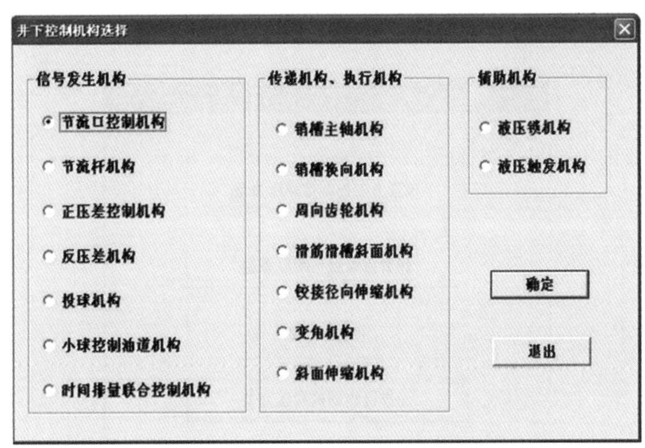

图4.146　井下控制机构库主界面

节流口控制机构主要包括部件及功能、工作原理、特性分析、参数设计等内容，其界面如图 4.147 所示。

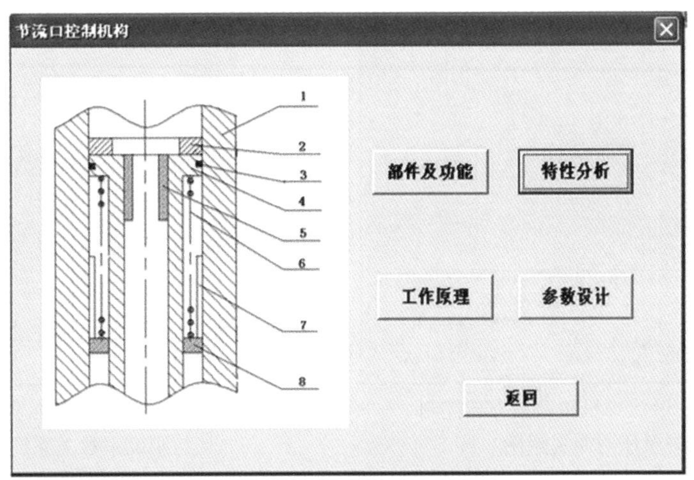

图4.147　节流口控制机构界面

(1) 部件及功能。节流口机构主要部件及功能如图 4.148 所示；

(2) 工作原理。对应部件详细说明机构工作原理及过程，如图 4.149 所示；

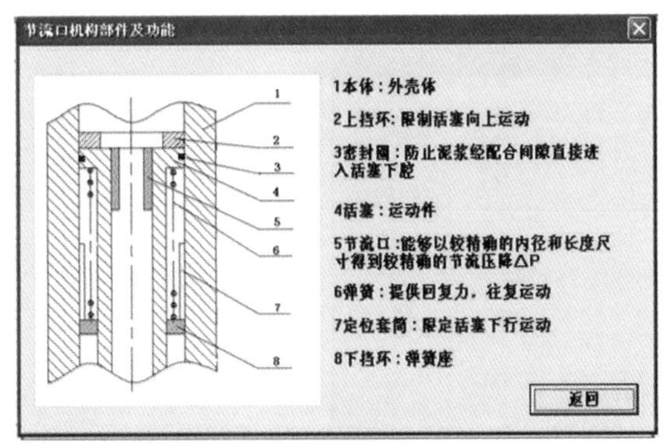

图4.148　节流口机构部件及功能

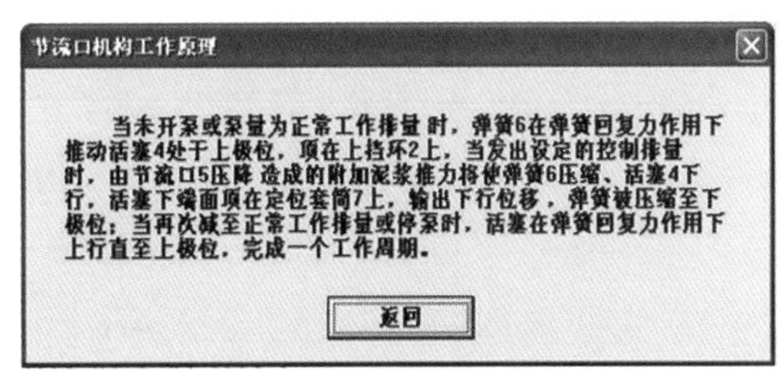

图4.149　节流口机构工作原理

（3）特性分析。研究参数对机构的影响，绘制曲线，如图 4.150 ～图 4.154 所示；

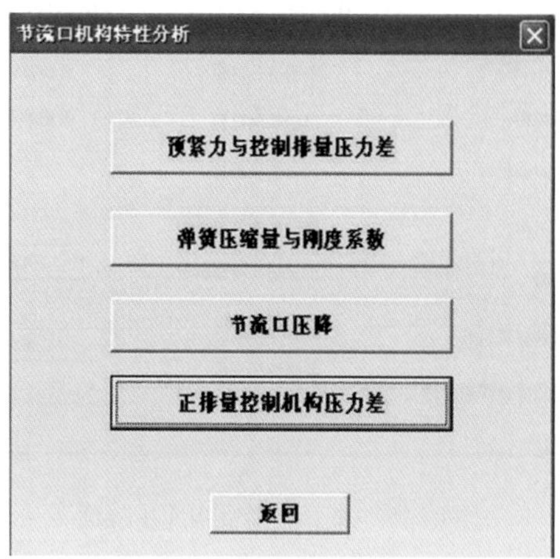

图4.150　节流口机构特性分析

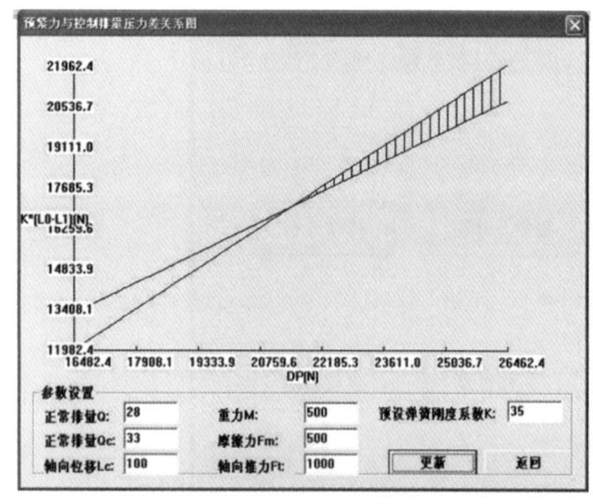

图4.151　节流口机构预紧力与控制排量压力差关系图

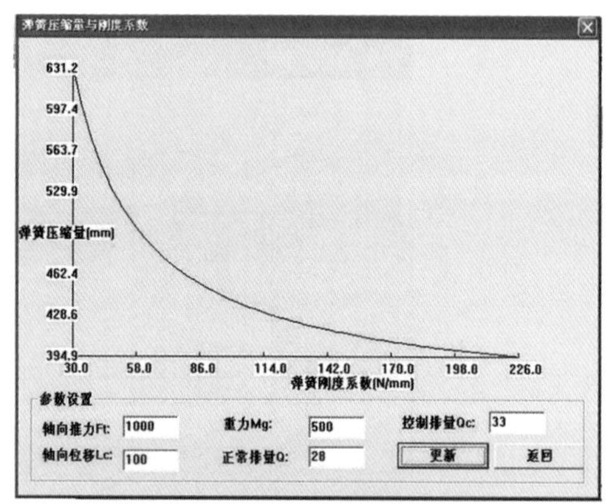

图4.152　节流口机构弹簧压缩量与刚度系数关系图

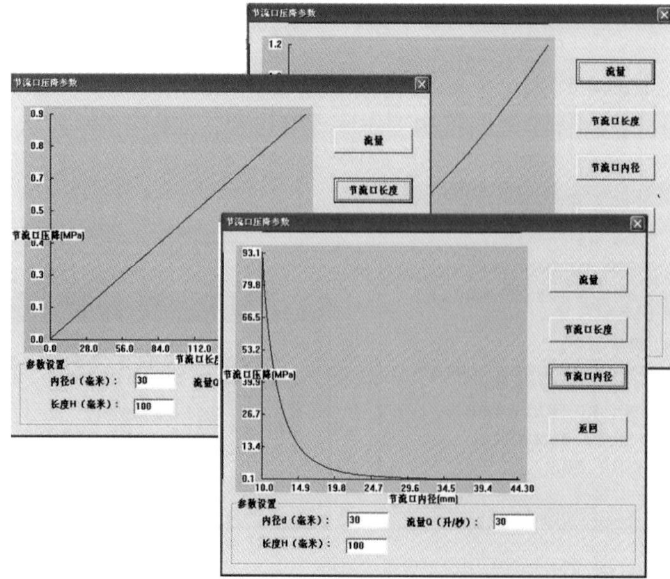

图4.153　节流口机构节流口压降特性曲线

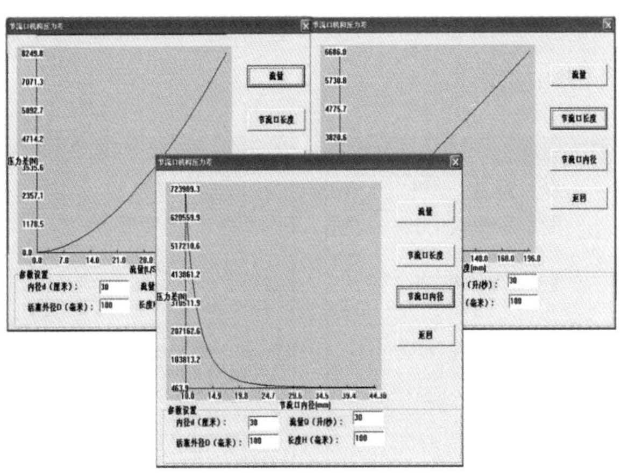

图4.154　节流口机构压力差特性曲线

（4）设计参数。根据受力及特性分析，设计优化程序，确定最佳参数组合，图 4.155 为 VC++ 程序设计流程图。图 4.156 为参数预设与计算结果。

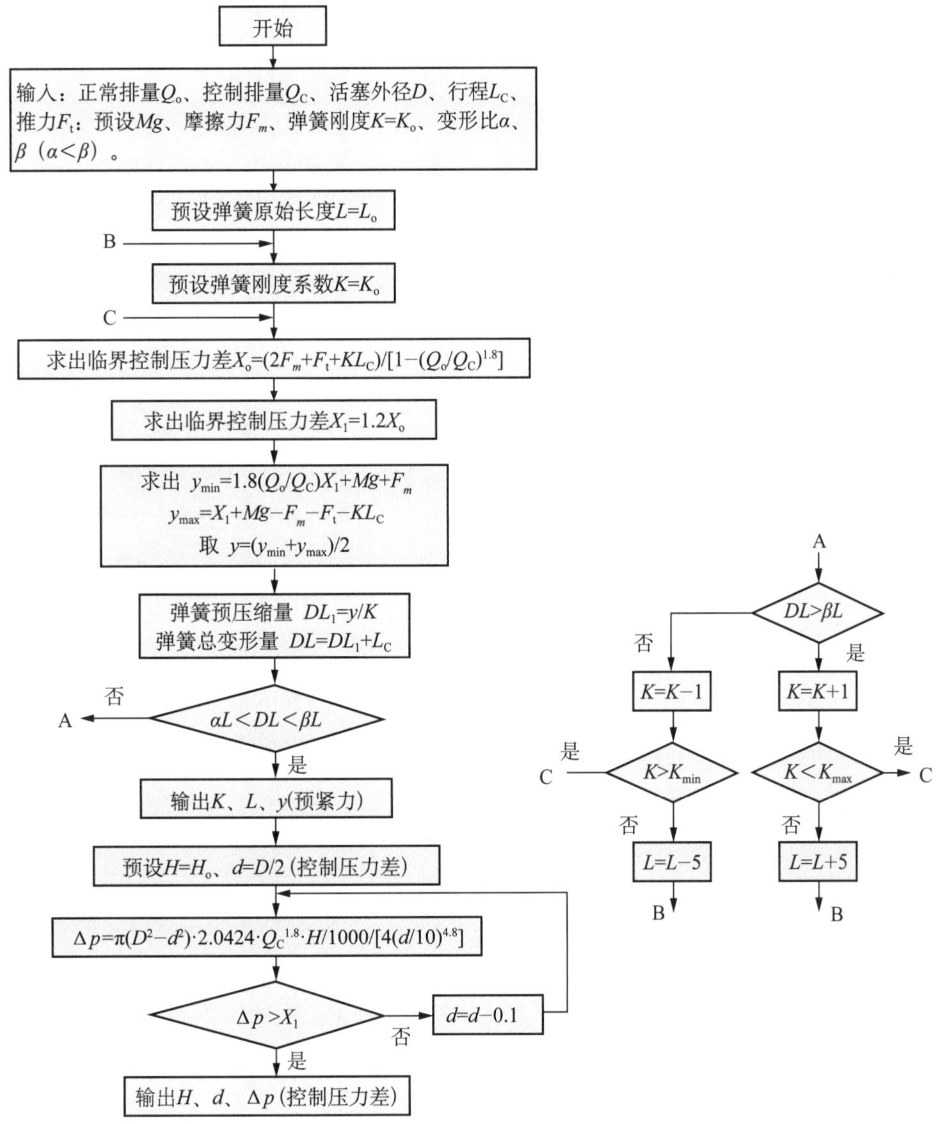

图4.155　VC++程序设计流程图

按以上流程编制 VC++ 程序，设置输入参数及程序运行结果如图 4.156 所示。运算推荐结果经 ADAMS 仿真验证，满足机构运动要求。

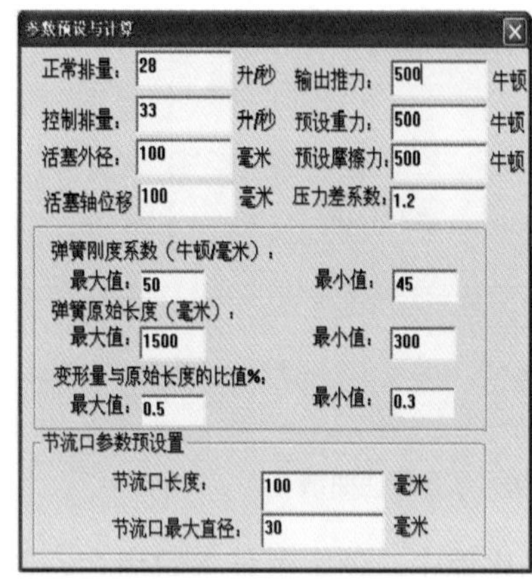

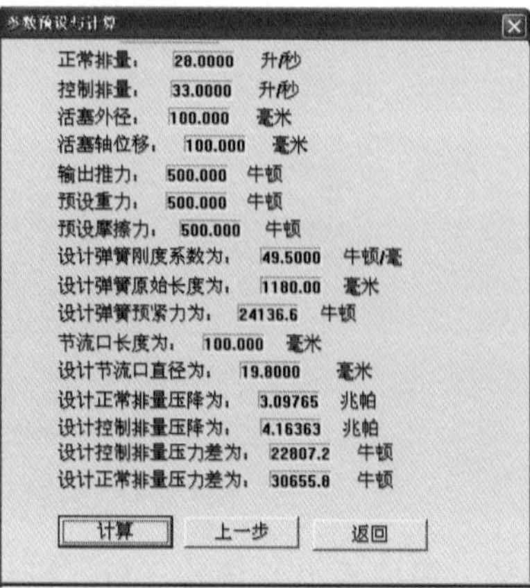

图4.156　正排量机构参数预设与计算

机构库除了提供以上介绍的内容外，对于像销槽、滑筋滑槽等一些机构，因为其结构的特殊性，机构库还会针对其关键结构设计、结构形式等问题提供必要的指导。

例如对于销槽机构部分，主要侧重于滑槽部分的设计。通过选择驱动轴转动时轴向运动方向以及转动方向，提供滑槽的设计参考图，并通过进一步给出驱动轴的半径、驱动轴在一周内转动的次数、螺旋角等有关参数，确定螺旋面的长度，如图 4.157 所示。

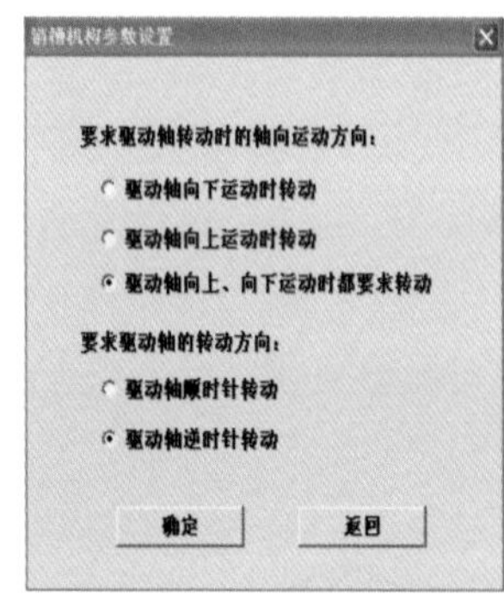

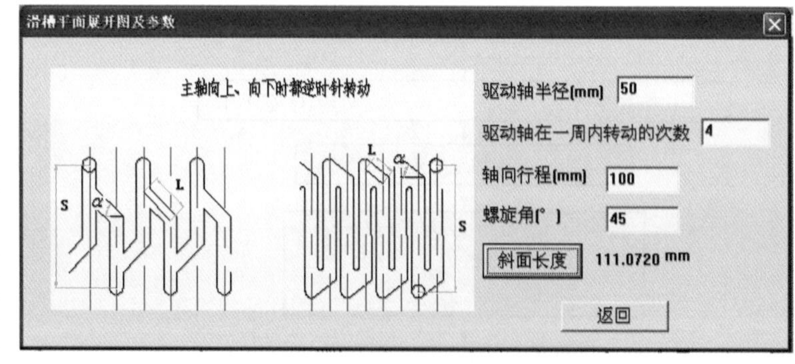

图4.157　销槽机构的参数设置及其滑槽部分的平面展开图及参数

限于篇幅，本书不能一一介绍机构库包含的内容。但从机构库的部分界面截图可以看出，机构的信息是建立在参数的基础上，我们可以输入设计值得到特性曲线和设计参数的更新。

机构库的建设是一个不断扩展和逐步完善的过程。

4.11　井下控制系统和机构的设计举例

在本书 4.1 节中，介绍了井下控制系统设计的要求即“八条准则”（可靠性、快速性、稳定性、准确性、相容性、长寿命、经济性和简约性）和控制机构设计的步骤与流程（六步）；在此基础上讨论了井下控制系统设计的“控制链法”、机构库和模块化设计方法要点。本节将以典型例子来说明控制链法在系统设计中的应用。

由于油气井的特点，井下控制工具或系统在结构方面常常表现为“细长管”特征且层层嵌套，我们曾称之为“圆珠笔模拟”，因此设计也只能是在“细长管内做文章”；在控制方式上，常常表现为遥控、井下自动控制或者是二者的结合；在控制形式上，常常是机械控制、液压控制、机电控制、机液控制或机电液的联合控制等多种形式。因此在进行具体的设计时应充分注意这几个特点。

4.11.1 井下控制系统设计方法

参照机械系统总体设计内容，将井下控制系统设计也分为三部分：功能原理设计、结构总体设计和参数设计。

下面以变径稳定器的设计为例来说明井下控制工具的控制链设计方法。

4.11.1.1 功能原理设计

针对工具的功能要求，应用控制链的思想，采用倒推式设计方法，对工具进行功能原理设计，明确工具的控制单元即控制机构。

（1）功能要求。

功能是系统必须实现的任务，亦即系统具有转化能量、运动或是其他物理量的特性[31]。除了系统需要实现的基本功能以外，必要时还需要增加示位、联锁、保护等附加功能。在设计之前必须明确系统的设计任务。

变径稳定器的基本设计任务是：

①需要变径时，可在不起钻或是不停钻的情况下通过遥控或是自动控制的方式能够多次反复地实现连续改变稳定器的外径，且工作状态改变后能保证正常钻进；

②稳定器的每种工作状态能够实现有效锁定，承受井壁的推力；

③工作可靠，避免干扰发生误动作。

附加设计任务是：稳定器工作状态发生改变时，应有明显的压降变化，用以地面人员监测，确定工具状态。

（2）功能原理设计的设计方法 —— 控制链法。

此方法主要用于实现系统的基本功能，利用控制链思想将系统的基本功能用一系列控制单元（控制机构）表达出来。这是根据控制单元之间的输入、输出关系来实现系统功能目标的一种方法。其中，控制单元及控制机构的研究与积累是控制链法应用的基础。其具体步骤如下：

①明确被控量。

对于变径稳定器来说，最终需要实现的是稳定器直径的变化，所以被控量是稳定器中用于变径动作的翼块或是柱塞的径向伸出或缩回。

②列出相关控制单元。

以控制机构作为控制链中的控制单元，并以控制机构的输入输出量作为其主要特征；列出以被控量为输出量的控制单元 J_n（n 为控制链中的级数）。控制单元 J_n 应为能够满足功能要求的控制机构，这种机构可能是多选择性的，要结合所拟采用的主控信号选择最合适的一种。

列出以控制单元 J_n 的输入量为输出量的控制机构 J_{n-1}，从后往前以此类推，直至机构 J_1 的输入量为可人为操纵的发生信号为止。

当然控制机构 J_n、J_{n-1} 的数量可能不止一个。不同的选择和实现路径即对应着不同的控制链，也就对应着不同的控制系统，这对提高系统和产品的创新展示了很大的余地与空间。

对于变径稳定器，从被控量——翼块或是柱塞的径向伸出或缩回入手，依次列出 J_3、J_2、J_1 中所有满足输入输出关系要求的控制机构，如图 4.158 中所示控制机构，J_3 中有 2 种控制机构，J_2 中有 7 种控制机构，J_1 中有 3 种控制机构，控制链的数量为 26 种（3×3×2+4×2=26），当然随着研究和认识的深入，控制机构的数量将会进一步增加。

③建立控制链库。

a. 根据控制机构的输入输出关系，将 J_{n-1} 中输出量与 J_n 中输入量相对应的控制单元按照 J_1、J_2、…、J_n 的顺序连接起来，形成工具设计的多个初步控制链方案。如图 4.158 所示，每条由箭头与单元组成的路径都形成一条控制链。

b. 删除不满足要求控制链。根据各个控制机构的特性要求和整个系统的设计任务确定评判标准，删除不满足设计任务要求的控制链。如图 4.158 所示，J_2 中的虚线框图中的控制机构与 J_3 的控制机构构成的控制链不能够满足设计任务要求，应当在 J_2 中予以排除。这是因为这三种控制机构在更改工作状态后不能有效锁定，且通过增加辅助机构也较难实现。而 J_2 中的提压钻柱机构虽然也不能实现状态锁定，但是其常常与液压锁配合使用实现这一功能。

c. 建立控制链库。满足设计任务各项要求的控制链在系统的功能原理上都是可行的。这些控制链形成了系统设计的控制链库。图 4.158 所示的控制链库中包括了 19 条（3×3×2+1=19）可行控制链。

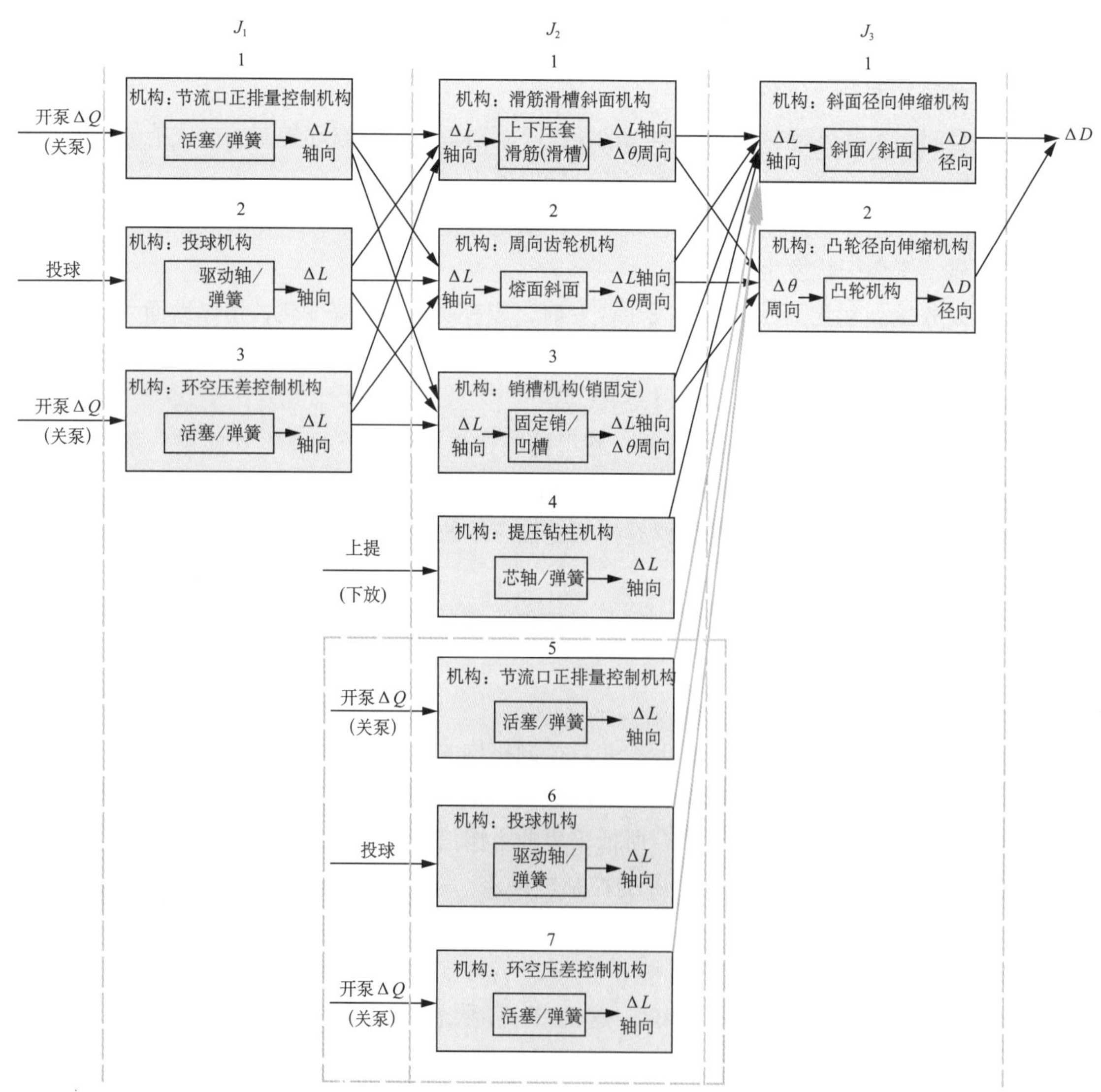

图4.158　变径稳定器控制单元及控制链

④确定控制原理。

a. 确定初步控制链。对众多可选的控制链中，根据应用要求（例如是否要求多次重复使用，是否要求随钻等）、技术水平、材料、制造等方面进行定性筛选，然后进行详细评价，最后确定初步控制链。对于系统而言，设计并非是唯一的，每种控制原理都有其各自的特点与优缺点，需要我们进行综合评价确定最终原理方案，方案的评价与优选是十分重要但却非常复杂的工作，需要进一步深入的研究。

b. 变径稳定器的设计，有多种控制原理可供选择。例如，专利 ZL92225787.6《排量控制式变径稳定器》[32] 的应用原理可以看作图中控制链 1−1−1（第一个数字表示 J_1 中对应的控制机构，第二个数字表示 J_2 中对应的控制机构，第三个数字表示 J_3 中对应的控制机构）；专利 ZL00234301.0《正排量遥控变径稳定器》[33] 的应用原理是图中控制链 1−3−2；专利 ZL96213796.0《投球式遥控变径稳定器》[22] 的控制链为 2−3−2；而《新型可变径稳定器的研制与应用》[29] 中应用的原理则是控制链 1−2−1。

c. 选择主控信号，明确操控方式。在系统设计中，我们需要考虑工具的可靠性等问题，这时就会需要增加触发、释放等机构来确保系统不会提前动作，这就会在原来初步选定控制链的基础上增加这些控制环节，并且操纵方式也可能会发生改变。

d. 增加辅助功能。因为系统需要在完成基本设计任务以外，还需实现示位、保护等附加设计任务功能。所以在控制链中的控制机构之外，还增加锁定、示位、保护等其他辅助机构或结构以实现系统的附加功能，进一步使系统完善。在变径稳定器的设计中，可以通过增加旁通孔导通结构或是节流杆机构来作为状态检测及示位的手段，在斜面径向伸缩机构中还可以通过增加密封圈、平衡活塞、旁通孔等元件使腔体中充满液压油实现机构的密封润滑。这些都属于控制链之外的附加机构。例如，在专利 ZL96212594.6《一种排量式遥控变径稳定器》[5] 中，增加了节流杆及其保护机构。

e. 明确控制原理。假定功能原理设计中变径稳定器最终的功能原理方案是：控制链 3−2−1，如图 4.159 所示；且增加旁通导通结构使在状态变化时实现压降变化。

由控制机构的控制链可知控制原理为：当开泵时，环空压差控制机构的输出件上下端面产生压差，压缩弹簧下行，同时推动周向齿轮机构的运动件下行，周向齿轮机构的轴向输出位移为较小值，柱塞不伸出，为小径状态；当停泵时，向齿轮机构的运动件受向上轴向力时，上行的同时发生周向转动，当第二次开泵时，周向齿轮机构的运动件下行，周向齿轮机构的轴向输出位移为较大值，在斜面径向伸缩机构作用下柱塞伸出，为大径状态。当再次停泵、开泵时，旋转体再次切换到浅槽位置，变径稳定器为小径状态，以此类推，轴向运动件每下行两次为一个工作循环。

⑤确定传递函数。

根据确定的控制链，可根据各控制单元求出其传递函数，进一步画出系统方块图，进而求出系统的总传递函数，以此作为系统性能分析和评价的依据之一。

4.11.1.2 结构总体设计

结构总体设计的任务是在功能原理设计的基础上，对系统进行结构化。同样可以应用控制链的思想将系统的总体结构设计分解为一系列控制机构的设计，再通过机构的联合、总布置的调整实现结构原理设计，再结合具体尺寸参数，完成结构总体设计。

（1）确定功能原理控制。

在进行系统的机构总体设计之前，必须首先明确系统的功能原理控制，例如图 4.159 所示的控制链。

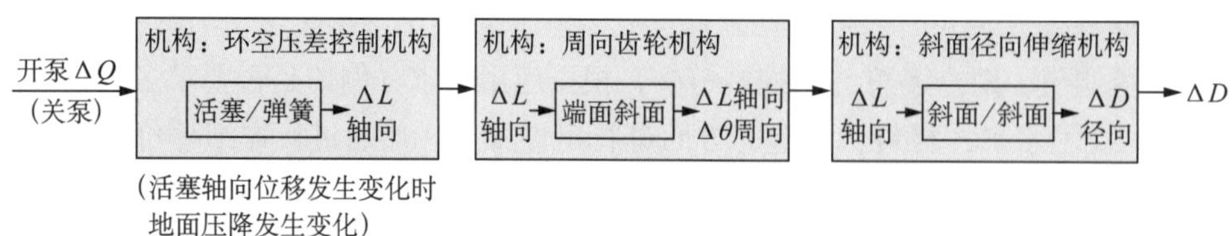

图4.159　某变径稳定器控制链

（2）选定控制链中各控制机构的结构设计。

对于图 4.159 所示控制机构，在前面介绍的机构结构设计中都有描述，我们把它们的结构图都列出来，如图 4.160 所示。每种控制机构的工作原理可参见前面对应章节。

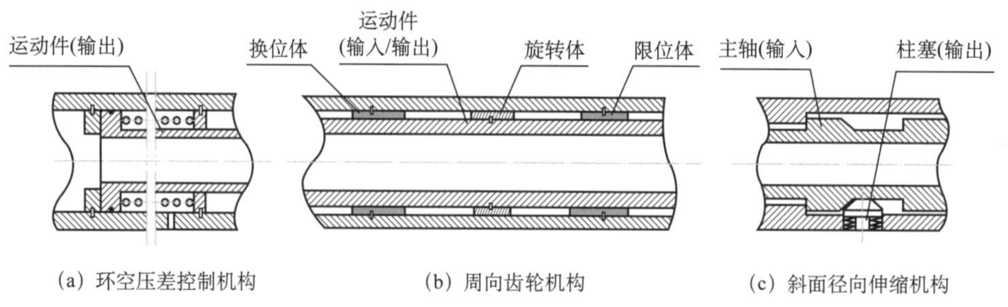

图4.160　选定控制链中控制机构结构设计

（3）控制机构联合。

按照控制顺序依次将以上控制机构进行结构联合，联合的原则是：

①前一级控制机构的输出部件对应后一级控制机构的输入部件；

②当前一级控制机构的输出部件与后一级控制机构的输入部件之间没有相对位移时，这两个部件可以合为一体或是固连在一起（当受位置尺寸等条件制约时，可通过结构设计将其连接在一起），当两部件之间有相对位移时（例如一个既有轴向移动，又有周向转动，另一个只有轴向移动），则应作为两个部件单独存在；

③对于功能相同的部件在进行机构联合时应根据实际情况或合并或删除；

④对于承受液压作用的运动件在进行机构联合时可通过开旁通孔、局部更改结构等方式确保其液压受力面积保持不变；

⑤将各个机构的外壳体连在一起。根据以上原则，将环空压差控制机构、周向齿轮机构和斜面径向伸缩机构进行联合，其中环空压差控制机构的运动件与周向齿轮机构的运动件作为两个部件单独存在，周向齿轮机构的运动件与斜面径向伸缩机构的运动件（输入）合为一体，结果如图 4.161 所示。

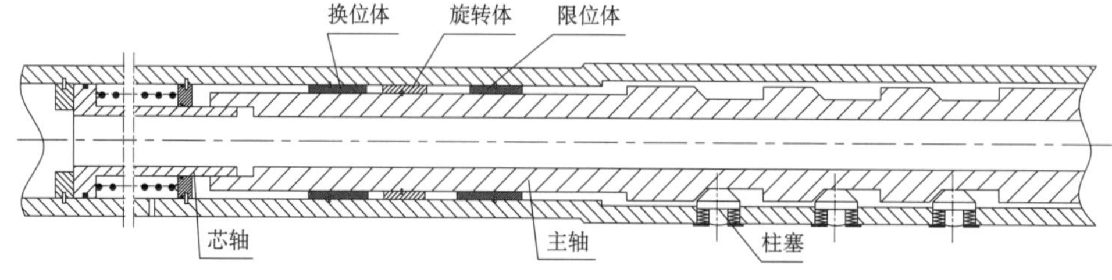

图4.161　控制机构结构联合

至此，系统的控制原理可以具体描述为：当第一次开泵时，环空压差控制机构的主轴上下端面产生压差，芯轴压缩弹簧下行，同时推动周向齿轮机构的主轴下行，与主轴固连的旋转体下端面斜面和限位体上端面斜面接触产生滑移，旋转体与限位体上的浅槽接触，轴向输出位移为较小值，斜面径向伸缩机构的柱塞斜面仍处于其主轴凹槽内，柱塞不伸出，为小径状态；当停泵时，主轴向上受轴向力，旋转体随主轴上行，与上部的换位体的螺旋面接触，并旋转到下一工作位置；当第二次开泵时，压差推动芯轴和主轴下行，旋转体深入到限位体的深槽处，轴向输出位移为较大值，此时，斜面径向伸缩机构的柱塞斜面与主轴凹槽斜面接触并在斜面作用下径向伸出，为大径状态。当再次停泵、开泵时，旋转体再次切换到浅槽位置，变径稳定器为小径状态，以此类推，主轴每下行两次为一个工作循环。

（4）辅助控制结构或机构的结构设计。

在本例中，需要增加旁通导通结构使在状态变化时实现压降变化，参照专利《正排量遥控变径稳定器》[33] 中旁通孔的设计，在图 4.161 所示结构的基础上增加旁通示位结构，如图 4.162 所示。

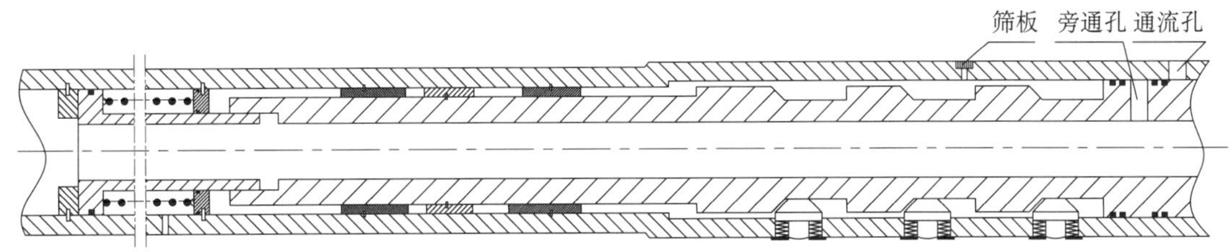

图4.162　增加旁通导通结构

当然，对于旁通孔与通流孔的周向布置需要与周向齿轮机构的端面齿形设计联系起来。假设周向齿轮机构的换位体、旋转体和限位体的周向端面齿形平面展开图如图 4.163 所示，该周向齿轮机构每上行、下行一次，旋转体旋转 90°，轴向输出位移变化一次，若只要求柱塞在大径状态（即轴向输出为较大值）下有压降的明显变化，则对应的旁通孔组合如图 4.164 所示。

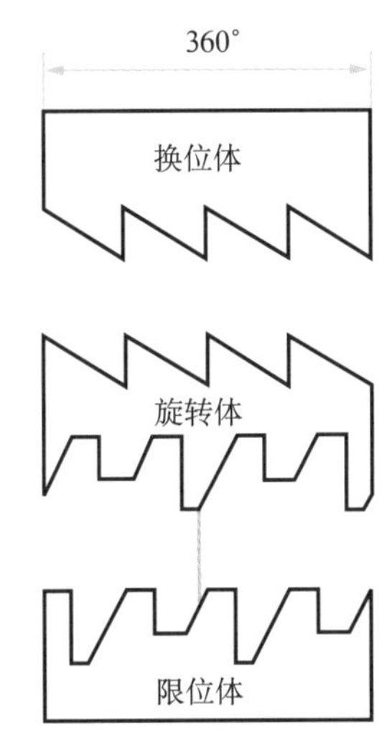

图4.163　周向齿轮机构平面展开图

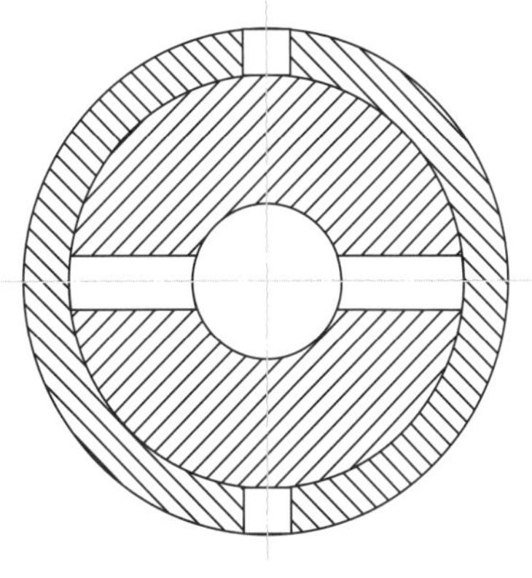

图4.164　旁通导流孔组合

另外，当增加旁通孔结构后，需要在外壳体上增加筛板以平衡内外的压差。

（5）总布置调整。

有时，为了结构的合理性，需要对工具的结构进行总布置调整。

例如，当需要对图 4.162 所示结构中周向齿轮机构和斜面径向伸缩机构进行润滑时，需要密闭的腔体充满液压油。这时，需要对结构进行总布置调整。例如，可以将用于环空压差控制的通流孔放在工具的下部，其两边增加平衡活塞、闷头等部件（其工作原理可以参见环空压差控制机构的描述），而将旁通导流结构可以放在工具的上部，结果如图 4.165 所示。

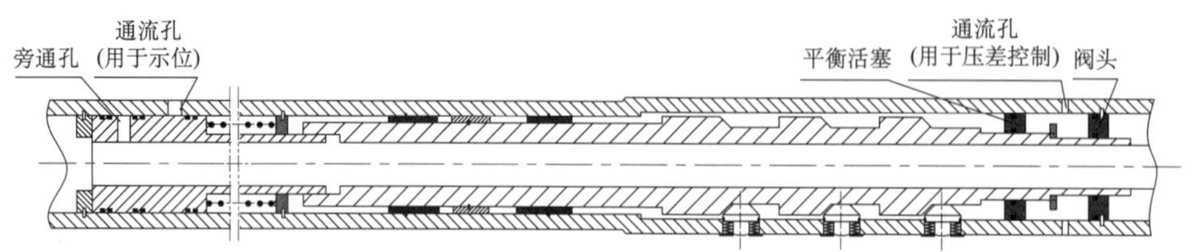

图4.165　总布置调整

（6）根据安装工艺等要求进行结构修改与细化。

在完成机构原理设计后，仍然有许多工作要做。我们要考虑加工要求、安装要求、强度要求等许多因素来更改结构，例如为了便于加工安装将一段外壳体更改为螺纹连接的两段壳体，为了安装要求增加定位挡板，为了加强薄弱环节增加加强板等，还要根据具体尺寸参数调整比例、零部件的局部结构细化等。

（7）接头设计。

井下控制工具是作为钻柱的一部分与钻杆或其他井下工具连接在一起的，我们需要对工具的端部进行接头设计以便于工具的连接。最后对结构总体设计进行完善和审核，最终完成工具结构总体设计。

4.11.1.3　参数设计

从被控量入手，同样采用倒推的方式依次确定控制链中各级控制机构的主要设计参数。

（1）尺寸参数设计。

从被控量入手，把被控量作为已知量，进行控制链中最后一个控制机构的尺寸参数设计，之后，该控制机构的某个设计量将作为已知量，进行倒数第二个控制机构尺寸参数设计，以此类推，得出整个系统所需要的尺寸参数。

以本例的变径稳定器设计为例。被控量为径向的伸缩ΔD，按从后向前的设计思路进行系统尺寸参数设计，如图 4.166 所示。

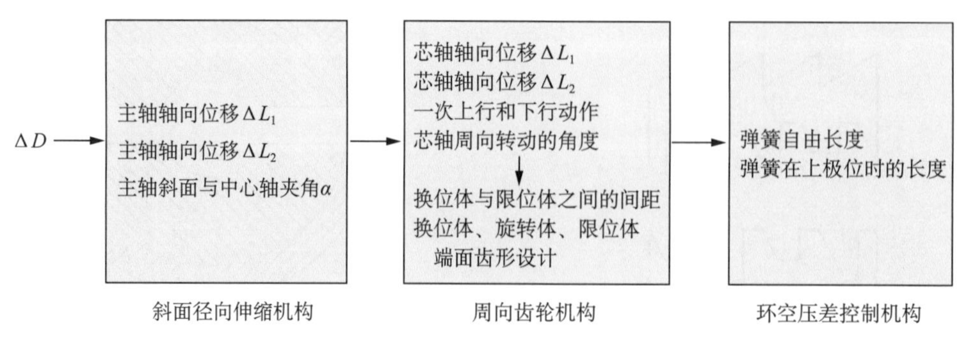

图4.166　尺寸参数设计

（2）动力参数设计。

类似于尺寸参数设计，从被控量和已知条件入手，进行最后一个控制机构（一般都是执行机构）的动力参数设计，后面控制机构的某一设计参数作为前一控制机构的已知量，以此类推。

本例的动力参数设计如图4.167所示。在图中，周向齿轮机构中并未进行动力参数的设计，这是因为在满足机构动作的端面斜面倾角的设计条件前提下，对于周向齿轮机构，不需要考虑动力参数的传递。

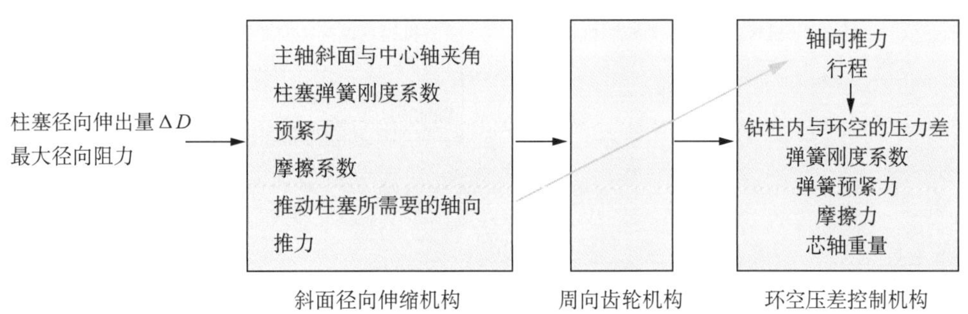

图4.167　动力参数设计

由该例可以总结出井下控制系统或工具的一般性设计方法。

由工具的功能原理设计、结构总体设计和参数设计过程可以看出，运用控制链思想进行系统设计，是将系统设计这一复杂问题分解为若干个控制单元（控制机构）设计这样的小问题，使问题简单化；同时各个控制单元之间有控制逻辑上的关系，使系统设计条理化，不易出错。

运用控制链思想进行井下工具设计这一方法的重要基础是对井下控制机构进行深入而广泛的研究，当对控制机构的研究达到了完全的模块化水平，井下控制工具的设计将会更加简单和完善。

以下将介绍若干个井下控制工具或系统的设计案例，使读者进一步体会和掌握这一设计方法和过程。

4.11.2　等直径钻井的扩眼器设计

4.11.2.1　功能原理设计

（1）功能要求。

扩眼器的基本设计任务是：需要变径时，可在不起钻的情况下通过地面控制的方式伸出或缩回扩眼器刀翼（不需要重复使用），且工作状态改变后能保证正常钻进；扩眼器伸出后实现有效锁定，扩眼过程中能够承受井壁的阻力。

（2）应用控制链设计法进行功能原理设计。

①明确被控量。扩眼器的被控量是刀翼的径向伸出或缩回。

②列出相关控制单元。

从被控量——刀翼的径向伸出或缩回入手，依次列出扩眼器中所有满足输入输出关系要求的控制机构。

由于块式扩眼器的块体尺寸受到本体壁厚的限制，扩眼体径向尺寸较小，因而只能将领眼扩大25%～50%[34]，而等直径钻井要求扩眼器扩大率较高，要达到50%甚至更高，所以对径向伸缩机构提出新的要求。通过分析，在这里把铰接径向伸缩机构作为最终的控制单元，而根据铰接径向伸缩机构的特性研究发现，对于从下向上的轴向输入，当在钻进过程中遇到地层阻力时，地层阻力可以对伸出状态下的铰接机构形成锁定，所以要求机构能够输出轴向向上运动，在输出轴向运动的机构中环空压差控制机构对于输出部件的轴向运动方向可以比较灵活的实现，而且在扩眼器设计中，大多也都是应用环空压差控制机构来获得动力来源。所以对于等直径钻井中应用的扩眼器设计，我们选用环空压差控制机构和铰接径向伸缩机构来实现。

③确定控制原理。

a. 确定初步控制链。

根据以上分析可以得到扩眼器的控制链如图 4.168 所示。

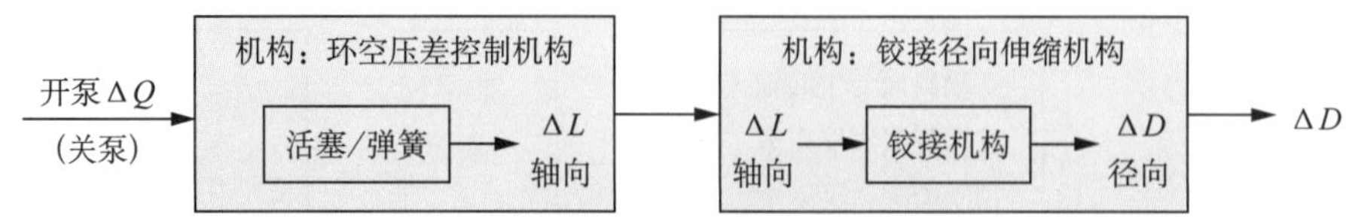

图4.168　初步控制链

b. 选择主控信号，明确操控方式，修改控制链。

在实际系统设计中，我们还需要考虑工具的可靠性等问题，这时就会需要增加触发、释放等机构来确保系统不会提前动作，这就会在原来初步选定控制链的基础上增加这些控制环节，并且操纵方式也可能会发生改变。

对于图 4.168 所示的控制链，一般为排量控制，有两种控制方式：一是在正常排量时，在弹簧回复力作用下，刀翼处于缩回状态；当增加泵排量时，环空压差控制机构内外压差增大，压缩弹簧上行，刀翼张开；当恢复或减小泵排量时，弹簧回复力驱动刀翼缩回。这种控制方式要求弹簧的刚度系数非常大，参数设计受排量、扩眼器安装位置等影响较大，这样不能保证扩眼器工作可靠。另一种控制方式是开泵时，刀翼伸出，关泵时刀翼缩回，在这种控制方式下弹簧的预紧力要小得多，但是显然不满足随钻过程中控制的要求。因此，我们对环空压差控制机构的轴向输出增加销钉锁紧，当正常钻进时，环空压差控制机构受销钉的限制不能发生动作，当需要触发时利用投球释放机构剪断销钉来对环空压差控制机构进行释放。更改后的控制链如图 4.169 所示。

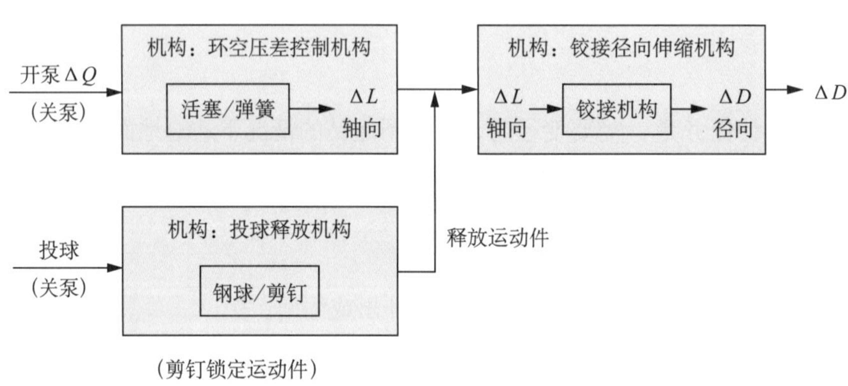

图4.169　更改后的扩眼器控制链

c. 明确控制原理。

由图 4.169 的控制链，我们可以确定等直径扩眼器的控制原理为：固定销钉将环空压差控制机构的输出件与本体（或与本体固连的元件）固定在一起，当正常钻进时，环空压差控制机构不动作，铰接径向伸缩机构不动作，刀翼处于缩回状态，当需要触发机构时，投球，投球释放机构动作，环空压差控制机构的输出件被释放，球体带动球座剪断销钉下行并重新建立循环通道，环空压差控制机构的输出件（即铰接径向伸缩机构输入件）推动铰接径向伸缩机构上行，刀翼伸出。当不需要机构动作时，停泵，环空压差控制机构内外压差相等，驱动力消失，在回复力作用下下行，刀翼缩回。

4.11.2.2　结构总体设计

（1）确定功能原理控制。

明确系统的功能原理控制，如图 4.169 所示。

（2）选定控制链中各控制机构的结构设计。

选定控制链中各控制机构，如图 4.170 所示。

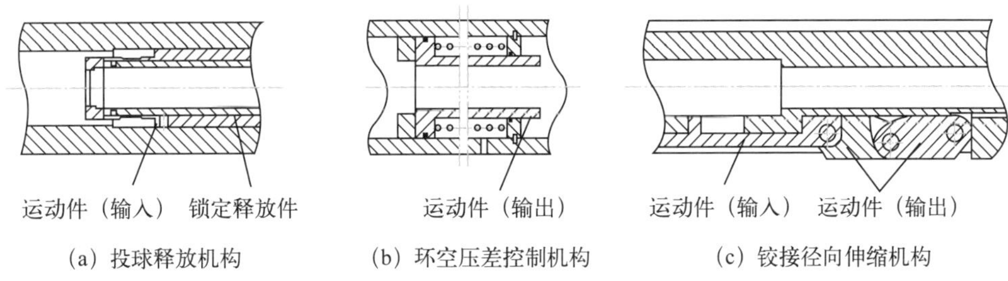

图4.170　各控制机构结构

（3）控制机构联合。

根据控制机构结构联合的原则，先将投球释放机构和环空压差控制机构进行联合。

如图 4.171 所示，在进行联合时首先将投球释放机构的释放件与环空压差控制机构的输出运动件合为一体，为了保证环空压差控制机构中活塞的受力面积，增加旁通孔机构，将环空压差控制机构中与投球机构相连一端的挡环取消，因为此功能通过球座的台阶面也能够实现。

然后将图 4.171 所示机构与铰接径向伸缩机构进行联合，结果如图 4.172 所示：因为环空压差控制机构的输出件在壳体内部，而铰接径向伸缩机构的输入件在壳体外侧，更改结构如图所示，将两部件连接，又因为铰接机构本身与环空相通，所以可以将环空压差控制机构中与环空导通的旁通孔删除。

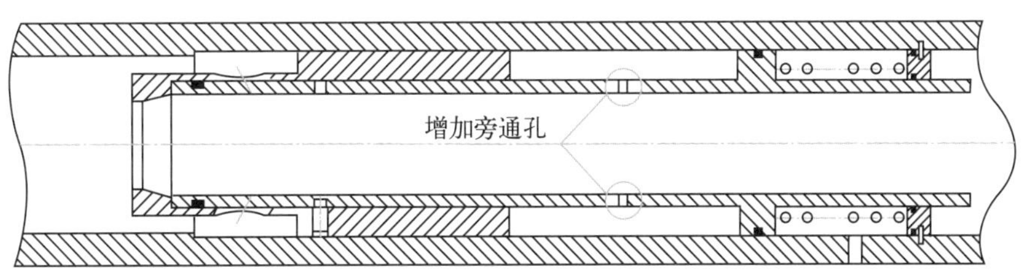

图4.171　控制机构结构联合1

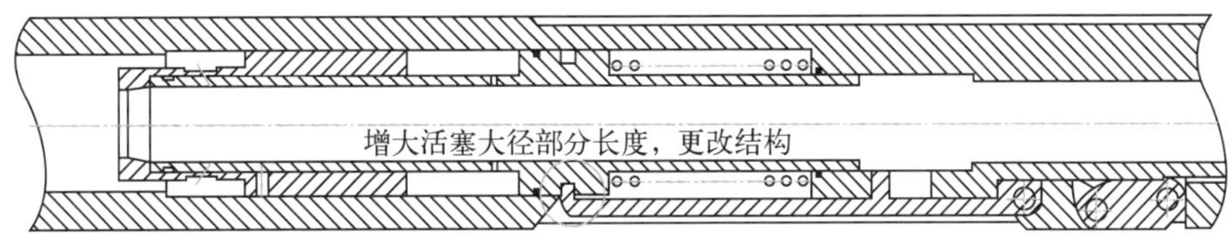

图4.172　控制机构结构联合2

（4）辅助控制结构或机构的结构设计。

在实现扩眼的基本功能之外，我们可以增加类似于喷嘴的设计，用于对刀翼部分进行冷却和冲洗，避免阻塞。

如图 4.173 中圆圈标记部分：增加筛网和在本体上开槽的结构，管柱内流体压力远远大于环空压力，在刀翼一侧形成喷嘴，对刀翼进行冲洗。

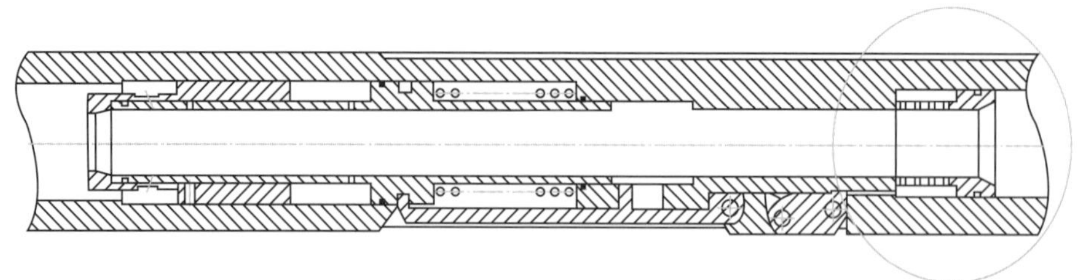

图4.173　扩眼器辅助功能设计

(5）总布置调整。

在铰接径向伸缩机构中，利用销槽机构进行机构的限位，当机构进行联合后，铰接径向机构的轴向运动与环空压差控制机构的输出件运动一致，我们可以将图 4.173 中所示的限位机构取消，而在投球机构与压差控制机构之间增加挡环，如图 4.174 所示，这样轴向动作一端靠挡环来限定，另一端靠压差控制机构输出轴端面与壳体台阶面来限定，同时，增加挡环还便于投球机构的安装。

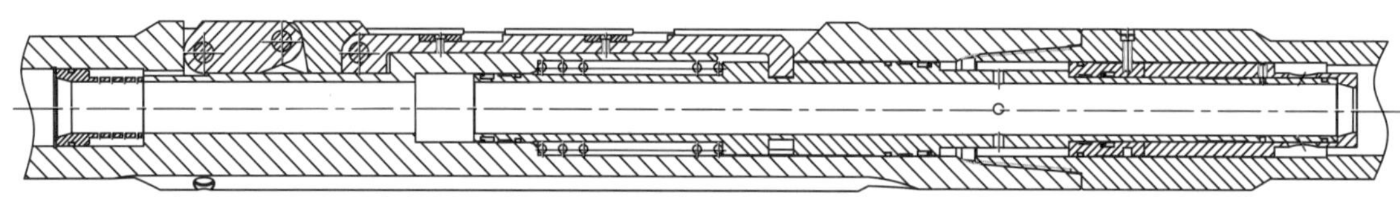

图4.174　扩眼器辅助结构修改

(6）据安装工艺等要求进行结构修改与细化。

在完成机构原理设计后，我们要考虑加工要求、安装要求、强度要求等许多因素来更改结构，还要根据具体尺寸参数调整比例、零部件的局部结构细化等。更改后图纸如图 4.174 所示。

考虑到安装要求，将外壳体分为两部分；铰接径向伸缩机构的驱动轴部分较长，考虑到强度要求，增加加强板。

(7）接头设计。

对扩眼器工具的端部进行接头设计以便于工具的连接，最后对结构总体设计进行完善和审核，最终完成工具结构总体设计，如图 4.175 所示。

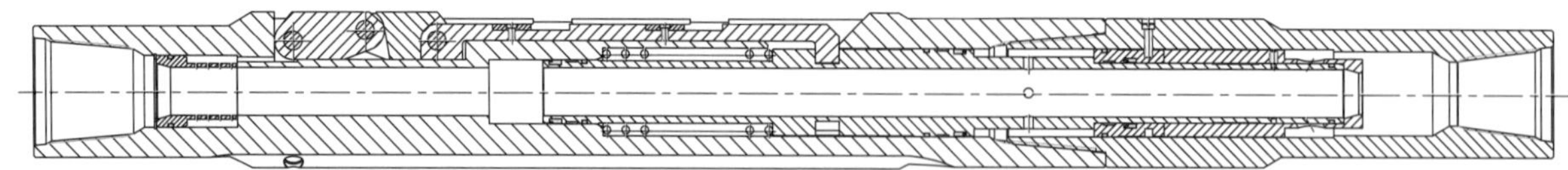

图4.175　扩眼器结构设计图

以上是应用井下控制机构与系统设计方法对等直径钻井扩眼器设计的一个应用实例，设计过程遵循控制链设计思想，是对设计方法的进一步说明和很好的验证。

4.11.3　中空螺杆钻具的稳流阀设计

螺杆钻具是油气钻井中应用最广的一种井下动力钻具，在定向井、水平井和大位移井等特殊钻井作业中具有不可替代的优势。常规螺杆钻具的金属转子是实心的。常规实心螺杆钻具由于其外特性的一系列优点（如转速取决于排量而基本与负荷无关；压差与负荷成正比故可用泵压表显示井下工况；有较硬的转速特性和过载性能等），这些优点就是它几十年来在钻井生产中得以广泛应用的原因。但是由于自身排量的限制已不能满足某些大斜度井、水平井等需要大排量携屑的要求，于是便诞生了中空螺杆钻具。这种钻具是在马达转子的中心钻有通孔用以分流，从而可在不增大马达转速的同时增大了螺杆钻具的总排量，满足了在大井眼水平井和大斜度井中实现大排量的工艺要求。然而理论分析和生产实践均表明这种螺杆钻具的输出转速对钻压敏感，具体表现为：加不上大钻压(即钻压小时，马达转速很高，钻压大时，马达转速又很低)，显示出明显的转速软特性。这种转速软特性对钻井生产十分不利，它严重制约了机械钻速的提高，同时大量的钻井液从转子中孔流过，致使大量水功率损失，大大降低了螺杆钻具的效率。因此，研究和解决这个问题是十分必要的。解决的办法就是在马达转子上端的中孔处安装一个特殊的稳流阀，自动控制流经中孔的钻井液流量，从而保持流经螺杆马达的流量稳定，进而保持中空螺杆钻具具有硬特性。

4.11.3.1　中空螺杆钻具的外特性

中空螺杆钻具的外特性是指其输出转速、输出功率、效率以及马达扭矩与钻压的关系。外特性的优劣决定着钻具的实际性能和工作指标。

4.11.3.1.1　螺杆钻具的负载

螺杆钻具要驱动钻头旋转，不但要克服自身摩擦和传动机构的摩擦力矩，还要抵抗井底岩石对钻头的阻力矩。文献 [36] 表明，钻头扭矩 M_{Bit} 与钻压 W 的关系为：

$$M_{Bit} = kDW \tag{4.278}$$

式中：D 为钻头直径，m；k 是与钻头结构、岩石性质等因素有关的一个系数。螺杆钻具自身运动副间的摩擦力矩 M_{st} 与马达启动压降 Δp_{st} 及每转排量 q 有关 [37, 38]，即

$$M_{st} = \Delta p_{st} q/2\pi \tag{4.279}$$

螺杆钻具马达的工作压降 Δp_{op} 与钻压有如下关系：

$$\Delta p_{op} = 2\pi M_{Bit}/q = 2\pi kDW/q \tag{4.280}$$

而马达总压降 $\Delta p = \Delta p_{op} + \Delta p_{st}$，因此，讨论螺杆钻具外特性参数与钻压的关系可简化为讨论其外特性参数与马达压降的关系。

4.11.3.1.2　外特性参数与马达压降的关系 [39]

图 4.176（a）是中空螺杆钻具的结构示意图，在中孔入口处装有固定喷嘴。作为一个流体系统，它可简化成图 4.176（b）所示。

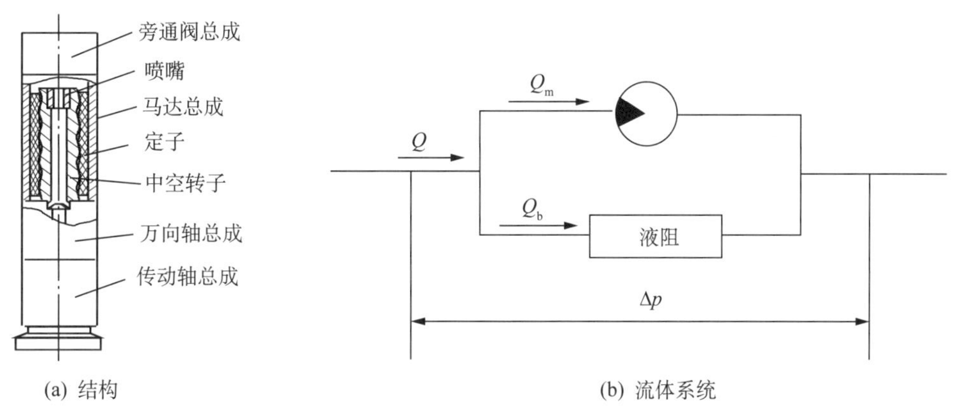

图4.176　中空螺杆钻具结构及流体系统示意图

理论上，中空螺杆钻具的马达转速、输出功率、扭矩、效率与马达压降之间有如下关系：

$$M_{\mathrm{T}}=\frac{\Delta pq}{2\pi} \tag{4.281}$$

$$n_{\mathrm{T}}=\frac{60Q_{\mathrm{m}}}{q}=\frac{60\left(Q-\psi\sqrt{\frac{2\Delta p}{\rho}}\right)}{q} \tag{4.282}$$

$$N_{\mathrm{T}}=\Delta pQ_{\mathrm{m}}=\Delta p\left(Q-\psi\sqrt{\frac{2\Delta p}{\rho}}\right) \tag{4.283}$$

$$\eta_{\mathrm{T}}=\frac{Q_{\mathrm{m}}}{Q}=1-\frac{Q_{\mathrm{b}}}{Q}=1-\frac{\psi\sqrt{\frac{2\Delta p}{\rho}}}{Q} \tag{4.284}$$

式中：$\psi=A_1/\zeta^{1/2}$；Q 为流量，m^3/s；N 为功率，W；n 为马达转速，r/min；η 为效率；下标 T 表示理论值；下标 m 表示马达；下标 b 表示中孔。

由式（4.284）知，与实心转子螺杆钻具不同，即便处于理想状态（不计马达工作腔的泄漏和各运动副间的摩擦）的中空螺杆钻具，其理论效率（或者说总容积效率，因为此时马达机械效率为 1）一般情况下也小于 1，这说明中空螺杆钻具实现低转速大排量是以牺牲水功率（中空过流引起的能量损失）为代价的。由式（4.278）可作出中空螺杆钻具的理论外特性曲线，如图 4.177 所示。图中曲线可看出；马达压降达到最大值$\Delta p_{\max}$时，马达停转，流体全部（假设马达无泄漏）由中空部分流过。令 $n_{\mathrm{T}}=0$，可得：

$$\Delta p_{\max}=\frac{\rho}{2}\left(\frac{Q}{\psi}\right)^2=\phi\frac{\rho}{2}Q^2 \tag{4.285}$$

考虑到螺杆马达各运动副间存在的摩擦和泄漏，式（4.281）～式（4.284）应作适当修改。

4.11.3.1.3　最大扭矩与最大功率

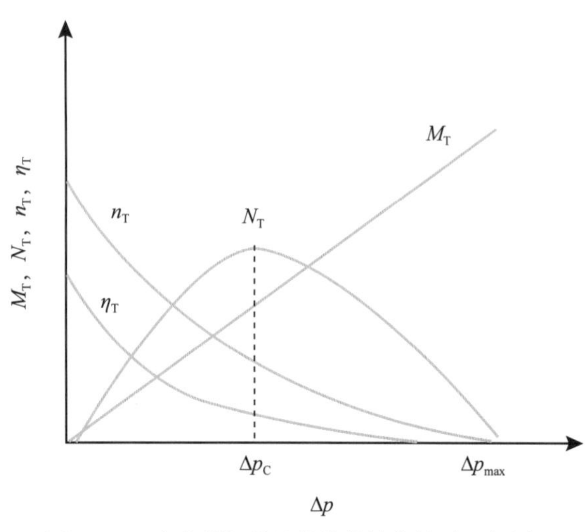

图4.177　中空螺杆钻具的外特性曲线（Q稳定）

对于中空螺杆钻具，泵排量制约着马达所可能达到的最大转矩，它对应于马达最大压降，因此，马达的理论最大扭矩为：

$$M_{\mathrm{T\,max}}=\frac{\phi\rho Q^2q}{4\pi} \tag{4.286}$$

如图 4.177 所示，对于理想的中空螺杆钻具，马达有一最大输出功率，令 d（N_{T}）/d（Δp）=0，可得该最大输出功率为：

$$N_{\mathrm{T\,max}}=\Delta p_{\mathrm{C}}Ql3 \tag{4.287}$$

式中

$$\Delta p_c = \frac{4}{9}\Delta p_{\max} \tag{4.288}$$

4.11.3.1.4 临界排量

与实心转子螺杆钻具不同，中空螺杆钻具存在临界排量问题，事实上，由式（4.282），令 n=0 可求得临界排量：

$$Q_L = \psi\sqrt{\frac{2\Delta p}{\rho}} \tag{4.289}$$

也就是说此时的流体将全部从中空流过，马达不转，无功率输出。只有当 $Q>Q_L$ 时，马达才可能有转速和功率输出，因此，Q_L 为一临界值。Q_L 与马达压降有关，其中把马达额定工作状况下的临界排量称为额定临界排量，马达启动压降对应的临界排量称为启动临界排量，也叫最小临界排量，因为，低于此临界排量马达将无法启动。

临界排量可作为选用中空螺杆钻具的一个重要技术指标。如已知马达临界排量 Q_L（Δp）（Q_L 是Δp 的函数）和马达工作排量 Q_m（流经马达工作腔，用以产生马达转速），则所选螺杆钻具的排量应为：

$$Q \geqslant Q_L(\Delta p) + Q_m \tag{4.290}$$

4.11.3.2 外特性存在的问题

4.11.3.2.1 转速软特性

（1）马达转速变软的机理。

从图 4.177 可知：当负载增大时，中空螺杆钻具的转速显著降低。参照图 4.176（b），不难发现，中空螺杆钻具转速随负载增大而降低的机理如下：

钻压↑➡钻头扭矩↑➡马达压降↑➡中空流量↑➡（泵量－中空流量＝马达流量）↑➡马达转速↓

（2）马达的转速刚度。

由以上分析可知，马达转速受马达压降影响。将式（4.282）对Δp 求一阶导数，并令

$$k_n = -\frac{1}{\mathrm{d}n/\mathrm{d}(\Delta p)} \tag{4.291}$$

称为马达的转速刚度，它反映了不同负载下马达转速对负载变化的敏感程度，当马达结构一定时，它是负载的函数，负载（马达压降）小，马达转速刚度就愈小。

（3）有关马达失速的几个概念。

马达转速刚度虽然反映了某一负载下中空螺杆钻具的转速软特性，但并不足以说明在某一负载变化范围内马达失速的大小，为此，此处引出几个概念：

马达启动转速 n_{st}：马达启动时的转速，它是马达的最大转速；

马达额定转速 n_e：在额定压降工作时马达输出的转速；

过载转速 n_{ov}：马达在过载下的输出转速。过载转速标志马达在过载下工作的特性，它从一定程度上反映了马达的抗过载能力，因为在生产实践中，中空螺杆钻具只有保证足够的转速输出才有意义。

至此，可以根据负载的不同变化范围定义以下几个概念：

额定失速 ε_{ne}：指在额定压降下马达转速相对于马达启动转速降低的百分比。即

$$\varepsilon_{ne}=\frac{n_{st}-n_e}{n_{st}}\times 100\%$$

过载失速 ε_{nov}：在过载下马达转速相对于马达额定转速降低的百分比。即

$$\varepsilon_{nov}=\frac{n_e-n_{ov}}{n_e}\times 100\%$$

中空螺杆钻具的额定失速反映了马达最大转速与额定过载转速的相对差值，马达的转速刚度与失速标度了中空螺杆钻具的转速软特性。

4.11.3.2.2　中空分流的水功率损失

中空分流造成的能量损失 N_b 可由下式求得：

$$N_b=\Delta pQ_b=\psi\sqrt{\frac{2\Delta p^3}{\rho}} \tag{4.292}$$

该式表明，中空分流造成的能量损失与马达压降的 3/2 次幂成正比变化。

例如，对某型中空螺杆钻具，计算其失速与中空分流的水功率损失见表 4.7。(其中泵排量为 55L/s，ϕ=0.12cm^{-4}，q=12.7L/r，Δp_{st} 分别为 0.7MPa 和 2MPa，额定压降 2.5MPa，钻井液密度 ρ=1200kg/m^3)。

表4.7　某型中空螺杆钻具有关参数计算结果

启动压降（MPa）	额定工作压降（MPa）	额定压降（MPa）	中空分流量（L/s）	马达通流量（L/s）	额定失速（%）	额定中空分流功率损失（kW）
0.7	2.5	3.2	9.8 ~ 21①	45.2 ~ 34	24.8	67.2
2.0	2.5	4.5	16.6 ~ 25	38.4 ~ 30	21.8	112.5

①这里9.8和21分别为启动压降和额定压降下的值，余同。

该型中空螺杆钻具在现场应用中确能满足大排量的需要，但如表 4.7 所给出那样，马达的额定失速却高达 21% ~ 25%。中空螺杆钻具的转速软特性，严重影响了机械钻速的提高，这里介绍一种改进措施。

4.11.3.3　外特性的改进

为了改善中空螺杆钻具的转速软特性，笔者研制了一种稳流阀，该稳流阀经实验验证，稳流性能良好。这种稳流阀和带稳流阀的中空螺杆钻具已获中国专利[40]（专利号 ZL95219393.0）。

4.11.3.3.1　稳流阀

（1）工作原理。

图 4.178 是装在中空螺杆钻具上的稳流阀结构示意图，它取代了图 4.176（a）中的固定喷嘴。当由于负载增大而致中空分流增大时，阀口（喷嘴与阀芯所形成）关小，中空液阻增大，中空流量回落，反之，当负载减小而致中空流量减小时，阀口开大，中空流量回升。就这样，在负载变化时，阀靠调整阀口的开度来自动补偿马达压降的变化

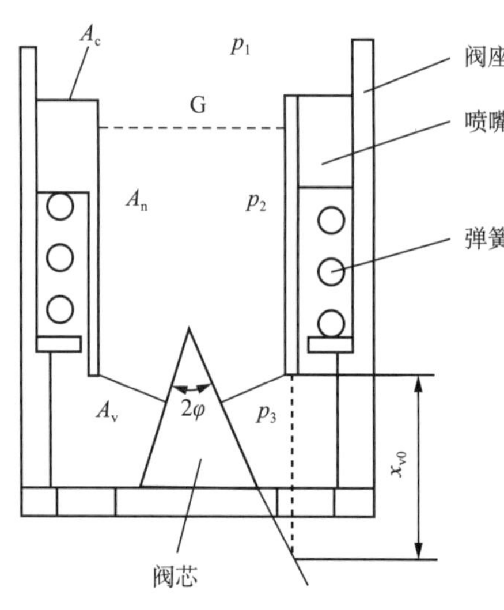

图4.178　稳流阀的结构示意图

对中空流量的影响，从而使得中空流量基本保持不变。

(2) 工作特性。

稳流阀的稳流特性是指稳流阀的流量 — 压降特性。当由于外界原因导致稳流阀两端压降变化时，稳流阀的流量的稳定性是稳流阀能否稳流以及稳流性能好坏的重要标志。根据流体力学的有关原理，并作适当简化处理（忽略喷嘴自重、摩擦及黏性力，因为它们与弹簧力相比都很小，并忽略泄漏），可得下式：

$$
\begin{aligned}
Q_{\mathrm{b}} &= \frac{C_{\mathrm{dv}}A_{\mathrm{v}}C_{\mathrm{dn}}A_{\mathrm{n}}}{\sqrt{(C_{\mathrm{dv}}A_{\mathrm{v}})^2+(C_{\mathrm{dn}}A_{\mathrm{n}})^2}}\sqrt{\frac{2(p_1-p_3)}{\rho}} \\
p_1-p_3 &= \frac{k_{\mathrm{s}}(x_{\mathrm{s}}+x_{\mathrm{R}})}{A_{\mathrm{c}}+\left(1-\dfrac{2C_{\mathrm{dn}}A_{\mathrm{c}}}{A_{\mathrm{n}}+A_{\mathrm{c}}}\right)\dfrac{(C_{\mathrm{dv}}A_{\mathrm{v}})^2A_{\mathrm{n}}}{(C_{\mathrm{dv}}A_{\mathrm{v}})^2+(C_{\mathrm{dn}}A_{\mathrm{n}})^2}}
\end{aligned}
\tag{4.293}
$$

式中：$A_{\mathrm{v}}=\pi d(x_{\mathrm{v0}}-x_{\mathrm{R}})\sin\phi$（其余各符号意义见文献 [39] 符号说明表）。如果 p_1-p_2 与 p_1-p_3 比，可以忽略，则上式可进一步简化为：

$$
\begin{aligned}
Q_{\mathrm{b}} &= C_{\mathrm{dv}}A_{\mathrm{v}}\sqrt{\frac{2(p_1-p_3)}{\rho}} \\
p_1-p_3 &= \frac{k_{\mathrm{s}}(x_{\mathrm{s}}+x_{\mathrm{R}})}{A_{\mathrm{c}}}
\end{aligned}
\tag{4.294}
$$

如果合理地设计弹簧，使其刚度 k_{s} 满足下式：

$$
k_{\mathrm{s}}=\frac{(p_1-p_3)A_{\mathrm{c}}}{x_{\mathrm{v0}}+x_{\mathrm{s}}-\varepsilon\sqrt{\dfrac{\rho}{2(p_1-p_3)}}} \tag{4.295}
$$

式中：ε 是常数，即可使稳流阀正常工作保持恒定的流量［图 4.179（a）中实线所示］。当采用普通的等刚度弹簧时，稳流阀工作时流量将有一定的变化，但仍能获得较为满意的流量稳定性。图 4.179（b）是采用等刚度弹簧的稳流阀的实验特性曲线。为了对比，图中还给出了固定式节流口的流量 Q_{b} 压降特性曲线。

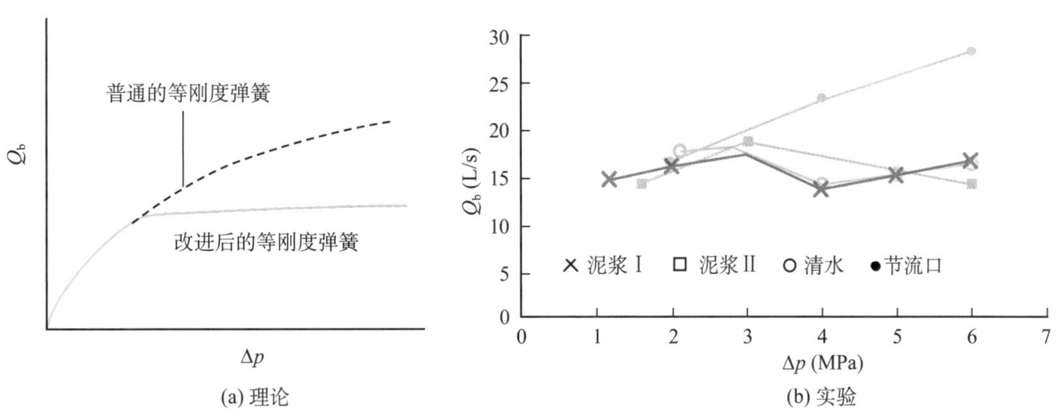

图4.179　稳流阀的特性曲线

4.11.3.3.2 带稳流阀的新型中空螺杆钻具

带稳流阀的新型中空螺杆钻具是针对现有中空螺杆钻具转速软特性而进行的改进型中空螺杆钻具。由于该新型中空螺杆钻具在中空转子入口处装有稳流阀用于稳定中空流量，因而改变了普通中空螺杆钻具过载下严重丢转的现象，从而提高了中空螺杆钻具的抗过载的能力和水功率利用率，对机械钻速的提高有明显效果。

（1）结构原理。

参照图 4.176（a），在中空螺杆钻具的中空分流孔的入口处装一稳流阀（取代固定喷嘴），稳定中空分流，从而稳定马达流量，使其输出稳定的转速，可以改善中空螺杆钻具的转速特性。该新型中空螺杆钻具能够输出稳定的转速的机理如图 4.180 所示：

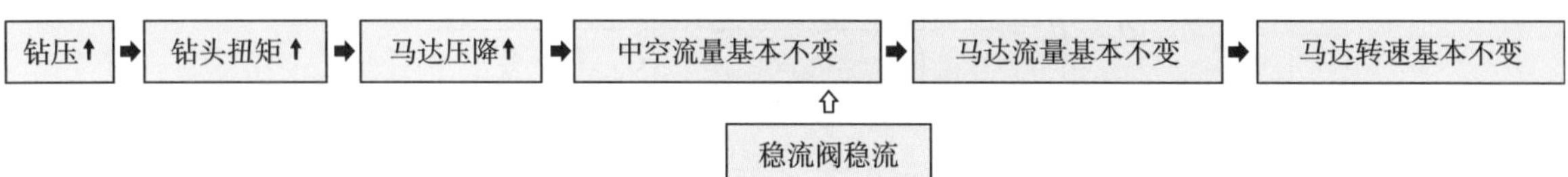

图4.180 新型中空螺杆钻具输出稳定转速的机理

（2）转子中孔对稳流阀特性的影响。

由于稳流阀装在中空螺杆钻具中空转子中孔入口处，其下部还有一段细长孔会对分流的钻井液的流动造成一定阻力，所以研究整个螺杆钻具的特性应将这一部分液阻计入在内。

马达转子中孔产生的压降为：

$$\Delta p_{\mathrm{h}} = \lambda \frac{L}{d_{\mathrm{h}}} \cdot \frac{\rho v_{\mathrm{h}}^{2}}{2}$$

设马达压降Δp，稳流阀压降为Δp_{v}，则有：

$$\Delta p = \Delta p_{\mathrm{h}} + \Delta p_{\mathrm{v}}$$

联立（4.294）式，有：

$$Q_{\mathrm{b}} = \frac{C_{\mathrm{dv}} A_{\mathrm{v}} A_{\mathrm{h}} \sqrt{d_{\mathrm{h}}}}{\sqrt{\lambda L (C_{\mathrm{dv}} A_{\mathrm{v}})^{2} + d_{\mathrm{h}} A_{\mathrm{h}}^{2}}} \sqrt{\frac{2\Delta p}{\rho}} \tag{4.296}$$

图 4.181 反映了中孔这一固定液阻对稳流阀稳流特性的影响，图中虚线是稳流阀的稳流特性曲线沿横轴平移所得，它保留了稳流阀的稳流特性曲线的形状，目的是与计入中孔液阻后稳流阀的稳流特性曲线进行比较。图 4.181 表明：当稳流阀的流量随负载增大而增大时，中孔液阻的存在将缓和中空分流增大的速度；反之，当稳流阀的过流量（即中空分流量）随负载增大而减小时，中孔液阻的存在将加速流量的变化，但基本不影响稳流阀稳流幅度的大小。事实上，稳流阀自身稳流性能越好，中孔对其

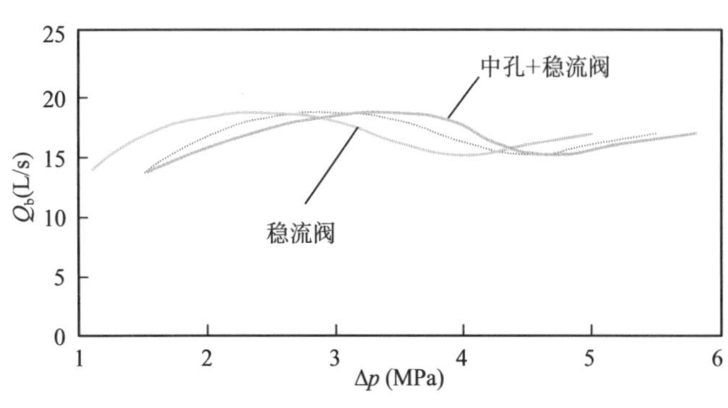

图4.181 中孔对稳流阀稳流特性的影响

稳流性能的影响就越小，因为中空分流量的变化将决定中孔上压降的变化。

（3）转速特性和水功率损失。

考虑到马达压降和马达扭矩、马达扭矩和钻头扭矩以及钻头扭矩和钻压的关系，可得到螺杆钻具的转速—钻压关系为：

$$n = 60\left(Q - \beta C_{dv} A_v \sqrt{\frac{2(\Delta p_{st} + 2\pi kDW/q)}{\rho}}\right)\Big/ q \tag{4.297}$$

式中：$\beta = \dfrac{A_h\sqrt{d_h}}{\sqrt{\lambda L(C_{dv}A_v)^2 + d_h A_h^2}}$。

图 4.182 是某型中空螺杆钻具与带稳流阀的该型中空螺杆钻具的转速—钻压曲线（该曲线由稳流阀的实验结果得出），其中泵量 $Q=50$L/s，马达每转排量 $q=12.7$L/s。表 4.8 给出了两种螺杆钻具在不同钻压下的转速。不难发现，在 4tf 钻压下，两种螺杆钻具的输出转速均为 170r/min，而在 15tf 钻压下新型中空螺杆钻具的输出转速为 157.6r/min，普通中空螺杆钻具的输出转速已降为 112.3r/min。显然，在其他条件相同的情况下，如果钻头的每转切削量相同，则在 15tf 钻压下，使用新型中空螺杆钻具的机械转速要比普通中空螺杆钻具提高 40%，这对于钻井生产来说，无疑具有很大的吸引力。

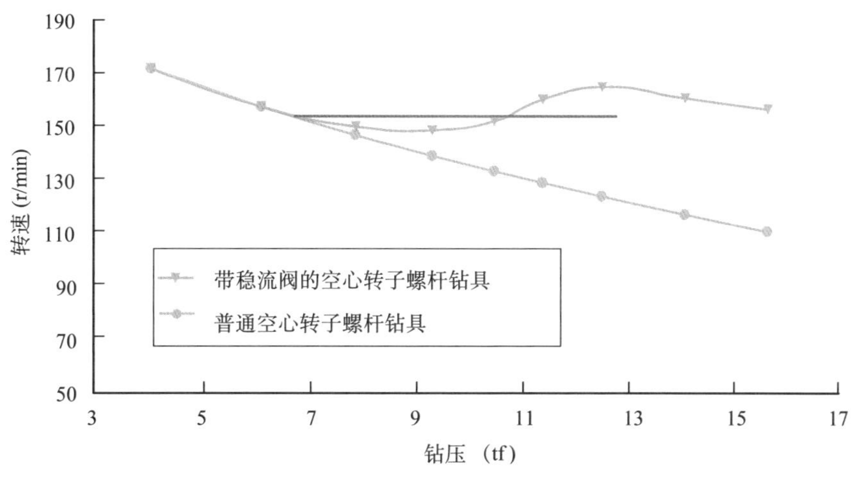

图4.182　中空螺杆钻具的转速—钻压特性曲线

表4.8　中空螺杆钻具不同钻压下的马达转速

钻压（tf）	5	7	9	11	13	15
普通中空螺杆钻具的马达转速（r/min）	164.7	151.6	140.2	130.1	120.8	112.3
新型中空螺杆钻具的马达转速（r/min）	164.8	152.2	148.3	156.6	163.0	157.6

在同样负载下马达中空分流流量越大，则由中空分流造成的水功率损失也就越大。中空分流的水功率损失可由式 $N_b = \Delta pQ_b$ 求得，不过，这里的 Q_b 用式（4.296）的 Q_b 值代入。由表 4.9 知，在 15t 钻压下普通中空螺杆钻具的中空分流功率损失为 147.5kW，约为新型中空螺杆钻具的中空分流功率损失 93.6kW 的 1.6 倍。

表4.9 中空螺杆钻具的中空分流功率损失

钻压（tf）	5	7	9	11	13	15
普通中空螺杆钻具中空分流功率损失（kW）	28.3	47.0	68.5	92.6	119.0	147.5
新型中空螺杆钻具中空分流功率损失（kW）	28.3	46.5	62.7	69.5	75.5	93.6

综上所述，与普通中空螺杆钻具相比，带稳流阀的新型中空螺杆钻具具有大负载下掉转少、输出转速稳定、水功率利用率高、有利于机械钻速的提高等优点。

综上所述可得出如下认识与结论：

（1）中空螺杆钻具采用中空分流解决了钻井工程中大排量携屑的需要，但是与实心螺杆钻具相比，具有较软的转速特性，大负载下马达掉转较多（比实心转子螺杆钻具高出21%），中空分流造成了较多的水功率损失（高达67kW），且存在临界排量问题，严重影响了中空螺杆钻具的性能和应用；

（2）采用稳流阀稳定中空螺杆钻具的中空分流，可以使中空螺杆钻具获得较为稳定的马达转速，改善了中空螺杆钻具的转速软特性，同时还降低了中空分流的水功率损失。带稳流阀的新型中空螺杆钻具的机械转速可提高40%，中空分流的水功率损失减少36%，大大提高了水功率利用率，值得推广应用；

（3）和稳流阀同样的原理被用于设计空气螺杆钻具的限速阀，它对于限制空气螺杆钻具空转时的飞车现象、延长钻具寿命和维护井底安全起到重要作用，形成专利技术。

4.11.4 井下液控组合阀[42]

在井下控制系统和工具设计中，液压技术被广泛采用，其原因主要在于：

（1）液压技术自身的特点，易于实现信号的传递和机构的布置从而实现传递与控制；

（2）井下环境中有流体（如钻井液），便于用来作为传动介质。

但也存在如下难点：

（1）井下控制系统的工具本体径向尺寸小，要求苛刻，很难容纳；

（2）直接用钻井液作传动介质，对精密的液压控制系统威胁很大，容易卡死。

于是就需要从机构的结构设计方面采取特殊措施，如把液压系统和钻井液通道完全隔离，用液压油作介质；结构高度集成化，做成一个体积小巧、功能齐全、适用面宽的独立部件，类似于集成电路那样。本节介绍的井下液控组合阀就是这样的独立部件，它被用于井下工具和系统的设计。

4.11.4.1 工作原理与结构特点

这种用于油气井钻井作业过程中对井眼轨道进行自动化控制、井下闭环控制系统中执行机构的液控组合阀，它以专门的液压油为工作介质，把常规液压阀或与之等同功能阀的阀芯阀套集成于井下狭小的环形空间内，具有过载保护、开关控制和锁位功能，具有零件使用寿命长、体积小、控制精确和工作可靠等优点。

图4.183是该组合阀的液压系统原理图。组合阀集成了2个换向阀、1个溢流阀、2个单向阀、双向液压锁（2个液控单向阀）于一体，留有和液压源、油箱和液压缸相连的接口，中心有通孔可供工具的驱动轴穿过，形成一个外径在150mm以内、内径在70mm左右、厚度在100mm以内的饼

环状构件，如图 4.184 和图 4.185 所示。

其结构特点是：该液控组合阀设有连通于液压驱动源的进油口 P 和连通于油箱的出油口 T，该液控组合阀还设有驱动口 A 和回油口 B，分别连通液压缸活塞两侧的油腔。液控组合阀的进油口 P 至驱动口 A，通过电磁换向阀模块、双向液压锁模块，与回油口 B 至出油口 T，通过双向液压锁模块、电磁换向阀模块同时构成通路。液控组合阀的进油口 P 至回油口 B，通过电磁换向阀模块、双向液压锁模块，与驱动口 A 至出油口 T，通过双向液压锁模块、电磁换向阀模块同时构成通路。所述的连通进油口的油路和连通出油口的油路之间，连通有向进油口方向导通的溢流阀。连通进油口的油路上设有进油方向导通的单向阀，单向阀与进油口之间的油路和连通出油口的油路之间，连通有出油口至进油口方向导通的单向阀。双向液压锁模块设有双向液压锁阀体，该阀体两端设有单向阀阀芯组件，单向阀阀芯朝向中间顶在阀口上，阀腔内两单向阀阀芯之间有两端设有尖端的阀杆，每个单向阀阀口两侧均连通有油路。电磁换向阀模块设有两个电磁换向阀，该电磁换向阀的进出油口通过电磁阀块的移动与两分支口中的一个构成通路。液控组合阀的阀体呈环形，中间设有可容动力传动轴穿过的通孔，外侧是壳体，液控组合阀嵌套在壳体中。液控组合阀的阀体为可分开的多个模块，各模块之间通过紧固螺钉连接为一个整体。各模块之间的油路交接面设有密封装置。液控组合阀上与外部连接的油路交接面装有密封装置。

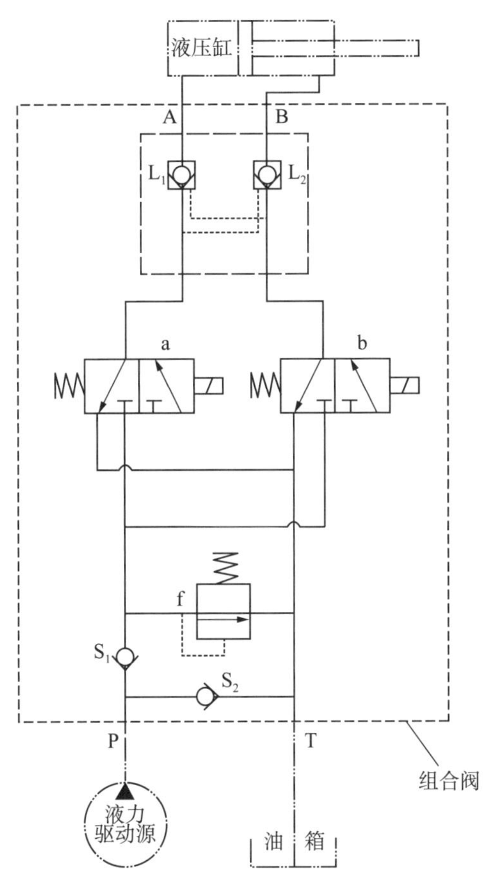

图4.183 组合阀液压原理图

L_1，L_2，S_1，S_2—单向阀；f—溢流阀；

a，b—常闭型电磁换向阀

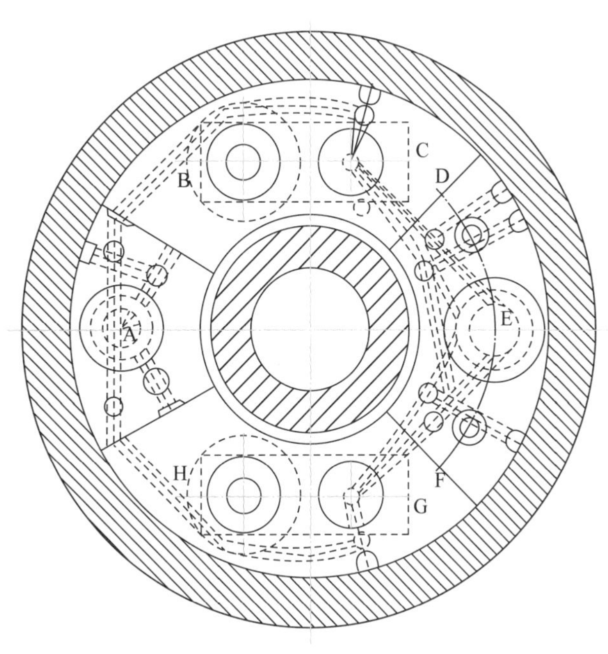

图4.184 组合阀各模块布置图

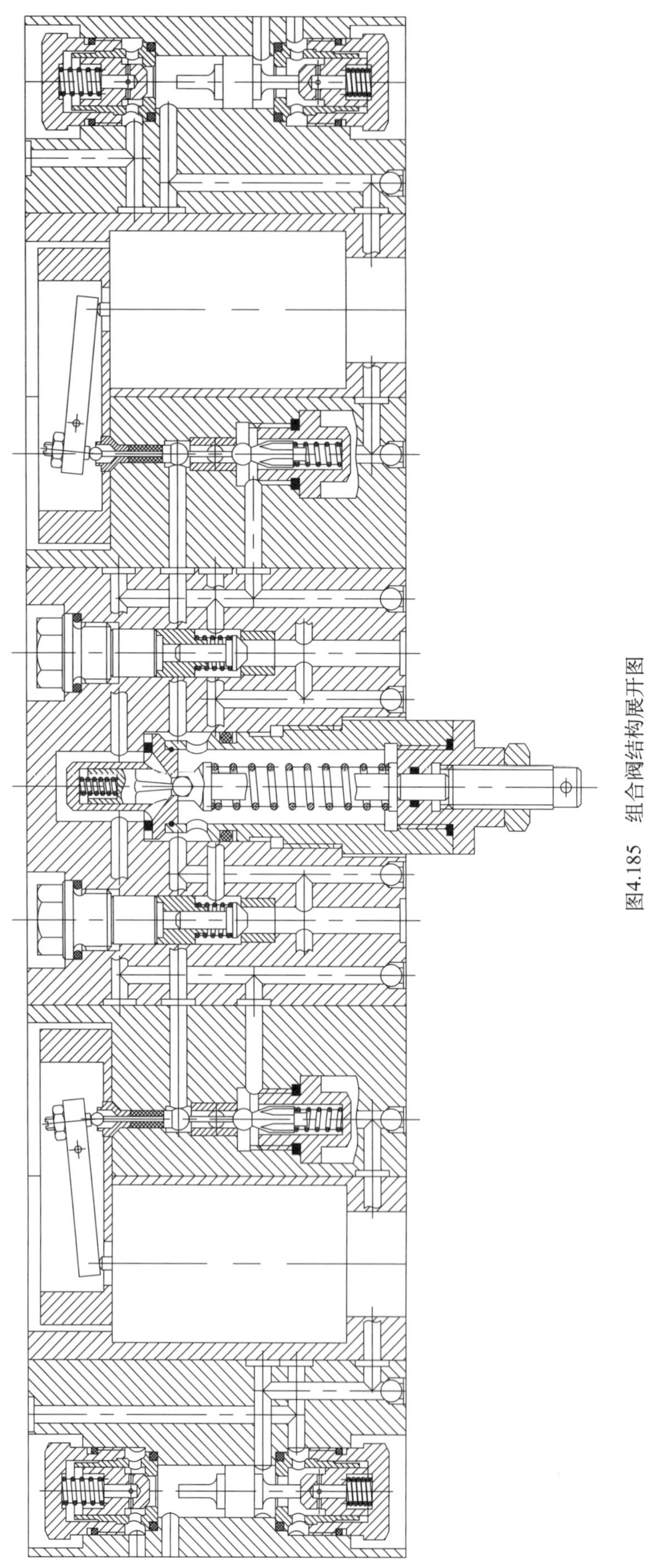

图4.185　组合阀结构展开图

4.11.4.2 工作流程

液控组合阀的 P 口与液压驱动源相连，T 口通油箱；A、B 口分别与液压缸活塞左右侧的油腔连接。

当需要调节液压缸活塞的位移时，液压系统有控制信号输入，高压油经 P 口进入组合阀，经单向阀 S_1 到达常闭型电磁换向阀 a 和 b，然后控制信号产生以下两种动作之一：

(1) 使 a 通电，电磁换向阀打开，液压油经过 a，打开液控单向阀 L_1 和 L_2，高压油进入液压缸活塞的左腔，与此同时，L_2 与电磁换向阀 b 的回油路构成活塞右腔液压油的回油通路，高压油不断进入液压缸活塞的左腔，推动活塞向右移动；a 断电后，双向液压锁前端的油压消失，L_1 和 L_2 关闭，液压缸的输出位置被锁定；

(2) 使 b 通电，高压油进入液压缸活塞的右腔，被打开的 L_1 与 a 的回油路构成活塞左腔的回油通路，活塞左移；b 断电后，双向液压锁锁定液压缸的位置。

当高压油经 P 口进入组合阀、a 和 b 不通电时，高压油经 S_1、打开溢流阀 f、经 T 口流回油箱；当液力驱动源从油箱吸油时，液压油由 T 口、经单向阀 S_2 和 P 口，进入驱动源。

该液控组合阀在应用中具有如下特点：

(1) 以液压油为工作介质，液压系统的零部件使用寿命长，无需做大量的维护和保养，对液压部件的耐磨性和抗腐蚀能力要求不高；

(2) 主要液压部件为常规液压阀或与之等同功能阀的阀芯和阀套，成本低，制造工艺简单，易于推广和普及；

(3) 采用了集成阀块的形式，结构紧凑，体积小，易于在井下有限的空间内布置；

(4) 液压系统简单，工作性能可靠；

(5) 功能较强，具有过载保护、开关控制和锁位功能，特别是其锁位功能，能够根据设计需要实现对液压缸的多次供油，使液压缸活塞输出较大的行程；

(6) 可作为控制执行机构的液控系统核心阀组，推广应用于井下自动控制系统或其他执行机构的液压系统中。

4.11.5 自动井斜角控制器设计 [35, 43]

此处列出作者一件发明专利——自动井斜角控制器（专利号：ZL90109809.4），作为井下自动控制系统和机构的典型设计案例 [43]。这是一个自动控制井斜角的系统，采用机械与液压联合控制方式，用重力钢球机构作为信号发生机构和检测比较机构，连同信号传递机构（一系列特殊设计的阀组）、执行机构（信号油缸）和辅助油箱一起集中设计在一个外径 140mm 以下、厚度 80mm 以下的扁形钢块内，形成一个控制单元；该单元的输入为实钻井斜角和它与设定井斜角的差值，其输出是信号油缸的行程位移。该位移下行时作为下一节的输入信号，驱动液动跟随机构造成工具主轴下行，从而利用斜面机构（主轴自身带有的斜面台阶）将径向活塞推出，使近钻头变径稳定器的直径变大，使钻具组合形成增斜组合。反之，当信号油缸的活塞上行，随动机构使主轴上移，径向活塞缩回，变径稳定器直径变小，使钻具组合演变成降斜组合。

4.11.5.1 原理与结构特征

自动井斜角控制器由信号发生机构、信号放大与传递机构、执行机构三部分组成短节，对井斜角实行自动定量控制。它用于水平井的水平段和定向井稳斜段，可自动调整钻具组合的结构和特性，从而能减少人工控制操作难度、提高控制精度和井身质量；同时具有减少起下钻、去掉测量仪器、节省测斜时间和费用等优点，从而能降低钻井成本，所以特别适用于薄油层和超薄油层水平井的钻井作业。

自动井斜角控制器突破了经典的“组合结构固定，靠人工控制”的传统钻井控制模式，在下部钻具组合 BHA 上增设反馈环节，构成了一种在钻进过程中实现自动调整和自动控制的钻具组合。

S_1

(a)

(b)

(c)

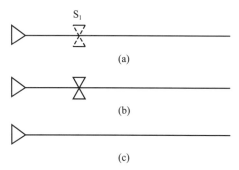

图4.186　近钻头稳定器在井斜控制中的作用

根据井眼轨道控制理论[41]，近钻头稳定器的外径尺寸对钻具组合的力学特性影响甚大。它可以使图 4.186（a）所示的单稳定器钻具组合变为增斜组合［当 S1 外径足够大，如图 4.186（b）］或降斜组合［去掉 S1 或 S1 外径较小时，如图 4.186（c）］。根据当前的井斜与标定井斜间差值的正、负，作为负反馈信号回输，从而进一步调控变径稳定器的外径大小以控制 BHA 的力学特性，来实现对井斜角 α 和钻头姿态的自动控制。图 4.187 是自动井斜角控制器的控制原理示意方块图。

自动井斜角控制器的结构特征是：它由信号发生机构即重力信号装置、信号接收与传递机构即油压传动装置、信号放大与执行机构即经特殊设计的液控柱塞伸缩式变径稳定器三部分构成，组成短节装在钻头上方（如图 4.186 中 S_1 处）。当实钻井斜角大于或小于标定井斜值时，即发出两种不同信号，造成密闭油路内的油流换向，通过特殊设计的阀组使油缸活塞杆产生轴向伸缩运动，从而导致变径稳定器的柱塞组造成径向伸缩和锁位，由此改变钻具组合的力学特性来控制井斜角。

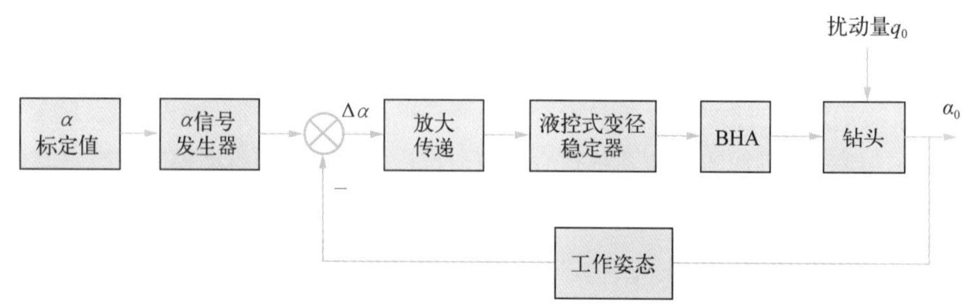

图4.187　自动井斜角控制器的控制原理示意方块图

考虑到井下的恶劣工况（高温、强振，高速钻井液冲刷），自动井斜角控制器采用了和钻井液完全隔离的油压系统，并利用主流道钻井液压力作为油压系统的动力源；未采用任何电子元件。这样可保证该控制工具在井底工作的可靠性。

4.11.5.2　*应用场合与控制精度*

自动井斜角控制器主要应用于水平井的水平段。这是由于当井斜角超过 30° 时，方位基本保持不变，井斜角控制就成了主要矛盾，只要在下井前把自动井斜角控制器的角度整定机构调至标定井斜值，它即可在井下把实钻井斜值自动控制在标定值的邻域以内，而不需要再配备测量仪器（如 SST，MWD 等），所钻出的实钻轨迹线就是一条沿设计轨迹线上下小幅度变化的平滑波浪线，非常接近设计轨迹。

根据理论分析，考虑到制造误差，自动井斜角控制器的重力信号发生器的不敏感区仅为 $|\Delta\alpha| \leqslant 2°$，亦即当 $\Delta\alpha>2°$ 或 $\Delta\alpha<-2°$ 时即可发出控制信号，此时在一个单根行程的相应误差波幅相应为 $|\Delta h|<0.35$m，即表示可把目的层油藏厚度缩小至 1m 以内，大大提高了开发超薄油藏

的能力。

当然，从控制原理和结构来讲，它也可以用于稳斜段（如大位移井的稳斜段），只要把井斜角的标定值 $[\alpha]$ 在下井前设定，它就可以把井斜角 α 控制在 $[\alpha]$ 的邻域内，水平井的水平段只不过是一个井斜角要求保持在 90° 左右的特殊的稳斜段而已。

4.11.5.3 “自动井斜角控制器”发明专利说明书

说明书摘要：

本发明公开了一种用于石油和地质勘探开发的水平钻井和定向钻井过程中对井斜进行自动控制的自动井斜角控制器，它是由信号发生机构即滚珠式重力信号装置、信号接收机构即油压传动装置、信号放大执行机构即液控伸缩式变径稳定器组成。本发明由于采用井下自动闭环控制避免了诸多复杂因素对井斜的影响，控制住井斜误差，使实钻井斜角和设计井斜角吻合，井身质量高，使在薄油层及超薄油层中钻水平井成为可能。此外，还省去检测仪器，去掉测斜环节，减少了起下钻次数，从而缩短了钻井时间，降低了钻井成本。

说明书正文：

本发明涉及一种石油、地质勘探与开发的水平钻井和定向钻井过程对井斜角进行自动控制的工具。

在水平钻井和定向钻井中，井眼轨道控制是一门关键技术。它对于保证钻头准确进入靶区或产层目标窗口，提高钻井的成功率；使实钻轨道尽量靠近预先设计的理论轨道，提高井身质量；加快机械钻速，降低钻井成本，都具有重要意义。

井眼轨道控制包括对井斜角和方位角的控制。一般来说，当井斜角达到一定值（如 30° ）时，方位则不易发生变化，且井斜角愈大，方位愈难改变。所以对于水平井大斜度定向井和稳斜角超过 30° 以上的定向井稳斜段，对井斜角的控制则成了轨道控制的主要问题。

现有钻井技术中对于井斜角的控制，一般说有以下两种方法：

（1）根据经验或力学分析评选和设计井底钻具组合（简称 BHA），主要靠变化稳定器的个数，安装位置和外径尺寸以设计成不同造斜率的组合。

这种方法是目前普遍采用的，但是由于影响井眼轨道的因素很多，除了 BHA 的力学特性外，例如还有地层特性、钻头结构、钻压大小、已钻井眼的形状、水力参数、井底清洁状况以及其他随机因素等。单靠设计的 BHA 往往难以定量控制井斜角，而且 BHA 选定下井之后，力学特性基本固定，当遇到上述诸多因素的复杂变化时，即使有经验的司钻也往往无能为力；

（2）利用专用软件技术（分析钻具组合、地层、井眼曲率和钻压等几项主要因素的影响），设计钻具组合和选择钻压。

这种方法近些年来开始采用，但尚未普及。这种方法的优点在于提高了 BHA 的设计水平且可为司钻提供决策参考。但是，此法和上述方法一样，仍未摆脱“固定组合、靠人控制”的模式，因此难以做到准确控制。而且，在采用这些计算机软件时，往往需要收集一个地区、不同层位的地质资料，而收集这些资料工作量大，内容浩繁，收集齐全有困难；加上井下其他诸多因素及随机因素的影响和干扰，程序计算结果也往往和实钻结果有较大差距。

作进一步分析，上述两种控制井斜角的工艺和方法有如下缺点：

（1）凭经验或通过理论分析设计的 BHA，其力学特性难于完全符合井下地层变化的要求，而 BHA 一旦下井则在井下无法变更其力学特性，当特性偏离较大时，只有起钻更换新的钻具组合。

（2）随着钻进过程，BHA 的稳定器外径会发生磨损，当磨损量达到一定值时将导致力学特性严重变化，此时必须起钻更换新的稳定器。

（3）一种钻具组合只具有一种固定的力学特性（如增斜组合），当在井下工况要求使用另一种不同特性的组合（如降斜组合）时，必须起钻更换。频繁的起下钻作业将耗费大量时间，显著增加钻井成本。

（4）以上方法要求配备适当的测量仪器，如单点测量仪，有线随钻测量仪等，于是增加了设备投资。在钻大斜度井和水平井时，要求费用投资更高的无线随钻测量仪器（MWD）；若无 MWD 水平井难以施工，而 MWD 远未普及。

（5）在使用单点或有线随钻进行转盘钻井时，长距离的定向井稳斜段要求多次测斜，这就造成了多次的起、下仪器和测量时间。

（6）井斜角的控制精度较低，难以达到精确的定量控制，在不断测斜监测和随钻跟踪情况下，钻井实际上成了不断调整和纠斜的过程，这就限制了可钻水平井的油藏厚度，使在薄油层或超薄油层中钻水平井变得更加困难，钻井成本大幅度增加，甚至难以实现。必须要有经验丰富的司钻和掌握一定理论知识和软件使用方法的技术人员参与控制过程，当发现偏离才能纠正。

针对上述两种控制方法中 BHA 在井下不可变更的情况，近年来国外石油界开始探索研制一种可变直径的稳定器，如美国的 Anadrill 公司研制的钻压控制稳定器。这种稳定器采用钻压作为控制信号，当司钻在地面所加的钻压超过规定值时，该稳定器的翼片可向外伸出。国内近年来也有人在探索研制一种井下信号发生机构（有采用弹性波原理的，也有用停泵开泵的时间间隔的）和接收机构，用它可控制稳定器翼片的伸缩，但是这种控制方法都是人在地面上进行操作控制的，而且离不开测量环节。

综上所述，上述几种控制方法具有下述 3 个共同特点：

（1）均离不开测量仪器和测量环节；

（2）均离不开人工控制，对钻井者要求较高；

（3）井斜角控制精度难以准确定量，控制精度偏低。

本发明的目的是提供一种在井下能实现井眼轨道自动控制（此处针对井斜角的控制）、无须人工干预、并可省去测斜仪器和测量环节、节约钻井辅助时间、提高轨道控制精度、井身质量及开发薄油藏能力、降低成本的自动井斜角控制器。

本发明的目的实现：

本发明是由重力信号发生与调整装置（即信号发生机构）、油压传动装置（即信号接收与传递机构）和液压伸缩式变径稳定器（即信号放大与随动执行机构）组成，如图 4.188 ～图 4.190 所示（正文中提及的图注未在图中标明的见文献 [43]）。

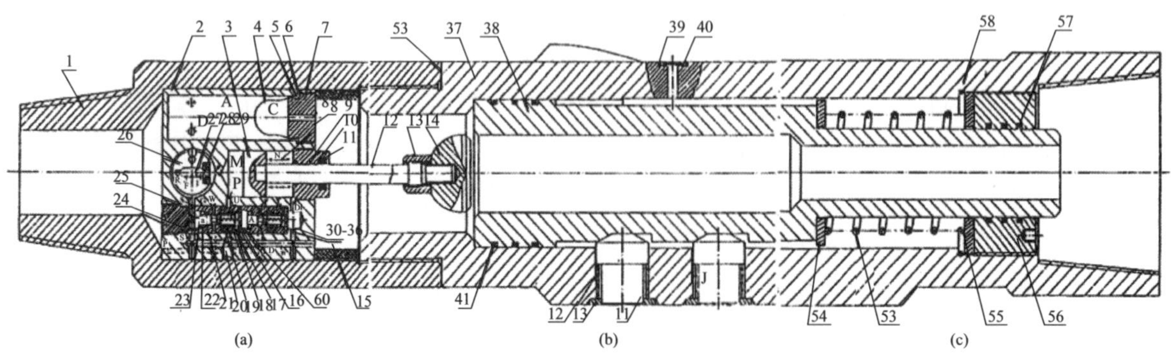

图4.188　自动井斜角控制器结构

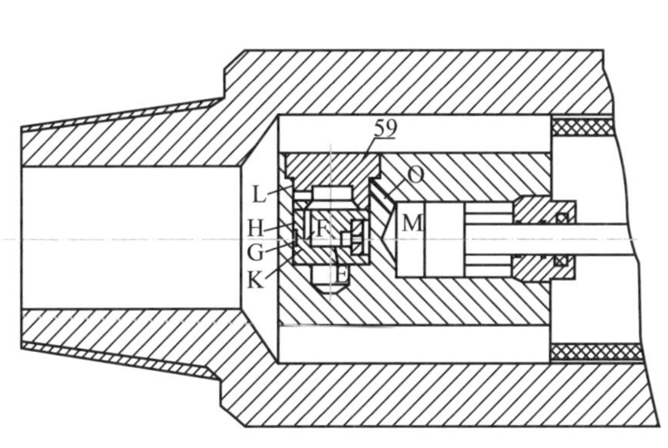

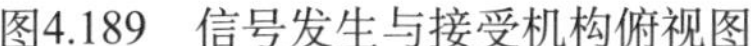

图4.189　信号发生与接受机构俯视图

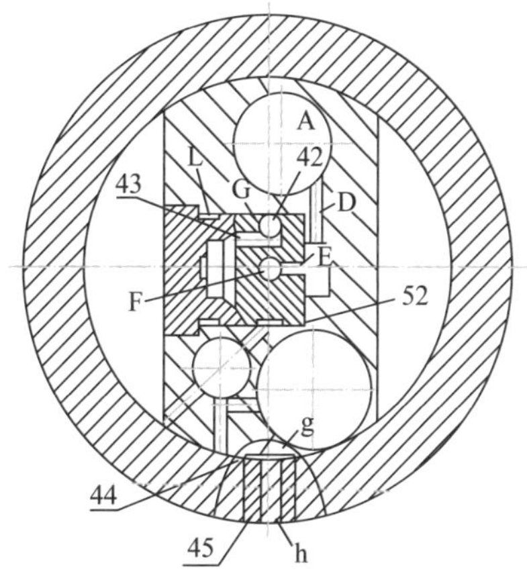

图4.190　信号发生与接受机构剖面图

(1) 重力信号发生与调整装置（即信号发生机构）是由发生器柱体（26)、滚珠（27)、水平滚道 F、螺纹球座（28)、密封垫片（29)、定位钢珠（42）和紧钉螺钉（43）组成：发生器柱体（26）内钻有内壁光洁的水平滚道 F，内装滚珠（27)；柱体（26）外侧有环行凹槽形成腔 G，另从侧面钻孔 H；螺纹球座（28）装在水平滚道 F 一侧，其间设垫片（29)，上述腔室充满液压油；

(2) 油压传动装置（即信号接收与传递机构）是由一个装在壳体（1）内的工具芯体（2)、在芯体上加工的一系列油路、两个装在芯体上的液控单向阀组件（16 ~ 18、21 ~ 23 和 30 ~ 36）和装在芯体（2）内的活塞组件（3、8、12、13 和 14)、端盖（9 ~ 11）所构成的双作用油缸；

(3) 液压伸缩式变径稳定器（即信号放大与随动执行机构）是由稳定器本体（3)、装在该本体（37）内部柱孔内的稳定器主活塞（38)、活塞下部的复位弹簧（53）及其定位组件（54 ~ 56)、一系列伸缩式柱塞组件组成；它装在本体（1）上，位于油缸下部。

油压传动装置采用传动油与钻井液相离的油压传动系统，在工具芯体（2）上有一个高压油腔（A）和低压油腔（a)，二者的容积分别为油缸工作容积的 2 倍左右。在高压油腔的端部装有中心钻通孔（B）的螺塞（7)，密封垫片（6）和固定于该螺塞环槽内的胶囊（4)；低压油腔的端部装着钻有径向、轴向相交孔 b、c 的螺塞（46)，在螺塞（46）端部槽内固定着折皱形的胶囊（49)，其下部固定着弹簧座（50）和复位弹簧（51)。

油压传动装置中的液控单向阀套（21）和（31）上的小孔内柱面刻有小沟槽；大孔内装有橡胶圈（22）和（32)。

高压油腔一端的螺塞中心孔与钻柱内的高压钻井液相通，低压油腔圆柱孔底部有孔，垫片（44）和通孔螺塞（45）与环空相通，钻井液与工作油的可能通路处均设有密封件。

稳定器 3 的主活塞（38）由不同尺寸的柱面、锥面组成。

一系列伸缩式柱塞组件装在稳定器本体上若干组呈螺旋式排列的径向孔内，每组均由滑动的台阶形柱塞和复位小弹簧组成，台阶形柱塞大端柱面车有与主阀芯（38）圆柱面角度相配的圆台面。

稳定器本体（37）上钻有若干组多排按一定规律排列的径向圆孔，圆孔外面凹坑内焊有支承环；径向圆孔内刻有直槽，本体上有装着筛孔板的圆柱孔。

稳定器主活塞（38）上部车有密封槽，复位弹簧支撑座（56）内孔也车有密封槽，内装密封元件（57）与（58)。

有一个角度标定和调整部件，它由刻度线中心销、重垂线和转动销组成。

油缸活塞杆下端接头（14）外径和稳定器主活塞（38）内孔直径间留有适当间隙，活塞杆的长度与稳定器位置须保证柱塞的有效动作，为此在活塞杆（12）下端设有可调件（13）和（14）。

本体上有 3 条直槽，每条直槽内有一径向孔，内装外端焊有直筋板的活动柱塞，大活塞上有一组柱面和锥面，其余结构特征与前述的变径稳定器相同。

通过自动井斜角控制器在井下实现信号发生、接收、放大、执行、误差反馈与控制等一系列闭环自动控制过程，控制下部钻具组合中稳定器的直径变化以改变钻具组合的力学性质，从而对井斜角进行控制。

本发明的工作原理：

本发明由信号机构即重力信号发生与调整装置、信号接收传递机构即油压传动装置、信号放大与随动执行机构即液压伸缩式变径稳定器 3 个部分组成。采用滚珠式重力信号装置，当实钻井斜角大于或小于标定井斜角时即发出两种不同信号，以造成密闭油路内的油流换向，通过特殊设计的阀组使油缸产生伸缩运动，从而导致变径稳定器的柱塞伸缩，这两种不同工况使钻具组合的性能发生改变以控制井斜角。

本发明的优点：

本发明在井下实现了信号发生、接收、放大、执行、误差反馈与控制等一系列闭环自动控制，控制下部钻具组合中稳定器的直径变化，从而改变钻具组合的力学性质、对井斜角具有很高的控制精度，因此提高了井眼轨道质量，明显地提高了定向井尤其是水平井的成功率，使井斜控制从定性阶段提高到了定量阶段。

（1）本发明对水平井段钻进施工，可省略麻烦的测斜环节，明显减少钻井辅助时间；

（2）本发明可不用测斜仪器尤其是在水平井水平段钻进施工中可不用 MWD，从而降低了水平井施工难度，节约了购买或租用 MWD 的昂贵费用；

（3）本发明把对井斜角的控制变为无须人为干预的井下自动闭环控制，降低了工作难度，因而可省略高技术施工人员，并自动将水平段波动幅度控制在 0.2m 以内；

（4）本发明在钻井中可采用常规转盘 BHA（增降组合），省去导向钻具，简化了组合部件，减少了发生井下事故的可能；

（5）本发明提高钻水平井的能力，可把水平钻井技术提高到钻 0.5m 超薄油层技术水平，这对推广和普及水平井技术有重要意义；

（6）本发明制造工艺简单、成本低，易于推广普及；

（7）本发明的液控式变径稳定器可用于钻井过程中卡钻时解卡作业；

（8）本发明的信号发生和接受机构还可用于需要准确控制安装角度的地面设备，角度控制范围为 0° ~ 360° ；

（9）本发明所阐述的控制思想方法可推广应用于石油钻井过程中其他环节的自动控制。

本发明附图：

图 4.188（a）、图 4.188（b）、图 4.188（c）是本发明剖视图。图 4.188（b）的顶部接图 4.188（a）的底部，图 4.188（c）的顶部接图 4.188（b）的底部。

图 4.189 是本发明信号发生与接受机构俯视图。

图 4.190 是本发明信号发生与接受机构剖面图。

图 4.191 是本发明低压油腔结构示意图。

图 4.194（a）是本发明伸缩柱塞式变径稳定器结构示意图，图 4.194（b）是断面外形图。

图 4.195（a）是伸缩筋板式变径稳定器结构示意图，图 4.195（b）是断面外形图。

图 4.196 是钻具组合类型作用说明图。

下面结合图 4.188 ～图 4.191 以及图 4.194 ～ 4.196 详细说明依据本发明提出的自动井斜角控制器的具体细节及工作情况。

自动井斜角控制器短节装在钻头上部。滚球式重力信号发生装置和油压传动装置均安装在工具本体外壳内（1）的扁形芯体（2）上。扁形芯体上端紧靠外壳上的台阶，扁形芯体（2）与外壳间的二个弓形流道通过钻井液。油压系统与钻井液通过一定的结构相互隔离，如图 4.188 ～图 4.190 所示。

圆柱腔 A 下端螺纹上装有螺塞（7），密封垫片（6）和固定在该螺塞环槽内的胶囊 C，螺塞（7）的中心钻有通孔 B，开泵时高压钻井液经流道 B 充入胶囊 C，使之胀大，给 A 腔内的液压油加上一定压力，液压油在这一压力的推动下，经 A 腔上的小孔通过流道 D 浸入滚球式重力信号发生器。

重力信号发生器由发生器柱体（26）、滚球（27）、水平滚道 F、螺纹球座（28）、密封垫片（29）、定位钢珠（42）和紧钉螺钉（43）组成，发生器柱体（26）的一端侧面钻有中心孔 E 和流道 D 相通，另一侧面刻有角度标定线，及转动销孔和中心销孔，以调整和标定预定井斜角（图 4.189）。

发生器柱体（26）内有内壁光洁的水平滚道 F，内装滚珠（27），柱体（26）外侧车有环形凹槽形成腔 G，另从侧面钻孔 H。螺纹球座（28）装在水平滚道 F 一侧，其间的垫片（29）起密封作用。上述腔室均被液压油充满。

水平滚道 F 两端的孔为液压油的两条不同出路 I 和 K，滚道 F 和滚珠（27）构成了重力式水平仪。当流道 F 不处于水平位置时，如 I 端向下，滚珠因重力作用滚向 I 端，堵住 I 孔，则液压油将流出 K 孔。反之，如 K 端向下，滚珠将滚向 K 端堵住 K 孔，滚压油将从 I 孔流出。由此即可产生两种不同的信号。

在标定发生器柱体位置时，规定当钻达到预定井斜角时，在发生器柱体（26）的中心销孔内插入中心销，然后插入转动销，拨转（26）使所需角度线与重垂线相合，这样可保证在钻达规定井斜角时流道 F 处于水平位置。然后旋紧螺钉（43），压紧定位钢珠（42），从而把发生器柱体（26）和芯体（2）实现固定。由于该控制器安装在近钻头处，所以可很准确地反映钻头处的井斜情况。当实钻井斜角 α 小于预定井斜角 α_y 时（即 $\alpha<\alpha_y$），滚珠在 I 端，K 孔出油；反之，当 $\alpha<\alpha_y$，滚珠在 K 端，I 孔出油。由此即把井斜角 α 的两种状态（偏大或偏小）转变为两条油路的信号。

信号接收与传递机构即经特殊设计的油压传动系统，也装在工具芯体（2）上，与重力式信号发生装置相连。它由高压油腔 A、螺盖（59）、油缸与活塞、端盖（10）及密封件（9、11）组成的双作用油缸、两个经特殊设计的液控单向阀组件（16 ～ 36）、低压油腔组件（46 ～ 51）及其一系列油路所组成。

螺盖的外面车有环槽，形成腔室 L，经通路 O 和油缸大腔 M 相通，M 腔有通道与液控单向阀（1#）的 U 腔相连。油缸小腔 N 经通道 Q、R 和 S 与发生器柱体外环腔 G 相通；N 腔还通过 Q 与液控单向阀（2#）的 T 腔相通。

两个液控单向阀（1#、2#）的阀芯活塞（23）和（33）杆上装有橡胶“O”形圈，以起缓冲作用，相应的阀套（21、31）上刻有沟槽，小沟槽在运动时排出该腔内的油液，相应的阀座（17、34）内装有弹簧（60、35），起复位关闭流道的作用。

扁形工具芯体上还钻有通道 X、Y、Z，以沟通液控单向阀组的 W 腔、*V* 腔和进入低压油腔 a，形成回油路，低压油腔 a 是一个折皱形的胶囊（49），它固定在螺纹堵塞（46）的环槽内，堵塞（46）上钻有孔 b 和 c，连通回油通道，螺纹堵塞装在扁形阀芯的圆柱孔 d 内，胶囊（49）底部装有弹簧座（50）和复位弹簧（51），柱孔 *d* 上钻有通孔（g、h），通过密封件（44）和中心钻有通孔的螺塞（45）与工具本体（1）的外部即环形空间相通。

当开泵时，高压油腔 A 内的液压油在高压钻井液作用下，经液压回路部分流入低压油腔 a，胶囊（49）胀大，压缩弹簧（51），把 d 腔中的钻井液排入环空。当停泵时，钻柱内外压力平衡，原来压缩的复位弹簧（51）伸长，同时环空中钻井液充入 d 腔，把回油腔 a 中油经油路送入 A 腔，压缩胶囊 C，排出其中的钻井液（图 4.191）。

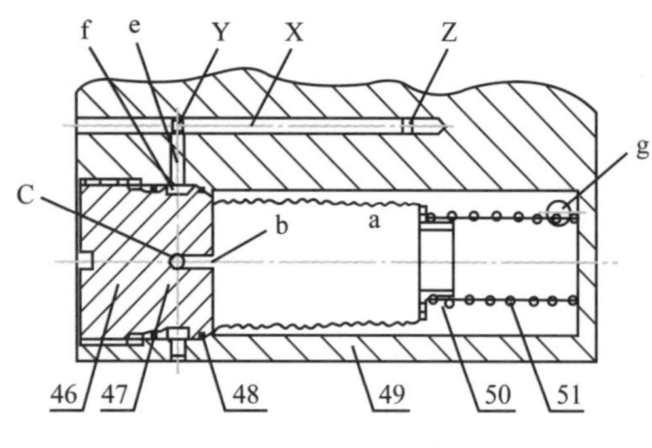

图4.191　低压油腔结构示意图

在上述油路的有关部分，均设有密封元件，把液压回路与钻井液隔离，信号发生机构与接受传递机构均是在介质液压油中工作的。

以下列出信号发生与接受传递过程的主要环节：

（1）当 $\alpha<\alpha_y$，滚珠在 I 端，K 孔开启，开泵（图 4.192）：

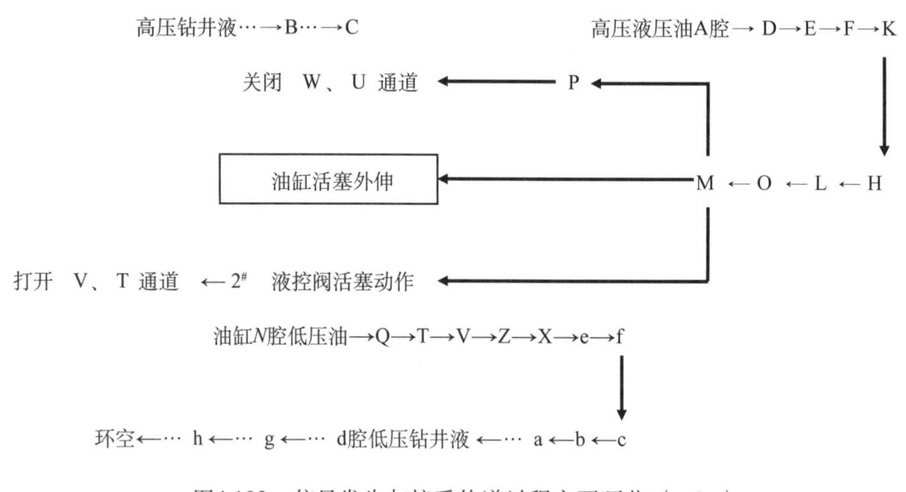

图4.192　信号发生与接受传递过程主要环节（$\alpha<\alpha_y$）

（2）当 $\alpha>\alpha_y$，滚珠在 K 端，I 孔开启，开泵（图 4.193）：

简言之，当 $\alpha<\alpha_y$ 时，开泵后活塞杆外伸；当 $\alpha>\alpha_y$ 时，开泵后活塞杆内缩。由此完成了信号的接收、传递和转换。

上述的停泵和开泵是接单根和继续钻进的必然操作，可见采用本发明未给正常钻进增加任何附加操作。

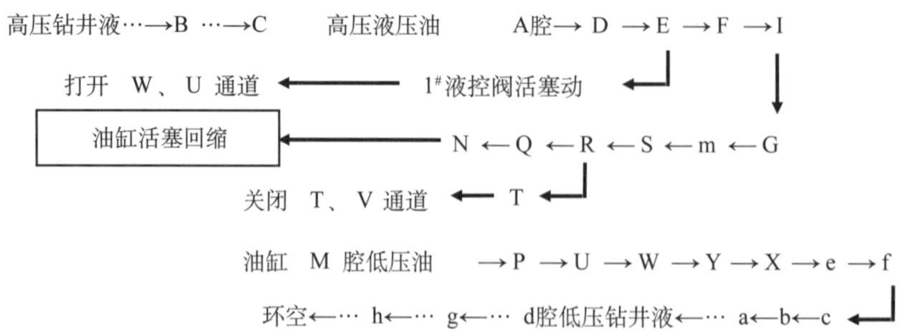

图4.193　信号发生与接受传递过程主要环节（$\alpha<\alpha_y$）

作为信号放大与执行机构的伸缩式变径稳定器，接在扁形工具芯体下部，其上端和下端分别通过螺纹与工具本体外壳（1）和钻头相连接。图 4.188、图 4.194 所示的变径稳定器仅是一种结构形式，还有另外一种结构详见图 4.195。

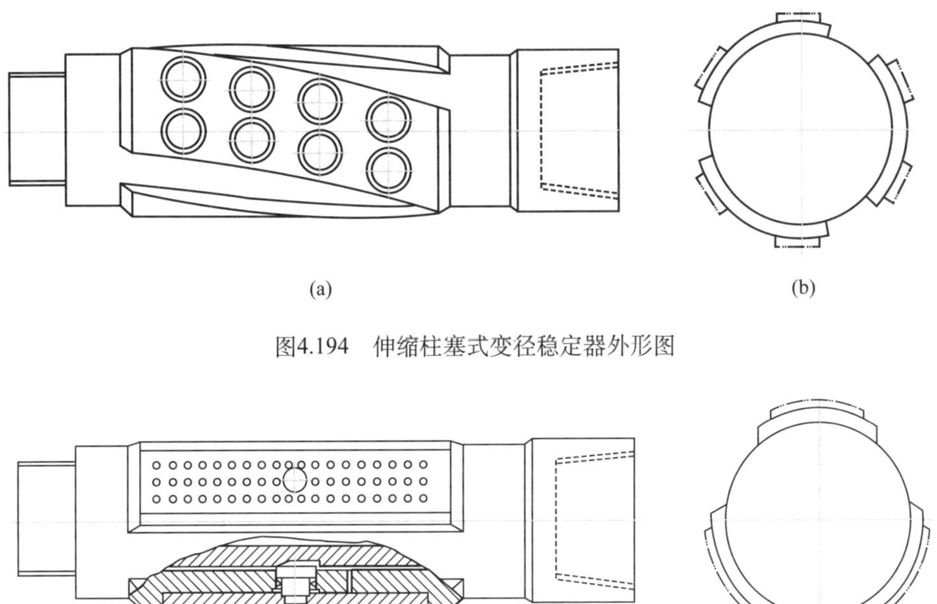

(a)　　(b)

图4.194　伸缩柱塞式变径稳定器外形图

(a)　　(b)

图4.195　伸缩筋板式变径稳定器结构示意图

图 4.188、图 4.194 所示的液控式变径稳定器，由稳定器本体（37）、稳定器主活塞（38）、主复位弹簧（53）及其定位组件（54 ~ 56），和一系列柱塞组件组成。主活塞上有不同尺寸的柱面和锥面。稳定器本体（37）上钻有若干组多排按一定规律排列的径向圆孔，圆孔外面凹坑内焊有支承环，内装伸缩柱塞和小复位弹簧。主活塞（38）上部柱面上和主复位弹簧（53）的支座螺母（56）上均装有密封圈（41、57），主活塞（38）的内孔为钻井液流道，其直径略大于控制油缸活塞杆下端（14）直径。

当控制部分的油缸活塞杆端部（14）外伸至一定位置时，将堵塞稳定器内主活塞（38）的内孔，引起钻井液压力迅速伸高，从而推动主活塞（38）下移，压缩复位弹簧（53）。此时大、小活塞处于随动状态，只要小活塞杆（12 ~ 14）下移，大活塞（38）将随之继续下移，在运动过程中，二者之间将保持一定的通流间隙。若油缸小活塞停止运动，稳定器大活塞也停止运动而处于平衡，在下移过程中，大活塞的锥面向外推压小柱塞使之外伸，以致大活塞（38）上与其锥面相连的柱面同小柱塞端面接触，此时小柱塞全部伸出，导致稳定器外径变大，同时压缩小复位弹簧。若控制油缸的活塞杆在液压系统作用下内缩，造成流道变大，主复位弹簧（53）将伸长，以致把主活塞（38）向上推至初始位置，在此过程中，小柱塞在被压缩的小复位弹簧的推动下内缩，导致稳定器外径变小。因钻井液主流道被堵塞时会产生足够的压力，克服工作过程中的阻力，所以该稳定器起到了信号放大和执行动作的作用。

稳定器安装位置尺寸、控制油缸活塞杆的长度，弹簧参数的选择，必须保证上列动作准确、到位、灵活的实现。

图 4.195 所示的另外一种伸缩式变径稳定器，和上述稳定器的差异之处在于：前者有一系列小柱塞，后者是一个柱塞，外有一条直筋板（共有 3 条），当柱塞内缩时筋板贴于稳定器本体的直槽底部；前者的大活塞上有若干组柱面和锥面，后者只有一组；前者的稳定器本体上是一系列排列有序的径向柱塞孔，后者本体上有 3 条直槽。

综上所述，当实际井斜角未达到预定井斜角时，会造成控制油缸的活塞杆外伸，稳定器直径变大；反之，若实际井斜角超过预定井斜角，则会造成控制油缸活塞内缩，使稳定器直径变小。

下面进一步介绍稳定器直径变化为什么会改变井斜的机理。

根据钻井力学和井眼轨道控制理论可知，改变 BHA 上稳定器的数目、距离、直径可使 BHA 的力学特性发生变化，以图 4.196 所示的钻具组合为例：(a) 为增斜组合，(b) 为降斜组合，(c) 为稳斜组合。比较 (a)、(b)，二者差异仅在于有无近钻头稳定器。如果用本发明即自动井斜角控制器代替 (a) 中的近钻头稳定器，即 (d) 所示，此时相当于近钻头稳定器是可自动调整的。如上所示，当实际井斜角 α 未达到预定井斜角 α_y 时，变径稳定器直径变大，相当于图中 (a) 的增斜组合，于是它使井斜增加；反之，当实际井斜角 α 超过预定井斜角 α_y 时，变径稳定器直径变小（和钻铤一样），相当于无近钻头稳定器即 (b) 中的降斜组合，于是它使井斜减少，这些动作是随着正常钻进过程自动进行的，因此它可使 α 保持在 α_y 的邻域内波动，非常接近预定的井斜角值。

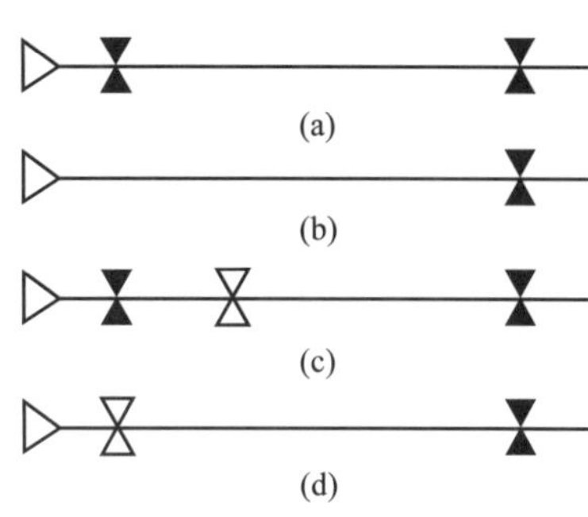

图4.196　不同作用的钻具组合类型

现分析本发明在实用中的控制精度与误差，以钻进水平段为例。在接单根停泵的时间内，从原理上分析，并考虑到制造误差，滚珠对滚道倾角的不敏感区应在 2° 以内。由于接单根是钻进过程中的必然操作，故无论水平钻进距离是多少，一般均可将轨迹波动幅度限制在上述范围内。即使制造误差很大而使滚珠滚动的不敏感区为 ±2.5°，则轨迹波动幅度最大值仅为 ±0.436m，远远小于现有水平井施工技术中的轨迹波动幅度。

参考文献

[1] 苏义脑．有关井眼轨道自动控制系统的几个特殊概念 [M]// 苏义脑．井下控制工程学研究进展．北京：石油工业出版社，2001：16–17.

[2] 杨树人．工程流体力学 [M]. 北京：石油工业出版社，2006：66，100，121.

[3] 苏义脑．正排量控制信号机构的设计与计算方法 [M]// 苏义脑．井下控制工程学研究进展．北京：石油工业出版社，2001：42–46.

[4] 苏义脑．用于井下控制的跟随机构的设计及工作特性分析 [M]// 苏义脑．井下控制工程学研究进展．北京：石油工业出版社，2001：160–161.

[5] 孟庆昆，曹朝霞，王辉，等．一种排量式遥控变径稳定器：ZL 96212594.6[P]. 1997–01–08.

[6] 成大先．机械设计手册 第 5 卷 [M]. 北京：化学工业出版社，2009：21–23.

[7] 林雅玲，崔凯，马汝涛，等．基于 ADAMS 的正排量控制机构的设计仿真研究 [J]. 石油机械，2012，40（8）：56-59.

[8] 李天太，孙正义，李琪．实用钻井水力学计算与应用 [M]. 北京：石油工业出版社，2002：80–88.

[9] 张玉英，王永宏，邹涌．钻井遥控变径稳定器的研制及应用 [J]. 石油矿场机械，2008，37（1）：87–89.

[10] Alexander Craigmackay，George Armando Espirltu，CharlesH.Dewey. Drilling and Hole Enlargement Device：US7757787[P]. 2010–07–20.

[11] 谢竹庄．钻柱中的弹性波 [J]. 石油学报，1992，13（3）：97–99.
[12] 谢竹庄．井下遥控信号及其接收机构：ZL90100178.3[P]. 1991–08–07.
[13] 苏义脑，季细星．起下钻时的钻柱和液柱系统纵向振动过程分析 [M]// 苏义脑．井下控制工程学研究进展．北京：石油工业出版社，2001：30–34.
[14] 苏义脑，刘英辉．一种重力信号发生机构的理论分析和实验研究 [M]// 苏义脑．井下控制工程学研究进展．北京：石油工业出版社，2001：155–159.
[15] 刘英辉．自动井斜角控制器及井下机构的分析研究和机液型井眼轨道遥控装置设计 [D]. 北京：中国石油勘探开发研究院，2000：49–51.
[16] 苏义脑，刘英辉．遥控式机液型井下降斜工具：ZL00238155.9[P]. 2001–05–23.
[17] 机械零件设计手册编写组．机械零件设计手册 [M]. 北京：冶金工业出版社，1973.
[18] 徐灏．机械设计手册 [M]. 北京：机械工业出版社，1998.
[19] 于小龙，刘贵远，左凯，等．新型随钻液压扩眼器的研制 [J]. 石油机械，2010，38（7）：14–16.
[20] 张建，沈汉民，王瑞芳．定向变角钻井接头：ZL89215330.X[P]. 1991–02–20.
[21] 李永革，陈德民，李志龙，等．投球开启自锁滑套：ZL201020665564.4[P]. 2011–07–27.
[22] 孟庆昆，曹朝霞，王辉，等．投球式遥控变径稳定器：ZL96213796.0[P]. 1997–01–08.
[23] 胡国清，刘龙.KJW—310 型钻井可控变径稳定器 [J]. 石油机械，1999，27（12）：34–36.
[24] 夏元白，周锡容，李宗明．液压震击器的机械特性及动力学分析 [J]. 石油机械，1991，19（9）：32–36.
[25] 谢竹庄．发送井下遥控信号的方法及其接收机构：ZL911014330[P]. 1994–04–13.
[26] Larryr.russell.Surface Controlled Auxiliary Bladde Stabilizer[P]：US4491187，1985.
[27] Andrew Philip Churchill. Downhole Bypass Valve[P]：US6820697，2004.
[28] Philippe Fanuel，Jean–PierreLassoie，Oliviermageren，et.al.Reaming and Stabilization Tool and Method for Its Use in Borehole[P]：US7584811，2009.
[29] 王春华，于晓丽，纪博，等．新型可变径稳定器的研制与应用 [J]. 西部探矿工程，2011（7）：45–47.
[30] Gregorymarshall.Internal Pressure Indicator and Locking Mechanism for a Downhole Tool[P]：US6851491，2005.
[31] 候诊秀．机械系统设计 [M]. 哈尔滨：哈尔滨工业大学出版社，2000：16.
[32] 苏义脑，张润香．排量控制式变径稳定器：ZL92225787.6[P]. 1992–12–23.
[33] 季细星．正排量遥控变径稳定器：ZL00234301.0 [P]. 2001–03–21.
[34] 马汝涛．套管钻井扩眼装置工作机理研究与结构设计 [D]. 北京：中国石油勘探开发研究院，2011：11.
[35] 苏义脑．新发明——井斜角自动控制器的原理及应用 [C]// 中国博士后首届学术大会论文集．北京：国防工业出版社，1993.
[36] Warren TM. Factors Affecting Torque for a Tricone Bit[J]. Journal of Petroleum Technology，1984，36（9）：1500–1508.
[37] 苏义脑．螺杆钻具研究及应用 [M]. 北京：石油工业出版社，2001.
[38] 苏义脑，谢竹庄．螺杆钻具和多头单螺杆马达的基本原理 [J]. 石油钻采机械，1985，13（4）：1–11，73–74.

[39] 苏义脑，王家进．中空螺杆钻具的外特性及其改进 [J]. 石油学报 ,1998，19（1）：89—95.
[40] 苏义脑，王家进．具有稳流阀的中空转子螺杆钻具．ZL95219393.0 [P]. 1996—05—01.
[41] 白家祉，苏义脑．井斜控制理论与实践 [M]. 北京：石油工业出版社，1990.
[42] 苏义脑，窦修荣．液控组合阀：ZL00238948.7[P]. 2001—05—23.
[43] 苏义脑．自动井斜角控制器：ZL90109809.4[P]. 1997—07—30.
[44] 赵学端，等．黏性流体力学 [M]. 北京：机械工业出版社，1983.
[45] 北京航空学院，西北工业大学．工程流体力学 [M]. 北京：国防工业出版社，1980.
[46] 程鹏．自动控制原理 [M]. 北京：高等教育出版社，2008：76—77.
[47] 董景新，赵长德．控制工程基础 [M]. 北京：清华大学出版社，2000.
[48] 苏义脑．水平井井眼轨道控制 [M]. 北京：石油工业出版社，2000.
[49] 苏义脑．井下控制工程学研究进展 [M]. 北京：石油工业出版社，2000.
[50] 苏义脑．钻井力学与井眼轨道控制 [M]. 北京：石油工业出版社，2008.
[51] 苏义脑，林雅玲，滕鑫淼．井下控制机构与系统设计学概述 [J]. 石油机械，2014，42（2）：1—5.
[52] 苏义脑，林雅玲，滕鑫淼．节流口 / 节流杆排量信号控制机构分析与研究 [J]. 石油机械，2014，42（6）：24—29.
[53] 苏义脑，林雅玲，滕鑫淼．锥形节流口压降研究与跟随机构特性分析 [J]. 石油机械，2014，42（8）：1—6.
[54] 苏义脑，林雅玲，滕鑫淼．伞状径向伸缩机构的参数分析与特性研究 [J]. 石油机械，2015，43（1）：1—4.
[55] 苏义脑，林雅玲，滕鑫淼．投球控制机构的分析与研究 [J]. 石油机械，2015，43（5）：1—4.
[56] 苏义脑，林雅玲，滕鑫淼．堵孔圆板机构的压降分析与计算 [J]. 石油机械，2015，43（6）：24—26.

5　井下信息随钻测量与传输

井下信息随钻测量和传输是井下控制工程学的技术基础之一。井下控制系统与传统的井下工具的最大差别就在于增加了信息反馈和控制环节，而信息的随钻测量和传输则是实现反馈和控制的前提。因此，研究井下信息随钻测量和传输的理论与方法，开发井下信息随钻测量和传输的实用技术，是十分必要的。

本章介绍井下地质参数、几何参数和工艺参数随钻测量的理论和方法，在此基础上，进一步讨论实现这些参数传输的实用技术，包括井下和地面的双向信息传输和井下对井下的信息短传。

5.1　井下地质参数的随钻测量

5.1.1　电流型地层电阻率的随钻测量

组成地层的岩石是一种多孔隙混合介质，孔隙中含有油、气、水等多相流体。表征地层的电磁特性参数主要有 3 个：电阻率 ρ（或电导率 σ）、介电常数 ε 和磁导率 μ。由于油气储层绝大部分为沉积岩，磁导率变化很小，相对磁导率近似为 1，这样涉及油、气、水的参数主要为电阻率（或电导率）和介电常数，因此电法测井主要对这两个参数进行研究和测量。又因为油、气的介电常数很低，相对介电常数约为 2，所以油气储层的介电常数主要决定于孔隙中的水（其相对介电常数比油气至少高一个数量级）。在油气储层中，反映油气含量的电学参数为电阻率，反映水含量的电学参数为介电常数和电阻率（电阻率值随地层水中含盐量变化而变化）。决定地层岩石电阻率大小的因素主要有：岩石的组织结构，岩石孔隙内地层水中盐类的化学成分、浓度、温度，岩石孔隙度，岩石的含油饱和度。因此通过测量地层电阻率参数，可以估计出油气储集层的含油（水）饱和度和孔隙度，从而估计油气储量。因此，随钻测量地层电阻率就构成了井下控制工程学中的一个重要课题。

随钻电阻率测井理论、方法与仪器的发展主要有 2 个方向：一种是电流型（或叫电极型），它是由金属电极向地层发射电流，通过测量电极的电流和电压来导出地层电阻率参数；另一种是电磁波型，它是由发射线圈（天线）向地层发射电磁场或电磁波，通过接收线圈（天线）测量感应电动势或电磁波幅度（衰减）和相位（差）导出电阻率。

5.1.1.1　近钻头地层电阻率随钻测量基本原理

20 世纪 80 年代以来，随钻电流电阻率测量技术得到了快速发展。随钻电流型电阻率测量方法与仪器方面的发展沿着 2 个方向：

（1）用金属电极直接供电和测量的电流型；

（2）用线圈电磁感应产生电流的金属电极间接供电和测量的电流型（可称为电磁感应型电流电阻率）。

笔者带领研究团队研发的 CGDS 近钻头地质导向钻井系统中的近钻头地层电阻率测量技术，就是属于随钻电流电阻率测量技术，其基本原理可参见图 5.1：在近钻头的钻铤上安置了两个在磁芯上缠绕有导线的线圈，上部是发射线圈，下部是接收线圈，这种结构形成了 2 个变压器，对发射线圈而言钻铤相当于变压器的次级，而对接收线圈而言钻铤相当于变压器的初级。

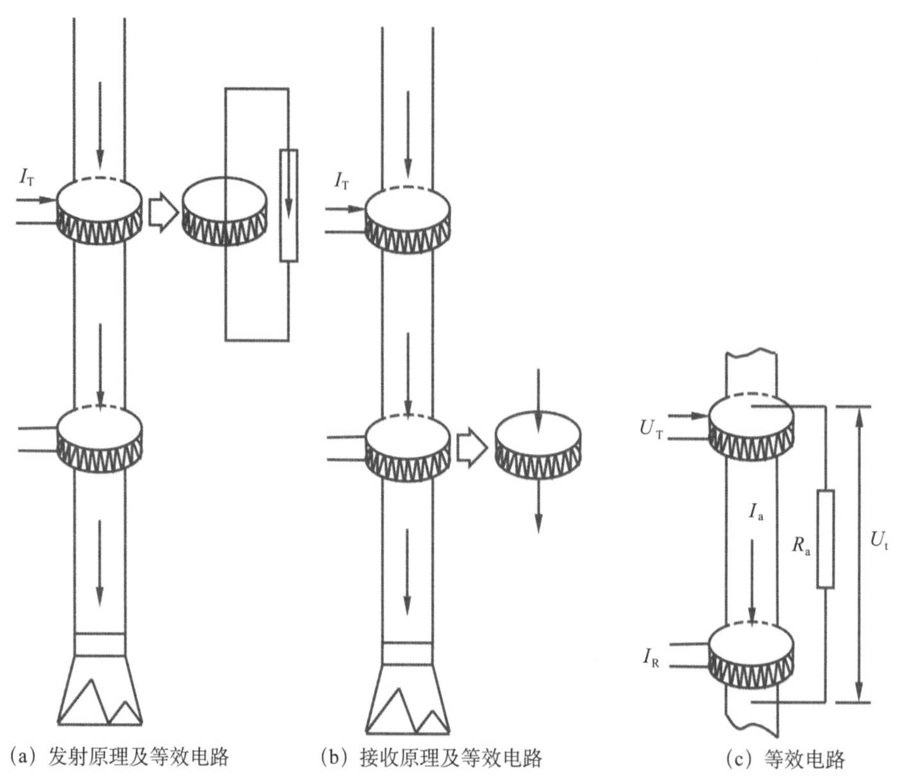

图5.1　近钻头电阻率测量电流发射及接收原理示意图和等效电路

表5.1　近钻头测量系统电极名称及标识符

电极名		标识符
发射线圈		T_c
接收线圈	近接收线圈	R_cN
	远接收线圈	R_cF
电扣电极	近电扣电极	B_tN
	中电扣电极	B_tM
	远电扣电极	B_tF
电位测量电极		E_dP

在钻井过程中进行电阻率测量时，给发射线圈供以交变激励电流，会在作为变压器次级的钻铤上感生出一定的电动势，该感生电动势通过钻铤和地层构成的回路形成感生电流。从发射线圈到钻头之间的感生电流可分为两部分，接收线圈和发射线圈之间的钻铤上流出的电流称为聚焦电流，而接收线圈到钻头之间所流出的感生电流称为测量电流。在测量电流的激励之下，接收线圈上会产生出和测量电流成比例的电动势。接收线圈上所测量的电动势与发射线圈在钻铤上所激励的感生电动势有关，与邻近钻头的地层电阻率有关。

第一个变压器的结构中发射线圈构成初级，钻铤和通过地层的返回路径形成次级。当交流电接入初级线圈时，在环形线圈的两侧的钻铤中就会感应出电压 U_T，钻铤上的电压差 U_t 就近似等于初级线圈的驱动电压 U_T 除以初级线圈的绕组匝数 N_T。这可以看成是一个环形发射器，它的工作频率可在 100 ~ 10000Hz 之间进行选择。

第二个变压器的结构与上述的环形发射器正好相反，此处钻铤和地层构成初级，接收线圈形成次级。次级线圈连接到一个输入阻抗非常低的测量电路中，因此当钻铤中出现轴向电流 I_a 时，次级线圈中就会感应出电流 I_R，其值等于钻铤中轴向电流 I_a 除以次级线圈绕组的匝数 N_R，为测量点上或下、流入或流出 BHA 的整体电流。

据此，地层的视电阻率 R_a 可通过欧姆定律进行计算，即

$$R_a = K \frac{U_t}{I_a} \tag{5.1}$$

式中：K 为仪器常数。

根据上述的近钻头电阻率传感器基本原理，已提出或可提出多种各具特点的用于随钻测量的近钻头电阻率测量方案。

5.1.1.2 近钻头电阻率测量系统的典型结构

近钻头电阻率传感器的典型结构可参见图 5.2，由 1 个发射线圈、2 个接收线圈、1 个电位测量电极和 3 个电扣电极所组成。各部件名称和标识符见表 5.1。

各部分作用叙述如下：

发射线圈：激励电流进入地层；

近接收线圈：测量近接收线圈到钻头部分钻铤上流出的电流；

远接收线圈：测量远接收线圈到钻头部分钻铤上流出的电流；

电位测量电极：测量实际钻铤上该处感生电位；

电扣电极：测量 3 个电扣上流出的感生电流。

通过上述测量，可获得 2 种近钻头电阻率、1 种高分辨率侧向电阻率和 3 种不同探测深度的浅电阻率。各部件尺寸及相互位置会影响电阻率的测量效果，将各部件尺寸及相互位置定义为该测量系统的结构因素，见表 5.2、表 5.3 和图 5.3、图 5.4。

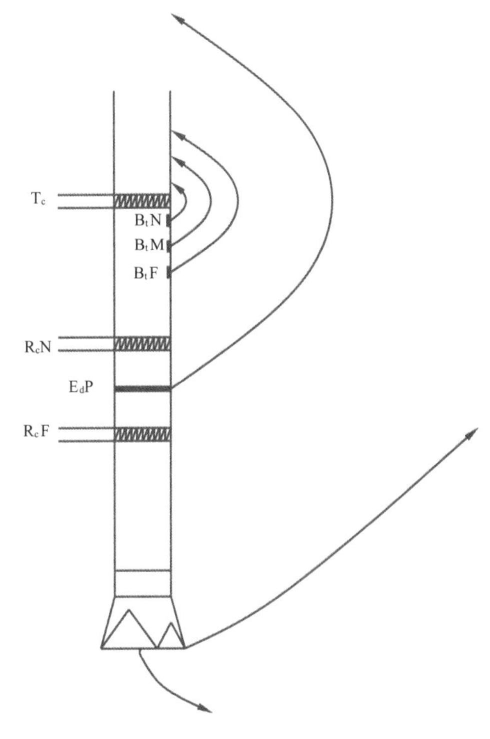

图5.2 近钻头电阻率测量系统结构示意图

表5.2 近钻头电阻率测量系统结构因素

因素号	因素名称	标识符
1	发射线圈宽度	L_1
2	发射线圈与近接收线圈之间距离	L_2
3	近接收线圈宽度	L_3
4	近接收线圈与电位电极之间间距	L_4
5	电位电极宽度	L_5
6	电位电极与发射线圈之间间距	L_6
7	远接收线圈宽度	L_7
8	远接收线圈与钻头底面之间间距	L_8

表5.3 近钻头电扣电极测量结构因素

因素号	因素名称	标识符
1	发射线圈宽度	L_1
2	发射线圈与近电扣电极中心之间距离	L_{B_1}
3	发射线圈与中电扣电极中心之间距离	L_{B_2}
4	发射线圈与远电扣电极中心之间距离	L_{B_3}
5	电扣电极与钻铤金属表面之间绝缘间隙	S
6	电扣电极面积	A

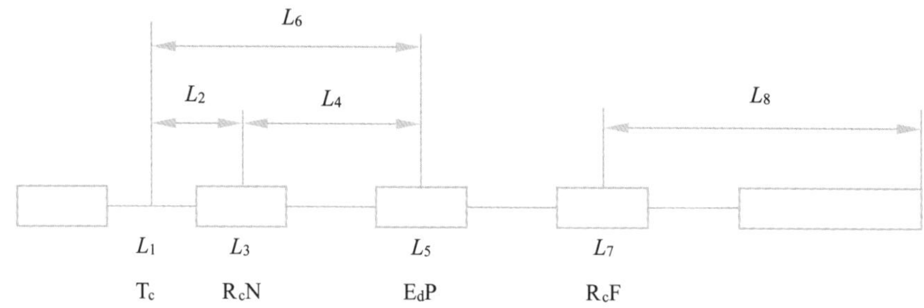

图5.3 近钻头电阻率测量系统结构因素示意图

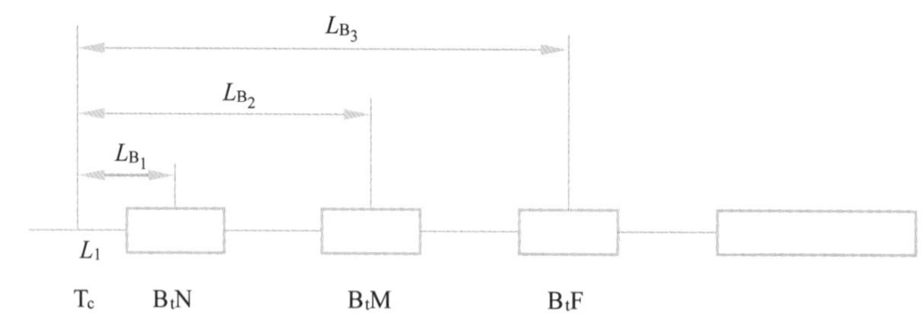

图5.4 近钻头电扣电极测量结构因素示意图

在该系统中进行测量的参数、输出参数及输出参数的特点和用途分别见表5.4、表5.5和表5.6。

表5.4 测量参数

信号类别	信号名称	标识符
测量	近接收线圈测量电流	I_{R_cN}
	远接收线圈测量电流	I_{R_cF}
	电位电极测量电位	U_{E_dP}
	近电扣电极测量电流	I_{B_tN}
	中电扣电极测量电流	I_{B_tM}
	远电扣电极测量电流	I_{B_tF}
质量控制	发射电流	I_{T_c}
	温度	T
	振动	V_x
		V_y
		V_z

表5.5 输出参数

输出量	标识符	转换关系
近线圈电阻率	R_{R_cN}	$R_{R_cN}=K_{R_cN}*V_{E_dP}/I_{R_cN}$
远线圈电阻率	R_{R_cF}	$R_{R_cF}=K_{R_cF}*V_{E_dP}/I_{R_cF}$
侧向电阻率	R_{LL}	$R_{LL}=K_{LL}*V_{E_dP}/$ （$I_{R_cN}-I_{R_cF}$）
近电扣电阻率	R_{B_tN}	$R_{B_tN}=K_{RB_tN}*V_{E_dP}/I_{B_tN}$
中电扣电阻率	R_{B_tM}	$R_{B_tM}=K_{RB_tM}*V_{E_dP}/I_{B_tM}$
远电扣电阻率	R_{B_tF}	$R_{B_tF}=K_{RB_tF}*V_{E_dP}/I_{B_tF}$

表5.6 输出参数特点及用途

<table>
<tr><th>名称</th><th>标识符</th><th>特点</th><th>用途</th></tr>
<tr><td>近线圈电阻率</td><td>R_{R_cN}</td><td>对钻头振动有较好的稳定性，分辨率差</td><td rowspan="3">电阻率测量</td></tr>
<tr><td>远线圈电阻率</td><td>R_{R_cF}</td><td>分辨率高，探测深度大，对钻头振动稳定性差</td></tr>
<tr><td>侧向电阻率</td><td>R_{LL}</td><td>高分辨率，中等探测深度</td></tr>
<tr><td>近电扣电阻率</td><td>R_{B_tN}</td><td rowspan="3">高分辨率，探测浅，有方向性</td><td rowspan="3">判断层界面，度差显示渗透性</td></tr>
<tr><td>中电扣电阻率</td><td>R_{B_tM}</td></tr>
<tr><td>远电扣电阻率</td><td>R_{B_tF}</td></tr>
</table>

基于上述，可进一步得出电阻率测量的数学模型与实施方案，详见第 6.2 节。对测量方案，要开展室内试验以验证模型和方案的正确性，有关实验方法部分详见第 7 章。

5.1.2 电磁波型随钻电阻率的测量

电流型随钻电阻率测量的优点在于方法相对简单，缺点是探测深度浅；而电磁波型随钻电阻率测量的优点则是探测深度相对较深，技术效果更好。电磁波电阻率测井就是通过测量电阻率和介电参数对地层油气含量做出评价。

5.1.2.1 电磁波随钻电阻率测量基础知识

（1）电磁场与地层电阻率和介电常数的关系。

电磁场与电学参数的关系可以通过 Maxell 方程组推导出来。设均匀介质中有一半径为 a_{T}、匝数为 N_{T} 的发射天线 T，其中通以角频率为 ω 的交变电流 $I_{\mathrm{T}}=I_0\mathrm{e}^{i\omega t}$，描述电磁场变化规律的 Maxell 方程组为 [6]：

$$\begin{cases}\nabla\times\vec{H}=(\sigma+i\omega\varepsilon)\vec{E}+\vec{J_{\mathrm{S}}}\\ \nabla\times\vec{E}=-i\omega\mu\vec{H}\\ \nabla\cdot\vec{E}=0\\ \nabla\cdot\vec{H}=0\end{cases}\tag{5.2}$$

式中：$\vec{H}$ 为磁场强度矢量；$\vec{E}$ 为电场强度矢量；$\vec{J_{\mathrm{S}}}$ 为发射电流密度矢量。

考虑不含源的区域（J_S=0），在柱坐标系（r，φ，z）下，$\vec{E}$只有φ分量E_φ，$\vec{H}$只有r分量H_r和z分量H_z，对（5.2）式变换并应用分离变量法分解可得到如下的场方程[6]：

$$\begin{cases} \dfrac{\partial^2 E_\varphi}{\partial z^2}+\dfrac{\partial^2 E_\varphi}{\partial r^2}+\dfrac{1}{r}\dfrac{\partial E_\varphi}{\partial r}+\left(k^2-\dfrac{1}{r^2}\right)E_\varphi=0 \\ H_r=\dfrac{1}{i\omega\mu}\dfrac{\partial E_\varphi}{\partial z} \\ H_z=-\dfrac{1}{i\omega\mu}\left(\dfrac{E_\varphi}{r}+\dfrac{\partial E_\varphi}{\partial r}\right) \end{cases} \tag{5.3}$$

式中：k为波数。其表达式为：

$$k=\sqrt{-i\omega\mu(\sigma+i\omega\varepsilon)} \tag{5.4}$$

只要求解出E_φ，就可求出H_r和H_z。下面给出E_φ在均匀介质中空间任意一点的解[6]：

$$\begin{gathered} E_\varphi=-\frac{i\omega\mu Mr}{4\pi R^3}\mathrm{e}^{-ikR}(1+ikR) \\ M=\pi a_{\mathrm{T}}^2N_{\mathrm{T}}I_{\mathrm{T}}=S_{\mathrm{T}}N_{\mathrm{T}}I_{\mathrm{T}} \end{gathered} \tag{5.5}$$

式中：M为发射天线T的磁偶极距；S_{T}为发射天线的面积；R为发射天线中心到空间任意一点的距离。

从式（5.3）和式（5.4）可以看出，电场强度E_φ随地层电导率σ、介电常数ε、磁导率μ的变化而变化。

（2）电磁波测井与工作频率的关系。

在石油测井方法中，电法测井分为直流电测井和交流电测井，其中交流电测井分为感应测井（实际上为一种低频的电磁波测井）和电磁波传播测井。直流电测井利用了直流电工作原理，但实际仪器采用工作频率很低的交流电，它直接测量地层电阻率，通常将其简称为电阻率测井。感应测井直接测量电导率，通常称为电导率测井，它把仪器的测量响应与地层电导率之间的关系近似地看成线性关系。电磁波传播测井又称电磁波测井，它测量地层的电阻率和介电常数，又分为电磁波电阻率测井和电磁波介电常数测井。电法测井分类与工作频率的关系[4]如图5.5所示。

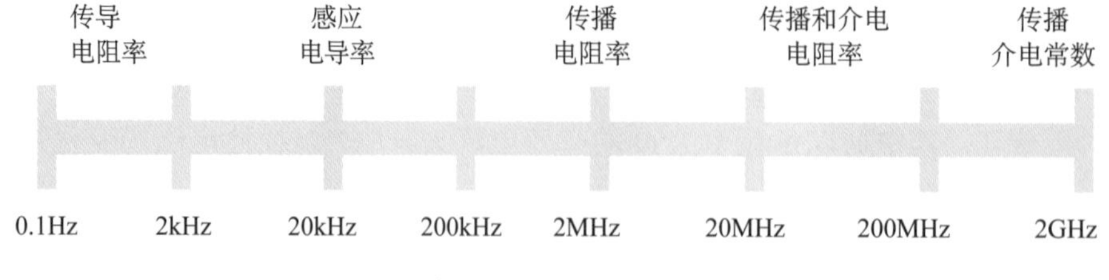

图5.5 电法测井分类与工作频率分布

电磁波方法测量电阻率和介电常数的区分依赖于工作频率。电阻率测量动态范围的高阻段受限于工作频率，并且受介电常数的影响。要使电导率测量不受介电常数和频率的影响，应满足条件$\sigma \gg \omega\varepsilon$。在低阻段，该条件很容易满足，在高阻段可认为$\dfrac{\sigma}{\omega\varepsilon}>10$左右就可忽略介电常数的影响。

表5.7给出了不同频率和不同地层电阻率时σ、$\omega\varepsilon$的对比值。从该表可以看出，在相对介电

常数 ε_r=1 时，采用 2MHz 工作频率，测量的地层电阻率上限不超过 1000Ω · m，否则介电常数的影响不可忽略。若采用更高的工作频率或相对介电常数更大，则要忽略介电常数的影响，测量地层电阻率的上限值会更小。当工作频率较高时，需要进行介电常数影响校正来提高电阻率的测量精度和范围，例如：对于 2MHz，地层电阻率为 1000Ω · m，$\frac{\sigma}{\omega\varepsilon}\approx 9$，对于 E_φ 来说，$\omega\varepsilon$ 的影响不可忽略，因此需要进行介电常数影响校正才能求准地层电阻率。

表5.7 不同频率和不同地层电现率时σ、$\omega\varepsilon$的对比值（相对介电常数ε_r=1）

电阻率（Ω·m）	电导率（S/m）	工作频率	$\omega\varepsilon$	$\frac{\sigma}{\omega\varepsilon}$
100	1×10^{-2}	100kHz	5.56×10^{-6}	1799
		400kHz	2.22×10^{-5}	450.0
		2MHz	1.11×10^{-4}	90.09
		4MHz	2.22×10^{-4}	45.00
500	2×10^{-3}	100kHz	5.56×10^{-6}	359.7
		400kHz	2.22×10^{-5}	90.09
		2MHz	1.11×10^{-4}	18.02
		4MHz	2.22×10^{-4}	9.009
1000	1×10^{-3}	100kHz	5.56×10^{-6}	179.9
		400kHz	2.22×10^{-5}	45.00
		2MHz	1.11×10^{-4}	9.009
		4MHz	2.22×10^{-4}	4.500
2000	15×10^{-4}	100kHz	5.56×10^{-6}	89.95
		400kHz	2.22×10^{-5}	22.49
		2MHz	1.11×10^{-4}	4.500
		4MHz	2.22×10^{-4}	2.249
3000	3.33×10^{-4}	100kHz	5.56×10^{-6}	59.89
		400kHz	2.22×10^{-5}	15.00
		2MHz	1.11×10^{-4}	3.000
		4MHz	2.22×10^{-4}	1.500
5000	2×10^{-4}	100kHz	5.56×10^{-6}	35.97
		400kHz	2.22×10^{-5}	9.009
		2MHz	1.11×10^{-4}	1.800
		4MHz	2.22×10^{-4}	0.9009

介电常数的测量需要更高的工作频率，一般需要几百兆赫兹以上，并且还需考虑电阻率的影响。

上述分析计算，忽略了电阻率和介电常数的频散现象，其实在岩石电阻率 1000Ω · m 以上且工作频率大于 1MHz 时，可观察到明显的频散现象，而在介电常数较大且工作频率为 1kHz ~ 100MHz 时也存在比较明显的频散现象[77]。但是在频率 2MHz 以下、电阻率 1000Ω · m 以下、相对介电常数小于 20 时，可忽略频散影响。

5.1.2.2 随钻电磁波电阻率的测量原理

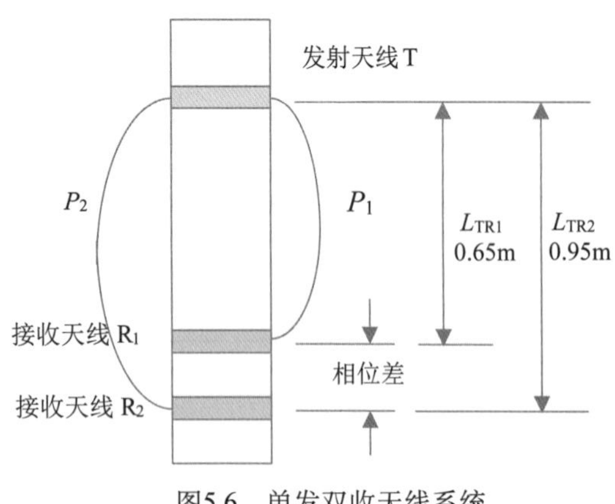

图5.6 单发双收天线系统

下面以如图5.6所示的单发双收天线系统来描述电磁波与电阻率的关系，以及幅度衰减电阻率和相位差电阻率的测量原理。

（1）电磁波与电阻率的关系。

在钻进过程中，当钻铤上的发射天线T激发电磁波向四周传播时，电磁波要经过钻铤、井眼钻井液、滤饼、冲洗带、地层过渡带、原状地层，接收天线 R_1 和 R_2 接收到电磁波的幅度和相位随周围介质电阻率的变化而变化。图5.7是电磁波在地层介质中传播时幅度和相位随地层电阻率变化而变化的示意图。

两接收天线 R_1、R_2 之间的电磁波幅度衰减和相位差也随地层电阻率的变化而变化。研究表明[4, 5, 8]：

①随着地层电阻率的增加，电磁波的波速和波长增加，传播时间减少，反之亦相反；

②随着地层电阻率的增加，两接收天线间的相位差和幅度衰减减少，反之亦相反；

③通过测量电磁波的相位差和幅度衰减可以导出地层电阻率。

（2）相位差和幅度衰减与地层电阻率的关系。

设两个接收天线的半径都为 a_R（面积为 S_R），匝数都为 N_R，发射天线到两接收天线的距离分别为 L_{TR_1}、L_{TR_2}。在均匀介质中，任意一接收天线中的感应电动势可表达为：

$$V_{TR} = \oint E_\varphi \mathrm{d}l = 2\pi a_R N_R E_\varphi \tag{5.6}$$

两接收天线的感应电动势为：

$$V_{TR_1} = -\frac{i\omega\mu S_R N_R M}{2\pi L_{TR_1}^3} e^{-ikL_{TR_1}}\left(1+ikL_{TR_1}\right) \tag{5.7}$$

$$V_{TR_2} = -\frac{i\omega\mu S_R N_R M}{2\pi L_{TR_2}^3} e^{-ikL_{TR_2}}\left(1+ikL_{TR_2}\right) \tag{5.8}$$

两接收天线之间的幅度衰减 α 和相位差 $\Delta\phi$ 定义为：

$$\alpha = 20\lg\left|\frac{V_{TR_1}}{V_{TR_2}}\right| \quad (\mathrm{dB}) \tag{5.9}$$

$$\Delta\phi = \phi_{TR_2} - \phi_{TR_1} \quad (^\circ) \tag{5.10}$$

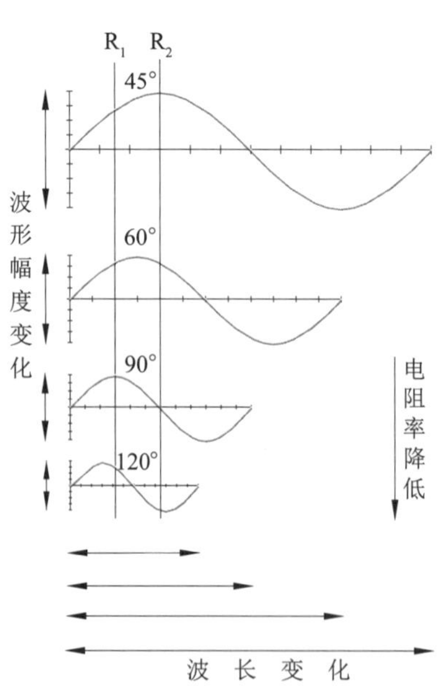

图5.7 电磁波幅度和相位随地层电阻率的变化

式中

$$\phi_{TR_1} = \arctan\left[\frac{imag(V_{TR_1})}{real(V_{TR_1})}\right] \tag{5.11}$$

$$\phi_{TR_2} = \arctan\left[\frac{imag(V_{TR_2})}{real(V_{TR_2})}\right] \tag{5.12}$$

通过式（5.9）和式（5.10）建立幅度衰减和相位差与地层电阻率的关系。根据式（5.10）计算，图 5.8 和图 5.9 分别给出了图 5.6 所示的单发双收天线系统在均匀介质中的幅度衰减和相位差随地层电阻率变化而变化的结果。

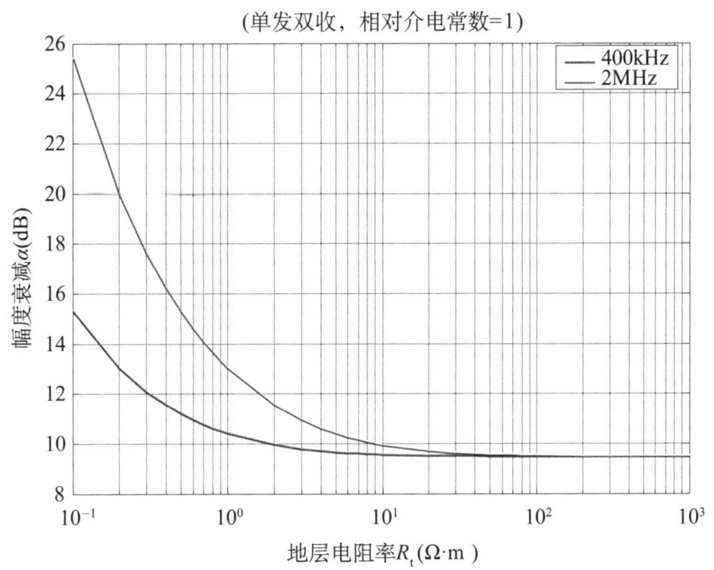

图5.8　幅度衰减与地层电阻率的关系

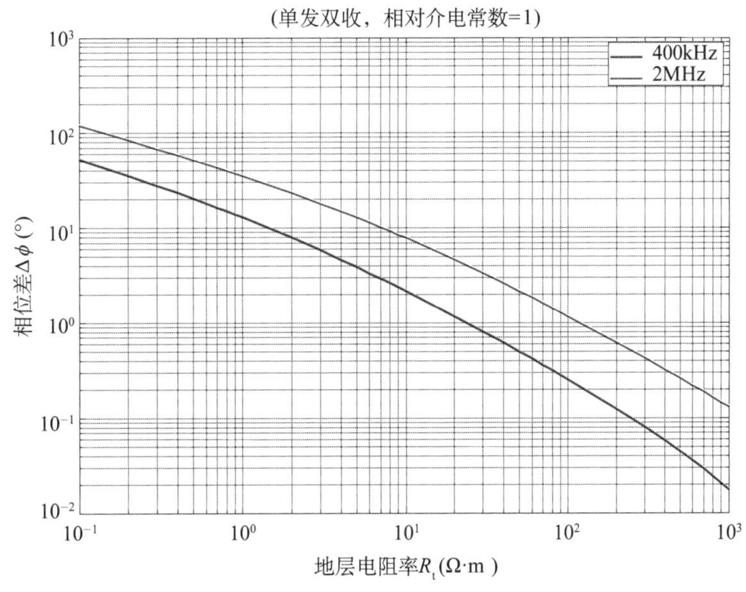

图5.9　相位差与地层电阻率的关系

计算结果表明：

①在半对数坐标图中，幅度衰减随地层电阻率的增加非线性减小；在双对数坐标图中，相位差随地层电阻率的增加近似线性地减小。

②电阻率相同时，高频率（如 2MHz）的幅度衰减和相位差大于低频率（如 400kHz）的幅度衰减和相位差。

图 5.8 和图 5.9 给出的计算结果没有考虑金属钻铤及其结构影响，是对幅度衰减和相位差随地层电阻率变化的近似描述。然而，要考虑金属钻铤及其结构的影响，就不能用上述解析表达式计算，不过，

用解析表达式的计算不影响变化趋势，可用有限元方法和数值模式匹配方法来进行数值模拟研究。

5.1.3 近钻头自然伽马测量

5.1.3.1 自然伽马测量仪的测量原理

在自然界中，几乎所有的伽马射线辐射都是由放射性元素 K−40、铀族和钍族的放射性元素放射出来。铀族和钍族的放射性元素发射出多种能量的伽马射线，因此，到达探测器的自然伽马射线表现为几乎是连续的能量谱。

因在沉积成岩等过程中天然放射性元素运移规律的不同，故造成不同类型的岩石中天然放射性物质含量的差异，特别是天然放射性元素铀、钍、钾易于富集在黏土和泥岩中，除因火山灰岩和花岗岩含有溶化钾盐的地层水外，通常地层的放射性很弱。伽马测量仪是利用伽马射线与地层作用的光电效应、康普顿效应、电子对效应等原理来测量探头附近地层中的自然伽马射线，它是一种无源装置，能够较好地区分地层岩性，估算地层的泥质含量，划分渗透层。

自然伽马测量仪只有通过刻度才能对测量段进行区分和确认地层。一般刻度分为标准井的二级刻度，仪器维修、保养和现场测井的三级刻度。我们的自然伽马刻度井提供了对测量仪进行二级刻度的计量标准器，它可以用来标定仪器的灵敏度，给井场刻度器定值，且是方法研究的重要设施。在测量仪维修、保养和测井的过程中（包括主刻度、测前刻度、测后刻度），使用井场刻度器对测量仪进行标定，是检测测量仪工作的正常性、稳定性和测量数据的准确性与可靠的依据。作者带领研究团队研发的 CGDS 近钻头地质导向钻井系统中的自然伽马测量仪，所采用的 API 国际标准计量单位是通过中国石油西安石油仪器总厂的自然伽马标准刻度井传递而来的，该井的结构见图 5.10。

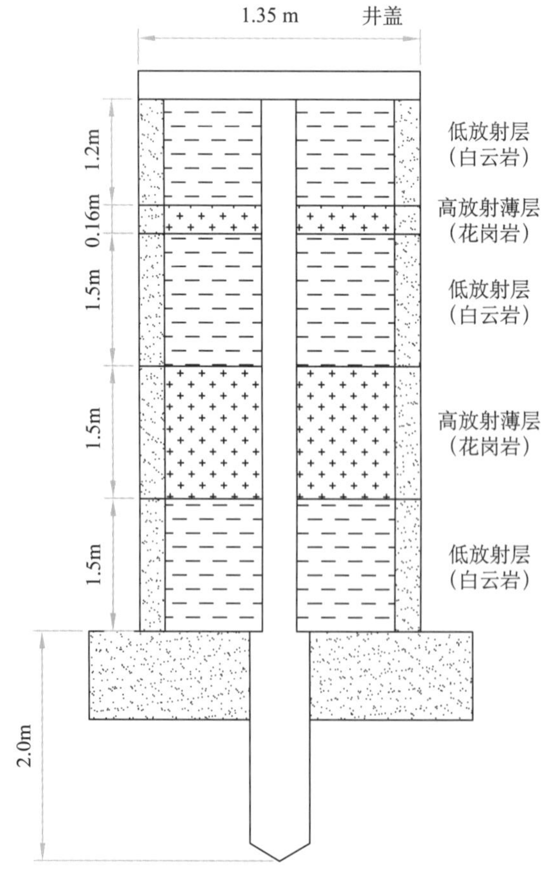

图5.10 自然伽马标准刻度井

5.1.3.2 自然伽马测量工具

随钻地层评价自然伽马测量工具，是采用电缆测井中的自然伽马测井所发展起来的一套成熟方法和技术，即采用闪烁晶体加光电倍增管的测量方法；采用电缆测井中的刻度方法。

图 5.11 为随钻自然伽马测量工具结构示意图。有关随钻自然伽马测量工具的具体设计，可参见本书 6.2 节。

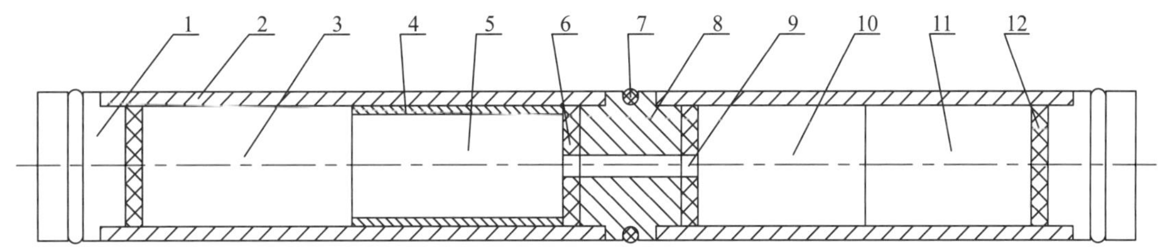

图5.11 随钻自然伽马测量工具结构示意图

1—堵头；2—外套；3—闪烁晶体；4—磁屏蔽层；5—光电倍增管；6—防振垫
7—O形圈；8—中间接头；9—过线孔；10—高压电源模块；11—电路板；12—防振垫

5.1.4 随钻中子孔隙度测量

中子孔隙度是进行地层评价时非常重要和必须的地质参数。随钻中子测量作为一种地层孔隙度测量方法，主要用于钻井过程中的实时地层评价。随钻中子测井仪器自 20 世纪 80 年代中期进入商业应用以来，发展非常迅速，它已成为地质导向钻井系统的重要组成部分。图 5.12 给出了 Weathford 公司的 TNP 热中子孔隙度测量仪器（Thermal Neutron Porosity）；图 5.13 是 Anadrill 公司的 ADN 方位中子密度（Azimuthal Density Neutron）仪器结构示意图。

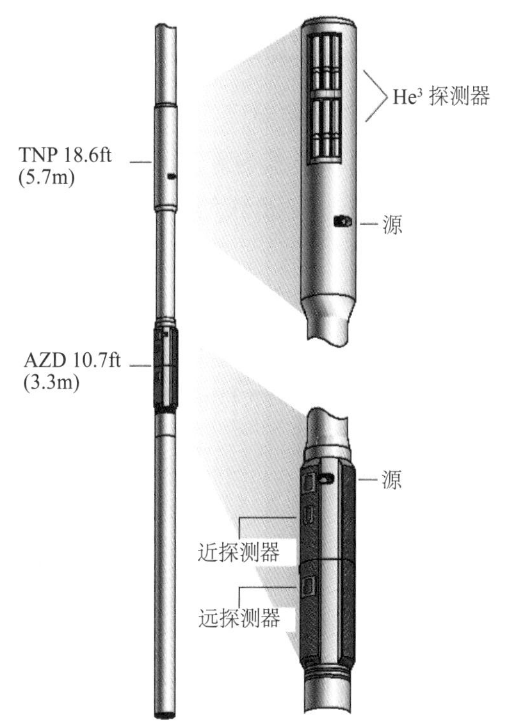

图5.12 Weathford公司TNP仪器

5.1.4.1 随钻测量中子源

用于随钻测量的中子源有两种：一是化学源（即天然同位素中子源）；二是人工可控源（即加速器脉冲中子源，又称发生器源）。其特点如下：

（1）化学源。

基于化学源的中子测井是比较成熟的技术，使用化学源的优点是：

①中子产额稳定，测量结果可靠；

②电子线路和仪器结构相对简单；

③采用电池供电即可满足电子线路供电。

使用化学源的缺点是可能带来健康、安全和环保方面的风险。

目前世界上各个石油工程技术服务公司使用的化学源主要为 Am–Be 源，Pathfinder 公司的 SDNSC 仪器使用的是 Cf–252 自发裂变中子源，这种源能量较 Am–Be 源低，产额高，孔隙度测量

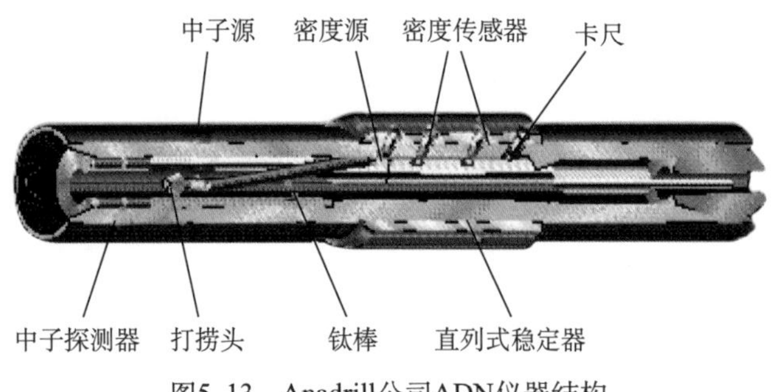

图5.13　Anadrill公司ADN仪器结构

精度高，但是价格昂贵。在目前国内现有的技术条件下，这种中子仪器的研制没有太大的技术风险。

Am−Be 源实际上是一种利用 Am−241 发射的高能 α 粒子与 Be−9 通过发生核反应而产生中子的装置。典型的源通常每秒产生 2×10^7 个中子，即产额为 2×10^7。图 5.14 为 Am−Be 化学源中子产生的过程。

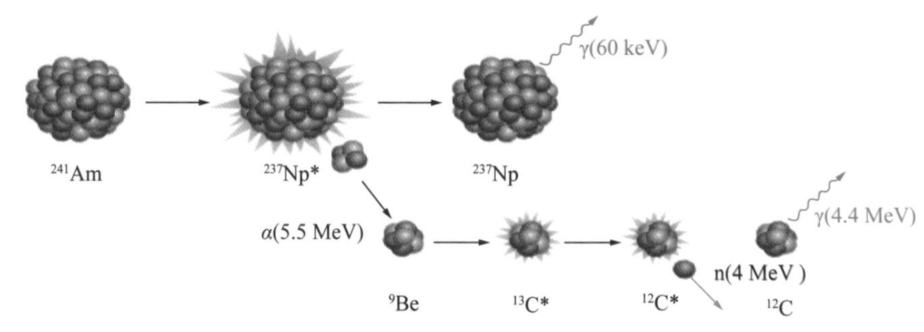

图5.14　Am−Be化学源中子产生过程

（2）人工可控源。

用氘核（D）作为轰击离子，通过加速器加速后带电离子去轰击氚核（T），与靶核发生（d，n）反应来获得中子，产生的中子能量为 14MeV。中子发生器由氘储存器、离子源加速腔和氚靶组成，加速器高压为 100kV，中子产额约为 108。图 5.15 为中子发生器的工作原理和结构。

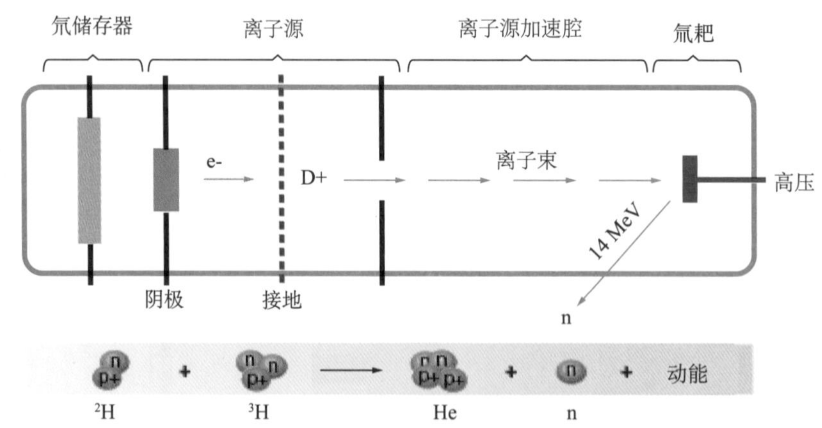

图5.15　中子发生器原理结构

人工可控源可以避免采用化学源带来的很多问题，优势明显，但仪器研制难度大，目前世界上只有少数公司掌握此项技术。

5.1.4.2　随钻中子孔隙度测量探测器

（1）探测器探测效率。

随钻中子仪器采用 He−3 探测器记录热中子和超热中子，He−3 计数管为一封闭的不锈钢管，管中充填 He−3 气体。中子入射到管壁进入管内与 He−3 发生（n，p）反应产生带电粒子，这些带电粒子具有很强的电离作用，从而产生大量的离子对，这些离子对就产生了脉冲电流。产生脉冲的个数正比于与 He−3 发生反应的中子数量。

探测器记录的中子数量的变化可反映地层孔隙度的差异，探测器的效率不仅与探测器本身的结构、几何形状、尺寸和材料有关，而且与入射中子的能量以及入射中子的位置和角分布有关。探测器的效率可用于探测器的结构研究。中子探测器的效率定义为探测器记录到的脉冲数与入射到探测器上的中子数之比，即

$$\eta = \frac{\text{中子进入 He−3管并与 He−3发生(n, p)反应的次数}}{\text{入射到探测器表面的中子数}} \tag{5.13}$$

只有在几种简单的结构和几何情况下，才有可能从理论上用解析式描述探测器的效率。例如一个半径为 R，无限长的圆柱体 He−3 探测器，被置入中子通量分布为各向同性的区域内，有关文献给出的探测器效率 $\eta(E)$ 为：

$$\eta(E) = \frac{\Sigma_{\mathrm{n,p}}(E)}{\Sigma_{\mathrm{a}}(E)} \chi_{\mathrm{a}}(\Sigma_{\mathrm{a}} R) \tag{5.14}$$

式中：$\Sigma_{\mathrm{n,\,p}}$ (E) 为 He−3 的（n，p）反应宏观截面，cm^{-1}；Σ_{a} (E) 为 He−3 的宏观吸收截面，cm^{-1}。

$$\chi_{\mathrm{a}}(\Sigma_{\mathrm{a}} R) = \frac{1}{\pi}\int_0^{2\pi}\int_0^{\pi/2}\left(1 - \mathrm{e}^{-\frac{2\Sigma_{\mathrm{a}} R\cos\varphi}{1-\sin^2\theta\cos^2\varphi}}\right)\sin\theta\cos\theta\,\mathrm{d}\theta\,\mathrm{d}\varphi \tag{5.15}$$

超热中子探测器是在 He 计数管的外面包裹一层钆或镉片，以滤掉热中子。有关文献给出在各向同性中子入射情况下，包有钆或镉包层的超热中子探测器效率的近似式为：

$$\eta(E) = \frac{\Sigma_{\mathrm{n,p}}(E)}{\Sigma_{\mathrm{a}}(E)} 2E_3[\Sigma_{\mathrm{Cd}}\, t_{\mathrm{Cd}}]\chi_{\mathrm{a}}(\Sigma_{\mathrm{a}} R) \tag{5.16}$$

式中

$$E_3(x) = \int_1^{\infty}\frac{\mathrm{e}^{-ux}}{u^3}\mathrm{d}u = \int_0^1 t\mathrm{e}^{-x/t}\mathrm{d}t \tag{5.17}$$

Σ_{Gd} (E) 为 Gd 的宏观总吸收截面，cm^{-1}；t_{Gd} 为 Gd 片的厚度，cm。这里将钆片管近似按平板处理。由于实际探测器的长度都是远远大于其直径，因此采用两式计算是合理的。对于更复杂结构或几何的探测器效率的计算，从理论上是无法得到解析式描述的。

（2）探测器源距。

运用双群扩散理论，在无限均匀介质中，对点状快中子源在探测点可得到的热中子通量密度为：

$$\phi_t(r) = \frac{L_{\mathrm{t}}^2}{4\pi \mathrm{D_t}(L_{\mathrm{e}}^2 - L_{\mathrm{t}}^2)}\left(\frac{\mathrm{e}^{-r/L_{\mathrm{e}}}}{r} - \frac{\mathrm{e}^{-r/L_{\mathrm{t}}}}{r}\right) \tag{5.18}$$

式中：r 为源距；D_{t} 是热中子的扩散系数；L_{e} 和 L_{t} 分别为快中子的减速长度和热中子的扩散长度。

从式（5.18）可以看出，热中子通量密度的分布不仅取决于地层的快中子减速性质（L_{t}），而且与地层的吸收性质（D_{t}、L_{t}）有关。

如果用 N_{t}（r）表示探测点处的热中子计数率，则它与热中子通量密度 ϕ_{t}（r）成正比，即

$N_t(r)=K\phi_t(r)$，于是近远两个探测器的计数率分别为：

$$N_t(r)=\frac{L_t^2}{4\pi D_t(L_e^2-L_t^2)}\left(\frac{e^{-r/L_e}}{r}-\frac{e^{-r/L_t}}{r}\right) \tag{5.19}$$

$$N_t(r+\Delta r)=\frac{L_t^2}{4\pi D_t\left(L_e^2-L_t^2\right)}\left(\frac{e^{-r/L_e}}{r+\Delta r}-\frac{e^{-r/L_t}}{r+\Delta r}\right) \tag{5.20}$$

式中：r 为近源距；Δr 为近探测器到远探测器的距离。则 $r+\Delta r$ 为远源距，见图 5.16。两式相比可得近远 2 个探测器的计数率的比值，即

$$\frac{N_t(r)}{N_t(r+\Delta r)}=\frac{r+\Delta r}{r}\left(\frac{e^{-r/L_e}-e^{-r/L_t}}{e^{-(r+\Delta r)/L_e}-e^{-(r+\Delta r)/L_t}}\right) \tag{5.21}$$

理论表明，如果近源距不变，远源距变大，则近探测器通量密度不变，计数率响应不变，而远探测器通量密度变小，计数响应变小，所以近远探测器观察点的计数率比值变大；如果远源距不变，近源距变大，则远探测器通量密度不变，计数率响应不变，而近探测器通量密度变小，计数率响应变小，所以近远探测器观察点的计数率比值变小。

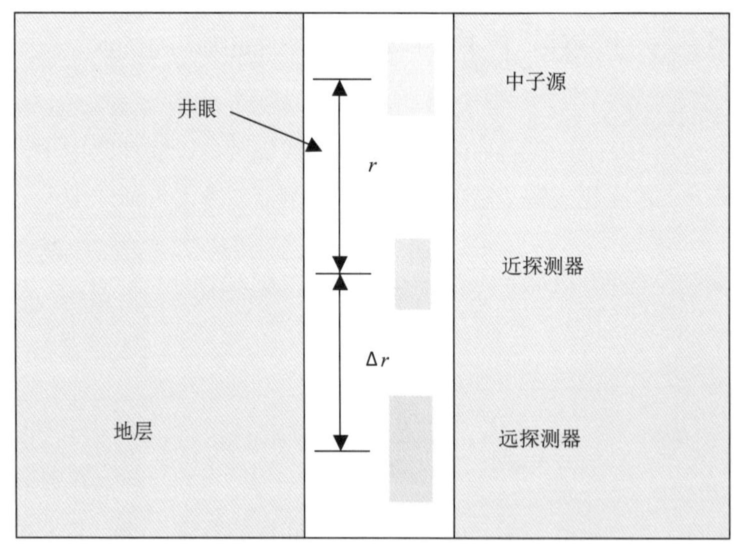

图5.16　中子探测器与中子源在地层井眼中的位置

当源向探测器靠近时，近远探测器的计数率比值变大；当源远离探测器时，近远探测器的计数率比值变小。因此在热中子补偿测井中，由于近远探测器计数随源移动的变化趋势一致，因此，当源靠近探测器时，近探测器计数率的变化对计数率比值的变化影响大；当源远离探测器时，远探测器计数率的变化对计数率比值的变化影响大。所以，从加强仪器分辨能力来看，源距大一些比较好，这样可以提高探测器的灵敏度。但是源距增大，计数率以指数规律下降，统计误差增大，使测得的数据精度变差，所以，源距也不能太大。因此，仪器优化设计中的主要任务是找出最佳的源距。

探测器与中子源的距离根据源强和探测分辨率来折中选择和调整，国外文献中介绍的远距通常在以下范围内：短源距 20 ～ 40cm，长源距 50 ～ 80cm。

（3）探测器屏蔽结构。

对于方位孔隙度测量，要求探测器测量具有方位选择性，即只接收来自地层的信号，来自其他

方位区地层的中子信号被中子吸收材料屏蔽。探测器放在由中子减速材料等组成的屏蔽体中，通过在屏蔽体靠近钻铤壁的一侧开槽，放入探测器，见图 5.17。包在探测器外的屏蔽层主要用于吸收低能中子，对于热中子探测器，屏蔽套加工成不闭合结构，面向地层的一侧按一定的张开角留出一个窗口，如图 5.18 所示。

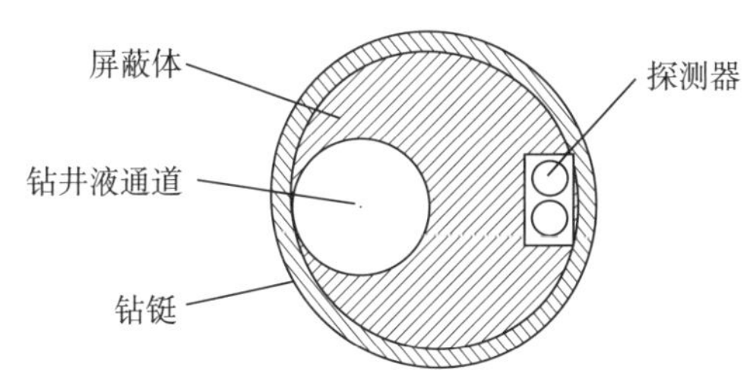

图5.17　屏蔽体结构示意图

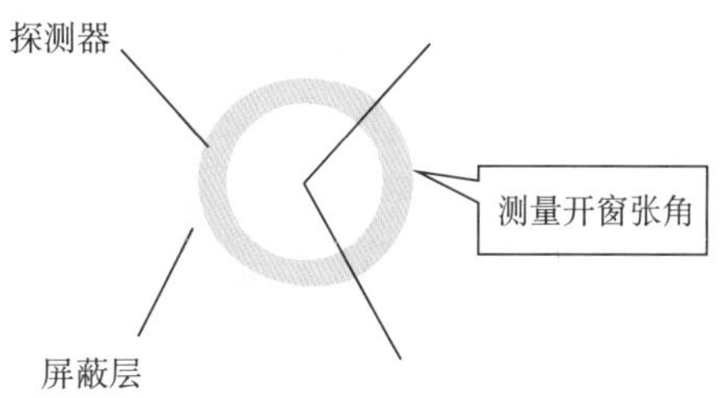

图5.18　探测器结构示意图

（4）屏蔽材料类型。

中子源与近探测器之间的屏蔽：通常采用金属钨（Tungsten）屏蔽，若不考虑下方有密度仪器，也可以不采用高密度屏蔽，只屏蔽快中子，阻止中子从仪器内直通到中子探测器。有文献采用聚四氟乙烯、钢、钨、聚四氟乙烯加氟化锂（65%）、铅。

探测器外层屏蔽：主要用来阻止来自井眼钻井液通道的中子，接收来自地层的中子。探测器外屏蔽材料采用 B−10（Boron 10），同时中子探测器外还应有镉套，超热中子探头与热中子探头不同，热中子探测器外的镉套是不闭合的，面向地层的一侧是没有屏蔽的，超热中子探头外的镉套是闭合的。

5.1.4.3　随钻中子孔隙度测量系统

随钻中子孔隙度仪主要用于在钻井过程中获取地层孔隙度参数，并与其他随钻测量参数一起用于实时地层评价。仪器研制主要包括井下仪器和处理方法两部分，井下仪器由传感器、电子线路、机械芯体及承压外壳等组成。测井时仪器固定在钻铤内，图 5.19 为仪器结构示意图。

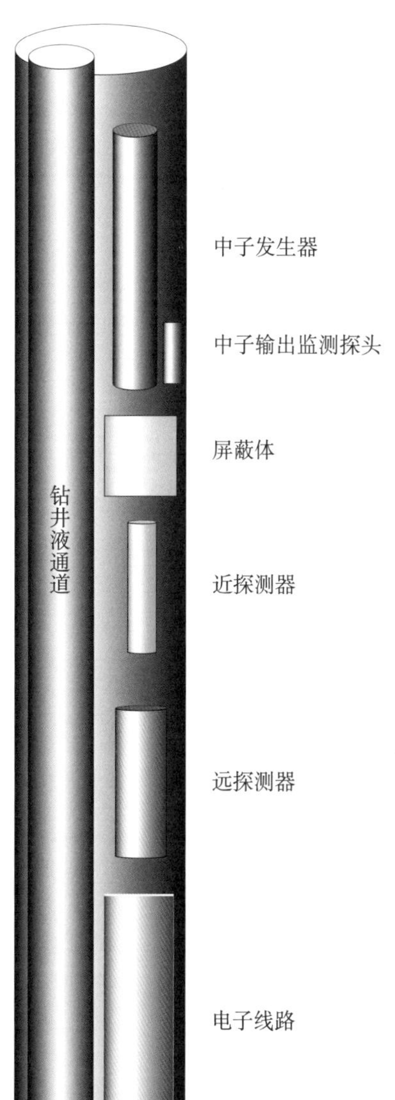

图5.19　随钻中子仪器结构示意图

近探测器组包括一个热中子探测器和一个超热中子探测器。远探测器用来探测热中子。采用中子发生器作为激励中子源，近—远计数率比值用于确定地层孔隙度，近超热中子计数率用于确定地层含氢指数，提供深度方向和井周方向的孔隙度测量用于孔隙度成像。

（1）技术指标。

①系统总体指标。

钻铤尺寸：$6^3/_4$in；

最高耐压：140MPa；

最高温度：125℃；

最大允许冲击：250g（0.2ms,1/2sin）；

最大允许振动：15g（10 ~ 200Hz）；

中子孔隙度测量范围：0 ~ 100P.U.；

中子孔隙度测量准确度：±1P.U.；

中子孔隙度测量精度：±1P.U.；

方位分区数：4。

②中子发生器技术指标。

中子管类型：d–T 管；

中子输出：1×10^8 个 /s；

中子管外径：25mm；

中子管寿命：1000h；

脉冲宽度：10μs；

脉冲重复频率：1Hz ~ 20kHz。

③中子探测器技术指标。

类型：He–3 探测器；

坪斜：< 2% /100V（超过最小 200V 的电压范围内）；

温度性能：室温至 175℃之内具有至少 100 V 普通坪区，计数率变化小数 2%。

④其他技术指标。

采样深度：12.5cm；

测速：30m/h；

DC 供电：+5V，+24V，+180V。

（2）随钻中子仪器电子线路硬件结构。随钻中子仪器电子线路的作用是将中子探测器组测量得到的电信号转化为中子孔隙度参数，然后将其存储在仪器内或输出到传输单元。电子线路部分包括：中子发生器电路、中子输出监测电路、探测器高压电路、近远探测器信号处理电路、方位测量及方位计数、CPU 控制及处理电路、通信和存储电路、仪器供电。随钻中子仪器电子线路总体结构如图 5.20 所示。

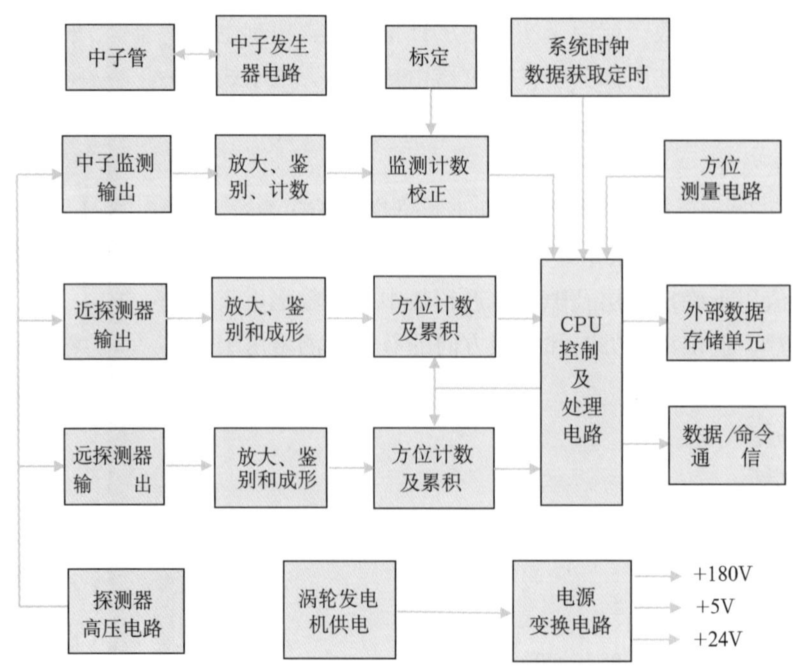

图5.20　随钻中子仪器电子线路总体结构

（3）随钻中子仪器电子线路软件结构。中子信号的获取控制和处理由井下单片机控制电路完成的，而信号的获取周期一方面是由井眼轴线即钻进方向上深度采样的间隔来决定的，称之为深度获取周期，另一方面是根据探测器在井周的方位决定的，每个方位扇区内的测量，称之为方位获取。单片机按照深度获取周期，控制各中子计数通道的定时、计数、计数率处理、存储、发送以及与上位机之间的通信。单片机控制及处理主流程如图 5.21 所示。

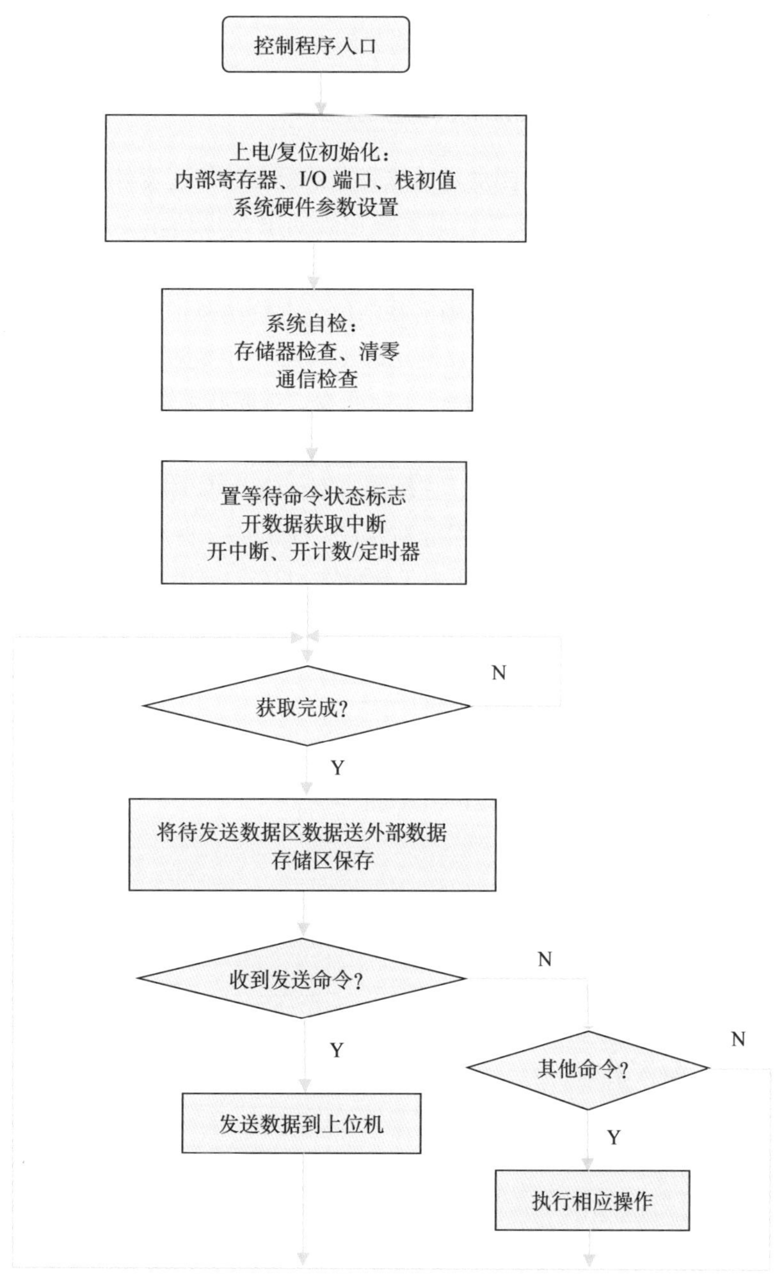

图5.21 单片机控制及处理主流程

5.2 井下几何参数的随钻测量

井下几何参数是指井斜角、方位角、工具面角和井深。对这些几何参数进行随钻测量，对于井眼轨道控制是至关重要的。

随钻测量技术与一般的地面测量或非随钻测量（如有缆测井）有明显的差别，其特点是：所需的测量装备（传感器及其配套电路等）要装在钻铤内，这就对其尺寸提出了苛刻要求；要能经受强烈的振动和冲击，这就对其抗振性能和减振技术提出了苛刻要求；要能长时间工作在高温高压环境和具有腐蚀性的流体介质中，这就对其抗高温、高压指标和密封技术提出了苛刻要求。除此之外，还要有足够长的工作寿命和可靠性，须和钻井工艺或相关工艺匹配。这不单对于随钻几何参数测量是这样，对于随钻地质参数、工程参数的测量也均无例外。

5.2.1 井斜角、方位角和工具面角的测量原理

井斜角、方位角和重力工具面角的测量是通过装在钻铤上的加速度计和磁力仪来实现的，这已是成熟技术，很多文献和书籍多有介绍 [18]。其测量原理如图 5.22 所示。加速度计测量地球的重力场分量，而磁力仪测量地球的磁场分量。无论在哪种情况，场都是在特定的方向起作用，因此，通过对测量仪器相对于该方向的方位，就可以确定井斜角、方位角及工具面角。用加速度计可以确定重力工具面，当井斜角很小时，可以用磁力仪确定磁工具面（可参见本书第 6 章）。

按照图 5.22 的布置，3 个加速度计的轴线 x、y、z 正交，组成右手螺旋坐标系，其中 z 轴和工具轴线重合，指向钻头方向。重力加速度在 3 个轴上的分量之矢量和必然等于重力加速度 G。实际上只需要 2 个加速度计就可以求得 3 个重力分量。但是，三轴加速度计确实可以提供检验输出结果和识别错误的手段。设重力加速度在 3 个加速度计轴上的分量分别为 G_x、G_y 和 G_z。井斜角和重力工具面角的确定如图 5.23 所示，井斜角是从铅垂线到 Z 轴的夹角，重力工具面角（GTF）是沿井眼向下看时，由重力矢量所确定的高边和 y 轴的夹角。井斜角 α 可由式（5.22）求出，重力工具面角（GTF）可以由式（5.23）求出：

$$\alpha = \arctan \frac{(G_x^2 + G_y^2)^{1/2}}{G_z} \tag{5.22}$$

$$GTF = \arctan\left(\frac{G_x}{G_y}\right) \tag{5.23}$$

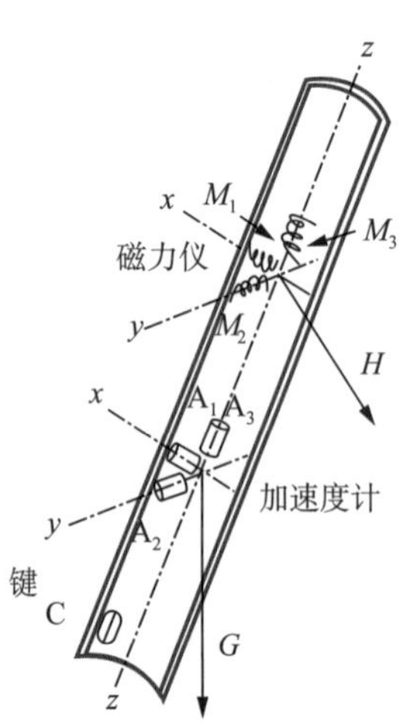

图5.22　加速度计和磁力仪沿3个正交轴的布置图

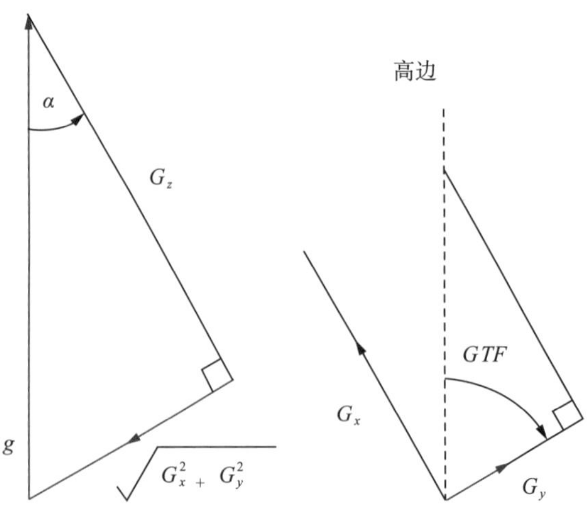

图5.23　井斜角和重力工具面角

下面求磁工具面角（MTF）和方位角。如图 5–24 所示，磁工具面角（MTF）是磁北极与 y 轴之间的夹角，有：

$$MTF = \arctan\left(\frac{H_x}{H_y}\right) \tag{5.24}$$

方位角是在水平面内从北极按顺时针旋转到 z 轴的夹角。为计算井方位角，必须将磁力仪和加速度计的读数分解到两个轴上（图 5.24）。轴 V_1 是井眼方向在水平面内的投影。轴 V_2 与轴 V_1 垂直，所以方位角 β 可由下式求得：

$$\beta = \arctan\left(\frac{V_2}{V_1}\right)$$

由图 5.24 几何关系可求出方位角的最终表达式为：

$$\beta = \arctan\left(\frac{V_2}{V_1}\right) = \arctan\left[\frac{g(H_xG_y - H_yG_x)}{H_z(G_x^2 + G_y^2) + G_z(H_yG_y + H_xG_x)}\right] \tag{5.25}$$

$$g = \left(G_x^2 + G_y^2 + G_z^2\right)^{1/2}$$

请注意，方位角表达式里包括加速度计和磁力仪的测量结果。

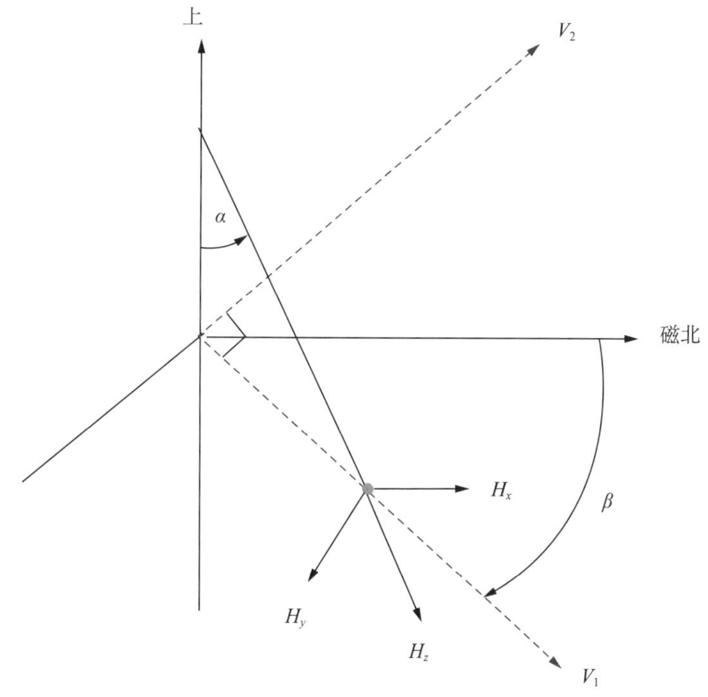

图5.24　求方位角与磁工具面角的几何关系图

5.2.2　测量传感器结构与原理

为了更深入地了解井斜角、方位角和工具面角的测量原理与方法，下面简要介绍加速度计、磁力仪的结构和测量原理 [18]。此外，在现代井眼几何参数的测量工具中，还有速率陀螺、惯导系统等有关技术，本书不予赘述。

5.2.2.1　加速度计

图 5.25 是加速度计工作原理示意图。它利用一个石英铰固定一个测试体，使该物体只能沿一

个轴运动。当仪器下井后，沿该轴作用的重力分量将推动测试体运动。测试体的移动在电容器之间产生的不平衡可由伺服放大器检测出来。然后在线圈内通电，产生一个反力，使测试体恢复到原来位置。重力分量越大，所需要产生反力的电流就越大。测量已知电阻上的电压降，就可直接得到重力分量值。

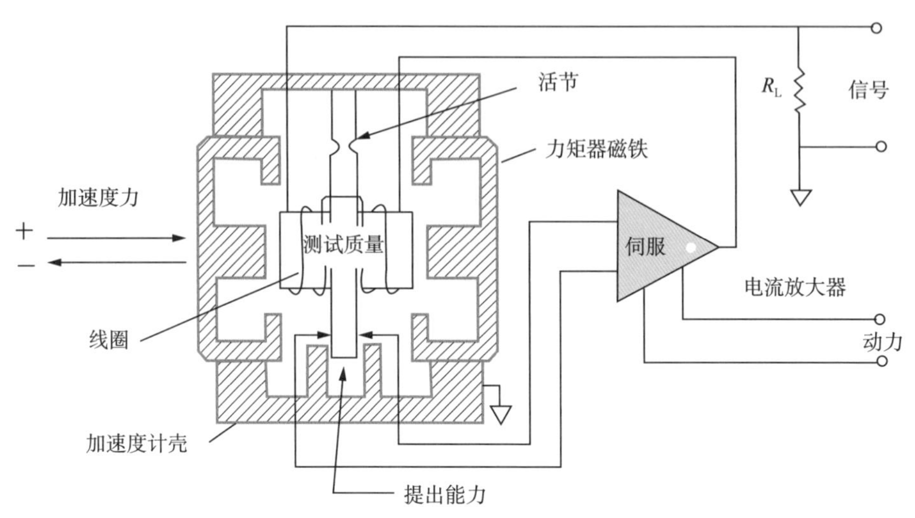

图5.25　加速度计的工作原理

对于三轴的加速度计，其 3 个分量的矢量和必等于重力加速度 g。由于可以用其他方法在任何位置测得重力加速度 g，所以实际上只需 2 个加速度计。但是，三轴加速度计确实可以提供检验输出结果和识别错误的手段。

5.2.2.2　*磁力仪*

磁力仪是检测固定轴向的地磁场强度的仪器。如图 5.26 所示，如将磁心（或螺线管）放在变化的磁场中时，则磁通量将集中在螺线管内，并在线圈内产生电流。电流的大小取决于暴露在磁场中的导磁物质的量。环形线圈与磁力线成 90° 时，电流较大。当环形线圈转动到以较小的面积暴露在磁场中时，电流就会减少。因此，线圈中获得的电流大小可以用作测量磁场和线圈之间角度的一种方法。但是，这个电流只在磁场交变时才产生。地磁场是恒定的。移动线圈来产生电流是不可行的，因为这样会降低方向测量的精度。环形线圈应当对准测量仪的一个参考轴并保持固定，使用“磁通门”装置可以测量这个特定方向的磁场强度。

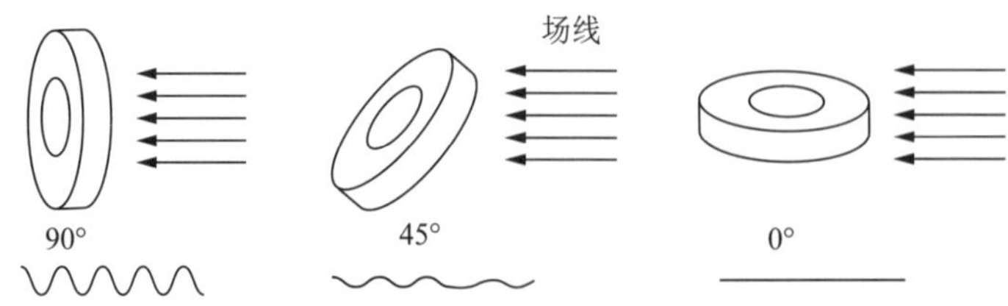

图5.26　交变磁场中环形线圈中产生的电流

为说明饱和式磁力仪的原理，可以参照图 5.26 所示的两个相同的磁心。磁心具有相等的高磁导率，并有相反绕向的主线圈和次线圈，在主线圈上通过一个交变电流，产生磁场，磁心饱和。因为次线圈的绕向相反，如果没有外部磁场，总的输出电压为 0。如果存在外部磁场，会使其中一个线圈比另一个先饱和，输出电压不相同，引起电压脉冲。将耦合线圈与外磁场形成某个角度，会产生一个与环形线圈磁通变化率相交的电压，电压大小也对应于外部磁场强度。所以，三轴饱和式磁力仪可以用来测量地磁场沿 3 个正交轴的分量。

5.2.3　小井斜下提高重力工具面角测量精度的方法

小井斜时，G_x 和 G_y 的值都很小，井斜测量的精度尚可保证，但重力工具面角测量的精度就非常低。在这种情况下，通常提高重力工具面角测量精度的途径有：

（1）采用陀螺测量；

（2）目前多使用高精度的三轴加速度计进行测量。

5.2.3.1　采用陀螺测量

钻井时井下测量仪器要承受很大的振动和冲击，钻铤作为测量的载体其空间尺寸又非常有限，所以有时使用激光陀螺的捷联式惯导系统比较适合随钻测量。

激光陀螺有很多优点：它的工作原理建立在量子力学基础上，是一种固态元件；由于没有活动部件，所以也不存在支承问题；用作捷联惯导的角速度测量时，不存在动态误差和静态误差；启动快，能瞬时启动；耐冲击高达 500g 甚至更高；动态测量范围高达（$0.001 \sim 10^6$）°/h；天然的数字输出，无需模数转换；工作可靠，寿命长，平均无故障间隔时间（MTBF，Mean Time Between Failure）最高达到 90000h；受温度影响小，一般情况下仅需用温度模型作温补而不必温控即可有效解决温度对漂移的影响等。因此，激光陀螺可用于井下随钻测量。

捷联式惯导系统将陀螺和加速度计直接固连在运载体上，没有物理平台。陀螺和加速度计分别用来测量运载体的角运动信息和线运动信息，计算机根据这些测量信息解算出运载体的航向，姿态、速度及位置，对应于随钻测量，可以得到井斜角、方位角、重力工具面角、井深及水平位移等。在惯性器件、计算量等方面捷联惯导远比平台惯导要求苛刻，但由于省去了复杂的机电平台，结构简单、体积小、重量轻、维护简单、可靠性高，还可以通过余度技术提高其容错能力。因此捷联惯导用于随钻测量有很大的优越性。

5.2.3.2　采用高精度三轴加速度计测量

笔者及其研究团队在研制自动垂直钻井系统的技术攻关中，对提高小井斜条件下重力工具面角的测量精度进行了专题研究。通过对三轴加速度计测量重力工具面角的误差分析，找到了增加传感器个数来提高测量精度的方法，在实际工程应用中，采用 2 个三轴加速度计合理布置的五轴技术方案，理论分析和工程实践均表明具有显著效果。

（1）对三轴加速度计测量重力工具面角的误差分析。

在一般的定向测量中，使用沿 3 个正交轴布置的三轴加速度计测量井斜和重力工具面角。设 3 个加速度计轴为 x 轴、y 轴和 z 轴，其中 z 轴沿井眼轴线指向钻头方向，x 轴、y 轴在工具的横截面上，以 y 轴作为重力工具面角的基准。重力加速度在 3 个轴上的投影为 G_x、G_y 和 G_z，如前述，井斜角 α 和重力工具面角 GTF 可以用下式求出：

$$\alpha = \arctan\left(\frac{G_x^2 + G_y^2}{G_z^2}\right)^{\frac{1}{2}}$$

$$GTF = \arctan\left(\frac{G_x}{G_y}\right)$$

上面的方法在定向钻井中普遍使用，但随着井斜的减小导致重力工具面角的误差增大，一般认为当井斜小于 3° 时，测得的重力工具面角会因误差太大而无法使用，其原因是重力加速度在 y 轴上的分量 G_y 很小，在 $\arctan\left(\frac{G_x}{G_y}\right)$ 中，G_y 作为分母造成计算的相对误差太大。

但在自动垂直钻井系统中，要求在井斜为 0.1° 时重力工具面角的测量也要满足纠斜的精度要求，所以不能使用上面的方法进行测量。为了提高精度可以使用以下算式：

$$GTF = \arcsin\left(\frac{-G_x}{\sqrt{G_x^2 + G_y^2}}\right) \tag{5.26}$$

$$GTF = \arccos\left(\frac{-G_y}{\sqrt{G_x^2 + G_y^2}}\right) \tag{5.27}$$

式（5.26）设 $\frac{-G_x}{\sqrt{G_x^2 + G_y^2}}$ 是自变量，导数为 $-\frac{1}{\cos(GTF)}$，式（5.27）设 $\frac{-G_y}{\sqrt{G_x^2 + G_y^2}}$ 是自变量，导数为 $\frac{1}{\sin(GTF)}$，导数的绝对值越小，自变量的误差造成 GTF 的误差越小，比较式（5.26）导数的绝对值 $\left|-\frac{1}{\cos(GTF)}\right|$ 和式（5.27）导数的绝对值 $\left|\frac{1}{\sin(GTF)}\right|$，可以知道：$GTF$ 在（−45°，45°）、（135°，225°）区间内采用式（5.26）的精度比较高；在（45°，135°）、（225°，315°）区间使用式（5.27）精度比较高；式（5.26）和式（5.27）的精度在 45°、135°、225° 和 315° 时精度最低，此时式（5.26）和式（5.27）的导数相同都等于 $\sqrt{2}$。重力工具面角测量精度分区如图 5.27 所示，图中左斜线的区域是使用 G_x 计算精度高的区域，右斜线的区域是使用 G_y 计算精度高的区域。

这里存在一个问题：在得出结果之前不知道重力工具面角是多大，也就不能决定使用哪个公式（也就是使用哪个重力加速度计的值）来计算。但通过分析发现：使用某一重力加速度计的值其计算精度高的区域是它比另一个重力加速度计读数绝对值小的区域。由此可以推断，如果在横截面上增加重力加速度计的个数，就可以提高工具面的测量精度。

（2）四轴加速度计测量重力工具面误差分析。

下面通过实例来验证增加重力加速度计个数能否提高测量精度。如果在横截面上安装相位相差 120°、方向分别与自动垂直钻井工具的 3 个推力块推力方向重合的 3 个重力加速度计，沿 z 轴的重力加速度计还保留，这样就构成了四轴加速度计组，如图 5.28 所示。横截面上的 3 个轴分别为 T_1 轴、T_2 轴和 T_3 轴，假设 T_1 轴是重力工具面的基准。

图 5.28 中 g_T 代表重力加速度在工具横切面上的分量，g_T 在 T_1 轴、T_2 轴和 T_3 轴上分量分别为 G_{T1}、G_{T2} 和 G_{T3}：

$$G_{T1} = -g_T \cos(GTF)$$

$$G_{T2} = -g_T \cos\left(GTF - \frac{2\pi}{3}\right)$$

$$G_{T3} = -g_T \cos\left(GTF + \frac{2\pi}{3}\right)$$

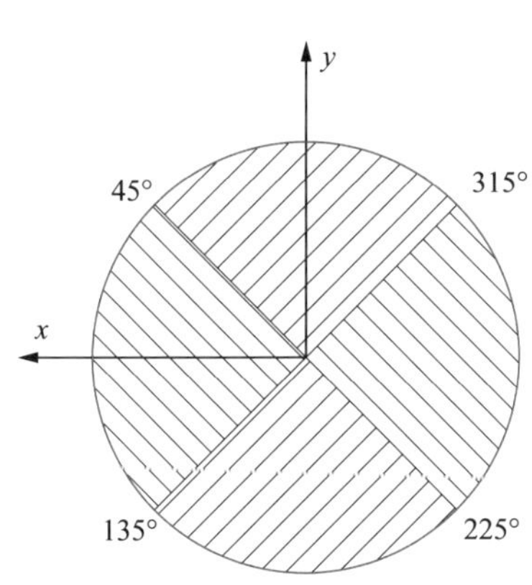

图5.27 重力工具面角测量精度分区

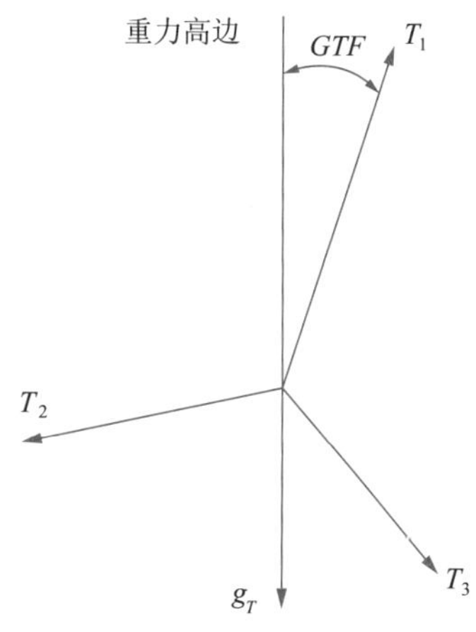

图5.28 四轴加速度计布置图

由上面 3 个等式可以推出：

$$g_T = \sqrt{\frac{(G_{T3} - G_{T2})^2}{3} + G_{T1}^2}$$

$$GTF = \arccos\left(-\frac{G_{T1}}{g_T}\right) \tag{5.28}$$

$$GTF - \frac{2\pi}{3} = \arccos\left(-\frac{G_{T2}}{g_T}\right) \tag{5.29}$$

$$GTF + \frac{2\pi}{3} = \arccos\left(-\frac{G_{T3}}{g_T}\right) \tag{5.30}$$

设式（5.28）中 $\frac{-G_{T1}}{g_T}$ 是自变量，导数为 $-\frac{1}{\sin(GTF)}$ ；设式（5.29）中 $\frac{-G_{T2}}{g_T}$ 是自变量，导数为 $-\frac{1}{\sin(GTF-2\pi/3)}$ ；设式（5.30）中 $\frac{-G_{T3}}{g_T}$ 是自变量，导数为 $-\frac{1}{\sin(GTF+2\pi/3)}$ 。导数的绝对值越小，自变量的误差造成 GTF 的误差就越小，比较式（5.28）、式（5.29）和式（5.30）导数的绝对值 $\left|-\frac{1}{\sin(GTF)}\right|$、 $\left|-\frac{1}{\sin(GTF-2\pi/3)}\right|$ 和 $\left|-\frac{1}{\sin(GTF+2\pi/3)}\right|$，

可知：GTF 在（60°，120°）、（240°，300°）区间内使用式（5.28）的精度比较高；在（0°，60°）、（180°，240°）区间使用式（5.29）精度比较高；在（120°，180°）、（300°，360°）区间内使用式（5.30）的精度比较高。精度最低点在每个式子高精度区域的边界上，相应的导数值绝对值都等于 $2/\sqrt{3}$。

重力工具面角测量精度分区如图 5.29 所示。图中左斜线的区域是使用 G_{T1} 计算精度高的区域，右斜线的区域是使用 G_{T2} 计算精度高的区域，方格线的区域是使用 G_{T3} 计

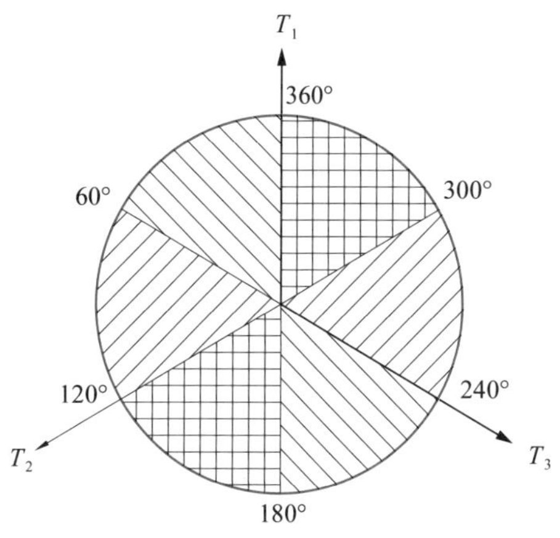

图5.29 四轴重力工具面角测量精度分区

算精度高的区域。通过分析发现，使用某一重力加速度计值计算精度高的区域是它比另两个重力加速度计读数绝对值小的区域。

以上分析数据表明增加重力加速度计个数确实可以提高重力工具面的测量精度。

（3）五轴加速度计测量重力工具面误差分析。

如果在横截面上安装相位相差 45° 的 4 个重力加速度计，沿 z 轴的重力加速度计还保留，这样就构成了五轴加速度计组。横截面上的 4 个轴分别为 T_1 轴、T_2 轴、T_3 和 T_4 轴，假设 T_1 轴是重力工具面的基准，如图 5.30（a）所示。

g_T 代表重力加速度在工具横切面上的分量，g_T 在 T_1 轴、T_2 轴、T_3 和 T_4 轴上分量分别为 G_{T1}、G_{T2}、G_{T3} 和 G_{T4}。

$$G_{T1} = -g_T \cos(GTF)$$

$$G_{T2} = -g_T \cos\left(GTF + \frac{\pi}{4}\right)$$

$$G_{T3} = -g_T \cos\left(GTF + \frac{\pi}{2}\right)$$

$$G_{T4} = -g_T \cos\left(GTF + \frac{3\pi}{4}\right)$$

由上面 4 个等式可以推出：

$$g_T = \sqrt{{G_{T1}}^2 + {G_{T3}}^2} \text{ 或 } \sqrt{{G_{T2}}^2 + {G_{T4}}^2}$$

$$GTF = \arccos\left(-\frac{G_{T1}}{g_T}\right) \tag{5.31}$$

$$GTF + \frac{\pi}{4} = \arccos\left(-\frac{G_{T2}}{g_T}\right) \tag{5.32}$$

$$GTF + \frac{\pi}{2} = \arccos\left(-\frac{G_{T3}}{g_T}\right) \tag{5.33}$$

$$GTF + \frac{3\pi}{4} = \arccos\left(-\frac{G_{T4}}{g_T}\right) \tag{5.34}$$

设式（5.31）中 $\frac{-G_{T1}}{g_T}$ 是自变量，导数为 $-\frac{1}{\sin(GTF)}$；设式（5.32）中 $\frac{-G_{T2}}{g_T}$ 是自变量，导数为 $-\frac{1}{\sin(GTF+\pi/4)}$；设式（5.33）中 $\frac{-G_{T3}}{g_T}$ 是自变量，导数为 $-\frac{1}{\sin(GTF+\pi/2)}$；设式（5.34）中 $\frac{-G_{T4}}{g_T}$ 是自变量，导数为 $-\frac{1}{\sin(GTF+3\pi/4)}$。导数的绝对值越小，自变量的误差造成 GTF 的误差越小，比较式（5.31）、式（5.32）、式（5.33）和式（5.34）导数的绝对值 $\left|-\frac{1}{\sin(GTF)}\right|$、$\left|-\frac{1}{\sin(GTF+\pi/4)}\right|$、$\left|-\frac{1}{\sin(GTF+\pi/2)}\right|$ 和 $\left|-\frac{1}{\sin(GTF+3\pi/4)}\right|$，可以知道 GTF 在（67.5°，112.5°）、（247.5°，292.5°）区间内使用式（5.31）的精度比较高；在（22.5°，67.5°）、（202.5°，247.5°）

区间使用式（5.32）精度比较高；在（337.5°，22.5°）、（157.5°，202.5°）区间内使用式（5.33）的精度比较高；在（292.5°，337.5°）、（112.5°，157.5°）区间内使用式（5.34）的精度比较高。精度最低点在每个式子高精度区域的边界上，相应的导数绝对值都等于 1.0832。

重力工具面角测量精度分区如图 5.30（b）所示。图中左斜线的区域是使用 G_{T1} 计算精度高的区域，右斜线的区域是使用 G_{T2} 计算精度高的区域，方格线的区域是使用 G_{T3} 计算精度高的区域，空白的区域是使用 G_{T4} 计算精度高的区域。通过分析发现使用某一重力加速度计值计算精度高的区域是它比其他 3 个重力加速度计读数绝对值小的区域。

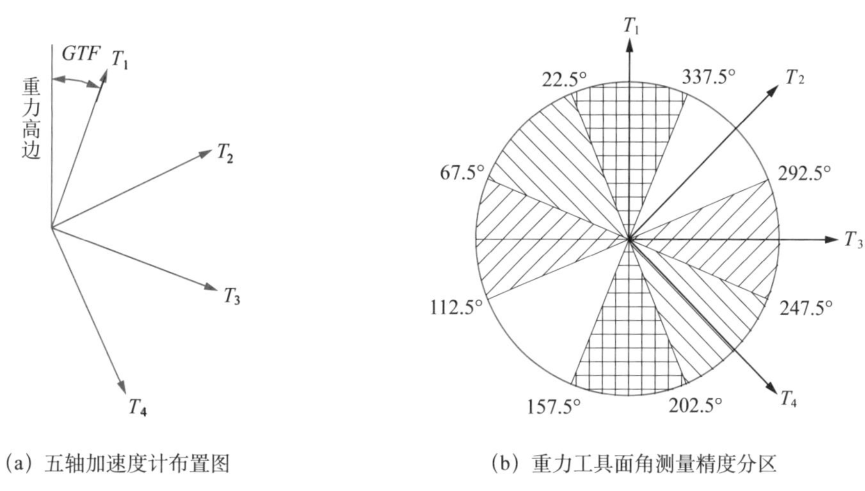

（a）五轴加速度计布置图　　（b）重力工具面角测量精度分区

图5.30　五轴加速度计布置及重力工具面角测量精度分区图

（4）加速度计轴数选取。

由上面对三轴、四轴和五轴加速度计组理论误差的分析可以知道，四轴加速度计组的理论误差是三轴加速度计组的 $\left(2/\sqrt{3}\right)/\sqrt{2}$=0.8165，五轴加速度计组的理论误差是三轴加速度计组的 $1.0832/\sqrt{2}$=0.7659。进一步增加横截面上加速度计的个数可以进一步减小误差，但是误差减小将越来越不明显。五轴加速度计组与四轴加速度计组相比，理论误差小，计算更加简便，另外五轴加速度计组不用特别加工，可以用 2 套三轴加速度计组实现，要求是两者 z 轴重合，x 轴和 y 轴都相对旋转 45° 得到，所以最终选择了用五轴加速度计组进行重力工具面测量。

5.2.4　井斜动态测量

以上所介绍的井斜角等几何参数的测量均属于静态测量，即没有考虑动态因素的影响。但在实际钻井过程中，由于井下条件复杂，工具在工作过程中会产生转动、振动和冲击，还有其他随机动载都会影响重力加速度计的工作状况，同时信号在传送过程中也有许多噪声和干扰，严重时会导致井斜测量信号失真，就会直接影响井斜控制的效果。为此，笔者的研究团队对此开展了专题研究，从加速度计的结构、受力分析入手，建立了加速度计中质量块的动力学方程，研制了井斜动态测量实验装置，开展了对加速度计总成的振动、转动的理论分析和实验研究，并取得了良好效果，为开发自动垂直钻井系统提供了重要的设计依据。有关内容请见本书第 7 章。

5.2.5　井深的测量

井深是井眼轨道控制的基本参数。传统的井深测量是靠司钻在地面接单根时累加钻柱长度实现的，这不适合于井眼轨道的自动控制，同时在实际的钻进过程中由于钻柱受力也会对井深的计算造成误差。因此，研制井底深度的测量方法和技术对实施井下控制十分必要。

笔者的研究团队专门研发了井底深度和井眼轨道自动跟踪技术。深度跟踪功能是由钩载传感器、绞车传感器、前置箱、地面接收机DSP采集卡和深度跟踪软件共同完成（图5.31）。前置箱的作用是为钩载传感器与绞车传感器供电且具有信号隔离及低通滤波功能，并把传感器电流信号转换为电压信号。信号输入到地面信号接收机的DSP采集卡进行信号采集，并上传到上位机，上位机的深度跟踪软件模块根据大钩的位置高度变化确定带有钻头的钻柱是否被大钩悬起，根据大钩的位置高度变化来确定钻柱及钻头的移动距离和移动方向，从而实现钻头深度的自动跟踪，结合其他随钻测量仪器实时测量的井眼轨道参数来实现对井眼轨道的自动跟踪，并通过与井眼的设计轨道进行比较，对所发生的超出设计轨道许可范围的偏离给出报警提示。

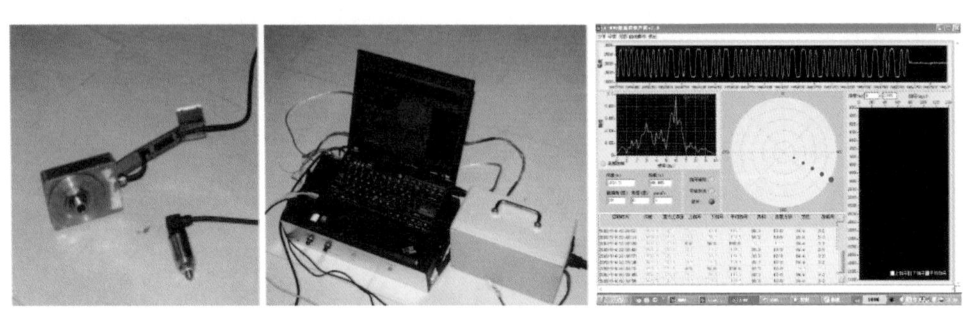

图5.31　井底深度和井眼轨迹自动跟踪装置

自主研发出的井底深度与井眼轨道自动跟踪装置，经过多次现场应用，实现了深度和井眼轨迹的计算机自动跟踪，井底深度和井眼轨迹的跟踪精度高，避免了人工和半人工跟踪造成的诸多人为误差，提高了井深跟踪效率。

有关井底深度的测量还可进一步参见本书第6章有关内容。

5.3　井下工艺参数的随钻测量

钻井工艺参数的测量对钻井施工、钻具设计和钻井科研都有着十分重要的意义，它对探寻钻井规律、优化钻井工艺、监督钻井工况、提高钻井效率和保证钻井安全影响显著。在井下控制和随钻测量中，当前最为关注的工艺参数主要是对钻压、扭矩、转速、压力、振动和温度等参数的测量。

一般而言，对这些参数的测量基本上都属于机械量的测量范畴，已有成熟技术并有大量的专业文献和书籍作过介绍。尽管由于井下特殊环境和工艺的特殊要求，使这些工艺参数的随钻测量在传感器选用、工具和系统设计方面有一定的特殊性，但传感器的测量原理、结构仍然是一样的。所以本节只对随钻工艺参数测量的特殊性加以介绍和讨论，而未涉及传感器及测量方法的具体细节。

5.3.1　钻压、扭矩的随钻测量

国际上已有专门用来测量钻头钻压和扭矩的独立工具短节，业界俗称为“钻头黑匣子”，接在井底钻具组合中靠近钻头的部位，如APS公司的DDM工具（Drilling Dynamics Monitor）和Schlumbeger公司的copilot工具，如图5.32、图5.33所示。国内钻井界也在研发此类产品。

表5.8给出了国外某石油工程技术服务公司的钻压、扭矩工具参数与指标。除了可测钻压与扭矩外，该工具还可测量钻头弯矩和环空水压力。

在该类工具中，钻压和扭矩的测量是通过电阻式应变片来实现的。将应变片贴在被测定物上，使

其随着被测定对象的应变一起伸缩，这样应变片里面的金属箔材就随着应变伸长或缩短从而导致电阻值发生微小改变，由此换算成钻压值和扭矩值。将 4 个应变片组成惠斯通电桥，可以检测电阻的微小变化，除了增大输出电压来提高灵敏度外，还能实现温度自动补偿，从而消除了温度变化的影响。

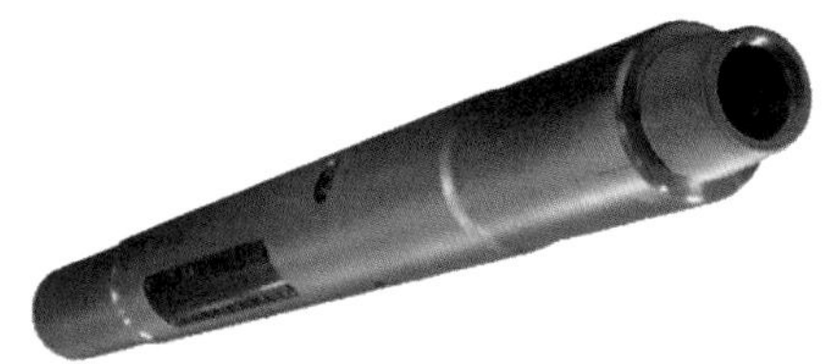

图5.32　DDM工具照片

图5.33　copilot工具示意图

表5.8　国外某公司钻压、扭矩工具参数和指标

参数及指标		$4^3/_4$in（钻铤直径）	$6^3/_4$in（钻铤直径）	8in（钻铤直径）
钻压	测量范围	±30000lbf	60000lbf	100000lbf
	绝对精度	±5%	±5%	±5%
	重复精度	±1%	±1%	±1%
	分辨率	1%	1%	1%
扭矩	测量范围	±14000 ft · lbf	±30000 ft · lbf	±50000ft · lbf
	绝对精度	±5%	±5%	±5%
	重复精度	±1%	±1%	±1%
	分辨率	1%	1%	1%
水眼环空压力	测量范围	0 ～ 25000 psi	0 ～ 20000 psi	0 ～ 20000 psi
	精度	0.1% FSR	0.1% FSR	0.1% FSR
弯矩	测量范围	±14000 ft · lbf	±30000 ft · lbf	±50000 ft · lbf
	绝对精度	±5%	±5%	±5%
	重复精度	±1%	±1%	±1%
	分辨率	1%	1%	1%
工具其他参数	工具长度尺寸（上下端面之间）	60in	72in	72in
	工具外径	4.75in	6.75in	8.00in
	工具内径	1.25in	3.25in	3.50in
	最大压力	26500 psi	26500 psi	26500 psi
	操作温度	−25 ～ 150℃	−25 ～ 150℃	−25 ～ 150℃
	数据存储容量	32MB	32MB	32MB

注：FSR是Full ScaleRange的缩写，意思是满刻度、满量程。

5.3.2　环空压力和温度的随钻测量

压力控制是井下控制技术的重要组成部分。环空压力值直接影响到井壁稳定和井控安全。在欠平衡压力钻井、高压钻井和窄密度窗口条件下的钻井过程中，须对环空压力进行随钻监测和控制，这就需要进行环空压力的随钻实时检测。因此国内外钻井界都在研发能实时检测井下环空压力的仪器系统，例如作者的研究团队自主研发了 DRPWD 环空压力测量系统，将在本书第 6 章予以介绍。

井底温度也是油气钻井工程中十分重要的一个状态参数，高温往往成为井下工具和仪器系统使用受限的门槛。对温度的检测和控制，不断提高工具和仪器系统的抗高温性能是井下控制工程技术的重要研究内容。在不同的井下测量系统中，也常加入温度测量传感器，把温度测量作为其中一项指标，见表 5.8。

市场上有成品的压力传感器和温度传感器销售，可供工具和系统研发人员根据需要选用，表 5.9 列出了几种压力传感器和温度传感器性能指标及对比。

表5.9　几种压力传感器和温度传感器性能指标及对比

项目	压力传感器		温度传感器	
	应变片（150℃）	石英晶体（175℃）	铂电阻（150℃）	石英晶体（175℃）
传感器类型	应变片	铂电阻	石英晶体	石英晶体
传感器精度	±0.2% FS	±0.5% FS	±0.02% FS	±0.02% FS
传感器量程	0 ~ 140MPa	−50 ~ 150℃	0.1 ~ 175MPa	−50 ~ 180℃
优点	价格低	价格低	无需 ADC、无需标定、零点稳定	无需 ADC、无需标定
缺点	需要高精度 ADC、需要高温高压条件下的标定、零点漂移较大	需要高精度 ADC、需要高温条件下的标定	价格高	价格高

这些传感器一般是单独的，也有一些在制造中组合成一个器件，如晶体型的压力 / 温度传感器。

5.3.3　转速的随钻测量

转速是钻进过程中的基本参数，转动和转速（角速度）也可被用作井下控制的信号。工程上用来测转速的传感器和方法有很多，但适合于用作井下转速随钻测量的却很少。用霍尔开关式转速传感器是一种很好的选择，它具有体积小、结构简单、无触点、输出数字化、抗干扰能力强、性能稳定、高可靠性、长寿命、价格便宜、抗干扰能力强等优点。

霍尔传感器原理基于电磁学的霍尔效应，利用其输出的霍尔电势与控制电流和磁场的乘积成正比的特点，制成角位移和转速（角速度）传感器 [17]。霍尔开关是把霍尔元件、放大器、施密特触发器和输出极集成在同一块芯片上形成的一种新型传感器，自身有温度补偿功能，它把经两级差分放大几十倍的霍尔电势整形为矩形脉冲，进一步提高了抗干扰能力，加之它体积不大于 5mm × 5mm × 2mm，所以更适于制成简单轻便的转速传感器。表 5.10 给出了国产的霍尔开关主要性能参数和指标。

表5.10　国产霍尔开关的主要性能参数和指标

型号	导通磁感应强度 B（$H\rightarrow L$）$/Gs^o$	截至磁感应强度 B（$H\rightarrow L$）$/Gs^o$	输出低电平 U_a/U	高电平输出电流 I_{OH}（μA）	截止电源电流 $I\propto H$（mA）	导通电源电流 $I\propto L$（mA）	电源电压 U_{cc}/U
CS839A CS6839A	⩽ 750	⩾ 100	⩽ 0.4	⩽ 10	7	7	4.5 ~ 16
CS839B CS6839B	⩽ 550	⩾ 100	⩽ 0.4	⩽ 10	7	7	4.5 ~ 16
CS839C CS6839C	⩽ 350	⩾ 100	⩽ 0.4	⩽ 10	6	9	4.5 ~ 16
CS837A CS6837A	⩽ 750	⩾ 100	⩽ 0.4	⩽ 10	7	7	4.5 ~ 9
CS837B CS6837B	⩽ 550	⩾ 100	⩽ 0.4	⩽ 10	7	7	4.5 ~ 9
CS837C	⩽ 350	⩾ 100	⩽ 0.4	⩽ 10	6	9	9

5.3.4 振动参数的随钻测量

钻柱的振动是钻进过程中的普遍现象。钻柱的纵向振动、横向振动、扭转振动和钻头的涡动，往往对钻柱、井下工具和仪器带来伤害，尤其是对于精密的测量和控制系统，强烈的振动和冲击会造成测量失真、器件损坏，所以减振和隔振是井下仪器研发中必须关注的问题。但另一方面，如何合理利用振动也是钻井研究的重要课题，如利用钻柱的振动作为控制信号，在旋转钻井基础上叠加冲击形成的冲旋钻井工具等。

不管是减振隔振还是制造振动冲击，都要对钻柱的振动有透彻的了解和掌握。关于钻柱振动的理论研究成果文献已经很多，但其实际应用和直接的检测技术尚不普及。因此本书重点对振动参数的随钻检测作简单介绍。

5.3.4.1 井下振动信号测量仪

钻柱振动参数的随钻检测技术由硬件（井下振动信号测量仪）和软件（井下振动分析软件）两部分组成。自主研发的井下振动信号测量仪是装在钻柱上的一个独立工具短节，包含振动传感器和相关电路（有时也将振动传感器装在如 MWD 系统等其他测量系统内作为工况监测）。振动测量常用的传感器包括加速度传感器、速度传感器、位移传感器、应变传感器和力传感器等。因为压电式加速度传感器具有体积小、重量轻、结构简单、工作可靠、固有频率高、灵敏度和信噪比高等优点，适合井下作业环境，所以井下振动信号测量仪优选采用压电式加速度传感器。为了测量钻具在井下各个方向的振动，选择使用三轴加速度传感器（其工作原理和结构参见本书 5.2 节）。井下振动信号测量仪的结构原理如图 5.34 所示。

在图 5.34 中，X 轴用来测量横向和径向加速度，Y 轴用来测量横向和切向加速度，Z 轴用来测量轴向加速度。以井眼中心 O 点为坐标原点，过加速度传感器中心 M 点（即三轴加速度传感器测点）的横截面，建立固定坐标系 Oxy。然后以钻柱横截面中心点 C 为原点，$O \rightarrow C$ 方向为 i 轴方向，过 C 点作与 i 轴相垂直的 j 轴，得到动坐标系 Cij。过 M 点沿 $C \rightarrow M$ 作 X 轴，过 M 点作与 X 轴垂直的 Y 轴，组成动坐标系 MXY。在各坐标系中，加速度之间关系如图 5.35 所示。

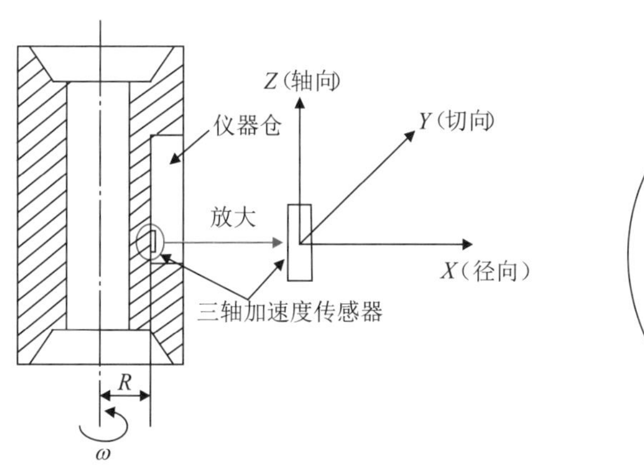

图5.34 井下振动信号测量仪的结构原理图

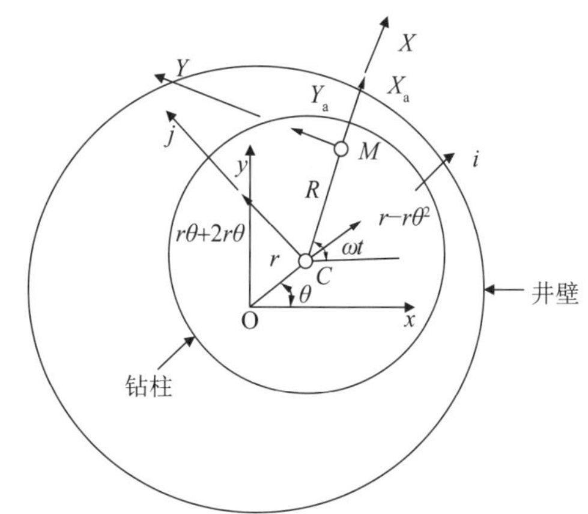

图5.35 测点X、Y方向加速度分析图

在图 5.35 中，r 为钻柱中心到井眼中心的距离，θ 为钻柱中心转过角度，ω 为钻柱自转角速度。钻柱中心 C 点速度为：

$$\vec{v}_C = \dot{r}i + r\dot{\theta}j \tag{5.35}$$

而测点 M 的速度为：

$$\vec{v}_{\mathrm{M}}=\vec{v}_{\mathrm{e}}+\vec{v}_{\mathrm{r}} \tag{5.36}$$

式中：$\vec{v}_{\mathrm{e}}$为在动坐标系 Cij 中与 M 点重合的一点相对固定坐标系 Oxy 的绝对速度，称为测点 M 的牵连加速度；$\vec{v}_{\mathrm{r}}$ 为测点相对动坐标系 Cij 的速度。$\vec{v}_{\mathrm{e}}$ 和 $\vec{v}_{\mathrm{r}}$ 可表示为：

$$\begin{cases}\vec{v}_{\mathrm{e}}=\vec{v}_{\mathrm{C}}+R\omega Y\\ \vec{v}_{\mathrm{r}}=0\end{cases} \tag{5.37}$$

则测点的加速度为：

$$\vec{a}_{\mathrm{M}}=\frac{\mathrm{d}\vec{v}_{\mathrm{e}}}{\mathrm{d}t}+\frac{\mathrm{d}\vec{v}_{\mathrm{r}}}{\mathrm{d}t}=\frac{\mathrm{d}\vec{v}_{\mathrm{C}}}{\mathrm{d}t}+\frac{\mathrm{d}(R\omega Y)}{\mathrm{d}t}+\frac{\mathrm{d}\vec{v}_{\mathrm{r}}}{\mathrm{d}t} \tag{5.38}$$

其中，C 点加速度为：

$$\vec{a}_{\mathrm{C}}=\frac{\mathrm{d}\vec{v}_{\mathrm{C}}}{\mathrm{d}t}=(\ddot{r}i+\dot{r}\dot{i})+(r\ddot{\theta}j+\dot{r}\dot{\theta}j+r\dot{\theta}\dot{j}) \tag{5.39}$$

式中，$\dot{j}=\dot{\theta}\times j$， $\dot{i}=\dot{\theta}\times j$ ，所以：

$$\vec{a}_{\mathrm{C}}=\frac{\mathrm{d}\vec{v}_{\mathrm{C}}}{\mathrm{d}t}=(\ddot{r}-r\dot{\theta}^2)i+(r\ddot{\theta}+2\dot{r}\dot{\theta})j \tag{5.40}$$

类似可以得到：

$$\frac{\mathrm{d}(R\omega Y)}{\mathrm{d}t}=-R\omega^2X+R\dot{\omega}Y \tag{5.41}$$

并且

$$\frac{\mathrm{d}\vec{v}_{\mathrm{r}}}{\mathrm{d}t}=0 \tag{5.42}$$

代入整理以后得：

$$\begin{aligned}\vec{a}_{\mathrm{M}}=&\left[(\ddot{r}-r\dot{\theta}^2)\cos(\omega t-\theta)+(r\ddot{\theta}+2\dot{r}\dot{\theta})\sin(\omega t-\theta)-R\omega^2\right]X\\&+\left[(\ddot{r}-r\dot{\theta}^2)\sin(\omega t-\theta)+(r\ddot{\theta}+2\dot{r}\dot{\theta})\cos(\omega t-\theta)+R\dot{\omega}\right]Y\end{aligned} \tag{5.43}$$

可以看出 M 点加速度包括两部分：一部分是由于钻柱偏心引起的，另一部分是由于测点到钻柱中心位置的距离引起的。所以式（5.43）可简写为：

$$\overrightarrow{a_{\mathrm{M}}}=\left[a_{\mathrm{CX}}-R\omega^2\right]X+\left[a_{\mathrm{CY}}+R\dot{\omega}\right]Y \tag{5.44}$$

其中

$$\begin{cases}a_{\mathrm{CX}}=(\ddot{r}-r\dot{\theta}^2)\cos(\omega t-\theta)+(r\ddot{\theta}+2\dot{r}\dot{\theta})\sin(\omega t-\theta)\\ a_{\mathrm{CY}}=(\ddot{r}-r\dot{\theta}^2)\sin(\omega t-\theta)+(r\ddot{\theta}+2\dot{r}\dot{\theta})\cos(\omega t-\theta)\end{cases} \tag{5.45}$$

由此可以看出测点在 XY 平面的加速度是一种很复杂的运动。其中，a_{CX} 是工具中心一个方向的横向加速度，$-R\omega^2$ 是测点的径向加速度；而 a_{CY} 则是工具中心另一个方向的横向加速度，$R\dot{\omega}$ 则可认为是测点的切向加速度。

至于 Z 轴方向加速度不受其他运动的影响，就是测量值。所以，井下三轴加速度传感器振动测量分析如图 5.36 所示。

图中

$$\begin{cases} X_a = a_{CX} - R\omega^2 \\ Y_a = a_{CY} + R\dot{\omega} \\ Z_a = a_{CZ} \end{cases} \tag{5.46}$$

式中：X_a、Y_a、Z_a 为三轴加速度计在 X、Y、Z 轴的测量值；a_{CX}、a_{CY}、a_{CZ} 为测量短节中心在 X、Y、Z 轴的加速度。

在设计工具短节时，要在上述理论结果基础上，结合工程实际情况进行针对性分析。

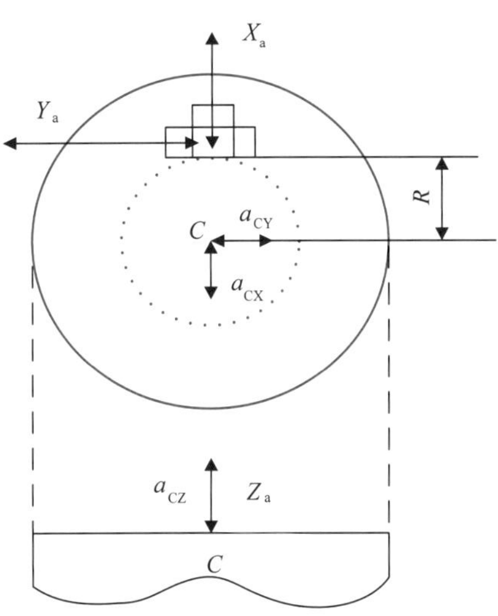

图5.36　测点三轴加速度分析图

5.3.4.2　井下振动分析软件开发

井下振动分析软件由数据管理、信号预处理、经典信号分析、异常振动分析、信号模拟、窗口和帮助总共 7 个模块组成，如图 5.37 所示。该软件主界面如图 5.38 所示。

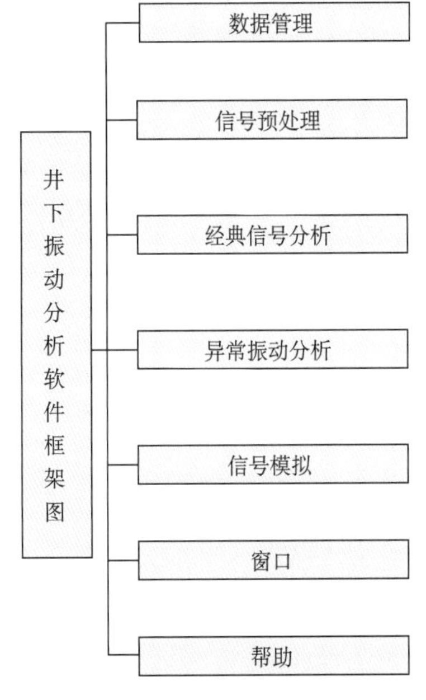

图5.37　井下振动分析软件框架图

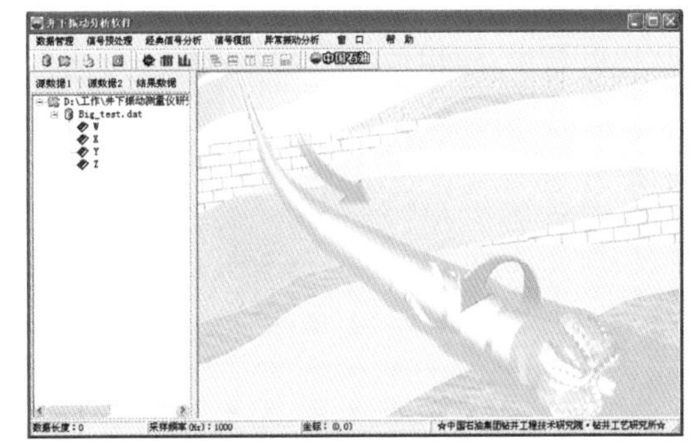
图5.38　井下振动分析软件主界面图

5.4　钻井液压力脉冲信号的传输特性

地面与井下的信息通信是实现随钻测量和导向钻井的关键环节，不仅要把在井下测得的井眼轨道参数（井斜角、方位角等）、钻井工艺参数（钻压、扭矩、工具面角等）、井下环境参数（温度、压力等）、地质特性参数（自然伽马、电阻率等）实时传送到地面，在闭环控制钻井中还要把指令信号从地面传送到井下执行机构以实时调控井下工具姿态及工艺参数 [19, 20]。自发明钻井液压力脉冲的信号传输方法以来，石油工程界突破了地面与井下无线信息通信的技术瓶颈 [21-23]，至今仍是商业化、规模化产品的主导技术。

井筒中的钻井液压力脉冲以压力波的形式进行传输，是一种能量转换过程，符合能量守恒定律和流体力学方程。然而，钻井液中含有黏土、重晶石粉等固相物质，并伴随着游离状态的气体，属于多相流动问题。因此，钻井液压力脉冲的传输过程，可视为一维不定常多相流动问题。研究钻井液压力脉冲信号的传输特性，对改进现有的钻井液压力脉冲信号传输系统和研发新系统都具有重要意义。

5.4.1 压力脉冲传输的基本方程

钻井液压力脉冲沿井筒的传输过程属于不定常流动问题，可基于不定常流动的运动方程和连续性方程来模拟和分析其动态传输特性。

(1) 运动方程。

如图 5.39 所示，在井筒中取长度为 Δx 的流体微元，根据牛顿第二定律，应有：

$$\frac{\mathrm{d}\boldsymbol{v}}{\mathrm{d}t}=\frac{\boldsymbol{F}}{M} \tag{5.47}$$

流体微元的质量为：

$$M=\rho A\Delta x \tag{5.48}$$

作用在流体微元上的力有：压力、重力和摩擦力（或称黏性阻力）。如果忽略高阶小量，其合力在 x 方向上的分量为[24]：

$$(\boldsymbol{F})_x=-\frac{\partial p}{\partial x}A\Delta x+\rho A\Delta xg\cos\alpha-\rho A\Delta x\frac{f}{D}\frac{1}{2}v^2 \tag{5.49}$$

式中：D 为钻柱内径，m；A 为钻柱过流面积，m^2；x 为井筒轴向坐标，m；α 为井斜角，(°)；ρ 为钻井液密度，$\mathrm{kg/m^3}$；g 为重力加速度，$\mathrm{m/s^2}$；p 为压力，Pa；v 为钻井液流速，m/s；f 为沿程阻力系数；t 为时间，s。

而加速度在 x 方向的分量可表示为：

$$\left(\frac{\mathrm{d}\boldsymbol{v}}{\mathrm{d}t}\right)_x=\frac{\partial v}{\partial t}+v\frac{\partial v}{\partial x} \tag{5.50}$$

所以，将式（5.48）~式（5.50）代入式（5.47），得：

$$\frac{\partial v}{\partial t}+v\frac{\partial v}{\partial x}-g\cos\alpha+\frac{1}{\rho}\frac{\partial p}{\partial x}+\frac{fv^2}{2D}=0 \tag{5.51}$$

这就是钻柱中一维不定常流动的运动方程。

(2) 连续性方程。

根据质量守恒原理，对于流体微元有：

$$\frac{\mathrm{d}}{\mathrm{d}t}(\rho A\Delta x)=0 \tag{5.52}$$

展开上式并整理，得：

$$\frac{1}{\rho}\frac{\mathrm{d}\rho}{\mathrm{d}t}+\frac{1}{A}\frac{\mathrm{d}A}{\mathrm{d}t}+\frac{1}{\Delta x}\frac{\mathrm{d}(\Delta x)}{\mathrm{d}t}=0 \tag{5.53}$$

若引入流体的体积弹性模量：

$$K_1=\frac{\Delta p}{\Delta\rho/\rho} \tag{5.54}$$

就可以把压强与液体密度联系起来。从而，流体密度对时间的变化率可表示为：

$$\frac{1}{\rho}\frac{\mathrm{d}\rho}{\mathrm{d}t}=\frac{1}{K_1}\frac{\mathrm{d}p}{\mathrm{d}t} \tag{5.55}$$

式中：K_1 为钻井液的液相体积弹性模量，Pa。

流体微元长度的变化率可表示为[24]：

$$\frac{1}{\Delta x}\frac{\mathrm{d}(\Delta x)}{\mathrm{d}t}=\frac{1}{\Delta x}\lim_{\Delta t\to 0}\frac{\left(v+\frac{\partial v}{\partial x}\Delta x\right)\Delta t-v\Delta t}{\Delta t}=\frac{\partial v}{\partial x} \tag{5.56}$$

流体微元横截面的变化率与钻柱弹性及支撑情况有关。如图 5.40 所示。设 ε_2 为周向应变，在压力作用下钻柱周长的增量为$\pi D\varepsilon_2$，直径变为 D（$1+\varepsilon_2$）。所以，截流面的变化率为[24]：

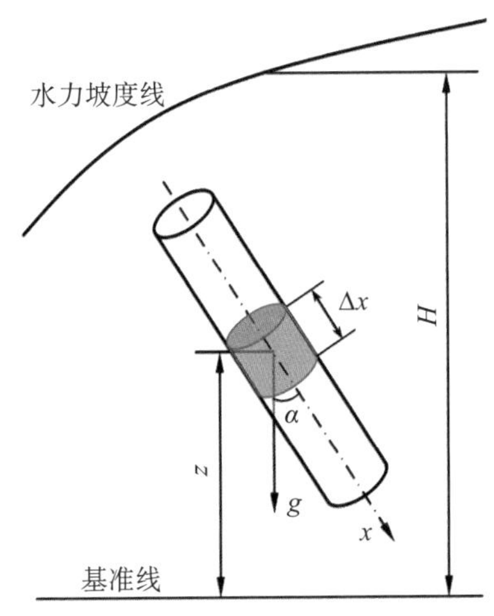

图5.39　流体微元分析

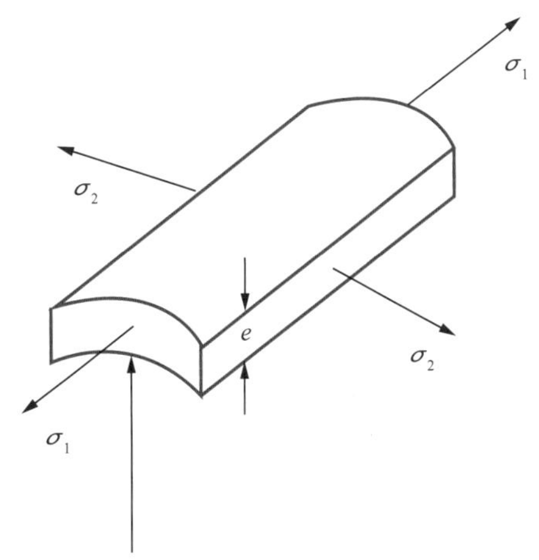

图5.40　钻柱应力分析

$$\frac{1}{A}\frac{\mathrm{d}A}{\mathrm{d}t}\approx 2\frac{\mathrm{d}\varepsilon_2}{\mathrm{d}t} \tag{5.57}$$

由胡克定律得：

$$\varepsilon_2=\frac{1}{E}(\sigma_2-\lambda\sigma_1) \tag{5.58}$$

式中：λ 为钻柱泊松比；E 为钻柱弹性模量，Pa。

对式（5.58）求导，得：

$$\dot{\varepsilon}_2=\frac{\mathrm{d}\varepsilon_2}{\mathrm{d}t}=\frac{1}{E}(\dot{\sigma}_2-\lambda\dot{\sigma}_1) \tag{5.59}$$

对于薄壁管，周向应力及其对时间的导数可表示为：

$$\begin{cases}\sigma_2=\dfrac{pD}{2e}\\[2ex]\dot{\sigma}_2=\dfrac{\dot{p}D}{2e}\end{cases} \tag{5.60}$$

式中：e 为钻柱壁厚，m。

而轴向应力与钻柱的支撑情况有关[24−27]。在传送钻井液压力脉冲信号时，往往要将钻头提离井底，因此可认为钻柱仅固定于井口。此时

$$\dot{\sigma}_1 \approx \frac{\dot{p}A}{\pi eD} = \frac{1}{4}\frac{\dot{p}D}{e} = \frac{1}{2}\dot{\sigma}_2 \tag{5.61}$$

将式（5.60）和式（5.61）代入式（5.59），得：

$$\dot{\varepsilon}_2 = \frac{1}{E}\dot{\sigma}_2\psi \tag{5.62}$$

其中

$$\psi = 1 - \frac{\lambda}{2}$$

将式（5.62）代入式（5.57），得：

$$\frac{1}{A}\frac{\mathrm{d}A}{\mathrm{d}t} = \frac{\dot{p}D}{Ee}\psi \tag{5.63}$$

这样，将式（5.55）、式（5.56）和式（5.63）代入式（5.53），得：

$$\frac{1}{K_1}\frac{\mathrm{d}p}{\mathrm{d}t} + \frac{\mathrm{d}p}{\mathrm{d}t}\frac{D\psi}{Ee} + \frac{\partial v}{\partial x} = 0 \tag{5.64}$$

若令

$$a = \sqrt{\frac{K_1/\rho}{1 + \dfrac{K_1 D}{Ee}\psi}} \tag{5.65}$$

则

$$\frac{1}{\rho}\frac{\mathrm{d}p}{\mathrm{d}t} + a^2\frac{\partial v}{\partial x} = 0 \tag{5.66}$$

式中：a 为钻井液压力脉冲的传输速度，m/s。

这就是钻柱中一维不定常流动的连续性方程。

（3）压力脉冲信号的传输方程。

在分析钻井液的流动特性，可用任意基准算起的水力坡度线高度 H 来代替压强 p，它们之间的关系为[24]：

$$H = \frac{p}{\rho g} + z \tag{5.67}$$

式中：H 为总水头，m；z 为位置水头即 x 处的标高，m。

注意到井斜角的定义以及垂深坐标与标高 z 的方向相反，而压力 p 为时间 t 和位置 x 的函数，所以：

$$\frac{\partial p}{\partial x} = \rho g\left(\frac{\partial H}{\partial x} - \frac{\partial z}{\partial x}\right) = \rho g\left(\frac{\partial H}{\partial x} + \cos\alpha\right) \tag{5.68}$$

$$\frac{\mathrm{d}p}{\mathrm{d}t}=\rho g\left(\frac{\mathrm{d}H}{\mathrm{d}t}-\frac{\mathrm{d}z}{\mathrm{d}t}\right)=\rho g\left[\frac{\mathrm{d}H}{\mathrm{d}t}-\left(\frac{\partial z}{\partial t}+v\frac{\partial z}{\partial x}\right)\right]=\rho g\left(\frac{\mathrm{d}H}{\mathrm{d}t}+v\cos\alpha\right) \tag{5.69}$$

将式（5.68）和式（5.69）代入式（5.51）和式（5.66），得：

$$\begin{cases}\dfrac{\partial v}{\partial t}+v\dfrac{\partial v}{\partial x}+g\dfrac{\partial H}{\partial x}+\dfrac{fv|v|}{2D}=0\\ \dfrac{\partial H}{\partial t}+v\dfrac{\partial H}{\partial x}+v\cos\alpha+\dfrac{a^2}{g}\dfrac{\partial v}{\partial x}=0\end{cases} \tag{5.70}$$

式（5.70）就是描述压力脉冲信号的传输方程。其中，用 $v|v|$ 代替 v^2 保证了黏性阻力始终与速度的方向相反。

5.4.2 压力脉冲的传输速度

在钻井液压力脉冲传输系统中，脉冲信号的传输速度是一个基本参数。从上述推导过程可以看出，虽然式（5.65）反映了钻柱特性和流体特性，却仅适用于薄壁管和纯液流。但是钻井液为多相流体，且钻柱属于厚壁管，所以还需要对式（5.65）进行改进[31−33]。

（1）多相钻井液。

钻井液为气液固多相混合物，各相流体的含量及物性将影响钻井液的密度和体积弹性模量等参数，进而影响到钻井液压力脉冲的传输速度。根据多相流体力学原理，钻井液混合物的密度可用如下计算式[34]：

$$\rho=\left(1-\beta_{\mathrm{g}}-\beta_{\mathrm{s}}\right)\rho_{\mathrm{l}}+\beta_{\mathrm{g}}\rho_{\mathrm{g}}+\beta_{\mathrm{s}}\rho_{\mathrm{s}} \tag{5.71}$$

式中：ρ_{l} 为钻井液的液相密度，$\mathrm{kg/m^3}$；ρ_{g} 为钻井液的气相密度，$\mathrm{kg/m^3}$；ρ_{s} 为钻井液的固相密度，$\mathrm{kg/m^3}$；β_{g} 为体积含气率，%；β_{s} 为固相含量，%。

在钻井液密度确定的条件下，压力脉冲的传输速度主要取决于信号传输系统的弹性模量。为了研究系统的表观体积弹性模量，现分析如图 5.41 所示的容器。容器内的压力为 p，总体积为 V_{t}，其中液相体积为 V_{l}，气相体积为 V_{g}，固相体积为 V_{s}。假设容器的右端有一活塞，活塞向左推进的体积为ΔV_{t}，从而使容器内的压力增至 $p+\Delta p$，此时液相、气相和固相的压缩量分别为 $-\Delta V_{\mathrm{l}}$、$-\Delta V_{\mathrm{g}}$ 和 $-\Delta V_{\mathrm{s}}$（体积膨胀为正值），而容器膨胀的体积为ΔV_{p}。

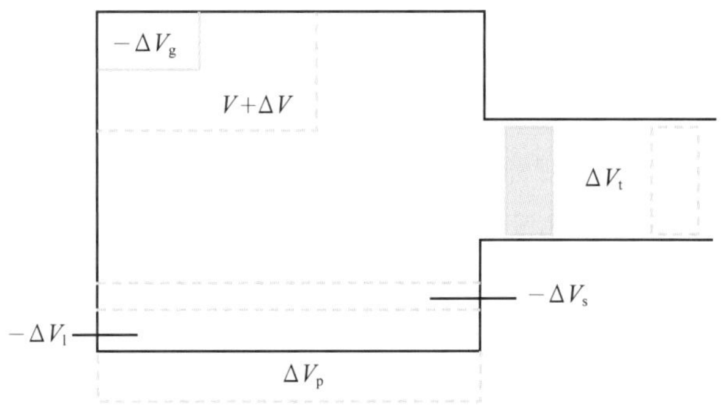

图5.41 信号传输系统的弹性模量

由于液相、气相、固相和容器的体积弹性模量分别为：

$$K_{\mathrm{l}}=-\frac{\Delta pV_{\mathrm{l}}}{\Delta V_{\mathrm{l}}},\quad K_{\mathrm{g}}=-\frac{\Delta pV_{\mathrm{g}}}{\Delta V_{\mathrm{g}}},\quad K_{\mathrm{s}}=-\frac{\Delta pV_{\mathrm{s}}}{\Delta V_{\mathrm{s}}},\quad K_{\mathrm{p}}=\frac{\Delta pV_{\mathrm{t}}}{\Delta V_{\mathrm{p}}} \tag{5.72}$$

而系统的表观体积弹性模量 K 可定义为[26]：

$$K_{\mathrm{l}}=-\frac{\Delta pV_{\mathrm{l}}}{\Delta V_{\mathrm{l}}},\quad K_{\mathrm{g}}=-\frac{\Delta pV_{\mathrm{g}}}{\Delta V_{\mathrm{g}}},\quad K_{\mathrm{s}}=-\frac{\Delta pV_{\mathrm{s}}}{\Delta V_{\mathrm{s}}},\quad K_{\mathrm{p}}=\frac{\Delta pV_{\mathrm{t}}}{\Delta V_{\mathrm{p}}} \tag{5.73}$$

所以，有[26]：

$$\frac{1}{K}=\left(\frac{1}{K_{\mathrm{p}}}+\frac{1}{K_{\mathrm{l}}}\right)+\beta_{\mathrm{g}}\left(\frac{1}{K_{\mathrm{g}}}-\frac{1}{K_{\mathrm{l}}}\right)+\beta_{\mathrm{s}}\left(\frac{1}{K_{\mathrm{s}}}-\frac{1}{K_{\mathrm{l}}}\right) \tag{5.74}$$

或

$$\frac{1}{K}=\frac{1}{K_{\mathrm{p}}}+\left(1-\beta_{\mathrm{g}}-\beta_{\mathrm{s}}\right)\frac{1}{K_{\mathrm{l}}}+\beta_{\mathrm{g}}\frac{1}{K_{\mathrm{g}}}+\beta_{\mathrm{s}}\frac{1}{K_{\mathrm{s}}} \tag{5.75}$$

式中：K_{p} 为钻柱体积弹性模量，Pa；K_{g} 为气相体积弹性模量，Pa；K_{s} 为固相体积弹性模量，Pa。

因此，钻井液压力脉冲的传输速度为：

$$a=\sqrt{\frac{K}{\rho}} \tag{5.76}$$

式（5.71）及式（5.74）～式（5.76）中的多数参数都可从相关资料中查得，这里主要讨论钻柱和钻井液气相的体积弹性模量等参数的计算方法。

（2）钻柱及支撑情况。

钻柱的体积弹性模量 K_{p} 可用其变形量来表征，所以由式（5.63）和式（5.72）得：

$$K_{\mathrm{p}}=\frac{\Delta pV_{\mathrm{t}}}{\Delta V_{\mathrm{p}}}=\frac{\Delta pA}{\Delta A}=\frac{\delta}{\psi}E \tag{5.77}$$

$$\delta=\frac{e}{D}$$

通常，薄壁管与厚壁管的分界线约为 δ=1/25，显然钻杆和钻铤均属于厚壁管。对于钻柱固定于井口的情况，考虑到管壁周向应力不均性的影响，厚壁管 ψ 值的计算式为[26]：

$$\psi=\frac{1}{1+\delta}\left[\left(1-\frac{\lambda}{2}\right)+2\delta\left(1+\delta\right)\left(1+\lambda\right)\right] \tag{5.78}$$

（3）气相弹性模量。

当钻井液中含有气体时，钻井液混合物的体积弹性模量和密度将发生变化，其变化程度与气相含量和所受压力有关。钻井液气相的体积弹性模量可取为[24−26]：

$$K_{\mathrm{g}}=mp \tag{5.79}$$

式中：m 为气相的比热比，等温过程取 $m=1$，绝热过程取 $m=1.4$；p 为绝对压力，Pa。

钻井液的体积含气率 β_{g} 是钻井液气相与混合物的体积比。在钻井液沿井筒的瞬变流动过程中，由于压力随位置和时间变化，所以在实际应用中可将体积含气率转换为质量含气率，使气相含量独立于压力[27]。含气量对压力脉冲的传输速度及其他特性影响很大，只有当含气量较小时压力脉冲信号传输系统才适用。

上述研究结果发展完善了传统的压力脉冲传输速度计算方法[35−36]，具有更好的科学性和实用性[31−33]。

（4）影响因素及规律。

钻井液压力脉冲传输速度的主要影响因素有：钻柱特性、钻井液组分及特性[31−33]。

①钻柱特性。假设纯液相钻井液（无固相、无气相）的弹性模量 $K_{\mathrm{l}}=2.0\times10^{3}$MPa，钻柱的

弹性模量 $E = 2.1\times10^5$MPa、泊松比 λ=0.3，若选取钻井液密度分别为 1000kg/m^3、1500kg/m^3、2000kg/m^3 和 2500kg/m^3，则径厚比（$1/\delta$）对传输速度的影响规律见图 5.42。可见，随着径厚比、钻井液密度增加，传输速度均降低。

②钻井液的液相特性。钻井液体系不同，其密度、压缩性等物性参数也不同，从而会影响压力脉冲的传输速度。对于 5in 钻杆，其弹性模量 $E = 2.1\times10^5$MPa、泊松比 $\lambda = 0.3$，内径 D = 108.6mm（外径 127mm），壁厚 e = 9.2mm。若选取纯液相钻井液的弹性模量分别为 1.0×10^3MPa，2.0×10^3MPa 和 3.0×10^3MPa，则钻井液液相特性对传输速度的影响规律见图 5.43。可见，随着钻井液液相密度增加，传输速度降低；随着钻井液液相弹性模量增加，传输速度提高。需要说明的是，钻井液液相的密度和弹性模量并非相互独立，它们之间往往存在着相关性，且主要取决于钻井液类型或体系（如水基钻井液、油基钻井液等）。

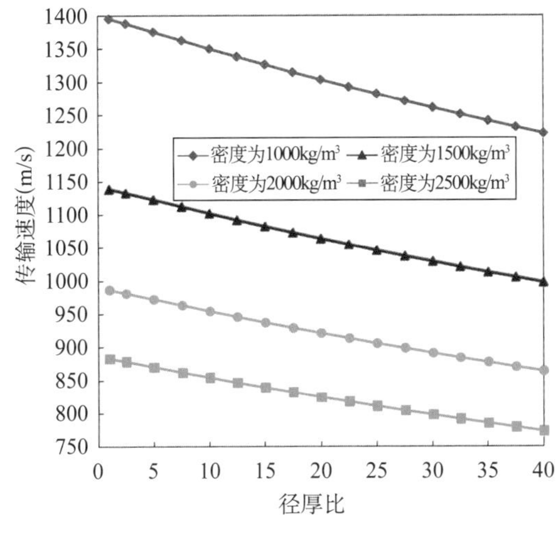

图5.42 钻柱径厚比的影响

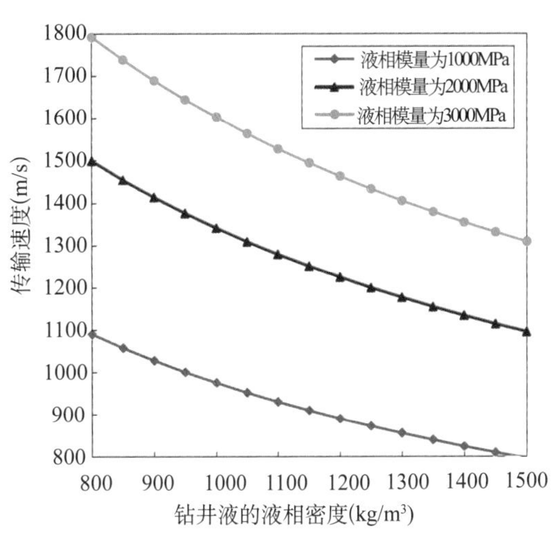

图5.43 钻井液液相特性的影响

③钻井液的固相特性。钻井液的固相含量及密度、可压缩性等特性都会影响压力脉冲的传输速度，其影响程度取决于它们之间的差异程度。对于上述 5in 钻杆及固液混合钻井液体系，若钻井液液相的密度 ρ_l=1000kg/m^3、弹性模量 K_l=2.0×10^3MPa，钻井液固相的弹性模量 K_s=1.8×10^4MPa，则钻井液固相特性对传输速度的影响规律见图 5.44。可见，随着钻井液固相密度增加，传输速度降低，固相含量越高降低速度越快。即使钻井液的固相密度与液相密度相同，但因其可压缩性不同，所以压力脉冲的传输速度仍不同。

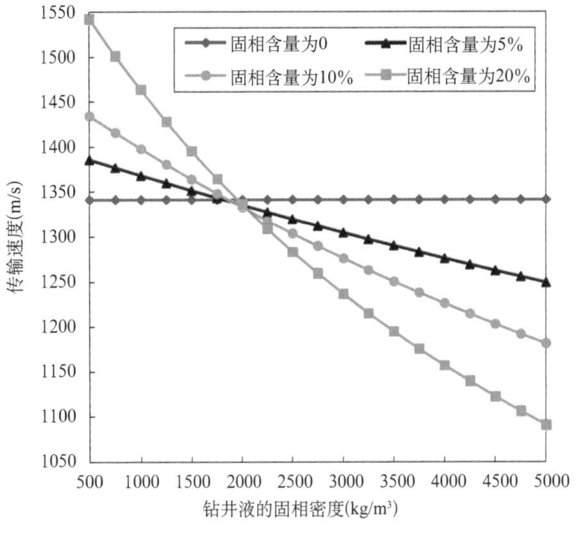

图5.44 钻井液固相特性的影响

④钻井液的气相特性。气相含量对钻井液密度的影响很小，但对钻井液的压缩性影响很大。对于上述 5in 钻杆及气液混合钻井液体系（无固相），若钻井液液相的密度 ρ_l = 1000kg/m^3、弹性模量 K_l = 2.0×10^3MPa，气相比热比 m = 1，则钻井液气相特性对传输速度的影响规

律如图 5.45 所示。结果表明：压力脉冲的传输速度对气相含量很敏感，含气量增加传输速度急速下降；当钻井液中存在气相时，脉冲传输速度对压力也很敏感，压力降低传输速度急速下降。含气量过高和压力过低，不仅会导致压力脉冲的传输速度低，甚至会导致压力脉冲传输系统失效。因此，在利用压力脉冲传输系统进行随钻测量时，应限定含气量上限和压力下限。

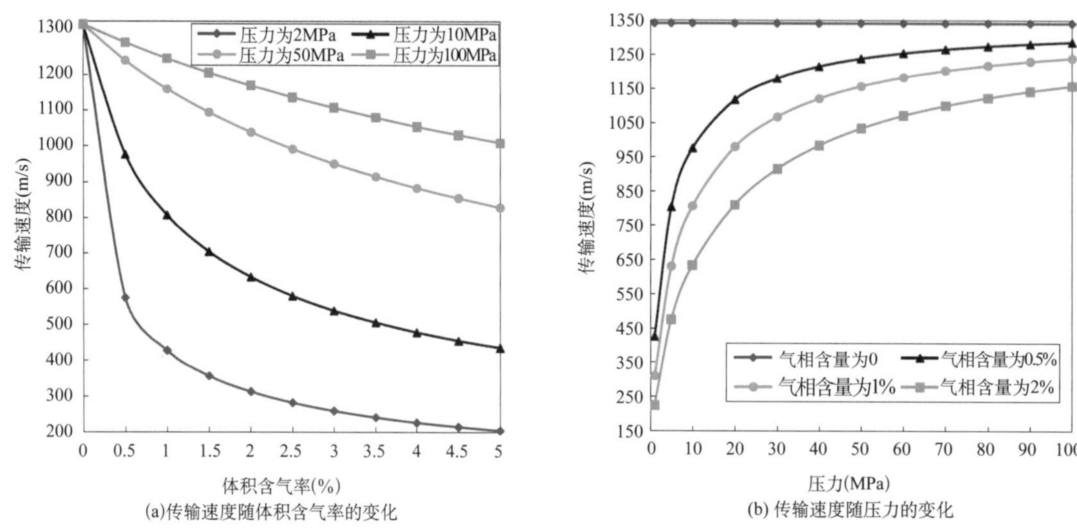

图5.45　钻井液气相特性的影响

5.4.3　压力脉冲的动态传输特性

基于压力脉冲的传输方程可模拟压力脉冲的动态传输特性。式（5.70）是一组双曲型偏微分方程组，可用特征线法或差分法求解。特征线法具有鲜明的数学特征和物理意义，是求解这类定解问题的一种典型方法。

（1）特征线方法。

求解双曲型偏微分方程组的主要难点是：在 x 和 t 两个方向上存在导数。如果能在 $x-t$ 平面上找到一个方向，使得该方程组仅包含沿这个方向的导数，也就是说沿着这个方向使该方程组变为常微分方程组，问题就容易解决了。特征线就是这样一条曲线，沿着这条曲线可以将原偏微分方程转变为全微分方程，进而对全微分方程积分便可得到易于进行数值处理的有限差分方程。

根据式（5.70），若令

$$\begin{cases} \Gamma_1=\dfrac{\partial H}{\partial t}+v\dfrac{\partial H}{\partial x}+v\cos\alpha+\dfrac{a^2}{g}\dfrac{\partial v}{\partial x}=0 \\ \Gamma_2=\dfrac{\partial v}{\partial t}+v\dfrac{\partial v}{\partial x}+g\dfrac{\partial H}{\partial x}+\dfrac{fv|v|}{2D}=0 \end{cases} \tag{5.80}$$

则

$$\Gamma=\eta\Gamma_1+\Gamma_2=\eta\left[\frac{\partial H}{\partial t}+\left(v+\frac{g}{\eta}\right)\frac{\partial H}{\partial x}\right]+\left[\frac{\partial v}{\partial t}+\left(v+\frac{\eta a^2}{g}\right)\frac{\partial v}{\partial x}\right]+\eta v\cos\alpha+\frac{fv|v|}{2D}=0 \tag{5.81}$$

式中：η 为待定因子。

不难看出，要使式（5.81）变为全微分方程的条件是：

$$\frac{\mathrm{d}x}{\mathrm{d}t}=v+\frac{g}{\eta}=v+\frac{\eta a^2}{g} \tag{5.82}$$

即

$$\eta=\pm\frac{g}{a} \tag{5.83}$$

将式（5.83）代入式（5.82）和式（5.81），得：

$$C^+:\begin{cases}\dfrac{\mathrm{d}x}{\mathrm{d}t}=v+a\\ \dfrac{\mathrm{d}H}{\mathrm{d}t}+\dfrac{a}{g}\dfrac{\mathrm{d}v}{\mathrm{d}t}+v\cos\alpha+\dfrac{fav|v|}{2gD}=0\end{cases} \tag{5.84}$$

$$C^-:\begin{cases}\dfrac{\mathrm{d}x}{\mathrm{d}t}=v-a\\ \dfrac{\mathrm{d}H}{\mathrm{d}t}-\dfrac{a}{g}\dfrac{\mathrm{d}v}{\mathrm{d}t}+v\cos\alpha-\dfrac{fav|v|}{2gD}=0\end{cases} \tag{5.85}$$

在式（5.84）和式（5.85）中，第一式分别称为 C^+ 和 C^- 特征线方程，第二式分别称为 C^+ 和 C^- 特征线上的相容性方程。

通常，钻井液的流速 v 远小于压力脉冲的传输速度 a，在特征线方程中可略去 v。若再用流量 Q 代替钻井液流速 v，则有：

$$C^+:\begin{cases}\dfrac{\mathrm{d}x}{\mathrm{d}t}=a\\ \dfrac{\mathrm{d}H}{\mathrm{d}t}+\dfrac{a}{gA}\dfrac{\mathrm{d}Q}{\mathrm{d}t}+\dfrac{Q}{A}\cos\alpha+\dfrac{faQ|Q|}{2gDA^2}=0\end{cases} \tag{5.86}$$

$$C^-:\begin{cases}\dfrac{\mathrm{d}x}{\mathrm{d}t}=-a\\ \dfrac{\mathrm{d}H}{\mathrm{d}t}-\dfrac{a}{gA}\dfrac{\mathrm{d}Q}{\mathrm{d}t}+\dfrac{Q}{A}\cos\alpha-\dfrac{faQ|Q|}{2gDA^2}=0\end{cases} \tag{5.87}$$

至此，就将求解一维不定常流动的问题转变为在 $x\text{–}t$ 平面上沿特征线求解常微分方程的问题。

（2）有限差分方程。

沿特征线求解相容性方程时，首先需要用特征线网格来离散方程。如果把钻柱沿长度方向分成 n 段，段长为 Δx，再取时间步长 $\Delta t=\Delta x/a$，且认为脉冲速度 a 为常数，那么在 $x\text{–}t$ 平面上就可得到矩形计算网格，并且网格的对角线恰好是特征线，如图 5.46 所示。

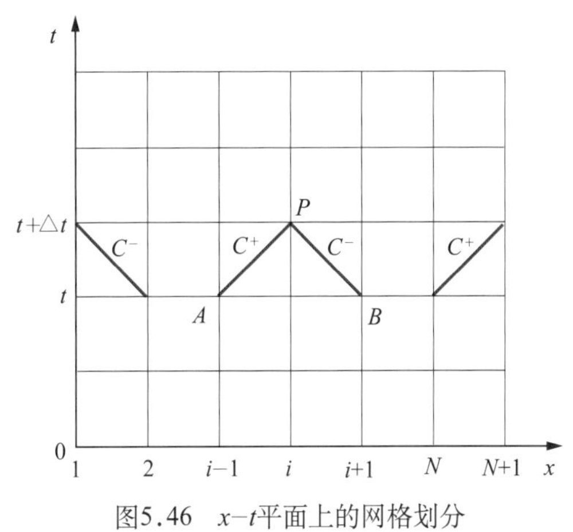

图5.46　$x\text{–}t$平面上的网格划分

显然，Δx 选得越小，计算精度就越高，但耗费的计算时间也越长。当Δx 选定后，时间步长Δt 就不能随意选取了，而是必须满足稳定性准则。

将式（5.86）中的相容性方程沿特征线 C^+ 积分，得：

$$\left(H_{\mathrm{P}}-H_{\mathrm{A}}\right)+B\left(Q_{\mathrm{P}}-Q_{\mathrm{A}}\right)+\int_{\mathrm{A}}^{\mathrm{P}}\frac{Q\cos\alpha}{A}\mathrm{d}t+\int_{\mathrm{A}}^{\mathrm{P}}\frac{faQ|Q|}{2gDA^2}\mathrm{d}t=0$$

$$B^*=\frac{a}{gA} \tag{5.88}$$

式中：B^* 为特征阻抗，S/m^2。

流量 Q 是个未知量，且沿 C^+ 特征线变化，所以需要进行近似处理。如果采用一阶逼近，则有：

$$\begin{cases}\displaystyle\int_{\mathrm{A}}^{\mathrm{P}}\frac{Q\cos\alpha}{A}\mathrm{d}t=\frac{Q_A\cos\alpha}{aA}\Delta x\\ \displaystyle\int_{\mathrm{A}}^{\mathrm{P}}\frac{faQ|Q|}{2gDA^2}\mathrm{d}t=\frac{fQ_A|Q_A|}{2gDA^2}\Delta x\end{cases} \tag{5.89}$$

若令

$$\begin{cases}U^*=\dfrac{\Delta x\cos\alpha}{aA}\\ R^*=\dfrac{f\Delta x}{2gDA^2}\end{cases} \tag{5.90}$$

则式（5.88）变为：

$$H_{\mathrm{P}}=H_{\mathrm{A}}-B^*\left(Q_{\mathrm{P}}-Q_{\mathrm{A}}\right)-U^*Q_{\mathrm{A}}-R^*Q_{\mathrm{A}}|Q_{\mathrm{A}}| \tag{5.91}$$

同理，式（5.87）中的相容性方程，沿特征线 C^- 的积分可变为：

$$H_{\mathrm{P}}=H_{\mathrm{B}}+B^*\left(Q_{\mathrm{P}}-Q_{\mathrm{B}}\right)+U^*Q_{\mathrm{B}}+R^*Q_{\mathrm{B}}|Q_{\mathrm{B}}| \tag{5.92}$$

为方便，可将式（5.91）和式（5.92）写成如下形式：

$$\begin{cases}H_{\mathrm{P}}=C_{\mathrm{P}}^*-B^*Q_{\mathrm{P}}\\ H_{\mathrm{P}}=C_{\mathrm{M}}^*+B^*Q_{\mathrm{P}}\end{cases} \tag{5.93}$$

其中

$$\begin{cases}C_{\mathrm{P}}^*=H_{\mathrm{A}}+\left(B^*-U^*\right)Q_{\mathrm{A}}-R^*Q_{\mathrm{A}}|Q_{\mathrm{A}}|\\ C_{\mathrm{M}}^*=H_{\mathrm{B}}-\left(B^*-U^*\right)Q_{\mathrm{B}}+R^*Q_{\mathrm{B}}|Q_{\mathrm{B}}|\end{cases}$$

显然，C_{P}^* 和 C_{M}^* 分别由 A 点和 B 点的参数确定。

于是，由式（5.93），得：

$$\begin{cases}H_{\mathrm{P}}=\dfrac{C_{\mathrm{P}}^*+C_{\mathrm{M}}^*}{2}\\ Q_{\mathrm{P}}=\dfrac{C_{\mathrm{P}}^*-C_{\mathrm{M}}^*}{2B^*}\end{cases} \tag{5.94}$$

在初始状态下，井筒中的钻井液为定常流动，按定常流动模型可确定出压力、温度、密度等参数的沿程分布结果。经过时间 $t = t_0$ 后开始产生压力脉冲，此时根据式（5.94）可计算出 $t+\Delta t$ 时网格点上的 H_P 和 Q_P 等参数。待求得了 $t+\Delta t$ 时刻各网格点的参数后，便进行下一时步的计算，直至算到所需要的时间为止。

当钻井液黏度较大时，能量损失就较大，若再用一阶近似来处理摩擦项，其精度就较差，甚至会导致解的不稳定性[24]，此时应采用二阶近似。即

$$\begin{cases}\int_{A}^{P}\dfrac{faQ|Q|}{2gDA^2}\mathrm{d}t=\dfrac{R^*}{2}\left(Q_A|Q_A|+Q_P|Q_P|\right)\\ \int_{B}^{P}\dfrac{faQ|Q|}{2gDA^2}\mathrm{d}t=-\dfrac{R^*}{2}\left(Q_B|Q_B|+Q_P|Q_P|\right)\end{cases} \tag{5.95}$$

这样，式（5.86）和式（5.87）变为：

$$\begin{cases}(H_P-H_A)+B^*(Q_P-Q_A)+U^*Q_A+\dfrac{R^*}{2}\left(Q_A|Q_A|+Q_P|Q_P|\right)=0\\ (H_P-H_B)-B^*(Q_P-Q_B)-U^*Q_B-\dfrac{R^*}{2}\left(Q_B|Q_B|+Q_P|Q_P|\right)=0\end{cases} \tag{5.96}$$

注意到 a/g 远大于 $\Delta x/a$，所以 B^* 远大于 U^*，即 U^* 与 B^* 相比可忽略。为方便，令

$$\begin{cases}B=B^*-U^*\approx B^*=\dfrac{a}{gA}\\ R=\dfrac{R^*}{2}=\dfrac{f\Delta x}{4gDA^2}\end{cases} \tag{5.97}$$

则式（5.96）变为：

$$\begin{cases}H_P=C_P-BQ_P-RQ_P|Q_P|\\ H_P=C_M+BQ_P+RQ_P|Q_P|\end{cases} \tag{5.98}$$

其中

$$\begin{cases}C_P=H_A+BQ_A-RQ_A|Q_A|\\ C_M=H_B-BQ_B+RQ_B|Q_B|\end{cases}$$

将式（5.98）中的两式分别相加和相减，经整理，得：

$$\begin{cases}H_P=\dfrac{C_P+C_M}{2}\\ RQ_P|Q_P|+BQ_P=\dfrac{C_P-C_M}{2}\end{cases} \tag{5.99}$$

可见，在式（5.99）中，由第一式能直接求出 H_P，而第二式是关于 Q_P 非线性方程，可用牛顿迭代法等数值方法求解。

（3）初边值条件。

①初始条件。

在初始状态下，井筒中没有压力脉冲，钻井液为定常流动，可用多相流模型来确定钻井液压力沿井深的分布规律。多相管流模型很多，若采用 Beggs—Brill 模型，则有[34, 37]：

$$\frac{\mathrm{d}p}{\mathrm{d}x}=\frac{\rho g\cos\alpha-\dfrac{fGv}{2DA}}{1-\dfrac{\rho v v_{sg}}{p}} \tag{5.100}$$

式中：G 为钻井液的质量流量，kg/s；G_g 为钻井液气相的质量流量，kg/s；v_{sg} 为气相的折算速度 $v_{sg}=\dfrac{G_g}{A\rho_g}$，m/s。

在钻井液循环过程中伴随着井筒与地层之间的传热，而且钻井液的密度、黏度等物性都与压力、温度等参数密切相关。因此，要得到高精度的压力分布结果，必须建立反映井筒与地层系统传热特性的能量守恒方程，并与流动方程耦合求解[38−40]。不过，就研究钻井液压力脉冲的初始条件而言，往往可忽略传热问题。

②钻井液气相参数。

在压力脉冲传输系统中，对钻井液含气量有较严格的限制，较高的含气量会导致压力脉冲传输系统失效，因此这种信号传输方式不适用于空气钻井、充气钻井、泡沫钻井等气体钻井工艺。但是，钻井液中不可避免地会存在气体，这些气体不仅来自于钻井液体系及循环工艺甚至地层流体的侵入，也来自于气体逸出和液柱分离[24]。在此主要考虑钻井液中混入自由气体的情况。

钻井液是气相、液相和固相物质的混合物，其物性取决于各组分的物性，且随压力、温度等环境参数变化。显然，气相物性的变化远大于液相和固相物性的变化，所以气相物性随环境参数的变化情况是不应忽略的。气相组分符合气体的状态方程，体积弹性模量已由式（5.79）给出，密度和体积含气率分别为[24−26]：

$$\rho_g=\frac{p}{p_0}\frac{T_0}{T}\rho_{g,0} \tag{5.101}$$

$$\beta_g=\frac{p_0}{p}\frac{T}{T_0}\beta_{g,0} \tag{5.102}$$

式中：T 为热力学温度，K；下标“0”表示标准状态或 $t=0$ 时的恒定流动状态。

③边界条件。

用特征线网格来离散相容性方程，可得到式（5.99）的有限差分方程，但仅适用于网格内点的计算。如图 5.46 所示。因在管路的边界点处只有一个相容性方程，所以还需给出边界条件才能求得边界点上的数值。各种边界条件及其处理方法可参考相关文献[24−27]，在此主要针对压力脉冲信号上传和下传系统来建立边界条件。

钻井液循环系统的上游端是钻井泵。如果忽略负载的影响，钻井泵的排量可表示为：

$$Q_P=Q(t)=\overline{Q}+\Delta Q\left|\sin\omega t\right| \tag{5.103}$$

式中：$\overline{Q}$ 为平均排量，m^3/s；ΔQ 为排量波幅，m^3/s；ω 为圆频率，rad/s。

显然，钻井泵的排量为已知函数且随时间 t 变化，而上游端的压头由式（5.98）中的第二式给出，所以上游边界点上的流量和压力为：

$$\begin{cases} Q_{\mathrm{P}} = \overline{Q} + \Delta Q\left|\sin \omega t\right| \\ H_{\mathrm{P}} = C_{\mathrm{M}} + BQ_{\mathrm{P}} + RQ_{\mathrm{P}}\left|Q_{\mathrm{P}}\right| \end{cases} \tag{5.104}$$

为了减轻钻井泵排出压力和流量的脉动特性，常在钻井泵排出管线上安装空气包[41]。此时，由于空气包中的气体压缩服从多方关系，所以需要使用迭代法等数值解法。

如图 5.47 所示，对于压力脉冲信号传输系统来说，MWD 的信号发生器（脉冲阀）位于井底的下游端，根据压力脉冲的发生机理，其边界条件类似于阀门。虽然 MWD 有正脉冲、负脉冲和连续波三种波形，但可用不同的阀门开度曲线来表征。

根据流经阀门的流量与压降或压头降的关系，可以得到：

$$Q = \frac{\tau Q_0}{\sqrt{\Delta H_0}}\sqrt{\Delta H} \tag{5.105}$$

式中：Q 为流量，m^3/s；ΔH 为阀门前后的压头降，m；t 为阀门开度，无量纲；下标“0”表示 $t=0$ 或定常流动状态。

显然，阀门开度 t 是时间 t 的函数，并且应事先给出。需要说明的是：定常流动时 $t=1$，并非阀门全开时 $t=1$，因为在瞬变流动中 t 可以大于 1。

求解下游边界点上的流量和压力时，应将式（5.105）与式（5.98）中的 C^+ 相容性方程联立。注意到脉冲阀的压头降 $\Delta H = H_{\mathrm{P}} - H_{\mathrm{b}}$（其中，$H_{\mathrm{b}}$ 为脉冲阀后的压头），则有：

$$Q_{\mathrm{P}} = -BC_{\mathrm{v}} + \sqrt{B^2 C_{\mathrm{v}}{}^2 + 2C_{\mathrm{v}}\left(C_{\mathrm{P}} - H_{\mathrm{b}}\right)} \tag{5.106}$$

式中

$$C_{\mathrm{v}} = \frac{\tau^2 Q_0{}^2}{2\left(\Delta H_0 + \tau^2 Q_0{}^2 R\right)}$$

在式（5.106）中，根式前取正号是因为假定向下游流动为正。求得了 Q_{P} 后，由式（5.98）中的第一式便可算出 H_{P}。

在控制信号下传系统中，信号发生器（脉冲阀）布置在钻井泵与井口之间的管线上，压力脉冲信号发生于地面并传送到井下。如图 5.48 所示。

由于流向井口的流量等于钻井泵排量与流经脉冲阀流量之和，所以

$$Q = \overline{Q} + \Delta Q\left|\sin \omega t\right| + \frac{\tau Q_0}{\sqrt{\Delta H_0}}\sqrt{\Delta H} \tag{5.107}$$

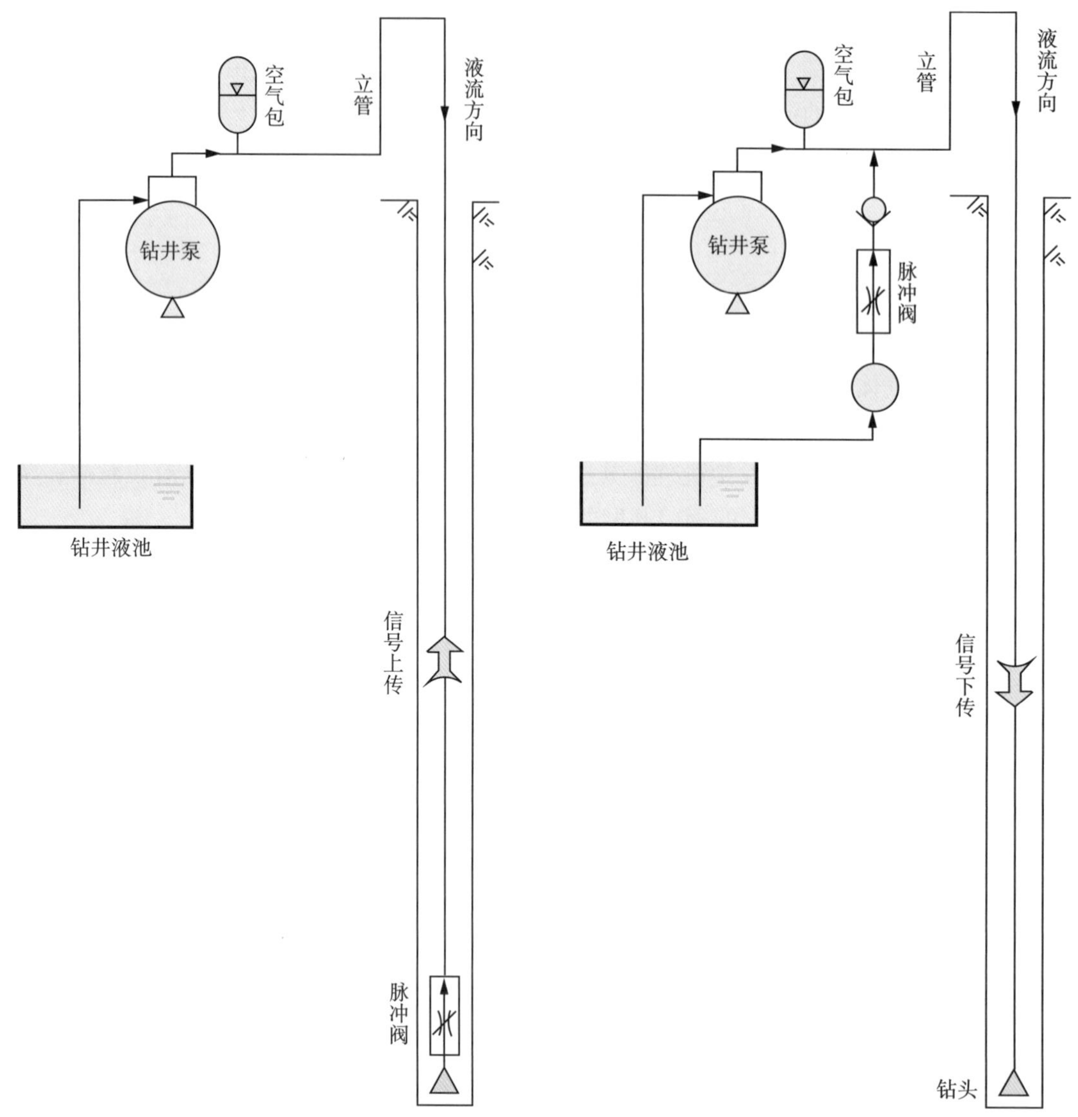

图 5.47　MWD 压力脉冲传输机理

图 5.48　控制信号下传系统示意图

对于上游端，应将式（5.107）与式（5.98）中的 C^+ 相容性方程联立求解。注意到，此时脉冲阀的压头降 $\Delta H=H_a-H_P$，其中 H_a 为脉冲阀前的压头，则由式（5.98）和式（5.107），得：

$$Q_P=-\left(BC_v-2C_RQ_b\right)+\sqrt{\left(BC_v-2C_RQ_b\right)^2+2\left[C_v\left(H_a-C_M\right)-C_RQ_b^{\ 2}\right]} \tag{5.108}$$

式中

$$\begin{cases} Q_b=\overline{Q}+\Delta Q\left|\sin\omega t\right| \\ C_R=\dfrac{\Delta H_0}{2\left(\Delta H_0+\tau^2Q_0^{\ 2}R\right)} \end{cases}$$

由式（5.108）求得 Q_P 后，再由式（5.98）中的第二式便可算出 H_P。

控制信号下传系统的下游端为钻头，而钻头水眼可视为固定节流孔，其流动为定常流动。所以，下游端的边界条件同式（5.106），且应取 $\tau=1$。

5.4.4　实例分析

[例 1] 某水平井的井眼轨迹数据见表 5.11，其三开井段采用 5in 钻杆和无固相钻井液体系，主要数据如下：

（1）环境参数：地表温度为 20℃，地温梯度为 3℃ /100m；

（2）工艺参数：循环排量 $Q = 28L/s$，立管压力 $p = 16MPa$；

（3）钻柱特性：弹性模量 $E = 2.1 \times 10^5 MPa$，泊松比 $\lambda = 0.3$，内径 $D = 108.6mm$，壁厚 $e = 9.2mm$；

（4）钻井液液相参数：密度 $\rho_l = 1200kg/m^3$，弹性模量 $K_l = 3.0 \times 10^3 MPa$，黏度 $\mu = 10mPa \cdot s$；

（5）钻井液气相参数：密度 $\rho_g = 1.25kg/m^3$（标准状况），比热比 $m = 1.2$，井口含气率 $\beta_g = 1\%$。

钻井液温度、钻井液压力、钻井液气相参数、系统表观弹性模量、脉冲传输速度等参数沿井深的分布规律，如图 5.49 ~图 5.51 所示。计算结果表明：随着压力增大，钻井液中的含气率减小、气相密度增大。由于含气率很小，所以它们对钻井液混合物密度的影响微乎其微，但对系统的表观体积弹性模量影响很大，进而显著影响了压力脉冲的传输速度。

表5.11　某水平井的井眼轨迹数据

井深（m）	井斜角（°）	方位角（°）	垂深（m）	水平位移（m）	备注
0.00	0.00	—	0.00	0.00	井口点
2700.00	0.00	60.00	2700.00	0.00	
2871.79	45.81	60.00	2854.06	65.10	
3011.38	45.81	60.00	2951.36	165.19	
3143.95	90.00	60.00	3000.00	285.00	A 靶
4620.00	90.00	60.00	3000.00	1761.05	B 靶

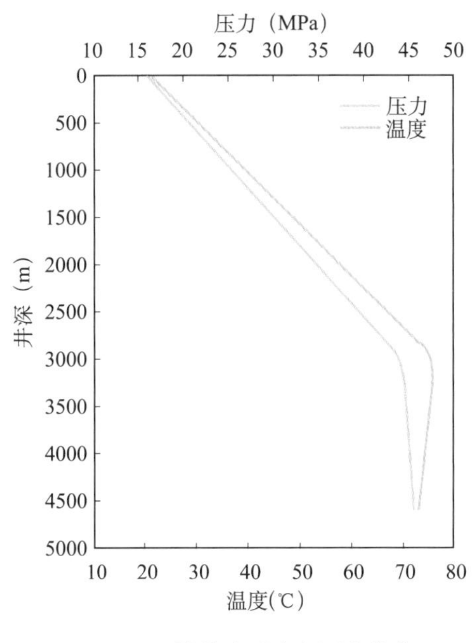

图5.49　钻井液温度和压力分布

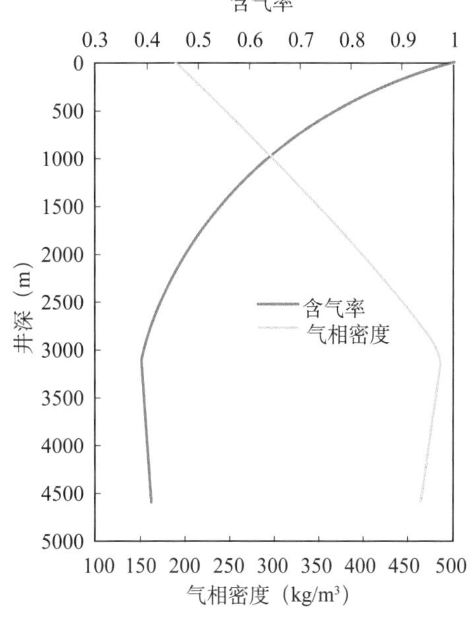

图5.50　钻井液气相参数分布

[例 2] 某水平井的井眼轨迹数据见表 5.11，在 $8^1/_2$in 井眼中采用 5in 钻杆钻进，其主要数据为：

(1) 井眼环境：井径为 215.9mm，钻杆外径为 127.0mm，钻杆内径 $D=108.6$mm；

(2) 钻井液参数：循环排量 $Q=28$L/s，密度 $\rho=1200$kg/m^3，黏度 $\mu=10$mPa · s；

(3) 钻头水眼：2 × 8mm+1 × 13mm，流量系数 0.95；

(4) 脉冲传输速度 $a=1320$m/s。

在初始状态下，正常循环钻井液，其流动为定常流动，钻井液压力沿井深的分布规律如图 5.52 所示。按式（5.67）的定义，总水头 H 包含了位置水头和压力水头，压力就是压强 p。在井口激发一个幅值为 3.0MPa 的正压力脉冲信号，则脉冲信号沿井筒的传输特性如图 5.53 所示。在时间为 3.5s 时，脉冲信号从井口向井底传输，其脉冲信号及沿程压力分布如图 5.54 所示。

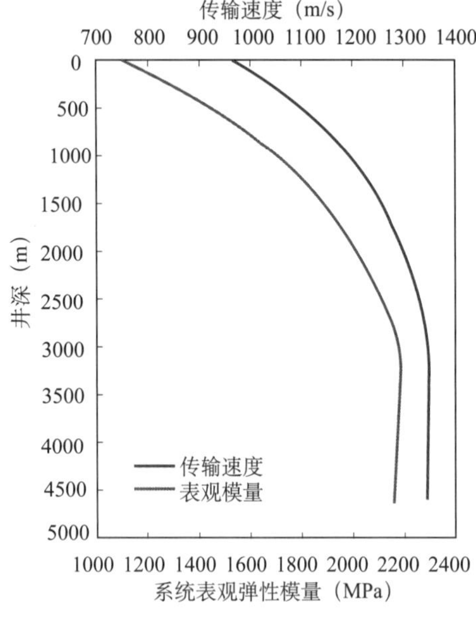

图5.51 压力脉冲传输速度分布

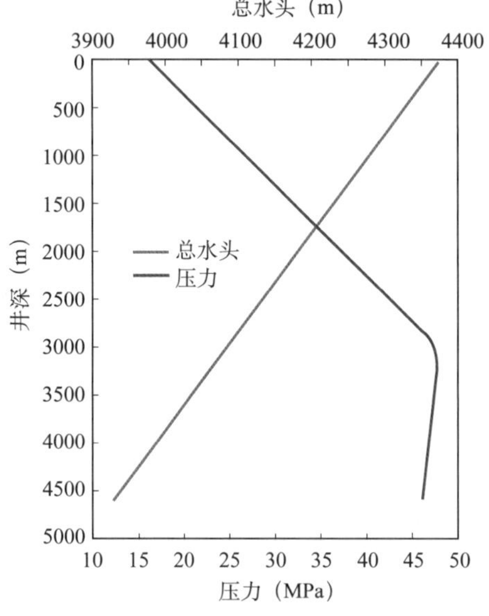

图5.52 初始压力分布

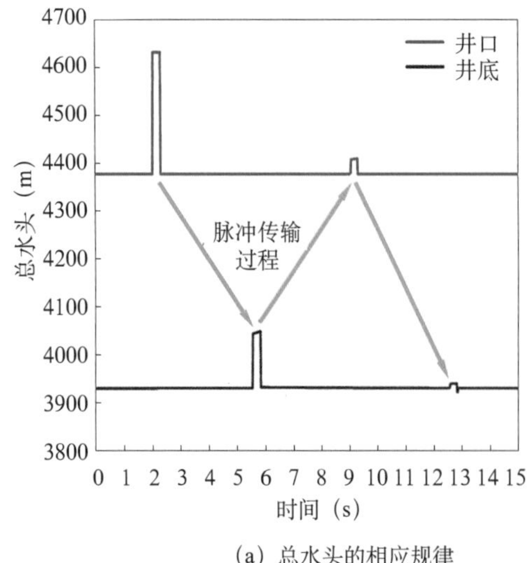

(a) 总水头的相应规律

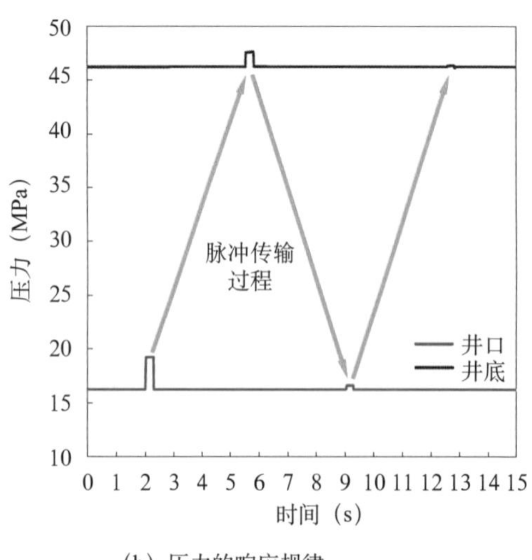

(b) 压力的响应规律

图5.53 脉冲信号的传输特性

理论研究和数值模拟结果表明：

（1）脉冲信号在井底与井口之间存在一个延迟时间，该延迟时间就是钻井液压力脉冲的传输时间。该算例的传输时间为3.5s。

（2）压力脉冲的传输过程是一种能量转换过程。由于系统阻尼的影响，在传输过程中存在着明显的衰减。在该算例中，压力脉冲从井口传输到井底，其脉冲幅值从3.0MPa衰减到1.35MPa。

（3）在井口立管和井底钻头等系统边界处，压力脉冲将产生反射。压力脉冲在井筒中往复传播形成阻尼振荡，并逐渐衰竭。经一定时间后，井筒中的流动逐渐趋于稳定，并恢复到初始的压力系统。

（4）脉冲频率和钻井液黏度是影响压力脉冲衰减程度的重要因素。脉冲频率越高、钻井液黏度越大，脉冲衰减越快[42]。因此，提高压力脉冲信号的传输速率和提高其传输深度是相矛盾的，是随钻测量技术需要长期研究的课题。

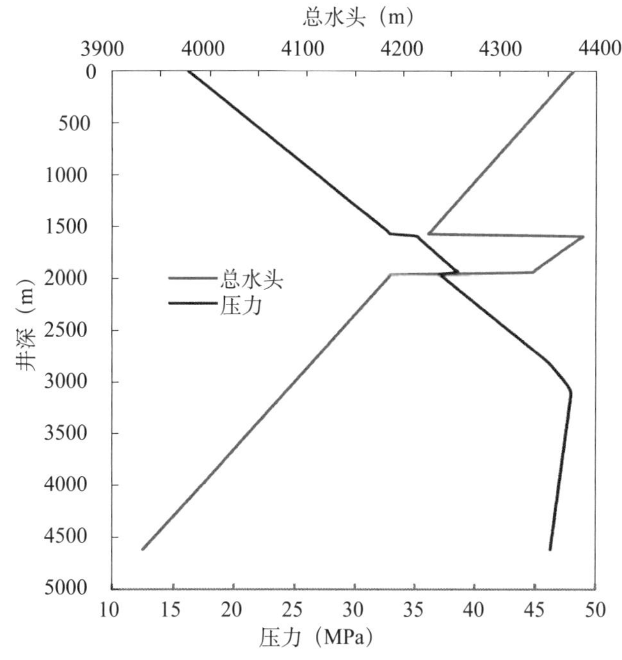

图5.54 3.5s时的沿程压力分布

5.5 电磁波信道的信号传输

当钻井液中混有气体时，如充气钻井液、泡沫钻井和气体钻井，用钻井液脉冲传输信号的方法失效，这是因为气相介质不能承受压力导致脉冲信号发生畸变而造成信号波形失真，这时可以考虑采用电磁波信道，只要地层特性满足要求即不失为一个很好的选择。

实际上，电磁波信息传输通道是以钻柱和大地构成一电流传导回路，通过这一电流回路将井下信号传输到地面，它与钻井循环介质无关。所以，电磁波信道作为一种由井下和地面信号传输的基本通道，它不仅可用于上述的特种循环介质的钻井方式（欠平衡钻井和气体钻井），同样也可以用于以钻井液为循环介质的常规钻井。

5.5.1 电磁波信道信号传输原理

电磁波传输信道是以钻柱和大地构成一电流传导回路，通过这一电流回路将井下信号传输到地面。钻柱是回路中的导线，地层相当于回路中的电阻，电流信号在钻柱和地层构成的回路中传导。由于钻柱是导电体，在钻井过程中钻柱直接接触井壁（或通过钻井液）与地层联通，就像埋入地下的裸导线一样，这时钻柱中的电流在上传过程中就向地层扩散，地层中产生的电流场就会在地面上形成以钻柱为中心的同心圆状的电势。在离钻柱一定距离的地面打下一根接地极，用一个电压测量装置跨接在钻柱与接地极间，就可以测量到以钻柱为中心的同心圆状向外辐射的信号电压。这样，“钻柱—地层”构成电流信号传导回路，在地面通过测量电流流过地层时产生的电压降就可以用来接收信号。

根据电磁场理论，对媒质的特性分类如下：

（1）$(\sigma/\omega\varepsilon)<0.01$，媒质表现为电介质（绝缘）；

（2）0.01<（$\sigma/\omega\varepsilon$）<100，媒质表现为半电介质（半绝缘）；

（3）（$\sigma/\omega\varepsilon$）>100，媒质表现为导电体。

其中：σ 为电导率；ω 为媒质中电磁场的角频率；ε 为介电常数。通常地层多表现为半电介质特性，即电阻特性。

在电磁波信道系统中，钻柱是回路中的导线，地层相当于回路中的电阻（图 5.55），电流信号在钻柱和地层构成的回路中传导。由于钻柱是导电体，在钻井过程中，钻柱通过钻井液或直接接触井壁与地层联通，如同埋入地下的裸导线，因此，钻柱中的电流在上传过程中向地层扩散，当钻柱垂直地心时，在垂直剖面上其电流扩散形态如图 5.56 所示（为了简化，图中仅画出钻柱一侧的电流线），电流沿钻柱扩散在地层中产生了电流场，在地面上形成以钻柱为中心的同心圆状的电势（电压）场。

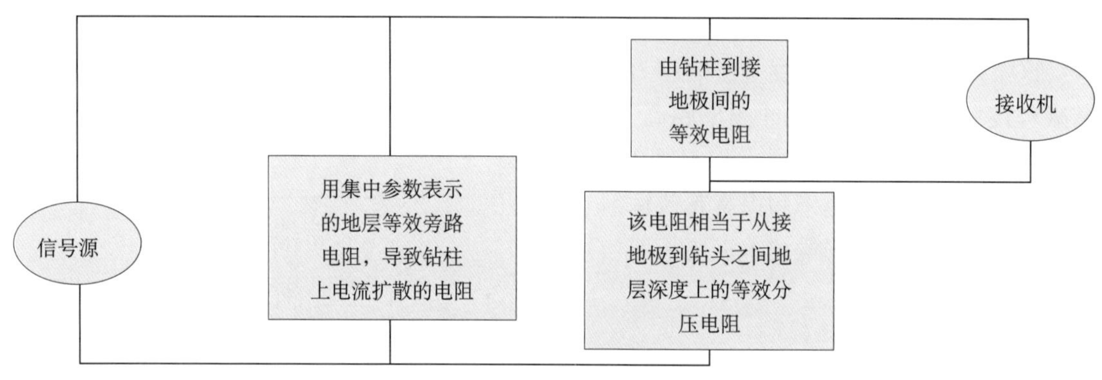

图5.55　电磁波信道简化物理模型

根据上述传输机理，钻柱如一段深埋入地层的裸导线，也可看作深埋入地层的长电极，这样用典型长电极上电流扩散的数学模型来描述电磁波信道系统将更为简洁清晰和易于计算（只不过长电极的信号源在地表上，电极的电流是由上向下扩散）。但实际上电磁波信道系统的信号源在地下，且钻柱上的电流由下向上扩散，由此可得出电磁波信道系统钻柱上的电流由下向上传导时，在钻柱上各深度的电流幅度为：

$$I(z)\approx I_0\mathrm{e}^{-z/\delta} \tag{5.109}$$

式中：$I(z)$ 为信号电流在 z 点的强度；I_0 为源点处信号电流的最大幅度；δ 为电流在地层中的趋肤系数，$\delta=1/(\pi f\mu/\rho)^{1/2}$；$z$ 为钻柱上某点距信号电流源点的距离；μ 为磁导率，一般取 $4\pi\times10^{-7}$ Ω·s/m；ρ 为地层电阻率；f 为信号电流频率。

从式（5.109）可知，在信号源电流幅度 I_0 不变的条件下，钻柱上某点的电流强度取决于地层的电阻率 ρ 和信号的频率 f，以及这点距信号源的距离 z。如果信号频率和地层电阻率不变，钻柱上的信号电流 $I(z)$ 将会随距离 z 的增加按单一指数规律减小。

如果钻柱穿过 n 层具有不同电阻率的地层时，设其电阻率分别为 ρ_1、ρ_2、$\rho_3\cdots\rho_n$；各地层厚度分别为 $z(1)$、$z(2)$、$z(3)$、⋯、$z(n)$，则此时钻柱上的电流分布为：

$$I(z)\approx I_0\mathrm{e}^{-\sum_{i=1}^{n}z(i)/\delta} \tag{5.110}$$

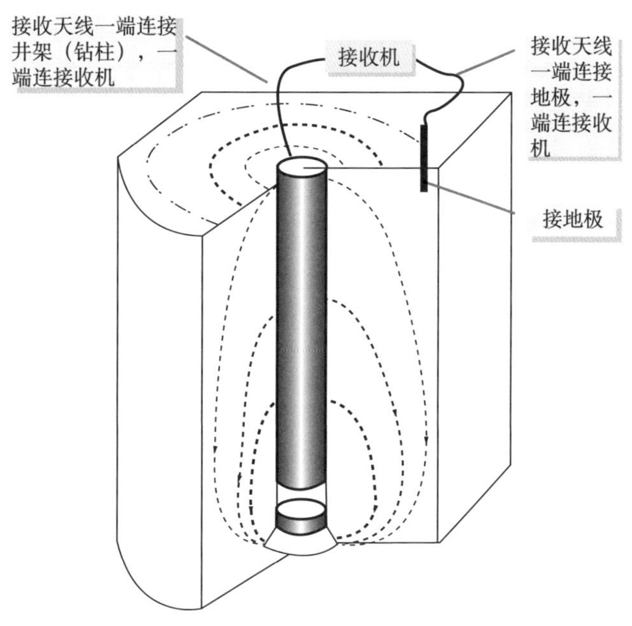

图5.56 钻柱传导电流扩散形态及在地表产生的电势场

实际上，在一个完整的实用工程系统中，如笔者的研究团队所自主研发的 DREMWD 无线电磁波随钻测量系统（参见第 6 章），仅有电磁波信道是远远不够的，它只是信息的传输通道，还要有其他几方面的配套技术。在 DREMWD 无线电磁波随钻测量系统研制过程中所采取的技术路线是围绕着一个基础、两个方面和四个关键模块展开的。一个基础就是以建立“钻柱—大地”电磁信道方法为基础，如上述；两个方面是：研究如何通过电磁信道发射井下信号，研究如何在地面接收井下传上来的弱电磁信号；四个核心模块是：(1) 井下绝缘钻铤式电偶极子发射天线；(2) 井下大功率自适应电磁信号发射器；(3) 井下大功率涡轮发电机（参见第 6 章）；(4) 地面弱信号接收机和接收天线，并由这四个核心模块构成无线电磁波随钻测量系统，如图 5.57 所示。以下对相关技术和模块作简要介绍。

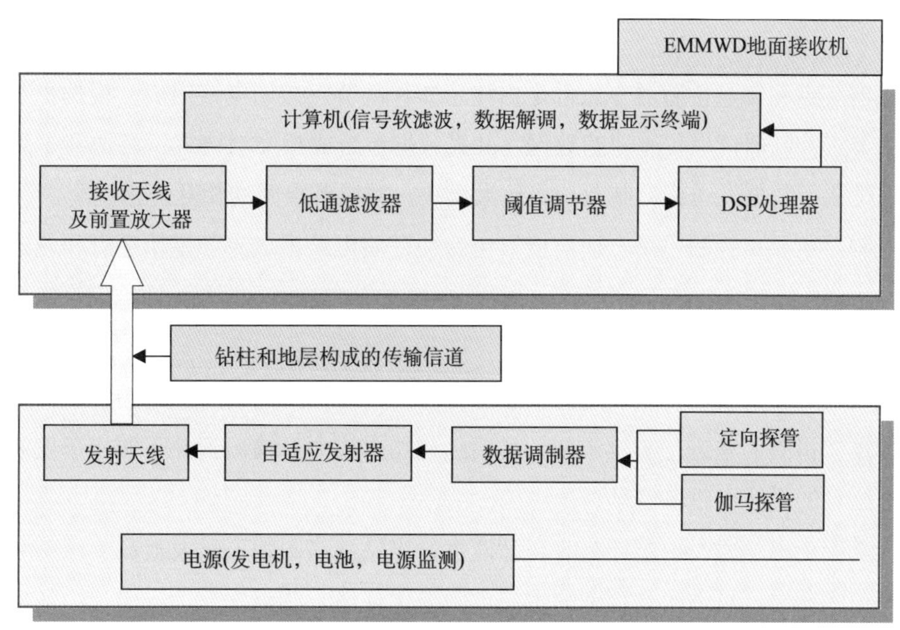

图5.57 DREMWD系统原理框图

5.5.2 井下低频信号自适应发射技术

井下大功率电磁信号发射器模块建立了井下仪器数据通信网络系统，实现了井下仪器数据的编码和调制，完成了电磁波信号发射，形成了井下仪器网络系统到地面接收装置的电磁波数据传输通道。大功率电磁信号发射器由井下通信模块、井下信号调制及功率放大模块组成。

（1）井下通信模块。

DREMWD 系统井下仪器通信网络采用总线型网络结构，由一个主节点和定向传感器节点、伽马传感器节点、调制及功率放大节点三个从节点构成；同时系统设计有 PC 机节点，为地面操作的工程技术人员提供人机界面接口，可以设为主或从节点。井下网络系统是开放的，可以根据需求增加仪器节点。如图 5.58 所示。

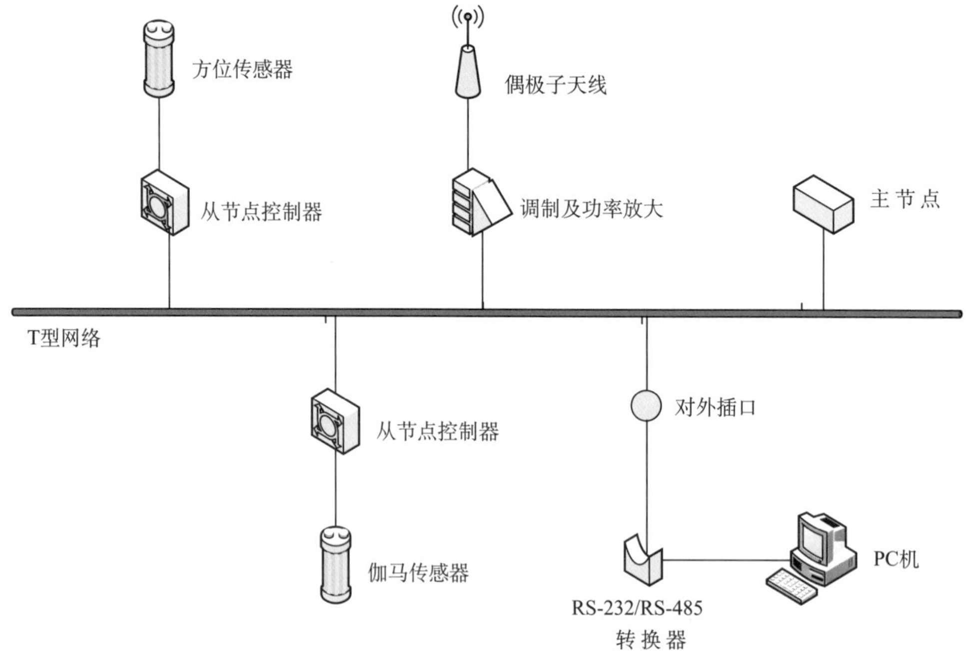

图5.58 井下通信模块

方位传感器节点和伽马传感器节点都是由传感器和从节点控制电路组成。根据主节点控制，传感器节点的从节点控制器读取传感器的数据，并将数据整合成报文帧格式，发送到 T 型网络上作为响应，主节点把测量数据发送到调制及功率放大模块，完成节点间的相互通信。

从节点控制器主要由控制电路、通信接口电路和存储电路组成。各模块还有相应的控制及通信软件。

（2）井下信号调制及功率放大模块。

信号调制及功率放大模块将接收到的数据进行编码，并把编码后的数据整合为 DREMWD 系统上传要求的数据帧格式，并进行载波调制，最后经过功率放大后输出到井下偶极子发射天线，在地层中产生载有信息的无线电磁波信号。

研制的大功率电磁信号发射器还具有自适应性，当钻遇高阻地层时发射高电压信号，钻遇低阻地层时发射高电流信号，可适应宽范围的地层电阻变化环境，调整发射信号电流，使电磁信号高效输出，以提高传输深度。

5.5.3 井下绝缘电偶极子发射天线研制

井下绝缘电偶极子发射天线（图 5.59）是电磁波无线随钻测量系统的核心部件，是电磁信道能否建立的关键。

绝缘电偶极子发射天线由绝缘钻铤式偶极子、通用上钻铤和通用下钻铤三部分组成，绝缘钻铤式偶极子连接着上钻铤和下钻铤，上钻铤作为绝缘钻铤式偶极子的一个电极，下钻铤作为绝缘钻铤式偶极子的另一个电极，这样就构成了完整的井下电磁传输信道。

绝缘钻铤式偶极子钻铤采用特殊材料研制，其上的绝缘层采用了特殊工艺和特殊绝缘材料制成，经过计算确定了绝缘层厚度，既保证了强度，又有很高的绝缘度。该设计具有结构简单、便于加工、绝缘度高等特点，在多次现场应用中，具有接收信号灵敏高、耐冲击和高温等性能。

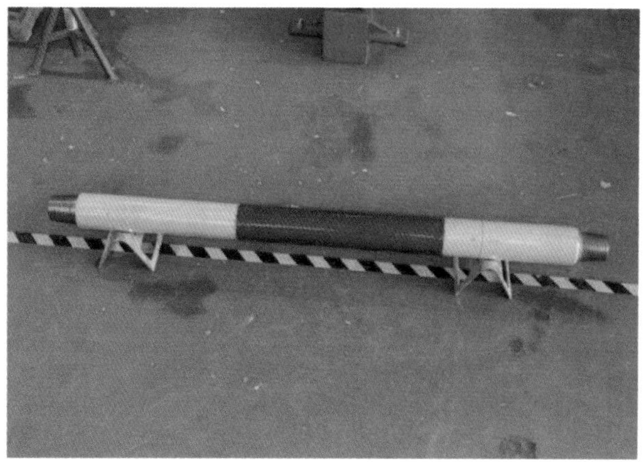

图5.59　自主研制的井下绝缘电偶极子发射天线

5.6 声波信道传输特性

声波信道是利用钻柱作为传输信号的媒体，将信息转变为赋予钻柱的振动信号从而由井下上传到地面的一种信道技术。目前国际钻井界在致力研究和开发声波信道技术。

一个通信系统的核心部分是由信号发送器、传输信道及接收器组成。在随钻声波传输系统中，由于钻柱作为信息传输的信道，其结构对沿其传输的声波信号的响应特性有着重要影响，并进一步影响到整个信息传输系统各部分参数的选择，特别是对于声波载波调制方式及形式的确定和声波换能器参数的选择具有重要意义。

5.6.1 声波沿钻柱传输的波动方程

钻柱是由一根根钻杆首尾相接而成，单根钻杆两端的接箍和管体的横截面积差异较大，沿钻柱长度又呈现周期性的结构变化，如图 5.60 所示，因此声波在钻柱中的传输问题实质上是周期性结构中声波的传播问题。物理学证明，周期性结构对沿其传输的声波具有“梳状滤波器”特性，即沿横截面积周期性变化的钻柱进行传输的弹性波，其中某些频率的谐波分量能够无耗散地通过，而另外一些频率分量会因为剧烈的频散衰减而无法通过，前者所处的频带称为声波通频带，后者称为阻频带。

图5.60　石油钻井用的钻杆

以下从声波沿钻柱传输的机理入手，建立声波传输模型，并利用数值方法对波动方程求解，研究分析声波沿钻柱的传输特性。

首先在前人研究的基础上[43−46, 48]建立平面纵波沿钻柱的传播模型。当弹性波在很长的均匀圆截面直杆中传播时，当传输波波长大于杆直径的5倍时，纵波的传播可以用一维波动方程精确求解，波在传播过程中就仅受介质声阻抗、黏性阻尼及边界条件的影响。钻柱通常长达几千米，管壁厚相对其直径很小，根据弹性理论，建立模型时可将钻杆简化为实心细杆结构，结构参数沿长度方向周期性变化。

设钻杆长度方向位置坐标为x，时间变量t，钻杆密度ρ（x），横截面积a（x），弹性模量E（x）。钻杆物理特性参数仅随位置坐标x变化，不受时间t及扰动的影响。根据胡克定律，细杆中应力与位移关系如下（取压缩方向为正）：

$$\sigma = -E\frac{\partial u}{\partial x} \tag{5.111}$$

引入细杆中纵波波速$c=\sqrt{\frac{E}{\rho}}$，杆截面纵向合力为：

$$F = -\rho a c^2 \frac{\partial u}{\partial x} \tag{5.112}$$

引入细杆纵波波动方程$\frac{\partial^2 u}{\partial x^2}=\frac{1}{c^2}\frac{\partial^2 u}{\partial t^2}$，代入式（5.112）可得：

$$\rho a\frac{\partial v}{\partial t} = -\frac{\partial F}{\partial x} \tag{5.113}$$

式中：$v=\frac{\partial u}{\partial x}$为质点运动速度。

在上述关系式中，变量为质点位移和时间。现在此基础上，定义质量－时间坐标：

$$m = \int_0^x \rho(\zeta)a(\zeta)\mathrm{d}\zeta \tag{5.114}$$

位置坐标与质量坐标之间关系为：

$$\frac{\partial}{\partial x} = \rho a\frac{\partial}{\partial m} \tag{5.115}$$

在质量－时间坐标下，杆截面轴向力及运动方程为：

$$F = -z^2\frac{\partial u}{\partial m} \tag{5.116}$$

$$\frac{\partial v}{\partial t} = -\frac{\partial F}{\partial m} \tag{5.117}$$

式（5.116）中：z为声波阻抗，$z=\rho ac$。

联立式（5.116）与式（5.117），即可得到在质量－时间坐标下沿钻柱传输的平面纵波波动方程组：

$$\begin{cases}\dfrac{\partial^2 F}{\partial t^2}=z^2\dfrac{\partial^2 F}{\partial m^2}\\ \dfrac{\partial^2 u}{\partial t^2}=\dfrac{\partial}{\partial m}\left(z^2\dfrac{\partial u}{\partial m}\right)\end{cases} \tag{5.118}$$

5.6.2　声波沿钻柱传输的频散特性

由于钻柱沿长度方向，钻杆与接箍结构是呈周期性变化的一种频散介质。频率在其通频带内传输的声波，其波速是频率的函数，输出波形和输入波形将存在失真。

将前面推得的声波沿钻柱传输的波动方程式（5.118）的第一式进行傅里叶变换，根据零初始条件及傅里叶变换的微分性质[51]，可得变换式如下：

$$\frac{\mathrm{d}^2\Theta}{\mathrm{d}m^2}+K^2\Theta=0 \tag{5.119}$$

式中：$\Theta(m,\omega)$为质量坐标下钻柱截面轴向合力 F（m，t）的傅里叶变换形式，其中 ω 为圆频率。

由于钻柱的每一个周期中仅包括钻杆及接箍两种结构（见图 5.61），并且其特种参数都为常数，分别用下标 ξ 标出：ξ=1 表示钻杆，ξ=2 表示接箍。每一个结构的长度用 $d\xi$ 表示，质量用 $r\xi$ 表示：

$$r_\xi=\rho_\xi a_\xi d_\xi \tag{5.120}$$

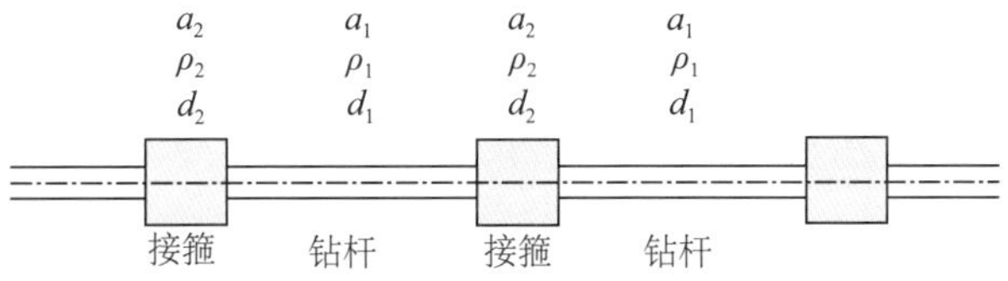

图5.61　钻柱周期性结构示意图

在每个周期中：

$$\begin{cases}d=d_1+d_2\\ r=r_1+r_2\end{cases} \tag{5.121}$$

定义

$$K=\frac{\omega}{z} \tag{5.122}$$

在钻柱结构中，每一周期含有两个单元，每一个单元中 K 都只是 ω 的函数，表示为：

$$K_\xi=\frac{\omega}{z_\xi}=\frac{\omega}{\rho_\xi a_\xi c_\xi} \tag{5.123}$$

而 K（m，ω）是 m 的周期函数，则此时上述傅里叶变换式（5.119）便成为 Hill 方程的形式，这样根据 Floquet 定理[48, 52]，方程的解可以写为：

$$\Theta = f(m,\omega)\exp(-iKm) \tag{5.124}$$

式中：$i^2=-1$；f（m，ω）是 m 的周期函数，其周期与 K（m，ω）的周期相同。

沿钻柱长度周期出现的某一种结构 S（$S=\cdots$，$l-1$，l，$l+1$，$l+2$，$\cdots$），傅里叶变换式（5.119）的解可以写成如下的形式：

$$\Theta_s = A_s\exp(-ikmd/r) + B_s\exp(iK_i m) \tag{5.125}$$

亦可以写成式（5.124）的形式：

$$\Theta_s = f_s(m,\omega)\exp(-ikmd/r) \tag{5.126}$$

式中

$$f_s(m,\omega) = A_s\left[\exp i(kd/r - K_\xi)m\right] + B_s\left[\exp i(kd/r + K_\xi)m\right] \tag{5.127}$$

对式（5.117）进行傅里叶变换，就可得到第 s 段的质点振速为：

$$P_s = (1/z_\xi)A_s\exp(-iK_\xi m) - (1/z_\xi)B_s\exp(iK_\xi m) \tag{5.128}$$

将其变换成式（5.125）的形式：

$$P_s = \left(\frac{1}{z_\xi}\right)g_s(m,\omega)\exp(-ikmd/r) \tag{5.129}$$

式中

$$g_s(m,\omega) = A_s\exp\left[i(kd/r - K_\xi)m\right] - B_s\left[\exp i(kd/r + K_\xi)m\right] \tag{5.130}$$

其中函数 P_s（m，ω）是 v（m，t）在 s 段的变换。函数 f_s（m，ω）与 g_s（m，ω）分别是周期函数 f（m，ω）和 g（m，ω）的一段，并且每一段的解通过各段之间接头处的边界条件联系起来。Floquet 定理提供了一种估算这些函数的方法，它只需考虑两组相邻的边界。

对钻杆和接箍进行标号，并取坐标系如图 5.62 所示。

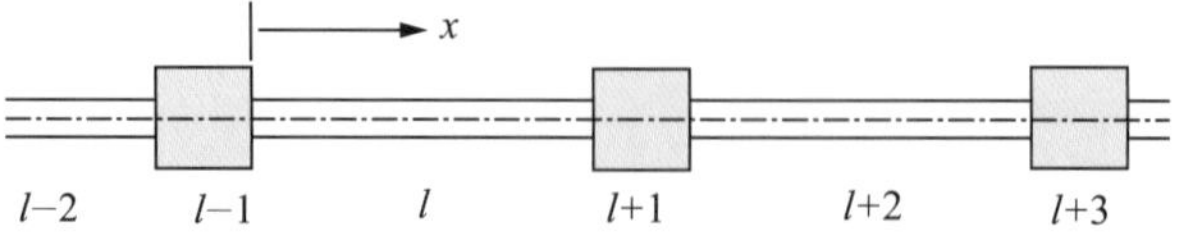

图5.62　坐标系示意图

取 $x=0$ 与 $x=d_1$ 两处的边界，在每个边界处作用力和位移的条件是连续的，即

$$\Theta_{l-1}(0,\omega) = \Theta_l(0,\omega) \tag{5.131}$$

$$P_{l-1}(0,\omega) = P_l(0,\omega) \tag{5.132}$$

$$\Theta_l(r_1,\omega) = \Theta_{l+1}(r_1,\omega) \tag{5.133}$$

$$P_l(r_1,\omega)=P_{l+1}(r_1,\omega) \tag{5.134}$$

该方程组含有 4 个方程，6 个未知数。将作用力和振速的表达式（5.126）和式（5.127）代入，并运用 Floquet 定理，则可以得到 4 个方程和 4 个未知量的方程组如下：

$$f_{l-1}(0,\omega)=f_l(0,\omega) \tag{5.135}$$

$$\frac{1}{z_2}g_{l-1}(0,\omega)=\frac{1}{z_1}g_l(0,\omega) \tag{5.136}$$

$$f_{l-1}(-r_2,\omega)=f_l(r_1,\omega) \tag{5.137}$$

$$\frac{1}{z_2}g_{l-1}(-r_2,\omega)=\frac{1}{z_1}g_l(r_1,\omega) \tag{5.138}$$

代入式（5.127）和式（5.130），可得矩阵形式如下：

$$\begin{pmatrix} z_1 & z_1 & z_2 & z_2 \\ 1 & -1 & 1 & -1 \\ z_1e^{a_1r_1} & z_1e^{\beta_1r_1} & z_2e^{-a_2r_2} & z_2e^{-\beta_2r_2} \\ e^{a_1r_1} & -e^{\beta_1r_1} & e^{-a_2r_2} & -e^{-\beta_2r_2} \end{pmatrix}\begin{pmatrix} A_l/z_1 \\ B_l/z_1 \\ -A_{l-1}/z_2 \\ -B_{l-1}/z_2 \end{pmatrix}=\begin{pmatrix} 0 \\ 0 \\ 0 \\ 0 \end{pmatrix} \tag{5.139}$$

式中

$$a_\xi=i(kd/r-K_\xi) \tag{5.140}$$

$$\beta_\xi=i(kd/r+K_\xi) \tag{5.141}$$

方程组存在非零解的条件是其中的四阶行列式为 0。该条件等同于满足下面等式的条件：

$$\cos kd=\cos\left(\frac{\omega d_1}{c_1}\right)\cos\left(\frac{\omega d_2}{c_2}\right)-0.5\left(\frac{z_1}{z_2}+\frac{z_2}{z_1}\right)\sin\left(\frac{\omega d_1}{c_1}\right)\sin\left(\frac{\omega d_2}{c_2}\right) \tag{5.142}$$

该式描述了纵波传播速度与波数间的关系，即弹性波沿钻柱传输的频散方程。

当钻柱为没有接箍的均匀杆时，$z_1=z_2$，$c_1=c_2=c$，上述频散方程的解为一个常数，即纵波在均匀杆中的传播速度：

$$c=\frac{\omega}{k} \tag{5.143}$$

这说明纵波在均匀杆中传播时，其传播速度与波的频率无关，即没有频散现象发生。

而钻井用的钻杆两端是有接箍的，其所连接而成的钻柱是一种非均匀的周期性杆结构，接箍与钻杆的端面横截面积差异导致在钻柱系统的两种周期单元中 z_1 必然与 z_2 不等，因此方程（5.142）的解定然不可能是常数。即不同频率的波在钻柱中传输时，其传播速度是不同的，波形将产生失真。

当频散方程右端的计算结果在［−1，1］之间时，即方程左端 $|\cos kd|\leqslant 1$ ，所计算出的波数 k 为实数；当频散方程右端计算结果大于 1 或小于 −1 时，即方程左端 $|\cos kd|\geqslant 1$，从而计算出的波数为复数。

从波动方程解的表达式 $\Theta=f(m,\omega)\exp(-\mathrm{i}Km)$ 可以看出来 [54]：当波数 k 为实数时，所对应的

解没有衰减；而波数为复数时，其所对应的解的波形按指数规律迅速衰减。相应的，当纵波沿钻柱传播时，只有实数波数对应的频率的声波才能沿着钻柱传输，复数波数所对应频率的声波将无法沿钻柱传输。因此，实数波数所对应的频率便构成了声波沿钻柱传输的通频带，复波数对应的频率则构成了声波沿钻柱传输的阻频带，钻柱对沿其传输的声波而言，即相当于一个“梳状滤波器”。

从频散方程

$$\cos kd = \cos\left(\frac{\omega d_1}{c_1}\right)\cos\left(\frac{\omega d_2}{c_2}\right) - 0.5\left(\frac{z_1}{z_2}+\frac{z_2}{z_1}\right)\sin\left(\frac{\omega d_1}{c_1}\right)\sin\left(\frac{\omega d_2}{c_2}\right)$$

可以看出，即使在通频带内，声波沿钻柱传输的相速度也不是常数，其取决于圆频率 ω 的大小。

5.6.3 声波沿钻柱传输模型的求解

如上所述，声波传输的信道是几千米长的由钻杆和接箍所组成的周期性管道结构，由于所选择的纵波载波波长远大于钻杆直径，因此钻杆质点的径向位移远远小于轴向位移而可以被忽略，钻杆内的轴向纵波表现为一维的应力—应变关系。

同种类型钻杆所组成的钻柱，沿长度方向其结构呈现周期性，每个周期单元中都只有钻杆和接箍两种结构，并且在每个周期内钻杆及接箍在结构上的特征参数都是常数，如下分别用下标 i 表示，i=1 代表钻杆，i=2 代表接箍，参见图 5.61 与图 5.62。

石油钻井用的钻杆和接箍材质相同，因此本构阻尼的作用可被忽略。声波在每个周期单元中沿钻杆及接箍中传播速度相同。利用中心差分法细分钻杆和接箍分别为 n_1 段与 n_2 段，时间步长 Δt 可表示为：

$$\Delta t = \frac{d_i}{c \cdot n_i},\ (i=1,\ 2) \tag{5.144}$$

假定质点位置用 x_n 表示，钻柱左边界位于 x_0 处，右边界位于 x_N 处，质点 x_n 与 x_{n+1} 之间的位移表示为：

$$\Delta x_{n+\frac{1}{2}} = x_{n+1} - x_n \tag{5.145}$$

采用这种周期单元钻杆与接箍部分网格的划分形式，是为了保证在每一个网格内，密度、波速及横截面积恒定为常数，分别用$\rho_{n+\frac{1}{2}}$、$c_{n+\frac{1}{2}}$、$a_{n+\frac{1}{2}}$表示。

定义每个网格段质量：

$$\Delta r_{n+\frac{1}{2}} = \rho_{n+\frac{1}{2}} \cdot a_{n+\frac{1}{2}} \cdot \Delta x_{n+\frac{1}{2}} \tag{5.146}$$

根据上述网格结构的划分，可建立一套求解方程（5.118）中第二式的有限差分算法。

将钻柱质点的位移 u（x，t）离散化，u_n^j 表示 $j\Delta t$ 时刻质点位置 x_n 处位移，根据中心差分格式[55]，速度及加速度可以写成：

$$\left(\frac{\partial u}{\partial t}\right)_n^{j+\frac{1}{2}} = \frac{\left(u_n^{j+1} - u_n^j\right)}{\Delta t} \tag{5.147}$$

$$\left(\frac{\partial^2 u}{\partial t^2}\right)_n^j = \frac{\left(u_n^{j+1} - 2u_n^j + u_n^{j-1}\right)}{\Delta t^2} \tag{5.148}$$

定义质点 x_n、x_{n+1} 之间微元声阻抗如下：

$$z_{n+\frac{1}{2}} = \rho_{n+\frac{1}{2}} a_{n+\frac{1}{2}} c_{n+\frac{1}{2}} \tag{5.149}$$

则声波在钻柱中传输的波动方程（5.118）第二式的解可写成如下差分形式：

$$u_n^{j+1} + u_n^{j-1} = \frac{2\Delta r_{n+\frac{1}{2}}}{\Delta r_{n+\frac{1}{2}} + \Delta r_{n-\frac{1}{2}}} u_{n+1}^j + \frac{2\Delta r_{n-\frac{1}{2}}}{\Delta r_{n+\frac{1}{2}} + \Delta r_{n-\frac{1}{2}}} u_{n-1}^j \tag{5.150}$$

此式可用于求解钻柱上各质点相对于平衡位置的动态时域位移，相应的求解迭代格式如图 5.63 所示。

根据钻柱受到激励的状态，可确定模型求解的初始条件与边界条件。当输入为单位位移脉冲时，可定义该瞬态响应求解的边界条件和初始条件：

$$\begin{cases} u_n^j & (j=0,1; n=0,1,2,3\cdots N) \\ u_n^j & (j=0,1,2\cdots,M; n=0,N) \end{cases} \tag{5.151}$$

式中：n 对应钻柱质点位置；N 对应钻柱边界处质点；j 对应时域瞬时仿真时间；M 为仿真的时间长度。

利用上面的差分方程式（5.150）与边界条件式（5.151），即可以用图 5.63 中的迭代方式，计算声波沿钻柱传播的瞬态响应。钻柱离散长度从 n=0 到 n=N，当指定 n=0，1，2，…，N 值 u^{n0} 和 u^{n1}，即指定了初始时刻钻柱的位移。利用差分方程式（5.150），随着增加时间、位移步长的迭代，可计算其余各个网格点的位移大小。

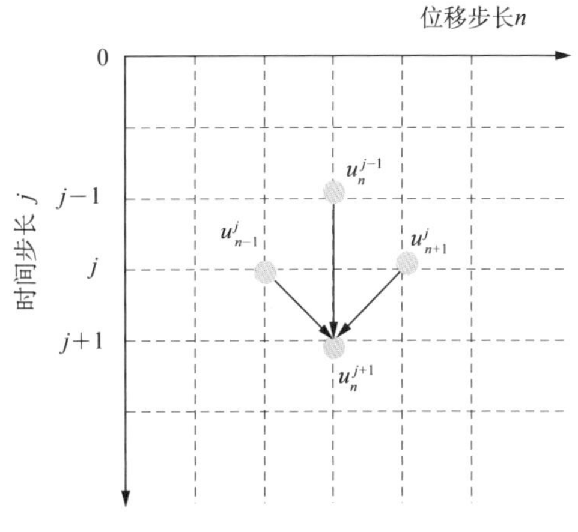

图5.63 求解迭代示意图

5.6.4 声波沿钻柱传输特性数值仿真

根据前述声波沿钻柱传输的频散方程、波动方程及其求解方法，代入钻井作业常用的 5in（ϕ127mm）钻杆参数，编制仿真程序进行数值求解。

实际的钻杆在使用过程中，接箍及钻杆部分由于与地层、套管接触发生磨损，从而使横截面积有所改变。另外由于钻杆自身的加工误差，以及在使用过程中发生损害后，通常会经过修复、焊接后继续使用，这些都会引起单根钻杆长度上的改变。因此在仿真计算时考虑几种不同的钻杆长度和横截面积，从而来对比和分析结构变化对声波传输的影响。

钻杆在实际使用过程中，钻具接头的横截面积一般情况下磨损 30% 左右是允许的。在仿真计算的过程中，采用了 3 种钻杆参数，见表 5.12，其中 C 组代表新的 127mm × 9.19m 钻杆（配 NC50 接头），B 组代表接箍外径磨损 10% 的钻杆，A 组代表经过修复后，钻杆本体长度缩小的类型。

在计算中，我们假定纵波沿着钻柱传输的波速 $c=\sqrt{\dfrac{E}{\rho}}=5130$ m/s。

表5.12　钻杆几何参数

结构		长度 d (m)	密度 ρ (kg/m³)	纵波波速 c (m/s)	外径 (mm)	内径 (mm)
A	钻杆	8.6868	7870	5130	127	108
	接箍	0.4572	7870	5130	165.1	82.6
B	钻杆	8.6868	7870	5130	127	108
	接箍	0.4572	7870	5130	148.6	82.6
C	钻杆	9.20	7870	5130	127	108
	接箍	0.4572	7870	5130	165.1	82.6

5.6.4.1　钻柱信号频散特性仿真

从频散方程表达式

$$\cos kd=\cos\left(\frac{\omega d_1}{c_1}\right)\cos\left(\frac{\omega d_2}{c_2}\right)-0.5\left(\frac{z_1}{z_2}+\frac{z_2}{z_1}\right)\sin\left(\frac{\omega d_1}{c_1}\right)\sin\left(\frac{\omega d_2}{c_2}\right)$$

可知，钻杆及接箍的长度和横截面积决定了声波沿其传输的频带结构。$|\cos kd|\leqslant 1$ 所对应的频率构成通带，$|\cos kd|\geqslant 1$ 所对应的频率构成阻带，所以从 $f\sim\cos kd$ 之间的关系曲线可以直观地观察该信道的“梳状滤波器”特性。

在计算中，当频散方程等式右端计算结果大于1时，令其对应的 $\cos kd=1$；当右端等式结果小于 -1 时，令该频率对应的 $\cos kd=-1$。代入代号为A的钻杆和接箍参数后，得到曲线如图5.64所示：

在图5.64中的 f—cos（kd）关系曲线中，纵坐标为1及 -1 时所对应的频率为阻频带，其余部分所对应的频率为通频带。图中梳状滤波器的特性结构已经非常明显，通带和阻带交替出现，并且通带和阻带呈现出周期性的变化规律，通带在每个周期内先变宽后变窄。在代号A的钻杆结构中，通阻带的变化周期为5610Hz，图中标出了前4个周期的位置。

根据式（5.142）与群速度的表达式 $c_g=\dfrac{\mathrm{d}\omega}{\mathrm{d}k}$，可计算得到声波沿钻柱传输的群速度计算式如下：

$$\frac{\mathrm{d}\omega}{\mathrm{d}k}=\frac{\sin(kd)\cdot d}{\frac{d_1}{c_1}\sin\frac{\omega d_1}{c_1}\cos\frac{\omega d_2}{c_2}+\frac{d_2}{c_2}\cos\frac{\omega d_1}{c_1}\sin\frac{\omega d_2}{c_2}+\frac{1}{2}\left(\frac{z_2}{z_1}+\frac{z_1}{z_2}\right)\left(\frac{d_1}{c_1}\cos\frac{\omega d_1}{c_1}\sin\frac{\omega d_2}{c_2}+\frac{d_2}{c_2}\sin\frac{\omega d_1}{c_1}\cos\frac{\omega d_2}{c_2}\right)} \tag{5.152}$$

代入A类钻杆参数，可得到其群速度频散关系曲线如图5.65所示。

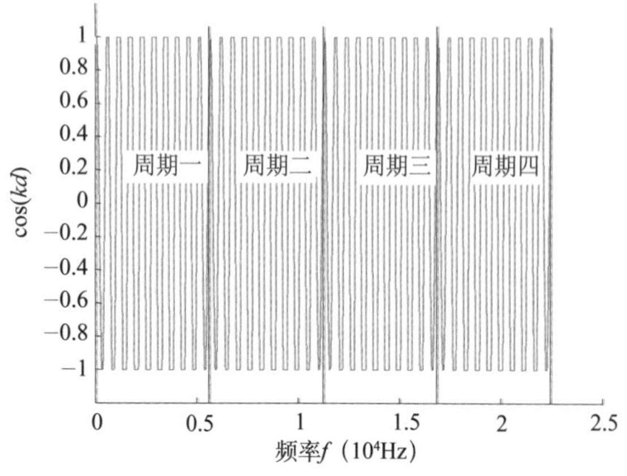

图5.64　钻杆的f—cos（kd）关系曲线（A组）

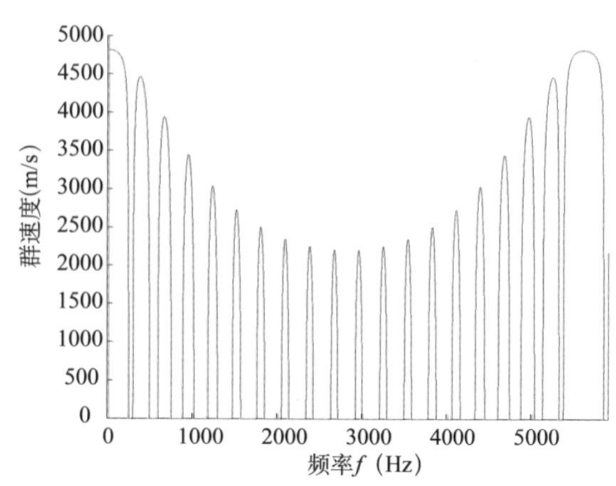

图5.65　第一个周期内群速度色散关系曲线（A组）

从图 5.65 中可以看出，在第一个周期内群速度以频率 2805Hz 呈现对称，图中包络内所对应的频率为通频。群速度曲线能够直观的体现波在周期性结构中传输产生色散特性的物理本质。

同理，代入 B 类钻杆及 C 类钻杆参数，可得到其各自 f—cos（kd）关系曲线及第一个周期内群速度曲线，如图 5.66 ～图 5.69 所示：

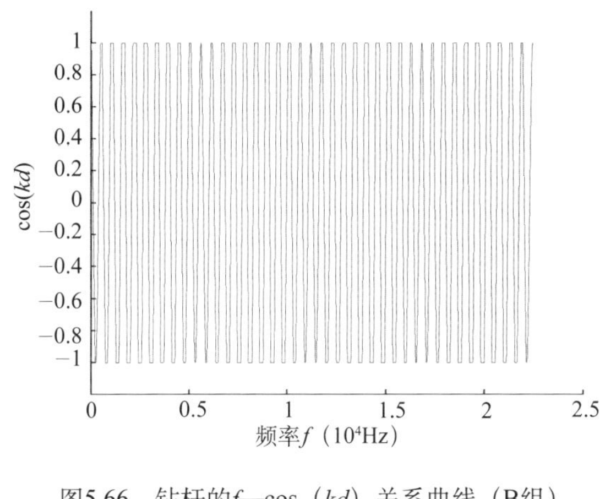

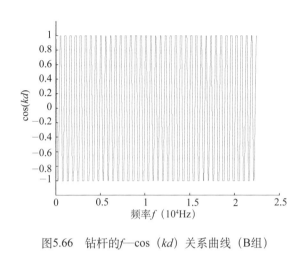

图5.66　钻杆的f—cos（kd）关系曲线（B组）

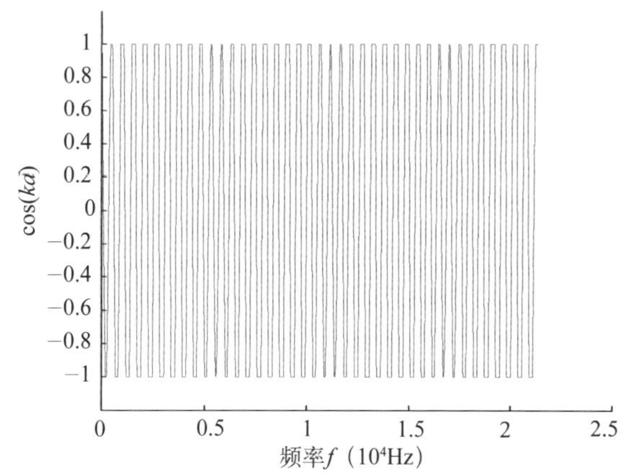

图5.67　钻杆的f—cos（kd）关系曲线（C组）

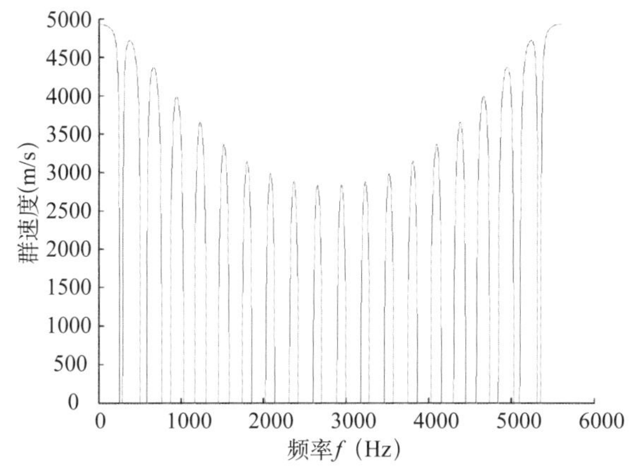

图5.68　第一个周期内群速度色散关系曲线（B组）

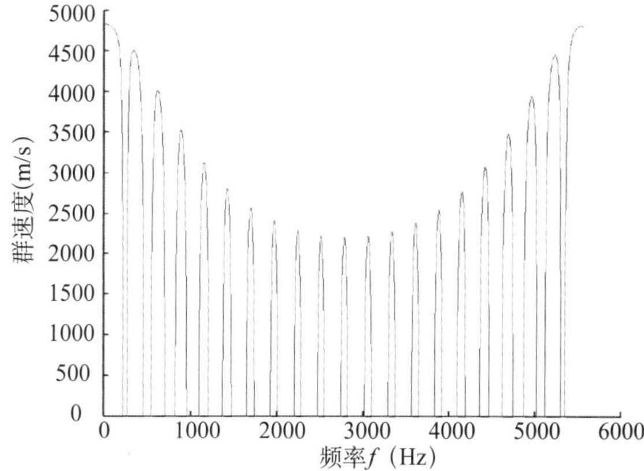

图5.69　第一个周期内群速度色散关系曲线（C组）

从图中可以看出 B 类钻杆通阻带的变化周期为 5611.5Hz，在第一个周期内以频率 2806Hz 呈现对称；C 类钻杆通阻带的变化周期为 5576Hz，群速度在第一个周期内以频率 2788Hz 呈现对称。

为更直观地表现纵波传输过程中，由于钻柱周期性结构引起的频散特性，对钻柱及均匀截面杆的相速度频散关系进行对比研究。假定均匀截面杆其横截面积与 5in 钻杆管体相同。

由于钻柱频带结构的周期性与对称性，仅计算纵波频率小于 2000Hz 的情况，进行对比分析，计算结果如图 5.70 所示。

由图 5.70 中可以看出：均匀截面杆中所传播的纵波波速与频率无关，即声波在其中传输过程中没有发生频散，传播速度恒定不变。$d\omega/dk$ 为常数，波包在均匀杆中传输的群速度等于相速度，$c_g=c_p=2\pi f/k$。即含有多种不同频率分量的声波通过均匀截面杆传输时，由于各个频率波的相对位置始终保持恒定，因此将实现不失真的传输。

而图 5.70 中钻杆的相速度频散特性曲线已变得不再连续，沿其传输的纵向声波的 $d\omega/dk$ 不再是常数，频率影响着相速度的大小，群速度自然也不再等于相速度，即声波发生了色散。图中的曲线不连续处所对应的频率带表征该处对应的波数为复数，根据式（5.124），该频率段的波在传输过程中将发生严重衰减，其为阻频带。连续的圆弧段所对应的频率带表征通频带。即含有不同频率分量的波包通过钻杆时，不同频率的波传输速率不同，将导致信号的严重失真。

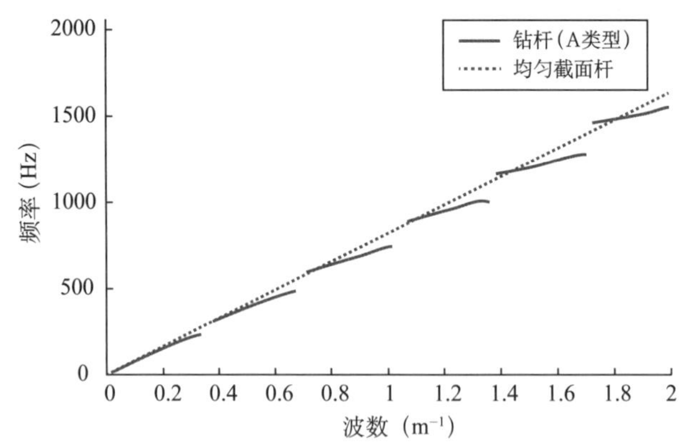

图5.70　钻杆和均匀截面杆频散曲线对比图

图 5.70 中，第一个通频带的截止频率为 239Hz，其对应的波数为 k=0.34m^{-1}，其对应波长恰好为单个钻杆单元的一半，即 $k=\pi/d$。其他通频带的边界均为该波数的整数倍。根据频率方程（5.132），对于某给定频率 ω，方程对应着波数的多重解，并且每个解都对应钻杆中相同的波形。由图中还能看出，随着频率的增加，通频带的宽度逐渐变窄。

当采用声波作为载波信号在钻柱中传输信息时，是将不同主频分量的波混合在一起形成波包，该信号所含有的频率分量通常是跨越多个频带的。由于信号在传输过程中是以群速度传播的，信号传输速度取决于上述频散曲线的斜率 dω/dk，通常是由带宽的中心点处频率决定，即各通频带中心所对应频率的波在传输过程中能量传输速度最大。

通过上述分析，可知不同频率的波沿钻柱传输过程中将发生色散现象，信号沿钻柱传输过程中其不同频率分量所对应的相位及能量传播速度都将发生变化，即接收信号的波形将产生畸变。

钻柱的沿长度横截面积周期性变化，导致了声波沿其传输的频散特性，由频散方程式（5.132）可以看出，钻杆管体和接箍的长度，横截面积等结构参数将对沿钻柱传输的声波梳状滤波器特性产生影响，这些影响主要将表现在通频带　的位置和宽度上。

钻井施工过程中，钻杆接箍与井壁的接触将导致其横截面积严重磨损，下面对比分析不同接箍横截面积所引起频散特性的改变。

图 5.71 表示了当接箍横截面积存在差异时，纵波沿钻柱传输的频散曲线对比情况。图中实线表示接箍外径为 165.1mm（表 5.12 中的 A 组钻杆）钻杆的声波传输频散特性曲线，点划线表示接箍直径磨损 10%（表 5.12 中的 B 组钻杆）钻杆的声波传输频散特性曲线。

从图 5.71 可以看出，两条曲线在每个通频带起点位置基本相同，但 B 类钻杆所对应曲线通频带结束位置所对应频率有所升高。这说明钻杆在长期使用磨损后，由于其横截面积的减小，将导致其传输声波信号的通频带变宽，阻频带变窄，更有利于纵波的传输。

图 5.72 为该种情况所对应的群速度与频率的关系曲线。图中更明显地展示出接箍横截面积因磨损减小后，将明显改善纵波沿钻柱传输特性，不仅纵波通频带变宽了，而且群速度有所增加。即对周期性结构的声波传输信道而言，周期各单元横截面积差异越小，越有利于信号的传输。

由前述分析可知，钻杆长度的变化，也会影响声波沿钻柱传输的频带结构，代入表 5.12 中 A 类钻杆及 C 类钻杆结构参数，分析钻杆长度变化所引起的声波传输频带特性。

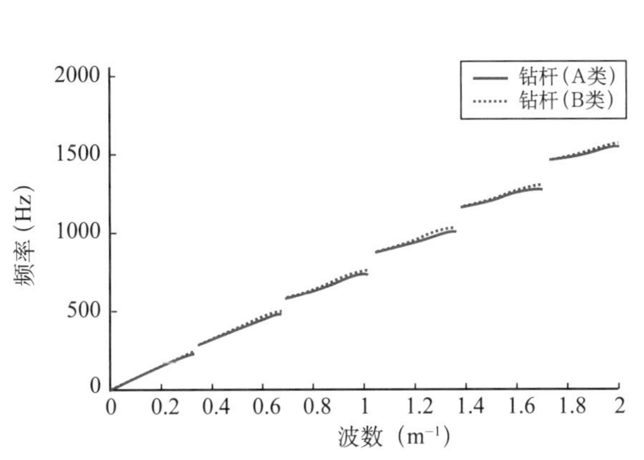

图 5.71　接箍横截面积对频散特性影响

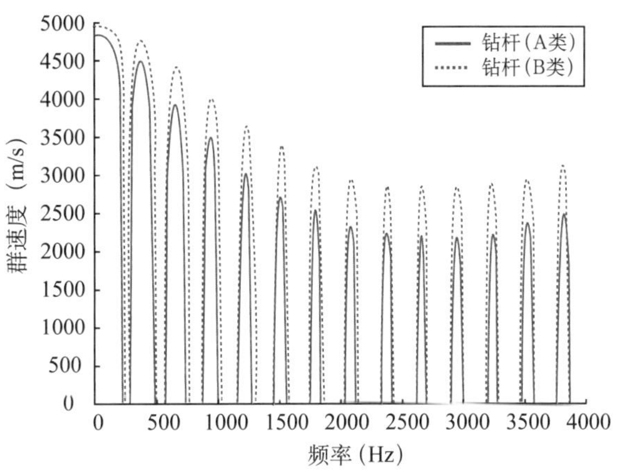

图 5.72　接箍横截面积改变时群速度对比图

图 5.73 与图 5.74 分别表示两种不同长度钻杆所对应的频散曲线及群速度曲线。从图中可以看出：C 类钻杆的通频带变窄，并且频带位置向左产生偏移。即钻杆长度的增加将导致纵波沿钻柱传输的通频带变窄，频带位置向低频偏移，高频信号的群速度有所增加。

由此可以推断，当钻柱是由两种不同周期长度结构的钻杆串组成时，纵波沿钻柱传输的通频带将是该两种结构所对应通频带的重合部分，在一个周期内随着频率的增加，通频带逐渐变窄，甚至某些频段将演变成阻带。

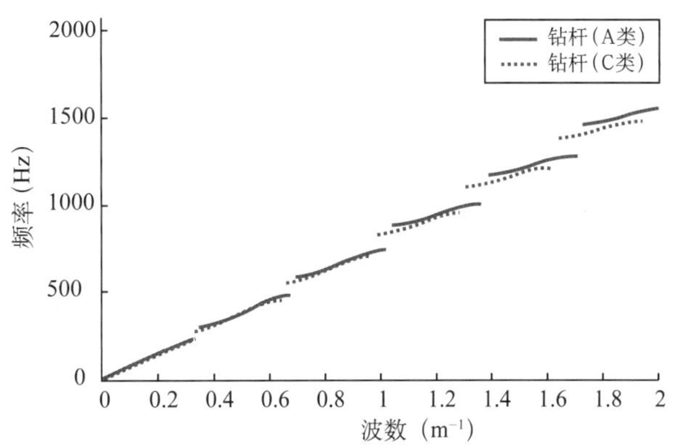

图5.73　钻杆长度差异对频散特性的影响曲线

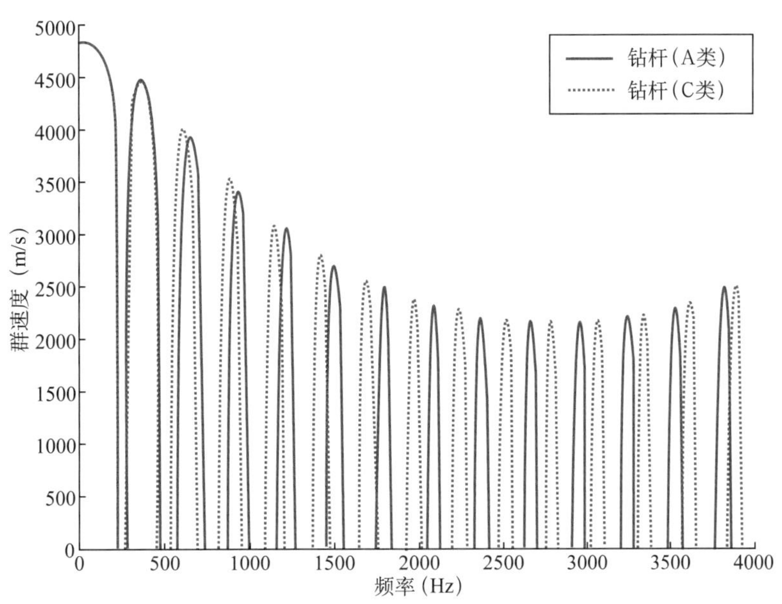

图5.74　钻杆长度差异对群速度影响曲线

表 5.13 列出了由长度存在差异的 A 类钻杆及 B 类钻杆组成的钻柱的通频带位置和带宽，以及与两种由单一钻杆所组成的钻柱相对应的通频带位置和带宽的比较。可以看出，组合类型钻柱的通频带明显的变窄，并且原编号为第 7、8、9、10、11 和 12 的通频带将完全演变成阻带。类似的，由不同接箍横截面积的钻杆所串联成的钻柱，其通频带将以接箍横截面积大者为准。

表5.13　不同长度钻杆对应通频带位置和宽度（单位：Hz）

通带序号	A 类钻杆（管体长 8.6868m）	C 类钻杆（管体长 8.6868m）	A 类 +C 类钻杆
1	0 ~ 240	0 ~ 229	0 ~ 229
2	291 ~ 486	275 ~ 463	291 ~ 463
3	583 ~ 742	551 ~ 705	583 ~ 705
4	875 ~ 1007	827 ~ 956	875 ~ 956
5	1167 ~ 1280	1102 ~ 1214	1167 ~ 1214
6	1458 ~ 1559	1378 ~ 1477	1458 ~ 1477
7	1749 ~ 1841	1653 ~ 1743	
8	2040 ~ 2126	1928 ~ 2011	
9	2331 ~ 2413	2203 ~ 2282	
10	2620 ~ 2701	2477 ~ 2554	
11	2909 ~ 2990	2750 ~ 2826	
12	3197 ~ 3280	3023 ~ 3100	
13	3484 ~ 3570	3295 ~ 3374	3566 ~ 3570
14	3769 ~ 3861	3566 ~ 3649	3835 ~ 3861
15		3835 ~ 3923	

因此，单根钻杆长度和接箍面积的不规则，都将会影响纵波沿钻柱传输的频带特性，长度差异所造成的影响更明显，随着钻杆长度不规则性的增加，通频带将越来越窄，甚至某些频率范围内将出现完全的阻带。因此当选择随钻声波信号传输方式时，最好使用长度相差不是很大的钻杆。

由于钻杆接箍的长度在加工和维修过程中都有严格的控制，不同钻柱接箍长度相对差异很小；另外钻杆在使用过程中，管体横截面积的缩小主要是由于循环的钻井液对其内壁的冲刷引起的，该磨损量通常很小，因此不对接箍长度及钻杆管体横截面积进行敏感性分析。

5.6.4.2　时间脉冲信号沿钻柱传输特性仿真

开展钻柱信道声波传输特性的研究，是进行随钻声波传输系统设计和开发的基础。

本部分将根据前述有限差分算法，代入钻柱参数，分析钻柱中声波传输的瞬态响应，进一步深入探讨声波沿钻柱传输的频散特性。

根据前述的网格划分规则，在计算中将钻柱离散为等间隔的网格，钻柱与接箍的网格宽度相同。代入 A 类钻杆参数，钻杆被离散为 19 个网格，接箍被离散成 1 段，钻杆及接箍材质相同，声波传输速度$c=\sqrt{\dfrac{E}{\rho}}=5130$ m/s。

在计算时首先选用表 5.13 中的 A 类钻杆，钻柱串由 5 节钻杆及 6 个接箍所组成，计算该钻柱系统对单位正脉冲（图 5.75）的响应。

时域无限窄脉冲信号的频率谱是无限宽的，因此，只要在信号接收端来分析该时域单位脉冲输入信号的响应，即可了解到该钻柱系统对各种频率声波信号沿其传输时的响应。

根据式（5.144），采用有限差分法计算时采用时间步长Δt=0.000089s，该时长也作为输入单位脉冲信号的时间宽度。该单位脉冲信号经过5根钻杆及6个接箍组成的钻柱串后，响应信号如图5.76所示。

从图5.76中可以看出，响应信号时域波形的幅值迅速振荡衰减，在0.04s时，信号强度已经非常小。这种振荡衰减，是由于位移单位脉冲信号传输过程中在钻杆及接箍之间不断反射与折射的叠加结果。

选取傅里叶变换采样时间与有限差分时间步长相同，对响应信号进行快速傅立叶变换，可得图5.76所对应时域信号频谱，如图5.77所示。

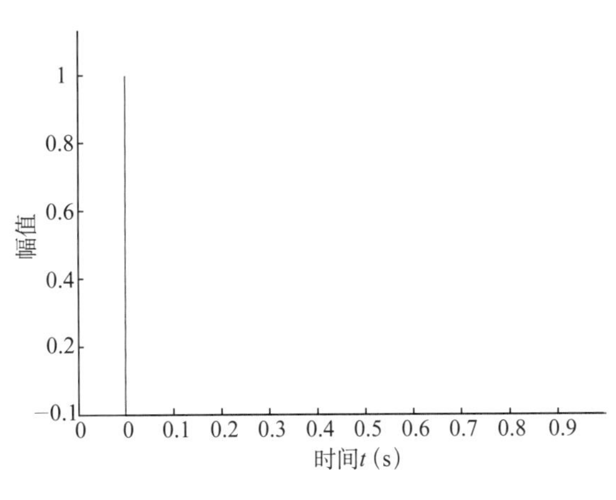

图5.75 计算用单位时间脉冲信号

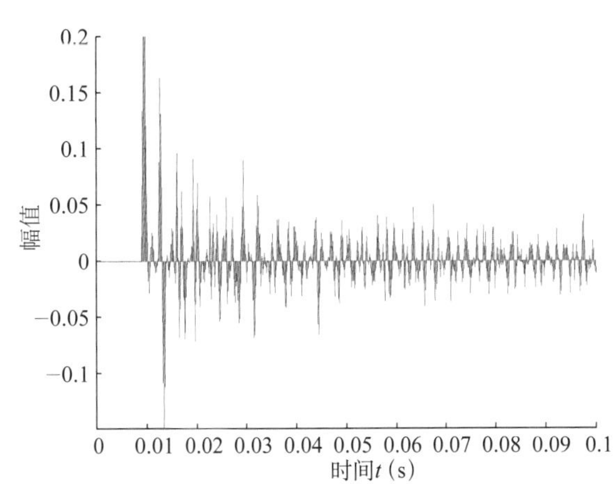

图5.76 单位脉冲的响应信号

从频谱图中可以明显看到：单位位移脉冲信号在经历5节钻杆及6个接箍组成的钻柱系统后，原信号只有部分频率分量能够几乎无衰减的通过，而其余频率分量被阻止，很好地体现了钻柱信道的梳状滤波器特性。

由图5.78（局部放大）看到：频谱中的通频带并不是光滑的，而是含有一定数目的谐振尖峰，尖峰的数目等于钻柱中钻杆周期结构单元的数目，这与美国Sandia国家实验室的相关研究结果是相吻合的[43-46]。

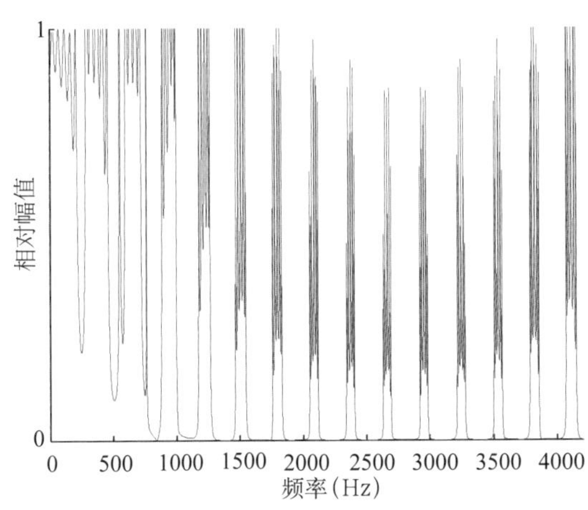

图5.77 单位脉冲的响应信号频谱

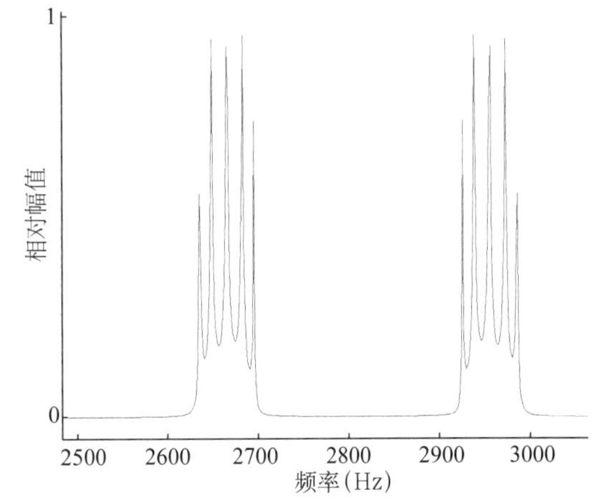

图5.78 单位脉冲响应信号频谱局部图

由群速度曲线图可知：在每个通频带边缘处，群速度下降为0，而在上述快速傅里叶变换时选取的采样时长有限，约为 0.7s，从而引起单位脉冲信号的某些频率分量无法通过钻柱传播，这是造成通带内信号衰减及频谱图中通频带不平滑的原因之一。

另外，阻带内对应的波长均等于 2（d_1+d_2）/n，其中 n 为阻带的序数，相邻通频带的频率上下限对应半波长整数倍，近似等于单根钻杆长度，并且与在同一通带内上下限频率对应的半波长整数倍相差一个钻杆长度。于是，对于 5 段钻杆 6 个接箍的钻柱来说，每个通带内有 5 个尖峰，每个谱峰内的波发生共振，并且放大自身，就形成了局部放大图 5.78 中的尖峰。

若整个传输通道包括 n 节钻杆，当频率由通带的下沿向上沿变化时，信道内共增加 n 个半波长，并且两端面之间的入射波与反射波因相位相同叠加发生 n 次共振，从而会产生 n 个共振尖峰 [47]。因此会出现图中的与钻杆数相同的小尖峰。随着钻杆数的增加，通带内尖峰的数目将随着增加，在带宽一定的情况下，尖峰之间间隔将缩小。因此，从这一角度而言，随着钻柱长度的增加对长距离传输声波信号是有利的。

每个通带的宽度是由为匹配每段附加的半个波长而引起的频率变化所决定，这是为了在整个钻柱长度内“凑成”整数个半波长。

当钻柱长度增加时，单位脉冲信号通过钻柱传输响应信号的频谱对比如图 5.79 和图 5.80 所示。

从图 5.79 和图 5.80 看出，5 根、15 根及 25 根钻杆所组成的系统对单位脉冲响应频谱差异不大，各个通带及阻带的宽度和位置相同。在低频带，随着钻柱长度的增加，其通频带及阻频带的区分更加明显，而在高频带，差异仅仅表现在峰值的微小差异。另外，随着钻柱长度的增加，每个通频带所含有的小尖峰数目增加，与前面分析结论一致。

因此，钻柱长度的增加不会改变钻柱作为声波传输信道的梳状滤波器特性，仅仅表现在每个通频带内的局部差异。

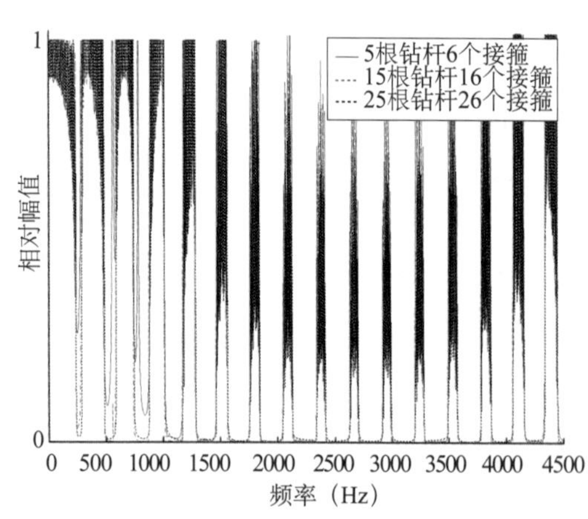

图5.79　不同长度钻柱响应频谱对比图

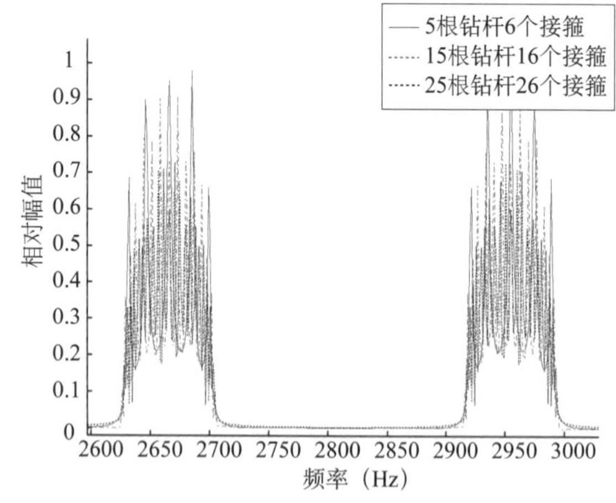

图5.80　不同长度钻柱响应频谱局部对比图

接箍连接而成的含有两个单元的周期性结构，每种单元的结构参数改变，必然会影响到该信道特性。下面分析不同的接箍面积所对应的钻柱系统对单位脉冲信号的响应差异。

图 5.81 及图 5.82 为当钻杆长度及横截面积恒定，改变接箍横截面积所对应的单位脉冲响应频谱曲线，其中实线对应表 5.13 中 A 组钻杆，虚线表示 B 组钻杆（B 组钻杆的接箍面积是 A 组钻杆的 25%）。从图 5.81 中可以看出，接箍横截面积的改变并不会对钻柱信道通频带、阻频带位置及特性产生较大影响。但从图 5.82 中显示：在对应相同位置的频带内，虚线所占带宽较实线大。

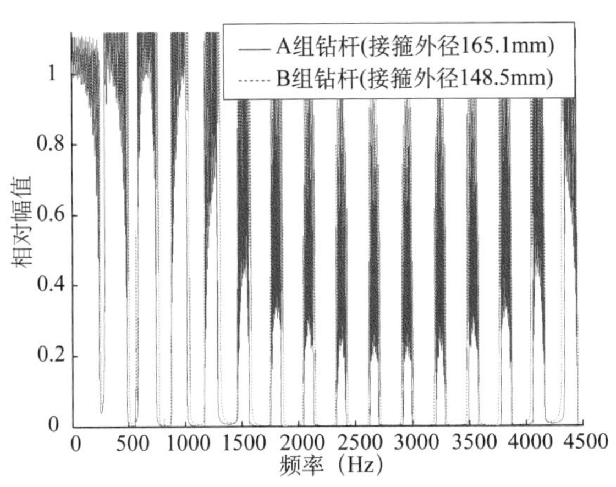

图5.81 接箍横截面对单位脉冲响应曲线（15根钻杆）

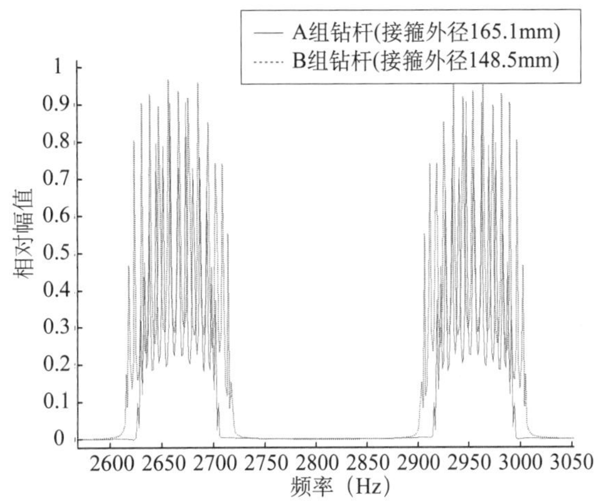

图5.82 接箍横截面对单位脉冲响应曲线局部放大图

以上说明：当接箍横截面积磨损后，钻柱声波传输信道通频带及阻频带位置变化微小，但是通频带宽度有少量增加，通带内信号相对幅值也有所增强，这有助于钻柱信道传输声波能力的改善。

受损的钻柱在修复后，可能会引起钻杆长度的变化，这对声波沿钻柱的传输也将造成影响。

图 5.83、图 5.84 为当接箍长度及横截面积恒定时仅改变钻杆的长度所对应的单位脉冲响应频谱曲线，其中实线对应表 5.13 中 A 组钻杆，虚线表示 C 组钻杆（仅钻管长度增加 6% 后的 A 组钻杆）。从图中可以看出：钻杆与接箍相对长度的变化，将引起通频带位置的偏移，但对通频带内谱线幅值影响较小。

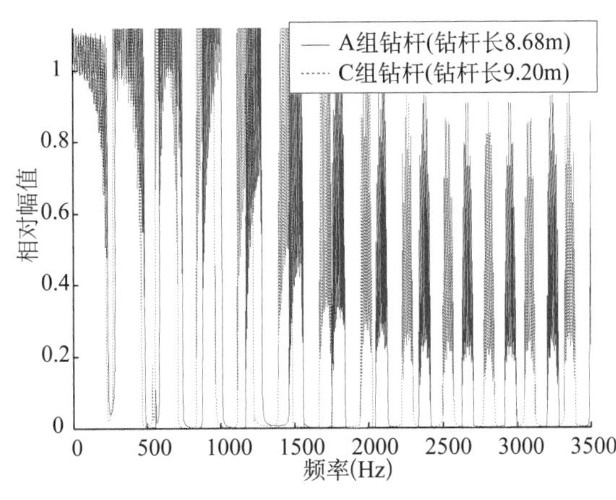

图5.83 钻杆长度对单位脉冲响应影响曲线(15根钻杆）

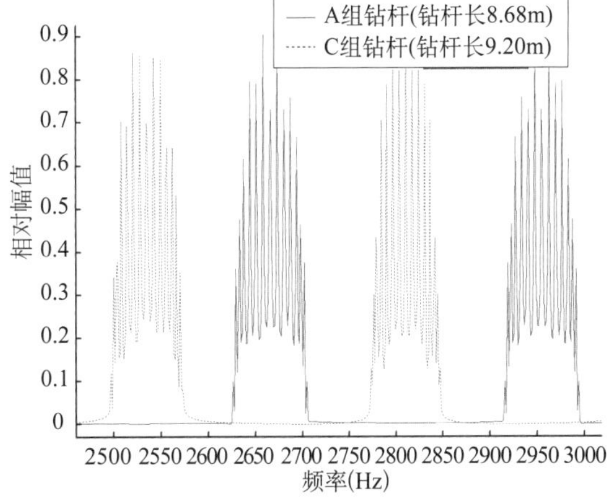

图5.84 钻杆长度对单位脉冲响应影响曲线局部放大图

当周期结构的钻柱含有不同的周期单元时，总系统的通频带将是各类不同结构通频带的交集，即钻杆长度的不均匀性和排列的随机性将导致信道通频带的缩小，这种交集和缩小在高频区将表现得更加明显，从而造成高频载波截止和传输速率的降低。

5.6.4.3 连续时间信号沿钻柱传输特性仿真

前文研究了以钻柱作为信息传输通道的频散特性，分析了单位脉冲信号沿不同钻柱结构的传输问题。工程上用于传递信息的载波，通常为连续的正弦信号或余弦信号所组成的波包的形式，因此分析正弦连续时间信号沿钻柱传输的情况，是具有现实意义的。

（1）5 个 525Hz 正弦脉冲信号沿 15 根钻杆传输。

首先采用 5 个 525Hz 的正弦脉冲信号作为发射信号，分析该正弦信号通过 15 根钻杆与 16 个接箍所组成的声波信道情况。该发射信号及其接收信号如图 5.85 和图 5.86 所示。

对比计算得到的时域波形图及原始正弦信号，可以看出接收到的时域波形与发射波形差异很大。通过钻杆后的时域波形在幅度上明显减小，失真严重，而且信号持续时间很长。

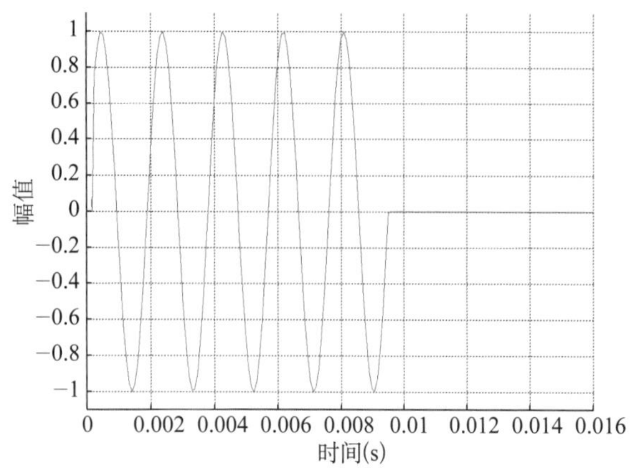

图5.85　频率为525Hz的5个正弦脉冲

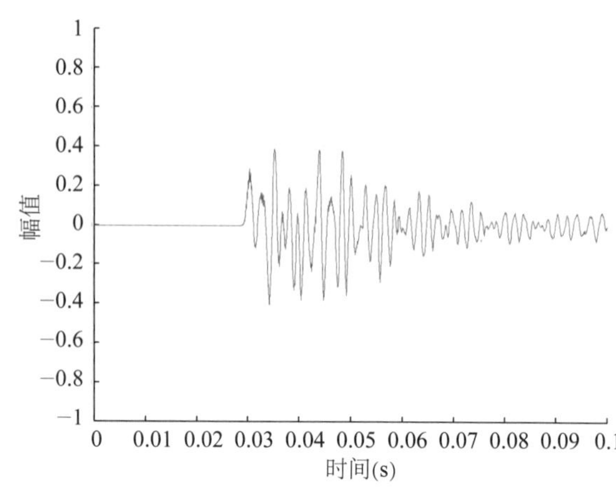

图5.86　5个525Hz正弦波通过15根钻杆后的接收波形图

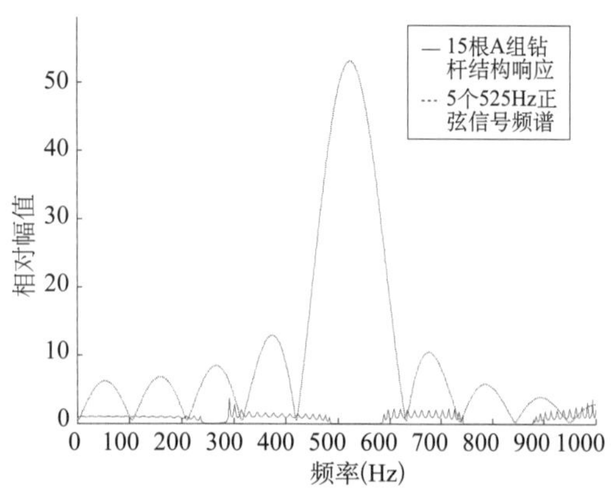

图5.87　5个525Hz正弦波发射信号的频谱图

根据前述对单位脉冲信号通过钻杆传输的结论：该发射信号波形所采用的主频（525Hz）基本落到了 15 根钻杆系统响应的第二个阻带的中间，见图 5.87，图中虚线表示发射信号的频谱，实线表示信道的响应特性。因此该频率的发射信号在沿钻柱传输时，必然造成信号能量的严重衰减。

（2）5 个 940Hz 正弦脉冲信号沿 15 根钻杆传输。

下面对频率为 940Hz 的 5 个正弦波信号通过该 15 根钻杆系统的情况进行研究，该发射信号及其接收信号如图 5.88、图 5.89 所示。

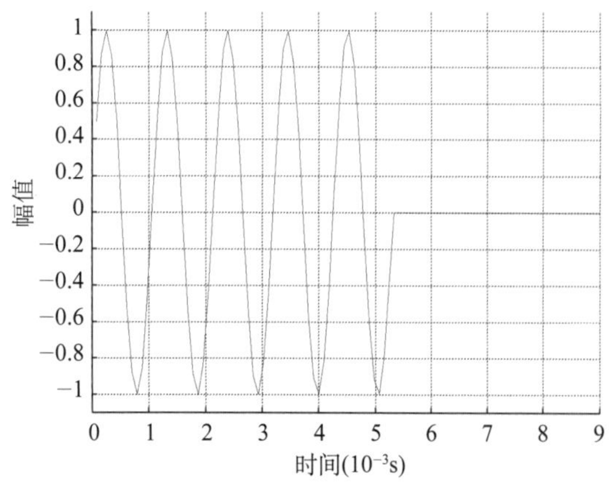

图5.88　频率为940Hz的5个正弦脉

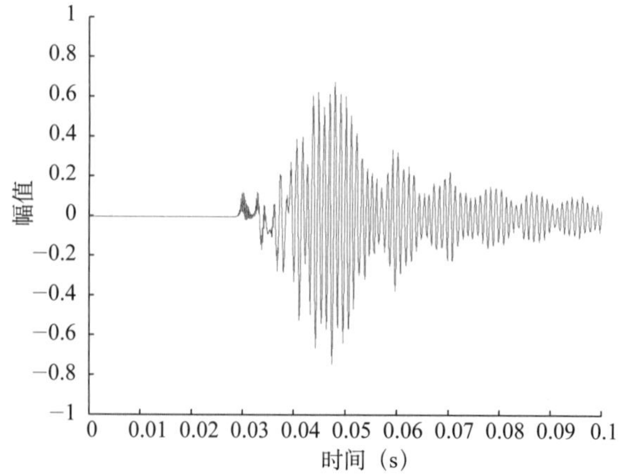

图5.89　5个940Hz正弦波通过15根钻杆后的接收波形图

根据前面研究结论可知：发射信号的频率（940Hz）正好落到了该声波传输信道系统响应的第 4 个通频带，并且处于通频带的中间。该发射信号的频谱如图 5.90 所示，图中虚线表示主频为 940Hz 的 5 个正弦信号的频谱，虚线表示该 15 根钻杆组成的传输信道响应。

从频谱图 5.90 可以看到：发射信号主频分量的大部分都位于钻柱系统的通频带，因此信号的主要成分都能通过钻柱传播，系统接收信号的强度大大增加，如图 5.89 所示。

从频谱图 5.90 中还观察到：两个主要副瓣也位于系统的通频带（分别位于系统的第三及第四通频带），这导致接收信号的波形不仅含有主频信号，尚混杂有副瓣中频率的信号成分。

（3）10 个 940Hz 正弦脉冲信号沿 15 根钻杆传输。

接下来发射信号采用频率为 940Hz 的 10 个正弦波信号（图 5.91），研究其通过该 15 根钻杆系统的情况。

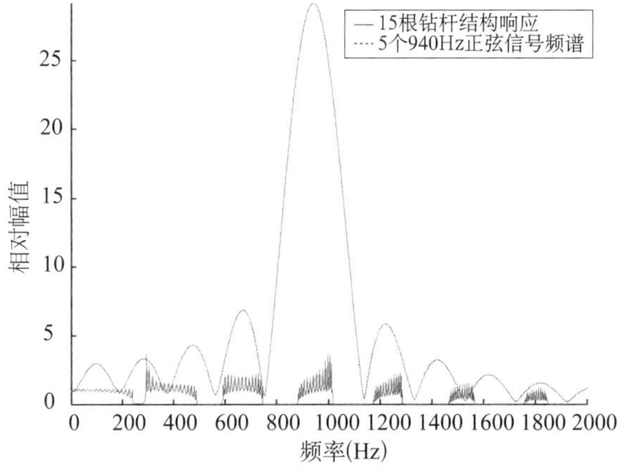

图5.90　5个940Hz正弦波发射信号的频谱图

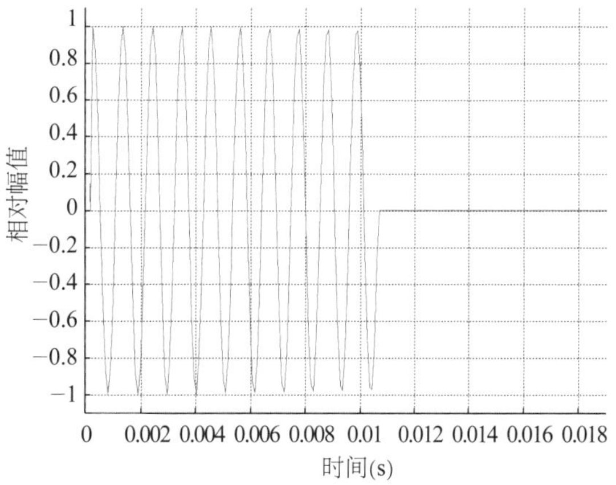

图5.91　频率为940Hz的10个正弦脉冲

从 10 个 940Hz 的正弦波发射信号频谱图（图 5.92）可以看到：由于正弦波的个数增多了，从而使频谱图中每个瓣的宽度变窄。此时频谱图中分量最大的副瓣处在了系统阻带内。

根据信号与系统理论，第一副瓣高度约是主瓣高度的 0.22 倍，而第二副瓣高度约是主瓣高度的 0.13 倍 [57]，因此能够相对提高接收信号中主频信号的强度。从 10 个 940Hz 发射信号的时域接收波形图 5.93 中，明显看出其波形频率成分与图 5.89 相比要单一得多。

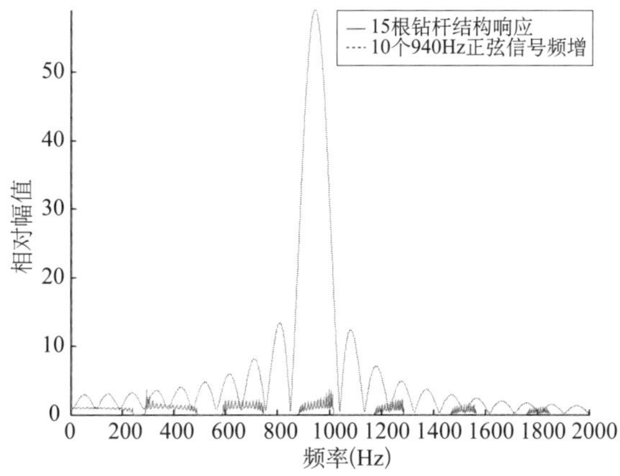

图5.92　10个940Hz正弦波发射信号的频谱图（15根钻杆）

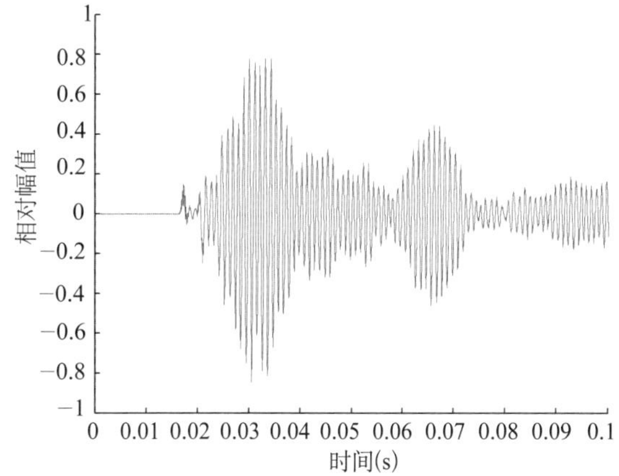

图5.93　10个940Hz正弦波通过15根钻杆后的接收波形图

（4）10 个 940Hz 正弦脉冲信号沿 25 根钻杆传输。

接下来增加钻柱的长度，声波传输信道改为由 25 根钻杆组成，仍然采用频率为 940Hz 的 10 个正弦波信号作为发射信号（图 5.94），对系统的输出进行研究。

从图 5.95 中我们看到，尽管钻杆的数目增多了，通过系统后的接收信号并没有发生明显变化。这恰好印证了前面的分析结论，即钻杆数目的增多，不会改变钻柱信道传输声波的通频带及阻频带的位置。

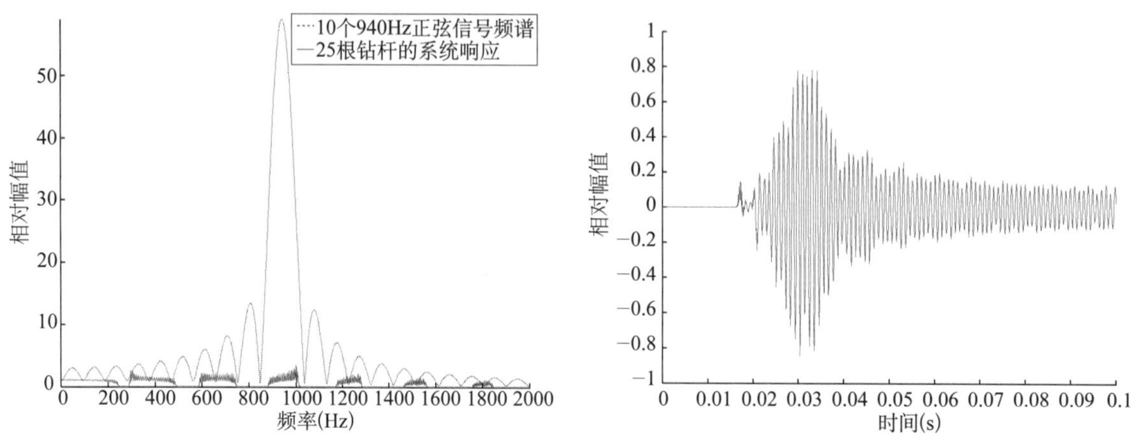

图5.94　10个940Hz正弦波发射信号的频谱图（25根钻杆）　图5.95　10个940Hz正弦波通过25根钻柱后的接收波形图

在钻井施工过程中，随着井深的增加，需要不断地加接钻杆，因此钻柱信道本身的长度是不断变化的。钻柱长度的变化并不会影响其作为信道的声波传输特性，因此在采用声波作为载波沿钻柱传输信息时，一旦系统的发射信号确定，其相对井深是不变的。

从前面的分析中，可知适当选择发射信号中正弦波的频率及时域波形宽度，能够获得更好的时域输出波形。特别是对比 5 个 940Hz 正弦波输入的频谱图 5.90 与 10 个 940Hz 正弦波输入的频谱图 5.92 可以看出，发射信号自身的频率及带宽对声波传输的效果影响很大。尽管增加发射信号中正弦波的个数能够提高接收信号主频强度，但是仍然有相当部分的频率分量落在了系统的通频带内（参看图 5.92）。因此，合理设计发射信号，选择信号的调制方法，能够有效提高随钻声波传输效果。

在信号与系统中，经常使用系统输入—输出的描述方法，即将侧重点放在系统的输入激励与系统输出响应之间的关系，而不去过多关心系统内部的结构与组成。

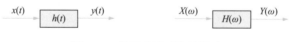

图5.96　信号通过系统的描述

其中，$x(t)$ 为输入信号，$y(t)$ 为输出信号，$h(t)$ 为系统在单位冲激信号 $\delta(t)$ 的激励下产生的零状态响应；$X(\omega)$、$Y(\omega)$ 和 $H(\omega)$ 分别为时域信号 $x(t)$、$y(t)$ 和 $h(t)$ 为的傅里叶变换。

升余弦信号的频谱随 ω 增加，高次谐波与 ω^3 成反比递减，而方波信号的频谱随 ω 增加，高次谐波仅与 ω 成反比递减，因此升余弦信号比方波脉冲能量更集中，副瓣的幅度也就更低。所以如果采用正弦调制的升余弦信号作为系统输入信号，将有望得到更好的输出波形。

如下计算频率为 960Hz 的 10 个正弦波调制的升余弦信号（如图 5.97 和图 5.98 所示）对 15 段钻杆组成的钻柱系统的响应。

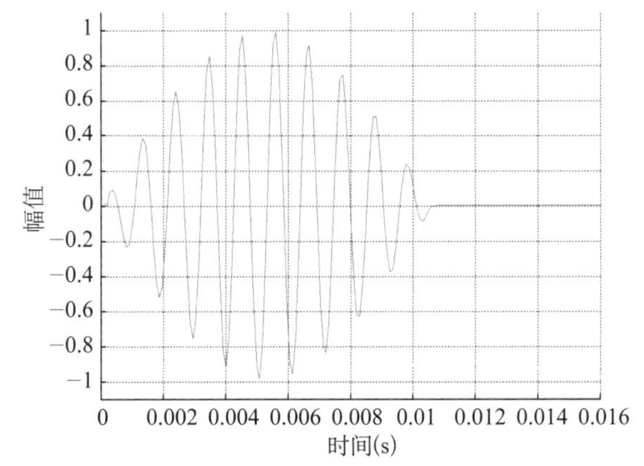

图5.97 10个经正弦调制的信号输入波形

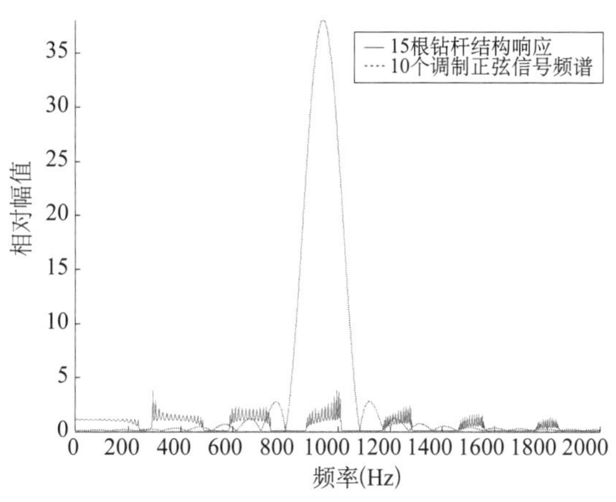

图5.98 10个调制正弦发射信号的频谱图

从该发射信号的频谱图中可以看出，副瓣已经降得很低，因此通过钻柱后的接收波形将会变得更加单纯。10 个经调制的正弦波通过 15 根钻杆组成的系统后，接收波形如图 5.99 所示。

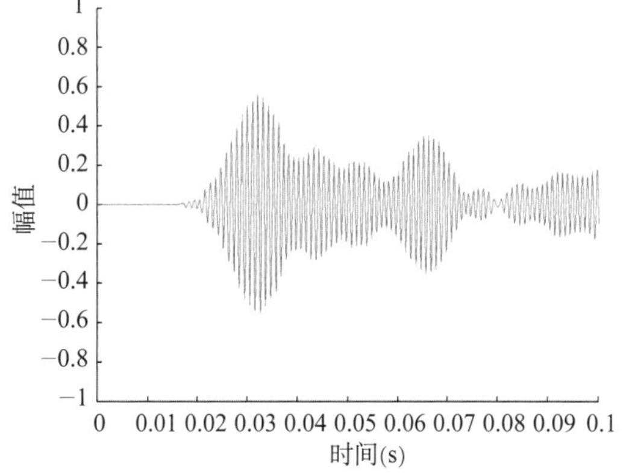

图5.99 10个经调制的正弦波通过15根钻杆后的接收波形

从调制正弦发射信号频谱图 5.98 中看到，信号主频的大部分落在了系统响应的通频带内，但是仍有能量较大的副瓣处于其他通频带中，因此会造成输出信号波形含有较多的谐波能量。

前述研究表明，增加正弦波的个数，将改变频谱图中各副瓣相对位置。将调制的正弦波个数增加 1 倍，输入信号时域波形如图 5.100 所示，其频谱如图 5.101 所示。

从图 5.101 中看到，输入信号的主频部分宽度基本与钻柱信道响应的通频带重合，含有较大能量的副瓣基本位于系统的阻频带，即除主频分量外，其余较大的谐波分量将被系统的梳状滤波器过滤，此时接收到的信号显然拥有非常好的波形，如图 5.102 所示。

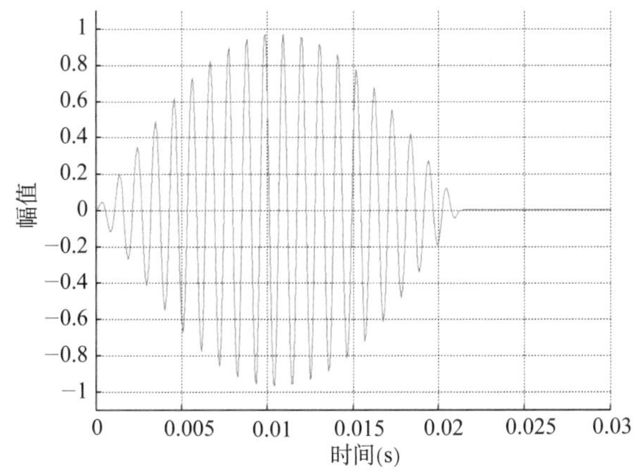

图5.100 20个经正弦调制的信号输入波形

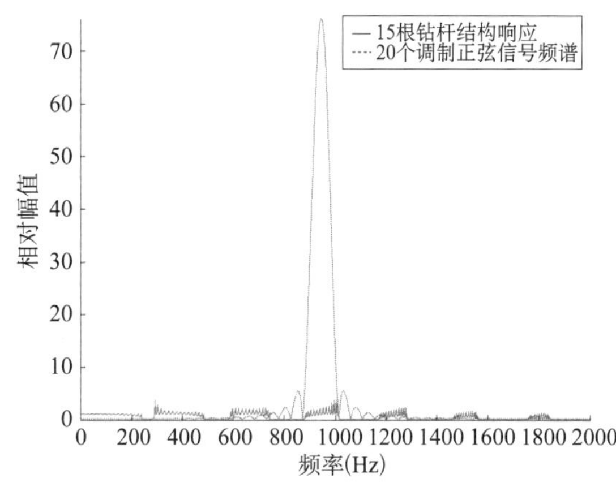

图5.101 20个调制正弦发射信号的频谱图

5.6.5 结论

本节根据波动在周期性结构中的传输原理，推导建立了纵波沿钻柱传输时的频散方程及波动方程，代入不同钻柱结构参数并采用不同信号输入方式进行仿真计算。针对频散方程，编制仿真程序对钻井用钻柱信道的频散特性进行分析；针对波动方程，根据有限差分格式对其进行数值求解，并采用不同时间输入信号研究声波的传输特性，得到结论如下：

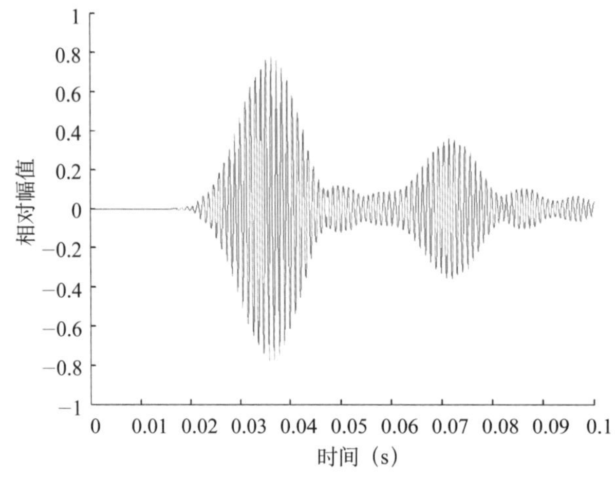

图5.102　20个调制正弦波通过15根钻杆后的接收波形

（1）钻柱中纵波传输的频带呈现通带与阻带交替出现的梳状滤波器结构特性，频带的分布呈现周期性与对称性，每个周期内的频带以中心频率呈现对称分布；

（2）信号沿钻柱传输时，不同频率分量所对应相位及能量传播速度均发生变化，接收信号波形将产生畸变；

（3）单根钻杆的长度不规则、横截面积的不规则，将影响信道的频带特性，其中长度的差异所造成的影响更加明显，随着周期单元不规则程度的增加，通带宽度越来越窄；

（4）声波沿钻柱传输时将在各接箍间不断反射，幅值振荡衰减；

（5）钻柱长度的增加，不会改变系统频带特性，将引起带内峰值数目增加；

（6）考虑到高频信号更加容易衰减，因此系统设计时最好选择第 3 与第 4 个通频带中部的频段作为载波频率；

（7）合理的选择声波载波信号调制方式，能够获得更好的接收信号波形。

5.7 连续波井下信息随钻高速上传技术

提高井下信息向地面随钻传输的速率是井下控制工程学中的经典课题。当前，以钻井液作为循环介质的压力载波方式依然是井下信息随钻传输的主流技术。因此，研究和开发提高钻井液压力载波条件下的信息随钻传输速率的理论、方法和技术，仍有其重要意义和实用价值。

以钻井液为介质的 MWD 系统中，井下信息实时上传有两项技术关键，即井下的钻井液脉冲发生器和地面的信号接收器。对钻井液脉冲发生器，按其产生信号的方式与脉冲形态的差异可分为三类，即正脉冲、负脉冲和连续波发生器；按照结构形式又可分为旋转式和往复式信号发生器，其中每种又可分为电机直接驱动式和带先导控制的液力驱动式信号发生器。

图 5.103 给出了这 3 种脉冲发生器结构的示意图（据国外有关资料）。

正脉冲发生器机械结构特征：装在钻铤内的特定轴上有预置的小孔和带有先导控制的往复运动式锥阀。发生器工作时，通过动力和控制系统（液压传动式或机电控制式），将锥阀插入小孔和拔出，对钻铤通道内的钻井液液流形成突然的阻塞或释放。当锥阀阻塞小孔时，钻井液通道阻断，钻铤内压力上升；反之，液流通道打开，钻铤内压力随之恢复。因此，载波信号为钻铤内的正压力，所以该种信号发生器被称为“正脉冲发生器”。

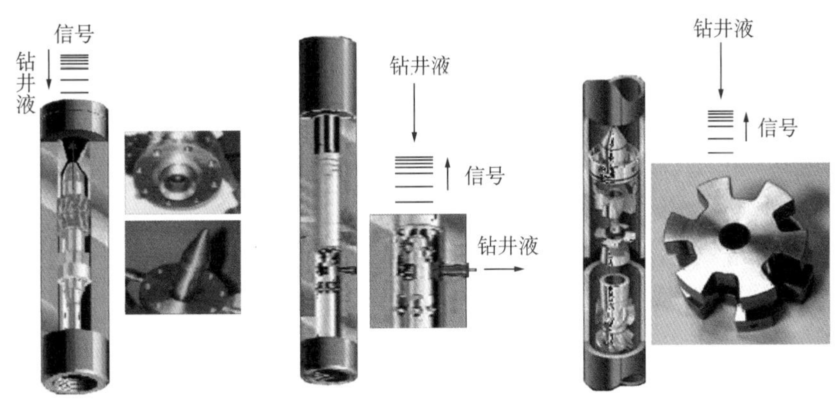

图5.103　3种钻井液脉冲发生器结构（从左到右依次为：正脉冲、负脉冲、连续波）

负脉冲发生器机械结构特征：钻铤壁上特定位置预置的小孔和与之对应的锥阀。同样在一定的动力和控制系统的驱动下，锥阀不断关闭和打开小孔。当小孔打开时，钻铤中的钻井液泄漏进入环空中，造成钻铤内压力的突然下降；其后，锥阀阻塞小孔，钻井液停止泄漏，钻铤内的压力恢复到正常状态。载波信号是钻铤内的负压力，所以该种信号发生器被称为“负脉冲发生器”。

连续波脉冲发生器（又称 Sirens，汽笛）的主要结构包括两个部分：工作时处于静止状态的定子和相对定子进行旋转的转子。图 5.104 给出了一种典型的连续波信号发生器结构。

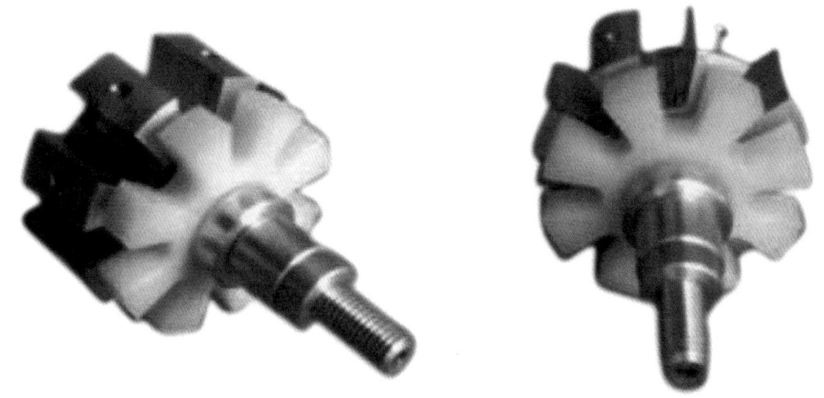

图5.104　一种典型的连续波信号发生器结构

连续波信号发生器通常安置于钻铤内部，其主轴和钻铤轴线一致，即转子的旋转面与钻井液流动方向正交。工作时，发生器转子的旋转使得钻井液流的状态在阻断和流通之间不断切换，这样，钻铤内传感器检测到液压的变化既有突变的增加也有突变的下降，从而形成了正负两种脉冲的交替连续出现，因此，将这一信号称之为“连续波”，相应的信号发生和传输系统称为“连续波信号传输系统”。与单一脉冲形态相比，利用正 / 负脉冲同时对井下信息进行编码和传递，会产生更高的数据传输率。

由于负脉冲发生器和正脉冲发生器均基于往复运动，其活塞的堵孔 / 放开动作是间断的，所以其工作频率受到限制：一般的负脉冲发生器的数传率在 1bit/s 以下，一般的正脉冲发生器的数传率在 5bit/s 以下，现场应用中往往更低。目前负脉冲发生器已属于早期技术，正脉冲发生器是当前的主流技术，但不能满足传输更大信息量的要求。三者相比，连续波脉冲发生器属于前沿技术，不过目前基本为 Schlumberger 公司所独有。连续波脉冲发生器由于把往复运动变为旋转运动，把间断动作变为连续动作，据外商介绍其数传率可达 12bit/s，现场应用一般在 6 ~ 10bit/s。除了数传率明显提高外，连续波脉冲发生器在信号稳定性和结构抗腐蚀方面比负脉冲、正脉冲发生器也有改善。

综上所述，自主研发连续波脉冲发生器和相关信号随钻传输的方法和技术十分必要。为此，先要开展相关的理论研究，为相应的技术研发提供基础。

5.7.1 连续波井下传输特性分析与信号可增强性建模

5.7.1.1 影响连续波信号源与传输的诸多因素

如前所述，连续波脉冲发生器工作过程中，在转 / 定子相对位置快速关闭时，由于流体的突然阻断会在阀门前方产生过压，随后，这一过压信号向上传播，称之为“正”信号；同时，在阀门后端，由于钻井液的继续向下流动（抽空），从而产生较大的失压信号，称之为“负”信号，并向下传播。当阀门打开时，情况相反。因此，发生器工作过程中既会产生正信号又会产生负信号，正 / 负信号向相反的方向传播。

由此可知，在连续波脉冲发生器两侧产生的动态压力场呈反对称性，为一个非 0 的压差，用 Δp 表示。故可将连续波脉冲发生器视为“偶极子”信号源。如果阀门放置在无限长同径管道中，则$\frac{1}{2}\Delta p$ 将会向一个方向传播，另外$\frac{1}{2}\Delta p$ 将会向相反的方向传播。

现定义“传输效率”为：向某一方向传输的压力波强度与源压力信号 Δp 强度之比。

作为对比，对负脉冲发生器发出的信号压力场特性进行分析。当钻铤壁上的喷口打开时，在该位置处钻铤内部会产生失压，这样的失压信号（负信号）在钻具组合通道内会同时向井下和地面传输；同样，在喷口关闭时，过压信号（正信号）也是向两个方向传播。即上传、下传信号符号相同。在这一意义上，负脉冲发生器可以比作“单极子”信号源。很明显，对于负脉冲发生器来说，用 Δp 对信号进行描述是无意义的，因为信号产生和传播过程中，在发生器两侧并不存在压差。

（1）钻头处反射的影响。

由于钻头水眼面积与钻头截面积相比较小，在诸多井下信息传输理论文献和工程实践过程中，将钻头工作面视为固体、封闭反射面。连续波信号发生器工作时，会在其两侧产生大小相等、符号相反、传播方向也相反的载波信号。下传信号波行进到钻头工作面处发生反射，改变方向，形成“附加”的上行波。由经典的波传播理论可知：在理想固体反射面处信号发生反射后符号不变，传播方向改变，反射信号越过发生器与原始上传信号形成叠加，最终“正 / 负”相消，造成信号的析构，则地面压力检测器探测到的上传载波信号应极为微弱，接近于 0 信号。然而，在现有产品的工程应用中，使用连续波传输系统大多都能够在地面检测到特定的有用载波信号；而且，在地面的环空中也同样有信号的存在。由此可知，传统理论对连续波信号在井下通道中传输过程的分析存在着一定的缺陷和不严密性，需要对其进行深入研究和补充。

（2）流体性质的影响。

流体性质影响着连续波的传输特性。分析连续波信号衰减特性的传统基础模型有两种：牛顿流体模型（Newtonian Model）和非牛顿流体模型（Non-Newtonian Model）。

牛顿流体模型是连续波信号衰减研究过程中的基础理论。利用牛顿稳定性分层流模型来建立计算方程，结合具体工程应用条件，对信号进行衰减分析会在保证计算正确性的前提下，使得分析过程简洁明了，易于实现。计算过程如下：

设 ω 为角频率，μ 为钻井液黏滞度，ρ 为钻井液密度，c 为声速，R 为通道半径，p_0 为源信号强度，则在传输通道中距信号源点 x 处，信号强度 p 用下式表述：

$$p = p_0 \exp(-\alpha x) \tag{5.153}$$

其中，α 为衰减因子，可用式（5.154）计算：

$$\alpha = (Rc)^{-1}\sqrt{(\mu\omega)/2\rho} \tag{5.154}$$

即信号的衰减率随着频率的平方根变化，同时，钻井液浓度和黏度通过“运动黏滞度”关系 μ/ρ' ，对信号的衰减起着关键作用。

非牛顿流体模型中信号衰减计算的基础仍然是式（5.153）和式（5.154）。但是，非牛顿流层中的钻井液黏度 μ 用下式计算：

$$\mu = \left[\pi R^4/(8Q)\right]\mathrm{d}p/\mathrm{d}z \tag{5.155}$$

其中

$$Q = \left[\pi R^3/(3+1/n)\right]\left[R/(2K)\right]^{1/n}(\mathrm{d}p/\mathrm{d}z)^{1/n} \tag{5.156}$$

注意上式中含有系数因子“n”和“K”，这两个因子取决于信号发生器的切应力变化速率。根据这一算式，对于相同的 n、K 和 R，在给定的流速 Q 下，利用 Hagen-Poiseuille 管道流体算式，并对其进行一定变形，可求出非牛顿流体中的钻井液黏滞度 μ，如式（5.155）所示。

(3) 其他因素的影响。

在钻头处的反射只是信号传播过程中发生的诸多反射类型中的一种。实际上，传输通道中存在许多信号波阻抗变化的交界面，例如在钻柱和钻铤的连接点、钻井液马达和 MWD 钻铤界面、地面钻井泵等处，信号都会产生反射。还有很多因素，诸如井下钻具组合的形状、钻井液声速、载波频率、脉冲器类型以及检测方法等，都影响着传输系统的性能。所有这些反射特性和因素的影响都应该被正确估计和分析，但在目前数量众多的理论和应用模型中，往往对这一点重视不够。

因此，要研发一个可靠的连续波信息上传系统，首先需要完成对信号传输机理的深入分析，建立完整的理论模型，构造完善的工程实验系统，并形成理论—建模—验证的研发体系，才能对信号在井下通道中的传输特性进行准确把握，实现井下随钻测量信息的准确和高速上传。

5.7.1.2 连续波井下传输通道波导模型

图 5.105 给出了几种常见的连续波井下传输通道波导模型。

图 5.105（a）给出了构成井下钻具组合通道的几个重要部分：钻头、钻井液马达、钻铤和钻柱。只要是在两个短节相接的截面处存在面积的不一致，就会引起信号阻抗特性的变化，导致信号的反射。

取钻柱中 $p_{\mathrm{pipe}}/\Delta p$（即上传载波信号强度与 Δp 的比值）以及 $p_{\mathrm{annulus}}/\Delta p$（即下行载波信号强度对 Δp 的比值）作为参考因子，用于评判传输系统的信号上传性能，并定义 $p_{\mathrm{pipe}}/\Delta p$ 为“传输效率 T_{eff}”，即

$$T_{\mathrm{eff}} = \left|p_{\mathrm{pipe}}/\Delta p\right| \tag{5.157}$$

图 5.105 所示的波导模型可进一步抽象为图 5.106 所示的连续波信号井下传输波导特性模型。

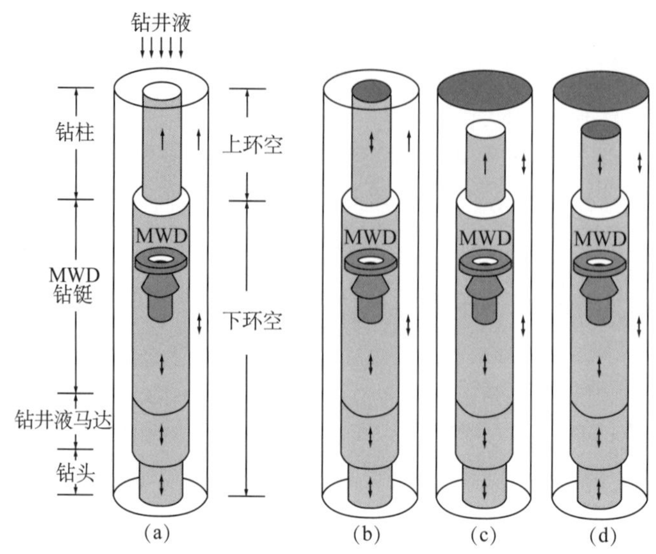

图5.105　不同波导特性的连续波传输通道模型

图中：x 为轴坐标，“x=0”处位于钻井液马达和钻铤交接面；x_s 为汽笛距原点距离；x_c 为钻铤长度；x_m 为钻井液马达长度；x_b 为钻头短节长度；x_a 为从井底到钻铤之间的环空长度。

如前所述，连续波信号发生器为偶极子源，相对于源点，所产生的压力是反对称的，在 x 轴上观察，这一压力场总是处于跳跃、不连续状态。因此描述连续波信号传输特性的数学算式在满足边界条件的基础上，还必须满足压力能够自由通过信号源点的特性。这与源信号的本质为“压力跳变”的特性是一致的。而描述信号传输的波导方程中所选的变量必须遵循这些特定的边界条件，即各种不同反射情况。

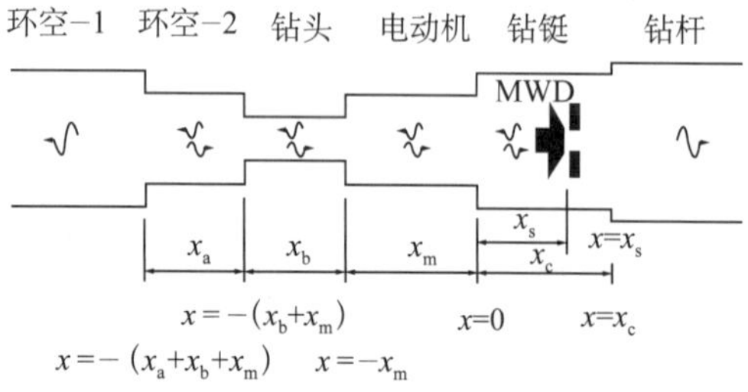

图5.106　连续波井下传输波导模型

以下建立连续波传输边界值分析模型。这一模型由偏微分方程、偶极子源模型、阻抗匹配条件以及远场处的辐射条件构成。通过这一模型能够实现对进入钻柱中的有效连续波 MWD 信号进行评估，并对其进行定量分析。

基于拉格朗日波动理论可知，位移变量 u（x，t）表征了流体元素距其平衡位置的线性位移，是一长度变量，能够准确描述井下钻具组合通道特性阻抗和 Δp 边界条件。这一长度随着空间和时间的不同而不同，满足波动方程：

$$\rho_{\text{mud}} u_{tt}^{\text{c}} - B_{\text{mud}} u_{xx}^{\text{c}} = 0 \tag{5.158}$$

式中：ρ_{mud} 为钻井液浓度；ρ_{mm} 为马达中的钻井液浓度；u_{tt}^{c}为拉格朗日位移变量 u^{c}（x，t）对时间 t 的偏导数；u_{xx}^{c}为拉格朗日位移变量 u^{c}（x，t）对空间 x 的偏导数；c 为声速。

由图 5.106 可知，源信号的压力产生于源点 x=x_s，如果信号具有能量汇聚性，即存在一个位于源点 x=x_s 的集中力，则可以用“$\Delta p\times\delta$（x–x_s）”表示这一信号。用物理特性来对其描述，表示该力集中在空间的某一单独点上。在工程上实现这一点需要连续波信号发生器与其载波信号波长相比较小，实际上这一要求在绝大多数情况下都能满足，则式（5.158）可以表示为：

$$\rho_{\text{mud}} u_{tt}^{\text{c}} - B_{\text{mud}} u_{xx}^{\text{c}} = \Delta p \times \delta(x - x_{\text{s}}) \tag{5.159}$$

上标“c”表示仪器钻铤，连续波信号发生器位于其中。

由 u（x，t）及其时域微分在信号源点处的连续性，可得：

$$-B_{\text{mud}} \times u_x^{\text{c}}(x_{\text{s}}+\varepsilon,t)+B_{\text{mud}} \times u_x^{\text{c}}(x_{\text{s}}-\varepsilon,t)=\Delta p \tag{5.160}$$

定义压力 p 为：

$$p=-Bu_x \tag{5.161}$$

代入式（5.160）可得：

$$\Delta p=-p_x^{\text{c}}(x_{\text{s}}+\varepsilon,t)+p_x^{\text{c}}(x_{\text{s}}-\varepsilon,t) \tag{5.162}$$

基于傅里叶变换理论可知，Δp 和 u^{c}（x，t）可以分别表示为：

$$\Delta p=\Delta p' e^{j\omega t} \tag{5.163}$$

$$u^{\text{c}}(x,t)=U^{\text{c}}(x)e^{j\omega t} \tag{5.164}$$

将以上二式代入式（5.159）可得：

$$U_{xx}^{\text{c}}(x)+(\omega^2/c_{\text{mud}}^2)U^{\text{c}}=(\Delta p'/B_{\text{mud}})\delta(x-x_{\text{s}}) \tag{5.165}$$

在本书后续的讨论中，为描述上的简便，将$\Delta p'$简写为Δp。

基于上述的数学推导，结合图 5.106 连续波井下传输波导模型，分析信号从左到右传输过程，并将各个短节中的传输特性建立相应的方程，可得如下的方程组：

$$\begin{cases} U_{xx}^{\text{p}}(x)+\left(\omega^2/c_{\text{mud}}^2\right)U^{\text{p}}=0 \\ U_{xx}^{\text{c}}(x)+\left(\omega^2/c_{\text{mud}}^2\right)U^{c}=-\left(\Delta p/B_{\text{mud}}\right)\delta\left(x-x_{\text{s}}\right) \\ U_{xx}^{\text{mm}}(x)+\left(\omega^2/c_{\text{mm}}^2\right)U^{\text{mm}}=0 \\ U_{xx}^{\text{b}}(x)+\left(\omega^2/c_{\text{mud}}^2\right)U^{\text{b}}=0 \\ U_{xx}^{\text{a2}}(x)+\left(\omega^2/c_{\text{mud}}^2\right)U^{\text{a2}}=0 \\ U_{xx}^{\text{a1}}(x)+\left(\omega^2/c_{\text{mud}}^2\right)U^{\text{a1}}=0 \end{cases} \tag{5.166}$$

式中：B_{mud} 为钻井液体积模量；B_{mm} 为钻井液马达中的体积模量；c_{mud} 为钻井液声速；c_{mm} 为钻井液马达中的声速。

c_{mm}、B_{mm}、ρ_{mm} 三者之间的关系为：$c_{\text{mm}}=\sqrt{(B_{\text{mm}}/\rho_{\text{mm}})}$，这三个参数连同参数 c_{mud} 都可以根据具体的工程应用进行确定。Δp 源信号在工程应用中可通过安置在钻柱上的压力传感器测得。

对方程组（5.166）求解，其解析解的形式为：

$$\begin{cases} U^{\text{p}}(x)=C_1\exp\left(-i\omega x/c_{\text{mud}}\right) \\ U^{\text{c}}(x)=C_2\cos\left(\omega x/c_{\text{mud}}\right)+C_3\sin\left(\omega x/c_{\text{mud}}\right) \qquad x<x_{\text{s}} \\ U^{\text{c}}(x)=C_2\cos\left(\omega x/c_{\text{mud}}\right)+C_3\sin\left(\omega x/c_{\text{mud}}\right) \\ \qquad -\left[c_{\text{mud}}\Delta p/\left(\omega B_{\text{mud}}\right)\right]\sin\left[\omega\left(x-x_{\text{s}}\right)\right]/c_{\text{mud}} \qquad x>x_{\text{s}} \\ U^{\text{m}}(x)=C_4\cos\left(\omega x/c_{\text{mm}}\right)+C_5\sin\left(\omega x/c_{\text{mm}}\right) \\ U^{\text{b}}(x)=C_6\cos\left(\omega x/c_{\text{mud}}\right)+C_7\sin\left(\omega x/c_{\text{mud}}\right) \\ U^{\text{a1}}(x)=C_{10}\exp\left(i\omega x/c_{\text{mud}}\right) \end{cases} \tag{5.167}$$

式中：$C_i(i=1,2,\cdots 10)$ 为解析解的系数。

5.7.1.3 应用钻具组合各短节连接处阻抗匹配要求对方程组求解

通道中流体流量的连续性决定了通道截面积 A_i（i 表示不同短节）和轴向速度 $\partial u(x,t)/\partial t$ 的乘积应为常数。基于拉格朗日位移表示的面积—速度乘积可表示为 $A\cdot\partial u(x,t)/\partial t$。又由式（5.164）得 $u(x,t)=U(x)\exp(\mathrm{i}\omega t)$，可得乘积的最终表达形式为 $A\cdot\partial[U(x)\exp(\mathrm{i}\omega t)]/\partial t$ 或 $\mathrm{i}AU\omega\cdot\exp(\mathrm{i}\omega t)$。

更进一步，在阻抗变化处的两侧，流量的连续导致因子 $\mathrm{i}\omega\cdot\exp(\mathrm{i}\omega t)$ 相同；另一方面，流体压力 $p=-B\partial u(x,t)/\partial t$ 的连续需要微分变量 $BU'(x)$ 为常数，B 表示体积弹性模量。通过这些阻抗匹配条件可进一步求出方程组（5.167）的系数因子 C_i（i=1，2，…，10），由于方程组的复式结构，使得系数因子也往往为复值表达式。

信号通过各短节连接处时，都存在阻抗匹配的问题。现给出基于图 5.106 的钻具组合通道模型中，各处匹配所需的方程表述，如方程组（5.168）所示：

$$
\begin{cases}
\left[1-i\tan\left(\omega x_{\mathrm{c}}/c_{\mathrm{mud}}\right)\right]C_1-\left(A_{\mathrm{c}}/A_{\mathrm{n}}\right)C_2-\left[A_{\mathrm{c}}/A_{\mathrm{n}}\tan\left(\omega x_{\mathrm{c}}/c_{\mathrm{mud}}\right)\right]= \\
\quad -\{A_{\mathrm{c}}c_{\mathrm{mud}}\Delta p\sin\left[\omega\left(x_{\mathrm{c}}-x_{\mathrm{s}}\right)/c_{\mathrm{mud}}\right]\}/\left[A_{\mathrm{p}}\omega B_{\mathrm{mud}}\cos\left(\omega x_{\mathrm{c}}/c_{\mathrm{mud}}\right)\right] \\
\left[-\tan\left(\omega x_{\mathrm{c}}/c_{\mathrm{mud}}\right)-i\right]C_1+\tan\left(\omega x_{\mathrm{c}}/c_{\mathrm{mud}}\right)/C_2-C_3= \\
\quad -\{c_{\mathrm{mud}}\Delta p\cos[\omega(x_{\mathrm{c}}-x_{\mathrm{s}})/c_{\mathrm{mud}}]\}/[\omega B_{\mathrm{mud}}\cos(\omega x_{\mathrm{c}}/c_{\mathrm{mud}})] \\
C_2-\left(A_{\mathrm{m}}/A_{\mathrm{c}}\right)C_4=0 \\
C_3-\left[\left(c_{\mathrm{mud}}B_{\mathrm{mm}}\right)/\left(c_{\mathrm{mm}}B_{\mathrm{mud}}\right)\right]C_5=0 \\
\left[A_{\mathrm{m}}\cos\left(\omega x_{\mathrm{m}}/c_{\mathrm{mm}}\right)\right]C_4-\left[A_{\mathrm{m}}\sin\left(\omega x_{\mathrm{m}}/c_{\mathrm{mm}}\right)\right]C_5-\left[A_{\mathrm{b}}\cos\left(\omega x_{\mathrm{m}}/c_{\mathrm{mud}}\right)\right]C_6+\left[A_{\mathrm{b}}\sin\left(\omega x_{\mathrm{m}}/c_{\mathrm{mud}}\right)\right]C_7=0 \\
\left[\left(B_{\mathrm{mm}}/C_{\mathrm{mm}}\right)\sin\left(\omega x_{\mathrm{m}}/c_{\mathrm{mm}}\right)\right]C_4+\left[\left(B_{\mathrm{mm}}/C_{\mathrm{mm}}\right)\cos\left(\omega x_{\mathrm{m}}/c_{\mathrm{mm}}\right)\right]C_5- \\
\quad \left[\left(B_{\mathrm{mud}}/C_{\mathrm{mud}}\right)\sin\left(\omega x_{\mathrm{m}}/c_{\mathrm{mud}}\right)\right]C_6-\left[\left(B_{\mathrm{mud}}/C_{\mathrm{mud}}\right)\cos\left(\omega x_{\mathrm{m}}/c_{\mathrm{mud}}\right)\right]C_7=0 \\
C_6-\left\{\tan\left[\omega\left(x_{\mathrm{m}}+x_{\mathrm{b}}\right)/c_{\mathrm{mud}}\right]\right\}C_7-\left(A_{\mathrm{a}2}/A_{\mathrm{b}}\right)C_8+\left(A_{\mathrm{a}2}/A_{\mathrm{b}}\right)\tan\left[\omega\left(x_{\mathrm{m}}+x_{\mathrm{b}}\right)/c_{\mathrm{mud}}\right]C_9=0 \\
C_6\tan\left[\omega\left(x_{\mathrm{m}}+x_{\mathrm{b}}\right)/c_{\mathrm{mud}}\right]+C_7-C_8\tan\left[\omega\left(x_{\mathrm{m}}+x_{\mathrm{b}}\right)/c_{\mathrm{mud}}\right]-C_9=0 \\
C_8-\left\{\tan\left[\omega\left(x_{\mathrm{m}}+x_{\mathrm{b}}+x_{\mathrm{a}}\right)/c_{\mathrm{mud}}\right]\right\}C_9+\left(A_{\mathrm{a}1}/A_{\mathrm{a}2}\right)\{-1+i\tan\left[\omega\left(x_{\mathrm{m}}+x_{\mathrm{b}}+x_{\mathrm{a}}\right)/c_{\mathrm{mud}}\right]\}C_{10}=0 \\
\left\{\tan\left[\omega\left(x_{\mathrm{m}}+x_{\mathrm{b}}+x_{\mathrm{a}}\right)/c_{\mathrm{mud}}\right]\right\}C_8+C_9+\left\{-i+\tan\left[\omega\left(x_{\mathrm{m}}+x_{\mathrm{b}}+x_{\mathrm{a}}\right)/c_{\mathrm{mud}}\right]\right\}C_{10}=0
\end{cases}
\tag{5.168}
$$

下面给出方程组（5.168）的求解过程。

观察方程组（5.168）可知，可将方程组视为由 $S_{i,j}$、C_i、R_i（i, j=1，2，…，10）构成的矩阵，结构如下：

$$
\begin{bmatrix}
S_{1,1} & S_{1,2} & S_{1,3} & & & & & & & \\
S_{2,1} & S_{2,2} & S_{2,3} & & & & & & & \\
 & S_{3,2} & & S_{3,4} & & & & & & \\
 & & S_{4,3} & & S_{4,5} & & & & & \\
 & & & S_{5,4} & S_{5,5} & S_{5,6} & S_{5,7} & & & \\
 & & & S_{6,4} & S_{6,5} & S_{6,6} & S_{6,7} & & & \\
 & & & & & S_{7,6} & S_{7,7} & S_{7,8} & S_{7,9} & \\
 & & & & & S_{8,6} & S_{8,7} & S_{8,8} & S_{8,9} & \\
 & & & & & & & S_{9,8} & S_{9,9} & S_{9,10} \\
 & & & & & & & S_{10,8} & S_{10,9} & S_{10,10}
\end{bmatrix}
\begin{bmatrix} C_1 \\ C_2 \\ C_3 \\ C_4 \\ C_5 \\ C_6 \\ C_7 \\ C_8 \\ C_9 \\ C_{10} \end{bmatrix}
=
\begin{bmatrix} R_1 \\ R_2 \\ R_3 \\ R_4 \\ R_5 \\ R_6 \\ R_7 \\ R_8 \\ R_9 \\ R_{10} \end{bmatrix}
\tag{5.169}
$$

其中，R_i 的形式如下：

$$R_1=-\left[A_c c_{mud}\Delta p\sin(\omega(x_c-x_s)/c_{mud})\right]/\left[A_p\omega B_{mud}\cos(\omega x_c/c_{mud})\right]$$
$$R_2=-\left[c_{mud}\Delta p\cos(\omega(x_c-x_s)/c_{mud})\right]/\left[\omega B_{mud}\cos(\omega x_c/c_{mud})\right] \tag{5.170}$$
$$R_k=0\ (k=3\sim10)$$

$S_{i,\ j}$ 的形式如下：

$$\begin{cases}
S_{1,1}=1-i\tan(\omega x_c/c_{mud})\\
S_{1,2}=-A_c/A_p\\
S_{1,3}=-(A_c/A_p)\tan(\omega x_c/c_{mud})\\
S_{2,1}=-\tan(\omega x_c/c_{mud})-i\\
S_{2,2}=\tan(\omega x_c/c_{mud})\\
S_{2,3}=-1\\
S_{3,2}=1\\
S_{3,4}=-(A_m/A_c)\\
S_{4,3}=1\\
S_{4,5}=-(C_{mud}B_{mm})/(C_{mm}B_{mud})\\
S_{5,4}=A_m\cos(\omega x_m/c_{mm})\\
S_{5,5}=-A_m\sin(\omega x_m/c_{mm})\\
S_{5,6}=-A_b\cos(\omega x_m/c_{mud})\\
S_{5,7}=-A_b\sin(\omega x_m/c_{mm})\\
S_{6,4}=(B_{mm}/C_{mm})\sin(\omega x_m/c_{mm})\\
S_{6,5}=(B_{mm}/C_{mm})\cos(\omega x_m/c_{mm})\\
S_{6,6}=-(B_{mud}/C_{mud})\sin(\omega x_m/c_{mm})\\
S_{6,7}=-(B_{mud}/C_{mud})\cos(\omega x_m/c_{mm})\\
S_{7,6}=1\\
S_{7,7}=-\tan\left[\omega(x_m+x_b)/c_{mud}\right]\\
S_{7,8}=-A_{a2}/A_b\\
S_{7,9}=(A_{a2}/A_b)\tan\left[\omega(x_m+x_b)/c_{mud}\right]\\
S_{8,6}=\tan\left[\omega(x_m+x_b)/c_{mud}\right]\\
S_{8,7}=1\\
S_{8,8}=\tan\left[\omega(x_m+x_b)/c_{mud}\right]\\
S_{8,9}=-1\\
S_{9,8}=1\\
S_{9,9}=-\tan\left[\omega(x_m+x_b+x_a)/c_{mud}\right]\\
S_{9,10}=(A_{a1}/A_{a2})\left[-1+\mathrm{i}\tan\left\{\omega(x_m+x_b+x_a)/c_{mud}\right\}\right]\\
S_{10,8}=\tan\left[\omega(x_m+x_b+x_a)/c_{mud}\right]\\
S_{10,9}=1\\
S_{10,10}=-\tan\left[\omega(x_m+x_b+x_a)/c_{mud}\right]-i
\end{cases} \tag{5.171}$$

上述式中相关面积参数的含义：A_p 为钻柱内部截面积；A_c 为 MWD 钻铤内部截面积；A_m 为马达内部截面积；A_b 为钻头短节截面积；A_{a2} 为围绕钻铤的环空截面积；A_{a1} 为围绕钻柱的环空截面积。

在实际的工程应用中，随着井下钻具组合机械结构、钻井液特性等工程要素的确定，上述方程组中的参数便可确定。利用矩阵变换的方法，根据方程组（5.168）~（5.171），可以方便地求出 C_i 的值。将 C_i 代入方程组（5.167），可以求出拉格朗日位移因子 $U(x)$ 在各短节内的具体数值，其中连续波信号进入钻柱后的强度可表示为：

$$p^{\mathrm{p}}(x,t)=-B_{\mathrm{mud}}\times\mathrm{Re}\left\{\mathrm{d}U^{\mathrm{p}}(x)/\mathrm{d}x\right\}e^{j\omega t}=\mathrm{Re}\left\{\left(\mathrm{i}\,\omega B_{\mathrm{mud}}/c_{\mathrm{mud}}\right)\times C_1\mathrm{e}^{j\omega\left(t-x/c_{\mathrm{mud}}\right)}\right\} \tag{5.172}$$

$$u^{\mathrm{p}}(x,t)=\mathrm{Re}\left[U^{\mathrm{p}}(x)e^{j\omega t}\right] \tag{5.173}$$

以上 Re 算子表示求该值的实部。

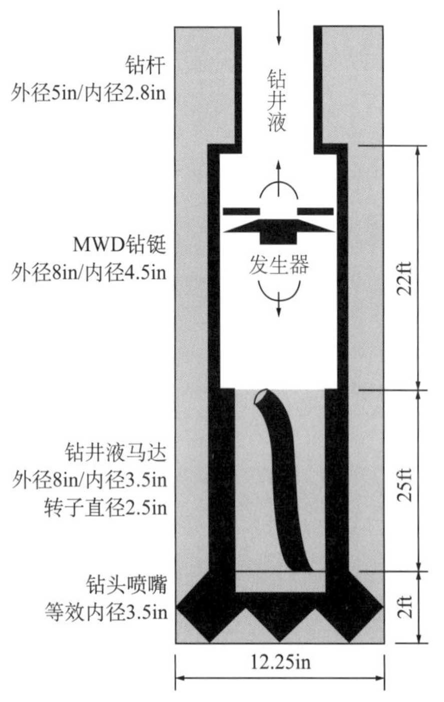

图5.107　连续波井下信号增强算法实验工具结构图

根据式（5.157）所定义的信号传输效率：

$$T_{\mathrm{eff}}=\left|p^{\mathrm{p}}/\Delta p\right|=\left\{\omega B_{\mathrm{mud}}/\left(\left|\Delta p\right|c_{\mathrm{mud}}\right)\right\}\left|C_1\right| \tag{5.174}$$

观察式（5.174），可以看出，在原始信号 Δp 强度一定的情况下，信号在钻柱中的传输效率的变化并不仅仅依赖于信号频率，还有着关键因子 $|C_1|$ 在对其作用。

依据同样的过程，可以求解出信号在其他短节中的传输效率。

5.7.1.4　数值仿真

（1）仿真实验一。

基于如图 5.107 所示的井下钻具组合，结合文中所述的信号分析模型对其进行仿真验证。

在仿真过程中，使 MWD 信号发生器（汽笛）的位置 x_s 逐英尺地增加，从 x_s=1 ft 开始，直到 x_s=22 ft；同时，信号频率的变化从 1Hz 增加 50Hz，变化间隔为 1Hz。实验结果如表 5.14 和图 5.108 所示。图 5.108 中横轴表示信号频率，纵轴表示汽笛距马达的距离，竖直轴表示信号传输效率。

表5.14　钻柱中的传输效率（$p/\Delta p$）数值仿真结果

信号频率（Hz）	信号源位置 X_s（ft）				
	1	5	10	15	20
1	0.9501	0.9408	0.9521	0.9335	0.9465
12	0.6472	0.6171	0.4758	0.4858	0.4975
20	0.3741	0.2923	0.1832	0.1655	0.3012
30	0.0758	0.1564	0.1454	0.1536	0.4789
40	0.3512	0.4729	0.5654	0.9594	0.9522
50	0.6649	0.7153	0.7205	0.9401	0.9036

传统的 MWD 信号传输分析理论认为，由于连续波信号在传输通道中的振荡叠加，其强度随信号频率的增长呈指数下降，当信号频率增加到 25Hz 以后，有用信号便消失殆尽，无法供信息上传使用。然而，观察表 5.14 中的数据和图 5.108 中的曲线可以看到，在汽笛与钻井液马达距离固定的情况下，随着信号频率的变化，信号的传输效率会出现多个波峰和波谷，即地面接收到的载波信号强度会随着信号频率的变化而变化，且这一变化呈非线性，幅度大，信号可直接受益于其叠加效应，实现可增强性；信号的强度与汽笛和钻井液马达距离间的关系也呈非线性变化趋势。

（2）仿真实验二。

在上一仿真实验的基础上，设定连续波载波源信号的最高频率为 100Hz，观察信号叠加对其信号强度及传输特性的影响。其中，井下钻具组合的机械结构尺寸不变，如图 5.107 所示。在仿真过程中，使 MWD 汽笛的位置 X_s 逐英尺地增加，从 x_s=1ft 开始；直到 x_s=22ft；同时，信号频率的变化从 1Hz 增加 100Hz，变化间隔为 1Hz。仿真结果如图 5.109 所示。

观察图 5.109 可以看出，固定连续波信号发生器位置，随着信号频率的增加，与图 5.108 所示的信号最高频率为 50Hz 的情况相比，信号在 1 ~ 100Hz 的变化区间内，其传输效率 $p/\Delta p$ 更是出现了多个起伏的区间。而且随着信号频率的增加，其变化趋势也更为剧烈。

例如，在距信号发生器约 20 ft 的位置处，$p/\Delta p$ 分别在约 2Hz、40Hz 和 100Hz 处呈现出极大值，且其值均在 0.9 左右，甚至更高。结合实验过程可知，这一信号强度的增强变化并非借助于其他外界设备的支持，而是其传输过程中的叠加效应直接导致。

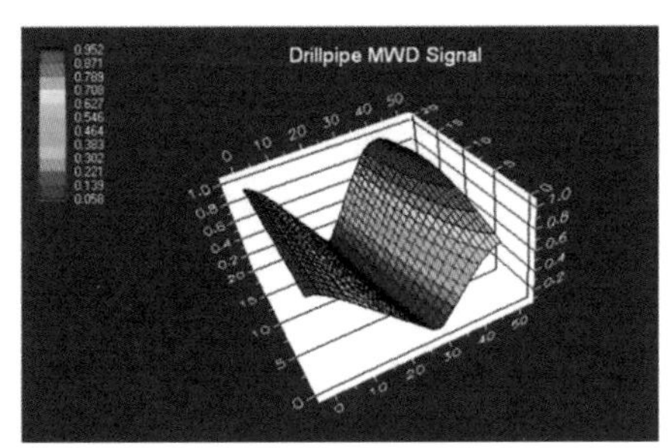

图5.108　源信号最高频率为50Hz连续波传输效率变化曲面图

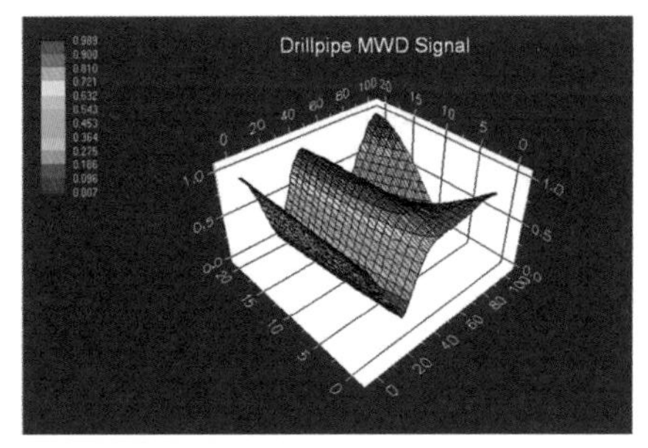

图5.109　源信号最高频率为100Hz连续波传输效率变化曲面图

进一步观察可以发现，在这些 $p/\Delta p$ 极大值对应的频率处，传输效率随发生器的位置改动而发生变化的幅度较小，即极大值点沿纵轴构成了一条脊线。这从另一个方面说明，工程中应用信号传输效率极大值对应的频率作为载波频率，则在通道中对连续波载波信号检测时，传感器的安装范围具有很大的可选择区间，这也给工程具体应用带来方便。

基于对于连续波井下传输特性的理论分析，同时结合实验结果，可得出如下结论：

（1）通过分析连续波信号在井下传输通道中的反射、叠加带来的有益影响，确定了信号的可增强性，突破了传统的分析理论和工程实践认为的最大载波频率限制，使得连续波随钻测量工具有广阔的应用前景；

（2）由于信号的可增强性，使得其在传输通道中的传输效率随着信号频率呈非线性变化，出现多个波峰和波谷。这样，能够实现信号“高效率”传输的频率点不止一个，如果在优化的频率点上使用频移键控，与传统的相移键控的编码调制相比更具优势；

（3）由于这些信号传输效率极大值点处的频率相近，因此将汽笛从一种旋转状态切换为另一种状态所需要的功率较小，井下工具和控制系统更易实现。

5.7.2 连续波反射分析模型和基于多元数据融合的载波信号提取算法

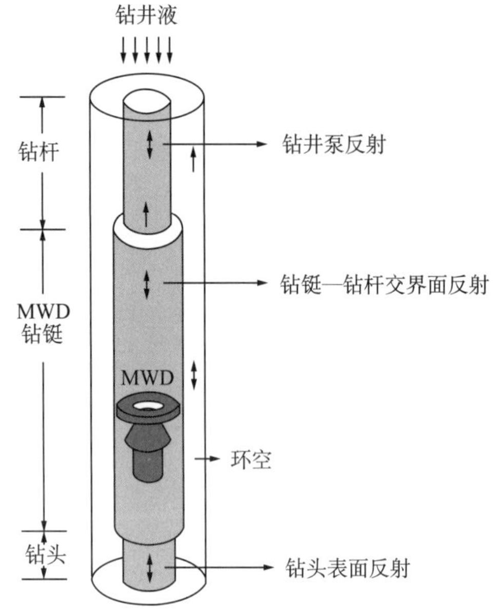

图5.110 连续波信号井下钻具组合通道中反射示意图

在连续波 MWD 随钻测量系统中，由于信号本身的传输特性和传输通道各短节之间信号阻抗的不匹配，载波信号在其中传输时不可避免地会受到各种反射和噪声的干扰。如何对这些反射现象建立分析模型，并在反射和噪声的背景下给出载波信号的有效提取方法是学术界和业内关注的焦点之一。图 5.110 给出了上述连续波载波信号在井下钻具组合通道传输过程中的主要反射和叠加情况示意。

以下研究井下钻具组合通道中连续波传输反射特性和载波信号的提取方法。首先对由于界面特性和阻抗不匹配发生的各种反射进行归类研究，这些反射类型主要包括：

（1）连续波信号在钻头表面发生的反射；

（2）信号在钻铤—钻杆交界面的反射；

（3）连续波信号传输到达地表，在地面设备或钻井泵处发生的反射。

随后，基于差分时延算法，对近钻头表面和各钻具短节交界面处的反射现象进行分析，建立数学模型，推导分析过程；其次，基于多元数据融合的理论，给出在钻井泵反射和噪声背景下连续波载波信号的提取和恢复算法；最后针对各种反射分析和信号提取算法，利用仿真实验验证其有效性。

5.7.2.1 近钻头连续波反射分析和信号提取算法

如前已述，由于发生器本身的偶极子特性，使得向发生器两侧传播的信号分量大小相等，符号相反。到达钻头表面的信号必然会发生反射，并根据钻头表面特性的不同，反射状况有所区别。反射信号向上传输，最终与原始上传信号叠加，形成混合信号。前面讨论了通过利用这一固有现象可实现信号增强和为增加信号有效传输距离带来的优势，但经过信号的反射和叠加，传感器接收到的信号也变得更为复杂。检测到的信号已经不仅仅是单纯的上传载波信号，而是一个信号的混合体。如何从这一混合体中提取出所需的信号便是要研究的重点。

以下首先讨论近钻头表面的反射抑制和信号提取方法，随后进一步分析钻铤—钻杆交界面的反射和地面钻井泵的反射。

5.7.2.1.1 钻头表面为闭合固体反射面

钻头表面通常都分布有不同数量和孔径的水眼，根据水眼总面积与钻头表面面积大小的比例，从连续波传播学角度可以将钻头表面分为两种，即固体闭合表面和开放端口表面。

首先对信号在钻头为固体闭合表面时的反射和干扰情况加以分析，然后对钻头为开放端口表面的情况进行讨论。图 5.111 给出了钻头表面为固体闭合面时近钻头处信号的反射和传输示意图。

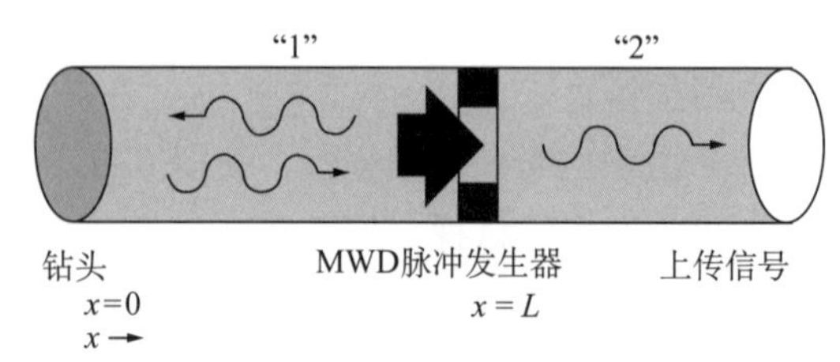

图5.111 连续波钻头表面反射叠加示意图（固体闭合表面）

由图 5.111 可以看出，连续波发生器产生的信号向两个方向传播，向下传播的信号在钻头表面反射并与原有上传信号叠加在一起，从而形成了“新的”上传信号。根据连续波传输的基本理论可知，连续波信号在理想的固体闭合表面处发生反射后，反射信号与原有信号大小相等，符号相同。

（1）算法分析和建模。

下面以图 5.111 所示的模型为基础，给出在反射和噪声环境中提取原始载波信号的算法分析。

短节“1”（位于连续波发生器到钻头表面之间）中任意位置 x 处的拉格朗日位移可表示为：

$$u_1(x,t)=h(t-x/c)-h(t+x/c)\quad u_1(x,t)=h(t-x/c)-h(t+x/c) \tag{5.175}$$

当 x=0 时，即位于钻头表面，信号形式为：

$$u_1(0,t)=h(t-0)-h(t+0)=0 \tag{5.176}$$

式中：h（x）为连续波发生器产生的原始信号；u（x，t）为位移因子。

根据上节分析可知当钻头表面为理想闭合固体反射面时，短节“1”中的连续波信号强度可表示为：

$$p_1(x,t)=-B\frac{\partial u_1}{\partial x}=(B/c)\left[h'\left(t-x/c\right)+h'\left(t+x/c\right)\right] \tag{5.177}$$

式中：B 为钻井液体积弹性模量；c 为钻井液声速。

短节“2”中（位于连续波信号发生器到其所在的钻铤顶部之间），拉格朗日位移因子可以表示为：

$$u_2(x,t)=f(t-x/c) \tag{5.178}$$

式中：f（x）表示混合了反射信号的上传信号。

相应的连续波信号强度可以表示为：

$$p_2(x,t)=-B\frac{\partial u_2}{\partial x}=(B/c)\left[f'\left(t-x/c\right)\right] \tag{5.179}$$

结合短节“1”和短节“2”中连续波信号强度的表达式可得信号发生器处原始信号 Δp 的强度表达式为：

$$\begin{aligned}\Delta p\left(x,t\right)&=p_2\left(x,t\right)-p_1\left(x,t\right)\\&=(B/c)\left[f'\left(t-x/c\right)-h'\left(t-x/c\right)-h'\left(t+x/c\right)\right]\end{aligned} \tag{5.180}$$

参照图 5.111 中给出的坐标，信号发生器位于 x=L 处，则式（5.180）可写为：

$$\Delta p\left(L,t\right)=(B/c)\left[f'\left(t-L/c\right)-h'\left(t-L/c\right)-h'\left(t+L/c\right)\right] \tag{5.181}$$

同时根据空间位移的连续性，在 x=L 处，可得：

$$u_1(L,t)=u_2(L,t) \tag{5.182}$$

将式（5.175）和式（5.178）代入式（5.182）可得：

$$f(t-L/c)=h(t-L/c)-h(t+L/c) \tag{5.183}$$

将式（5.183）对时间变量求偏导，可得：

$$f'(t-L/c)=h'(t-L/c)-h'(t+L/c) \tag{5.184}$$

将式（5.184）代入式（5.181），可得：

$$\Delta p(L,t)=-(2B/c)h'(t+L/c) \tag{5.185}$$

式（5.185）可进一步写为：

$$\Delta p(L,t-L/c)=-(2B/c)h'(t) \tag{5.186}$$

$$h'(t)=-(c/2B)\Delta p\left(L,t-L/c\right) \tag{5.187}$$

将式（5.184）两边乘以（B/c）并减去式（5.181）可得：

$$(c/2B)\Delta p(L,t)=f'(t-L/c)-h'(t-L/c) \tag{5.188}$$

进一步改写为：

$$(c/2B)\Delta p(L,t+L/c)=f'(t)-h'(t) \tag{5.189}$$

将式（5.187）代入式（5.188）可得：

$$(c/2B)\left[\Delta p\left(L,t+L/c\right)-\Delta p\left(L,t-L/c\right)\right]=f'(t) \tag{5.190}$$

进一步改写为：

$$(c/2B)\left[\Delta p\left(L,t\right)-\Delta p\left(L,t-2L/c\right)\right]=f'\left(t-L/c\right) \tag{5.191}$$

$$\left[\Delta p\left(L,t\right)-\Delta p\left(L,t-2L/c\right)\right]=\left(2B/c\right)f'\left(t-L/c\right) \tag{5.192}$$

由于（B/c）$f'(t-L/c)$ 即表示短节“2”中的上传信号，则式（5.192）可表示为：

$$\left[\Delta p\left(L,t\right)-\Delta p\left(L,t-2L/c\right)\right]=2p_2\left(L,t\right) \tag{5.193}$$

观察式（5.193）可以明晰地得出连续波信号在井下近钻头处的传播特性：连续波信号发生器发出的原始信号分为两个部分，分别向地面和钻头处传播；由于其偶极子信号源的特性，使得向两个方向传播的信号大小相等（均为 $1/2\,\Delta p$），符号相反；向下传播的信号到达钻头表面（在本节中，假设这一表面为理想的固体反射面），则经过反射后，信号大小和符号不变，传播方向改变，产生前述的“镜像”信号，即 $-\Delta p$（L，$t-2L/c$）；这一“镜像”信号经过 $2L/c$ 的传输延时后，与原有的上传信号发生叠加，混合在一起，形成了“新的”上传信号，即 p_2（L，t）。

令 $H=2L/c$，即表示“镜像”信号传输过程中的回路延时，则式（5.193）可写为：

$$\left[\Delta p\left(L,t\right)-\Delta p\left(L,t-H\right)\right]=2p_2\left(L,t\right) \tag{5.194}$$

在已知井下钻具组合几何尺寸 L、钻井液声速 c、地面传感器检测到的上传信号 p_2（L，t）等基本要素的基础上，利用式（5.194）给出的差分迭代运算可以方便地求解原始连续波载波信号 Δp（L，t），有效获取井下随钻测量信息。

（2）仿真实验。

以下利用仿真实验对前文中所述镜像信号滤除算法进行验证。

①仿真实验一。

首先考虑原始载波信号为方波脉冲。设连续波信号发生器位于仪器钻铤顶部，钻铤长度为30ft。钻井液声速为3000ft/s，载波脉冲宽度为0.25s，幅值为18MPa。简单计算可知，“镜像”信号与原始信号叠加所需时延为0.01s。

图5.112给出了信号发生器产生的原始信号、“镜像”信号和两者叠加以后的上传信号。图底部曲线为原始载波脉冲信号，顶部曲线为“镜像”信号，中间曲线为二者叠加以后产生的信号。由图中可以看出，“镜像”信号经过反射以后仍然保持了与源信号大小相等，符号相反的特性，且二者之间发生叠加的时延为0.01s。经过叠加后，原有的方波脉冲信号变成了两个幅度大大减小的三角形窄脉冲，而且两个脉冲的符号相反。这一信号经过钻柱中钻井液信道传输到地面，并为地面传感器所接收。

图5.113给出了利用上节所述算法对叠加混合信号处理后的结果。图中底部信号和中间信号仍分别为原始上传信号和叠加混合后的失真信号，顶部信号为算法抑制“镜像”后恢复出的有用信号。可以看出，通过本文所述的算法，实现了原始载波脉冲信号的有效提取。

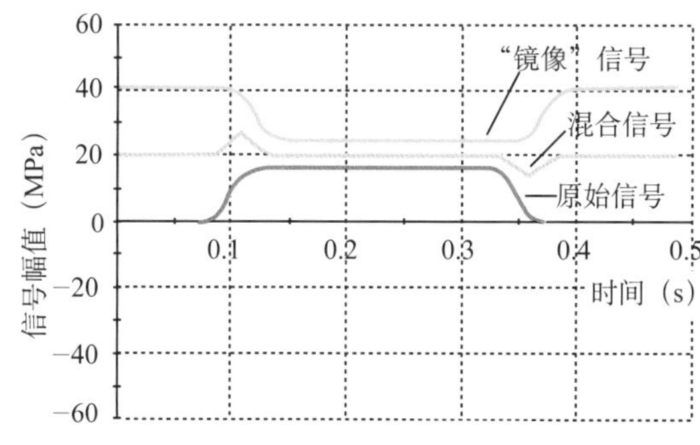

图5.112　载波为方波脉冲的井下信号及反射信号

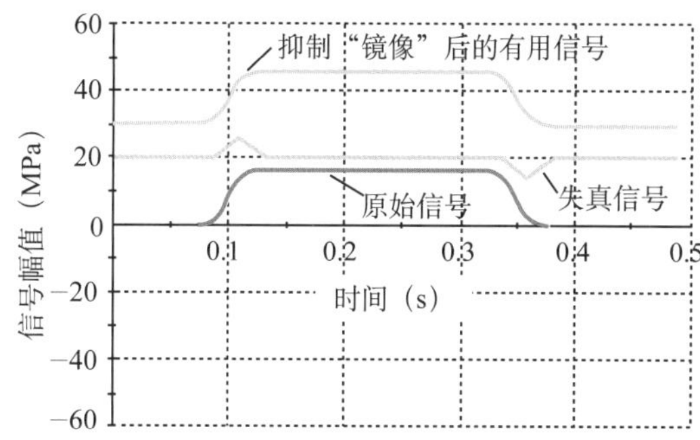

图5.113　通过文中算法提取上传信号

②仿真实验二。

本节将基于相移键控（Phase Shift Keying，PSK）的正弦载波信号作为实验对象。设信号发生器发出的原始载波信号形式为：

$$g(t) = A\sin(2\pi ft) \tag{5.195}$$

式中：A=10mPa，信号幅值；f=12Hz，信号频率。

所选用的井下钻具组合的几何结构仍沿用仿真实验一中的条件，即信号发生器位于钻铤顶部，距钻头表面为30 ft，钻井液声速为3000 ft/s，反射信号与原始上传信号发生叠加所需的延时为0.01s。

在PSK的调制方式下，信号利用相移来表征数字的“0”和“1”。此处，设信号无初始相移，表征数字“1”；经过一个周期后信号反相，即相移180°，表征数字“0”。图5.114给出了原始上传信号、“镜像”信号和经过叠加混合后的失真信号。

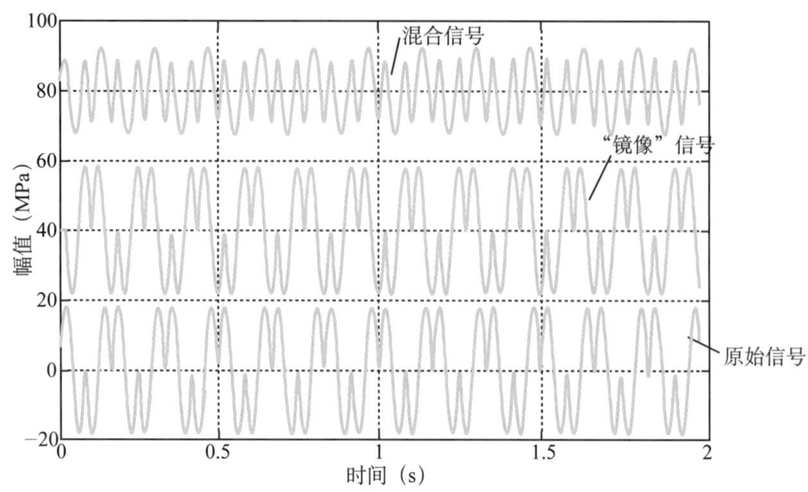

图5.114　原始上传信号、"镜像"信号和经过叠加混合后的失真信号

图 5.114 中，底部曲线表示原始上传载波信号，中间曲线表示向下传输经过了反射后的"镜像"信号，顶部曲线表示两者叠加后的混合信号。

号相反，在经过固体闭合反射面的反射后，仍然保持这一特性，即对应图中底部和中间两条信号线；同时，由于信号的反射叠加，使得进入钻柱向地面传输的信号发生了严重的失真，对应图中顶部曲线。无法直接从这一信号中有效识别载波信号，更无从谈起从中得到信号的相位变化，得到载波数据。

图 5.115 给出了经过上节所述算法，提取和恢复原始载波信号的结果。

图 5.115 中，底部曲线表示原始载波信号，中间曲线表示混合了"镜像"信号后的失真信号，顶部曲线表示经过算法处理后恢复出的载波信号。

观察图 5.115 可以看出，经过算法对"镜像"信号进行处理后，原始载波信号得到了有效的恢复，其相位变化也能够得到清晰的表示，便于解调和提取其中蕴含的载波数据。注意到提取后的信号幅值与源信号幅值相比有所衰减，考虑信号处理和传输过程中的损耗，这一衰减是可接受的。

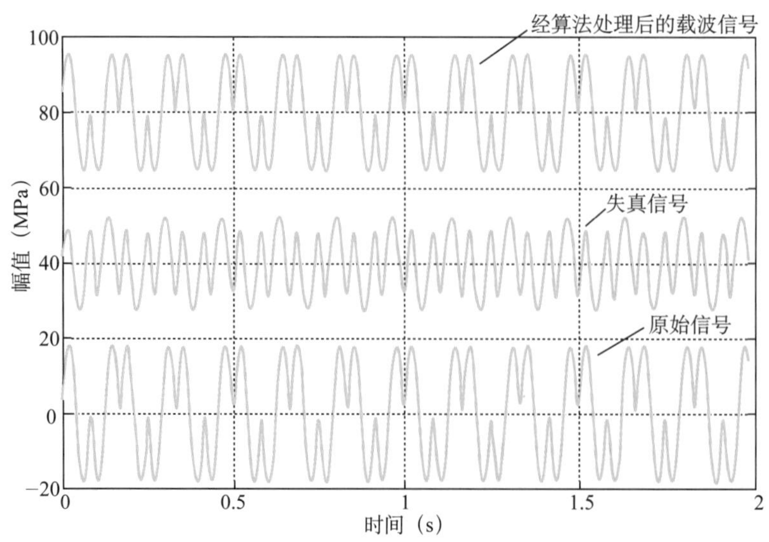

图5.115　固体闭合面基于PSK的连续波载波信号提取结果

5.7.2.1.2 钻头表面为开放端口

5.7.2.1.1 节中对连续波信号在钻头表面为固体闭合面时的反射和叠加情况进行了分析，并给出了反射消除、信号提取算法和仿真实验。下面对钻头表面为开放端口时的情况进行分析。

图 5.116 给出了连续波信号在开放端口处的反射和叠加示意图。

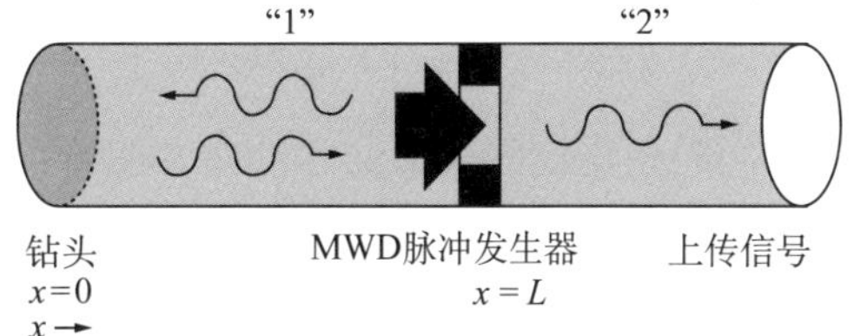

图5.116 连续波钻头表面反射叠加示意图（开放端口表面）

观察图 5.116 并与图 5.111 相比较，图 5.116 左端钻头表面用白色标示，示意此处的钻头面为开放端面。

根据连续波传输的基本理论可知，连续波信号在理想的开放端面发生反射后，信号的大小不变，符号改变。因此可知，开路端面与固体闭合端面反射后信号的关键区别在于其符号的不同，闭合端面处反射信号与原有信号相同，而开路端面反射信号则与原有信号符号相反。

（1）算法分析与建模。

下面对开放端面环境中连续波载波信号的提取算法进行推导。

短节“1”（位于连续波发生器到钻头表面之间）中任意位置 x 处的拉格朗日位移可表示为：

$$u_1(x,t)=h(t-x/c)+h(t+x/c) \tag{5.196}$$

当 x=0 时，即位于钻头表面，信号形式为：

$$u_1(0,t)=h(t-0)+h(t+0)=0 \tag{5.197}$$

式中：h（x）为连续波发生器产生的原始信号；u（x，t）为位移因子。

同样，根据 5.7.2 节的推导，结合钻头表面为理想开路端面的情况，短节“1”中的连续波信号强度可以表示为：

$$p_1(x,t)=-B\frac{\partial u_1}{\partial x}=(B/c)\left[h'\left(t-x/c\right)-h'\left(t+x/c\right)\right] \tag{5.198}$$

式中：B 为钻井液体积弹性模量；c 为钻井液声速。

在短节“2”中（位于连续波信号发生器到其所在的钻铤顶部之间），拉格朗日位移因子可以表示为：

$$u_2(x,t)=f(t-x/c) \tag{5.199}$$

式中：f（x）表示混合了“镜像”信号的上传信号。相应的连续波信号强度可以表示为：

$$p_2(x,t)=-B\frac{\partial u_2}{\partial x}=(B/c)\left[f'\left(t-x/c\right)\right] \tag{5.200}$$

结合短节“1”、短节“2”中连续波信号强度的表达式可得信号发生器处原始信号Δp 的强度表达式为：

$$\begin{aligned}\Delta p(x,t)&=p_2(x,t)-p_1(x,t)\\&=(B/c)\left[f'\left(t-x/c\right)-h'\left(t-x/c\right)+h'\left(t+x/c\right)\right]\end{aligned} \tag{5.201}$$

参照图 5.116 中给出的坐标，信号发生器位于 x=L 处，则式（5.201）可写为：

$$\Delta p(L,t)=(B/c)\left[f'\left(t-L/c\right)-h'\left(t-L/c\right)+h'\left(t+L/c\right)\right] \tag{5.202}$$

同时根据空间位移的连续性，在 $x=L$ 处，可得：

$$u_1(L,t)=u_2(L,t) \quad u_1(L,t)=u_2(L,t) \tag{5.203}$$

将式（5.196）和式（5.199）代入式（5.203）可得：

$$f(t-L/c)=h(t-L/c)+h(t+L/c) \tag{5.204}$$

将式（5.204）对时间变量求偏导，可得：

$$f'(t-L/c)=h'(t-L/c)+h'(t+L/c) \tag{5.205}$$

将式（5.205）代入式（5.201），可得：

$$\Delta p(L,t)=+(2B/c)h'(t+L/c) \tag{5.206}$$

式（5.206）可进一步写为：

$$\Delta p(L,t-L/c)=+(2B/c)h'(t) \tag{5.207}$$

$$h'(t)=+(c/2B)\Delta p(L,t-L/c) \tag{5.208}$$

并推得：

$$(c/2B)\Delta p(L,t)=f'(t-L/c)-h'(t-L/c) \tag{5.209}$$

进一步改写为：

$$(c/2B)\Delta p(L,t+L/c)=f'(t)-h'(t) \tag{5.210}$$

将式（5.202）代入式（5.205）可得：

$$(c/2B)\left[\Delta p(L,t+L/c)+\Delta p(L,t-L/c)\right]=f'(t) \tag{5.211}$$

进一步改写为：

$$(c/2B)\left[\Delta p(L,t)+\Delta p(L,t-2L/c)\right]=f'(t-L/c) \tag{5.212}$$

$$\left[\Delta p\left(L,t\right)+\Delta p\left(L,t-2L/c\right)\right]=\left(2B/c\right)f'\left(t-L/c\right) \tag{5.213}$$

由于 $(B/c)f'(t-L/c)$ 即表示短节“2”中的上传信号，则式（5.213）可表示为：

$$\left[\Delta p\left(L,t\right)+\Delta p\left(L,t-2L/c\right)\right]=2p_2(L,t) \tag{5.214}$$

观察式（5.214）可以明晰地得出连续波信号在井下近钻头处的传播特性：连续波信号发生器发出的原始信号分为两个部分，分别向地面和钻头处传播；由于其偶极子信号源的特性，使得向两个方向传播的信号大小相等（均为 1/2 Δp），符号相反；向下传播的信号到达钻头表面（此处假设这一表面为理想开放端口表面），则经过反射后，信号大小不变，符号改变，传播方向改变，即信号形式为：$+\Delta p$（L，$t-2L/c$）；这一“镜像”信号经过 $2L/c$ 的传输延时后，与原有的上传信号发生叠加，混合在一起，形成了“新的”上传信号，即 p_2（L，t），这一信号才是真正到达地面后被地面传感器检测到的信号。

令 $H=2L/c$，即表示“镜像”信号传输过程中的回路延时，则式（5.214）可写为：

$$\left[\Delta p\left(L,t\right)+\Delta p\left(L,t-H\right)\right]=2p_2(L,t) \tag{5.215}$$

考察式（5.215）并与式（5.194）比较可知，在已知井下钻具组合几何尺寸 L、钻井液声速 c、地面传感器检测到的上传信号 p_2（L，t）等基本要素的基础上，无论是在钻头水眼面积与钻头表面积相比较小的情况（固体闭合面），还是较大的情况（开放端面），都可以实现在反射和噪声背景下连续波载波信号的提取。但是由于两种反射面结构不同，反射后信号的特性也相异，使得二者算法迭代和搜索的方向发生了变化。因此，在实际应用中，需要区别对待。

（2）仿真实验。

同样利用基于相移键控（PSK）的正弦载波信号作为实验对象，对算法进行验证。设信号发生器发出的原始载波信号形式为：

$$g(t)=A\sin(2\pi ft) \tag{5.216}$$

式中：A=18mPa，信号幅值；f=12Hz，信号频率。

信号发生器位于钻铤顶部，距钻头表面为 30ft，钻井液声速为 3000ft/s，反射信号与原始上传信号发生叠加所需的延时为 0.01s。

在 PSK 的调制方式下，信号利用 180° 相移来表征数字的“0”和“1”。此处，设信号初始相位为 0，经过一个周期后信号反相。图 5.117 给出了原始上传信号、“镜像”信号和经过叠加混合后的失真信号。

图 5.117 中，底部曲线表示原始上传载波信号，中间曲线表示下传反射信号，顶部曲线表示两者叠加后的混合信号。

对比图 5.114 和图 5.117 可以看出，由于反射面性质的不同导致了叠加后信号形态也不相同。同时由于信号的反射叠加，使得信号换相部分发生了严重的畸变，信号换相特征变得非常模糊，从而无法有效提取基于相位变化的载波数据。

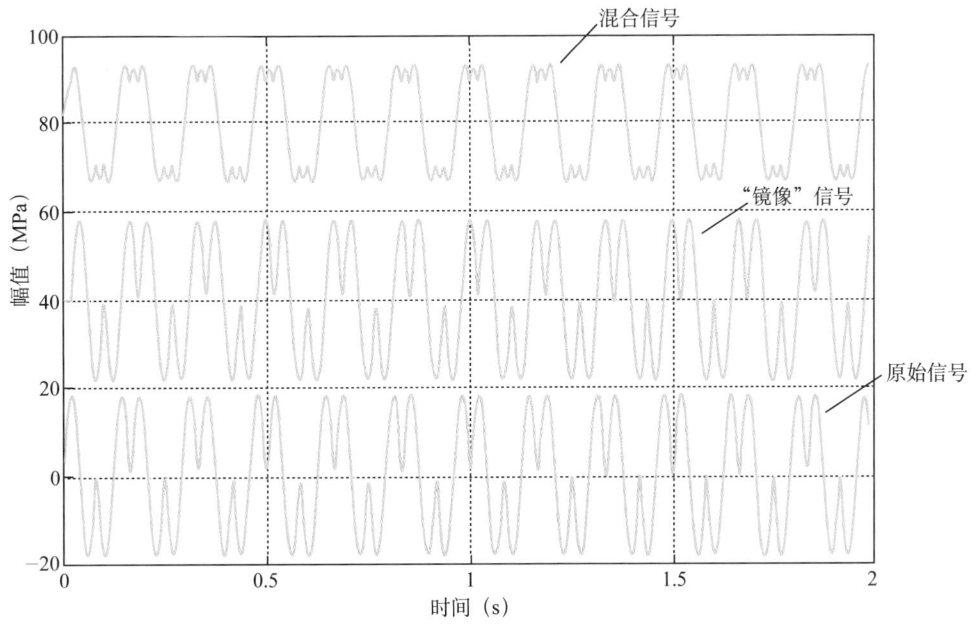

图5.117　开路端面PSK连续波反射叠加

图 5.118 给出了利用本节所述算法对“镜像”信号进行滤除，对原始信号进行恢复的结果。

图 5.118 中，底部曲线表示原始载波信号，中间曲线表示混合了“镜像”信号后的失真信号，顶部曲线表示经过算法处理后恢复出的载波信号。

观察图 5.118 可以看出，经过算法对“镜像”噪声进行滤除后，原始载波信号得到了有效的恢复，其相位变化也能够得到清晰的表示，表明了通过文中所述算法，能够有效抑制“镜像”信号带来的干扰，验证了算法的有效性。

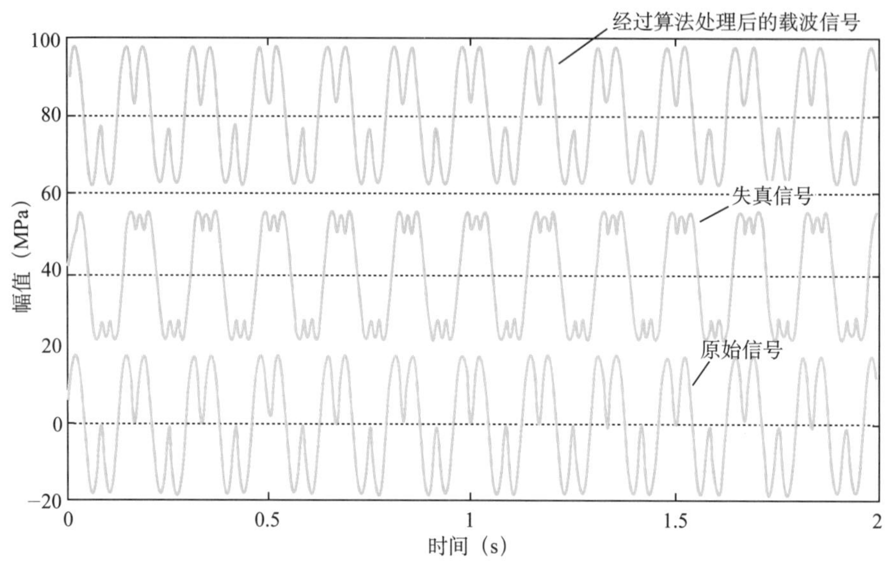

图5.118　开放端面PSK连续波信号提取结果

5.7.2.2　钻铤—钻杆阻抗界面反射分析和信号提取算法

如前所述，由于井下钻具组合固有的几何结构决定了在整个连续波信号传输通道内，总是存在信号阻抗不一致的部分。在这些阻抗不同的各短节交界面，不可避免地会发生信号的反射和叠加。而且对于不同的界面，其反射和噪声特性各异，因此，对于这些反射的分析方法也应有所区别。

5.7.2.2.1　钻铤—钻杆界面反射分析和信号提取算法（钻头为开放端面）

在分析由于钻铤—钻杆内径不匹配时造成的连续波反射干扰时，同样需要考虑钻头表面特性对于这一传播过程的影响。

（1）理论分析和建模。

图 5.119 给出了钻头表面为开放端面时信号在钻头表面、钻铤和钻杆交界面发生反射的示意图。

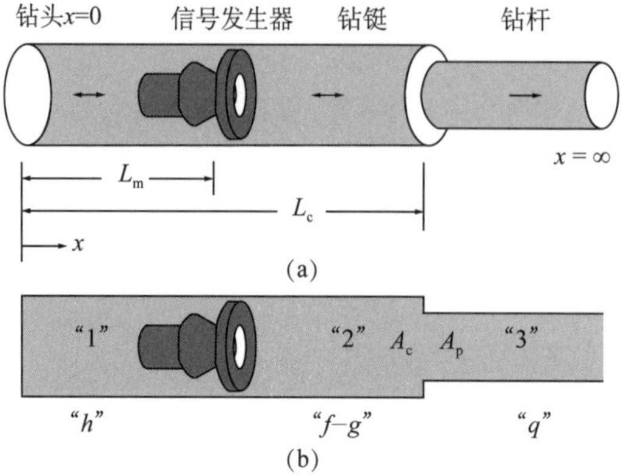

图5.119　钻铤—钻杆阻抗不匹配引起的反射示意图

图 5.119 中上半部分给出了反射叠加示意图，下半部分为钻铤、钻头和钻杆结构的进一步抽象示意图。图 5.119（a）中柱体左端面用白色标出，表示当前研究的钻头表面为开放端面。

结合图 5.119，分析钻铤内部沿信号传播路径的反射情况：向下传输的信号在钻头表面处发生了反射；随后，反射信号越过发生器与原始上传信号叠加，继续向上传播，到达钻铤与钻柱交界面；由于钻铤和钻柱内部连续波传输阻抗的不匹配，在其交界面处，同样发生反射和叠加；这样经过几次反射叠加的信号穿过这一交界面，进入钻柱；实际工程应用中，钻杆内部连续波阻抗基本一致，交界面处不存在界面反射或反射极其微弱，可以忽略不计；因此，如图所示，进入钻柱内部的连续波信号向上传播，直到抵达地面 [在钻柱顶部靠近地面立管和钻井泵的位置，仍然有信号反射的发生，但是由于钻柱的长度较长（通常为几千米），这一反射对于钻铤—钻杆交界面处连续波信号的干扰非常微弱，可以不予考虑]。

图 5.119 下半部分中将钻铤、钻杆分为 3 个部分，短节“1”表示信号发生器到钻头表面这一部分，短节“2”表示信号发生器到钻铤顶部，短节“3”表示从钻铤—钻杆交界面一直到钻柱最远端（即到达地面）部分。其中 A_c 表示钻铤内部截面积，A_p 表示钻杆内部截面积。

①短节“1”。

位于 $0<x<L_m$ 内，其间连续波信号的形式可以表示为：

$$u_1(x,t)=h(t-x/c)+h(t+x/c) \tag{5.217}$$

式（5.217）明确表述了短节 1 中的信号为连续波偶极子信号源发出的向下传播信号和在钻头表面反射后信号的叠加。相应连续波信号压力为：

$$p_1(x,t)=-B\frac{\partial u_1}{\partial x}=(B/c)\left[h'(t-x/c)-h'(t+x/c)\right] \tag{5.218}$$

②短节“2”。

位于 $L_m<x<L_c$ 之间，由于此时的短节“2”中也存在反射信号，因此，其信号形式为：

$$u_2(x,t)=f(t-x/c)+g(t+x/c) \tag{5.219}$$

式中，$g(t+x/c)$ 为钻铤—钻杆交界面处反射后的信号，其信号强度为：

$$p_2(x,t)=-B\frac{\partial u_2}{\partial x}=(B/c)\left[f'(t-x/c)-g'(t+x/c)\right] \tag{5.220}$$

③短节“3”。

位于 $x>L_c$ 区间，短节“3”中只存在从钻铤进入钻杆的上传连续波信号，因此其信号形式可表示为：

$$u_3(x,t)=q(t-x/c)\quad u_3(x,t)=q(t-x/c) \tag{5.221}$$

相应的信号强度为：

$$p_3(x,t)=-B\frac{\partial u_3}{\partial x}=(B/c)q'(t-x/c) \tag{5.222}$$

④短节“1”—短节“2”连接处。

位于 $x=L_m$，即连续波信号发生器所在位置，此处发生器两侧的信号强度差正是前述的 Δp：

$$\Delta p=p_2-p_1 \tag{5.223}$$

即

$$\Delta p=(B/c)\left[f'(t-x/c)-g'(t+x/c)-h'(t-x/c)+h'(t+x/c)\right] \tag{5.224}$$

由于发生器两侧流体通道截面积没有改变，根据流体时间连续性可知，信号发生器两侧流体流量保持一致，即有：

$$\partial u_1/\partial t=\partial u_2/\partial t \tag{5.225}$$

将式（5.217）、式（5.219）代入式（5.225）可得：

$$f'(t-x/c)+g'(t+x/c)=h'(t-x/c)+h'(t+x/c) \tag{5.226}$$

结合式（5.224），并做简单变量代换可得：

$$g'(t-L_{\mathrm{m}}/c)-h'(t-L_{\mathrm{m}}/c)=-\frac{1}{2}(c/B)\Delta p(t-2L_{\mathrm{m}}/c) \tag{5.227}$$

$$f'(t-L_{\mathrm{m}}/c)-h'(t-L_{\mathrm{m}}/c)=\frac{1}{2}(c/B)\Delta p(t) \tag{5.228}$$

式（5.228）减去式（5.227）可得：

$$f'(t-L_{\mathrm{m}}/c)-g'(t-L_{\mathrm{m}}/c)=\frac{1}{2}(c/B)\left[\Delta p(t)-\Delta p(t-2L_{\mathrm{m}}/c)\right] \tag{5.229}$$

⑤短节“2”—短节“3”连接处。

位于 $x=L_{\mathrm{c}}$，根据流体的连续性可得：

$$A_{\mathrm{c}}\cdot\partial u_2/\partial t=A_{\mathrm{p}}\cdot\partial u_3/\partial t \tag{5.230}$$

$$\partial u_2/\partial x=\partial u_3/\partial x \tag{5.231}$$

分别将式（5.226）和式（5.228）代入式（5.230）和式（5.231），并与短节“1”—短节“2”交界面处的推导相似，可得如下结果：

$$f'(t-L_{\mathrm{m}}/c)=\frac{1}{2}(A_{\mathrm{p}}/A_{\mathrm{c}}+1)q'(t-L_{\mathrm{m}}/c) \tag{5.232}$$

$$g'(t-L_{\mathrm{m}}/c)=\frac{1}{2}(A_{\mathrm{p}}/A_{\mathrm{c}}+1)q'(t-L_{\mathrm{m}}/c-2L_{\mathrm{c}}/c) \tag{5.233}$$

式（5.232）给出了这样的结论：若钻铤和钻杆截面积相等，连续波传输阻抗相同，即 $A_{\mathrm{p}}=A_{\mathrm{c}}$ 时，钻铤—钻杆交界面处就不存在信号的反射，进入钻杆中的信号与钻铤中信号发生器上方的信号强度相同，没有能量损失。这与前文讨论的情况相一致。

一个重要的问题就是从地面传感器检测到的信号即 p_3 中提取出有用的载波信号。将式（5.233）减去式（5.232）可得：

$$\begin{aligned}&\Delta p(t)+\Delta p(t-2L_{\mathrm{m}}/c)\\&=(A_{\mathrm{p}}/A_{\mathrm{c}}+1)p_3(t-L_{\mathrm{m}}/c)-(A_{\mathrm{p}}/A_{\mathrm{c}}-1)p_3(t-L_{\mathrm{m}}/c-2L_{\mathrm{c}}/c)\end{aligned} \tag{5.234}$$

在已知井下钻具组合几何结构和相关参数的条件下，式（5.234）中各系数 A_p、A_c、L_m、L_c、c 均为已知，则类似上节推导，利用差分迭代的方法，可以实现式（5.234）中Δp的求解。

（2）仿真实验。

设原始载波信号为相移键控（PSK）正弦波信号，信号形式为：

$$g(t)=A\sin(2\pi ft) \tag{5.235}$$

式中：A=10mPa，信号幅值；f=24Hz，信号频率。

信号发生器位于钻铤顶部，距钻头表面为30ft，钻井液声速为3000ft/s，反射信号与原始上传信号发生叠加所需的延时为0.01s。

图 5.120 给出了原始上传信号、经过叠加混合后进入钻杆的失真信号和算法处理后恢复出的原始载波信号。图中位于最底部的曲线为 24Hz 原始正弦载波信号，中间位置的曲线为受到反射叠加干扰后的失真曲线，顶部曲线为使用文中所述算法对反射抑制和载波信号提取结果。

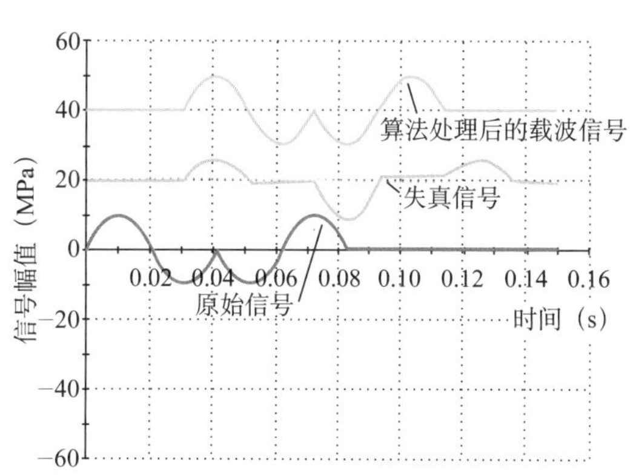

图5.120 钻铤—钻杆交界面信号反射叠加失真和信号恢复提取结果(钻头表面为开放端面)

从图 5.120 中可以看出，由于信号的反射叠加，使得穿过钻铤—钻杆交界面，进入钻杆内部的信号与原始信号相比发生了严重的失真，信号的相位调制信息无法获取。对比算法处理后信号与原始信号可以看出，经过对反射的抑制和消除，算法对原始载波信号实现了完整的恢复，相位调制信息得到了清晰的反映，验证了算法的有效性。

5.7.2.2.2 钻铤—钻杆界面反射分析和信号提取算法（钻头为固体闭合面）

（1）理论分析和建模。

图 5.121 给出了钻头表面为固体闭合面时信号在钻头表面、钻铤和钻杆交界面发生反射的示意图。

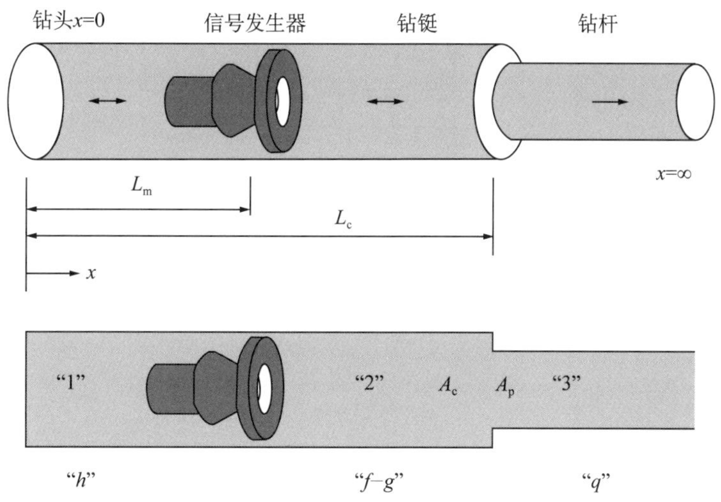

图5.121 钻铤—钻杆阻抗不匹配引起的反射示意图（钻头表面为固体闭合面）

图 5.121 中上半部分给出了反射叠加示意图，与图 5.119 相异的是，上半图中柱体左端面用灰色标出，表示当前研究的钻头表面为固体闭合面。由于本节中与上节中研究对象的区别仅在于钻头表面发射特性的不同，因此，两者的分析过程相近。

①短节“1”。

位于 $0<x<L_m$ 内，其间连续波信号的形式可以表示为：

$$u_1(x,t)=h(t-x/c)-h(t+x/c) \tag{5.236}$$

相应连续波信号强度为：

$$p_1(x,t)=-B\frac{\partial u_1}{\partial x}=(B/c)\left[h'(t-x/c)+h'(t+x/c)\right] \tag{5.237}$$

②短节“2”。

位于 $L_m<x<L_c$ 之间，由于此时的短节 2 中也存在反射信号，其信号形式为：

$$u_2(x,t)=f(t-x/c)+g(t+x/c) \tag{5.238}$$

式中：g（$t+x/c$）为钻铤—钻杆交界面处反射后的信号。其信号强度为：

$$p_2(x,t)=-B\frac{\partial u_2}{\partial x}=(B/c)\left[f'(t-x/c)-g'(t+x/c)\right] \tag{5.239}$$

③短节“3”。

位于 $x>L_c$ 区间，短节 3 中只存在从钻铤进入钻杆的上传连续波信号，因此其信号形式可表示为：

$$u_3(x,t)=q(t-x/c) \tag{5.240}$$

相应的信号强度为：

$$p_3(x,t)=-B\frac{\partial u_3}{\partial x}=(B/c)q'(t-x/c) \tag{5.241}$$

④短节“1”—短节“2”连接处。

位于 $x=L_m$，即连续波信号发生器所在位置，此处发生器两侧的信号强度差正是前述的Δp：

$$\Delta p=p_2-p_1 \tag{5.242}$$

即

$$\Delta p=(B/c)\left[f'(t-x/c)-g'(t+x/c)-h'(t-x/c)-h'(t+x/c)\right] \tag{5.243}$$

由于发生器两侧流体通道截面积没有改变，根据流体时间连续性可知，信号发生器两侧流体流量保持一致，即有：

$$\partial u_1/\partial t=\partial u_2/\partial t \tag{5.244}$$

将式（5.238）、式（5.240）代入式（5.244）可得：

$$f'(t-x/c)+g'(t+x/c)=h'(t-x/c)-h'(t+x/c) \tag{5.245}$$

结合式（5.243），并做简单变量代换可得：

$$g'(t-L_{\mathrm{m}}/c)+h'(t-L_{\mathrm{m}}/c)=-\frac{1}{2}(c/B)\Delta p(t-2L_{\mathrm{m}}/c) \tag{5.246}$$

$$f'(t-L_{\mathrm{m}}/c)-h'(t-L_{\mathrm{m}}/c)=\frac{1}{2}(c/B)\Delta p(t) \tag{5.247}$$

式（5.246）、式（5.247）两边相加可得：

$$f'(t-L_{\mathrm{m}}/c)+g'(t-L_{\mathrm{m}}/c)=\frac{1}{2}(c/B)\left[\Delta p(t)-\Delta p(t-2L_{\mathrm{m}}/c\right] \tag{5.248}$$

⑤短节“2”—短节“3”连接处。

位于 $x=L_{\mathrm{c}}$，根据流体的连续性可得：

$$A_{\mathrm{c}}\cdot\partial u_2/\partial t=A_p\cdot\partial u_3/\partial t \tag{5.249}$$

$$\partial u_2/\partial x=\partial u_3/\partial x \tag{5.250}$$

分别将式（5.238）和式（5.240）代入式（5.249）和式（5.250），并与短节“1”—短节“2”交界面处的推导相似，可得如下结果：

$$f'(t-L_{\mathrm{m}}/c)=\frac{1}{2}(A_{\mathrm{p}}/A_{\mathrm{c}}+1)q'(t-L_{\mathrm{m}}/c) \tag{5.251}$$

$$g'(t-L_{\mathrm{m}}/c)=\frac{1}{2}(A_{\mathrm{p}}/A_{\mathrm{c}}-1)q'(t-L_{\mathrm{m}}/c-2L_{\mathrm{c}}/c) \tag{5.252}$$

从 p_3 中提取出有用载波信号。式（5.251）、式（5.252）两边相加，并结合式（5.241）、式（5.248）可得：

$$\begin{aligned}&\Delta p(t)-\Delta p(t-2L_{\mathrm{m}}/c)\\&=(A_{\mathrm{p}}/A_{\mathrm{c}}+1)p_3(t-L_{\mathrm{m}}/c)+(A_{\mathrm{p}}/A_{\mathrm{c}}-1)p_3(t-L_{\mathrm{m}}/c-2L_{\mathrm{c}}/c)\end{aligned} \tag{5.253}$$

在已知井下钻具组合几何结构和相关参数的条件下，式（5.253）中各系数：A_{p}、A_{c}、L_{m}、L_{c}、c 均为已知，利用差分迭代方法，可以实现式（5.253）中 Δp 的求解。

（2）仿真实验。

为方便对比，仍将前节中所用的相移键控（PSK）正弦波载波信号作为实验对象，信号形式为：

$$g(t)=A\sin(2\pi ft) \tag{5.254}$$

式中：A=10 为信号幅值，单位为 MPa；f=24 为信号频率，单位为 Hz。

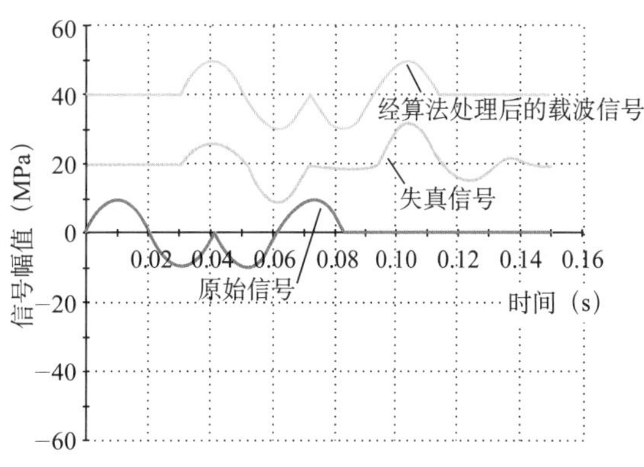

图5.122 钻铤—钻杆交界面信号反射叠加失真和信号恢复提取结果（钻头表面为固体闭合面）

信号发生器位于钻铤顶部，距钻头表面为 30ft，钻井液声速为 3000ft/s，反射信号与原始上传信号发生叠加所需的延时为 0.01s。

图 5.122 给出了原始上传信号、经过叠加混合后进入钻柱的失真信号和算法处理后恢复出的原始载波信号。

图 5.122 中位于最底部的曲线为 24Hz 原始正弦载波 PSK 调制信号，中间位置的曲线为受到反射叠加干扰后的失真曲线，顶部曲线为使用文中所述算法对反射抑制和载波信号提取结果。

考察图 5.122 中的原始信号、失真信号和恢复后的信号可以看出，经过文中所述算法的处理，对反射干扰实现了很好的抑制，有效恢复出了原始载波信号。

对比图 5.122 和图 5.120 可以看出，由于钻头表面连续波反射特性的不同，使得钻铤内部多重反射信号与原始信号叠加后的相位失真效果也不相同。

5.7.2.3 基于多元数据融合的钻井泵处反射和信号提取算法

连续波地面信号处理过程中，使用置于地面立管的传感器对信号进行监测和分析。由前述分析已知，经过了钻头、钻铤等交界面处的反射后，进入钻杆内部被传感器检测到的信号已经不仅是原始载波信号，而是混合了镜像反射、交界面反射及各种噪声的一个信号混合体。同时，当信号传输到达地面，还会在位于钻杆以外的钻井泵处发生反射，因此，立管上检测到的信号包括了钻井泵噪声和其反射信号的影响，变得更为复杂。传统的处理方法利用独立的传感器对这一信号进行记录、分析和检测，而独立传感器所得的分立数据无法有效反映原始载波信号与反射信号之间的相互作用关系，则数据处理结果的准确性受到局限。

反之，如果能够在地面立管布置多个传感器，同时基于数据融合原理，对这一多重数据进行有效的关联和处理，通过一定的算法，在混杂了反射和噪声的地面检测信号中提取和恢复有用的连续波载波，则会使整个信号传输系统的可靠性和准确性得到大幅提升。

5.7.2.3.1 钻井泵反射分析和连续波载波提取算法

（1）传统的连续波地面钻井泵反射处理方法。

连续波上行信号到达钻井泵，在泵活塞的固体表面处发生反射。不同的波形幅度和频率以及钻井泵的减振性能，会造成反射波信号不同程度的失真。在实际工程应用和现有文献专利中，往往将钻井泵反射或其产生的信号压力突变假设为具有周期特性的信号，例如，在斯伦贝谢公司的相关专利中，将这一反射信号假设为周期的，其波长为原始载波信号的 1/4。

但是这种假设是基于一定的先验知识并只能应用于较小范围。考虑到问题的普遍性，即在没有任何关于钻井泵和波动吸收器先验知识的条件下，需要寻找一种较为通用的信号提取方法，能够对钻井泵反射和噪声的不利影响进行有效抑制，恢复出原始的载波特性。本节就基于这一思想，对钻井泵处连续波信号反射特性加以分析，并给出相应的信号提取算法。

（2）基于多元数据融合的连续波钻井泵反射处理和载波提取算法。

图 5.123 给出了信号在钻井泵处发生反射时的示意图。

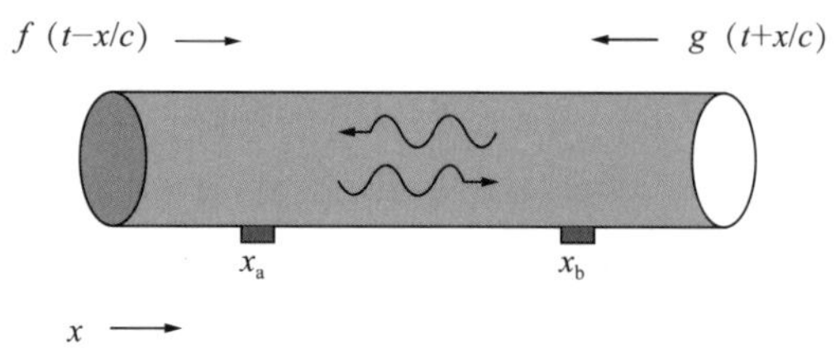

图5.123 连续波信号钻井泵反射示意图

设 $p(x, t)$ 为地面传感器测得的信号，$f(x, t)$ 为井下连续波上传的载波信号，$g(x, t)$ 为混合了反射和噪声的干扰信号，则可得：

$$p(x,t)=f(t-x/c)+g(t+x/c) \tag{5.255}$$

式中：x 表示传感器所在位置；c 表示声速；t 表

示时间。

式（5.255）表示传感器检测到的压力信号为原始信号和干扰信号之和，同时，由于连续波原始上传信号与反射干扰信号的方向相反，式中其时差因子符号相反。

如图 5.123 所示，在传感器 x_a 处检测到的信号为：

$$p(x_a,t)=f(t-x_a/c)+g(t+x_a/c) \tag{5.256}$$

在传感器 x_b 处检测到的信号为：

$$p(x_b,t)=f(t-x_b/c)+g(t+x_b/c) \tag{5.257}$$

设 $\tau=(x_b-x_a)/c$，则式（5.257）可以写为：

$$p(x_b,t-\tau)=f\left[t+\left(x_a-2x_b\right)/c\right]+g(t+x_a/c) \tag{5.258}$$

将式（5.258）和式（5.256）两边相减，可得：

$$p(x_a,t)-p(x_b,t-\tau)=f(t-x_a/c)-f\left[t+\left(x_a-2x_b\right)/c\right] \tag{5.259}$$

对式（5.259）进一步处理，将 x 轴的坐标原点定于 x_a 处，取 x_b 处的方向为正，则式（5.259）可写为：

$$p(0,t)-p(x_b,t-\tau)=f(t)-f(t-2x_b/c) \tag{5.260}$$

及

$$f(t)-f(t-2\tau)=p(0,t)-p(x_b,t-\tau) \tag{5.261}$$

式（5.261）明确地给出了利用多传感器方法在反射和噪声影响下，提取连续波原始上传信息的思路：在地面立管布置 2 个或多个传感器，记录各传感器测得的连续波信号的幅值和到达时间；求解出式（5.261）所示的右半等式；利用差分递归方法，对连续波上传信号即左半等式进行求解，便可提取出连续波上传载波信号。

5.7.2.3.2 仿真实验

下面基于前文所述的多传感器数据融合算法，对钻井泵噪声和反射信号背景下双传感器所测得的数据进行处理，从中提取出原始载波信号。

设在地面立管上安置有 2 个传感器，其间隔为 45ft，钻井液为水，水中声速约为 4500ft/s，则信号在 2 个传感器之间的传输时间为 0.01s。信号采样频率为 1000Hz。

（1）仿真实验一。

首先设原始上传载波信号为脉冲信号，信号辐值为 10psi，脉冲宽度为 0.05s。噪声为周期性正弦信号，信噪比 S/N=1。

图 5.124 给出了利用前节所述算法对信号进行去噪和恢复的结果。

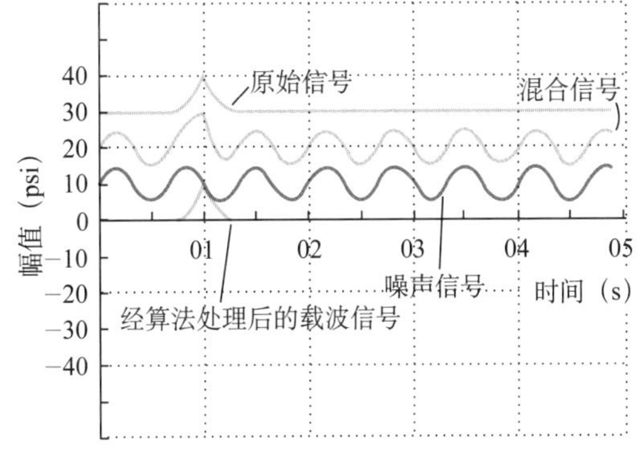

图5.124 钻井泵反射和噪声环境下脉冲载波信号提取结果（S/N=1）

图 5.124 中最顶部曲线为原始载波信号；第二条曲线为混合了原始信号和噪声、反射干扰的信号；第三

条曲线为噪声信号；底部曲线为通过文中所述算法，对混合在噪声中的原始信号进行恢复和提取的结果。

从图 5.124 中可以看出，连续波上传脉冲信号在钻井泵处由于受到了环境噪声和反射信号的影响，同时，由于信噪比较低，所以在地面观测到的信号已经几乎无法进行直接的识别。

通过前节所述算法，对上述的信号进行去噪和信号提取，提取结果如图 5.124 中位于最底部的曲线。可以看出，算法载波信号进行了有效的分离，与位于顶部的原始信号相比，经过提取后的信号与原始信号实现了较好的匹配，实现了算法的目的。

（2）仿真实验二。

本节中考虑连续波载波信号为调幅连续方波脉冲信号，结合工程应用，设连续波最高载频为 15Hz，水中声波信号传输速度约为 4500ft/s，连续波脉冲信号周期为 0.07s，波长为 300ft。实验中方波脉冲的幅度分别为 10MPa、15MPa 和 20MPa。为方便表述，将上述脉冲幅值做归一化处理，基准值取为 10MPa，则上述脉冲归一化幅值分别为 1、1.5 和 2。

则上述的连续波载波脉冲信号可以用方程表示为：

$$\begin{aligned} P(x,t)=&\left[H(x-ct)-H(x-ct-300)\right] \\ &+1.5\times\left[H(x-ct-600)-H(x-ct-900)\right] \\ &+2.0\times\left[H(x-ct-1200)-H(x-ct-1500)\right] \end{aligned} \tag{5.262}$$

式中：x 表示信号传输距离；c 表示钻井液中的声速；t 表示时间；H（x）为 Heaviside 阶跃函数，具体表达式为：

$$H(x)=\begin{cases}1,x>0\\0,x<0\end{cases} \tag{5.263}$$

观察式（5.263）可以看出，给出了一个随时间和位置变化的行波函数，该行波由前述的三个脉冲构成。脉冲归一化幅值分别为 1、1.5 和 2.0，脉冲宽度均为 300 ft。

考虑钻井泵在工程中产生的噪声为周期性信号，则实验中设噪声信号幅值为 30MPa，归一化幅值为 3，即最高信噪比为 S/N=2/3。噪声信号频率为 15Hz，即噪声信号与连续波载波信号同频。对于同频的干扰信号，经典的滤波方法对其抑制作用有限。

设连续波信号发生器位于井下 2000ft 处。地面立管的两个传感器之间距离为 30ft。

图 5.125 给出了使用本节所述算法对上述信号进行提取和分析的结果。

观察图 5.125，图中颜色较淡的两条类正弦曲线为两个传感器所采集到的数据，从这两条曲线中基本无法得出应有的载波脉冲信号。图中颜色较深的矩形脉冲为连续波原始载波信号。

观察图 5.126 可以看出，经过算法的分析和处理，已经能够较好地将原有的信号实现恢复。虽然恢复后的信号无法实现原始信号完美的矩形脉冲形态，但是对比图 5.125 给出的传感器测得信号可知，通过算法的恢复能够清晰地分辨载波脉冲，已经能够满足信号调制解调、载波通信的要求，从而为载波信息的提取奠定了良好的基础。

由理论分析和仿真实验可知，利用基于多传感器数据融合的方法，能够对连续波在钻井泵处的反射和噪声进行较好的分析，实现对原始载波信号的有效提取和恢复，从而为连续波井下信息高速上传系统的实现在信号分析方面提供了支持。

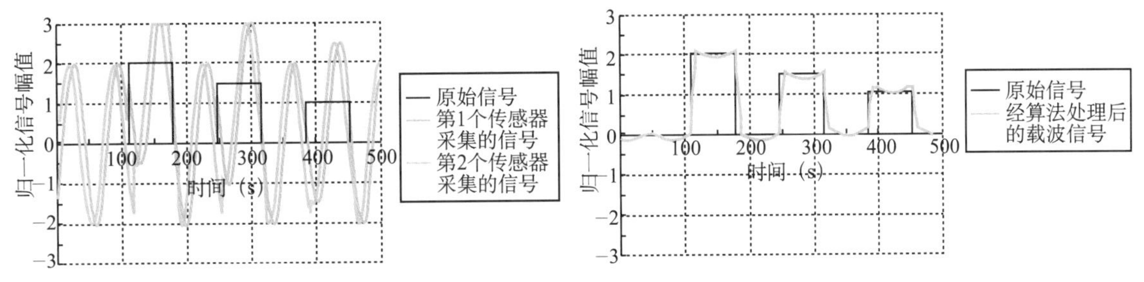

图5.125　原始连续调幅脉冲信号与传感器检测信号

图5.126　经过所述算法对连续脉冲载波信号进行提取结果

5.7.2.4　小结

连续波井下信号发生器发出的原始连续波载波信号Δp在发生器两侧分为大小相等、方向相反的两个部分，分别向地面和钻头处传播；向下传播的信号在钻头表面处发生反射，并根据钻头表面特性的不同，造成了反射信号特性的不同；向上传输的信号在钻铤—钻杆交界面也同时发生反射；这样，钻铤内部便存在着多种反射的叠加信号。相应地，从钻铤进入钻杆内部的信号必然是一个多重信号的混合体；进入钻杆的信号向上传播到达地面，遇到钻井泵或其他地表设施时，再一次发生发射；但是由于钻杆本身较长，这一反射只对近地面处的信号造成影响，形成地表信号的叠加；而地面传感器所检测到的正是这一已经包含了钻头面、钻铤—钻杆交界面和地面钻井泵处的多重反射、叠加和混合后的信号。本节算法的总目标便是从这一混合信号中提取出原始的、有用的载波信号，从而为实现信号的调制解调及井下信息的高速上传奠定基础。

本节首先分析了近钻头处，下传信号到达钻头表面后的反射情况，并根据不同的钻头表面特性给出了反射信号的分析和载波提取算法；其次，进一步讨论在信号到达钻铤—钻杆交界面后的反射特性，同样给出了反射分析和载波提取算法；最后，讨论了如何消除信号到达地面后在钻井泵处的反射影响，以及相应的信号恢复提取算法。在每一算法推导和模型建立后，都给出了相应的仿真实验，验证了文中所述各部分算法的有效性。

综上所述，基于本节对整个井下钻具组合通道处的各个阻抗不连续面的反射特性的分析模型，应用各个节点处的反射和噪声滤除算法，可以实现在受到一系列反射和噪声干扰的情况下，对原始载波信号的逐层分析、逐层去噪和反射分离，最终实现有用载波信号的提取和恢复。

5.7.3　连续波信号发生器设计和扭矩特性分析

连续波信号发生器（汽笛）是连续波井下信息高速上传系统的信号源，其性能优劣对后续的信号检测、噪声抑制、调制解调乃至整个系统性能都有着关键的作用。本节基于对连续波信号发生器扭矩特性进行的理论分析，对发生器结构进行设计和优化：首先建立了扭矩分析的理论模型，给出了稳态扭矩和瞬态扭矩的数值计算方法；其次根据该理论模型，对发生器的机械结构进行多角度优化设计和分析，加工完成了大量发生器试件。

为完成满足工程应用的连续波信号发生器样机，还要利用工程实验的方法对发生器性能进行评测，利用短风洞系统，在变换各种影响因素的前提下，对这些发生器进行详细测试和修改设计，最后确定连续波信号发生器的优选设计方案。这一部分的内容将在本书第 7 章专节论述。图 5.127 给出了现有工业应用中常见的几种连续波信号发生器。

图5.127　几种典型的连续波信号发生器

连续波信号发生器结构参数主要包括以下几项：

(1) 叶片数；

(2) 转 / 定子厚度；

(3) 叶片锥度；

(4) 叶片形态；

(5) 转 / 定子间隙；

(6) 转子与钻铤内壁间隙；

(7) 轴的形态等。

5.7.3.1　连续波信号发生器扭矩特性理论分析

连续波信号发生器的工作扭矩决定其井下工作性能，如果工作扭矩相对较小，且随旋转位置的变化其扭矩变化平缓，则在井下电机的驱动下，信号发生器的工作状态易于快速改变，这会给信号调制和数据传输带来很大便利。

根据动量矩定理可得作用在发生器上的扭矩的一般表达式：

$$M=\rho Q\left(v_{\mathrm{u}1}r_1-v_{\mathrm{u}2}r_2\right)-\rho\iiint_{\tau}\frac{\partial v_{\mathrm{u}}r}{\partial t}\mathrm{d}\tau \tag{5.264}$$

式中：ρ 为钻井液密度，kg/m^3；Q 为钻井液流量，m^3/s；$v_{\mathrm{u}1}$、$v_{\mathrm{u}2}$ 为转子进、出口水流绝对速度的圆周分量，m/s；r_1、r_2 为转子进、出口中间流面的半径，此处 $r_1=r_2$，m；dτ 为转子流域某一微元；v_u 为流体微元绝对速度的圆周分量，m/s；r 为流体微元相对于转轴的半径，m。

连续波信号发生器的工作扭矩计算不同于一般水力机械的水力扭矩计算，一般水力机械的叶片厚度相对于通流面积来说很小，转轮的转动不会引起上游压力的大幅波动，作用在转轮上的水力扭矩基本上保持恒定；而连续波信号发生器的工作原理就是要通过转 / 定子的相对旋转，改变通流面积，进而改变其上 / 下游压力，因此在发生器转子转动过程中，作用在转子上面的水力扭矩会发生大幅度的变化。

根据式（5.264），作用在转子上的扭矩可以分为稳态扭矩与瞬态扭矩两部分。

5.7.3.1.1 稳态扭矩

图 5.128 给出了信号发生器附近的 3 个流体截面示意图，这 3 个截面分别位于发生器前端，称为截面 1；发生器内部，称为截面 2；发生器后端，称为截面 3。

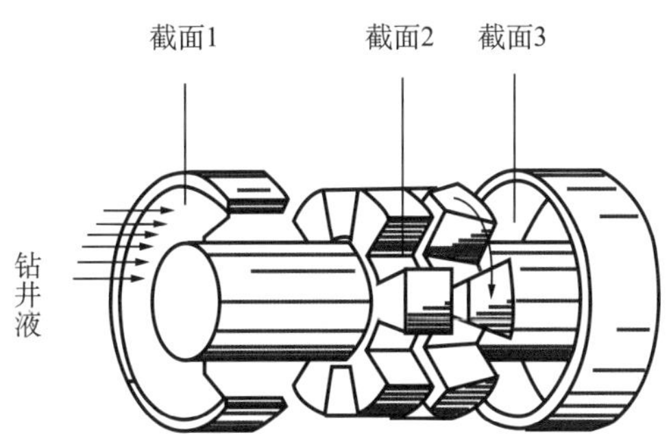

图5.128 流体通道截面图

连续波信号发生器转子入口流体可分为 2 部分组成：转 / 定子叶片间动态通道流入的流体，转 / 定子间隙内流入的流体。

两者的绝对速度分别为 v_1、v_3，射流角分别为 θ_1、θ_2。出口水流的绝对速度为 v_2，射流角为 θ_2。结合式（5.264），有：

$$M_s = \rho Q_1 v_1 \cos\theta_1 R + \rho Q_3 v_3 \cos\theta_3 R - \rho Q_2 v_2 \cos\theta_2 R \tag{5.265}$$

式中：Q_1、Q_2、Q_3 分别为流经截面 1、2、3 的流量，m^3/s；R 为发生器内部流体动态通道半径，m。Q_1、Q_2、Q_3 三者满足：

$$Q_1 + Q_3 = Q_2 = Q \tag{5.266}$$

观察式（5.265）可知，式中右边第三项对水力扭矩的影响随着转子叶片厚度的变化而变化。将该项的影响用扩散系数 ζ 来代替。将流量—压力关系式代入式（5.265）可得作用在转子上的水力扭矩：

$$M_s = 2\zeta R \Delta p \left(c_{d1} c_{v1} A_1 \cos\theta_1 + c_{d3} c_{v3} A_3 \cos\theta_3 \right) \tag{5.267}$$

式中：c_{d1}、c_{d3} 为截面 1、3 处节流口的流量系数；c_{v1}、c_{v3} 为截面 1、3 处节流口的流速系数；A_1、A_3 为截面 1、3 上的通流面积，m^2；Δp 为节流口前后的压差，Pa。

观察式（5.265）和式（5.267）可知，信号发生器的稳态扭矩与流体通道截面积、流速、叶片厚度均呈正比关系，因此，在设计和优化信号发生器机械结构时，应充分考虑这些因素对于发生器影响。

5.7.3.1.2 瞬态扭矩

作用在转子上的瞬态水力扭矩可表示为：

$$M_t = -\rho \iiint_\tau \frac{\partial v_u r}{\partial t} \mathrm{d}\tau = -J_{cv} \frac{\mathrm{d}\omega}{\mathrm{d}t} - \frac{\mathrm{d}w_u}{\mathrm{d}t} \iiint_\tau \rho r \mathrm{d}\tau \tag{5.268}$$

$$\frac{\mathrm{d}w_u}{\mathrm{d}t} = \frac{\mathrm{d}\left(w\cos\theta\right)}{\mathrm{d}t} = \frac{\mathrm{d}Q}{A\mathrm{d}t}\cos\theta - \frac{Q}{A}\sin\theta\frac{\mathrm{d}\theta}{\mathrm{d}t} \tag{5.269}$$

式中：J_{cv} 为转子流域内流体相对于转轴的转动惯量，$kg \cdot m^2$；w_u 为转子流域内流体相对速度的圆周分量，m/s。

式（5.268）中：右边第一项是由转子流域内流体的惯性引起的瞬态扭矩，因为该转动惯量相对于转子本体的转动惯量来说很小，因此一般将其作为转子的附加转动惯量来考虑；右边第二项是由于转子流域内流体相对速度大小和方向的变化引起的瞬态水力扭矩，该项可以由转子运动时的总水力扭矩与稳态水力扭矩的差值来表示。

5.7.3.1.3　设计和加工过程中影响信号发生器扭矩的因素

（1）叶片形状。

基于式（5.264）～式（5.269）并结合工程应用和国际国内现有的产品，在研制过程中，主要设计、加工和测试的连续波信号发生器叶片形状包括扇形、矩形、梯形和流线型四种，如图 5.129 所示。

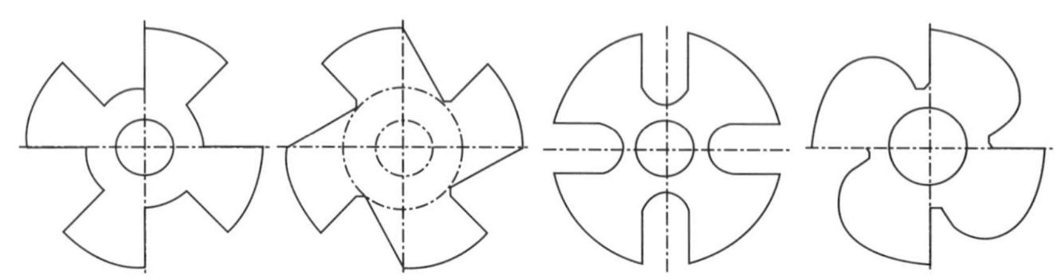

图5.129　几种典型的连续波信号发生器叶片形状

针对不同的叶片形状和尺寸，依据式（5.265）可以对相应发生器的扭矩进行数值分析，这里对具体分析过程不再赘述。

分析结果显示：使用扇形、矩形等作为信号发生器转 / 定子叶片形状，其扭矩变化剧烈，而流线型叶片扭矩变化平缓。结合式（5.265）可知，由于扇形等叶片边沿为径向线，在转 / 定子相对转动趋于闭合时，转 / 定子叶片进入闭合状态过程中，叶片棱边从内到外同时进入关断状态，此时流体通道面积 A_i 变化剧烈，因此扭矩也变化剧烈；对于流线型边沿的叶片，在转 / 定子相对转动趋于闭合时，其通道面积 A_i 变化缓慢，所以扭矩变化平缓。

（2）转 / 定子间隙。

考察式（5.265）可知，随着转 / 定子间隙的增加，通道 2 内的流通截面积增大，式中 Q_1 减小，Q_3 增大，即发生器的入口流量减小，出口流量增大，相应地，流体对于发生器叶片的冲击动量减小，驱动发生器旋转和改变状态的扭矩相应减小，但同时发生器产生的信号强度也会发生一定程度的下降。

（3）发生器叶片个数。

随着信号发生器叶片个数的增加，结合式（5.265），发生器转 / 定子间隙的有效流通面积增大，信号强度减小，扭矩减小。

（4）钻井液特性。

结合式（5.265），随着钻井液浓度 ρ 的下降，发生器扭矩减小。

（5）静态扭矩与动态扭矩。

实验过程中对连续波信号发生器的两种扭矩进行测试，即静态扭矩（或者称之为启动扭矩）和动态扭矩（或称之为旋转扭矩）。根据机械力学的基本原理可知，静态扭矩的数值要远大于动态扭矩，因此，如果考察发生器静态扭矩的结果能够满足工程应用，现有条件下能够找到或设计出相应的井下电机从而满足发生器启动扭矩的需求，则在旋转工作状态下，电机的输出扭矩也必然能满足动态扭矩的要求。

综上所述，在工程中设计和加工连续波信号发生器所需要考虑的因素较多，因此，需要首先对发生器的各项性能指标在理论上加以分析，确定优选设计方向；在此基础上，还需要在风洞系统中进行大量的测试和实验，对各种发生器结构进行测试和评估，最终才能确定符合工程应用的、便于加工、易于驱动、产生信号质量较好的连续波信号发生器机械结构。

5.7.3.1.4 部分连续波信号发生器结构图

图 5.130 给出了项目研究中测试分析过的部分信号发生器实物图。

图5.130 实验中测试使用的部分连续波信号发生器实物图

5.7.3.2 基于扭矩特性的发生器优选思路

基于发生器扭矩特性对其进行优选，需要考虑以下几个方面：

(1) 信号发生器扭矩随流体变化的平滑性。

钻具组合通道中的流体压力往往会由于钻进地层的变化而发生波动，就要求发生器的扭矩特性具有较好的抗干扰性和平滑性，这样才能在外界因素和流体动力波动时，仍然能够保持稳定的运转状态，输出平稳的载波信号。

(2) 信号发生器扭矩的峰值特性。

由于钻井液在钻具通道中流动时，如果其中的岩石碎屑等杂物进入发生器，不可避免地会导致发生器停转和卡壳，此时，驱动电机在重新启动时所需的启动扭矩（静态扭矩）直接影响着井下电机的选择和设计。因此需要在设计发生器结构时，尽量考虑这一因素，将其启动扭矩即静态扭矩的峰值降低，这样才会使整个系统的可靠性和有效性得到保障。

(3) 信号发生器稳态趋势。

发生器从自由旋转状态逐渐停止，当进入停止状态时，其转 / 定子的相对位置称之为稳态趋势。若停止后转 / 定子位置无重叠，完全关闭流体通路，称之为“常闭型”；若转 / 定子完全重叠，通路打开，称之为“常开型”；若既可能处于“常开”又可能处于“常闭”，则称之为“双稳型”。

“双稳型”的发生器其启动扭矩极值特性相对于其他两种更为稳定，数值也较小。

以下再通过大量实验（见本书第 7 章）所得数据的基础上分析不同叶片类型信号发生器的特性。

（1）两叶片和三叶片信号发生器扭矩实验数据对比。

大量实验数据表明：随着信号发生器叶片数、形状、厚度等参数的不同，信号发生器的静态扭矩值的区别较大。例如，在同样条件下，即 1/2in 厚度、扇形叶片、无轴向倾角、转 / 定子叶片半开状态时，两叶片发生器对应的扭矩值为 234.7mN · m，而三叶片发生器对应的扭矩为 295.9mN · m。可以看出相应参数变化对扭矩值的影响。

图 5.131 为部分曲线型而两叶片和三叶片实验数据对比图。实验在同等条件下进行，测试发生器静态扭矩，考察其稳定性、线性等特性，并利用柱状图的形式给出其数值对比。

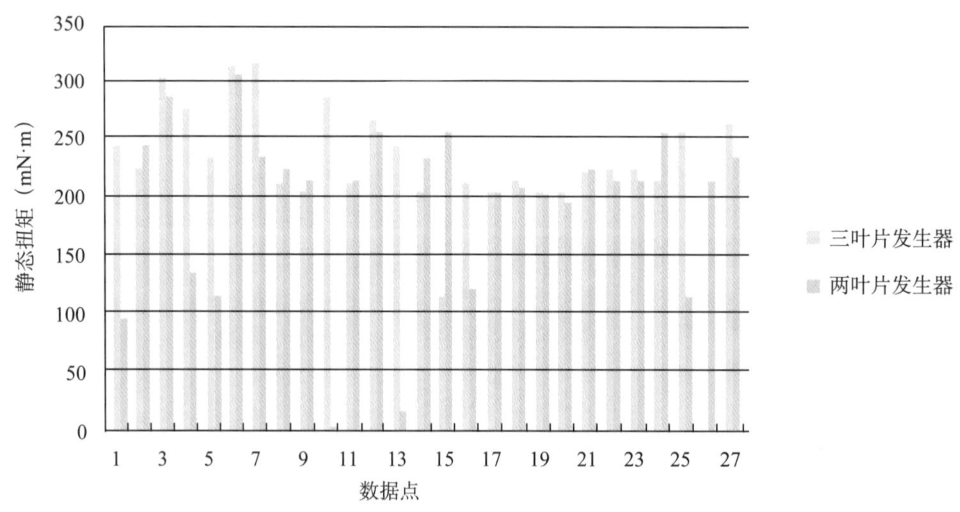

图5.131　两叶片和三叶片信号发生器静态扭矩对比

观察图 5.131，剔除其中由于环境因素和系统稳定性造成的个别极值，可以发现三叶片信号发生器扭矩在稳定性、线性和极值等方面都要优于两叶片信号发生器数据。因此，在两叶片和三叶片信号发生器中，可以将三叶片信号发生器结构作为优选。

（2）三叶片发生器实验数据分析。

观察三叶片发生器扭矩数值可以看出，在其他因素不变的条件下，随着叶片厚度的增加，发生器的扭矩值随之增加；在其他条件不变的情况下，随着气体流量的增加，发生器扭矩增加；转 / 定子叶片无重叠，即流体通道闭合时，发生器的扭矩值最大。这一实验数据给出的结论与前述小节理论分析的结果是一致的，证明了理论模型的正确性。

重点考察具有代表性的三种三叶片连续波发生器结构，分别为：①扇形叶片，无轴向锥度，中等厚度（1/3in）；②扇形叶片，转子具有轴向 20% 的锥度，安装时转子锥度线面向定子（1/3in）；③曲线形叶片，最大厚度（1/2in）。

三种叶形的发生器启动扭矩值均在转 / 定子叶片无重叠（通道闭合）时达到了极大值。

由前述的分析可知，在其他条件一致的情况下，转子叶片厚度越大，所需的启动扭矩值越大；流体的流量越大，对应的扭矩值越大。但是，对比三种叶形发生器的极大值可以发现，当发生器叶片厚度同为 1/2in 时，曲线形叶片信号发生器所测得的扭矩值较小；进一步改变环境因素，增加曲线形叶片发生器测试时气体流量，使其比另外两种叶片测试时的流量更大，其启动扭矩仍相对其他两种发生器较小。因此，在工程应用中，该种叶片的发生器更具实用价值，更能易于井下电机的控制。

同时，参考连续波信号发生器的机械设计结构和实验结果可知，实验中测试的曲线形发生器处于“双稳状态”，即其稳态趋势既可能处于常开（转 / 定子叶片重合，流体通道完全打开）也可能处于常闭（转 / 定子叶片无重叠，流体通道闭合）。前文已经分析，具备该种特性的发生器，启动扭矩值相对更为平滑，这样就会使得井下驱动电机的工作状态更为稳定。

同时观察扇形叶片发生器的测试数据可以看出，其启动扭矩的平滑性也要劣于曲线型叶片，因此在工作状态下，这种转子更容易卡死，驱动电机使其重新恢复运转所需的输出扭矩也更大。

综合上述分析可知，在三叶片信号发生器中，可以将曲线边沿、厚度为 1/3in 的结构作为优选结果。

(3) 四叶片信号发生器测试数据分析和优选。

四叶片连续波信号发生器的测试过程、数据分析依据和优选思路与三叶片信号发生器基本一致(实验数据略)。由实验数据可以看出，扇形或矩形叶片信号发生器其启动扭矩的峰值从统计学的角度分析，大多都超过了曲线型叶片的信号发生器；同时从扭矩的平滑性角度分析，曲线型的性能也要优于扇形或者矩形信号发生器，因此优选曲线形叶片信号发生器。

图 5.132 给出了曲线型三叶片和四叶片信号发生器启动扭矩数值对比柱状图。

观察图 5.132 可以看出，在其他因素一致的情况下，三叶片和四叶片曲线形信号发生器的扭矩特性在其极值、平滑性和稳定性各方面均相差不大。然而，在图 5.131 中可以明显观察到两叶片和三叶片发生器的扭矩特性却存在明显差异。结合式（5.264）～式（5.265）可知，随着发生器叶片数的增加，发生器转 / 定子位置发生变化时，流体通道面积的变化趋于缓和，因此，其扭矩特性随叶片数这一因素的变化趋势也愈见缓和。

基于上述，曲线型叶片的信号发生器整体性能优于矩形或扇形叶片发生器，因此在同一叶片数的情况下曲线型发生器为优选。从连续波信号发生器扭矩特性优化的角度应选用三叶片或四叶片、曲线边沿、转 / 定子间隙为 1/20in、转子厚度为 1/3in 的优化信号发生器。其实物图在图 5.133 中给出。

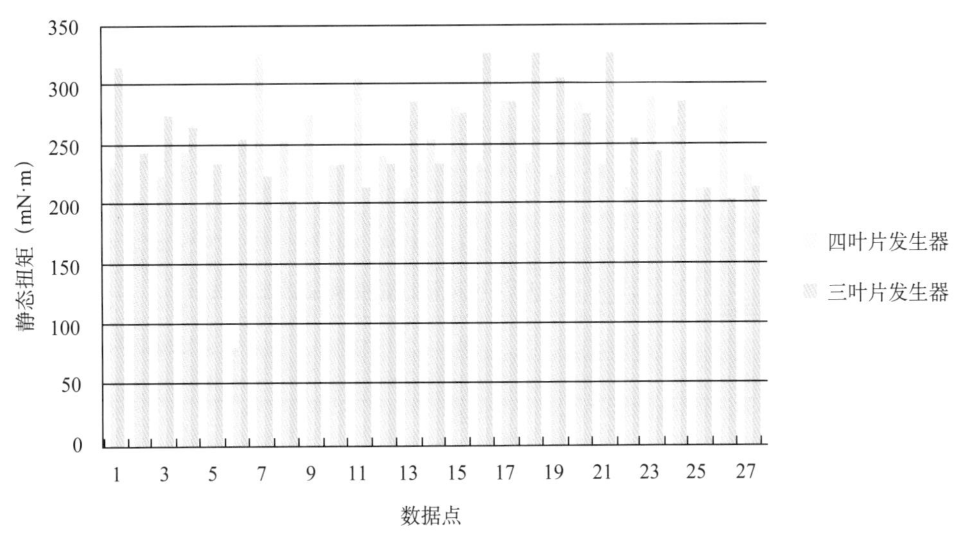

图5.132　曲线型三叶片和四叶片发生器启动扭矩对比图

图5.133　项目最后确定优化设计的汽笛结构

5.8　提高井下信息传输速率的信号调制方法

如前所述，提高井下信息的传输速率，是井下控制工程学中的一个重要研究课题。除了信号发生器的改进和创新（如以正脉冲发生器取代负脉冲发生器，以连续波发生器取代正脉冲发生器）外，研究信号调制方法也可以大幅度提高信号的传输速率。以下介绍研究团队在这方面（以连续波压力脉冲信号为例）取得的研究进展。

5.8.1　钻井液连续压力波信号的特性分析

5.8.1.1　信号的编码调制规则及已调信号的数学模型

钻井液连续压力波信息传输系统的数据调制，国外通常采用相移键控（PSK）调制，包括二进制的差分相移键控（DPSK）调制及四进制的正交相移键控（QPSK）调制，其中 QPSK 调制技术在与 DPSK 相同载频和带宽下可使信息传输速率提高 1 倍。

(1) 旋转阀的控制逻辑与编码调制规则。

①钻井液压力差分相移键控（DPSK）调制。

钻井液压力 DPSK 信号由若干个比特（bit）周期构成，一个比特周期由多个载波周期构成，在每个比特周期的第一个载波周期 T_c 内通过降低旋转阀的转子转速，使载波相位延迟 180° 相角表示信息“1”，未有相位延迟情况表示“0”。DPSK 信号的产生通过一个脉宽为 τ（τ 为一个载波周期时间）的编码逻辑控制脉冲序列 $L(t)$ 作用在旋转阀驱动装置上，如图 5.134 所示。如果无脉冲时旋转阀的转速为 n，对应产生的压力波频率为 f_c，则脉冲宽度内产生的旋转阀转速为 $n/2$，对应的压力波频率为 $f_c/2$，使载波产生 180° 的相位延迟。钻井液压力 DPSK 调制的旋转阀控制逻辑规则见表 5.15。

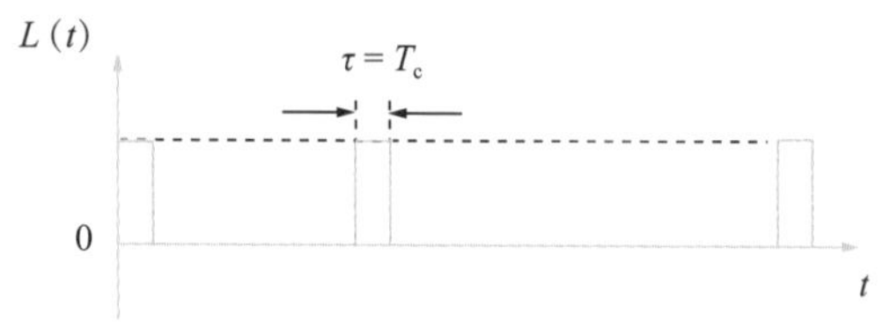

图5.134　旋转阀逻辑控制脉冲序列

表5.15　钻井液压力DPSK调制的旋转阀控制逻辑规则

码元 a	基带控制信号幅度	旋转阀转速 n (r/s)	压力信号角频率 ω (rad/s)	压力信号相位 θ (°)	压力信号相移 $\Delta\theta$ (°)
0	0	n_c	ω_c	360	0
1	1	$n_c/2$	$\omega_c/2$	180	180

②钻井液压力正交相移键控（QPSK）调制。

钻井液压力 QPSK 调制利用载波的 4 个相位值来代表 4 种信息状态，通过二进制数据中相邻两位（比特或 bit）码元 ab 的组合编码来实现，使二进制数据的组合编码形成携带四进制信息的数字基带信号，通过数字基带信号调制压力载波的相位实现频带传输。数字基带信号以比特周期为标准单位构成，根据钻井液压力的相移键控调制规则，载波相位受调制后，QPSK 信号的一个比特周期包含 4 个载波周期。QPSK 信号的产生通过编码数字基带信号构成一个脉宽为 T_c（T_c 为载波周期）的可变幅度逻辑控制脉冲序列 L（t）作用在旋转阀电机上，通过在比特周期的第一个载波周期时间内降低旋转阀转速对压力载波进行四进制键控移相，如图 5.135 所示。钻井液压力 QPSK 调制的旋转阀控制逻辑规则见表 5.16。

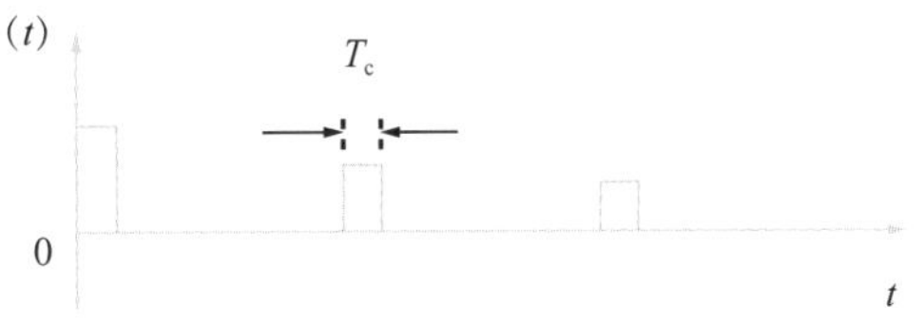

图5.135 旋转阀逻辑控制脉冲序列

表5.16 钻井液压力QPSK调制的旋转阀控制逻辑规则

双比特码元		基带控制信号幅度	旋转阀转速 n (r/s)	压力信号角频率 ω (rad/s)	压力信号相位 θ (°)	压力信号相移 $\Delta\theta$ (°)
a	b					
0	0	0	n_c	ω_c	360	0
0	1	1/3	$3n_c/4$	$3\omega_c/4$	270	−90
1	0	2/3	$n_c/2$	$\omega_c/2$	180	−180
1	1	1	$n_c/4$	$\omega_c/4$	90	−270

（2）信号数学模型及信号仿真。

①钻井液压力 DPSK 信号。

设相移函数为 f（t），已调信号可以写成：

$$\varphi_{\mathrm{DPSK}}(t)=A_c\sin[\omega_c t+\theta_0-f(t)]$$

对于 10 位二进制码元的 DPSK 信号，设调相逻辑脉冲编码为 $C=a_{10}a_9a_8a_7a_6a_5a_4a_3a_2a_1$，其中码元 a_n 为“1”或“0”（n=1，2，…，10），“1”代表调相，“0”代表不调相。当二进制码元由 $a_1 \to a_{10}$ 顺序传送时，即构成图 5.134 所示的函数 L（t），在时间轴上每个码元间隔 $4T_c$ 出现，相当于相对第一个码元分别延迟了 4（n−1）T_c，由此可以构建调相逻辑脉冲序列函数：

$$L(t)=a_1L_1(t)+a_2L_1(t-4T_c)+\cdots+a_{10}L_1(t-36T_c)=\sum_{n=1}^{10}a_nL_1[t-4(n-1)T_c] \tag{5.270}$$

式中：L_1（t）=G（$t-T_c/2$）为单脉冲调制函数；G（t）为单位门函数。

根据相移函数与调相逻辑脉冲序列函数的积分关系，并通过相移函数的傅里叶正、逆变换，得：

$$f(t)=\frac{\pi}{T_c}\int_0^t L(t)\mathrm{d}t=\sum_{n=1}^{10}a_n\left\{\frac{\pi}{2}+\frac{1}{T_c}\int_{-\infty}^{\infty}\frac{\sin\left(\dfrac{\omega T_c}{2}\right)}{\omega^2}\sin\left[\omega\left(t-4nT_c+\frac{7T_c}{2}\right)\right]\mathrm{d}\omega\right\} \tag{5.271}$$

因此，由 10 位二进制码元构成的 DPSK 压力信号数学模型为：

$$\varphi_{\mathrm{DPSK}}(t)=A_{\mathrm{c}}\sin\left\{\omega_{\mathrm{c}}t+\theta_0-\sum_{n=1}^{10}a_n\left\{\frac{\pi}{2}+\frac{1}{T_{\mathrm{c}}}\int_{-\infty}^{\infty}\frac{\sin\left(\frac{\omega T_{\mathrm{c}}}{2}\right)}{\omega^2}\sin\left[\omega\left(t-4nT_{\mathrm{c}}+\frac{7T_{\mathrm{c}}}{2}\right)\right]\mathrm{d}\omega\right\}\right\} \tag{5.272}$$

设 $A_{\mathrm{c}}=1$，$f_{\mathrm{c}}=20\mathrm{Hz}$，$\theta_0=0$，数据编码为 C=1111111111，用 Matlab 编程对 φ_{DPSK} 进行数值计算，得到钻井液压力 DPSK 信号的仿真波形如图 5.136 所示。

②钻井液压力 QPSK 信号。

设相移函数为 $f(t)$，已调信号可以写成：

$$\varphi_{\mathrm{QPSK}}(t)=A_{\mathrm{c}}\sin[\omega_{\mathrm{c}}t+\theta_0-f(t)] \tag{5.273}$$

设调制数据为 10 位二进制码元编码 $C=a_{10}a_9a_8a_7a_6a_5a_4a_3a_2a_1$，其中码元 c_n 为“1”或“0”（n=1，2，…，10），以每相邻两位二进制码元 a_mb_m 组合成四进制码元 $d_m=a_mb_m$，则数据编码又可以组合为：

$$C=a_5b_5a_4b_4a_3b_3a_2b_2a_1b_1=d_5d_4d_3d_2d_1$$

其中，d_m 为“00、01、10、11”四种状态，m=1，2，…，5。当码元由 $d_1\rightarrow d_5$ 顺序传送时，即构成图 5.135 所示函数 $L(t)$，每个码元代表的脉冲在时间轴上间隔 $4T_{\mathrm{c}}$ 出现，相当于相对于第一个码元脉冲分别延迟了 $4(m-1)T_{\mathrm{c}}$，码元脉冲幅度为 $2(a_m+b_m)/3$。因此，可变幅度逻辑控制脉冲序列函数可表示为：

$$L(t)=\left(\frac{2a_1+b_1}{3}\right)L_1(t)+\cdots+\left(\frac{2a_5+b_5}{3}\right)L_1(t-16T_{\mathrm{c}})=\sum_{m=1}^{5}\left(\frac{2a_m+b_m}{3}\right)L_1\left[t-4(m-1)T_{\mathrm{c}}\right] \tag{5.274}$$

根据相移函数 $f(t)$ 与 $L(t)$ 的积分关系，相移函数在 t 时刻的相移量为：

$$f(t)=\frac{3\pi}{2T_{\mathrm{c}}}\int_{-\infty}^{t}L(t)\mathrm{d}t=\sum_{m=1}^{5}\frac{(2a_m+b_m)\pi}{2T_{\mathrm{c}}}\int_{-\infty}^{t}L_1\left[t-4(m-1)T_{\mathrm{c}}\right]\mathrm{d}t \tag{5.275}$$

利用傅里叶变换的时移性质和时域积分定理，将相移函数通过傅里叶正、逆变换得：

$$f(t)=\sum_{m=1}^{5}\frac{(2a_m+b_m)}{2}\left\{\frac{\pi}{2}+\frac{1}{T_{\mathrm{c}}}\int_{-\infty}^{\infty}\frac{\sin(\omega T_{\mathrm{c}}/2)}{\omega^2}\sin\left[\omega\left(t-4mT_{\mathrm{c}}+\frac{7T_{\mathrm{c}}}{2}\right)\right]\mathrm{d}\omega\right\} \tag{5.276}$$

由此得到由四进制码元构成的钻井液压力 QPSK 信号数学模型：

$$\varphi_{\mathrm{QPSK}}(t)=A_{\mathrm{c}}\sin\left\{\omega_{\mathrm{c}}t+\theta_0-\sum_{m=1}^{5}\frac{(2a_m+b_m)}{2}\left\{\frac{\pi}{2}+\frac{1}{T_{\mathrm{c}}}\int_{-\infty}^{\infty}\frac{\sin(\omega T_{\mathrm{c}}/2)}{\omega^2}\sin\left[\omega\left(t-4mT_{\mathrm{c}}+\frac{7T_{\mathrm{c}}}{2}\right)\right]\mathrm{d}\omega\right\}\right\} \tag{5.277}$$

图 5.137 为 $A_{\mathrm{c}}=1$，$f_{\mathrm{c}}=20\mathrm{Hz}$，$\theta_0=0$，数据编码 C=1101100110 条件下，钻井液压力 QPSK 信号的仿真波形。

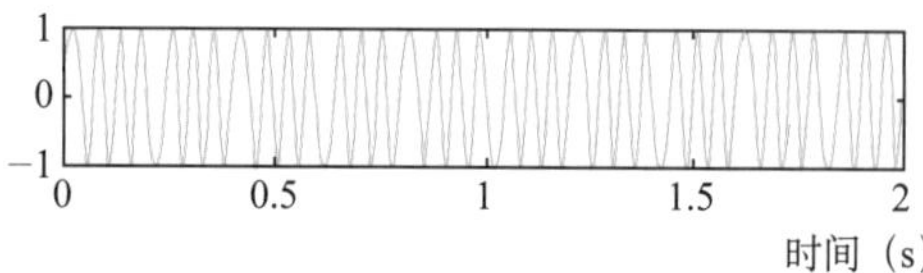

图5.136　钻井液压力DPSK信号仿真波形

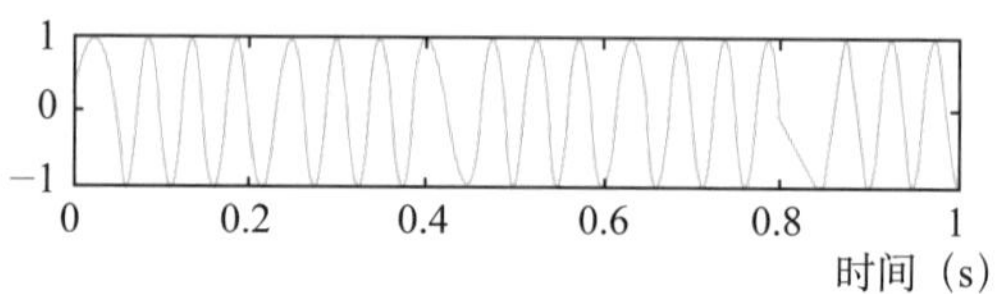

图5.137　钻井液压力QPSK信号仿真波形

5.8.1.2 信号的频谱特性分析

（1）DPSK 信号的频谱分析。

钻井液压力 DPSK 信号的相移函数 $f(t)$ 由大量正弦函数组合而成，已调信号 φ_{DPSK} 的频谱十分复杂，以 10 位二进制数为例，载波传输的数据有 $M=2^{10}$ 即 1024 种组合，因此可以把 $\varphi_{\mathrm{DPSK}}(t)$ 看作随机信号，与数据编码对应的信号 $\varphi_{\mathrm{DPSK}}(t)$ 功率谱密度函数为：

$$P_{\mathrm{DPSK}}(\omega)=\lim_{T_s\to\infty}\frac{1}{T_s}\left|\psi_{\mathrm{DPSK}}(j\omega)\right|^2 \tag{5.278}$$

式中：$\varphi_{\mathrm{DPSK}}(j\omega)$ 为 $\varphi_{\mathrm{DPSK}}(t)$ 的傅里叶变换；T_s 为统计时间。根据概率统计理论，当所有参与随机过程的样本数 M 足够大时，DPSK 信号的平均功率谱密度为：

$$\overline{P}_{\mathrm{DPSK}}(\omega)=\frac{1}{M}\sum_{k=1}^{M}P_k(\omega) \tag{5.279}$$

式中：$P_k(\omega)$ 为第 k 个样本信号的功率谱密度。

图 5.138 为 $A_c=1$，$f_c=20\mathrm{Hz}$，$\theta_0=0$ 的 10 位二进制码元 DPSK 信号平均功率谱密度。从图 5.138 中可以看出，信号频谱主要集中在载频附近，通过计算，频带 15 ~ 25Hz 内信号功率占总功率的 90.25%，频带内信号的频谱跟随载频移动。

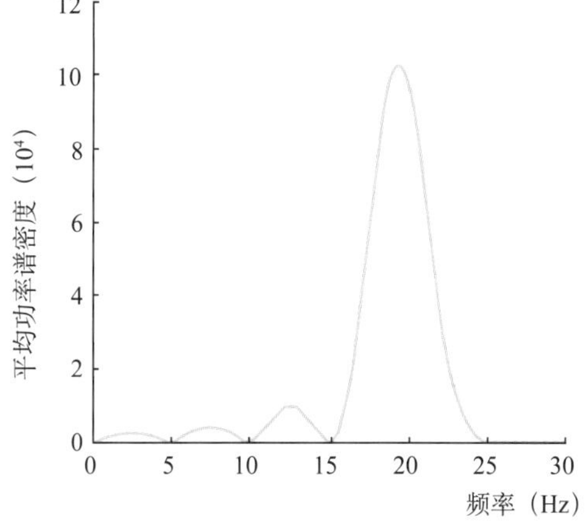

图5.138 10位二进制码元DPSK信号平均功率谱密度

数字通信中通常采用频带利用率（信号带宽内单位时间所传输的信息量）来评价系统性能，表示为：

$$\eta_{\mathrm{B}}=R_{\mathrm{b}}/B_{\mathrm{b}} \tag{5.280}$$

式中：η_{B} 为频带利用率，bit/（s · Hz）；B_{b} 为信号带宽，Hz；R_{b} 为信息传输速率，bit/s。

通过 DPSK 信号的结构分析，信息传输速率为 $R_{\mathrm{b}}=f_c/4$；根据通信理论分析，钻井液压力 DPSK 信号的带宽（包含 90% 以上信号功率的频率范围）与信息传输速率有关，即

$$B_{\mathrm{b}}=(f_c+R_{\mathrm{b}})-(f_c-R_{\mathrm{b}})=2R_{\mathrm{b}} \tag{5.281}$$

钻井液压力 DPSK 信号的频带利用率为 0.5bit/（s · Hz），远高于相同信息传输速率下的基带信号。

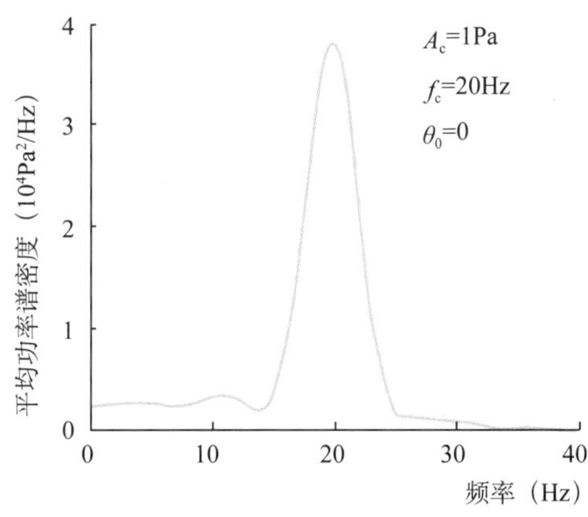

图5.139 10位二进制码元QPSK信号平均功率谱密度

（2）QPSK 信号的频谱分析。

图 5.139 为载波幅度 $A_c=1\mathrm{Pa}$，载频 $f_c=20\mathrm{Hz}$，初相 $\theta_0=0$ 的 10 位二进制码元钻井液压力 QPSK 信号平均功率谱密度。从图 5.139 中可以看出，$\phi_{\mathrm{DPSK}}(t)$ 信号存在明显的频带，信号频谱主要集中在载频附近，具有频带传输信号的通有特性，但频带外的低频和高频分量也占有相当大的比例。通过计算分析，钻井液压力 QPSK 调制与 DPSK 调制相比，相同载频下二者的信号带宽相等，但在信号的频带利用率、带宽内信号能量比和信息传输速率方面有所区别，见表 5.17。

表5.17　钻井液压力QPSK及DPSK信号的频域特性分析

调制方式	载波频率（Hz）	信号带宽（Hz）	频带利用率（bps/Hz）	带宽内信号能量比（%）	信息传输速率（bit/s）
QPSK	10	5	1	80.45	5
	15	7.5	1	80.42	7.5
	20	10	1	80.42	10
DPSK	10	5	0.5	90.29	2.5
	15	7.5	0.5	90.28	3.75
	20	10	0.5	90.27	5

由表 5.17 看出，相同载频下钻井液压力 QPSK 调制的频带利用率和信息传输速率均比 DPSK 调制高一倍，说明钻井液压力 QPSK 信号的传输能力和效率更高；但带宽内信号的能量比有所降低，表明信号的传输质量相对 DPSK 调制要下降，通常频带外的频率分量在信号处理后会损失掉，因此经过相同距离的传输后，QPSK 信号的解调质量相对要劣于 DPSK 调制，这一点在传输系统的设计时应加以考虑。

5.8.1.3　信号的传输特性分析

根据 Lamb 定律，在频率大于 10Hz 的充满钻井液的管道内压力波的传播特性为：

$$p(x)=p_{\mathrm{s}}\exp(-x/S) \tag{5.282}$$

式中

$$\begin{cases} S=\dfrac{d}{2}\sqrt{\dfrac{K_1}{\pi f\mu\left[1+\psi\dfrac{K_1 d}{Ee}+\beta_{\mathrm{g}}\left(\dfrac{K_1}{K_{\mathrm{g}}}-1\right)+\beta_{\mathrm{s}}\left(\dfrac{K_1}{K_{\mathrm{s}}}-1\right)\right]}} \\ \psi=\dfrac{1}{1+e/d}\left[\left(1-\dfrac{\delta}{2}\right)+2\dfrac{e}{d}(1+\delta)\left(1+\dfrac{e}{d}\right)\right] \end{cases} \tag{5.283}$$

式中：$p(x)$ 为传输 x 距离后的信号强度，Pa；p_{s} 为信号源强度，Pa；x 为传输距离，m；S 为衰减因子；β_{g} 为钻井液体积含气率，%；β_{s} 为钻井液固体体积浓度，%；K_{g} 为气体体积弹性模量，Pa；K_1 为液体体积弹性模量，Pa；K_{s} 为固体体积弹性模量，Pa；E 为管材弹性模量，Pa；d 为钻柱内径，m；e 为钻柱壁厚，m；δ 为钻柱泊松比；μ 为钻井液黏度，Pa · s；f 为信号频率，Hz。

由式（5.283）分析，钻柱内钻井液压力信号幅度随传输距离呈指数规律衰减，衰减特性以衰减因子来反映，与信号频谱特性及钻柱和钻井液特性有关。由此得到信号幅度的传递函数为：

$$H=p(x)/p_{\mathrm{s}}=\exp(-x/S) \tag{5.284}$$

（1）信号沿垂直钻柱的分布。

受气体压缩性的影响，传递函数中的气体体积弹性模量 K_{g} 和含气率 β_{g} 与钻柱压力和温度有关。根据气体弹性模量与比热比关系及理想气体状态方程，井中沿轴线 i 处的气体体积模量和含气率为：

$$\begin{cases} K_{\mathrm{g}i}=mp_i \\ \beta_{\mathrm{g}i}=\beta_{\mathrm{g}0}\dfrac{p_0(273+T_i)}{p_i(273+T_0)} \end{cases} \tag{5.285}$$

式中：m=1.2 为气体比热比；β_{g0} 为井口钻井液含气率；p_0 为井口压力；T_0 为井口温度；p_i 为井中 i 处压力；T_i 为井中 i 处温度。

考虑垂直井情况，设钻柱以内平扣连接，钻柱串内径相同，将钻柱沿轴向分成 N 段，当 N 值足够大时，可以认为每一小段钻柱中压力和温度为定值。根据塑性流体宾汉模式的流动规律，对钻柱内各段流体列伯努利方程，得到井深 D_i 处的压力为：

$$p_i = p_m + \left(D_i - \lambda\frac{D_i v^2}{2dg}\right)\gamma \tag{5.286}$$

式中，水力摩阻系数 λ 由流动状态决定，当流体综合雷诺数

$$Re = \frac{\rho v d}{\mu(1+\tau_0 d/6\mu v)} < 2000$$

钻井液流态为层流，λ=64/Re；当 Re>2000 时，流态为紊流，$\lambda = 0.125/\sqrt[6]{Re}$ 。

上述各式中：p_m 为井口泵压；v 为钻井液平均流速；μ 为钻井液塑性黏度；ρ 为钻井液密度；g 为重力加速度；γ=ρg 为钻井液重度；τ_0 为钻井液极限动切应力。

各段钻柱的衰减因子为：

$$S_i = \frac{d}{2}\sqrt{\frac{K_1}{\pi f\mu\left\{1+\psi\frac{K_1 d}{Ee}+\beta_{g0}\frac{p_0(273+T_i)}{\left[p_m+\left(D_i-\lambda\frac{D_i v^2}{2dg}\right)\gamma\right](273+T_0)}\left(\frac{K_1}{m\left[p_m+\left(D_i-\lambda\frac{D_i v^2}{2dg}\right)\gamma\right]}-1\right)+\beta_s\left(\frac{K_1}{K_s}-1\right)\right\}}} \tag{5.287}$$

井深 D_i 的传递函数为：

$$H_D = \prod_{i=1}^{\frac{N(D-D_i)}{D}} H_i = \exp\left[\sum_{i=1}^{\frac{N(D-D_i)}{D}} (-x_i/S_i)\right] \tag{5.288}$$

式中：x_i=D/N 为各分段钻柱长度；D 为总垂深；H_i=exp（$-x_i/S_i$）为各段钻柱传递函数。

井口接收到的压力信号为井底经过 N 个分段钻柱传递的结果：

$$p_0 = p_s \exp\left[\sum_{i=1}^{N}(-x_i/S_i)\right] \tag{5.289}$$

（2）压力波通过钻柱造斜段的声学特征。

由于定向井存在造斜段，在进行传输特性分析时，应考虑和分析钻柱弯曲对信号传输产生的附加影响。将定向井钻柱分为垂直段 OA、造斜段 AB 和水平段 BC 3 段，见图 5.140。设钻柱以内平扣连接，钻柱串内径相同，压力波信号由井底经水平段钻柱传输至造斜段，通过造斜段进入垂直钻柱到达井口。

钻井液压力波为纵波，当压力波由水平段钻柱进入造斜段时，在钻井液—钻柱内壁界面上的入射角为：

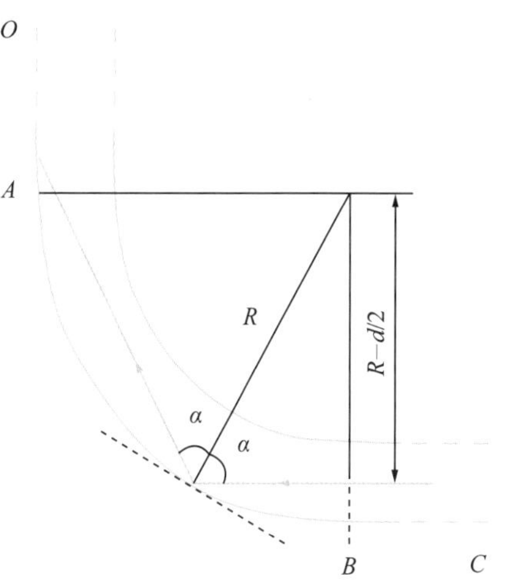

图5.140　压力波在造斜段传输示意图

$$\alpha = \arcsin\left(\frac{R-d/2}{R}\right) \tag{5.290}$$

式中：R 为造斜段钻柱曲率半径，m（R=5400/πK_c）；K_c 为造斜段平均井眼曲率，(°)/30m。

根据声学理论，当纵波入射到液/固界面时，通常会出现波形的分裂，在固体内产生折射的纵波与横波，使部分入射波能量转换为固体中的声波能量。根据计算，压力波在水基钻井液/钻柱内壁界面处产生纵波全反射时的第一临界角为12.5°，在钻柱壁内无横波时的第二临界角为23.3°。由于$R>>d/2$，压力波入射角 $\alpha\approx 90°$，远大于第一临界角和第二临界角。因此钻柱壁内既无纵波也无横波，压力波在钻井液—钻柱内壁界面上产生声波全反射，信号不产生额外的声波能量损失；弯曲段钻柱对信号传输的影响与直管段相同，只有沿程压力损失。由于压力波在油中的传播速度与水中相差不大，因此对于油基钻井液，上述分析结果同样适用。

（3）信号沿定向井钻柱的分布。

设定向井总井深为 D，垂直段井深为 D_A，垂直段与造斜段井深之和为 D_B，造斜段附加垂深为钻柱曲率半径 R=5400/πK_c，温度随定向井垂深呈线性分布，最高井温为地层温度 T_d=0.03（D_A+R）。将钻柱均分成 N 段信道，每段信道长度ΔD=D/N，根据塑性钻井液流体的宾汉模式流动规律，任一井深处的压力和温度为：

钻柱垂直段：

$$\begin{cases} p_i = p_m + \left(D_i - \lambda D_i \upsilon^2 / 2dg\right)\gamma \\ T_i = T_0 + D_i\left(T_d - T_0\right)/\left(D_A + R\right) \end{cases} \quad (0 \leqslant D_i \leqslant D_A) \tag{5.291}$$

钻柱造斜段：

$$\begin{cases} p_i = p_m + \left\{D_A + R\sin\left[\dfrac{180(D_i - D_A)}{\pi R}\right] - \lambda\dfrac{D_i\upsilon^2}{2dg}\right\}\gamma \\ T_i = 0.03\left\{D_A + R\sin\left[180\left(D_i - D_A\right)/\pi R\right]\right\} \end{cases} \quad (D_A \leqslant D_i \leqslant D_B) \tag{5.292}$$

钻柱水平段：

$$\begin{cases} p_i = p_m + \left[D_A + R - \lambda D_i \upsilon^2 / \left(2dg\right)\right]\gamma \\ T_i = T_d \end{cases} \quad (D_B \leqslant D_i \leqslant D) \tag{5.293}$$

任一井深处的信号幅度为：

$$p\left(D_i\right) = p_s \exp\left[\sum_{i=1}^{N(D-D_i)/D}\left(-\Delta D / S_i\right)\right] \tag{5.294}$$

井口处的信号幅度为：

$$p(0) = p_s \exp\left[\sum_{i=1}^{N}(-\Delta D / S_i)\right] \tag{5.295}$$

式中：S_i 为各段信道衰减指数。表示为：

$$S_i = \frac{d}{2}\sqrt{\frac{K_1}{\pi f \mu\left[1+\psi\frac{K_1 d}{Ee}+\beta_{g0}\frac{p_m(273+T_i)}{p_i(273+T_0)}\left(\frac{K_1}{mp_i}-1\right)+\beta_s\left(\frac{K_1}{K_s}-1\right)\right]}} \tag{5.296}$$

（4）信号传输特性的仿真分析。

设钻柱及钻井液参数为：钻柱内径 d=108.6mm；壁厚 e=9.2mm；钻柱泊松比 δ=0.3；钻柱弹性模数 $E=2.1\times10^5$MPa；钻井液为水基钻井液；钻井液井口处含气率 β_g=0.5%；固相浓度 β_s=15%；固相弹性模数 $K_s=1.168\times10^4$MPa；水弹性模数 $K_1=2.04\times10^3$MPa；钻井液黏度 μ=20mPa·s；极限动切应力 τ_0=9.8Pa；流量 Q=30L/s。设井深为 D=3000m，井口泵压为 p_m=20MPa，井口钻井液温度 T_0=30℃；井深 D=3225m；垂直段井深 D_A=2000m；造斜段平均井眼曲率 K_c=12°/30m；造斜段井眼长度 D_B-D_A=225m；造斜段附加垂深 R=143m；水平段长度 $D-D_B$=1000m；钻柱沿井深分成 645 段；载波幅度 A_c=1Pa；载频 f_c=20Hz；初相 θ_0=0；数据编码为 C=1101100110。

信号传输特性主要与传输距离、钻柱尺寸及材料特性、载波频率以及钻井液的类型、组分、黏度和压缩性有关，通过数值计算得到信号传输系数（某一井深处信号幅度与源信号幅度之比）沿钻柱的分布曲线见图 5.141。从图中可以看出，在载波频率、钻柱内径、钻井液黏度和含气率的影响下，信号幅度随传输距离成近指数规律下降，其中钻井液黏度和含气率对信号传输的影响最大。

钻井液压力信号的传播可以看作是钻井液质点在钻柱内沿轴线方向做往复简谐振动，这种振动使得钻柱内弹性介质质点进行机械能的传递，并产生呈纵波的钻井液压力波传播。根据水声理论，钻井液压力相移键控（PSK）信号的质点位移方程与钻井液压力方程 $\varphi_{PSK}(t)$ 类似，可表示为：

$$D_{PSK}(t) = A_D \sin\left[\omega_c t + \theta_0 - f(t)\right] \tag{5.297}$$

式中：A_D 为质点位移振幅。根据流体力学的管流阻力分析，某井深 D_i 单位重量流体的能量损失为：

$$h_i = \lambda\frac{(D-D_i)V_p^{\,2}}{2dg} \tag{5.298}$$

$$V_p = A_D\left[\omega_c - \frac{df(t)}{dt}\right]$$

式中：V_p 为钻井液质点振动速度的幅度；λ 为水力摩阻系数。

通过对式（5.298）分析，钻井液压力波传播过程中，由于钻井液质点与管壁及钻井液质点之间的高速摩擦会产生能量损失。紊流状态下，钻柱内径越小、钻井液黏度越大、信号频率越高使流体质点与管壁接触的能力越大、质点间的运动阻力和质点单位时间内做的功越大，信号能量损失越大。载频一定时，靠近信号源处，质点振动速度较快，能量损失较大；随着逐渐远离信号源，振幅的减小导致振动速度减慢，能量损失逐渐减小，由此造成传输系数随传输距离成非线性的近指数下降。由于相同传输距离下高频载波要产生相对较大的信号损失，说明钻井液信道相当于一个增益随传输距离逐渐衰减的可变参数低通滤波器，滤波器参数与传输距离、钻柱尺寸和钻井液黏度有关。钻井液含气率对信号传输的影响，主要在于钻井液中气体处于分散相，当压力纵波传输时遇到分散相的气体，由于气、液声阻抗的巨大差异造成气—液界面的声波漫反射形成散射损失。

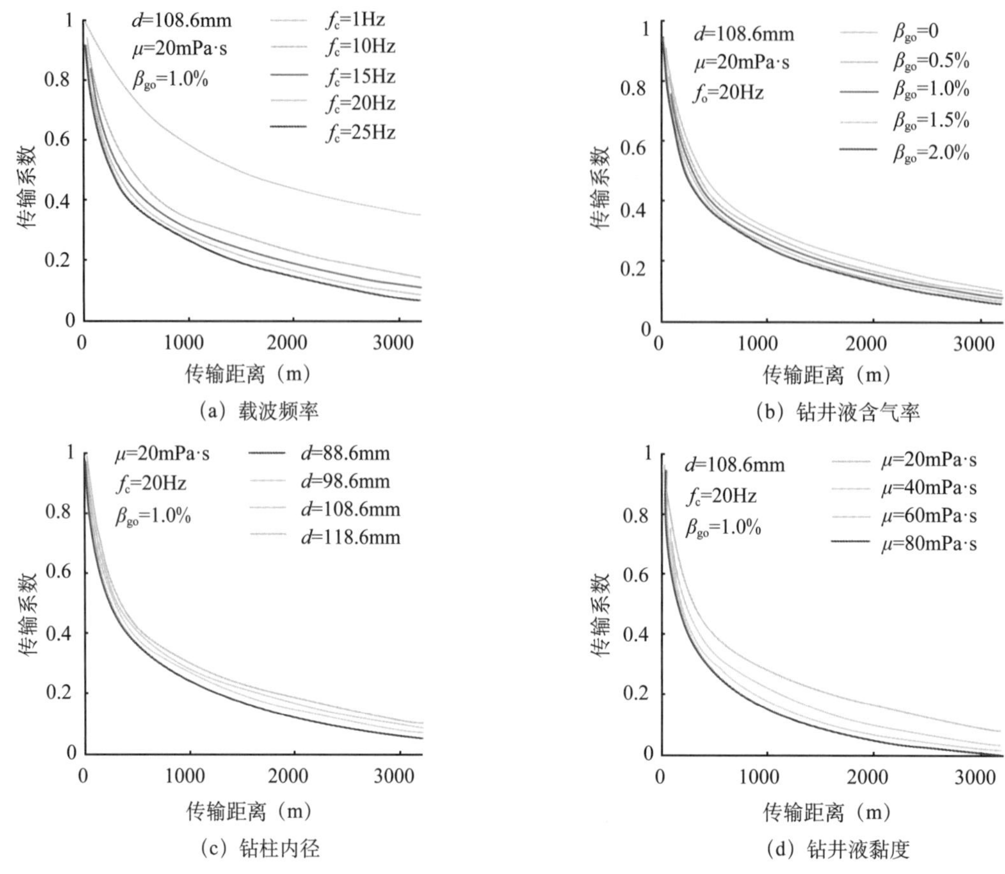

图5.141 井筒和信号参数对信号传输的影响

5.8.2 信号的检测与处理

钻井液压力信号通过钻柱自井底向地面传输及地面信号检测过程中会遇到很大的噪声与钻井泵产生的钻井液压力脉动干扰（泵干扰）。其中井下噪声主要来源于钻头振动、井下动力钻具失速、钻柱屈曲等引起的压力波动，具有很大的随机性，且噪声频谱偏向低频段，表现为限带高斯白噪声。由于井下噪声频带与钻井液连续压力波信号频带接近甚至部分重叠，噪声极易进入信号频带造成信噪比的严重降低；由于噪声与信号频谱混叠，常规的信号处理方法（带通滤波、基于短时傅里叶变换的频域分析、小波变换等）无法有效抑制或消除这种进入信号频带的噪声。泵干扰与泵冲速率有关，包含基波和高次谐波，且泵干扰与钻井液压力信号的传输路径相反，表现为有一定规律的系统干扰。当钻井泵各缸活塞存在密封问题造成工作的不平衡或泵处于非正常工作状态时，某些高次谐波的幅值会变得很大，尽管钻井泵管路均安装有压力缓冲器或阻尼器，但泵产生的压力脉动仍可达到或超过立管检测到的井下信号强度，这些高次谐波会进入钻井液连续压力波信号的频带，产生极大的干扰，使得信号的信噪比严重降低，常规信号处理方法亦无法消除，从而影响井下随钻测量信号的提取。

由于井下噪声与泵干扰的特性存在很大差异，因此在信号处理过程中可以将它们区别对待，分别用特殊的信号处理方法予以消除或抑制。对于钻井液压力相移键控（PSK）信号，可以采用信号的延迟差动检测方法预先消除泵干扰的影响，然后再采用自适应滤波方法进一步消除信号的随机噪声。

5.8.2.1　信号的延迟差动检测方法消除泵干扰影响

(1) 钻井液压力信号的延迟差动检测数学模型。

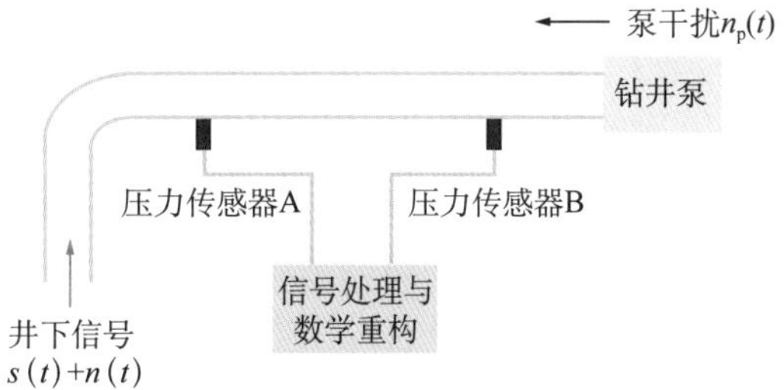

图5.142　钻井液压力信号延迟差动检测系统示意图

钻井液压力信号的延迟差动检测系统采用相距一段距离的2个传感器进行信号的检测与处理，图5.142为检测系统示意图。在井口与钻井液泵之间的一段钻井液直管路中安装两个压力传感器A和B，间距为L_0，两传感器接收到的压力信号包含井下信号［钻井液连续压力波信号S（t）和井下随机噪声n（t）］及钻井液泵产生的泵干扰n_p（t）。根据信号流向分析，泵干扰的传输方向与井下信号相反，设c_0为压力波传播速度，则压力波在传感器A、B之间的传输时间为$\tau_0=L_0/c_0$。

将传感器A、B之间的管路看作线性系统，设其频率响应为：

$$H(j\omega)=|H(j\omega)|\cdot e^{-j\omega\tau_0} \tag{5.299}$$

式中：$H(j\omega)$为A、B间管路频域传递函数的模；$\omega\tau_0$为时延τ_0产生的相移。

设系统的单位冲击响应为h（t），根据时域信号通过线性系统产生的卷积响应，A、B两传感器接收到的信号可以表示为：

$$\begin{cases} p_A(t)=s(t)+n(t)+h(t)*n_p(t) \\ p_B(t)=h(t)*\left[s(t)+n(t)\right]+n_p(t) \end{cases} \tag{5.300}$$

将p_B（t）卷积h（t），根据卷积的交换律和分配率得：

$$h(t)*p_B(t)=h(t)*h(t)*[s(t)+n(t)]+h(t)*n_p(t) \tag{5.301}$$

上式意味着将信号p_B（t）再通过一个单位冲击响应为h（t）的线性系统，由于h（t）包含有信号通过A、B间管路产生的延迟$\tau_0=L_0/c_0$，其物理意义为将p_B（t）延迟一个τ_0时间再进行检测。因此有：

$$p_A(t)-h(t)*p_B(t)=s(t)+n(t)-h(t)*h(t)*[s(t)+n(t)] \tag{5.302}$$

可以看出，泵干扰项n_p（t）通过p_B（t）与h（t）的卷积并与p_A（t）的差动运算被消除掉。

对上式取傅里叶变换得：

$$P_A(j\omega)-P_B(j\omega)\cdot H(j\omega)=[S(j\omega)+N(j\omega)]\cdot[1-H(j\omega)\cdot H(j\omega)] \tag{5.303}$$

井下信号项的频谱密度函数为：

$$S(j\omega)+N(j\omega)=H'(j\omega)\left[P_A(j\omega)-P_B(j\omega)\cdot H(j\omega)\right] \tag{5.304}$$

式中

$$H'(j\omega)=\frac{1}{1-H(j\omega)\cdot H(j\omega)} \tag{5.305}$$

为井下信号恢复系统的传递函数，通过$H'(j\omega)$可实现井下信号的重构。

（2）井下信号的数学重构。

①基于时域差分方程的信号重构。

将延迟差动检测信号 $p_A(t)-h(t)*p_B(t)$ 通过一个频域传递函数为 $H'(j\omega)$ 的井下信号恢复系统，其频域响应的时域解即为井下信号的重构。

要实现井下信号的重构，h（t）的构建是个关键问题。受传输距离和信号传输速率的限制，钻井液连续压力波信号频谱的最高频率通常为几十赫兹，因此信号的频率是有限的。在有限频带内，钻井液连续压力波信号通过压力传感器 A、B 间管路时的幅度衰减相对不变，可将其看作无失真的传输系统；设该段管路的传输系数为常数 α，则该段管路构成一个理想低通滤波器，系统频域传递函数为：

$$H(j\omega)=aG(\omega)\mathrm{e}^{-j\omega\tau_0} \tag{5.306}$$

式中：Γ（ω）为单位门函数，单边带宽为 ω_b。根据理想低通滤波器的单位冲击响应，有：

$$h(t)=\frac{a\omega_b}{\pi}\cdot\frac{\sin\left[\omega_b\left(t-\tau_0\right)\right]}{\omega_b\left(t-\tau_0\right)}=\frac{a\omega_b}{\pi}Sa\left[\omega_b\left(t-\tau_0\right)\right] \tag{5.307}$$

设 $H_1(j\omega)=\frac{1}{H'(j\omega)}=\frac{Y_1(j\omega)}{X_1(j\omega)}$，则：

$$Y_1(j\omega)=X_1(j\omega)-H(j\omega)\cdot H(j\omega)\cdot X_1(j\omega) \tag{5.308}$$

系统 $H_1(j\omega)$ 输出的时域响应为：

$$y_1(t)=x_1(t)-\left(\frac{a\omega_b}{\pi}\right)^2 Sa(\omega_b t)*Sa(\omega_b t)*x_1(t-2\tau_0) \tag{5.309}$$

由于 $H_1(j\omega)$ 与 $H'(j\omega)$ 为倒数关系，其输入输出互为反函数，则有：

$$x(t)=y(t)-\left(\frac{a\omega_b}{\pi}\right)^2 Sa(\omega_b t)*Sa(\omega_b t)*y(t-2\tau_0) \tag{5.310}$$

由此得到 $H'(j\omega)$ 系统输出的时域解：

$$y(t)=x(t)+\left(\frac{a\omega_b}{\pi}\right)^2 Sa(\omega_b t)*Sa(\omega_b t)*y(t-2\tau_0) \tag{5.311}$$

其中

$$x(t)=p_A(t)-p_B(t)*\frac{a\omega_b}{\pi}Sa\left[\omega_b\left(t-\tau_0\right)\right] \tag{5.312}$$

为延迟差动检测信号，

$$y(t)=s(t)+n(t) \tag{5.313}$$

为重构的井下信号。

将连续时间系统转换为离散时间的 Z 系统，令 $z=\mathrm{e}^{j\omega T_s},k=2\tau_0/T_s,t=NT_s,T_s$ 为采样周期，N 为采样序列数，可得到 H'（$j\omega$）的 Z 变换形式：

$$H'(z)=\frac{1}{1-\left|H(z)\right|^{2}z^{-k}} \tag{5.314}$$

根据数字滤波器理论，$H'(z)$ 为一个 k 阶无限冲击响应（IIR）滤波器系统，频率响应类似具有锐截止特性的低通滤波器，且截止特性随 k 值增强。在 H（z）构成理想低通传输条件下，$H'(z)$ 的输出为差分方程：

$$y(N)=x(N)+\left(\frac{a\omega_{\mathrm{b}}}{\pi}\right)^{2}Sa(\omega_{\mathrm{b}}N)*Sa(\omega_{\mathrm{b}}N)*y(N-k) \tag{5.315}$$

由于上式与 $H'(j\omega)$ 输出的时域解具有相同结构，因此时域中信号重构过程的实质是使延迟差动检测信号通过一个具有递归结构的闭环延迟反馈系统 $H'(z)$，以上式的递推算法获得延迟差动检测信号中包含的井下信号。

②基于傅里叶逆变换的信号重构及极点频率分析。

由于测量管路在有限频带 $\omega<\omega_{\mathrm{b}}$ 内构成理想低通滤波器，频域传递函数为：

$$H(j\omega)=aG(\omega)\mathrm{e}^{-j\omega\tau_{0}} \tag{5.316}$$

则

$$H^{'}(j\omega)=\frac{1}{1-a^{2}G^{2}(\omega)\cdot\mathrm{e}^{-j2\omega\tau_{0}}} \tag{5.317}$$

因此

$$S(j\omega)+N(j\omega)=\frac{\left[P_{\mathrm{A}}(j\omega)-P_{\mathrm{B}}(j\omega)\cdot H(j\omega)\right]}{1-a^{2}G^{2}(\omega)\cdot\mathrm{e}^{-j2\omega\tau_{0}}} \tag{5.318}$$

通过傅里叶逆变换得到时域解，可实现信号重构：

$$y(t)=s(t)+n(t)=\frac{1}{2\pi}\int_{-\infty}^{+\infty}\frac{\left[P_{\mathrm{A}}(j\omega)-P_{\mathrm{B}}(j\omega)\cdot H(j\omega)\right]}{1-a^{2}G^{2}(\omega)\cdot\mathrm{e}^{-j2\omega\tau_{0}}}\mathrm{e}^{j\omega t}\mathrm{d}\omega \tag{5.319}$$

根据钻井液压力波的传输特性，在测量管路内径 127mm，管道壁厚 9.2mm，水基钻井液黏度 20mPa · s，管材泊松比 0.3，钻井液含气率 0.5%，钻井液固相浓度 15%，管材弹性模量 210GPa，水弹性模量 2.04GPa，钻井液固相弹性模量 16.2GPa，信号频率 40Hz，压力传感器相距小于 18m 条件下，通过数值计算有 a=0.988 ≈ 1。

令 a=1，在有限频带内，

$$H'(j\omega)\Big|_{\omega<\omega_{\mathrm{b}}}=\frac{1}{1-G^{2}(\omega)\cdot\mathrm{e}^{-j2\omega\tau_{0}}}=\frac{1}{1-\cos(2\omega\tau_{0})+j\sin(2\omega\tau_{0})} \tag{5.320}$$

存在极点，极点出现条件为：

$$2\omega\tau_{0}=2m\pi\quad(m=1,2,3\cdots) \tag{5.321}$$

对应极点频率为：

$$f_{0}=m/2\tau_{0} \tag{5.322}$$

如果信号频谱的最高频率为 $f_{\max}$，则有 $f_{\max}<f_{\mathrm{b}}$，当极点对应频率进入理想低通滤波器通带，极

有可能进入信号频谱，会对信号的重构造成极大干扰且无法去除。为避免出现此种情况，所有极点频率值应大于理想低通滤波器通带频率 f_b，即

$$f_0 = m / 2\tau_0 > f_b \tag{5.323}$$

取 m=1，有 $\tau_0 < 1/2f_b$，由此得到传感器间距的约束条件为：

$$L_0 = \tau_0 c_0 < c_0 / 2f_b \tag{5.324}$$

以载频为 24Hz 的钻井液压力 DPSK 信号为例，信号频谱的最高频率为 36Hz，取 f_b=40Hz，则 τ_0<（1/80）s，如果压力波速为 c_0=1280m/s，对应的传感器间距 $L_0=\tau_0 c_0$<16m，即在此间距内极点频率不会进入理想低通滤波器通带并对信号的重构造成影响。

（3）井下信号重构的数值仿真。

以钻井液压力 DPSK 信号为例，设信号载频为 20Hz，信号幅度为 1Pa，数据编码为 C=1111111111，根据 DPSK 信号的功率谱结构，信号频谱的最高频率为 f_{max}=30Hz，信号功率为 P_s=0.5Pa^2；噪声 n（t）=0。泵干扰模拟泵冲速率为 64r/min 的三缸泵产生的多频压力脉动，其中基波频率为 3.2Hz，谐波次数 2 ~ 9，因此泵干扰的频率覆盖范围为 3.2 ~ 28.8Hz，设基波和各次谐波幅度均为 A_i=1 Pa，其功率密度可表示为冲击函数：

$$S(f) = \left(A_i / \sqrt{2}\right)^2 \delta(f - f_i) \tag{5.325}$$

则泵干扰的平均功率为：

$$P_n = \int_{-\infty}^{+\infty} S(f) df = \sum_{i=1}^{9} A_i^2 / 2 = 4.5\text{Pa}^2 \tag{5.326}$$

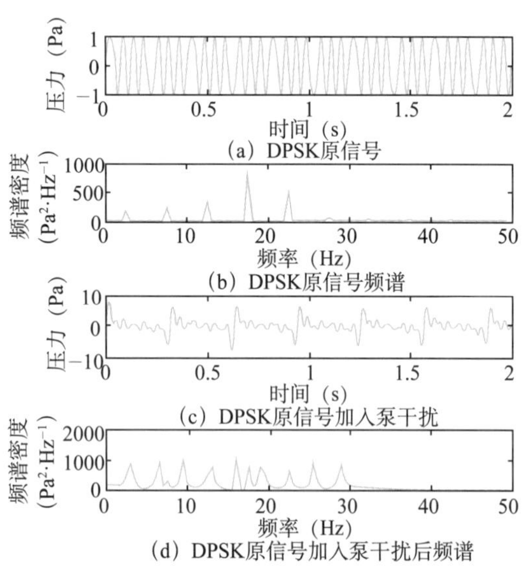

图5.143　钻井液压力DPSK信号及混入泵干扰

因此，混入泵干扰后信号的信噪比为 SNR=P_s/P_n=0.11。图 5.143 为钻井液压力 DPSK 原信号及混入泵干扰后的波形和频谱，可以看出，在时域中 DPSK 信号完全淹没在泵干扰中；频域中泵干扰频率完全覆盖了信号频谱，从频域也已分辨不出原信号。

设传感器间距 L_0=5m，压力波速 c_0=1280m/s，测量管道传输系数 a=1，理想低通滤波器单边带宽 f_b=40Hz，两传感器之间产生的信号延迟 $\tau_0=L_0/c_0$=3.91m，采样频率 f_s=1024Hz。

①时域差分方程重构的信号仿真井下信号的重构函数为：

$$\begin{cases} y(t) = x(t) + \left(\dfrac{a\omega_b}{\pi}\right)^2 Sa(\omega_b t) * Sa(\omega_b t) * y(t - 2\tau_0) \\ x(t) = p_A(t) - p_B(t) * \dfrac{a\omega_b}{\pi} Sa\left[\omega_b (t - \tau_0)\right] \\ p_A(t) = s(t) + \dfrac{a\omega_b}{\pi} Sa\left[\omega_b (t - \tau_0) * n_p(t)\right] \\ p_B(t) = \dfrac{a\omega_b}{\pi} Sa\left[\omega_b (t - \tau_0)\right] * s(t) + n_p(t) \end{cases} \tag{5.327}$$

设信号在 t=0 时刻作用于系统，系统只有零状态响应，则 t=0 时刻之前的系统输出 y（0^-）=0，采用 Matlab 仿真得到的 y（t）重构波形如图 5.144 所示。从图 5.144（a）的延迟差动检测信号可以看出，泵干扰被完全消除，图 5.144（b）的钻井液压力 DPSK 重构信号与原信号的变化规律一致。数值计算表明，上述条件下 DPSK 重构信号的信噪比为 SNR=72.4，大约提高了 657 倍。

②基于傅里叶逆变换的信号重构仿真井下信号的重构函数为：

$$\begin{cases} y(t)=\dfrac{1}{2\pi}\displaystyle\int_{-\infty}^{+\infty}\dfrac{\left[P_{\mathrm{A}}(j\omega)-P_{\mathrm{B}}(j\omega)\cdot H(j\omega)\right]}{1-a^2G^2(\omega)\cdot \mathrm{e}^{-j2\omega\tau_0}}\mathrm{e}^{j\omega t}\mathrm{d}\omega \\ P_{\mathrm{A}}(j\omega)-P_{\mathrm{B}}(j\omega)\cdot H(j\omega)=F\left\{p_{\mathrm{A}}(t)-p_{\mathrm{B}}(t)*\dfrac{a\omega_{\mathrm{b}}}{\pi}Sa\left[\omega_{\mathrm{b}}\left(t-\tau_0\right)\right]\right\} \end{cases} \tag{5.328}$$

通过仿真得到的 y（t）重构波形如图 5.145（b）所示，重构信号与 DPSK 原信号的变化规律一致。数值仿真表明，如果将井下噪声加入 DPSK 源信号，重构信号为井下噪声与 DPSK 信号的线性叠加，重构的井下信号信噪比没有变化。

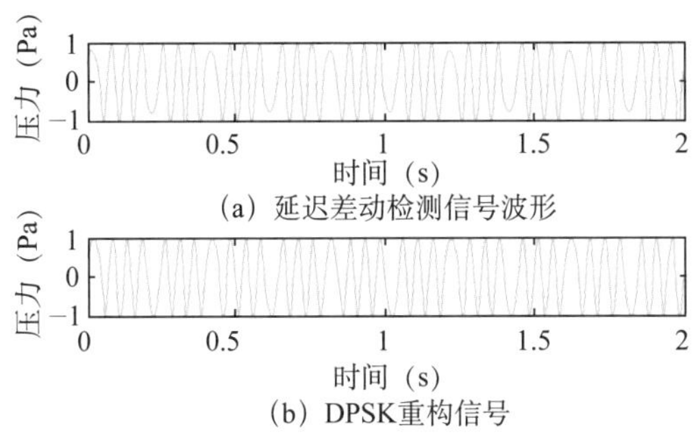

图5.144 基于时域差分方程的钻井压力DPSK信号重构

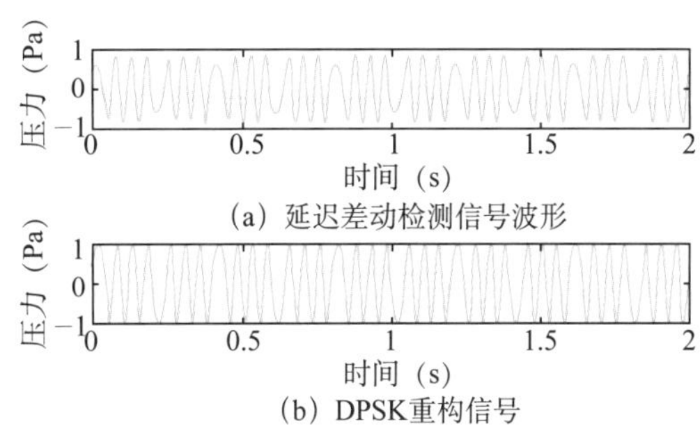

图5.145 基于傅里叶逆变换的钻井液压力DPSK信号重构

5.8.2.2 自适应滤波方法消除信号随机噪声

（1）自适应滤波器结构。

自适应滤波器是一种建立在现代自适应控制理论基础上的数字滤波器，根据信号特征自适应的调整滤波器参数，实现信号的动态跟踪及噪声消除，通常用于处理无线电通信系统的窄带信号，所谓窄带信号是指信号频带与载波的比值远小于 1，频带内信号频率相对载波频率变化不大，图 5.146 为自适应滤波器的一般结构，其中 x（n）为含噪声信号输入，d（n）为期望信号输入，y（n）为滤波器输出，e（n）为误差信号输出。期望信号为反映待提取信号有效特征的特殊信号，自适应滤波器在误差信号作用下通过自适应地调整滤波器权系数，使输出信号不断逼近于期望信号，最终达到误差最小为止，从而将输入信号中包含的有效特征动态提取出来，实现有用信号的重构及噪声抑制。

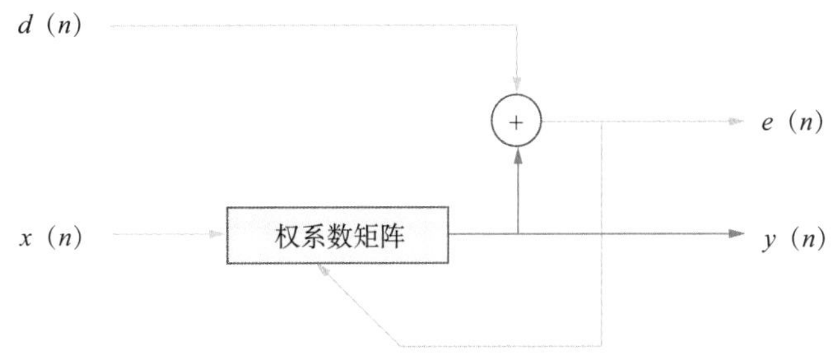

图5.146 自适应滤波器的一般结构

根据线性系统理论，自适应滤波器

输出矩阵 Y（n）是输入矩阵 X（n）与单位冲激响应矩阵 H（n）的卷积 Y（n）$=X$（n）$*H$（n）。与常规的定参数数字滤波器结构不同，自适应滤波器的内部是一个 $1\times N$ 维的权系数列矩阵 W（n），如果输入矩阵 X（n）为 $N\times 1$ 维行矩阵，则 Y（n）可以表示为 X（n）与 W（n）的乘积：

$$Y(n)=W(n)X(n)=y(n)=\sum_{i=0}^{N-1}w_i(n)x(n-i) \tag{5.329}$$

式中：n、i 为离散变量；w_i（n）为 W（n）的矩阵系数；x（$n-i$）为组成矩阵 X（n）的输入信号单位延迟采样值。

滤波过程中，自适应滤波器依据特定的控制算法，通过误差信号 e（n）与输入矩阵 X（n）获得滤波器权系数，进行权系数矩阵 W（n）的迭代更新，通过有限次迭代，使输出信号逼近期望信号。

钻井液连续压力波相移键控信号的产生是通过瞬间改变井下工具中旋转阀或剪切阀的转速或摆动速度来实现的，是一种机械调制信号，由于机械系统惯性及压力信号在钻井液中传输，使其载波频率限制在很低的几十赫兹，其调制信号频带与载波的比值通常接近于 1，是一种典型的宽带信号，如何通过自适应滤波器获取井下频带传输的随钻测量信号，期望信号的构建是一个关键难题。以钻井液压力相移键控（PSK）信号为例，由于信号频谱与数据编码有关，如果用信号的平均功率谱作为有效特征来构建期望信号不足以代表编码信号的差异，唯一可代表各种编码调制信号特征的只有载波信号。但对于宽带信号，频带内信号频率相对载波频率变化很大，如果用载波作为期望信号，无法实现含有编码信息信号的提取。因此，针对钻井液压力相移键控调制产生的宽带信号，基于自适应滤波器的基本数学原理，调整滤波器结构并建立与之相适应的数学模型，以含噪声的井下信号作为期望信号，以通过帧同步信号获得的压力载波作为输入信号，通过构建滤波器权系数的自适应控制算法，以误差信号的最小均方值为判断原则，通过滤波器输出信号来重构钻井液连续压力波信号，从而达到消除或抑制井下信号噪声的目的。

（2）适于宽带信号处理的自适应滤波器数学模型。

自适应滤波器的特性变化是由自适应算法通过调整滤波器权系数矩阵来实现的，所有的滤波器权系数调整算法都是设法使滤波器的输出信号 $y(n)$ 逼近期望信号 $d(n)$，只是逼近的评价标准不同。最小均方误差（LMS）算法是通过调整权系数矩阵，使误差信号 $e(n)=d(n)-y(n)$ 的均方值 ε 为最小，在 ε 最小时，可得到一段时间内的最佳权系数 W^*（n），以适应信号和噪声未知或随时间变化的统计特性，达到最优滤波效果。

设离散化的井下信号为随钻测量信号 s（n）与高斯噪声 n_w（n）之和。根据通信理论，宽带井下随钻测量信号引入的高斯噪声为加性随机噪声，其均方值不为 0，当误差信号均方值 ε 为最小时必逼近于随机噪声的均方值，此时 y（n）逼近于随钻测量信号 s（n）。

如果以含噪声的井下信号为期望信号，载波 x（n）$=A_c\sin$（$\omega_c n$）作为输入信号，钻井液压力相移键控（PSK）信号 s（n）$=A_s\sin[\omega_c n-f$（n）$]$ 为随钻测量信号，期望信号为 d（n）$=s$（n）$+n_w(n)$，则自适应滤波器的输出信号为：

$$y(n)=\sum_{i=0}^{N-1}w_i(n)x(n-i)=\sum_{i=0}^{N-1}w_i(n)A_c\sin\left[\omega_c(n-i)\right] \tag{5.330}$$

误差信号的均方值为：

$$\varepsilon = E\left[e^2(n)\right] = E\left\{\left[s(n) - y(n)\right]^2\right\} + E\left[n_w^2(n)\right] + 2E\left\{n_w(n)\left[s(n) - y(n)\right]\right\} \tag{5.331}$$

其中，$E[\ ]$ 表示对方括号中的数值取平均值。考虑到 $s(n)$ 和 $y(n)$ 均与高斯噪声 $n_w(n)$ 不相关，因此有 $2E\left\{n_w(n)\left[s(n) - y(n)\right]\right\} = 0$，且 $E\left[n_w^2(n)\right] \neq 0$，则均方误差的最小值可以表示为：

$$\min \varepsilon = \min E\left\{A_s \sin\left[\omega_c n - f(n)\right] - \sum_{i=0}^{N-1} w_i(n) A_c \sin\left[\omega_c (n-i)\right]\right\}^2 + E\left[n_w^2(n)\right]$$

由于 $\min \varepsilon \to E\left[n_w^2(n)\right]$，因此有：

$$\sum_{i=0}^{N-1} w_i(n) A_c \sin\left[\omega_c (n-i)\right] \to A_s \sin\left[\omega_c n - f(n)\right] \tag{5.332}$$

式中：A_c 为载波幅度；$\omega_c=2\pi f_c$ 为载波角频率；f_c 为载波频率；A_s 为信号幅度；$f(n)$ 为相移函数；N 为矩阵维数。

上式的物理意义为当误差信号的均方值最小时，此时权系数矩阵达到最佳，可以用载波某一时刻值 $A_c\sin(\omega_c n)$ 及 $N-1$ 个过去时刻值 $A_c\sin[\omega_c(n-i)]$ 的加权线性叠加去逼近该时刻的钻井液压力相移键控（PSK）信号值 $A_s\sin[\omega_c n-f(n)]$，实现钻井液压力相移键控信号的重构，其中 N 为数字滤波器阶数或矩阵维数。

因此，可以利用滤波器的输出信号来重构钻井液连续压力波信号：

$$y(n) = s(n) = \sum_{i=0}^{N-1} w_i^*(n) A_c \sin\left[\omega_c (n-i)\right] \tag{5.333}$$

式中：$w_i^*(n)$ 为最佳权系数矩阵 $W^*(n)$ 的矩阵系数。权系数矩阵的构成可由 Widrow–Hoft 的随机梯度算法得到，权系数值为：

$$w(n+1) = w(n) + 2\mu e(n) x(n) \tag{5.334}$$

在误差信号均方值达到最小，且满足 $\left.\frac{\partial \varepsilon}{\partial W(n)}\right|_{W(n)=W^*(n)} = 0$ 时，可得到最佳权系数矩阵 $W^*(n)$。μ 为决定系统稳定性和收敛速度的自适应步长因子；μ 值过大则收敛速度快但跟踪精度变差，严重时会引起系统发散，μ 值过小则收敛速度不理想，信号跟踪性能变差。

（3）自适应滤波效果的数值仿真分析。

数值仿真采用的钻井液压力相移键控（PSK）信号分别为钻井液压力 DPSK 及 QPSK 调制的随钻测量信号，设 $s(t)=A_s\sin[2\pi f_c t-f(t)]$，载频 f_c=20Hz，信号幅度 A_s=1 Pa，DPSK 调制信号的数据编码为 C_{DPSK}=1111111111，QPSK 调制信号的数据编码为 C_{QPSK}=0001101100，两种编码信号频谱的最高频率均为 f_{max}=30Hz，信号功率 $P_s=(A_s/\sqrt{2})^2$=0.5 Pa^2；混入的高斯噪声均方值为 $n_w^2(t)$=0.5 Pa^2，信号信噪比 SNR=$P_s/n_w^2(t)$=1，自适应滤波器阶数 K=101，自适应步长因子 μ=0.001，权系数初值 $w(0)$=0，采样频率 f_s=4000Hz；数字低通滤波器截止频率 f_{LC}=40Hz。数值仿真采用 Matlab 编程实现，程序框图如图 5.147 所示。

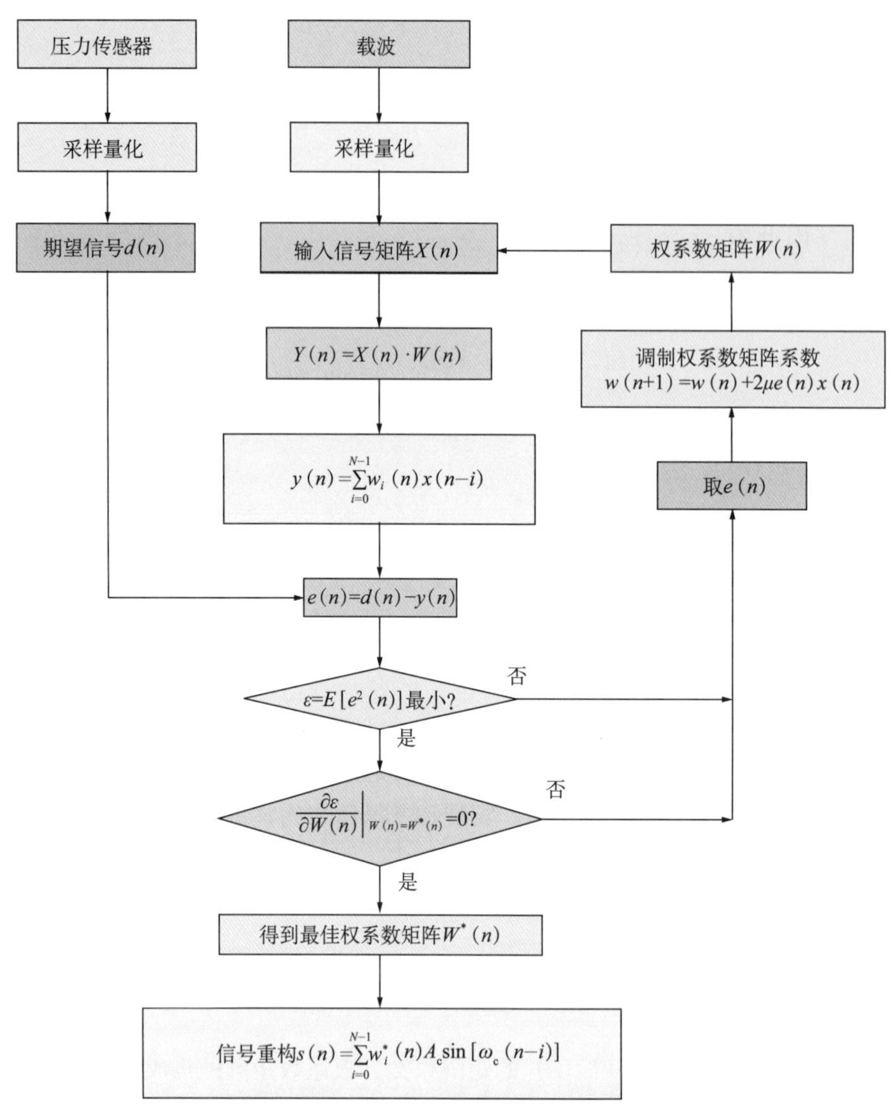

图5.147　钻井液压力相移键控信号自适应滤波处理的仿真程序框图

①钻井液压力 DPSK 信号的自适应滤波仿真分析。

图 5.148 为加入噪声后的钻井液压力 DPSK 信号及经过自适应滤波后的信号仿真波形，从图 5.148（c）中可以看出经过自适应滤波器的处理，重构信号含有的噪声大幅下降，信噪比 SNR=25.5，提高了近 25 倍。通过频谱分析，重构信号的噪声为 DPSK 信号频带之外的高频噪声，可以用普通的低通滤波器进一步滤除，图 5.148（d）为自适应滤波后通过截止频率为 40Hz 数字低通滤波器的 DPSK 信号，可以看出噪声基本被消除掉。此外，从图 5.148（d）可以看出重构信号相对原信号出现了一定的波形失真，失真度为 10.9%，这是由于为了提高跟踪噪声的能力，自适应步长因子 μ 设置得过小，收敛速度过慢，造成 DPSK 频谱中低频分量的重构误差增大。增大自适应步长因子，滤波器跟踪噪声的能力下降，重构信号的信噪比相对降低，但跟踪 DPSK 频谱中低频分量的能力提高，使失真度下降。因此，通过适当增大自适应步长因子可以提高信号的重构质量，但当自适应步长因子增加到某一临界值后，由于收敛速度太快，跟踪精度降低，失真度反而会增大。表 5.18 为自适应步长因子的取值与重构信号信噪比及失真度的数值计算结果。

表5.18　自适应滤波器步长因子对钻井液压力DPSK重构信号的影响

步长因子 μ	重构信号信噪比 *SNR*	重构信号失真度 *D*（%）
0.0005	67.1	14.8
0.001	25.5	10.9
0.002	11.4	7.1
0.003	6.4	6.4
0.004	4.2	4.4
0.005	3.1	6.6

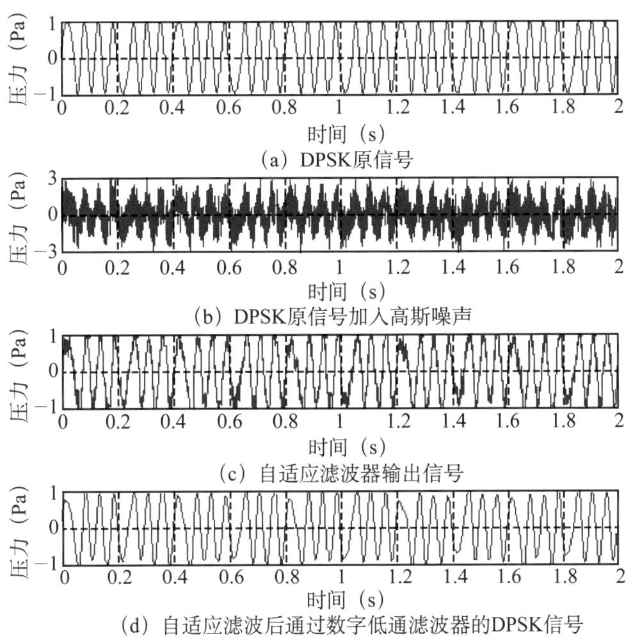

图5.148　自适应滤波器对含噪声钻井液压力DPSK信号的噪声抑制

从信号的数值仿真和滤波效果来看，自适应滤波器具有消除钻井液压力相移键控信号频带内噪声的能力。适当选择步长因子可保证重构信号的失真度最小，尽管重构信号仍存在一定的残余噪声，但噪声处于信号频带之外，通过普通数字低通滤波器的进一步滤除，可以使信号的信噪比大幅提高。

②钻井液压力 QPSK 信号的自适应滤波仿真分析。

表5.19　自适应滤波器步长因子对钻井液压力QPSK重构信号的影响

步长因子 μ	重构信号信噪比 *SNR*	重构信号失真度 *D*（%）
0.0005	68.9	8.8
0.001	24.4	7.3
0.002	9.8	5.6
0.003	6.7	5.6
0.004	4.7	4.2
0.005	3.2	4.4

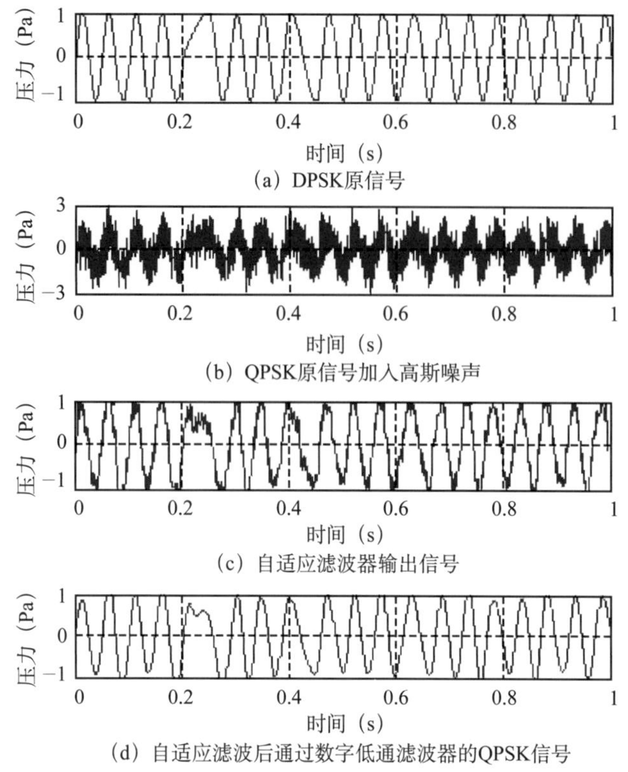

图5.149　自适应滤波器对含噪声钻井液压力QPSK信号的噪声抑制

图 5.149 为含噪声的钻井液压力 QPSK 信号及经过自适应滤波后的信号仿真波形。经过自适应滤波器后，QPSK 重构信号含有的噪声大幅下降，信噪比 *SNR*=24.4，提高了 23 倍，重构信号的失真度为 7.3%，重构后的信号噪声仍来自信号频带之外且与步长因子有关，表 5.19 为自适应步长因子的取值与重构信号信噪比及失真度的数值计算结果。从表 5.19 可以看出，QPSK 重构信号的失真度普遍小于 DPSK 信号，说明 QPSK 信号通过自适应滤波器后的重构质量相对更好，合理选择自适应步长因子是获得低失真度的关键。由于钻井液压力 QPSK 信号的调制要比 DPSK 信号复杂，QPSK 信号的解调相对 DPSK 信号也要复杂得多，因此 QPSK 重构信号的低失真度也为信号的正确解调提供了良好条件。

由表 5.18 和表 5.19 可以看出，通过适当选取自适应步长因子可以提高自适应滤波器对 DPSK 和 QPSK 信号频谱中低频分量的跟踪能力，从而减小重构信号的失真度，但失真度的存在仍会对信号的解调产生一定影响，解决的办法是采用信号的自动增益控制算法对钻井液压力 PSK 重构信号进行适当整形，以满足信号解调的要求，确保井下信息的正确恢复。

5.8.3　钻井液压力相移键控（PSK）信号的解调与解码

信号的解调为信号调制过程的逆处理，其目的是得到钻井液压力 PSK 信号的相位信息，通过解调与解码可以恢复信号调制过程中的数据编码信息。由于钻井液压力 PSK 信号为抑制载波的双边带信号，只能通过相干解调方式实现信号的相位解调。

5.8.3.1　钻井液压力差分相移键控（DPSK）信号的解调与解码

（1）钻井液压力 DPSK 信号相位解调的数学模型。

根据相干解调理论，同步信号（与载波同频同相的正弦信号）$c(t)=2\sin\omega_c t$ 与钻井液压力 DPSK 信号 $s_{DPSK}(t)$ 相乘有：

$$y(t)=s_{DPSK}(t)\cdot c(t)=2A_c\sin\left[\omega_c t-f_{DPSK}(t)\right]\sin\omega_c t=A_c\cos\left[f_{DPSK}(t)\right]-A_c\cos\left[2\omega_c t-f_{DPSK}(t)\right] \quad (5.335)$$

式中：$A_c\cos[f_{DPSK}(t)]$ 为零频调制信号；$A_c\cos[2\omega_c t-f_{DPSK}(t)]$ 为倍频调制信号。根据通信理论，调制过程为频谱搬移过程，因此 $\cos[2\omega_c t-f_{DPSK}(t)]$ 的频谱为 $f_{DPSK}(t)$ 频谱被搬移到载波倍频 $2\omega_c$ 处，$\cos[f_{DPSK}(t)]$ 的频谱为 $f_{DPSK}(t)$ 频谱被搬移到零频载波处，呈单边带特征。图 5.150 为数据编码 C=1111111111，载频 f_c=20Hz 的钻井液压力 DPSK 信号经过相乘器后倍频与零频调制信号的频谱，可以明显看出频谱的搬移现象。

将倍频调制信号用低通滤波器滤除后，解调信号中仅含有零频调制信号，由于含有载波的相位变化信息$f_{DPSK}(t)$，因此可以通过进一步的数学运算来提取井下信息。

设$\cos[f_{DPSK}(t)]$的主要频谱范围为$0\sim f_1$，则$\cos[2\omega_c t-f_{DPSK}(t)]$频谱范围为$2f_c\pm f_1$，则能够从上式中滤除倍频调制项的条件为：$2f_c-f_1>f_1$，即

$$f_c>f_1 \tag{5.336}$$

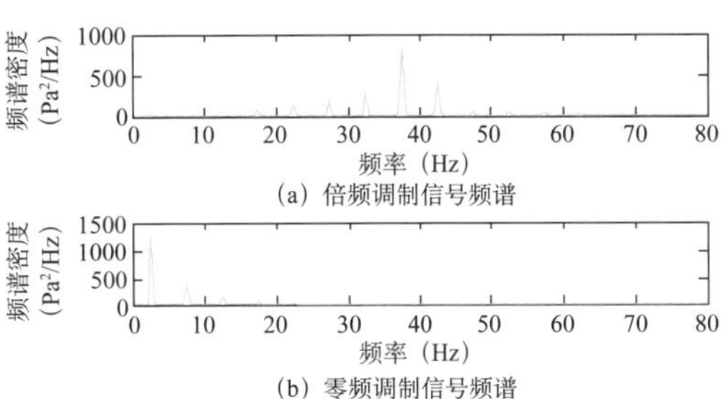

图5.150 倍频与零频调制信号频谱

由于钻井液压力 DPSK 信号的单边带频谱宽度为$f_1=f_c/2$，满足$f_c>f_1$的相干解调条件。但频谱分析表明，相干解调过程中，倍频调制的信号能量仍有一部分进入零频调制的信号频谱，对零频调制信号产生一定影响。用截止频率为$f_L=f_c$的低通滤波器将大部分倍频项滤除后，考虑到进入零频调制信号频谱的倍频调制信号影响，可得到与相位有关的信号：

$$x(t)=A_c\cos\left[f_{DPSK}(t)+\varphi_d(t)\right] \tag{5.337}$$

式中：$\varphi_d(t)$为倍频调制信号分量进入零频调制信号频谱的相位折合，由于倍频调制信号进入零频调制信号频谱的分量随数据编码而变，因此$\varphi_d(t)$可以看作具有随机性。

上式经反余弦运算得相位输出信号：

$$f_{DPSK}(t)+\varphi_d(t)=\arccos\left[x(t)/A_c\right] \tag{5.338}$$

（2）噪声对钻井液压力 DPSK 信号相位解调的影响分析。

井下噪声表现为带限随机噪声，通过自适应滤波方法可以减小这种噪声，但噪声仍有部分残留在信号频带内，频带内噪声可以看作在载频附近具有随机振幅与随机相位变化的简谐振荡，表示为：

$$n(t)=r_n(t)\cos\left[\omega_c t+\varphi_n(t)\right] \tag{5.339}$$

则解调系统的输入信号可以表示为：

$$s_{DPSK}(t)+n(t)=R(t)\sin\left[\omega_c t-f_{DPSK}(t)+\theta_e(t)\right] \tag{5.340}$$

式中

$$\begin{cases}\theta_e(t)=\arctan\dfrac{r_n(t)\cos\left[\varphi_n(t)+f_{DPSK}(t)\right]}{A_c-r_n(t)\sin\left[\varphi_n(t)+f_{DPSK}(t)\right]}\\ R(t)=\sqrt{\left\{A_c-r_n(t)\sin\left[\varphi_n(t)+f_{DPSK}(t)\right]\right\}^2+\left\{r_n(t)\cos\left[\varphi_n(t)+f_{DPSK}(t)\right]\right\}^2}\end{cases} \tag{5.341}$$

式中：$r_n(t)$为限带噪声幅度，Pa；$\varphi_n(t)$为限带噪声相位，rad；$\theta_e(t)$为噪声对钻井液压力 DPSK 信号产生的相位干扰，rad；$R(t)$为包含噪声影响的信号等效幅度，Pa。根据数值计算，当信号信噪比$\dfrac{A_c}{r_n(t)}\geqslant 10$，有：

$$R(t)\approx A_c$$

$$\theta_e(t)\approx\frac{r_n(t)}{A_c}\cos\left[\varphi_n(t)+f_{DPSK}(t)\right]$$

含噪声 DPSK 信号经过相干解调系统的乘法器和低通滤波器后有：

$$x_{\mathrm{e}}(t)=A_{\mathrm{c}}\cos\left[f_{\mathrm{DPSK}}(t)-\theta_{\mathrm{e}}(t)+\varphi_{\mathrm{d}}(t)\right] \tag{5.342}$$

相位信号为：

$$f_{\mathrm{DPSK}}(t)-\theta_{\mathrm{e}}(t)+\varphi_{\mathrm{d}}(t)=\arccos\left[\frac{x_{\mathrm{e}}(t)}{A_{\mathrm{c}}}\right] \tag{5.343}$$

可以看出，即使$\frac{A_{\mathrm{c}}}{r_{\mathrm{n}}(t)}$较大，噪声也会对相位的解调产生一定影响。如果$\frac{A_{\mathrm{c}}}{r_{\mathrm{n}}(t)}<10$，则噪声对相位解调的影响将更大。

（3）旋转阀转速控制脉冲的重构及信号解码。

根据钻井液压力 DPSK 信号的调制特点，由相移函数：

$$f_{\mathrm{DPSK}}(t)=\frac{\pi}{T_{\mathrm{c}}}\int_0^t L_{\mathrm{DPSK}}(t)\mathrm{d}t \tag{5.344}$$

求导可得到控制脉冲序列函数：

$$L_{\mathrm{DPSK}}(t)=\frac{T_{\mathrm{c}}}{\pi}\cdot\frac{\mathrm{d}f_{\mathrm{DPSK}}(t)}{\mathrm{d}t} \tag{5.345}$$

因此，在相位解调的基础上，通过对相位信号进行求导运算可以重构出旋转阀转速控制脉冲，从而实现信号解码。对相位信号$f_{\mathrm{DPSK}}(t)-\theta_{\mathrm{e}}(t)+\varphi_{\mathrm{d}}(t)$进行导数运算，可得到含噪声情况下旋转阀转速控制脉冲序列函数的重构数学模型为：

$$L_{\mathrm{cDPSK}}(t)=\frac{T_{\mathrm{c}}}{\pi}\cdot\frac{\mathrm{d}\left[f_{\mathrm{DPSK}}(t)-\theta_{\mathrm{e}}(t)+\varphi_{\mathrm{d}}(t)\right]}{\mathrm{d}t}=L_{\mathrm{DPSK}}(t)+L_{\mathrm{eDPSK}}(t)+L_{\mathrm{dDPSK}}(t) \tag{5.346}$$

$$L_{\mathrm{eDPSK}}(t)=-\frac{T_{\mathrm{c}}}{\pi}\cdot\frac{\mathrm{d}\theta_{\mathrm{e}}(t)}{\mathrm{d}t}$$

$$L_{\mathrm{dDPSK}}(t)=\frac{T_{\mathrm{c}}}{\pi}\cdot\frac{\mathrm{d}\varphi_{\mathrm{d}}(t)}{\mathrm{d}t}$$

式中：$L_{\mathrm{eDPSK}}(t)$为信号噪声对旋转阀控制脉冲重构的影响；$L_{\mathrm{dDPSK}}(t)$为进入零频调制信号频谱的倍频调制信号对旋转阀控制脉冲重构产生的固有随机干扰。

钻井液压力 DPSK 信号的解码基于对重构的旋转阀转速控制脉冲幅度的识别，可以采用脉冲幅度的门限判定法，门限设在码元所对应的控制脉冲逻辑电平的平均值处。根据钻井液压力 DPSK 信号调制规则，码元所对应的控制脉冲逻辑电平平均值为 1/2，超过该门限的脉冲所对应的码元编码被划归为“1”，低于该门限的脉冲所对应的码元编码被划归为“0”。设重构的旋转阀转速控制脉冲函数L_{cDPSK}（t）的幅度为L_{cDPSK}，门限划分与脉冲幅度所对应的码元编码逻辑判断式可以表示为：

$$\begin{cases}0\leqslant L_{\mathrm{cDPSK}}<\dfrac{1}{2} & \text{码元编码“}a_n=0\text{”}\\[2ex] \dfrac{1}{2}\leqslant L_{\mathrm{cDPSK}}\leqslant 1 & \text{码元编码“}a_n=1\text{”}\end{cases}$$

采用上式对L_{cDPSK}进行逻辑判断，可确定出脉冲代表的码元状态，再根据脉冲出现的时间顺序排列出数据编码，可实现钻井液压力 DPSK 信号的解码，钻井液压力 DPSK 信号相干解调与解码流程如图 5.151 所示。

由于相位噪声和固有干扰在码元为“1”时会消弱控制脉冲的重构幅度，在码元为“0”时会产生基底波动干扰，易造成码元识别错误；如果控制脉冲的幅度未超过该门限，或干扰脉冲幅度超过该门限，均会造成误码。

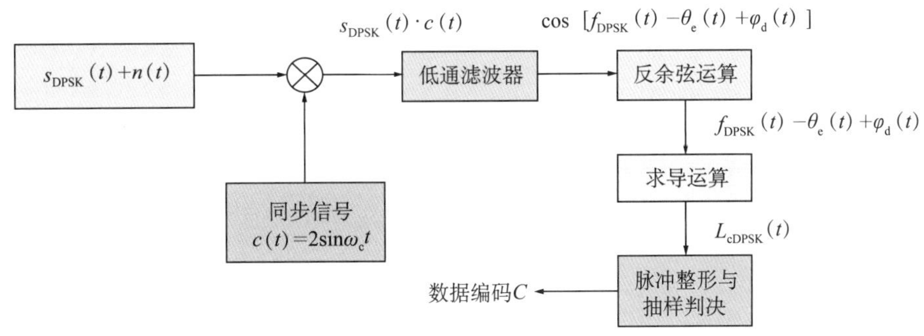

图5.151　钻井液压力DPSK信号相干解调与解码流程框图

（4）仿真分析。

设钻井液压力 DPSK 信号为 $s(t)=A_c\sin[2\pi f_c t-f(t)]$，载频 f_c=20Hz，幅度 A_c=1Pa，数据编码 C=1111111111，低通滤波器截止频率 f_L=20Hz，图 5.152 为加入高斯噪声条件下，解调系统的仿真结果。从图中可以看出，经反余弦和求导运算后，重构的旋转阀转速控制脉冲非常明显，经抽样判决和整形得到的控制脉冲序列符合数据编码的调制规律，但噪声和固有干扰对相位的影响已很大，重构的旋转阀转速控制脉冲存在明显的波动干扰，如果信噪比进一步减小很可能造成误码。

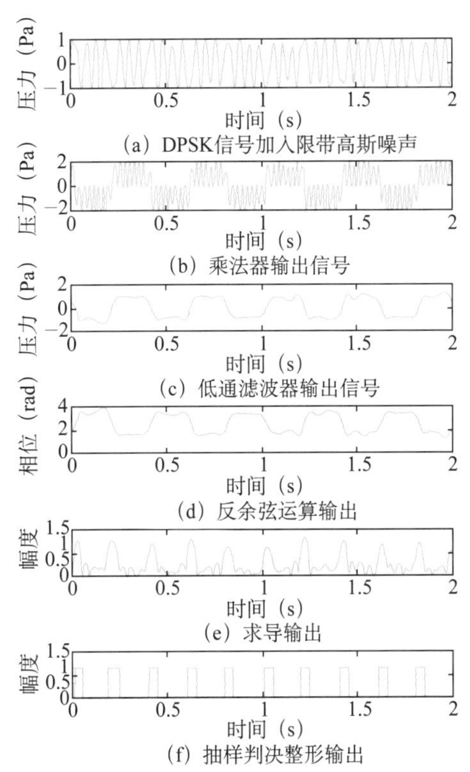

图5.152　噪声影响下钻井液压力DPSK信号的解调与旋转阀转速控制脉冲的重构仿真

5.8.3.2　钻井液压力正交相移键控（QPSK）信号的解调与解码

（1）钻井液压力 QPSK 信号相位解调的数学模型。

与常规通信系统中的 QPSK 信号不同，钻井液压力 QPSK 信号不是通过双码元分别键控正交载波产生，因此不能通过双路正交同步信号的相干解调来恢复双码元组的编码，只能采用单路同步信号的相干解调方法解调出相位信息，并通过重构的旋转阀控制脉冲幅度来判定双码元组的编码状态。

根据相干解调理论，将钻井液压力 QPSK 信号 $S_{QPSK}(t)$ 与同步信号 $c(t)=2\sin\omega_c t$ 相乘有：

$$y(t)=s_{QPSK}(t)\cdot c(t)=A_c\cos\left[f_{QPSK}(t)\right]-A_c\cos\left[2\omega_c t-f_{QPSK}(t)\right] \tag{5.347}$$

式中：$A_c\cos[f_{QPSK}(t)]$ 为零频调制信号；$A_c\cos[2\omega_c t-f_{QPSK}(t)]$为倍频调制信号。用截止频率为 $f_L=f_c$

的低通滤波器将大部分倍频项滤除后，考虑到进入零频调制信号频谱的倍频调制信号影响，可得到与相位有关的信号：

$$x(t)=A_{\mathrm{c}}\cos\left[f_{\mathrm{QPSK}}(t)+\varphi_{\mathrm{d}}(t)\right] \tag{5.348}$$

式中：$\varphi_{\mathrm{d}}(t)$ 为倍频调制信号进入零频调制信号频谱的相位折合。由于倍频调制信号进入零频调制信号频谱的分量随数据编码而变，因此 $\varphi_{\mathrm{d}}(t)$ 具有随机性。上式经反余弦运算得相位输出信号：

$$f_{\mathrm{QPSK}}(t)+\varphi_{\mathrm{d}}(t)=\arccos\left[\frac{x(t)}{A_{\mathrm{c}}}\right] \tag{5.349}$$

钻井液压力 QPSK 信号的相移函数 $f_{\mathrm{QPSK}}(t)=\dfrac{3\pi}{2T_{\mathrm{c}}}\int_{0}^{t}L_{\mathrm{QPSK}}(t)\mathrm{d}t$ 为连续的单调增函数，调制后的载波相位为 $f_{\mathrm{QPSK}}(t)=n\pi/2$，如果 $n>2$，载波相位会超出反余弦函数的值域 $[-\pi,\ \pi]$，使通过解调产生的相移函数 $f_{\mathrm{QPSK}}(t)$ 出现非单调变化，即无法通过反余弦运算得到正确的相位变化，造成相位识别错误。因此，需要对解调后的相位输出信号进行相应的校正处理与数学重构。校正过程中通过对相位输出信号变化量的绝对值进行数值积分，重构出反映 QPSK 信号相移函数特征的相位信号，则上式变换为：

$$f_{\mathrm{QPSK}}(t)+\varphi_{\mathrm{d}}(t)=\int_{0}^{t}\mathrm{d}\left[f_{\mathrm{QPSK}}(t)+\varphi_{\mathrm{d}}(t)\right]=\sum_{N=0}^{M}\left|\Delta\arccos\left[\frac{x(NT_{\mathrm{s}})}{A_{\mathrm{c}}}\right]\right| \tag{5.350}$$

式中：$t=NT_{\mathrm{s}}$；T_{s} 为信号采样周期，s；N 为采样样本序数；M 为样本数。

（2）噪声对钻井液压力 QPSK 信号相位解调的影响分析。

考虑到噪声 $n(t)=r_{\mathrm{n}}(t)\cos\left[\omega_{\mathrm{c}}t+\varphi_{\mathrm{n}}(t)\right]$ 对信号的影响，则解调系统的输入信号可以表示为：

$$s_{\mathrm{QPSK}}(t)+n(t)=R(t)\sin\left[\omega_{\mathrm{c}}t-f_{\mathrm{QPSK}}(t)+\theta_{\mathrm{e}}(t)\right] \tag{5.351}$$

式中

$$\begin{cases}\theta_{\mathrm{e}}(t)=\arctan\dfrac{r_{\mathrm{n}}(t)\cos\left[\varphi_{\mathrm{n}}(t)+f_{\mathrm{QPSK}}(t)\right]}{A_{\mathrm{c}}-r_{\mathrm{n}}(t)\sin\left[\varphi_{\mathrm{n}}(t)+f_{\mathrm{QPSK}}(t)\right]}\\ R(t)=\sqrt{\left\{A_{\mathrm{c}}-r_{\mathrm{n}}(t)\sin\left[\varphi_{\mathrm{n}}(t)+f_{\mathrm{QPSK}}(t)\right]\right\}^{2}+\left\{r_{\mathrm{n}}(t)\cos\left[\varphi_{\mathrm{n}}(t)+f_{\mathrm{QPSK}}(t)\right]\right\}^{2}}\end{cases} \tag{5.352}$$

式中：$r_{\mathrm{n}}(t)$ 为限带噪声幅度，Pa；$\varphi_{\mathrm{n}}(t)$ 为限带噪声相位，rad；$\theta_{\mathrm{e}}(t)$ 为噪声对钻井液压力 QPSK 信号产生的相位干扰，rad；$R(t)$ 为包含噪声影响的信号等效幅度，Pa。根据数值计算，当信号信噪比 $\dfrac{A_{\mathrm{c}}}{r_{\mathrm{n}}(t)}\geqslant 10$，有：

$$R(t)\approx A_{\mathrm{c}} \tag{5.353}$$

$$\theta_{\mathrm{e}}(t)\approx\frac{r_{\mathrm{n}}(t)}{A_{\mathrm{c}}}\cos\left[\varphi_{\mathrm{n}}(t)+f_{\mathrm{QPSK}}(t)\right] \tag{5.354}$$

含噪声 QPSK 信号经过相干解调系统的乘法器和低通滤波器后有：

$$x_{\mathrm{e}}(t)=A_{\mathrm{c}}\cos\left[f_{\mathrm{QPSK}}(t)-\theta_{\mathrm{e}}(t)+\varphi_{\mathrm{d}}(t)\right] \tag{5.355}$$

相位信号为：

$$f_{\mathrm{QPSK}}(t)-\theta_{\mathrm{e}}(t)+\varphi_{\mathrm{d}}(t)=\arccos\left[\frac{x_{\mathrm{e}}(t)}{A_{\mathrm{c}}}\right] \tag{5.356}$$

值得注意的是，如果直接采用下式：

$$f_{\mathrm{QPSK}}(t)+\varphi_{\mathrm{d}}(t)-\theta_{\mathrm{e}}(t)=\sum_{N=0}^{\mathrm{M}}\left|\Delta\arccos\left[\frac{x(NT_{\mathrm{s}})}{A_{\mathrm{c}}}\right]\right|$$

重构出相位信号，由于$\varphi_{\mathrm{d}}(t)-\theta_{\mathrm{e}}(t)$的随机性，其绝对值将直接叠加到相移函数上，会将$\varphi_{\mathrm{d}}(t)-\theta_{\mathrm{e}}(t)$的影响放大；可以先将式$x_{\mathrm{e}}(t)=A_{\mathrm{c}}\cos\left[f_{\mathrm{QPSK}}(t)-\theta_{\mathrm{e}}(t)+\varphi_{\mathrm{d}}(t)\right]$滤波，再对相位信号进行重构。

（3）旋转阀转速控制脉冲的重构及信号解码。

通过对相位信号$f_{\mathrm{QPSK}}(t)-\theta_{\mathrm{e}}(t)+\varphi_{\mathrm{d}}(t)$进行导数运算，可得到含噪声情况下旋转阀转速控制脉冲序列函数的重构数学模型为：

$$L_{\mathrm{cQPSK}}(t)=\frac{2T_{\mathrm{c}}}{3\pi}\cdot\frac{\mathrm{d}\left[f_{\mathrm{QPSK}}(t)-\theta_{\mathrm{e}}(t)+\varphi_{\mathrm{d}}(t)\right]}{\mathrm{d}t}=L_{\mathrm{QPSK}}(t)+L_{\mathrm{eQPSK}}(t)+L_{\mathrm{dQPSK}}(t)$$

$$L_{\mathrm{eQPSK}}(t)=-\frac{2T_{\mathrm{c}}}{3\pi}\cdot\frac{\mathrm{d}\theta_{\mathrm{e}}(t)}{\mathrm{d}t} \tag{5.357}$$

$$L_{\mathrm{dQPSK}}(t)=\frac{2T_{\mathrm{c}}}{3\pi}\cdot\frac{\mathrm{d}\varphi_{\mathrm{d}}(t)}{\mathrm{d}t}$$

式中：L_{eQPSK}（t）为信号噪声对旋转阀控制脉冲重构的影响；L_{dQPSK}（t）为进入零频调制信号频谱的倍频调制信号对旋转阀控制脉冲重构产生的固有随机干扰。

钻井液压力 QPSK 信号的解码仍采用脉冲幅度的门限判定法，门限设在相邻双码元组所对应的控制脉冲逻辑电平的平均值处。根据钻井液压力 QPSK 信号调制规则，相邻的双码元组所对应的控制脉冲逻辑电平的平均值分别为 1/6、3/6、5/6，超过相关门限的脉冲幅度所对应的码元编码被划归上边的码元组，低于相关门限的脉冲幅度所对应的码元编码被划归下边的码元组。设重构的旋转阀转速控制脉冲函数L_{cQPSK}（t）的幅度为L_{cQPSK}，门限划分与脉冲幅度所对应的码元编码逻辑判断式可以表示为：

$$\begin{cases}0\leqslant L_{\mathrm{cQPSK}}<\dfrac{1}{6} & \text{码元编码“}a_{\mathrm{m}}b_{\mathrm{m}}=00\text{”}\\ \dfrac{1}{6}\leqslant L_{\mathrm{cQPSK}}<\dfrac{3}{6} & \text{码元编码“}a_{\mathrm{m}}b_{\mathrm{m}}=01\text{”}\\ \dfrac{3}{6}\leqslant L_{\mathrm{cQPSK}}<\dfrac{5}{6} & \text{码元编码“}a_{\mathrm{m}}b_{\mathrm{m}}=10\text{”}\\ \dfrac{5}{6}\leqslant L_{\mathrm{cQPSK}}\leqslant 1 & \text{码元编码“}a_{\mathrm{m}}b_{\mathrm{m}}=11\text{”}\end{cases}$$

采用上式对L_{cQPSK}进行逻辑判断，可确定出脉冲代表的双码元状态，再根据脉冲出现的时间顺序排列出数据编码，可实现钻井液压力 QPSK 信号的解码，钻井液压力 QPSK 信号相干解调与解码流程如图 5.153 所示。

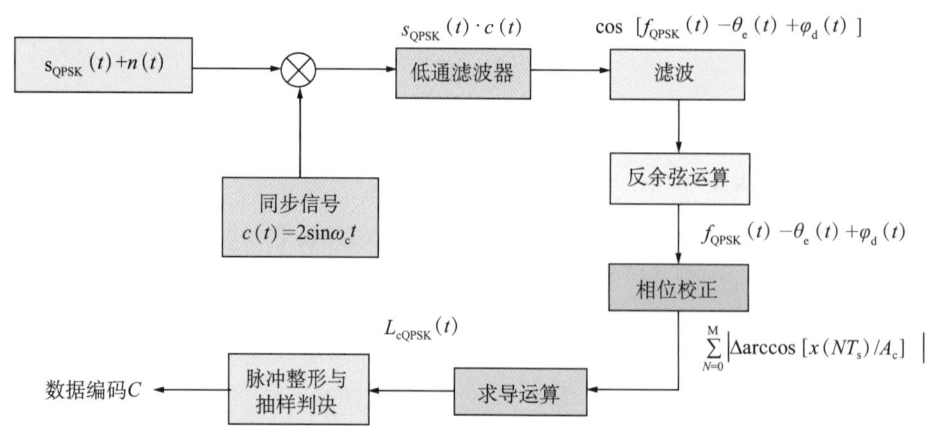

图5.153 钻井液压力QPSK信号相干解调与解码流程框图

由于钻井液压力 QPSK 调制时，编码数据的相邻双码元组所对应的控制脉冲逻辑电平阈值为 1/6，是只有钻井液压力 DPSK 调制时单码元所对应的控制脉冲逻辑电平阈值（1/2）的 1/3，因此钻井液压力 QPSK 更易受到相位噪声和固有干扰的影响，也更易造成误码。

（4）仿真分析。

设钻井液压力 QPSK 信号载频 f_c=20Hz，载波幅度 A_c=1Pa，钻井液压力 QPSK 调制数据为 10 位二进制数，数据编码 C=0101011110，输入信号的功率信噪比 S_i=109，解调系统低通滤波器截止频率 f_L=20Hz，采用 Matlab 进行数值计算与仿真分析。对解调出的余弦相位信号滤波后，对相位信号重构并进行导数运算重构出旋转阀转速控制脉冲，图 5.154 为噪声影响下钻井液压力 QPSK 信号的相干解调及脉冲重构的仿真结果。从图中可以看出，重构的旋转阀控制脉冲非常明显，经抽样判决和整形得到的控制脉冲序列及脉冲幅度与数据的编码规律相符，但脉冲存在较明显的波动干扰，说明解调系统固有干扰和信号噪声的影响较大。

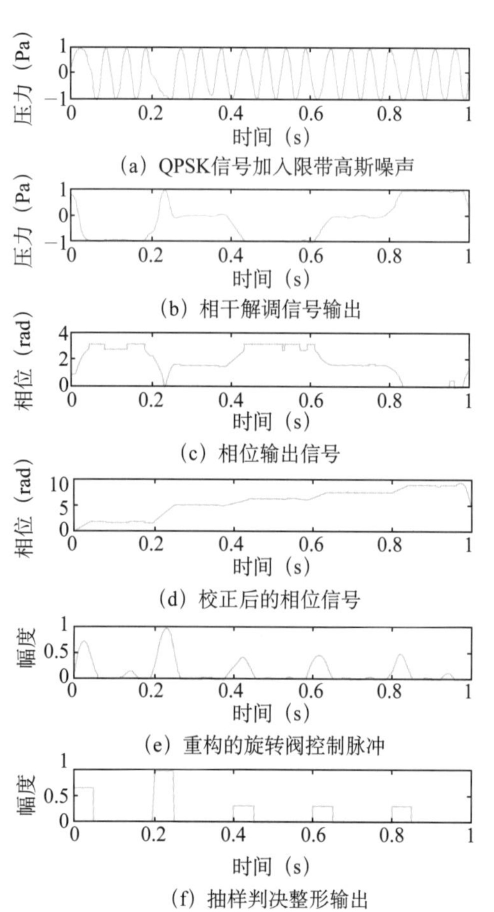

图5.154 钻井液压力QPSK信号的解调与旋转阀转速控制脉冲的重构仿真

5.8.3.3 误码率分析

误码率用来表征编码信息在传输过程中可能产生信息码元错误的概率。对于数字传输系统，噪声的影响会使接收端的信号经解码后产生误码，造成信息失真，因此通信系统的抗噪声性能或信息传输的可靠性指标可用误码率来衡量。对于数字通信系统，通常要求误码率小于 10^{-3} 量级，因此针对钻井液压力 PSK（DPSK 或 QPSK）信号进行误码率分析，可以为信号传输效果的可靠性评估及信号传输系统的可靠性设计提供理论分析基础。

（1）误码率数学模型。

重构的旋转阀转速控制脉冲为单极性基带信号。根据单极性脉码调制（PCM）脉冲的误码率分析，钻井液压力 PSK 信号重构脉冲的误码率可表示为：

$$P_b = \frac{1}{2}\left(1 - \frac{2}{\sqrt{\pi}}\int_0^{S_o/2\sqrt{2}} e^{-u^2}du\right) = \frac{1}{2}\left[1 - \text{erf}\left(\frac{S_o}{2\sqrt{2}}\right)\right]$$

$$\text{erf}\left(\frac{S_o}{2\sqrt{2}}\right) = \frac{2}{\sqrt{\pi}}\int_0^{S_o/2\sqrt{2}} e^{-u^2}du \tag{5.358}$$

式中：$\text{erf}\left(\frac{S_o}{2\sqrt{2}}\right)$为误差函数；$S_o$为脉冲的幅度信噪比，为脉冲幅度与干扰噪声的有效值之比。

对于钻井液压力 DPSK 信号，重构的旋转阀转速控制脉冲为等幅度的单极性基带信号，其幅度信噪比数学模型可参照单极性 PCM 脉冲的信噪比进行构建。对于钻井液压力 QPSK 信号，重构的旋转阀转速控制脉冲为变幅度的单极性基带信号，其幅度信噪比的数学模型需要根据重构脉冲的误码阈值进行构建。

式（5.358）表明，误码率只与基带信号的幅度信噪比有关，图 5.155 为误码率与重构脉冲信噪比（dB）的关系曲线。图 5.155 中，当信噪比分贝值 S_o>16 dB 时，误码率随着信噪比的增加迅速下降，因此 S_o>16 dB 可以看作信噪比门限，对应的误码率为 10^{-3} 量级，为数字通信系统可靠性指标的下限。对于重构的旋转阀控制脉冲误码率计算，关键是要得到 PSK（DPSK 或 QPSK）信号经解调后重构脉冲的幅度信噪比。

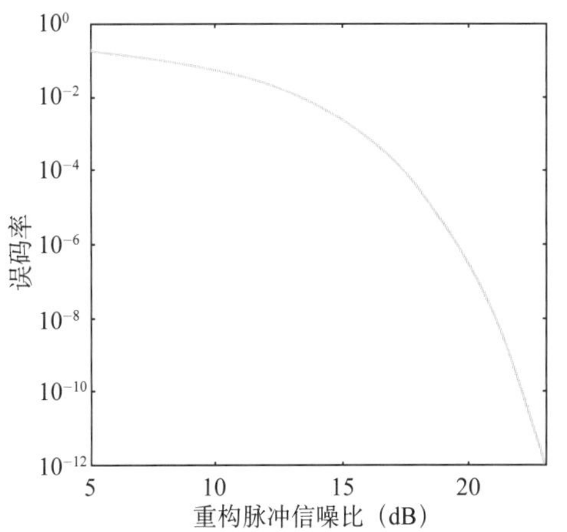

图5.155 重构的旋转阀控制脉冲信噪比(dB)对误码率的影响

（2）钻井液压力 DPSK 信号的误码率分析。

①重构的旋转阀转速控制脉冲信噪比数学模型。

将随机噪声幅度 r_n（t）用噪声方差 σ_n^2 来表示，有 $r_n(t) = \sqrt{2}\sigma_n$，定义

$$S_i = \frac{A_c^2}{2\sigma_n^2} \tag{5.359}$$

为输入信号的功率信噪比，则噪声引起的相位干扰为：

$$\theta_e(t) = \frac{\cos[\varphi_n(t) + f_{DPSK}(t)]}{\sqrt{S_i}} \tag{5.360}$$

信号噪声对重构的旋转阀转速控制脉冲影响为：

$$L_{eDPSK}(t) = -\frac{T_c}{\pi}\cdot\frac{d[\theta_e(t)]}{dt} = \frac{T_c}{\pi\sqrt{S_i}}\cdot\frac{d[\varphi_n(t) + f_{DPSK}(t)]}{dt}\cdot\sin[\varphi_n(t) + f_{DPSK}(t)] \tag{5.361}$$

由于有 $|\sin[\varphi_n(t) + f_{DPSK}(t)]|_{max} = 1$，设

$$L_{nDPSK}(t) = \frac{T_c}{\pi}\cdot\frac{d\varphi_n(t)}{dt} \tag{5.362}$$

则 L_{eDPSK}（t）的最大值可表示为：

$$L_{eDPSK}(t)\big|_{max} = \frac{L_{DPSK}(t) + L_{nDPSK}(t)}{\sqrt{S_i}} \tag{5.363}$$

将$L_{eDPSK}(t)$用最大值$L_{eDPSK}(t)\big|_{max}$表示，则重构的旋转阀转速控制脉冲序列函数可以表示为：

$$L_{cDPSK}(t)=L_{DPSK}(t)+\frac{L_{DPSK}(t)+L_{nDPSK}(t)}{\sqrt{S_i}}+L_{dDPSK}(t) \tag{5.364}$$

式中：$\frac{L_{DPSK}(t)+L_{nDPSK}(t)}{\sqrt{S_i}}+L_{dDPSK}(t)$为噪声与解调系统干扰对旋转阀转速控制脉冲函数$L_{DPSK}$（$t$）的最大随机干扰。

由于L_{DPSK}（t）与噪声相位有关，根据信号相位与频率关系，对于$n(t)=r_n(t)\cos\left[\omega_c t+\varphi_n(t)\right]$，噪声$n$（$t$）的频率分布为：

$$\frac{\mathrm{d}\left[\omega_c t+\varphi_n(t)\right]}{\mathrm{d}t}=2\pi(f_c+f_\varphi) \tag{5.365}$$

即n（t）的频谱为以f_c为中心的频带，因此n（t）的频率范围为：

$$f_n=f_c\pm\left|f_\varphi\right| \tag{5.366}$$

式中：$\left|f_\varphi\right|$为噪声频率偏离载频的偏频。根据钻井液压力DPSK信号的频谱特征，DPSK信号的频谱范围为$f_{DPSK}=f_c\pm\frac{f_c}{4}$，由于噪声的频谱与DPSK信号频谱落在同一频带内，因此有频偏$\left|f_\varphi\right|=\frac{1}{2\pi}\cdot\frac{\mathrm{d}\varphi_n(t)}{\mathrm{d}t}\leqslant\frac{f_c}{4}$，则噪声相位产生的最大干扰幅度为：

$$L_{nDPSK}(t)\big|_{max}=\frac{T_c}{\pi}\cdot\frac{\mathrm{d}\varphi_n(t)}{\mathrm{d}t}\bigg|_{max}=\frac{T_c}{\pi}\cdot 2\pi\frac{f_c}{4}=0.5 \tag{5.367}$$

设在DPSK信号一个数据周期内，解调系统固有干扰L_{dDPSK}（t）的最大幅度为L_{dDPSK}，旋转阀控制脉冲幅度为A_p，则噪声与解调系统干扰的最大幅度可以表示为：

$$A_{nDPSK}=\frac{A_p+L_{nDPSK}(t)\big|_{max}}{\sqrt{S_i}}+L_{dDPSK} \tag{5.368}$$

考虑到旋转阀控制脉冲幅度的逻辑电平为A_p=1，$L_{nDPSK}(t)\big|_{max}=0.5$，将$A_{nDPSK}$用有效值$A_{neff}$表示，有$A_{nDPSK}=\sqrt{2}A_{neff}$，则重构的旋转阀控制脉冲的幅度信噪比的数学模型可以表示为：

$$S_{oDPSK}=\frac{A_p}{A_{neff}}=\frac{\sqrt{2}A_p}{A_{nDPSK}}=\frac{\sqrt{2}A_p}{\frac{\left[A_p+L_{nDPSK}(t)\big|_{max}\right]}{\sqrt{S_i}}+L_{dDPSK}}=\frac{\sqrt{2S_i}}{1.5+\sqrt{S_i}\frac{L_{dDPSK}}{A_p}} \tag{5.369}$$

可以看出，重构的旋转阀控制脉冲的幅度信噪比S_{oDPSK}与输入信号的功率信噪比S_i及解调系统产生的固有干扰L_{dDPSK}有关，涵盖了噪声与系统干扰的影响。

上式用分贝表示为：

$$S_{oDPSK}(\mathrm{dB})=20\lg S_{oDPSK}=\left(20\lg\sqrt{2S_i}\right)-20\lg\left(1.5+\frac{\sqrt{S_i}L_{dDPSK}}{A_p}\right) \tag{5.370}$$

S_{oDPSK} 式的应用条件为 $\dfrac{A_c}{r_n(t)} \geqslant 10$，即 $S_i = \dfrac{A_c^2}{2\sigma_n^2} = \left[\dfrac{A_c}{r_n(t)}\right]^2 \geqslant 100$；当 $S_i<100$ 时，该式可作为参考。由该式可以看出，解调系统的固有干扰 L_{dDPSK} 对重构脉冲的信噪比有着较大影响；在输入信号的功率信噪比 S_i 很大情况下，有 $\dfrac{\sqrt{S_i}L_{\mathrm{dDPSK}}}{A_p} \gg 1.5$，则重构脉冲的信噪比最终被限制在 $S_o = \dfrac{\sqrt{2}A_p}{L_{\mathrm{dDPSK}}}$，令固有干扰的幅度比 $L_{\mathrm{dDPSK}}/A_p=0.2$，有 S_{oDPSK}（dB）=17dB，数值计算表明，其误码率大约为 10^{-4} 量级，可以满足数字通信系统误码率的要求，但对输入信号的信噪比要求很高；如果适当减小解调系统干扰，可以放宽对输入信号信噪比的要求。图 5.156 为解调系统固有干扰的幅度比 L_{dDPSK}/A_p 为参变量时，钻井液压力 DPSK 信号重构脉冲的幅度信噪比（dB）与输入信号功率信噪比关系曲线。

由图 5.156 可以看出，降低解调系统的固有干扰可以较大地提高重构脉冲的信噪比；数值计算表明，在 $L_{\mathrm{dDPSK}}/A_p=0.15$ 条件下，输入信号的信噪比 S_i 不小于 420 可以使重构脉冲信噪比大于 16dB，使误码率满足数字通信系统的基本要求。

②仿真分析。

设钻井液压力 DPSK 信号载频 f_c=20Hz，载波幅度 A_c=1Pa，数据编码 C_{DPSK}（t）=1010101011，输入信号的功率信噪比 S_i=106，解调系统的低通滤波器截止频率 f_L=20Hz。通过 Matlab 的数值仿真分析，无噪声影响下解调系统固有干扰的幅度比 $L_{\mathrm{dDPSK}}/A_p=0.17$。图 5.157 为噪声影响下钻井液压力 DPSK 信号的相干解调及脉冲重构的仿真结果，从图中可以看出，重构的旋转阀控制脉冲非常明显，经抽样判决和整形得到的控制脉冲序列符合调制数据的编码规律。通过进一步分析，虽然控制脉冲的抽样判决结果正确，但解调系统固有干扰和信号噪声的影响较大，造成重构的旋转阀控制脉冲信号存在较明显的波动干扰，数值计算此时的误码率为 P_b=0.013，如果输入信号的功率信噪比进一步减小很可能造成误码。数值仿真表明，当输入信号的功率信噪比下降为 S_i=10.8 时，产生一个控制脉冲的判决错误，相当于误码率为 0.1；数值计算表明，此时重构脉冲的信噪比为 S_{oDPSK}（dB）= 7.1dB，计算的误码率为 P_b=0.13。由于解调系统固有干扰与 DPSK 信号的数据编码有关，表 5.20 为不同数据编码的钻井液压力 DPSK 信号重构脉冲，出现一个脉冲判决错误时误码率的理论计算结果。

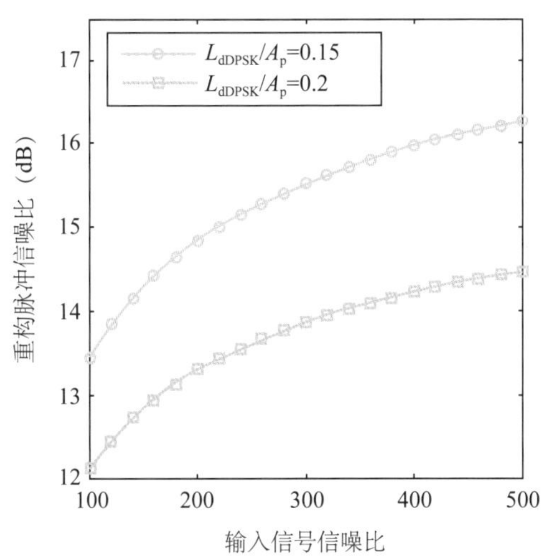

图5.156　钻井液压力DPSK信号的重构脉冲信噪比（dB）与输入信号信噪比的关系曲线

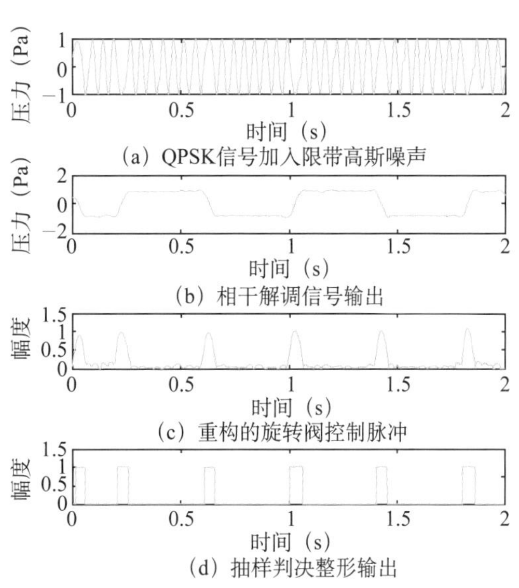

图5.157　有噪声条件下钻井液压力DPSK信号的解调仿真

表5.20 不同数据编码的钻井液压力DPSK信号误码率

数据编码 C	输入信号功率信噪比 S_i	固有干扰幅度比 L_{dQPSK}/A_p	计算的误码率 P_b	误码率仿真值
0110111010	10.1	0.15	0.13	0.1
1010101011	10.8	0.17	0.13	0.1
1110110011	11.4	0.18	0.13	0.1
1100101010	10.9	0.15	0.12	0.1
1111111111	10.7	0.18	0.13	0.1

从表 5.20 可以看出，通过理论计算的钻井液压力 DPSK 信号误码率与仿真分析结果基本一致，验证了上述的理论分析结果。由于 S_{oDPSK} 为重构脉冲可能的最小信噪比，因此 DPSK 信号误码率的计算值比实际值要稍大。

（3）钻井液压力 QPSK 信号的误码率分析。

①重构的旋转阀转速控制脉冲信噪比数学模型。

由于噪声引起的相位干扰 $\theta_e(t)=\dfrac{\cos\left[\varphi_n(t)+f_{QPSK}(t)\right]}{\sqrt{S_i}}$，其中 $S_i=\dfrac{A_c^2}{2\sigma_n^2}$ 为输入信号的功率信噪比，则信号噪声对重构的旋转阀转速控制脉冲影响为：

$$L_{eQPSK}(t)=-\frac{2T_c}{3\pi}\cdot\frac{d\left[\theta_e(t)\right]}{dt}=\frac{2T_c}{3\pi\sqrt{S_i}}\cdot\frac{d\left[\varphi_n(t)+f_{QPSK}(t)\right]}{dt}\cdot\sin\left[\varphi_n(t)+f_{QPSK}(t)\right] \tag{5.371}$$

一个码元周期内有 $\left|\sin\left[\varphi_n(t)+f_{QPSK}(t)\right]\right|_{max}=1$，令 $L_{nQPSK}(t)=\dfrac{2T_c}{3\pi}\cdot\dfrac{d\varphi_n(t)}{dt}$，则 L_{eQPSK}（t）的最大值可表示为：

$$L_{eQPSK}(t)\big|_{max}=\frac{L_{QPSK}(t)+L_{nQPSK}(t)}{\sqrt{S_i}} \tag{5.372}$$

将 L_{eQPSK}（t）用最大值 $L_{eQPSK}(t)\big|_{max}$ 表示，则重构的旋转阀转速控制脉冲序列函数可以表示为：

$$L_{cQPSK}(t)=L_{QPSK}(t)+\frac{L_{QPSK}(t)+L_{nQPSK}(t)}{\sqrt{S_i}}+L_{dQPSK}(t) \tag{5.373}$$

其中，$\dfrac{L_{QPSK}(t)+L_{nQPSK}(t)}{\sqrt{S_i}}+L_{dQPSK}(t)$ 为噪声与解调系统干扰对旋转阀控制脉冲函数 L_{cQPSK}（t）用最大值 L_{QPSK}（t）的最大随机干扰。

由于 L_{nQPSK}（t）与噪声相位有关，根据信号相位与频率关系，对于 $n(t)=r_n(t)\cos\left[\overline{\omega}_c t+\varphi_n(t)\right]$，噪声 n（t）的频率分布为 $\dfrac{d\left[\omega_c t+\varphi_n(t)\right]}{dt}=2\pi(f_c+f_\varphi)$，即 n（t）的频谱为以 f_c 为中心的频带，因此 n（t）的频率范围为 $f_n=f_c\pm\left|f_\varphi\right|$，其中 $\left|f_\varphi\right|$ 为噪声频率偏离载频的偏频。频谱分析表明，钻井液压力 QPSK 信号的频谱范围为 $f_{QPSK}=f_c\pm(f_c/4)$，由于噪声的频谱与钻井液压力 QPSK 信号频谱落在同一频带内，因此有频偏 $\left|f_\varphi\right|=\dfrac{1}{2\pi}\cdot\dfrac{d\varphi_n(t)}{dt}\leqslant\dfrac{f_c}{4}$，则噪声相位产生的最大干扰幅度为：

$$L_{nQPSK}(t)\big|_{max}=\frac{2T_c}{3\pi}\cdot\frac{d\varphi_n(t)}{dt}\Big|_{max}=\frac{2T_c}{3\pi}\cdot 2\pi\frac{f_c}{4}=0.333$$

钻井液压力 QPSK 信号调制时，旋转阀控制脉冲的最大幅度为 $L_{QPSK}(t)\big|_{max}=A_p$（对应双码元“11”），最小幅度为 $L_{QPSK}(t)\big|_{max}=A_p$（对应双码元“01”），相邻双码元产生的控制脉冲幅度差值为 $\Delta L=A_p/3$，根据误码率的理论分析，当随机干扰的幅度超过 $\Delta L/2$ 值时将会产生误码，即误码率阈值为 $\Delta L/2$，因此等效的 PCM 脉冲幅度为：

$$A_{PCM}=\Delta L=A_p/3 \tag{5.374}$$

通过分析 $L_{QPSK}(t)\big|_{max}$，与 QPSK 信号调制时旋转阀控制脉冲的幅度（或码元状态）有关，在脉冲为最大幅度 A_p 时，解调系统固有干扰与噪声对重构脉冲的影响 $[L_{eQPSK}(t)+L_{dQPSK}(t)]$ 最大，重构脉冲的信噪比最低，因此应以其影响的最大值来构建信噪比。设在 QPSK 信号一个数据周期内，解调系统固有干扰 $L_{dQPSK}(t)$ 的最大幅度为 L_{dQPSK}，则噪声与解调系统干扰的最大幅度为：

$$A_{nQPSK}=\frac{A_p+L_{nQPSK}(t)\big|_{max}}{\sqrt{S_i}}+L_{dQPSK} \tag{5.375}$$

由于 $A_p=1$，$L_{nQPSK}(t)\big|_{max}=0.333$，将 A_n 用有效值 A_{neff} 表示，有 $A_n=\sqrt{2}A_{neff}$，则重构的旋转阀控制脉冲的幅度信噪比数学模型为：

$$S_{oQPSK}=\frac{A_{PCM}}{A_{neff}}=\frac{\sqrt{2}A_p}{3A_n}=\frac{\sqrt{2}A_p}{\dfrac{3\left[A_p+L_{nQPSK}(t)\big|_{max}\right]}{\sqrt{S_i}}+3L_{dQPSK}}=\frac{\sqrt{2S_i}}{4+3\sqrt{S_i}\dfrac{L_{dQPSK}}{A_p}} \tag{5.376}$$

用分贝表示：

$$S_{oQPSK}(db)=20\lg S_{oQPSK}=\left(20\lg\sqrt{2S_i}\right)-20\lg\left(4+\frac{3\sqrt{S_i}L_{dQPSK}}{A_p}\right) \tag{5.377}$$

S_{oQPSK} 式的应用条件为 $A_c/r_n(t)\geqslant 10$，即 $S_i=\dfrac{A_c^2}{2\sigma_n^2}=\left[\dfrac{A_c}{r_n(t)}\right]^2\geqslant 100$；当 $S_i<100$ 时，该式可作为参考，但计算的重构脉冲信噪比会有些偏大。由该式可以看出，解调系统产生的固有干扰 L_{dQPSK} 对重构脉冲的幅度信噪比有着较大影响，当输入信号的功率信噪比 S_i 很大时，有 $3\sqrt{S_i}L_{dQPSK}/A_p\gg 4$，则重构脉冲的信噪比最终被限制在 $S_{oQPSK}=\sqrt{2}A_p/3L_{dQPSK}$；令固有干扰的幅度比 $L_{dQPSK}/A_p=0.1$，则 $S_{oQPSK}=13.5$ dB，计算得到的误码率接近 10^{-2} 量级。因此，要使误码率满足数字通信系统可靠性指标 $P_b\leqslant 10^{-3}$ 的基本要求，必须减小解调系统产生的固有干扰。图 5.158 为固有干扰的幅度比为参变量时钻井液压力 QPSK 信号重构脉冲的幅度信噪比 S_{oQPSK}（dB）与输入信号功率信噪比 S_i 关系曲线。

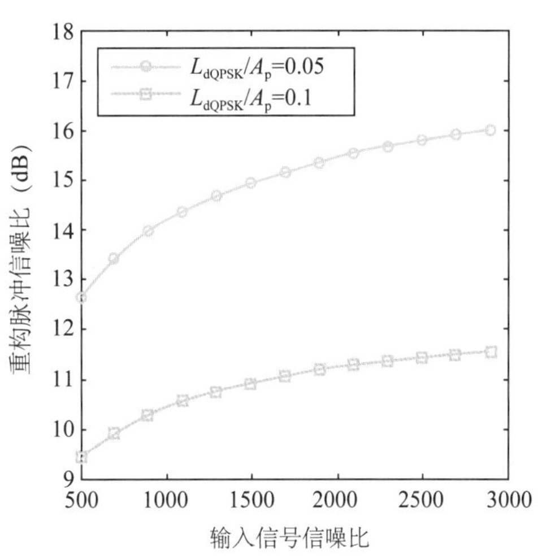

图5.158　钻井液压力QPSK信号的重构脉冲信噪比（dB）与输入信号信噪比关系曲线

从图 5.158 可以看出，降低解调系统的固有干扰

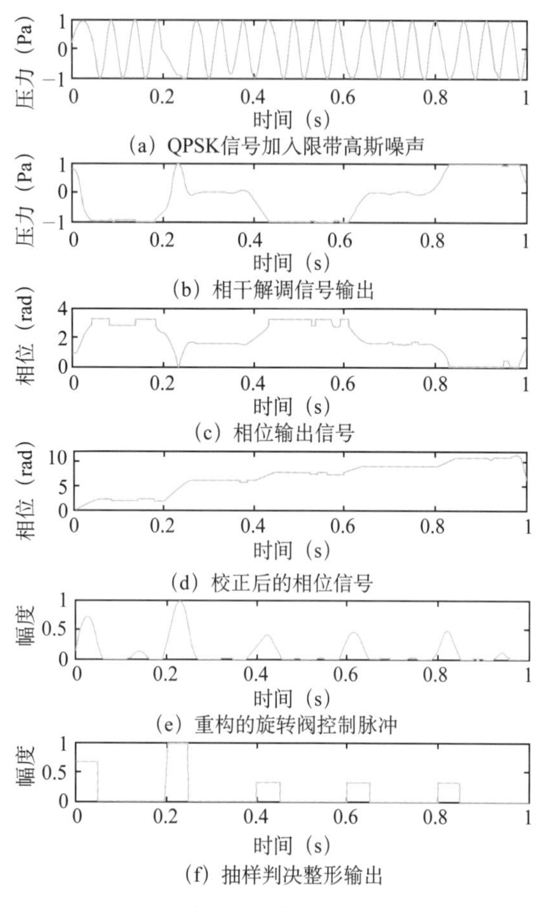

图5.159　有噪声条件下钻井液压力QPSK信号的解调仿真

可以较大幅度地提高重构脉冲的信噪比，但要使其高于信噪比门限，还需大幅度增加输入信号的功率信噪比；数值计算表明，在 L_{dQPSK}/A_p=0.05 条件下，输入信号的功率信噪比 $S_i \geqslant 2900$ 可以使重构脉冲信噪比大于 16dB。

②仿真分析。

设钻井液压力 QPSK 信号载频 f_c=20Hz，载波幅度 A_c=1Pa，钻井液压力 QPSK 调制数据为 10 位二进制数，数据编码 C_{QPSK}=0101011110，输入信号的功率信噪比 S_i=109，解调系统低通滤波器截止频率 f_L=20Hz，采用 Matlab 进行数值计算与仿真分析。对解调出的余弦相位信号滤波后，对相位信号重构并进行导数运算重构出旋转阀转速控制脉冲，图 5.159 为噪声影响下钻井液压力 QPSK 信号的相干解调及脉冲重构的仿真结果。从图中可以看出，重构的旋转阀控制脉冲非常明显，经抽样判决和整形得到的控制脉冲序列及脉冲幅度与数据的编码规律相符，但脉冲存在较明显的波动干扰，说明解调系统固有干扰和信号噪声的影响较大。数值计算表明，此时解调系统的固有干扰幅度比 L_{dQPSK}/A_p=0.08，误码率 P_b=0.13，如果输入信号的功率信噪比进一步减小，很可能造成误码。数值仿真表明，当输入信号的功率信噪比下降为 S_i=62 时，产生一个脉冲幅度判决错误，相当于误码率为 0.2，而误码率的计算值为 P_b=0.17，与仿真分析结果接近。由于解调系统固有干扰与钻井液压力 QPSK 信号的数据编码有关，表 5.21 为不同数据编码的钻井液压力 QPSK 信号重构脉冲，数值仿真出现一个脉冲幅度判决错误时，通过计算得出的误码率。

表5.21　不同数据编码的钻井液压力QPSK信号误码率

数据编码 C	输入信号功率信噪比 S_i	固有干扰幅度比 L_{dQPSK}/A_p	误码率计算值 P_b	误码率仿真分析值
0101011110	62	0.08	0.17	0.2
1010101010	66	0.1	0.19	0.2
0110101010	71	0.1	0.18	0.2
1110101010	74	0.1	0.18	0.2
1111111111	37	0.05	0.19	0.2

从表 5.21 可以看出，误码率的计算值略小于仿真分析结果，但二者在同一个量级且非常接近，产生偏差的原因为：一是由于相位重构为相位输出信号变化量的绝对值积分，虽然在相位重构前对解调出的余弦相位信号进行过滤波处理，但仅滤除掉了较高频率的噪声和干扰，低频噪声和干扰无法去除（由于低频噪声和干扰与余弦相位信号出现频谱重叠），由于相位重构对噪声和干扰具有一定的放大作用，这在一定程度上影响了相位校正效果并带来误码率仿真分析值的增大；二是由于

表 7 中输入信号的功率信噪比 S_i 均小于 100，则参考 S_{oQPSK} 式计算的重构脉冲幅度信噪比有些偏大，因此计算的误码率比仿真分析值稍小。

5.9 提高信息传输质量效率的技术方法及其工程实现

在随钻测量信息向地面传输的过程中，信息质量和传输效率是两个最重要的评价指标。信息质量是指上传信号的准确度和正确率，传输效率是指在确保信号质量的前提下信息传输的速率。

以下简单介绍笔者研究团队发明的一种新的井下信息编码解码方法和自适应传输方法，以及该技术的工程实现。

5.9.1 井下信息传输的编码解码方法

随着钻井深度的增加，井下信号传输到地面的距离随之加大，由于信号传输信道环境非常恶劣，噪声高，以致脉冲容易畸变，在解码时难以确定真实脉冲的位置，从而造成解码错误，信号质量难以保证。为了提高信号抗干扰能力，发明了一种“井下信息传输的编码及解码方法”(ZL200810114634.4)，已成功应用于 DREMWD 系统，结果表明系统信息传输抗干扰能力大大增强，显著提高了地面接收上传信息的成功率和解码正确率，从而也提高了井下信息的数据上传速率。

该方法是：对一组编码映射数据中的每个编码单元的低位脉冲码位和高位脉冲码位按一定的顺序进行排列，然后在编码单元内选取参考点，使低位脉冲码位相比于高位脉冲码位更靠近所选参考点；再将低位脉冲码位的位置相对于参考点进行偶数化处理，这样可以使低位脉冲码位调制的抗干扰能力提高 1 倍，而高位脉冲再以低位脉冲位置做参考，消除参考点模糊性，从而也间接提高了高位脉冲码位调制的抗干扰能力。因此，解码准确率显著提高，从而也提高了井下信息数据上传速率。如图 5.160 所示。

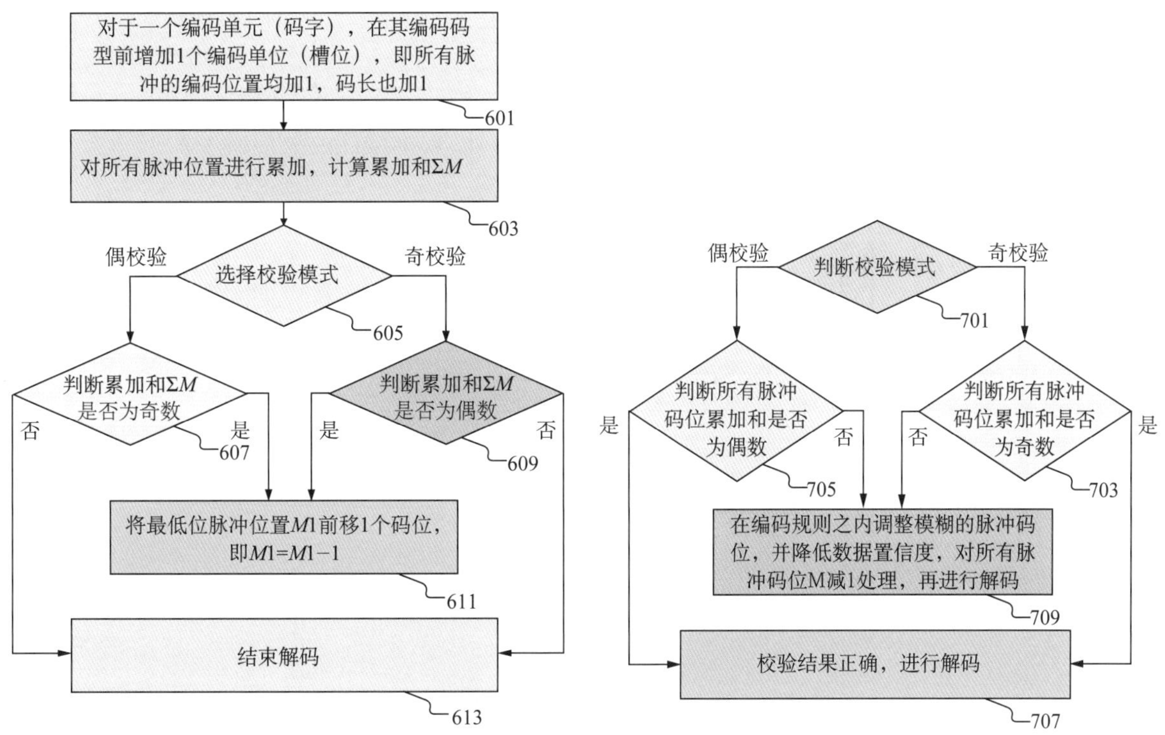

图5.160 脉冲位置自校验处理的编码与解码方法流程图

5.9.2 井下信息自适应传输方法

在油气井钻井过程中，需要把井底的测量信息实时传输到地面，但由于现有技术水平的制约，信息传输速率相对较低，井下大量数据信息难以及时传输到地面。传统的信息遴选技术主要是根据定向和旋转钻进模式进行不同信息的选择，来实现不同钻进模式下关键参数的优先传送。这种方式虽然在一定程度上缓解了井下信息传输不及时的矛盾，但是当遭遇井下地层或井下状况突变时产生的测量参数难以在这种模式下迅速传到地面，而重复传送无显著变化的参数，既浪费时间也无意义。

为解决这一问题，发明了一种“井下信息自适应传输方法和系统”（ZL200810114817.6），已成功应用于 DREMWD 系统。现场施工应用表明，此方法不仅提高了井下信息传输效率，同时能够满足不同工况下，地面工程师迫切获取实时井下随钻信息的要求。

该方法通过对井下信息进行优先级分类，自适应确定不同时刻的井下参数关键程度，使井下关键信息能及时地传输到地面，从而实现关键信息的优先传输，间接实现提高信息传输效率。

其原理是：首先将井下采集的数据分为几何参数信息、地层特性参数信息和工程参数信息，根据井下仪器与工具的工作状态设定以上信息传输优先权重和特别优先级别，并计算出各参数信息测量数据变化量的大小，确定出各参数信息的普通传输优先级别，然后再根据各类参数的传输优先权重调整普通传输优先级别，最后根据特别优先级别、普通传输优先级别的顺序对几何参数信息、地层特性参数信息以及工程参数信息进行组帧传输。如图 5.161 所示。

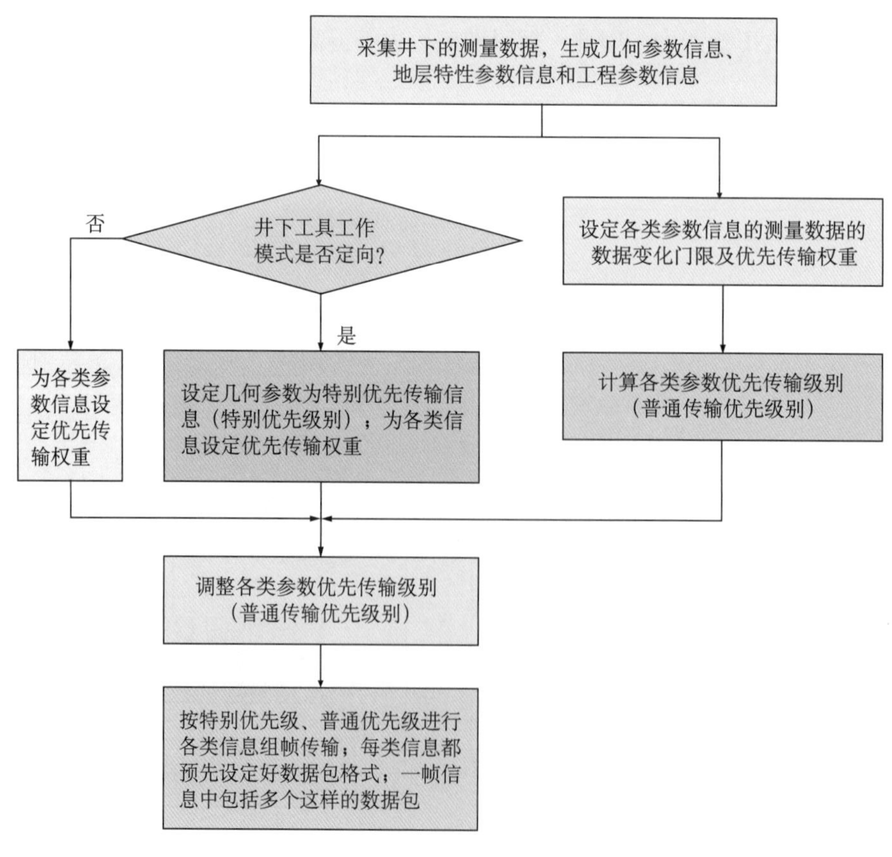

图5.161　井下信息自适应传输方法流程图

参考文献

[1] 苏义脑，盛利民，窦修荣，等．NBLOG-I 型随钻近钻头地质 / 工程参数测量短节的研制与现场实验 [M]// 苏义脑，徐鸣雨．钻井基础理论研究与前沿技术开发新进展．北京：石油工业出版社，2005：35—45.

[2] 储昭坦，邓乐，等．从随钻测量、随钻测井到地质导向 [M]// 中国石油天然气集团公司钻井工程重点实验室．井下控制工程技术学术研讨会论文集．北京：石油工业出版社，2003：30—36.

[3] 苏义脑，盛利民，等．地质导向钻井技术与我国 CGDS-I 地质导向钻井系统的研制 [M]// 中国石油天然气集团公司钻井工程重点实验室．井下控制工程技术学术研讨会论文集．北京：石油工业出版社，2003：23—29.

[4] Rodney P , Wisler M. Electromagnetic Wave Resistivity MWD Tool[C].SPE 12167，1983.

[5] Clark B，Allen D F，et al. Electromagnetic Propagation Logging While Drilling：Theory and Experiment[C].SPE 18117，1988.

[6] 田子力，孙以睿，等．感应测井理论及其应用 [M]. 北京：石油工业出版社，1984.

[7] 测井学编写组．测井学 [M]. 北京：石油工业出版社，1998.

[8] ShenL C，Huang S C.The Theory of 2MHz Resistivity Tool and Its Application to Measurement-While-Drilling[J].The Log Analyst，1984，25（3）：35—46.

[9] 谢仲生．核反应堆物理分析 [M]. 北京：原子能出版社，2004.

[10] 黄隆基．放射性测井原理 [M]. 北京：石油工业出版社，1985.

[11] 谢仲生，邓力．中子输运理论数值计算方法 [M]. 西安：西北工业大学出版社，2005.

[12] 宋延淳，邓乐，毛为民．随钻中子孔隙度测量的数值模拟研究 [C]. 钻井基础理论研究与前沿技术开发新进展学术研讨会，北京，2008.11.

[13] 宋延淳，邓乐，毛为民．随钻中子孔隙度测量的多重中子发射控制 [C]. 钻井基础理论研究与前沿技术开发新进展学术研讨会，北京，2008.11.

[14] 毛为民，宋延淳．随钻中子孔隙度测量中的快中子监测研究 [C]. 钻井基础理论研究与前沿技术开发新进展学术研讨会，北京，2008.11.

[15] 艾维平，邓乐，宋延淳．随钻中子孔隙度测量系统中高压电源的研制 [J]. 电力电子技术，2010（3）：53—54，59.

[16] 宋延淳，邓乐．井下控制系统的工程设计实践与思考 [C]// 苏义脑．钻井基础理论研究与前沿技术开发新进展学术研讨会论文集．北京：石油工业出版社，2010：21—25.

[17] 鄢泰宁，胡郁乐，张涛．检测技术及钻井仪表 [M]. 武汉：中国地质大学出版社，2009.

[18] Inglis T A. 定向钻井 [M]. 苏义脑，等，译．北京：石油工业出版社，1995.

[19] 苏义脑，等．井下控制工程学研究进展 [M]. 北京：石油工业出版，2001.

[20] 刘修善，苏义脑．地面信号下传系统的方案设计 [J]. 石油学报，2000，21（6）：88—92.

[21] Arps J J. Continuous Logging While Drilling—A Practical Reality[C]. SPE Annual Fall Meeting，1963.

[22] McDonald W J.MWD：State of the Art—1，MWD Looks Best for Directional Work and Drilling Efficiency[J]. Oil &gas Journal，1978，23（3）.

[23] McDonald W J.MWD：State ofthe Art—2，Four Different Systems Used for MWD[J]. Oil & Gas

Journal，1978，3（4）.
[24] 王学芳，叶宏开，汤荣铭，等．工业管道中的水锤 [M]. 北京：科学出版社，1995.
[25] Wylie E B，Streeter V L. Fluid Transients[M]. New York：McGraw-Hill Book Co.，1978.
[26] 苏尔皇．管道动态分析及液流数值计算方法 [M]. 哈尔滨：哈尔滨工业大学出版社，1985.
[27] 蒲家宁．管道水击分析与控制 [M]. 北京：机械工业出版社，1991.
[28] 刘修善，苏义脑．钻井液脉冲信号的传输特性分析 [J]. 石油钻采工艺，2000，22（4）：8–10.
[29] Xiushan Liu，Shushan He，Zhengchao Zhao.Hydrodynamic Equations Model Mud-Pulse Telemetry Transmissions [J]. Oil & Gas Journal，2003，101（3）：47–49.
[30] 刘修善．钻井液脉冲沿井筒传输的多相流模拟技术 [J]. 石油学报，2006，27（4）：115–118.
[31] 刘修善，苏义脑．钻井液脉冲信号的传输速度研究 [J]. 石油钻探技术，2000，28（5）：24–26.
[32] Zaihong Shi，Xiushan Liu.Multiphase Technique Improves Mud-Pulse Velocity Calculations[J]. Oil & Gas Journal，2002，100（26）：45–51.
[33] 刘修善，苏义脑，岑章志．钻井液脉冲传输速度的影响因素分析 [J]. 石油钻采工艺，1999，21（5）：1–4，9.
[34] 陈家琅．石油气液两相管流 [M]. 北京：石油工业出版社，1989.
[35] Desbrandes R，Bourgoyne At J，Carter J A.MWD Transmission Data Rates can be Optimized[J]. Petroleum Engineer International，1987，59（6）：46–52.
[36] Desbrandes R. MWD Technology，Part 2—Data Transmission[J]. Petroleum Engineer International，1988，60（10）：48–54.
[37] Beggs D H，Brill J P. A Study of Two-Phase Flow in inclined pipes[J]. Journal of Petroleum Technology，1973，25（5）：607–617.
[38] 杨谋，孟英峰，李皋，等．钻井液径向温度梯度与轴向导热对井筒温度分布影响 [J]. 物理学报，2013，62（7）：537–546.
[39] 宋洵成，管志川，韦龙贵，等．保温油管海洋采油井筒温度压力计算耦合模型 [J]. 石油学报，2012，33（6）：1064–1067.
[40] 宋洵成，韦龙贵，何连，等．气液两相流循环温度和压力预测耦合模型 [J]. 石油钻采工艺，2012，34（6）：5–9.
[41] Collier S L. 钻井液泵手册 [M]. 寇炳国，陈继龙，译．北京：石油工业出版社，1988.
[42] 何树山，刘修善．钻井液正脉冲信号的衰减分析 [J]. 钻采工艺，2001，24（6）：1–3，12.
[43] Drumheller D S. Extensional Stress Waves in One-Dimensional Elastic Waveguides[J]. J. Acoust.soc. Am.，1992，96 (6) .
[44] Drumheller D S. Acoustic Properties of Drill Strings[R]. US：Sandia National Laboratory Report，1988.
[45] Drumheller D S. Attenuation of Sound Waves in Drill Strings[J]. J. Acoust.Soc. Am，1993，94（4）.
[46] Drumheller D S. Propagation of Sound Waves in Drill Strings[J]. J. Acoust.Soc. Am. 1995，97（4）.
[47] 李成，丁天怀．不连续边界对周期管声传输特性影响 [J]. 振动与冲击，2006，25（3）：172–175，215–216.
[48] Brillouin L. Wave Propagation in Periodic Structures[M]. New York：Dover，1953.
[49] William C E，Mark AH. Physics of Waves[M]. Canada：Dover，1985.
[50] 廖振鹏．工程波动理论导论 [M]. 北京：科学出版社，2005.

[51] 刘延柱 . 非线性振动 [M]. 北京：高等教育出版社，1993.

[52] 褚亦清 . 非线性振动分析 [M]. 北京：北京理工大学出版社，1995.

[53] 葛德彪，闫玉波 . 电磁波时域有限差分方法 [M]. 西安：西安电子科技大学出版社，2003.

[54] 张巍 . 长距离管结构中弹性波传播特性研究 [D]. 西安：西北工业大学，2003.

[55] 陆金甫，关治 . 偏微分方程数值解法 [M]. 北京：清华大学出版社，2004.

[56] Chunyan Wang，Wenxiao Qiao，Weiqiang Zhang，et al. Acoustic Wave form Design for Data Transmission by Using Drill Strings in Logging-While-Drilling[C].Signal Processing，2006 8th International Conference，2006.

[57] 郑君里，应启珩，杨为理 . 信号与系统 [M]. 北京：高等教育出版社，2000.

[58] Wilson. C. Chin，Su Yinao，Sheng Limin，et al. MWD Signal Analysis，Optimization and Design [M]. New York：E&P Press，2011.

[59] 边海龙，苏义脑，李林，等 . 连续波随钻测量信号井下传输特性分析 [J]. 仪器仪表学报，2011，32（5）：983–989.

[60] Su Yinao，Sheng Limin，Bian Hailong，et al.High Data Rate Measurement While Drilling System for Very Deep Wells[C].The Conference of American Association of Drilling Engineers，2011：1265–1271.

[61] Bian Hailong，Su Yinao，Li Lin，et al. MWD Downhole Signal Processing and Wave Deconvolution [C].ICMTMA，2011：1536–1540.

[62] 边海龙，苏义脑，李林，等 . 连续波随钻测量信号井下传输特性分析 [M]// 苏义脑 . 2010 年钻井基础理论研究与前沿技术开发新进展学术研讨会论文集 . 北京：石油工业出版社，2012：42–49.

[63] Wallace R G. High Data Rate MWD Mud Pulse Telemetry[C]. U.S. Department of Energys Natural Gas Conference，1997.

[64] 李荣喜，房军 . 井下旋转压力信号发生器的仿真 [J]. 石油矿场机械，2007，36（2）：45–47.

[65] 姜继海，宋锦春，高常识 . 液压与气压传动 [M]. 北京：高等教育出版社，2002：37.

[66] 房军，苏义脑 . 液压信号发生器基本类型与信号产生的原理 [J]. 石油钻探技术，2004，32（2）：39–41.

[67] 贾朋，房军 . 钻井液连续波发生器转阀设计与信号特性分析 [J]. 石油机械，2010，38（2）：9–12.

[68] Chin W C.MWD Siren Pulser Fluid Mechanics[J]. Petrophysics，2004，45（4）：363–379.

[69] 盛敬超 . 液压流体力学 [M]. 北京：机械工业出版社，1980：102.

[70] 吴望一 . 流体力学（下册）[M]. 北京：北京大学出版社，2004：30.

[71] 沈跃，苏义脑，李林，等 . 钻井液连续压力波差分相移键控信号的传输特性分析 [J]. 石油学报，2009，30（4）：593–597，602.

[72] 刘新平 . DSP 控制连续波信号发生器机理与风洞模拟试验研究 [D]. 青岛：中国石油大学（华东），2009.

[73] 艾伦 · 波普 . 低速风洞试验 [M]. 彭锡铭，严俊仁，等，译 . 北京：国防工业出版社，1980.

[74] 王勋年 . 低速风洞试验 [M]. 北京：国防工业出版社，2002.

[75] 卫军锋 . 正弦型风谱的风洞实验与数值模拟研究 [D]. 西安：西安建筑科技大学，2003.

[76] Hutin R，Tennet RW，Kashikar S V. New Mud Pulse Telemetry Techniques for Deepwater

Applications and Improved Real-Time Data Capabilities [C].SPE 67762，2001.

[77] 石在虹，刘修善．井筒中钻井信息的传输动态分析 [J]. 天然气工业，2002，22（5）：68—71.

[78] 鄢捷年．钻井液工艺学 [M]. 东营：中国石油大学出版社，2006：151.

[79] 岳湘安．液固两相流基础 [M]. 北京：石油工业出版社，1996：2—3.

[80] Wilson K C，Thomas A. A New Analysis of the Turbulent Flow of Non-Newtonian Fluids [J]. Canadian J. of Chem. Eng.，1985，（63）：539—546.

[81] Huhtanen J-PT，Karvinen R J.Interaction of Non-Newtonian Fluid Dynamics and Turbulence on the Behavior of Pulp Suspension Flows[J]. Annual Transactions of The Nordic Rheology Society，2005，13：177—186.

[82] Morse PM，Ingard K U.Theoretical Acoustics[M].New York：McGraw-Hill，1968.

[83] Moriarty K A. Pressure Pulse Generator for Measurement-While-Drilling Systems Which Produces High Signal Strength and Exhibits High Resistance to Jamming：US6219301B1[P]. 2001.

[84] 李琪，彭元超，张绍槐，等．旋转导向钻井信号井下传送技术研究 [J]. 石油学报，2007，28（4）：108—111.

[85] 周静，傅鑫生，姚文斌．旋转导向钻井偏心位移的测定方法 [J]. 石油学报，2007，28（5）：124—127.

[86] Monroe S P. Applying Digital Data-Encoding Techniques to Mud Pulse Telemetry[C].SPE 20326，1990.

[87] Grosso D S，Raynal J C，Rader D.Report on MWD Experimental Downhole Sensors[C].SPE 10058，1981.

[88] Klotz C，Wasserman I，Hahn D.Highly Flexible Mud-Pulse Telemetry：A New System[C].SPE 113258，2008.

[89] 李宗豪．基本通信原理 [M]. 北京：北京邮电大学出版社，2006.

[90] Martin C A，Philo RM，Decker D P，et al.Innovative Advances In MWD[C].SPE 27516，1994.

[91] 江力，吴海红，严素清，等．通信原理 [M]. 北京：清华大学出版社，2007.

[92] Hutin R，Tennet R W，Kashikar S V. New Mud Pulse Telemetry Techniques for Deepwater Applications and Improved Real-Time Data Capabilities[C].SPE 67762，2001.

[93] 袁恩熙．工程流体力学 [M]. 北京：石油工业出版社，1986.

[94] Wilton G.Review of Downhole Measurement-While-Drilling Systems[J]. JPT AUG，1983：1439—1445.

[95] Montaron B C，Hache J-M D，Voisin B.Improvements in MWD Telemetry：“The Right Data at the Right Time”[C].SPE 25356，1993.

[96] Shen Yue，Su Yinao，Li Gensheng，et al. Numerical Modeling of DPSK Pressure Signals and Their Transmission Characteristics in Mud Channels[J]. Petroleum Science，2009，6（3）：266—270.

[97] 沈跃，苏义脑，李林，等．钻井液连续压力波差分相移键控信号的传输特性分析 [J]. 石油学报，2009，30（4）：593—597.

[98] 王秉钧，冯玉珉，田宝玉．通信原理 [M]. 北京：清华大学出版社，2006.

[99] 周娟．信号分析与处理 [M]. 北京：机械工业出版社，2002.

[100] 陈庭根，管志川．钻井工 程理论与技术 [M]. 东营：石油大学出版社，2000.

[101] 云庆华．无损探伤 [M]. 北京：劳动出版社，1983.

[102] Marvin G, Kelly A Z, Orien M K.Mud Pulse MWD System Report[C].SPE 10053, 1981.

[103] Marsh JL, Fraser E C, Holt AL.Measurement–While–Drilling Mud Pulse Detection Process: An Investigation of Matched Filter Responses to Simulated and Real Mud Pressure Pulses[C].SPE 17787, 1988.

[104] Brandon TL, Mintchev M P, Tabler H. Adaptive Compensation of the Mud Pump Noise in a Measurement–While–Drilling System[J].SPE Journal. 1999, 4 (2): 128–133.

[105] Klotz C, Bond P, Wasserman I, et al. A New Mud Pulse Telemetry System for Enhanced MWD/LWD Applications[C].SPE 112683, 2008.

[106] Foster MR, Patton B J. Apparatus for Improving Signal–To–Noise Ratio in Logging–While–Drilling System: US3742443[P]. 1973–06–26.

[107] 孙学军,王秉钧.通信原理[M].北京:电子工业出版社,2001.

[108] 吴大正.信号与线性网络分析(下册)[M].北京:高等教育出版社,1980.

[109] 吴镇扬.数字信号处理[M].北京:高等教育出版社,2004.

[110] 沈跃,朱军,苏义脑,等.钻井液压力正交相移键控信号沿定向井筒的传输特性[J].石油学报,2011,32(2):340–345.

[111] Yue S, Yinao S, Gensheng L, et al.Transmission Characteristics of DPSK Mud Pressure Signals in a Straight Well[J]. Petroleum Science and Technology. 2011, 29 (12): 1249–1256.

[112] Grosso D S, Raynal J C, Rader D.Report on MWD Experimental Downhole Sensors[C].SPE 10058, 1981.

[113] 沈跃,崔诗利,张令坦,等.钻井液连续压力波信号的延迟差动检测及信号重构[J].石油学报,2013,34(2):353–358.

[114] 贺宽,黄涛.基于Matlab的自适应滤波器设计[J].武汉理工大学学报,2008,30(1):70–72.

[115] 朱冲,梁小朋.基于LMS算法的自适应语言除噪性能研究[J].桂林电子科技大学学报,2008,28(4):298–301.

[116] 叶水生,余荣贵,吴霄,等.一种新的自适应最小均方算法及其应用研究[J].电测与仪表,2008,45(511):19–22.

[117] 耿妍,张端金.自适应滤波算法综述[J].信息与电子工程,2008,6(4):315–320.

[118] Moriarty K A. Pressure Pulse Generator for Measurement–While–Drilling Systems which Produces High Signal Strength and Exhibits High Resistanceto Jamming: US6219301[P]. 2001–04–17.

[119] Malone D.Sinusoidal Pressure Pulse Generator for Measurement While Drilling Tools: US4847815[P]. 1989–07–11.

[120] 谢永芳,伍宏军,邓燕妮,等.基于改进型自适应滤波器谐波电流检测方法[J].武汉理工大学学报,2008,30(7):123–126.

[121] 梅蓉,姚善化.自适应滤波器在噪声抵消系统中的应用[J].仪表技术,2008(8):13–15.

[122] 沈跃,李翠,朱军,等.钻井液压力多进制相移键控信号的数值建模及特性分析[J].中国石油大学学报(自然科学版),2010,34(5):77–83.

[123] 宋立业,王景胜,彭继慎.自适应滤波器的算法研究及DSP仿真实现[J].现代电子技术,2009,5:112–114.

[124] 王秉钧,窦晋江,张广森,等.通信原理及其应用[M].天津:天津大学出版社,2000.

[125] Yue Shen，Lingtan Zhang，Shili Cui，et al. Delay Pressure Detection Method to Eliminate Pump Pressure Interference on the Downhole Mud Pressure Signals[J].Mathematical Problems in Engineering，2013.

[126] Yue Shen，Lingtan Zhang，Heng Zhang，et al. Eliminating Noise of Mud Pressure Phase Shift Keying Signals with a Self–Adaptive Filter[J].TELKOMNIKA，2013，11（6）：3028–3035.

[127] Yue Shen，Lingtan Zhang，Shili Cui，et al. Coherent Demodulation of the Mud Pressure DPSK Signal and Analysis of Noise Impact on the Signal Demodulation[J]. Applied Mechanics and Materials：Advances in Mechatronics and Control Engineering，2013，278–280：1107–1113.

[128] 沈跃，张亨，张令坦，等．基于自适应滤波的钻井液连续压力波信号噪声抑制 [J]. 石油学报，2014，35（2）：353–358.

[129] 沈跃，张令坦，崔诗利，等．钻井液 DPSK 信号解调及旋转阀控制脉冲重构 [J]. 石油机械，2014，42（8）：7–11.

[130] Kytomaa H K，Grosso D. An Acoustic Model of Drilling Fluid Circuits for MWD Communication[C]. SPE 28015，1994.

[131] Strobel J，Bochem M，DoehlerM，et al. Comparision of Formation Pressure and Mobility Data Derived During Formation Testing While Drilling with a Mud Motor With Production Data and Core Analysis[C].SPE 92492，2005.

[132] 沈跃，张令坦，曹璐，等．钻井液压力 DPSK 信号传输的误码率分析 [J]. 石油机械，2016，44（2）：1–5.

[133] 沈跃，张令坦，曹璐，等．基于旋转阀控制脉冲重构的钻井液 QPSK 信号解码及误码率分析 [J]. 中国石油大学学报（自然科学版），2016，40（6）：94–100.

[134] 王家进，邓乐．一种井下信息传输的编码及解码方法：ZL200810114634.4[P]. 2011–06–01.

[135] 王家进，盛利民，邓乐．一种井下信息自适应传输方法和系统：ZL200810114817.6[P]. 2012–02–01.

6　典型井下控制系统及应用

如第 1 章所述，产品开发和理论基础、技术基础、实验方法是井下控制工程学的 4 个组成部分。井下控制工程学这一新的学科分支的应用目标就是要研制和开发不同的井下作业过程所需要的各种控制工具和控制系统，以解决实际生产问题，而机电液一体化往往是这种井下控制系统的基本特征。产品开发是井下控制工程学研究的主要目的，也是井下控制机构与系统设计学的综合应用。由于产品开发的多样性和实用性，就决定了这一工作的难度和深度。

本章将简要介绍多年来笔者带领研究团队所开发的几种有代表性的井下控制系统和工具，旨在使读者在前 5 章学习的基础上，获得一个综合、系统、深入的认识和设计训练的体会与机会。

限于篇幅，其他几种自主研发的工具和系统的结构与主要参数，可参见本书附录 5。

6.1　CGMWD 正脉冲无线随钻测量系统

MWD（Measurement While Drilling）是一种在钻井过程中进行井下工程参数测量并进行无线传输的技术。MWD 利用钻柱中的泥浆作为传输介质，将测到的井下有关信息转变成泥浆脉冲压力波传输到地面，它可以实现在钻进过程中的测量与传输，适应钻柱旋转或不转 2 种工况，从这一点而言它相比有线随钻测量系统具有明显优势。

CGMWD 正脉冲无线随钻测量系统是一个专为 CGDS 地质导向系统开发的测量与传输子系统，是地质导向系统的井下仪器与地面系统的传输通道，同时也是一个广泛用于定向钻井的独立仪器系统，可以满足各种形式、类型的定向参数测量，单独用来实施工程技术服务。该系统的数据传输是基于正脉冲泥浆压力波技术，传输泥浆脉冲数据到地面，用地质导向地面系统或者其他 MWD 地面处理系统进行实时处理、解码，计算输出测量数据，以提供钻井的工程资料和井下地层资料，从而为勘探开发提供有效的支持。

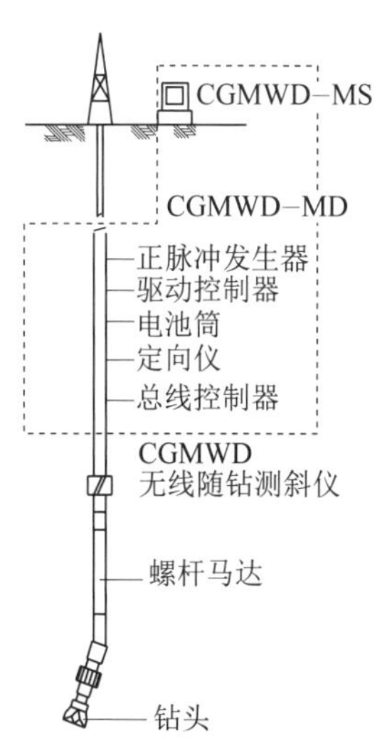

图6.1　CGMWD无线随钻测量系统组成与安装位置示意图

图 6.1 是 CGMWD 无线随钻测量的组成与安装位置的示意图。

CGMWD 无线随钻测量仪器串由定向测量短节（测量部分）、电池筒短节（电源部分）、脉冲发生器短节和驱动器短节（信号传输部分）组成。测量部分实时测量井的工程参数（井斜、方位、工具面、井温等工程参数），对测量的参数按一定规律进行脉冲数据编码，由驱动器短节控制脉冲发生器电磁阀的关闭和打开，使脉冲发生器的主阀动作，从而控制钻杆内泥浆流体流量的变化，使得在钻杆内产生泥浆压力正脉冲信号供地面仪器接收，以实现泥浆压力脉冲数据串的传输。

6.1.1　CGMWD 系统的结构特征

如图 6.2 所示，CGMWD 系统由地面系统 CGMWD−MS 和井下仪器 CGMWD−MD 组成。二者通过钻柱内泥浆的压力脉冲信号进行通信，并协调工作，实现钻井过程中井下工具的状态、井下工况及有关测量参数（包括定向参数如井斜、方位、工具面等和地质参数如伽马、电阻率等以及其他工程

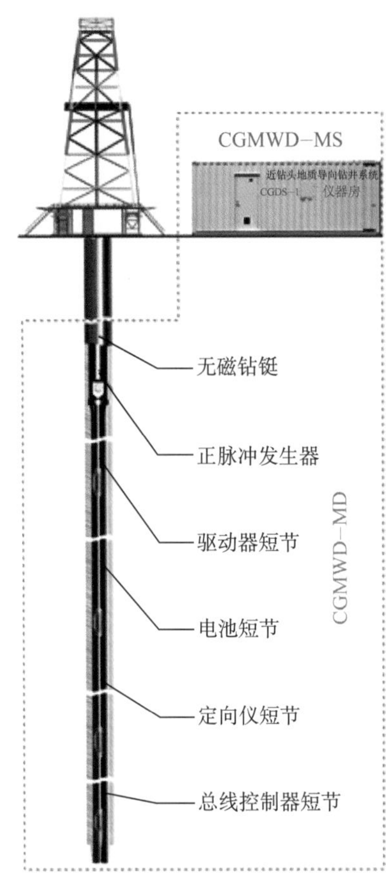

图6.2 CGMWD系统的结构

参数如钻压扭矩等）的实时监测。

地面系统 CGMWD–MS 由地面传感器、前端接收机及地面信号处理装置、主机及外围设备（图 6.3）与相关软件组成，负责接受和采集井下仪器上传的泥浆压力脉冲信号，并对接受和采集的信号进行滤波降噪、检测识别、解码及显示和存储等处理，而后将解码后的数据送向司钻显示器供定向工程师阅读；此外，还具有修改井下仪器传输序列、数据传输速率及下载井下仪器的记录数据等功能。CGMWD–MS 的重要特点在于采用了独创的智能数字信号滤波和处理方法以及高效解码技术，因而具有较强的信号处理和识别能力，可识别来自井深 4500m 以内的泥浆压力脉冲信号。

井下仪器 CGMWD–MD 由正脉冲发生器（传输速率达 5 bit/s 以上）、驱动控制器短节、电池筒短节、定向仪短节和总线控制器短节构成（见图 6.2 和图 6.4），其下端连接短传接收短节、测传马达，可构成 CGDS 地质导向系统。

定向仪短节用于测量定向参数及环境参数；电池筒短节用于为井下仪器系统供电并管理电源；短传接收短节接受测传马达所发送的数据；驱动控制器对 CGMWD–MD 进行控制和管理，使系统按预定工作模式并根据由地面向井下 CGMWD–MD 发送的指令工作，实现数据的采集、接受与数据编码，通过驱动器来驱动脉冲发生器产生泥浆压力脉冲信号；总线控制器提供四转一的接口从而实现与短传接收短节的连接。

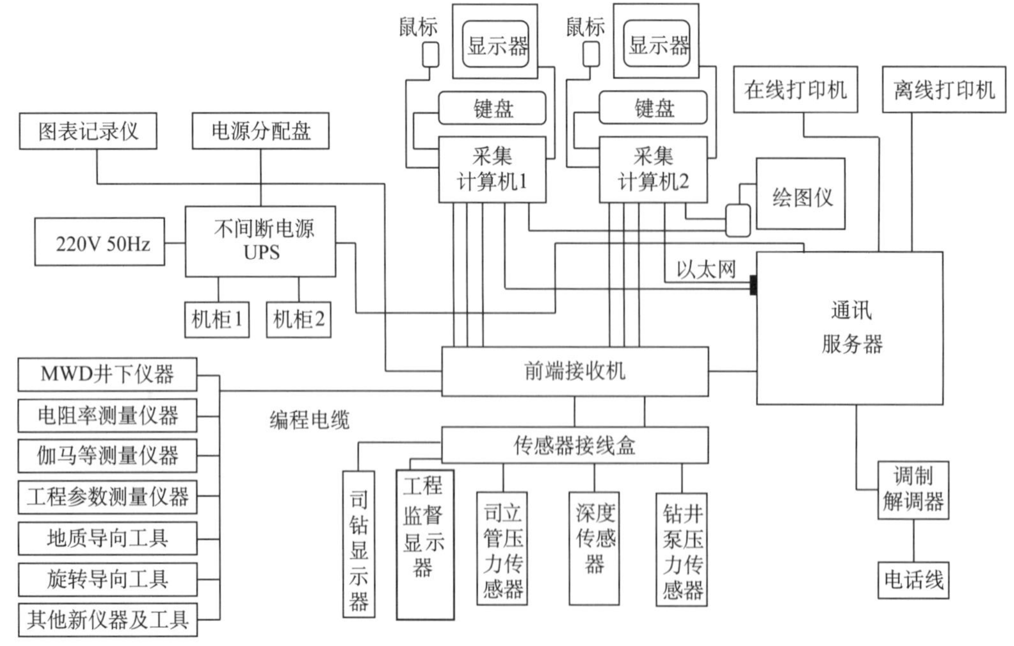

图6.3 CGMWD–MS结构简图

由于采用了高效的编码技术，配合自主研制的新型正脉冲发生器，显著提高了 CGMWD 井下仪器的信号传输能力和效率。另外，由于采用开放式总线设计，该仪器可兼容其他型号的脉冲发生器正常工作，在配接其他测量短节的情况下，还可进行其他测量参数的扩充。因此，除作为 CGDS 型地质导向钻井系统的子系统外，它还可以用于其他钻井作业的随钻测量。

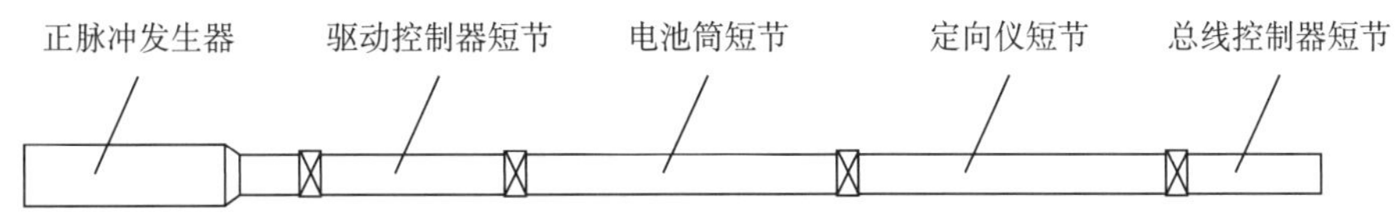

图6.4 CGMWD–MD结构简图

6.1.2 MWD 测量原理

在 MWD 下井仪器串的定向测量短节内，有 3 个重力加速度计传感器和 3 个磁通门传感器以及温度传感器，完成井眼姿态的井斜、方位、工具面及井温的测量。通过进行一定规律及次序的数据编码，和由 MWD 地面系统从立管传感器上获取数据并进行解码和处理，得到井下仪器的测量数据。

在用 MWD 进行工程操作前，应获得油气井位置的地磁场及重力场参数，这些数据的精度直接影响仪器测量的准确性。这些参数如下：

（1）磁偏角 *DEC*。

磁偏角（*DEC*）是磁北极到地理北极的角度差值，即地理北极同磁北极（MWD 仪器直接测量磁北极）之间的夹角，如图 6.5 所示。所有的工程测量仪器，无论是磁测量还是罗盘测量，都是响应测量磁北极，而磁北极是随时间变化的（磁偏角随时间变化），因此测量前要利用当地井口位置的磁偏角数据，来对 MWD 测量仪器内预置的磁场方位数据加以修正。

（2）磁倾角 *DIP*。

磁倾角（*DIP*）定义为地球磁场磁力线与地球表面切线的夹角。磁倾角 *DIP* 的取值范围：在磁北极为 0° ～ 90°，在磁南极为 0° ～ －90°，在磁赤道为 0°。

磁倾角对方位测量的精度有影响，通常磁倾角的测量值越高，MWD 仪器的方位值测量精度就越低。

（3）MWD 工具面角。

MWD 工具面角的定义是井眼高边与造斜工具参考轴线间的夹角。通常表示是以高边为基准（0°），左偏多少度（0° ～ 180°），右偏多少度（0° ～ 180°），如图 6.6 所示。

工具面角只能在下井仪器完全下入井内测量井斜时确定。工具面角既能用磁传感器测量，也能使用重力加速度表测量。在井斜角 < 3° 时，重力传感器的测量值太小，反映不敏感，不能保证工程需要的工具面精度，所以这时要用磁传感器测量，此时工具面称为磁工具面角，用 *ATF* 表示；随着井斜增加，重力传感器测量的工具面精度随之增加，当井斜角 >3° 时，用重力加速度表测量工具面，称为重力高边工具面。井斜角 3° 则定义为重力工具面的转换角。磁工具面角与重力工具面角的转换是由井下仪器通过静态全测量测得的井斜数据而决定的。

CGMWD 无线随钻测量仪系统的井下仪器是按自动选择磁工具面和重力工具面的测量模式来设计的。

MWD 井下仪器对无磁环境的要求非常严格，即其定向测量短节中的测量点分别到无磁钻铤顶部和无磁钻铤底部应保证有足够的无磁隔离长度。要尽量减少有磁物质的磁干扰，尽可能使 MWD

井下仪器测量点在无磁钻铤的中心部位，这样才能有效提高 MWD 井下仪器的无磁设计要求。

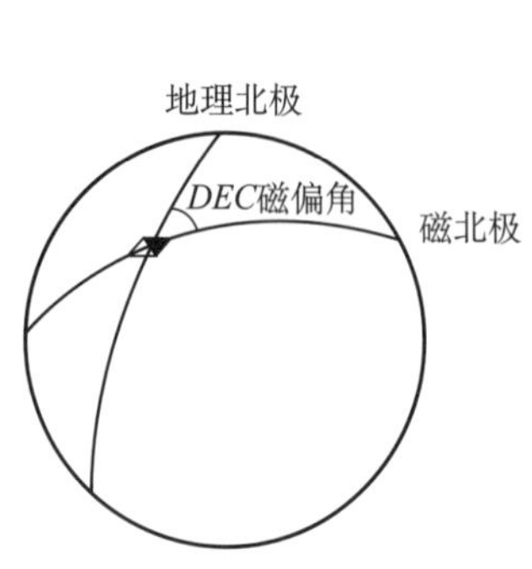

图6.5　地理北与磁北夹角

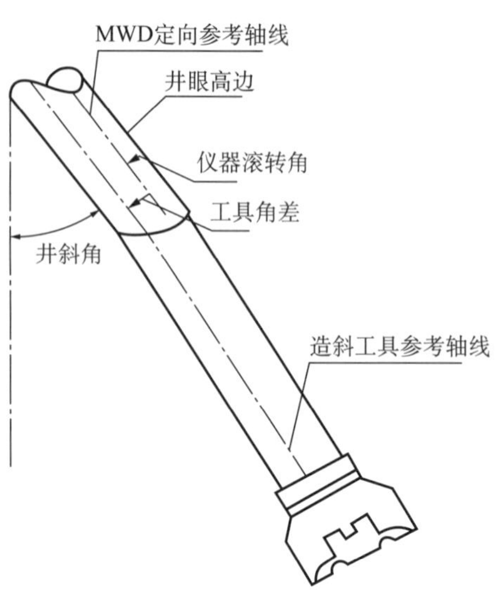

图6.6　工具面角定义

6.1.3　井下仪器的研制

如上所述，CGMWD–MD 井下仪器包括正脉冲发生器、驱动器控制短节、电池筒短节、定向仪短节和下部数据连接器总成，各部件相对位置如图 6.7 所示。

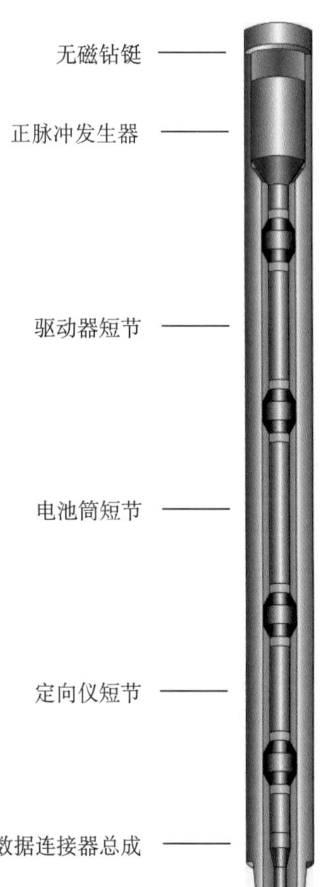

图6.7　井下仪器结构组成

泥浆脉冲发生器（MOP）用于和地面通信，MOP 将数据脉冲转换为阀的动作，在地面立管形成一个正的压力脉冲。

驱动器控制短节接收所有井下仪器的数据信息，控制驱动器提供能量给 MOP，使 MOP 可靠地工作。它的控制核心是由微处理器 MC68HClIAl 组成的中央处理器模块，将井下仪器总线上传输的数字信号进行编码、格式处理、存储及发送，完成与地面的约定，向地面传输数据信号。

电池筒采用两组高温锂电池，每组电池为 25V。在 CPU 控制下，向井下仪器提供电源，两组电池自动切换，保证井下仪器能够长时间工作。

定向仪电路进行定向数据的采集、信号处理、信号编码，按程序的控制向驱动器电路发送定向数据。

下部数据连接器总成完成 MWD 接收井下测井数据的总线方式转换，也是系统向 LWD 扩充的信息接口。

以上各部分之间通过 4 芯接头实现电连接，下部数据连接器将 4 芯总线转换为可控制的单芯（μBUS），直接接收 / 发送地质导向信息。

CGMWD–1 型无线随钻测量仪下井仪器共用了 4 个 CPU 电路模块，其中驱动器短节的微处理器（MPU）电路模块为主 MPU，其他 3 个 CPU 电路模块为各短节的 CPU 电路，都在主 MPU 控制下进行工作，共同完成 MWD 的测量和无线传输工作。

6.1.3.1 正脉冲发生器研制

根据产生的泥浆信号特征，目前常见的泥浆压力信号发生器可概括为 3 类：负脉冲信号发生器（产生负脉冲压力信号）、正脉冲信号发生器（产生正脉冲压力信号）与连续波信号发生器（产生正弦波形压力信号）。由于负脉冲发生器信号弱、耗电量大、信号速率低、因此应用受到较大限制，已无法满足钻井技术发展的需要（如地质导向钻井、信息化钻井等需要较多井下参数信息的钻井新技术，需要较高的数据传输速率）；正脉冲信号发生器和连续波信号发生器相对技术先进，国外公司只提供技术服务而不出售产品，研发存在较大的技术难度，而且后者难度更大。综合各种因素，笔者带领的研究团队决定自主研发正脉冲发生器，主要进行了如下 5 个方面的研究工作：脉冲发生器的工作原理研究；控制主阀运动的理论模型研究；高强度、抗冲刷材料的试制及工艺研究；电磁阀原理、材料及工作特性研究；脉冲发生器测试方法研究及测试设备的试制。

（1）正脉冲发生器的结构。

正脉冲发生器的结构如图 6.8 所示，主要由外壳、限流筒、限流阀、阀杆、动力活塞、泄压阀、变向座、导向阀、导向座及压力开关等部件构成。

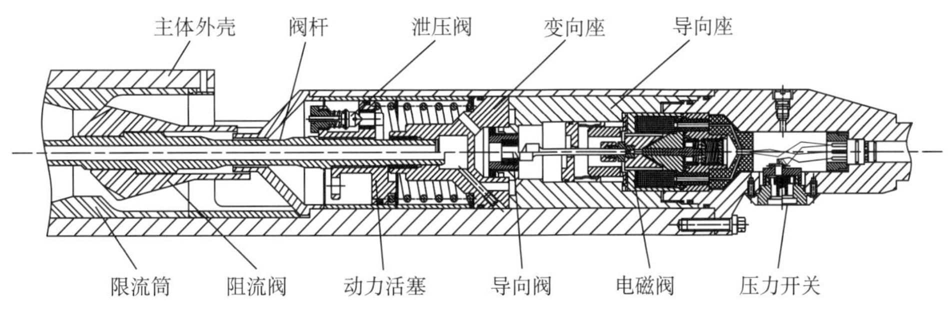

图6.8 正脉冲发生器的结构

（2）泥浆压力脉冲的形成原理。

从脉冲发生器的结构（图 6.8）可以看出，压力开关所在的腔体是一个密封仓，里面充满一定量的液压油。当部分高压泥浆沿着阀杆内孔向下流动，经变向座侧壁中的孔流入导向座中间的腔体时，会形成一个相对的高压区，这个高压可以传递给压力开关所在的密封仓，密封仓中液压油受压，推动压力开关座向外运动，使压力开关接通电源，驱动器向电磁阀线圈供电，电磁阀轴向下运动，将导向阀打开，高压泥浆经变向座侧壁中的另一组孔进入动力活塞下部的密封空间。

参考图 6.8 和图 6.9 来分析动力活塞和阻流阀的受力和运动情况。脉冲发生器主要由主阀、浮动活塞和控制阀组成。主阀限制泥浆的流动，产生正脉冲，浮动活塞控制脉冲器的内压力，控制阀根据收到的指令使主阀运动。脉冲发生器的周围充满了流动的泥浆。脉冲器将其上部和下部的泥浆形成压力差，利用泥浆压力差来驱动主阀动作以产生脉冲。

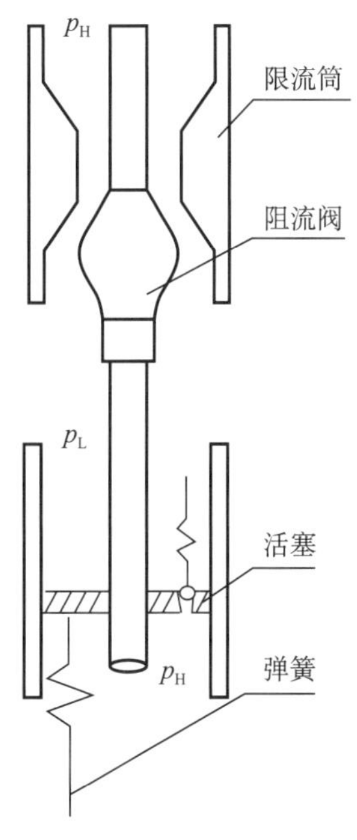

图6.9 正脉冲形成原理示意图

泥浆流过限流筒时，由于受限流筒颈部的限制，其流速的改变使颈部以下直到动力活塞的整个空间形成一个相对的低压区。设低压区的压强为 p_L，限流筒颈部以上的泥浆是一个高压区压强为 p_H，同样动力活塞底部空间泥浆压强也是 p_H，阻流阀有效承压面积为 A_1，动

力活塞的面积为 A_2。设 $A_2=2A_1$，限流筒两端压差为：

$$\Delta p=p_H - p_L \tag{6.1}$$

所以，阻流阀所受向下的泥浆压力：

$$F_1=\Delta p A_1 \tag{6.2}$$

动力活塞所受向上的泥浆压力：

$$F_2=\Delta p A_2=2\Delta p A_1=2F_1 \tag{6.3}$$

当 $F_2>F_1$ 时，动力活塞就可以向上运动，推动阻流阀向上阻塞限流筒颈部泥浆的流动，就产生一个正压力脉冲信号，因此，脉冲器的工作流程是：当有脉冲上传时，电磁阀动作，使高压泥浆流经主阀、控制阀座直到动力活塞的背面，使高压方向向上。动力活塞之下的高压泥浆推动主阀向上运动，在脉冲器的上部钻杆中就产生一个压强上升，此压强的大小由动力活塞上的释放阀控制。当达到规定的压强时打开释放阀，以防止主阀进一步提升，并在较大的一个压强范围内控制产生的脉冲幅值。这样就形成了一个正脉冲信号。当驱动器发出的上传信号结束，电磁阀关断，各阀复位。当再发出上传信号时，脉冲器依此重复动作，于是就对钻具中的泥浆柱形成正脉冲信号，并直接传送到地面立管上的传感器，然后由地面仪器进行处理检测。

（3）正脉冲发生器的技术性能。

CGMWD 正脉冲发生器的技术性能见表 6.1。

表6.1　CGMWD正脉冲发生器技术指标

技术指标	数值
阀开 / 闭电流（A）	0.6
阀开 / 闭时间（s/ 次）	0.2 ~ 1.0
信号速率（bit/s）	1 ~ 5
最高工作温度（℃）	170
最大工作压力（MPa）	140
连续无故障工作时间（h）	250
含砂量（%）	＜ 1

在机理研究基础上，进行了产品的优化设计、材料研发、工艺研究、实验方法研究与装置研制，保证自主研发的正脉冲发生器取得成功，并实现了材料和加工工艺的国产化。图 6.10 为自主研发的正脉冲发生器照片，图 6.11 为评测脉冲发生器的性能而专门研发的水力测试设备。

图 6.10　自主研发的脉冲发生器

图 6.11　脉冲发生器水力测试设备

6.1.3.2　驱动控制短节

（1）驱动器控制电路。

驱动控制电路包括微处理器控制板、驱动电路板和电容板等，其功能是：

①接收所有井下仪器的数据信号，并进行数据处理、编码、存储、发送格式制定等；

②驱动脉冲发生器可靠工作，提供脉冲发生器足够的能量；

③压力开关监测，通过监测压力来控制数据的采集和发送，根据压力开关的关 / 开时间顺序来调整传输数据序列。

其中微处理器控制板的作用主要是：控制所有的数据通信，完成数据编码，压缩输出。5V 电源由驱动电路板提供，用于存储和运行主控程序，以实现：

①接收数据信号、处理、编码、存储、发送格式制定；

②驱动 MOP 可靠工作，提供足够的能量；

③压力开关监测，通过监测压力来控制数据的采集和发送；

④据压力上升 / 下降的顺序来调整传输序列。

驱动电路板的作用：控制 MOP 螺线管电压的开关，受微处理器板信号控制工作。此电路工作有 4 个周期，即电容器组充电、螺线管放电、螺线管保持、螺线管衰减。

（2）工作过程。

驱动器接收井下仪器各测量短节的数据信号，控制脉冲发生器来完成地质导向井下仪器系统和地面系统的信息传输。即测量数据或信息通过 μBUS 进入驱动器的主控制器电路 MPU，MPU 将要发送的数据输出到驱动模块的 CPU，CPU 将数据变成控制脉冲来驱动脉冲发生器的电磁阀工作，在钻杆的泥浆柱上产生正压力脉冲信号，脉冲的宽度及传输的速率由主控制器模块 MPU 的程序控制，暂不上传的数据由 MPU 分配存储。

6.1.3.3　电池筒短节

电池筒采用 CPU 管理，当电源接通时，电池控制电路模块硬件确保 2 个电池短节（主电池和备用电池）都接到输出端。程序首先测出主电池电压是否高于门槛值，若高于门槛值，它将控制切断备用电池开关以使其不工作，在主电池工作期间定时对其进行电压和电流的测量，当监测出主电池电压低于门槛值或电量不足时，立即切换到备用电池给井下仪器供电。其中电池控制板电路采用 CPU 管理，监测两个电池组的电流和电压，切换两个电池组的供电，保证下井仪器的供电能量并提供 μBUS 通路。

6.1.3.4　定向仪短节

定向仪短节的电路由传感器探管电路和 3 个电路模块即 A/D 转换电路模块、微控制器电路模块 MPU 和电源电路模块组成。

6.1.3.5　下数据连接器总成

下数据连接器总成将 MWD 井下仪器的 4 芯总线传输方式转换为单芯总线传输方式，建立 MWD 系统与近钻头系统信号的传输通道，如图 6.12 所示。

图6.12　上数据连接器和下数据连接器

6.1.4 井下仪器软件系统

（1）软件系统的主要任务。

CGMWD–MD 井下仪器软件系统的任务是将测传马达采集的地质与工程信息（井斜角、伽马射线测量和地层电阻率）、轨道参数信息（井斜角和方位角）、CGMWD–MD 工作环境信息（温度和泥浆压力等）和工作状态信息（电池电压、各部分状态等）和井下工具状态信息（工具面角、工具振动和马达转速等），处理成电信号对应的物理量，按约定的编码方式和顺序将需要发送的数据进行编码和排序，控制驱动电路给脉冲发生器供电，驱动脉冲发生器动作，实现钻柱中的压力脉冲变化，从而将井下测到的信息传送到地面。

（2）软件系统组成。

CGMWD–MD 软件系统由主控模块、定向模块、驱动模块和电池模块组成。

①主控模块。用于控制井下不同模块之间以及在上传数据时与地面计算机之间的通信，监视流量开关状态，查询井下传感器包的请求数据，监视总线活动，并通过驱动模块来驱动脉冲发生器的电磁线圈工作，把数据调制成能在地面被解码的泥浆压力脉冲信号流。该模块完成的功能主要有：数据总线管理，泥浆流监测，确定数据传输序列，进行井下编程和井下编码等。

②定向模块。用于完成井下定向测量，实现定向探管各传感器的采样；处理、计算定向测量值；接受主控模块（TCM）的访问。

③驱动模块。用于控制脉冲发生器的工作，实现压力开关的检测；接收主控模块（TCM）脉冲数据；脉冲发生器工作的充放电控制。

④电池模块。用于对井下仪器电池电源进行管理，实现电池电压和电流的检测；电池电量的计算；主副电池组的切换；接受主控模块（TCM）的查询。

（3）软件系统工作原理。

井下仪器通电后，各模块在自己所属 MPU 单元中加载并完成规定的初始化工作，从机模块在完成自己的独立任务后处于待命状态，直到监测到主控模块的指令，方才进行相应的操作。如果是主控模块申请数据，则返回需要的数据。

主控模块启动后，就开始监测压力开关的状态，如果压力开关闭合（泵开），则根据预定的数据协议，向相应的从机模块申请数据，并将返回的数据按约定的顺序和编码规则进行编码处理，然后控制驱动模块，由驱动模块驱动脉冲发生器产生泥浆压力脉冲信号，从而完成数据的获取和发送。

从机模块接到主机模块申请数据的指令后，即准备数据，如定向模块打开传感器电源就采集数据，并将计算处理后的数据返回主控模块。

6.1.5 地面系统的结构组成及功能

CGMWD 地面系统由 PC 机（装有 A/D 卡）、前端箱、传感器及相关附件组成，如图 6.13 所示。

（1）前端箱。从图 6.13 可以看出，前端箱的输入信号分别来自立管压力传感器、钩载传感器、绞车 / 大钩位置传感器和泵冲传感器。前端箱将上述信号调理变换后输出到 PC 机，另外前端箱还将来自 PC 机（通过 RS232 接口）的解码数据通过 485 接口发送到司钻显示器。

（2）PC 机。用于信号采集、处理与解码数据，进行深度跟踪，显示和处理信息，存储、输出数据，向司钻显示器提供数据。PC 机通过安装在其中的软件 CGMWD 1.0 来控制系统，

CGMWD1.0 可以运行在安装有 Windows 操作系统的 PC 机上。PC 机需要安装两块 A/D 卡用于信号采集，一块网卡用于通信；需要安装 CD–ROM，另外必须拥有一个 USB 接口或软盘驱动器；必须装有 10GB 以上的硬盘以安装 WINDOWS 操作系统和 CGMWD 1.0 软件。

（3）司钻显示器 。用于向定向钻井人员提供包括测深、井斜、方位、工具面等反映井眼及工具位置的信息。

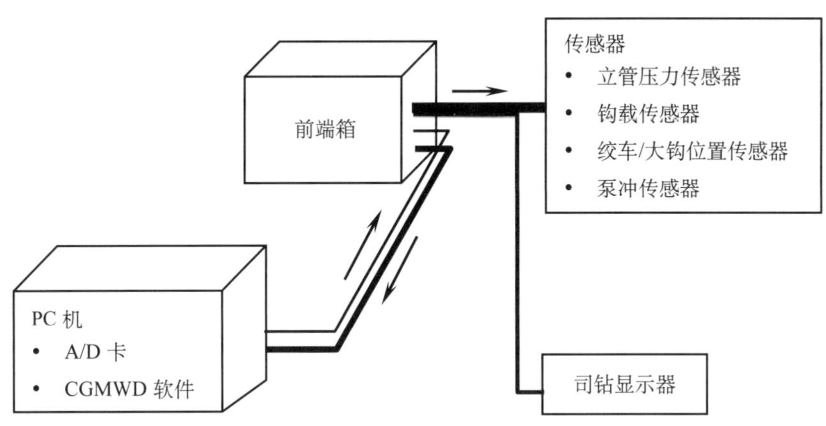

图6.13 CGMWD地面系统构成

6.1.6 技术指标及使用范围

CGMWD 测量参数与性能指标见表 6.2。

表6.2 CGMWD测量参数与性能指标

项目	测量范围	精度
井斜角 α	0° ~ 180°	±0.15°
方位角	0° ~ 360°	±1°（$\alpha \geqslant 6°$），±1.5°（$3°<\alpha<6°$），±2°（$\alpha \leqslant 3°$）
工具面角	0° ~ 360°	±1.5°（$\alpha \geqslant 6°$），±2.5°（$3°<\alpha<6°$），±3°（$\alpha \leqslant 3°$）
最大抗震动	200m/s^2（随机 5 ~ 1000Hz）	
最大抗冲击	5000m/s^2（0.2ms，1/2sin）	
最高耐压	140MPa	
最大工作温度	150℃	
最大含砂量	1%	
最大狗腿度	10°/30m（旋转），20°/30m（滑动）	
最大钻头压降	不限	
最大传输井深	5000m	
适用井眼尺寸	6in，8$^1/_2$in，12$^1/_4$in	
信息传输率	5 bit/s	
连续工作时间	不小于 200h	
许用含砂量	< 2%	
堵漏材料含量	< 3g/L	
工作排量	12 ~ 65L/s	

6.1.7 应用举例

（1）在某油田三段制定向井上的应用。

该井为三段制井身剖面，造斜点井深 350m，稳斜段起点井深 587m，稳斜段井斜角 28.5°，技术套管（ϕ311）下深 1503m。CGMWD 仪器在三开打水泥塞时下入，所用下部钻具组合为：

钻头 ϕ215.9mm + 稳定器 ϕ214mm × 1.7m + 短钻铤 ϕ165mm × 5m + 稳定器 ϕ214mm × 1.7m + CGMWD 无磁钻铤 ϕ165mm × 7.39m + 稳定器 ϕ214mm × 1.7m + 钻铤 ϕ165mm。

有关数据见表 6.3，由于是在套管内测量，方位角无效，所以这里没有对方位进行对比。图 6.14 是在该井工作时 CGMWD 地面系统（CGMWD–MS）软件进行实时信号处理的一张截图。

表6.3 CGMWD在某三段制定向井的应用举例

测点井深（m）	泵压（MPa）	排量（L/s）	CGMWD 井斜（°）	单点井斜（°）
1303.0	11	28	28.08	28.1
1483.7	16	28	28.31	28.3

（2）在某油田五段制定向井上的应用。

该井为五段制井深剖面，造斜点井深 1536m，稳斜段起点井深 1638m，降斜点井深 1707m，下直段起点井深 1900m，设计斜深 3026m，技术套管（ϕ 244.5mm）下深 1932m，磁偏角 −6.35°。

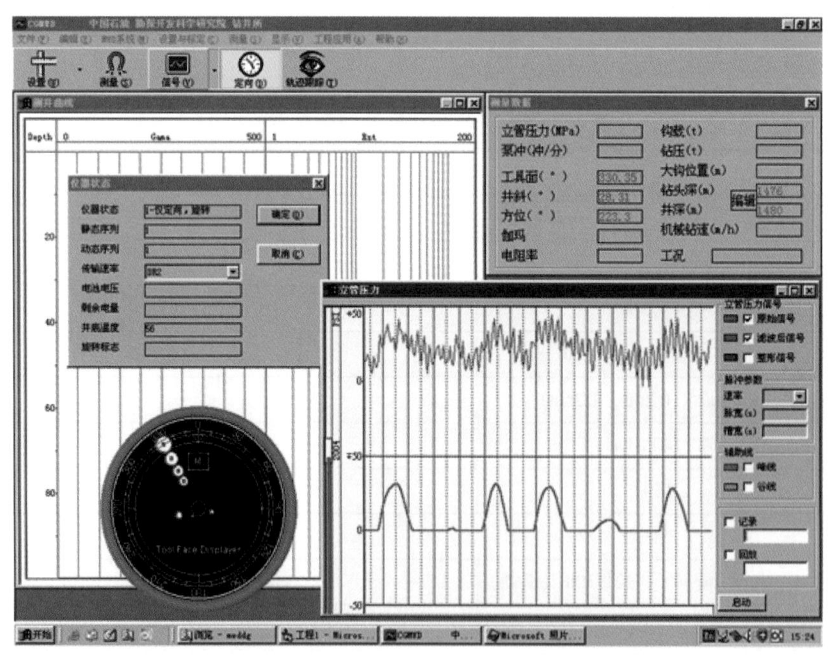

图6.14 CGMWD信号检测软件的实时信号截图

所用钻具组合：

ϕ215.9mm 钻头 ×0.25m + ϕ165mm 螺杆 ×5.79m + 弯接头 ×0.39m + 接头 ×0.48m + ϕ172mm CGMWD 无磁钻铤 ×7.39m + 接头 ×0.48m + 接头 ×0.39m + 接头 ×0.44m + ϕ159mm 无磁钻铤 ×8.67m + ϕ159mm 钻铤 ×103.49m + 接头 ×0.4m + ϕ127mm 加重钻杆 ×129.58m 相关数据见表 6.4，此次 CGMWD 仪器在井下连续累计入井时间 363h，其中工作时间 257h，纯钻进时间 244h，仪器性能稳定可靠。

表6.4 CGMWD在某五段制定向井的应用举例

测点井深（m）	CGMWD 测量结果			单点测斜仪测量结果	
	井斜（°）	方位（°）	温度℃	井斜[①]（°）	方位（°）
2320	3.62	14	60	3.62	14
2390	3.6	350.51	67	3.6	353
2492	3.54	358.59	72	3.7	1
2602	1.36	32.18	75	1.41	35
2752	2.37	220	78	2.72	218

①单点测斜结果与CGMWD的测斜结果不完全一致的原因与测点井深不完全一致有关。

6.2 CGDS 近钻头地质导向钻井系统

地质导向钻井技术是国际钻井界于 20 世纪 90 年代推出的一项重大的钻井高新技术，它通过近钻头地质、工程参数测量和随钻控制手段，保证实际井眼穿过储层并取得最佳位置，被业内人士称为“航地导弹”，是国际石油工程界公认的 21 世纪钻井前沿技术，也是衡量一个国家钻井技术水平和实力的重要标志。该技术应用于复杂探区和老油田，可大幅度提高钻遇率，实现增储上产。近钻头地质导向钻井系统属于在井内恶劣工况下随钻工作的机电液一体化产品，集信息测量、传输、控制、钻进功能于一体的软、硬件系统，研制难度极大。笔者带领研究团队历经 10 年攻关，自主研发成功具有我国独立知识产权的 CGDS 近钻头地质导向钻井系统（CGDS，China Geosteering Drilling System）并实现产业化，使我国成为继美国、法国之后掌握此项高端技术的第 3 个国家。

6.2.1 系统组成与工作原理

如图 6.15 所示，CGDS 地质导向钻井系统由以下几个部分组成：

(1) 测传马达（CAIMS，China Adjustable Instrumented Motor System）；

(2) 无线接收系统（WLRS，Wireless Receiver System）；

(3) 正脉冲无线随钻测量系统（CGMWD，China Geosteering MWD）；

(4) 地面信息处理与导向决策软件系统（CFDS，China Formation/Drilling−Software System）。

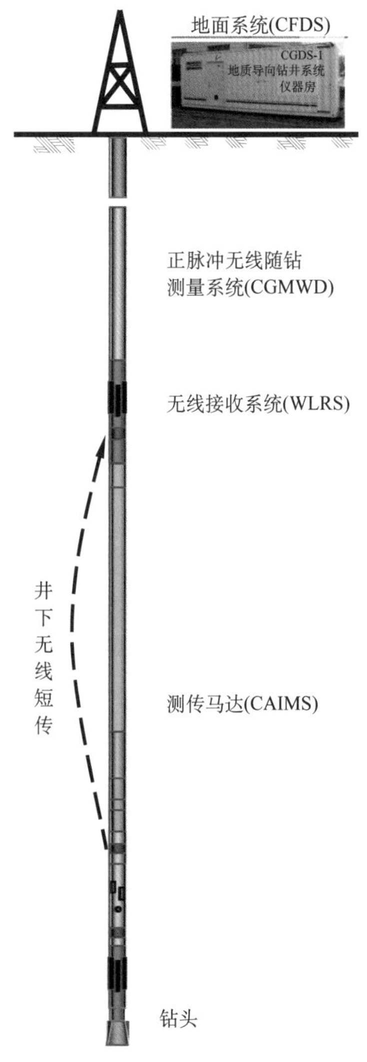

图6.15 CGDS地质导向钻井系统结构示意图

在图 6.15 中，自钻头向上，依次是测传马达（包含螺杆马达和带有若干测量仪器的传动轴总成）、无线接收系统、正脉冲无线随钻测量系统（井下仪器部分）、钻柱和地面系统（含仪器房、测量设施等硬件和地面信息处理与导向决策软件系统）。

CGDS 地质导向钻井系统具有测量、传输和导向 3 大功能：

（1）测量近钻头地质参数（钻头电阻率、方位电阻率、方位自然伽马）和近钻头工程参数（井斜角、工具面角），通过无线短传技术把近钻头测量信息越过导向马达传至无线接收系统；

（2）近钻头测量信息由数据连接系统融入正脉冲随钻测量系统（CGMWD），以 MWD 作为信息传输通道把所测的井下信息传至地面处理系统，作为导向决策的依据；

（3）以井下导向马达作为导向执行工具，地面信息处理与导向决策软件系统将井下测量信息进行处理、解释、判断、决策，并指挥导向工具准确钻入油气目的层或在油层中继续钻进。该软件系统同样也可用于旋转钻具组合的导向钻进。

CGDS 近钻头地质导向钻井系统的功能实现：

在钻进过程中，安装在钻头上方附近的钻头电阻率测量装置发出的测量电流可包络至钻头底面前方一段距离（依地层性质和测量状况不同有所差异，一般在 0.5 ～ 0.7m），钻头周围的地层电阻率已被测到。同时安装在钻头上方附近的侧向电阻率测量装置和自然伽马测量装置也在对周围地层的电阻率值和自然伽马值进行测量。除地层参数外，近钻头的井斜传感器和工具面传感器也测得井斜值和工具面角值。这些参数经无线短传技术（电磁波）把各类测量值越过螺杆马达传至马达上方的无线接收系统，汇入连接在无线接收系统上方的正脉冲无线随钻测量系统（CGMWD）的总线系统，和此处所测到的井斜角、方位角、工具面角、管内温度、振动参数等，按井下控制器设定的数据格式和序列，通过正脉冲发生器产生的泥浆压力波向地面传送。地面信息处理与导向决策软件系统将井下测量信息进行处理、解释，可以从计算机屏幕的钻头电阻率曲线、电阻率曲线和自然伽马曲线上很清楚地判断所钻地层是否储层（区分砂岩和泥岩），判断钻头位置（是否接近或钻出储层边界），判断是否要调整轨道参数，做出控制决策。这样就可以保证导向工具准确钻入油气目的层或在油层中继续钻进，获得最大的钻遇率和产量。

由于用 CGDS 近钻头地质导向钻井系统是在钻进的同时就测得了地层的参数，从而对是否储层做出基本判断，而不是像事后有缆测井那样，由于泥浆浸泡日久而难判甚至可能误判，从而提高勘探的发现率。

综上所述，CGDS 地质导向钻井系统把钻井技术、测井技术及油藏工程技术融合为一体，用近钻头地质、工程参数测量和随钻控制手段来保证实际井眼穿过储层并取得最佳位置；可根据随钻监测到的地层特性来实时调整和控制井眼轨道，具有随钻辨识油气层、导向功能强的特点，特别适合用于钻复杂地层和薄油层水平井。大量实例表明，采用 CGDS 近钻头地质导向钻井系统，可提高储层钻遇率、发现率、采收率和单井产量，节约钻井成本，实现增储上产，经济效益显著，是复杂地层勘探、薄油层开发的利器。

6.2.2 测传马达（CAIMS）

CGDS 地质导向钻井系统的测传马达是在螺杆钻具的基础上增加了随钻测量短节，并且把地面可调弯壳体总成和万向轴总成融合成为可调弯万向轴总成，形成了具有近钻头地质参数和工程参数测量、无线短传功能的导向马达。在钻井过程中，测传马达能够实时测量近钻头电阻率、方位电阻率和方位自然伽马等地质参数，以及近钻头井斜角、工具面角、温度等工程参数，把部分参数以无线方式短传至位于马达上方的数据接收系统。这些信息通过数据传输系统上传到地面，地面工作人员根据这些信息，及时做出判断和决策，调整测传马达的导向姿态。

6.2.2.1　测传马达结构组成及其功能

测传马达包括以下组件：旁通阀总成，马达总成（转子和定子），可调弯万向轴总成，近钻头测量短节总成，传动轴总成。

（1）旁通阀总成。

旁通阀总成的结构如图 6.16 所示，由阀芯、阀套、弹簧、阀口等零件组成。阀芯有 2 个位置：旁通位和关闭位。

在起下钻作业过程中，钻井泵停泵或流量较小时，旁通阀会自动开启，连通钻柱与环空。起钻时，钻柱内的泥浆经阀口流入环空，不会溢污井台。下钻时，环空内的泥浆经阀口进入钻柱，减少钻柱内外的压力差。

正常钻进时，旁通阀会自动关闭。此时泥浆流经马达，把压力能转换为机械能。

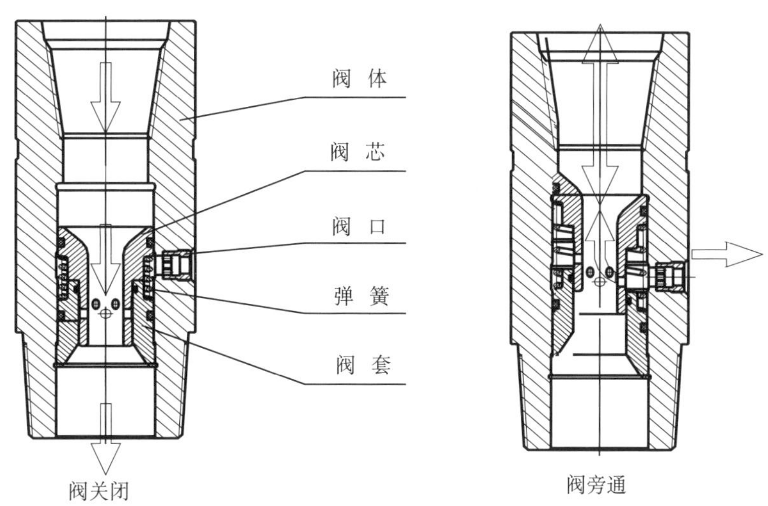

图6.16　旁通阀工作原理图

（2）马达总成。

测传马达的动力部分是螺杆钻具的螺杆马达，由定子和转子两个部件组成。定子是一个在钢管内壁上压注并黏结牢固的橡胶衬套，橡胶内孔具有螺旋面的形状。转子是一根经过机械加工并经高硬度表面处理的螺杆。如图 6.17 所示。

转子和定子具有特殊的啮合关系。这些啮合点沿轴向形成螺旋密封线，构成一个个密封空腔。当泥浆进入这些密封腔，并从马达的一端流到另一端时，推动转子在定子中转动，将液压能转换为机械能。

（3）可调弯万向轴总成。

万向轴上端连接马达的转子、下端连接传动轴，其作用是将作行星运动的转子和作定轴转动的传动轴连接起来，把马达的输出扭矩及转速通过传动轴传递到钻头。

测传马达的万向轴由可调弯壳体组件、活瓣万向轴轴体和上传动轴组件 3 大部分组成，如图 6.18 所示。可调弯壳体具有调节弯角的功能；活瓣万向轴是采用常规螺杆钻具上的活瓣万向轴，是一种万向节；上传动轴总成由扭力

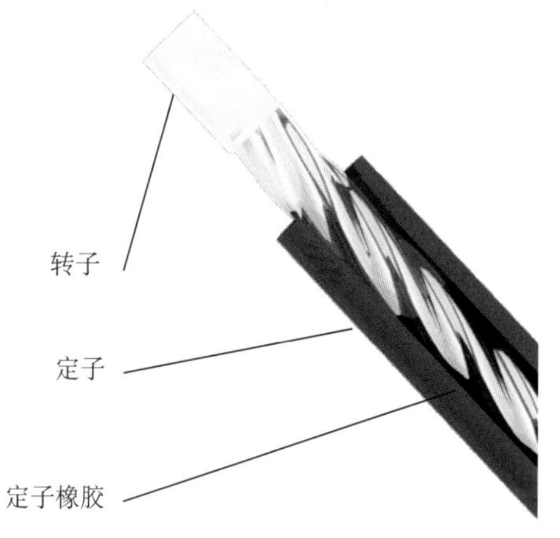

图6.17　螺杆马达三维剖视图

轴和轴承组组成，扭力轴上端与活瓣万向轴连接，下端通过以花键的型式与传动轴连接。

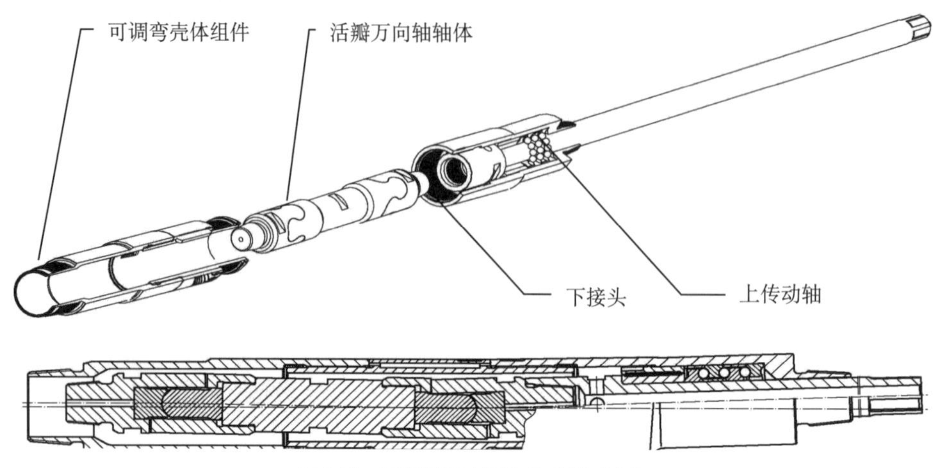

图6.18　可调弯万向轴总成结构图

可调弯壳体的角度调整范围为 0° ～ 3°，分级调整，可实现 0.5°、0.75°、1°、1.25°、1.5°、2°、2.5° 和 3° 的不同弯角。

（4）近钻头测量短节。

近钻头测量短节位于可调万向轴总成和传动轴总成之间，是一个专门设计用来搭载测井仪器、电池和电路等的舱体。测量短节为一相对独立的工具，长度约为 2m，在运抵井场前须与相配套的螺杆马达组装为一体。测量短节的上端与可调万向轴壳体相连，螺杆马达的传动轴从测量短节中部的孔内穿过，测量短节的下端与传动轴总成相接。

如图 6.19 和图 6.20 所示，测量短节的结构组成为：短节本体、保护外壳、上 / 下锁母、发射 / 接受天线、测量电极、电池组、电路组、井斜工具面传感器（加速度计）、自然伽马传感器和信号接口等。

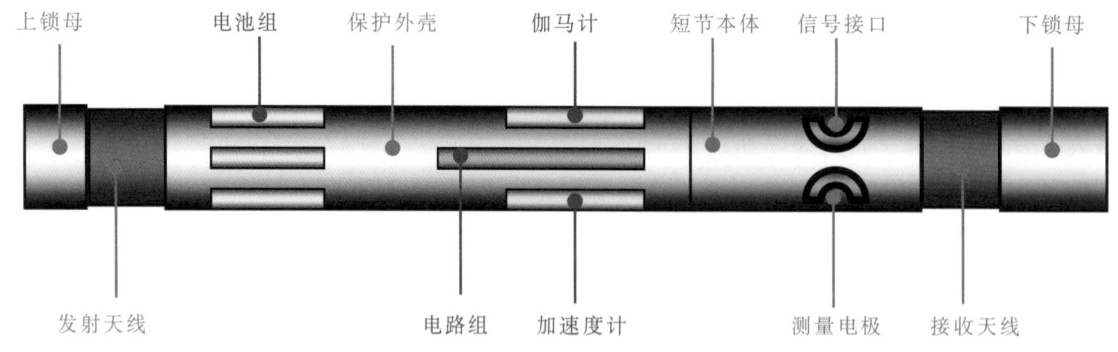

图6.19　测量短节结构示意图

保护外壳将安装在测量短节舱体内的电池组、电路组、伽马计和加速度计与外界隔开，使其免遭泥浆的侵蚀。当需要更换电池时，必须卸开保护外壳。

发射天线具备双重功能，在测量地层电阻率时它是信号激励源，而在将测量数据无线发送至 MWD 时则是发送器。接收天线是检测钻头电阻率的一个重要部件，能实时提供接收天线与钻头间地层电阻率的平均值并将该值存储在井下存储器中。测量电极也与伽马计相对配置，同时它仅占用测量短节外圆的小部分区域，因而也具有方位性，能实时提供其所面对地层的电阻率值并将测量值存储在井下存储器中。

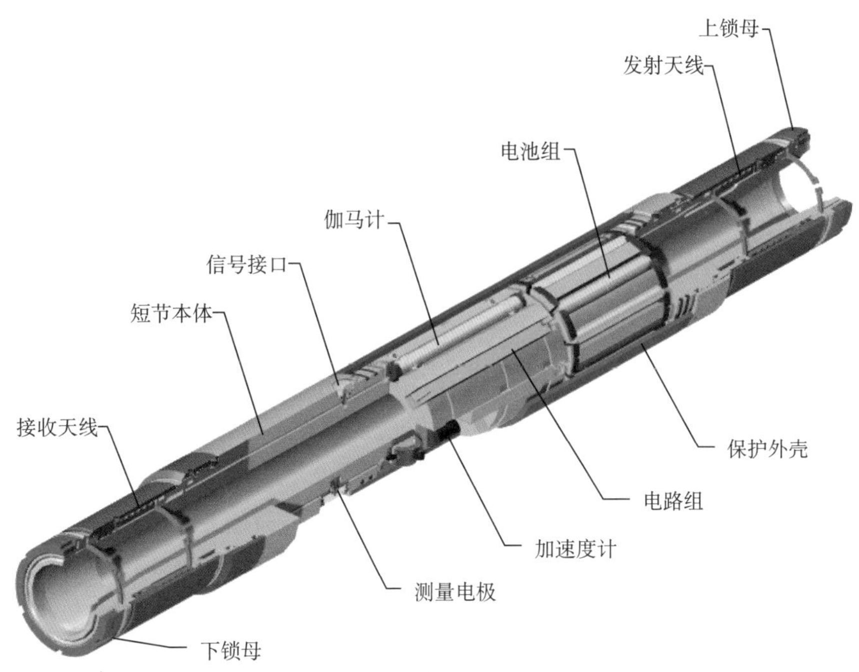

图6.20 测量短节结构三维剖视图

电池共分 2 组。电路组共包含 5 块电路。

加速度计与伽马计相对配置，能实时提供近钻头的井斜及工具面测量值。伽马计由于安装在测量短节的一侧，因而具有方位性，能实时提供近钻头地层的自然伽马值并将计量值存储在井下存储器中。

计算机为核心部件，通过配套的软件实现在地面与测量短节的双向通信。

（5）传动轴总成。

传动轴的功能是将马达的扭矩和转速传给钻头，同时要承受钻进时地层作用于钻头的轴向力和径向力，因此，其主要结构是轴和轴承组。如图 6.21 所示。

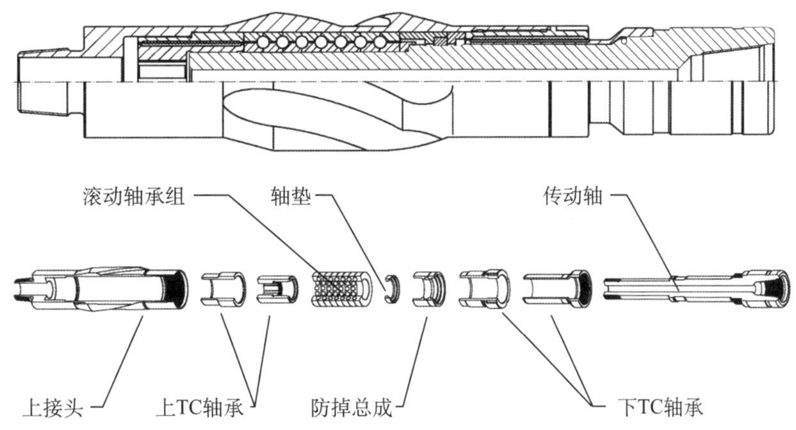

图6.21 传动轴总成结构

测传马达的传动轴总成主要采用了常规螺杆钻具的传动轴总成，上下径向轴承为硬质合金轴承（TC 轴承），中间装有一组角接触推力球轴承，具有较高的承载能力，传动轴的连接形式稍有不同，其上端是通过花键和可调弯万向轴的扭力轴连接。

为了尽量简化结构，减小长度，测传马达的传动轴总成采用的是传统的泥浆润滑形式，也可以根据客户的不同需要改用油密封形式的传动轴总成。

6.2.2.2 近钻头电阻率测量系统

6.2.2.2.1 近钻头地层电阻率测量基本原理和典型结构

关于近钻头电阻率测量原理已在本书第 5 章有过论述。在钻井过程中进行电阻率测量时，给发射线圈供以交变激励电流，会在作为变压器次级的钻铤上感生出一定的电动势，该感生电动势通过钻铤和地层构成的回路形成感生电流。从发射线圈到钻头之间的感生电流可分为 2 部分，在接收线圈和发射线圈之间的钻铤上流出的电流称为聚焦电流，接收线圈到钻头之间所流出的感生电流称为测量电流。在测量电流的激励之下，接收线圈上会产生和测量电流成比例的电动势。接收线圈所测量的电动势与发射线圈在钻铤上所激励的感生电动势有关，与邻近钻头的地层电阻率有关。

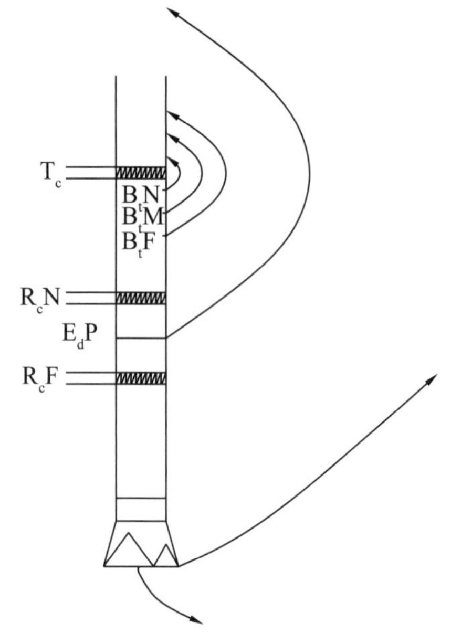

图6.22 近钻头电阻率测量系统结构

近钻头电阻率传感器的典型结构如图 6.22 所示，由 1 个发射线圈、2 个接收线圈、1 个电位测量电极和 3 个电扣电极所组成。各部件名称和标识符见表 6.5。各部分的作用如下：

发射线圈：激励电流进入地层；

近接收线圈：测量近接收线圈到钻头部分的钻铤上流出的电流；

远接收线圈：测量远接收线圈到钻头部分的钻铤上流出的电流；

电位测量电极：测量实际钻铤上该处的感生电位；

电扣电极：测量 3 个电扣上流出的感生电流。

表6.5 近钻头测量系统电极名称及标识符

电极名		标识符
发射线圈		T_c
接收线圈	近接收线圈	R_cN
	远接收线圈	R_cF
电扣电极	近电扣电极	B_tN
	中电扣电极	B_tM
	远电扣电极	B_tF
电位测量电极		E_dP

通过上述测量，可获得 2 种近钻头电阻率、1 种高分辨率侧向电阻率和 3 种不同探测深度的浅电阻率。各部件尺寸及相互位置会影响电阻率的测量效果。

6.2.2.2.2 电阻率测量的数学模型与实施方案

在分析比较国外公司近钻头电阻率测量仪器的特点并结合我们的工作经验，在测量原理、装置结构、仪器实现、响应分析等诸多方面进行综合对比后，提出了近钻头电阻率测量实施方案，其基本结构如图 6.23 所示。

在靠近钻头的钻铤上安置了在磁芯上缠绕有导线的天线，其中左边是发射天线，右边是接收天线。无论是发射天线还是接收天线，基本是由线圈、线圈保护筒、绝缘密封环及表层耐磨涂敷材料等构成。这种结构形成了 2 个变压器，对发射天线来说钻铤相当于变压器的次级，而对接收天线来说钻铤相当于变压器的初级。

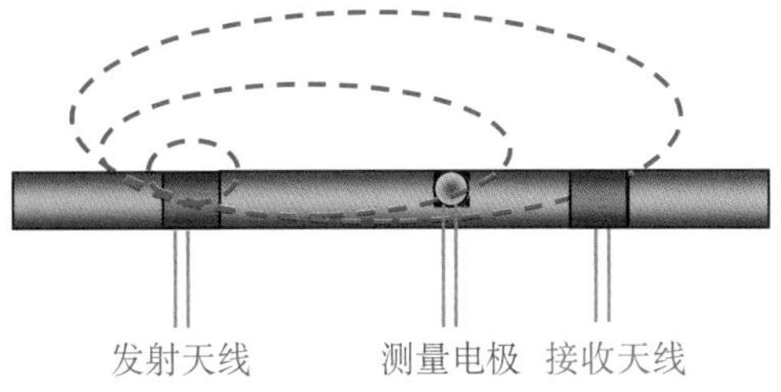

图6.23 CGDS近钻头电阻率测量结构示意图

在钻井过程中进行电阻率测量时，一旦给发射天线供以交变激励电流，就会在作为变压器次级的钻铤上感生出一定的电动势，该感生电动势通过钻铤和地层构成的回路形成感生电流。

在感生电流的激励之下，接收天线上会产生出和感生电流成比例的电动势。接收天线上所测量的电动势与发射天线在钻铤上所激励的感生电动势有关，与邻近钻头的地层电阻率有关。测量钻铤上所感生的电动势和接收天线上所感生的电压刻度为近钻头电阻率：

$$R_a = K \cdot \frac{U_T}{I_R} = K \cdot \frac{f(I_T)}{g(U_R)} \tag{6.4}$$

式中：R_a 为近钻头电阻率；K 为仪器常数；U_T 为发射天线在钻铤上所产生的感生电压；I_T 为发射天线的激励电流；I_R 为通过钻铤流经接收天线的电流；U_R 为在接收天线上所产生的感生电压；$f(I_T)$ 为发射电流在钻铤上发射天线的两端产生感生电动势的函数关系；$g(U_R)$ 为测量电流在接收天线上产生感生电动势的函数关系。

同理，测量钻铤上所感生的电动势和测量电极的感生电流也可刻度为方位电阻率。在建立以上应用于随钻地层评价的电阻率测量工具的数学模型过程中，主要有以下考虑：

（1）在此种结构的随钻电阻率测量中，发射线圈的激励频率通常在 0.5 ~ 2.5kHz 之间，在此频率下，$f(I_T)$ 和 $g(U_R)$ 一般比较好地遵从变压器原理，地层的趋肤效应可以忽略，同时，发射线圈下部的钻具是金属良导体，可以认为是等电位。此时由发射线圈在钻具和地层中激发的电流场可按稳流场理论进行处理。

（2）在随钻电阻率测量中，当仅考虑侧向和钻头探头在垂直井中的测量时，探头轴线和井眼轴线重合，探头结构和地层电阻率分布都是关于井眼轴线对称的，因而可简化为二维问题。同时，在定向井和水平井中应考虑地层结构、地层界面、地层厚度、上下围岩等对近钻头电阻率测量的影响。为此我们开发出对随钻电阻率测量响应仿真的二维及三维有限元算法及相应软件，对此进行计算与仿真，其结果从理论上证明了上式所描述的随钻电阻率数学模型的正确性，为进一步的理论和实际研究打下了坚实的基础。

对上述数学模型需进行实验验证，以确保其工程实用性。为此，根据所建立的数学模型和优选的探头结构设计，我们制作出 3 种原理样机和地层模型，在室内模拟地层电阻率的条件下，通过一系列实验研究，用实验数据证明了电阻率测量数学模型的正确性和设计方案在工程上的准确性。有关实验方法和结果参见本书第 7 章。

6.2.2.2.3 近钻头电阻率测量系统井下工具的研制

在室内原理样机、地层模型以及室内试验的基础上，进行下井样机的研究工作。在下井样机设计中必须考虑的是：

（1）所有采用的元器件必须是军品（为保证质量），同时是可以购买到的；

（2）电路必须根据所购买到的军品元器件重新进行设计或调整；

（3）必须考虑样机的抗高温、抗强振、抗高压和方便操作等问题。

同时，为防止实际下井时出现故障而造成重大的经济损失，采取了分单元进行下井实验的实验策略，实验策略如下：

(1) 首先将所设计制造的测量短节（机械部分）下井实验，主要检验短节由于高温、高压、强冲击、强振动所引发的问题，该短节通过先后 7 次下井，最大下入井深达 3140m，累计井下工作时间达 292h，实验非常成功。

(2) 将一些影响系统性能的关键部件（如测量线圈等）下井实验，主要检验部件由于高温、高压、强冲击、强振动所引发的问题。通过实验发现问题，并根据问题改进设计，然后再次下井实验，此循环进行了 5 次，有效地解决了工程实现中出现的问题。

(3) 温度校正。在多次进行的温度性能测试过程中，发现了测量短节的电阻率检测性能随温度变化而变化的问题，这将严重影响实际井下工作时测量数据的精度和可靠性，为此主要进行了如下几方面的工作：研究测量性能随温度而变化的原因，改善高温实验方法，研究采用电流源激励接收线圈后对采用激励发射线圈时测量结果的影响，温度补偿。

通过理论研究和实验，不断修正和完善样机结构，使电阻率测量的稳定性和精度达到了较高水平。

6.2.2.3 近钻头自然伽马测量工具

6.2.2.3.1 自然伽马测量工具的基本测量方法和工作过程

随钻地层评价的自然伽马测量工具采用电缆测井中自然伽马测井的一套成熟方法和技术，即采用闪烁晶体加光电倍增管的测量方法及电缆测井中的刻度方法。

随钻中的自然伽马测量受钻铤和钻速的影响较大，钻铤能使探头测量的伽马射线的强度降低 5 ～ 10 倍，但钻进速度较之电缆测井速度低的多，测量时间长，有利于提高地层分辨率。通常随钻测井中记录到的薄泥岩层，由于钻后泥岩膨胀垮塌而在电缆测井中观察不到。

在钻铤上不同方位安装伽马探头能对井眼上下两侧进行自然伽马定向测量（即聚焦自然伽马），识别钻具是否通过层界面，以控制井眼轨迹使其保持在要求的地层内。

自然伽马测量探头结构如图 6.24 所示，其在随钻电阻率及自然伽马测量工具中的安装位置如图 6.19 和图 6.20 所示。实际安装时，随钻自然伽马测量工具并没有安置在钻铤的中心，而是偏置于某一方向。

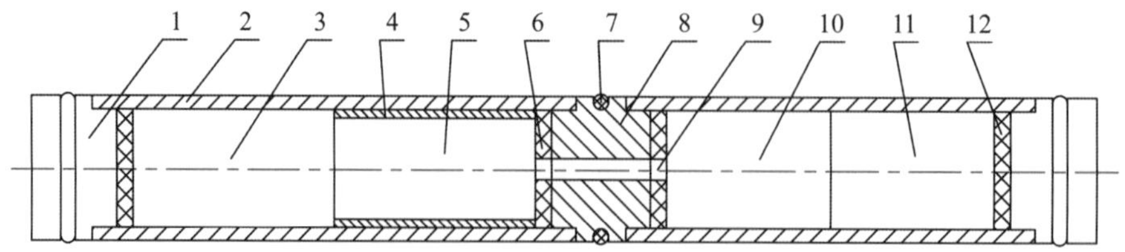

1—堵头；2—外套；3—闪烁晶体；4—磁屏蔽层；5—光电倍增管；6—防振垫；
7—O形圈；8—中间接头；9—过线孔；10—高压电源模块；11—电路板；12—防振热

图6.24 自然伽马测量探头结构示意图

其工作过程是：自然伽马测量工具随钻具下放到井底，随着钻头的钻进定时进行采样。所有采集的数据被保存在存储器中，部分数据通过 MWD 将数据传送至地面，供地面实时分析、判断。起钻后，通过串行接口将所有保存在存储器中的采样数据转移至地面计算机中，供进一步地分析和计算。

6.2.2.3.2 随钻自然伽马测量工具下井样机的研制

在综合考虑自然伽马传感器的抗高温、抗强振、抗强冲击能力及灵敏度、最大测量速度、测量精度、分层能力等多种因素后，选取了合适的闪烁晶体和光电倍增管，并设计和制造出随钻自然伽马测量工具。

在对下井样机完成相应的测试工作后，将其放入标准自然伽马刻度井进行刻度，刻度结果见表 6.6。由此可得：

$$\text{近钻头自然伽马传感器灵敏度} = \frac{\text{每秒计数率}}{\text{射线强度}} = 0.158235 \ \text{(cps/API)}$$

或者

$$\frac{1}{\text{近钻头自然伽马传感器灵敏度}} = \frac{1}{0.158235} = 6.3197 \ \text{(API/cps)}$$

满足设计对灵敏度的要求。

表6.6 随钻地层评价自然伽马测量工具刻度数据

项目	深度(m)	100s 计数率					同一深度100s 计数率平均值	同一放射性区100s 计数率平均值
低放射性区	5.2	291	297	303	311	315	303.4	301
	5.1	278	275	300	307	281	288.2	
	5.0	317	320	286	320	314	311.4	
高放射性区	3.7	5734	5806	5780	5824	5844	5797.6	5711.11
	3.6	5731	5691	5818	5625	5669	5706.8	
	3.5	5675	5660	5635	5584	5590	5628.8	
本底测量	2172	2216	2164	2294	2224	2226	2216	2216

注：（1）高放射性区与低放射性区的伽马强度差为（341.9±2.3）API；
（2）测量本底为刻度大厅自然伽马标准井口的本底伽马射线强度计频率。

6.2.2.4 近钻头井斜传感器

井斜传感器由 3 块加速度表组成，国内国外都有成型产品。井斜传感器在本系统中作为外购件处理。

6.2.2.5 井下无线短传

由于测量短节与 MWD 间存在螺杆马达及地面可调弯壳体，所以测量短节所测参数无法通过直接连线的方式传送至 MWD，故必须采用无线发射及接收的方式才能实现。图 6.25 为无线发射及接收原理示意图，其基本原理与近钻头地层电阻率测量原理相同。

测量短节上的发射天线以分时方式发送经编码后的测量数据，接收短节上的无线接收天线收到相应的信号，通过放大、滤波、纠错、解码等操作获取相应的测量数据。然后将所接收的测量数据传送至 MWD，并通过 MWD 将所测数据发送至地面。

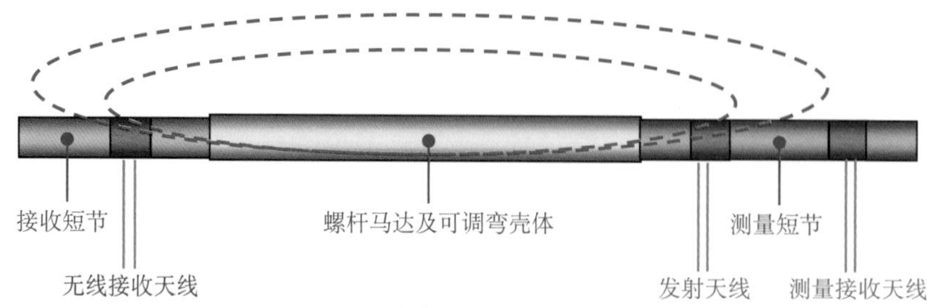

图6.25　无线发射及接收原理示意图

6.2.2.6　测传马达性能指标

6.2.2.6.1　总体性能指标

CGDS 近钻头地质导向钻井系统的总体技术指标及理论造斜率指标分别见表 6.7 和表 6.8。

表6.7　CGDS系统总体技术指标

项　目	指　标	项　目	指　标
公称外径	172mm	马达流量	19 ~ 38L/s
最大外径	190mm	马达压降	3.2MPa
适用井眼尺寸	ϕ216 ~ 244mm（$8^1/_2$ ~ $9^5/_8$in）	钻头转速	100 ~ 200r/min
近钻头稳定器	ϕ213mm（$8^1/_2$in 井眼） ϕ238mm（$9^5/_8$in 井眼）	马达工作扭矩	3660N · m
上部稳定器	ϕ210mm（$8^1/_2$in 井眼） ϕ235mm（$9^5/_8$in 井眼）	推荐钻压	80kN
造斜能力	中、长半径	最大钻压	160kN
传输深度	4500m	马达输出功率	38.3 ~ 76.6kW
最高工作温度	125℃	钻头电阻率传感器位置距马达底面距离	2.05m
脉冲发生器类型	泥浆正脉冲	方位电阻率传感器位置距马达底面距离	2.53m
上传传输速率	5 bit/s	方位自然伽马传感器位置距马达底面距离	2.70m
短传数据率	200 bit/s	井斜与工具面传感器位置距马达底面距离	2.85m
连续工作时间	200h	CAIMS 长度	8.3m
近钻头测量参数	钻头电阻率，方位电阻率， 方位伽马，井斜角，工具面角	WLRS 长度	1.94m
最高耐压	140MPa	CGMWD 长度	7.84m
最大允许冲击	10000m/s^2（0.2ms，1/2sin）	CGDS 总长度	18.08m
最大允许振动	150m/s^2（10 ~ 200Hz）		

表6.8　不同可调弯角下测传马达理论造斜率指标

井眼尺寸（in）	理论造斜率（°/30m）					
	0.75	1.0	1.25	1.5	1.75	2.0
$8^1/_2$	3.7 ~ 4.6	5 ~ 6	6.4 ~ 7.3	7.8 ~ 8.7	9.1 ~ 10	10.5 ~ 11.5
$9^5/_8$	3.6 ~ 4.5	5 ~ 6	6.3 ~ 7.3	7.7 ~ 8.7	9.1 ~ 10.1	10.4 ~ 11.4

6.2.2.6.2 各测量参数技术指标

方位自然伽马、钻头电阻率、方位电阻率以及近钻头井斜角、工具面角等各测量参数相应的技术指标分别见表 6.9 ～表 6.12。

表6.9 自然伽马测量技术指标

序号	项目	精度
1	测量范围	0~250API
2	精度	最大值的 ±3%
3	灵敏度	不劣于 4API/cps
4	最高测量速度	30m/h
5	分层能力	20cm
6	统计起伏（100API 地层，钻速为 60ft/h）	±3API

表6.10 钻头电阻率技术指标

<table>
<tr><td rowspan="8">水基钻井液</td><td>测量范围</td><td>0.2~2000Ω · m</td></tr>
<tr><td rowspan="3">测量精度</td><td>±0.1Ω · m（电阻率≤ 2Ω · m）</td></tr>
<tr><td>±8%FS（2Ω · m <电阻率≤ 200Ω · m）</td></tr>
<tr><td>±15%FS（电阻率> 200Ω · m）</td></tr>
<tr><td>垂直分辨度</td><td>典型值 1.8m（6ft）</td></tr>
<tr><td>探测深度</td><td>0.45m（18in）</td></tr>
<tr><td>工作温度</td><td>125℃</td></tr>
<tr><td>工作压力</td><td>140MPa</td></tr>
<tr><td rowspan="4">油基钻井液</td><td>测量范围</td><td>0.2 ～ 2000Ω · m</td></tr>
<tr><td rowspan="3">测量精度</td><td>±0.1Ω · m（电阻率≤ 2Ω · m）</td></tr>
<tr><td>±7%FS（2Ω · m <电阻率≤ 200Ω · m）</td></tr>
<tr><td>±12%FS（电阻率≤ 200Ω · m）</td></tr>
</table>

表6.11 水基泥浆方位电阻率技术指标

<table>
<tr><td>测量范围</td><td>0.2~200Ω · m</td></tr>
<tr><td rowspan="2">测量精度</td><td>±0.1Ω · m（电阻率≤ 2Ω · m）</td></tr>
<tr><td>±8%FS（电阻率> 2Ω · m）</td></tr>
<tr><td>垂直分辨率</td><td>典型值 0.1m（4in）</td></tr>
<tr><td>探测深度</td><td>0.3m（12in）</td></tr>
<tr><td>工作温度</td><td>125℃</td></tr>
<tr><td>工作压力</td><td>140MPa</td></tr>
</table>

表6.12 近钻头井斜、工具面技术指标

项目	范围	精度
工具面角	0° ～ 360°	±0.4°
井斜角	0° ～ 180°	±0.4°

6.2.2.6.3　螺杆马达技术参数及性能曲线

表 6.13 中列出了 CGDS 地质导向钻井系统螺杆马达的技术参数和性能曲线。

6.2.3　无线接收子系统

该子系统置于测传马达和 CGMWD 系统之间，用于接收由测传马达中测量短节发射线圈上传的无线电磁波信号，然后把上传的数据融入 CGMWD 系统，经 MWD 系统继续上传至地面。该部分主要介绍其结构组成、短传机理研究、原理样机及室外模拟井试验以及技术参数等。

为叙述之便，后文中“接收短节”均指无线接收及有线通信工具，用“测量短节”指测传马达中的测量短节。所有表示工具的示意图中，左侧与 CGMWD 连接，右侧与测传马达连接。

6.2.3.1　系统结构组成及其功能

图 6.26（a）为接收短节的基本结构示意图（注：图中用桔黄色文字标注的为外部可见的，用蓝色文字标注的为外部不可见的）。

接收短节为一独立的工具，长度约为 1.8m。接收短节的上接头直接与 MWD 下接头相连，通过插针实现电连接，在接收短节与 MWD 间建立了一条双向通信信道。接收短节的下接头直接与测传马达上接头相接。扶正器用于保护接收天线。保护外壳将安装在接收短节仓体内的电池组和电路组与外界隔开，使其免遭泥浆的侵蚀。当需要更换电池时，必须卸开保护外壳。电路组共包含 3 块电路。图 6.26（b）为接收短节的结构三维剖视图。

接收天线是无线接收系统中的一个重要部件，当测量短节上的发射天线以分时方式发送经编码后的测量数据时，它能无线接收相应的信号，并经过相应电路的放大、滤波、纠错、解码等操作获取相应的测量数据。

表6.13　螺杆马达技术参数及性能曲线

技术参数			性能曲线
项　目	公　制	英　制	
外　　径	165mm	$6\frac{1}{2}$in	
井眼尺寸	212.7 ~ 250.8mm	$8\frac{3}{8}$ ~ $9\frac{7}{8}$in	
马达头数	5 / 6		
马达流量	16 ~ 28/47.3L/s	254 ~ 445/750gal/m in	
输出转速	100 ~ 178r/min		
马达压降	3.2MPa	465psi	
额定扭矩	3200 N · m	2360ft · lbsf	
最大扭矩	5600 N · m	4130ft · lbf	
推荐钻压	80kN	18000lbf	
最大钻压	160kN	36000lbf	
功　　率	33.5 ~ 59.65kW	44.9 ~ 80hp	
长　　度	8.33m	27.5ft	
弯点到钻头距离	3.39m	11.01ft	
质　　量	1500kg	3300lb	
上端螺纹	4 1/2 APIrEG		
下端螺纹	4 1/2 APIrEG		

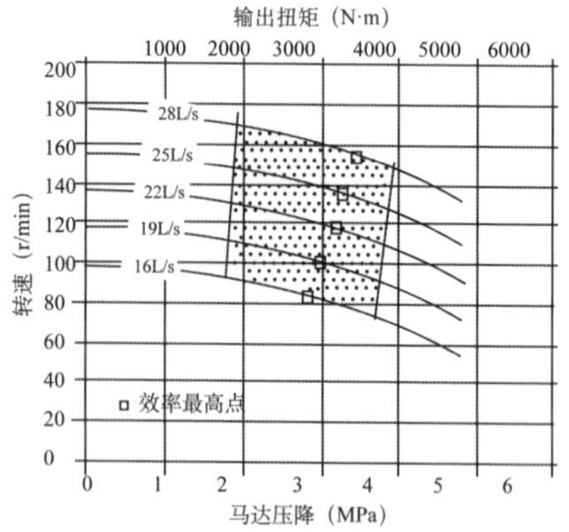

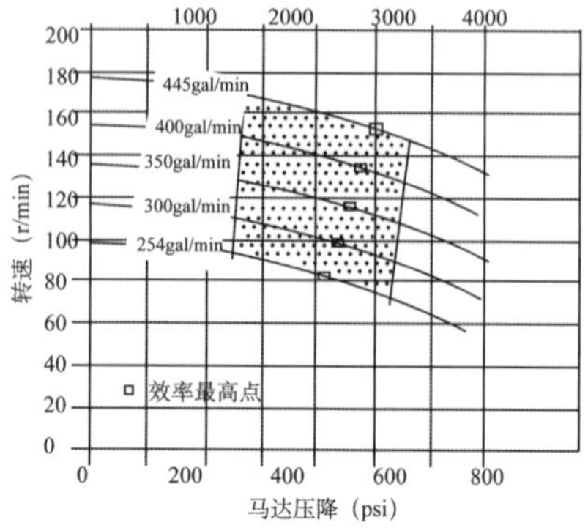

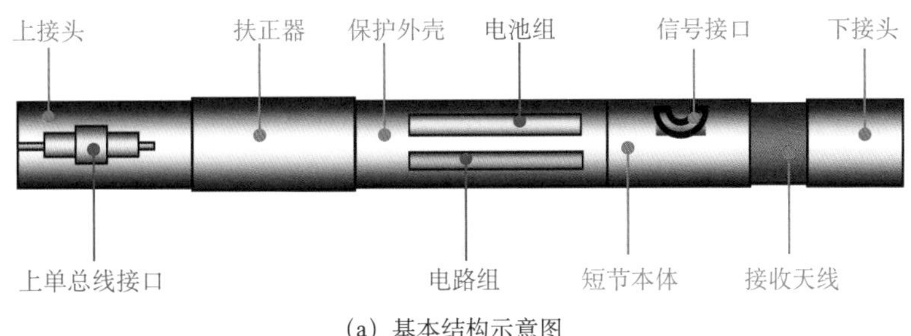

(a) 基本结构示意图

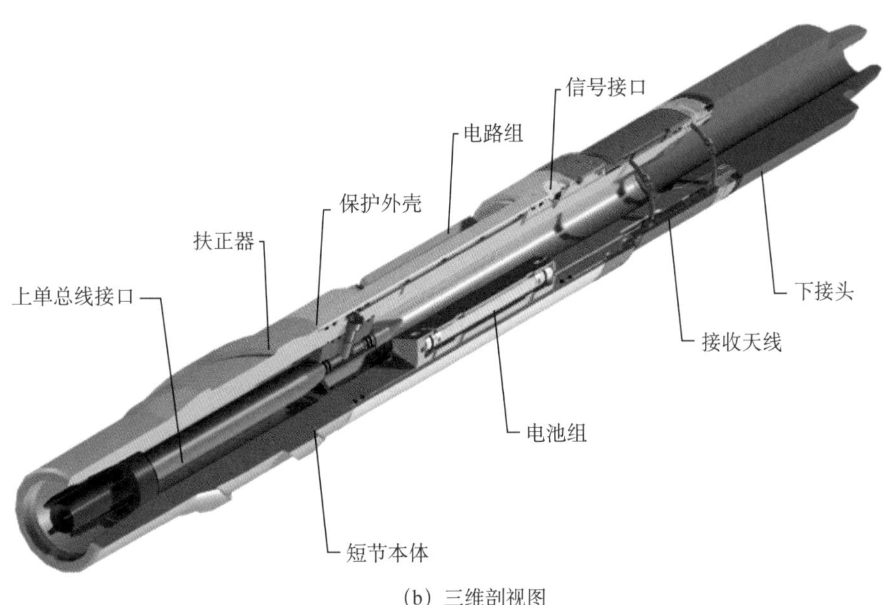

(b) 三维剖视图

图6.26 接收短节的基本结构示意图及三维剖视图

6.2.3.2 无线短传工作机理

如图 6.27 所示，用两个绕有线圈的磁环作为发射和接收装置，这两磁环分别装在近钻头的位置和钻铤的上部位置，在近钻头附近的是发射线圈，在钻铤上部的是接收线圈。它的工作机理是：给发射线圈中施加一频率为f的信号电流，由于信号电流的激励，便在磁环中产生频率为f的交变磁场。由于磁环套在钻柱的外壁上，钻杆和泥浆、地层构成一个穿过磁环的闭合回路，这样在这个闭合回路中就会产生感应电流，由于这一感应电流也穿过接收磁环，这样便在接收磁环中产生一交变的磁场，这一磁场又使绕在它上面的线圈中产生出感应电动势（或感应电流），整个过程就构成了信号传输的通道。

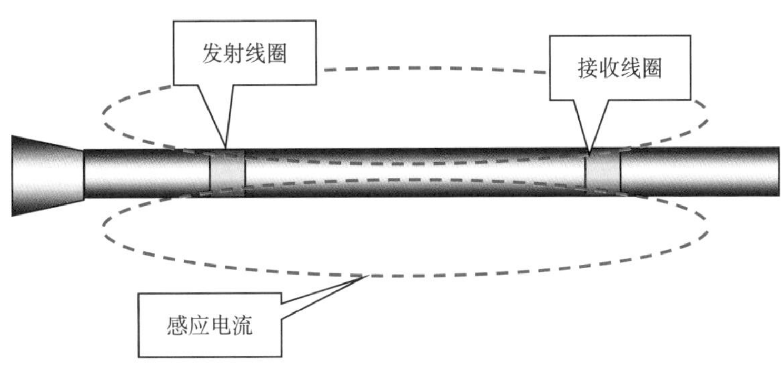

图6.27 无线短传通道示意图

实际上，这个装有线圈的钻铤相当于一个电偶极子，而电偶极子是构成传输通道的基础。电偶极子产生的电场可由以下公式推导计算：

（1）电偶极子的信号源：

$$I = I_0 \sin\omega t$$

其复数形式为：

$$[I] = I_0 e^{j(\omega t-\beta r)}$$

（2）电偶极子产生的电场：

$$E = \nabla U - \frac{\partial A}{\partial t}$$

$$E_r = \frac{I_0 e^{j(\omega t-\beta r)} dl\cos\theta}{2\pi\varepsilon_0}\left(\frac{1}{cr^2} + \frac{1}{j\omega r^3}\right)$$

式中：E_r 为电偶集子产生的电场；I_0 为激励源的信号电流幅值；ω 为信号电流的角频率；t 为时间；β 为相位常数（$\beta=\omega/c=2\pi/\lambda$）；$r$ 为电偶极子外任一点距偶极子的距离（r/c 为滞后时间）；c 为电磁波传播速度；dl 为电偶极子电流元的长度；θ 为偶极子外任一点到偶极子的连线与天线之间的夹角；ε_0 为介电常数。

据此可进行磁感应线圈设计和无线短传通道的建立与实验，并得出以下结论：

（1）采用电磁感应的方法在钻铤和地层中建立无线短传通道是可行的；

（2）在短距离 10m 定长的范围内可有效地传输信号；

（3）传输信号的最佳频率范围在 10 ～ 12kHz，可应用频率范围在 500Hz ～ 100kHz。

6.2.3.3 无线电磁波短传样机研制及实验

在理论与实验研究基础上研制无线电磁波短传样机（简称短传样机）。图 6.28 为短传样机的原理框图。

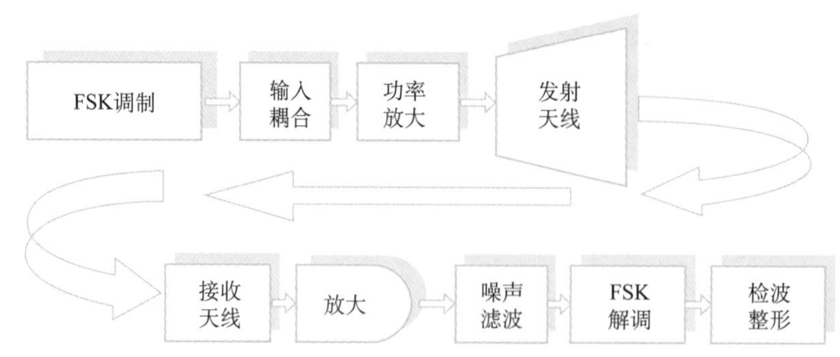

图6.28　短传样机原理框图

发射天线与接收天线的研制及实验是样机研制的关键。发射天线与接收天线是以电磁感应线圈为核心形成的一体化功能性部件。通过对线圈进行模拟井下的高温、强振动一系列实验，以及发射线圈材料功耗对比实验，在此基础上，开展了短传样机在模拟井中的信号传输实验。

为了验证短传通道的建立，将短传样机安装在尺寸为 1 ∶ 1 的模拟钻铤上，发射天线与接收天线相距 15m。将模拟钻铤放入模拟井中进行信号传输实验。

信号传输实验中原理样机工作过程如下：首先，发射电路将数据按 FSK 方式进行调制，调制后的数据经功率放大电路送给发射天线，由发射天线在钻柱中激发出信号电流。而后接收天线把收到的信号送给前置放大器和滤波器，经过 FSK 解调和检波后输出数据信号。

实验证明了装有无线短传系统的钻铤在模拟井中建立电磁传输通道，并且系统的各部分电路性能良好，工作可靠。接收到的信号经过放大，去噪，解调后清晰准确。在信号传输的实验中实时录下信号的波形图如图 6.29 所示。关于模拟井及钻铤在井中的状况参见图 6.30。具体实验情况参见本书第 7 章。

数据信号
FSK调制信号
(a)
FSK调制信号细部
(b)
解调后的数据1
解调后的数据0
解调后同步信号
检波后的数据1
(c)
检波后的数据0
检波后的字节同步信号
(d)

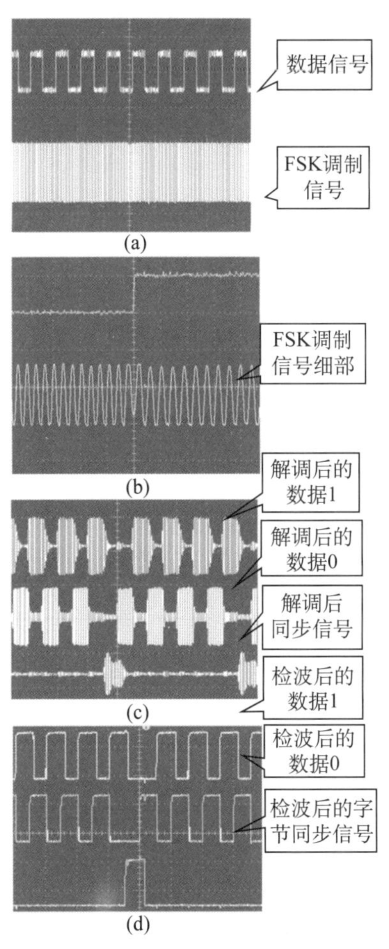

图6.29　信号传输实验中实时录下信号的波形图

井口在地平面，井筒内内径0.4 m
接收天线
井筒壁采用透水砂管，目的是要井筒内的水介质与地层连通，使短传电磁通道进入地层。在井筒内充满电阻率为1Ω·m的水溶液。井筒周围的地层也是含水层
钻铤及电路舱
22m
发射天线
井底
1.5 m
17 m
15 m
22 m
0.5 m

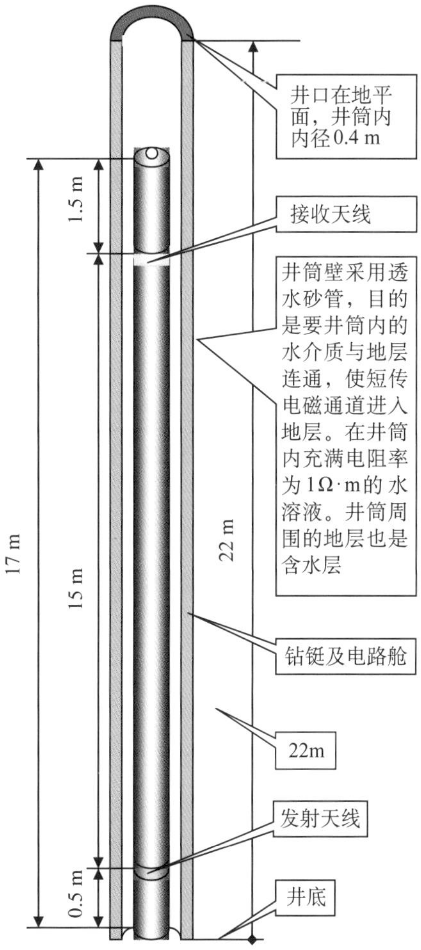

图6.30　短传样机及在模拟井示意图

6.2.3.4　接收短节性能指标

适用钻头尺寸：$8^1/_2$in；

最高耐压：140MPa；

最高工作温度：125℃ ；

最大允许冲击：10000m/s^2（0.2ms，1/2sin）；

最大允许振动：150m/s^2（10 ~ 200Hz）；

电池组：额定电压 7.8（或 7.2）VDC，额定工作安时 13Ah，所供电路平均工作电流约为 13mA；

连续工作时间：200h；

无线通信距离：≤ 10m；

能与 MWD 通过单总线方式实现双向通信。

6.2.4 正脉冲无线随钻测量系统（CGMWD）

CGMWD 正脉冲无线随钻测量系统是 CGDS 近钻头地质导向钻井系统的一个子系统，用作工程参数测量和井下信息上传与地面指令下传的信道。由于已在 6.1 节中介绍，所以不再重复。

6.2.5 地面系统研制

在研制 CGDS 地面信号检测系统过程中，主要开展了以下 7 个方面的技术研究工作：

（1）MWD 信号调制与编码方法研究；

（2）MWD 信号的建模及仿真研究；

（3）MWD 仿真信号的实现；

（4）MWD 信号检测原理与方法研究；

（5）MWD 信号检测系统的实现；

（6）深度跟踪原理与方法研究；

（7）深度跟踪系统的实现。

本节主要介绍地面系统的系统结构及工作原理。

6.2.5.1 地面信号检测系统结构

地面信号检测系统包括硬件和软件两部分，硬件负责信号转换与调理，软件负责信号滤波、识别、解码与信息管理。

6.2.5.1.1 地面硬件系统

如图 6.31 所示，CGDS 地面硬件系统基本上由传感器、前置箱、计算机和司钻显示器组成。

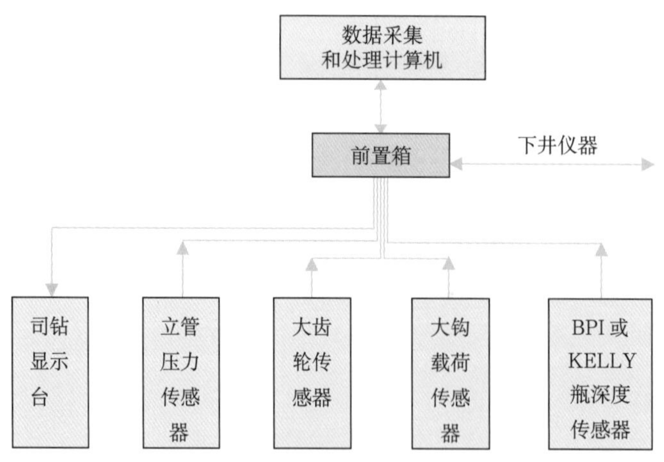

图6.31　地面硬件系统结构框图

（1）传感器。包括用于测量立管压力信号（接受井下仪器发送的信号）的立管压力传感器、用于测量泵冲的泵冲传感器、用于深度（钻头深和井深）跟踪的钩载传感器与 BPI 或 KELLY 瓶深度传感器。传感器把测量信号转换为易于处理的电信号，送前置箱处理。

（2）前置箱。包括用于信号（来自传感器）调理的电路板、用于信号隔离的隔离栅、用于计算机和司钻显示器及井下仪器直接通信的电路转换模块。前置箱除了向传感器供电并对来自传感器的信号进行调理和必要的初步硬件滤波，以便计算机进行更深层次处理外，它的主要功能还在于为计算机与司钻显示器及井下仪器的通信提供通道。

(3) 计算机。包括 2 块 A/D 板，其中一块用于处理立管压力信号，另一块用于处理深度跟踪信号。A/D 板用于模拟信号的模 / 数转换，以便计算机软件进行处理。

6.2.5.1.2　地面软件系统

CGDS 地面信号检测软件是 CGDS 地面信号检测系统的重要部分，它具有如下功能：

(1) 信号采样与数字化；

(2) 数字滤波与信号处理；

(3) 噪声消减与信号检取；

(4) 信号解码与数据管理；

(5) 信号显示与人机接口；

(6) 实时的与离线的信号分析；

(7) 向 RFD 提供数据；

(8) 设置 MWD 井下仪器工作参数；

(9) 与 MWD 井下仪器交换数据；

(10) 深度跟踪。

考虑到软件的可扩展性，依据软件的主要功能分类，CGDS 地面信号检测软件可划分为如下 6 个主要功能模块（图 6.32）：

(1) 信号检测与处理模块；

(2) 系统参数配置模块；

(3) 井下仪器通信模块；

(4) RFD 通信模块；

(5) 输入 / 输出模块；

(6) 深度跟踪模块。

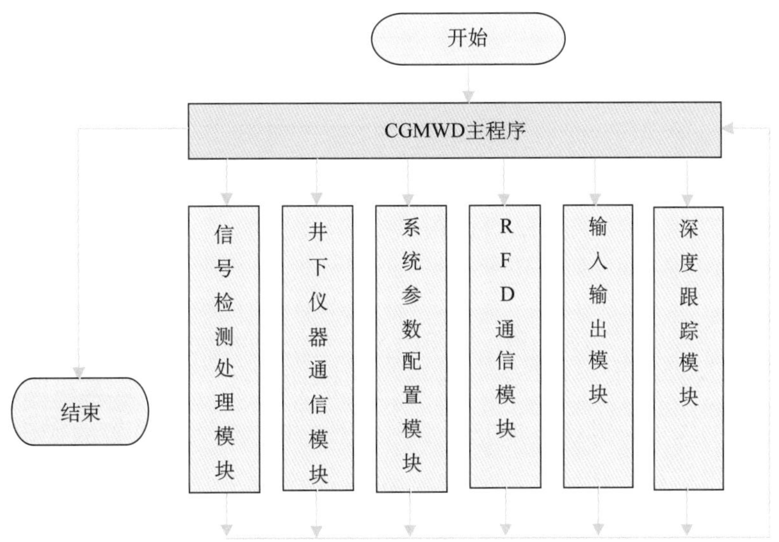

图6.32　CGDS地面信号检测软件系统的结构图

在各个主功能模块的设计中，采用逻辑分层及功能封装设计技术来规划设计各个子模块，以期各个模块能够在功能上彼此独立，逻辑上相互联系，从而既实现各个模块的有机统一，又保证各个模块的独立性。这里之所以强调模块功能的独立性，在于模块的独立性对于软件的扩充和升级具有重要意义，因为升级或扩充软件时只需要对相关模块进行即可。

6.2.5.2 地面信号检测系统的工作原理

6.2.5.2.1 泥浆压力脉冲信号检测

立管压力传感器将泥浆压力的变化转换为电信号送到前置箱（前端信号调理系统），经前置箱进行放大、滤波等预处理后，送向计算机内的 A/D 板，由地面信号检测软件系统的信号检测与处理模块来完成信号的采集、数字滤波、整波、检波及解码处理过程，从而实现泥浆压力脉冲信号的检测，其逻辑过程如图 6.33 所示，该图从全局上反映了 CGMWD 信号检测与处理的逻辑过程，基于这一逻辑过程，从功能上把 MWD 信号的检测与处理分为如下 3 个子模块来实现：

（1）信号采样模块；

（2）信号分析与处理模块；

（3）信号与信息显示模块。

需要说明的是，信号检测与处理模块只有监测到泵开（泵压超过压力门槛）后，才进行信号的滤波与处理过程，因此有效地节约了资源。

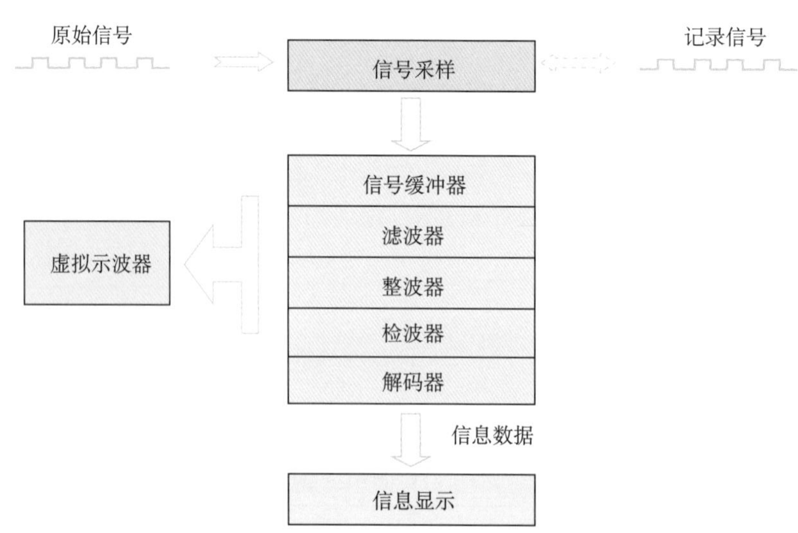

图6.33　MWD信号检测与处理过程

6.2.5.2.2 深度跟踪

钩载传感器与深度传感器（如 BPI 或 KELLY 瓶）分别将大钩悬重的变化和大钩位置（高度）的变化转换为电信号送前置箱，经前置箱进行预处理后，送向计算机内的 A/D 板，由地面信号检测软件系统的深度跟踪模块来完成工况判别，并结合大钩位置的变化实现深度跟踪过程。工况判别主要利用钩载变化进行判别，只需识别钻柱是否悬起即可，因为只有钻柱悬起时才进行测量深度计算和跟踪。跟踪精度则主要取决于传感器的分辨率。深度跟踪的逻辑过程如图 6.34 所示。

6.2.5.3 井眼轨道设计与控制

在 CGDS 地面系统的软件包中，有很重要的一个模块就是井眼轨道的设计与控制软件子系统。其内容和功能主要包括：

（1）地层建模；

(2) 井眼轨道设计（一维、二维、三维）；
(3) 钻柱静/动态力学分析（一维、二维、三维）；
(4) 钻具组合设计；
(5) 井眼轨道预测；
(6) 工具造斜率预测；
(7) 导向钻具设计；
(8) 已钻井眼轨迹生成与数据处理；
(9) 待钻井眼的随钻设计；
(10) 钻后分析与图表生成；
(11) 钻井数据库与知识库。

这些软件为控制人员的判断与决策提供了技术支撑。

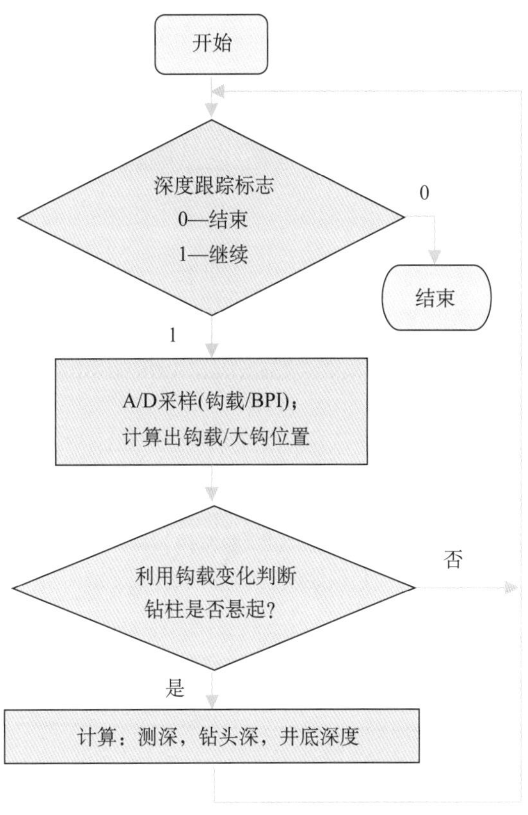

图6.34 深度跟踪逻辑框图

6.2.6 CGDS近钻头地质导向钻井系统现场应用

CGDS近钻头地质导向钻井系统（图6.35和图6.36）自1999年立项攻关，历经总体设计、基础研究、分系统研制、室内试验、样机研制、室内测试和现场多次下井实验等关键环节，于2006年初获得成功，并于当年实现产业化和进入工业化应用，创造了在0.4 ~ 0.9m的多口薄油层水平井中高钻遇率的技术指标。关于CGDS近钻头地质导向钻井系统的详细结构、性能参数和应用案例，读者可进一步参见本书附录2。

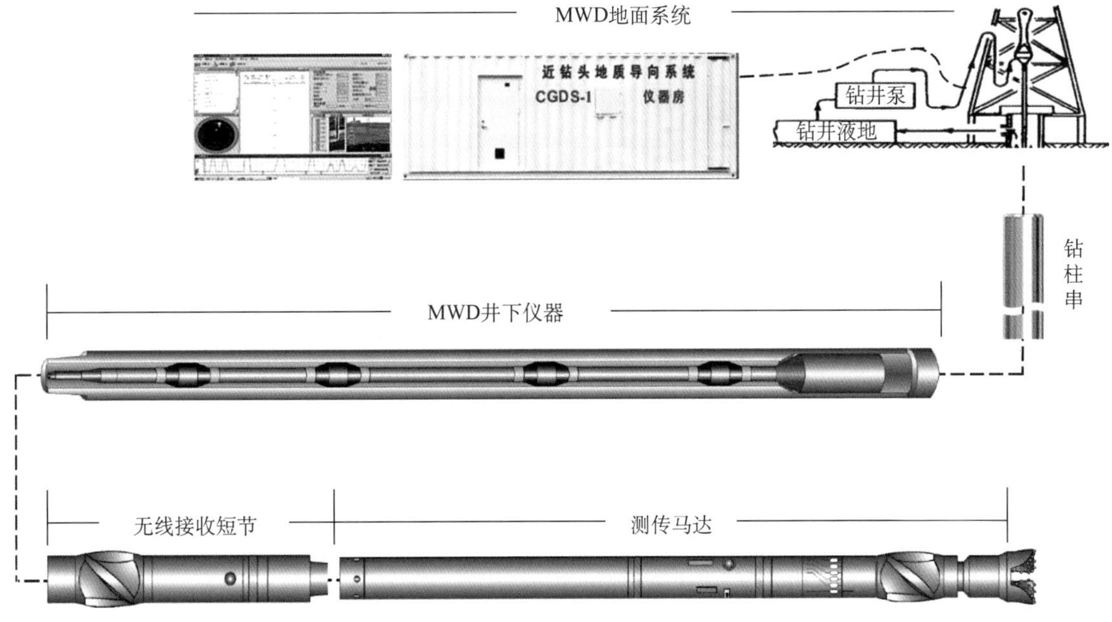

图6.35 CGDS近钻头地质导向钻井系统

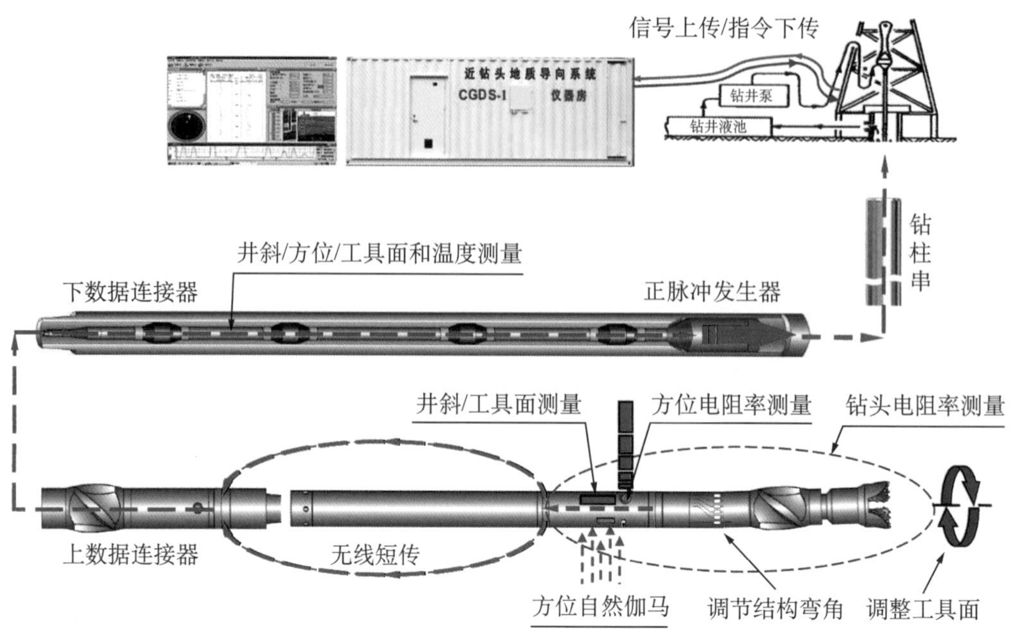

图6.36　CGDS−1近钻头地质导向钻井系统的信息传输

6.2.6.1　水平井定向井段和水平井段连续钻进测试案例：

（1）井位：冀东油田 L90−P2 井（图 6.37）；

（2）测试结果：完成 845m 定向段与水平段地质导向，满足工程应用要求；

（3）随钻测量数据（图 6.38）：随钻测量回放数据与电缆测井数据基本一致；实时上传数据曲线与回放数据曲线非常一致；随钻电阻率曲线和随钻伽马曲线具有良好的对应关系；随钻电阻率和伽马测量稳定。

  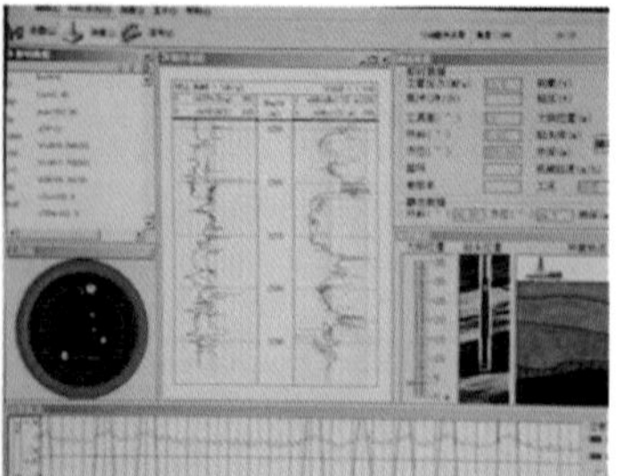

图6.37　L90−P2井现场测试图片

6.2.6.2　大庆油田应用案例

CGDS 近钻头地质导向钻井系统自 2007 年至 2016 年，先后在大庆、吉林、冀东、辽河、四川、江汉和浙江等油田施工作业 150 余口水平井，累计水平段进尺 8 万多米，钻遇的最薄储层 0.4m，平均钻遇率 85% 以上，实现了薄油层的有效开采和不连续油层的有效贯穿。图 6.39 为 CGDS 系统现场应用现场照片。

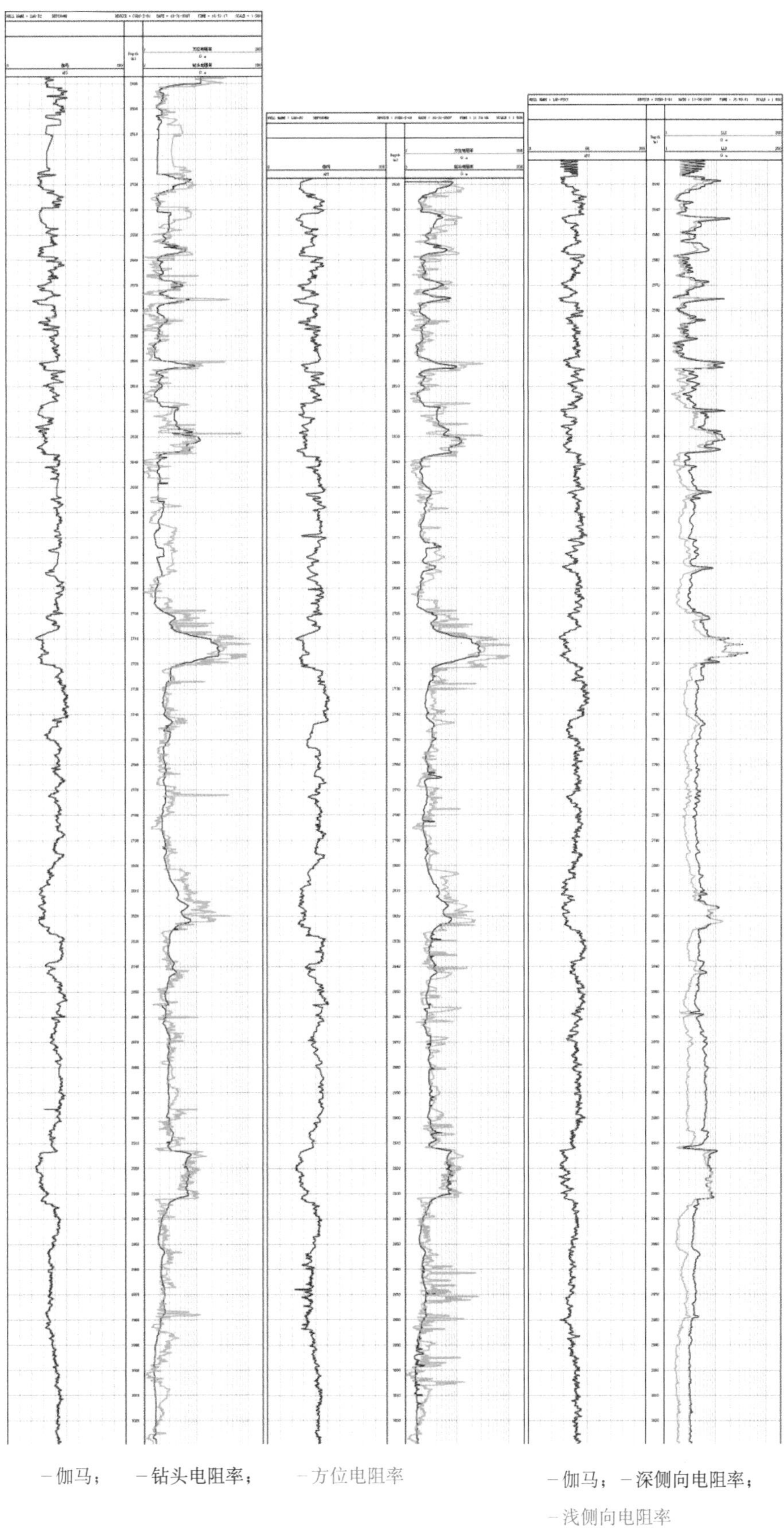

图6.38 2470～3070m随钻回放数据（左）、实时上传数据（中）和电测数据（右）

图6.39　CGDS系统应用现场照片

以在大庆油田应用为例，2012 年和 2013 年，针对油层发育不连续、厚度薄、油水关系复杂等区块，为解决常规 LWD 在钻井实际应用中由于测量盲区长，无法准确判断近钻头处的井斜角、相关地层岩性、储层特性及储层位置，难以满足疑难井导向需求的难题，应用 CGDS 近钻头地质导向钻井系统完成 26 口井的施工作业，累计水平进尺 18500 余米，最长水平段进尺 965m，平均储层钻遇率达到 85%。应用效果如下：

（1）钻遇率较大幅度提高。

① CGDS 系统地质参数测点距钻头距离，比常规 LWD 仪器有较大减少，及时发现钻头出储层迹象，储层边界发现早，井眼轨迹得到及时调整；

②根据方位电阻率和方位自然伽马的变化能准确判断钻头顶出或底出，如图 6.40、图 6.41 和图 6.42 所示。

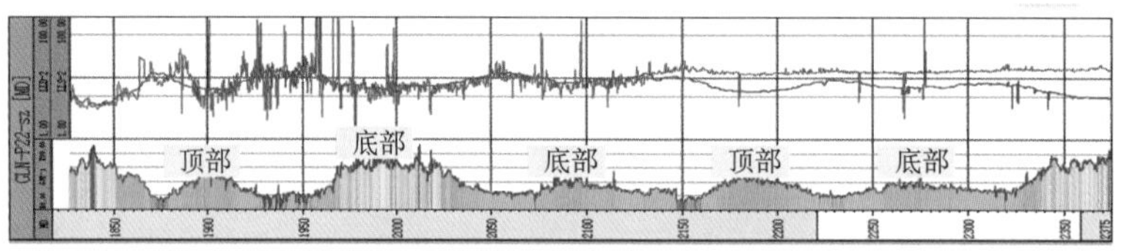

图6.40　五次发现目的层边界

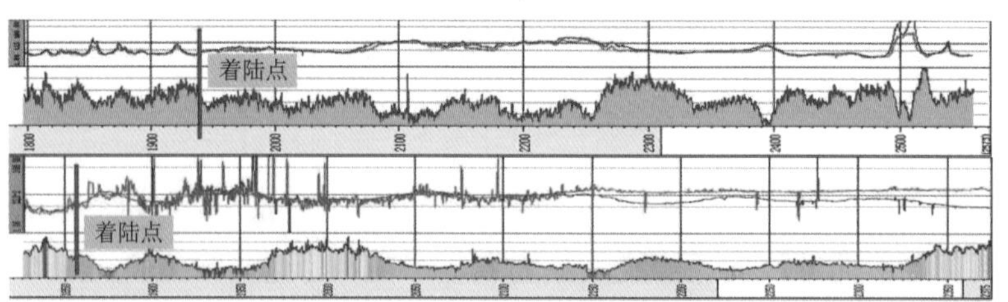

图6.41　同区块常规LWD导向（上）与CGDS导向（下）随钻曲线对比

注：上：目的层厚度0.8m，水平段长度445m，砂岩长度300m，砂岩钻遇率67.4%；

下：目的层厚度0.9m，水平段长度520m，砂岩长度438m，砂岩钻遇率84.2%。

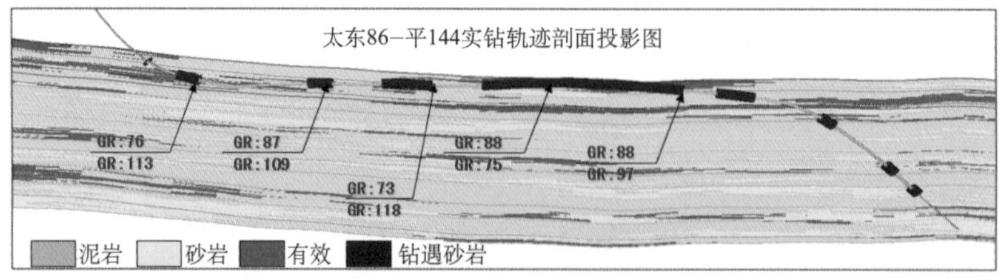

太东86−平144随钻测井曲线图

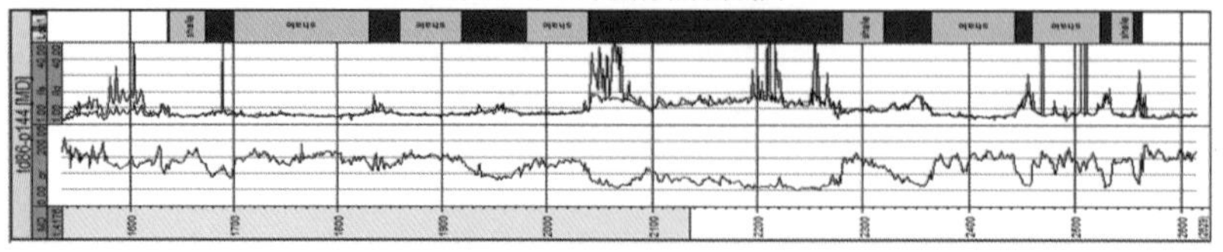

图6.42　随钻曲线与对应的实钻井眼轨迹

注：方位电阻率和方位自然伽马传感器呈180°放置，在同一工具面可以测量仪器两侧的地层，对比地质参数可判断含油界面、油层以及优势储层位置，此井储层钻遇率达到85.1%。

（2）钻井周期大幅度缩短。

①应用 CGDS 近钻头地质导向钻井系统导向控制，轨迹调整及时，使井眼轨迹相对平滑，减小了钻具摩阻，加快了机械钻速，如图 6.43 所示；

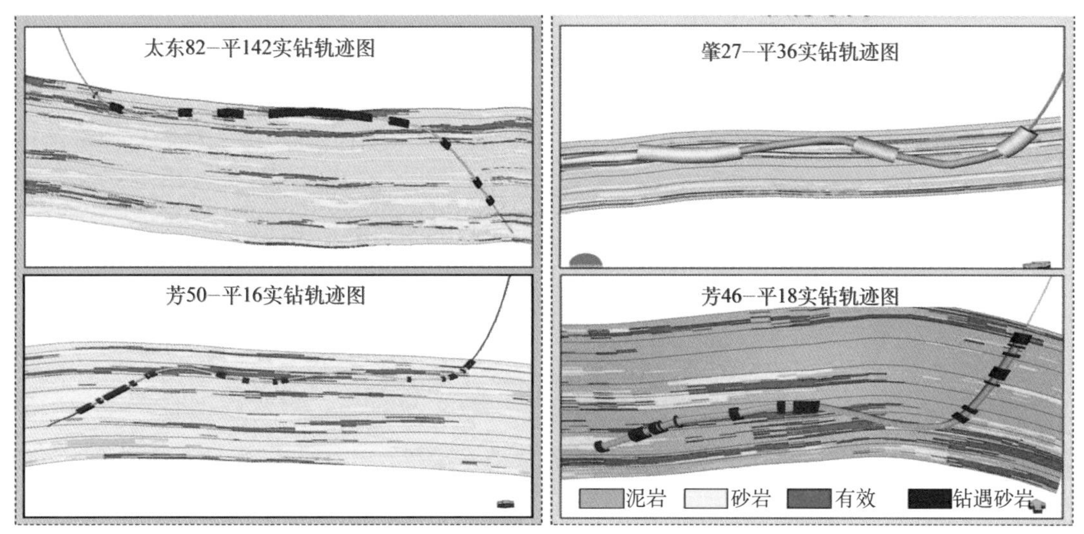

图6.43　CGDS近钻头地质导向钻井系统导向实钻轨迹（左）与常规LWD导向实钻轨迹（右）比较

② CGDS 近钻头地质导向钻井系统稳定性好，减少因仪器问题浪费起下钻时间，有效缩短了钻井周期，如图 6.44 所示。（如在前 13 口井中，有 10 口井为一趟完钻，仪器平均井下工作时间为 248.5h）

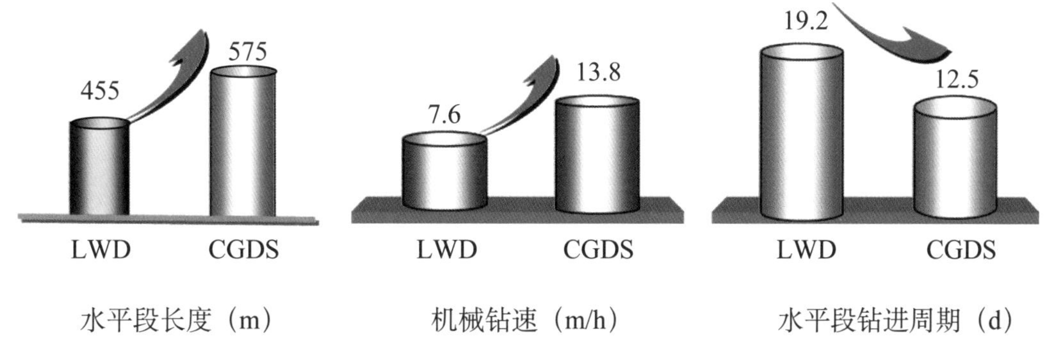

图6.44　某区块LWD导向（3口井）与CGDS导向（2口井）水平段钻井比较

6.3　AADDS 自动垂直钻井系统

油气井的防斜问题是油气钻井工程中普遍存在的经典性难题之一。直井存在防斜问题，定向井、大斜度井、水平井、大位移井及丛式井的直井段同样存在防斜问题，而且对井斜有更为严格的限制。大地层倾角尤其是高陡构造，地层造斜性强的直井段特别是深井，井斜造成的危害十分突出，因此研究防斜技术一直是钻井工程中的重要课题。常规的防斜技术是用满眼钻具加压快钻，但往往效果并不理想，然后再用钟摆钻具吊打纠斜，以牺牲经济效益换取井身质量。而新防斜技术的发展方向是防斜与打快的统一，是实现好的井身质量与高的经济效益的结合。

20 世纪 90 年代以来，国外著名石油工程技术服务公司推出了以“VDS”（Vertical Drilling

System,）为代表的“自动垂直钻井系统”，把自动控制技术用于防斜打快，取得了突出的技术效果和经济效益，成为解决高陡构造严重井斜问题的最有效的技术手段。本节将简要介绍作者带领研究团队研发的一种自动垂直钻井系统 AADDS（Automatic Anti–Deviation Drilling System）结构和工作原理，以及关键技术要点。

6.3.1 AADDS 结构特征和工作原理

图 6.45 是 AADDS 原理样机结构示意图。它由上接头、主轴、旋转套、测量与控制组件、液压控制组件、推力块、偏心轴承和下接头组成。其中测量与控制组件、液压控制组件、推力块等装在导向套上。下接头与钻头相连，上接头与钻柱（测量仪器和钻铤）相连。

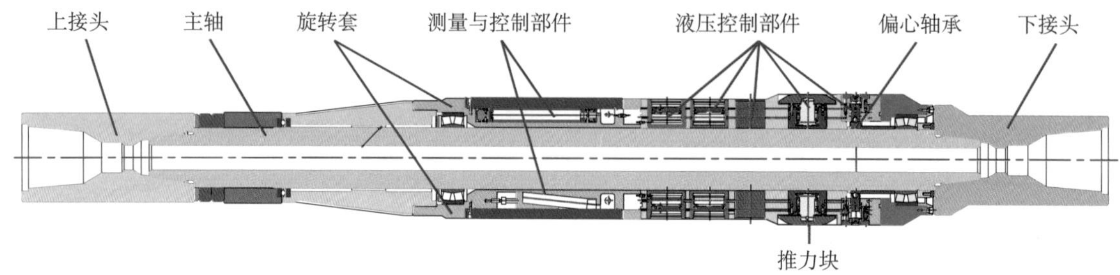

图6.45 AADDS原理样机结构示意图

AADDS 工作原理：与上、下接头相连的主轴把钻柱的转动和力矩传递给钻头。导向套外圆上均布三个导向液压缸（上面各有一个推力块），导向套内安装有井下控制电路板、双轴重力加速度计等。双轴重力加速度计测定井眼的井斜角及方位角，经井下控制电路分析处理后，控制导向液压系统电磁阀是否通电，从而控制导向推力块的伸缩，实现井眼方向控制。当井眼轨迹偏斜量超过设定值时，自动控制系统会使部分（1 个或 2 个）导向液压缸活塞伸出，推动与其相连的推力块支撑井壁，井壁产生的反作用力的合力作用在导向套上，从而给钻头施加一个与井眼实际偏斜方向相反的导向集中力，使井眼轨迹逐渐恢复到铅垂方向，实现纠斜的目的。由于设定的许用最大井斜角很小（例如 1°），只要实际井斜达到预定值，系统就会自动进行主动纠斜，所以井身质量能够得到保证；由于是在钻进中实施纠斜且是小量纠斜，所以钻速可以得到保证，于是可达到防斜打快的效果。

AADDS 控制过程：AADDS 下井开始钻进后，始终监听地面下传的控制信号，当收到启动信号后即开始用重力加速度计以某一较小的时间间隔不停地测量井斜角和相对方位角。如果井斜角小于设定值，3 个导向液压缸活塞均保持在收缩状态，工具不产生纠斜作用；当测量到的井斜角大于设定值时，3 个导向液压缸活塞同时伸出，推力块以相同大小的推力支撑到井壁上，使导向套停止旋转。此时重力加速度计进一步检测出井斜的相对方位角，然后按照控制规则收回一个或两个液压缸活塞，井壁对没有收回的活塞推力块产生反作用力，其合力将导向套和主轴推向井斜的反方向，给钻头施加一个纠斜力。纠斜过程直到测量的井斜角小于设定值时结束，此时井下控制器会发出指令将 3 个导向液压缸同时收回，系统又恢复到纠斜前的工作状态。

之所以在纠斜开始时先将 3 个导向液压缸活塞同时伸出是为了稳定导向套不旋转，进行静态测量，这样会比导向套旋转时的动态测量有更高的精度。让 AADDS 停止工作需要下传停止信号，当它监听到这一信号时，将所有 3 个导向液压缸收回，并且停止井斜角和方位角的测量。

为了保证 AADDS 在井下工作的安全性，系统在设计时规定在断电时 3 个推力活塞均处于收回状态，以防在井下遭遇特殊情况时活塞外伸造成卡钻事故。

图 6.46 给出了 AADDS 自动闭环控制系统的框图。

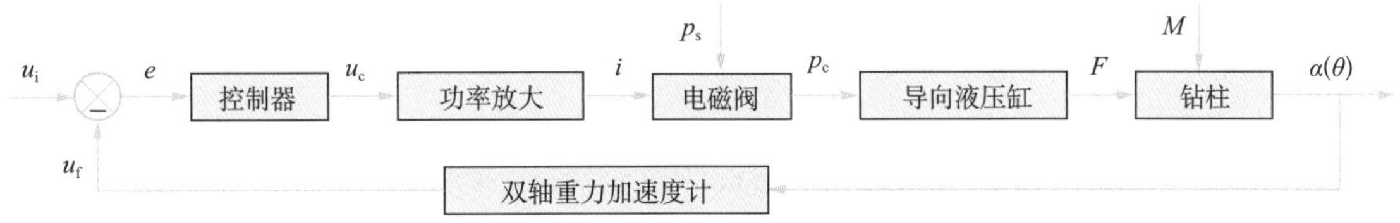

图6.46　AADDS自动闭环控制系统框图

α— 井斜角；e—井斜角实际值与期望值差；θ—井斜相对方位角；u_c—计算机查询控制规则后发出控制指令；p_c—导向液压缸无杆腔压力；i—功率放大后驱动电流，60mA；F—导向活塞对井壁推靠力；p_s—导向液压系统油源压力；u_r—期望井斜角（电信号）；M—钻柱所受力矩；u_f—实际井斜角（电信号）；

6.3.2　AADDS 系统的基本参数

AADDS 系统是一个机电液一体化的自动控制系统，目前有 $12^1/_4$in 和 16in 两种尺寸系列，工具结构如图 6.47 和图 6.48 所示，主要由上接头、主轴、下接头和活套等组成，活套相对主轴可转动。以下给出这两种尺寸的工具系统的基本参数。

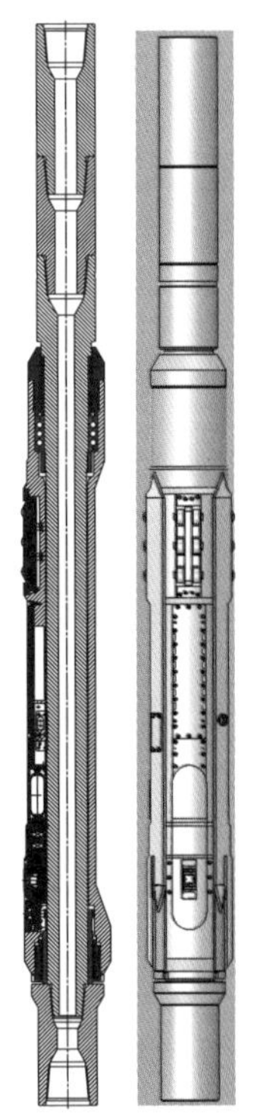

图6.47　$12^1/_4$in自动垂直钻井工具

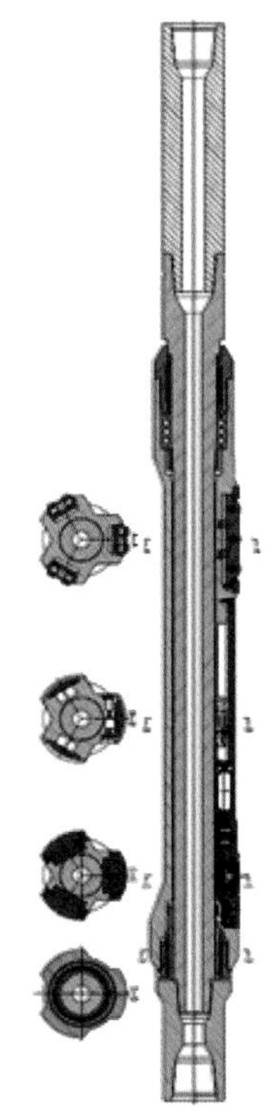

图6.48　16in自动垂直钻井工具

6.3.2.1　$12^1/_4$in 自动垂直钻井工具

适用钻头：$12^1/_4$in（311mm）；

本体基本外径：203mm；

本体最大外径：298mm；

总长：3.645m；

质量：950 ~ 1100kg

上 / 下端螺纹：$6^5/_8$REG；

上端：接钻铤，1070mm 范围可夹持；

下端：接钻头，330mm 范围可夹持；

中间部位：不可夹持；

上端上接头与主轴的 $6^5/_8$REG 螺纹处已涂 Y680 黏结剂，上紧扭矩为右旋 50 ~ 55kN · m；

下端下接头与主轴的 4IF 螺纹处已涂 Y680 黏结剂，上紧扭矩为右旋 27 ~ 30kN · m；

调整机构全部伸出后外径：333mm；

单个调整块的最大推力：10kN；

最小水眼：58mm；

仓体耐压：70MPa；

最高工作温度：150℃。

6.3.2.2 16in 自动垂直钻井工具

适用钻头：16in（406mm）；

本体基本外径：299mm；

本体最大外径：393mm；

总长：3.645m；

质量：1150 ~ 1300kg；

井斜控制精度：0.5°；

上 / 下端螺纹：$6^5/_8$REG；

上端：接钻铤，1070mm 范围可夹持；

下端：接钻头，330mm 范围可夹持；

中间部位：不可夹持；

调整机构全部伸出后外径：428mm；

单个调整块的最大推力：10 ~ 30kN；

最小水眼：71mm；

仓体耐压：120MPa；

最高工作温度：150℃。

6.3.3 AADDS 井斜测量技术

6.3.3.1 井斜与方位的测量

AADDS 中井斜测量系统主要测定 2 个参数：井斜角、相对方位角。井眼轴线在铅垂面上投影的切线与铅垂线之间的夹角 α 为井斜角，水平面上正北方向与井眼轴线投影的切线间的夹角（顺时针方向）为方位角 θ，如图 6.49 所示。AADDS 采用双轴重力加速度传感器（与导向液压缸 A 安装方位一致）的几何中心和导向套几何中心的连线代替图 6.49 中正北方向 O′N，作为井斜方位角 θ 的参考基准，即相对方位角，仍用 θ 标记。

AADDS 在工作过程中要对井眼井斜角 α 和相对方位角 θ 进行实时测量。当 AADDS 处于不同倾斜状态时，安装于其上的双轴重力加速度计输出两路电压信号 v_x、v_y 也随之改变，变化规律满足式（6.5）和式（6.6）：

$$\alpha = \arcsin \frac{\sqrt{v_x^2 + v_y^2}}{v_g} \tag{6.5}$$

$$\theta = \arctan \frac{v_x}{v_y} \tag{6.6}$$

AADDS 的关键技术难点在于小井斜条件下井斜角和方位角的准确测量。根据井斜和方位的测量原理和方法（已在本书第 5 章讨论），选用在水平面内正交布置（X 轴、Y 轴方向）的双轴重力加速度传感器来进行检测，会得到较高的测量精度。

而用 X 轴、Y 轴进行测量时，两个单轴重力加速度传感器量程可根据需要选取，如果量程选为 ±150°（对垂直钻井已足够）则可进一步提高井斜角测量精度。三轴加速度计的 Z 轴可作为验证输出结果和识别错误的手段。

在工具设计中实际选用 LCF196 型双轴力平衡式重力加速度传感器，主要技术指标：量程 ±14.5°，满量程输出 ±5V±1%FS，带宽（−3dB，典型值）30Hz，零偏小于 0.04V，温漂小于 0.001V/℃，最小分辨率 3μrad。

测量中的数据采集频率是一个比较关键的参数。由于实验中所使用的重力加速度传感器工作频宽为 30Hz，其 X 轴、Y 轴输出电压属于带限信号，高于 30Hz 的干扰信号将被衰减抑制。根据香农采样定理，数据采样频率必须高于被测量信号中最高频率 1 倍以上，所采集的信号才不会失真，即原始连续信号可以从采样离散样本中完全重建出来。因此，综合考虑采样定理基本要求、采样通道数、数据采集卡模拟输入通道的最高采样频率、软件运行速度、计算机配置、自动垂直测控实验要求等各方面因素，井斜静态测量及后面实验中采样频率都设置为 1000Hz。

在理论分析基础上，利用 LCF196 双轴重力加速度传感器进行了大量的井斜、方位静态测量实验，并进行了低通滤波和抗噪声处理，得到了较好的技术效果。

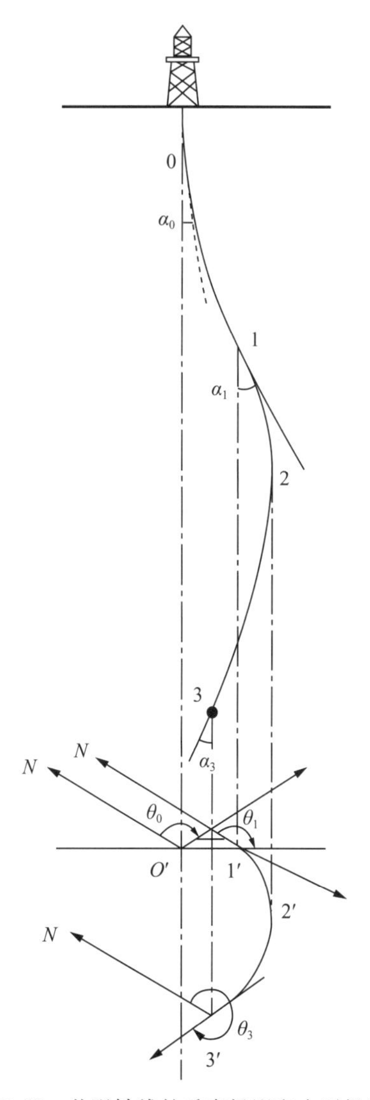

图6.49 井眼轴线的垂直投影和水平投影

由于实际钻井过程中存在诸多的动态干扰因素，为了进一步提高在动态干扰下的井斜和方位的测量精度，开展了有关动态测量的理论和方法研究，并进行了实验验证与分析，可参见本书第 5 章。

6.3.3.2 AADDS 控制规则

重力加速度传感器将井斜信号转换为电压信号，送到井下控制计算机，再由计算机计算分析出井斜角和相对方位角，然后输出控制信号，控制导向液压系统电磁阀通电，产生相应纠斜动作，使井斜下降，恢复到设定井斜阈值范围内，然后电磁阀断电，导向液压系统停止纠斜动作。控制系统结构和控制原理如图 6.50 所示。

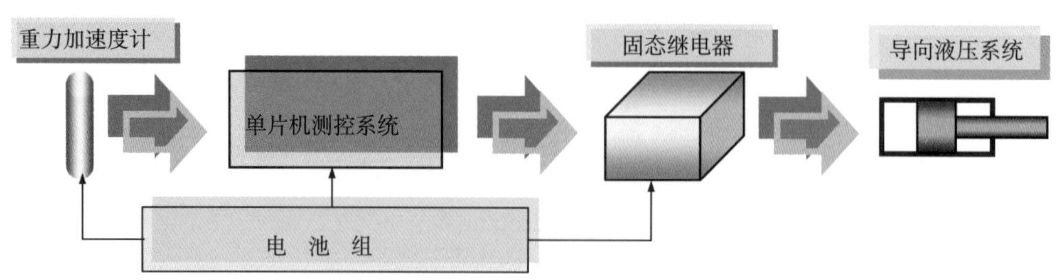

图6.50 AADDS井下自动闭环控制系统结构

其工作过程为：

(1) 当井斜角 $\alpha \leqslant \varepsilon$ 时（ε 为允许井斜角），井斜角在正常范围内，3 套导向液压系统电磁阀断电，3 个导向液压缸活塞在复位弹簧回程推力的作用下自动收回，因此不产生导向集中力，井眼按原来轨道继续钻进；

(2) 当井斜角 $\alpha > \varepsilon$ 时（ε 为最大允许井斜角），井斜角超过正常范围，3 套导向液压系统电磁阀通电，3 个导向液压缸活塞伸出，并推靠井壁，使导向套相对于井壁保持静止，计算机系统进一步精确测量并计算出井斜角和井斜相对方位。根据相对方位角按单双缸混合控制模式的控制规则，给 3 套导向液压系统中 1 个或 2 个电磁阀通电，对应导向液压缸活塞伸出推靠井壁，把井眼轨迹纠回到正确方向。

6.3.4 AADDS 的导向液压系统

导向液压系统是 AADDS 自动垂直钻井系统的重要组成部分，是 AADDS 的执行机构。为了保证系统工作的可靠性，采用了和泥浆完全隔离的独立油压系统。由于井下工具径向尺寸的苛刻限制，采用高度集成化和模块化设计，研发了液压动力源、推力集成块等部件，在此基础上对液压系统进行了建模与仿真分析；又针对性开发了计算机测试系统，对液压集成块压力、导向推力、响应时间等性能进行了室内测试实验，取得了较满意的技术效果。

6.3.4.1 导向液压系统的组成

导向液压集成块是在液压泵的基本工作原理基础上设计而成的非常规液压系统，具体表现在：液压泵靠单柱塞工作，当钻柱每旋转一周，泵柱塞半周吸油，另外半周排油，导向液压系统供油不连续；平均流量小，只有约 2.5mL/min，要求液压元件规格小，难以选择参数匹配的成熟液压元件，只有进行独立的设计和开发。图 6.51 是导向液压系统的原理和结构图，图 6.52 是液压集成块的示意图，图 6.53 是皮囊（油箱）照片，图 6.54 是液压集成块和性能测试装置。

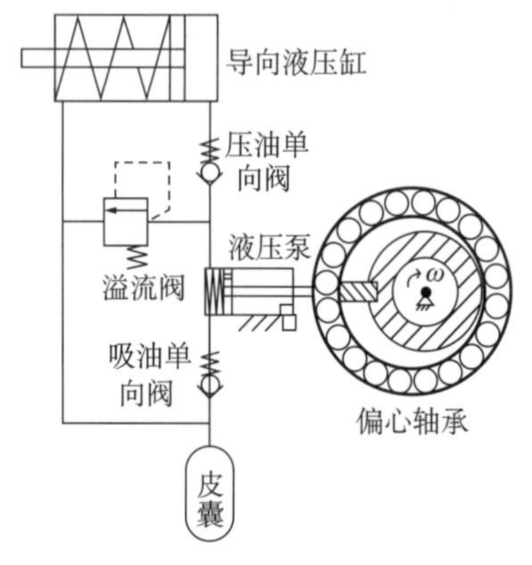

图6.51 AADDS导向液压系统原理和结构图

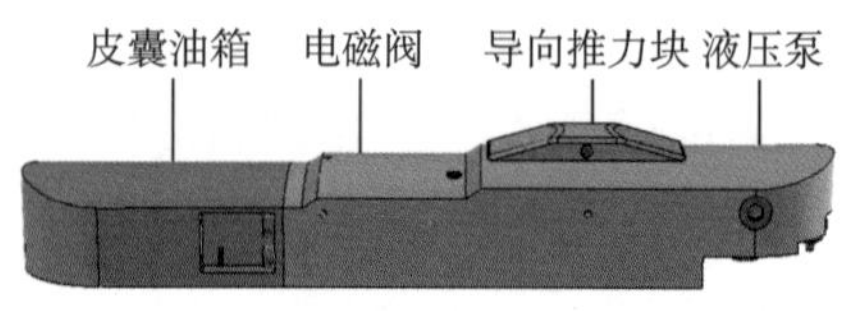

图6.52 液压集成块示意图

图6.53　皮囊（油箱）照片

图6.54　液压集成块和性能测试装置

导向液压系统由液压动力源、执行油缸、控制阀组和油箱组成，特点在于每个液压集成块对应着一个液压控制系统。

（1）液压动力源。如图 6.51 所示，包括旋转主轴、偏心轴承和单柱塞液压泵。把井下工具中传递机械功率的旋转主轴作为动力源，把主轴的转动作为主控信号，通过凸轮机构（偏心轴承）把主轴的连续转动信号转化为径向的往复运动，从而构成往复式液压柱塞泵。有关详细介绍可参见第 4 章。

（2）执行油缸。执行油缸是一个靠弹簧复位的活塞式导向液压缸。活塞杆端部与推力快相连。自动控制系统按控制规则推动活塞杆和推力块作用在井壁上，靠反作用力的合力矢量实现纠斜。当纠斜完成，系统泄压，复位弹簧使推力块缩回。

（3）油箱。它起着向系统供油、储油和补油（弥补漏失）的作用。

（4）控制阀组。它由压油单向阀、吸油单向阀和电磁换向阀、溢流阀组成，执行控制指令，完成控制动作。

6.3.4.2　导向液压系统的工作过程

如图 6.51 所示，当钻柱带动主轴旋转时，与主轴上固连的偏心轮及偏心轴承和液压泵的柱塞杆形成凸轮—推杆机构，带动推杆和柱塞在工作缸内作往复运动。凸轮转动一周，柱塞完成一个左右运动的工作循环，产生一次吸油和排油的行程。如图 6.55 所示，由储油皮囊、配流吸油单向阀、单柱塞液压泵、配流压油单向阀、电磁换向阀、溢流阀、导向液压缸组成全封闭系统。当柱塞向右运动时，泵的容腔增大，泵腔内形成负压，打开配流吸油单向阀，从皮囊吸入低压油；当柱塞收回向左时，泵的容腔减小，泵腔内形成高压，推开配流压油单向阀，将高压油送入导向（纠斜）液压缸无杆腔。溢流阀设定导向液压缸无杆腔最高工作压力，也就是限定了导向活塞对井壁的最大推靠力，电磁阀的电磁铁通电与否决定液压系统是否起导向作用，当电磁铁不通电时，电磁阀将导向液压缸无杆腔与皮囊连接，液压泵输出油液直接回皮囊，导向液压缸活塞不伸出。若计算机系统检测到井斜角超过限定值，则按控制规则发出控制信号，给电磁阀线圈通电，则导向液压缸无杆腔与低压回路切断，导向活塞在高压油作用下伸出，支撑井壁，产生导向集中力，使井眼轨迹恢复正确方向；反之，若井斜角在限定范围内，电磁阀断电，导向液压缸活塞在复位弹簧作用下收缩，导向纠斜过程结束。

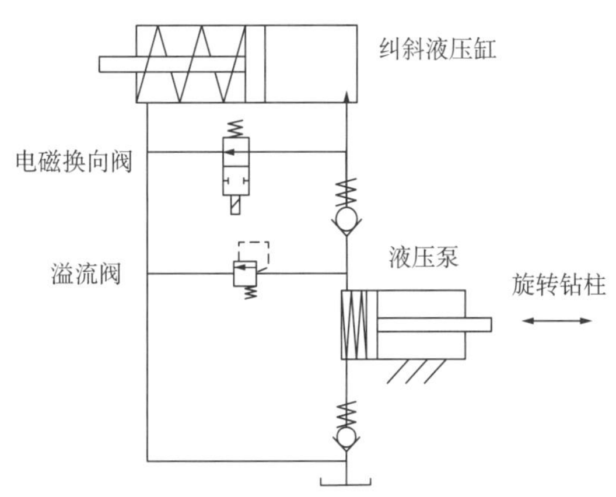

图6.55　纠斜执行机构液压原理示意图

6.3.4.3 导向液压系统数学建模与仿真分析

液压系统的性能优劣直接决定了 AADDS 的性能。为了确保液压系统的优良特性，开展了一系列的理论分析研究工作，建立了系统中关键元件的数学模型，用 Matlab6.5 软件的仿真工具 simulink 建立了相应的仿真模型，并对系统的重要参数进行了仿真计算和分析。

元件数学模型可参见第 4 章。主要元件和系统的仿真模型如图 6.56 ～图 6.62 所示。

（1）导向液压缸仿真模型建立。根据数学模型在 simulink 中建立液压泵的仿真模型子模块，如图 6.56 所示，该子模块输入信号为时间，输出信号为液压泵柱塞的运动位移和运动速度。

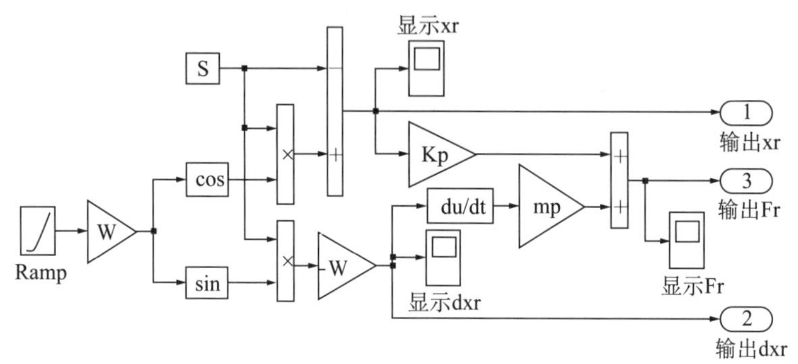

图6.56 液压泵仿真子模块

（2）压油单向阀仿真子模块。根据数学模型在 simulink 中建立压油单向阀的仿真模型子模块，如图 6.57 所示，该子模块输入信号为液压泵工作容腔压力和导向液压缸无杆腔压力，输出信号为压油单向阀阀芯运动位移和运动速度。

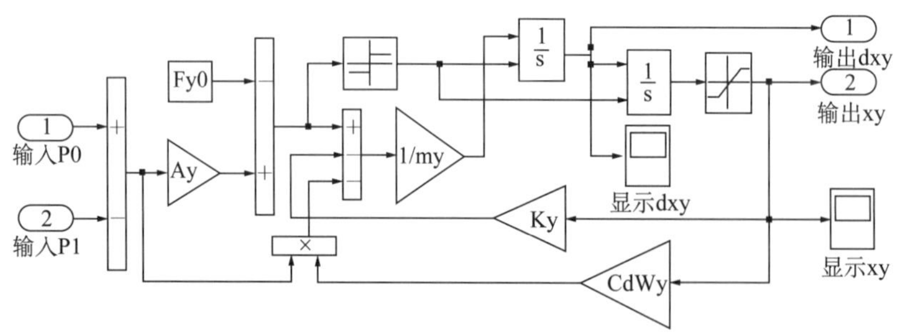

图6.57 压油单向阀仿真子模块

（3）溢流阀仿真子模块。根据数学模型在 simulink 中建立溢流阀的仿真模型子模块，如图 6.58 所示，该子模块输入信号为液压泵工作容腔压力，输出信号为溢流阀阀芯运动位移和运动速度。

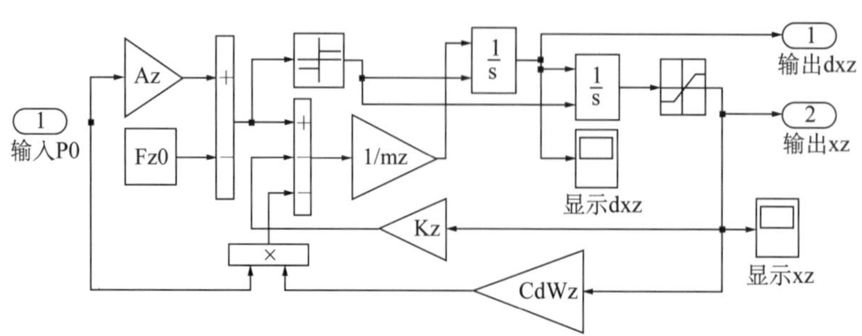

图6.58 溢流阀仿真子模块

（4）导向液压缸仿真子模块。根据数学模型在 simulink 中建立了导向液压缸的仿真模型子模块，如图 6.59 所示，该子模块输入信号为导向液压缸无杆腔压力，输出信号为导向活塞运动位移和运动速度。

（5）导向液压系统各元件相互联系仿真子模块 subsystem。导向液压系统中各元件输入与输出信号之间的数学关系，通过仿真子模块 subsystem（图 6.60）和 subsystem1（图 6.61）进行相互联系。

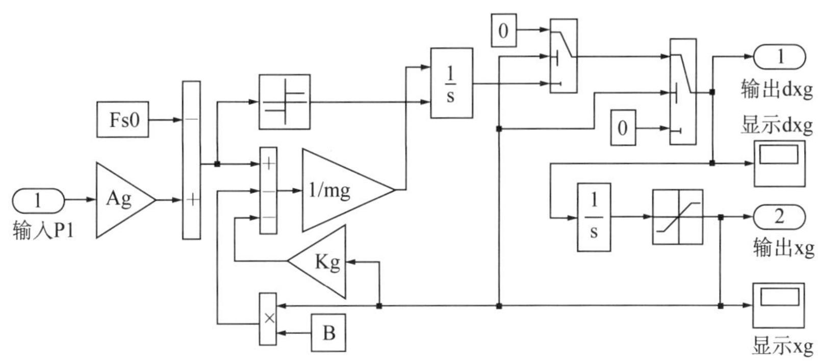

图6.59　导向液压缸仿真子模块

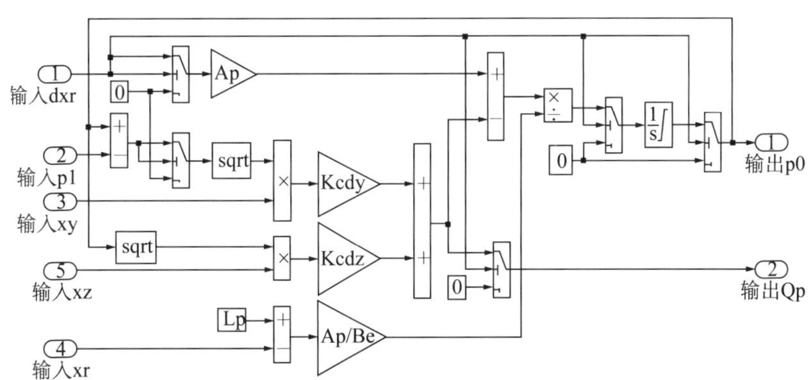

图6.60　导向液压系统各元件相互联系仿真子模块subsystem

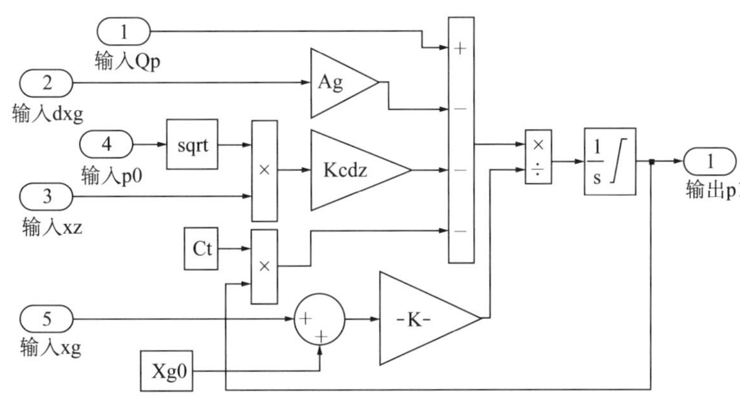

图6.61　导向液压系统各元件相互联系仿真子模块subsystem1

（6）导向液压系统各元件相互联系仿真子模块 subsystem1。

（7）导向液压系统仿真模型。将图 6.56 ～图 6.61 所示导向液压系统各元件仿真子模块进行封装，封装成具有特定功能的功能块，并将各功能块的输入输出按元件之间的功能联系进行连接，构成如图 6.62 所示的导向液压系统仿真模型。

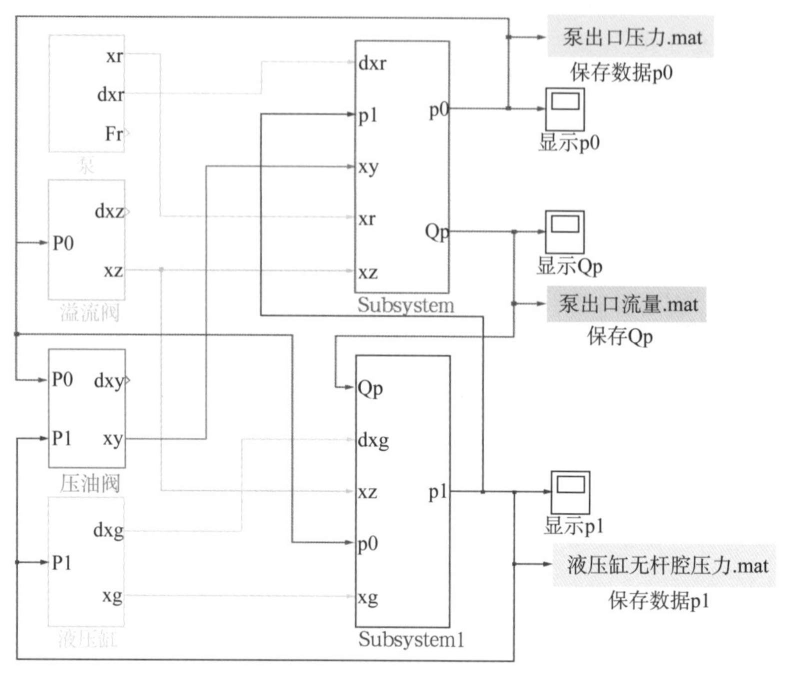

图6.62　导向液压系统仿真模型

在此基础上选取导向液压系统各元件参数值，编写参数文件并运行，即生成仿真参数文件，然后运行 simulink，即可对导向液压系统的主要参数进行仿真。

图6.63　$12^1/_4$in AADDS现场应用

6.3.5　$12^1/_4$in AADDS 现场应用

（1）井位简况。该井为三开预探井，井型为直井，设计垂深 4700m（图 6.63）。二开井段为 600 ～ 3440m，其中 600 ～ 900m 为易斜井段，岩性为杂色砾石层及砂土，井斜控制设计为最大井斜角 ≤ 3°，最大全角变化率 ≤ 1.75°/30m。井队计划用牙轮钻头从 600m 钻至 630m，钻开水泥塞和打出扶正器位置；然后用牙轮钻头从 630m 钻至 1200m，其中 630 ～ 950m 井段的钻井参数为：钻压 100 ～ 120kN、转速 70 ～ 80r/min、排量 60 ～ 65L/s，此段平均设计机械钻速为 8.5m/h。

（2）施工方案。计划在 630 ～ 1200m 井段应用 $12^1/_4$in 自动垂直钻井工具以控制井斜，设置工具的井斜控制范围为不超过 1.5°，钻具组合为：ϕ311mmHJ517 牙轮钻头 +AADDS+ϕ228mm 钻铤

×1 根 +ϕ 310mm 稳定器 +ϕ 228mm 钻铤 ×2 根 +ϕ 203mm 钻铤 ×9 根 +ϕ 178mm 钻铤 ×3 根 +ϕ 127mm 钻杆。

（3）施工过程。该 AADDS 自井深 628.34m 处开始钻进。在钻进过程中为监控井斜变化，每钻进 80 ~ 120m，用单点监测井斜一次。表 6.14 和表 6.15 分别为工具在应用试验井段的钻井参数和井斜控制效果数据。

（4）应用效果。此次现场应用，工具入井工作时间 77h，纯钻时间 35h，进尺 438.92m，实钻平均机械钻速 12.5m/h，同比设计提高了 47%。从工具控制结果看，在提高钻压为 160 ~ 240kN 情况下，井斜控制在 1.5° 之内，达到了预期井斜控制目的。

（5）和邻井对比。邻井距离该井 8km，为二开评价井，设计垂深 4160m，井型为直井。地层情况与井身质量要求相同。钻进采用大钟摆钻具轻压吊打，钻压为 100 ~ 120kN，最大井斜为 1.4°。

很显然，运用 AADDS 可以解放钻压，有效提高机械钻速，实现防斜打快，技术效果和经济效益显著。

表6.14　$12^{1}/_{4}$inAADDS在应用井段的钻井参数

序号	井段（m）	岩性	钻压（kN）	转速（r/min）	进尺（m）	纯钻时间（h：min）	机械钻速（m/h）
1	628.34 ~ 709.16	砾石夹砂土	160	110	80.82	3：25	23.65
2	709.16 ~ 728.53		200	73	19.37	0：55	21.13
3	728.53 ~ 902.79		240	73	174.26	12：45	13.67
4	902.78 ~ 941.52		240	73	38.74	3：10	12.23
5	941.52 ~ 1038.21	砾石夹砂岩及泥岩	240	73	96.69	10：10	9.51
6	1038.21 ~ 1067.26		240	73	29.05	3：50	7.58

表6.15　$12^{1}/_{4}$inAADDS在应用试验井段的井斜控制效果

序号	井深（m）	测深（m）	井斜（°）
1	628.34	620.34	1.40
2	709.16	704.00	1.50
3	786.62	780.00	0.90
4	902.65	883.65	1.40

6.4　DRPWD 环空压力测量系统

环空压力是油气钻井工程中十分重要的一个状态参数，它对井壁稳定和井控安全影响显著，尤其是在欠平衡压力钻井、高压钻井和窄密度窗口条件下的钻井中更是这样。由于钻进工况的复杂性，基于流体力学建立的理论模型很难求出准确的实际压力值，特别是动态压力值，所以需要自主研发能实时检测井下环空压力的仪器系统。

6.4.1 DRPWD 环空压力测量系统组成

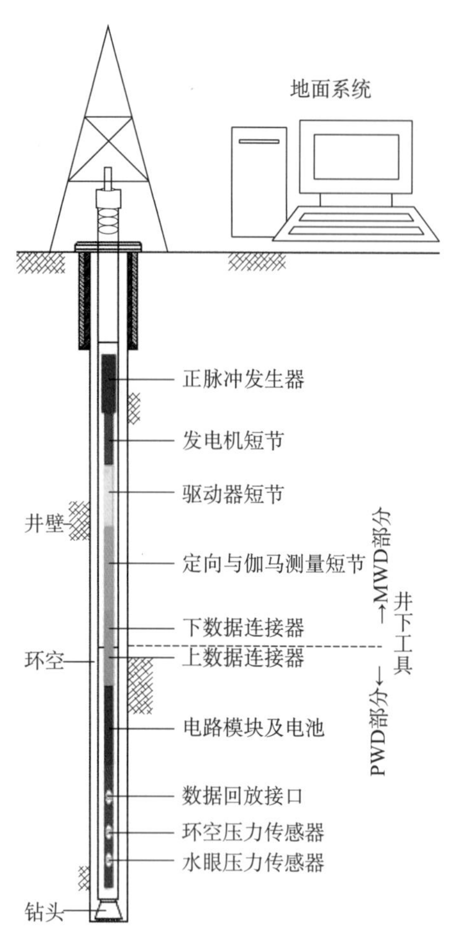

图6.64 DRPWD环空压力测量系统示意图

DRPWD 环空压力随钻测量系统由环空压力随钻测量工具 PWD 和无线随钻测量工具 MWD 及地面处理（软件）系统组成，总体结构见图 6.64。其中，PMD 为可单独使用的工具，它将实时测得的环空压力值存储在工具内，待起钻后在地面进行回放，或连接 MWD 工具将所测信息传输到地面；MWD 系统是实现信息传输的通道（凡是随钻系统都要和它相连），地面处理（软件）系统实际上是它的一个组成部分，完成井下信息的接收并进行处理，以供作业人员进行分析、判断和决策。

6.4.1.1 DRPWD 环空压力测量工具结构

PWD 工具由压力传感器组件、信号检测电路、数据存储电路、电池和上数据连接器组成，所有的部件均配置在一根无磁短钻铤中。

压力传感器组件感知环空压力及温度的变化并将其转换为电信号，信号检测电路通过放大、滤波、A/D 转换、标度变换等环节将该信号转换为表示所测压力及温度大小的数字信号，数据存储电路将该信号储存在井下存储器中供数据回放使用。同时，当数据连接器接收到 MWD 工具的命令后，会将当时的环空压力及温度测量值发送至 MWD 工具。

PWD 包括 3 大部件：仪器短节部分、数据连接部分及扣型转换钻铤。将温度和压力传感器及测控电路安装到仪器短节的相应位置，然后装配数据连接部分并处理好线路连接，最后装配扣型转换钻铤，即完成了工具的整体组装工作。

PWD 工具系统的测量与传输原理见图 6.65。环空压力传感器和温度传感器、柱内压力传感器和温度传感器分别将环空、柱内的压力和温度转换为电信号，同时舱体温度传感器将舱体温度转换为电信号（舱体温度测量是为保证电子线路可靠工作而设置的）；这三路电信号经各自的放大器处理后接入多路开关，在 CPU 的控制下分时接入模数转换器，在转换成数字信号后被 CPU 读入；经 CPU 进一步处理后存入 EEPROM 存储器。

整个电路部分靠电池供电，电池经稳压后为系统提供电源；同时在 CPU 的控制下，对电池的工作电流及工作安时数进行监测，以保证电路部分能可靠工作。

RS422 接口是一高速准双向通信口，具备双重功能。当 PWD 工具在地面时，地面计算机可通过该接口读取工具所存储的数据或向工具发送控制命令或控制参数；而当 PWD 工具在井下时，MWD 工具可通过该接口读取工具的实时采样数据。

6.4.1.2 MWD 工具结构

MWD 工具由下数据连接器、定向与伽马测量短节、驱动器短节、发电机短节和正脉冲发生器组成，所有的部件均配置在一根无磁钻铤中。

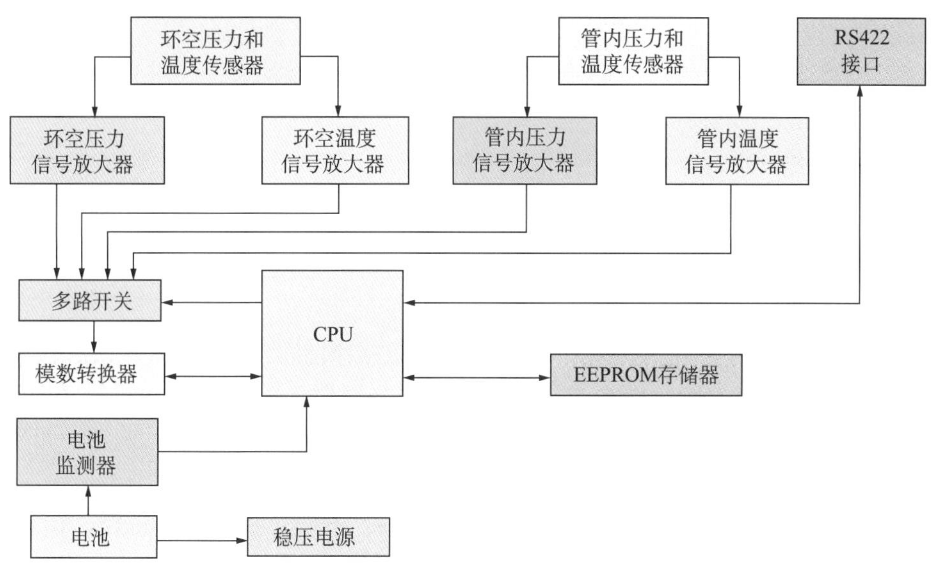

图6.65　PWD工具系统测量原理图

MWD 工具通过数据连接器向 PWD 工具发送控制命令并接收 PWD 工具的测量数据，所接收的数据随同定向与伽马测量短节的测量参数（井斜、方位、工具面和伽马）经驱动器短节编码并驱动后，由正脉冲发生器产生相应的泥浆脉冲信号。

6.4.1.3　地面处理系统结构

地面处理系统由地面传感器（压力传感器、深度传感器、泵冲传感器等）、仪器房、信号处理前端箱、工业控制计算机外围设备和相关软件组成。

地面传感器感知泥浆脉冲信号并将其转换为电信号，信号处理前端箱对其进行相应的处理后送至工业控制计算机，由后者进行滤波、解码以还原井下测量信号，并通过数字和曲线的方式将测量结果显示在屏幕上，同时配套的应用软件对测量结果进行分析和处理，为现场工程师提供相应的建议。

图 6.66 是地面软件系统界面图，图 6.67 是 PWD 和 MWD 工具。

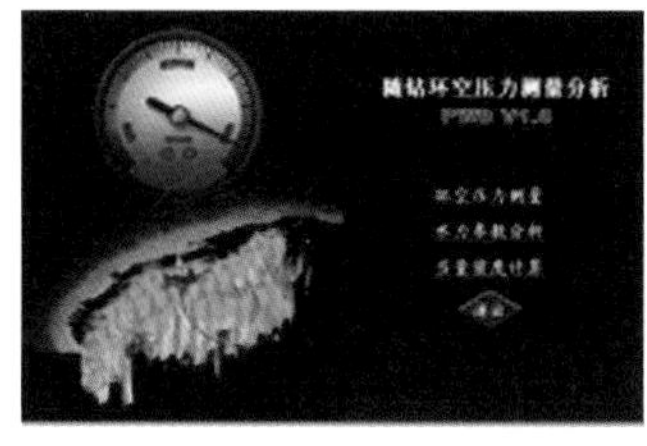

图6.66　地面软件系统界面图

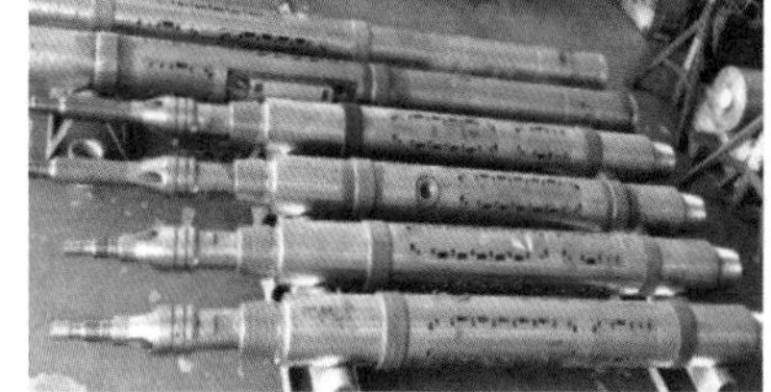

图6.67　PWD和MWD工具

6.4.2　DRPWD 环空压力测量系统主要技术参数

按照系统研制要求，分别对 PWD 和 MWD 进行了相关的测试标定。对 PWD 进行高压测试和温度压力传感器标定，对 MWD 进行全排量台架试验和定向模块、伽马模块的标定，以确保工具的各项指标达到设计要求。主要技术参数如下：

（1）适用井眼：6in，$8^{1}/_{2}$in，$9^{5}/_{8}$in。

（2）可测参数：

柱内 / 环空压力：（0 ~ 140）MPa ± 1%FS；

温度：(−50 ~ 160) ℃ ± 1%FS；

井斜、方位、工具面角：同 CGMWD。

（3）数据传输速率：5bit/s。

（4）最高工作温度：150℃。

（5）连续工作时间：500h。

（6）采样间隔：1 ~ 6 点 /min。

6.4.3 DRPWD 环空压力测量系统实验与应用

此处给出 $4^{3}/_{4}$in 环空压力随钻测量系统 DRPWD 在我国西部某油田的实验和应用：最大工作井深 7380m，井下工作时间 78h，实测最大环空 / 柱内压力 75.34MPa/76.36MPa，最高工作温度 147.56℃。测量数据完整，传输解码正确。DRPWD 随钻环空压力测量工具经受了井下高温高压和复杂工况的考验，工作正常，安全可靠，起下钻顺利。实验表明该系统能满足井深 7000m、温度 150℃的工况要求。PWD 现场实验入井及地面实时接收软件显示如图 6.68 所示，存储压力曲线如图 6.69 所示。

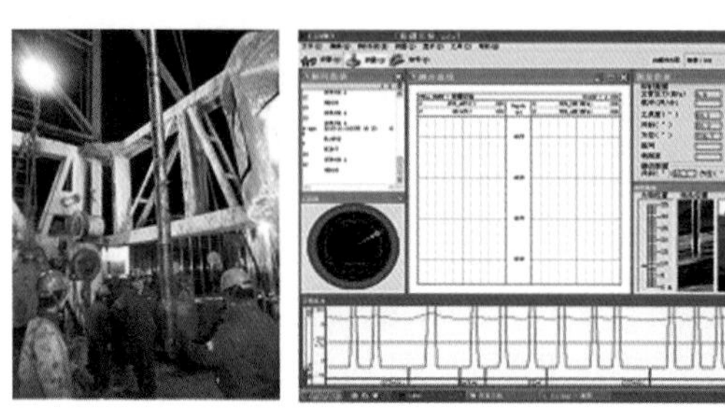

图6.68　PWD工具入井及地面实时接收显示

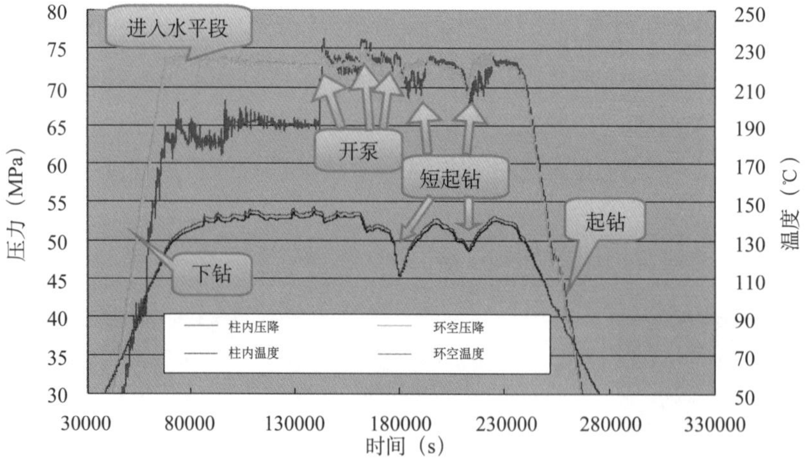

图6.69　PWD存储压力测量曲线

6.5 DREMWD 电磁波无线随钻测量系统

随着油气勘探和开发难度的日益增加和钻井技术的不断进步，欠平衡和气体钻井技术在提高钻井速度、有效防漏治漏、保护油气层及准确发现油气层方面有着突出优势。但是，传统的基于泥浆压力脉冲方式的井下信息随钻传输技术，却成为使用充气或泡沫泥浆的欠平衡钻井和气体钻井的技术瓶颈。这是因为在气体钻井和泡沫钻井中，由于气体的可压缩性使得泥浆脉冲发生器产生的压力波信号发生畸变，在地面很难检测出正确的信号。因此，电磁波无线随钻测量技术（EM−MWD）则应运而生，成为在气体钻井和泡沫钻井中可行的传输方法。

本节简要介绍笔者的科研团队自主研发的DREMWD电磁波无线随钻测量系统（简称DREMWD系统）。

6.5.1 DREMWD系统组成与功能特征

DREMWD系统由井下系统和地面系统两大部分组成。

地面系统包括：地面接收机、接收天线、司钻显示器、上位机信号处理与分析软件等。

井下系统包括：大功率涡轮发电机、定向测量探管、方位自然伽马随钻测量短节、电磁波信号发射单元、无磁钻铤绝缘发射天线等。

系统组成如图6.70所示，部分实物如图6.71和图6.72所示。井下信息是用电磁波经由钻柱和地层向地面传输的。

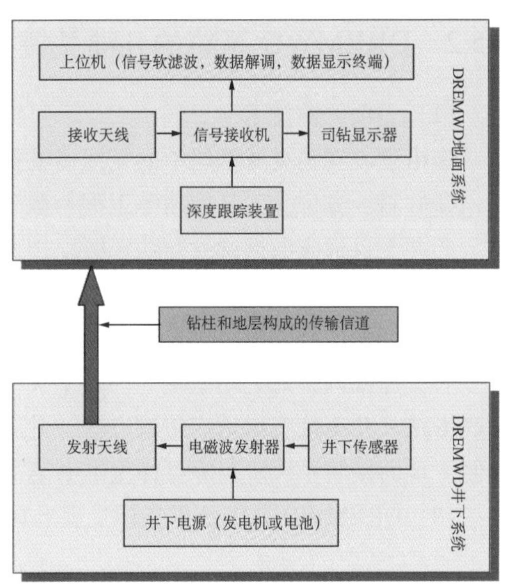

图6.70　DREMWD系统组成

图6.71　部分井下测量仪器与地面装置

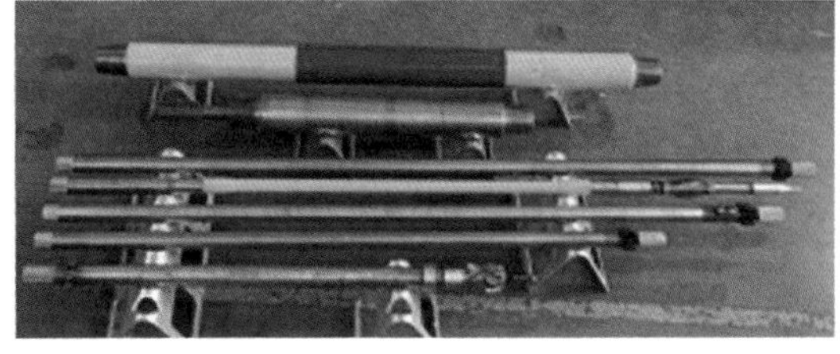

图6.72　发电机、定向探管、电磁信号发射单元、钻铤绝缘发射天线和方位自然伽马短节

该系统具有测量和传输2项功能：

（1）随钻测量工程与地质参数：包括井斜角、方位角、工具面角等工程参数；平均自然伽马和上下方位自然伽马地质参数；

（2）数据上传速率为3 ~ 11 bit/s，无接力传输深度不低于2500m（实际应用中曾在2876m井深成功实现数据上传）。

该系统具有3个显著的技术特征：

（1）适用于多种介质的井下大功率发电机技术，不仅为井下测量仪器供电，而且增加了电磁信号发射功率，提高了井下信号无接力传输深度；

（2）自然伽马动态随钻测量技术，可实现滑动钻进和旋转钻进实时方位测量；

（3）井下低频自适应信号发射器和独特数据调制与检测技术，进一步提高了信号传输深度和数据上传速率。

6.5.2 DREMWD 系统的几项关键技术和技术指标

（1） 5 项关键技术。

①电磁波在强衰减地层中的无线传输技术；

②井斜、方位、工具面角等工程参数和动态方位自然伽马随钻测量技术；

③井下自适应数据调度与功率匹配技术；

④地面微弱信号接收和检测技术；

⑤随钻深度与井眼轨迹自动跟踪技术。

有关详细内容此处不予赘述。其中关于 DREMWD 系统信号传输原理、井下信息传输的编码及解码方法、井下信息自适应传输方法、井下低频信号自适应发射技术、井下绝缘电偶极子发射天线研制、地面接收系统研制等可详见本书第 5 章。

（2）DREMWD 系统技术指标见表 6.16、表 6.17 和表 6.18。

表6.16　系统总体技术指标

项　目	指　标	
公称外径（mm）	120	172
最大外径（mm）	124	172
适用井眼尺寸（mm）	149 ~ 200（$5^{7}/_{8}$ ~ $7^{7}/_{8}$in）	216 ~ 241（$8^{1}/_{2}$ ~ $9^{1}/_{2}$in）
传输类型	无线电磁波	
数据上传速率（bit/s）	3.5 ~ 11	
测量参数	井斜角，工具面角，方位角，平均和方位伽马	
最高工作温度（℃）	125	
最高耐压（MPa）	100	
最大泥浆流量（L/s）	24	50.5
最大压降（MPa）	1.7	1.5
最大气体流量（m^3/min）	60	110
最大压降（MPa）	0.3	0.2
钻头转速	不限	
方位自然伽马传感器位置距钻头螺纹距离	随钻具组合而变化	
工程参数传感器位置距钻头螺纹距离		
最大允许冲击（m/s^2）	10000（0.2ms，$^{1}/_{2}$sin）	
最大允许振动（m/s^2）	150（10 ~ 200Hz）	
系统上端螺纹（BOX）	$3^{1}/_{2}$ IF	$4^{1}/_{2}$ IF
系统下端螺纹（PIN）	$3^{1}/_{2}$ IF	$4^{1}/_{2}$ IF
最大狗腿度	36°/30m（旋转），20°/30m（滑动）	22°/30m（旋转），11°/30m（滑动）
最大钻压（kN）	120	200
上扣扭矩（Nm）	9800 ~ 11300	21800 ~ 33600
系统总长（m）	9.46	

表6.17 工程参数测量传感器技术指标

项 目	测量范围	精 度
方位角（°）	0 ~ 360	±0.3（井斜≥ 10°），±1.0（井斜 5° ~ 10°），±2°（井斜 0 ~ 5°）
井斜角（°）	0 ~ 180	±0.1
工具面角（°）	0 ~ 360	±0.1
温度（℃）	0 ~ 125	2.5
抗震动（g）	20（随机 5 ~ 1000Hz）	
抗冲击（g）	1000（1ms 半正弦）	
最大工作温度（℃）	125	

表6.18 自然伽马技术指标

序号	项 目	精 度
1	测量范围	0 ~ 250 API
2	精度	最大值的 ±0.5%
3	灵敏度	不劣于 1.0 API/cps

6.5.3 旋转动态方位自然伽马随钻测量装置

自主研发的旋转动态方位自然伽马测量模块单元（图 6.73）主要由自然伽马传感器、重力工具面角传感器和信号处理电路等组成，能够实时测量上下 2 个方位的自然伽马，下伽马值为自然伽马传感器测量到的与重力场同向的一定扇面范围内的自然伽马射线量，上伽马值为测量到的与重力场反向的一定扇面范围内的自然伽马射线量，根据这两个值可判断储层界面，为及时调整井眼轨迹在储层中的位置提供重要依据，从而保证钻头一直保持在储层中钻进，提高储层钻遇率。

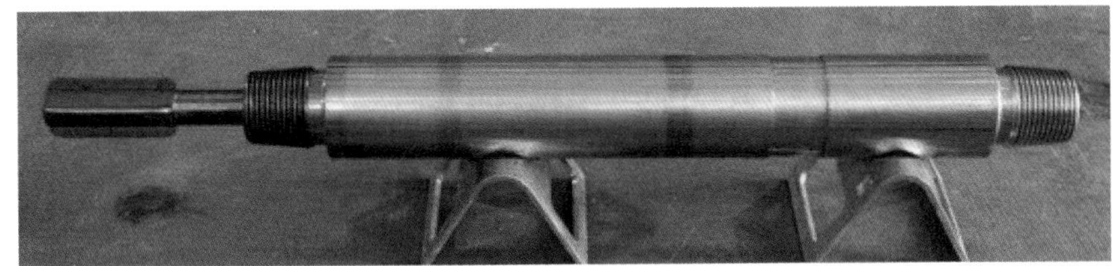

图6.73 自主研发的旋转动态方位自然伽马测量模块单元

6.5.4 适用于多种钻井循环介质的井下大功率发电机技术

井下电源是保证井下测量和控制系统正常工作的前提。常规的井下测量和控制系统多用高温锂电池作为井下电源，但随着井深的不断增加和工具在井下工作时间的不断加长，锂电池容量受限，已不能很好地适应随钻作业工艺的要求。因此，研究大功率、大容量、长时间工作的井下电源，是井下控制工程技术发展中要解决的一个基本课题，而井下发电机就是解决这一问题的最好选择，无论是对于泥浆介质钻井还是气体介质钻井都是这样。特别是对于电磁波传输信道，这个问题尤显迫切，因为在井下发射无线电磁波信号要求有充足的电源保证。

另外，作为井下发电机技术，不仅要能适用于气体和泡沫介质，也要能适用于泥浆钻井。所以，研发适用于多种钻井循环介质的大功率井下发电机就是一种必然选择。

图6.74　自主研发的井下大功率涡轮发电机

以下简单介绍自主研发的井下大功率涡轮发电机技术。

如图 6.74 所示，这种井下发电机由发电机本体、发电机无接触传动机构、涡轮驱动器 3 部分组成。

（1）发电机本体。

发电机本体是产生和输出电能的主体，由转子、定子和定子绕组构成。井下发电机的基本要求是结构紧凑、工作效率高、运行可靠，适合于井下狭小空间和高温强振动环境。综合考虑发电机的应用范围和工况，根据实际需求，设计了发电机的主要技术指标和电磁结构参数，确定采用永磁无刷三相交流发电机的电磁设计。研制出的发电机，可达到额定输出电流 5A，输出功率不小于 600W。

根据发电机的工作特性，发电机的输出电压及功率与频率有关，当改变发电机工作频率和发电机转速时，发电机的输出电压和输出功率也随之改变。因此通过设定转速变化的范围，计算出发电机的工作特性曲线（图 6.75），由此可确定输出电压的幅值。

（2）涡轮驱动器的研制。

涡轮驱动器是发电机的动力源，它将钻井介质（气体或液体）的动能转变为机械能，通过磁力耦合器，驱动发电机转子运转输出电能。涡轮驱动器主要由定子导叶和涡轮组成。自主设计了 2 种涡轮驱动器：水力涡轮和气体涡轮，满足发电机在气、液 2 种钻井介质情况下的工作需要。

根据实际需求和理论计算，分别确定了水力涡轮和气体涡轮驱动器参数，包括叶栅翼型、导流定子及涡轮转子参数。

（3）无接触传动结构装置的研制。

井下发电机是工作在高温、高压和强振动的环境下，所以各部分接口的密封问题很难解决，为此，研制了无接触传动结构装置—磁力耦合器，解决了电机转子轴在高压液体中的密封难题。

磁力耦合器由于在主、从动件之间设有用金属或非金属材料制成的隔离套（或称为密封套），将从动件以及其他运动件一起封闭在工作容器内，即可形成无接触传递动力也可用于其他用途的无泄漏磁力驱动设备，由内、外磁力转子耦合器及密封隔离罩组成。

为使发电机可靠运行，根据理论研究和计算，以及所选磁力耦合器的磁性材料特性所研制出的磁力耦合器，可使传递给发电机的最大转矩提高 5 ～ 6 倍。

（4）井下大功率涡轮发电机测试及应用。

自主研制的发电机系统样机，在流道上进行了测试。试验结果表明，各部件工作性能良好，达到了设计要求。在现场试验和现场技术服务中，发电机工作正常，为井下仪器提供了充足电能，避免了在钻井过程中因随钻仪器仅靠电池供电容易造成电能不足而影响钻井进度的问题，也为提高井下电磁信号的发射强度、增加信号传输深度提供了保证。

6.5.5　DREMWD 系统应用

自 2009—2011 年，DREMWD 系统先后在常规泥浆、气体循环介质的油气井和煤层气井中进行了 5 次现场实验应用和 3 次现场技术服务。5 次实验应用的井位分别是：重庆同福 001–X1 井（油气井，泥浆介质）、三台秋林 001–X4 井（油气井，泥浆介质）、龙 107 井（油气井，气体钻井)、郑试平 4 井(煤层气井,清水介质)、郑试平 6 井(煤层气井,清水介质)。3 次现场技术服务井位分别是:HN10−D3 井(煤层气井,清水介质)、郑试平 6H 井(煤层气井,清水介质)和郑 4 平 −8 井(煤层气井,清水介质)。

在现场实验应用和现场技术服务中,均取得了良好的应用效果。在 982m 垂深条件下,最高数据传输速率达 11bit/s(国外同类产品为 6bit/s,1000m 时);实现了无接力传输井深 2876m,此深度下的传输速率为 3.5bit/s(国外同类产品为 2.5bit/s,2300m 时)。现场应用结果表明,该系统优于国外同类产品技术指标。

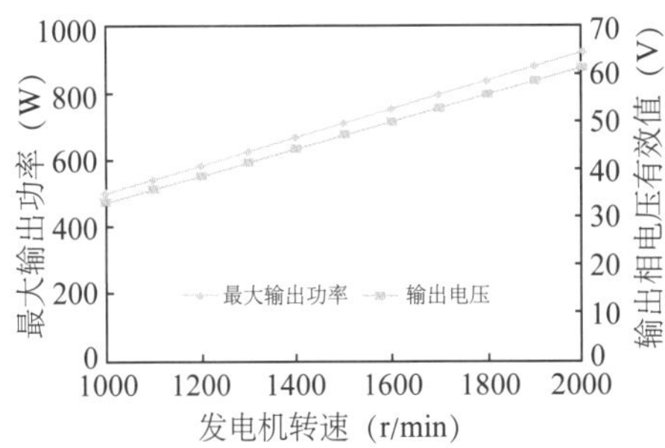

图6.75 发电机的工作特性理论设计曲线

在 3 次现场技术服务中,定向和导向质量达到设计要求。在 HN10−D3 井,成功完成了定向服务,准确引导钻头入靶,累计工作时间 67h,进尺 320m。在郑试平 6H 井,水平段进尺 438m,顺利完成了煤层地质导向作业,郑试平 6H 井技术服务现场如图 6.76 所示。在郑 4 平 −8H 井,一趟钻完成 1 个主支和 2 个分支的全水平段导向作业,连续工作 112h,总进尺 1491m,同比使用常规泥浆脉冲随钻测量系统导向施工作业节约钻井时间 1/7,该井技术服务现场如图 6.77 所示。

图6.76 郑试平6H井技术服务现场

图6.77 郑4平−8H井技术服务现场

6.6 遥控型正排量可变径稳定器

20 世纪 90 年代以来,随着定向井、水平井和大位移井技术的规模应用,迫切需要能在不起钻的情况下,提高井眼轨道控制的精度和缩短钻井辅助时间,以降低钻井成本。因此,导向钻井技术应运而生,而遥控型可变径稳定器就是这一技术体系中的一种重要控制工具。

遥控型可变径稳定器就是通过操作者在地面发出遥控信号,改变井下可变径稳定器的尺寸外径,从而改变井下钻具组合的力学特性,以满足工艺控制(增斜 / 降斜 / 稳斜 / 扭方位)的需要。这一技术体现了本书第 1 章所述的“变着钻”,可对井眼轨道实现有效的连续控制。

以下简要介绍笔者的研究团队在 20 世纪 90 年代自主研发的一种遥控型可变径稳定器,它在海洋大位移井钻井中得到了成功应用。

6.6.1 关键技术和主要研究内容

（1）关键技术。

对于遥控型可变径稳定器，有 3 个关键问题需要解决：

①选取主控信号；

②保证在地面发出遥控指令后可变径稳定器能在井下实现变径动作；

③如何确认可变径稳定器的当前状态（是否是所要求的外径尺寸）。

经综合考虑，选用正排量控制信号作为主控信号，这是因为在工艺上易于实现且成本低。

（2）主要研究内容。

包括硬件部分和软件部分。硬件部分即可变径稳定器的研制；软件部分即井眼轨道监控软件和工艺研究。对硬件部分，要开展如下研究：

①正排量指令的接收系统研制。由于电驱动钻机的钻井泵可以无级调速，调节排量非常方便，将利用这一特点作为控制指令。

②无压力损失的示位系统研制。对大位移钻井而言，应尽量减少泥浆的沿程阻力损失，所以技术目标是要研制正常钻井排量条件下无压力损失的示位系统。

③执行机构的可靠性研究。执行机构的可靠性关系到钻井成功率及钻井效率，作为井下工具的变径稳定器，必须满足安全钻井的使用要求。

对软件部分，要开展如下研究：

①带有变径稳定器的导向钻具组合的受力变形分析及 BHA 设计；

②带有变径稳定器的转盘钻钻具组合的受力变形分析及 BHA 设计；

③井眼轨道预测及监控工艺研究（主要表现为钻压及转速的影响）；

④钻具组合受力变形分析软件、轨道预测和调整设计软件及三维井眼轨道可视化软件研制。

6.6.2 工作原理与结构

由于海洋钻机所配的钻井泵为无级变速泵，调节排量非常方便，所以使用正排量作为主控信号。所谓正排量是指钻井泵的控制排量要大于正常钻进时的工作排量，对增加部分要进行优选，以免过大或不足。排量增加量不足容易引起误动作，因此要大于泥浆泵的排量不均度；排量增加量过大则造成循环系统压降增大而浪费水功率。为尽量减少水功率损失，也将以正常钻进排量为条件来研制示位系统。

如图 6.78 所示，该变径稳定器的结构分为 3 大部件，即指令接收系统、示位系统和执行系统，其工作原理为：当对井下变径稳定器发出控制指令时，节流口支座 4 在节流口 2 两端压差所产生的压力作用下推动心轴动力杆 5 向下移动，直至与心轴 7 相接触，并堵住心轴 7 的泥浆入口，减少泥浆的过流面积，使泥浆在此产生较大的压力差，推动心轴 7 向下运动。在心轴向下运动的过程中，销槽机构中的定位销轴 12 使心轴产生旋转运动并进入心轴上的另一个销槽，使翼块 13 与心轴上和销槽对应的不同高度的台面相接触，达到变径的目的。当心轴向下运动到与下接头相接触时，若心轴上的旁通大孔与壳体旁通孔 15 相对应，泥浆从此分流，则泥浆流经钻头的压降最小；若心轴上的旁通小孔与壳体旁通孔 15 相对应，则泥浆流经钻头的压降居中；若心轴上没有旁通孔与壳体旁通孔 15 相对应，则泥浆流经钻头的压降最大。由于钻头处的压降大小直接影响钻台上立管柱中的压力大小，因而可根据立管柱中的压力大小判断可变径稳定器的直径大小。当泥浆排量为正常钻井条件下的排量时，节流口 2 两端压差所产生的压力不足以使节流口支座 4 向下移动，与翼块 13 相接触的心轴上的台面不会发生变化，因而可变径稳定器直径保持不变。稳定器的 3 个外径尺寸分别为 286mm、299mm 和 310mm。

很显然，此处用到了节流口机构和销槽机构。

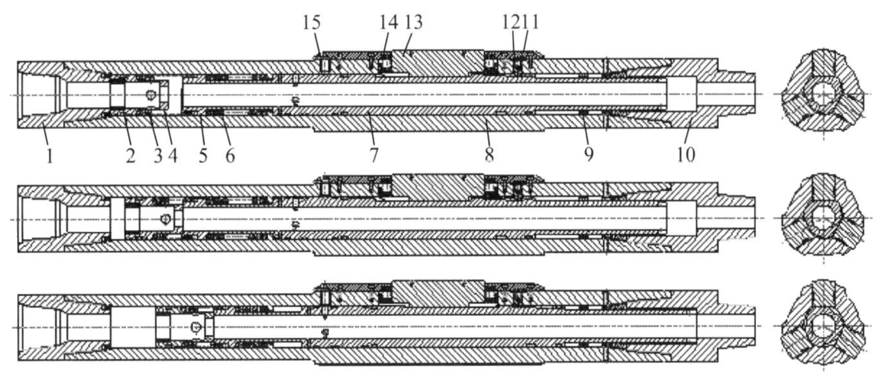

图6.78 正排量变径稳定器工作原理图

1—上接头；2—节流口；3—弹簧；4—节流口支座；5—心轴动力杆；6—心轴复位弹簧；7—心轴；8—壳体；9—活动挡圈；10—下接头；11、14—复位弹簧；12—定位销轴；13—翼块；15—壳体旁通孔

6.6.3 $12^1/_4$in 井下可变径稳定器技术指标

应用井深（测深）：大于 4000m；

耐温：150℃ ；

工作流量：60 ~ 70L/s；

示位最大压差：2 ~ 3.5MPa；

平均连续无故障使用时间：不少于 150h；

到位成功率：不低于 95%；

最大拉力：4500kN；

最大工作扭矩：23kN · m；

最大钻压：300kN。

6.6.4 BHA 组合设计

以下给出带有可变径稳定器的导向动力钻具组合和转盘钻组合的设计实例。

6.6.4.1 带变径稳定器的导向钻具组合设计

如图 6.79 所示，动力钻具弯角 0.9°，下排数字为外径尺寸，单位为 mm。

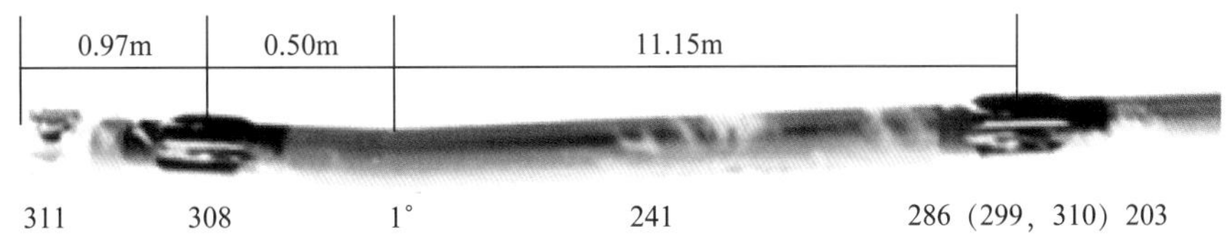

图6.79 导向钻具组合结构参数

（1）验算实例 1。针对上述带变径稳定器的导向钻具组合型式，对渤海某井稳斜段的 2 套

钻具组合进行了验算，2 套导向钻具组合的结构弯角均为 0.9°，井段 1266.1 ～ 2593m 和井段 2593 ～ 3466m 所接上稳定器尺寸分别为 286mm 和 292mm，根据实钻数据验算，结果见表 6.19，表明设计性能与实钻情况相符。

表6.19　导向钻具组合验算结果

井段（m）	进尺（m）	滑动态				转动态		
		进尺（m）	极限曲率 K_C（°/30m）	造斜率 K（°/30m）	K/K_C	进尺（m）	预测	实际
1266.1 ～ 2593	1326.9	90.23	5.20	4.74	0.91	1236.67	微增	微增
1542.8 ～ 1553.4	10.6	10.60	5.19	3.91	0.75			
1996.2 ～ 2003	6.8	6.80	5.21	5.56	1.07			
2593 ～ 3466	873.0	84.40				788.60	微增	微增

（2）验算实例 2。变径稳定器导向钻具组合在渤海某大位移水平井得到了成功应用。实钻井段为 891 ～ 2115m，共进尺 1224m，其中滑动钻进进尺 98m，为总进尺的 8%，主要是调整方位；旋转钻进进尺 1126m，占总进尺的 92%，通过稳定器工位的变化有效地控制了稳斜段的井斜角，取得了较好的效果。根据试验资料对带变径稳定器的导向钻具组合进行验算，结果见表 6.20。验算结果和实际情况符合较好，说明可以满足大位移井井眼轨道控制的要求。

表6.20　带变径稳定器的导向钻具组合验算结果

变径稳定器外径（mm）	实钻井段（m）	井斜变化（°）	井斜变化率（°/30m）	极限曲率（°/30m）
288	891 ～ 1176	62.51 ～ 66.77	0.45	0.43
	1961 ～ 2115	62.10 ～ 64.10	0.42	0.41
299	1176 ～ 1961	66.77 ～ 62.10	−0.22	−0.11
310	无工作记录			

6.6.4.2　带有可变径稳定器的转盘钻组合的设计

在大位移井中，稳斜段长且井斜角大，由于地层等原因稳斜困难，为此设计 2 套带变径稳定器的稳斜钻具组合，通过稳定器工位的变化来达到控制井斜的目的。

设计条件为井眼尺寸 $12^1/_4$in，稳斜段井斜角为 70°，泥浆密度为 1200kg/m³，钻压 20tf。可变径稳定器 3 个工位的直径分别为 310mm、299mm 和 288mm，设计结果如下：

（1）具有稳斜和增斜效果的变径稳定器钻具组合（No.1），如图 6.80 所示。

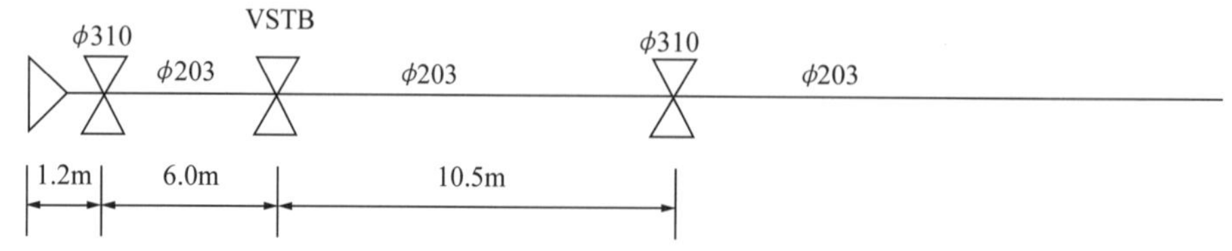

图6.80　具有稳斜和增斜效果的变径稳定器钻具组合

（2）具有稳斜和降斜效果的变径稳定器钻具组合（No.2），如图 6.81 所示。

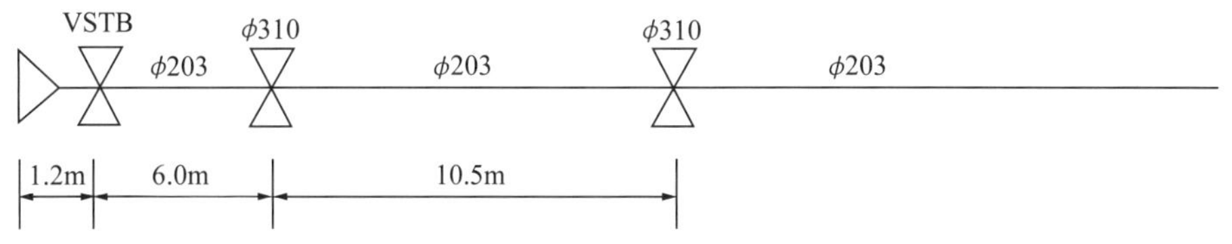

图6.81 具有稳斜和降斜效果的变径稳定器钻具组合

2 套组合的变径稳定器工位和钻头侧向力的关系见表 6.21。

表6.21 稳定器工位和钻头侧向力的关系

稳定器工位	钻头侧向力（kN）	
	No.1	No.2
工位 1（310mm）	260	260
工位 2（299mm）	8160	−5410
工位 3（288mm）	16050	−5410

6.6.5 正排量遥控变径稳定器应用

（1）井下实钻记录。

正排量遥控变径稳定器于 2000 年 4 月在海洋石油某大位移水平井应用，其目的是实施稳斜钻进，设计要求的井斜角为 62.76°，方位角为 243.1°。所使用的钻具组合为：$12^1/_4$in 钻头 +$9^5/_8$in 单弯（1.22°）马达 + 变径稳定器 + 其他。

可变径稳定器下入时的井深为 891m，井斜角为 62.51°，开始以旋转和滑动的方式交替钻进。至井深 1176m 处，井斜角增为 66.77°，增斜率为 0.45°/30m。为了有效地控制井斜，减少滑动钻进时间，决定对井下变径稳定器发出控制指令，以使变径稳定器处于 299mm 的位置，控制指令的泵冲为 120×2SPM，维持时间约 1min，从综合录井记录曲线可知，稳定器成功变至 299mm 的位置。

此后以 5 ~ 10tf 的钻压进行滑动和旋转钻进，由于稳定器处于 299mm 的位置旋转钻进时该钻具组合能够较好地控制井斜角，因此滑动钻进的目的主要是调整方位。钻至 1818m 时，井斜角降至 62.1°，降井斜率为 −0.22°/30m。

表 6.22 给出了可变径稳定器在实钻中表现出的外径状态和调节轨道控制能力的对应数据。

表6.22 稳定器调节轨道控制能力

稳定器直径位置	实钻井段（m）	井斜变化率（°/30m）
288mm	891 ~ 1176	0.45
	1961 ~ 2115	0.42
299mm	1176 ~ 1961	−0.22
310mm	无工作记录	

（2）井下实钻结果分析。

正排量遥控变径稳定器本次下井时间为 91h，实钻井段为 891m 至 2115m，共进尺 1224m，纯钻进时间为 25.8h，其中滑动钻进时间为 3h，进尺 98m，机械钻速为 33m/h；旋转钻进时间为 22.8h，进尺 1126m，机械钻速为 49m/h；旋转钻进的进尺占总进尺的 92%，滑动钻进的进尺占总进尺的 8%；旋转钻进的时间占总的钻进时间的 88.4%，滑动钻进的时间占总的钻进时间的 11.6%。

实钻结果表明，正排量遥控变径稳定器能有效地控制井斜：当变径稳定器的直径为 288mm，可实现增斜钻进，井斜变化率为（0.42° ~ 0.45°）/30m；当变径稳定器的直径为 299mm，可实现降斜钻进，井斜变化率为 −0.22°/30m 左右，有利于减少滑动钻进的时间，提高钻井效率。

6.7 遥控分采技术与分采控制器

随着油层能量不断消耗，注水开发是提高采收率的重要技术途径。在油田高含水采油期，伴随采出水量越来越大，层间与层内的压力差异增大，注水井的产油产水剖面与吸水剖面分布也极不平衡。了解井下出水层段，限制产水量的堵水和调剖是油田开采后期必不可少的工作，且随着油田含水率的增加，这一工作量也将逐步增加。在注水过程中，由于油层的非均质性，小层内注入水的推进不均衡，油井含水上升加快或瀑性水淹，需要封堵高渗透、大孔道等形成水流通道的区段，调整吸水剖面，以控制注入水的不均衡推进。当注水开发分段进行时，段与段之间有可能出现串通的情况，因此，需要确定每段的实际含水情况，即所谓的“找水”。找水的目的是了解井下出水层段，是堵水的前提；堵水是对产水油井的高产水井段或层段进行临时性封隔或封堵，从而改善产油井的产液剖面，以减少产水量。

遥控分采技术就是实现这一目的的一项工艺技术，而遥控分采控制器就是这一技术中的核心工具。

6.7.1 遥控分采技术原理

遥控分采技术是通过对由分采控制器和封隔器组成的多分段管柱进行加压，改变分采控制器间的开关位置状态，并发出示位信号，实现找油和堵水等工艺技术于一体的新方法。

图 6.82 给出了遥控分采技术原理与组成，其工艺过程为：

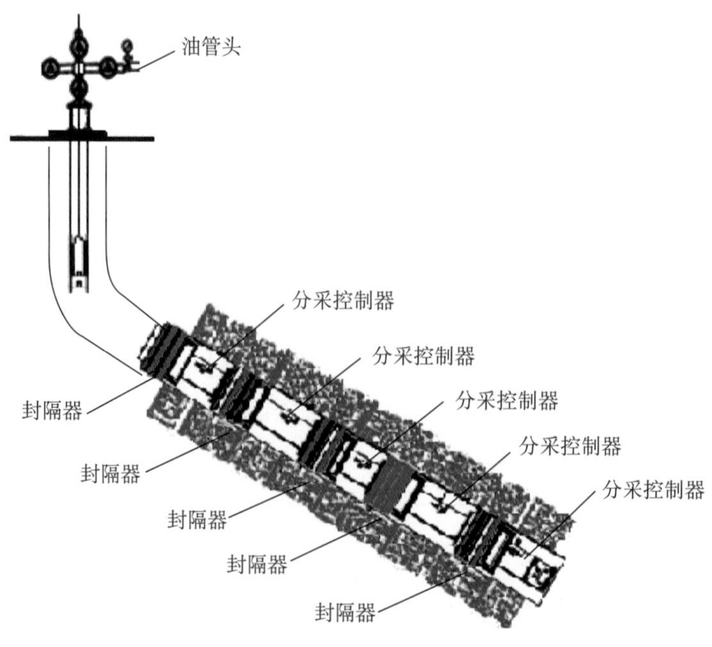

图6.82 遥控分采技术原理与组成

分采控制器连接在封隔器的下部，并根据所分井段数按地质设计要求由油管柱串联多个分采控制器和封隔器。该管柱下入井底，通过液压力将封隔器坐封在套管内壁，形成分采控制管柱。

当某一分段的控制器处于开启状态，可实现该分段的找油或采油工艺；其余分段的控制器就处于关闭状态，可实现堵水工艺。

若要使某一分段处的控制器处于开启状态，通过油管头对分采控制管柱施加液压，至控制器发出示位信号，即实现了对控制器的遥控。

遥控分采技术系统中的关键技术是遥控分采器的研制、示位信号及遥控分采器开关状态的系统设计。

6.7.2 遥控分采控制器的结构与工作原理

分采控制器是一种能实现油层多分段找油、堵水和采油技术一体化的井下遥控采油工具。如图 6.83 所示。

当控制器接收到遥控压力时，大直径 D 与小直径 d 间的面积差产生一推力使中心轴组件 2 向右运动，到位后发出示位信号。

泄压后，芯轴在复位弹簧的作用下向左运动，并由定位销 8 确定中心轴复位后的位置，使控制器处于开启或关闭状态。

当控制器处于开启状态时，地层中的液体经由流体通道 4 和单向阀 5 进入油管柱中；当流体通道 4 处于壳体 1 的小直径段内，并在密封圈的作用下，控制器处于关闭状态。

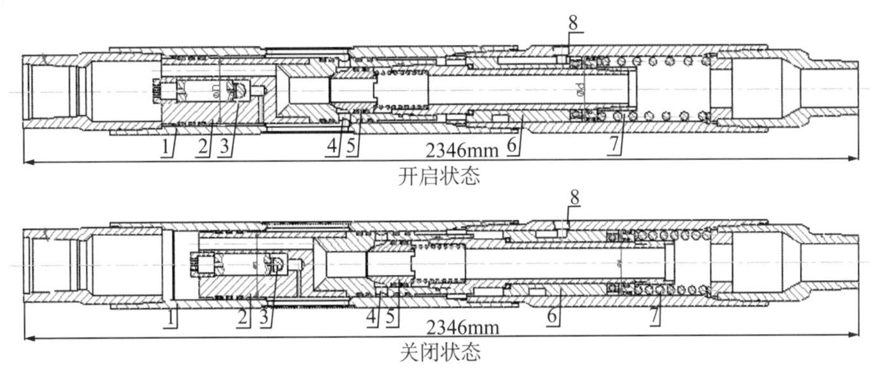

图6.83 遥控分采器的结构

1—壳体；2—中心轴组件；3—示位组件；4—流体通道；5—单向阀；6—销槽；7—复位弹簧；8—定位销

示位信号是使地面工作人员可完全了解井下分采控制器的工作状态的物理量，这是该技术的创新点。其过程是：使泵压增加到一定数值后，等候数分钟，若压力表的读数值减小，则表明一号控制器到位。之后又使泵压增加至初始值，等候数分钟，待压力表的读数值减小，则表明二号控制器到位。依此类推可获得三号控制器的示位信号。图 6.84 为 3 个控制器示位信号的坐标描述。3 组分采控制器间的对应关系见表 6.23。

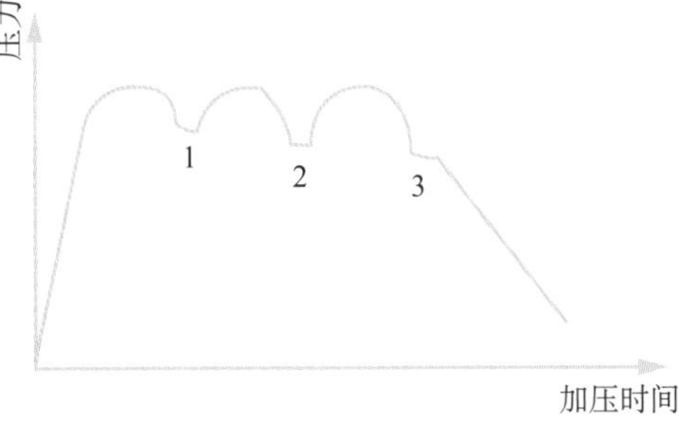

图6.84 3个控制器示位信号的坐标描述

在进行分采控制器结构设计时，单向阀的结构设计和防砂结构设计是必须注意的技术关键。

表6.23 3组分采控制器间的对应关系

序号	对应位置关系						
控制器 1	1	1	0	0	1	1	0
控制器 2	1	0	1	0	1	0	1
控制器 3	1	0	0	1	0	1	1

注：1表示控制器为导通状态，0表示控制器为关闭状态。

6.7.3 遥控分采控制器的技术参数及室内调试

（1）分采控制器结构及技术参数见表 6.24。

表6.24 分采控制器结构及技术参数

结构参数	取值	技术参数	取值
长度	2300mm	遥控压力	20MPa
外径	113mm	液面深度	≤ 1300m
扣型	$2\,^{7}/_{8}$ TBG—2.54	泵至上控制器距离	≤ 500m

（2）室内调试。

要求达到以下调试结果：

①各部件运动状态符合设计要求，对应位置关系明确，无误动作。试验压力为 20MPa 的情况下，分采控制器经过大约 200 次重复的测试，密封状况良好。最大试验压力为 28MPa，分采控制器工作正常。

②各部件运动状态符合设计要求，对应位置关系明确，无误动作，见表 6.23。

③经调试分采控制器示位时间与遥控压力的对应关系见表 6.25。

表6.25 分采控制器示位时间与遥控压力的对应关系

状 态	垂 直		水 平	
压力级别	18MPa	20MPa	16MPa	18MPa
3 号分采器示位时间	18min50s	13min55s	19min	14min10s
2 号分采器示位时间	13min55s	11min10s	14min	11min
1 号分采器示位时间	11min20s	6min45s	11min	7min

6.7.4 遥控分采技术现场实验

2008 年 10 月在我国东部某油田进行了遥控分采技术现场实验，目的是验证分采控制器对控制指令的执行情况，了解示位信号的分辨率，明确示位信号间的时间间隔，为水平井控水及大斜度井找卡水积累经验。现场管柱结构如图 6.85 所示。

依据实验井气举找水结果：111# 层为主要出水层，次要吸水层为 110# 层、112# 层、105# 层，研究决定分 3 段进行控制，即第 1 段：94# ～ 103#，第 2 段：105# ～ 110#，第 3 段：111# ～ 112#。该井分采工程设计如下：

下入分采管柱，自下而上为：丝堵油管1根+3# 分采开关+油管1根+ϕ116mm扶正器+Y341−114卡水封隔器（3012m±0.5m）+油管1根及1m短节若干+2# 分采开关+油管1根+Y341−114卡水封隔器(2985m±0.5m)+油管2根+1# 分采开关+油管4根+Y441−114卡水封隔器+ϕ116mm扶正器+1m油管短节+ϕ112mm液压丢手（不投球）+油管2根+校深短节1m+油管至井口。组配管柱过程中要求Y341−114高温高压封隔器的位置必须准确定位于（2985±0.5）m及（3012±0.5）m，且避开套管接箍，接箍位置作业队自查。为确保封隔器在指定位置，用磁性定位校深，校深短节要求位置按Y341−114要求卡点推算准确；同时也要求下井管柱丈量记录清楚准确，以便与校深数据比较核对。

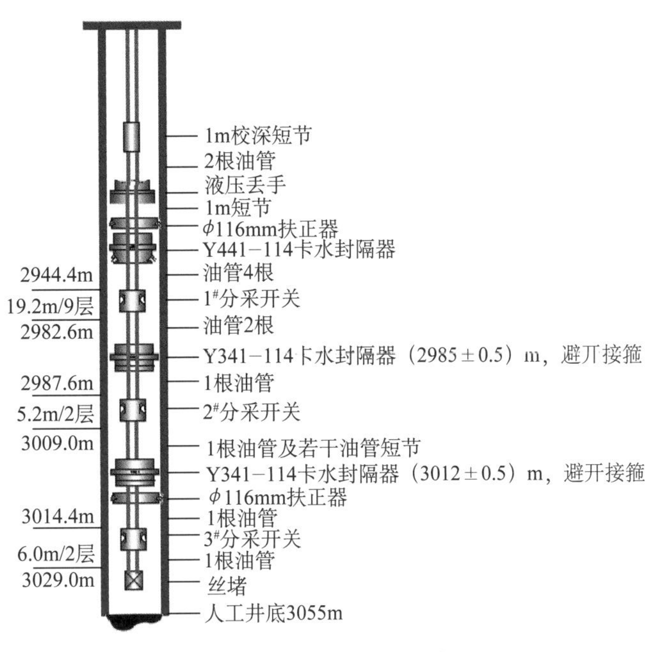

图6.85　现场实验管柱结构

完成管柱的下入后，自上而下三段分别对应下入全部为开启状态的1号、2号、3号分采控制器。工具下入后，对封隔器进行坐封操作，加压至5MPa，静候5min，加压至10MPa，静候5min，加压至15MPa，静候5min，封隔器坐封完成。继续加压至20MPa，静候2min时，泵压下降至15MPa；起压至20MPa，停泵，泵压又下降至15MPa；再次起压至20MPa，并开泵维持压力至20MPa约10min，后加压至24MPa。分采控制器的换向情况见表6.26。

压力密封和动作换向检验情况为：1号控制器管内加压工作正常，7次换向控制正常，管外加压有漏；2号控制器管内加压工作正常，7次换向控制正常；3号控制器管内加压工作正常，7次换向控制正常，管外加压无漏。

表6.26　实验井分采控制器换向情况表

名称	下入状态	起出状态	执行指令次数	管内加压	管外加压
1号控制器	开	关	2	正常运动	有漏
2号控制器	开	开	2	正常运动	正常
3号控制器	开	关	1	正常运动	正常

6.8 空气螺杆钻具与限速阀

空气螺杆钻具是以压缩空气作为动力的螺杆钻具，它是用空气钻井技术（或欠平衡钻井技术）钻定向井、水平井和大位移井的必需工具，但2001年之前在我国尚属空白。本节简要介绍笔者带领科研团队研发的填补了此项技术空白的K7LZ型空气螺杆钻具，它与6.5节所述的DREMWD电磁波无线随钻测量系统一起形成了工具和测量的配套技术，将此前的空气钻井技术由只能钻常规直井扩展到定向井、水平井和大位移井领域。

由于空气螺杆钻具是以压缩空气作为工作介质和动力源，所以它和传统的采用泥浆的液动螺杆钻具有很多差异，特别是当提离井底时产生的“飞车”现象（即工具转速大幅突增并带来一系列危害）。笔者用井下控制工程学方法设计的“限速阀”可以很好地解决这一难题，并获得国家发明专利（一种解决空气螺杆钻具飞车问题的方法及装置，ZL011419067）。

6.8.1 空气螺杆钻具设计的关键问题

常规的螺杆钻具是以泥浆作为传递动力的介质，由于液体的不可压缩性和螺杆钻具作为容积式机械的特性，螺杆钻具具有很好的过载性能和硬机械特性。而空气螺杆钻具，由于以压缩空气作为动力源和工作介质，与常规液体驱动的螺杆钻具相比，其结构特征和工作特性有显著不同。下面简要介绍空气螺杆钻具设计中应注意的主要关键技术问题。

（1）必须设计成多头多级的螺杆马达。

液驱螺杆钻具的过载性能和硬机械特性表现在：

①输出扭矩与马达进出口间的压差成正比；

②转速与通过的流量有关而与钻压无关。在钻进过程中，当钻压增大时马达进出口间的泥浆压差相应变大，导致扭矩增加；而流进马达的泥浆排量固定，输出转速近似不变；因此，增加钻压有助于增大井底切削力矩，提高机械钻速。

对于空气螺杆钻具，钻压的增加同样会使马达进出口间的压差增大，但由于空气的可压缩性，马达入口处压力的升高使通过马达的空气流量减小，因而输出的转速降低，过大的钻压甚至会导致马达制动。因此，空气螺杆钻具必须设计成多头多级马达（图 6.86），保证能够输出足够的工作扭矩，钻进时施加较大钻压时马达不会严重失速或制动。

（2）必须考虑并解决马达的“飞车”问题。

由于空气的可压缩性，钻进时因切削力矩造成的压差使马达进口处空气压力增大，体积变小，马达转速降低；当提离井底，压差显著变小，从而马达进口处空气压力减小，体积变大，马达转速上升。这种突增的马达转速称为“飞车”。飞车会使空气螺杆钻具内部的万向轴、传动轴轴承及马达定子转子副间的运动频率相应增大，磨损加剧，寿命变短，从而影响钻井总效率。

因此，一般在用空气螺杆钻具钻井时都从工艺上对这一缺点加以限制，例如规定在起下钻过程中不循环空气；马达不得提离井底起动，而是先接触井底加压后再起动等。但是这些规定并不科学，它与钻井工艺是有矛盾的。因为起下钻过程中的循环有一定必要性，划眼下入、清洁井底是需要的，而不循环容易造成卡钻；另外加压起动造成一定的操作难度，很容易使马达在重载下突然起动而损坏内部结构。所以，为克服空气螺杆的飞车问题，过去人们一般采用一种地面控制措施：在井口增加一个空气流量调节阀，在起下钻循环时，选取 1/2 的工作流量。这一控制措施虽在一定程度上解决了飞车问题，但弊病有 4 点：

①增加了地面装备；

②造成了很大的功率损失；

③控制效果不好，因为空气驱动的软特性使马达特性随井深发生变化，合理的流量调节量是变量，1/2 流量并不是唯一不变的最佳值；

④增加了操作难度，因为提离井底是经常要发生的操作，规定提钻前先去操作地面流量阀，这样既麻烦而又易失误。

如上所述，笔者用井下控制工程学方法设计了“限速阀”，很好地解决了这一难题，将在下文介绍。

（3）采用油润滑密封传动轴。

常规螺杆钻具工作时，泥浆流经万向轴及其壳体间的空间，主流从导水帽进入传动轴的中间流道，同时另有一小部分泥浆流经轴承组进行润滑和冷却，然后从传动轴壳体下部排向环空。空气螺杆钻具中的传动轴虽然功能未变，但是却失去了泥浆对轴承的润滑和冷却作用。由于螺杆钻具在恶劣的井底环境中工作时，轴承组负荷重，承受幅度很大的交变载荷，是螺杆钻具易损害的部位，必须给予很好的润滑。于是，设计油润滑密封传动轴十分必要，也就是将全部轴承密封起来，使轴承组在油润滑的条件下工作，可使承载能力和使用时间进一步提高，特别适用于空气螺杆钻具在长井段连续钻进。

图6.86　气马达和液马达转子的比较

（4）选择气密封性能好的马达线型。

转子和定子曲面形成的多个共轭封闭腔之间的密封性是形成一个容积式液马达的基本条件之一。按传统泥浆马达设计的定 / 转子经水密封实验合格后，在带压空气情况下发现马达气密封性极不理想。在众多线型中由于短幅类线型在保证同样密封压力时要求较大的过盈，因此不宜用做空气马达，而宜选用具有较小定子齿顶曲率半径的线型。课题组通过马达设计软件进行模拟修正，优化出水密封和气密封兼备的线型。图 6.87 为气马达和液马达定子线型示意图，图 6.88 为马达设计软件的界面。

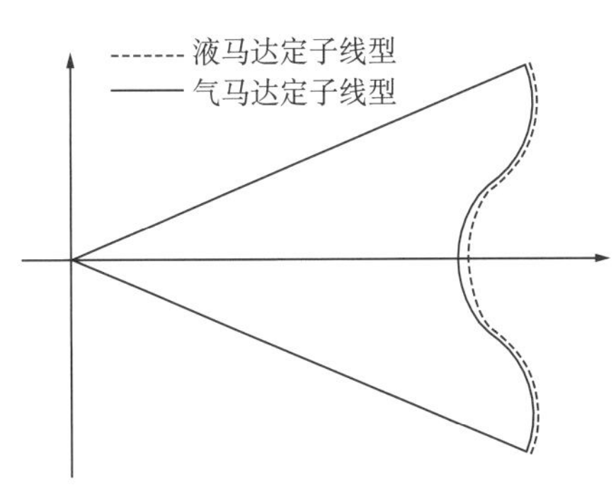

图6.87　气马达和液马达定子线型

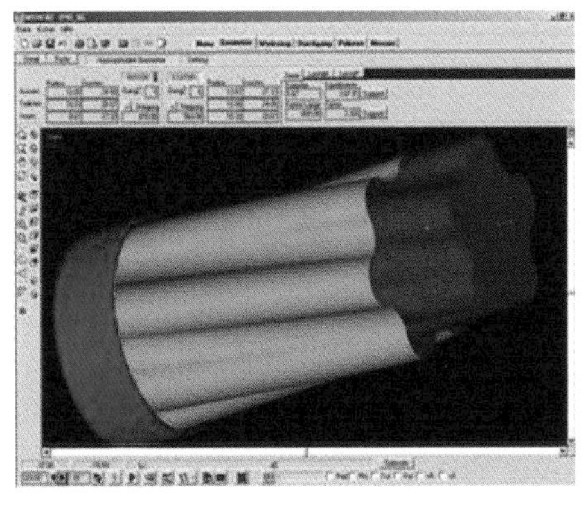
图6.88　马达设计软件界面

（5）空气螺杆钻具气体流量的确定。

在设计空气螺杆钻具时的一个重要问题是确定空气螺杆钻具的额定工作气体流量，它是马达设计的主要参数之一。确定这一主参数需要考虑以下 2 个途径：

①根据所钻井的工艺要求和地面空气钻井装备的参数，首先确定钻井所需的气体流量（如满足携带岩屑的风速和流量），进而选定空气螺杆马达的工作流量；

②根据对螺杆马达的力能特性要求（如破岩扭矩和转速）确定通过空气马达的工作流量。

在实际设计工作中，这 2 个方面往往会出现矛盾，这就决定了空气螺杆钻具会形成系列产品，使用者可根据不同的钻井工程要求去选择合适的具体型号的产品。

所以，要确定钻井工艺所需的气体流量（在标准状态下），在对空气螺杆马达进行分析计算时，要根据井深和压力值换算到流经马达的带压流量值。由于随着井深的增加，循环系统的沿程阻力、局部压降、温度的变化都会影响流经马达的空气压力，进而影响压缩空气的体积，也就会在一定程度上影响空气螺杆钻具的转速。

6.8.2 空气螺杆马达转速特性分析

由于空气的可压缩性，空气螺杆钻具软机械特性的根源在于马达入口与出口的压差，表现出的现象为转速的变化。影响马达压力降的因素不仅与钻压、切削力有关，而且与空压机的排气量、井深以及井底温度等因素有关。以下仅给出压力降、空压机排气量、井深等因素对空气螺杆马达转速的影响。

螺杆马达转速计算用公式：

$$n=\frac{60w_{\mathrm{g}}RT_{\mathrm{a}}}{p_{\mathrm{a}}q} \tag{6.7}$$

$$p_{\mathrm{a}}=p_{\mathrm{bb}}+\Delta p\ (p_{\mathrm{motor}})\ /2$$

式中：n 为马达转速；w_{g} 为气体的质量流量；R 为气体常数；T_{a} 为平均温度（$T_{\mathrm{a}}\approx T_{\mathrm{bh}}$，$T_{\mathrm{bh}}$ 为井底温度）；q 为马达每转排量；p_{a} 为马达内的平均压力；Δp 为马达压降；p_{motor} 为马达额定压降；p_{bb} 为钻头气眼上方压力。

钻头气眼处气体处于不同的流动状态，对应的钻头气眼上方压力的计算方法有差别。当气体为亚声速流动，钻头气眼上方压力为：

$$p_{\mathrm{bb}}=p_{\mathrm{bh}}\left(\frac{0.1428{w_{\mathrm{g}}}^{2}}{A_{\mathrm{n}}^{2}p_{\mathrm{bh}}\rho_{\mathrm{bh}}}+1\right) \tag{6.8}$$

当气体为声速流时，钻头气眼上方压力为：

$$p_{\mathrm{bb}}=\frac{24.91w_{\mathrm{g}}\sqrt{T_{\mathrm{bh}}}}{A_{\mathrm{n}}} \tag{6.9}$$

式中：A_{n} 为喷嘴或气眼的总截面积；p_{bh} 为井底压力；ρ_{bh} 为通过气眼后的气体密度。

以现场实验工况为例，计算和分析各种因素对马达转速的影响，计算结果如图 6.89 ~ 图 6.92 所示，分别为马达压降、空压机排气量、井深和定压力 / 定温度条件下井深与马达转速的关系，具体分析如下。

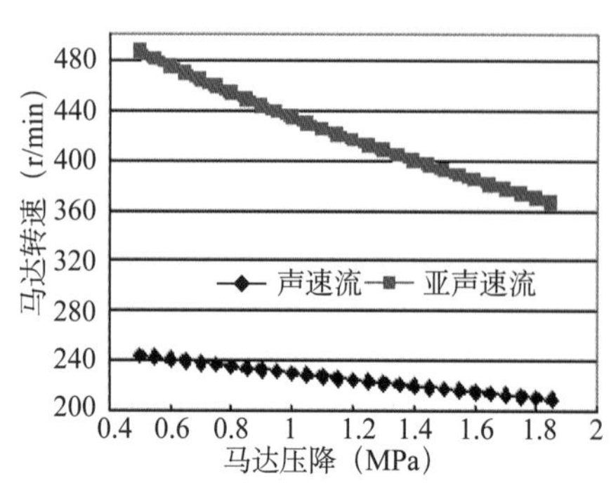

图 6.89　马达转速与马达压降的关系

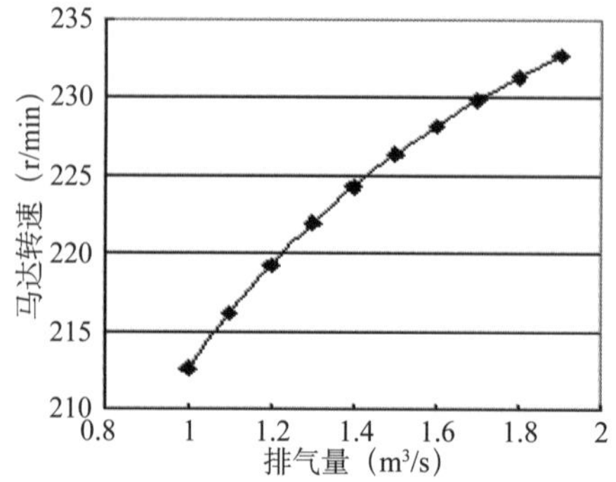

图 6.90　马达转速与空压机排气量的关系（声速流状态）

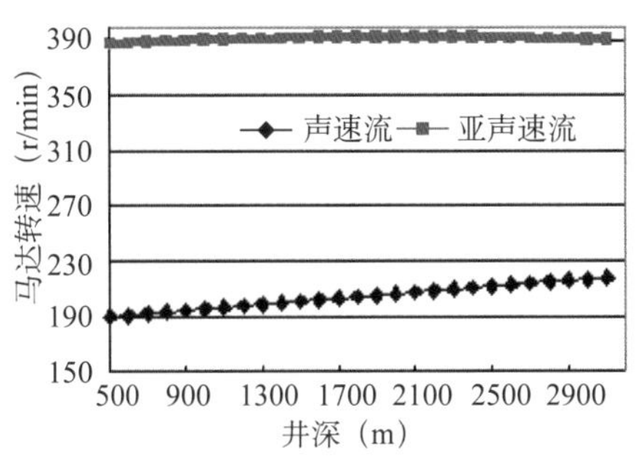

图6.91 马达转速与井深的关系

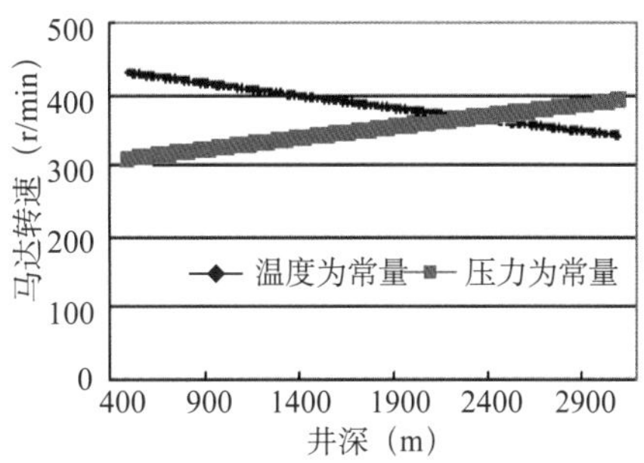

图6.92 马达转速与井深（定温度/定压力）的关系

（1）马达压降与转速间的关系。

在固定井深和固定空压机排量的条件下，马达转速与马达压降的计算结果如图 6.89 所示，由图中清楚地看到，马达转速始终随马达压降增大而降低。

从该计算结果可看到：钻头处气体处于亚声速流时马达转速远远大于同样工况下声速流时的马达转速，因此，在钻头上加装喷嘴尽量使气体处于声速流动状态，可以有效地控制马达“飞车”。

（2）空压机排气量与马达转速的关系（声速流状态）。

由马达转速公式（6.7）分析，当空压机排气量增加后，气体的质量流量相应增加，同时马达内平均压力也相应增加，这两者对马达转速的影响恰好相反，马达转速是升高还是降低要进行具体计算后才能确定。

由图 6.90 可知，在钻头处气体流动为声速流时，随着空压机排气量的增加，马达转速相应地增加。

（3）井深与马达转速的关系。

研究井深与马达转速的关系时，假定空压机的排气量恒定，但井底压力和井底温度随之变化。

由式（6.7）看出马达转速与井底压力、温度有关，即转速是井底压力和井底温度的函数 $n=f(p_{bh}, T_{bh})$；由式（6.8）和式（6.9）看出，钻头气眼上方压力与钻头气眼处气体流动状态有关。因此，以下分当钻头气眼处气体处于亚声速流态和声速流态两种情形分析。

①钻头气眼处气体为亚声速流状态。

由图 6.91 看出，随着井深的增加，在马达内的平均温度和井底压力相互作用下，马达转速基本保持不变。为了便于分析亚音速流时马达内平均温度和平均压力两个变量单独对马达转速的影响，下面讨论当只有一个变量时马达转速的变化规律。

计算结果如图 6.92 所示，随着井深的增加，逐渐增高的马达内平均压力使马达转速下降，而逐渐升高的马达内平均温度则使马达转速升高。因此，马达内的平均温度和井底压力对转速的影响是相反的。

众所周知，液动马达具有恒转速的特性，而在空气钻井中空气马达表现出了转速随压力、温度变化的特征。但由于在空气钻井中温度、压力对马达转速的贡献恰好相反，因此马达转速究竟随井深如何变化要根据具体的井身结构、循环气量、温度梯度计算后才能知道。而本算例中马达转速恰好近似于恒定转速，但这与液动马达的恒转速特性是有本质区别的。

②钻头气眼处气体为声速流状态。

同亚声速流时对马达转速的分析一样，温度、压力对马达转速的影响恰好相反，因此马达转速究竟随井深如何变化要根据具体的参数计算后才能确定。

6.8.3 空气螺杆钻具的限速阀

如上所述，笔者发明了一种“解决空气螺杆钻具飞车问题的方法及装置”，专利号为ZL011419067，很好地解决了空气螺杆钻具发生飞车现象的这一难题。本发明的技术核心是用井下控制工程学方法设计的“限速阀”，通过它改变并完善空气螺杆的内部结构，使其自身具有自动控制转速增加，从而保证钻速稳定的内在特性。

6.8.3.1 用限速阀控制飞车的原理

图 6.93 为马达工作时转子中孔和限速阀的安装位置示意图，图 6.94 为限速阀结构。

如图 6.93 所示，在空气螺杆钻具的转子上端装入一个气动限速阀，转子中心钻有通孔，限速阀下端和钻子中孔相连。选取马达进出口亦即转子上下两端的压差Δp作为控制信号，并取用于自动调节的门坎值Δp_0，使它和提钻空转的压差值Δp_1的关系为$\Delta p_1 \leqslant \Delta p_0$。当提钻空转时，$\Delta p=\Delta p_1 \leqslant \Delta p_0$，限速阀处于开启状态，马达入口处的部分压缩空气从转子中孔旁路流出，于是流经马达工作副的气量减小，转速受到控制。当实际钻进时，$\Delta p>\Delta p_0$，于是限速阀处于闭合状态，转子中孔入口处的气流通道关闭，压缩空气全部从马达工作副流过，产生工作转速。这样当空转状态，气压降低、体积膨胀时，由于限速阀的自动控制造成旁路分流，抑制了马达转速的上升。

6.8.3.2 限速阀的结构和工作过程

如图 6.94 所示，限速阀由阀体 1、活塞 2、弹簧 3、端盖 4、密封圈 5、弹簧卡圈 6 装配组成，安装在转子上端的圆柱体空腔内，空腔下端呈圆台式结构，并和转子中心通孔相通。限速阀的上端在转子空腔入口处由弹簧卡圈加以定位。

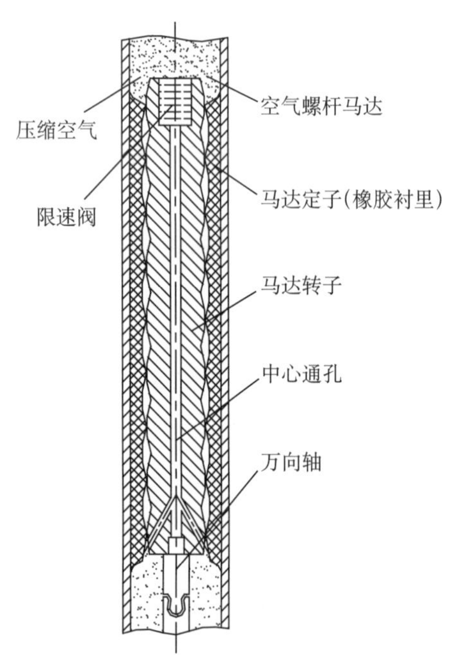

图6.93 转子中孔和限速阀的安装位置示意图

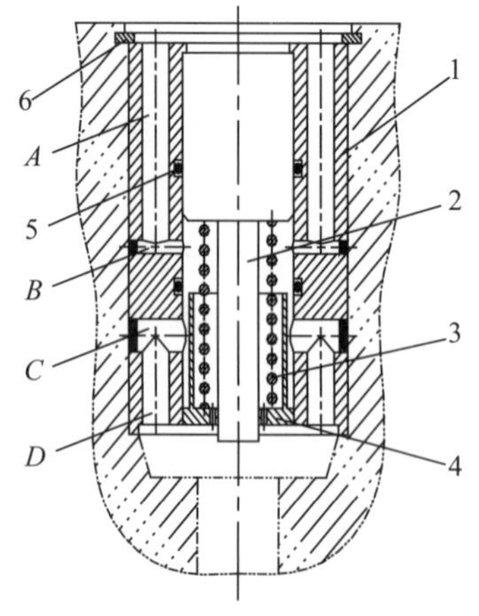

图6.94 限速阀结构

1—阀体；2—活塞；3—弹簧；4—端盖；5—密封圈；6—弹簧卡圈6；A，B，C，D—孔

阀体 1 在上、下两端面上钻有若干轴向孔，沿圆周均布。并通过两组径向孔与阀体内孔沟通。阀体的两组径向孔外端被焊接堵塞、车光。阀体内孔在图示处有 2 个橡胶密封圈 5。

活塞 2 安装在阀体 1 的内孔内，阀体 1 上端面与阀体圆孔小于活塞外径，保证对活塞起到限位作用。活塞圆柱面与阀体内孔柱面为动配合，选取加工精度并保证有良好的密封作用。

端盖 4 通过螺纹装在阀体下端面处，其中心孔内穿有活塞杆。端盖上有一护套，护套内装有压缩弹簧，护套对活塞下行位置实行限位，并对弹簧起保护作用。护套侧壁圆柱面上钻有小孔。

其动作过程如下：

在活塞 2 处于上位时，孔 A、B、C 和 D 相通，活塞处于平衡状态，此时压缩空气从转子上部和孔 A、B、C 和 D 与转子中孔下端相通，气体旁路打开。在活塞 2 处于下位时，A 和 B 孔被堵死，只有 C 和 D 孔与转子中孔相连，弹簧被压缩，气体旁路关闭。

在钻具接触井底进行钻进时，马达两端的压力差Δp 会因切削力矩 M 而上升，达到一定值，并超过门坎值Δp_0。此时活塞因受Δp 作用，形成向下的力，弹簧压缩，活塞下行，限速阀处于闭合状态。转子上端的压缩空气全部从马达转子之间的共轭腔内通过，产生工作力矩和转速。此即为钻进工况。

在提钻工况下，由于无切削力矩 M，Δp 下降，空气膨胀。因$\Delta p<\Delta p_0$（门坎值，这由限速阀结构参数和弹簧设计选定），弹簧力举升活塞至上位，孔 A、B、C 和 D 沟通，限速阀开启，一部分空气从旁路流出，于是马达工作副内气量减小，防止了因气体膨胀造成的转速突增，起到限制飞车的作用。

由以上过程可知，限速阀是根据工况不同，以Δp 为控制参数，对进入马达工作副的气量进行自动调节和控制。它和工作井深无关，亦不需要司钻进行人工控制，能较好地克服“飞车”问题，从而保护空气螺杆钻具，延长其工作寿命，提高钻井效率，降低钻井成本。

6.8.4 空气螺杆钻具室内测试、现场试验和应用

（1）K7LZ120 × 7.0 空气螺杆钻具实验样机液相台架试验。

经优选线型的 K7LZ120 × 7.0 空气螺杆钻具试验样机进行液相台架试验，取得了很好的性能特性曲线，经与理论分析对比，结果非常满意。图 6.95 为试验现场（左）及马达的性能曲线（右）。

（a）试验现场

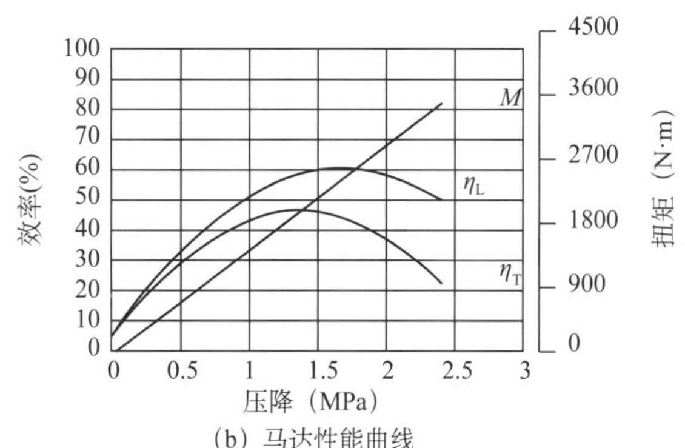

（b）马达性能曲线

图 6.95　K7LZ120 × 7.0 液相台架试验现场及马达性能曲线

液相台架试验结论为：

①马达启动压力低（仅为 0.8 ~ 0.9MPa），说明马达配合及密封良好；

②扭矩随压力变化线性度很好；

③马达高效区带宽长；

④密封传动轴在低压液态时也有很好的密封效果；

⑤液相性能与国外同类产品相比略优。

（2）K7LZ120×7.0 空气螺杆钻具地面实钻试验。

2002 年 7 月 26 日，在北京中煤大地技术开发公司，利用 SCHRAMM ROTA–DRILL T685WS 型车载顶驱空压钻机进行了 K7LZ120×7.0 空气螺杆钻具地面实钻试验，图 6.96 为实钻现场（左）及钻头和岩心钻孔（右）。

实验条件为空气压力 1.8MPa、排量 35m^3/min（低于额定排量 42m^3/min）。试验结果表明：

①实验样机完全符合设计要求；

②通空气后螺杆钻具马上正常旋转，启动容易，操纵控制方便；

③钻进速度较快，虽然使用的是旧钻头，在实验砂岩心上 5min 进尺 0.5m；

④密封传动轴在低压时对气态工作介质也有很好的密封效果。

（3）K7LZ120×7.0 空气螺杆钻具现场试验。

2002 年 8 月 24—8 月 25 日，K7LZ120×7.0 空气螺杆钻具在长庆油田 50628 钻井队承钻的苏里格苏 35–18 井上进行了现场试验。井深 3235 ~ 3361m，气源为天然气，压力 4MPa，钻井层为水泥塞、钢质扶圈、盖层，螺杆钻具共运转（含气举空运转）8h，进尺 21m，工作正常。实验结论如下：

① K7LZ120 空气螺杆钻具，在气源气量和压力不完全满足需要（设计额定排量应为 42m^3/min）的情况下，在苏 35–18 井中滑动和复合钻进钻水泥塞 20m 和 1m 盖层，其中，在 6tf 的表观最佳工作钻压下滑动钻进时，机械钻速高达 30m/h；

②复合钻进（即开动转盘）时，由于转盘转速和螺杆钻具转子的转速叠加，有利于提高机械钻速；

③气量和气源压力不足，严重影响 K7LZ120 空气螺杆钻具的机械钻速和应用效果；

④超过 K7LZ120 空气螺杆钻具的最大许可钻压，螺杆钻具将被压死，不但大大降低机械钻速和应用效果，也将影响螺杆钻具的寿命，施工中一定要杜绝施加过大的钻压；

⑤ K7LZ120 空气螺杆钻具样机已达到工业应用水平，可批量生产，以满足不断增长的现场钻进施工需要。

图6.96　K7LZ120空气螺杆钻具地面实钻试验现场(左)及钻头和岩心钻孔(右)

对完成现场试验的 K7LZ120×7.0 空气螺杆钻具试验样机进行拆检，所有零部件无一损坏，性能依旧正常。图 6.97 为拆检后的部分零、部件。

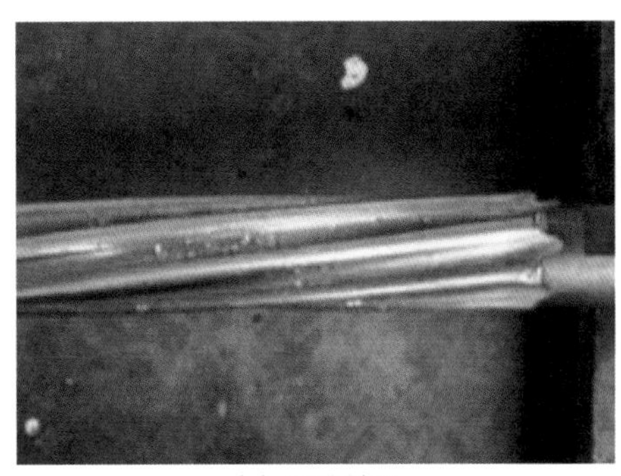
(a) 马达转子

(b) 万向轴

图6.97 现场试验后的马达转子和万向轴

(4) K7LZ244 × 7.0 空气螺杆钻具在伊朗项目中的应用。

K7LZ244 × 7.0 空气螺杆钻具在长城钻井公司伊朗项目组 RIG16 实施定向作业，井下工作 118.5h。并用多种介质实验获得圆满成功，受到施工单位的一致好评。

K7LZ244 × 7.0 螺杆钻具，累计入井时间 118.5h，循环时间 97.85h。

使用过程分两个阶段：第一阶段使用泥浆作为介质，钻井井段 618 ~ 660m，入井时间 60.5h，循环时间 49.51h；第二阶段使用空气泡沫作为介质，入井时间 58h，循环时间 48.33h。因为实施侧钻作业，钻速特加以控制（2m/h、1m/h、0.5m/h 不等）。

该螺杆钻具工作状况较为平稳，特别是使用空气作为介质时，表现出功率大，寿命较长。

(5) K7LZ120 × 7.0 空气螺杆钻具在白浅 111H 水平井中的应用。

2004 年 7 月，K7LZ120 × 7.0 空气螺杆钻具在西南油气田分公司所属的白马庙构造白浅 111H 水平井——国内第 1 口气体钻水平井进行气相欠平衡钻进获得成功应用。

白浅 111H 水平井按照最初的施工设计方案，在进入水平段后在井深 1080 ~ 1103m 井段采用柴油机尾气驱动空气螺杆钻具带动 PDC 钻头的钻井实验，气量为 33 ~ $40m^3/min$，钻进正常，钻时为 4 ~ 5min/m，累计进尺 23m。后来因为实验中的尾气发生装置尚存在一些技术问题而停止实验。后经西南油气田分公司领导决策从 1103m 改用天然气驱动空气螺杆钻具带动 PDC 钻头钻进，天然气排量 42.3 ~ $63.6m^3/min$，平均 $51m^3/min$，钻至井深 1325m 完钻，天然气驱动累计进尺 222m，平均机械钻速 9.76m/h，最高达 20m/h。测试产量：$6.85 \times 10^4m^3/d$，无阻流量：$10 \times 10^4m^3/d$。

K7LZ120 × 7.0 空气螺杆钻具通过在白浅 111H 井水平段的施工应用，承钻该井的川钻 2002 队认为：

① K7LZ120 × 7.0 空气螺杆钻具填补了我国在水平井中进行气相欠平衡钻进井下动力钻具的空白；

②实用证明 K7LZ120 × 7.0 空气螺杆钻具产品质量可靠；

③ K7LZ120 × 7.0 空气螺杆钻具比常规螺杆钻具表现出更大的扭矩和现场使用有更大的灵活性。

对所使用的空气螺杆钻具拉回制造厂经拆检，马达效率仅有 1% 的变化。其余零部件仍然完好。

参考文献

[1] 苏义脑，盛利民，邓乐，等 . 一种近钻头电阻率随钻测量方法及装置：ZL2004100055265 [P]. 2008-08-13.

[2] 苏义脑，盛利民，李林，等 . 一种无线电磁短传装置：ZL2004100042759 [P]. 2008-08-13.

[3] 苏义脑，盛利民，王家进，等．一种接收和检测泥浆压力脉冲信号的方法及装置：ZL2004100055250 [P]. 2008–08–13.
[4] 苏义脑，盛利民，李林，等．一种随钻测量的电磁遥测方法及系统：ZL200410005527X [P]. 2009–07–15.
[5] 苏义脑，盛利民，王家进，等．一种井底深度与井眼轨迹自动跟踪装置：ZL2004100042744 [P]. 2009–07–15.
[6] 宋延淳，邓乐，窦修荣，等．方位中子孔隙度随钻测量装置：ZL200810114427.9 [P]. 2012–10–31.
[7] 王家进，邓乐．一种井下信息传输的编码及解码方法：ZL200810114634.4 [P]. 2011–06–01.
[8] 王家进，邓乐．电缆收放装置、井下信息传输装置和方法：ZL200810114635.9 [P]. 2010–06–02.
[9] 王家进，盛利民，邓乐．一种井下信息自适应传输方法和系统：ZL200810114817.6 [P]. 2012–02–01.
[10] 盛利民，李林，窦修荣，等．一种井下发电装置：ZL200810114632.5 [P]. 2012–01–11.
[11] 苏义脑，盛利民，李林，等．一种近钻头地质导向探测系统：ZL200810114633.X [P]. 2012–02–08.
[12] 苏义脑，朱军，盛利民，等．一种提高电磁波电阻率测量精度和扩展其测量范围的方法：ZL200910131581.1 [P]. 2011–08–31.
[13] 窦修荣，徐义，邓乐，等．一种随钻识别岩性的方法：ZL201010265179.5 [P]. 2013–05–29.
[14] 苏义脑，盛利民，高文凯，等．一种井下纠偏能量提取装置：ZL201010164284.X [P]. 2014–07–04.
[15] 苏义脑，盛利民，高文凯，等．一种用于井下纠偏的可控液压动力集成单元：ZL201010164287.3 [P]. 2015–02–11.
[16] 苏义脑，盛利民，窦修荣，等．用于MWD井下连续波信号处理方法：ZL201010597610.6 [P]. 2013–05–08
[17] 苏义脑，盛利民，窦修荣，等．连续波随钻测量信号优化和干涉分析方法：ZL201010597545.7 [P]. 2013–07–24.
[18] 唐雪平，邓乐，王家进，等．一种全井段环空压力测量方法、装置及控制方法和装置：ZL201010570374.9 [P]. 2013–01–30.
[19] 宋延淳，邓乐，王鹏，等．随钻中子孔隙度测量的中子发射控制系统、装置及短节：ZL201010593151.4 [P]. 2013–01–09.
[20] 唐雪平，苏义脑，盛利民，等．一种井眼轨道控制方法：ZL201110372333.3 [P]. 2014–07–23.
[21] 喻重山，苏义脑，盛利民，等．一种用于井下导向钻井工具中的液压控制系统：ZL201110370807.0 [P]. 2014–08–20.
[22] 唐雪平，苏义脑，盛利民，等．一种井眼轨道控制方法及系统：ZL201110389547.1 [P]. 2014–05–21.
[23] 苏义脑，盛利民，窦修荣，等．一种用于井下导向能量获取装置的组合式单柱塞液压泵：ZL201110421430.7 [P]. 2014–12–24.
[24] 苏义脑，窦修荣，王家进，等．一种解决空气螺杆钻具飞车问题的方法及装置：ZL01141906.7 [P]. 2006–12–13.

[25] 苏义脑．地质导向的原理和方法[J]. 油气工业技术，1998（1）：1–5.

[26] 苏义脑，周煜辉．地质导向钻井[M]// 苏义脑，等．井下控制工程学研究进展．北京：石油工业出版社，2001：23–26.

[27] 苏义脑．油气直井防斜打快技术——理论与实践[M]. 北京：石油工业出版社，2003.

[28] 苏义脑，李松林，葛云华，等．自动垂直钻井工具的设计及自动控制方法[J]. 石油学报，2001，22（4）：87–91.

[29] 苏义脑．关于在海洋领域S–863计划中应开展井下控制工程学和地质导向技术研究的建议[R]. 海洋高技术发展研讨会，北京，2000.

[30] 刘英辉，苏义脑．井眼轨道控制系统中可变径稳定器的分析及发展概况[J]. 石油机械，2000，28（5）：52–53，58.

[31] 苏义脑，盛利民，周煜辉．国产CGDS–1型地质导向钻井系统将提高我国油气井钻井效益[M]// 中国石油学会石油工程学会．石油工程学会2001年度技术文集．北京：石油工业出版社，2002.

[32] 苏义脑，盛利民，等．地质导向钻井技术与我国CGDS–I地质导向钻井系统的研制[M]// 中国石油天然气集团公司钻井工程重点实验室．井下控制工程技术学术研讨会论文集．北京：石油工业出版社，2003：23–29.

[33] 董海平，苏义脑，王家进．地质导向地面信号处理系统的原理及设计[M]// 中国石油天然气集团公司钻井工程重点实验室．井下控制工程技术学术研讨会论文集．北京：石油工业出版社，2003：37–43.

[34] 苏义脑，窦修荣，王家进．变径稳定器及其应用[J]. 石油钻采工艺，2003，25（3）：4–8.

[35] 苏义脑，窦修荣，王家进．旋转导向钻井系统的功能、特性和典型结构[J]. 石油钻采工艺，2003，25（4）：5–7.

[36] 苏义脑，窦修荣．大位移井钻井概况、工艺难点和对工具仪器的要求[J]. 石油钻采工艺，2003，25（1）：6–10.

[37] 苏义脑，盛利民，窦修荣，等．地质导向钻井技术及其在我国的研究进展[M]// 中国石油天然气集团公司钻井承包商协会．中国石油天然气集团公司钻井承包商协会论文集，北京：石油工业出社，2004.

[38] 苏义脑．导向钻井技术研究与应用[M]// 中国科学技术协会．学科发展蓝皮书2003卷．北京：中国科学技术出版社，2003.

[39] 苏义脑，窦修荣．随钻测量、随钻测井与录井工具[J]. 石油钻采工艺，2005，27（1）：74–785.

[40] 苏义脑．地质导向钻井技术概况及其在我国的研究进展[J]. 石油勘探与开发，2005，32（1）：92–95.

[41] 苏义脑，周川，窦修荣．空气钻井工作特性分析与工艺参数的选择研究[J]. 石油勘探与开发，2005，32（2）：86–90.

[42] 苏义脑，盛利民，张海，等．新型正脉冲随钻测斜仪CGMWD研制与现场实验[M]// 苏义脑，徐鸣雨．钻井基础理论研究与前沿技术开发新进展．北京：石油工业出版社，2005：18–22.

[43] 苏义脑，盛利民，窦修荣．NBLOG–1型随钻近钻头地质/工程参数测量短节研制与现场实验[M]// 苏义脑，徐鸣雨．钻井基础理论研究与前沿技术开发新进展．北京：石油工业出版社，2005：35–45.

[44] 苏义脑．正排量控制信号机构的设计与计算方法[M]// 苏义脑，等．井下控制工程学研究进展．北京：石油工业出版社，2001：42–46.

[45] 苏义脑．地质导向钻井技术概述与 CGDS–1 型地质导向系统的重大现场实验[R]. 2006 年度钻井技术研讨会暨第六届石油钻井院所长会议，乌鲁木齐，2006.

[46] 苏义脑，窦修荣．井下控制工程学概述与 CGDS–1 地质导向钻井系统简介[R]. 2006 年北京国际石油工程会议，2006.

[47] 苏义脑，盛利民，邓乐，等．CPWD 型环空压力测量系统简介[M]// 苏义脑．2006 年钻井工基础理论研究与前沿技术开发新进展学术研讨会论文集．北京：石油工业出版社，2007：73–80.

[48] 沈跃，苏义脑，李林，等．井下随钻测量涡轮发电机的设计与工作特性分析[J]. 石油学报，2008，29（6）：901–912.

[49] 李会银，苏义脑，盛利民，等．随钻测井井下大容量存储器通用模块设计[J]. 大庆石油学院学报，2008，32（6）：29–32，123.

[50] 刘白雁，苏义脑，陈新元，等．自动垂直钻井中井斜动态测量理论与实验研究[J]. 石油学报，2006，27（4）：105–109.

[51] 苏义脑．我国 CGDS–1 近钻头地质导向钻井系统研制与应用[R]. 2010 全球华人石油石化科技研讨会，青岛，2010.

[52] 苏义脑．螺杆钻具研究及应用[M]. 北京：石油工业出版社，2001.

[53] 我国第一台空气螺杆钻具在这里诞生[N]. 科技日报，2004–02–13.

[54] 宋业河．国内第一口气体钻水平井获得成功[N]. 中国石油报，2004–08–09.

7　井下控制工程实验设施与实验方法

井下控制工程实验室是井下控制工程学的重要组成部分，它是井下控制工程学的依托和基础。井下控制系统的研制过程大体要经过如下几个阶段：目标确定、方案构思、模型建立、单元实验、原理样机、工程样机、现场实验和修改定型。由于理论分析结果需要进行实验验证，设计中的关键结构参数有时要靠实验加以确定，所以在井下系统动力学的理论研究和信号分析研究中，在井下控制机构设计学研究、井下参数采集与传输技术研究和产品开发中，实验研究具有不可忽视的作用。对于工程样机下井实验后发现的问题，也往往需要通过理论分析和室内实验加以确定和解决。因此，井下控制工程实验室具有不可替代的重要作用。

井下控制工程实验室建设包括 2 个部分，即实验设施和实验方法。本章将对这 2 个部分加以介绍。由于井下环境和作业过程的特殊性，很多通用设备不能完全满足要求，有时需要研究人员自行研制特殊的专门实验装置，本章也对于部分自主研发的实验装置作简要介绍。

7.1　井下控制工程实验室的主要仪器及设备

以下给出 13 种主要的仪器及设备，其中包含自制设备和仪器。

7.1.1　三轴同振振动及高温环境模拟复合试验系统

模拟复合试验系统及三轴振动台如图 7.1 所示。

(a) 三轴同振振动及高温环境模拟复合试验系统

(b) 三轴振动台

图7.1　三轴同振振动及高温环境模拟复合试验系统及三轴振动台

(1) 主要功能：模拟高温环境下三轴同时振动，用于井下随钻测量仪器与工具的动态性能研究。

(2) 规格型号：MAV−3000−4H（振动台），EPO−2000−B（高温箱）。

(3) 主要技术参数：

①振动试验系统参数：

额定正弦推力：29.4kN，X、Y、Z 三方向；

额定随机推力：20.58kN，X、Y、Z 三方向；

额定加速度：196m/s^2（20g）；
最大速度：1.5m/s；
最大位移：51mm（p–p）；
工作频率范围：5 ～ 2000Hz；
工作台面尺寸：400mm × 400mm；
最大负载：200kgf；
可动部质量：＜ 150kg；
功率放大器外形尺寸：740mm × 800mm × 1700mm（长 × 宽 × 高）；
台体外形尺寸：1600mm × 1600mm × 1500mm（长 × 宽 × 高）；
冷却方式：风冷；
台体重量：约 15t；
地基：气囊减振，免地基。
② EPO–2000–B 高温箱技术参数：
内箱尺寸：1300mm × 1200mm × 1300mm（宽 × 高 × 深）；
内箱容积：2028L；
外箱尺寸：1850mm × 2450mm × 1450mm（宽 × 高 × 深）；
温度范围：15 ～ 250℃ ；
控制精度：±0.5℃ ；
分布均度：⩽ 2℃ ；
升温时间：⩽ 60min（由 25℃升至 +200℃）。

7.1.2 冲击模拟试验系统

冲击模拟试验系统如图 7.2 所示。

（1）主要功能：模拟井下冲击工况，用于井下随钻测量仪器与工具的动态性能研究。

（2）规格型号：CL–300。

（3）主要技术参数：
最大试验负载：300kgf；
台面尺寸：1000mm × 800mm；
脉冲波形：半正弦波；
脉冲持续时间：1 ～ 18ms；
最大加速度半正弦波：150 ～ 6000m/s^2；
台体尺寸：2300mm × 1550mm × 3000mm（长 × 宽 × 高）；
台体重量：6500kg；
KCL–2000 电控仪尺寸：460mm × 1400mm × 1000mm（长 × 宽 × 高）。

图7.2 冲击模拟试验系统

7.1.3 定向传感器刻度装置

定向传感器装置如图 7.3 所示。

(1) 主要功能：对定向传感器进行标准刻度、例行检验、测量性能研究。
(2) 规格型号：定制。
(3) 主要技术参数：

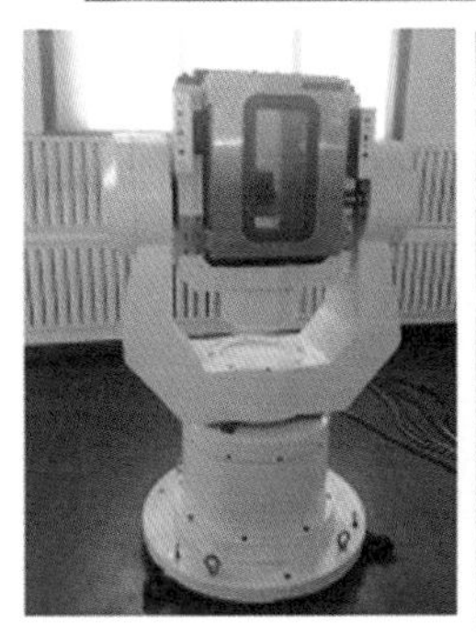

图7.3　定向传感器刻度装置

①无磁三轴模拟转台参数：
回转误差：井斜角 ±20″，工具面角 ±30″，方位角 ±30″；
垂直度：±30″；
位置分辨力：5″；
位置精度：±10″；
工作范围：井斜角 ±120°，工具面角 ±180°，方位角 ±180°；
最大负载：30kg。
②带温控箱的三轴位置速率转台参数：
温度最高：175℃；
定位精度：±60″；
位置控制分辨力：30″；
速率范围：±0.001°/s ～ ±400°/s（内轴）、±0.001°/s ～ ±200°/s（中轴）、±0.001°/s ～ ±100°/s（外轴）；
负载重量：5kg。

7.1.4　随钻电阻率测量仪器标定装置

随钻电阻率测量仪器标定装置如图 7.4 所示。
(1) 主要功能：模拟无限均匀介质电阻率；随钻地层电阻率测量仪器研发过程中测量准确性验

证和试验；随钻电阻率测量仪器（随钻传播 / 感应 / 侧向电阻率测量仪等）标定。

（2）规格型号：定制。

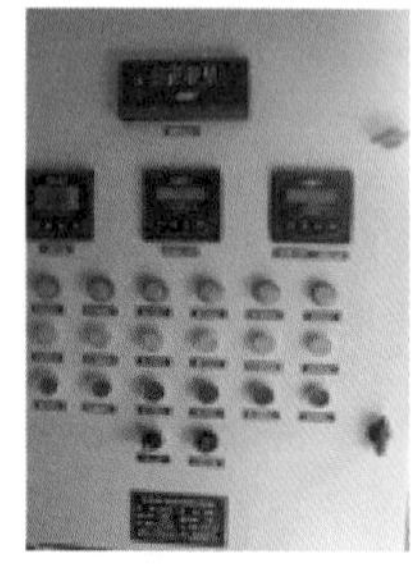

图7.4　随钻电阻率测量仪器标定装置

（3）主要技术参数：

玻璃纤维盐水罐：直径 4.5m，高度 6.0m；

玻璃纤维盐水罐适用标定仪器外径尺寸：全系列；

玻璃纤维盐水罐辅助设施：上下水系统，上下人行梯，顶部安全护栏；

罐顶操作平台：长 5m，宽 5m；

盐水浓度搅拌和调节系统电阻率调整范围：0.2 ~ 100Ω · m；

起吊设备：载荷 2tf，起升高度 10m。

7.1.5　全钻铤尺寸非金属高温试验箱

全钻铤尺寸非金属高温试验箱如图 7.5 所示。

图7.5 全钻铤尺寸非金属高温试验箱

（1）主要功能：全尺寸无磁钻铤仪器的模拟井下高温试验，全尺寸井下随钻测量仪器和工具的温度测量标定，特别适用于无磁环境要求的随钻测量仪器。

（2）规格型号：APS OVEN P/N 60092（美国）。

（3）主要技术参数：

额定电压：480 V；

额定频率：60Hz；

最大工作电流：28 A；

最大启动电流：37 A；

最大承重：3000kgf；

最大钻铤长度：10.97m；

最大钻铤外径：248mm；

最高空载温度：215℃ ；

最高实验温度：200℃ ；

典型实验温度：175℃ ；

温升时间：<4h（由 25℃升至 175℃）。

7.1.6 井下随钻测量仪器和工具拆装及扭矩试验系统

井下随钻测量仪器和工具拆装及扭矩试验系统如图 7.6 所示。

图7.6 井下随钻测量仪器和工具拆装及扭矩试验系统

（1）功能：MWD/LWD井下仪器和井下导向控制工具装配和拆卸扣，随钻测量与工具研发过程中的仪器钻铤承扭能力试验，其他由丝扣连接的管状组（部）件的精确上扣或卸扣（如钻具、套管和管状类工具等）。

（2）规格型号：GOTCO EZ−TORK 200（美国）。

（3）主要技术参数：

电动机功率：15kW；

液压油容量：378L；

夹持直径范围：77 ~ 355mm（3.5 ~ 14in）；

上扣扭矩范围：6.78 ~ 217kN · m；

最大卸扣扭矩：271kN · m；

快旋器夹持直径范围：77 ~ 355mm（3.5 ~ 14in）；

快旋器夹持扭矩：2710 N · m。

7.1.7 电路板刻制系统

电路板刻制系统如图7.7所示。

（1）功能：用于单面及多面电路板制作。

（2）规格型号：LPKFProtoMats100（电路板刻制机），MiniContacr S（孔金属化设备），MultiPress S（液压层压机），UV−Exposure（曝光机）。

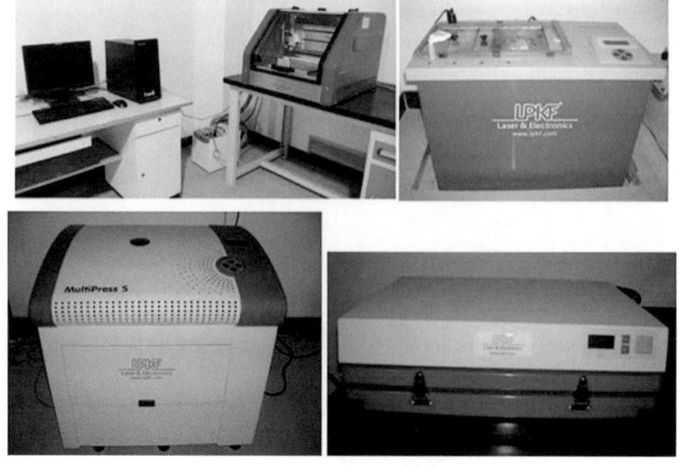

图7.7 电路板刻制系统

(3) 主要技术参数：

最小导线宽度：0.1mm（4mil）；

最小绝缘间距：0.1mm（4mil）；

钻孔最小直径：0.15mm（6mil）；

加工幅面：229mm × 305mm × 38mm（长 × 宽 × 高）；

分辨率：0.25μm（x/y），0.5μm（z）；

主轴电动机：10000 ~ 100000r/min，无级可调；

换刀方式：10 刀位，自动换刀；

钻孔能力：150 次 /min；

最大移动速度：150mm/s；

外形尺寸：800mm × 650mm × 510mm（长 × 宽 × 高）；

重量：55kg；

消耗功率：200VA。

7.1.8 电路板返修工作站

电路板返修工作站如图 7.8 所示。

(1) 功能：用于随钻测量仪器及自动控制装备的电路板返修和维护。

(2) 规格型号：ERSA–IR/PL550（德国）。

(3) 主要技术参数：

空间体积：1100mm × 600mm × 500mm（长 × 宽 × 高）；

元件操作范围：1mm × 1mm ~ 40mm × 40mm；

焊接温度：260℃；

传感器类型：红外温度传感器和热电偶；

工艺摄像机：18 倍光学变焦，4 倍数字缩放；

元件卸载力：1.5N。

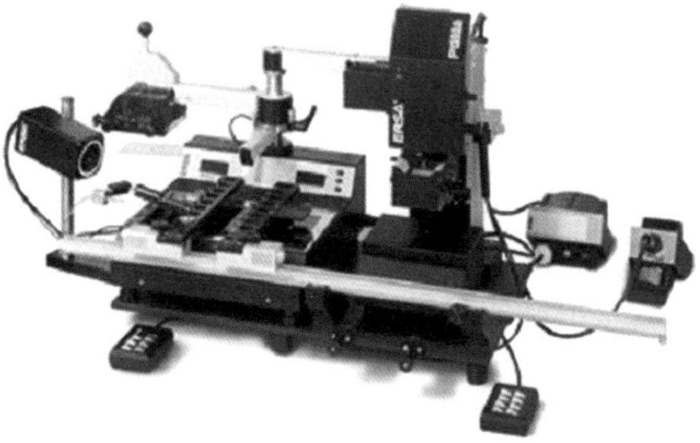

图7.8 电路板返修工作站

7.1.9 高频信号分析处理系统

图7.9 高频信号分析处理系统

高频信号分析处理系统如图 7.9 所示。

(1) 主要功能：为紧凑型模块化 PXI 平台提供了信号分析功能；NIRF 矢量信号分析仪，配有 9kHz ~ 66MHz 的操作频率范围，可提供高处理能力的 RF 测量，并配有 50MHz 瞬时带宽、高度稳定的时基和灵活的软件工具，可处理各种测量应用程序，既包括研发环境中的组件特性研究，也包括现场部署的射频导航系统的远程监控；NIRF 信号分析仪紧密集成 RF 开关、数字万用表、信号源、数字化仪、运动控制、数字成像设备等 PXI 模块以及外部的 RF 仪器。

（2）规格型号：NI 7844（美国）。

（3）主要技术参数：

① NI PXI−5122 参数：

采样率：100MS/s 实时采样，2.0GS/s 等效时段采样；

输入滤波器：带有去噪和抗混叠滤波器的 100MHz 带宽；

采样分辨率：14 位分辨率的双同步采样通道；

输入范围：200mV ~ 20V；

动态范围：−75dBc 无寄生动态范围（SFDR）；

触发方式：可进行边缘、视窗、滞环、视频和数字触发；

板载内存：每通道标准内存 8MB，最大 512MB。

② NI PXI−5441 参数：

载波频率：高达 43MHz 的载频且分辨率为 355nHz；

读写速度：连续数据读写速度高达 100MB/s；

分辨率：16bit；

采样速率：100MS/s；

板载内存：32MB、256MB 或 512MB 板载内存；

多模块同步：失真小于 20 PS RMS；

DAC 插值：带有 DAC 插值的 400MS/s 有效采样率；

滤波器：FIR 和 CIC 插值滤波器。

7.1.10　低频信号分析处理系统

图7.10　低频信号分析处理系统

低频信号分析处理系统如图 7.10 所示。

（1）主要功能：基于 NI TestStand 的多功能低频测试解决方案，面向模拟和数字低频的验证与生产测试。

（2）规格型号：NI 7813（美国）。

（3）主要技术参数：

① NI PXI−4351 参数：

精度：J 型热电偶 0.42℃，热电阻 0.03℃，RTD 0.12℃；

输入通道数：16 路电压或 14 路热电偶输入；

采样率：读取速度高达 60 次 /s；

分辨率：24 bit ADC；

数字输入 / 输出：8 条 TTL 数字 I/O 线；

调零和补偿：自动调零和冷连接补偿。

② NI PXI−4071 参数：

采样速率：1.8MS/s 波形采集；

分辨率：10 ～ 26bit，可变；

电流测量范围：±1pA ～ ±3A；

电压测量范围：±10nV ～ ±1000VDC（700VAC）；

电阻测量范围：10μΩ ～ 5GΩ；

隔离电压：±500VDC/ RMS。

③ NI PXI−4220 参数：

输入通道数：双通道，每通道均可为 1/4、1/2 和全桥传感器编程；

采样率：200kS/s；

同步采样：是；

分辨率：16bit；

输入范围：±0.01 ～ ±10V；

触发：2 数字；

每通道滤波器设置：每通道 4 极可编程 Butterworth 滤波器（10Hz，100Hz，1kHz，10kHz，旁路）。

7.1.11 精密电感、电容和电阻测量仪

精密电感、电容和电阻测量仪如图 7.11 所示。

①主要功能：用于元器件接收检验和质量控制，也可作为实验室的通用 LCR 表使用。

②规格型号：Agilent E4980A（美国）。

③主要技术参数：

电源电压：90 ～ 264VAC；

电源频率：47 ～ 63Hz；

最大功耗：150VA；

工作温度：0 ～ 55℃ ；

工作湿度：湿球温度≤ 40℃时为 15% ～ 85%（无冷凝）；

测试信号电平：0.1mVRMS ～ 2 VRMS，50μA ～ 20mA RMS；

振动：最大 0.5g，5 ～ 500Hz；

频率范围：20Hz ～ 20MHz；

标准接口：GP−IB/LAN/USB；

测量参数：Cp−D，Cp−Q，Cp−G，Cp−Rp，Cs−D，Cs−Q，Cs−Rs，Lp−D，Lp−Q，Lp−G，Lp−Rp，Lp−Rdc*1，Ls−D，Ls−Q，Ls−Rs，Ls−Rdc*1，R−X，Z−qd，Z−qr，G−B，Y−qd，Y−qr，Vdc−Idc*1；

C−D 测量精度：±0.05%（C），±0.0005（D）；

损耗因数分辨率：1ppm。

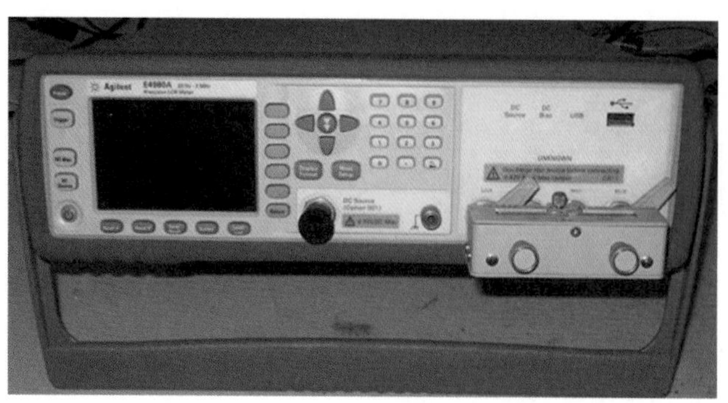

图7.11　精密电感、电容和电阻测量仪

7.1.12　高温环境温控箱

图7.12　高温环境温控箱

高温环境温控箱如图 7.12 所示。

（1）主要功能：模拟井下高温环境，对井下随钻测量仪器的部件进行高温试验。

（2）规格型号：ATP line FP 720（德国）。

（3）主要技术参数：

内部尺寸：1000mm × 1200mm × 600mm（宽 × 高 × 深）；

容量：720L；

温度控制精度：±1℃（<70℃），±2℃（70 ~ 150℃），±5.5℃（150 ~ 300℃）；

最高温度：300℃；

功率：5kW；

工作电压：400V 3N；

工作频率：50/60Hz。

7.1.13　顶部装载恒温箱

顶部装载恒温箱如图 7.13 所示。

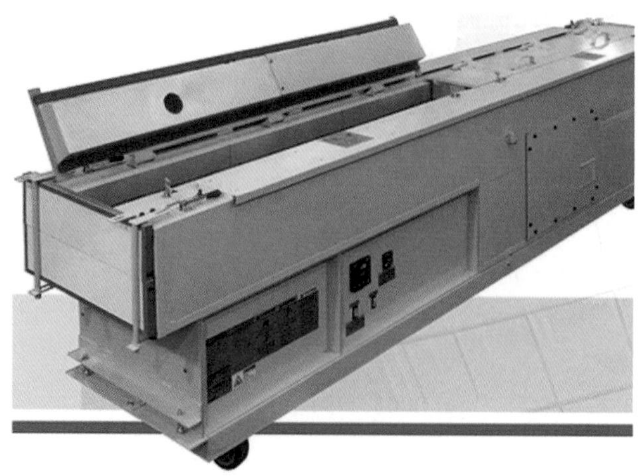

图7.13　顶部装载恒温箱

（1）主要功能：模拟井下高温环境，对井下随钻测量仪器传感器及电路系统进行高温考核试验。

（2）规格型号：Despatch PTC1−27（美国）。

（3）主要技术参数：

工作腔尺寸：2438mm × 203mm × 152mm（长 × 宽 × 深）；

箱体外形尺寸：2540mm × 604mm × 604mm（长 × 宽 × 高）；

电压：208V 或 240V；

恒温工作调节范围：51 ～ 260℃ ；

功率：9kW。

7.2　近钻头电阻率测量数学模型的验证

如本书 6.2 节所述，建立了近钻头电阻率测量数学模型，并根据所建立的数学模型进行了探头结构的优化设计，为确保其工程实用性，我们制作出 3 种原理样机和地层模型，在室内模拟地层电阻率的条件下，通过一系列实验研究，用实验数据证明了电阻率测量数学模型的正确性和设计方案在工程上的准确性。

（1）原理样机及地层模型 1。

图 7.14 为原理样机及地层模型 1 的基本结构示意图。由图可见，原理样机主要由发射线圈和接收线圈及相应的电路（图 7.14 中已忽略）组成，而模拟钻铤和用于模拟上部围岩的电阻箱 R_1 及模拟地层的电阻箱 R_2 则构成室内地层模型。实验时，维持激励电压恒定，当改变 R_1 和 R_2 时，检测模拟钻铤上的感生电压 U_p 和在钻铤与模拟地层间的感生电流 I_p，通过计算并考虑到仪器系数即可获取地层的实测值 R_2，实验结果见表 7.1。

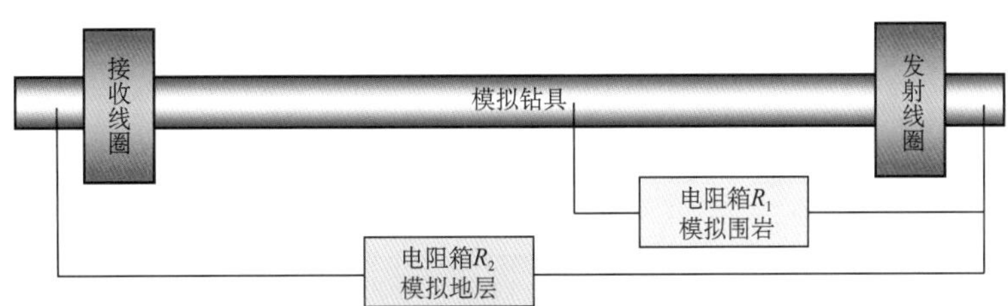

图7.14　原理样机及地层模型1

表7.1　采用原理样机及地层模型1进行的室内实验结果

地层序列号	实测的电阻 R_1（Ω）	实测的电阻 R_2（Ω）	计算的电压 U_p（mV AC）	计算的电流 I_p（mA AC）	计算的电阻 R_2（Ω）
1	0.67	0.47	45.311	<u>90.21711</u>	<u>0.50</u>
2	1.27	0.96	46.751	<u>46.22423</u>	<u>1.01</u>
3	3.06	2.27	47.652	20.91645	2.28
4	4.66	3.67	47.892	13.06126	3.67
5	10.56	8.85	48.142	5.46278	8.81
6	21.85	21.95	48.272	2.21381	21.80
7	29.84	35.04	48.272	1.38756	34.79
8	33.94	43.75	48.292	1.11336	43.37
9	47.13	87.30	48.302	0.55719	86.69
10	61.61	217.90	48.312	0.22260	217.03
11	68.51	435.60	48.342	0.10984	440.10
12	75.41	2177.00	48.342	0.02190	2207.80

注：凡标有下划线的数字均表明其值已超出标定范围，是通过外推计算出来的。

由表 7.1 可以看出，计算出的表示模拟地层电阻 R_2 的值与实际测量电阻 R_2 的值非常一致。

（2）原理样机及地层模型 2。

采用原理样机及地层模型 1 进行的实验尽管能说明一些问题，但地层模型 1 是将实际地层模型进行简化后获得的，即是将实际表示地层的分布参数模型用集中参数模型加以取代，其在真正的地层模型中将会发生何等变化尚不清楚，为此我们设计并制作出原理样机和地层模型 2，以检验近钻头随钻地层评价电阻率测量工具的数学模型在地层为分布参数模型时的响应。

图 7.15 为原理样机及地层模型 2 的基本结构示意图。由图可见，原理样机 2 与原理样机 1 基本相同，主要由发射线圈和接收线圈及相应的电路（图 7.15 中已忽略）组成，模拟钻铤则用实际的螺杆钻具取代，而地层模型由水槽和其中的电阻率可调的盐水组成。实验时，维持激励电压恒定，加盐并搅拌，待盐充分溶化后，检测模拟钻铤上的感生电压 U_p 和在钻铤与模拟地层间的感生电流 I_p，通过计算并考虑到仪器系数即可获取地层的实测值 R_2，实验结果见表 7.2 和图 7.16。

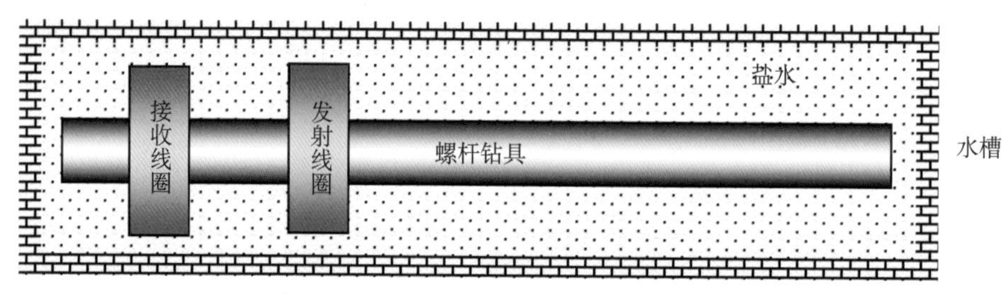

图7.15　原理样机及地层模型2

表7.2　采用原理样机及地层模型2进行的室内实验结果1

加盐量	实测电压 U_t（V DC）	计算电压 U_p(mV AC)	计算电流 I_p（mA AC）	计算电阻 R_2（Ω）
加盐前	1.2527	48.552	0.378	128.48
	1.5041	58.335	0.453	128.75
	1.7548	68.127	0.530	128.51
	2.0052	77.900	0.605	128.69
	2.2552	87.673	0.681	128.66
加 6kg 盐后	1.2526	48.702	0.642	75.86
	1.5026	58.485	0.771	75.83
	1.7545	68.277	0.900	75.89
	2.0049	78.030	1.028	75.90
	2.2549	87.813	1.157	75.87
加 12kg 盐后	1.2526	48.652	0.848	57.35
	1.5038	58.415	1.017	57.43
	1.7546	68.217	1.186	57.53
	2.0048	77.970	1.355	57.56
	2.2547	87.333	1.522	57.63

由于采用分布参数（电阻）模拟地层，而确定分布参数实际的准确值是很困难的，同时由于此种结构的传感器检测的是体电阻，且因水槽体积的限制，它测量的是接收线圈附近包括盐水、水槽壁、地面和空气形成的电阻，该值的准确值也无法确定。为此采用了如下所述的实验研究方法，即每改变一次水的盐分，则采用一组相同频率但不同幅值的激励电压进行激励并测量和记录相应值，通过比较在不同幅值激励电压下所计算的电阻值的一致性来推测传感器测量的准确性。

从表 7.2 可以看出，不论盐水的电阻率如何，对于某一确定的盐水电阻率，采用不同电压激励后所检测的各 R_2 值是十分接近的。而从图 7.16 可以看出，随着盐水的电阻率的增大，测出的 R_2 值也是单调增加的。

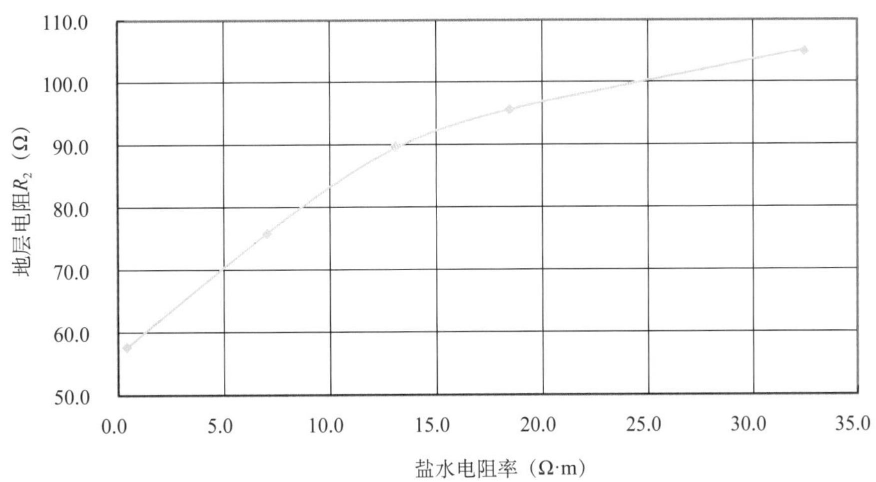

图7.16　计算出的电阻R_2与水槽盐水电阻率的关系

（3）原理样机及地层模型 3。

在所建立的随钻地层评价电阻率测量工具数学模型及优选的近钻头电阻率探头结构的基础上，通过简化，可得到如图 7.17 所示的随钻地层评价电阻率测量工具简化等效电路网络图。

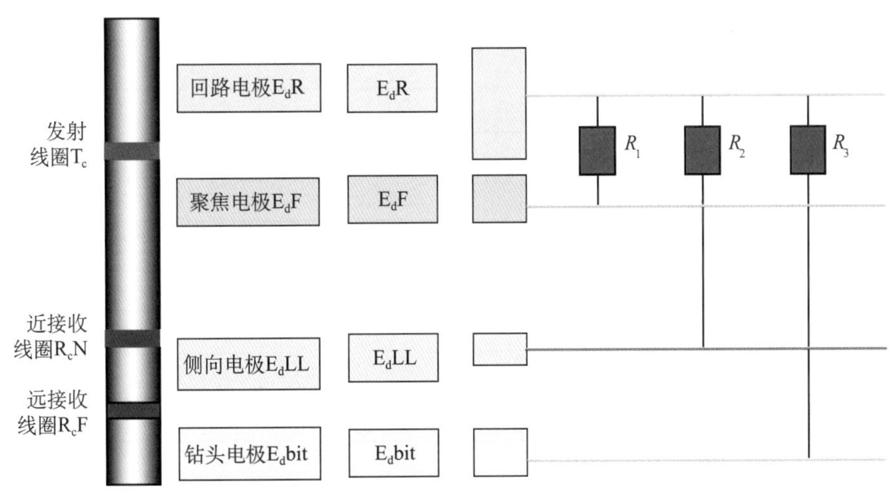

图7.17　随钻地层评价电阻率测量工具简化等效电路网络图

在图 7.17 等效电路网络图的基础上选取了两类地层（层厚分别为 100m 和 0.8m），分别计算出不同条件下（不同的侵入带电阻率、不同的地层电阻率、不同的上部围岩电阻率和不同的下部围岩电阻率等）的 12 组地层参数及对应的视电阻率（包括视侧向电阻率和视钻头电阻率）测量值

（可分别参见表 7.3 和表 7.4），同时还给出了这两类共 24 组地层的等效电阻值（分别对应于 R_1、R_2 和 R_3，具体值可参见表 7.3 和表 7.4），供室内实验研究用。

表7.3 层厚为100m时的地层条件及视电阻率计算值

序号	层厚 H (m)	钻井液电阻率 R_m (Ω·m)	钻井液冲洗带电阻率 R_{xo} (Ω·m)	原状地层电阻率 R_t (Ω·m)	上部地层电阻率 R_u (Ω·m)	下部地层电阻率 R_d (Ω·m)	视侧向电阻率 R_{all} (Ω·m)	视钻头电阻率 R_{bit} (Ω·m)
1	100	1	1	1	1	1	1.000	1.000
2	100	1	5	2	5	5	1.981	1.975
3	100	1	5	5	5	5	4.825	4.788
4	100	1	5	8	5	5	7.638	7.566
5	100	1	5	20	5	5	18.796	18.571
6	100	1	5	50	5	5	46.555	45.937
7	100	1	5	80	5	5	74.283	73.269
8	100	1	5	100	5	5	92.763	91.486
9	100	1	5	200	5	5	185.153	182.552
10	100	1	5	500	5	5	462.296	455.725
11	100	1	5	1000	5	5	924.192	911.003
12	100	1	5	5000	5	5	4619.348	4553.213

表7.4 层厚为0.8m时的地层条件及视电阻率计算值

序号	层厚 H (m)	钻井液电阻率 R_m (Ω·m)	钻井液冲洗带电阻率 R_{xo} (Ω·m)	原状地层电阻率 R_t (Ω·m)	上部地层电阻率 R_u (Ω·m)	下部地层电阻率 R_d (Ω·m)	视侧向电阻率 R_{all} (Ω·m)	视钻头电阻率 R_{bit} (Ω·m)
1	0.8	1	1	1	1	1	1.000	1.000
2	0.8	1	5	2	5	5	2.122	4.500
3	0.8	1	5	5	5	5	4.825	4.788
4	0.8	1	5	8	5	5	7.486	4.866
5	0.8	1	5	20	5	5	18.095	4.958
6	0.8	1	5	50	5	5	44.442	5.017
7	0.8	1	5	80	5	5	70.863	5.041
8	0.8	1	5	100	5	5	88.439	5.052
9	0.8	1	5	200	5	5	176.519	5.083
10	0.8	1	5	500	5	5	441.077	5.115
11	0.8	1	5	1000	5	5	882.379	5.134
12	0.8	1	5	5000	5	5	4413.512	5.158

根据图 7.17 所示的等效电路网络图及表 7.3 和表 7.4 给出的各地层具体参数值，提出了如图 7.18 所示的原理样机和室内地层模型（图 7.18 中相应的电路已忽略）。由图 7.18 可见，该系统用可变电阻箱 R_1 模拟近接收线圈上部地层，表示此地层感生电流的泄漏通道；用可变电阻箱 R_2 模拟近接收线圈与远接收线圈之间的地层，表示穿越该地层的感生电流通道，用可变电阻箱 R_3 模拟远接收线圈下部地层，表示穿越该地层的感生电流通道。R_1、R_2 和 R_3 一起共同构成随钻地层评价电

阻率测量工具的地层模型。

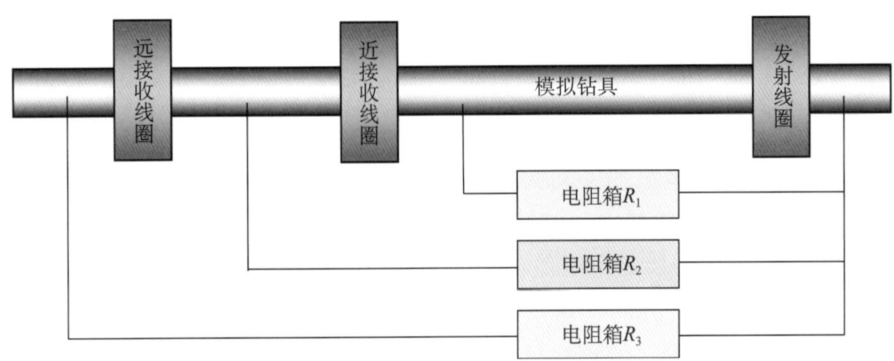

图7.18　原理样机和室内地层模型

根据大量的单元电路实验结果，提出了如图 7.19 所示的随钻地层评价电阻率测量工具的电路实现方法。在图 7.19 中，由正弦波发生器所产生的交流信号经功率放大器放大后激励发射线圈，而各测量线圈所检测的信号经相应的前置放大器放大后送入模拟多路开关，由单片机控制分时经带通滤波、放大、检波、低通滤波后通过 AD 转换器进入单片机系统，经处理后储存在存储器中。储存的数据可部分通过通信接口发送至 MWD 并经 MWD 实时传送至地面的计算机系统供地面工程师使用，而全部数据可在钻头提至井口时通过串行接口发送到地面的计算机系统供进一步分析和处理。

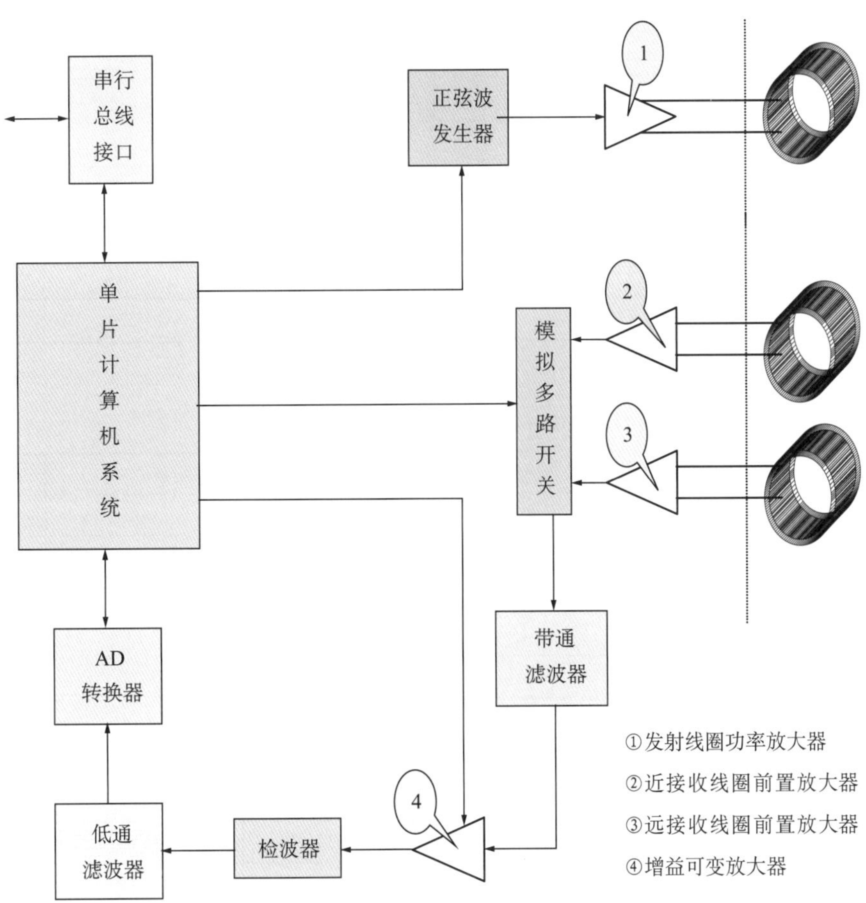

图7.19　随钻地层评价电阻率测量工具电路原理图

将上述的探头、测量电路组合并标定后，进行了一系列地面实验研究。实验研究的基本方法是按预先确定的地层设定地层模型中的电阻箱 R_1、R_2 和 R_3，由探头及测量电路进行测量，经计算机分析和处理后，自动给出相应的 R_2 和 R_3 的测量值。

表 7.5 和表 7.6 分别为层厚 100m 和 2m 时的 12 组地层的实验研究结果。从表可看出，测量结果与设定值非常接近。

表 7.7 为层厚 0.8m 时的 12 组地层的实验研究结果。从表可看出，R_2 测量结果与 R_2 设定值的偏差随着 R_2 设定值的增大而逐渐增大。这是一组比较难测量的地层，由 R_1 和 R_3 所代表的上下围岩的电阻值较低，而由 R_2 中间地层的电阻值从小到大逐渐变化，它表示一个层厚只有 0.8m 的薄层。从测量的角度看，它要求检测电路在测量较大的感生电流时仍保持对其微小部分的绝对测量精度。

从上面的实验结果可以推断，原理样机的研究结果是成功的，但仍存在一些问题，比如在薄层下的测量问题需要进一步研究。

表7.5　层厚100m时的地层实验数据

地层序号	R_1 设定值（Ω）	R_2 设定值（Ω）	R_3 设定值（Ω）	R_2 测量值（Ω）	R_3 测量值（Ω）
1	0.417	1.067	0.375	1.00	0.41
2	0.714	2.171	0.772	2.10	0.82
3	1.680	5.268	1.971	5.28	2.02
4	2.485	8.268	2.992	8.45	3.03
5	5.367	20.369	7.466	20.67	7.52
6	10.189	50.471	18.566	51.49	18.64
7	13.069	80.471	29.666	82.21	29.75
8	14.275	100.560	36.963	102.79	37.05
9	18.284	200.608	73.795	204.42	73.84
10	21.685	501.021	184.326	508.53	184.64
11	23.188	1001.514	368.342	1020.84	367.52
12	24.582	5004.770	1841.450	5158.29	1840.04

表7.6　层厚2m时的地层实验数据

地层序号	R_1 设定值（Ω）	R_2 设定值（Ω）	R_3 设定值（Ω）	R_2 测量值（Ω）	R_3 测量值（Ω）
1	0.391	1.068	0.377	1.05	0.38
2	1.673	2.171	1.893	2.16	1.88
3	1.705	5.27	1.965	5.28	1.94
4	1.792	8.145	1.982	8.13	1.96
5	1.792	19.761	1.982	19.71	1.96
6	1.792	49.011	1.982	48.93	1.96
7	1.792	77.349	1.982	77.05	1.96
8	1.792	96.355	2.054	93.64	2.04
9	1.792	192.047	2.054	184.63	2.04
10	1.792	479.813	2.054	458.17	2.04
11	1.792	961.257	2.148	933.28	2.12
12	1.792	4931.649	2.148	4894.35	2.12

表7.7 层厚0.8m时的地层实验数据

地层序号	R_1 设定值（Ω）	R_2 设定值（Ω）	R_3 设定值（Ω）	R_2 测量值（Ω）	R_3 测量值（Ω）
1	0.384	1.069	0.378	0.99	0.39
2	1.587	2.272	1.876	2.28	1.89
3	1.682	5.271	1.974	5.27	1.99
4	1.682	8.071	1.974	8.06	1.99
5	1.682	19.577	1.974	19.42	1.99
6	1.682	48.170	1.974	47.29	1.99
7	1.682	76.776	1.974	74.54	1.99
8	1.682	95.874	1.974	92.52	1.99
9	1.682	191.365	1.974	177.73	1.99
10	1.682	477.934	2.073	426.77	2.09
11	1.682	957.655	2.073	788.22	2.09
12	1.682	4900.240	2.073	2075.36	2.09

根据以上 3 种室内地层模型的研究结果，可以推断所描述的随钻地层评价电阻率测量工具的数学模型在理论上是正确的，在工程上是可以实现的。

7.3 近钻头电阻率测量系统室内试验

（1）试验结果一。

将纽扣电极、接收天线及测量电路放入恒温箱中，而发射天线及模拟地层模型置于恒温箱外。

将模拟地层模型中的方位电阻设置为 7200Ω、钻头电阻设置为 303Ω，并使恒温箱温度从常温加热到 130℃，测量并存储方位电阻和钻头电阻的检测值。

回放所存储的数据，处理后显示如图 7.20 所示，可观察到恒定方位和钻头电阻设置值时，相应测量值随温度升高的变化情况。

（2）试验结果二。

将纽扣电极、接收天线及测量电路放入恒温箱中，而发射天线及模拟地层模型置于恒温箱外。

将模拟地层模型中的方位电阻设置为 1720000Ω、钻头电阻设置为 1501Ω，并使恒温箱温度从常温加热到 130℃，测量并存储方位电阻和钻头电阻的检测值。

回放所存储的数据，处理后显示如图 7.21 所示，可观察到恒定方位和钻头电阻设置值时，相应测量值随温度升高的变化情况。

（3）试验结果三。

将纽扣电极、接收天线及测量电路放入恒温箱中，而发射天线及模拟地层模型置于恒温箱外。

将模拟地层模型中的方位电阻设置为 7200Ω、钻头电阻设置为 303Ω，并使恒温箱温度从 130℃降至 50℃后再升温至 130℃，重新测量并存储方位电阻和钻头电阻的检测值。

回放所存储的数据，处理后显示如图 7.22 所示，可观察到恒定方位和钻头电阻设置值时，相应测量值随温度升高的变化情况。

（4）试验结果四。

将纽扣电极、接收天线及测量电路放入恒温箱中，而发射天线及模拟地层模型置于恒温箱外。

将模拟地层模型中的方位电阻设置为7200Ω、钻头电阻设置为303Ω，并使恒温箱温度从130℃降低到常温，测量并存储方位电阻和钻头电阻的检测值。

回放所存储的数据，处理后显示如图7.23所示，可观察到恒定方位和钻头电阻设置值时，相应测量值随温度降低的变化情况。

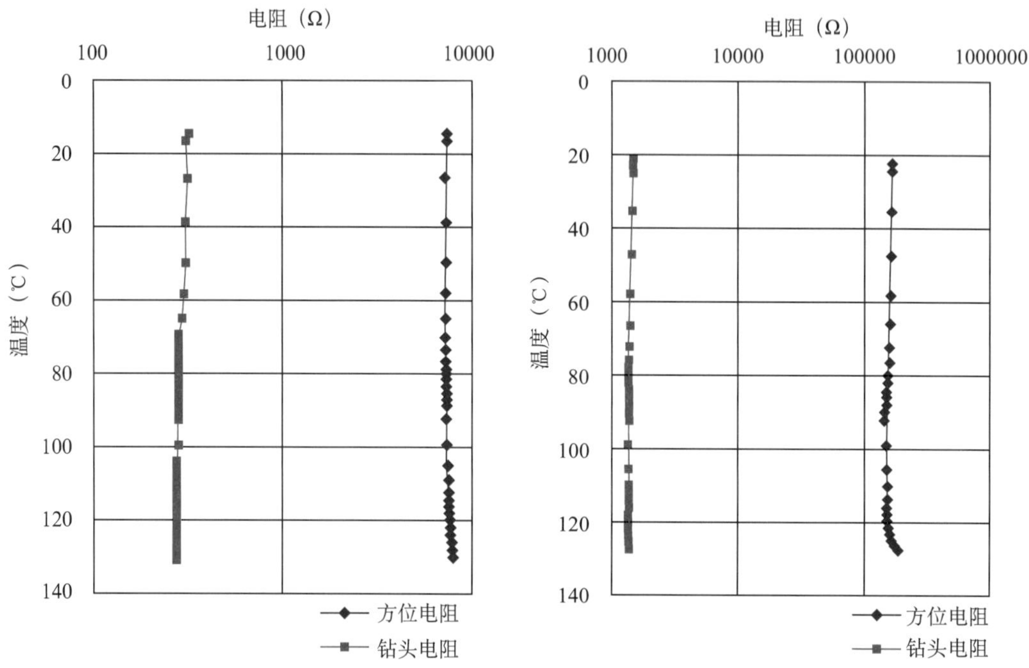

图7.20　恒定电阻值时升温对电阻测量值的影响

图7.21　恒定电阻值时升温对电阻测量值的影响

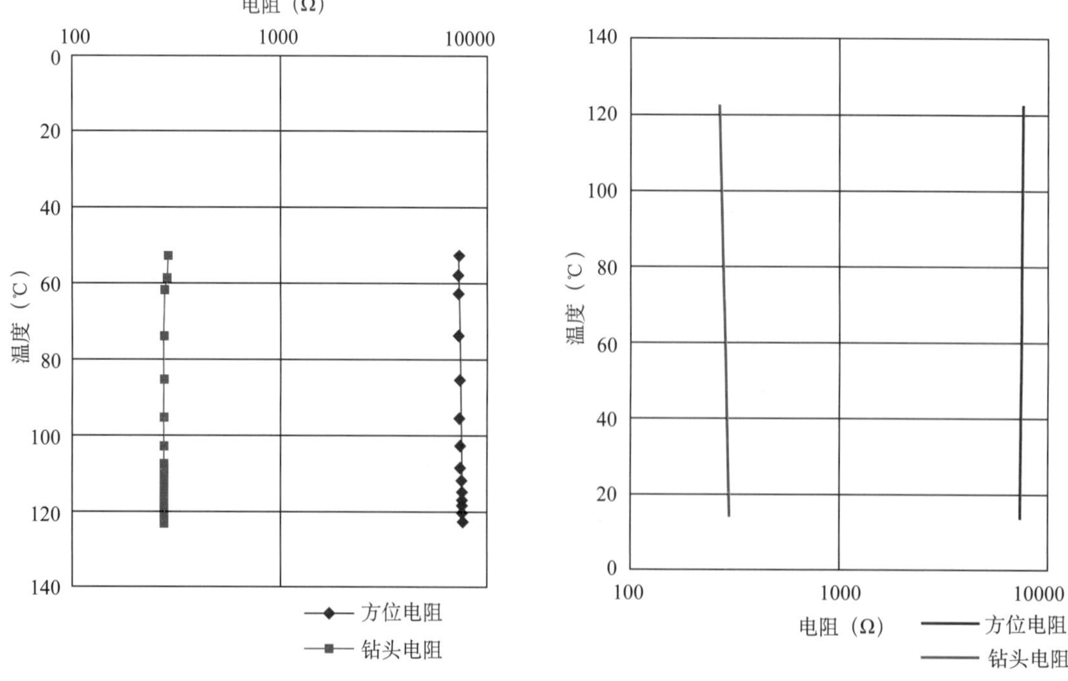

图7.22　恒定电阻值时升温对电阻测量值的影响

图7.23　恒定电阻值降温对电阻测量值的影响

(5) 试验结果五。

将测传马达及模拟地层模型按图 7.18 所示进行连接。然后执行如下操作：

①首先使测传马达工作在测试模式；

②使模拟地层模型（电阻箱 R_1）顺序从第 1 组自动变化到第 12 组（见表 7.5，间隔 10min）；

③测量并存储方位电阻的检测值。

回放所存储的数据，处理后显示如图 7.24 所示，可观察到在地层厚度为 100m 时，方位电阻测量值随地层改变而变化的情况。

(6) 试验结果六。

将测传马达及模拟地层模型按图 7.18 所示进行连接，然后执行如下操作：

①首先使测传马达工作在测试模式；

②使模拟地层模型（电阻箱 R_2）顺序从第 1 组自动变化到第 12 组（见表 7.5，间隔 10min）；

③测量并存储钻头电阻的检测值。

回放所存储的数据，处理后显示如图 7.25 所示，可观察到在地层厚度为 100m 时，钻头电阻测量值随地层改变而变化的情况。

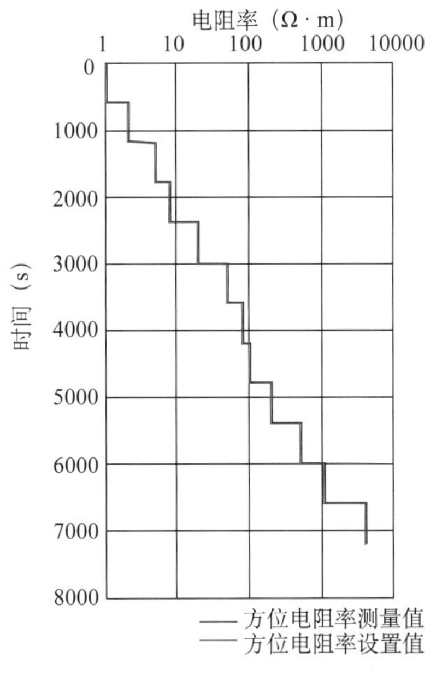

图7.24　方位电阻测量值随地层改变时的变化情况

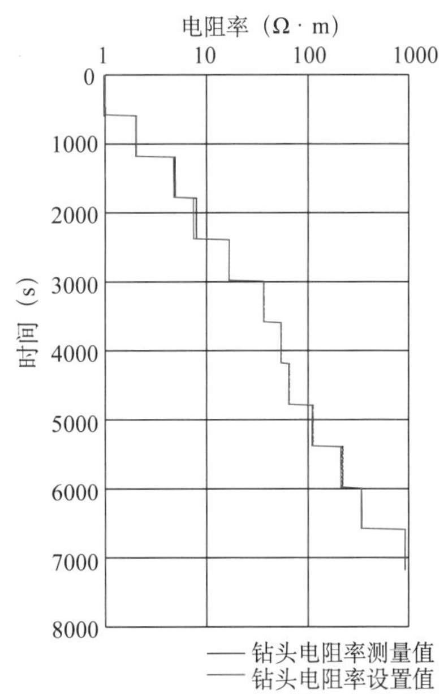

图7.25　钻头电阻测量值随地层改变时的变化情况

(7) 试验结果七。

将测传马达及模拟地层模型按图 7.18 所示进行连接，然后执行如下操作：

①首先使测传马达工作在测试模式；

②使模拟地层模型（电阻箱 R_2）顺序从第 1 组自动变化到第 12 组（见表 7.6，间隔 10min）；

③测量并存储方位电阻的检测值。

回放所存储的数据，处理后显示如图 7.26 所示，可观察到在地层厚度为 2m 时，方位电阻测量值随地层改变而变化的情况。

(8) 试验结果八。

将测传马达及模拟地层模型按图 7.18 所示进行连接，然后执行如下操作：

①首先使测传马达工作在测试模式；

②使模拟地层模型（电阻箱R_2）顺序从第1组自动变化到第12组（见表7.6，间隔10min）；

③测量并存储钻头电阻的检测值。

回放所存储的数据，处理后显示如图7.27所示，可观察到在地层厚度为2m时，钻头电阻测量值随地层改变而变化的情况。

(9) 试验结果九。

将测传马达及模拟地层模型按图7.18所示进行连接，然后执行如下操作：

①首先使测传马达工作在测试模式；

②使模拟地层模型（电阻箱R_3）顺序从第1组自动变化到第12组（见表7.7，间隔10min）；

③测量并存储方位电阻的检测值。

回放所存储的数据，处理后显示如图7.28所示，可观察到在地层厚度为0.8m时，方位电阻测量值随地层改变而变化的情况。

(10) 试验结果十。

将测传马达及模拟地层模型按图7.18所示进行连接，然后执行如下操作：

①首先使测传马达工作在测试模式；

②使模拟地层模型（电阻箱R_3）顺序从第1组自动变化到第12组（见表7.7，间隔10min）；

③测量并存储钻头电阻的检测值。

回放所存储的数据，处理后显示如图7.29所示，可观察到在地层厚度为0.8m时，钻头电阻测量值随地层改变而变化的情况。

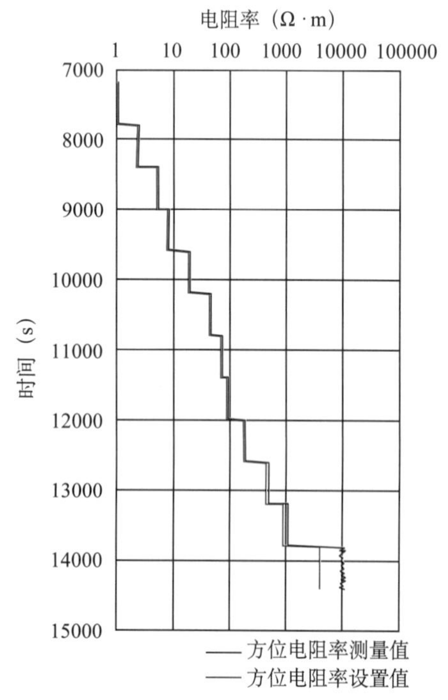

图7.26　方位电阻测量值随地层改变时的变化情况

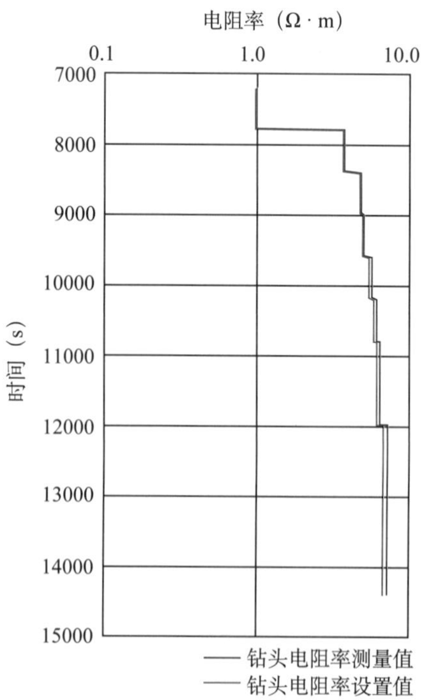

图7.27　钻头电阻测量值随地层改变时的变化情况

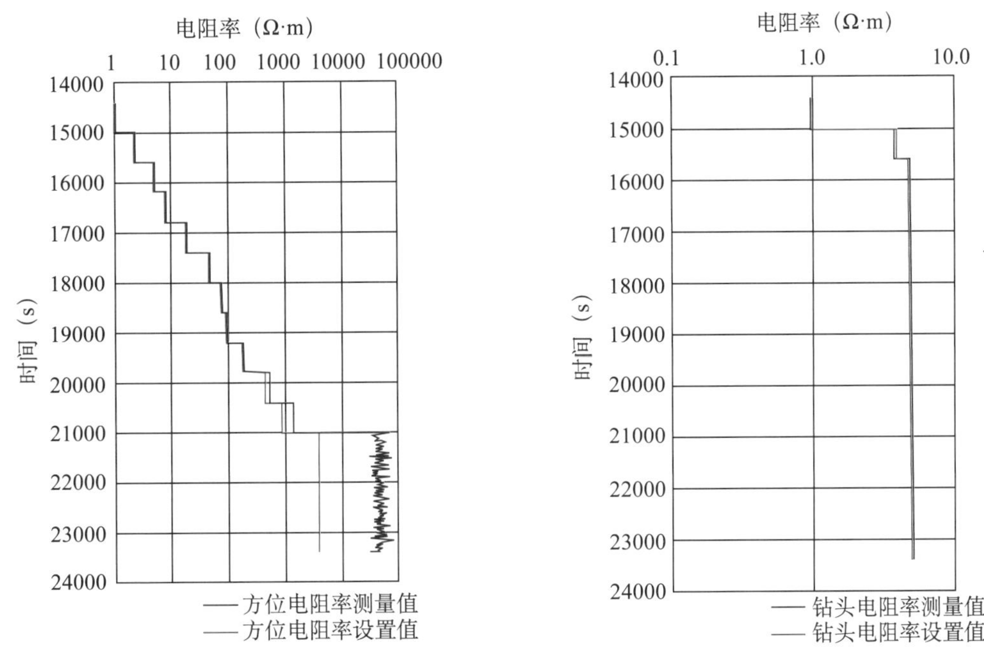

图7.28　方位电阻测量值随地层改变时的变化情况　图7.29　钻头电阻测量值随地层改变时的变化情况

7.4　无线短传通道基础研究实验

7.4.1　发射与接收实验

实验目的：检验装有发射线圈和接收线圈的钻铤能否传输信号；

实验方法：将一钻铤装上发射线圈和接收线圈，发射线圈和接收线圈相距 10m，如图 7.30 所示。将其放入水槽中，在水槽里充有电阻率为 0.6Ω · m 的盐水用来模拟地层和钻井液。

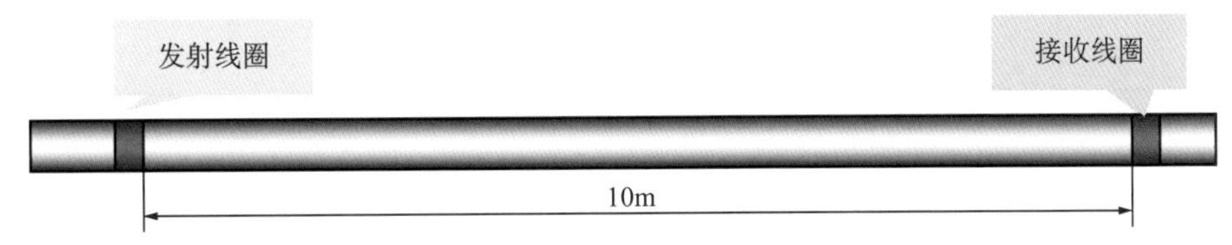

图7.30　实验模型

激励源电压为 35V（峰 − 峰），频率 500Hz ~ 100kHz，将激励源加在发射线圈的两端，用示波器在接收端检测。发射信号的频率、幅度及接收信号的幅度见表 7.8，并同时计算出短传通道在 10m 定长距离下的衰减度，衰减度按下式计算：

$$B = \lg \frac{U_1}{U_2} \tag{7.1}$$

式中：B 为短传通道衰减度；U_1 为接收信号幅度；U_2 为发射信号幅度。

表7.8　发射信号的频率、幅度、接收信号的幅度及短传通道的衰减度（接收线圈与发射线圈距离为10m）

序号	发射信号频率 f (kHz)	发射信号幅度 U_2 (V)	接收信号幅度 U_1 (V)	衰减度 B (dB)	序号	发射信号频率 f (kHz)	发射信号幅度 U_2 (V)	接收信号幅度 U_1 (V)	衰减度 B (dB)
1	0.5	35	0.0002	−5.2	14	13	35	0.035	−3.0
2	1	35	0.001	−4.5	15	14	35	0.030	−3.1
3	2	35	0.002	−4.2	16	15	35	0.025	−3.2
4	3	35	0.005	−3.8	17	16	35	0.020	−3.2
5	4	35	0.005	−3.8	18	17	35	0.018	−3.3
6	5	35	0.005	−3.8	19	18	35	0.016	−3.34
7	6	35	0.005	−3.8	20	19	35	0.016	−3.34
8	7	35	0.010	−3.5	21	20	35	0.014	−3.4
9	8	35	0.015	−3.4	22	21	35	0.014	−3.4
10	9	35	0.020	−3.2	23	22	35	0.012	−3.5
11	10	35	0.035	−3.0	24	23	35	0.010	−3.5
12	11	35	0.050	−2.8	25	24	35	0.008	−3.6
13	12	35	0.040	−2.9	26	25	35	0.005	−3.9

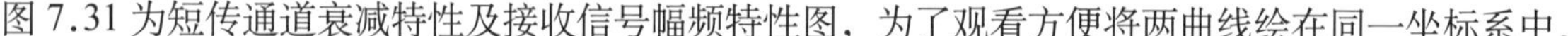

图 7.31 为短传通道衰减特性及接收信号幅频特性图，为了观看方便将两曲线绘在同一坐标系中。

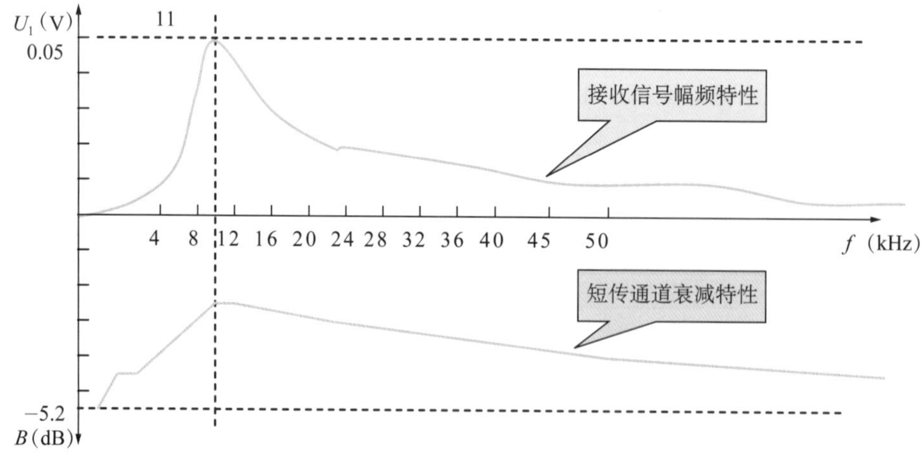

图7.31　短传通道衰减特性及接收信号幅频特性图

从图 7.31 看出短传通道衰减最低点在 11kHz 处，短传通道最小衰减度为 −2.8dB。

7.4.2　信号传输距离与信号衰减关系实验

实验目的：找出信号传输距离与信号衰减的关系，从而推断信号传输的衰减趋势。

实验方法：发射线圈位置不动，激励源功率不变，调整接收线圈与发射线圈距离，观测接收信号的变化。

（1）接收线圈与发射线圈距离为 5m，其他条件不变，实验数据见表 7.9。

表7.9 发射信号的频率、幅度及接收信号的幅度（接收线圈与发射线圈距离为5m）

序号	发射信号频率 f（kHz）	发射信号幅度 U_2（V）	接收信号幅度 U_1（V）	序号	发射信号频率 f（kHz）	发射信号幅度 U_2（V）	接收信号幅度 U_1（V）
1	0.5	35		14	13	35	0.060
2	1	35		15	14	35	0.050
3	2	35		16	15	35	0.040
4	3	35		17	16	35	0.025
5	4	35		18	17	35	0.020
6	5	35		19	18	35	0.020
7	6	35	0.015	20	19	35	0.018
8	7	35	0.020	21	20	35	0.018
9	8	35	0.020	22	24	35	0.015
10	9	35	0.030	23	30	35	0.015
11	10	35	0.055	24	45	35	0.010
12	11	35	0.080	25	50	35	
13	12	35	0.070	26	100	35	

（2）接收线圈与发射线圈距离为 2.5m，其他条件不变，实验数据见表 7.10。

表7.10 发射信号的频率、幅度及接收信号的幅度（接收线圈与发射线圈距离为2.5m）

序号	发射信号频率 f（kHz）	发射信号幅度 U_2（V）	接收信号幅度 U_1（V）	序号	发射信号频率 f（kHz）	发射信号幅度 U_2（V）	接收信号幅度 U_1（V）
1	0.5	35		14	13	35	0.100
2	1	35		15	14	35	0.070
3	2	35		16	15	35	0.050
4	3	35		17	16	35	0.045
5	4	35		18	17	35	0.040
6	5	35		19	18	35	0.030
7	6	35	0.020	20	19	35	0.030
8	7	35	0.030	21	20	35	0.025
9	8	35	0.035	22	24	35	0.025
10	9	35	0.055	23	30	35	0.022
11	10	35	0.070	24	45	35	0.020
12	11	35	0.140	25	50	35	0.016
13	12	35	0.160	26	100	35	

将表 7.8、表 7.9 和表 7.10 中接收信号幅度一栏的数据在同一坐标系下绘出曲线进行对比，如图 7.32 所示。

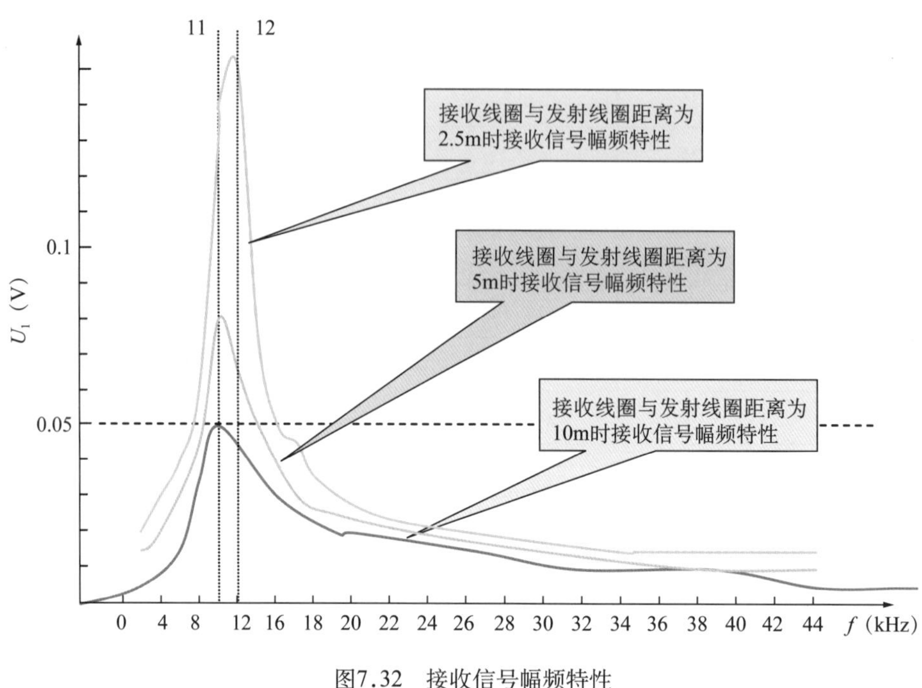

图7.32　接收信号幅频特性

7.4.3　发射天线与接收天线的研制及实验

发射天线与接收天线是以电磁感应线圈为核心形成的一体化功能性部件。由于电磁感应线圈是用软磁材料制成的，在井下高温、高压和强振动的环境下，会产生出强烈的干扰噪声，严重时线圈的铁磁特性将遭受破坏，因此极有必要了解线圈在受振情况下噪声频谱的分布。

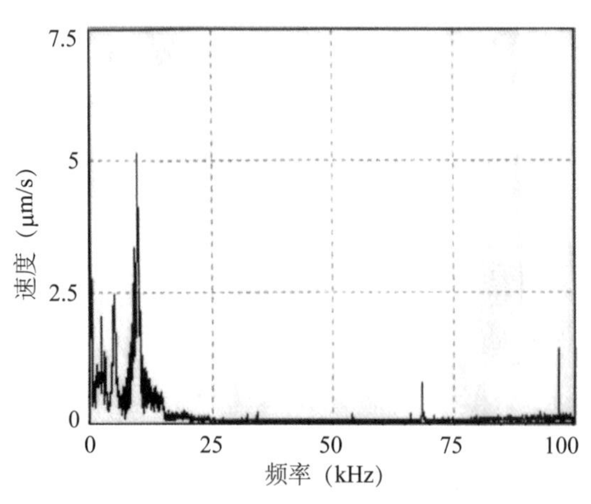

图7.33　线圈受振噪声频谱分布图

（1）线圈受振实验。

图 7.33 是线圈在 0 ～ 5kHz 机械扫频振动下的噪声频谱分布图。

从图 7.33 中看出噪声主要分布在 0 ～ 15kHz 的范围内，以及 68kHz、97kHz 等频率点上。因此采取以下措施：

①将线圈做成一体化的天线，天线内部设置线圈减振结构，线圈外加保护壳形成一体化的天线；

②选择适合的频率段，使短传通道的信号载频频率避开噪声频谱段。

（2）发射线圈材料功耗对比实验。

由于发射线圈装在近钻头的位置，激励发射线圈的信号源依赖电池供电，因此在不降低发射信号有用功率的前提下尽可能地降低线圈铁芯的励磁功耗。首先筛选出低功耗的软磁材料，再根据材料性能指标选出性能最佳的 2 种进行对比实验。

实验条件：两种铁芯材料的几何形状和尺寸相同，匝数相同，均浸在电阻率为 0.7Ω · m 的模拟钻井液中。表 7.11 是“纳米微晶”软磁材料和“硅钢”软磁材料的功耗实验对比，由表可看出，硅钢的励磁电流远大于纳米微晶，因此铁芯材料选用纳米微晶。

表7.11 “纳米微晶”和“硅钢”功耗对比表

序号	线圈匝数	励磁电压（V）	励磁频率（kHz）	励磁电流（mA）	
				纳米微晶	硅钢
1	50	35	10	26	140
2	50	35	20	26	140
3	50	35	30	32	110
4	50	35	40	34	128

7.4.4 原理样机在模拟井中的信号传输实验

为了验证短传通道的特性，将原理样机安装在尺寸为 1 ∶ 1 的模拟钻铤上，将模拟钻铤放入模拟井中进行信号传输实验。

有关信号传输实验中原理样机工作过程可参见本书第 6 章，模拟实验井结构、实验结果分析和图表如图 6.29 和图 6.30 所示。

7.5 PWD 地面测试标定实验

自主研发的随钻压力测量系统（DRPWD）必须经过在地面进行测试和标定方可下井。PWD 仪器地面综合测试实验的主要目的是检验经标定后的仪器在不同温度环境下压力测量的精度、稳定性和分辨率。以下给出地面测试和标定实验的过程和结果。

图 7.34 是编号为 PWD4 的仪器在环空温度为 28℃时，设置压力分别为 0MPa、2MPa、12MPa、22MPa、32MPa、42MPa、52MPa、62MPa、72MPa、82MPa、92MPa、101MPa 并最后返回至 0MPa 时，仪器的测量结果。最大绝对偏差为 −0.12MPa，发生在标定压力从 101MPa 降至 0MPa 时。

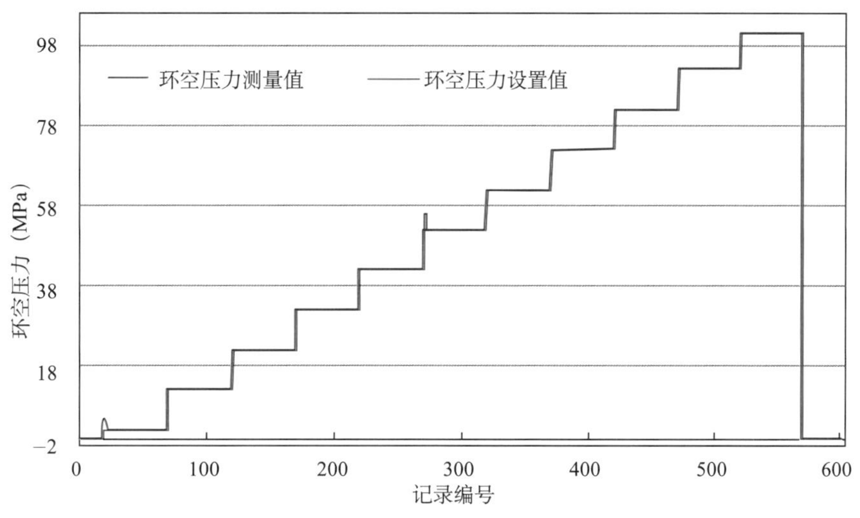

图7.34 28℃时环空压力测量值与设置值曲线对比图

图 7.35 是编号为 PWD4 的仪器在环空温度为 95℃时，设置压力分别为 0MPa、2MPa、12MPa、22MPa、32MPa、42MPa、52MPa、62MPa、72MPa、82MPa、92MPa、101MPa 并最后返回至 0MPa 时，仪器的测量结果。最大绝对偏差为 −0.19MPa，发生在标定压力为 82MPa 时。

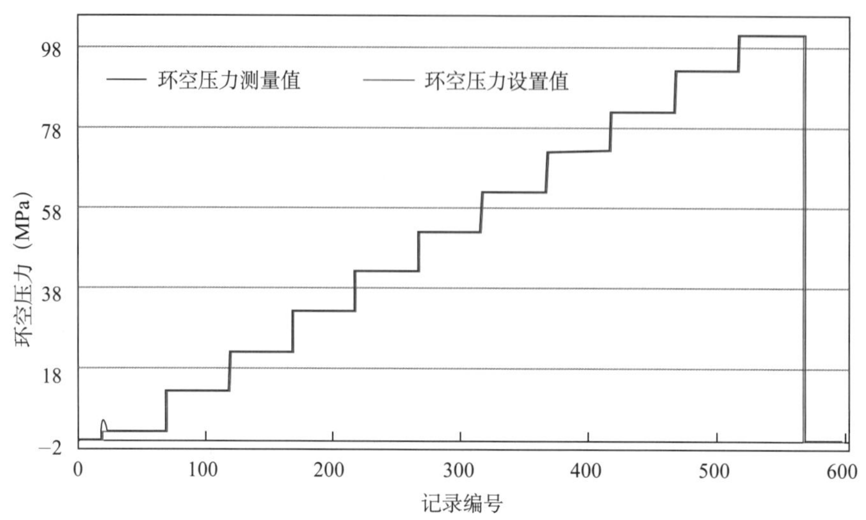

图7.35　95℃时环空压力测量值与设置值曲线对比图

图 7.36 是编号为 PWD4 的仪器在环空温度为 145℃时，设置压力分别为 0MPa、2MPa、12MPa、22MPa、32MPa、42MPa、52MPa、62MPa、72MPa、82MPa、92MPa、101MPa 并最后返回至 0MPa 时，仪器的测量结果。最大绝对偏差为 −0.75MPa，发生在标定压力为 101MPa 时。

从图 7.34、图 7.35 和图 7.36 中可以看出，在整个允许的工作温度范围内，仪器最大的测量误差小于 ±0.5%FS，满足设计指标要求。

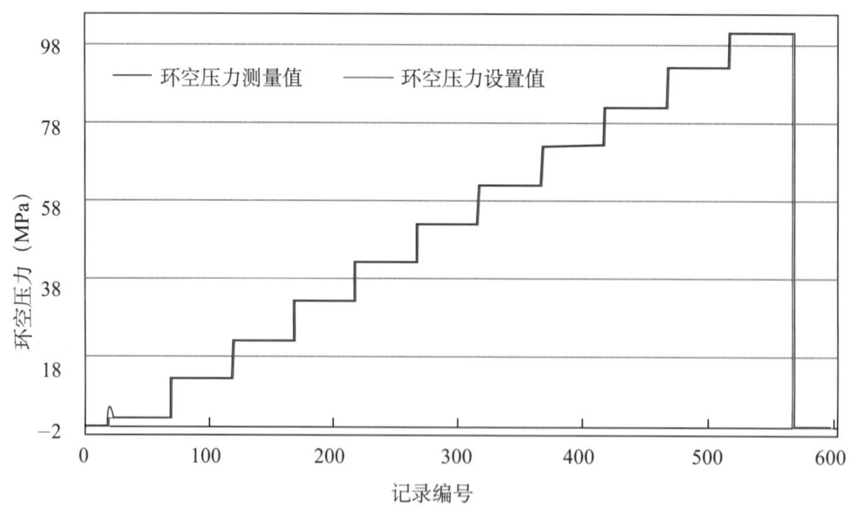

图7.36　145℃时环空压力测量值与设置值曲线对比图

7.6　电磁波电阻率测量室内模拟实验

为验证所研制开发的随钻电磁波电阻率测量系统样机对地层电阻率的测量功能，设计并开展了一系列室内实验。实验以循序渐进的方式模拟真实钻井工具的测量状况与测量环境，主要包括：

（1）空心天线线圈实验：将发射接收线圈置于空气中（后置于盐水当中）试验，考察发射功率放大电路及接收电路是否正常工作；

（2）天线线圈半径实验：将发射接收线圈套在钻铤上，并改变线圈的半径，考察钻铤和线圈半径对发射接收信号的影响，为钻铤天线凹槽的开启深度提供参考数据；

（3）屏蔽罩实验：制作了 4 种缝隙数量不等、缝隙宽度不同的不锈钢屏蔽罩，考察屏蔽罩对发射接收信号的影响，为以后正式屏蔽罩的设计提高参考；

（4）刻度环实验：仿照感应测井仪器的标定试验，将刻度环套置在钻铤上，模拟不同的环境电阻率，考察接收信号的变化情况。

7.6.1　空心天线线圈实验

（1）实验条件。

①在半径为 90mm 的硬纸筒上固定发射线圈、接收线圈，套置于空气中距地面约 0.5m 的绝缘胶木棒上，如图 7.37 所示；

②发射线圈为 1 匝，接收线圈为 1 匝；

③发射功率放大器输入信号：正弦波 500kHz / 3.4 Vpp，2MHz / 3.4 Vpp。

（2）实验结果。

测试接收信号随线圈距离变化的结果，如图 7.38 所示（为兼顾测井仪器径向的探测深度和轴向的底层分辨能力，在前期天线线圈系的设计中，将发射与接收天线距离初定在 70 ~ 110cm 范围内，因此所进行的实验将主要关注该段距离内的情况，同时也将重点考察分析这段距离中的测试结果数据）。

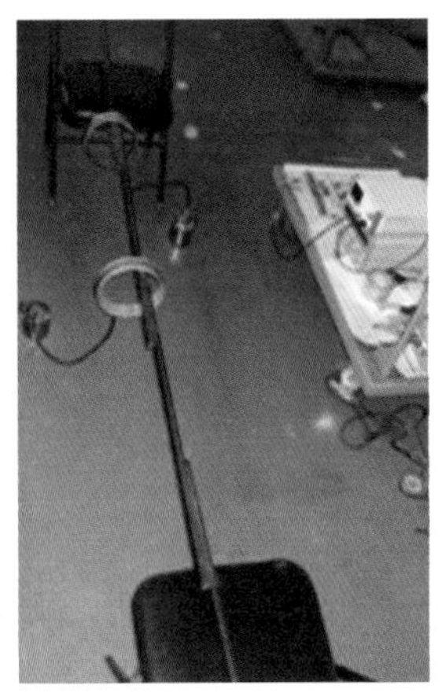

图7.37　空气介质电磁波实验

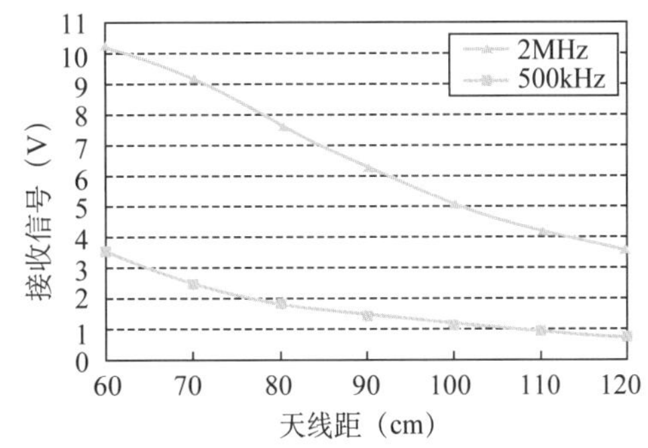

图7.38　空气介质电磁波实验曲线

（3）实验结果分析：

①在发射功率不变的条件下，接收信号幅度随线圈距的增加而减小；

② 2MHz 信号幅度高于 500kHz 信号幅度，说明高频信号辐射能力更强；

③发射功率放大电路及接收电路工作正常。

7.6.2 天线线圈半径实验

（1）实验条件。

①将发射线圈、接收线圈固定在直径 178mm 钻铤上的硬塑料套筒外，硬塑料套筒半径可变，钻铤置于空气中距地面约 2.4m 的木架上，如图 7.39 所示；

图7.39 线圈半径实验

②发射线圈为 1 匝，接收线圈为 1 匝；

③发射功率放大器输入信号：正弦波 500kHz / 3.4Vpp，2MHz / 3.4Vpp。

（2）实验结果。

测试接收信号随线圈半径、线圈－钻铤间隙及天线距离变化的结果如图 7.40 和图 7.41 所示。

（3）实验结果分析：

①与空心线圈实验相比，缠绕在钻铤上的天线线圈实验数据幅度明显减小。其原因是：由于钻铤电阻率低，其表面涡流的存在消耗能量，且发射线圈和接收线圈的有效磁通面积减少，从而使电磁信号强度大大降低；

②天线线圈与钻铤之间的间隙越大（等效于天线磁通面积增大），感应电动势的幅度愈大，且衰减幅度愈大，趋势愈明显。因此，为降低硬件电路设计难度，建议考虑在机械强度允许的条件下，采用尽可能大的天线间隙以提高接收信号强度。

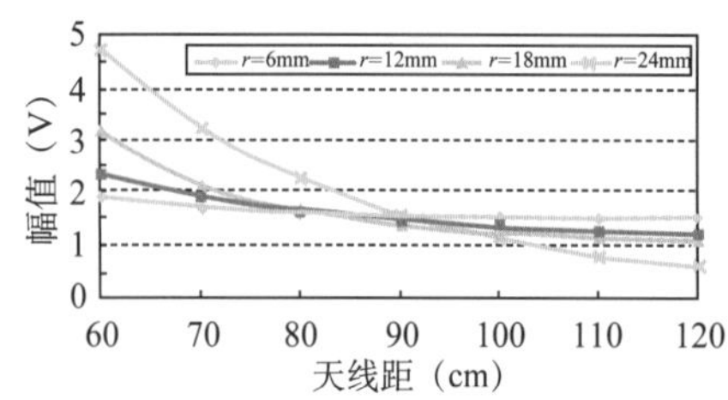

图7.40 2MHz线圈半径实验曲线

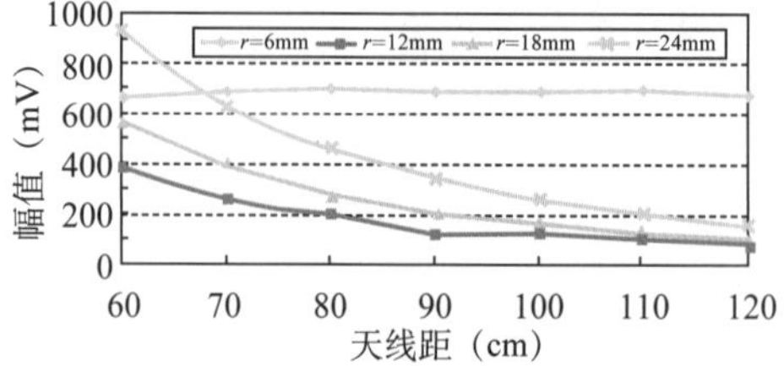

图7.41 500kHz线圈半径实验曲线

7.6.3 屏蔽罩实验

7.6.3.1 屏蔽罩实验 1

（1）实验条件。

①发射接收线圈分别使用 4 种不同规格的屏蔽罩：2.5mm × 18 缝、2.5mm × 36 缝、5mm × 18 缝、5mm × 36 缝，如图 7.42 所示；

图7.42　四种不同规格的天线屏蔽罩

②将发射线圈、接收线圈固定在直径 172mm 钻铤上，置于距地面约 5 cm 的木块上，实验如图 7.43 所示；

③发射线圈为 1 匝，接收线圈为 1 匝；

④发射功率放大器输入信号：正弦波 500kHz/3.4Vpp，2MHz/3.4Vpp。

（2）实验结果。

测试接收信号随线圈距离变化的结果如图 7.44、图 7.45 所示。

图7.43　天线屏蔽罩实验1

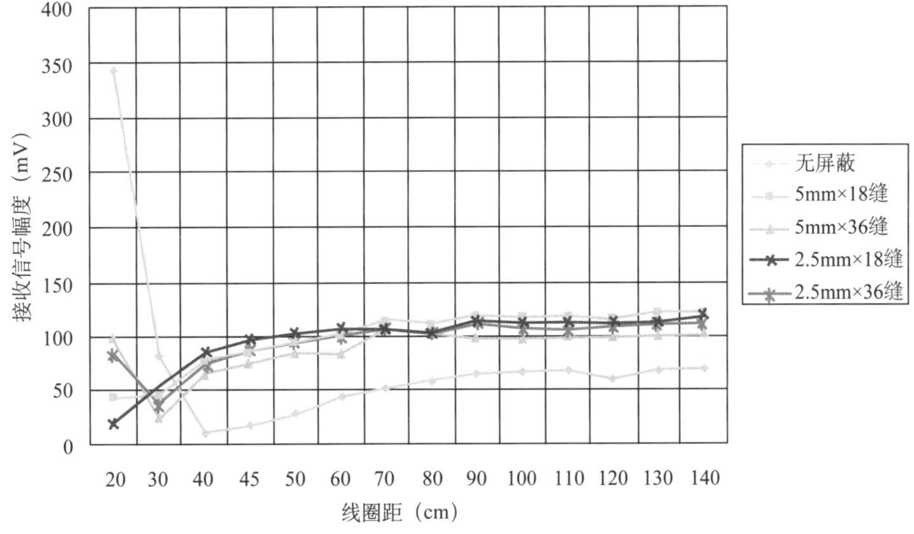

图7.44　500kHz条件下，不同屏蔽罩接收信号对比

（3）实验结果分析：

①对于 500kHz 信号，在线圈距较近的位置上（20 ~ 30cm），接收信号较无屏蔽罩时进一步减弱，说明屏蔽罩增加了电磁波反射的影响。

②对于 500kHz 信号，在 30cm 以外的位置上，接收信号较无屏蔽罩时增强，也说明了屏蔽罩增加了电磁波反射的影响。

③对于 500kHz 信号，接收信号“谷点”前移至 30cm 左右位置，也说明电磁波反射增强。

④对于 500kHz 和 2MHz 信号，在线圈距 20cm 位置上，接收信号幅度衰减最少的是 5mm × 36 缝的屏蔽罩，说明这种屏蔽罩的电磁波反射影响相对较小。原因是，由于圆周方向上开槽面积最大，因此对电磁波接收的屏蔽作用最小，因而接收信号幅度最大。

因此，在钻铤强度允许的条件下，从减小对电磁波接收屏蔽作用的角度考虑，应尽可能地增大缝隙宽度和数量。

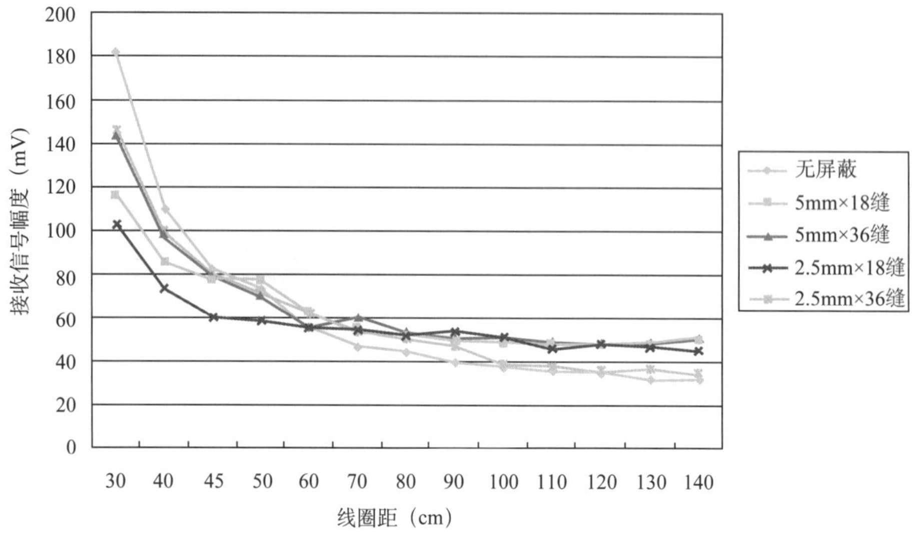

图7.45　2MHz条件下，不同屏蔽罩接收信号对比

图7.46　天线屏蔽罩实验2

7.6.3.2　*屏蔽罩实验 2*

（1）实验条件。

①发射接收线圈分别使用 4 种不同规格的屏蔽罩：2.5mm × 18 缝、2.5mm × 36 缝、5mm × 18 缝、5mm × 36 缝，如图 7.42 所示；

②将发射线圈、接收线圈固定在直径 178mm 钻铤上，置于距地面约 2.4m 的木架上，实验如图 7.46 所示；

③发射线圈为 1 匝，接收线圈为 1 匝；

④发射功率放大器输入信号：正弦波 500kHz/3.4Vpp，2MHz/3.4Vpp。

（2）实验结果。

从实验结果表明，缝隙宽、开槽数量多的屏蔽罩有利于减小电磁波在钻铤中产生涡流影响，提高了接收信号幅度。因此，在钻铤强度允许的条件下，从减小对电磁波接收屏蔽作用的角度考虑，应尽可能地增大缝隙宽度和数量。

7.6.4　刻度环实验

（1）实验条件。

①将发射线圈、接收线圈固定在直径 178mm 钻铤上，钻铤距地面约 2.4m，刻度环半径 30cm，置于两线圈之间，实验如图 7.47、图 7.48 所示；

图7.47　刻度环实验

图7.48　刻度环

②发射线圈为 1 匝，接收线圈为 1 匝；

③发射功率放大器输入信号：正弦波 500kHz/3.4Vpp，2MHz/3.4Vpp。

（2）实验结果。

测试接收信号随刻度环接入电阻值及线圈距离变化的结果如图 7.49 和图 7.50 所示。

实验结果分析：

①接收信号幅度随串入电阻值的增大而增大，说明接收电磁波信号时由环境介质二次电磁场产生的感应电动势幅度随着环境电阻率的增大而升高，在空气当中（其电阻率为无穷大）为最大。

②随串入电阻值的增大，接收信号的幅度衰减增大（该曲线趋势有悖于业内已认可的“信号幅度衰减随地层电阻率增加而非线型减小”的规律。其原因初步判断是未能考虑到发射线圈对接收线圈直接耦合产生感应电动势的影响）。

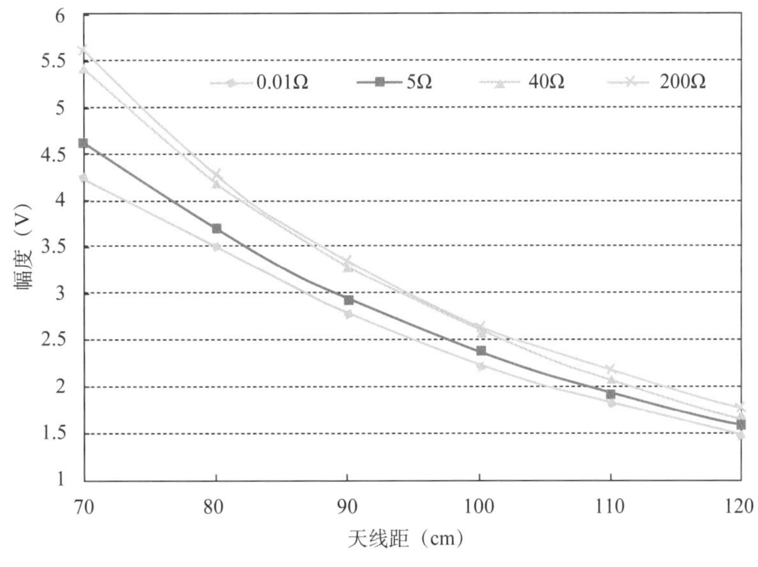

图7.49　2MHz刻度环实验曲线

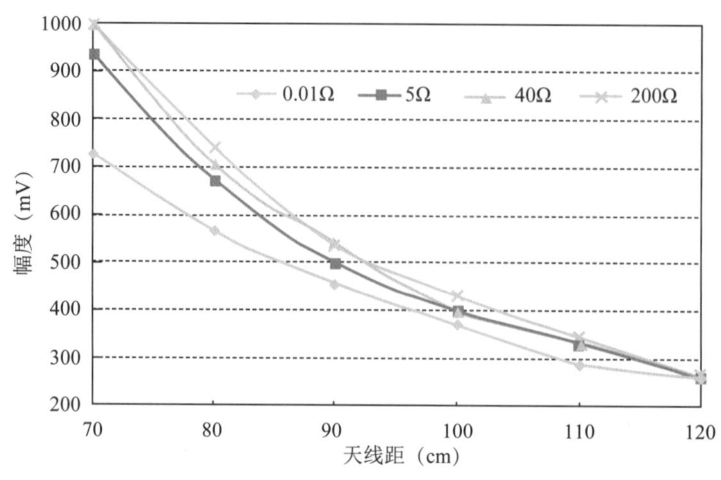

图7.50　500kHz刻度环实验曲线

7.7　导向液压系统模拟实验

在自主研发的自动垂直钻井系统中，导向液压系统是其重要的组成部分。导向液压系统的品质和特性在很大程度上决定着自动垂直钻井系统工作的成败，必须予以高度重视。因此，在研制过程中，曾对导向液压系统建立了数学模型和仿真模型，并利用 Matlab 6.5/simulink 工具进行了仿真分析，在此基础上制造出导向液压系统样机，这已在第 6 章作过介绍。为保证导向液压系统在工程上的实用性，进一步研制了导向液压系统性能参数模拟实验系统，对样机的性能参数进行了实验检测，表明仿真结果与实验检测结果基本一致，证实仿真模型建立正确，样机工作性能指标符合设计要求。

7.7.1　模拟实验系统

建立的导向液压系统性能参数模拟实验系统原理如图 7.51 所示，实验系统照片如图 7.52 所示。计算机测试系统主要由 2 个压力传感器、数据采集卡、计算机、数据采集软件系统组成。

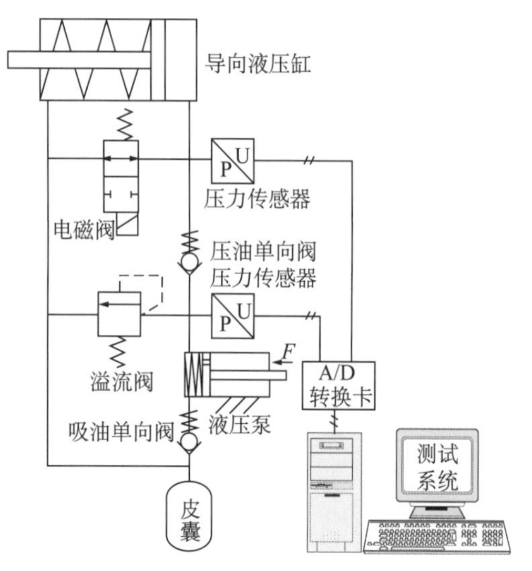

图7.51　导向液压系统模拟实验系统原理图

图7.52　模拟实验系统照片

导向液压系统计算机测试装置由以下几个部分组成：

①实验台架：实验台架用于安装传动装置、导向液压集成块等机械部件。

②传动系统：主要由变频器、交流电机、行星减速机、传动轴（模拟钻杆）、偏心轴承组成。电机启动，通过减速机带动传动轴和偏心轴承旋转，偏心轴承推动导向液压集成块的泵柱塞往复运动，提供液压动力源。

③机械振动台：含控制箱和振动平台。实验台架安装在振动平台上，通过控制箱可调节振动平台的激振频率（0 ~ 100Hz）和激振幅度（±10mm），能模拟井下实际钻进的振动冲击工况。

④压力传感器：为检测导向液压集成块泵腔和液压缸无杆腔压力，选用量程为 0 ~ 25MPa、输出电压 0~5V、具有数显功能的压力变送器。压力变送器分别安装于集成块导向液压缸活塞杆头部和液压泵端盖上预留的测压孔上。

⑤数据处理：包括计算机、数据采集卡及数据采集与处理软件。数据采集卡将压力传感器输出信号进行 A/D 转换，然后由相应的程序进行数据处理、显示、保存。

7.7.2 实验结果及分析

导向液压系统性能实验设计了 2 个对比组：第 1 组，在无振动条件下，测试导向液压缸及液压泵工作容腔的压力曲线，其目的是验证导向液压系统输出推力大小及其稳定性，同时验证仿真模型是否正确合理。第 2 组，在开启振动台的条件下，模拟钻井振动工况，测试导向液压缸及液压泵工作容腔的压力曲线，其目的是了解振动冲击对导向液压系统工作性能是否有影响。在每组实验中，选择交流电动机 60r/min 和 120r/min 两种转速条件分别进行测试。设定不同转速进行测试主要是为了观察转速对导向液压缸的外伸速度影响。实验环境压力为大气压，实验转速由变频器调整。

（1）模拟钻杆转速 60r/min，无振动条件下实验结果。

在不启动振动台、钻杆转速为 60r/min 条件下，对导向液压集成块进行测试，液压泵工作容腔压力曲线如图 7.53 所示，导向液压缸无杆腔压力曲线如图 7.54 所示。

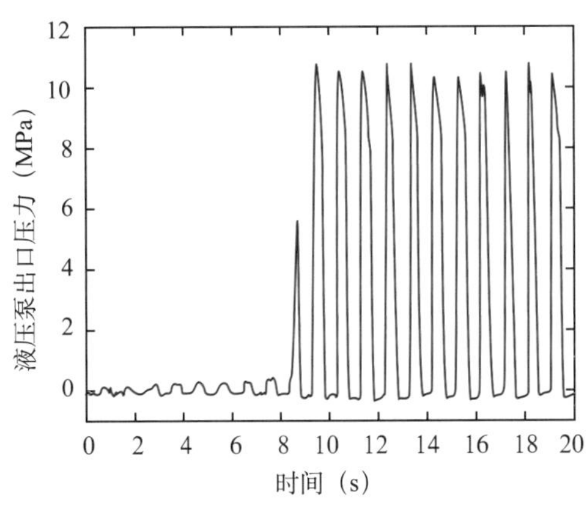

图7.53 60r/min无振动液压泵出口压力

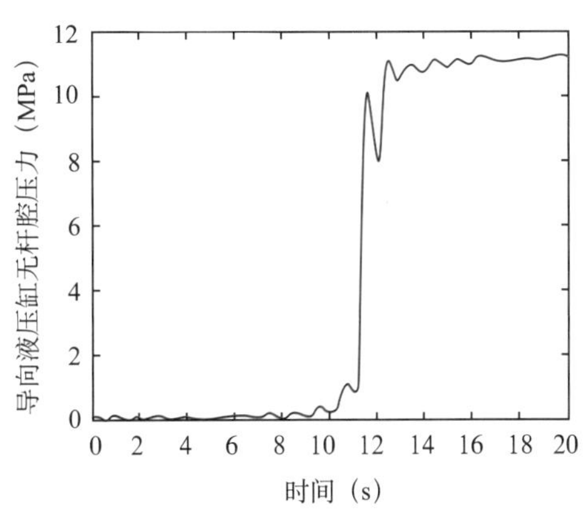

图7.54 60r/min无振动导向液压缸无杆腔压力

（2）无振动、120r/min 条件下测试结果。

在不启动振动台、钻杆转速为 120r/min 条件下，对导向液压集成块进行测试，液压泵工作容腔压力曲线如图 7.55 所示，导向液压缸无杆腔压力曲线如图 7.56 所示。

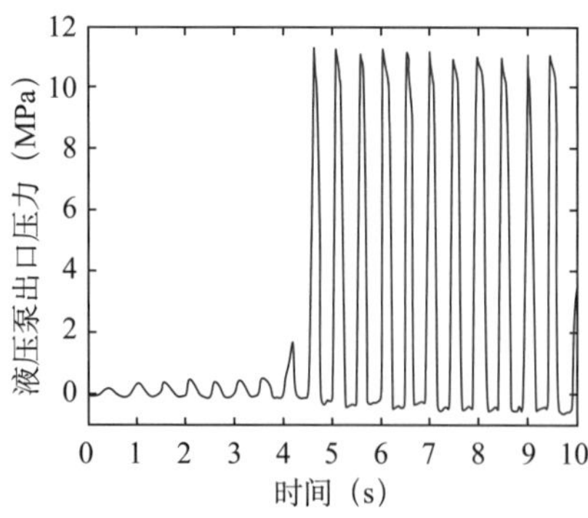

图7.55　120r/min无振动液压泵出口压力

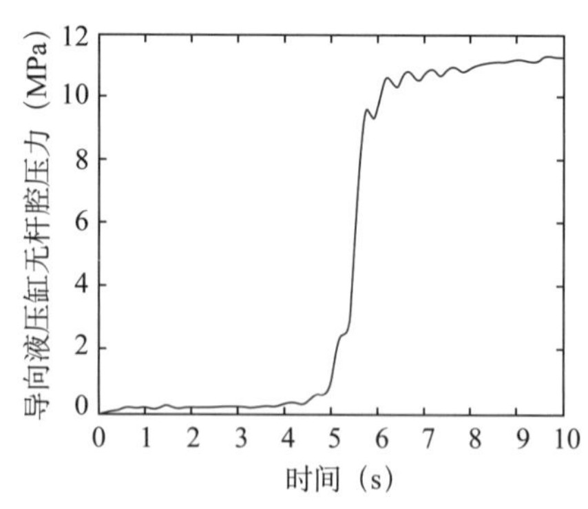

图7.56　120r/min无振动导向液压缸无杆腔压力

（3）有振动、60r/min 条件下测试结果。

在启动振动台、钻杆转速为 60r/min 条件下，对导向液压集成块进行测试，液压泵工作容腔压力曲线如图 7.57 所示，导向液压缸无杆腔压力曲线如图 7.58 所示。

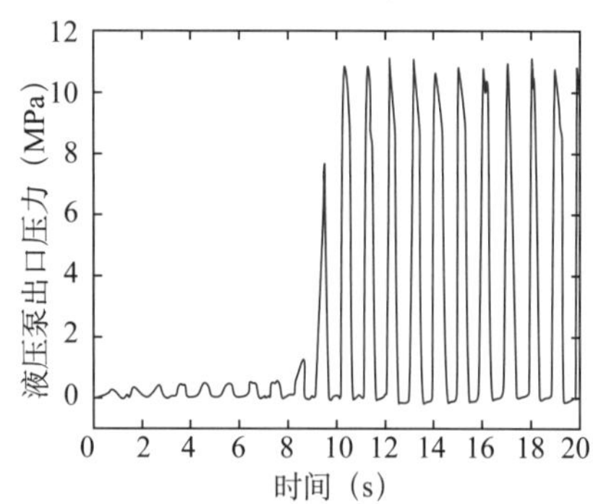

图7.57　60r/min有振动液压泵出口压力

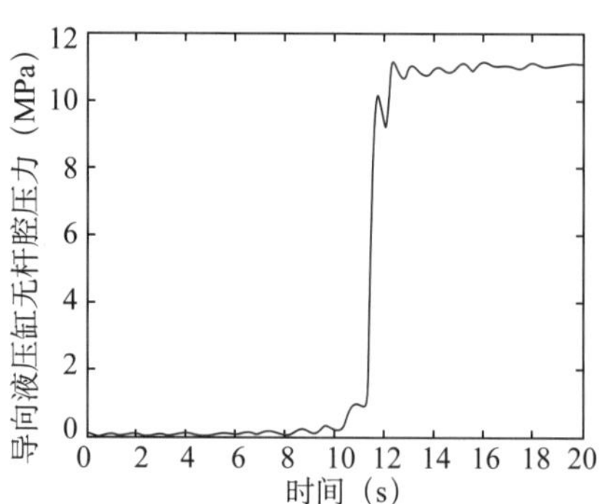

图7.58　60r/min有振动导向液压缸无杆腔压力

（4）有振动、120r/min 条件下测试结果。

在启动振动台、钻杆转速为 120r/min 条件下，对导向液压集成块进行测试，液压泵工作容腔压力曲线如图 7.59 所示，导向液压缸无杆腔压力曲线如图 7.60 所示。

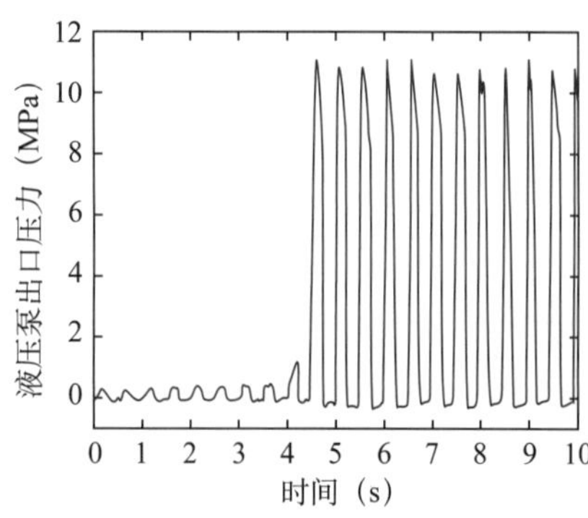

图7.59　120r/min有振动液压泵出口压力

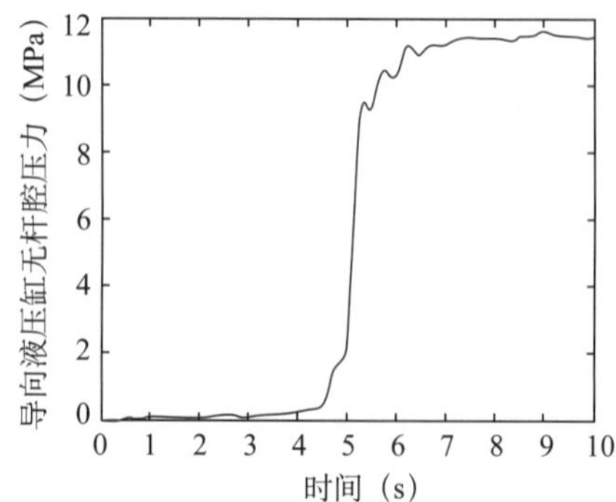

图7.60　120r/min有振动导向液压缸无杆腔压力

对比图 7.57 和图 7.59、图 7.58 和图 7.60，可以看出，在不同转速条件下，对导向液压集成块施加振动，液压泵和导向液压缸的压力曲线基本一致，表明导向液压系统在实验振动条件下能保持稳定工作。

通过仿真分析和实验检测，所建立的导向液压系统仿真模型正确，所制造的样机能耐受一定的振动冲击环境，导向推力块伸出比较迅速，输出导向集中力比较稳定。

7.7.3 导向液压系统的仿真结果

为了和实验结果对照，以下给出对导向液压系统的仿真结果。

设置钻杆转速为 60r/min，对导向液压系统进行仿真，液压泵工作腔压力曲线如图 7.61 所示，液压泵输出流量曲线如图 7.62 所示，导向液压缸无杆腔压力曲线如图 7.63 所示。

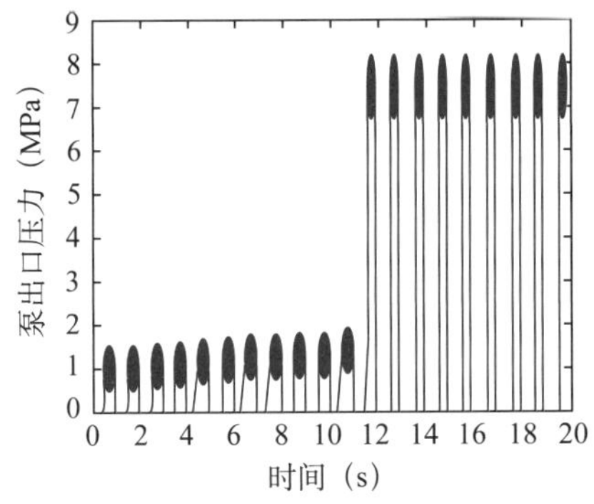

图7.61 钻杆转速为60r/min液压泵工作腔压力

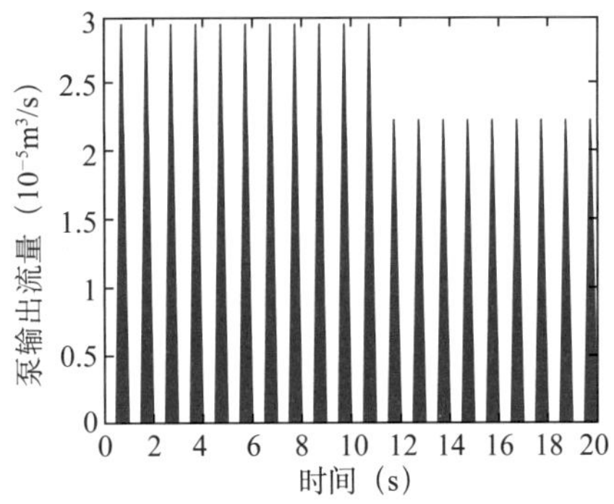

图7.62 钻杆转速为60r/min泵输出流量

设置钻杆转速为 120r/min，对导向液压系统进行仿真，液压泵工作腔压力曲线如图 7.64 所示，液压泵输出流量曲线如图 7.65 所示，导向液压缸无杆腔压力曲线如图 7.66 所示。

比较液压泵工作容腔压力仿真曲线图 7.61、图 7.64 和液压泵工作容腔压力测试曲线图 7.53、图 7.55，可见在不同转速条件下仿真的液压泵吸排油实际周期、压力脉动特性的曲线与实验测试曲线基本一致。

比较导向液压缸无杆腔压力仿真曲线图 7.63、图 7.66 和导向液压缸无杆腔压力测试曲线图 7.54、图 7.56，可见在不同转速条件下仿真的导向液压缸无杆腔压力脉动特性与建压时间的曲线与实验测试曲线基本一致。但图 7.54、图 7.56 中，液压缸实测曲线中压力飞升段附近压力振荡较为明显，这主要是由于液压泵压力超过溢流阀的设定值时，溢流阀开启溢流，此时压油单向阀阀芯并未及时完全关闭，影响导向液压缸无杆腔压力随之降低，从而形成振荡。另一个导向液压缸的内、外泄漏也会导致稳态压力有微小的波动。

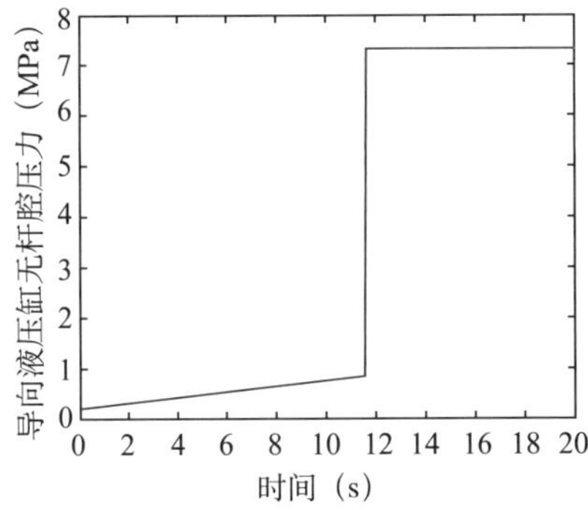

图7.63 钻杆转速为60r/min导向液压缸无杆腔压力

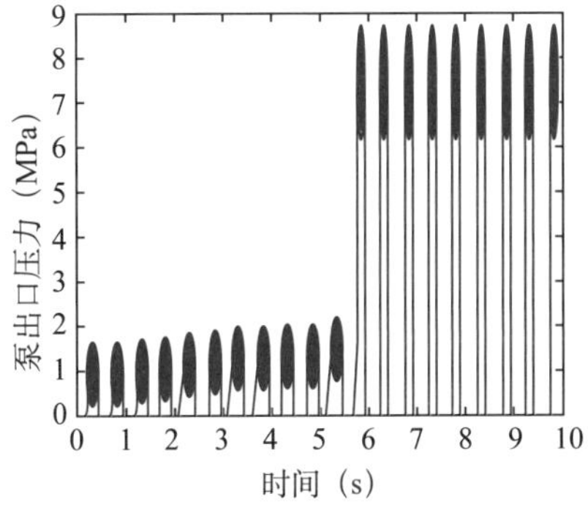

图7.64 钻杆转速为120r/min泵出口压力

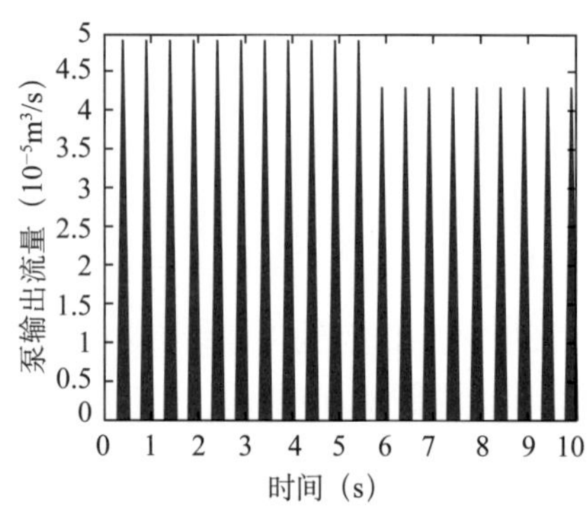

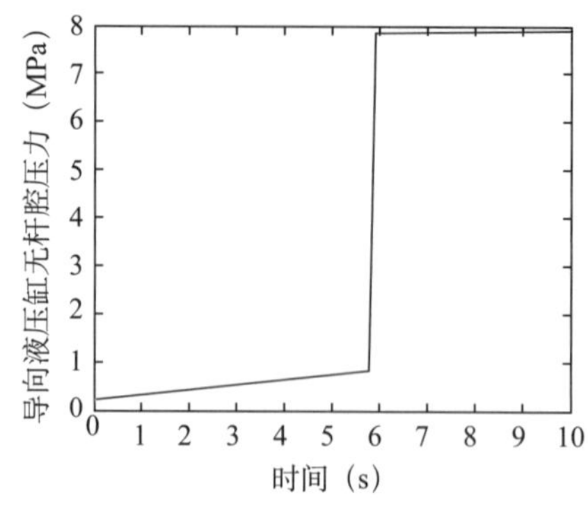

图7.65　钻杆转速为120r/min泵输出流量

图7.66　钻杆转速为120r/min导向液压缸无杆腔压力

从上述比较分析可知，振动台未开启时导向液压系统仿真结果与实验实测结果基本相同，表明所建立的液压系统仿真模型正确。

7.8　井斜角静动态测量的理论与实验

自动垂直钻井系统能正常工作的前提条件是对井眼的井斜角和方位角 2 个参数进行实时、连续和准确的检测，这已在第 5 章、第 6 章作过阐述。但是，传统的测量原理与方法均是建立在静态测量的基础上，但自动垂直钻井系统在钻井过程中却是工作在动载工况下，因此会引起一定的系统误差。为了进一步提高测量精度，就需要研究动态测量的原理与方法；作为研究基础，有必要先对井斜角的静态测量进行必要的理论分析和实验研究，同时也可为提高静态测量精度找到改进的技术途径。

7.8.1　井斜角的静态测量原理与方法

（1）重力加速度传感器工作原理。

虽然在第 5 章中介绍过重力加速度计的结构和原理，但仍有必要做进一步深入介绍。自动垂直钻井中井斜角的检测采用力平衡式重力加速度计，也称为伺服倾角传感器。单个重力加速度传感器结构如图 7.67 所示。一般力平衡式伺服倾角传感器由非接触位移传感器、力矩马达、误差比较、放大电路、反馈电路、悬臂质量块 6 部分组成。悬臂质量块与力矩马达的电枢连接在一起。非接触位移传感器用于检测质量块的位移量和方向。当整个传感器发生倾斜时，悬臂质量块便离开原来的平衡位置，非接触位移传感器检测出该变化后，将位置信号送入误差比较器，经放大电路调理，一方面传感器输出与倾角成一定比例的模拟信号；另一方面，该信号经反馈电路转换为电流并进行功率放大，送入力矩马达的线圈，此时，力矩马达会产生一个与悬臂质量块运动方向相反、大小等于重力在悬臂质量块运动方向上的分量所产生的力矩，力图使悬臂质量块回到原来的平衡位置。这样经过一定的时间调整后，悬臂质量块就重新回到平衡位置，这时，传感器输出的信号才是真正有效的倾角信号，该输出信号一般为直流电压信号，这一信号与用度来表示的角度值成正弦关系。也就是说，要直接以度、分、秒为计量单位来表示角度值时，必须将传感器输出的电压或电流信号进行反正弦运算。

力平衡式重力加速度传感器相对于电解质原理或者电容原理的倾角传感器在精度、非线性、重复性、迟滞、温度漂移、工作温度、抗冲击、振动等性能上要优越得多。该型传感器的输出信号混杂有一定分量的噪声，一般地，通过采用低通滤波器便可良好地解决。因此自动垂直钻井工具中井下闭环控制系统选用力平衡式重力加速度传感器，对井斜进行实时测量是一种较优的选择。

力平衡式重力加速度传感器质量块固定于与力矩马达相连的悬臂杆上，只能在很小角度范围内转动工作。按其工作方式，可简化为如图 7.68 所示的直线位移原理模型，便于分析理解：质量块贯穿于导向杆上，只能沿导向杆轴向作微小直线位移，力矩马达可用线性力马达近似，导向杆轴线方向为重力加速度传感器测量轴方向。当重力加速度传感器无倾斜，质量块处于平衡位置时，控制力矩马达线圈电流为 0，输出相应倾角信号也为 0；当重力加速度传感器倾斜，质量块偏离平衡位置时，传感器检测到位移的变化，输出控制信号，经功率放大，调节力矩马达线圈电流，力矩马达输出推力改变，从而将质量块重新拉回平衡位置，力矩马达线圈稳定电流被检测出后，转换为倾角信号输出。

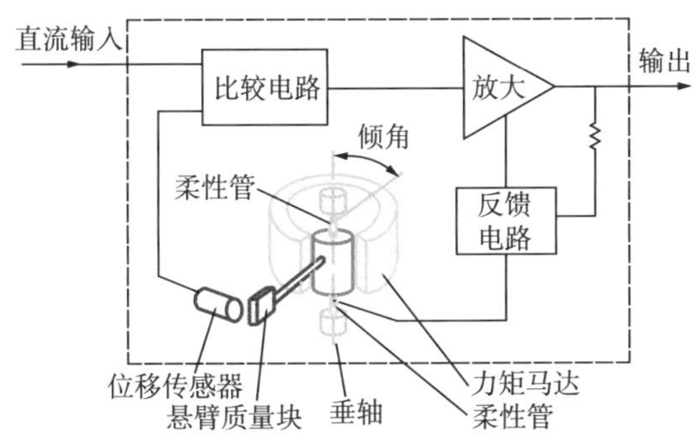

图7.67　力平衡式重力加速度传感器结构

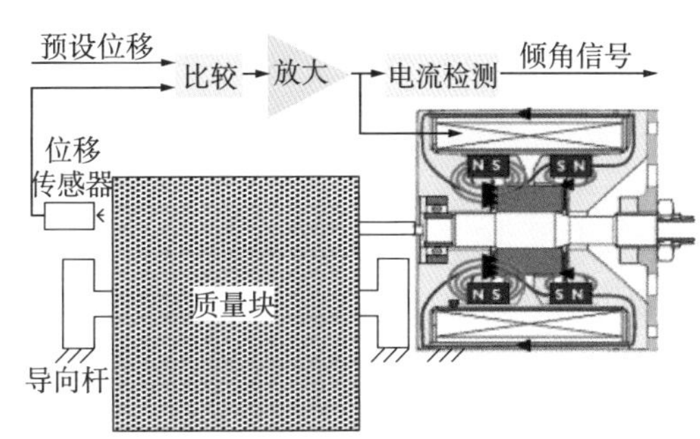

图7.68　力平衡式重力加速度传感器简化直线位移原理模型

图 7.68 中，由于悬臂质量块贯穿在导向杆上，只能沿导向杆轴向滑动，导向杆与传感器壳体固定连接，其简化力学模型如图 7.69 所示，悬臂质量块悬挂在导向杆上，其受合外力（除电磁力外）沿导向杆径向分量 F_2 被导向杆承担，轴向分量 F_1 与电磁力平衡。

因此当重力加速度传感器的质量块达到平衡位置时，在水平方向有：

$$F_1 = F_{ex} = k_x U_x \tag{7.2}$$

式中：F_{ex} 为电磁力矩马达对质量块产生的位置较正驱动力；k_x 为重力加速度传感器设备常数；U_x 为重力加速度传感器输出倾角电压信号。

双轴重力加速度传感器 X 轴仅受重力作用（静态），且传感器在二维铅垂平面内倾斜，当传感器导向杆与水平方向夹角为 α_x（即为传感器倾斜角度，如图 7.70 所示）时，质量块达到平衡状态后，所受合外力为 0，有：

$$F_1 = m_x g \sin\alpha_x = k_x U_x \tag{7.3}$$

实验所选用的重力加速度传感器测量范围为 $\pm\alpha_{xmax}$（°），输出倾角信号为 $\pm U_{xg}$（V），则有：

$$m_x g \sin(\alpha_{x\max}\pi/180) = k_x U_{xg} \tag{7.4}$$

$$k_x = \frac{m_x g \sin(\alpha_{x\max}\pi/180)}{U_{xg}} \tag{7.5}$$

k_x 为双轴重力加速度传感器 X 轴的设备常数；同理，双轴重力加速度传感器 Y 轴的设备常数为 k_y：

$$k_y = \frac{m_y g \sin(\alpha_{y\max}\pi / 180)}{U_{yg}} \tag{7.6}$$

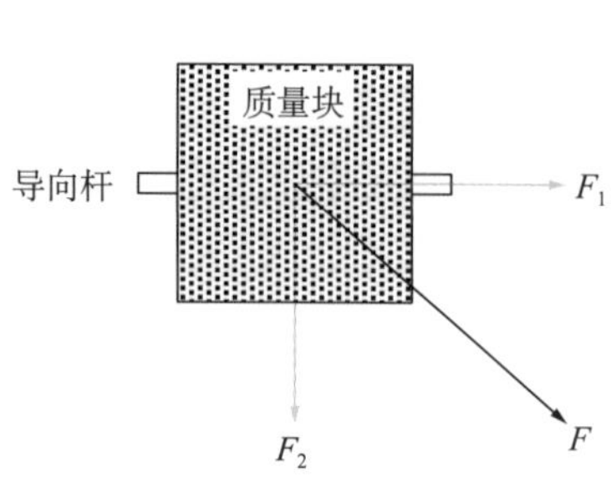

图7.69　力平衡式重力加速度传感器力学模型

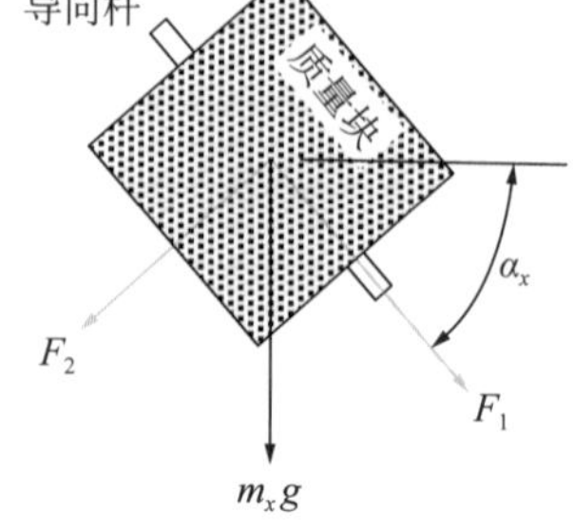

图7.70　加速度传感器的工作原理

(2) 井斜角静态测量原理。

自动垂直钻井中，实际井斜角可选用一个铅垂方向布置（Z 轴方向）的单轴重力加速度传感器来进行检测，也可以选用在水平面内正交布置（X 轴、Y 轴方向）的双轴重力加速度传感器来进行检测。在设备精度相同条件下，选择 X 轴、Y 轴方向的双轴重力加速度传感器来进行井斜测量精度要更高。

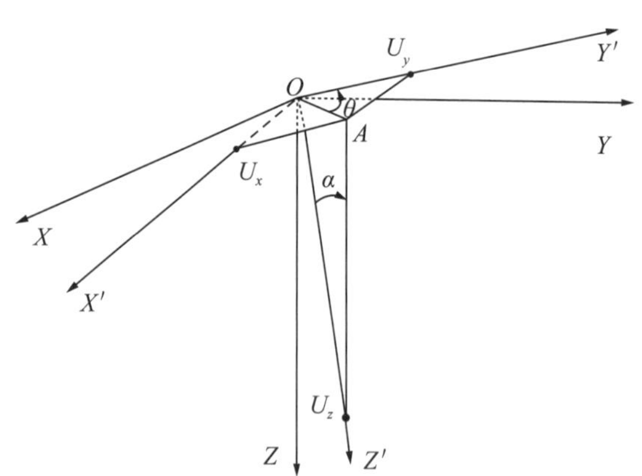

图7.71　井斜角测量原理图

利用重力加速度传感器进行井斜测量的原理如图 7.71 所示，其中 $OXYZ$ 为井眼未发生倾斜时的坐标系，XOY 为水平面，OX、OY 分别表示双轴重力加速度传感器正交布置的 2 个测量轴方向，OZ 表示井眼方向，同时也是单轴重力加速度传感器的测量轴方向；OX' Y' Z' 为井眼发生倾斜时的坐标系；OZ' 表示井眼倾斜方向；U_x、U_y、U_z 分别为重力加速度在 X'、Y'、Z' 轴上的投影值所对应的输出电压信号（V）；α 为井斜角（°），θ 为井斜相对方位角（°），OA 即为重力高边。

①铅垂方向布置（Z 轴方向）的单轴重力加速度传感器检测井斜角。

Z 轴作为重力加速度传感器测量轴检测井斜，设 α_z 为 Z 轴倾角，由重力加速度传感器测试原理可知 α_z 与 α 的关系为：

$$\alpha_z + \alpha = 90° \tag{7.7}$$

则

$$U_z = \frac{1}{k_z}\sin\alpha_z = \frac{1}{k_z}\cos\alpha \tag{7.8}$$

同理，由式（7.5）可知，式（7.8）中 k_z 由 Z 轴向单重力加速度传感器的测量范围 $\pm\alpha_{z\max}$（°）和输出倾角信号 $\pm U_{zg}$（V）确定，即 $k_z = \frac{m_z g \sin(\alpha_{z\max}\pi / 180)}{U_{zg}}$。设该传感器的输出倾角信号为 ±5V，

测量范围为 ±90°，如考虑便于单片机模拟采样，选用 −5 ~ 5V 量程的 10 位 A/D 芯片进行井斜信号采样，则由于 A/D 分辨率的限制，可以检测到的 Z 轴最大倾角为 86.2°，对应最小井斜角仅为 3.8°。当井斜角小于 3.8° 时，传感器输出模拟信号小于 10 位 A/D 转换芯片的最小分辨率，导向计算机系统不能识别，也就不会产生纠斜控制信号，显然用 Z 轴测量井斜角难以实现较高精度的井斜控制。

②水平面内正交布置（X 轴、Y 轴方向）的双轴重力加速度传感器检测井斜角。

以 X 轴（Y 轴相同）为传感器测试轴，传感器输出井斜信号范围和 A/D 转换芯片的精度同①中所述，但由于自动导向垂直钻井工具正常工作情况下井斜角不会太大，选测量范围为 ±30° 即可满足要求，则传感器的输出（即重力加速度在 X 轴上的投影）：

$$U_x = \frac{1}{k_x}\sin\alpha\sin\theta = \frac{1}{k_x}\sin\alpha_x \tag{7.9}$$

式中：$k_x = \dfrac{m_x g\sin(\alpha_{x\max}\pi/180)}{U_{xg}}$；$\alpha_x$ 为 X 轴的倾斜角。此时计算机系统可以分辨的 X 轴最小倾角 α_x=0.06°。

同理，对于 Y 轴也有同样的结论，即

$$U_y = \frac{1}{k_g}\sin\alpha\cos\theta = \frac{1}{k_y}\sin\alpha_y \tag{7.10}$$

式中：$k_y = \dfrac{m_y g\sin(\alpha_{y\max}\pi/180)}{U_{yg}}$；$\alpha_y$ 为 X 轴的倾斜角。此时计算机系统可以分辨的 Y 轴最小倾角 α_y=0.06°。

由公式（7.9）和式（7.10）知，用 U_x 和 U_y 可计算出实际井斜角：

$$\alpha = \arcsin\frac{\sqrt{U_x^2 + U_y^2}}{U_g} \tag{7.11}$$

下面分析如何由 α_x、α_y 计算出井斜角 α。由于重力加速度在各坐标轴上的投影关系满足：

$$\sin^2\alpha_x + \sin^2\alpha_y + \cos^2\alpha = 1 \tag{7.12}$$

由式（7.12）可得：

$$\alpha = \arccos\sqrt{1 - \sin^2\alpha_x - \sin^2\alpha_y} \tag{7.13}$$

进而可计算出当 α_x=α_y=0.06° 时，$\alpha_{\min}$=0.085°。

虽然用 X 轴、Y 轴进行测量需用 2 个重力加速度传感器，但其对井斜角的测量精度可以达到 0.085°（对应于 10 位的 A/D 分辨率），可实现较高精度的井斜控制。该测量方法中如果根据实际情况选取更小测量范围的重力加速度传感器，井斜的理论测量精度将会更高。

（3）相对方位角静态测量原理。

井斜角测量可采用 1 个或 2 个重力加速度传感器，只是测量精度存在差距，但相对方位角的测

量必须采用 2 个水平面内正交布局的重力加速度传感器，或者选用可达到同样效果的双轴重力加速度传感器进行测量。其具体方法如下：

由图 7.71，有以下关系：

$$U_x = U_g \sin\alpha \sin\theta \tag{7.14}$$

$$U_y = U_g \sin\alpha \cos\theta \tag{7.15}$$

则可计算出相对方位角：

$$\theta = \arctan\frac{U_x}{U_y} \tag{7.16}$$

由式（7.16）可以看出：

①当 $U_y \approx 0$ 时，由于干扰等因素会使模拟信号 U_y 在 0 值附近波动，此时如果 U_x 为一较大值，将会导致相对方位角 θ 大幅度阶跃变化，此时相对方位角测量不准确；

②当 $U_x \approx 0$、$U_y \approx 0$ 时，由于干扰等因素会使模拟信号 U_x、U_y 在 0 值附近波动，将会导致相对方位角 θ 大幅度变化，此时相对方位角测量不准确；

③相对方位角 θ 是由反正切函数求出，其取值范围只是 −90º ～ 90º，而在实际井斜测量中，相对 Y 轴的方位角范围为 −180º ～ 180º。在实际应用中，通过式（7.16）求出相对方位角，再判断 Y 轴输出信号是正或负，如果 Y 轴正方向指向钻具中心，有：

$$\begin{cases} U_y \leqslant 0, & \theta = \arctan\dfrac{U_x}{U_y} \\ U_y > 0, & \theta = 180^\circ + \arctan\dfrac{U_x}{U_y} \end{cases} \tag{7.17}$$

实际应用中要注意识别上述 3 种特殊状态，分别正确处理。

（4）井斜静态测量传感器配置。

比较上一节中利用重力加速度传感器测量井斜角和相对方位角的方式，可以知道：

①相对方位角测量只能选用水平面内正交布置 2 个单轴重力加速度传感器或具有等效功能的双轴重力加速度传感器。

②井斜角测量选用 X 轴、Y 轴进行测量比用 Z 轴进行测量有更高的测量精度；另外用 Z 轴进行测量，重力加速度传感器的量程必须为 ±90°，而用 X 轴、Y 轴进行测量时，其量程可根据需要选取，如果量程选为 ±15°（垂直钻井已足够）则可进一步提高井斜角测量精度。三轴加速度计的 Z 轴可作为验证输出结果和识别错误的手段。

因此，在同等硬件设备条件下，应优先选用水平面内正交布置 2 个单轴重力加速度传感器或具有等效功能的双轴重力加速度传感器进行井斜测量。

在研究中井斜测量传感器选用美国 Jewell 公司 LCF196 型双轴力平衡式重力加速度传感器，主要技术指标：量程 ±14.5°，满量程输出 ±5V±1%，带宽（−3dB，典型值）30Hz，零偏＜ 0.04V，温漂＜ 0.001V/℃，最小分辨率 3μrad。

（5）井斜静态测量实验。

井斜静态测量及后面实验中都要对重力加速度传感器 X 轴、Y 轴输出电压信号进行实时采样分析，也就是通过数据采样将 X 轴、Y 轴输出连续模拟电压信号（即时间上的连续函数）转换成一个离散数值序列（即时间上的离散函数），然后进行数据处理、分析计算。这一转换过程由计算机程序控制数据采集卡（A/D 转换）完成，其中数据采集频率是一个比较关键的参数。由于实验中所使用的重力加速度传感器工作频宽为 30Hz，其 X 轴、Y 轴输出电压属于带限信号，高于 30Hz 的干扰信号将被衰减抑制。根据香农采样定理，数据采样频率必须高于被测量信号中最高频率 1 倍以上，所采集的信号才不会失真，即原始连续信号可以从采样离散样本中完全重建出来。因此，综合考虑采样定理基本要求、采样通道数、数据采集卡模拟输入通道的最高采样频率、软件运行速度、计算机配置、自动垂直测控实验要求等各方面因素，井斜静态测量及后面实验中采样频率都设置为 1000Hz。

在前面分析基础上，利用 LCF196 双轴重力加速度传感器进行了井斜静态测量实验：Y 轴为相对方位角的参考轴，传感器静止。

图 7.72 和图 7.73 为 X 轴、Y 轴输出的原始电压信号，其中 X 轴输出信号变化范围为 −0.115 ~ 0.014V，Y 轴输出信号变化范围为 −0.114 ~ −0.011V。

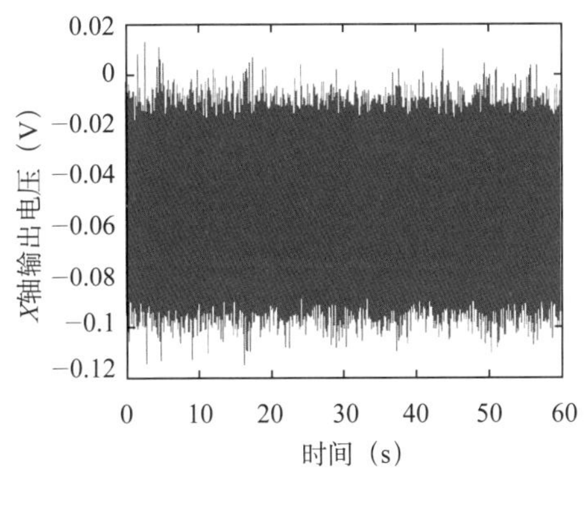

图7.72　X 轴输出电压信号

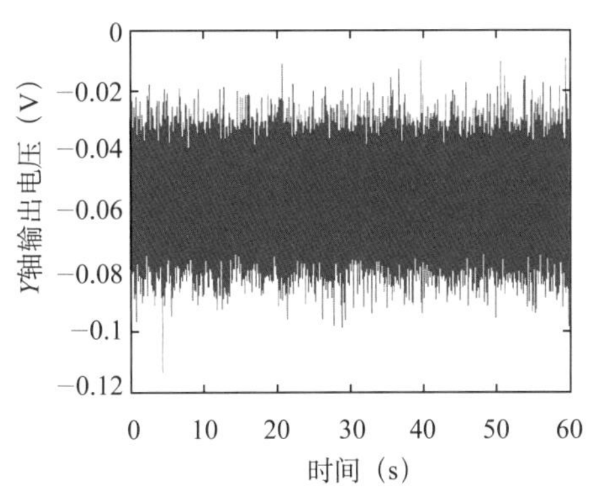

图7.73　Y 轴输出电压信号

图 7.74 和图 7.75 为按式（7.11）和式（7.16）由 X 轴、Y 轴输出的原始电压信号进行计算得到的井斜角和相对方位角，其中井斜角测量变化范围为 0.26° ~ 1.55°，相对方位角测量变化范围为 −23° ~ 80°。

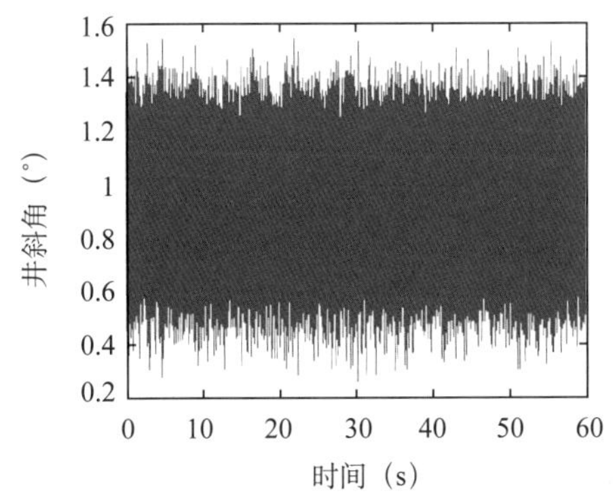

图7.74　X 轴、Y 轴原始信号计算井斜角

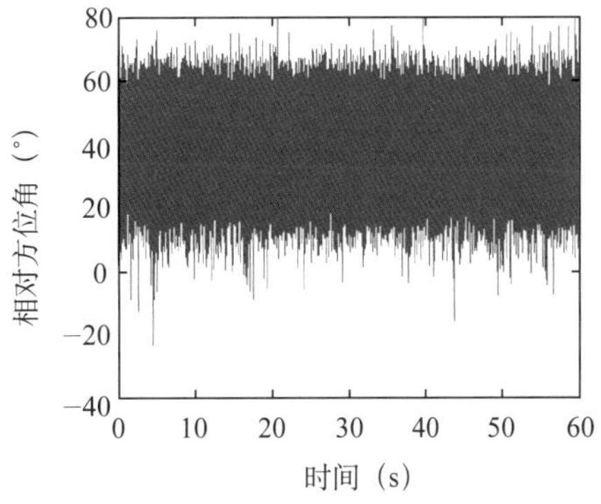

图7.75　X 轴、Y 轴原始信号计算相对方位斜角

从上述井斜静态测试结果可看出力平衡式重力加速度传感器输出信号存在噪声干扰，如果对

传感器输出原始电压信号不进行处理，井斜测量值变化范围太大，已经超过垂直钻井井斜控制精度要求，将无法使用。为此，对静止状态下传感器 X 轴、Y 轴输出原始电压信号进行了功率谱密度分析，以便观察其频率成分，制定相应滤波处理措施。

图 7.76 和图 7.77 分别为图 7.72 和图 7.73 信号的功率谱密度，从图中可看出信号能量主要集中低频 0Hz 区域附近，参考相关文献，在静态测量中可选择截止频率为 2Hz 的二阶巴特沃斯（Butterworth）低通滤波器对传感器噪声干扰进行过滤。

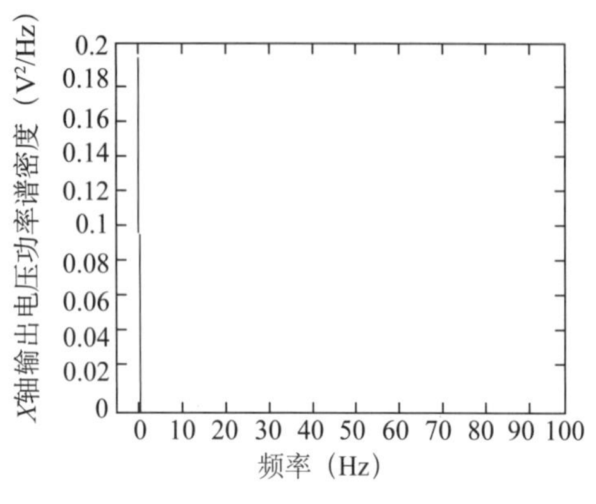

图7.76　X轴输出电压信号功率谱密度

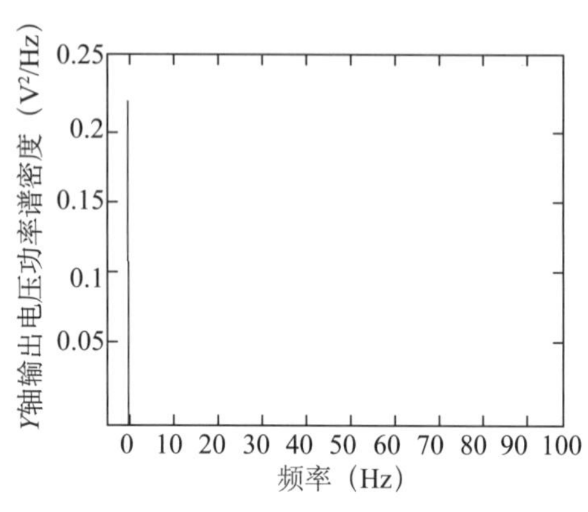

图7.77　Y轴输出电压信号功率谱密度

图 7.78 和图 7.79 为 X 轴、Y 轴输出的电压信号经截止频率为 2Hz 的二阶 Butterworth 低通滤波器进行滤波处理后的图形，图 7.80 和图 7.81 为按式（7.11）和式（7.16）由 X 轴、Y 轴输出信号滤波后进行计算得到的井斜角和相对方位角，井斜角测量变化范围为 0.879° ~ 0.916°，相对方位角测量变化范围为 41.8° ~ 44.4°。可见通过滤波处理后井斜静态测量结果比较稳定准确。

对比井斜静态测试中是否选用低通滤波器的 2 种检测结果可以看出：所选用的力平衡式重力加速度传感器极其敏感，容易受环境条件干扰，静止状态下其测量轴 X、Y 输出电压信号中也混杂有大量噪声干扰，选择截止频率为 2Hz 的二阶 Butterworth 低通滤波器进行过滤滤波处理后能计算出比较精确的静态井斜角和相对方位角。

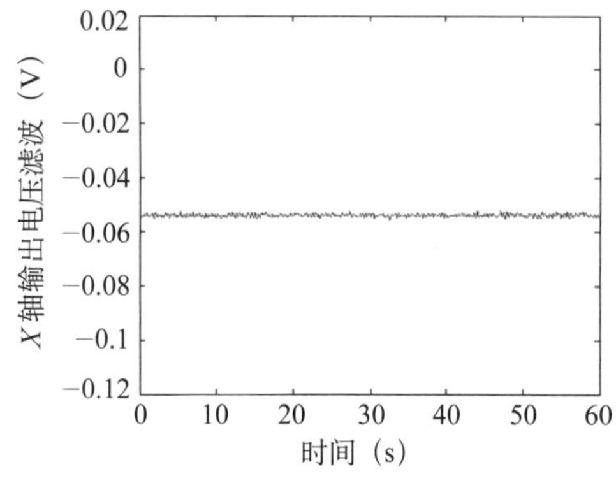

图7.78　X轴输出电压信号滤波

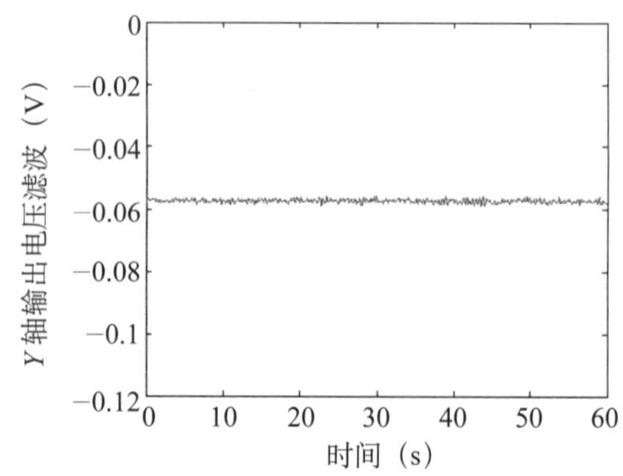

图7.79　Y轴输出电压信号滤波

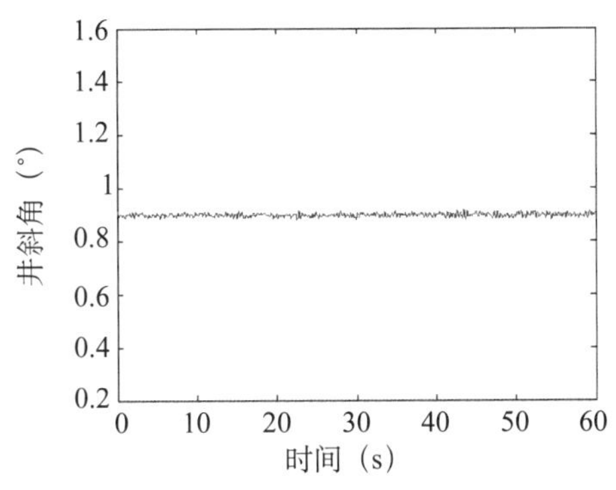

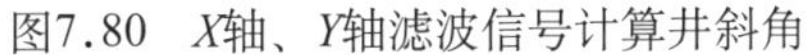
图7.80 X轴、Y轴滤波信号计算井斜角

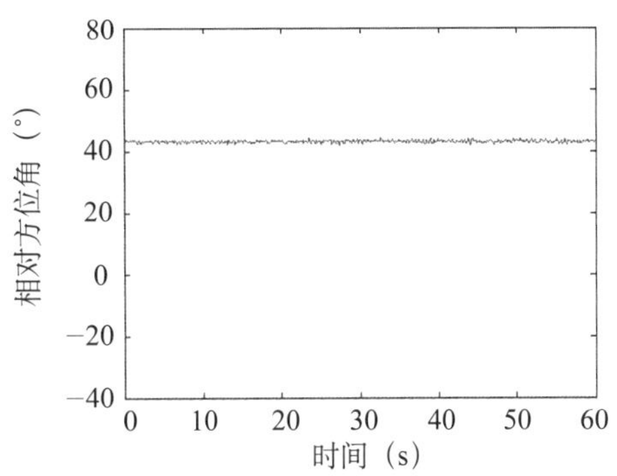

图7.81 X轴、Y轴滤波信号计算相对方位角

7.8.2 井斜动态测量研究

动态测量时，钻头存在振动冲击，导向套可能存在旋转，这将使重力加速度传感器工况变得更为复杂，准确测量的难度更大，为此必须从理论和方法上解决井斜动态测量问题，否则难以实现井下自闭环导向控制。

自动垂直钻井工具是在井下钻进过程中自动检测井斜角和方位角信号，并由控制计算机进行分析，按规则实现井下自动闭环控制功能的导向系统。重力加速度传感器安装于导向套内密封腔室中，传感器几何轴线与导向套轴线平行，X 测量轴、Y 测量轴正交平面与导向套轴线垂直，导向套通过轴承与钻杆相连。在实际钻进过程中，井下条件复杂，信号传送过程中有许多噪声和干扰；钻头破岩时钻具的纵向和横向振动冲击通过钻杆传递到导向套，使导向套剧烈振动；钻杆与导向套之间联接轴承等的摩擦力矩会使导向套随机转动。导向套的剧烈振动和随机转动将导致其内部安装的重力加速度传感器输出的井斜测量信号严重失真，直接影响井斜控制的效果，这属于井斜实时动态测量问题，以下将对井斜动态测量理论与实践进行初步探讨。

（1）井斜动态测量的理论分析。

钻头钻进过程中存在振动和旋转，重力加速度传感器的悬臂质量块将受到电磁力 F_{e}、重力 F_{g}、钻头激振力 F_{p} 和旋转离心力 F_{r} 共同作用，以 X 轴为例，当悬臂质量块处于平衡位置时，在其测量轴方向存在电磁力与合外力相等：

$$F_{\mathrm{ex}}=F_{\mathrm{gx}}+F_{\mathrm{px}}+F_{\mathrm{rx}}=m_x g\sin\alpha_x+m_x\frac{\mathrm{d}^2x}{\mathrm{d}t^2}+m_x r_x\omega^2 \tag{7.18}$$

式中：$m_x\dfrac{\mathrm{d}^2x}{\mathrm{d}t^2}$ 项是由于振动冲击产生的加速度沿测量轴方向分量所致；$m_x r_x\omega^2$ 项是由旋转离心力和转速变化所致，其反映了运动对井斜测量的影响，是井斜动态测量所具有的特征。

由式（7.3）和式（7.18）知，动态测量中重力加速度传感器 X 轴的输出电压信号可表示为：

$$\tilde{U}_x=\frac{1}{k_x}\left(m_x g\sin\alpha_x+m_x\frac{\mathrm{d}^2x}{\mathrm{d}t^2}+m_x r_x\omega^2\right)=U_x+U_{\mathrm{px}}+U_{\mathrm{rx}} \tag{7.19}$$

式中：$\tilde{U}_x$ 为运动状态测量时重力加速度传感器 X 轴输出原始电压信号；U_x 为重力加速度传感器静止不动处于同一倾斜状态时 X 轴的稳态输出电压信号，为井斜动态测量中目标输出信号值；U_{px} 为钻具振动冲击导致 X 轴输出与振动源同频率的电压信号分量；U_{rx} 是导向套旋转引起 X 轴输出电压信号分量。

其中振动导致质量块在 X 轴方向产生位移 x，U_{px} 可以看成是钻具破岩的纵向和横向振动共同作用的结果，这一项的变化比较复杂，但具有一个明显特点，即该信号分量的频率与钻杆的转速和钻头破岩刃口或牙轮数 2 个重要因素紧密相关，相对井斜变化信号 U_x 频率而言，属于较高频率。实验所选用的重力加速度传感器带宽为 30Hz（−3dB），破岩振动和实际井斜在加速度传感器输出信号中所处频段不同，利用这一特点，可以采用低通滤波器对重力加速度传感器的动态输出信号 $\tilde{U}_x$ 进行处理，过滤掉振动冲击干扰所引起的部分畸变信号 U_{px}，得到反映实际井斜的信号低频部分 U_x 和与转速有关的信号部分 U_{px}。

U_{px} 与悬臂质量块所受的离心力相关，与传感器的旋转半径及导向套旋转角速度 ω 的平方成正比，由于该力始终使质量块偏离回转中心，在井斜处于同一稳定值时，当重力加速度传感器随导向套转动至井眼高边附近区域时会使测量井斜值增大，反之，会使测量井斜值减小，因此安装在导向套上的重力加速度传感器在井眼的不同方位上会产生差异较大的测量值，从而使井斜的自动控制变得更为复杂；另外，当转速较高时，可能会导致重力加速度传感器的测量轴输出信号达到最大值，进入饱和非线性区域，此时测量值将不再具有参考价值。

为模拟实际钻井工况中钻头破岩振动冲击和导向套旋转对井斜动态测量的影响，设计了如图 7.82 所示的井斜动态测量实验装置。该实验装置由 2 个测量轴正交分布的重力加速度传感器、旋转电机、振动电动机、导电滑环、测速光电编码器、机械台架、计算机数据采集系统组成。旋转电机转速为 0 ~ 100r/min 内可调，振动电动机转速为 0 ~ 400r/min 内可调，机械振动幅值 ±2mm，振动频率 0 ~ 7Hz 内可调，通过调节底板支撑脚可改变实验台的倾斜角度，模拟井斜角和方位角的变化。

下面针对振动冲击与旋转 2 种不同性质干扰信号的特点，分别进行分析研究，探索合理的解决方案，并通过实验来验证所制定的井斜动态测量方法和信号处理方法的可行性。

（2）振动干扰分析与实验。

根据对式（7.19）的分析，振动冲击干扰所导致的重力加速度传感器测量轴输出电压信号分量频率比真实井斜所引起的输出电压信号分量频率要高，可以采用常用的 Butterworth 低通滤波对动态测量时重力加速度传感器测量轴输出电压信号的较高频率成分进行过滤而得到反映真实井斜的低频分量。

①滤波器参数选择。

实验中选用 Butterworth 低通滤波器进行数字滤波，但在使用该滤波器时应当预先确定滤波器的阶数和截止频率。

Butterworth 滤波器的幅频特性为：

$$\left|H(\mathrm{j}\omega)\right|^2=\frac{1}{1+\left(\omega/\omega_{\mathrm{c}}\right)^{2n}} \tag{7.20}$$

式中：n 为滤波器的阶数；ω 为被滤波信号频率；ω_c 为滤波器的截止频率（−3dB）。

由式（7.20）可看出：当被滤波信号频率 ω 大于滤波器截止频率 ω_c 时，随 ω 增大，输出信号幅值迅速衰减，衰减速度与滤波器的阶数有关，阶数越高，输出信号幅度衰减越快，过渡带越窄，响应越慢。但井斜信号实时测量处理中期望响应快，过渡带窄，所以应该根据井下实验参数选择合适的滤波器阶数和截止频率，以达到准确、快速测量目的。

自动垂直钻井工具导向套与钻杆间是轴承连接，驱动钻杆的转盘转速一般小于 240r/min，导向套外设置有机械阻尼器，正常工作时导向套静止或低速转动。若导向套转速为 n_d r/min，则井斜信号（即重力加速度传感器的测量轴输出电压信号）的频率不会超过 n_d/60Hz。当 n_d 为 60r/min 时，井斜的信号频率为 1Hz；当机械阻尼失效，n_d 可能达到最高转速 240r/min 时，井斜的信号频率为 4Hz，因此选用截止频率为 1 ~ 4Hz 的低通滤波器理论上可过滤掉绝大部分振动信号及传感器自身的交流噪声信号。

滤波器的具体参数需通过实验进行选择确定。利用图 7.82 所示井斜动态测量实验装置，进行振动干扰条件下井斜模拟测量。实验台静止时，调节支撑脚螺钉，使实验台倾斜一定角度，测量静态井斜角为 3.61°、相对方位角 26.3°。

②实验情况。

保持井斜动态测量实验装置倾斜角不变的条件下，给振动电机通电，并在 DC 12 ~ 24V 范围内按周期调节直流电源输出电压，使振动电机转速在 200 ~ 400r/min 范围内变化，从而实现了对重力加速度传感器在 3.5 ~ 7Hz 范围内扫频激振。该实验状态可模拟导向推力块支撑井壁后，导向套相对井壁静止，导向套处于只振不转工况。

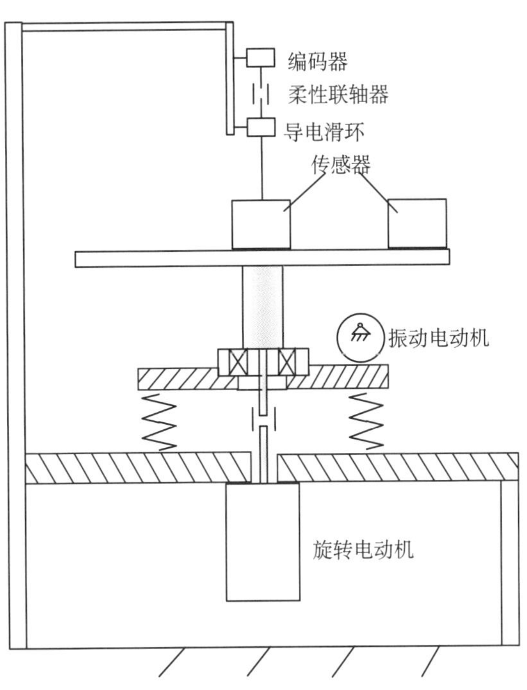

图7.82　井斜动态测量实验装置结构示意图

图 7.83 和图 7.84 是在上述振动工况，采样频率 1000Hz 条件下，所采集到的重力加速度传感器 X 轴、Y 轴输出的原始电压信号。从图中可看出，部分电压信号已经超出传感器正常的量程范围，通过计算将无法得到有效的井斜参数。

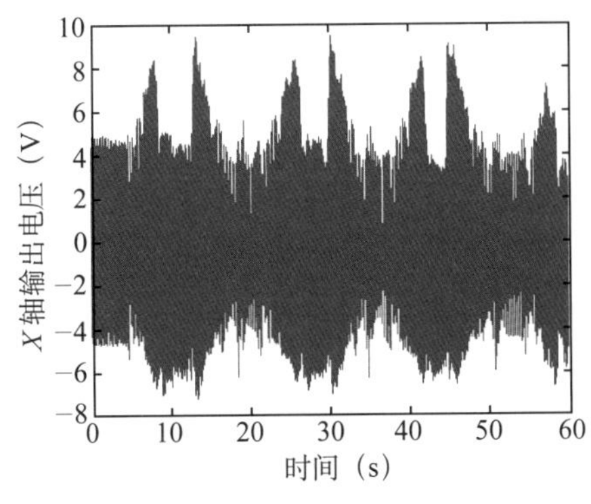

图7.83　振动时X轴输出电压信号

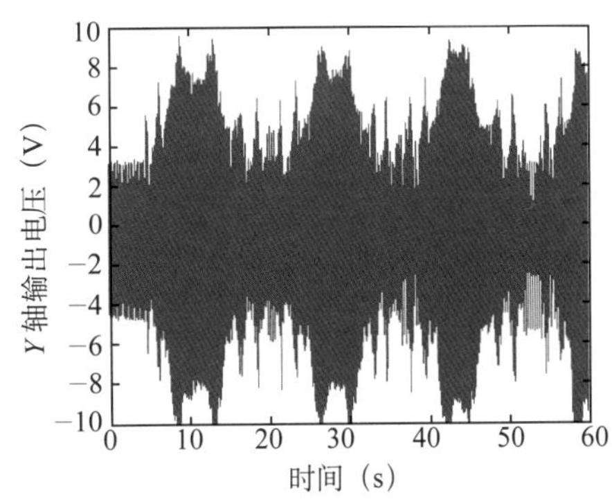

图7.84　振动时Y轴输出电压信号

对图 7.83 和图 7.84 所示的原始电压信号进行功率谱密度分析，分析结果如图 7.85 和图 7.86 所示。从图中可看出，0Hz 附近区域、6 ~ 30Hz 区域、50Hz 附近区域信号能量比较集中，其中 6 ~ 30Hz 区域信号成分所占能量最大。因此，选用截止频率为 2Hz 的二阶 Butterworth 低通滤波器对 X 轴、Y 轴原始信号进行滤波处理，处理后的信号如图 7.87 和图 7.88 所示，滤波后 X 轴电压信号变化范围 −0.04 ~ −0.31V，滤波后 Y 轴电压信号变化范围 −0.22 ~ −0.42 V，比原始信号变化幅度大大减小。

将图 7.87 和图 7.88 所示滤波后的信号按式（7.11）和式（7.16）进行计算，求出对应的井斜角和相对方位角，分别如图 7.89 和图 7.90 所示，其中井斜角范围为 2.6° ~ 5.3°，相对方位角范围为 8° ~ 47°，变化范围太大，无法得到准确井斜参数。

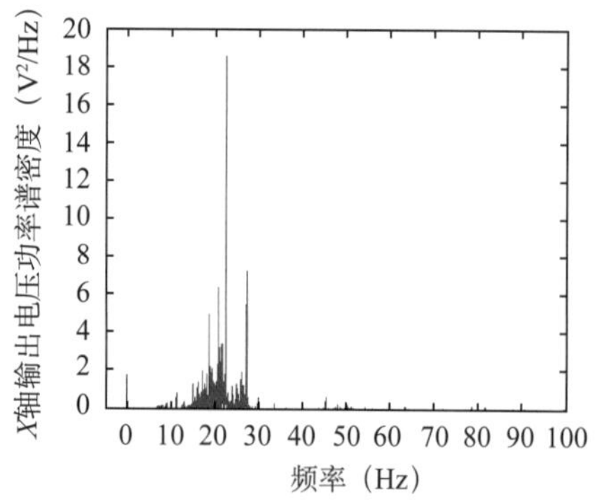

图7.85 振动时X轴输出电压信号功率谱密度

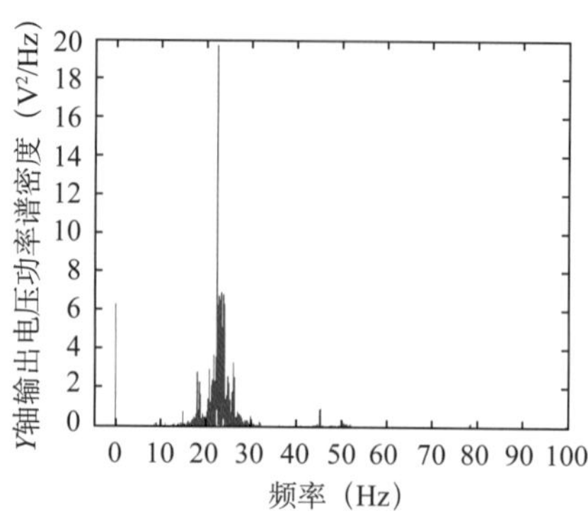

图7.86 振动时Y轴输出电压信号功率谱密度

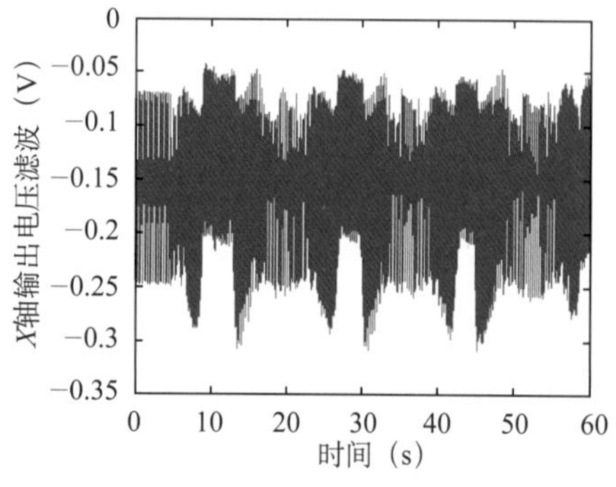

图7.87 X轴电压信号二阶2Hz滤波

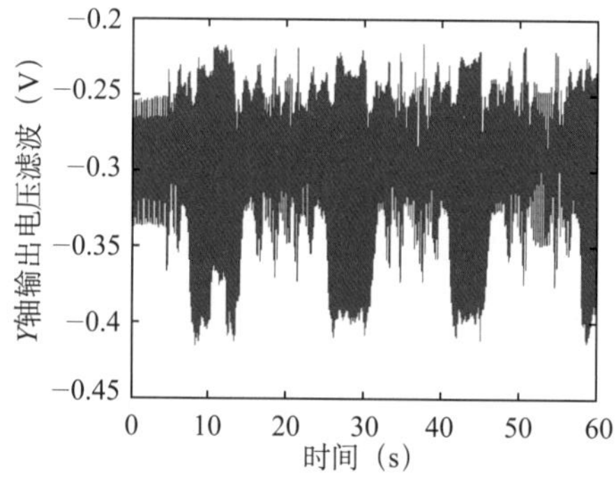

图7.88 Y轴电压信号二阶2Hz滤波

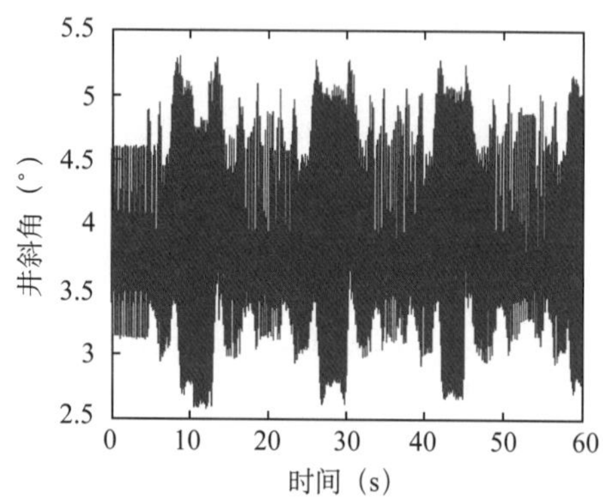

图7.89 X轴、Y轴二阶2Hz滤波后计算井斜角

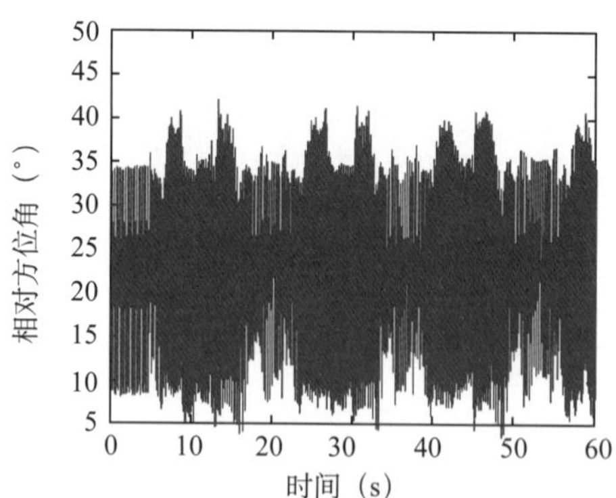

图7.90 X轴、Y轴二阶2Hz滤波后计算相对方位角

初步分析可能是上述滤波不彻底，导致还有部分干扰信号分量仍存在，为此对图 7.87 和图 7.88 所示经截止频率为 2Hz 的二阶 Butterworth 低通滤波器处理后的信号再次进行功率谱密度分析，分析结果如图 7.91 和图 7.92 所示，主要能量集中在 0Hz 附近，未见有效信息。为便于进一步观察 0Hz 附近能量较小的信号分量频率分布，将图 7.91 和图 7.92 局部放大，放大后的局部功率谱密度如图 7.93 和图 7.94 所示。从放大的功率谱密度图可看出，在大于 0Hz 附近（能量极小）、3 ~ 28Hz 之间（能量较小）还存在部分干扰信号分量，未能被截止频率为 2Hz 的 Butterworth 低通滤波器过滤干净。主要原因可能是滤波器阶次过低，大于 2Hz 的信号幅值衰减慢；同时在大于 0Hz

区域也存在极少量干扰，可能是截止频率还需降低。考虑以上 2 个因素，改变滤波器参数，选用截止频率为 1Hz 的四阶 Butterworth 低通滤波器对图 7.83 和图 7.84 所示的原始电压信号再次进行滤波处理。

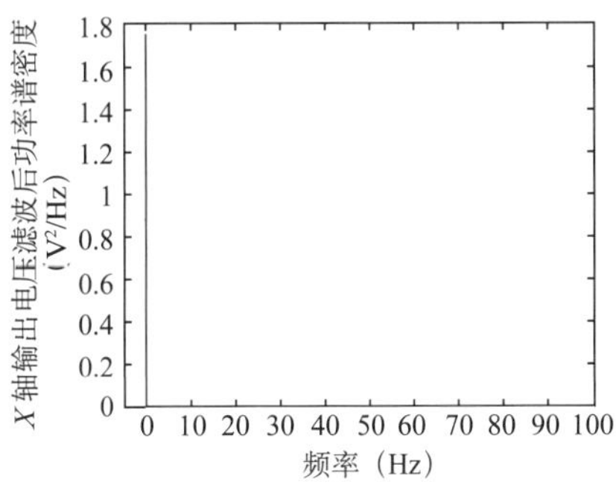

图7.91　X 轴二阶2Hz滤波后功率谱密度

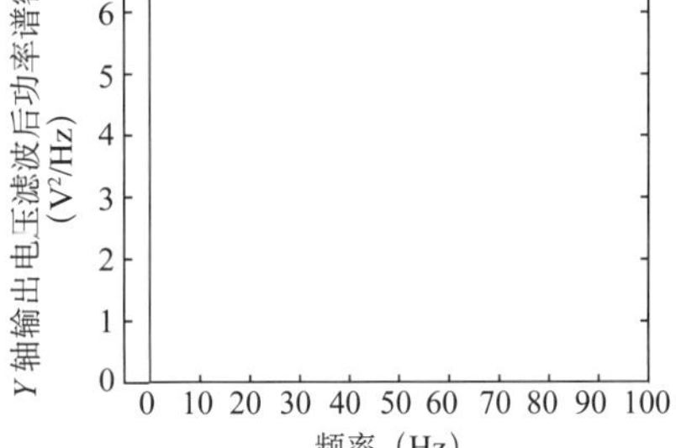

图7.92　Y 轴二阶2Hz滤波后功率谱密度

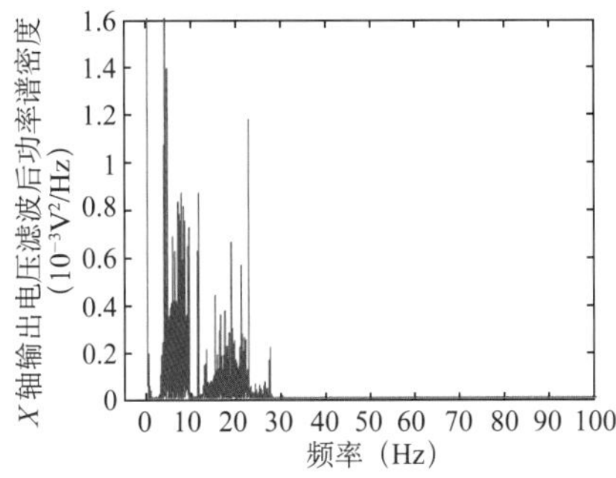

图7.93　X 轴二阶2Hz滤波后功率谱密度放大

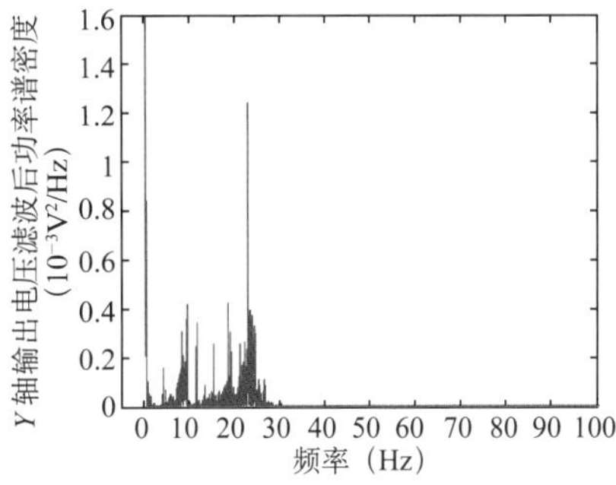

图7.94　Y 轴二阶2Hz滤波后功率谱密度放大

改用截止频率为 1Hz 的四阶 Butterworth 低通滤波器对图 7.83 和图 7.84 所示的原始电压信号过滤后所得到信号进行功率谱密度分析，结果如图 7.95 和图 7.96 所示，将功率谱密度局部放大如图 7.97 和图 7.98 所示，未见 3 ~ 28Hz 之间存在干扰信号分量。按此次滤波后 X 轴、Y 轴电压信号计算出井斜角和相对方位角如图 7.99 和图 7.100 所示，除去滤波器响应初期瞬态阶段外，井斜角范围为 3.52° ~ 3.65°，相对方位角范围为 26.7° ~ 28.9°。这一测量值与该位置的静态测量结果井斜角最

大差值为 0.09°，相对方位角最大差 2.6°，用于自动垂直钻井工具，应可满足测量精度要求。

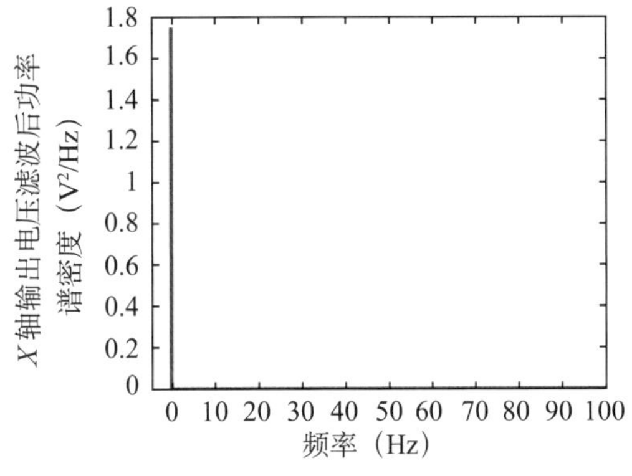

图7.95　X 轴四阶1Hz滤波后功率谱密度

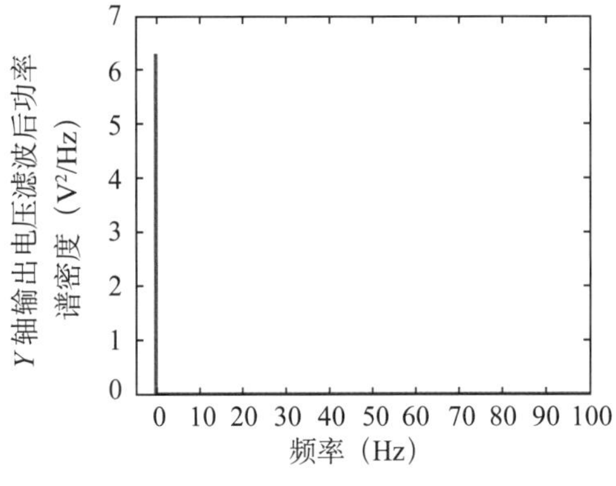

图7.96　Y 轴四阶1Hz滤波后功率谱密度

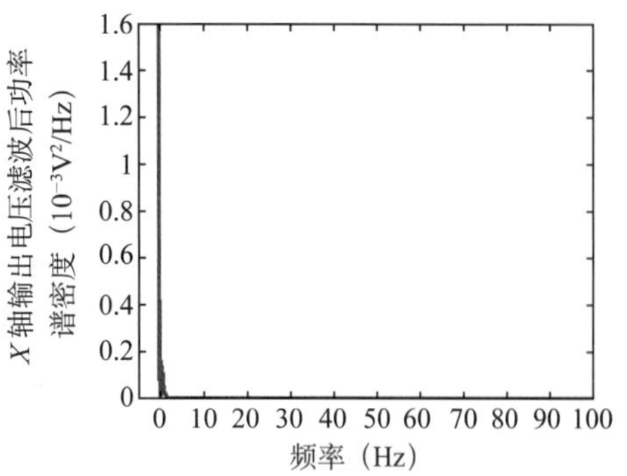

图7.97　X轴四阶1Hz滤波后功率谱密度放大

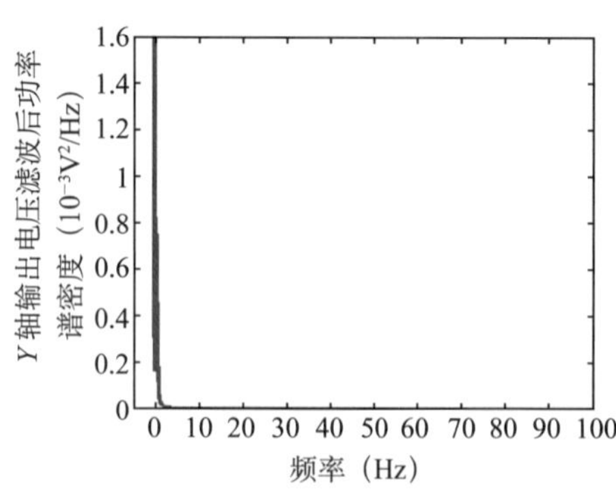

图7.98　Y轴四阶1Hz滤波后功率谱密度放大

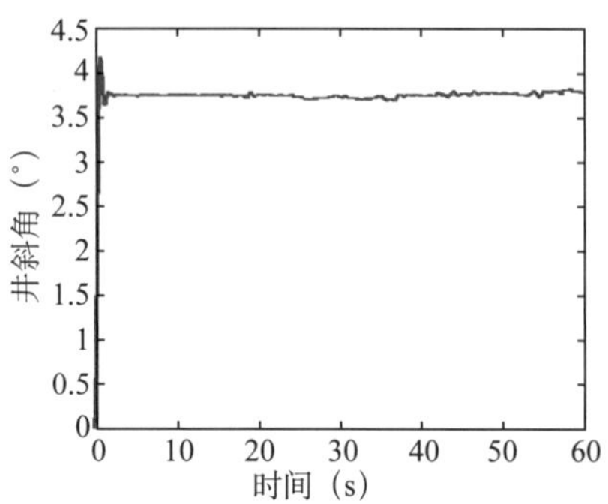

图7.99　X轴、Y轴四阶1Hz滤波后计算井斜角

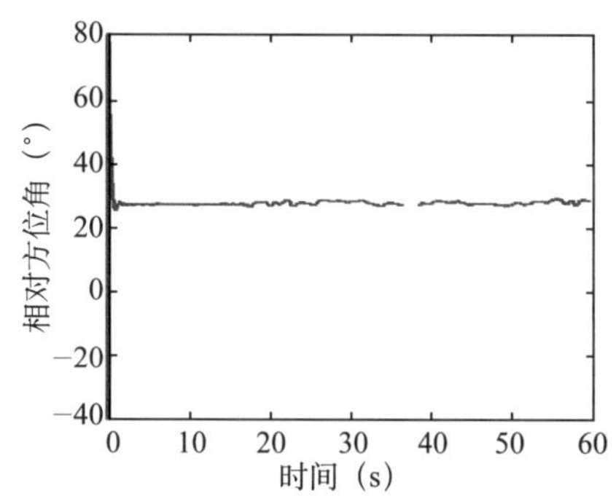

图7.100　X轴、Y轴四阶1Hz滤波后计算相对方位角

③滤波效果检验。

为了验证上述振动冲击干扰处理方法及滤波器参数选择的合理性，调整实验台的方位和倾斜角度，重力加速度传感器也改变位置，在静止状态下对重力加速度传感器X轴、Y轴的输出电压信号进行采样，并按式（7.11）和式（7.16）计算出井斜参数，井斜角为1.26°，相对方位角为49.1°。实验台扫频振动参数按前面的工况设置，采样频率为1000Hz，选用截止频率为1Hz的四阶Butterworth低通滤波器，对如图7.101和图7.102所示的重力加速度传感器X轴、Y轴的输出原始电压信号进行采样、滤波，并按式（7.11）和式（7.16）计算，得出滤波处理前井斜角和相对方位角如图7.103和图7.104所示，滤波处理后的井斜角范围为1.10°～1.17°，相对方位角为范围为48.9°～51.1°，如图7.105和图7.106所示。采用上述方法，井斜参数动态测量与静态测量结果基本相符，从而验证了上述方法及滤波器的参数选择是合理的。

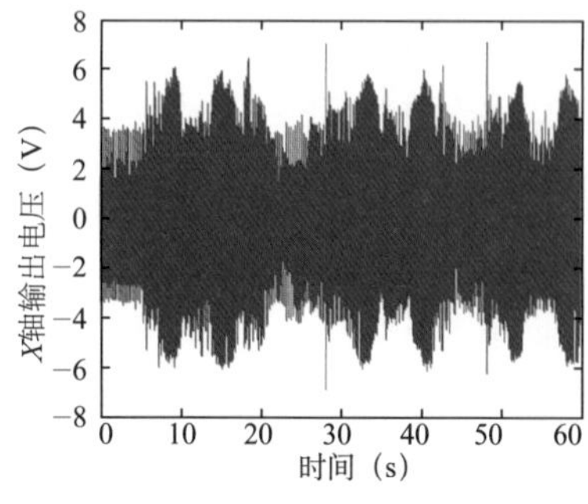

图7.101　振动时X轴输出电压信号

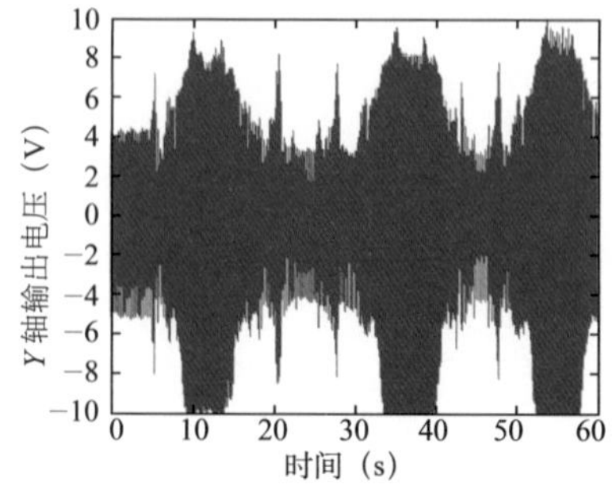

图7.102　振动时Y轴输出电压信号

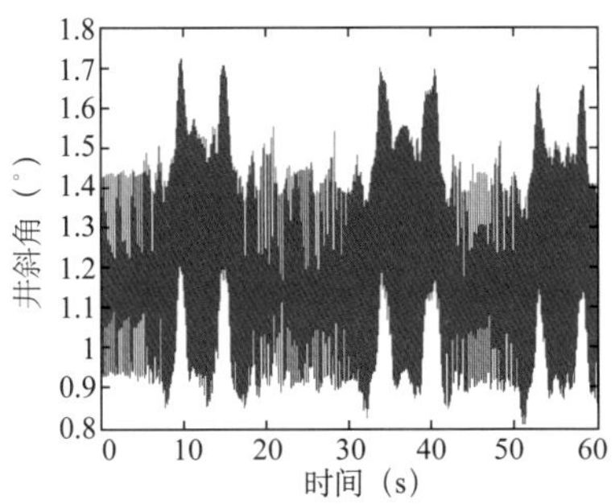

图7.103　*X* 轴、*Y* 轴二阶2Hz滤波后计算井斜角

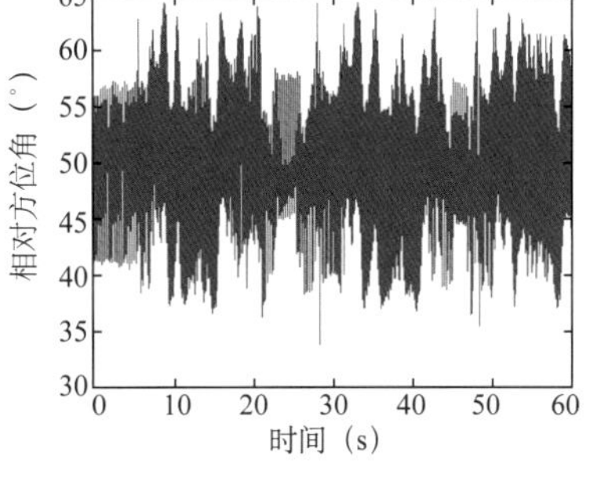

图7.104　*X* 轴、*Y* 轴二阶2Hz滤波后计算相对方位角

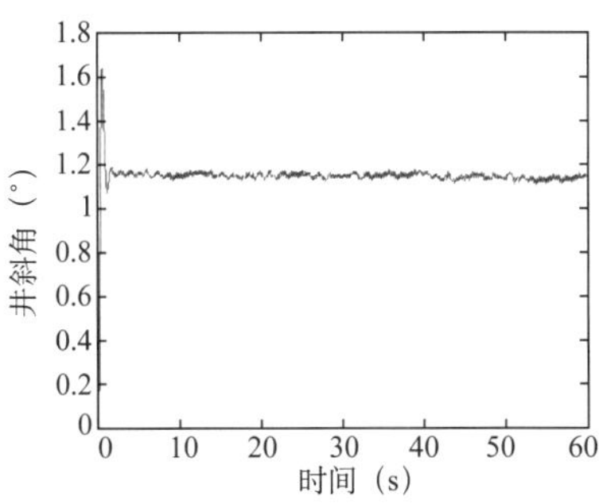

图7.105　*X* 轴、*Y* 轴四阶1Hz滤波后计算井斜角

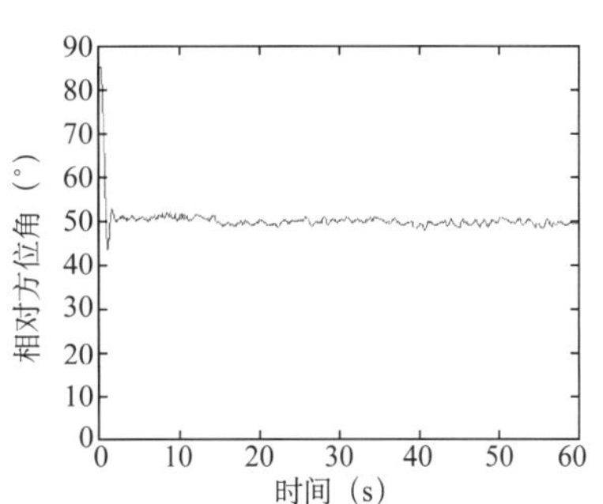

图7.106　*X* 轴、*Y* 轴四阶1Hz滤波后计算相对方位角

④实验初步结论。

从上述实验结果可以看出：

振动冲击严重影响重力加速度传感器 *X* 轴、*Y* 轴输出电压信号，通过未经滤波或未充分滤波的输出电压信号来计算井斜参数，测量结果将会严重失真。

采用 Butterworth 低通滤波器，并选择适当阶数和截止频率，将能很好地抑制振动冲击对重力加速度传感器输出电压信号的干扰。

自动垂直钻井工具工作过程中，若导向套不转动或转动速度极低，参考上述实验方法，选用合适的滤波器和滤波参数，将有可能对实际钻进中井斜角和井斜相对方位角进行精确检测，实现井斜动态测量。

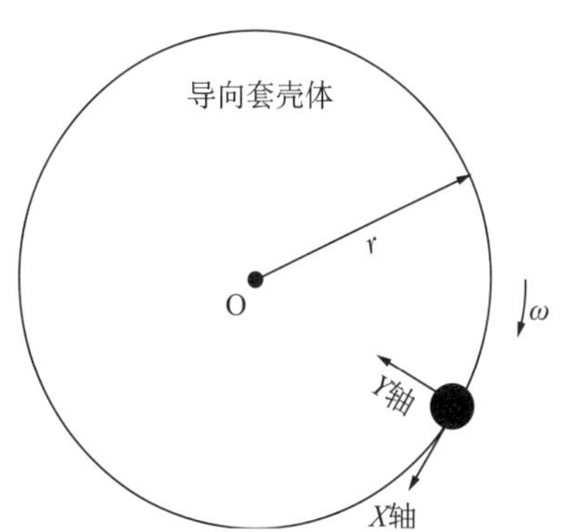

图7.107　重力加速度传感器在导向套内安装示意图

(3) 转动干扰分析与实验。

由上述实验研究可知噪声和振动信号可用低通滤波器较好滤除，但导向套的随机转动仍会对井斜角测量产生很大影响，且转动力在测量轴输出信号中产生的干扰分量频率可能低于正常井斜所致的测量轴输出信号变化频率，不能像振动冲击干扰一样使用低通滤波方法解决转动干扰问题。由式（7.18）可知导向套转速 ω 和旋转半径 r 是影响井斜测量的 2 个关键因素，下面具体分析导向套旋转对重力加速度传感器井斜参数测量的影响方式。

①转动对重力加速度传感器影响力学分析。

自动垂直钻井工具工作时，双轴重力加速度传感器安装于导向套壳体内，X 轴、Y 轴在水平面内正交安装，如图 7.107 所示，其中测量轴 Y 正方向指向导向套几何中心，测量轴 X 正方向与旋转轨迹相切，顺时针指向。

参考图 7.68 双轴重力加速度传感器简化结构原理，可将安装于导向套壳体内双轴重力加速度传感器的 2 个独立测量轴拆分开，分别进行力学分析，图 7.108 为切向测量轴 X 运动受力状态，图 7.109 为法向测量轴 Y 运动受力状态。

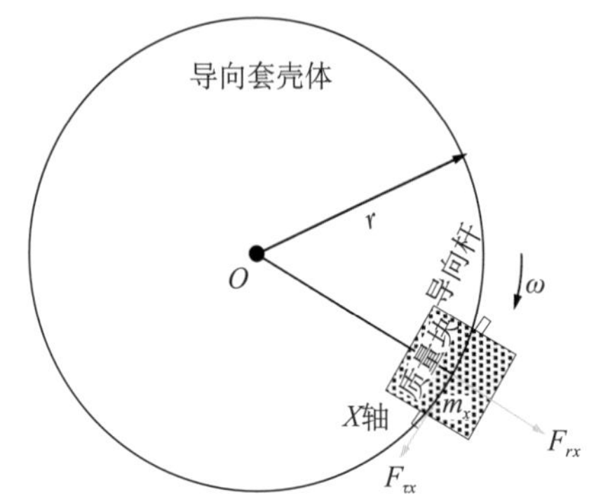

图7.108　导向套旋转时X测量轴受力分析

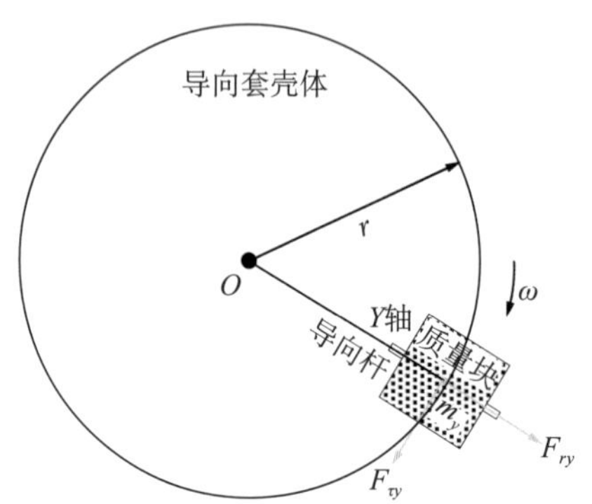

图7.109　导向套旋转时Y测量轴受力分析

图 7.108 中 X 轴的悬臂质量块导向杆沿运动轨迹切线方向，即该悬臂质量块所受旋转离心力 F_{rx} 被导向杆反作用力抵消，如果导向套转速 ω 变化，悬臂质量块将受切向作用力 $F_{\tau x}$ 作用，会导致其位置改变，从而引起 X 轴输出电压信号发生变化，该变化值与传感器倾斜角度无关，属于畸变干扰信号。

X 轴悬臂质量块所受切向作用力：

$$F_{\tau x}=m_x r\frac{\mathrm{d}\omega}{\mathrm{d}t} \tag{7.21}$$

图 7.109 中 Y 轴的悬臂质量块导向杆沿运动轨迹法线方向，即该悬臂质量块所受旋转转速变化导致的切向作用力 $F_{\tau y}$ 被导向杆反作用力抵消，旋转离心力 F_{ry} 与导向套转速 ω 直接相关，导向套转动将会导致其位置改变，从而引起 Y 轴输出电压信号发生显著变化，该变化值与传感器倾斜角度无关，属于畸变干扰信号。

Y 轴悬臂质量块所受法向作用力：

$$F_{ry}=m_y r\,\omega^2 \tag{7.22}$$

一般自动垂直钻井工具导向套工作中处于静止或匀速转动状态，转速变化是一种过渡状态，属瞬态过程，对于缓慢变化的井斜过程而言，可以不考虑转速改变这一瞬态过程。因此，如果导向套匀速转动时，式（7.21）中 $F_{\tau x}$ 约为 0，可不考虑；而由式（7.22）可看出，导向套匀速转动时 F_{ry} 不能忽略，且对所选量程为 ±14.5°，输出 ±5.0 V 的 LCF196 型双轴力平衡式重力加速度传感器而言，当传感器不倾斜，旋转半径为 120mm 情况下，转速达到 $\omega=\sqrt{\dfrac{g\sin 14.5}{r}}\approx 4.52\text{rad/s}\approx 43.2\text{r/min}$ 时，Y 轴输出电压信号就达到最大值。

按图 7.107 方式安装传感器，且 X 轴、Y 轴水平时，旋转半径为 120mm，导向套旋转转速与 X 轴、Y 轴输出电压信号关系实验测试曲线如图 7.110 所示，实验结果与上述理论分析基本符合。由图 7.110 可以看出，导向套旋转对法向测量轴 Y 输出电压信号的影响很大，而对切向测量轴 X 输出电压信号影响较小。图中所示 X 轴输出信号变化范围为 −0.053 ~ 0.160V，主要是安装误差所致。测试实验中转速变化引起的 X 轴输出变化范围所对应的当量井斜角变化范围约为 2.44º，在垂直钻井小井斜动态测量中这一干扰足以影响导向控制精度，因此，使用该方法时，应注意工具的导向套在加工、装配中一定要保证 X 轴与切向方向偏差尽量小。

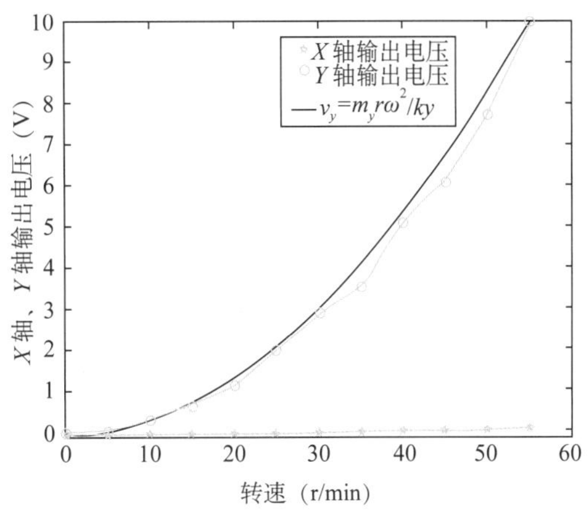

图7.110 导向套旋转对X测量轴、Y测量轴输出信号的影响

另外由式（7.22）还可看出，当导向套匀速转动时，ω 为恒值，旋转对测量轴 Y 悬臂质量块所产生作用力 F_{ry} 将是稳定的，对应 Y 轴输出电压信号也是恒值，理论上属直流信号，该信号与传感器倾斜导致的测量轴 Y 输出电压信号频率范围混杂在一起，无法采用常规滤波方法进行分离，这一特征为井斜动态测量增加了难度，必须进行深入的理论与实验研究。

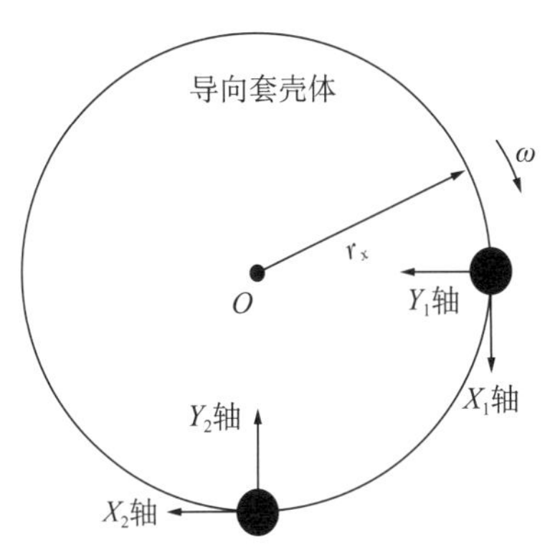

图7.111 2个重力加速度传感器X_1轴、X_2轴正交组合测量布局

根据上面对 X 测量轴、Y 测量轴的力学分析与实验结果，为了避开导向套旋转对井斜动态测量的影响，提出了如图 7.111 所示的 2 个重力加速度传感器 X_1 轴、X_2 轴正交组合测量布局方案，选用 2 个双轴重力加速度传感器（X_1、Y_1 和 X_2、Y_2 分别为两个双轴重力加速度传感器的测量轴），传感器中心离导向套几何中心等距，两传感器中心与导向套几何中心连线夹角为 90º，由有效测量轴 X_1、轴 X_2 组成新的等效井斜测量系统，当导向套匀速旋转时，在安装精度保证的前提下，转动对 X_1 轴、X_2 轴输出电压信号将基本无影响。

②转动对 2 个重力加速度传感器 X_1 轴、X_2 轴正交组合测量的影响实验。

为验证图 7.111 中的 2 个重力加速度传感器正交组合测量布局对导向套旋转干扰影响的抑制作用，在图 7.82 所示井斜动态测量模拟实验装置上，对旋转工况下的井斜动态测量进行模拟实验研究。

研究中设计了静态和旋转 2 组对比实验：其中静态对比组选取由 X_1−Y_1 测量轴组成的 1 号传感器、由 X_2−Y_2 测量轴组成的 2 号传感器和由 X_1−X_2 测量轴组合而成的 3 号传感器分别测量的井斜角和相对方位角进行对比；旋转对比组通过开动图 7.82 的旋转电机，调节电机供电电压，使实验台仪器托盘带传感器以 5r/min、10r/min、20r/min、30r/min、40r/min 5 种不同转速匀速旋转，由 X_1−Y_1 测量轴组成 1 号传感器与由 X_1−X_2 测量轴组合而成的 3 号传感器同时测量井斜角信号，并进行对比。由于传感器旋转过程中，相对方位角的参考测量轴 Y_1 和轴 X_2 位置是随时变化的，所测量的方位角也随时变化，因此本组对比实验中没有记录比较传感器旋转状态下的相对方位角。

实验中采用 LabVIEW 8.5 作为测试软件平台，实验台倾斜角调节为 2.60º，相对方位角为 12.13º（参考 Y_1 轴），重力加速度传感器测量轴输出的模拟电压信号由数据采集卡进行采集，采样频率为 1000Hz，静态测量中选用转折频率为 2Hz 的二阶 Butterworth 低通滤波器对所采集模拟信号进行滤波处理，动态测量中选用转折频率为 1Hz 的四阶 Butterworth 低通滤波器对所采集模拟信号进行滤波处理，然后根据式（7.11）和式（7.16）进行井斜角和相对方位角的计算，再通过软件绘制测试曲线。

实验 1：井斜角 2.60º，相对方位角 12.13º 时静态测量实验。

图 7.112 和图 7.113 为传感器静止时 X_1 测量轴、Y_1 测量轴输出电压信号经转折频率为 2Hz 的二阶 Butterworth 低通滤波器滤波处理后按式（7.11）和式（7.16）计算的井斜角和相对方位角，井斜角范围为 2.594º ～ 2.608º，相对方位角范围为 11.79º ～ 12.49º。图 7.114 和图 7.115 为相同条件下，X_2、Y_2 测量的井斜角和相对方位角，井斜角范围为 2.586º ～ 2.597º，相对方位角范围为 13.29º ～ 13.96º。图 7.116 和图 7.117 为相同条件下，X_1、X_2 测量的井斜角和相对方位角，井斜角范围为 2.582º ～ 2.593º，相对方位角范围为 11.97º ～ 12.77º。

从静态井斜参数测量实验可看出，2 个原装双轴重力加速度传感器测量结果与 X_1 轴、X_2 轴组合而成的新传感器系统测量结果基本符合，所提出的 2 个重力加速度传感器 X_1 轴、X_2 轴正交组合测量方式满足静态测量要求。

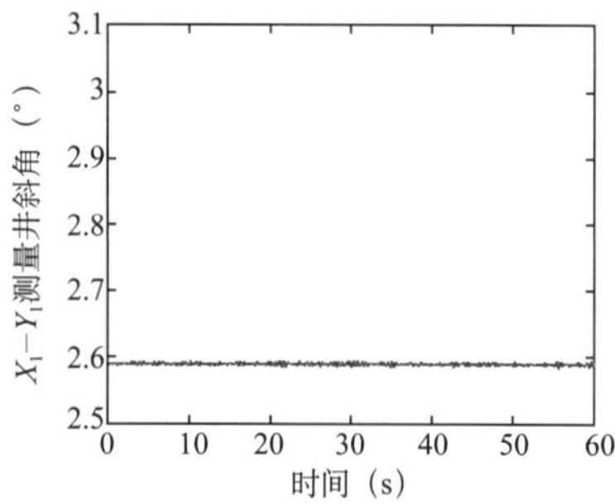

图7.112　X_1-Y_1测量轴静态测量井斜角信号

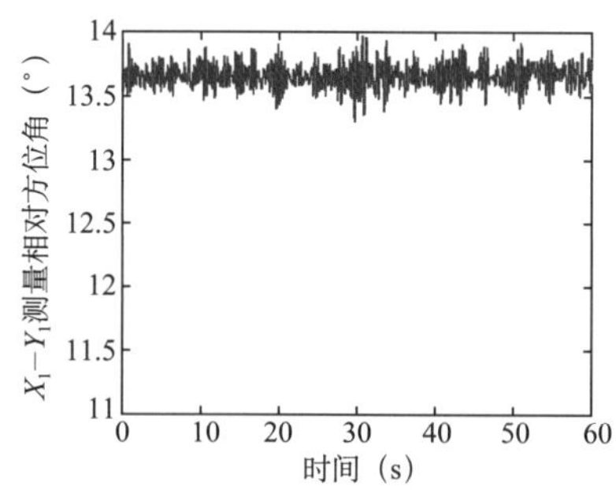

图7.113　X_1-Y_1测量轴静态测量相对方位角信号

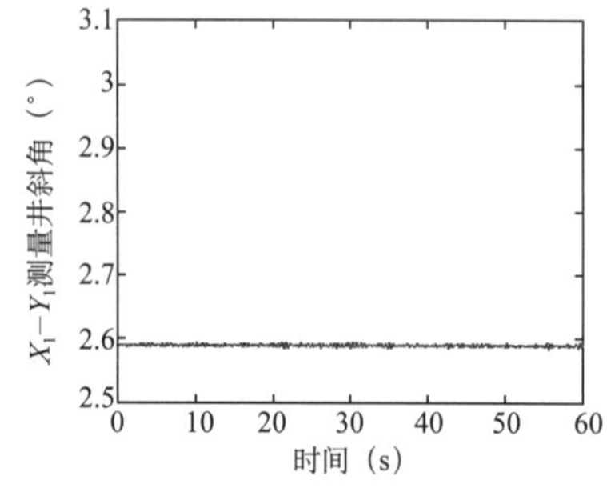

图7.114　X_2-Y_2测量轴静态测量井斜角信号

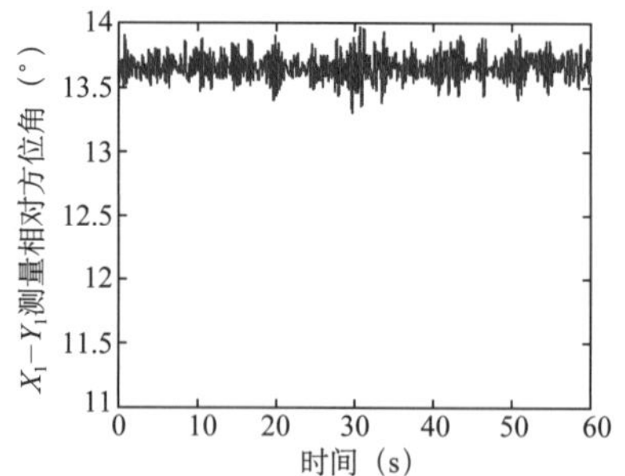

图7.115　X_2-Y_2测量轴静态测量相对方位角信号

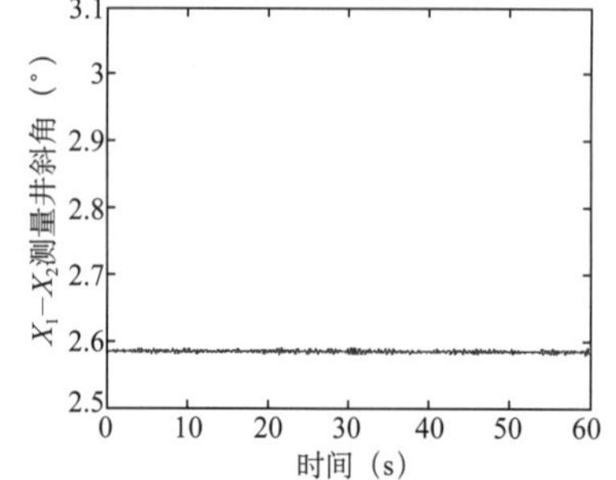

图7.116　X_1-X_2测量轴静态测量井斜角信号

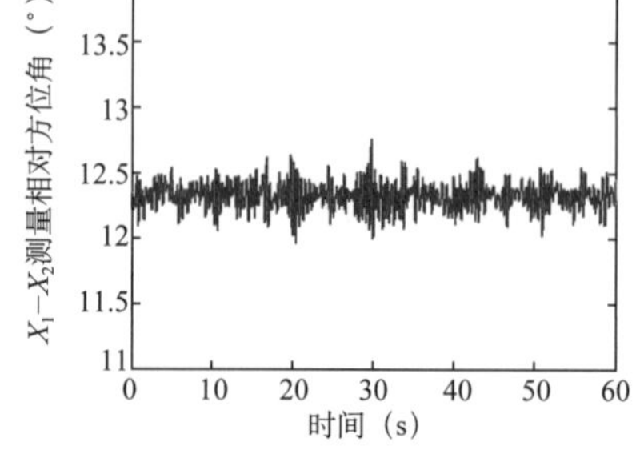

图7.117　X_1-X_2测量轴静态测量相对方位角信号

实验 2：井斜角 2.60º，重力加速度传感器匀速旋转条件下井斜动态测量实验。

a. 实验台以 5r/min 匀速旋转时动态测量实验。

实验装置倾斜角度不变，传感器以 5r/min 匀速旋转，X_1 测量轴、Y_1 测量轴输出电压信号经转折频率为 1Hz 的四阶 Butterworth 低通滤波器滤波处理后，按式（7.11）和式（7.16）计算的井斜角如图 7.118 所示，井斜角范围为 3.02º ~ 3.08º。相同条件下，X_1 轴、X_2 轴正交组合测量井斜角如图 7.119 所示，井斜角范围为 2.59º ~ 2.64º。

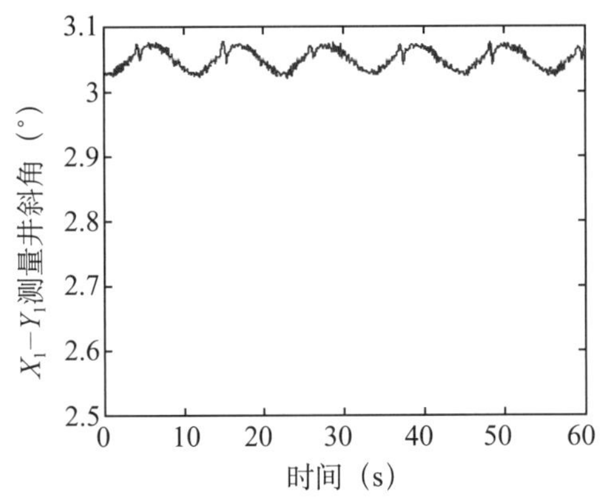

图7.118　X_1-Y_1测量轴动态测量井斜角信号（5r/min）

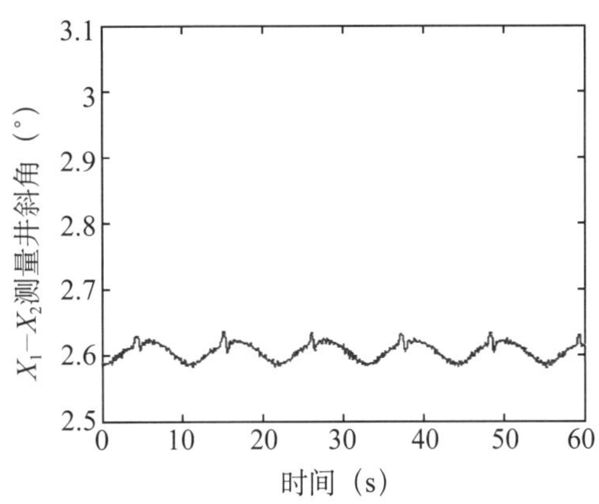

图7.119　X_1-X_2测量轴动态测量井斜角信号（5r/min）

b. 实验台以 10r/min 匀速旋转时动态测量实验。

实验装置倾斜角度不变，传感器以 10r/min 匀速旋转，X_1 测量轴、Y_1 测量轴输出电压信号经转折频率为 1Hz 的四阶 Butterworth 低通滤波器滤波处理后，按式（7.11）和式（7.16）计算的井斜角如图 7.120 所示，井斜角范围为 5.10º ~ 5.16º。相同条件下，X_1 轴、X_2 轴正交组合测量井斜角如图 7.121 所示，井斜角范围为 2.60º ~ 2.65º。

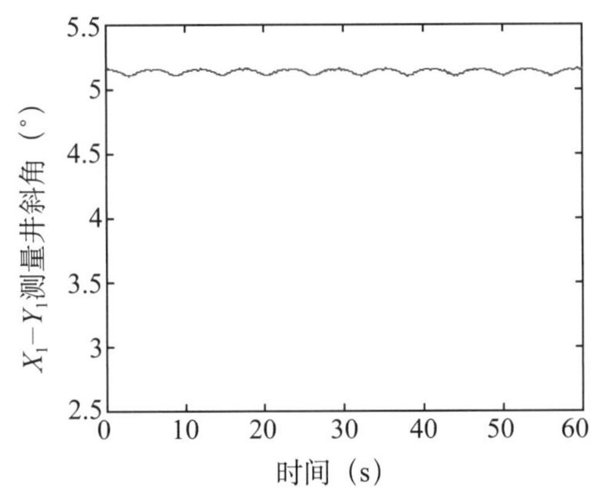

图7.120　X_1-Y_1测量轴动态测量井斜角信号(10r/min)

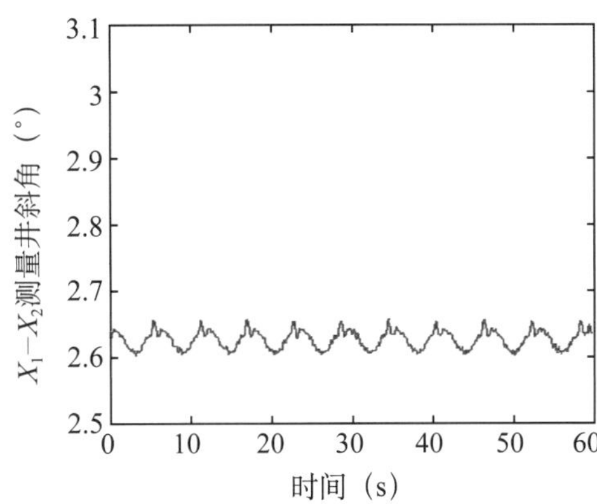

图7.121　X_1-X_2测量轴动态测量井斜角信号(10r/min)

c. 实验台以 20r/min 匀速旋转时动态测量实验。

实验装置倾斜角度不变，传感器以 20r/min 匀速旋转，X_1 测量轴、Y_1 测量轴输出电压信号经转折频率为 1Hz 的四阶 Butterworth 低通滤波器滤波处理后，按式（7.11）和式（7.16）计算的井斜角如图 7.122 所示，井斜角范围为 16.11º ~ 16.16º。相同条件下，X_1 轴、X_2 轴正交组合测量井斜角如图 7.123 所示，井斜角范围为 2.66º ~ 2.71º。

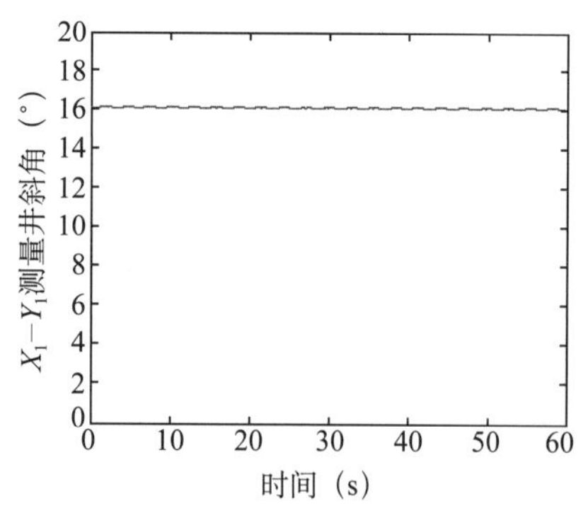

图7.122　X_1-Y_1测量轴动态测量井斜角信号(20r/min)

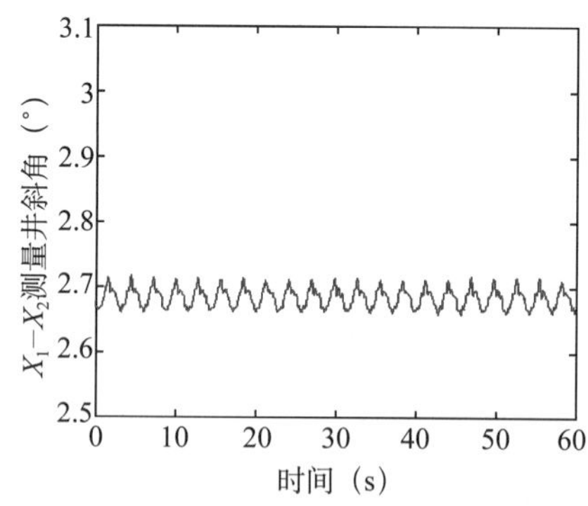

图7.123　X_1-X_2测量轴动态测量井斜角信号(20r/min)

d. 实验台以 30r/min 匀速旋转时动态测量实验。

实验装置倾斜角度不变，传感器以 30r/min 匀速旋转，X_1 测量轴、Y_1 测量轴输出电压信号经转折频率为 1Hz 的四阶 Butterworth 低通滤波器滤波处理后，按式（7.11）和式（7.16）计算的井斜角如图 7.124 所示，井斜角范围为 38.51º ～ 38.57º。相同条件下，X_1 轴、X_2 轴正交组合测量井斜角如图 7.125 所示，井斜角范围为 2.78º ～ 2.84º。

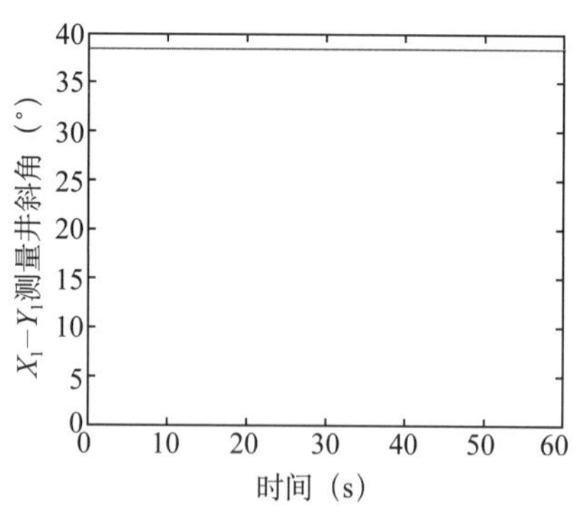

图7.124　X_1-Y_1测量轴动态测量井斜角信号(30r/min)

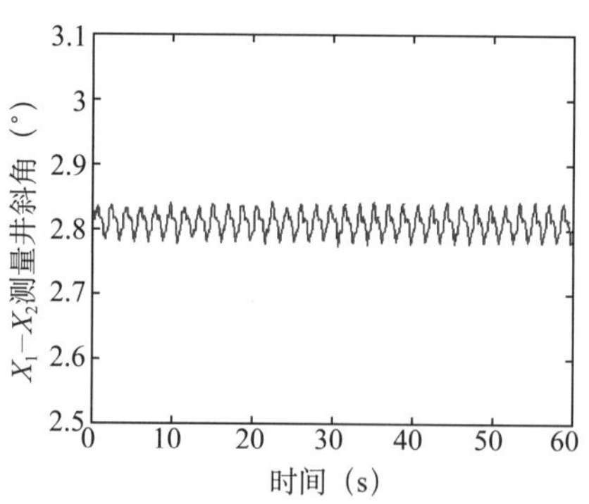

图7.125　X_1-X_2测量轴动态测量井斜角信号(30r/min)

e. 实验台以 40r/min 匀速旋转时动态测量实验。

实验装置倾斜角度不变，传感器以 40r/min 匀速旋转，X_1 测量轴、Y_1 测量轴输出电压信号经转折频率为 1Hz 的四阶 Butterworth 低通滤波器滤波处理后，按式（7.11）和式（7.16）计算的井斜角如图 7.126 所示，井斜角范围为 88.88º ～ 88.93º。相同条件下，X_1 轴、X_2 轴正交组合测量井斜角如图 7.127 所示，井斜角范围为 2.93º ～ 2.99º。

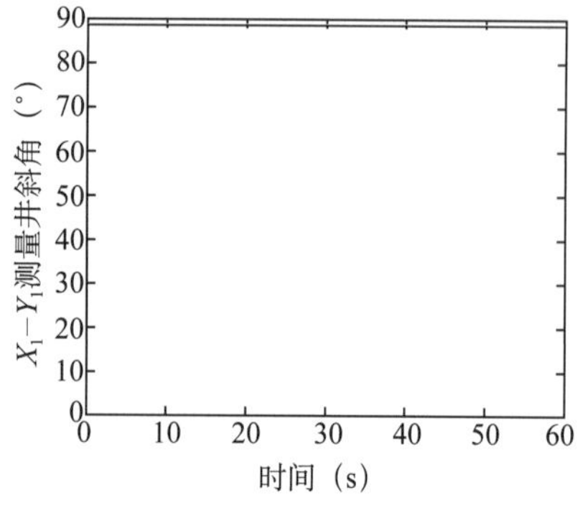

图7.126　X_1-Y_1测量轴动态测量井斜角信号(40r/min)

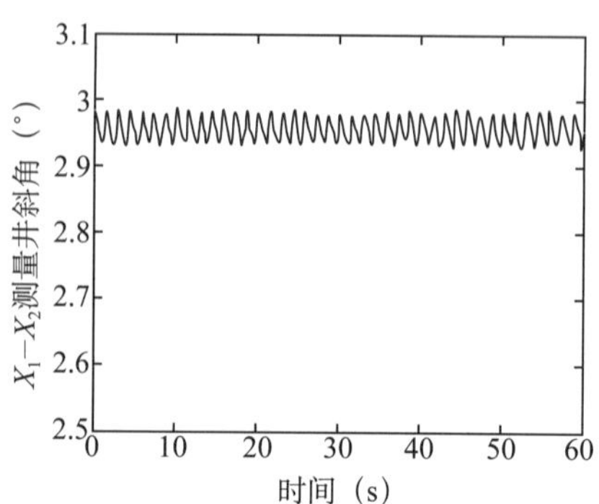

图7.127　X_1-X_2测量轴动态测量井斜角信号(40r/min)

③实验结果分析。

从重力加速度传感器在上述不同转速下匀速旋转时井斜参数动态测量实验结果可看出：

a. 从图 7.118 ～图 7.127 中所示井斜角曲线均为幅值约 0.025º 正弦波，并且该正弦波的频率与转速频率基本一致，低于 1Hz，与井斜信号频段混叠，在滤波处理中不能被滤除掉。在实验台倾斜度保持不变，将实验台的仪器托盘转动到不同圆周角度，定点静态测量井斜信号，发现在不同圆周角度，所测井斜角有差异，圆周 360º 上井斜变化范围约 0.5º，与旋转动态测量中井斜波动范围基本一致。由此可认为，井斜角曲线为幅值约 0.025º 正弦波主要是实验台仪器托盘旋转传动部件的配合间隙或加工误差所致，改进实验台将可进一步改善测量值。

b. 由 X_1 测量轴、Y_1 测量轴组成的双轴重力加速度传感器，由于 Y_1 轴指向旋转中心，受旋转离心力的影响很大，测量结果与实际值相差很大，当转速达 20r/min 时，其测量井斜角约为 16º，已经超出传感器量程，可见 X_1、Y_1 组合布局方式无法在旋转工况下对井斜参数进行实时正确测量。

c. X_1 轴、X_2 轴组合而成的新传感器系统，在转速从 5 ～ 40r/min 变化过程中，测量井斜角从约 2.61º 变到约 2.96º，随着转速提高，测量值增加 0.36º 左右，误差也较大，这主要是因为实验装置加工、校验工具有限，X_1 轴、X_2 轴指向与旋转切向方向还有一定安装误差。如果进一步减小安装误差或研究出恰当的初始安装误差软件补偿方法，测量精度将会进一步提高。

d. 综合比较 X_1、Y_1 组合测量结果与 X_1、X_2 组合测量结果，X_1、X_2 组合测量结果更接近真实值，可认为所提出的 2 个重力加速度传感器 X_1 轴、X_2 轴正交组合测量方式基本满足旋转工况下井斜参数动态测量要求。

7.8.3 小结

以上主要分析了重力加速度传感器的工作原理、井斜角和相对方位角静态与动态测量方法，并进行了相关模拟实验。

井斜静态测量中，一般可选取截止频率为 2Hz 左右的二阶 Butterworth 低通滤波器对传感器噪声干扰进行过滤，可以获得较好的测量效果。

实际钻井中存在的剧烈振动和随机转动会严重影响井斜测量的结果，井斜静态测量方法将不能满足动态测量要求，为此井斜动态测量是液控导向自动垂直钻井工具开发的一个关键课题。振动干扰信号相对于缓慢变化的井斜信号而言，属于较高频率信号，可通过恰当的低通滤波器进行滤除，效果较好；导向套随机转动而产生的干扰信号幅值与转速平方成正比，频率近似直流信号，比井斜所导致的双轴重力加速度传感器 X 轴、Y 轴的输出电压信号变化频率可能还要低，无法采用低通滤波器进行分离。另外，随机转动干扰只影响处于法向的测量轴输出电压信号，而对切向测量轴输出电压信号基本无影响，因此提出 2 个重力加速度传感器正交组合布置方式，来抑制导向套转动对井斜测量的影响。

理论分析和模拟实验表明：振动干扰信号可选取截止频率为 1Hz 左右的四阶 Butterworth 低通滤波器进行过滤，测量效果较好；导向套随机转动干扰信号可采用 2 个重力加速度传感器正交组合切向布置模式来进行抑制，效果较好。

7.9 声波沿钻柱传输的实验

在本书第 5 章研究了声波沿钻柱传输的理论模型和钻柱声波信道的频散特性；计算了单位时间脉冲信号及连续正弦信号沿钻柱传输的时域与频域特性，并代入钻井用常规钻杆的真实参数进行数值仿真计算，得到了截面沿轴向周期性变化的钻柱结构在频域上所表现的梳状滤波器结构特性，进一步分析了弹性纵波沿钻柱传输的频散特性；定性对比分析了钻杆的长度、接箍横截面积改变对系统的通频带位置和宽度的影响，得出了目前广泛应用的钻杆结构的通频带情况。理论分析结果需经实验验证后才能用于工程。本节将利用钻井施工实际应用的钻杆开展声波沿钻柱传输特性的实验研究，进而对前文理论计算结果进行验证，并在实验基础上分析研究钻柱类型、支撑条件等的差异对声波沿钻柱传输的影响。

以下介绍实验方案及实验装置，采用不同的信号激励方式对不同钻柱结构开展相关实验。

7.9.1 实验方案

本实验利用圆头手锤、力锤及激振器纵向激励钻柱端面的方式，产生沿钻柱传输的声波。信号采集接收装置在钻柱两端同时接收，对比输入与输出信号，以分析声波沿钻柱的传输特性。

实验中所用钻杆均为目前石油钻井施工所用的在役钻杆（图 7.128），所选钻杆参数为最普遍使用的 5in（127mm）及 $3^1/_2$in（89mm）钻杆。将钻杆支撑于木质垫块，利用链钳将各根钻杆用螺纹水平连接。

实验中用力锤产生宽频脉冲信号，用激振器在钻柱左端面产生连续正弦信号的纵向激励，在钻柱右端用加速度传感器进行纵向接收。实验系统的信号发射、接收装置和采集系统的连接如图 7.129 所示。

图中实线和虚线连接分别对应激振器和力锤两种激励方式，计算机控制激振器的信号输入，经功率放大器后驱动激振器在钻杆左端中心产生正弦信号。

信号采集系统 9 个通道同时采集信号，通道 1 ~ 8 接钻柱右端的加速度传感器，通道 9 接左端激励信号。钻柱右端加速度传感器按照图 7.130 的方式布置。

图7.128 钻杆连接照片

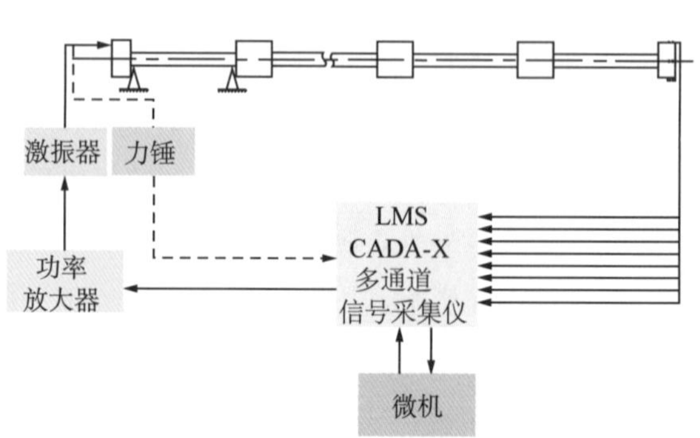

图7.129 实验设备连接示意图

采用力锤激励时，力锤冲击点分别位于钻柱左端面周向与图 7.130 中加速度传感器 1、2、3、4 相对应的方位，及左端面的中心（安装一堵头，锤击堵头的中心）。

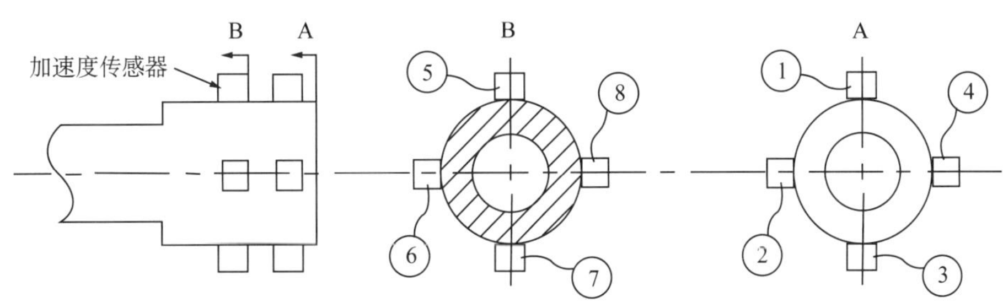

图7.130 加速度计布置示意图

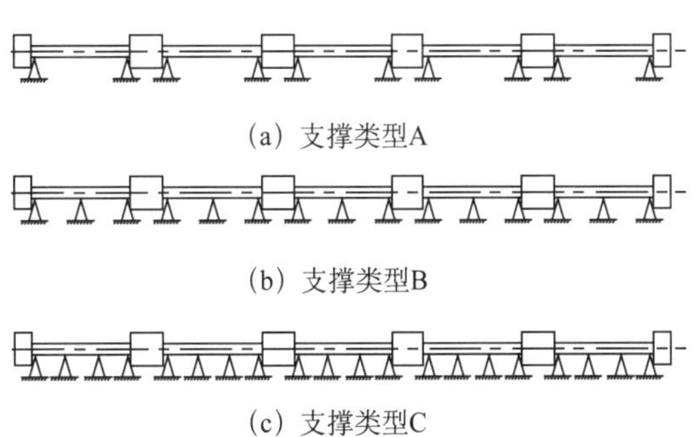

图7.131 钻杆支撑方式示意图

每次实验，钻柱分别按图 7.131 中的 3 种支撑方式重复进行，以研究支撑方式对信号传输的影响。

在研究过程中，根据上述实验目的及实验硬件条件，制订相关实验方案，共进行 13 组实验：

第 1 组：用链钳将 5 根 5in 钻柱螺纹首尾相连，改变钻柱支撑方式，利用力锤纵向激励左端公接头端面（上下左右 4 个位置），在右端对应 4 个位置同步纵向及横向接收。

第 2 组：在上述 3 种支撑情况下，利用力锤横向激励钻柱一端，在另一端横向及纵向接收。

第 3 组：用链钳连接 5 根 $3^1/_2$in 钻柱，改变支撑方式，利用力锤首先纵向激励左端公接头端面，再横向激励端面及末端钻杆的中间位置，在另一端纵向及横向分别接收。

第 4 组：安装接头于 5 根 5in 钻柱左端面，利用力锤纵向激励左端面中点，在另一端纵向及横向接收。

第 5 组：安装激振器于 5 根 5in 钻柱左端面中心，扫频发射正弦信号，在另一端纵向及横向接收。根据发射信号为扫频信号及力锤纵向激励中点信号的接收信号频谱，选定通频带、阻频带及尖峰频率，然后用所选定频率利用激振器激励正弦信号，在另一端接收。

第 6 组：将钻柱一端抬高，利用激振器发射扫频正弦信号，在另一端接收；再分别以水平位置所发射频率的正弦信号输入。

第 7 组：连接 5in 钻杆 10 根，分别用力锤、激振器在左端中心发射脉冲信号及连续正弦信号，接收。

第 8 组：抬高 5in 钻杆 10 根。重复第 6 组实验。

第 9 组：连接 $3^1/_2$in 钻杆 10 根，力锤、激振器中心扫频及定频激励。

第 10 组：抬高 $3^1/_2$in 钻杆 10 根，力锤、激振器中心扫频及定频激励。

第 11 组：衰减分析，连接 10 根钻杆左端激励，右端不同位置同步接收。

第 12 组：衰减分析，在抬高 2 种钻杆的情况下，进行激励与接收。

第 13 组：连接变径接头，用锤击及激振器进行连续激励，并接收信号。

在连接 5 根钻杆的实验过程中，为尽量减小钻杆及接箍长度的偏差，所选用钻杆分别是表 7.11

中所列前 5 根钻杆顺次连接。10 根钻杆测试过程中钻杆顺序亦按表 7.12 所列钻杆顺序从左向右连接。

表7.12　试验中用到的钻杆参数

钻杆编号	$3^1/_2$in 钻杆			5in 钻杆		
	外螺纹接头处接箍长度(m)	钻杆长度(m)	内螺纹接头处接箍长度(m)	外螺纹接头处接箍长度(m)	钻杆长度(m)	内螺纹接头处接箍长度(m)
1	0.200	9.070	0.260	0.200	9.110	0.240
2	0.210	9.100	0.260	0.200	9.100	0.235
3	0.200	9.100	0.260	0.205	9.130	0.235
4	0.200	9.120	0.260	0.200	9.130	0.220
5	0.200	9.100	0.250	0.200	9.120	0.230
6	0.210	9.150	0.260	0.190	9.190	0.220
7	0.200	9.080	0.260	0.220	9.030	0.230
8	0.200	9.100	0.260	0.220	9.200	0.210
9	0.200	9.080	0.260	0.200	9.100	0.210
10	0.200	9.090	0.260	0.200	9.180	0.200

7.9.2　试验装置及设备

实验中所用到的装置与设备，前文实验方案中已经有所提及，下面分别作进一步介绍。

（1）力锤。采用普通圆头手锤及机械测试用力锤，如图 7.132 所示，力锤冲击头为铝制，其自带的力传感器能将冲击信号通过放大装置直接输入到信号采集仪。

（2）激振器及其匹配功率放大器。本实验所用信号采集分析仪及其配套的软件系统可兼做信号发生器，其产生的连续正弦信号传送至功率放大器，输入激振器后，在钻柱左端面产生纵向激励信号，如图 7.133 所示。

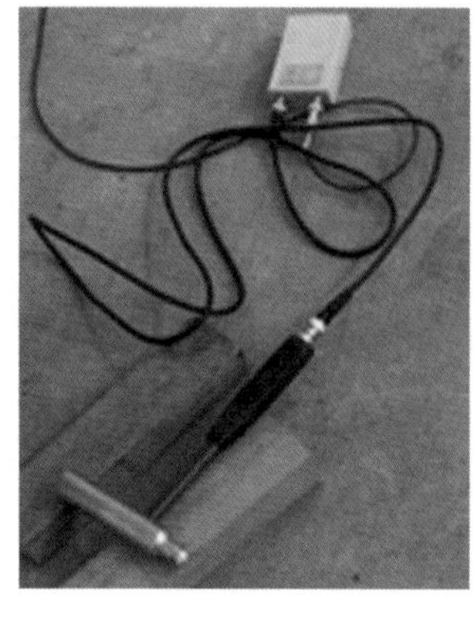

图7.132　实验用力锤

图7.133　激振器及其功率放大器

(3) LMS CADA － X 试验采集仪。实验中所用 LMS CADA － X 试验采集分析系统为比利时 LMS 国际公司生产。该采集仪具有 4 路控制通道，48 路采样通道，采样精度可达 16 位（图 7.134 和表 7.13）。

表7.13　LMS CADA－X试验采集分析系统

设备名称	型号	性能
主机箱，SCSI 接口	SC310	48 路数据采样； 最高采样频率 210kHz； 采样精度 16 位；DSP 数据处理
ICP 调制输入模块	PQA	
A/D 转换器，DSP 数据处理器	SP90 － B	
信号源输出模块	QDAC	
加速度计校准器	P394C06	

(4) PCB 加速度计。实验中用于接收信号的传感器为压电陶瓷剪切 ICP 加速度计，量程 ±50gpk，灵敏度 100mV/g，频响范围 0.5Hz ~ 3kHz，10 ~ 32 接口顶端连接，5 ~ 40 底部安装，如图 7.135 所示。在本实验中，所用到该传感器数量为 9 个，其中编号 1 ~ 8 的加速度计安装位置参见图 7.130，第 9 个传感器用于采用圆头手锤激励时在钻柱左端测量输入信号强度。

图7.134　试验采集分析系统

图7.135　PCB加速度传感器

7.9.3　宽频脉冲信号激励实验

本实验中的宽频信号是利用力锤纵向敲击钻柱产生的，脉冲信号在时域必然有一定宽度，因此实际所产生的窄脉冲激励的频谱不可能是无限宽的。由于实际力锤冲击产生的窄脉冲信号频带宽度是有限宽的，因此下面的实验中只是在一定的频率范围内对接收信号进行分析。

在本处宽频脉冲信号激励实验中，每次纵向敲击、纵向接收实验都重复进行 3 次。事后在对实验结果的分析中可以看到，每次实验结果仅仅存在于幅值及时域位置的差异，因此在以下各部分的时域及频域分析中均是以第 2 次测得的实验数据进行分析。

7.9.3.1　5in 钻杆的宽频信号激励实验

在本实验中钻柱为平放支撑，自然实验结果与垂悬于井中的钻柱对声波的传输特性有差别。并且由于支撑的存在，导致钻柱架起后存在一定的弯曲，纵波在弯曲的管道中传播时，在管道和接头的界面会发生波形的转换，从而消耗纵波能量，因此在接收端除对纵波进行接收，同时检测横波。

下面按照力锤不同的激励位置、钻柱不同的支撑情况、不同的钻柱长度、不同的信号接收位置及钻柱弯曲等情况分别进行实验。

(1) 5 节 5in 钻杆端面边缘纵向激励。

利用力锤纵向敲击钻柱左端面，敲击点依次与图 7.130 中加速度传感器 1 ~ 4 的方位相对应。下面首先研究当力锤敲击点与加速度传感器 1（或 5）的安装方位相对应时，数据采集仪 9 个通道的接收信号。

实验过程中，按照图 7.131 中 A、B、C 三种支撑情况分别进行激励和接收，虽然采用力锤纵向激励钻柱端面，但钻柱实际受到的激励方向并不会完全与钻柱的轴向平行，所以激励后的钻柱中必然会产生一定的弯曲波和扭转波。下面分析支撑 A 的实验结果。

①时域分析。

实验过程中，LMS 信号采集分析仪的采样频率选择为 20480Hz，采样时间为 48.8281μs，数据采样点数为 208896 个。实验中 9 个通道记录的时域波形如图 7.136 和图 7.137 所示。

其中，通道 1 ~ 4 所记录的为 4 个纵向接收信号波形，通道 5 ~ 8 所记录的为 4 个横向接收信号波形，通道号与图 7.130 中加速度传感器的编号对应，通道 9 记录冲击锤所产生的脉冲信号波形，各通道时域波形放大图如图 7.138 所示。

上述波形放大图均开始于信号接收起点，通道 1 ~ 4 截取时间间隔为 0.0094s，通道 5 ~ 8 截取时间间隔为 0.0188s。从上述时域波形图中可以看出：

接收信号发生失真。从图 7.137 中可以看出，信号经 0.5s 之后幅值急剧衰减，经过 3s 基本耗散至 0。这是由于激励信号沿钻柱传输过程中，在接箍及钻柱的截面面积突变处不断发生反射和透射的结果。

接收端的各个通道接收信号的相位存在差异。从图 7.138、图 7.139 和图 7.140 中可以看出，通道 1 ~ 4 接收信号时域波形的相位始终相同，差异仅仅存在于横波直达波到达的时刻附近，在横波直达波接收时刻，通道 1 及通道 3 中波形相位有短暂反相。通道 5 及通道 7 时域波形的相位始终相反，通道 6 与通道 8 波形的相位随时间不断变化。

通道 1 ~ 4 时域波形幅值基本相同，通道 1 的信号最大峰值略大，信号幅值差异出现在传输过程中反射信号的叠加处；通道 5 与通道 7、通道 6 与通道 8 波形所对应幅值基本相同。

通道 1 ~ 4 接收信号波形的各个脉冲峰值同时出现，并且方向相同；通道 5 与 7、通道 6 与 8 的脉冲峰值分别同时出现，方向相反。各脉冲峰值之间的时间间隔基本为横波或纵波沿钻柱传输 1 节钻杆的时间。这是由于加速度传感器 5 与 7，6 与 8 分别对称安装所致。

从图 7.138 中可以看出：力锤敲击信号起始时刻为 3.3086s，纵向直达脉冲起始时刻为 3.3179s，纵波沿钻柱传输经历时间 Δt=0.0093s。实验中所用钻柱为表 7.11 中标号为 1 ~ 5 的 5 根，总长度 L 为 47.755m，计算纵波在钻柱中传播速度为 $c=L/\Delta t$=5134.96m/s，与理论值基本吻合。

时域波形图的第 1 个波形峰值代表用力锤敲击所产生的脉冲信号经过整根钻柱传输后，到达另一端的直达波。从图 7.139 与图 7.140 中前 4 个通道与后 4 个通道波形对比可以看出，钻杆中横波传播速度约为纵波传输速度的 2 倍。

通道 5 与通道 7 接收到的横波直达波的幅值比纵波直达波的幅值大。通道 1 ~ 8 波形最大值发生在同一时刻，该时刻是横波直达波到达钻柱另一端的时刻。即在纵向偏心的位置激励钻柱端面时，沿钻柱将发生复杂的波形转换，最大的纵波幅值发生在横波到达的时刻。

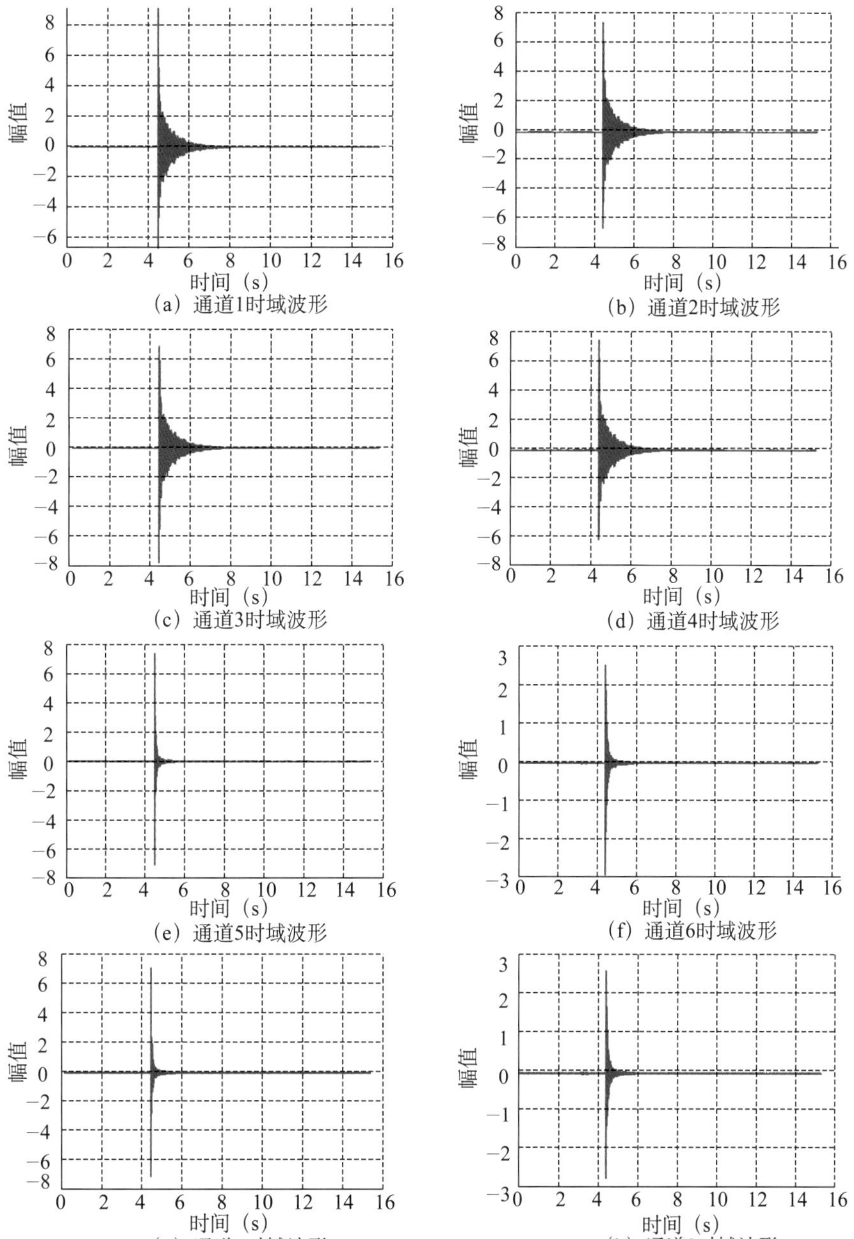

（a）通道1时域波形　（b）通道2时域波形

（c）通道3时域波形　（d）通道4时域波形

（e）通道5时域波形　（f）通道6时域波形

（g）通道7时域波形　（h）通道8时域波形

图7.136　接收端8个通道的时域波形图

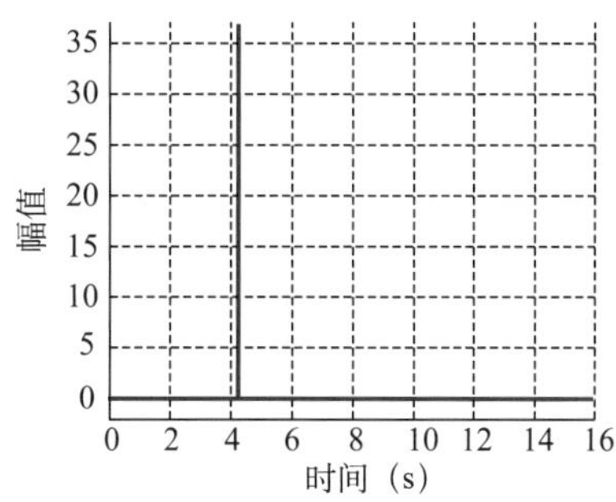

图7.137　激励信号的时域波形图（通道9时域波形）

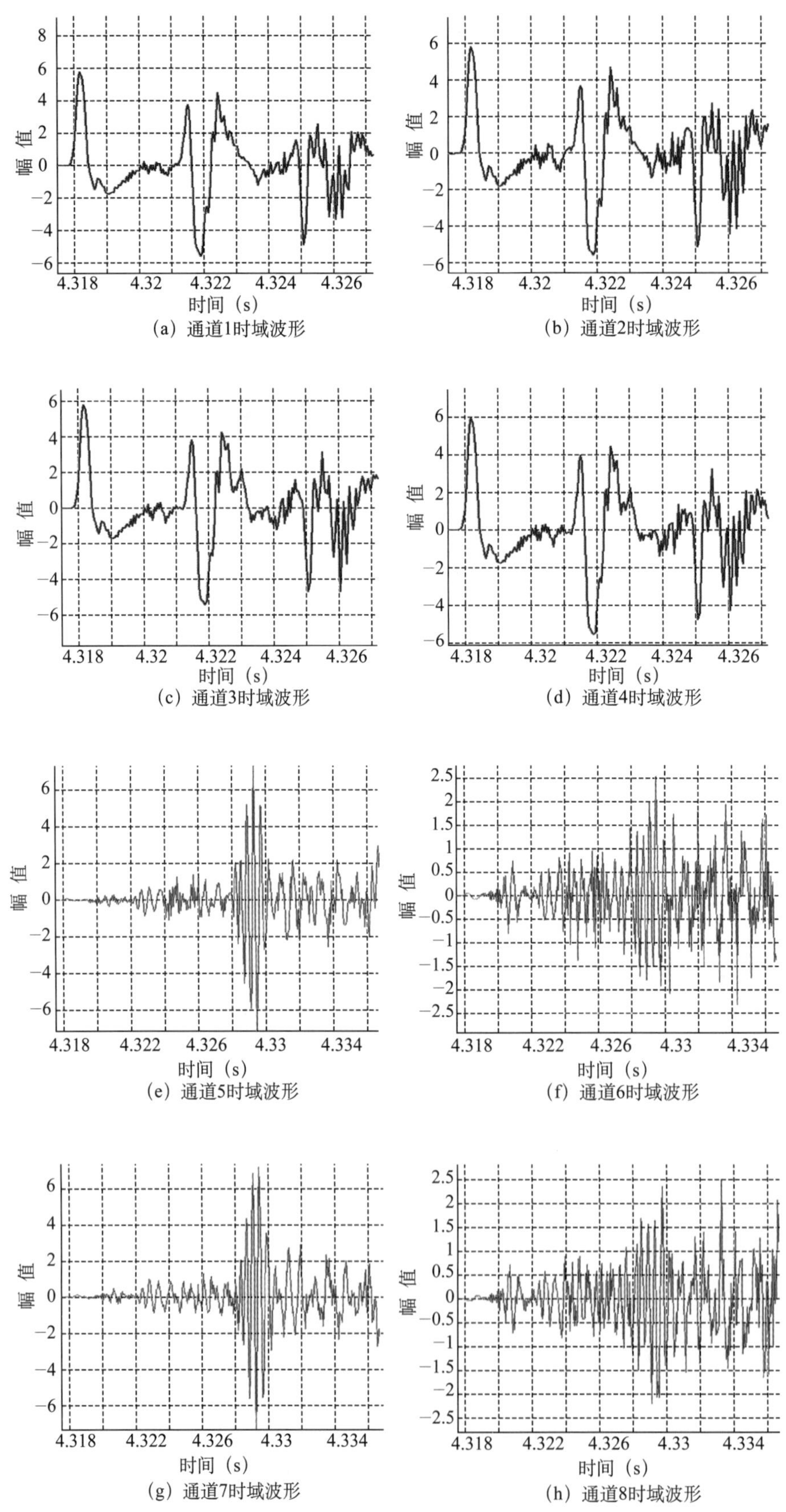

（a）通道1时域波形

（b）通道2时域波形

（c）通道3时域波形

（d）通道4时域波形

（e）通道5时域波形

（f）通道6时域波形

（g）通道7时域波形

（h）通道8时域波形

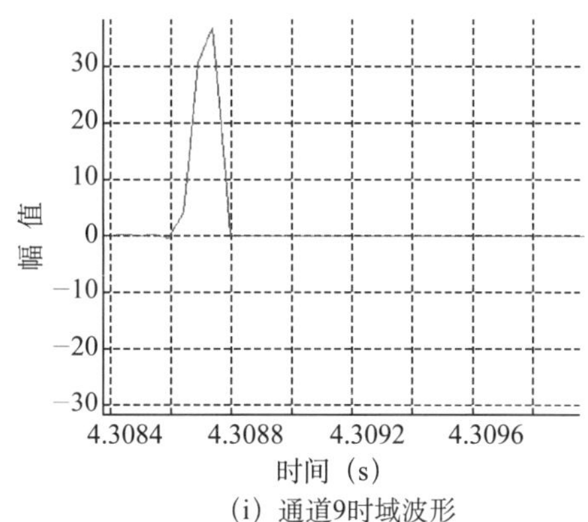

（i）通道9时域波形

图7.138　各通道时域波形放大图

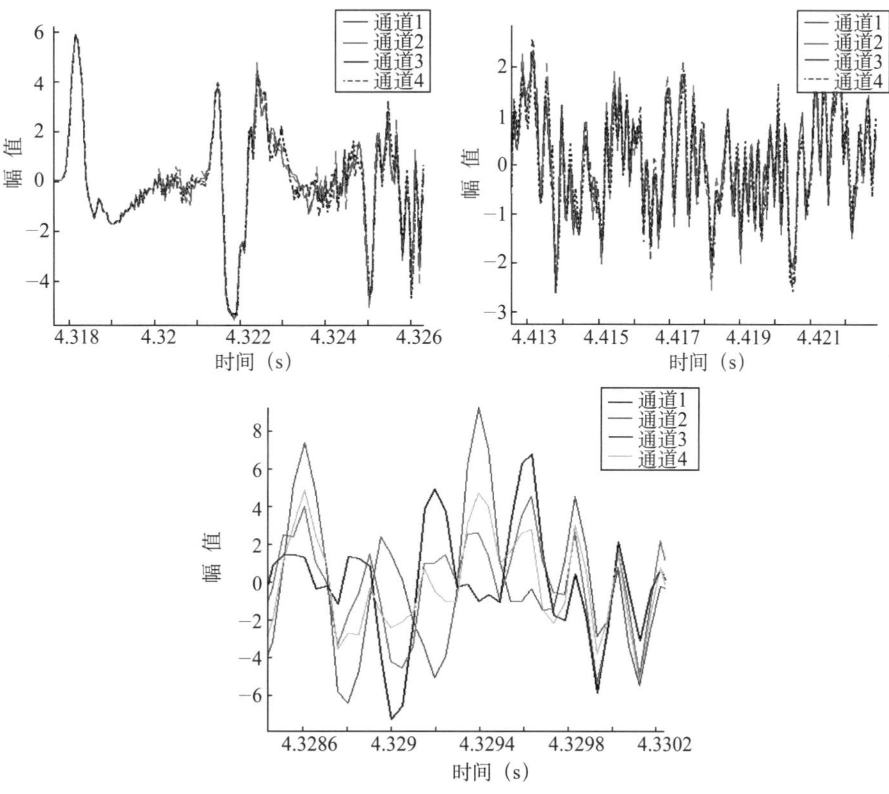

图7.139　通道1～4时域波形对比图

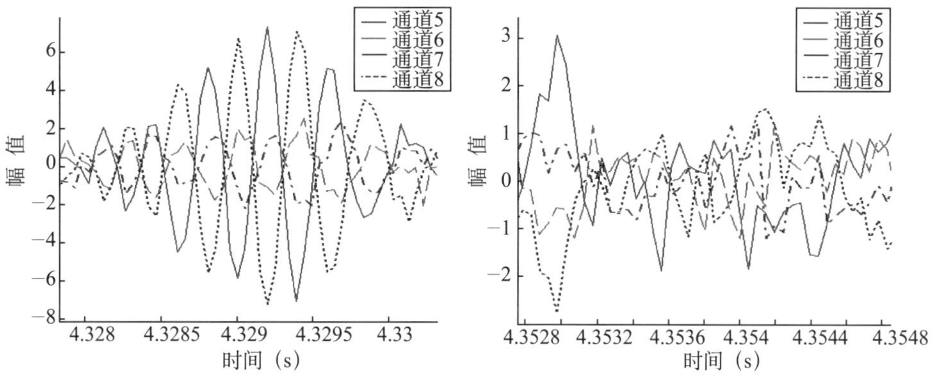

图7.140　通道5～8时域波形对比图

因此，这种激励方式将在钻柱中同时产生纵向波及横波，以纵波能量为主，但横波的存在会对纵波的相位及强度造成很大影响。

波动在沿钻柱传输过程中，不断发生反射与透射。第 1 次全程反射后的波形已经相当复杂，基本难以辨认，波形的每一点都是在钻柱两端反射及接箍处的历次反射和透射的叠加。

②频域分析。

由时域波形图 7.136 可以看出，信号在 6s 后幅值已经大大减小，因此选取 6.4s 之前（采样 2^{17} 个点）的时域信号进行频谱分析。快速傅里叶变换的采样频率同 LMS 多通道数据采集仪的采样频率一致为 20480Hz，变换后可得各通道频谱如图 7.141 所示。

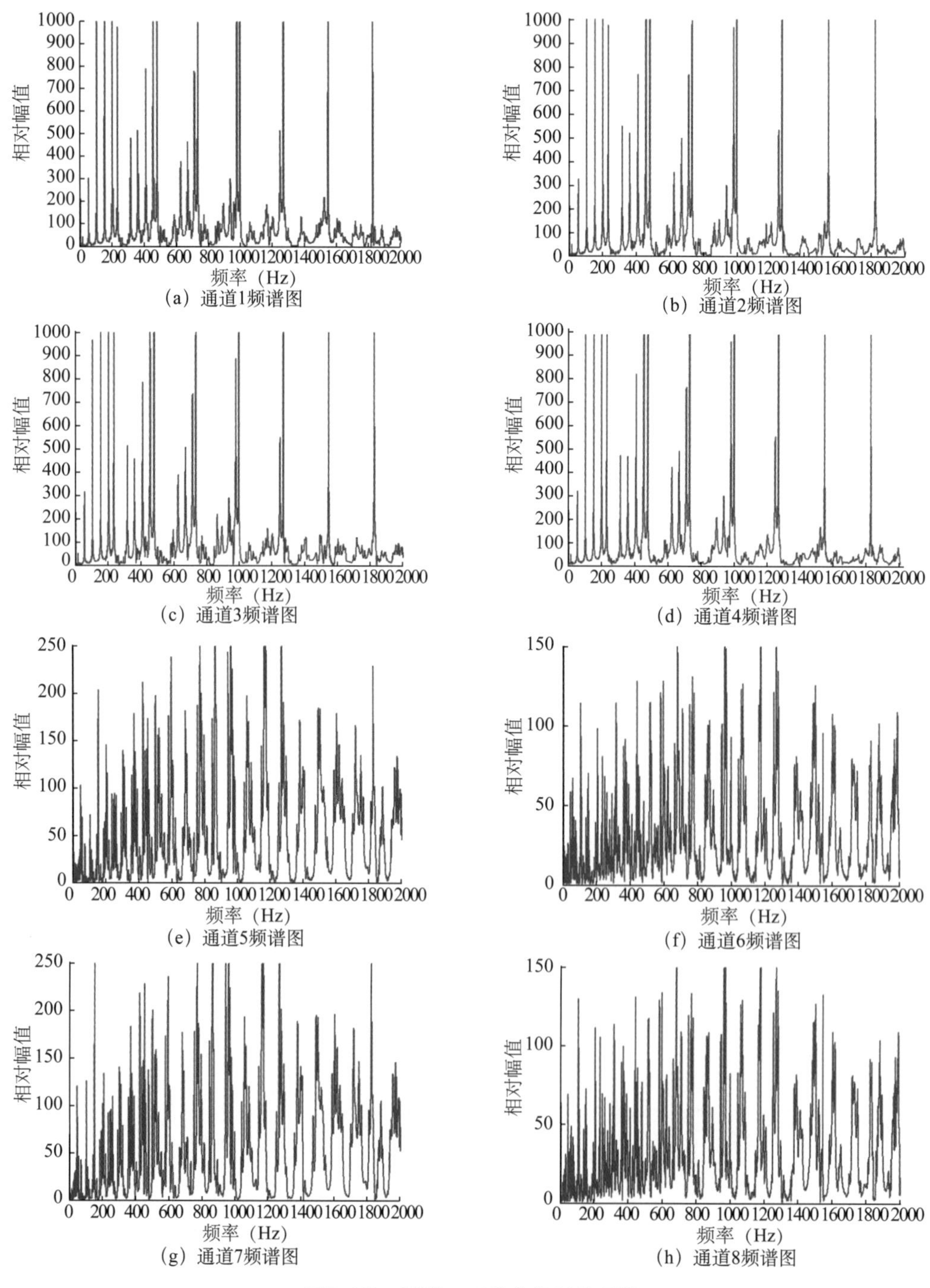

（a）通道1频谱图 （b）通道2频谱图
（c）通道3频谱图 （d）通道4频谱图
（e）通道5频谱图 （f）通道6频谱图
（g）通道7频谱图 （h）通道8频谱图

图7.141　通道1～8接收信号的频谱

从图 7.142 的输入信号频谱图可以看出，输入信号频率范围为 1 ～ 10000Hz，在更高频处响应基本为 0，这与力锤锤头材质、敲击的速度及敲击力的大小有关。

从图 7.141 中通道 1 ～ 4 的接收信号频谱图中可以看出，该 4 个通道的频谱特性基本相同，频带宽度和位置基本是一致的，4 个通道的频域波形幅值略有差异，这种幅值差异是输入信号的激励位置导致的。图 7.143 为 4 个通道接收的纵波局部频域信号对比。

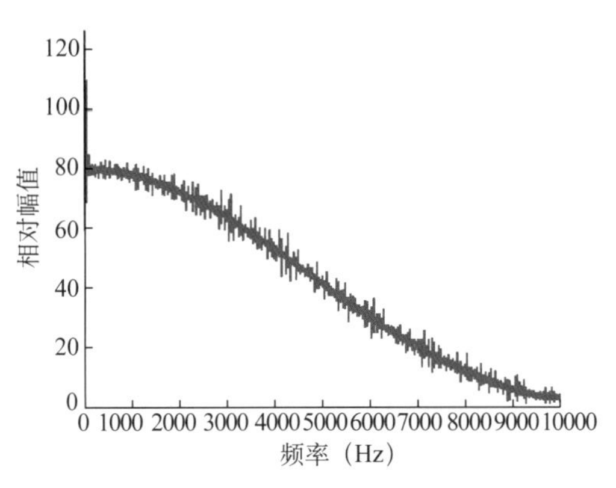

图7.142　输入信号的频谱（通道9频谱图）

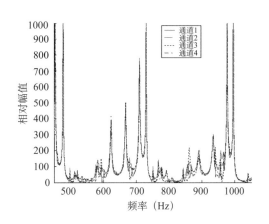

图7.143　通道1～4频谱局部放大图

从图 7.141 中通道 5 ～ 8 的接收信号频谱图中可以看出，该接收横波的 4 个通道的频谱频带宽度和位置基本是一致的，幅值差异较大。通道 5 与通道 7、通道 6 与通道 8 的幅值分别对应相等，这是由于该 4 个通道所测量的横波信号传感器周向布置位置差异及激励信号位置导致的。图 7.144 为 4 个通道接收的横波局部频域信号对比。

从图 7.143 与图 7.144 中还可以看到：前 4 个通道与后 4 个通道接收信号的频谱是不同的，从图 7.145 通道 1 与通道 5 的局部频谱对比图可以明显看到，频带宽度和位置已经有了差异。由于横波的幅值与纵波相差太多，因此在频带上不易细致区分。但从图 7.145 可看出，横波与纵波沿钻柱传输时，其频带结构是不同的。

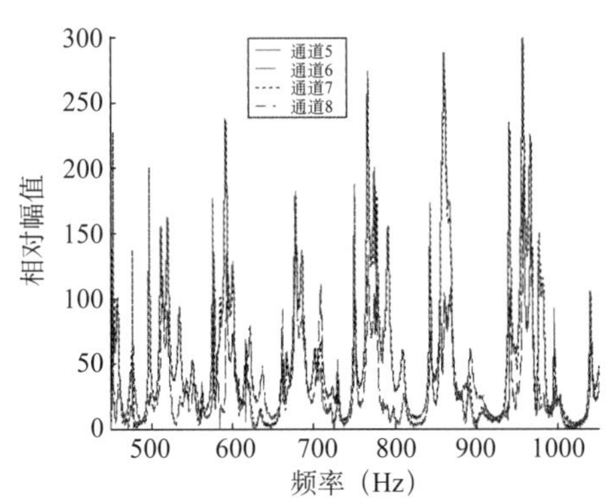

图7.144　通道5～8频谱局部放大图

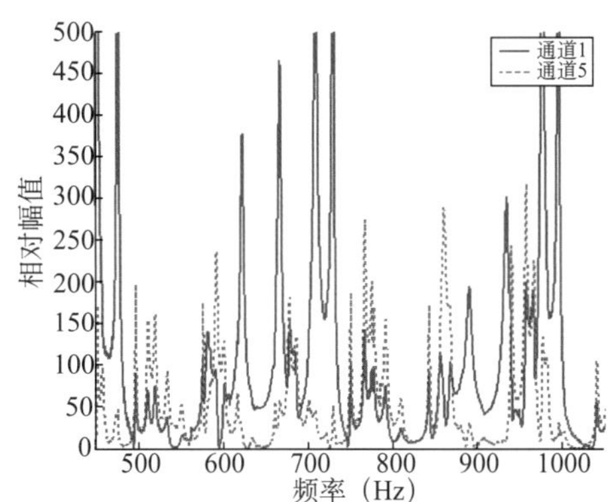

图7.145　通道1与通道5频谱对比图

从上述分析可得到如下的认识：

将实验数据进行傅里叶变换后，其频谱图呈现出通频带与阻频带交替出现，即钻柱系统的响应呈现出梳状滤波器特性。纵波信号频谱在每个通带内基本含有 5 个峰值。

当改变敲击位置，敲击点分别与加速度传感器 2、3、4 的方位对应时，实验所得到的时域及频域波形与上述实验结果类似，只是各波形出现的通道位置有差异。

（2）5 节 5in 钻杆端面中心纵向激励。

在钻杆左端安装堵头（图 7.133），堵头与钻杆外螺纹完全紧密旋合。利用力锤纵向敲击钻柱左端面堵头中心，研究 9 个通道接收信号。

实验过程中，按照图 7.131 中 A、B、C 三种支撑情况分别进行敲击和接收，下面以支撑为 A 的情况为例进行分析。

①时域分析。

实验过程中，数据采集仪设置同前。加速度传感器安装位置及数目都不变。各通道时域波形放大图如图 7.146 和图 7.147 所示。

从上述时域波形图中可以看出：

通道 1 ～ 4 的时域信号波形对应一致。在波形的每个峰值处，4 个通道信号幅值相等，相邻峰值之间每个通道信号仍存在差异。

对比端面偏心纵向敲击时的波形图 7.138 可知：由于力锤敲击位置改为中心，因此接收端 4 个加速度传感器所接收到的纵波是均匀的，即纵波在沿钻柱传输过程中，沿着钻柱壁周向同步传输。

通道 1 ～ 4 时域信号的极值出现在第 1 个纵波直达波到达的时刻，以后每个峰值幅值逐渐减弱。

对比激励信号图 7.147 与图 7.137，在激励信号明显减小的情况下，通道 1 ～ 4 对应的纵波直达波信号反而增强，即横波分量的减小，能够大大提高传输纵波的强度。因此声波随钻传输系统在可能造成产生横波的井身结构井中（如斜井），所需的声波发射功率要大；而系统在直井中应用时，传输距离就会比在斜井中大得多。

通道 1 ～ 4 接收信号的相位基本相同。从图 7.148 和图 7.149 中可以看出，通道 1 ～ 4 中时域波形的相位始终相同，仅在横波直达波到达时刻附近仍然存在微小的相位差异。在横波直达波接收时刻，仅通道 1 中波形相位有短暂反相，但是该差异与纵向偏心敲击时（图 7.139）相比，已经减小了很多。

通道 5 ～ 8 的时域波形基本一致，但是相位有差异。通道 5 及通道 7 时域波形的相位始终相反，通道 6 与通道 8 波形的相位始终相反。通道 5 及通道 7、通道 6 与通道 8 的波形幅值分别对应相等。

与纵向偏心敲击时（图 7.140）对比可以看出：当力锤敲击位置为钻柱左端面中心时，敲击所产生的弯曲波分量已经很小，沿钻柱周向所产生的弯曲波强度基本是均匀的。当然，由于力锤敲击位置不能完全与端面中心重合，以及支撑的存在，就会导致波形幅值的不均匀。

从通道 9 的波形看出，激励信号不像纵向偏心敲击时平滑，这是由于激励位置为堵头中心，堵头与钻柱连接处又存在纵波的反射，接收到的信号实为 2 次信号的叠加所造成的。

②频域分析。

对上述时域信号进行快速傅里叶变换（采样频率选 20480Hz，采样点为 217 个，后文中均如此），可得到各通道信号的频谱，如图 7.150、图 7.151 所示。

从图 7.150 和图 7.151 中看到，通道 1 ～ 4 接收信号的频谱是一致的，4 个通道通频带终端完全一致，但通频带起始位置存在差异。在阻频带，通道 1 及通道 3 的幅值较通道 2 与通道 4 的波动相对较大，这是由于钻柱的支撑位于加速度传感器 3 的方位，从而对信道特性造成影响。对比纵向偏心激励时（图 7.143）可以看出，激励在中心位置时，4 个通道频谱的杂乱性已经明显改善。

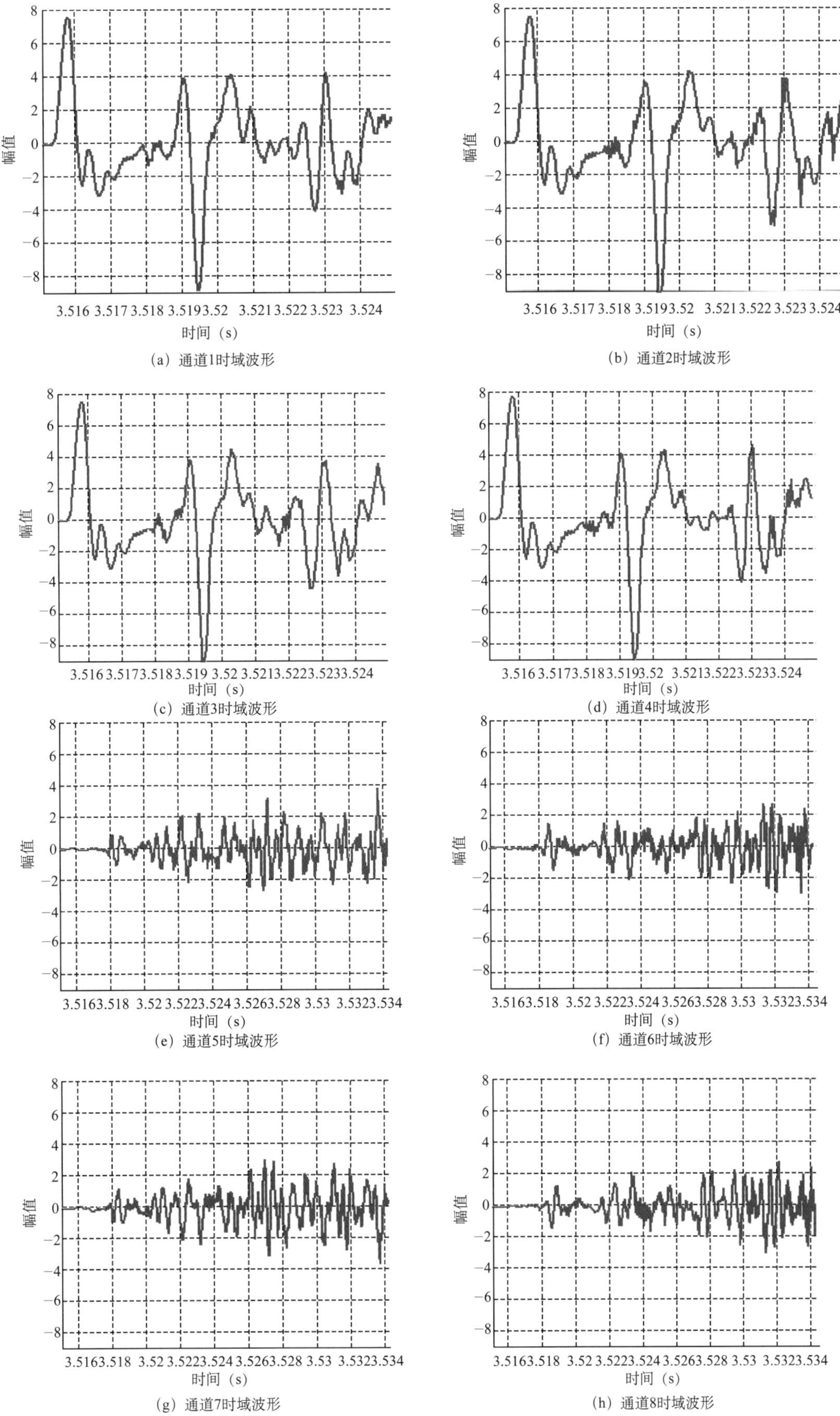

图7.146 通道1～8接收信号时域波形图

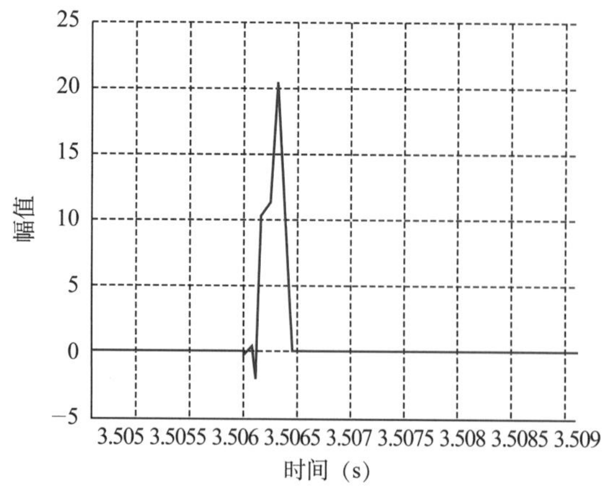

图7.147　历锤发射信号波形(通道9时域波形)

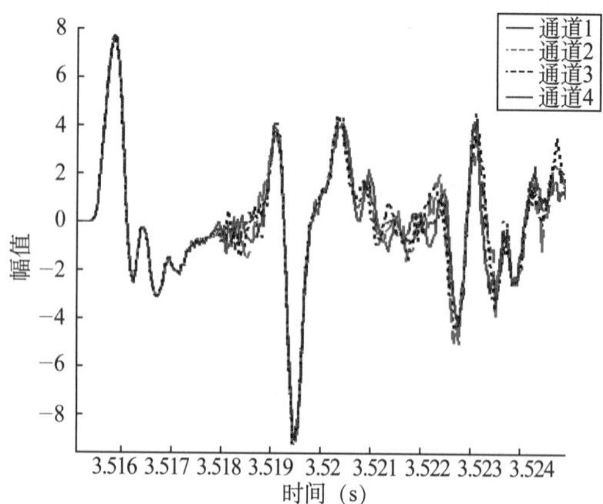

图7.148　通道1～4时域波形对比图

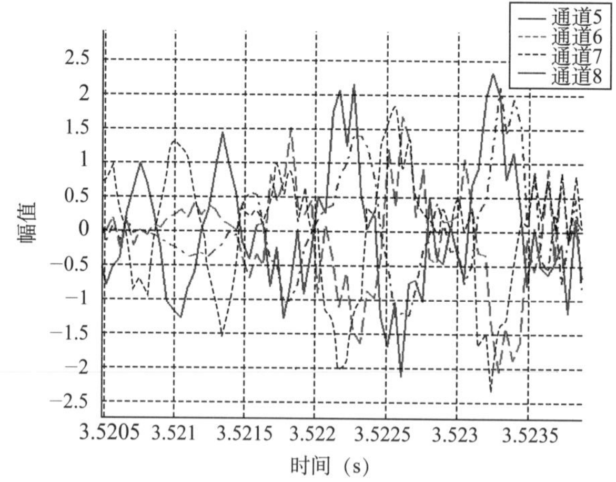

图7.149　通道5～8时域波形对比图

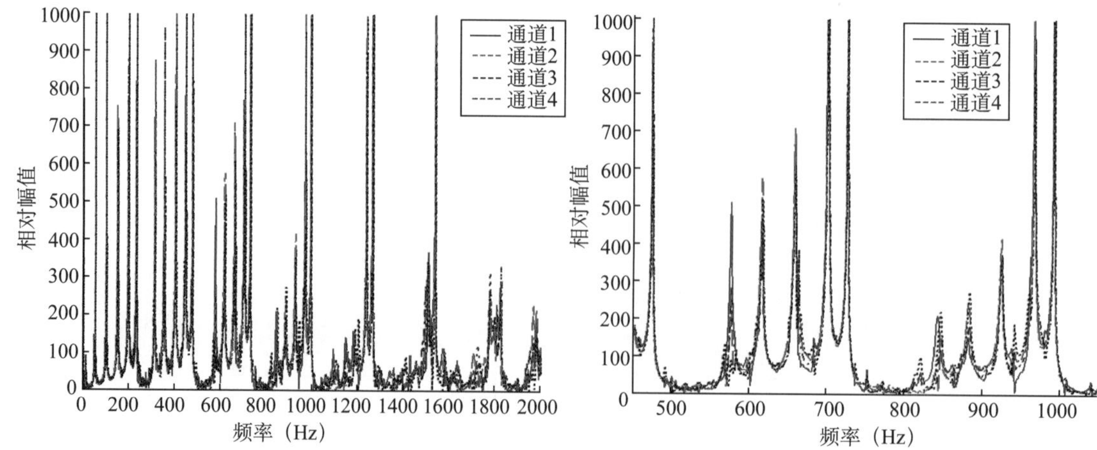

图7.150　通道1～4接收信号频谱

从通道 5 ～ 8 的接收信号频谱图中可以看出，通道 5 与通道 7、通道 6 与通道 8 的幅值分别对应相等，梳状滤波器特性不像纵波那样明显。

另外，对比图 7.150 与图 7.151 还可以看到：前四个通道与后四个通道接收信号的频谱是明显不同的，这是由于波形差异决定的。

(3) 5 节 5in 钻杆不同支撑时端面中心纵向激励。

仅仅改变钻柱支撑的个数和排列方式，利用力锤纵向敲击 5 节 5in 钻杆所组成的钻柱左端面堵头中心，研究每种支撑方式下纵向接收信号的时域和频域波形变化。

在该实验过程中，支撑方式分别为按照图 7.131 中 A、B、C 3 种方式，各重复进行 4 次。选取其中力锤敲击信号强度基本相同的 3 次实验数据，以便进行对比分析。

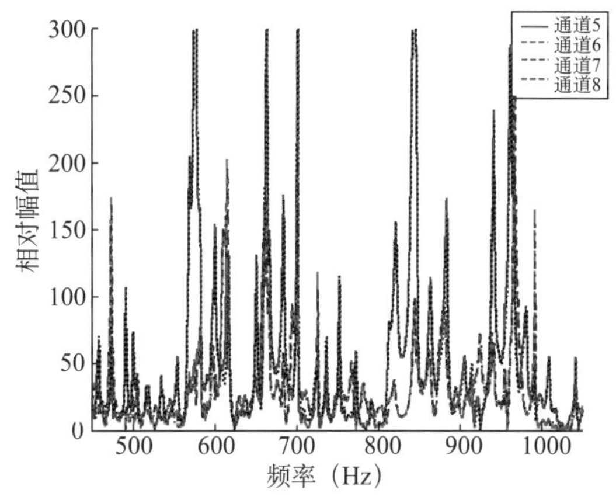

图7.151　通道5～8接收信号频谱

①时域分析。

在支撑方式为 A、B、C 3 种情况下，力锤信号采集通道获得的时域电压信号如图 7.152 所示。

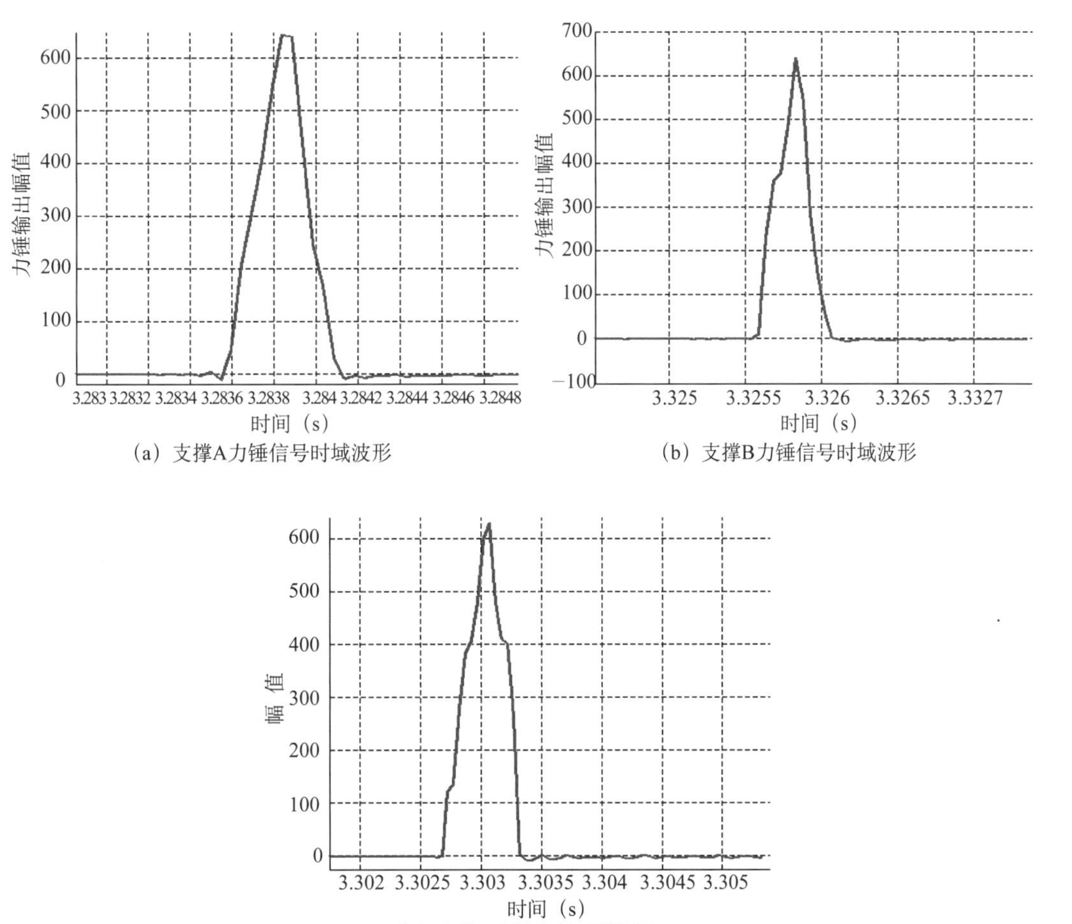

(a) 支撑A力锤信号时域波形

(b) 支撑B力锤信号时域波形

(c) 支撑C力锤信号时域波形

图7.152　支撑A、B、C3种方式下的力锤输出信号

从图 7.152 中可以看出，LMS 多通道信号采集系统所获得力锤输出信号的幅值在支撑 A 情况时为 643，支撑 B 情况时为 638，支撑 C 情况时为 630。即在这 3 种支撑情况下，钻柱系统的输入信号几乎是相同的。

在接收端加速度传感器所获得的时域信号如图 7.153 所示（以图 7.130 中通道 1 信号为例）。

比较图 7.153 中 3 种支撑方式下加速度传感器接收信号的时域波形，可以看到在支撑 A 的条件下，所接收到的纵波直达波时域幅值在 2.73 左右；支撑 B 的条件下，接收直达纵波峰值 2.23 左右；支撑 C 的条件下，接收到直达纵波峰值 2.1 左右。即支撑的增加导致直达波信号的幅值减小。

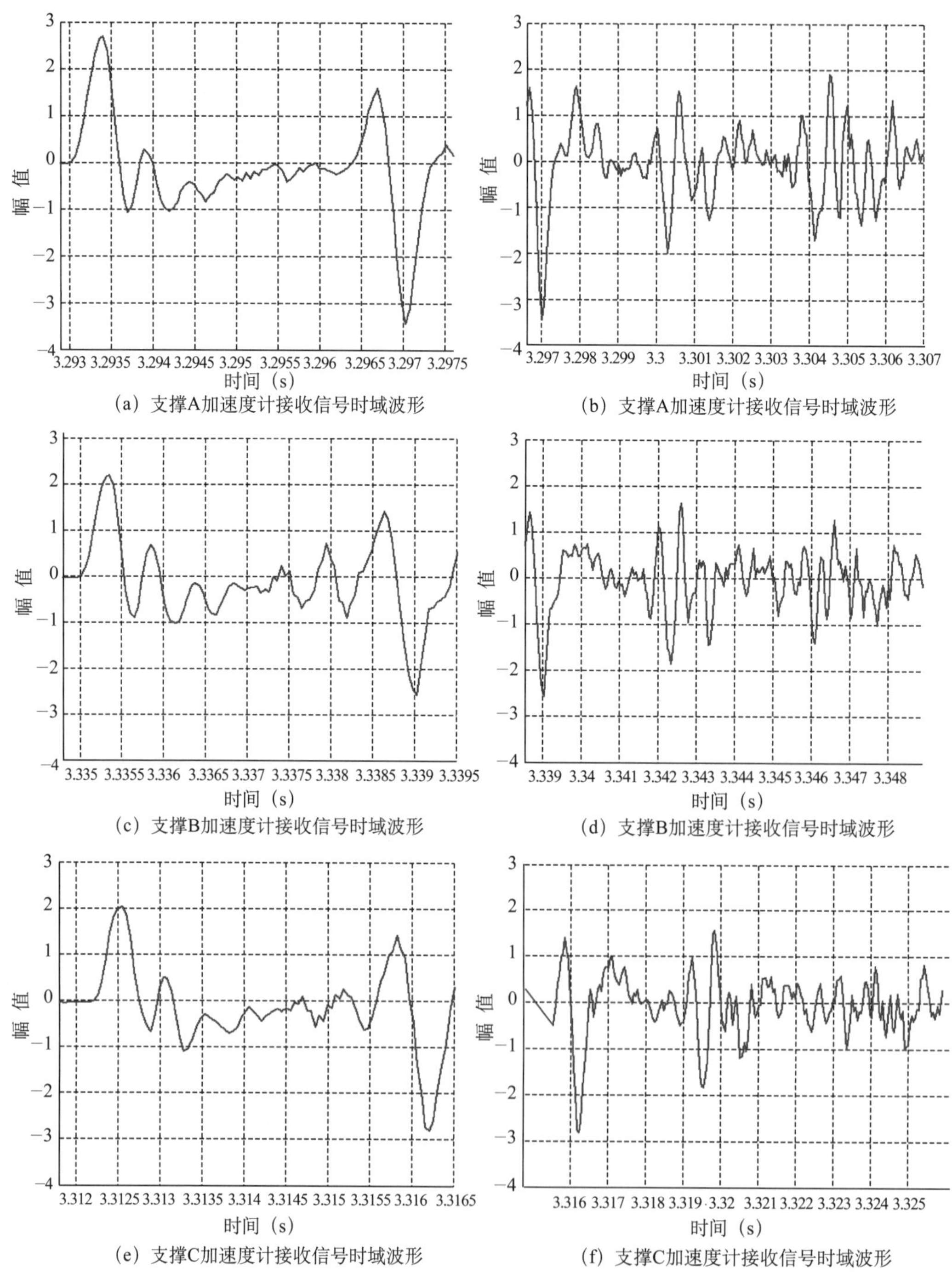

（a）支撑A加速度计接收信号时域波形
（b）支撑A加速度计接收信号时域波形
（c）支撑B加速度计接收信号时域波形
（d）支撑B加速度计接收信号时域波形
（e）支撑C加速度计接收信号时域波形
（f）支撑C加速度计接收信号时域波形

图7.153　支撑A、B、C 3种方式下的加速度计接收信号

3 种支撑情况下的接收信号时域波形基本一致。但在纵波直达波过后，加速度传感器所接收到的各次反射波信号，明显表现出随着支撑数目的增多，时域波形平滑度降低，显得更加曲折的现象。

由于纵向声波沿钻柱传输过程中，不可避免会发生波形的转换，部分纵波分量将转换为横波及扭转波，再加上泊松效应等原因，信号能量也就不可避免地会传递及耗散在钻柱的支撑中。而随着钻柱支撑数目的增多，这种声波能量的耗散会越发严重。

当声波沿着钻柱传输过程中，波反射和透射现象不仅发生在钻杆接箍处，而且在与钻杆接触的各个支撑位置同样也会产生。波在传播过程中的每一次反射及透射，在时域波形上的反映即为波形的一次跳跃，因此随着支撑数目的增加，接收信号时域波形会越来越不平滑。

另外，由于支撑数目的变化所导致的声波反射及透射次数的增加，也会造成声波在传输过程中的衰减。由于在实验过程中钻柱木质支撑制作比较粗糙，导致支撑部位与钻柱的接触并不均匀，因此随着支撑数目的变化所产生的波形衰减并不具有比例关系。

②频域分析。

将上述接收信号进行快速傅里叶变换，可得到 3 种支撑情况下接收信号频谱，如图 7.154、图 7.155 和图 7.156 所示。

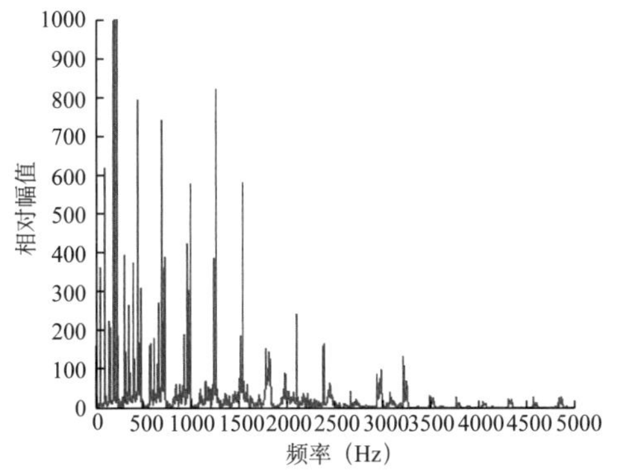

图7.154　支撑为A时通道1接收信号频谱

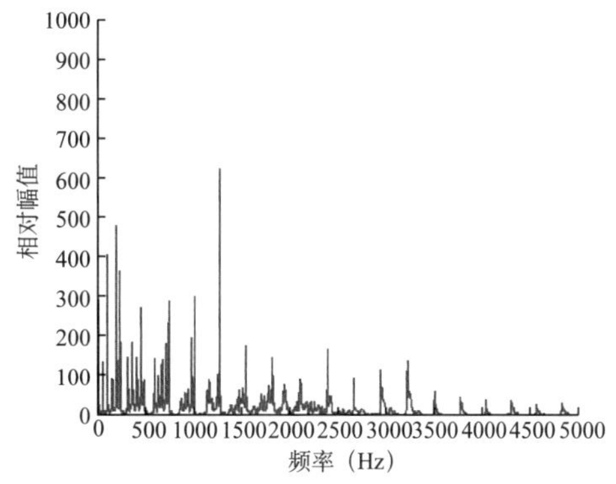

图7.155　支撑为B时通道1接收信号频谱

从 3 种支撑情况下的频谱图（图 7.154 ～图 7.157）中可以看出，随着支撑数目的增多，通频带幅值明显减小。从图 7.157 与 7.158 可以看出，在各个通频带内，每个带内峰值的大小却是任意的，即支撑的数目及位置变化仅仅改变接收信号频域内整体幅值的变化，而并不改变由于钻杆接箍的存在所导致带内尖峰的相应变化。虽然支撑改变了，钻柱声波传输信道的梳状滤波器特性是一致的。

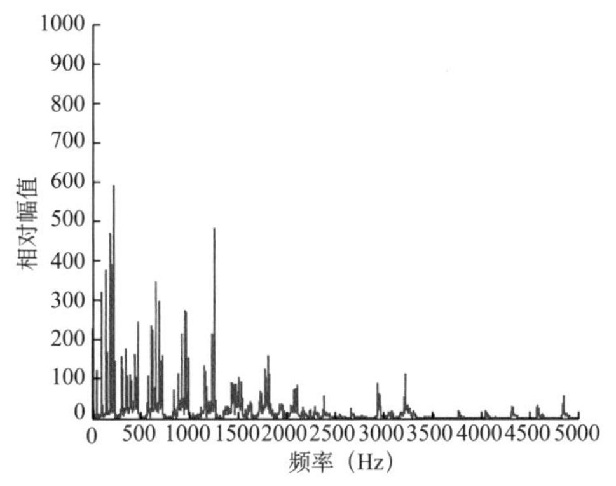

图7.156　支撑为C时通道1接收信号频谱

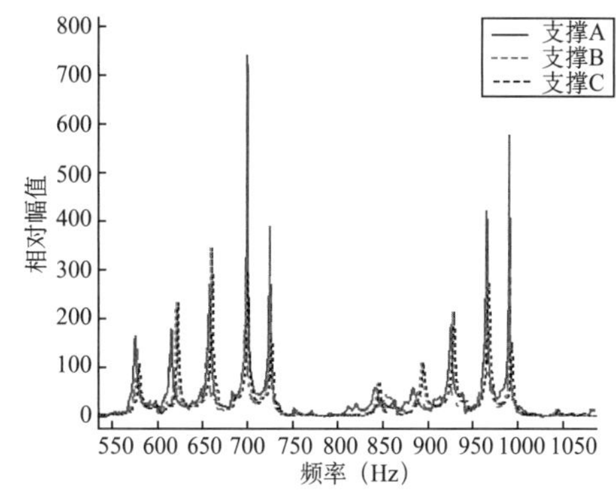

图7.157　A、B、C支撑时通道1接收信号通频带对比（低频）

从图 7.157 中能够看到，3 种支撑情况下声波通频带位置及宽度并未发生较大变化。通频带的结束位置几乎是完全重合，而起点存在微小差异：支撑 B 与支撑 C 情况下的通频带起始点相对于 A 偏右，即支撑的增加会导致通频带宽度的微小缩减。

从图 7.158 看到，在高频处，3 种支撑情况下接收信号频域内的峰值大小是随机的，通频带的位置及宽度也不具有规律性。这是由于在 3 次实验中力锤所产生的单位脉冲信号的频谱并不是无限宽，其在频域内高频段的衰减速度存在差异所造成的。另外钻柱支撑的存在，对沿钻柱传输的声波信号的高频分量会造成影响。

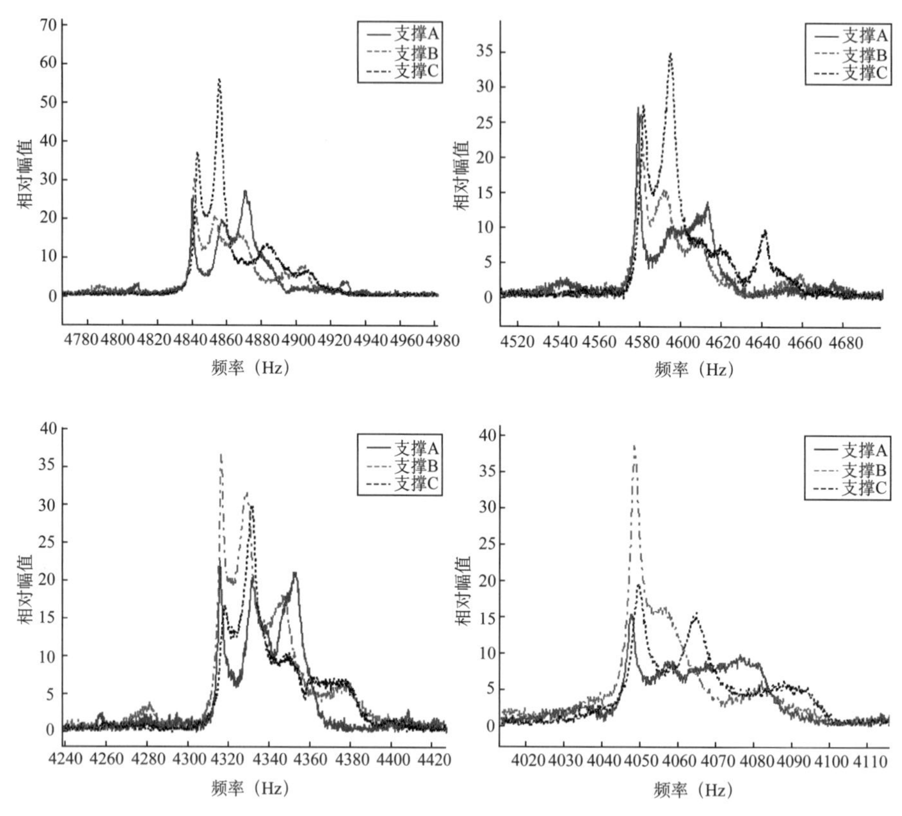

图7.158　支撑为A、B、C时通道1接收信号通频带对比（高频）

总之，钻柱的声波信道特性并不随支撑结构的变化而产生较大差异。支撑仅仅会导致接收信号幅值的少量衰减，及通频带宽度位置和宽度上的微小移动，这些影响都非常小，并不会影响声波沿钻柱传输的可行性。

因此，在随钻声波传输系统设计与应用中，声波换能器的频率特性并不随井型结构变化，只要下井钻柱设计相同，则可用相同的信号频率，仅需要调整信号发射的功率。

（4）10 节 5in 钻杆端面中心纵向激励。

连接 10 根 5in 钻杆，利用力锤纵向敲击钻柱左端面堵头中心，研究钻柱长度变化所引起的接收信号的时域和频域变化。

在该实验过程中，支撑方式按照图 7.131 中的 A 方式，分别重复进行 4 次。选取其中力锤敲击信号强度与 5 根钻杆相应支撑方式基本相同的某次实验数据，以便进行对比分析。

①时域分析。

力锤信号采集通道获得的时域电压信号如图 7.159 所示。

从图 7.159 可以看出，LMS 多通道信号采集系统所获得力锤输出信号的幅值在 5 根钻杆时为 757，10 根钻杆时为 745，即 2 种情况下的输入信号几乎是相同的。

在接收端加速度传感器所获得的时域信号如图 7.160 所示（以图 7.130 中通道 1 信号为例）。

由于钻柱长度发生变化，脉冲信号通过钻柱完全传输的时长不同，因此图 7.160 中 10 根钻杆接收信号时域波形图中截取的时长是 5 根钻柱的 2 倍。

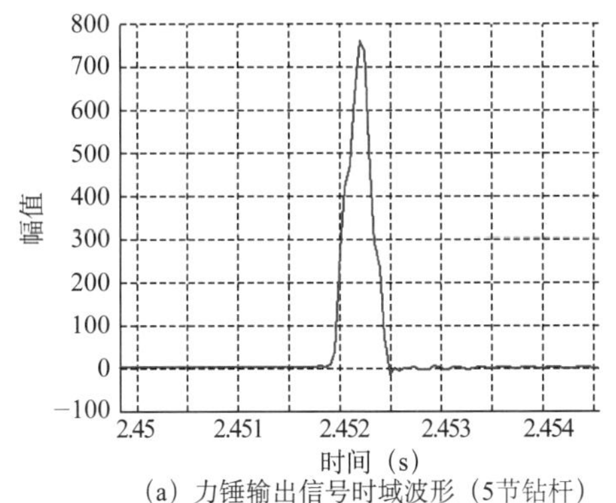

（a）力锤输出信号时域波形（5节钻杆）

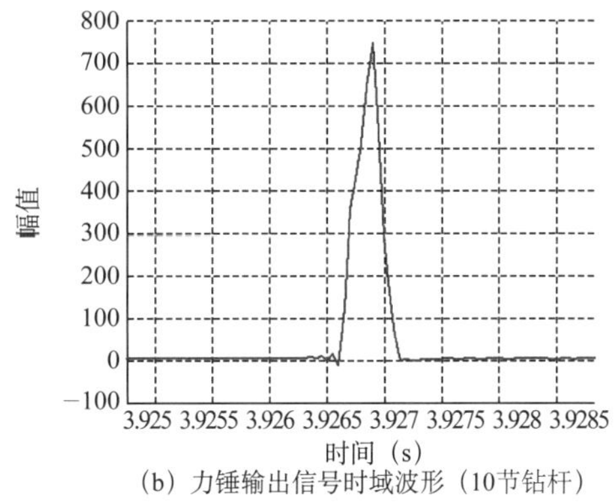

（b）力锤输出信号时域波形（10节钻杆）

图7.159　5根及10根钻杆实验的力锤输出信号

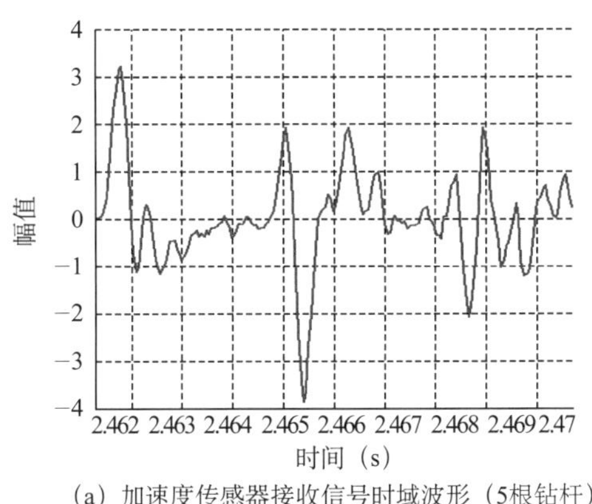

（a）加速度传感器接收信号时域波形（5根钻杆）

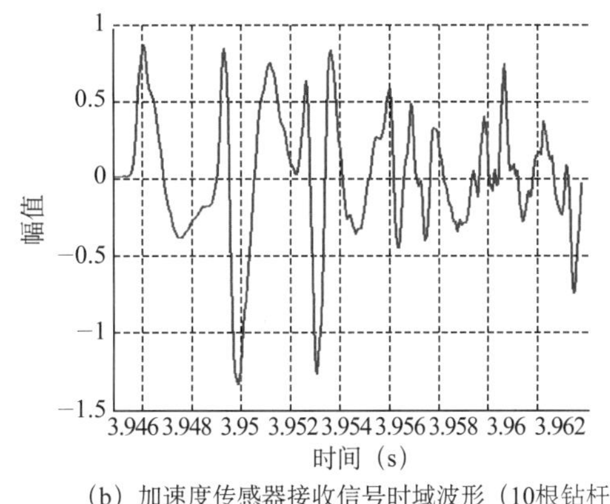

（b）加速度传感器接收信号时域波形（10根钻杆）

图7.160　不同长度钻柱加速度传感器接收信号

从图中明显看到：加速度传感器接收信号的时域波形已经有了明显变化，图中除了直达波峰值外，其余各次反射波峰值已经没有了对应关系。这是由于增加了钻杆的数量，造成声波沿钻柱传输过程中反射及透射次数的增加，而直达波过后的波形都是各次反射波和透射波的叠加，随着波形反射次数的增加，接收信号的时域波形变得更加“复杂”。即随着钻杆数目的增加，时域波形峰值增多，形状更加曲折。

比较 2 种钻柱长度接收信号的时域波形幅值，5 根钻杆时所接收到的纵波直达波幅值为 3.2 左右，10 根钻杆时纵向接收的直达波峰值为 0.86 左右。2 次实验中，纵波直达波的峰值是最大的。

因此，钻杆数目的增加导致了时域波形的衰减，接箍数目的增多所导致的纵波在截面变化时附加的反射与透射，是造成衰减的主要原因。2 次实验过程中，所选用支撑的类型是一样的，但波的衰减与钻杆数目不成比例。

②频域分析。

将上述接收信号进行快速傅里叶变换，可得到如图 7.161 所示的接收信号频谱。

从上述声波沿 5 根钻柱与 10 根钻柱传输的接收信号频谱图 7.161 与图 7.162 及频谱对比图 7.163 ～图 7.165 中可以看出，随着钻柱长度的增加，在低频处通频带尖峰幅值明显减小，而非峰值部分的减少并不很明显；而高频处通频带内信号强度降低较明显，通带宽度几乎变为一个带内尖峰。

从图 7.163 与图 7.164 可以看出，在各个通频带内，尖峰的数目是不同的。当钻杆数目为 5 根时，纵向接收信号在每个通带内有 5 个尖峰；而随着钻杆连接数目增加到 10 根，低频（0 ~ 500Hz）处通频带内尖峰的数目为 10，高频（500 ~ 1050Hz）处尖峰的数目只有 9 个，并且随着频率的继续增加，通频带内尖峰的数目越来越少。从图 7.165 中看到，在频率大于 2900 后，通频带内尖峰的数目分别减少到 3 个（5 根钻杆）和 1 个（10 根钻杆）。

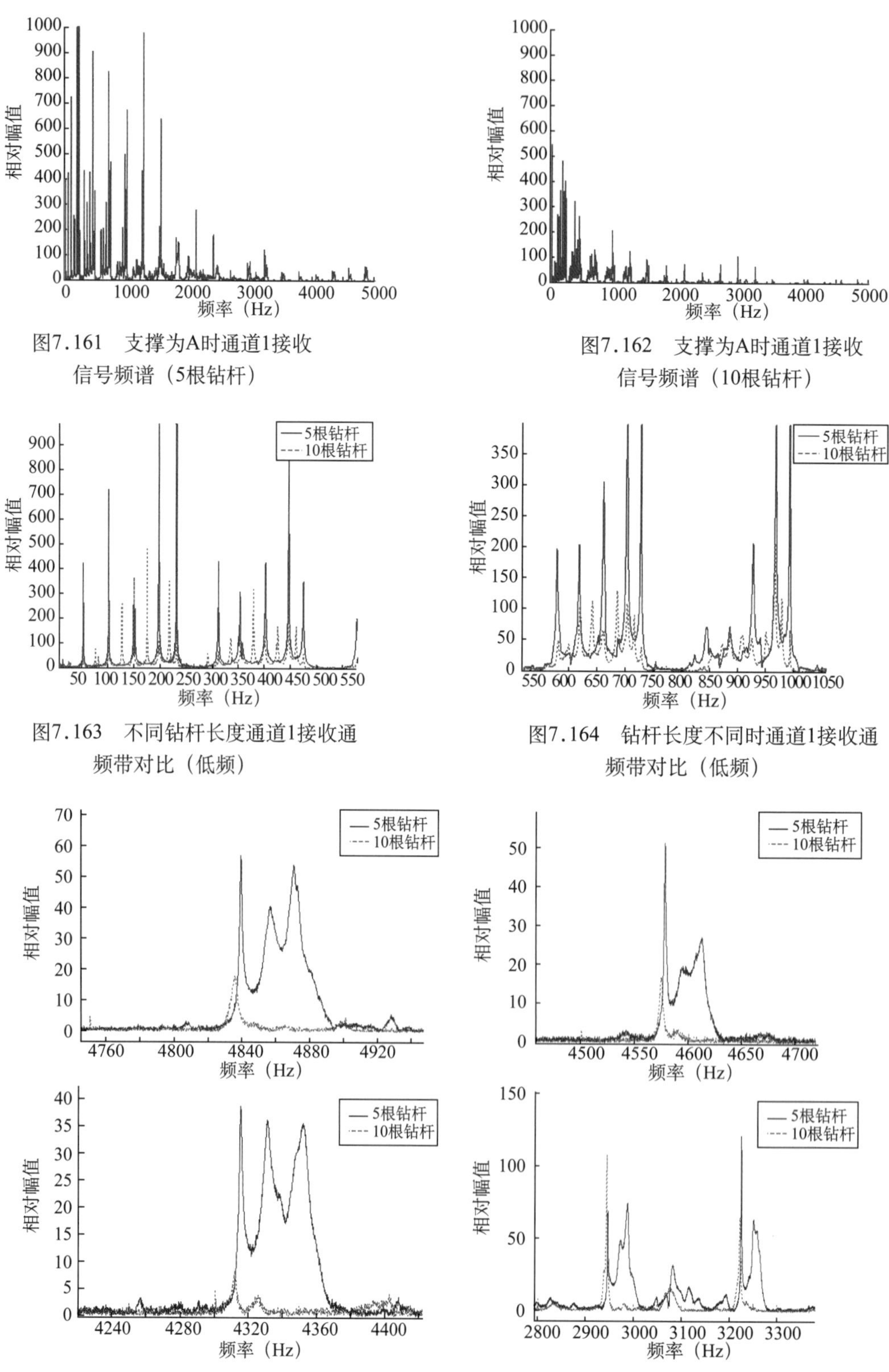

图7.161　支撑为A时通道1接收信号频谱（5根钻杆）

图7.162　支撑为A时通道1接收信号频谱（10根钻杆）

图7.163　不同钻杆长度通道1接收通频带对比（低频）

图7.164　钻杆长度不同时通道1接收通频带对比（低频）

图7.165　钻杆长度不同时通道1接收信号通频带对比（高频）

这种通频带的变窄主要是由于实验所用钻柱长度的差异造成的。通频带的宽度和位置取决于钻柱中接箍及钻杆的横截面积和长度，由实验用钻柱结构参数表 7.11 中看到，尽管实验中所用钻杆长度差异不是很大，但不同长度钻杆对应不同的通频带宽度。而由这些钻杆所组成钻柱的通频带是各结构钻杆所具有的通频带的交集。在 5 根钻杆实验中，采用钻杆长度差异较小（表 7.11 中前 5 根），而在 10 根钻杆的实验中钻杆长度已经有了较大的差异，这导致后者在声波沿钻柱传输时通频带变窄。另外，由于钻柱的连接是用链钳徒手将钻杆两端螺纹旋合实现的，因此不能保证钻杆间的完全紧密连接，因此会产生声波的异常反射及透射，从而造成通频带及幅值的变化。高频处通频带的异常变化，主要是由于高频导致声波衰减的增加引起的。

总之，钻柱的声波信道特性随钻柱长度增加所产生的差异是比较小的，通频带的位置和宽度基本不受钻柱长度的影响，仅仅是由于钻柱中单根钻杆的差异引起的。而钻柱的增长，将会导致接收信号幅值的衰减，这部分将在后面做进一步研究。

在钻柱声波传输系统的应用中，最好采用长度及横截面积相对一致的钻杆，进行声波信号设计时须考虑钻杆结构的差异及磨损量的差异。

另外，声波换能器的频率特性并不随井深变化，只要钻柱设计相同，随着井的不断加深，可用相同的信号发射频率，仅仅需要调整信号发射的功率即可。

（5）不同接收位置对接收信号影响。

以上主要研究了信号的发射和接收均在钻柱两端的情况。在实际的声波遥测传输系统应用中，由于声波信号沿钻柱传输时的衰减严重，若要在深井及超深井中应用，就不得不使用信号中继装置对原始发射的信号进行接收、放大及再发射。因此，声波信号中继装置需要在钻柱的中间位置对声波信号进行接收。

在这种情况下，尽管发射信号仅仅是沿部分长度的钻柱传输后被中继器接收，但是位于中继器下游的钻柱仍然将对声波信号的接收产生影响。此时，接收信号频带结构及强度，都将与前述的端部发射、端部接收的情况不同。下面就这种声波信号端部发射、中部接收的情况进行实验研究。

该实验过程即上文的“10 节 5in 钻杆端面中心纵向激励”实验，在上述实验过程中共安装 6 组加速度传感器，各传感器安装位置如图 7.166 所示。LMS 信号采集系统同时对 6 通道进行数据采集。在上述结果分析中，其实只用到通道 1 所采集的纵波信号。

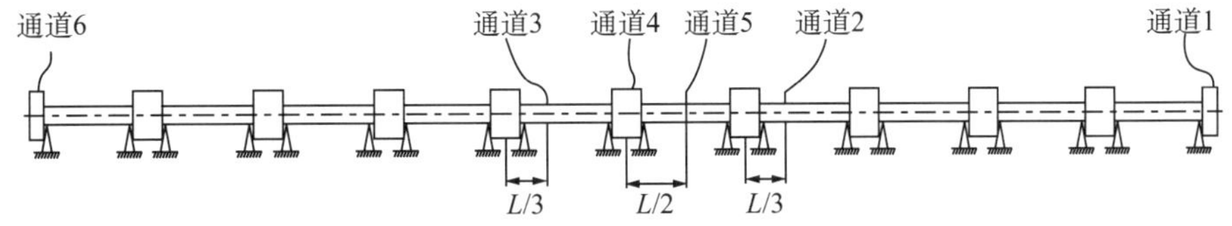

图7.166 加速度传感器安装位置示意图

在下面对比分析中，仍然选择上文中所用的 2 次实验数据（5 根钻柱力锤纵向敲击输出信号幅值为 757，10 根钻柱力锤输出信号为 745，如图 7.159 所示），以保证用于对比的 2 种情况具有基本相同的输入信号。

①时域分析。

输入信号为图 7.159 所示信号，图 7.159 中通道 1 采集信号波形如图 7.160 中右图所示，通道 2、3、4、5 所采集到的时域电压信号如图 7.167 所示。

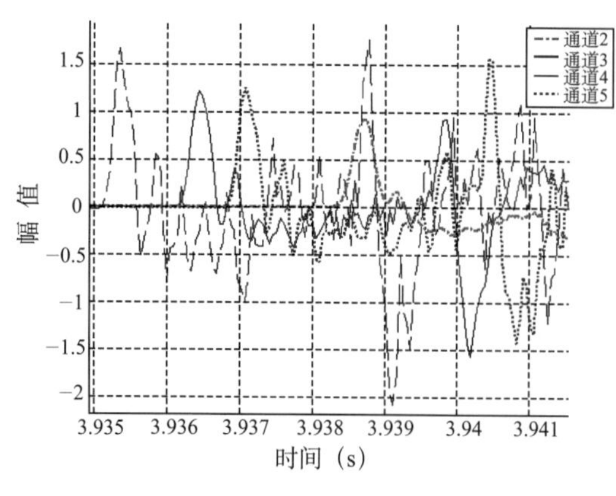

图7.167　10根钻杆不同位置采集信号波形

从图中可以看出，各通道所采集信号的直达波之间距离与各加速度传感器安放位置间距成正比。

图 7.167 中各通道接收的直达纵波脉冲幅值，基本上其随离信号源距离的增大而逐渐变小，并且衰减的幅度是比较大的。图中通道 2 与通道 3 所连接的加速度传感器相距两根钻杆，但是其直达脉冲幅值衰减了将近一半。另外从图中看到，虽然通道 4 所连接传感器的位置距离信号源更近，但通道 4 直达脉冲峰值小于通道 5，这可能是由于该加速度传感器的安装位置是在支撑处，通过该处的纵波能量部分传递到了木质支撑。

该实验中通道 4 所采集的信号即为声波在 10 根钻柱端部激发后，沿 5 根钻柱传输的接收信号。对比该输出信号与 5 根钻杆传输过程中的端部激励并端部接收情况的时域波形，如图 7.168 所示。

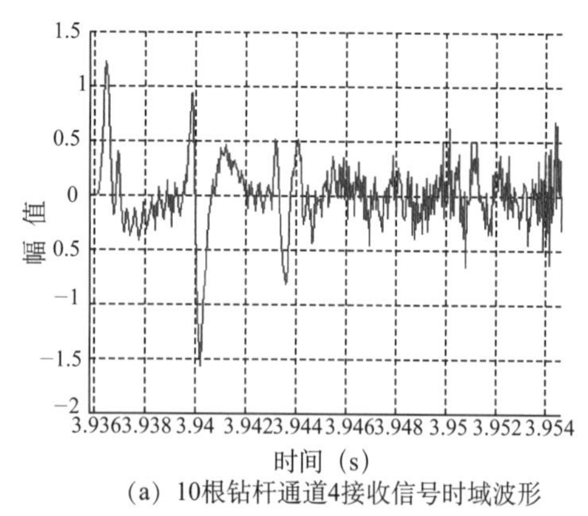

(a) 10根钻杆通道4接收信号时域波形

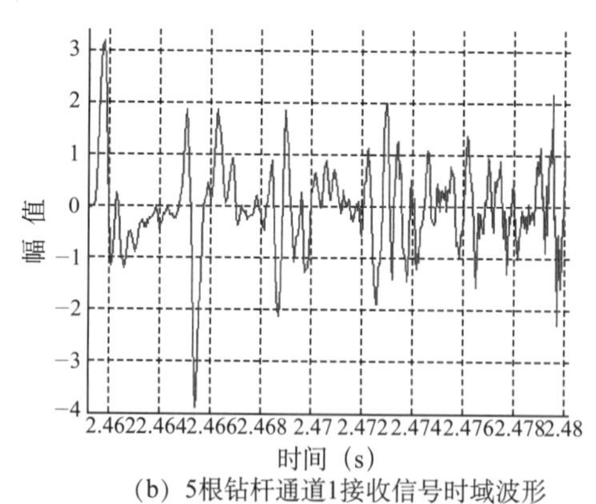

(b) 5根钻杆通道1接收信号时域波形

图7.168　纵波沿5根钻柱传输不同位置接收信号波形

从图 7.168 中看出，两次接收信号波形基本一致，特别是在从开始接收信号起的 0.0038s 内，两图中波形基本是完全相同的。脉冲信号在钻柱中传输时，时域波形除直达脉冲外，都是各次反射及透射信号的叠加，0.0038s 基本是纵波沿钻杆一端传至另一端后返回的时间，因此在该时间间隔内，两次接收信号的波形是基本一样的。在该时长以后的波形中，通道 4 所接收到的信号是该处钻柱上游反射信号与下游反射信号的叠加，5 根钻柱端部通道 1 接收的信号仅仅是其上游反射信号的叠加，因此波形出现了较大差异。但由于每根钻杆长度差异很小，因此两次接收信号峰值位置基本对应相同。

另外从图中看到，直达脉冲的峰值有较大差异。沿相同长度钻柱传输后，中间位置接收的声波信号强度要比端部接收的小很多。图中显示沿 5 根钻柱传输的纵波信号，中部接收的信号强度比端部接收情况的一半还小。

②频域分析。

将上述接收信号进行快速傅里叶变换，可得到图 7.168 2 种情况下的接收信号频谱，如图 7.169 和图 7.170 所示。

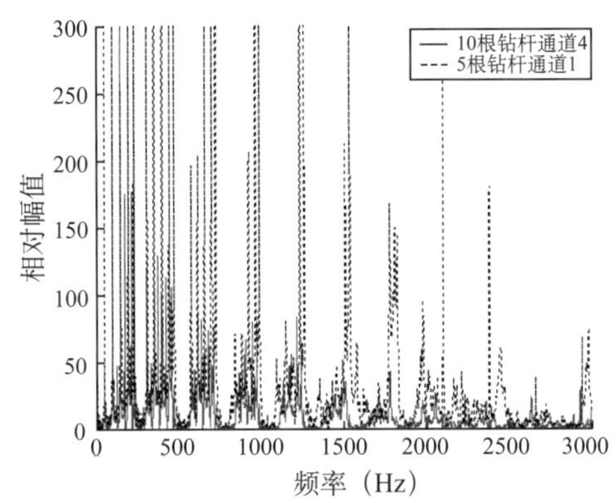

图7.169 纵波沿钻柱传输不同位置接收信号频谱

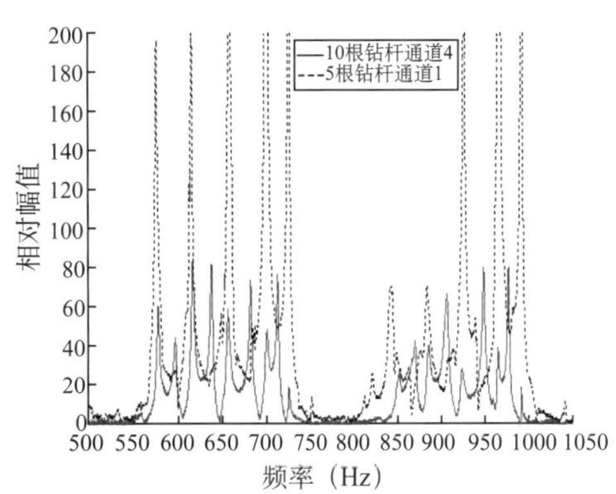

图7.170 纵波沿5根钻柱传输不同位置接收信号频谱（局部图）

从上述频谱对比图中看到，2 次实验中钻柱梳状滤波器通频带的位置基本上是一致的，但通频带的宽度发生了变化。10 根钻杆传输实验中，中间位置接收信号的频带宽度明显变窄。

从局部放大图 7.170 中可以看出，在各个通频带内，尖峰的数目是不同的。纵波沿 10 根钻杆传输且中间接收时，带内尖峰数目为 9 个。

对比 10 根钻柱实验过程中，通道 1 与通道 4 接收信号的频谱如图 7.171 和图 7.172 所示。

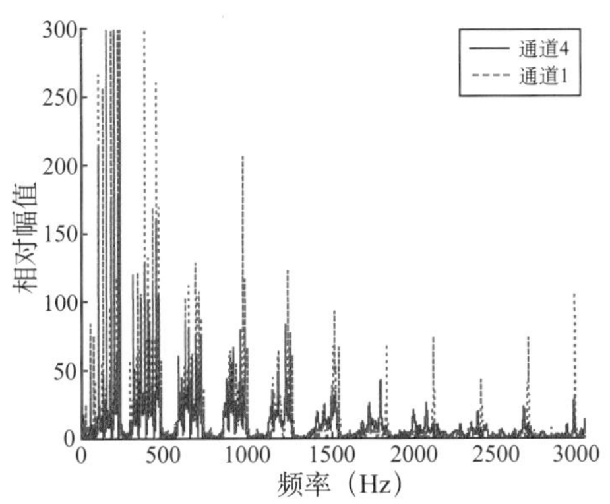

图7.171 纵波沿10根钻柱传输接收信号频谱

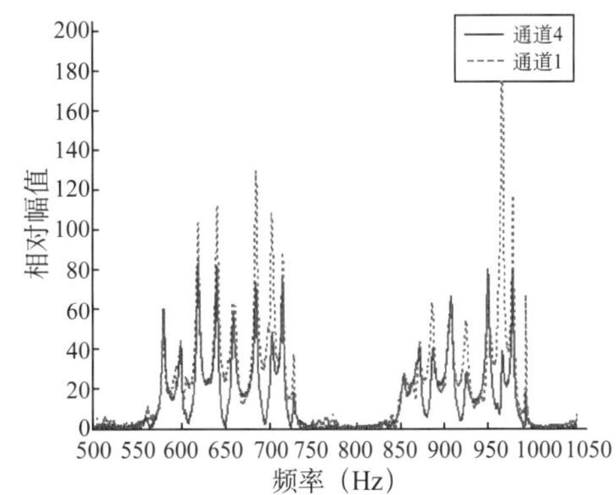

图7.172 纵波沿10根钻柱传输接收信号频谱（局部图）

从声波沿 10 根钻柱传输，不同位置所接收的信号频谱图中可以看出，通道 1 与通道 4 所接收信号的频谱是一样的，相同通频带内尖峰数目相同，通频带的位置及宽度完全一致，区别仅在于响应的幅值。

因此，在声波沿 10 根钻柱传输时，尽管信号接收点在 5 根钻柱末的位置，但接收信号的频谱特性与声波沿 5 根钻杆传输时是不同的，而与 10 根钻杆的响应特性一致。这是由弹性波在钻柱中传输的特性决定的，尽管纵波只是沿 10 根钻杆中的 5 根传输，但是其接收到的波形是波在 10 根钻柱传输过程中所发生的反射和透射后的叠加，因此该实验中 2 个通道接收信号的频谱曲线一致，区别仅在于响应幅值的差异。

(6) 10 根 5in 钻杆弯曲情况下端面中心纵向激励。

油气井的井身轨迹并不一定全是垂直的，在定向井、水平井中，钻柱在井下的弯曲会影响纵波传输的传输特性。因此有必要对钻柱弯曲情况下的声波传输特性进行研究。

在实验过程中，用抓杆机将连接好的 10 根 5in 钻柱一端挑放于支座上，如图 7.173 所示。

图7.173　实验用钻柱示意图

钻柱接收端被抬高 1.95m，接收端到弯点水平距离 19.8m，钻柱弯角 5.6°。

在该实验过程中，钻柱水平段支撑方式按照图 7.131 中 A 的方式，加速度传感器布置如图 7.166 所示，分别重复进行 4 次。在第 5 根钻杆终端及第 10 根钻杆末端同时进行信号接收，选取其中第 5 根钻杆末端接收信号的直达波脉冲强度，与采用相应支撑方式水平放置的条件下，在该位置接收信号直达波强度基本相同的某次实验数据，以便进行对比分析。

①时域分析。

第 5 根钻杆末端接收信号如图 7.174 和图 7.175 所示。

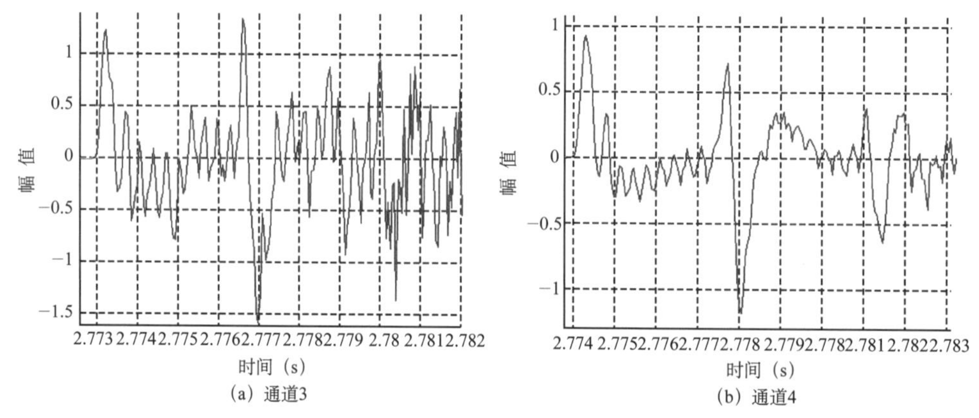

图7.174　钻柱水平放置情况下加速度传感器接收信号波形

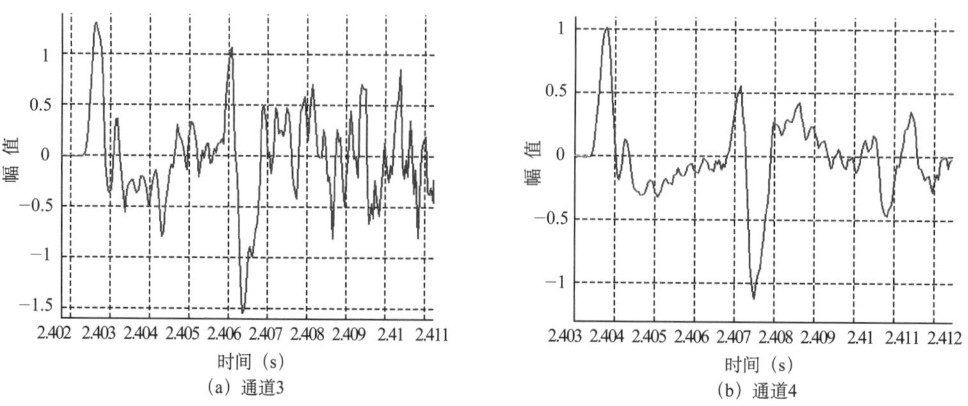

图7.175　钻柱倾斜放置情况下加速度传感器接收信号波形

从图 7.174 和图 7.175 中可以看出，LMS 多通道信号采集系统所获得的纵波信号时域波形在钻柱的 2 种放置方式下基本相同。纵波直达波接收幅值在钻柱呈水平的情况下：通道 3 为 1.235，通道 4 为 0.921；钻柱倾斜的情况下通道 3 幅值为 1.4015，通道 4 幅值为 1.0784，即这 2 次实验中系统的输入信号基本是相同的，钻柱倾斜方式的输入信号略大些。

在接收端加速度传感器所获得的时域信号如图 7.176 所示（以图 7.166 中通道 1 信号为例）。

从图 7.176 中看到，2 次实验加速度传感器所获得信号波形基本相同，只是在钻柱弯曲情况下时域波形更加曲折。钻柱倾斜放置时，直达波峰值有一小的凹陷后反弹，这是由于实验中所用的倾斜支撑为刚性的金属翻斗，纵波直达波的端部反射波通过时的反射波造成的。

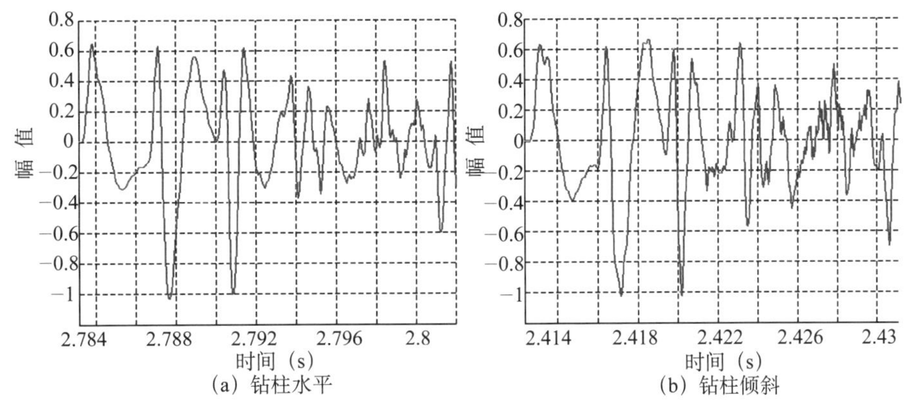

图7.176　钻柱水平与倾斜时加速度传感器接收信号

从图 7.176 中波形的幅值来分析：钻柱水平情况直达波峰值为 0.6532，倾斜情况下为 0.6432，而输入信号前者比后者大（对比图 7.174 与图 7.175 的输入信号），因此纵波沿着弯曲的钻柱传输时信号强度会发生更大的衰减。

由于钻柱弯曲后，加剧了纵波向弯曲波的波形转换，从而导致更多的纵波能量消减，转换为弯曲波的能量，因此导致了测量信号的衰减。从 2 次实验对比分析可知，这种由于钻柱弯曲所发生的能量衰减是比较严重的。另外由于钻柱的倾斜处，支撑为刚性的金属翻斗，当沿钻柱传输的纵波通过时，会有较大的能量传递过去，从而引起信号的衰减。

②频域分析。

将上述接收信号进行快速傅里叶变换，可得到图 7.176 中两图的接收信号频谱，如图 7.177 所示。

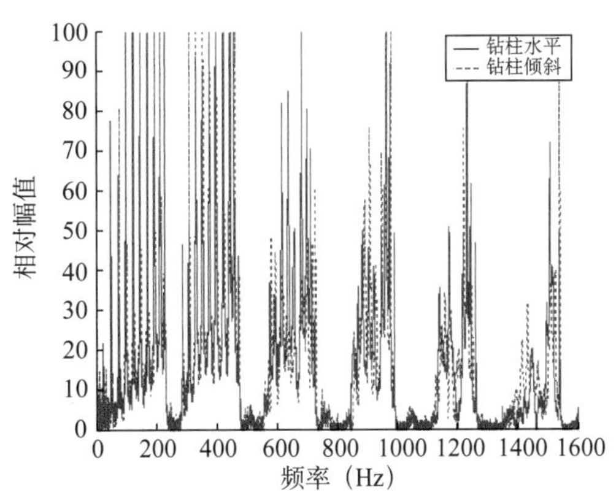

图7.177　2次实验通道1接收信号通频带对比

上述声波沿 2 种不同放置方式的 10 根钻柱传输实验中，从接收信号频谱对比图 7.178 与图 7.179 中可以看出，当钻柱弯曲时，在低频处通频带尖峰幅值明显减小，信号接收强度降低；在高频处信号幅值的尖峰明显降低，而非尖峰部分通带宽度较大增加。

在低频处，相对应的通频带内尖峰的数目是相同的，高频处显得无规则，但钻柱倾斜试验中高频处尖峰数增多。

从图 7.178 与图 7.179 中还可以看到：2 次实验中通道 1 接收信号频谱的通频带的位置基本上是一致的，而通频带的宽度发生了变化。钻柱弯曲时，低频通频带起点相对右移，而终点有微小左移，通频带宽度变窄。在高频段，钻柱弯曲导致频带的宽度增加。

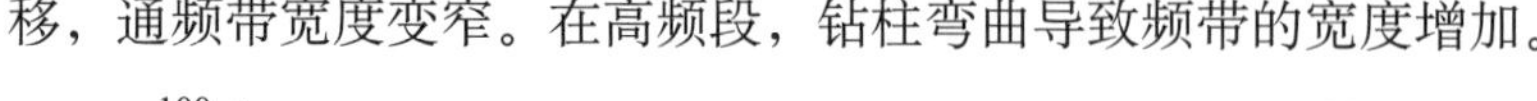

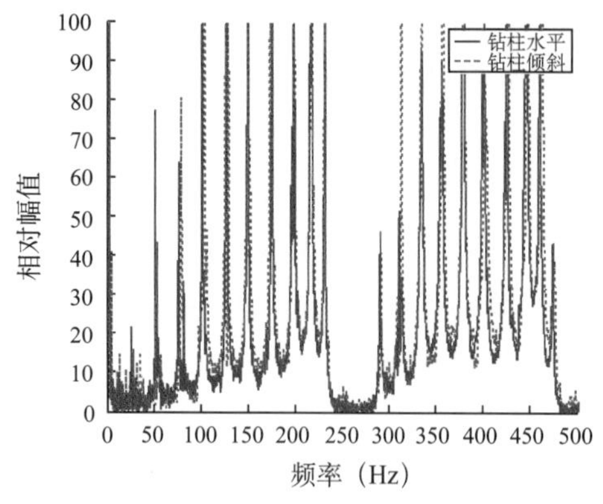

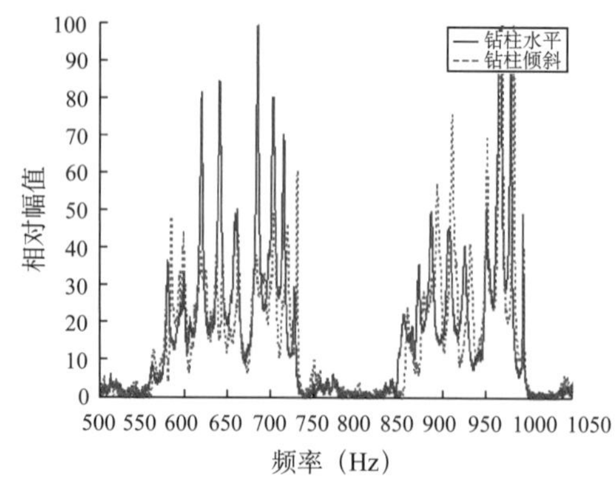

图7.178　2次实验通道1接收信号通频带对比（低频）

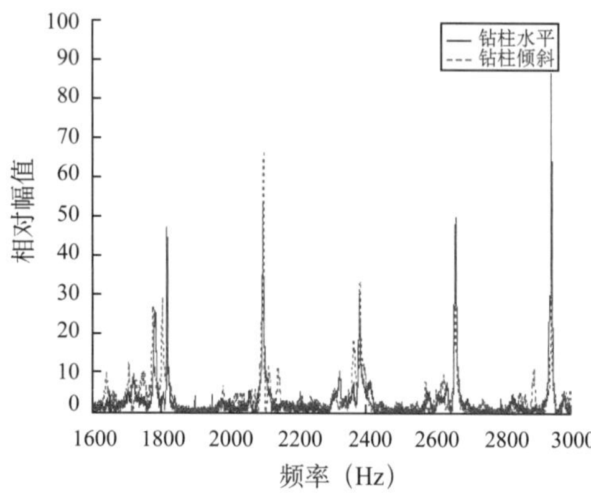

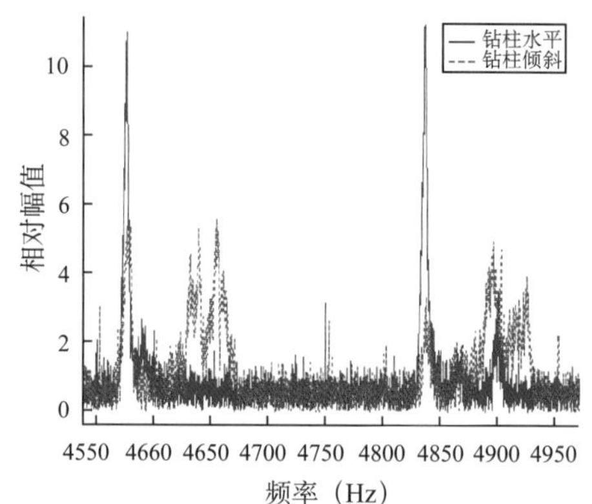

图7.179　2次实验通道1接收信号通频带对比（高频）

这种通频带宽度及幅值差异是由于钻柱弯曲时，加剧了纵波及横波的波形转换，使传播信号的能量发生变化。

另外，实验中采用金属材质翻斗将钻柱倾斜支撑，该支撑与钻柱之间紧密接触。钻柱中传输的纵波经过时会在接触处发生波的反射及透射，这也将影响接收信号的频谱。

总之，对比2次实验结果，钻柱弯曲对声波沿其传输响应特性影响是很小的，通频带的位置和宽度基本不受钻柱弯曲的影响。但是，这种情况导致钻柱支撑方式发生变化，并加剧了波形转换，因此会导致接收信号幅值的衰减。因此，这又一次说明，随钻声波传输系统在直井中能够将信号传输到更长的距离，应用效果更好。

7.9.3.2　$3^1/_2$in 钻杆的宽频信号激励实验

为研究声波沿钻柱的传输特性，不仅针对5in钻杆进行了实验，亦对$3^1/_2$in钻柱进行了研究。两种类型钻柱的实验过程是一样的，这里仅将10根$3^1/_2$in钻柱的声波传输特性与5in钻柱做对比分析。

（1）10根$3^1/_2$in钻杆水平端面中心纵向激励。

连接10根$3^1/_2$in钻杆，利用力锤纵向敲击钻柱左端面堵头中心，研究钻柱长度变化所引起的接收信号的时域和频域变化。在该实验过程中，支撑方式按照图7.131（a）的方式，分别重复进行4次。选取其中力锤敲击信号强度与10根5in钻杆相应支撑方式基本相同的某次实验数据，以便进行对比分析。

①时域分析。

力锤信号采集通道获得的时域电压信号如图7.180所示。

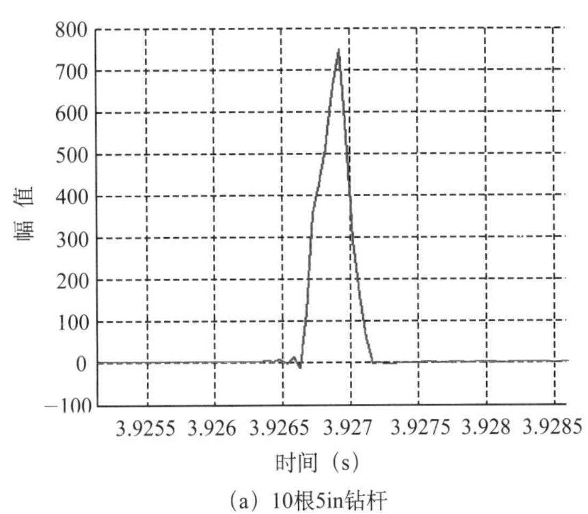

（a）10根5in钻杆

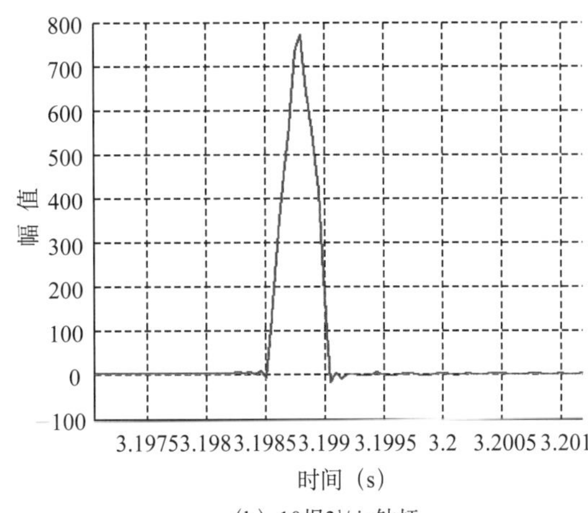

（b）10根$3^1/_2$in钻杆

图7.180 10根2种型号钻杆的力锤输出信号

从图 7.180 中可以看出，LMS 多通道信号采集系统所获得力锤输出信号的幅值在 $3^1/_2$in 钻杆实验时为幅值 765，5in 钻杆时幅值为 745，即 2 种情况下的输入信号几乎是相同的。在 2 次实验中，接收端加速度传感器所获得的时域信号如图 7.181 所示（均以图 7.176 中通道 1 信号为例）。

从图 7.181 看到：纵波沿 2 种不同类型钻柱传输过程中，加速度传感器接收信号的时域波形基本相同，在所选时段内波形的每个峰值间的时间间隔基本是对应的。这是由于尽管 2 种钻柱类型不同，但是单根钻杆的长度基本是相同的，因此波在传输过程中发生的每一次反射和透射之间的时间间隔是相同的。

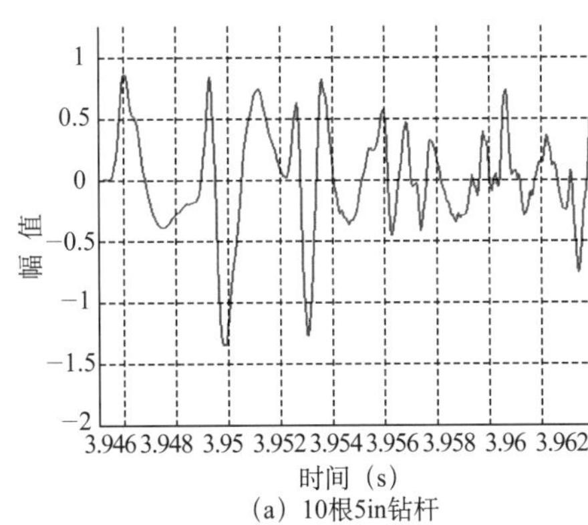

（a）10根5in钻杆

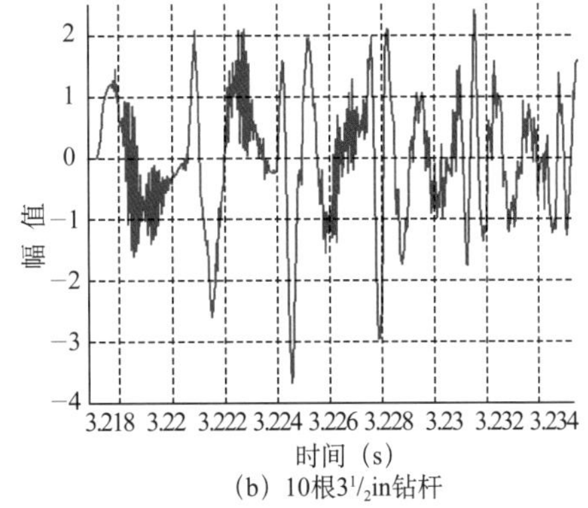

（b）10根$3^1/_2$in钻杆

图7.181 不同型号钻杆加速度传感器接收信号

比较 2 种类型钻杆接收信号的时域波形幅值，$3^1/_2$in 钻杆所接收到的纵波直达波幅值为 1.46 左右，5in 钻杆接收的直达波峰值为 0.86 左右。$3^1/_2$in 钻杆幅值最大处并没发生在纵波直达波到达时刻，相反，在接收端 2 次直达波之间加速度传感器所接收到的脉冲峰值均比直达波的峰值大。

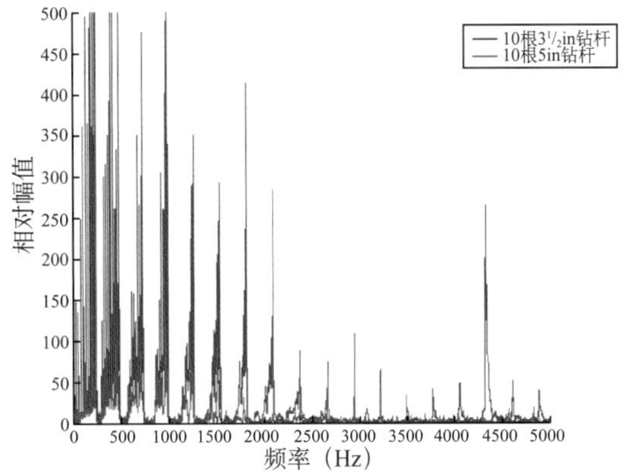

图7.182 不同类型钻杆接收信号频谱对比图

由于实验中所用的 $3^1/_2$in 钻杆基本是新钻杆，钻杆连接后基本可实现“无缝连接”，弹性纵波通过时衰减较小。与之相比的 5in 钻杆相对用的时间较长，个别钻杆在用链钳连接时螺纹旋合不能达到标准，甚至有些螺纹在连接前进行了除锈，这对声波传输过程中的衰减将造成影响。

②频域分析。

将上述接收信号进行快速傅里叶变换，可得到其频谱如图 7.182、图 7.183 和图 7.184 所示。

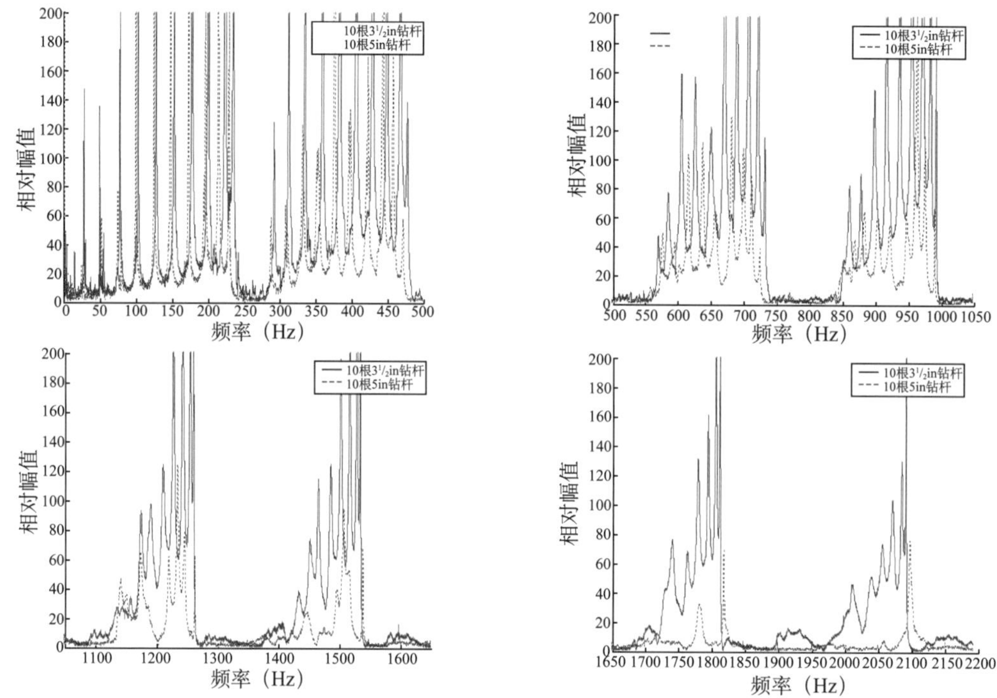

图7.183　不同类型钻杆接收信号频谱对比图（低频段）

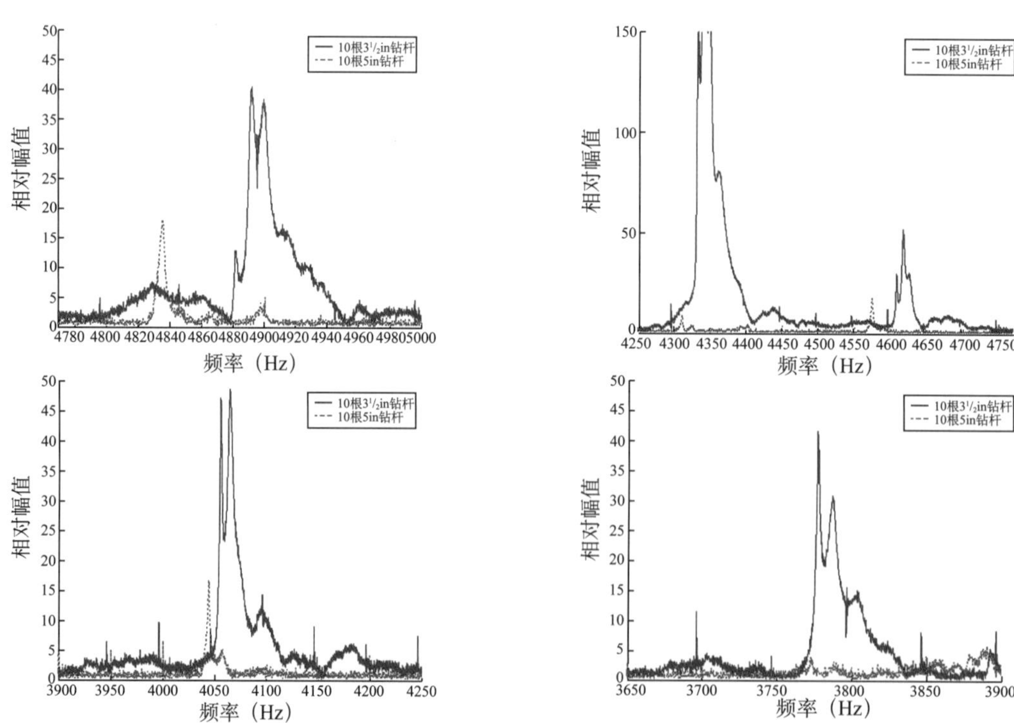

图7.184　不同类型钻杆接收信号频谱对比图（高频段）

从上述接收信号频谱图看到，5in 与 $3^1/_2$in 钻杆对单位脉冲的响应曲线均具有良好的梳状滤波器结构，通频带与阻频带交替出现，通带的边缘出现了很陡的跳变（在低频处较明显）。

从频谱对比图的局部结构图中可以看到：这两种钻柱系统的梳状滤波器结构存在差异，各自通频带的位置和宽度发生了变化。在频率低于1000Hz时，通频带位置基本相同，但$3^1/_2$in钻杆的带宽要大些。在频率高于1000Hz时，通频带的位置发生了变化，并且$3^1/_2$in钻杆通频带宽度仍然大些。

声波信号沿$3^1/_2$in钻杆传输时，衰减明显降低，特别是在高频段。

这2种结构钻柱频响曲线的差异，主要是2种钻柱在结构上存在差异造成的。钻柱梳状滤波器的结构是由其接箍与钻柱的横截面积，接箍与钻柱的长度决定的。

高频处通频带的异常变化，主要是由于高频导致声波衰减的增加。

从本次实验结果可以看到，用于5in钻柱的声波传输系统，将能够很好地在$3^1/_2$in钻柱系统中应用。

(2) 10根$3^1/_2$in钻杆弯曲端部中心激励。

在该实验过程中，将10根$3^1/_2$in钻杆接收端抬高1.8m，接收端到弯点水平距离18.8m，钻柱弯角5.47°。

钻柱水平段支撑方式与钻柱水平放置时相同，加速度传感器的安装位置与5in钻杆实验时相同（如图7.166所示），实验重复进行4次。钻柱弯曲对时域信号波形的影响在5in钻杆实验中已经论述，这里仅对频域特性的变化进行研究。

将实验中通道1的接收信号进行傅里叶变换，可得到在钻柱水平及弯曲情况下的频谱对比图，如图7.185、图7.186和图7.187所示。

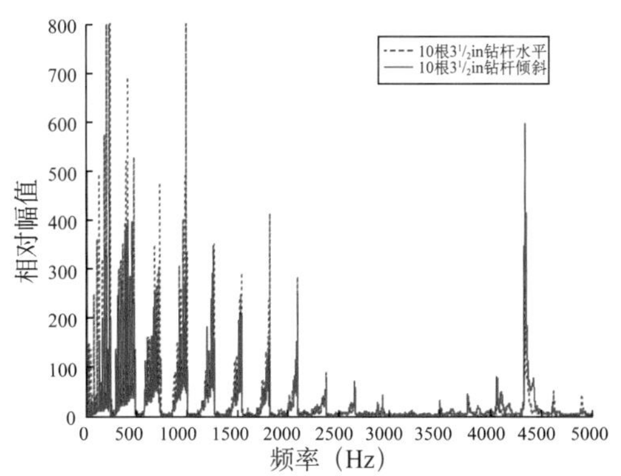

图7.185　2次实验通道1接收信号通频带对比

从上述接收信号频谱对比图中可以看出，同5in钻柱的对比实验结果一致，当钻柱弯曲时，响应幅值降低，通频带在低频基本未发生变化，只是在第3个通带位置带宽出现了明显变窄。高频处通带位置与宽度显得无规则，但能看出钻柱弯曲时高频带宽增加。

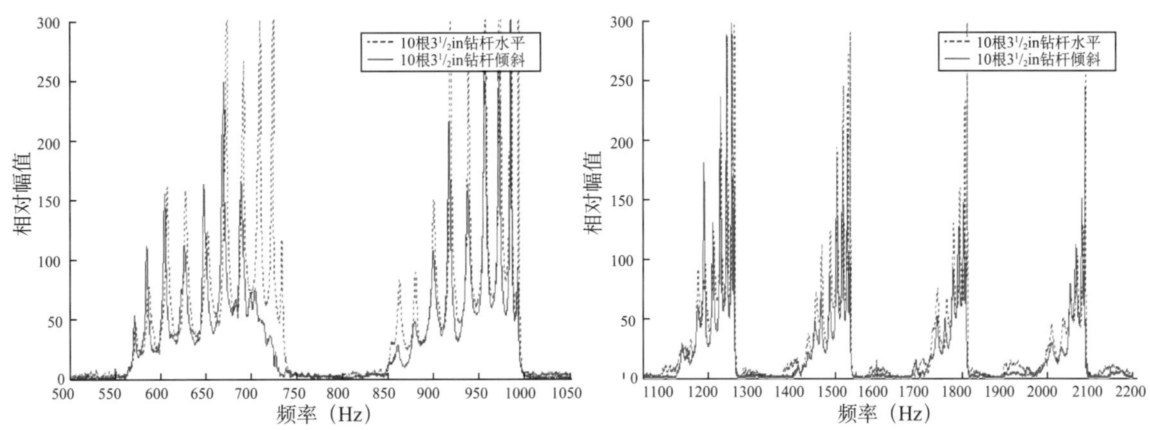

图7.186　2次实验通道1接收信号通频带对比（低频）

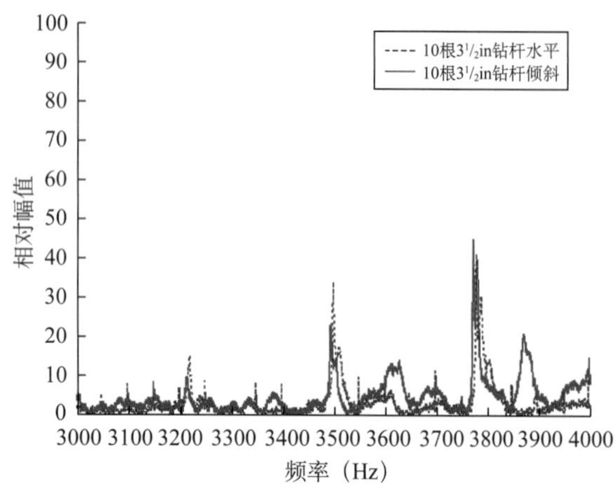

图7.187　2次实验通道1接收信号通频带对比（高频）

7.9.4　连续正弦信号激励实验

连续正弦信号激励是指利用信号发生器产生连续的正弦信号，该信号经过功率放大器驱动激振器纵向，激励钻柱端面堵头中心。

7.9.4.1　端面中心正弦扫频信号激励

正弦扫频信号激励是指利用激振器纵向激发在固定时间内频率从 0 增大到某定值的正弦波，激励钻柱端面。在该实验中，所采用的是在 10s 内频率从 0 增大到 2000Hz 和 5000Hz 的 2 种扫频正弦波。

扫频激励实验的目的和上述宽频信号的激励一样，但是由于力锤产生的脉冲信号在时域是有一定宽度的，因此其频谱不能做到真正的无限宽，并且幅值是随频率变化的，而扫频信号激励所产生的扫频信号在频域内幅值不随频率变化，但其受到激振器本身制约，所产生的扫频信号频率上限是受到限制的。

因此，该处进行正弦扫频激励实验，是对上述宽频激励实验所得结果的进一步验证。

（1）5in 钻杆扫频激励。

以扫频方式纵向激励 10 根水平放置的 5in 钻杆，再以图 7.173 中方式将钻柱弯曲后激励，接收信号的频谱如图 7.188 和图 7.189 所示。

从上述图中可以看出，在低频处，扫频信号激励的响应和前述力锤激励响应中的通频带宽度和位置是完全一致的，而在高频段，由于激振器自身局限，频谱曲线已经非常混乱。

（2）$3^1/_2$in 钻杆扫频激励实验。

以同样的方式激励 10 根 $3^1/_2$in 钻杆，将接收信号的频谱与相应力锤敲击接收信号频谱对比，如图 7.190 和图 7.191 所示。

从图中看出 2 种方式激励的接收信号频谱在频率较低处具有很好的一致性，也再一次验证了前述宽频信号激励所得的结论。

7.9.4.2　钻杆的正弦单频连续激励实验

正弦单频连续信号激励是指利用激振器纵向激发某单一频率的正弦波，激励钻柱端面中心。在钻柱另一端对信号纵向接收，以验证不同频率波通过钻柱后的时频特性。

在该实验过程中，分别对 5 根 5in 钻杆以图 7.131 中支撑 A、B、C 3 种方式水平放置，5 根 $3^1/_2$in 钻杆以同样的 3 种支撑方式水平放置，10 根 5in 与 $3^1/2$in 钻杆水平及弯曲放置，共 10 种情况分别进行了多种频率正弦波激励。实验结果与前述宽频及扫频研究结果完全吻合。

下文仅以 10 根 5in 钻杆水平放置的情况，选取频率为 330Hz、525Hz、800Hz、965.5Hz、1500Hz 的正弦信号进行时域和频域分析，激振器激励时都选用相同的强度。接收信号的时域波形图如图 7.192 所示。

根据前述和图 7.192（10 根 5in 钻杆的频谱结构图）可知，330Hz 与 1500Hz 分别位于第 2 及第 6 个通频带，525Hz 与 800Hz 分别位于第 2 及第 3 个阻频带，965.5Hz 位于第 4 个通频带尖峰，因此这几个频率是比较有代表性的。

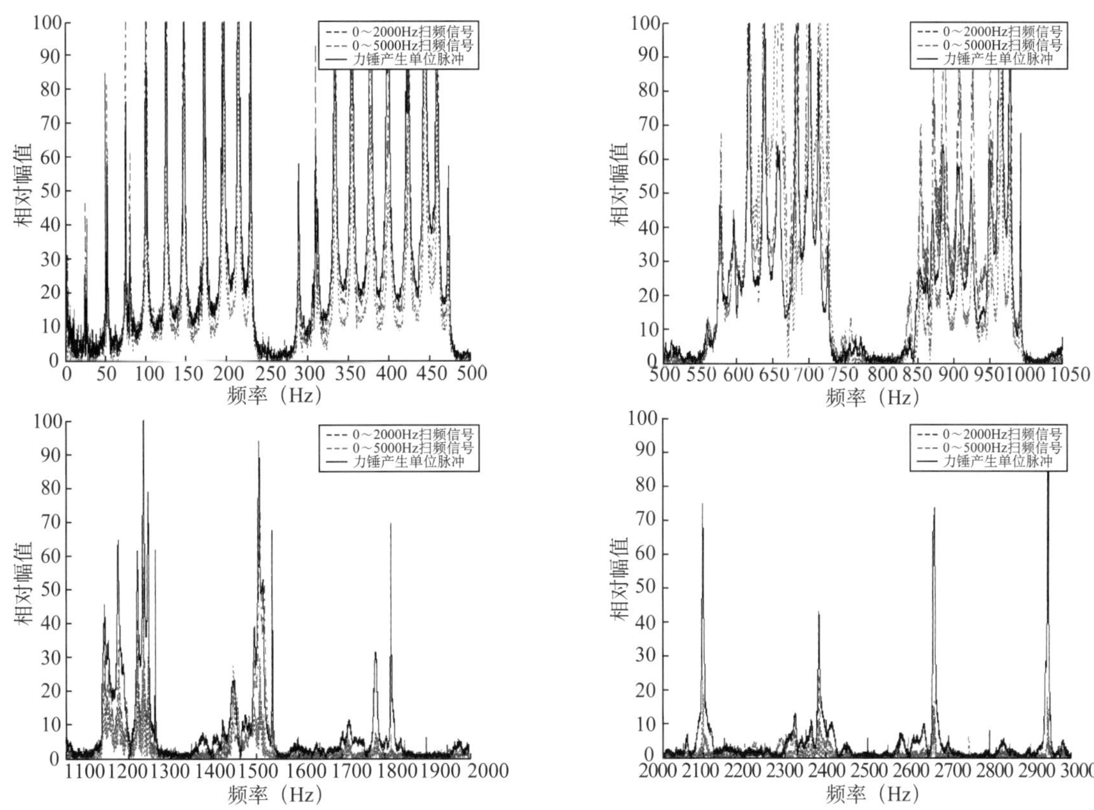

图7.188 10根5in钻杆水平放置扫频信号频谱

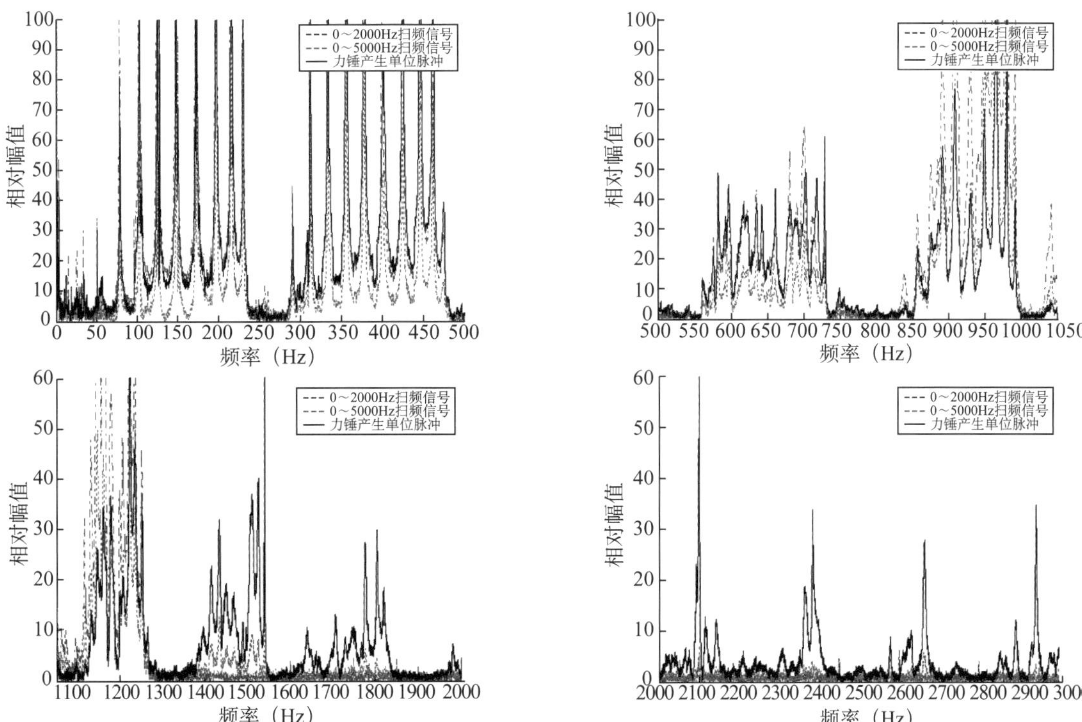

图7.189 10根5in钻杆弯曲放置扫频信号频谱

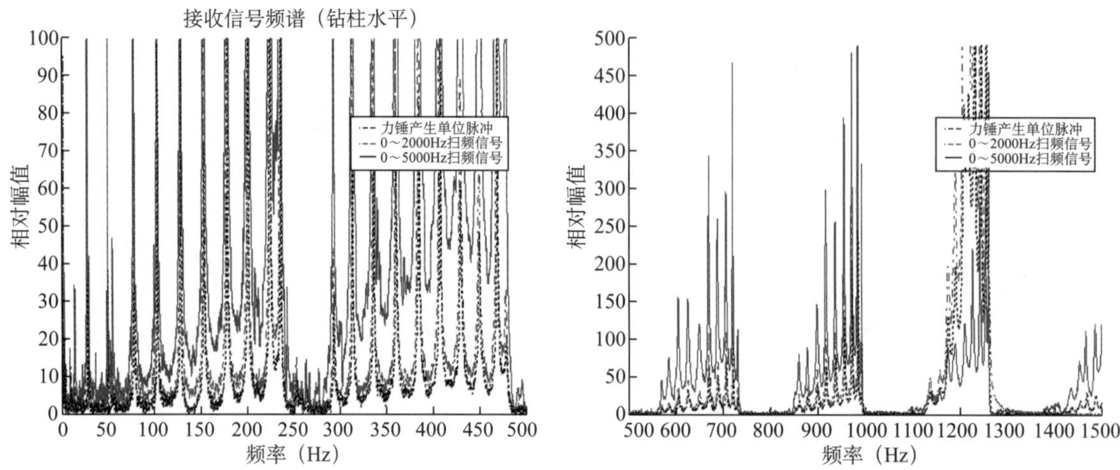

图7.190　10根$3^1/_2$in钻杆水平放置扫频信号频谱

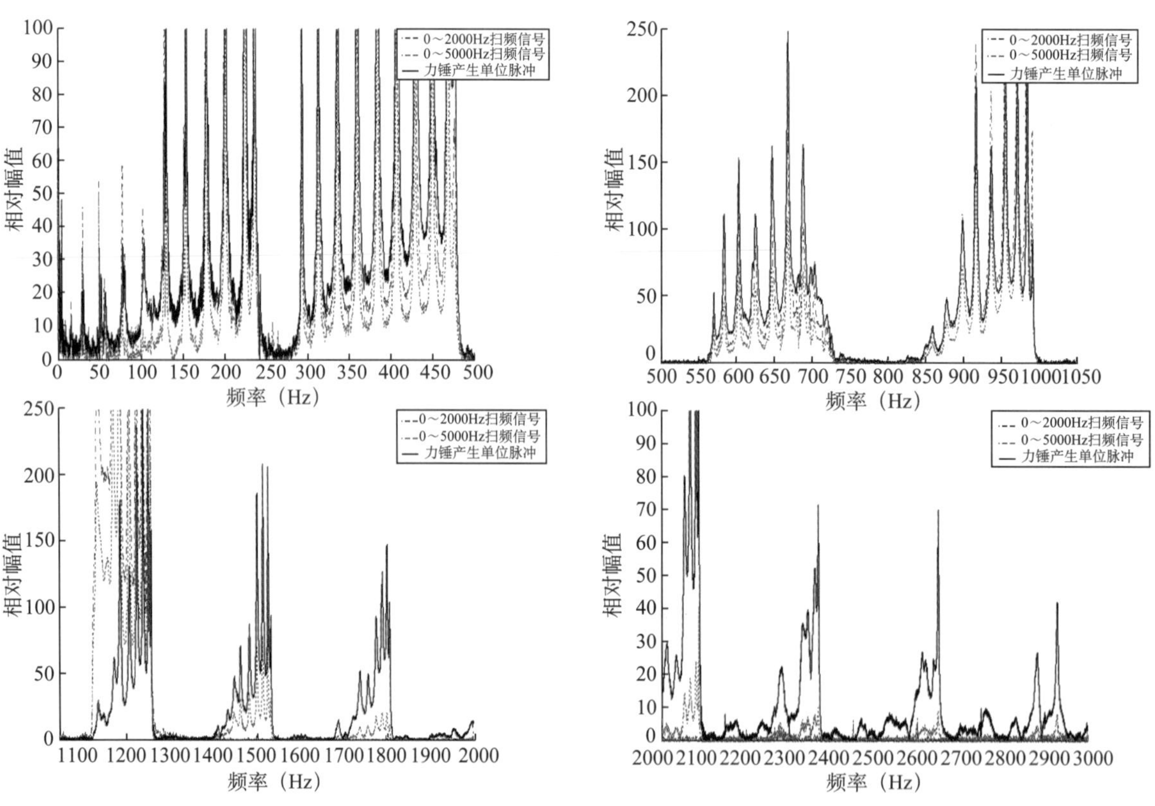

图7.191　10根$3^1/_2$in钻杆弯曲放置扫频信号频谱

从接收信号波形图 7.192 中可以看到：330Hz 与 1500Hz 的接收波形衰减较小，但是波形已经明显失真，已经不再是单纯的正弦波形式：525Hz 到 800Hz 的接收波形幅值几首衰减为 0，并且波形失真严重：965.5Hz 接收波形几乎没有失真，其仍然是很好的单频正统波波形，信号幅值衰减较小。图 7.192 中各接收信号的频谱如图 7.193 所示。

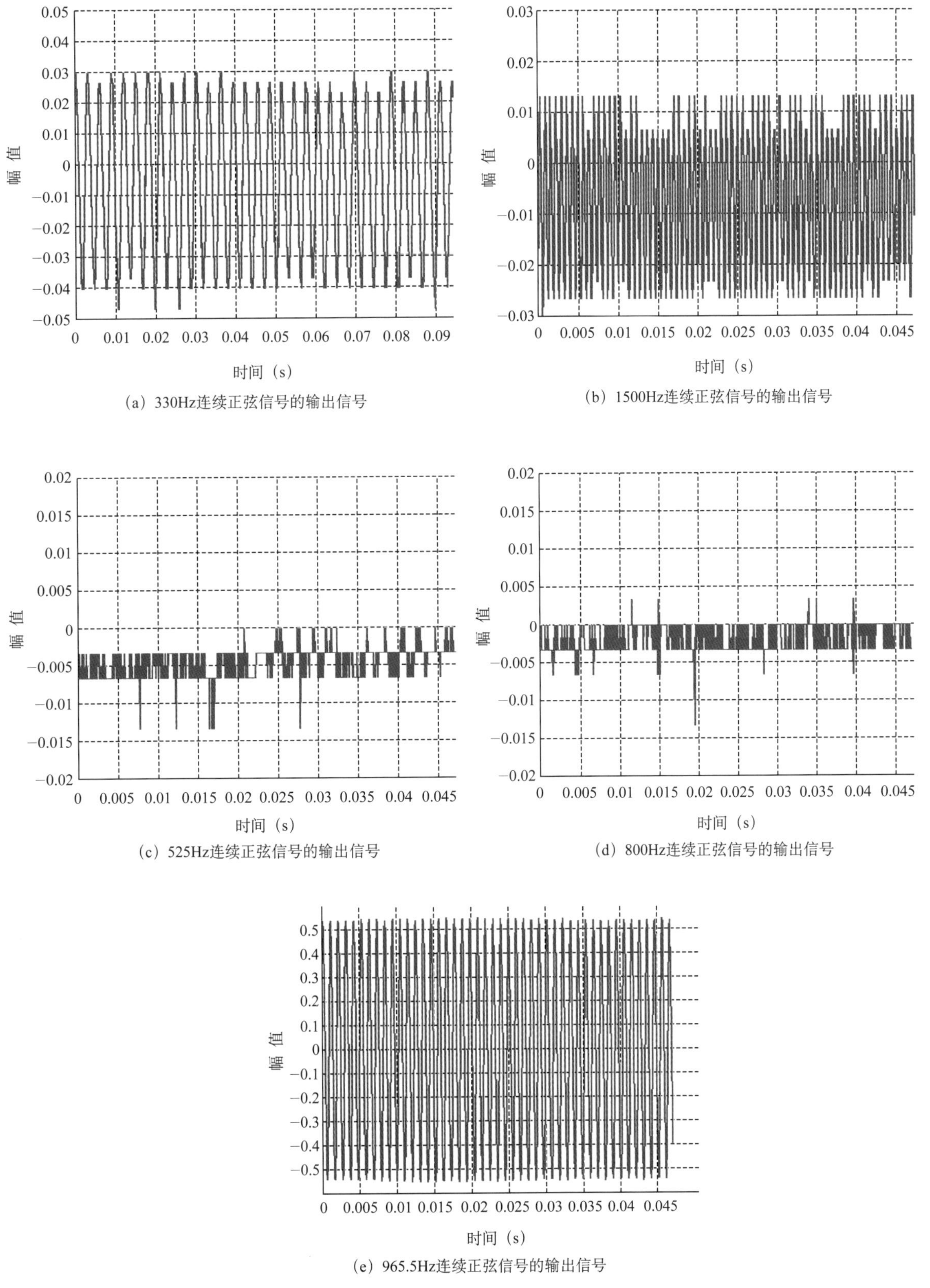

(a) 330Hz连续正弦信号的输出信号

(b) 1500Hz连续正弦信号的输出信号

(c) 525Hz连续正弦信号的输出信号

(d) 800Hz连续正弦信号的输出信号

(e) 965.5Hz连续正弦信号的输出信号

图7.192 各频率正弦波接收信号波形

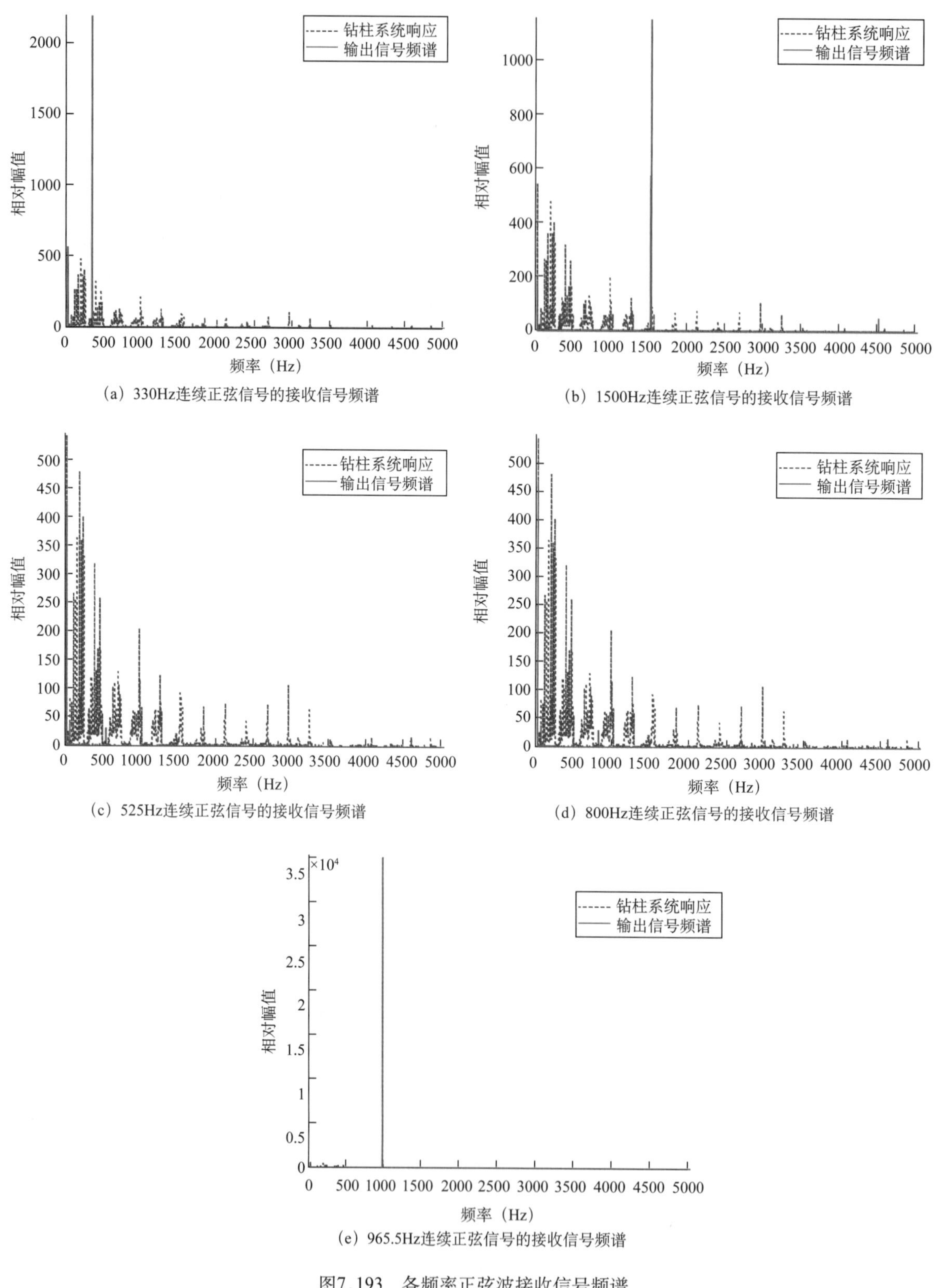

（a）330Hz连续正弦信号的接收信号频谱

（b）1500Hz连续正弦信号的接收信号频谱

（c）525Hz连续正弦信号的接收信号频谱

（d）800Hz连续正弦信号的接收信号频谱

（e）965.5Hz连续正弦信号的接收信号频谱

图7.193　各频率正弦波接收信号频谱

从上述频谱图中看到：330Hz 与 1500Hz 的接收信号频谱幅值有衰减，在高频处存在大量高频成分，但是幅值与主频相比非常小；525Hz 与 800Hz 的接收信号频谱幅值衰减严重，存在幅值不小的高频成分以及幅值与其相差很少的低频成分；965.5Hz 接收信号频谱中，除主频外几乎看不出有高频成分的存在。

7.9.5 小结

本节对 5in 及 $3^1/_2$in 钻柱的声波传输实验进行了论述和分析。实验中分别连接该 2 种类型的钻杆 5 根与 10 根，在不同支撑的情况下分别进行了力锤冲击、扫频信号、单频连续正弦信号在钻柱一端纵向激励、另一端纵向接收的实验，还对不同位置接收的情况进行了研究。根据实验结果进行分析，得到如下结论：

（1）声波沿钻柱传输时，信号存在明显的衰减、失真现象。钻柱中横波的存在将严重影响纵波信号的相位及波形。

（2）纵波及横波沿钻柱传输的频带结构不同，但都变现为梳状滤波器的结构特性。

（3）采用端面中心纵向激励的方式能够有效减小横波的产生，保证接收信号有足够的能量。

（4）支撑的存在将引起信号的衰减，随着钻柱支撑点的增加，将加剧信号的衰减及波形的复杂性，但系统的频带特性变化不大。

（5）在声波传输过程中，信号的高频分量将严重衰减及失真，高频段频谱杂乱，梳状滤波器特性减弱，并且易受外因影响。

（6）钻柱长度的增加对声波衰减影响较大，在频谱图中表现为低频处通频带内尖峰的降低。钻柱长度变化不影响钻柱的频带结构，仅通带内尖峰数目增加，频带宽度的变化主要是由钻杆结构不均匀引起的。

（7）声波信号的钻柱中部接收实验显示：信号将受下游钻柱的影响而严重衰减，频带结构与整个钻柱系统的结构相同。因此在声波中继器的设计中，应在其声波接收与转发装置之间加装隔声设备，以保证信号的顺利接收。

（8）钻柱弯曲会增加声波信号的衰减，并加剧波形之间的转换而导致信号失真，而对频带影响较小。

（9）新钻杆的信号传输特性明显优于旧钻杆，钻井用的 5in 及 $3^1/_2$in 钻杆的频带结构差异不大，传输系统可通用。

（10）声波发射信号的频率应选择在通频带中部附近，合理设计调制波形，将有利于信号的传输。

7.10 近钻头振动测量实验

在油气钻井过程中，钻头—钻柱系统工作在一个充满流体的狭小井筒环境下，受到多种激励的作用引发异常复杂的振动现象。系统地研究井下钻具振动信号，对这些信号进行综合的数据分析与处理，有助于深刻认识钻头破岩规律；有助于钻井施工人员及时获取井下信息，进行工况识别和风险识别；有利于随钻系统的参数优化，以提高工具性能和寿命，缩短钻井周期，节约施工成本。

钻头在井底钻进破岩过程中产生的振动和冲击是钻柱系统受迫振动的真实激励源，也是现代钻井要关注的重要参数。但近年来国内外诸多学者在研究钻柱振动时更多地局限在假设激励条件下的理论分析和室内测试研究，而相对较少对钻头在井底钻进的实际载荷进行测量和频谱分析。因此，对钻头破碎岩石过程开展系统的振动实验研究，随钻获取井下较宽频带、较长井段的振动信息，对科学地研究钻井破岩规律并用于指导井下随钻测量和控制系统的开发，从而提高钻井作业效率，具有重要意义。

为此，作者的科研团队开展了这方面的研究工作。在相关理论分析基础上，研发了近钻头振动测量系统（参见本书第 5 章），重点进行钻头破岩的室内测量实验和井下测量实验。本节内容是这些研究工作的部分反映，主要包括：

（1）基于钻头实验台架的钻头破岩实验研究方法，以获取典型钻头与典型岩石在不同工艺参数条件下的振动特性，即钻头类型、岩石类型、主要钻井参数对振动的影响特性；

（2）研发随钻井下振动测量系统，能够实现较高采样频率、较长井段的现场振动测量。

7.10.1 典型天然岩体破碎过程的振动特性室内台架测试

（1）实验设备及测试方案。

实验设备主要包括：全尺寸钻头室内实验台架，3 种不同量程和频响的加速度传感器，16 路振动采集模块，数据存储和数据处理系统等。实验设备的连接和测试方案如图 7.194 所示。

具体测试方案：

①在紧靠钻头处，安装加速度传感器，传感器布置如图 7.195 所示（其中 A1 量程 5g，频响 2 ~ 10kHz；A2 量程 50g，频响 0.5 ~ 10kHz；A3 量程 50g，频响 2 ~ 5kHz）；

②在钻头破岩过程中，振动采集系统实时获取钻头振动信息并进行处理和存储；

③选取不同类型和尺寸规格的钻头，在不同钻压和转速下，测试在实钻不同岩性的岩心过程中的钻头振动特性，钻头类型、岩性类型、钻压和转速见表 7.14，岩心参数见表 7.15。

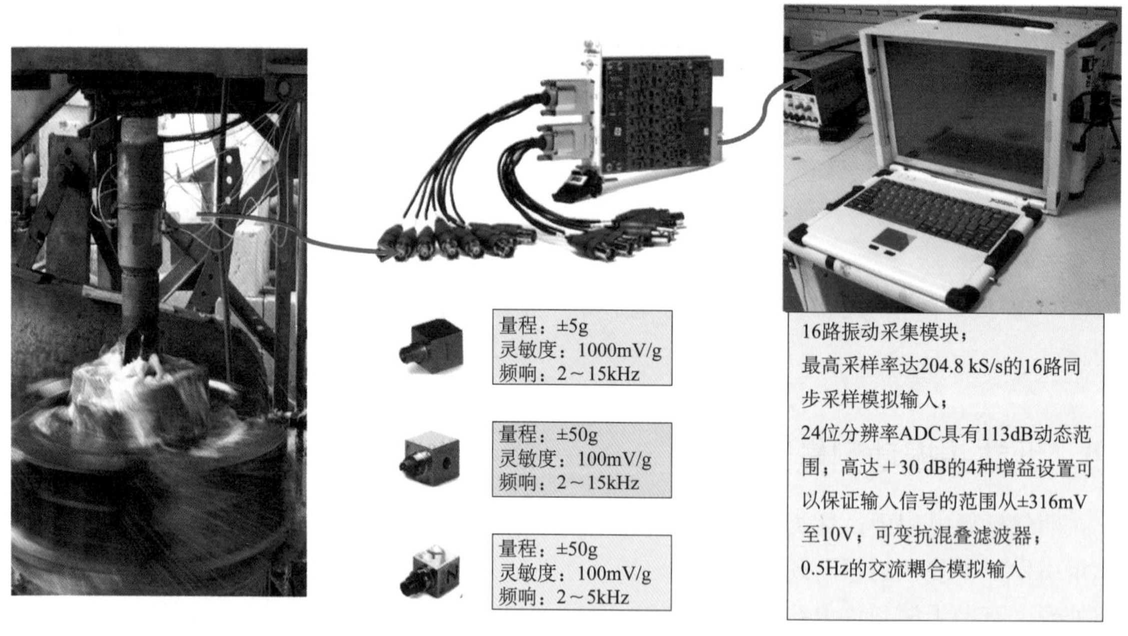

图7.194　实验设备及测试方案示意图

表7.14　测试条件与工况参数列表

钻头类型	6in 牙轮，6inPDC，8.5in 牙轮
岩石类型	南充砂岩，武胜砂岩，北碚灰岩，雅安花岗岩
钻压（tf）	1.2，1.8，2.4
转速（r/min）	40，60，80

表7.15 实验用岩石性质参数表

岩石		南充砂岩	武胜砂岩	北碚灰岩	雅安花岗岩
单轴抗压强度（MPa）		50.565	67.548	105.951	126.519
弹性模量（GPa）		5.22	11.54	31.20	31.78
泊松比		0.111	0.062	0.171	0.118
抗拉强度（MPa）		2.836	4.346	6.758	6.678
抗剪强度（MPa）		11.69	13.56	17.72	13.70
内摩擦角（°）		34.45	38.03	43.62	45.29
硬度（MPa）		541.3	1013.4	1523.6	
塑性系数		4.09	2.87	1.32	
可钻性级值	牙轮钻头	4.98	5.76	6.66	
	PDC 钻头	3.05	5.48	7.01	

(2）测试数据及分析。

测试数据经处理绘制成频谱—振幅曲线，进行简要分析，钻后的不同岩心如图 7.196 所示。

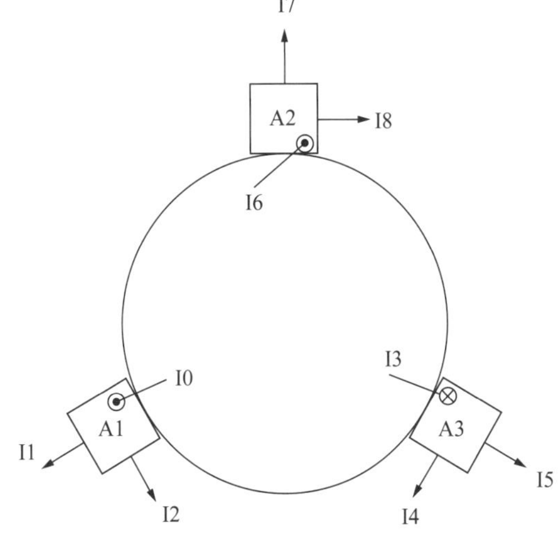

图7.195 加速度计传感器安装示意图

图 7.197 为在 1.2tf 钻压条件下，6in 牙轮钻头以不同的转速钻进破碎武胜砂岩的频谱—振幅图。由图看到：振动信号的强度随转速的增加而提高，振动信号的频谱特性和能量分布不随转速的变化而改变。

图 7.198 为在 80r/min 转速条件下，6in 牙轮钻头以不同钻压钻进破碎武胜砂岩的频谱—振幅图。由图看到：振动信号的强度随钻压的增加而提高，振动信号的频谱特性和能量分布不随钻压的变化而改变。图 7.199 为在相同钻压和转速条件下，不同类型钻头钻进破碎武胜砂岩的频谱—振幅图。由图看到：PDC 钻头振动信号的强度大于牙轮钻头，大尺寸钻头振动略小；振动信号的频谱特性和能量分布依赖于钻头型号，与钻压和转速条件无关。图 7.200 为在相同钻压和转速条件下，岩性对钻头振动特性的影响。由图看到，振动信号的强度与岩石物理性质有关，振动信号的频谱特性和能量分布与岩石物理性质也相关。

  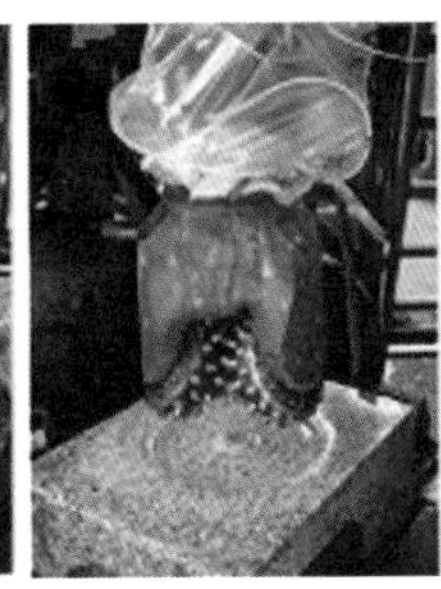 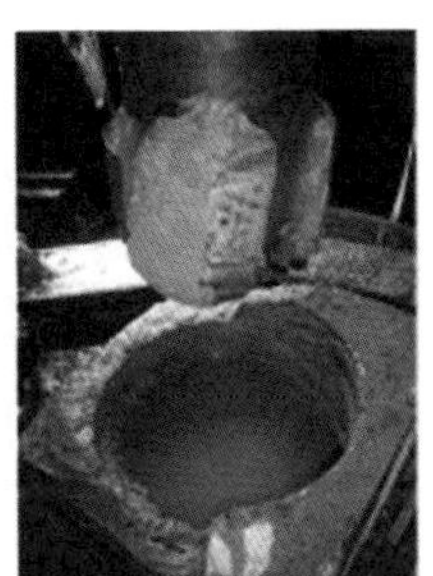 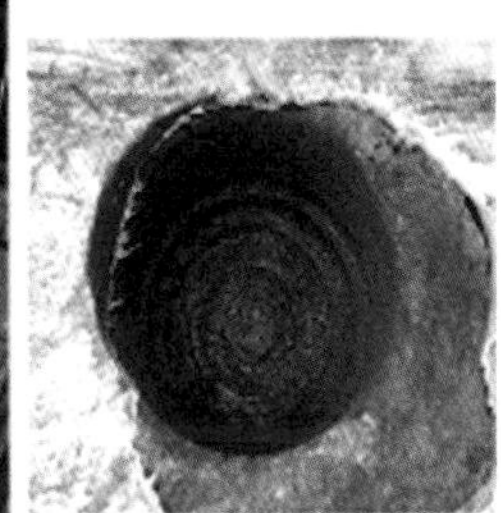

图7.196 测试现场图片

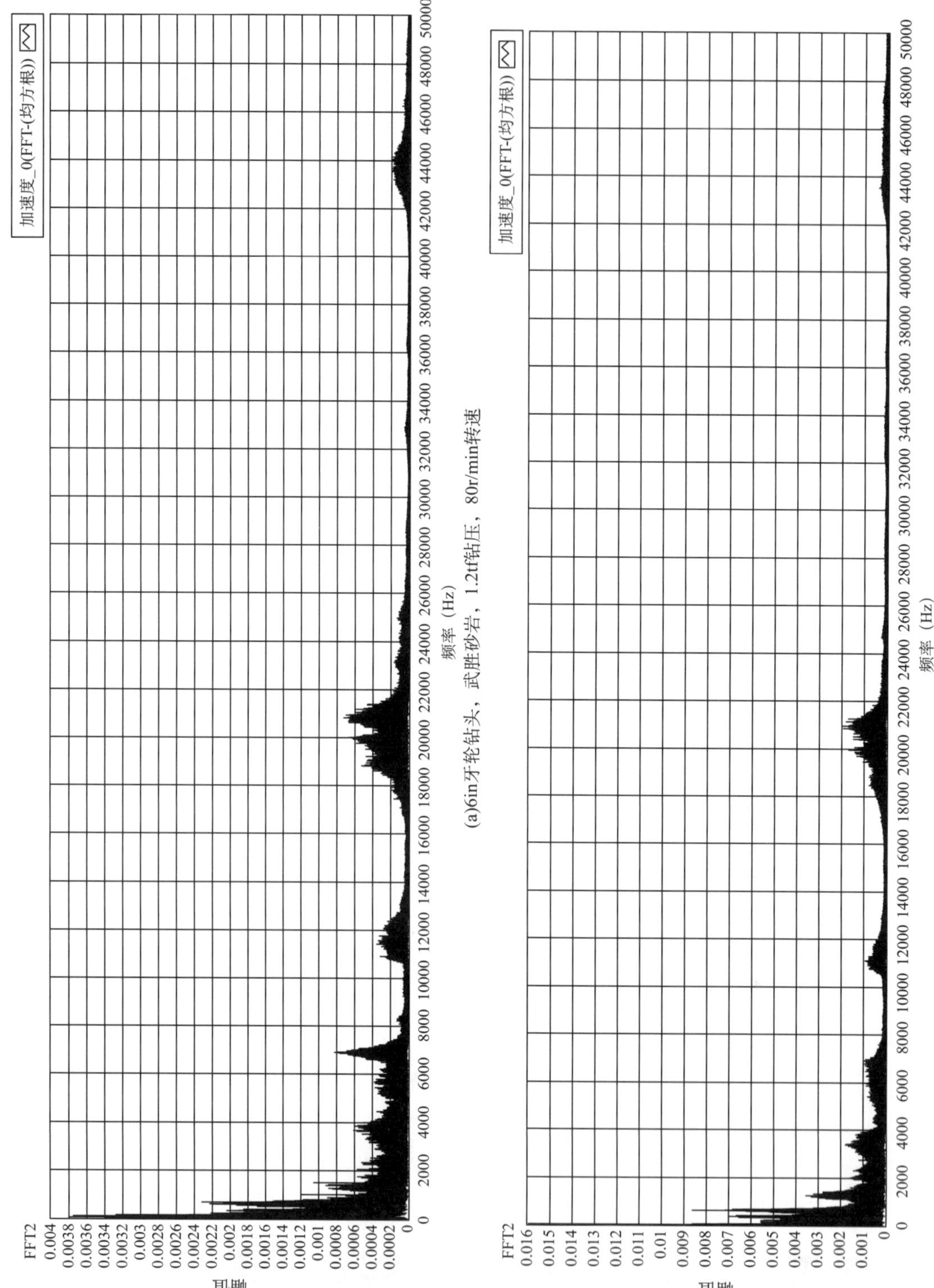

(a)6in牙轮钻头，武胜砂岩，1.2tf钻压，80r/min转速

(b)6in牙轮钻头，武胜砂岩，1.2tf钻压，60r/min转速

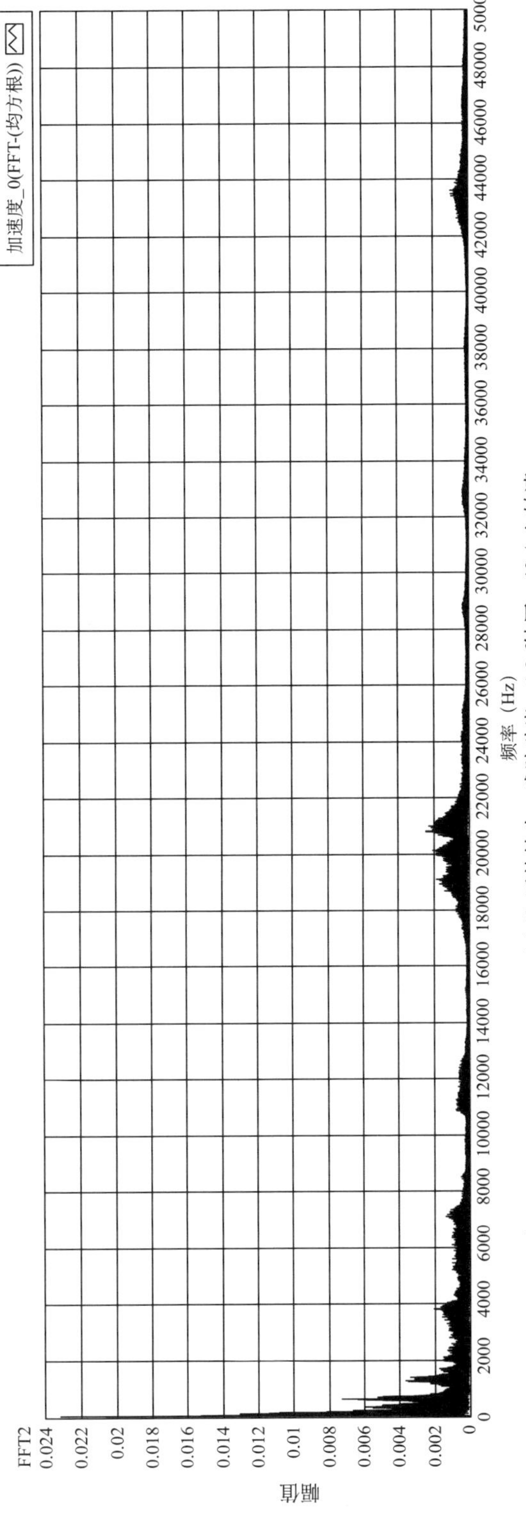

(c) 6in牙轮钻头，武胜砂岩，1.2tf钻压，40r/min转速

图7.197 转速对钻头振动特性的影响

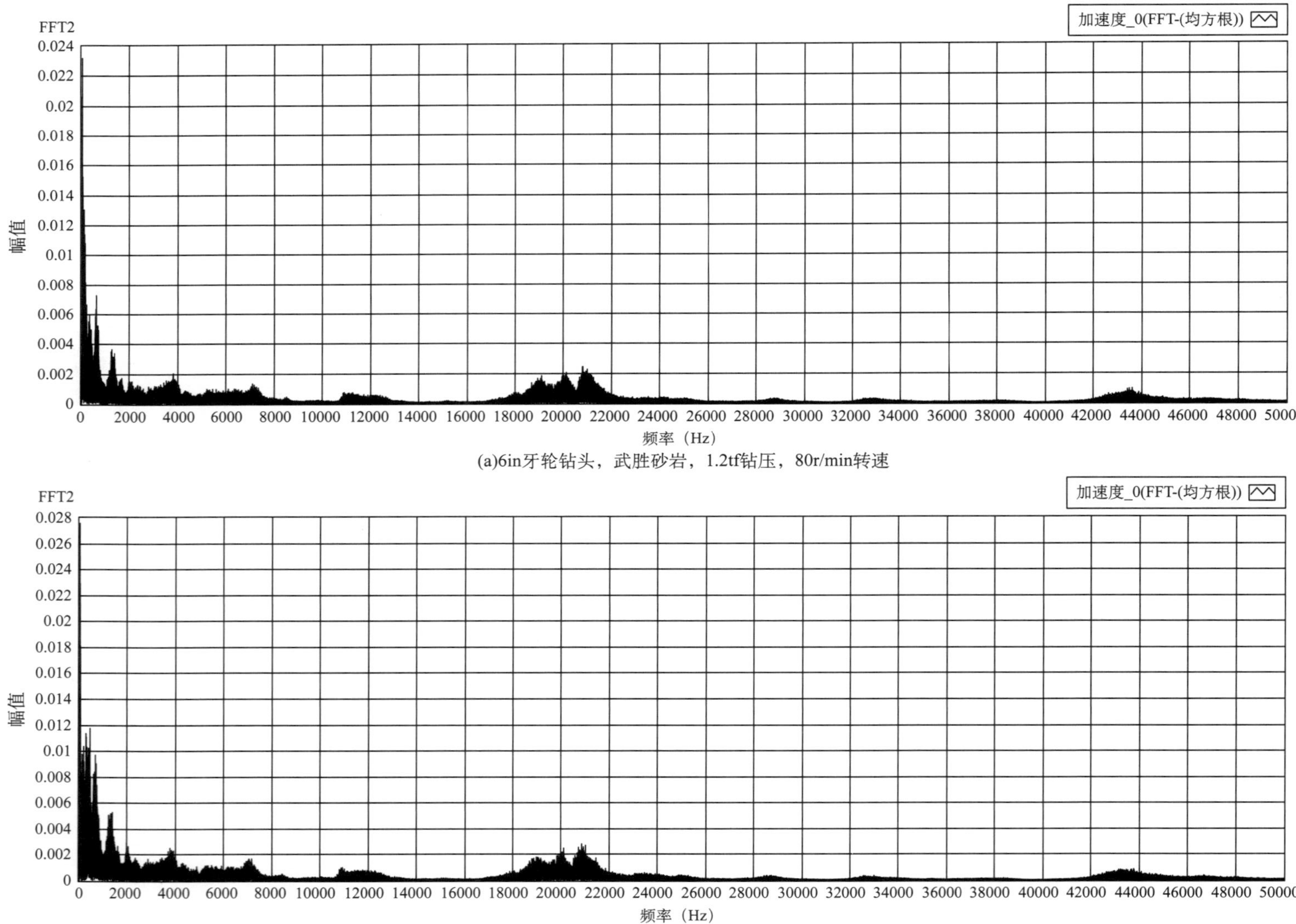

(a)6in牙轮钻头，武胜砂岩，1.2tf钻压，80r/min转速

(b)6in牙轮钻头，武胜砂岩，1.8tf钻压，80r/min转速

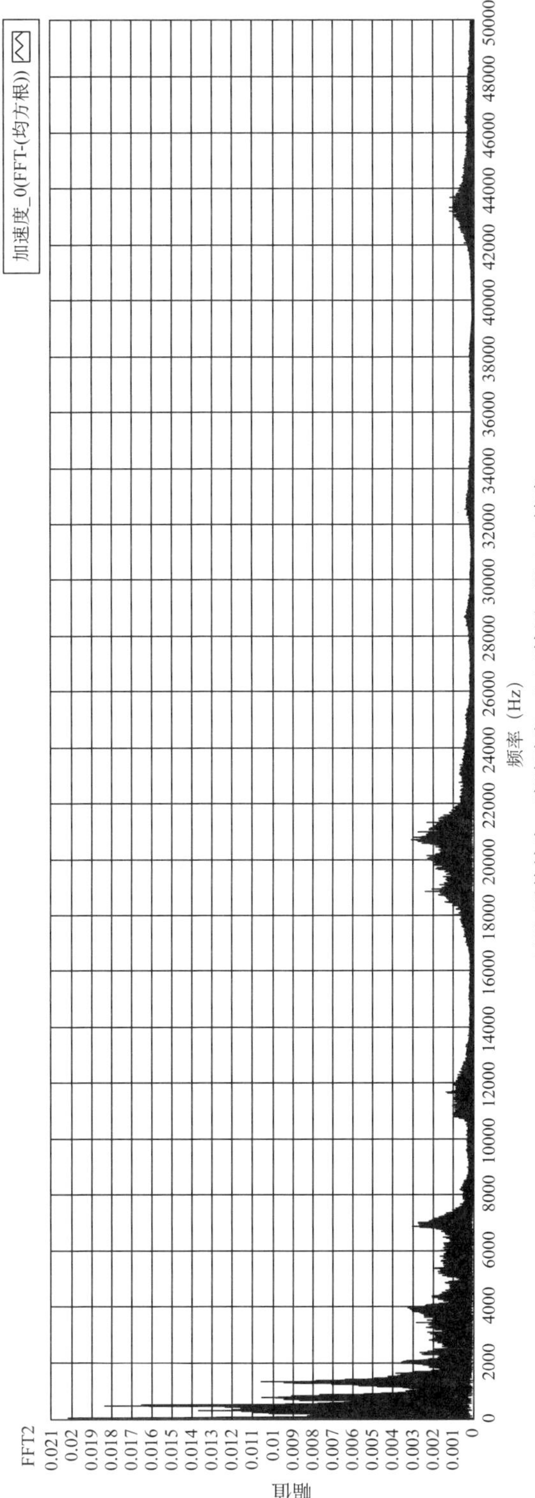

(c)6in牙轮钻头，武胜砂岩，2.4 tf钻压，80r/min转速

图7.198 钻压对钻头振动特性的影响

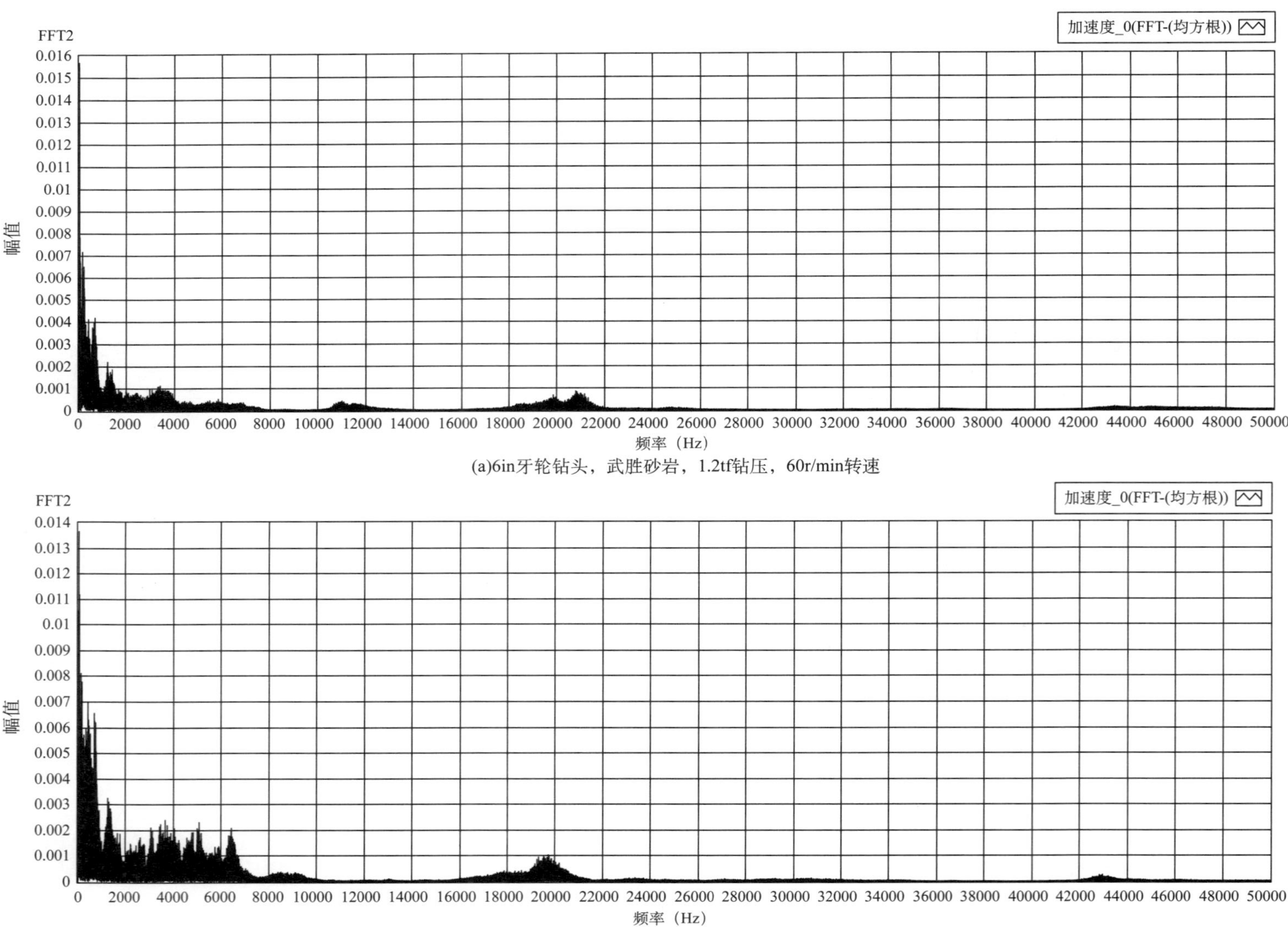

(a)6in牙轮钻头，武胜砂岩，1.2tf钻压，60r/min转速

(b)8.5in牙轮钻头，武胜砂岩，1.2tf钻压，60r/min转速

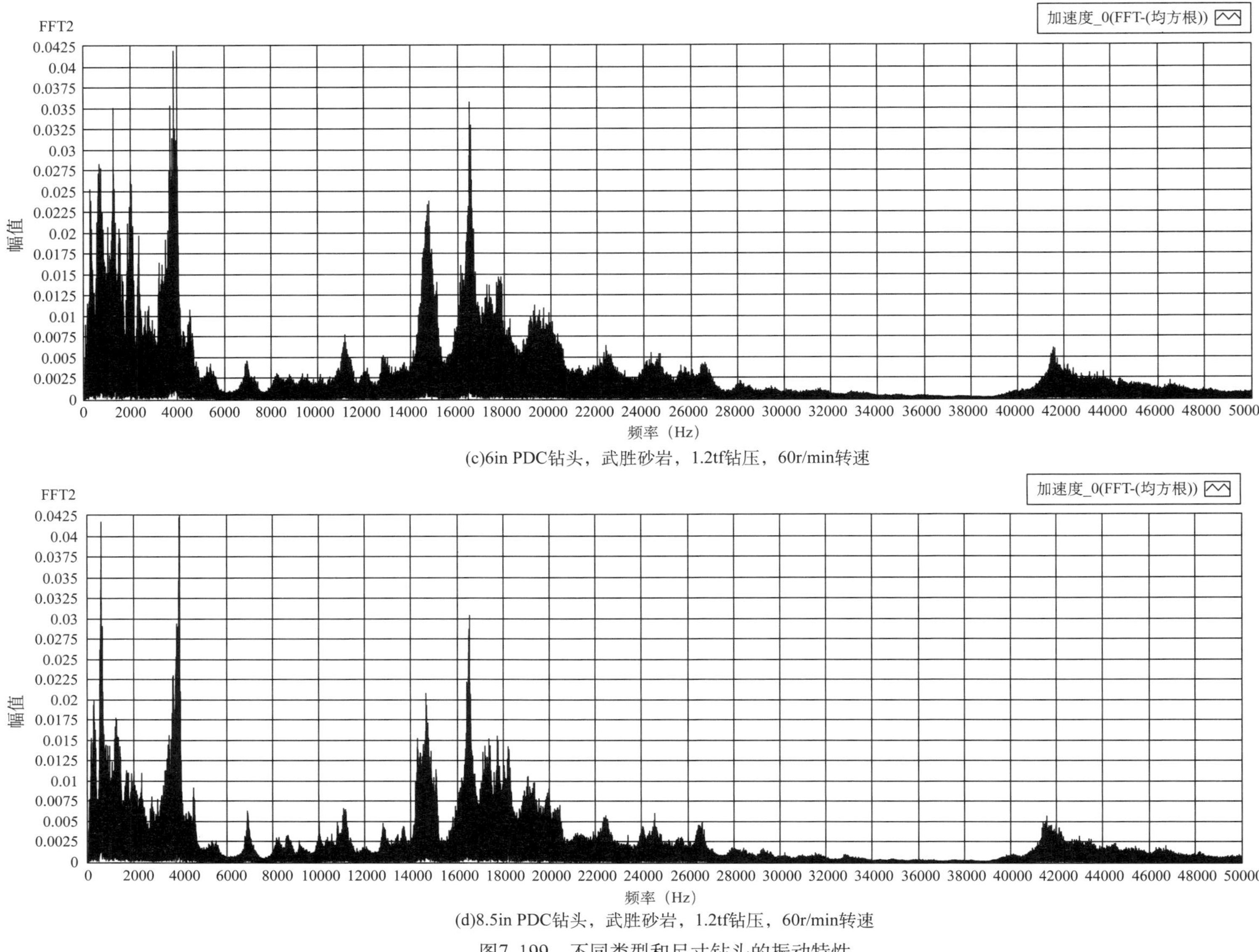

(c)6in PDC钻头，武胜砂岩，1.2tf钻压，60r/min转速

(d)8.5in PDC钻头，武胜砂岩，1.2tf钻压，60r/min转速

图7.199 不同类型和尺寸钻头的振动特性

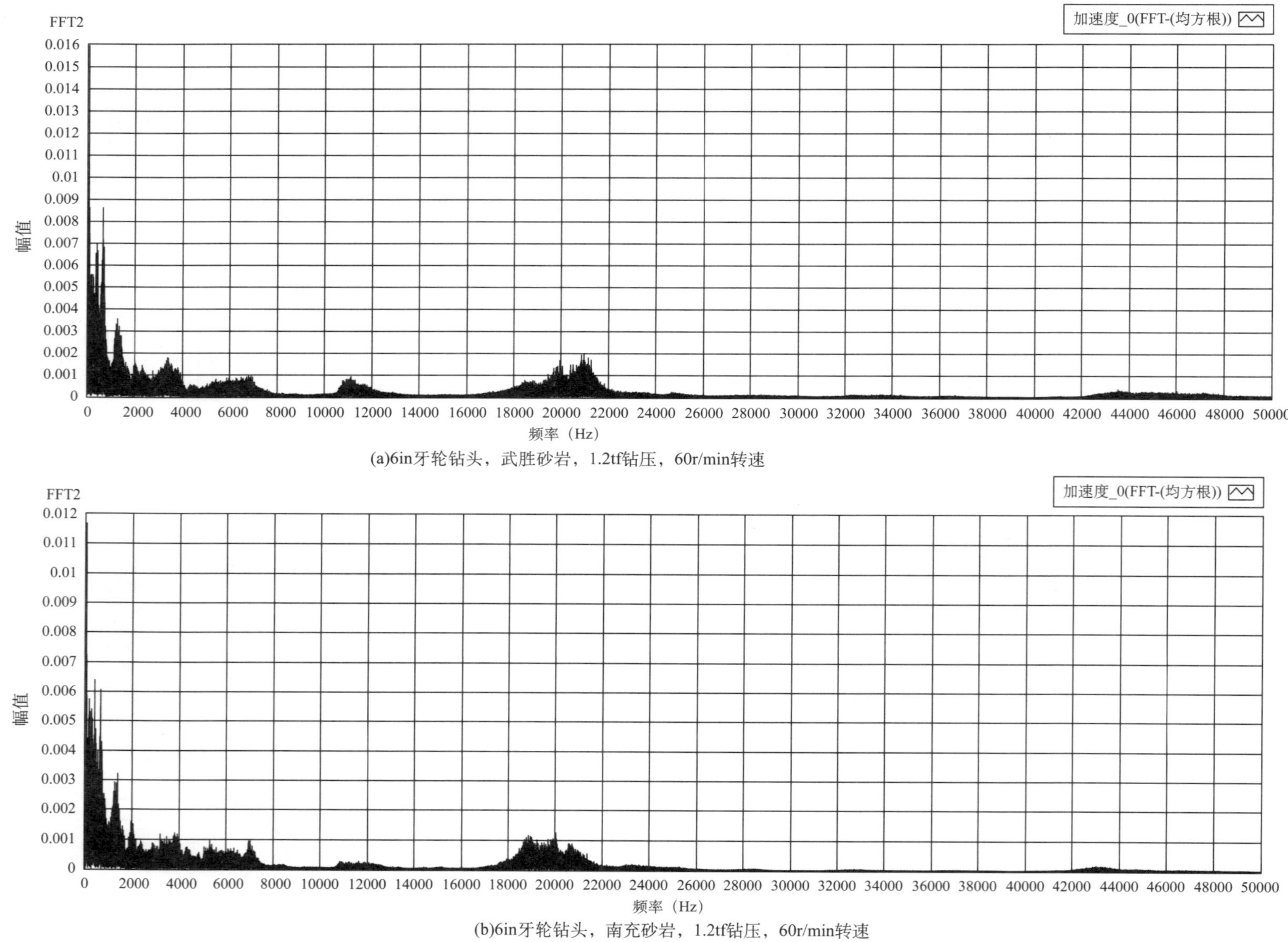

(a)6in牙轮钻头，武胜砂岩，1.2tf钻压，60r/min转速

(b)6in牙轮钻头，南充砂岩，1.2tf钻压，60r/min转速

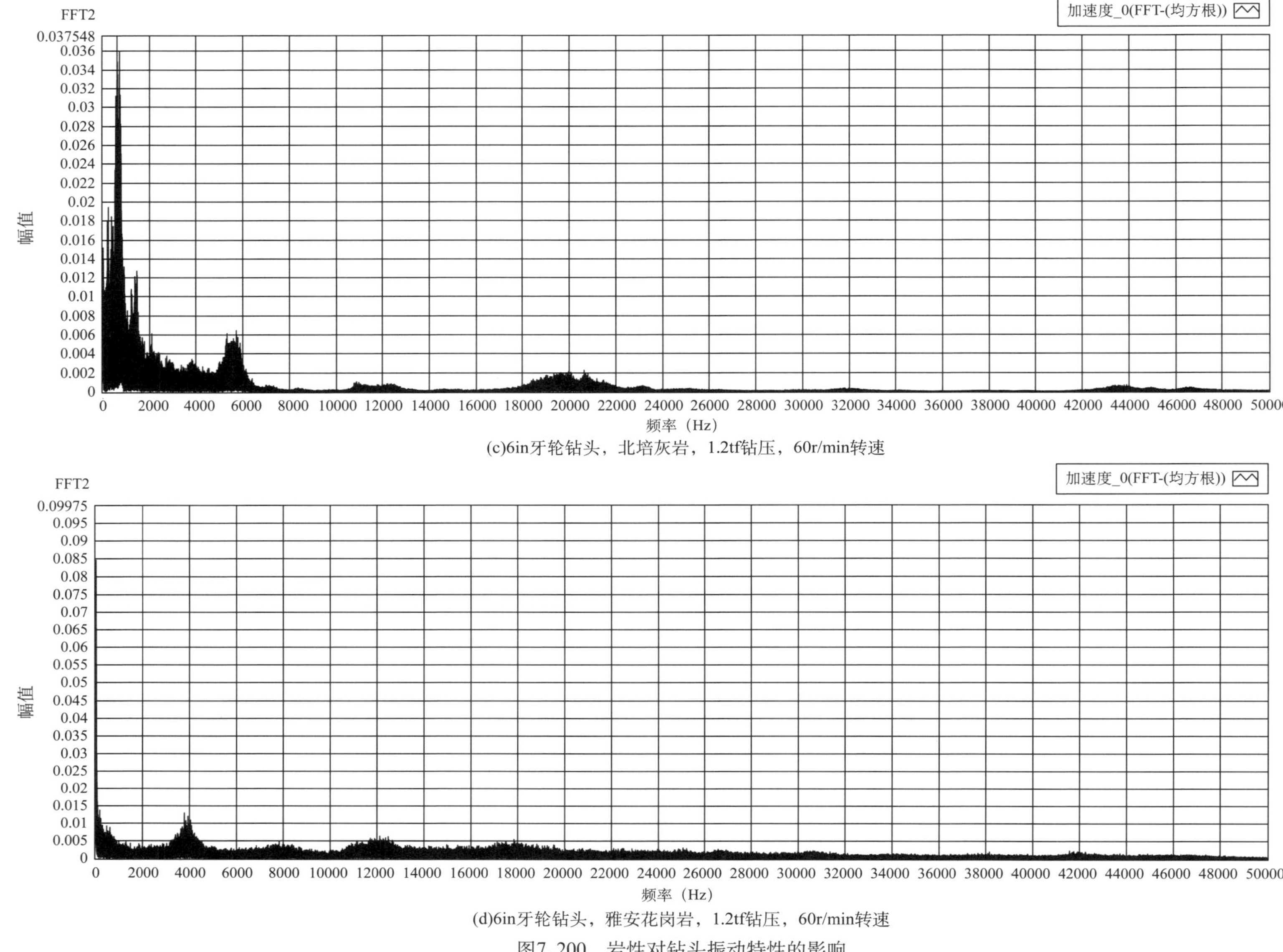

(c)6in牙轮钻头，北培灰岩，1.2tf钻压，60r/min转速

(d)6in牙轮钻头，雅安花岗岩，1.2tf钻压，60r/min转速

图7.200　岩性对钻头振动特性的影响

通过以上实验数据，可得出以下 3 点认识：

①钻压、转速等工艺参数只影响钻头破岩振动信号的强度；

②钻头破岩振动信号的频谱特性和能量分布取决于钻头类型及地层岩体的物理性质；

③利用近钻头振动特征可识别在钻地层岩体物理属性及识别边界。

7.10.2 随钻井下振动测量实验

（1）测量设备及测试方案。

井下振动随钻测量工具由本体和振动测量系统组成，如图 7.201 所示。该工具为短钻铤结构，总长 1.2m，可直接连接钻头，所有的测量与控制电路均密封安装在钻铤壁内，不影响正常钻井作业，起钻后可通过数据通信端口，读取随钻采集的所有振动数据，经地面软件回放进行处理和分析。

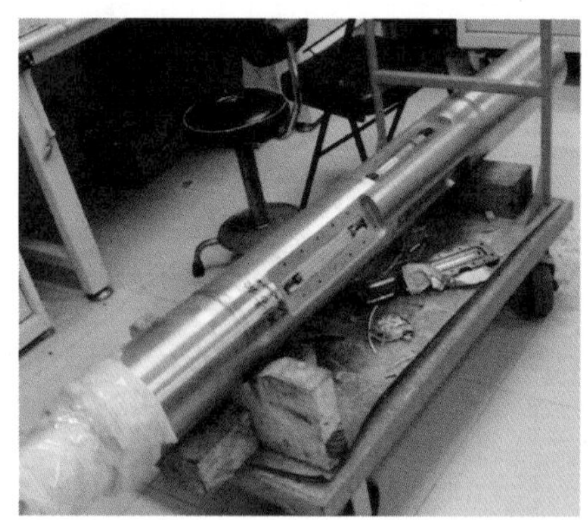
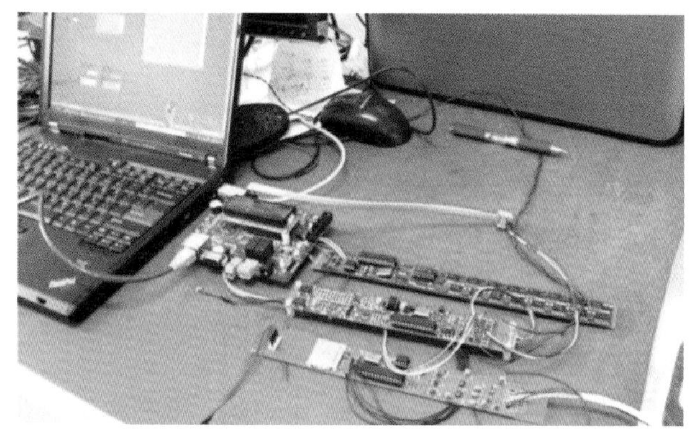

图7.201 井下随钻振动测量工具图

井下振动测量系统主要由井下主控系统、信号采集单元、数据存储单元、通信接口电路等几部分组成。考虑到系统的灵活性和冗余性，低功耗、不低于 150℃的耐温指标以及空间受限的电路板尺寸，该系统采用集中管理、分散控制的思想进行设计，各个单元独立设计，由井下主控系统通过 SPI 总线进行集中管理。

图7.202 井下随钻振动测量系统的室内标定与测试

工具开发完成后，在三轴振动台架上完成了系统在强冲击强振动环境下的测量精度、总线通信可靠性、井下数据读写操作的可靠性等测试，如图 7.202 所示。

钻进过程中信号采集单元以 8kHz 采样频率对调理后的振动信号采集后，由井下主控系统对其进行读取并将数据打包，写入数据存储单元；起钻后上位机通过通信接口电路向井下主控系统下传读取指令后，井下主控系统开始向上位机上传数据，最终保存成若干个数据源文件，用于后续的分析、处理。该系统的电路共由井下主控板、振动测量板、数据存储板以及地面控制单元 4 部分所组成，存储容量可根据实际需要增减。

图7.203 随钻振动测量工具入井照片

（2）现场测试及获取的振动信号。

开发的随钻井下振动测量工具在女K50−XX井连续入井3次，测试井段1592～3409m（完钻井深），总进尺1817m，累计工作时间298h，井下工作时间218.5h，入井安装位置如图7.203所示。在测试过程中，井下安全，三轴同时测量，每轴采样频率8kHz，出井后工具外观完好，实时存储数据完整，获取的井下振动信号如图7.204～图7.206所示。

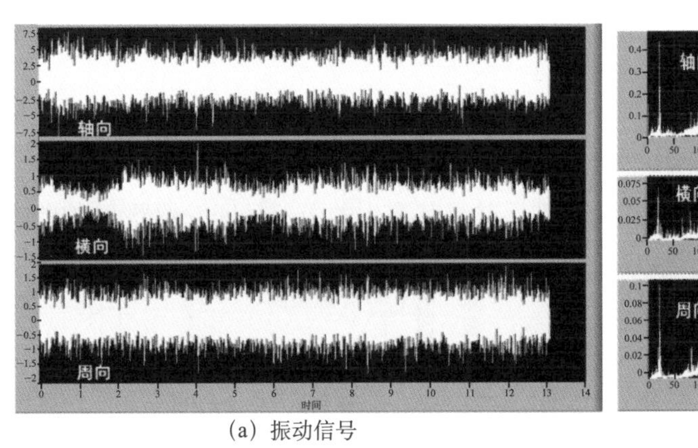

（a）振动信号

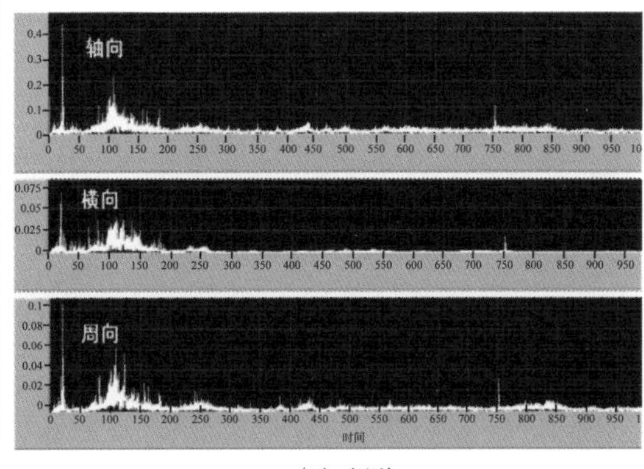

（b）频谱

图7.204 正常钻进过程中获取井下振动信号及频谱图

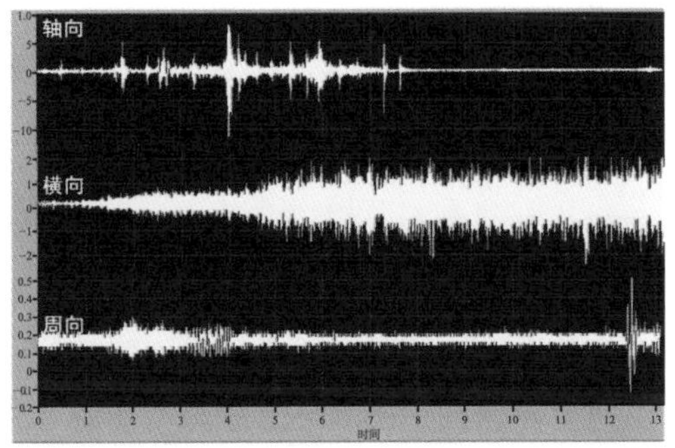

图7.205 接完单根开泵过程获取井下振动信号图

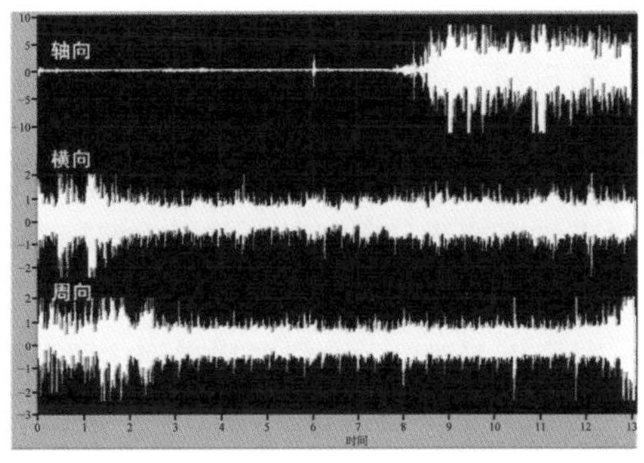

图7.206 加钻压过程获取井下振动信号图

7.11 短风洞和长风洞建造与连续波脉冲发生器实验

在本书第5.7节中，对连续波信号的传输特性和增强性算法进行了较为详细的分析，并对连续波脉冲发生器的设计和扭矩特性进行了简单讨论，在此基础上，设计了多种不同结构参数的汽笛叶片。这些理论工作和初步的结构设计要靠实验进行验证和优选，以保证所设计的连续波脉冲发生器达到预定的设计要求。本节专门介绍相关的室内实验情况。

按照传统方法，脉冲发生器的实验和参数测试要在专门设计的台架上进行；对传输特性的实验要建造大型的专用传输管路系统。国外专业公司的钻井液实验管路一般长达10000 ft（约3000m）以上才能满足实验要求，同时需要配备大功率钻井泵，这就不仅需要有大面积的试验场地、大量钻井液材料和巨额资金投入，还会带来严重的环境污染问题。理论研究和工程实践表明，一种好的解决办法就是用风洞实验系统来代替真实的钻井液实验系统，用空气介质代替钻井液介质，将实验结果经过成熟的理论换算就可得到在钻井液实验系统的对应结果并且具有足够高的可信度。因此，风洞设计和建造就成为课题研究的重要组成部分。

风洞建造包括短风洞和长风洞。短风洞主要用于连续波脉冲发生器的叶片实验和优选，长风洞主要用于连续波信号传输特性和增强性算法的验证。短风洞实验装置也是长风洞实验系统不可或缺的重要组成部分。

短风洞、长风洞实验系统的建成，为连续波脉冲发生器的研制提供了保证；同时，作为一种重要的实验装备和实验方法，也为井下控制工程学的实验板块提供了丰富内容；另外，在节省占地、节约投资和环境保护方面起到了很好的示范作用。

7.11.1 连续波脉冲发生器设计基础

（1）连续波源信号强度与发生器机械结构。

如第5章所述，连续波信号发生器具有偶极子特性，并将其产生的源信号即发生器两侧的信号压差定义为Δp。

经典的Joukowski流体冲击理论给出：

$$\Delta p=\rho cv \tag{7.23}$$

式中：ρ为流体浓度；c为声速；v为流体流速。

式（7.23）给出了典型钻井液流速下连续波信号强度的可实现范围。

连续波信号产生和传播的本质是传输介质（钻井液或空气）压缩、释放过程的不断重复。结合工程应用可知，连续波信号发生器本身厚度不大，信号压力在发生器边沿损失较小。决定连续波信号特性的主要因素可表示为：

$$Q=C_{\mathrm{d}}A\sqrt{\frac{2\Delta p}{\rho}} \tag{7.24}$$

式中：Q为流过信号发生器的流体（空气或钻井液）流量，m^3/s；C_{d}为信号发生器流量系数，当雷诺数大于临界雷诺数时，流量系数近似常数，一般取0.6～0.8；A为信号发生器内流体通道的有效面积，m^2；ρ 为钻井液的密度，kg/m^3；Δp 为信号发生器的前后压差，即连续波源信号，Pa。

对式（7.24）进行变换，可得：

$$\Delta p=\frac{\rho Q^2}{2C_{\mathrm{d}}^2A^2} \tag{7.25}$$

式（7.25）清晰表达出决定连续波源信号强度的要素，包括：流体流量、流体有效通道截面积、钻井液密度。信号强度Δp 与流体流量 Q^2 和钻井液密度 ρ 成正比，与信号发生器内的有效流通面积 A 成反比。

（2）连续波源信号时域频域特性。

工程应用中，除了关心连续波源信号的强度之外，这一载波信号的时域频域特性也对系统的检测和分析有着重要影响。

①连续波信号的平均值 M_p：

$$M_p=\frac{1}{T}\int_{-T/2}^{T/2}\Delta p(t)\mathrm{d}t \tag{7.26}$$

该平均值反应连续波源信号中直流分量的大小。

②连续波信号功率 P_p：

$$P_p=\frac{1}{T}\int_{-T/2}^{T/2}\Delta p(t)^2\mathrm{d}t \tag{7.27}$$

信号的功率与作用在信号发生器上的扭矩和流体冲击功率呈近似正比的关系。

③信号的频谱。

连续波信号在井下通道中传播时，会在钻头表面、钻铤—钻柱交界面等处产生反射。由于传播路径的不同，导致不同频率分量的相移不同，使得在接收点处部分频率分量的直射波与反射波相互抵消，而部分频率分量则相互增强，从而形成所谓的选择性衰减现象。因此，在设计发生器时希望所产生的压力波信号的频谱尽量集中在一个很窄的范围内。

设期望连续波源信号为正弦信号，旋转阀设计中所期望的正弦波压力信号为$\Delta p_1(t)$，表示为：

$$\Delta p_1(t)=\frac{p_{\max}-p_{\min}}{2}\sin\left(2\pi ft-\frac{\pi}{2}\right)+\frac{p_{\max}+p_{\min}}{2} \tag{7.28}$$

信号Δp 与$\Delta p_1(t)$ 在 1 个周期内的相关系数为：

$$\rho_{xy}=\frac{\int_0^T\Delta p(t)\Delta p_1(t)\mathrm{d}t}{\sqrt{\int_0^T\Delta p^2(t)\mathrm{d}t\int_0^T\Delta p_1^2(t)}} \tag{7.29}$$

在设计发生器时就应以相关系数 ρ_{xy} 最大为目标。

7.11.2 短风洞建造和连续波脉冲发生器实验

短风洞作为一个实验平台，要针对多种信号发生器叶片的不同结构，通过改变各种影响因素，进行大量的实验和测试。在对实验所得数据进行详尽分析的基础上，得出源信号的变化特性趋势和连续波信号发生器机械结构对源信号强度的影响，以验证理论分析结果并进一步对发生器结构进行优化选择和设计。

7.11.2.1 短风洞硬件设备

图 7.207 给出了短风洞结构示意。

（1）动力系统。

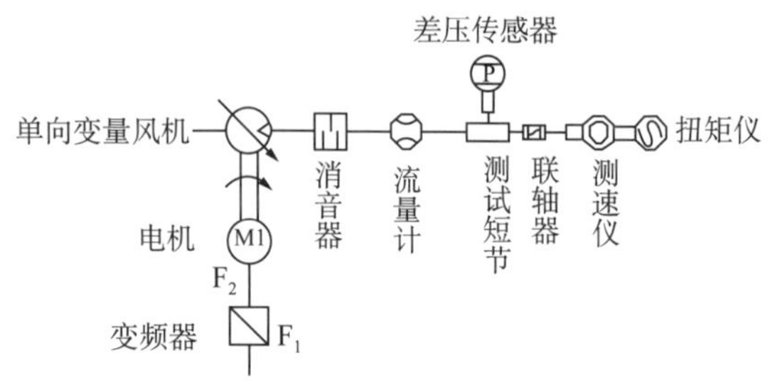

图7.207　短风洞结构示意图

风洞系统中用气体替代钻井工程中的钻井液作为通道流体，这就要求气流的压力和流量能够达到特定标准，使其能够有效驱动连续波信号发生器，因此需要寻找合适的气流发生装置；同时还需要相应的测量系统，能够对流体流量和压力进行实时准确的测量和记录；最后用雷诺数转换法将实验数据换算为钻井液系统的钻井工程数据。

综合上述条件，风洞动力系统选择三叶罗茨鼓风机作为系统的流体产生装置，并通过电机、变频器、消音器、直风器、气体流量计等设备构成驱动、控制、测量的完备的动力子系统。主要设备包括：鼓风机、涡街流量计、风机变频器等。

（2）闭环驱动控制系统。

短风洞实验过程中需要利用电机进行驱动，要求控制系统对发生器的运转状态进行控制。同时，在这一过程中，需要电机能够根据要求改变转 / 定子相对位置，并能够对其进行实时和准确的测量。

主要仪器设备包括：信号发生器驱动电机、扭矩仪、三轴编码器等。

（3）数据采集、传输和记录系统。

压力传感器是进行连续波源信号实验最关键的测试仪器，其精度、响应速度、输出线性度和量程等指标直接影响着信号的测量质量。同时，由于 ΔP 源信号呈偶极性，需要在发生器两侧进行实时同步检测，但用普通的压力传感器无法对其进行实时有效的测量。因此，实验中选用差分式压力传感器，简称差压传感器。差压传感器直接测量信号发生器两侧的压差，即 ΔP 强度，并通过两路输入将压差数值送入传感器内部，在传感器内部通过 A/D 变换将测得的模拟信号转换为数字信号，最终将数据输出给相应的集控和存储系统。

在短风洞实验中，需要实时测量并记录多个变量，包括：气体流量、发生器转速、发生器扭矩、转 / 定子相对位置、气体压力等。对这些参数进行的实时测量和存储，凭借人工记录和处理的方法无法实现，需要组建完善的自动测试系统。

自动测试和数据采集系统框图如图 7.208 所示。

如图 7.208 所示，硬件系统主控对象为风机系统（鼓风机、驱动电机和变频控制器）和信号发生器。这 2 个系统的运行和控制状态通过各传感器进行实时监测，测得数据进入数据采集系统和控制电路完成 A/D 变换，这一电路的核心为数据采集器。采集器得到的各路数据通过总线送入计算机，在计算机上完成数据的实时显示和相应的处理；计算机根据处理结果对反馈和控制电路作出指示，以控制风机和发生器的工作状态。

如上所述，短风洞硬件系统构成了一个完整的闭环控制结构，实现了对发生器、风机和各传感器的实时控制、实时数据采集和分析的功能。

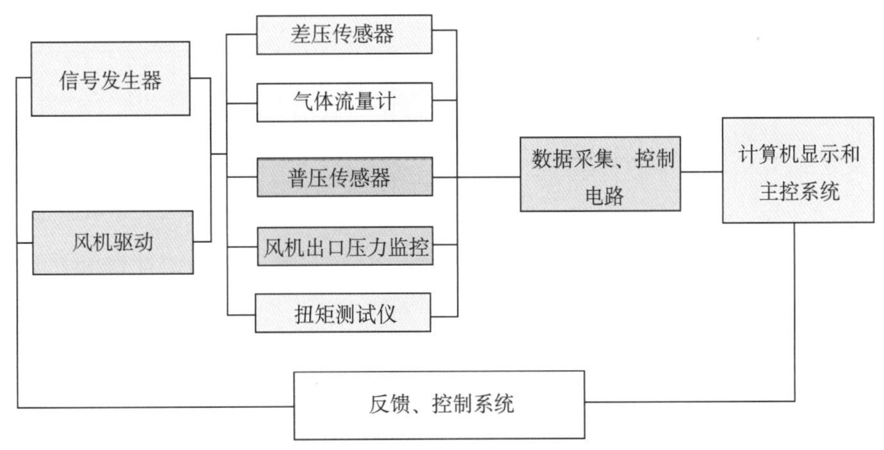

图7.208　短风洞数据自动测试和采集系统框图

图 7.209 是短风洞的实体结构照片。图中最远端是蓝色的鼓风机，气流从其出口引出，经过消音器、流量传感器、直风器等设备，进入透明的测试短节；这一短节是源信号测试的关键部分，其中安置着信号发生器、差压传感器、发生器驱动引导轴；其后接入三通式同径风洞管路，管路一端即为引出室外的黑色管道，另一端在发生器驱动引导轴后端接入驱动电机、扭矩仪、编码器，对发生器的旋转进行控制和检测。

实验用动力源为鼓风机，流体为空气，因此就避免了使用钻井液情况下由于泄漏造成的不便和污染。

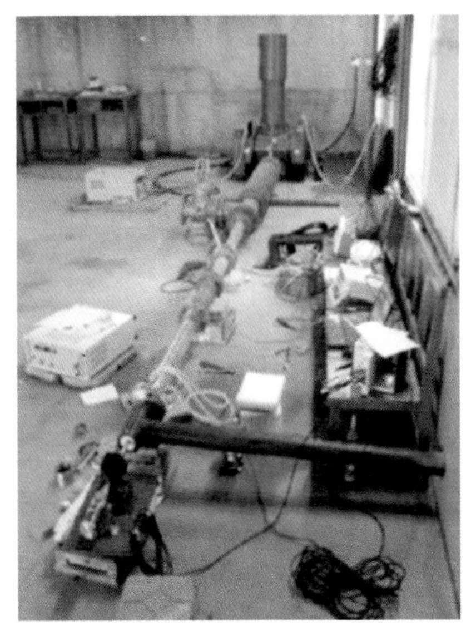

图7.209　短风洞的实体结构

由于鼓风机将会产生大量的热量，在操作过程中使用了水冷系统对其降温。在风机出口，设计了直风器短节，其作用是消除紊流，使驱动发生器的流体特性与实际井场中的钻井液流体相近。直风器的尾端装有气体流量计，并通过硬件控制系统对管路中的气体流量进行实时监测。直风器出口接入有机玻璃测试短节。图中两段白色的管子连接到汽笛的上下游，其作用是测试 ΔP 信号的强度。发生器通过柔性联轴器与驱动电机连接，控制其旋转状态。与此同时，ΔP 信号强度和频率、发生器转速和扭矩等信息均通过数据采集系统进行实时测量和记录。

在整个实验过程中测试到的最高频率为 100Hz，计算可得信号的波长约为 10ft，这一数值远大于实验中所用的管道内径。因此，风洞管路中的弯曲部分将不会导致信号的反射或引起测试质量的下降。整个短风洞系统用到了电机变频器、电机、鼓风机、消音器、流量计、有机玻璃测试短节、联轴器、扭矩传感器（测速仪）和压力传感器等设备，总长约 37m。

短风洞管道中部是透明的有机玻璃测试短节，将其设计为独立短节的目的是：

①由于测试过程中要使用数量庞大的各种发生器，因此将发生器所在位置的前后设计成独立、

易拆卸的短节；

②实验过程中需要实时观测内部的气流特征；

③实验中还需要观测发生器转子的动态特征和运动趋势，管道的透明性保证了上述要求。

综上所述，通过综合运用各种设备组成的短风洞系统，构成了连续波源信号测试的完整平台，可以使整个实验过程快速、方便地进行。

7.11.2.2 短风洞系统的软件平台构建和相关程序设计

完成了硬件系统的搭建以后，还需要配以数据采集、数据存储和转 / 定子状态控制的软件平台和相关程序，才能最终构成整个测试系统。

（1）数据自动采集。如前所述，由于整个实验过程所需测试和记录的数据种类繁多，且实时性要求较高，所以需要在硬件采集系统的基础上，配以相应的存储和显示软件程序才能完成数据的自动采集和存储。

（2）转 / 定子相对位置测量。连续波源信号特性与转 / 定子的相对位置、转速密切相关，能否对转 / 定子相对位置实现准确、实时测量直接关系着分析结果的准确性和短风洞系统的性能。这就要求在检测、控制电路的基础上，通过软件程序，对转 / 定子间的位置进行实时控制和测量。这些工作是通过自行开发的相关程序（略）实现的。

7.11.2.3 短风洞的实验过程

7.11.2.3.1 短风洞实验目标

（1）连续波源信号特性分析；

（2）源信号性能与信号发生器结构特性的关联和影响；

（3）信号发生器控制系统的联调；

（4）信号发生器转动趋势分析。

7.11.2.3.2 实验条件

（1）发生器结构。

①叶片数：2、3、4、5、6；

②叶型：扇形叶片（叶片有效面积等于过流面积，面积比为 1）；

扇形叶片带有轴向锥度；

非等过流面积扇形叶片（叶片有效面积不等于过流面积，面积比大于 1 或小于 1）；

流线型叶片；

流线型叶片带有轴向锥度；

流线型转子叶片有效面积大于无效面积（非等分圆周）；

矩形叶片。

③转 / 定子间隙：1/20 ～ 1/10in，以 1/20in 为间隔连续增加；

④各叶片均具有 3 种不同厚度：1/4in、1/3in、1/2in。

（2）信号频率：10 ～ 100Hz，以 10Hz 为间隔，连续增加。

（3）气体流量：200 ～ 1000m^3/h，递增。

7.11.2.3.3 实验过程

（1）在短风洞内安装信号发生器，与驱动电机相连；

（2）启动风机，启动信号发生器控制电机，调节电机转速，间接控制汽笛发出的信号频率；

（3）首先测试的发生器结构：厚度 1/2in，2 叶片，叶片具有 10° 锥度，转 / 定子间隙 1/20in，信号频率为 10Hz，气体流量 300m^3/h；

（4）启动自动测试系统，使得系统能够在发射器、风机等运行状态变化时，对所需的关键数据进行自动测量、传输和存储；

（5）目标数据：管路内流体分布记录图；差压传感器测得的源信号波形；普通压力传感器测得的管路压力变化；随着汽笛转子旋转，管路气体流量变化；

（6）分别逐一改变发生器叶片厚度、叶片数、安装方向、形状、转 / 定子间隙、信号频率、气体流量等参数，测试并记录上述每一条件改变时，在测试步骤 5 中所需的各种数据。

7.11.2.3.4　短风洞实验数据及分析

（1）3 叶片汽笛源信号特性分析。

经过 5.7 的理论分析，得出了 3 叶片和 4 叶片发生器在理论模型中具有较好的性能，因此，在对大量实验数据进行比较和筛选的基础上，将数据分析的重点集中于 3 叶片和 4 叶片发生器实验所获得的结果。作为举例，表 7.16 给出了 3 叶片发生器源信号特性实验部分具有代表性的数值。

根据 Joukowski 理论，空气中的 ΔP 信号强度转化为钻井液中的对应数值时，转换系数为：

$$k=(\rho_{\text{mud}}/\rho_{\text{air}})(c_{\text{mud}}/c_{\text{air}}) \tag{7.30}$$

式中：ρ_{mud} 为钻井液密度；ρ_{air} 为空气密度；c_{mud} 为钻井液声速；c_{air} 为空气声速。

经换算，优选汽笛参数指标已经达到甚至优于国外专业公司同类产品的相应技术指标。分析表中数据可以看出，流线型叶片的信号强度随频率衰减趋势更为缓慢；因此，流线型叶片在这一意义上更具优势。

（2）4 叶片汽笛 ΔP 信号强度分析。

同样也对 4 叶片发生器源信号特性进行了大量实验，获取了大量实验数据，并进行了详细分析。

对比 3 叶片和 4 叶片的汽笛实测数据，发现其产生的信号强度相差无几，但 4 叶片汽笛的扭矩要比 3 叶片的小，所以确定推荐优先采用 4 叶片流线型叶片的发生器结构。

（3）实验小结。

通过短风洞实验可得出如下结论：

①优化后的流线型 4 叶片信号发生器结构表现出较优的特性。该发生器所对应的 ΔP 源信号特性和扭矩特性都不低于国外专业公司同类产品（扇形叶片）的相应指标。

②本实验优选的流线型叶片发生器产生的信号第一谐波的幅值要远远大于其余谐波信号。由理论分析和实验可知，流线型信号发生器在信号的能量汇聚性、谐波特性等各方面更具优势。

③实验数据表明：所设计的连续波脉冲信号发生器可以在通用钻井液流速为 63L/s（1000gal/min）、信号频率为 50 ~ 60Hz 时，产生 50psi（34.45N/cm^2）的信号强度。而在密度较大的钻井液中，例如 16lb/gal（1.92g/cm^3），其信号强度可以达到 80 ~ 100psi（55 ~ 69N/cm^2）。

表7.16　3叶片ΔP信号特性实验示例分析数据

叶片厚度(in)	叶片形状及安装	频率(Hz)	转速(r/min)	排量(m^3/h)	信号强度Δp（psi）	信号强度与频率的关系曲线
1/3	扇形，面积比1.5，锥度10°；正装	12.69	208	282	0.03489	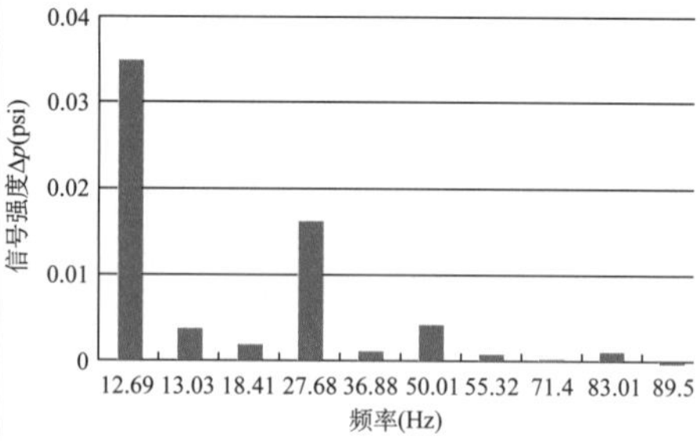
		13.03	303	276	0.003672	
		18.41	398	310	0.001839	
		27.68	583	268	0.01616	
		36.88	798	278	0.0009921	
		50.01	993	266	0.004111	
		55.32	1200	288	0.0006428	
		71.4	1406	292	0.0001028	
		83.01	1580	274	0.00009111	
		89.5	1767	287	0.00008591	
	扇形，面积比1.5，锥度10°；反装	12.47	197	288	0.01651	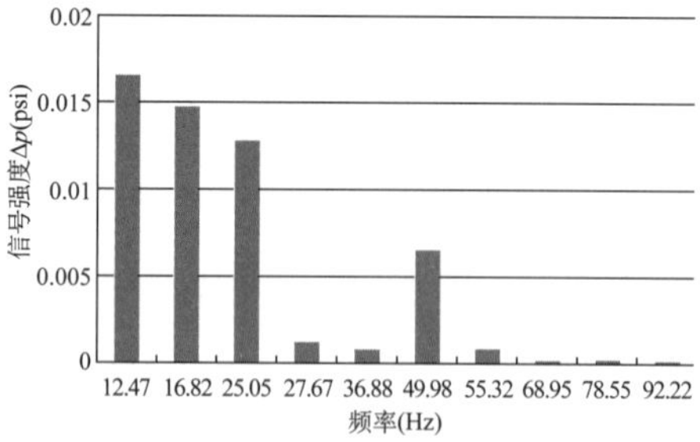
		16.82	294	292	0.01468	
		25.05	390	298	0.01275	
		27.67	609	274	0.001187	
		36.88	803	278	0.0008127	
		49.98	1004	279	0.006549	
		55.32	1216	294	0.0008448	
		68.95	1391	282	0.0001642	
		78.55	1606	274	0.0001635	
		92.22	1811	326	0.0001502	
1/2	流线形，面积比1，无锥度：正装	11.53	187	273	0.03375	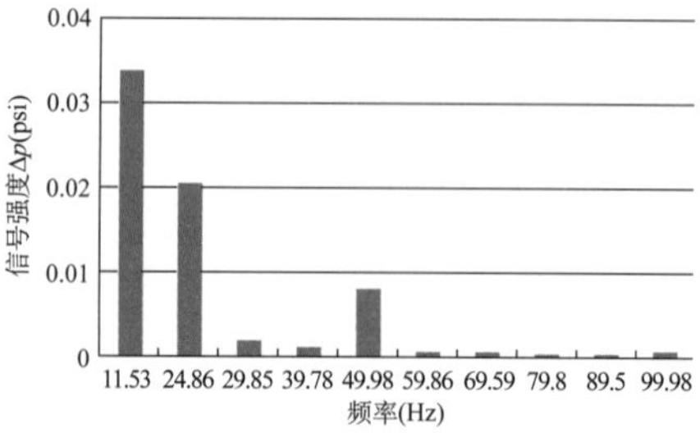
		24.86	395	326	0.02044	
		29.85	635	264	0.001778	
		39.78	817	258	0.001077	
		49.98	995	265	0.007917	
		59.86	1212	279	0.0006141	
		69.59	1432	245	0.00046	
		79.8	1581	260	0.0002856	
		89.5	1794	287	0.0002234	
		99.98	1953	283	0.0006139	

7.11.3　长风洞建造与连续波信号传输特性及提取分析算法实验

长风洞系统为一个实验平台，要对以连续波脉冲发生器作为信号源的连续波信号传输特性和前述的载波信号增强性算法的正确性进行实验验证。利用长风洞实验的大量数据，对混杂在反射和噪声背景下的连续波载波信号进行提取、分析、归类和总结，为连续波信号传输系统工程化样机提供实验保证。

7.11.3.1　长风洞的建造

（1）长风洞系统实验目标。

①连续波信号在传输通道中的叠加特性测试；

②基于叠加的连续波信号可增强性分析；

③连续波信号的衰减特性研究；

④基于多元数据统计的信号提取方法验证；

⑤连续波信号的反射分析方法研究；

⑥自动数据采集系统构建方法。

（2）整体设计。

图 7.210 给出了长风洞系统的结构示意图，图 7.211 给出了长风洞系统现场图。

从图 7.210 中可以看出，长风洞系统是在短风洞系统基础上对风洞管路进行延伸，并配以相应的测试系统、信号采集系统和控制系统构建而成的。

从图 7.211 中可以看出，长风洞系统管路主体由同径的不锈钢管构成，其内径为 75mm，与短风洞系统形成无变径的连接。

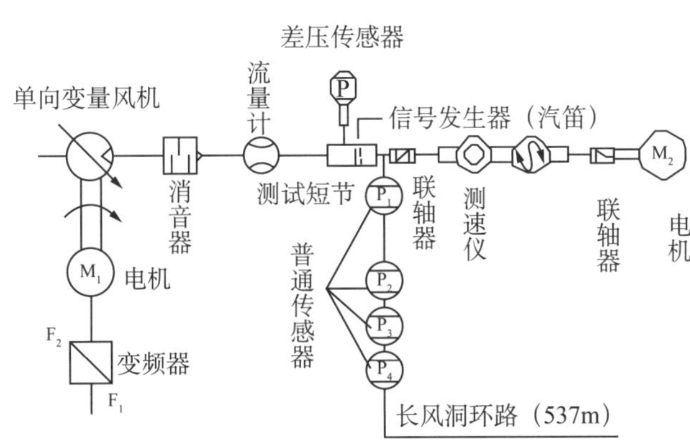

图7.210　长风洞系统结构图

图7.211　长风洞系统实物图

观察图 7.210 和图 7.211 可以看出，在长风洞管路上安置有 4 个普通压力传感器，其中 1 个置于距离信号发生器约为 20m 的位置，用于探测信号的反射、叠加状态；其余 3 个作为一组，置于距信号发生器约为 100m 的位置，其采样数据供基于多传感器方法的连续波信号提取和噪声抑制算法使用。

长风洞系统是在短风洞的基础上构建起来的，在短风洞中所使用的设备，包括动力系统、控制系统、检测系统等在长风洞中同样需要使用。

长风洞系统中主要考察的对象是连续波信号本身。在长风洞中，需要通过一系列实验，对信号在传输通道中的叠加特性、衰减特性进行分析，对反射和噪声背景下的载波信号提取算法进行验证。因此，长风洞系统比短风洞系统更需要精确的动力和控制系统、检测系统和信号处理系统，才能产生实验所需的各种特性的连续波载波信号、对信号的各种变化做出准确的记录和实现信号特征的分析，实现有用信号的有效提取。

7.11.3.2 软件系统

（1）信号频率检测和控制程序。

在长风洞实验中，需要连续波信号发生器在较宽的频率范围内（10 ~ 100Hz）产生较为准确的连续波载波信号，并对这一信号频率进行实时的检测和记录。这一过程是在对驱动连续波信号发生器运转的电机进行有效控制的基础上，利用软件程序进行实时处理和分析完成的，图 7.212 给出了信号频率检测和记录的软件流程图。

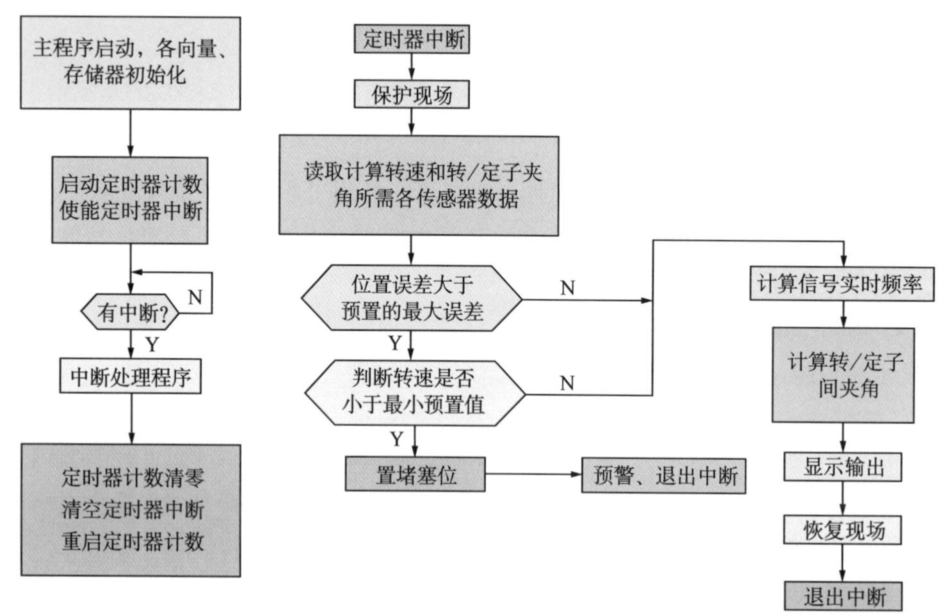

图7.212 连续波信号频率检测软件流程图

由图 7.212 可以看出，连续波信号频率的检测基于定时器中断的方式进行，当定时器计数完成，产生中断请求，CPU 从外部数据通道读入传感器测得的各路数据，程序进入计算处理过程。在分析过程中需考虑数据的正确性，即转子是否处于阻塞状态、运行是否正常等。在所有的计算完成后，显示结果，中断恢复，进入下一次等待处理过程。

（2）信号处理和特征提取。

整个长风洞实验获得的数据量异常庞大，纯数据便占有 20G 字节的存储空间，因此，对海量数据的分析、筛选和处理是实验后期的重点和难点。连续波信号频谱分析和特征提取是由相关软件实现的。

7.11.3.3 信号传输特性实验

7.11.3.3.1 实验条件

（1）发生器结构 。

①叶片数：2、3、4、5、6；

②叶型：扇形叶片（面积比为 1）；
扇形叶片带有轴向锥度；
非等过流面积扇形叶片；
流线型叶片；
流线型叶片带有轴向锥度；
非等过流面积流线型叶片；
矩形叶片。

③转 / 定子间隙：1/20 ~ 1/10in，以 1/20in 为间隔，连续增加；

④各叶片均具有 3 种不同厚度：分别为 1/4in、1/3in、1/2in。

（2）信号频率：10 ~ 100Hz，以 10Hz 为间隔，连续增加。

（3）气体流量：200 ~ 1000m^3/h，递增。

7.11.3.3.2　实验步骤

（1）在长风洞测试短节中安装信号发生器及驱动电动机。

（2）发生器结构：扇形 2 叶片，1/2in 厚度，10° 锥度，正向安装，转 / 定子间隙为 1/20in，信号频率为 10Hz。

（3）风机出口气体流量 200m^3/h。

（4）信号发生器两侧安装差压传感器。

（5）基于信号的反射叠加条件，将普压传感器沿长风洞管路按照一定的规律进行布置：1 个普压传感器单独安置于距信号发生器约为 20m 的位置；3 个普压传感器作为一组，安置于距信号发生器约为 100m 左右的位置，各传感器间距为 0.3m。

（6）利用自动测试系统测试记录以下数据：差压传感器测得的 ΔP 信号波形；普通压力传感器测得的反射、叠加信号波形；风机出口流量和压力；管路不同地方的流量与压力；信号频率。

（7）分别逐一改变汽笛叶片厚度、叶片数、安装方向、汽笛形状、转 / 定子间隙等要素，测试并记录上述每一条件改变时，测试中所需的各种数据。

上述实验过程中传感器位置的确定是一个重要过程。由于连续波信号在其传输过程中的反射和叠加造成了信号的构造和析构，而这一构造和析构发生的位置和时间会随着信号频率和管路状态（尾端闭合或开放）等要素的变化而改变。而在实验过程中，无法实时改变压力传感器的检测位置，因此，需要对实验进行时的环境因素进行预先的分析。例如：通过测试实验时的气温、管路压力来计算当前空气中的连续波速度；基于预设信号频率与管路长度，计算构造和析构发生的大概位置。在上述的预处理的基础上，才能完成传感器安装位置的确定。

通过实验过程的描述可知，实验过程中使用到了 1 支差压传感器，用于测定发生器两侧源信号强度；用到了 4 支普压传感器，其中 1 支安装于距信号发生器位置较近的地方，距离约为 20m，用于测定信号反射叠加（即信号的构造和析构）的影响，另外 3 支安装于较远的位置，距离约为 100m，利用其所测数据，并基于本书 5.7 节所述的多传感器信号提取算法，对噪声背景下的载波信号提取算法进行实验验证。

7.11.3.4　实验数据和分析

通过实验获取了大量数据，以表格记录（略）并绘出曲线进行分析。以下给出部分曲线作为举例，图 7.213 ~图 7.218 给出了部分实验对应信号的时域波形和频谱。

观察实验数据和图表可以看出，连续波信号在井下钻具组合通道中传输时，其衰减并非与信号频率和传输距离呈指数反比的关系。相反，由于信号反射、叠加的影响，使得其在信号频率变化区间，出现了多个极大值点；信号在传输通道各点处所产生的衰减也呈大起伏、非线性变化状态；同时，由于不同位置处的叠加效应不同，导致了不同位置的传感器测得信号形态有所不同。

图 7.219 利用柱状图的形式给出了图 7.213 ～图 7.218 所对应的各频率下连续波源信号强度值。

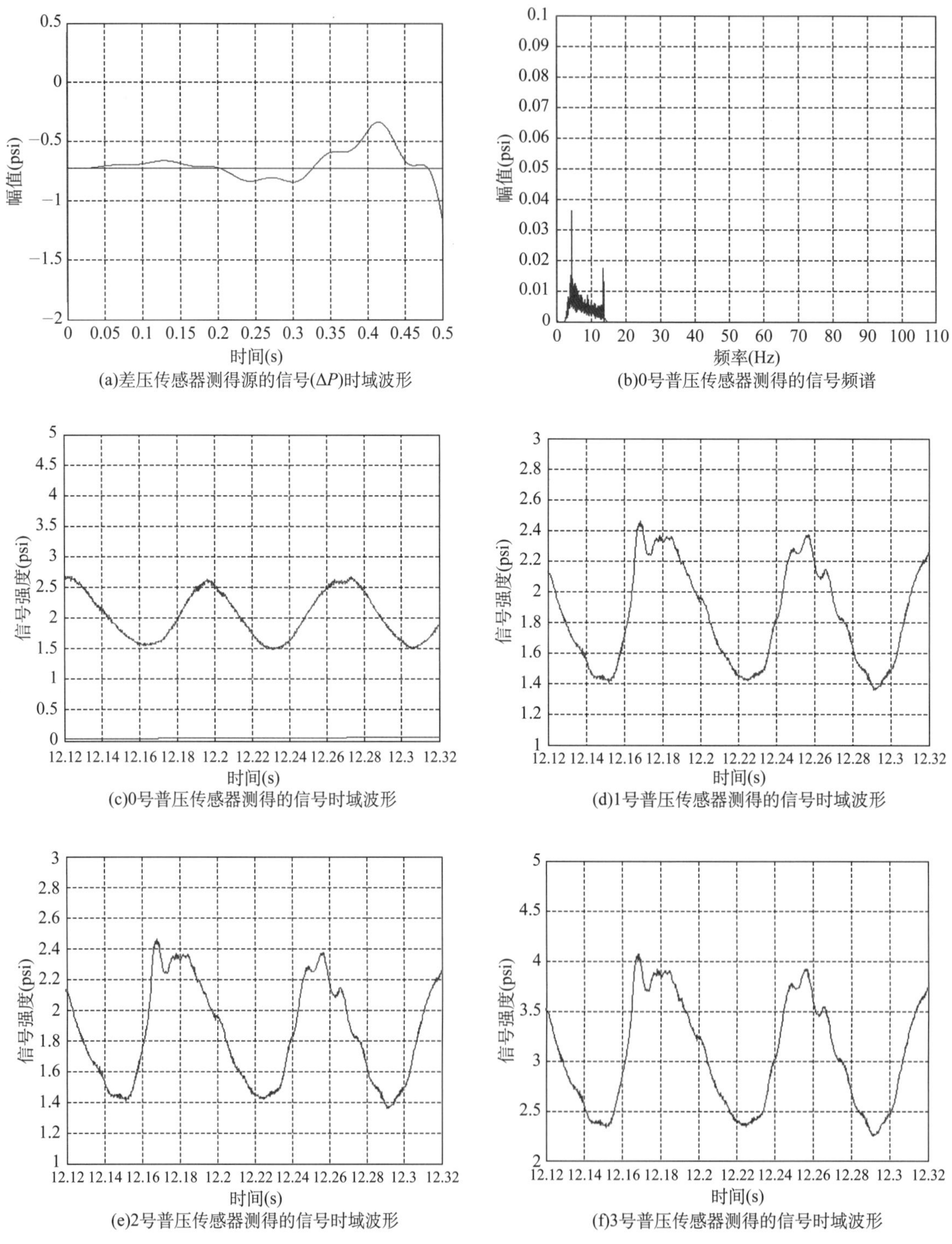

(a)差压传感器测得源的信号(ΔP)时域波形

(b)0号普压传感器测得的信号频谱

(c)0号普压传感器测得的信号时域波形

(d)1号普压传感器测得的信号时域波形

(e)2号普压传感器测得的信号时域波形

(f)3号普压传感器测得的信号时域波形

图7.213　实验获得长风洞数据（信号频率10Hz，3叶片、流线型、厚度1/3in）

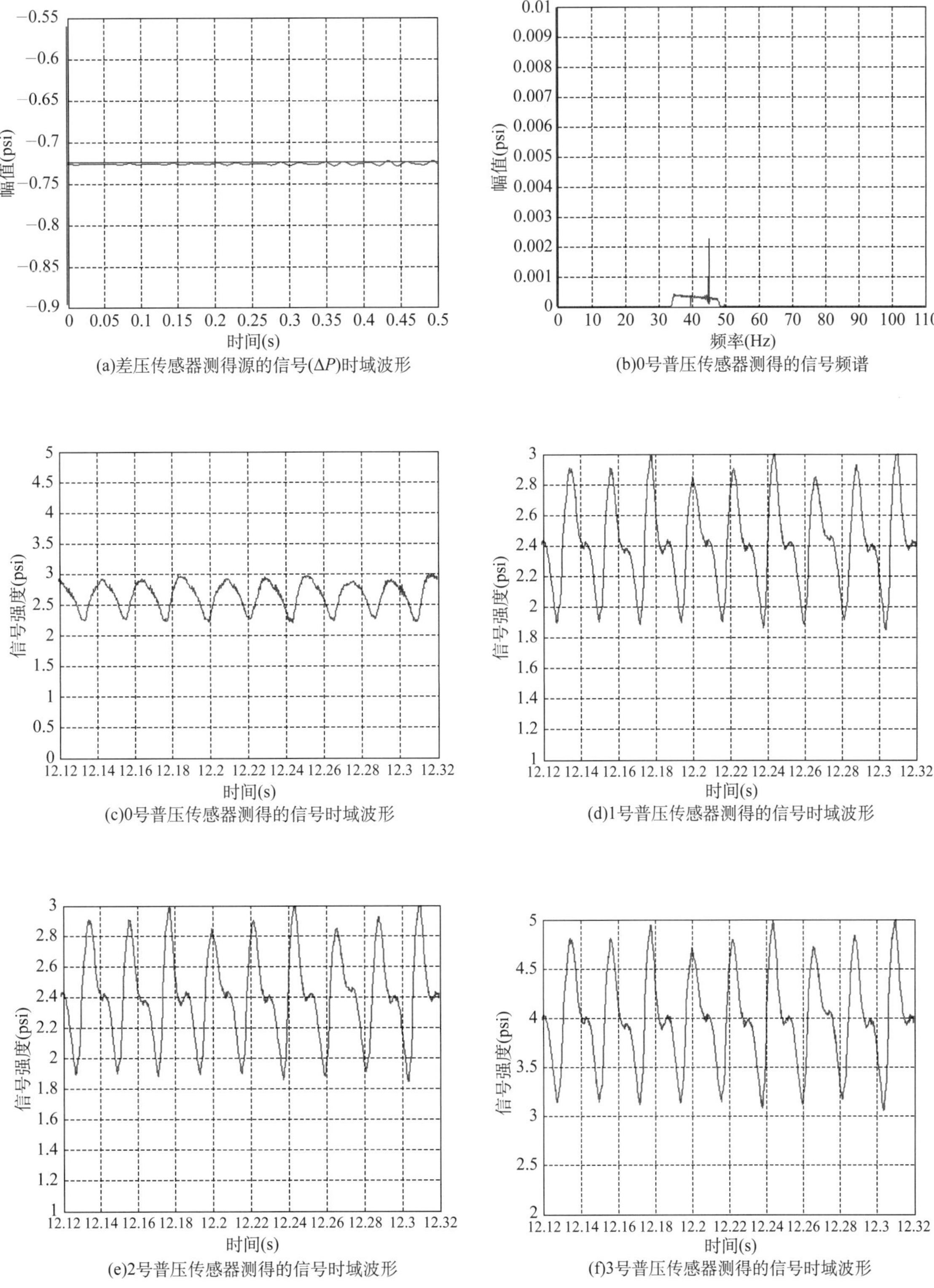

图7.214　实验获得长风洞数据（信号频率40Hz，4叶片、扇形、厚度1/3in、锥度10、面积比1.5）

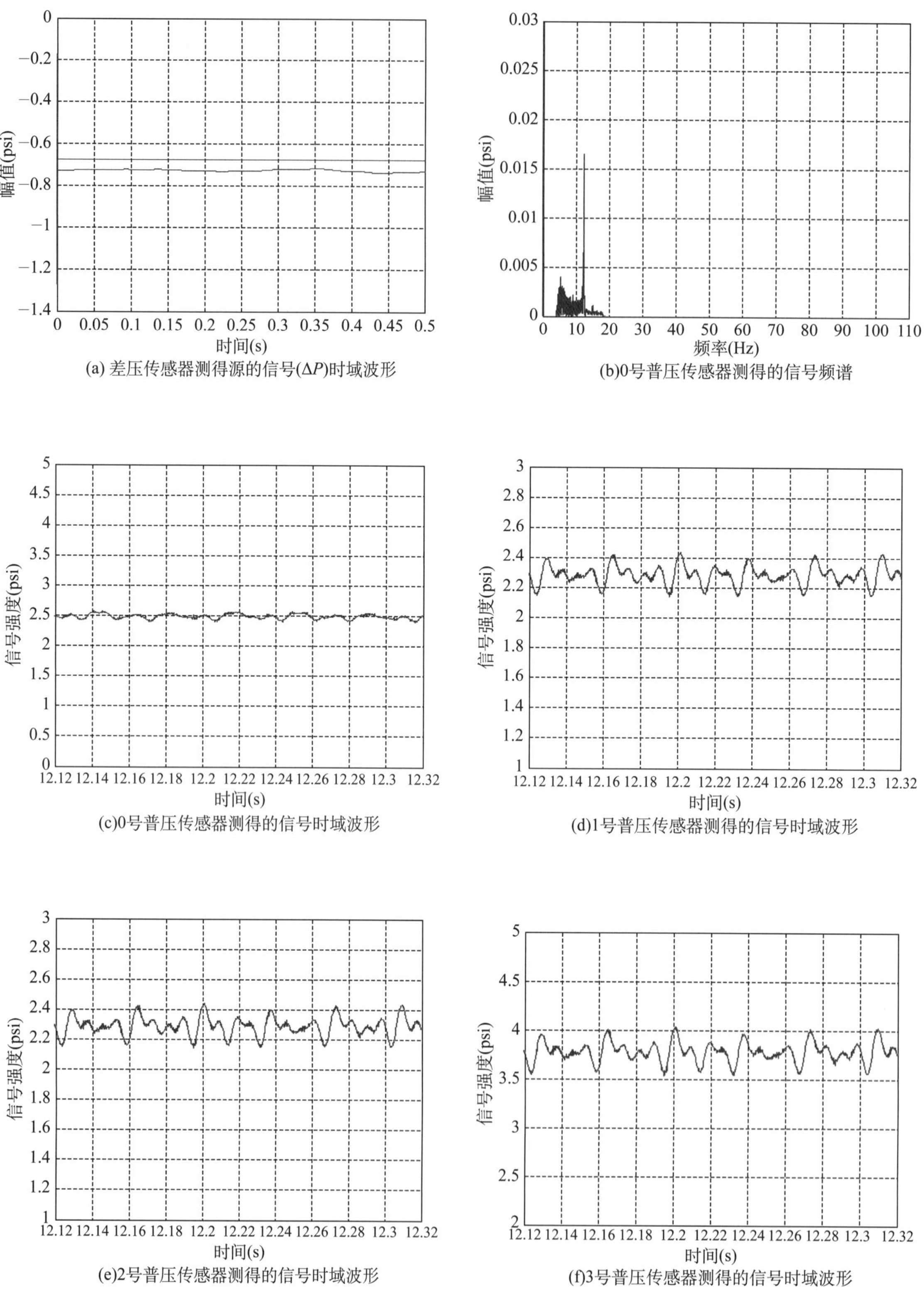

图7.215　实验获得长风洞数据（信号频率10Hz，3叶片、扇形、厚度1/3in、锥度10、面积比1.5、反装）

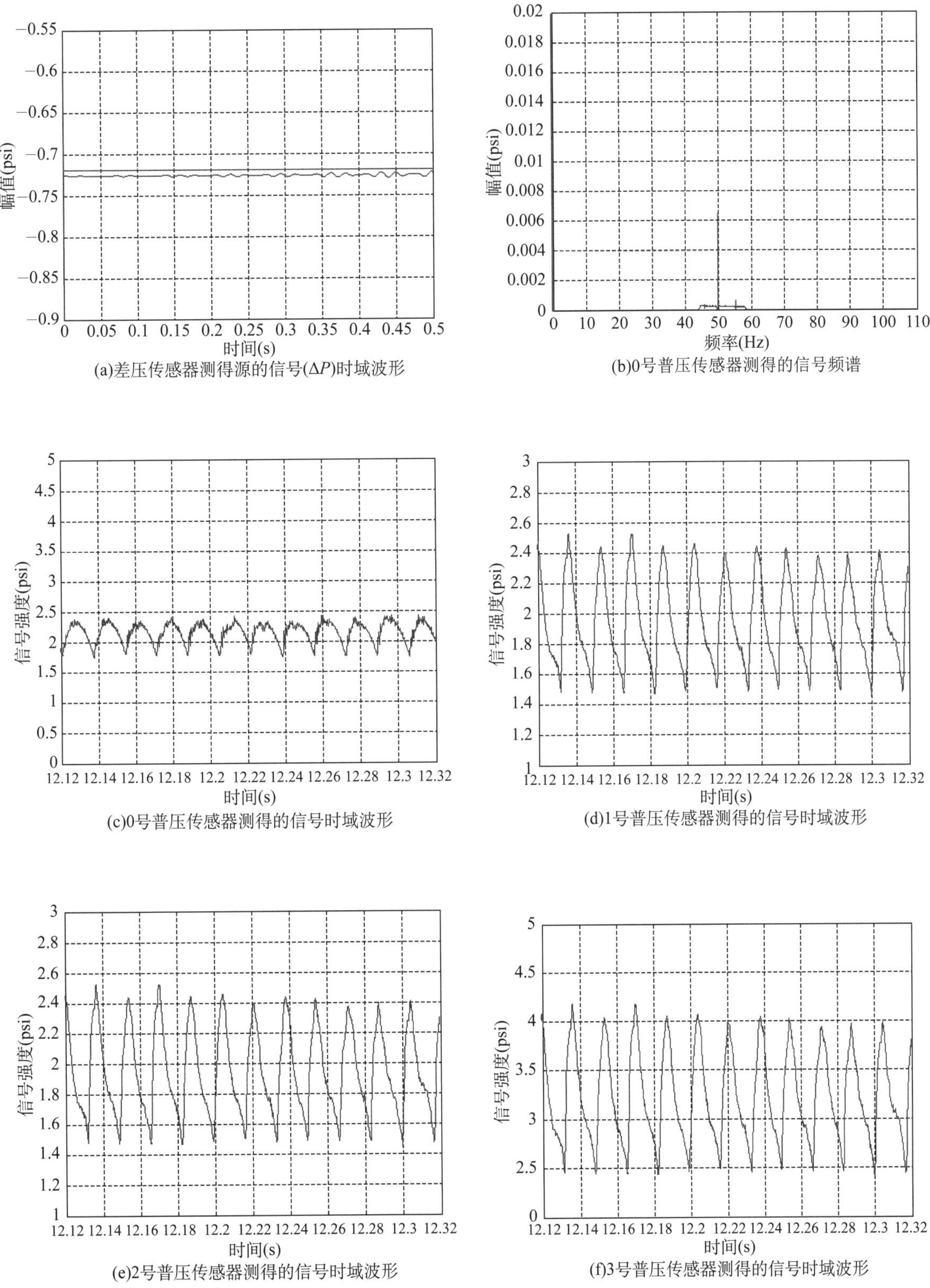

图7.216　实验获得长风洞数据（信号频率50Hz，3叶片、扇形、厚度1/3in、锥度10、面积比1.5、反装）

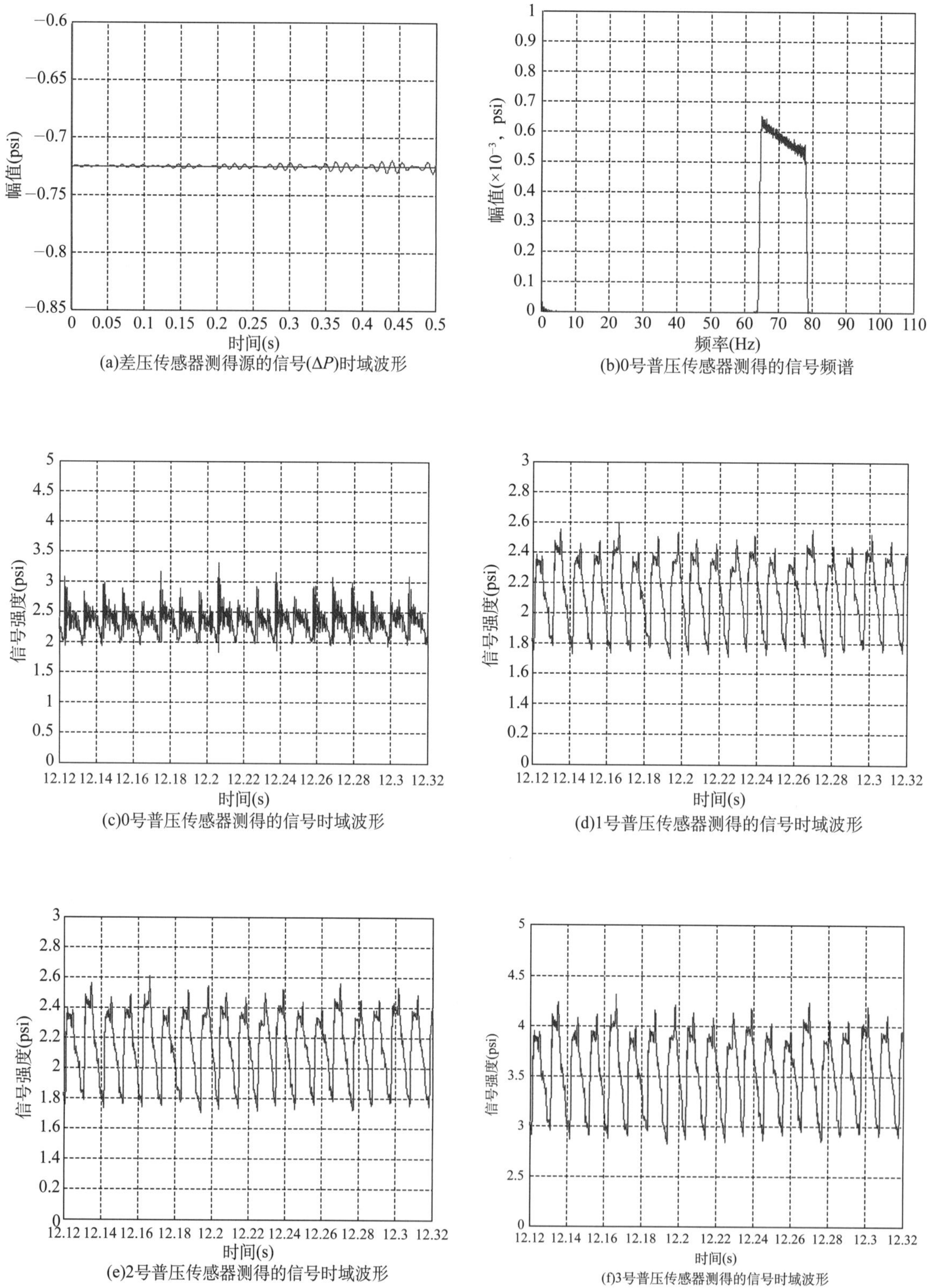

(a)差压传感器测得源的信号(ΔP)时域波形

(b)0号普压传感器测得的信号频谱

(c)0号普压传感器测得的信号时域波形

(d)1号普压传感器测得的信号时域波形

(e)2号普压传感器测得的信号时域波形

(f)3号普压传感器测得的信号时域波形

图7.217　实验获得长风洞数据（信号频率70Hz，4叶片、扇形、厚度1/3in、锥度10、面积比1.5、反装）

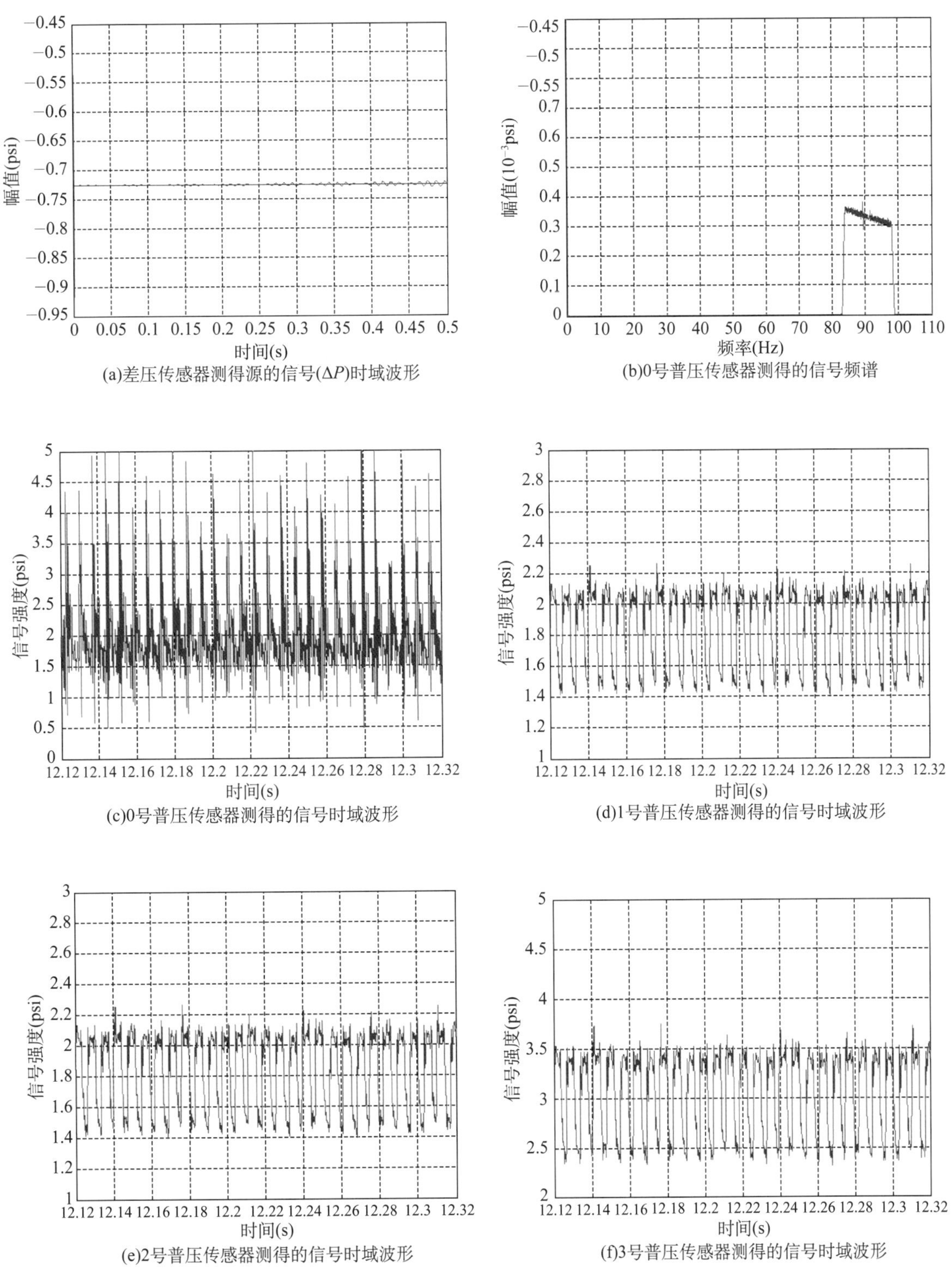

图7.218　实验获得长风洞数据（信号频率90Hz，3叶片、流线型、厚度1/3in）

从图 7.219 中可以明确看出，连续波信号强度并没有随其频率的增加而呈指数下降，而在其测试区间内呈现大幅度的起伏。究其原因，是因为叠加的影响，使得信号在特定的频率点实现了有效增强。这与第 5 章中理论分析的结果相符，验证了理论模型的正确性。

图 7.220 给出了传统理论对于连续波传输过程中衰减的计算结果与本文实验数据对比情况。传

统的计算方法基于稳定性牛顿层流经典模型。

从图 7.220 中可以看出，由于经典的衰减分析理论没有考虑信号在传输通道中的反射和叠加的影响，因此得出了连续波信号随频率增加呈指数衰减的趋势。而实验结果表明，由于信号的叠加增强效应，使得信号在整个频率区间内呈较大的起伏状态，同时在多个频点处，信号的强度都比理论计算结果要高许多，进一步验证了本书第 5 章所述的理论分析是正确的，这就为利用连续波信号在传输过程中的可增强性，实现信号的长距离和高速上传奠定了工程实验基础。

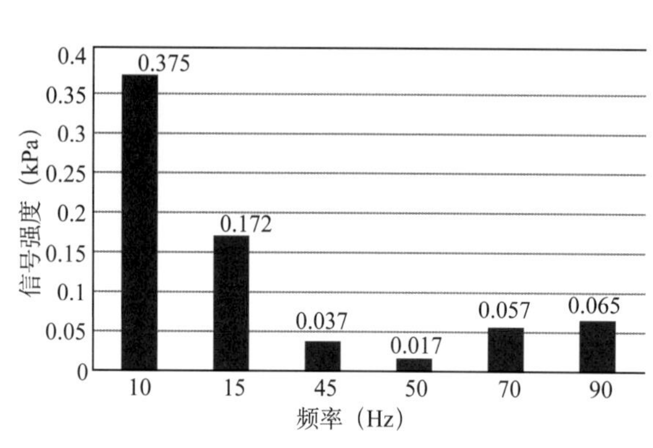

图7.219　长风洞反射叠加实验数据柱状图

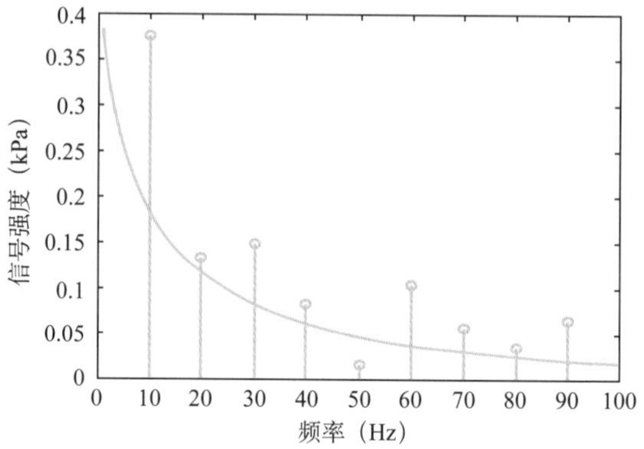

图7.220　经典理论对于连续波衰减计算结果和实验数据对比

7.11.3.5　基于多元数据融合的信号提取实验数据分析

（1）提取 15Hz 信号实验结果分析。

在本书第 5.7 节已经就基于多点数据融合提取反射和噪声背景下的连续波载波信号算法进行了详细分析，现将以长风洞实验数据为目标，以 5.7 中所建立的信号提取模型为基础，利用工程实验的方法对理论算法进行验证。

由于风洞实验系统采用罗茨鼓风机为气体动力源，根据其机械结构可知，鼓风机所在管路端口可以等效为开放端面。同时由于长 / 短风洞所使用的管路均为同一内径，因此，在管路各短节交界面处不存在信号的反射。此时，需要考虑的便是连续波在鼓风机所在端口（等效为钻头表面）和管路尾端（等效于地面钻井泵处）的反射。基于多传感器数据融合的信号提取方法，对实验中 1 号和 2 号传感器测得数据进行处理。图 7.221 给出了处理结果。

图 7.221 中给出了 3 条信号曲线，深色曲线表示 15Hz 信号的原始正弦波，2 条浅色曲线表示 1 号和 2 号传感器测得的信号。由于此处验证的主要目标是基于多元数据融合的连续波信号提取算法，为了更清晰地说明问题，图中所示的各传感器信号都已做过初步的白噪声抑制和滤波。

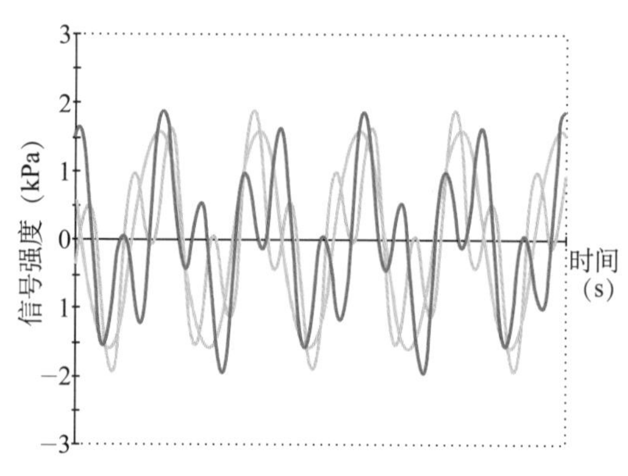

图7.221　多传感器测得15Hz原始数据

观察图 7.221 中的两条浅色曲线可知，与原始的正弦载波信号相比，由于反射和回响的影响，使得 1 号、2 号传感器测得的信号出现了明显的失真，无法反映出原始载波形态。

图 7.222 给出了使用本书 5.7 节所述算法对载波信号进行提取的结果。

图 7.222 在图 7.221 的基础上给出了利用算法对连续波载波信号进行提取的结果，为方便对比，将算法提取后的曲线平移置于图的下方。比较信号提取后的曲线和原始曲线可知，通过本书所述算法，已经有效地对反射和回响背景中的有用信号实现了恢复，验证了算法的实用性。

观察图中原始曲线和提取恢复后的曲线可以看出，提取出的信号曲线在幅值上稍有衰减和波动，考虑到算法实现和传感器测试过程中对信号的影响，这一变化是可以接受的。

(2) 提取 45Hz 实验结果分析。

为了进一步验证该算法，下面再对实验数据中 45Hz 信号进行提取分析。图 7.223 给出了信号提取分析结果。

图 7.223 将原始信号、1 号和 2 号传感器测得信号以及经过算法提取和恢复的信号绘制在了同一图内，以便于对比。图中位于最上方的曲线为经过提取后的连续波载波信号，下方深色为原始信号，浅色为两个传感器测得信号。

从图中可以看出，在受到反射和回响的影响后，两个传感器测得信号的失真较为严重，但是经过算法的处理和信号提取，恢复出的载波信号与原始信号的匹配度非常好。

观察恢复出的连续波信号也同样存在一定的幅值波动，其原因与上例所述相同，不再赘述。

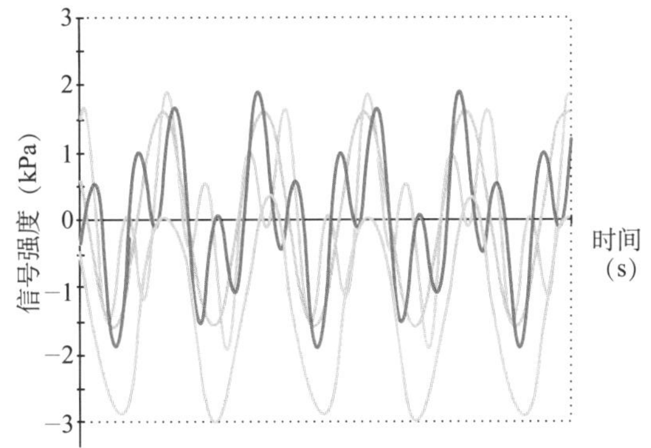

图7.222　基于实验数据的多传感器信号（15Hz）提取结果

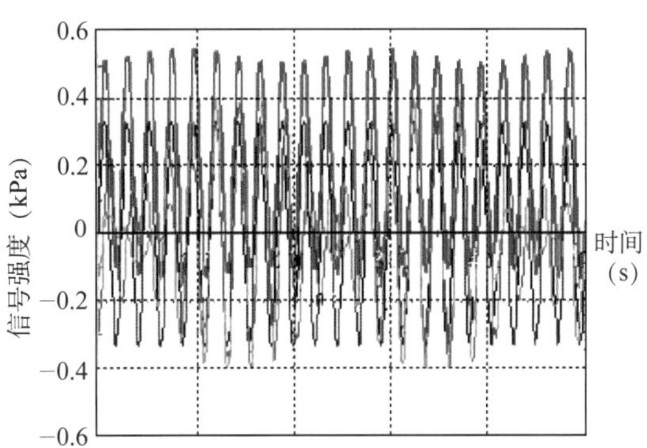

图7.223　基于实验数据的多传感器信号（45Hz）提取结果

7.11.3.6　关键载波频率——信号传输性能的评价指标

可用“关键载波频率”作为评价信号传输性能的一个重要技术指标。

所谓关键载波频率 f_{crit} 是在经过传输距离 L 后，仍然能够有效实现信号调制解调的信号载波，这一频率提供了系统分析的边界条件：对于 $f>f_{crit}$ 的信号无法进行有效传输。

“关键载波频率”满足方程：

$$f_{crit}=\rho c^2D^2\ (\ln p_0/p_{xdcr})^2/\ (4\pi\mu L^2) \tag{7.31}$$

举例说明：设钻柱内径为 4in（10.16 cm），信号传输深度 25000 ft（7620m），钻井液声速 3000 ft/s（914.4m/s）。在这些条件下，可以计算出关键载波频率为 13.8Hz。

若优化 p_0/p_{xdcr}：通过连续波的叠加构造干涉实现信号增强，并结合项目中长风洞实验数据可以得知，信号在增强后会产生 1.7 的增益，设原始信号 p_0=145psi（将风洞数据转化为钻井液介质中信号强度，100N/cm^2），那么乘以 1.7 的增益，其最后的结果为 246.5 psi（170N/cm^2）。

同时，在实际工程中，在信号发生和传输系统中，可以结合串联汽笛、大内径钻铤、高灵敏度的压力传感器、并利用前述的 FSK 的信号调制传输方法，使信号的载波频率进一步提高，从而使有效数据传输率能够进一步得到提升。

参考文献

[1] 苏义脑，徐鸣雨．钻井基础理论研究与前沿技术开发新进展[M]．北京：石油工业出版社，2005.

[2] Wilson. C Chin，Su Yinao，Sheng Limin，et al.MWD Signal Analysis，Optimization and Design [M]．New York：E&P Press，2011.

[3] Chin W C，Rittert E.Turbo Siren Signal Generator for Measurement While Drilling Systems：US5740126[P]．1998–04–14.

[4] Yinaosu，Limin Sheng，Hailong Bian，et al.High–Data–Rate Measurement–While–Drilling System for Very Deep Wells[C].The 2011 AADE National Technical Conference and Exhibition，2011.

[5] Chin W C.MWD Siren Pulser Fluid Mechanics[J]．Petrophysics，2004，45（4）：363–379.

[6] Malone D，Johnson M.Logging While Drilling Tools，Systems，and Methods Capable of Transmitting Data at A Plurality of Different Frequencies：US5375098[P]．1994–12–20.

[7] Klotz C，Hahn D.Highly Flexible Mud–Pulse Telemetry：A New System [C].SPE 113258，2008.

[8] Malone D.Sinusoidal Pressure Pulse Generator for Measurement While Drilling Tool：US4847815[P]．1989–07–11.

[9] Lavrut E，Kante A，Rellinger P，et al. Pressure Pulse Generator for Downhole Tool：US6970398[P]．2005–11–29.

[10] 刘大恺．水力机械流体力学[M]．上海：上海交通大学出版社，1988.

[11] 平浚．射流理论基础及应用[M]．北京：宇航出版社，1995.

[12] 姜继海，宋锦春，高常识．液压与气压传动[M]．北京：高等教育出版社，2002：37.

[13] 盛敬超．液压流体力学[M]．北京：机械工业出版社，1980：102.

[14] 吴望一．流体力学（下册）[M]．北京：北京大学出版社，2004：30.

[15] 刘新平．DSP控制连续波信号发生器机理与风洞模拟试验研究[D]．青岛：中国石油大学（华东），2009.

[16] 仇伟德．机械振动[M]．东营：石油大学出版社，2001：147.

[17] 艾伦·波普．低速风洞试验[M]．彭锡铭，严俊仁，等，译．北京：国防工业出版社，1980.

[18] 王勋年．低速风洞试验[M]．北京：国防工业出版社，2002.

[19] 卫军锋．正弦型风谱的风洞实验与数值模拟研究[D]．西安：西安建筑科技大学，2003.

[20] 边海龙，陈光禍，李林，等．测试系统中非平稳信号的时频优化小波包检测算法[J]．仪器仪表学报，2009，30（3）：498–502.

[21] Bian Hailong，Chen Guangju. Using the Advanced Time Domain Function and Interpolation in Frequency Domain Algorithm Based on The Shannon Wavelet Function to Measurement the Nonstationary Signals [C]. The Eighth International Conference on Electronic Measurement and Instruments，2007.

[22] 边海龙，苏义脑，李林，等．连续波随钻测量信号井下传输特性分析[J]．仪器仪表学报，2011，32（5）：983–989.

[23] Bian Hailong，Su Yinao，Li Lin，et al.MWD Downhole Signal Processing and Wave

Deconvolution[C].Third International Conference on Measuring Technology &Mechatronics Automation，2011：1536–1540.

[24] 边海龙，苏义脑，李林，等．连续波随钻测量信号井下传输特性分析 [C]// 苏义脑．2010 年钻井基础理论研究与前沿技术开发新进展学术研讨会论文集．北京：石油工业出版社，2012：42–49.

[25] Wallace R G.High Data Rate MWD mud Pulse Telemetry[C]. U.S. Department of Energy Natural Gas Conference，1997.

[26] LernerD，Masak P.Integrated Modulator and Turbine–Generator for A Measurement While Drilling Tool：US5517464 [P]. 1996–03–14.

[27] Ritter T E. Fluid Driven Siren Pressure Pulse Generator for MWD and Flow Measurement Systems：US 5636178 [P]. 1997–06–03.

[28] 贾朋，房军．钻井液连续波发生器转阀设计与信号特性分析 [J]. 石油机械，2010，38（2）：9–12.

[29] Lee H Y. Drillstring Axial Vibration and Wave Propagationin boreholes [D].Gambridge：Massachusetts Institute of Technology，1991.

[30] Lea S H. A Propagation of Coupled Pressure Wavesin Borehole with Drillstring[C].SPE 37156，1996：963–972.

[31] 沈跃，苏义脑，李林，等．钻井液连续压力波差分相移键控信号的传输特性分析 [J]. 石油学报，2009，30（4）：593–597，602.

[32] 刘修善，苏义脑．泥浆脉冲信号的传输速度研究 [J]. 石油钻探技术，2000，28（5）：24–26.

[33] Patton B J，et al. Development and Successful Testing of a Continuous–Wave，Logging–While–Drilling Telemetry System[J]. Journal of Petroleum Technology，1977，29（10）：1214–1221.

[34] Klotz C，Bond P，Wasserman I. A New Mud Pulse Telemetry Stems for Enhanced MWD/LWD Applications [C]. SPE 112683，2008.

[35] Hutin R，Tennet R W，Kashikar S V. New Mud Pulse Telemetry Techniques for Deepwater Applications and Improved Real–Time Data Capabilities [C].SPE 67762，2001.

附录1　BHA静态小挠度分析的纵横弯曲法简介

A1.1　基本假设

（1）钻头、钻铤和稳定器（及井下工具）组成的下部钻具组合是弹性小变形体系；

（2）钻头底面中心位于井眼中心线上；

（3）钻压为常量，沿井眼轴线方向作用；

（4）井壁为刚性体，井眼尺寸不随时间变化；

（5）稳定器与井壁的接触为点接触；

（6）上切点以上的钻柱一般因自重而躺在下井壁；

（7）不考虑转动和振动的影响。

A1.2　力学模型

以二维分析为例，图A1.1给出了二维井身中BHA的受力与变形。

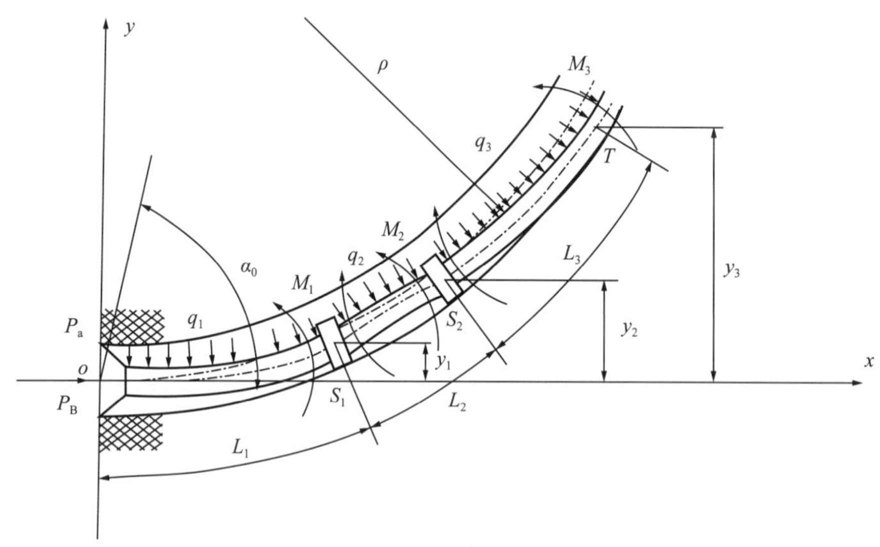

图A1.1　二维井身中BHA的受力与变形

（1）二维井身的几何关系。

二维井身是指井眼位于某铅垂平面内，只有井斜角变化而无方位角变化。若把井眼曲线简化为一条圆弧，则井眼曲率K和曲率半径ρ可由下式求出：

$$K=\frac{\Delta\alpha}{\Delta L}=\frac{\alpha_B-\alpha_A}{L_B-L_A}\tag{A1.1}$$

和

$$\rho=\frac{1}{K}=\frac{L_B-L_A}{\alpha_B-\alpha_A} \tag{A1.2}$$

式中：A、B 为井身曲线的两个上、下已知测点；α_A、L_A 和 α_B、L_B 分别是 A、B 两点的井斜角和井深值。

考虑到井眼曲率 K 值较小，井眼轴线纵坐标 y 在小挠度条件下按如下公式近似计算而具有足够精确度：

$$y=\frac{x^2}{2\rho}=\frac{K}{2}x^2 \tag{A1.3}$$

（2）钻头侧向力 P_α 与钻头倾角 A_t：

$$P_\alpha=-\left(\frac{P_B y_1}{L_1}+\frac{q_1L_1}{2}+\frac{M_1}{L_1}\right) \tag{A1.4}$$

$$A_t=\frac{q_1L^3}{24EI_1}X(u_1)+\frac{M_0L_1}{3EI_1}Y(u_1)+\frac{M_1L_1}{6EI_1}Z(u_1)-\frac{y_1}{L_1} \tag{A1.5}$$

各符号的意义将在后文给出（或参见白家祉，苏义脑著．井斜控制理论与实践．北京：石油工业出版社，1990）。P_α 的符号约定是：若 $P_\alpha>0$，为造斜力；$P_\alpha<0$，为降斜力。

（3）连续条件和上边界条件。-

根据基本假设，稳定器与井壁之间的接触为刚性点接触，因此可处理为简单支座。把 BHA 这一受纵横弯曲载荷的连续梁假想从稳定器和上切点断开并附加内弯矩和轴力，从而得到 $n+1$ 跨受有纵横弯曲载荷的连续梁柱（n 为稳定器数目）。为不失一般性，考察图 A1.2 所示的第 i、第 $i+1$ 跨梁柱的受力与变形，则稳定器 S_i 处的连续条件为

$$\theta_i^{\mathrm{R}}=-\theta_{i+1}^{\mathrm{L}} \tag{A1.6}$$

式中：θ_i^{R} 表示第 i 跨梁柱的右端转角；$\theta_{i+1}^{\mathrm{L}}$ 表示第 $i+1$ 跨梁柱的左端转角。

上切点 T 处的边界条件为：

$$\theta_{\mathrm{T}}=\theta_{n+1}^{\mathrm{R}}=\frac{1}{\rho}\sum_1^n L_i=K\sum_1^n L_i \tag{A1.7}$$

连续条件和上切点处的边界条件是构成三弯矩方程的基础。要确定梁端转角值必须建立简支梁的微分方程。

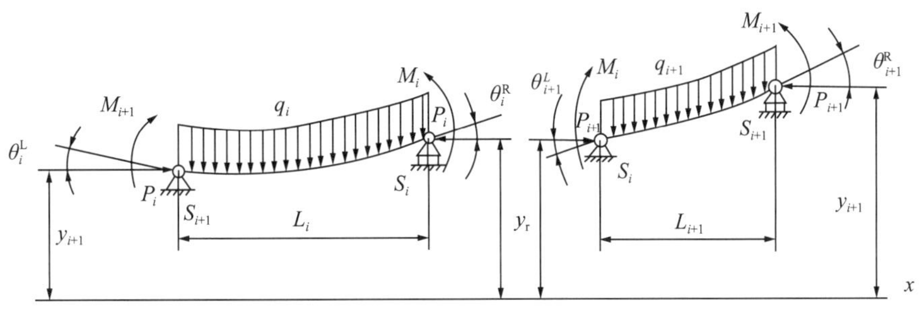

图A1.2　n跨连续梁中第i、第$i+1$跨梁柱的受力与变形

（4）微分方程及叠加原理。

受有纵横弯曲载荷的简支直梁（即无初弯曲）的一般情况如图 A1.3 所示，该梁受有轴向载荷 P（$P>0$ 为受压，$P<0$ 为受拉）、均布载荷 q，左端力偶 M_A 和右端力偶 M_B，以及集中载荷 Q。先分析图 A1.3（a）所示的横向载荷为 q 的情况，并对其建立小变形条件下的近似微分方程：

$$EIy''=m(x,y) \tag{A1.8}$$

式中

$$m(x,y)=\frac{qL}{2}x-\frac{qx^2}{2}+Py \tag{A1.9}$$

求该二阶线性非齐次微分方程的通解并结合边界条件定其特解，可得左、右端转角值为：

$$\theta_a^L=\theta_a^R=\frac{qL^3}{24EI}X(u) \tag{A1.10}$$

对图 A1.3（b）所示的左端有力偶作用的梁柱建立微分方程并求解，可得：

$$\theta_b^L=\frac{M_AL}{3EI}Y(u) \tag{A1.11}$$

$$\theta_b^R=\frac{M_AL}{6EI}Z(u) \tag{A1.12}$$

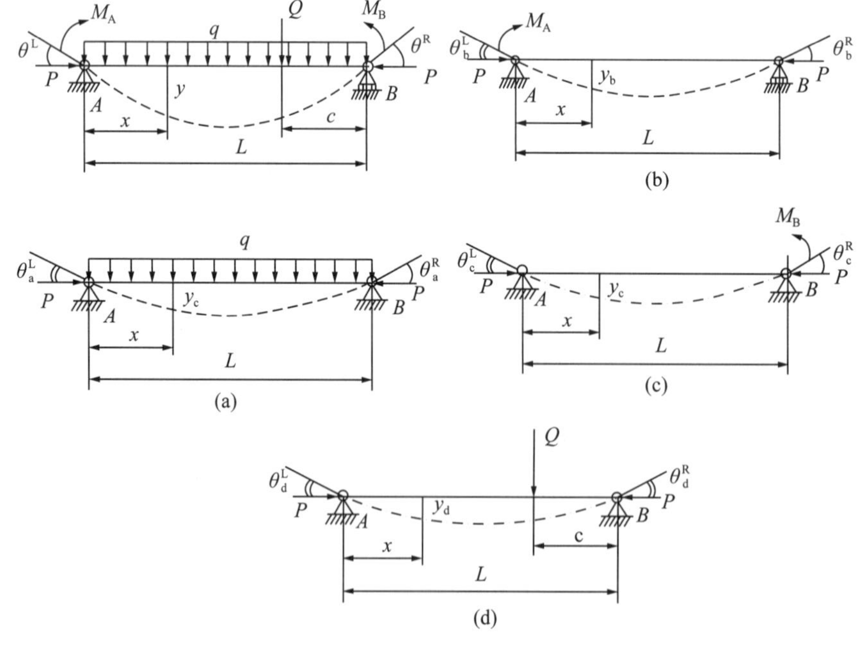

图A1.3　载荷分解与变形叠加

以上 u 为梁柱的稳定系数，X（u）、Y（u）、Z（u）为放大因子，其值如下：

当 $P\geqslant 0$ 时：

$$u=\frac{L}{2}\sqrt{\frac{P}{EI}} \tag{A1.13}$$

$$X(u)=\frac{3}{u^3}\left(\tan u-u\right) \tag{A1.14}$$

$$Y(u)=\frac{3}{2u}\left(\frac{1}{2u}-\frac{1}{\tan 2u}\right) \tag{A1.15}$$

$$Z(u)=\frac{3}{u}\left(\frac{1}{\sin 2u}-\frac{1}{2u}\right) \tag{A1.16}$$

当 $P<0$ 时，仍符合上述关系，但因涉及虚数运算，会给编程造成麻烦。为此，可定义 $P<0$ 时的稳定系数为 u'，相应的轴力为 $|P|$ 时稳定系数为 u，则：

$$u'=\frac{L}{2}\sqrt{\frac{P}{EI}}=\frac{iL}{2}\sqrt{\frac{|P|}{EI}}=iu \tag{A1.17}$$

由此可得 $P<0$ 情况下的放大因子 $X'(u)$、$Y'(u)$、$Z'(u)$ 为：

$$X'(u)=\frac{3}{u^3}(u-\operatorname{th}u) \tag{A1.18}$$

$$Y'(u)=\frac{3}{2u}\left(\frac{1}{\operatorname{th}2u}-\frac{1}{2u}\right) \tag{A1.19}$$

$$Z'(u)=\frac{3}{u}\left(\frac{1}{2u}-\frac{1}{\operatorname{sh}2u}\right) \tag{A1.20}$$

$X(u)$、$Y(u)$、$Z(u)$ 和 $X'(u)$、$Y'(u)$、$Z'(u)$ 都是 u 的超越函数，反映了轴向力对梁端转角的影响。当 $P=0$，则有：

$$X(u)=Y(u)=Z(u)=X'(u)=Y'(u)=Z'(u)=1$$

即材料力学中介绍的梁的横力弯曲情况。

对图 A1.3（c）所示的右端有力偶作用的梁柱建立微分方程并求解，可得：

$$\theta_{\mathrm{c}}^{\mathrm{L}}=\frac{M_{\mathrm{B}}L}{6EI}Z(u) \tag{A1.21}$$

$$\theta_{\mathrm{c}}^{\mathrm{R}}=\frac{M_{\mathrm{B}}L}{3EI}Y(u) \tag{A1.22}$$

对图 A1.3（d）所示的受有集中横向力作用的梁柱建立微分方程并求解，可得：

$$\theta_{\mathrm{d}}^{\mathrm{L}}=\frac{Q\sin kc}{P\sin kL}-\frac{Qc}{PL} \tag{A1.23}$$

$$\theta_{\mathrm{d}}^{\mathrm{R}}=\frac{Q\sin k(L-c)}{P\sin kL}-\frac{Q(L-c)}{PL} \tag{A1.24}$$

式中

$$k=\frac{2u}{L} \tag{A1.25}$$

由上述诸式可知，由于梁端转角与轴力 P 呈非线性关系，因此对纵横弯曲连续梁，材料力学中的“线性叠加原理”不再成立。白家祉，苏义脑著的《井斜控制理论与实践》给出了适用于这种情况的新叠加原理。

当有多个横向载荷同时作用于轴向受压的梁柱时，梁柱的总变形（挠度、转角）可由每个横向载荷分别与轴向载荷共同作用所产生的变形（挠度、转角）线性叠加得到。

鉴于上述新叠加原理，图 A1.2 所示的受多种横向载荷的纵横弯曲简支梁柱才可以分解为如图 A1.3（a）、（b）、（c）和（d）4 种情况之和。由此可得梁端的总转角值为：

$$\theta^{\mathrm{L}}=\frac{qL^3}{24EI}X(u)+\frac{M_{\mathrm{A}}L}{3EI}Y(u)+\frac{M_{\mathrm{B}}L}{6EI}Z(u)+\frac{Q\sin kc}{P\sin kL}-\frac{Qc}{PL} \tag{A1.26}$$

$$\theta^{\mathrm{R}}=\frac{qL^3}{24EI}X(u)+\frac{M_{\mathrm{B}}L}{3EI}Y(u)+\frac{M_{\mathrm{A}}L}{6EI}Z(u)+\frac{Q\sin k(L-c)}{P\sin kL}-\frac{Q(L-c)}{PL} \tag{A1.27}$$

（5）三弯矩方程。

针对图 A1.1 所示的二维井眼中的 BHA 和图 A1.2 所示的第 i 支座处两跨连续梁的转角值及上切点处的转角 $\theta_{n+1}^{\mathrm{R}}$，可写出：

$$\theta_i^{\mathrm{R}}=\frac{q_iL_i^3}{24EI_i}X(u_i)+\frac{M_iL_i}{3EI_i}Y(u_i)+\frac{M_{i-1}L_i}{6EI_i}Z(u_i)+\frac{y_i-y_{i-1}}{L_i} \tag{A1.28}$$

$$\theta_{i+1}^{\mathrm{L}}=\frac{q_{i+1}L_{i+1}^3}{24EI_{i+1}}X(u_{i+1})+\frac{M_iL_{i+1}}{3EI_{i+1}}Y(u_{i+1})+\frac{M_{i+1}L_{i+1}}{6EI_{i+1}}Z(u_{i+1})-\frac{y_{i+1}-y_i}{L_{i+1}} \tag{A1.29}$$

及

$$\theta_{n+1}^{\mathrm{R}}=\frac{q_{n+1}L_{n+1}^3}{24EI_{n+1}}X(u_{n+1})+\frac{M_{n+1}L_{n+1}}{3EI_{n+1}}Y(u_{n+1})+\frac{M_nL_{n+1}}{6EI_{n+1}}Z(u_{n+1})+\frac{y_{n+1}-y_n}{L_{n+1}} \tag{A1.30}$$

代入式（A1.6）和式（A1.7）所表达的连续条件与上边界条件，整理可得如下三弯矩方程组：

$$\begin{aligned}&M_{i-1}Z(u_i)+2M_i\left[Y(u_i)+\frac{L_{i+1}I_i}{L_iI_{i+1}}Y(u_{i+1})\right]+M_{i+1}\frac{L_{i+1}I_i}{L_iI_{i+1}}Z(u_{i+1})\\&=-\frac{q_iL_i^2}{4}X(u_i)-\frac{q_{i+1}L_{i+1}^3I_i}{4L_iI_{i+1}}X(u_{i+1})-\frac{6EI_i}{L_i}\left(\frac{y_i-y_{i-1}}{L_i}-\frac{y_{i+1}-y_i}{L_{i+1}}\right)\end{aligned} \tag{A1.31}$$

$$q_{n+1}X(u_{n+1})L_{n+1}^4+4\left[2M_{n+1}Y(u_{n+1})+M_nZ(u_{n+1})\right]L_{n+1}^2=24EI_{n+1}\left[L_{n+1}\left(\sum_{j=1}^{n+1}L_j\right)K-y_{n+1}+y_n\right] \tag{A1.32}$$

$$q_i = W_i \sin(\alpha_i)_{\mathrm{m}} \tag{A1.33}$$

$$(\alpha_i)_{\mathrm{m}} = \alpha_0 - K\sum_{j=1}^{i-1} L_j - \frac{K}{2} L_i \tag{A1.34}$$

$$I_i = \frac{\pi}{64}\left(D_{ci}^4 - d_{ci}^4\right) \tag{A1.35}$$

$$M_{n+1} = M_T = KEI_{n+1} \tag{A1.36}$$

$$u_i = \frac{L_i}{2}\sqrt{\frac{P_i}{EI_i}} \tag{A1.37}$$

$$P_i = P_{i-1} - \frac{1}{2} w_{i-1} L_{i-1} \cos(\alpha_{i-1})_{\mathrm{m}} - \frac{1}{2} w_i L_i \cos(\alpha_i)_{\mathrm{m}} \tag{A1.38}$$

$$y_i = \frac{K}{2}\left(\sum_{j=1}^{i} L_j\right)^2 \pm e_i \tag{A1.39}$$

$$e_i = \frac{1}{2}\left(D_0 - D_{si}\right) \tag{A1.40}$$

式中：i=1 ～ n；M_i 为第 i 个支点处的内弯矩；q_i 为第 i 跨梁柱的横向重力载荷集度；W_i 为第 i 跨梁柱的线重量；$(\alpha_i)_{\mathrm{m}}$ 为第 i 跨梁柱中点处的井斜角；K 为井眼曲率；E 为钻柱材料的弹性模量；I_i 为第 i 跨梁柱的截面轴惯性矩；L_i 为第 i 跨梁柱的跨长；M_{n+1} 为上切处的内弯矩；u_i，$X(u_i)$，$Y(u_i)$，$Z(u_i)$ 为第 i 跨梁柱的稳定系数和放大因子；u_i，$X(u_i)$，$Y(u_i)$，$Z(u_i)$ 的求法（包括 $P<0$ 时）可见式（A1.13）～式（A1.20）；P_i 为第 i 跨梁轴力；y_i 为第 i 个支点处的 y 坐标；D_0 为井眼直径；D_{si} 为第 i 个稳定器的外径。

在式（A1.39）中的“±”号处，“+”号用于上井壁接触，“−”号用于下井壁接触。

三弯矩方程组是一个超越函数构成的代数方程组，但对 M_i 则是线性的，而且很有规律性，用二分法和追赶法很易求解。求得 M_i 后，则可由式（A1.4）和式（A1.5）给出 P_α 和 A_{t} 值。

附录 2　近钻头地质导向钻井技术

地质导向钻井技术集钻井技术、测井技术及油藏工程技术为一体，用近钻头地质、工程参数测量和随钻控制手段来保证实际井眼穿过储层并取得最佳位置。CGDS 近钻头地质导向钻井系统（图 A2.1）由中国石油集团钻井工程技术研究院、北京石油机械厂和中国石油集团测井有限公司共同研发完成（拥有自主知识产权）。该系统具有根据随钻监测到的地层信息实时调整和控制井眼轨道，使钻头闻着“油味”走，具有随钻识别油气层、导向功能强等显著特点。

图A2.1　CGDS近钻头地质导向钻井系统

A2.1　CGDS 近钻头地质导向钻井系统的结构组成

CGDS 近钻头地质导向钻井系统（简称 CGDS 系统）由测传马达（近钻头信息测量和传输导向马达，CAIMS）、无线接收系统（近钻头信息井下无线接收系统，WRLS）、正脉冲无线随钻测量系统（DRMWD）和地面综合信息处理与导向决策软件系统（CFDS）组成，如图 A2.2 所示。

（1）CAIMS 测传马达。CAIMS 测传马达结构如图 A2.3 和图 A2.4 所示，自上而下由马达总成（旁通阀、螺杆马达、万向轴总成）、近钻头测传短节、地面可调弯壳体总成和带近钻头稳定器的传动轴总成组成。近钻头测传短节由电阻率传感器、自然伽马传感器、井斜传感器、电磁波发射天线、控制电路、电池组组成。该短节可测量钻头电阻率、方位电阻率、方位自然伽马、井斜、工具面和温度等参数。用无线短传方式把各近钻头测量参数传至位于旁通阀上方的 WLRS 无线短传接收系统。

（2）WLRS 无线接收系统。WLRS 无线接收系统主要由上数据连接总成、稳定器、电池组与控制电路、短传接收线圈和下接头组成，如图 A2.5 所示。上与 DRMWD 连接，下与马达连接。接收由马达下方无线短传发射线圈发射的电磁波信号，由上数据连接总成将短传数据融入 DRMWD 系统。

（3）DRMWD 正脉冲无线随钻测量系统。DRMWD 正脉冲无线随钻测量系统包括 DRMWD－MD 井下仪器和 DRMWD－MS 地面装备（图 A2.6）。二者通过钻柱内钻井液通道中的压力脉冲信号进行通信，并协调工作，实现钻井过程中井下工具状态、井下工况及有关测量参数（包括井斜、方位、工具面等定向参数，伽马、电阻率等地质参数，及钻压等其他工程参数）的实时监测。

地面装备部分由地面传感器（压力传感器、深度传感器、泵冲传感器等）、仪器房、前端接收机及地面信号处理装置、主机及外围设备与相关软件组成，具有较强的信号处理和识别能力，可传深度 7000m 以上。地下仪器部分由无磁钻铤和装在无磁钻铤中的正脉冲发生器、驱动器短节、电池筒短节、定向仪短节、下数据连接总成组成。上接普通（或无磁）钻铤，下接 WLRS 无线短传接收系统。由于采用开放式总线设计，该仪器可兼容其他型号的脉冲发生器正常工作。除用于 CGDS 近钻头地质导向钻井系统作为信息传输通道外，还可用于其他钻井作业。

（4）CFDS 地面系统。CFDS 地面应用软件系统（图 A2.7）主要由数据处理分析、钻井轨道设计与导向决策等软件组成，另外还有效果评价、数据管理和图表输出等模块。应用该软件系统可对钻井过程中实时上传的近钻头电阻率、自然伽马等地质参数进行处理和分析，从而对新钻地层性质做出解释和判断，并对待钻地层（钻头前方某一定距离内）进行前导模拟；再根据实时上传的工程参数，对井眼轨道做出必要的调整设计，进行决策和随钻控制。由此可提高探井、开发井对油层的钻遇率和成功率，大幅度提高进入油层的准确性和在油层内的进尺。

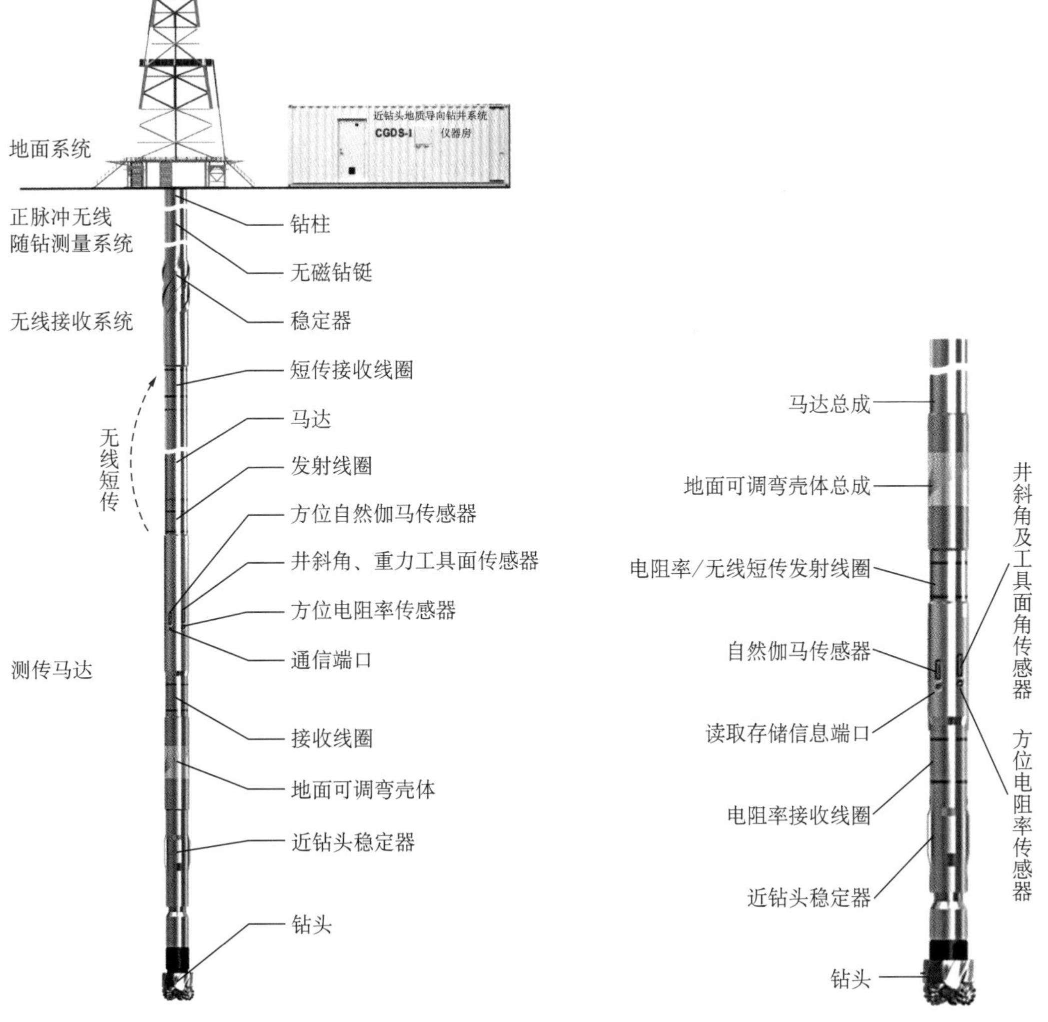

图A2.2　CGDS系统结构组成

图A2.3　CAIMS 结构组成示意图

图A2.4　CAIMS测传马达和接收短节图片

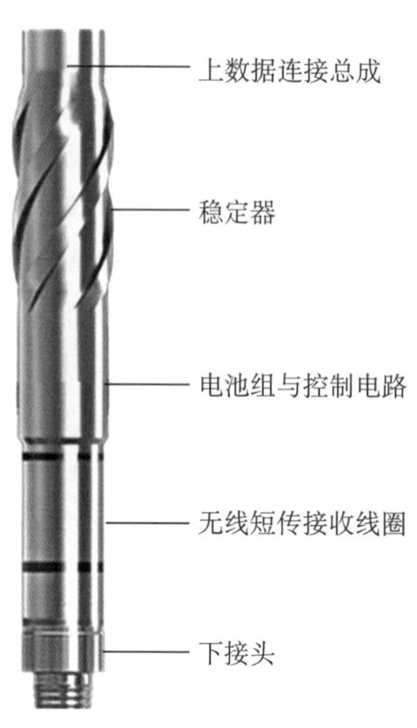

图A2.5　WLRS结构组成示意图

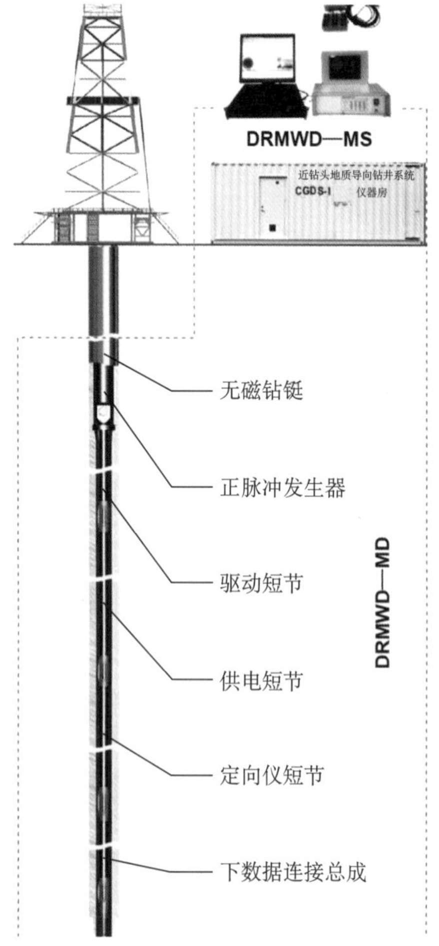

图A2.6　DRMWD结构组成示意图

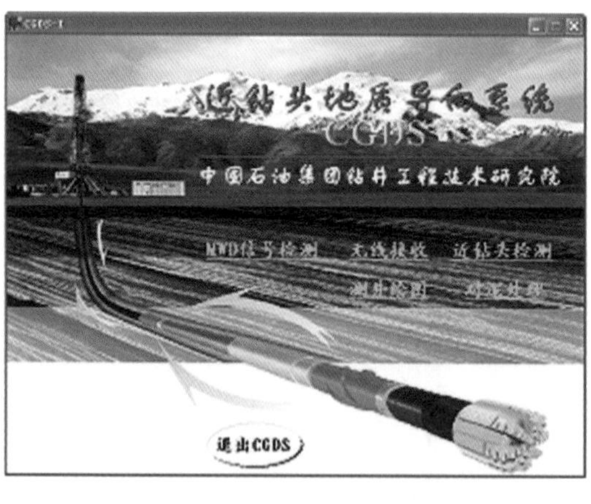

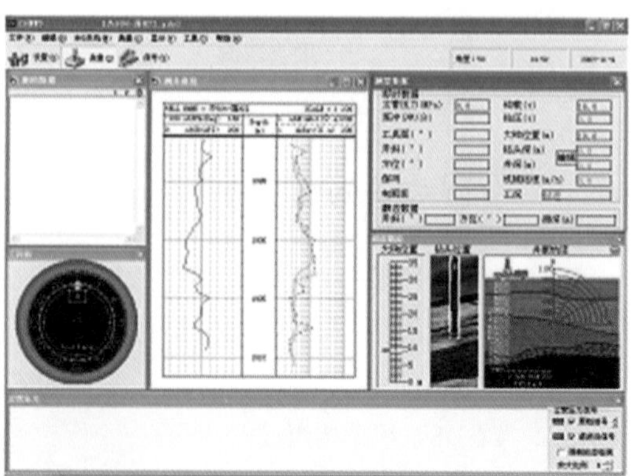

图A2.7　CFDS地面应用软件界面

A2.2　CGDS 测量原理、测量与控制流程

（1）近钻头信息测量。

近钻头电阻率随钻测量原理如图 A2.8 所示。在紧接钻头的钻铤上，安装环型带磁芯发射线圈，该线圈的初级被交流电压所激励，从而在其次级感应出电流，该电流流经的路径包括钻铤、钻头及其临近的地层。在发射线圈的下方布置电极和环型带磁芯接收线圈，分别测量由上述感应电流所产生的电信号，并将其转换为相应的地层电阻率。

该方法可实现随钻过程中近钻头处的地层电阻率测量，主要包括能探测到钻头周围（包括钻头前方）地层电阻率—钻头电阻率，高垂直分辨率的侧向电阻率，以及多探测深度的方位电阻率信息，为钻头追踪油层提供了及时地质信息。

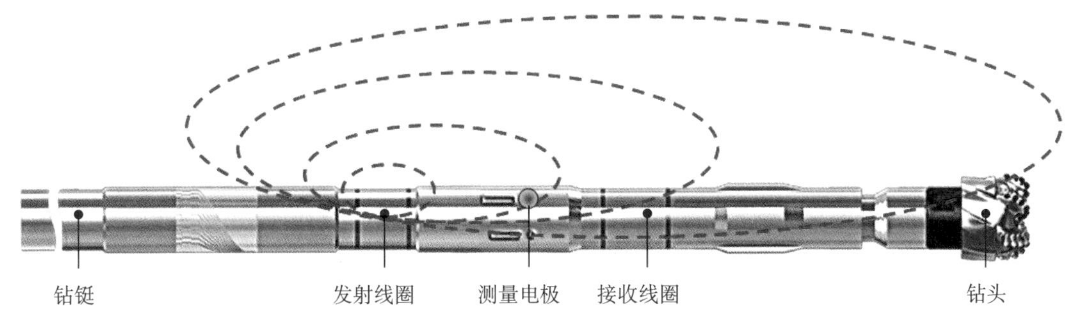

图A2.8　近钻头电阻率测量原理示意图

近钻头测传短节由电阻率传感器、自然伽马传感器、井斜传感器、发射 / 接收线圈和减振装置、控制电路、电池组组成，如图 A2.9 所示。该短节可实现钻头电阻率、方位电阻率、方位自然伽马、井斜角、重力工具面角等参数随钻测量，并通过无线短传发射线圈将这些参数上传至位于旁通阀上方的无线接收系统。

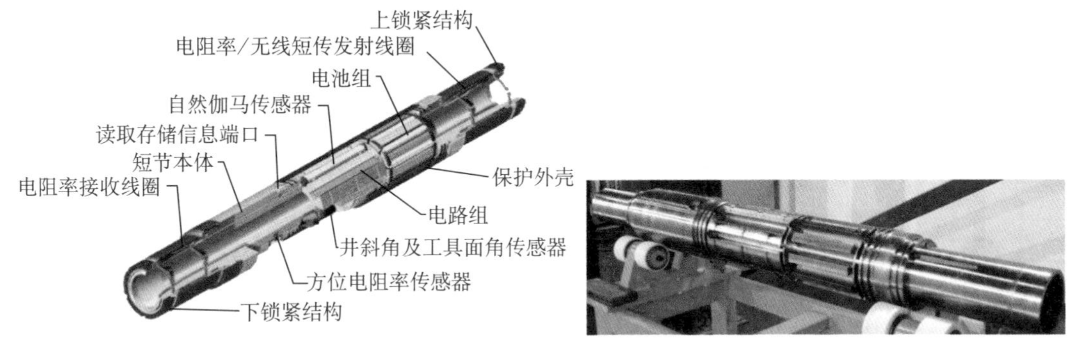

图A2.9　近钻头测量短节结构组成

（2）井下信息无线电磁短传（发送 / 接收）。

如图 A2.10 所示。在位于“螺杆马达及可调弯壳体”下方的近钻头测量短节上端布置信号发生器（发射天线）及其控制电路，在螺杆马达上方安装信号接收器（无线接收天线）及其控制电路。信号发生器将测量到的近钻头参数进行编码调制，生成电磁信号并发射，越过马达，传至位

于其上部的接收系统；信号接收器接收到上传的电磁信号并解调，然后将解调后的数据融入 MWD（或 LWD）系统，从而实现近钻头参数的实时上传。

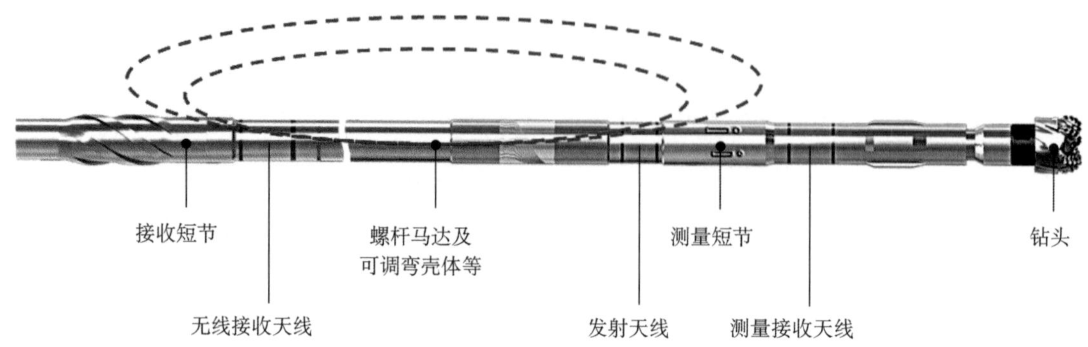

图A2.10　井下信息无线电磁短传原理示意图

（3）测量与控制流程。

近钻头地质导向钻井系统具有测量、传输和导向 3 大功能。测量与控制流程如下：

①近钻头测传短节测量钻头电阻率、方位电阻率、方位自然伽马、近钻头井斜角和工具面角，如图 A2.11（a）所示。

②近钻头测量参数由无线短传发射线圈以电磁波方式，越过导向螺杆马达，分时传送至无线接收短节中的接收线圈，由数据连接系统融入位于其上方的 DRMWD 正脉冲随钻测量系统，如图 A2.11（b）所示。

③ DRMWD 通过正脉冲发生器在钻柱内钻井液通道中产生的压力脉冲信号，把所测的近钻头信息（部分）、DRMWD 自身测量信息（包括井斜、方位、工具面和井下温度等参数）传至地面处理系统，如图 A2.11（c）所示。

④地面处理系统接收和采集井下仪器上传的钻井液压力脉冲信号后，进行滤波降噪、检测识别、解码及显示和存储等处理，将解码后的数据送向司钻显示器供定向工程师阅读；同时由 CFDS 导向决策软件系统进行判断、决策，调整井下导向马达工具面和弯壳体结构弯角 [图 A2.11（d）]，指挥导向工具准确钻入油气目的层或在油气储层中继续钻进。

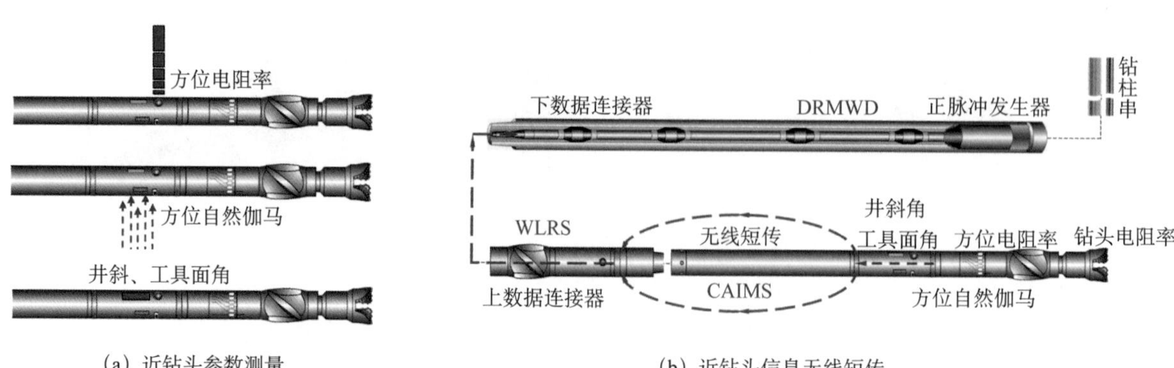

（a）近钻头参数测量　　（b）近钻头信息无线短传

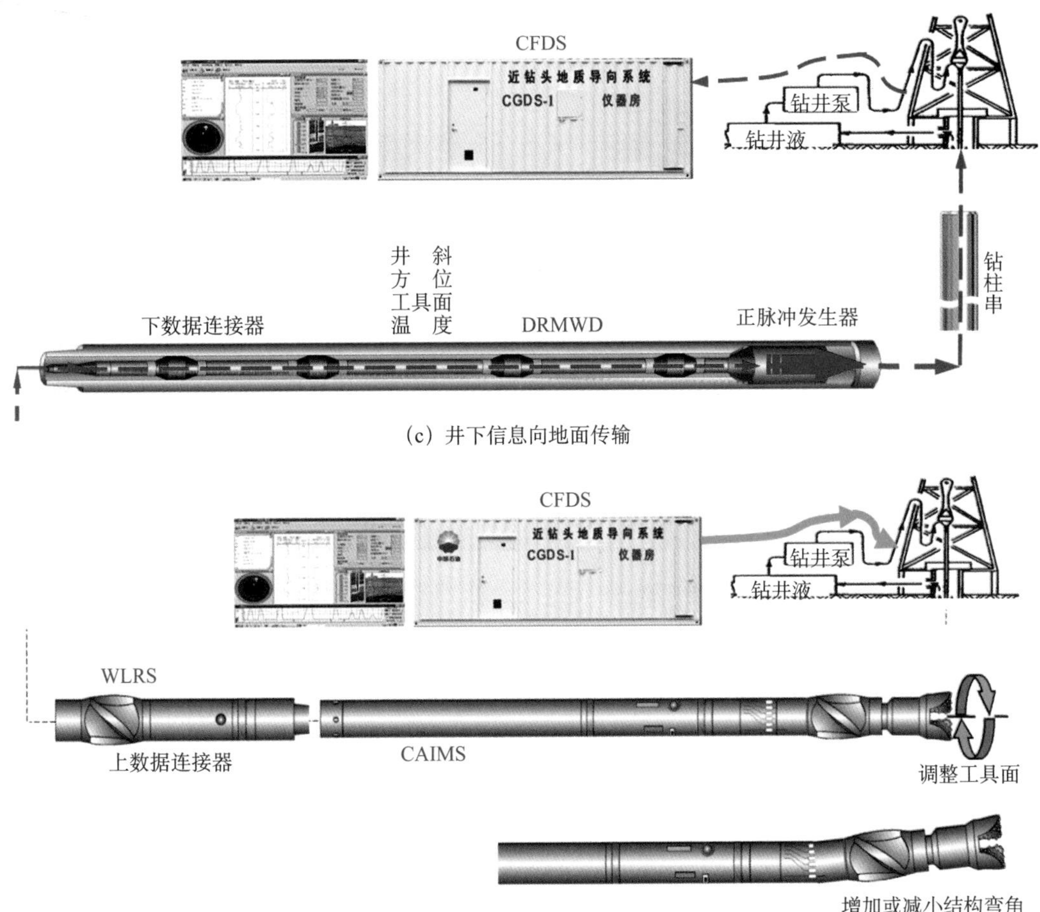

(c) 井下信息向地面传输

(d) 调整工具面和弯壳体结构弯角

图A2.11 测量与控制流程示意图

A2.3 CGDS 技术优势和性能

(1) 技术优势。

①钻头电阻率：测量钻头周围（包括钻头前方）地层电阻率，见图 A2.12。

②方位电阻率、方位自然伽马：呈 180° 布置，判断储层上、下边界，见图 A2.12。

③电阻率测量方式：适用于高阻地层。

④双井斜测量：近钻头井斜和 DRMWD 井斜，可计算出造斜率。

⑤马达导向和控制能力较强，见表 A2.1 ～表 A2.7。

⑥常规导向技术很容易钻出储层，而近钻头地质导向技术可以通过钻头电阻率、方位电阻率、方位自然伽马等参数的测量和判断，保持在储层中钻进，见图 A2.13。

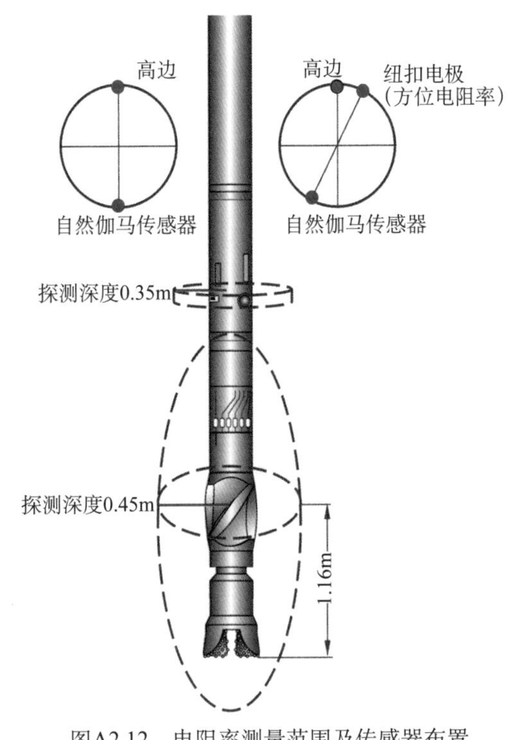

图A2.12 电阻率测量范围及传感器布置

(a) 常规地质导向钻井

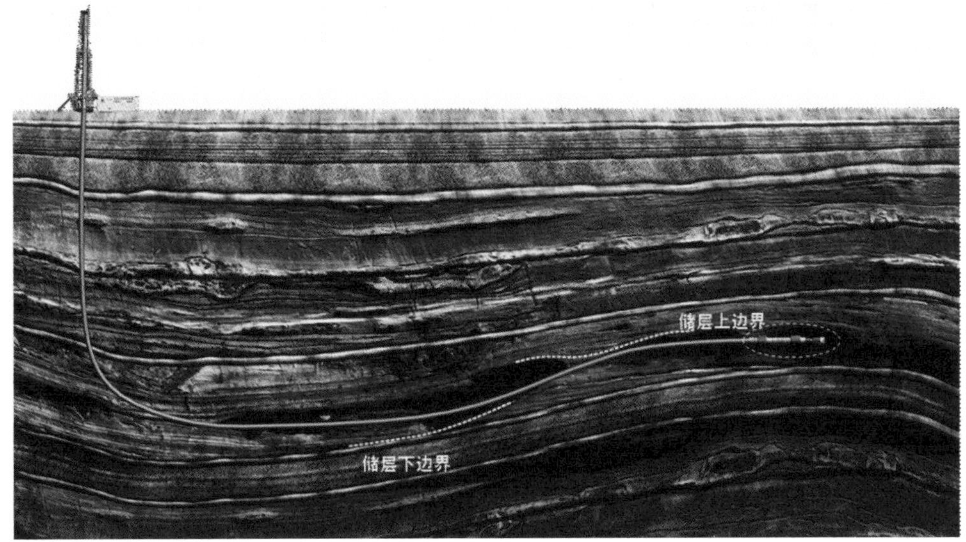

（b）近钻头地质导向钻井

图A2.13　近钻头地质导向钻井与常规地质导向钻井的比较

（2）CGDS172 性能指标：见表 A2.1 ~表 A2.7。

表A2.1　CGDS172系统总体技术指标

项目	指标
公称外径	172mm
最大外径	190mm
适用井眼尺寸	216 ~ 244mm（$8^1/_2$ ~ $9^5/_8$in）
近钻头稳定器	$8^1/_2$in 井眼：ϕ213mm；$9^5/_8$in 井眼：ϕ238mm
上部稳定器	$8^1/_2$in 井眼：ϕ210mm；$9^5/_8$in 井眼：ϕ235mm
造斜能力	中、长半径
传输深度	7000m
最高工作温度	125℃
脉冲发生器类型	钻井液正脉冲
上传传输速率	5 bit/s

续表

项目	指标
短传数据率	200 bit/s
连续工作时间	200h
近钻头测量参数	钻头电阻率，方位电阻率，方位伽马，井斜 / 工具面
最高耐压	140MPa
最大允许冲击	10000m/s^2（0.2ms，1/2sin）
最大允许冲击	150m/s^2（10 ~ 200Hz）
马达流量	19 ~ 38L/s
马达压降	3.2MPa
钻头转速	100 ~ 200r/min
马达工作扭矩	3660 Nm
推荐钻压	80kN
最大钻压	160kN
马达输出功率	38.3 ~ 76.6kW
钻头电阻率传感器距马达底面距离	2.05m
方位电阻率传感器距马达底面距离	2.53m
方位自然伽马传感器距马达底面距离	2.70m
井斜与工具面传感器距马达底面距离	2.85m
CAIMS 长度	8.3m
WLRS 长度	1.94m
DRMWD 长度	7.85m
CGDS 总长度	18.1m

表A2.2　DRMWD测量参数与性能指标

项目	测量范围	精度
方位角	0° ~ 360°	井斜角 > 6°，±1° 井斜角 3° ~ 6°，±1.5° 井斜角 0° ~ 3°，±2°
井斜角	0° ~ 180°	±0.15°
工具面角	0° ~ 360°	井斜角 > 6°，±1.5° 井斜角 3° ~ 6°，±2.5° 井斜角 0° ~ 3°，±3°
温度	0° ~ 150℃	2.5℃
抗振动	200m/s^2，5 ~ 1000Hz（随机）	
抗冲击	<5000m/s^2（0.2ms，1/2sin）	
最高耐压	140MPa	
最大工作温度	150℃	
最大含砂量	<1%	
最大狗腿度	10°/30m（旋转），20°/30m（滑动）	
最大钻头压降	不限	

表A2.3　近钻头井斜、工具面技术指标

项目	范围	精度
工具面角测量	0° ～ 360°	±0.4
井斜角测量	0° ～ 180°	±0.4

表A2.4　自然伽马测量技术指标

项目	精度
测量范围	0 ～ 250 API
精度	最大值的 +3%
灵敏度	不劣于 4API/cps
最高测量速度	30 m/h
分层能力	20 cm
统计起伏 (100 API 地层，钻速为 60ft)	±3 API

表A2.5　钻头电阻率技术指标

水基钻井液	测量范围	0.2 ～ 2000 Ω · m
	测量精度	±0.1 Ω · m （电阻率≤ 2Ω · m）
		±8%FS（2 Ω · m＜电阻率 ≤ 200Ω · m）
		±15%FS（电阻率＞200 Ω · m）
	垂直分辨率	典型值，1.8m（6ft）
	探测深度	0.45m（18in）
油基钻井液	测量范围	0.2 ～ 2000 Ω · m
	测量精度	±0.1 Ω · m（电阻率 ≤ 2 Ω · m）
		±7%FS（2 Ω · m＜电阻率 ≤ 200Ω · m）
		±12%FS（电阻率＞200 Ω · m）
工作温度		125℃
工作压力		140MPa

表A2.6　方位电阻率技术指标

水基钻井液	测量范围	0.2 ～ 200 Ω · m
	测量精度	±0.1 Ω · m （电阻率≤ 2Ω · m）
		±8%FS（电阻率＞2Ω · m）
	垂直分辨率	典型值，0.1m（4in）
	探测深度	0.3m（12in）
	工作温度	125℃
	工作压力	140MPa

表A2.7　工具理论造斜率指标　　单位：（°）/30m

可调弯角	0.75°	1.0°	1.25°	1.5°	1.75°	2.0°
$8^{1}/_{2}$in 井眼	3.7 ～ 4.6	5 ～ 6	6.4 ～ 7.3	7.7 ～ 8.7	10.5 ～ 11.5	10.5 ～ 12.0
$9^{5}/_{8}$in 井眼	3.6 ～ 4.5	5 ～ 6	6.3 ～ 7.3	7.5 ～ 8.7	9.1 ～ 10.0	9.1 ～ 10.1

A2.4　现场实验与性能测试

（1）在定向井中现场测试。

时间：2006.4.11–2006.4.15。

井位：冀东油田 G29 – 15 井。

测试井段：1705m 处开始钻进，至 1916m。

测试结论：满足现场钻井施工要求。

测试数据：近钻头电阻率、方位电阻率和方位自然伽马数据曲线稳定，且有良好的对应关系，如图 A2.14 所示。

随钻测量数据与有缆测井数据对比：随钻方位电阻率探测深度与电缆测井双侧向相当，分辨率与微球聚焦接近；在砂岩层随钻方位电阻率测量值高于双侧向，在泥岩中与双侧向一致；随钻自然伽马测量值与电缆测井吻合。如图 A2.15 所示。

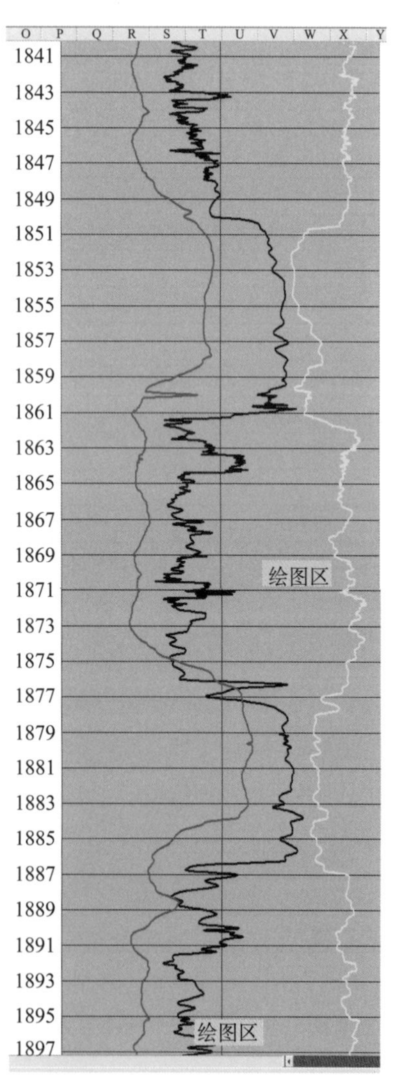

图A2.14　随钻钻头电阻率、方位电阻率和方位自然伽马曲线

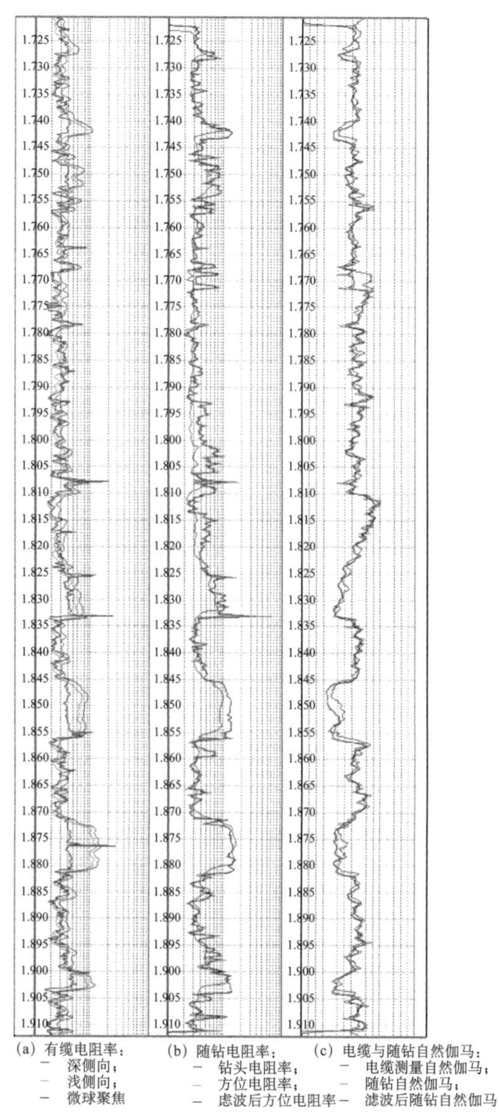

图A2.15　随钻测量与电缆测井数据的比较

（2）在薄油层水平井中测试。

时间：2006.12.3—2006.12.4。

井位：辽河油田 Q604–LH2Z 井，所在区块储层厚度 2 ～ 3m。

测试结果：钻头电阻率、方位电阻率、方位自然伽马，近钻头井斜、工具面，以 DRMWD 的井斜、方位、工具面等参数实时地传至地面，实时获取到井下信息；CGDS 电阻率回放数据曲线与该井的电缆电阻率测井曲线吻合，见图 A2.16（图中曲线为未进行任何数据处理、包括坏点在内的原始数据曲线）和图 A2.17。

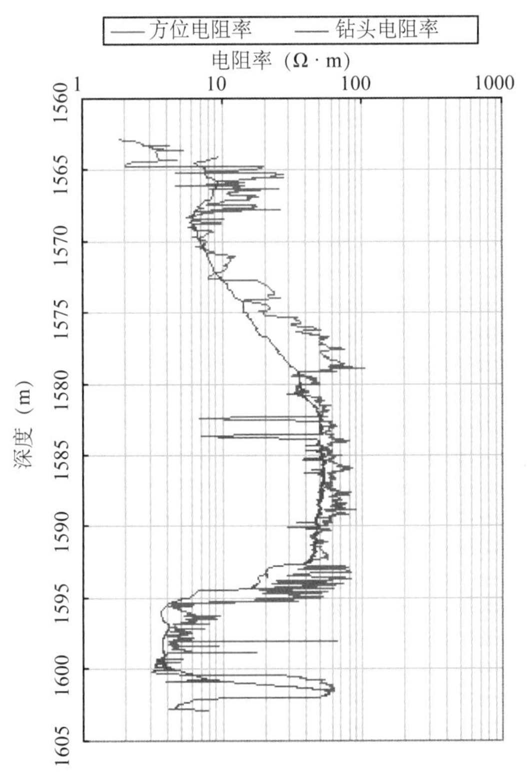

图A2.16　CGDS随钻电阻率原始数据回放曲线

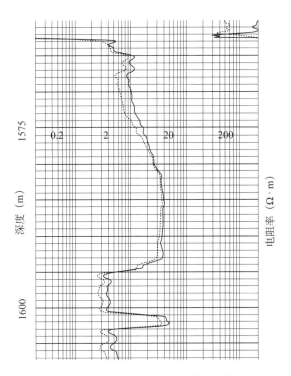

图A2.17　双侧向电阻率有缆测井曲线

（3）在水平井中水平井段的测试。

时间：2007.2.1—2007.2.10。

井位：冀东油田 LB–P8 井。

测试结果：连续入井 3 次，完成 923m 水平井段地质导向，满足工程应用要求。

随钻数据：随钻回放数据与电缆测井数据基本一致，见图 A2.18。

（4）在水平井定向井段和水平井段连续钻进测试。

时间：2007.9.21—2007.10.11。

井位：冀东油田 L90–P2 井。

测试结果：连续入井 6 次，完成 845m 定向段与水平段地质导向，满足工程应用要求。

随钻测量数据：如图 A2.19 所示，随钻测量回放数据与电缆测井数据基本一致，实时上传数据曲线与回放数据曲线非常一致，随钻电阻率曲线和随钻伽马曲线具有良好的对应关系，随钻电阻率和伽马测量稳定。

A2.5 现场应用

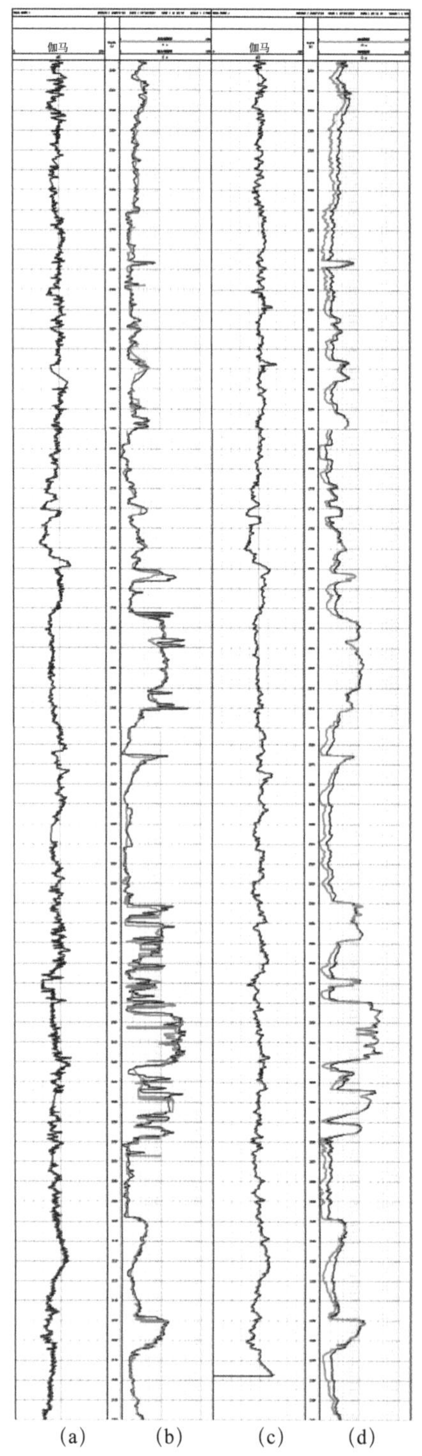

图A2.18 随钻测量与电测数据曲线

注：(a)：随钻伽马曲线；(b)：随钻钻头电阻率（蓝色）和方位电阻率（绿色）曲线；(c)：电测伽马曲线；(d)：电测深侧向电阻率（蓝色）和浅侧向电阻率（绿色）曲线。

2007—2016 年，CGDS 系统先后在大庆、吉林、冀东、辽河、四川、江汉和浙江等油田施工作业 150 余口水平井，累计水平段进尺 8 万多米，钻遇的最薄储层 0.4m，平均钻遇率 85% 以上，实现了薄油层的有效开采和不连续油层的有效贯穿。

(1) 应用效果一：钻遇率较大幅度提高。

CGDS 系统地质参数测点距钻头距离，比常规 LWD 仪器有较大减少，及时发现钻头出储层迹象，主要根据近钻头方位电阻率和方位自然伽马的变化，能准确判断钻头顶出或底出，储层边界发现早，井眼轨迹得到及时调整，显著提高储层钻遇率。

图 A2.20 为在钻进过程中 5 次发现储层边界的实例；图 A2.21 为应用 CGDS 系统与在相同区块应用常规 LWD 仪器导向施工作业的随钻曲线对比，结果表明：应用 CGDS 系统的砂岩钻遇率达到 84.2%，比应用常规 LWD 仪器的砂岩钻遇率 67.4%，提高了 24.9%；图 A2.22 为随钻曲线与对应的实钻井眼轨迹图，由于近钻头方位电阻率和近钻头方位自然伽马传感器呈 180° 放置，在同一工具面可以测量仪器两侧的地层，对比地质参数可判断含油界面、油层以及优势储层位置，因此，该井储层钻遇率达到了 85.1%。

(2) 应用效果二：钻井周期大幅度缩短。

应用 CGDS 导向控制，轨迹调整及时，使井眼轨迹相对平滑（见图 A2.23），减小了钻具摩阻，加快了机械钻速；CGDS 系统稳定性好，减少了因仪器问题浪费的起下钻时间（如：在施工作业的第一阶段 13 口井中，有 10 口井为一趟完钻，仪器平均井下工作时间为 248.5h），有效缩短了钻井周期。图 A2.24 为在同一区块应用常规 LWD 仪器导向作业的 3 口井与应用 CGDS 仪器导向作业的 2 口井，由图可知：钻出的水平井段由平均 455m 增加到 575m，提高了 26.4%；机械钻速由平均 7.6m/h 增加到 13.8m/h，提高了 81.6%；水平段钻进周期由平均 19.2d 较少到 12.5d，降低了 34.9%。

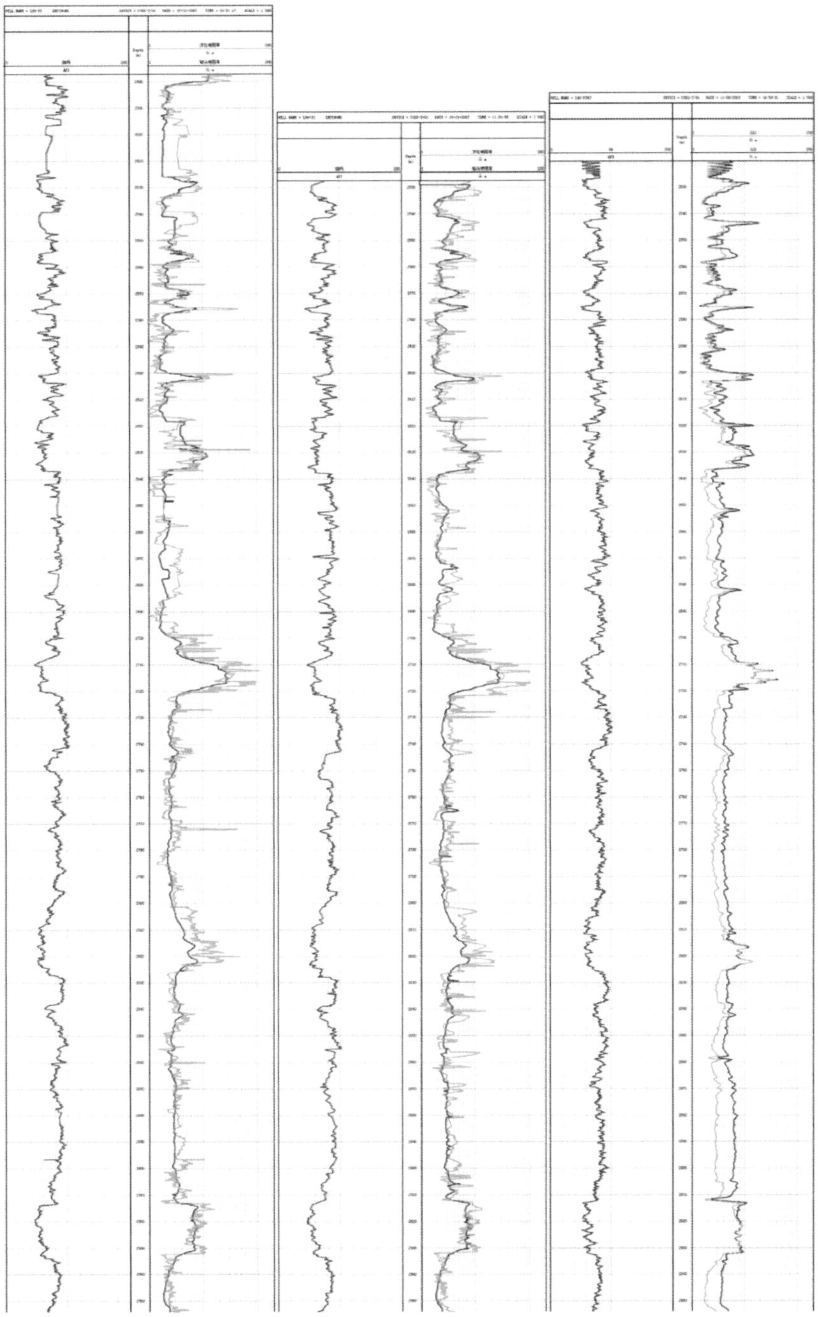

图A2.19　2530～2950m随钻回放数据（左）、实时上传数据（中）和电测数据（右）

注：红色：自然伽马；左图和中图，蓝色：随钻钻头电阻率，绿色：随钻方位电阻率；
右图，蓝色：电测深侧向电阻率，绿色：电测浅侧向电阻率。

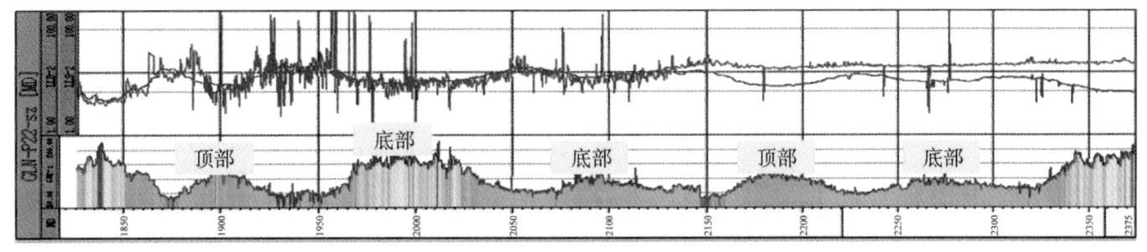

图A2.20　5次发现目的层边界

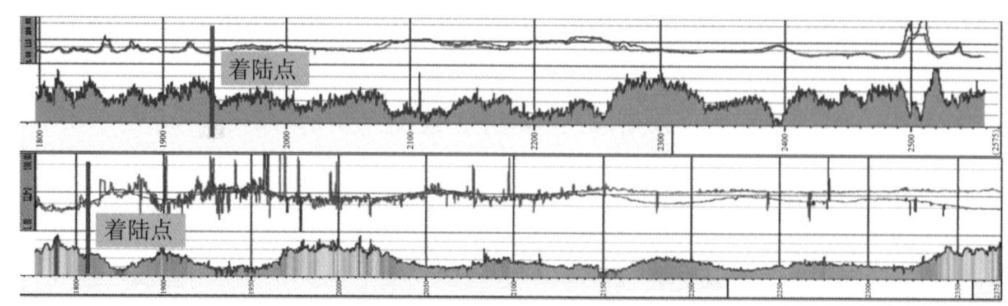

图A2.21　同区块常规LWD导向(上)与CGDS导向(下)随钻曲线对比

注：上图：目的层厚度0.8m，水平段长度445m，砂岩长度300m；

下图：目的层厚度0.9m，水平段长度520m，砂岩长度438m。

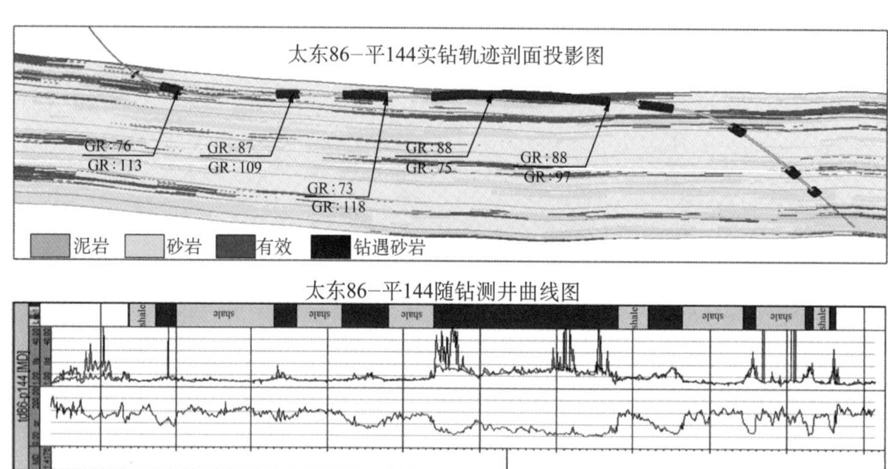

图A2.22　随钻曲线与对应的实钻井眼轨迹

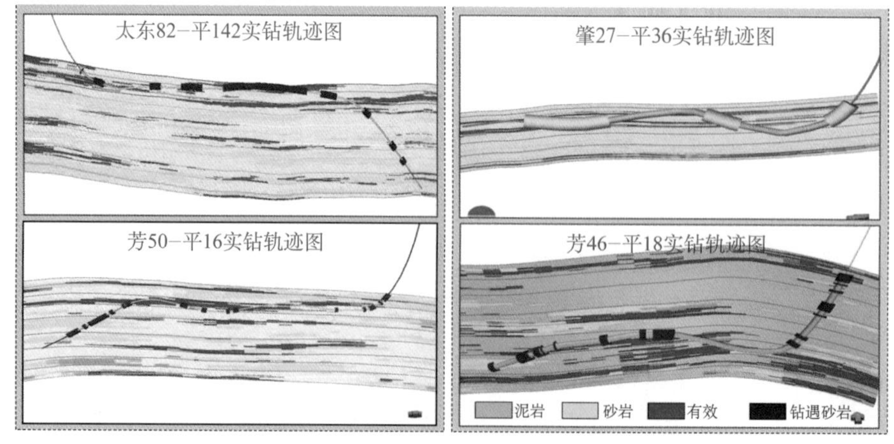

图A2.23　CGDS导向实钻轨迹（左）与常规LWD导向实钻轨迹（右）比较

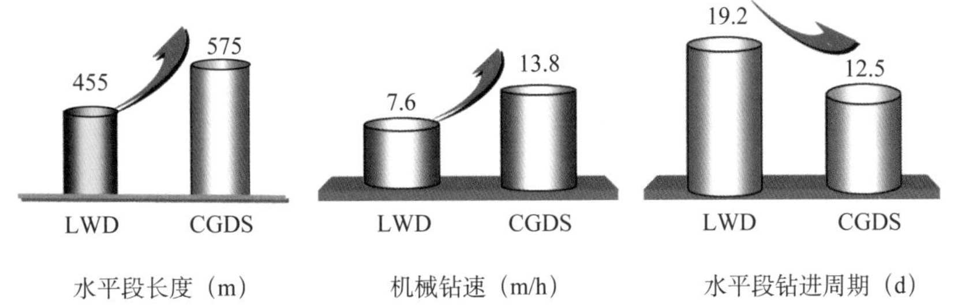

图A2.24　某区块LWD导向（3口井）与CGDS导向（2口井）水平段平均钻井周期比较

附录 3　多体系统动力学基本理论

A3.1　刚体动力学基本理论

（1）刚体的广义坐标确定及任意点位形描述。

如图 A3.1 所示，刚体作一般运动示意图。坐标系 *OXYZ* 表示惯性坐标系；点 *o* 表示刚体的质心；坐标系 *oxyz* 为固结在刚体质心处惯性主轴坐标系。*p* 表示刚体上任意点。$\boldsymbol{\rho}$ 表示 *P* 点在随体坐标系 *oxyz* 中的相对位矢。矢量 $\boldsymbol{r}$ 和 $\boldsymbol{r}_{\mathrm{p}}$ 分别表示刚体质心 *o* 和刚体上任意点 *P* 的绝对位矢。

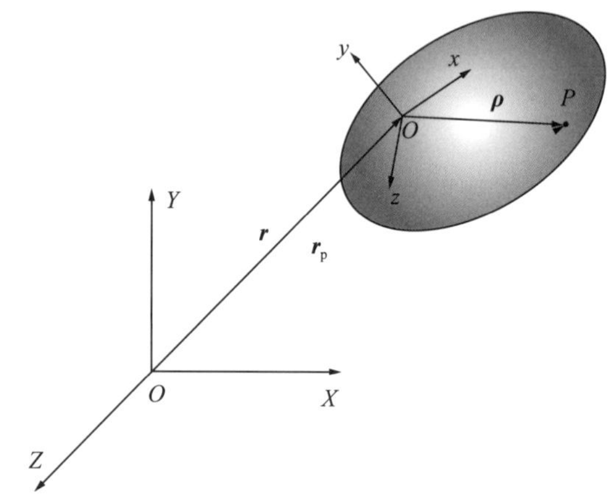

图A3.1　作一般运动刚体示意图

根据刚体动力学基本理论，刚体的一般运动可分解为随固结在刚体质心处坐标系的平动和绕刚体质心坐标系定点转动 2 部分。其中可以用质心位置坐标来描述平动部分运动，而刚体转动可以通过一组欧拉角描述。考虑到欧拉角在描述刚体大范围转动问题时，会出现奇异性，此处采用四元数坐标来描述刚体转动。因此刚体的位形可以通过下式定义的一组广义坐标 *q* 完全确定：

$$\boldsymbol{q}=\begin{bmatrix}\boldsymbol{r}^{\mathrm{T}} & \boldsymbol{p}^{\mathrm{T}}\end{bmatrix}^{\mathrm{T}}=\begin{bmatrix}x & y & z & p_0 & p_1 & p_2 & p_3\end{bmatrix}^{\mathrm{T}} \tag{A3.1}$$

式中：$q\subset R^{7\times1}$ 表示 7×1 维列向量；$\boldsymbol{r}$ 表示刚体质心位矢；$\boldsymbol{p}$ 表示描述刚体转动的一组四元数坐标列阵。

变量 *r* 和 $\boldsymbol{p}$ 的定义如下：

$$\boldsymbol{r}=\begin{bmatrix}x & y & z\end{bmatrix}^{\mathrm{T}} \text{和 } \boldsymbol{p}=\begin{bmatrix}p_0 & p_1 & p_2 & p_3\end{bmatrix}^{\mathrm{T}} \tag{A3.2}$$

式中，四元数坐标满足如下归一化条件：

$$p_0^2+p_1^2+p_2^2+p_3^2=1 \tag{A3.3}$$

刚体上任意点 *P* 的绝对位矢 $\boldsymbol{r}_{\mathrm{p}}$ 可以表示为：

$$\boldsymbol{r}_{\mathrm{p}}=\boldsymbol{r}+\boldsymbol{A\rho} \tag{A3.4}$$

式中，$\boldsymbol{A}$ 表示刚体的方向余弦矩阵，可由四元数表示如下：

$$A=2\begin{bmatrix} p_0^2+p_1^2-0.5 & p_1p_2-p_0p_3 & p_1p_3+p_0p_2 \\ p_1p_2+p_0p_3 & p_0^2+p_2^2-0.5 & p_2p_3-p_0p_1 \\ p_1p_3-p_0p_2 & p_2p_3+p_0p_1 & p_0^2+p_3^2-0.5 \end{bmatrix} \tag{A3.5}$$

（2）刚体上任意点的速度和刚体角速度描述。

对式（A3.4）两边对时间求导一次得到：

$$\dot{\boldsymbol{r}}_{\mathrm{p}}=\dot{\boldsymbol{r}}+\dot{\boldsymbol{A}}\boldsymbol{\rho} \tag{A3.6}$$

考虑到方向余弦矩阵 $\boldsymbol{A}$ 的正交性，即满足下列关系：

$$\boldsymbol{A}\boldsymbol{A}^{\mathrm{T}}=\boldsymbol{I} \tag{A3.7}$$

式中：上标“T”表示转置；$\boldsymbol{I}$ 表示 3×3 维的单位矩阵。

式（A3.7）两边对时间求导，并整理得到：

$$\dot{\boldsymbol{A}}\boldsymbol{A}^{\mathrm{T}}=-\left(\dot{\boldsymbol{A}}\boldsymbol{A}^{\mathrm{T}}\right)^{\mathrm{T}} \tag{A3.8}$$

式（A3.8）表明矩阵 $\dot{\boldsymbol{A}}\boldsymbol{A}^{\mathrm{T}}$ 为反对称阵。根据矩阵理论，反对称矩阵可以有某个矢量 $\boldsymbol{\omega}$ 生成，即满足下列关系：

$$\dot{\boldsymbol{A}}\boldsymbol{A}^{\mathrm{T}}=\tilde{\boldsymbol{\omega}} \tag{A3.9}$$

将式（A3.9）代入式（A3.6）中，并整理得：

$$\dot{\boldsymbol{r}}_{\mathrm{p}}=\dot{\boldsymbol{r}}+\boldsymbol{\omega}\times(\boldsymbol{A}\boldsymbol{\rho}) \tag{A3.10}$$

式中：矢量 $\boldsymbol{\omega}$ 表示刚体的角速度。

定义相关四元数矩阵 $\boldsymbol{E}$ 和 $\boldsymbol{G}$，且满足：

$$\boldsymbol{E}=\begin{bmatrix} -p_1 & p_0 & -p_3 & p_2 \\ -p_2 & p_3 & p_0 & -p_1 \\ -p_3 & -p_2 & p_1 & p_0 \end{bmatrix} \tag{A3.11}$$

$$\boldsymbol{G}=\begin{bmatrix} -p_1 & p_0 & p_3 & -p_2 \\ -p_2 & -p_3 & p_0 & p_1 \\ -p_3 & p_2 & -p_1 & p_0 \end{bmatrix} \tag{A3.12}$$

根据上述相关变量的定义，刚体上任意点的速度用广义坐标 $\boldsymbol{q}$ 表示为：

$$\dot{\boldsymbol{r}}_{\mathrm{p}}=\left[\boldsymbol{I}-2\boldsymbol{A}\boldsymbol{G}\tilde{\boldsymbol{\rho}}\right]\begin{bmatrix}\dot{\boldsymbol{r}}\\ \dot{\boldsymbol{p}}\end{bmatrix}=\left[\boldsymbol{I}-2\boldsymbol{A}\boldsymbol{G}\tilde{\boldsymbol{\rho}}\right]\dot{\boldsymbol{q}} \tag{A3.13}$$

同理，刚体的角速度根据定义，也可用四元数表示为：

$$\boldsymbol{\omega}=2\boldsymbol{E}\dot{\boldsymbol{p}} \tag{A3.14}$$

（3）刚体动能描述。

根据动能定义，刚体的动能 T 可表示为：

$$T=\frac{1}{2}\int\dot{\boldsymbol{r}}_{\mathrm{p}}^{\mathrm{T}}\dot{\boldsymbol{r}}_{\mathrm{p}}\mathrm{d}m=\frac{1}{2}\dot{\boldsymbol{q}}^{\mathrm{T}}\begin{bmatrix} m\boldsymbol{I}_{3\times3} & \boldsymbol{0}_{3\times4} \\ \boldsymbol{0}_{4\times3} & 4\boldsymbol{G}^{\mathrm{T}}\boldsymbol{J}\boldsymbol{G}\end{bmatrix}\dot{\boldsymbol{q}} \tag{A3.15}$$

式中：$\boldsymbol{J}$ 表示刚体惯量主轴张量，且有：

$$\boldsymbol{J}=\mathrm{diag}\left(\begin{bmatrix} J_x & J_y & J_z\end{bmatrix}\right) \tag{A3.16}$$

（4）刚体动力学方程建立。

基于第一类拉格朗日方程原理，刚体的动力学方程可表示为：

$$\frac{\mathrm{d}}{\mathrm{d}t}\left(\frac{\partial L}{\partial\dot{q}_k}\right)-\frac{\partial L}{\partial q_k}+C_{q_k}^{T}\lambda=Q_k\text{，}k=1\text{，}\cdots\text{，}7 \tag{A3.17}$$

$$\boldsymbol{C}(\boldsymbol{q},\dot{\boldsymbol{q}},t)=\begin{bmatrix} C_1 & C_2 & \cdots & C_l\end{bmatrix}^{\mathrm{T}}=\boldsymbol{0},l=1,\cdots,m \tag{A3.18}$$

式中：变量 L 表示拉格朗日作用函数，且有 $L=T-V$；变量 V 表示刚体具有的势能；C_l 表示作用在刚体上第 l 个约束方程；m 表示约束方程个数；矩阵 $\boldsymbol{C}_{\boldsymbol{q}k}\subset\boldsymbol{R}^{m\times1}$ 表示约束方程 C 对第 k 个广义坐标 q_k 的雅可比矩阵；Q_k 表示对应于广义坐标 q_k 的广义力；λ 表示拉格朗日乘子。

考虑式（A3.17）和式（A3.18），刚体动力学方程写成矩阵形式有：

$$\begin{cases}\boldsymbol{M}\ddot{\boldsymbol{q}}=\boldsymbol{Q}_q+\boldsymbol{C}_q^{\mathrm{T}}\boldsymbol{\lambda}\\ \boldsymbol{C}(\boldsymbol{q},\dot{\boldsymbol{q}},t)=\boldsymbol{0}\end{cases} \tag{A3.19}$$

式中：Q_q 表示作用在刚体上各种力的广义力列阵。$\boldsymbol{M}\subset\boldsymbol{R}^{7\times7}$ 表示质量惯量矩阵，且有：

$$\boldsymbol{M}=\begin{bmatrix} m\boldsymbol{I}_{3\times3} & \boldsymbol{0}_{3\times4} \\ 0_{4\times3} & 4\boldsymbol{G}^{\mathrm{T}}\boldsymbol{J}\boldsymbol{G}\end{bmatrix} \tag{A3.20}$$

（5）多刚体系统动力学方程建立。

考虑含有 n 个刚体的系统，m 个约束的多刚体系统。类似单刚体动力学方程推导过程，利用第一类拉格朗日方程，则多刚体系统动力学方程如下：

$$\begin{cases}\boldsymbol{M}\ddot{\boldsymbol{q}}=\boldsymbol{Q}_q+\boldsymbol{C}_q^{\mathrm{T}}\boldsymbol{\lambda}\\ \boldsymbol{C}(\boldsymbol{q},\dot{\boldsymbol{q}},\mathrm{t})=\boldsymbol{0}\end{cases} \tag{A3.21}$$

式中：广义坐标列阵 $\boldsymbol{q}\subset\boldsymbol{R}^{7n\times1}$；广义力列阵 $\dot{\boldsymbol{Q}}_q\subset\boldsymbol{R}^{7n\times1}$；约束雅可比 $\boldsymbol{C}_q\subset\boldsymbol{R}^{m\times7}$；拉氏乘子列阵 $\boldsymbol{\lambda}\subset\boldsymbol{R}^{m\times1}$；系统广义质量惯量矩阵 $\boldsymbol{M}\subset\boldsymbol{R}^{7n\times7n}$ 有如下关系：

$$\boldsymbol{M}=\mathrm{diag}\left(\begin{bmatrix} m_1\boldsymbol{I} & 4\boldsymbol{G}_1^{\mathrm{T}}\boldsymbol{J}_1\boldsymbol{G}_1 & \cdots & m_n\boldsymbol{I} & 4\boldsymbol{G}_n^{\mathrm{T}}\boldsymbol{J}_n\boldsymbol{G}_n \end{bmatrix}\right) \tag{A3.22}$$

A3.2　柔性梁动力学基本理论

（1）运动学描述。

Euler–Bernoulli 梁满足截面刚性与直法线变形假设。也就是说，在变形期间，截面仍保持平面，且截面法向与中心线切向一致。所以，如图 A3.2 所示，梁的构型可以完全由中心点在全局坐标系中的位置 $\boldsymbol{r}$ 以及正交物质坐标系 $[\boldsymbol{t},\ \boldsymbol{m},\ \boldsymbol{n}]$ 描述，其中 $\boldsymbol{t}$ 是截面法向，$\boldsymbol{m}$ 和 $\boldsymbol{n}$ 是两个惯性主轴。截面内任意一点 P 在物质坐标系的分量为（0，y，z），在全局坐标系即为：

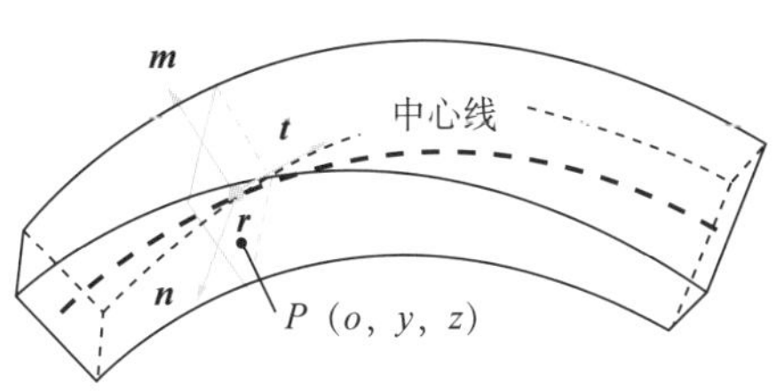

图A3.2　Euler–Bernoulli梁

$$\boldsymbol{R}=\boldsymbol{r}+y\boldsymbol{m}+z\boldsymbol{n} \tag{A3.23}$$

①广义坐标。

如图 A3.3 所示，在一个两结点梁中，选取两端结点的中心点位置 $\boldsymbol{r}$ 和截面欧拉四元数 $\boldsymbol{\theta}$，以及截面正应变 ε 为广义坐标，也就是说取广义坐标 $\boldsymbol{q}^{\mathrm{I}}$ 和 $\boldsymbol{q}^{\mathrm{II}}$ 为：

$$\boldsymbol{q}^{\mathrm{I}}=\begin{bmatrix}\boldsymbol{r}^{\mathrm{I}}\\ \boldsymbol{\theta}^{\mathrm{I}}\\ \varepsilon^{\mathrm{I}}\end{bmatrix},\quad \boldsymbol{q}^{\mathrm{II}}=\begin{bmatrix}\boldsymbol{r}^{\mathrm{II}}\\ \boldsymbol{\theta}^{\mathrm{II}}\\ \varepsilon^{\mathrm{II}}\end{bmatrix} \tag{A3.24}$$

并定义单元的广义坐标 $\boldsymbol{q}_{\mathrm{e}}$ 为：

$$\boldsymbol{q}_{\mathrm{e}}=\begin{bmatrix}\boldsymbol{q}^{\mathrm{I}}\\ \boldsymbol{q}^{\mathrm{II}}\end{bmatrix} \tag{A3.25}$$

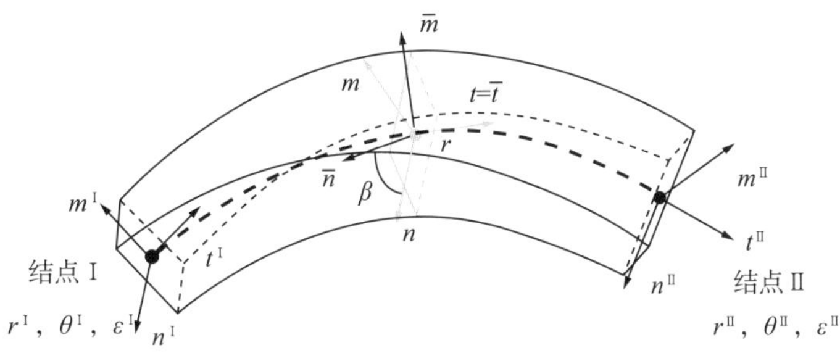

图A3.3　两结点Euler–Bernoulli梁单元

式中：符号 I 和 II 分别用来表征第一个和第二个结点。那么单元内任意自然坐标出的物质坐标系 $[\boldsymbol{t},\ \boldsymbol{m},\ \boldsymbol{n}]$ 可由欧拉四元数 $\boldsymbol{\theta}$ 表示：

$$t=\begin{bmatrix}2\left(\theta_0^2+\theta_1^2\right)-1\\2\left(\theta_1\theta_2+\theta_0\theta_3\right)\\2\left(\theta_1\theta_3-\theta_0\theta_2\right)\end{bmatrix},\quad m=\begin{bmatrix}2\left(\theta_1\theta_2-\theta_0\theta_3\right)\\2\left(\theta_0^2+\theta_2^2\right)-1\\2\left(\theta_2\theta_3+\theta_0\theta_1\right)\end{bmatrix},\quad n=\begin{bmatrix}2\left(\theta_1\theta_3+\theta_0\theta_2\right)\\2\left(\theta_2\theta_3-\theta_0\theta_1\right)\\2\left(\theta_0^2+\theta_3^2\right)-1\end{bmatrix}\tag{A3.26}$$

②插值中间位置和四元数。

在确定了广义坐标后，下一步是通过广义坐标插值得到任意弧长坐标处的中心点位置 $\boldsymbol{r}$ 和欧拉四元数 $\boldsymbol{\theta}$，且需要保证插值出来的 $\boldsymbol{r}$ 对弧长的导数与由插值出来的 $\boldsymbol{\theta}$ 决定的截面法向 $\boldsymbol{t}$ 同向。

假设单元总长为 L，x 为弧长坐标，且定义 $\zeta=x/L$。那么根据正应变的定义：

$$\varepsilon=\left|\frac{\mathrm{d}\boldsymbol{r}}{\mathrm{d}x}\right|-1=\frac{1}{L}\left|\frac{\mathrm{d}\boldsymbol{r}}{\mathrm{d}\xi}\right|-1\tag{A3.27}$$

可以求出中心线在两个结点处的导数：

$$\left(\frac{\mathrm{d}\boldsymbol{r}}{\mathrm{d}\xi}\right)^{\mathrm{I}}=L\left(1+\varepsilon^{\mathrm{I}}\right)\boldsymbol{t}^{\mathrm{I}},\quad \left(\frac{\mathrm{d}\boldsymbol{r}}{\mathrm{d}\xi}\right)^{\mathrm{II}}=L\left(1+\varepsilon^{\mathrm{II}}\right)\boldsymbol{t}^{\mathrm{II}}$$

然后利用有限元中常用的 Hermite 插值方法，即可以得到中心线的全局坐标：

$$\begin{aligned}\boldsymbol{r}(\xi)&=N_1(\xi)\boldsymbol{r}^{\mathrm{I}}+N_2(\xi)\left(\frac{\mathrm{d}\boldsymbol{r}}{\mathrm{d}\xi}\right)^{\mathrm{I}}+N_3(\xi)\boldsymbol{r}^{\mathrm{II}}+N_4(\xi)\left(\frac{\mathrm{d}\boldsymbol{r}}{\mathrm{d}\xi}\right)^{\mathrm{II}}\\&=N_1(\xi)\boldsymbol{r}^{\mathrm{I}}+N_2(\xi)L\left(1+\varepsilon^{\mathrm{I}}\right)\boldsymbol{t}^{\mathrm{I}}+N_3(\xi)\boldsymbol{r}^{\mathrm{II}}+N_4(\xi)L\left(1+\varepsilon^{\mathrm{II}}\right)\boldsymbol{t}^{\mathrm{II}}\end{aligned}\tag{A3.28}$$

式中

$$\begin{aligned}&N_1(\xi)=1-3\xi^2+2\xi^3,\quad N_2(\xi)=\xi(1-\xi)^2\\&N_3(\xi)=\xi^2(3-2\xi),\quad N_4(\xi)=\xi^2(\xi-1)\end{aligned}\tag{A3.29}$$

为 Hermite 插值函数。

在由式（A3.28）确定出中心线位置后，通过对 ζ 求导，即可定出切向量，而 Euler–Bernoulli 要求该切向与截面法向一致，所以有：

$$\boldsymbol{t}(\xi)=\frac{\boldsymbol{r}'}{\left|\boldsymbol{r}'\right|}\tag{A3.30}$$

接下来，将结点 I 处的物质坐标系 $[\boldsymbol{t}^{\mathrm{I}},\boldsymbol{m}^{\mathrm{I}},\boldsymbol{n}^{\mathrm{I}}]$ 绕向量 $\boldsymbol{t}^{\mathrm{I}}\times\boldsymbol{t}$ 旋转一个角度 $\arccos(\boldsymbol{t}^{\mathrm{I}}\cdot\boldsymbol{t})$ 从而得到一个中间参考坐标系 $[\bar{\boldsymbol{t}},\bar{\boldsymbol{m}},\bar{\boldsymbol{n}}]$，它相应的四元数 $\bar{\boldsymbol{\theta}}$ 可以通过两个四元数的乘法表示出：

$$\bar{\boldsymbol{\theta}}(\xi)=\boldsymbol{\theta}^{\mathrm{I}}\boldsymbol{\pi}\tag{A3.31}$$

式中

$$\boldsymbol{\pi}=\left(\pi_0,\pi_1,\pi_2,\pi_3\right)=\left(\sqrt{\frac{1+\boldsymbol{t}\cdot\boldsymbol{t}^{\mathrm{I}}}{2}},0,\frac{-\boldsymbol{t}\cdot\boldsymbol{n}^{\mathrm{I}}}{\sqrt{2\left(1+\boldsymbol{t}\cdot\boldsymbol{t}^{\mathrm{I}}\right)}},\frac{\boldsymbol{t}\cdot\boldsymbol{m}^{\mathrm{I}}}{\sqrt{2\left(1+\boldsymbol{t}\cdot\boldsymbol{t}_1^{\mathrm{I}}\right)}}\right)\tag{A3.32}$$

那么显然，最终的物质坐标系对应的 $\boldsymbol{\theta}$ 与中间参考坐标系对应的 $\bar{\boldsymbol{\theta}}$ 只差一个绕 $\boldsymbol{t}$ 轴的转角，用 β（ζ）来记这个转角的话，根据四元数乘法的定义，可知：

$$\boldsymbol{\theta}(\xi)=\bar{\boldsymbol{\theta}}(\xi)\left(\cos\frac{\beta(\xi)}{2},\sin\frac{\beta(\xi)}{2},0,0\right) \tag{A3.33}$$

且

$$\begin{aligned}&\beta(0)=0\\&\beta(1)=2\arcsin\frac{\Pi_1}{\sqrt{\Pi_0^2+\Pi_1^2}}\end{aligned} \tag{A3.34}$$

式中：$\boldsymbol{\Pi}^0$ 和 $\boldsymbol{\Pi}_1$ 是四元数 $\boldsymbol{\Pi}$ 的前两个分量：

$$\begin{aligned}\boldsymbol{\Pi}&=\left(\boldsymbol{\theta}^{\mathrm{I}}\right)^{-1}\boldsymbol{\theta}^{\mathrm{II}}=\left(\theta_0^{\mathrm{I}},\theta_1^{\mathrm{I}},\theta_2^{\mathrm{I}},\theta_3^{\mathrm{I}}\right)^{-1}\left(\theta_0^{\mathrm{II}},\theta_1^{\mathrm{II}},\theta_2^{\mathrm{II}},\theta_3^{\mathrm{II}}\right)\\&=(\theta_0^{\mathrm{I}}\theta_0^{\mathrm{II}}+\theta_1^{\mathrm{I}}\theta_1^{\mathrm{II}}+\theta_2^{\mathrm{I}}\theta_2^{\mathrm{II}}+\theta_3^{\mathrm{I}}\theta_3^{\mathrm{II}},\ \theta_0^{\mathrm{I}}\theta_1^{\mathrm{II}}-\theta_1^{\mathrm{I}}\theta_0^{\mathrm{II}}-\theta_2^{\mathrm{I}}\theta_3^{\mathrm{II}}+\theta_3^{\mathrm{I}}\theta_2^{\mathrm{II}},\\&\quad\theta_0^{\mathrm{I}}\theta_2^{\mathrm{II}}-\theta_2^{\mathrm{I}}\theta_0^{\mathrm{II}}-\theta_3^{\mathrm{I}}\theta_1^{\mathrm{II}}+\theta_1^{\mathrm{I}}\theta_3^{\mathrm{II}},\ \theta_0^{\mathrm{I}}\theta_3^{\mathrm{II}}-\theta_3^{\mathrm{I}}\theta_0^{\mathrm{II}}-\theta_1^{\mathrm{I}}\theta_2^{\mathrm{II}}+\theta_2^{\mathrm{I}}\theta_1^{\mathrm{II}})\end{aligned} \tag{A3.35}$$

而单元内各处的 β 则可以通过线性两结点出的 β（0）和 β（1）线性插值得到，即

$$\beta(\xi)=\beta(0)+\xi\left[\beta(1)-\beta(0)\right] \tag{A3.36}$$

若定义：

$$\alpha=\beta(1) \tag{A3.37}$$

则由式（A3.36）有：

$$\beta(\xi)=\alpha\xi \tag{A3.38}$$

式（A3.33）与式（A3.38）最终确定了任意截面处的欧拉四元数。它们与由式（A3.30）确定的中心线位置满足 Euler−Bernoulli 梁的直法线要求。

值得指出的是，受到式（A3.33）的限制，一个单元的弯曲角度不能超过 180°。事实上，为满足精度要求，一个单元并不会出现这么大的转角。

（2）单元动力学控制方程。

梁单元满足 Lagrange 方程：

$$\frac{\mathrm{d}}{\mathrm{d}t}\left(\frac{\partial T}{\partial\dot{\boldsymbol{q}}_{\mathrm{e}}}\right)-\frac{\partial T}{\partial\boldsymbol{q}_{\mathrm{e}}}+\frac{\partial U}{\partial\boldsymbol{q}_{\mathrm{e}}}=\frac{\delta W}{\delta q_{\mathrm{e}}} \tag{A3.39}$$

式中：$T=\dot{\boldsymbol{q}}_{\mathrm{e}}^{\mathrm{T}}\boldsymbol{M}\dot{\boldsymbol{q}}_{\mathrm{e}}/2$ 为单元动能；$\boldsymbol{M}$ 为单元质量矩阵；$\dot{\boldsymbol{q}}_{\mathrm{e}}$ 为单元广义速度；U 为单元弹性势能；W 为外力做的虚功。将动能表达式代入（A3.39）后，可将单元满足的动力学方程简化为：

$$\boldsymbol{M}\ddot{\boldsymbol{q}}_{\mathrm{e}}+\boldsymbol{V}\dot{\boldsymbol{q}}_{\mathrm{e}}+\frac{\partial U}{\partial \boldsymbol{q}_{\mathrm{e}}}=\frac{\delta W}{\delta \boldsymbol{q}_{\mathrm{e}}} \tag{A3.40}$$

式中

$$\boldsymbol{V}=\frac{\partial\left(\boldsymbol{M}\dot{\boldsymbol{q}}_{\mathrm{e}}\right)}{\partial \boldsymbol{q}_{\mathrm{e}}}-\frac{1}{2}\left(\frac{\partial\left(\boldsymbol{M}\dot{\boldsymbol{q}}_{\mathrm{e}}\right)}{\partial \boldsymbol{q}_{\mathrm{e}}}\right)^{\mathrm{T}} \tag{A3.41}$$

当然，单元除需满足方程（A3.40）外，因为四元数并不独立，所以对每个结点来说，还需要增加约束方程

$$\boldsymbol{C}\left(\boldsymbol{q}_{\mathrm{e}}\right)=\begin{bmatrix}\boldsymbol{\theta}^{\mathrm{II}}\cdot\boldsymbol{\theta}^{\mathrm{II}}-1\\ \boldsymbol{\theta}^{\mathrm{II}}\cdot\boldsymbol{\theta}^{\mathrm{II}}-1\end{bmatrix}=\boldsymbol{0}$$

最终，在求解该梁单元的动力学问题时，需要求解一个微分代数方程，即

$$\begin{gathered}\boldsymbol{M}\ddot{\boldsymbol{q}}_{\mathrm{e}}+\boldsymbol{V}\dot{\boldsymbol{q}}_{\mathrm{e}}+\frac{\partial U}{\partial \boldsymbol{q}_{\mathrm{e}}}+\left(\frac{\partial \boldsymbol{C}}{\partial \boldsymbol{q}_{\mathrm{e}}}\right)^{\mathrm{T}}\boldsymbol{\lambda}=\frac{\delta W}{\delta \boldsymbol{q}_{\mathrm{e}}}\\ \boldsymbol{C}\left(\boldsymbol{q}_{\mathrm{e}}\right)=\boldsymbol{0}\end{gathered} \tag{A3.42}$$

式中：$\boldsymbol{\lambda}$ 为 Lagrange 乘子组成的向量。

（3）质量矩阵。

因为 Euler−Bernoulli 梁假设截面刚性，因此类比刚体求动能的方法，可知一个梁微段 dx 的动能 dT 可以表达为：

$$\mathrm{d}T=\frac{1}{2}\rho A\left(\dot{\boldsymbol{r}}\cdot\dot{\boldsymbol{r}}\right)\mathrm{d}x+\frac{1}{2}\rho\left(4\bar{\boldsymbol{\omega}}^{\mathrm{T}}\boldsymbol{J}\bar{\boldsymbol{\omega}}\right)\mathrm{d}x$$

式中：A 为截面面积；$\boldsymbol{J}=\mathrm{diag}[J_{\mathrm{T}}, J_{yy}, J_{zz}]$；$J_{\mathrm{T}}$ 为扭转惯量；J_{yy} 和 J_{zz} 分别是关于两个惯性主轴 $\boldsymbol{m}$ 和 $\boldsymbol{n}$ 的转动惯量；$\bar{\boldsymbol{\omega}}=2\bar{\boldsymbol{E}}\dot{\boldsymbol{\theta}}$ 是截面在物质坐标系下的角速度，且

$$\bar{\boldsymbol{E}}=\begin{bmatrix}-\theta_1 & \theta_0 & \theta_3 & -\theta_2\\ -\theta_2 & -\theta_3 & \theta_0 & \theta_1\\ -\theta_3 & \theta_2 & -\theta_1 & \theta_0\end{bmatrix}$$

因此，整个梁单元的动能为：

$$T=\int_0^L \mathrm{d}T=\frac{1}{2}\rho L\int_0^1\left[A(\dot{\boldsymbol{r}}\cdot\dot{\boldsymbol{r}})+4\dot{\boldsymbol{\theta}}^{\mathrm{T}}\bar{\boldsymbol{E}}^{\mathrm{T}}\boldsymbol{J}\bar{\boldsymbol{E}}\dot{\boldsymbol{\theta}}\right]\mathrm{d}\xi$$

再利用恒等式：

$$\dot{\boldsymbol{\theta}}=\frac{\partial \boldsymbol{\theta}}{\partial \boldsymbol{q}_{\mathrm{e}}}\dot{\boldsymbol{q}}_{\mathrm{e}}$$

可最终得到单元的质量矩阵：

$$\boldsymbol{M}=\rho L\int_0^1\left[A\left(\frac{\partial\boldsymbol{r}}{\partial\boldsymbol{q}_{\mathrm{e}}}\right)^{\mathrm{T}}\left(\frac{\partial\boldsymbol{r}}{\partial\boldsymbol{q}_{\mathrm{e}}}\right)+4\left(\frac{\partial\boldsymbol{\theta}}{\partial\boldsymbol{q}_{\mathrm{e}}}\right)^{\mathrm{T}}\bar{\boldsymbol{E}}^{\mathrm{T}}\boldsymbol{J}\bar{\boldsymbol{E}}\left(\frac{\partial\boldsymbol{\theta}}{\partial\boldsymbol{q}_{\mathrm{e}}}\right)\right]\mathrm{d}\xi \tag{A3.43}$$

式中：$\boldsymbol{r}$ 和 $\boldsymbol{\theta}$ 由式（A3.28）和式（A3.33）定义。

（4）弹性力向量。

这里的梁单元允许拉压、弯，扭，因此在计算弹性势能时，需要计入正应力力 $EA\varepsilon$，两个弯矩 $GJ_{22}\kappa_2$、$GJ_{33}\kappa_3$ 和一个扭矩 $GJ_{\mathrm{T}}\kappa_1$ 做的虚功，即

$$\delta U=L\int_0^1\left(EA\varepsilon\delta\varepsilon+GJ_T\kappa_1\delta\kappa_1+EJ_{22}\kappa_2\delta\kappa_2+EJ_{33}\kappa_3\delta\kappa_3\right)\mathrm{d}\xi \tag{A3.44}$$

式中：G 为剪切模量；κ_1、κ_2 和 κ_3 分别是 1 个扭转和 2 个弯曲曲率。因此，相应的弹性力可以表达为：

$$\boldsymbol{F}=-\frac{\partial U}{\partial\boldsymbol{q}_{\mathrm{e}}}=-L\int_0^1\left(EA\varepsilon\frac{\partial\varepsilon}{\partial\boldsymbol{q}_{\mathrm{e}}}+GJ_T\kappa_1\frac{\partial\kappa_1}{\partial\boldsymbol{q}_{\mathrm{e}}}+EJ_{22}\kappa_2\frac{\partial\kappa_2}{\partial\boldsymbol{q}_{\mathrm{e}}}+EJ_{33}\kappa_3\frac{\partial\kappa_3}{\partial\boldsymbol{q}_{\mathrm{e}}}\right)\mathrm{d}\xi \tag{A3.45}$$

对正应变项，容易从式（A3.30）看出：

$$\frac{\partial\varepsilon}{\partial\boldsymbol{q}_{\mathrm{e}}}=\frac{\boldsymbol{t}}{L}\cdot\frac{\partial\boldsymbol{r}'}{\partial\boldsymbol{q}_{\mathrm{e}}} \tag{A3.46}$$

对于三个曲率，根据定义，有：

$$\kappa_1=\frac{\mathrm{d}\boldsymbol{m}}{\mathrm{d}s}\cdot\boldsymbol{n}=-\frac{\mathrm{d}\boldsymbol{n}}{\mathrm{d}s}\cdot\boldsymbol{m},\quad \kappa_2=-\frac{\mathrm{d}\boldsymbol{t}}{\mathrm{d}s}\cdot\boldsymbol{n},\quad \kappa_3=\frac{\mathrm{d}\boldsymbol{t}}{\mathrm{d}s}\cdot\boldsymbol{m} \tag{A3.47}$$

式中，s 是变形后的弧长坐标。注意到

$$\frac{\mathrm{d}}{\mathrm{d}s}=\frac{\mathrm{d}\xi}{\mathrm{d}s}\frac{\mathrm{d}}{\mathrm{d}\xi}=\frac{1}{|\boldsymbol{r}'|}\frac{\mathrm{d}}{\mathrm{d}\xi}$$

以及

$$\boldsymbol{t}'=\left(\frac{\boldsymbol{r}'}{|\boldsymbol{r}'|}\right)'=\frac{\boldsymbol{r}''}{|\boldsymbol{r}'|}-\frac{(\boldsymbol{r}'\cdot\boldsymbol{r}'')\boldsymbol{r}'}{|\boldsymbol{r}'|^3} \tag{A3.48}$$

有

$$\kappa_2=-\frac{\boldsymbol{r}''}{|\boldsymbol{r}'|^2}\cdot\boldsymbol{n},\quad \kappa_3=\frac{\boldsymbol{r}''}{|\boldsymbol{r}'|^2}\cdot\boldsymbol{m} \tag{A3.49}$$

为计算 κ_1，利用从 $[\bar{\boldsymbol{t}},\bar{\boldsymbol{m}},\bar{\boldsymbol{n}}]$ 到 $[\boldsymbol{t},\boldsymbol{m},\boldsymbol{n}]$ 的转化关系，有：

$$\begin{aligned} \boldsymbol{m} &= \bar{\boldsymbol{m}}\cos\beta + \bar{\boldsymbol{n}}\sin\beta \\ \boldsymbol{n} &= \bar{\boldsymbol{m}}(-\sin\beta) + \bar{\boldsymbol{n}}\cos\beta \end{aligned} \tag{A3.50}$$

将式（A3.50）代入式（A3.47）的第一个表达式后，并利用恒等式：

$$(\bar{\boldsymbol{m}}\cdot\bar{\boldsymbol{n}})' = 0$$

有

$$\kappa_1 = \frac{\mathrm{d}\boldsymbol{m}}{\mathrm{d}s}\cdot\boldsymbol{n} = \frac{1}{|\boldsymbol{r}'|}\boldsymbol{m}'\cdot\boldsymbol{n} = \frac{1}{|\boldsymbol{r}'|}(\bar{\boldsymbol{m}})'\cdot\bar{\boldsymbol{n}} + \frac{1}{|\boldsymbol{r}'|}\frac{\mathrm{d}\beta}{\mathrm{d}\xi} = \frac{1}{|\boldsymbol{r}'|}(\bar{\boldsymbol{m}})'\cdot\bar{\boldsymbol{n}} + \frac{\alpha}{|\boldsymbol{r}'|}$$

进一步有：

$$\begin{aligned} \bar{\boldsymbol{m}}'\cdot\bar{\boldsymbol{n}} &= 2(\pi_3\pi_2{}' - \pi_2\pi_3{}') = \frac{\boldsymbol{t}'\cdot(\boldsymbol{n}^{\mathrm{I}}\boldsymbol{m}^{\mathrm{I}} - \boldsymbol{m}^{\mathrm{I}}\boldsymbol{n}^{\mathrm{I}})\cdot\boldsymbol{t}}{1+\boldsymbol{t}\cdot\boldsymbol{t}^{\mathrm{I}}} \\ &= \frac{\boldsymbol{r}''}{|\boldsymbol{r}'|}\cdot\frac{(\boldsymbol{n}^{\mathrm{I}}\boldsymbol{m}^{\mathrm{I}} - \boldsymbol{m}^{\mathrm{I}}\boldsymbol{n}^{\mathrm{I}})}{1+\boldsymbol{t}\cdot\boldsymbol{t}^{\mathrm{I}}}\cdot\boldsymbol{t} = \frac{\boldsymbol{r}''}{|\boldsymbol{r}'|}\cdot\frac{\boldsymbol{t}^{\mathrm{I}}\times\boldsymbol{t}}{1+\boldsymbol{t}\cdot\boldsymbol{t}^{\mathrm{I}}} \end{aligned} \tag{A3.51}$$

把式（A3.51）代入式（A3.47），最终可得：

$$\kappa_1 = \frac{\boldsymbol{r}''}{|\boldsymbol{r}'|^2}\cdot\boldsymbol{c} + \frac{\alpha}{|\boldsymbol{r}'|} \tag{A3.52}$$

式中

$$\boldsymbol{c} = \frac{\boldsymbol{t}^{\mathrm{I}}\times\boldsymbol{t}}{1+\boldsymbol{t}^{\mathrm{I}}\cdot\boldsymbol{t}} \tag{A3.53}$$

符号 × 代表两个向量的叉积。式（A3.52）表明扭转曲率由 2 部分组成，一部分是由参考坐标系的扭转而引起的，而另一部分是由插值扭转角引入的。

事实上，在计算曲率时，由于截面应变很小，可以认为切向量 $\boldsymbol{r}'$ 的长度是常数，也就是说

$$|\boldsymbol{r}'| = L(1+\varepsilon) \approx L$$

所以曲率定义式（A3.49）代入式（A3.52）可以简化为：

$$\kappa_1 \approx \frac{1}{L^2}\boldsymbol{r}''\cdot\boldsymbol{c} + \frac{\alpha}{L},\quad \kappa_2 \approx -\frac{1}{L^2}\boldsymbol{r}''\cdot\boldsymbol{n},\quad \kappa_3 \approx \frac{1}{L^2}\boldsymbol{r}''\cdot\boldsymbol{m} \tag{A3.54}$$

这 3 个曲率对单元广义坐标 $\boldsymbol{q}_{\mathrm{e}}$ 的导数可以通过一个类似的步骤求得。即

$$\frac{\partial}{\partial\boldsymbol{q}_{\mathrm{e}}}(\boldsymbol{r}''\cdot\boldsymbol{v}) = \left(\frac{\partial\boldsymbol{r}''}{\partial\boldsymbol{q}_{\mathrm{e}}}\cdot\boldsymbol{v}\right) + \left(\boldsymbol{r}''\cdot\frac{\partial\boldsymbol{v}}{\partial\boldsymbol{\theta}}\frac{\partial\boldsymbol{\theta}}{\partial\boldsymbol{q}_{\mathrm{e}}}\right) \tag{A3.55}$$

式中，对三个曲率 $\boldsymbol{v}$ 分别等于 $\boldsymbol{c}$，$\boldsymbol{n}$，$\boldsymbol{m}$。此外，由式（A3.36）我们还能得到：

$$\frac{\partial\alpha}{\partial\boldsymbol{q}}=\frac{2}{\Pi_0^2+\Pi_1^2}\left(-\frac{\Pi_1\partial\Pi_0}{\partial\boldsymbol{q}}+\frac{\Pi_0\partial\Pi_1}{\partial\boldsymbol{q}}\right) \tag{A3.56}$$

式（A3.45）、式（A3.46）、式（A3.55）和式（A3.56）共同显示给出了弹性力的计算式。

（5）刚度矩阵。

从式（A3.45）很容易发现，切线刚度矩阵可以分为两部分之和：

$$\boldsymbol{K}=-\frac{\partial\boldsymbol{F}}{\partial\boldsymbol{q}}=\boldsymbol{K}_0+\boldsymbol{K}_1 \tag{A3.57}$$

这里

$$\begin{aligned}\boldsymbol{K}_0&=L\int_0^1\left(EA\frac{\partial\varepsilon}{\partial\boldsymbol{q}}\frac{\partial\varepsilon}{\partial\boldsymbol{q}}+GJ_T\frac{\partial\kappa_1}{\partial\boldsymbol{q}}\frac{\partial\kappa_1}{\partial\boldsymbol{q}}+EJ_{22}\frac{\partial\kappa_2}{\partial\boldsymbol{q}}\frac{\partial\kappa_2}{\partial\boldsymbol{q}}+EJ_{33}\frac{\partial\kappa_3}{\partial\boldsymbol{q}}\frac{\partial\kappa_3}{\partial\boldsymbol{q}}\right)\mathrm{d}\xi\\ \boldsymbol{K}_1&=L\int_0^1\left(EA\varepsilon\frac{\partial^2\varepsilon}{\partial\boldsymbol{q}^2}+GJ_T\kappa_1\frac{\partial^2\kappa_1}{\partial\boldsymbol{q}^2}+EJ_{22}\kappa_2\frac{\partial^2\kappa_2}{\partial\boldsymbol{q}^2}+EJ_{33}\kappa_3\frac{\partial^2\kappa_3}{\partial\boldsymbol{q}^2}\right)\mathrm{d}\xi\end{aligned} \tag{A3.58}$$

显然，第一部分梁为无应力状态时的刚度，也就是通常意义所说的刚度矩阵，而第二部分则是大变形时，残余应力引起的刚度矩阵。

（6）阻尼力。

对该单元，我们采用常见的比例阻尼法来引入阻尼力，那么阻尼力做的虚功可以表达为：

$$\delta W=L\int_0^1\left(\eta EA\dot{\varepsilon}\delta\varepsilon+\eta GJ_T\dot{\kappa}_1\delta\kappa_1+\eta EJ_{22}\dot{\kappa}_2\delta\kappa_2+\eta EJ_{33}\dot{\kappa}_3\delta\kappa_3\right)\mathrm{d}\xi$$

式中：η 为阻尼系数；希腊字母上的点代表对时间求导。那么就可以求出阻尼力：

$$\begin{aligned}\boldsymbol{F}_\mathrm{d}=\frac{\delta W}{\delta\boldsymbol{q}_\mathrm{e}}&=L\int_0^1\begin{pmatrix}\eta EA\dot{\varepsilon}\dfrac{\delta\varepsilon}{\delta\boldsymbol{q}_\mathrm{e}}+\eta GJ_T\dot{\kappa}_1\dfrac{\delta\kappa_1}{\delta\boldsymbol{q}_\mathrm{e}}\\+\eta EJ_{22}\dot{\kappa}_2\dfrac{\delta\kappa_2}{\delta\boldsymbol{q}_\mathrm{e}}+\eta EJ_{33}\dot{\kappa}_3\dfrac{\delta\kappa_3}{\delta\boldsymbol{q}_\mathrm{e}}\end{pmatrix}\mathrm{d}\xi\\&=\eta\dot{\boldsymbol{q}}_\mathrm{e}^\mathrm{T}L\int_0^1\begin{pmatrix}EA\dfrac{\partial\varepsilon}{\delta\boldsymbol{q}_\mathrm{e}}\dfrac{\partial\varepsilon}{\delta\boldsymbol{q}_\mathrm{e}}+GJ_T\dfrac{\partial\kappa_1}{\delta\boldsymbol{q}_\mathrm{e}}\dfrac{\delta\kappa_1}{\delta\boldsymbol{q}_\mathrm{e}}\\+EJ_{22}\dfrac{\partial\kappa_2}{\delta\boldsymbol{q}_\mathrm{e}}\dfrac{\delta\kappa_2}{\delta\boldsymbol{q}_\mathrm{e}}+EJ_{33}\dfrac{\partial\kappa_3}{\delta\boldsymbol{q}_\mathrm{e}}\dfrac{\delta\kappa_3}{\delta\boldsymbol{q}_\mathrm{e}}\end{pmatrix}\mathrm{d}\xi\end{aligned} \tag{A3.59}$$

事实上，若参考 $\boldsymbol{K}_0$ 的定义式（A3.58），可以将阻尼力写成：

$$\boldsymbol{F}_\mathrm{d}=\eta\dot{\boldsymbol{q}}_\mathrm{e}^\mathrm{T}\boldsymbol{K}_0=\eta\boldsymbol{K}_0\dot{\boldsymbol{q}}_\mathrm{e} \tag{A3.60}$$

如果广义坐标$\dot{\boldsymbol{q}}_\mathrm{e}$只含有刚体运动，那么由式（A3.60）计算得到的阻力里为 0。这意味着阻尼力只衰减振动能量但并不衰减刚体动能。

附录 4　接触模型与接触力计算

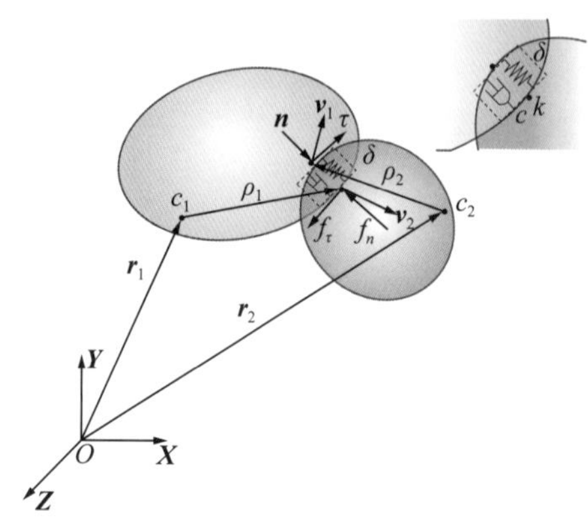

图A4.1　赫兹接触原理示意图

A4.1　赫兹接触理论

如图 A4.1 所示，空间作一般运动的两个刚体分别以速度 v_1 和 v_2 相接近。假设接触法线方向为 n，摩擦力方向为 τ，δ 表示两个刚体之间的嵌入量，则接触力 f 可由下式决定：

$$\boldsymbol{f} = f_n \boldsymbol{n} + f_\tau \tau \tag{A4.1}$$

式中：变量 f_n 表示法线接触力大小，且由下式决定：

$$f_n = k\delta^e + c\dot{\delta} \tag{A4.2}$$

式中：k 表示接触刚度系数；c 表示接触阻尼系数；e 表示接触恢复指数；$\dot{\delta}$ 表示接触嵌入量变化率；法向接触力方向 n 与接触体的几何形状有关。

定义切向速度 v_τ 如下：

$$v_\tau = (v_1 - v_2) - \left[(v_1 - v_2)\cdot n\right]\cdot n \tag{A4.3}$$

则切向摩擦力的单位矢量方向 τ 可表示为：

$$\tau = \frac{v_\tau}{\|v_\tau\|} \tag{A4.4}$$

根据库伦摩擦原理，切向摩擦力 f_τ 可表示为：

$$f_\tau = \mu\left(|\boldsymbol{v}_\tau|\right) f_n \tag{A4.5}$$

式中，摩擦系数 μ 由切向相对速度 v_τ 决定

$$\mu(v) = \begin{cases} -sign(v)\cdot \mu_{\mathrm{d}} & |v| > v_{\mathrm{s}} \\ sign(v)\,step\left(|v|, v_{\mathrm{d}}, \mu_{\mathrm{d}}, v_{\mathrm{s}}, \mu_{\mathrm{s}}\right) & v_{\mathrm{s}} \leqslant |v| \leqslant v_{\mathrm{d}} \\ step\left(v, -v_{\mathrm{s}}, -\mu_{\mathrm{s}}, v_{\mathrm{s}}, \mu_{\mathrm{s}}\right) & -v_{\mathrm{s}} < v < v_{\mathrm{s}} \end{cases} \tag{A4.6}$$

式（A4.6）反映摩擦系数变化趋势可由图 A4.2 表现。

式（A4.6）中 v_s 和 v_d 分别表示静、动摩擦的临界速度，μ_s 和 μ_d 分别表示静、动摩擦系数。上述系数一般都通过实验获取。式（A4.6）中 *step* 函数关系由下式定义：

$$step=\begin{cases} h_0 & x\leqslant x_0 \\ h_0+a\Delta^2(3-2\Delta) & x_0<x<x_1 \\ h_1 & x\geqslant x_1 \end{cases} \qquad \text{(A4.7)}$$

式中：$a=h_1-h_0$；$\Delta=(x-x_0)/(x_1-x_0)$。

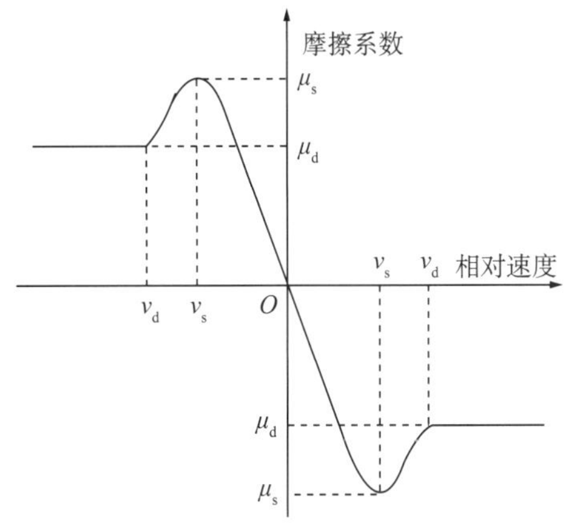

图A4.2　摩擦系数变化曲线

接触力对刚体的力矩 M_{nt} 可表示为：

$$M_{nt}=\rho_1\times f \qquad \text{(A4.8)}$$

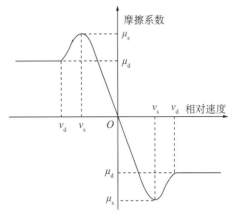

A4.2　基本几何体接触模型

（1）球与面接触模型。如图 A4.3 所示，当球到接触平面的距离 d 大于球的半径时，球与接触面发生碰撞。由空间几何代数，可以计算相应的接触嵌入量 δ，接触力正法线，以及接触点位置等信息，如图 A4.3 所示。得到上述接触信息后，就可以根据赫兹接触模型，并结合刚体动力学理论，进一步求出接触力、摩擦力和接触对刚体产生的力矩以及各部分力的广义力等。

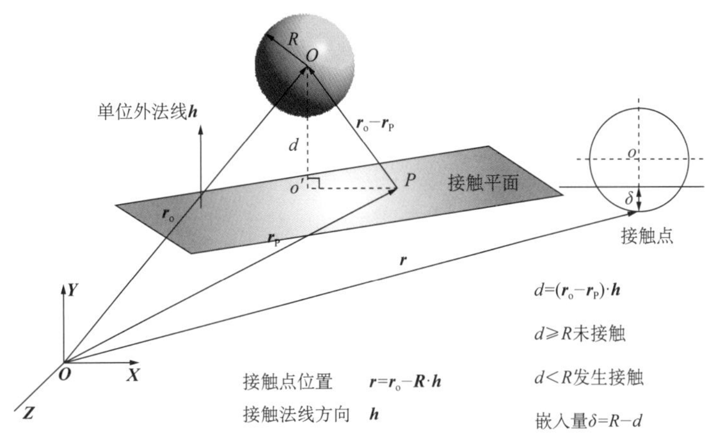

图A4.3　球与面接触模型示意图

（2）圆与圆接触模型。如图 A4.4 所示，当两圆圆心距离与两圆半径之间满足一定的代数关系时，两圆发生碰撞。利用空间几何关系，可以得到赫兹接触模型的相关量。结合刚体动力学理论，编制相应的程序就可以用圆与圆接触模型研究钻头与井壁接触等相关动力学问题。

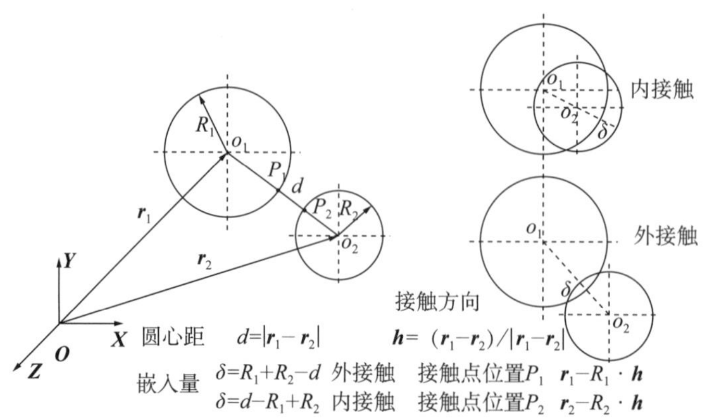

图A4.4 圆与圆接触模型示意图

（3）点和圆柱接触模型。点和圆柱接触模型中，相关参数计算过程如图 A4.5 所示。点和圆柱接触模型可以作为钻杆、钻铤、翼肋与井壁、滚轮稳定器与井壁接触等。

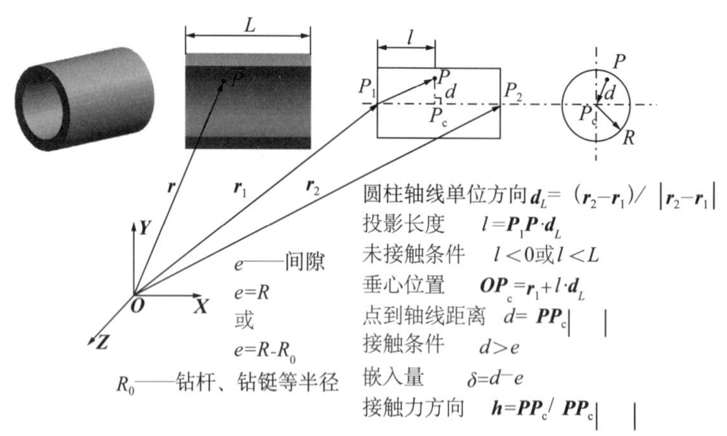

图A4.5 点与圆柱接触模型示意图

（4）点和面接触模型。点和面接触模型中相关参数计算见图 A4.6 所示。点和面接触模型可以作为翼肋处导向轮与翼肋接触面之间接触模型。

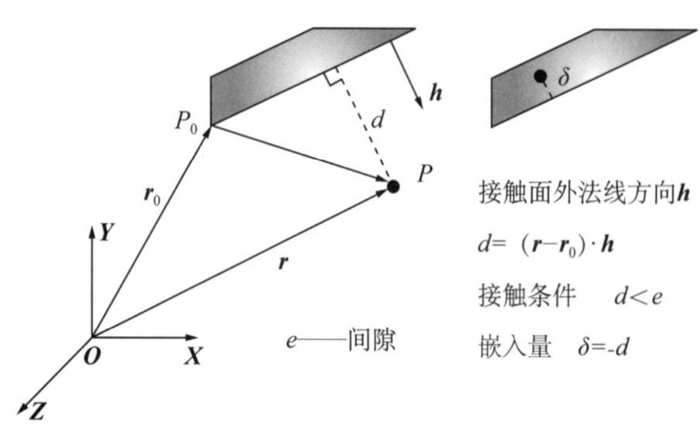

图A4.6 点和面接触模型示意图

A4.3 接触检测加速算法研究

钻井系统中相关接触问题的规模比较大。显然直接采用上文的接触力计算方法，计算量将会非常巨大。为了提高碰撞力计算效率，本文中采用了一定的加速接触检测方法：轴向包围盒（AABB）检测接触技术。

轴向包围盒实际上是一个空间长方体，它的各个面始终与惯性坐标系的 3 个轴平行，如图 A4.7 所示。

定义一个轴向包围盒可以用集合 $Set=\left[x_{\min},x_{\max},y_{\min},y_{\max},z_{\min},z_{\max}\right]$ 。只要确定包围盒在 3 个轴方向上投影的最小值和最大值就可以完全确定包围合的形状。

根据图形学原理，任何具有复杂几何形状的物体都可以用一个简单的 AABB 盒包围，如图 A4.8 所示。对于复杂几何体碰撞检测问题可以预先构造被检测体的轴向包围盒。这样可以对包围盒先进行接触预检测，如果两个包围盒没有发生干涉，由图象几何学相关理论易知，目标检测体之间肯定没有发生碰撞；反之，则需要进一步检测是否发生碰撞。

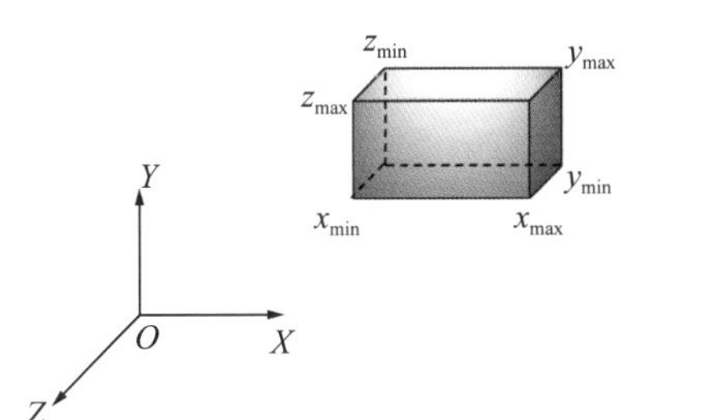

图A4.7　轴向包围AABB盒示意图

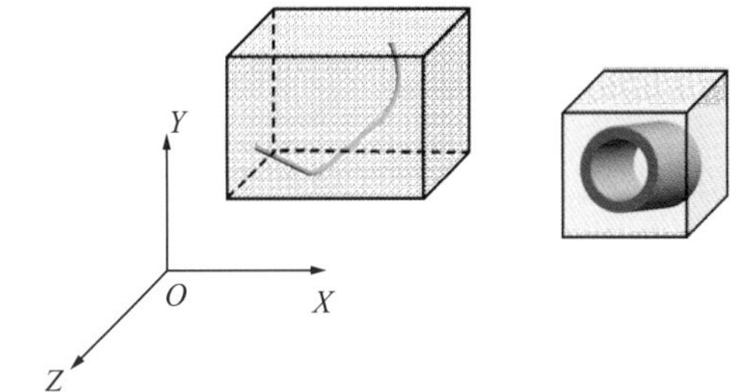

图A4.8　两个AABB相交检测示意图

检测 2 个轴向包围盒是否干涉可以采用分离轴理论，如图 A4.9 所示。具体过程可描述为：将 2 个包围盒向某个坐标轴（比如 x 轴）投影，得到一定长度的 2 条线段，如果 2 条线段有共同交集，则需要近一步将包围盒投影到其他 2 轴上进行干涉检测。如果上述过程没有交集，则说明 2 个轴向包围盒没有发生碰撞。

上述检测过程用数学关系可表达为：如果 2 个包围盒满足条件：

$$x_{\max}^{1}<x_{\min}^{2}\text{或}x_{\max}^{2}<x_{\min}^{1} \tag{A4.9}$$

则 2 个包围盒没有发生相交，否则需要进一步检测判断是否相交。

从上述检测过程分析，不难发现 2 个轴向包围盒相交检测最多需要 6 次逻辑判断就可以完成。该检测方法作为预检测具有较高的检测效率。

对某个几何体来言，能够包含其的轴向包围盒有很多个，其中也存在一个最优的轴向包围盒，即最小包围盒。理论上讲轴向包围盒的尺寸越精确，检测计算耗费的时间将越少。但是实际应用中为了计算复杂几何体的最小包围盒往往会增加新的计算量，对一些复杂检测问题反而有可能会降低检测效率。本文中采用的轴向包围盒并不是最小包围盒，其尺寸范围计算是根据被检测体的几何形状，通过简单计算获得。以本书中柔性钻杆为例，如图 A4.10 所示，其轴向包围盒计算过程如下：假设柔性钻杆两端结点坐标分别为 $P_1\left(x_1,y_1,z_1\right)$ 和 $P_2\left(x_2,y_2,z_2\right)$，$L$ 表示钻杆的长度，则钻杆的一个轴向包围盒为：

$$AABB=\left(x_{\min}-e_x,x_{\max}+e_x,y_{\min}-e_y,y_{\max}+e_y,z_{\min}-e_z,z_{\max}+e_z\right) \tag{A4.10}$$

式中：$x_{\min}$=min（x_1，x_2）；$x_{\max}$=max（x_1，x_2）；$y_{\min}$、$y_{\max}$、$z_{\min}$ 和 $z_{\max}$ 的定义同 $x_{\min}$ 和 $x_{\max}$；e_x、e_y 和 e_z 表示偏移量。

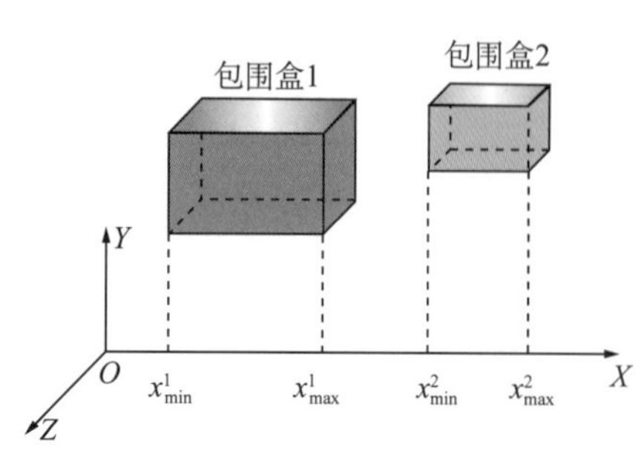

图A4.9　包围盒检测原理示意图

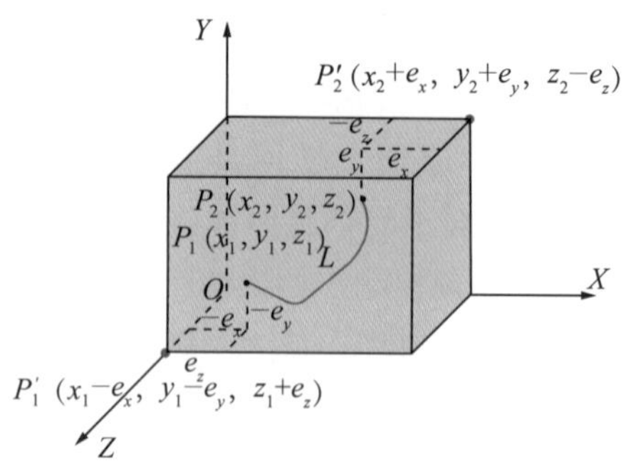

图A4.10　轴向包围盒简单构造示意图

偏移量 e_x、e_y 和 e_z 最简单的取值方法就是取钻杆长度 L。偏移量取值不同将直接影响碰撞检测的效率。在保证不影响计算结果前提下，可以尽量取较小的值。考虑到实际井眼轨迹曲率变化比较小，因此可以用钻柱长度的分数倍数作为近似的偏移量，比如 $L/4$ 等。计算表明这种方法是有效。上述构造的轴向包围盒的方法并不是最优的结果，有关最小包围盒计算相关理论可参考有关文献。

附录 5　自主开发的井下控制工具和系统性能与参数

说明：以下独立研究开发的具有自主知识产权的系统，统一在型号命名中冠以“DR”（即中国石油钻井工程技术研究院的简称），但“CGDS”除外。

目前，中石油集团钻井工程技术研究院自主开发了钻井系列、MWD 系列和 LWD 系列 3 大系列随钻测量仪器系统及导向控制工具及装备，其中钻井系列主要包括：CGDS 近钻头地质导向钻井系统和 DRVDS 自动垂直钻井系统，MWD 系列主要包括：DRMWD 钻井液正脉冲无线随钻测量系统、DREMWD 无线电磁波随钻测量系统和 DRPWD 随钻井底环空压力测量系统，LWD 系列主要包括：GRGRT 随钻侧向电阻率和自然伽马测量工具、DRNBLog 地质参数随钻测量工具、DRMPR 随钻电磁波电阻率测量工具和 DRNP 非化学源随钻中子孔隙度测量工具。CGDS 近钻头地质导向钻井系统已在附录 2 进行了详细介绍，以下简要介绍其他 8 种工具与系统。

A5.1　DRVDS 自动垂直钻井系统

DRVDS 是中国石油集团钻井工程技术研究院自主研制的自动垂直钻井系列产品，包括 DRVDS–1 液驱型自动垂直钻井工具和 DRVDS–2 电驱型自动垂直钻井系统，如图 A5.1、图 A5.2 所示。

图A5.1　液驱型自动垂直钻井工具

图A5.2　电驱型自动垂直钻井系统井下工具及机电液控制组合阀

A5.1.1　系统组成

（1）DRVDS–1：旋转主轴，活套，液压系统集成单元，测量与控制电路系统，地面数据处理软件等。

（2）DRVDS–2：旋转主轴，活套，电液系统集成单元，测量与控制电路系统，涡轮发电机，非接触电源 / 信号同传单元，MWD 系统及数据处理软件等。

A5.1.2 技术特点

（1）DRVDS−1：提取旋转钻柱动力，形成液压系统纠斜推力；井下自闭环控制，一体式整装导向控制结构；工具简洁，制造成本低，易操作易维护，便于大规模推广应用。

（2）DRVDS−2：井下发电机为电源，电机驱动液压泵形成高压油源，纠斜推力大小连续可调；采用无接触能量与信号耦合技术，实现旋转主轴与活套间电能与信息传递；井下自闭环控制，信息实时上传，地面可干预，更智能。

A5.1.3 主要技术参数

（1）适用井眼：

DRVDS−1：$12^1/_4$in，16in；

DRVDS−2：$12^1/_4$ ~ $13^1/_8$in，16 ~ $17^1/_2$in。

（2）井斜控制精度：0.5°。

（3）单块的推力：10 ~ 30kN。

（4）最高工作压力：120MPa。

（5）最高工作温度：150℃。

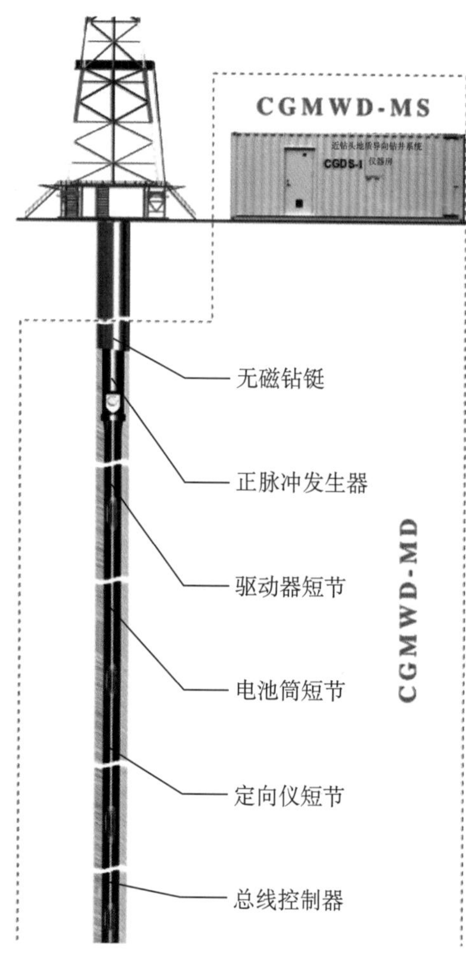

图A5.3 DRPWD系统组成示意图

A5.2 DRMWD 钻井液正脉冲无线随钻测量系统

DRMWD 是 CGDS 近钻头地质导向钻井系统的导向参数测量与井下信息传输子系统，可作为独立的产品使用，如图 A5.3 所示。

A5.2.1 系统组成

（1）地面系统（CGMWD−MS）：司显，传感器组，前端箱，PC 机，CGMWD 软件包（信号检测与处理、井眼轨迹设计与控制、导向决策等），配套仪器房。

（2）井下仪器（CGMWD−DS）：泥浆正脉冲发生器，驱动控制单元，供电单元，定向探管单元，数据连接器，井下仪器软件包，配套无磁钻铤。

A5.2.2 功能特点

（1）采用独创的智能数字信号滤波处理和高效解码方法，显著提高了信号处理和识别能力。

（2）采用模块化、开放性的系统设计理念，系统易维护、易扩充、可靠性高。

（3）适用于单独定向钻井作业，或与其他随钻工具组合使用，提供实时随钻测量数据。

A5.2.3　主要技术参数

（1）适用井眼：6in，$8^1/_2$in，$12^1/_4$in。

（2）传输井深：7000m。

（3）信息传输率：5bit/s。

（4）连续工作时间：200h。

（5）井下仪器工作温度：150ºC。

（6）最高耐压：140MPa。

（7）测量参数：井斜角（α），0º ~ 180º（±0.15º）；

方位角，0º ~ 360 º（±1 º@α ≥ 6 º，±1.5 º@ 3 º< α <6 º，±2 º@α ≤ 3 º）；

工具面角，0º ~ 360º（±1.5 º@α ≥ 6 º，±2.5 º@ 3 º< α <6 º，±3 º@α ≤ 3º）；

温度，−55 ~ 200 ºC（±1ºC）。

（8）最大允许冲击：1000g（0.2ms，1/2sin）。

（9）最大允许振动：20g（5 ~ 1000Hz）。

（10）含沙量：<2%。

（11）堵漏材料：<3g/L。

（12）排量：12 ~ 65L/s。

（13）狗腿度：<20º/30m（滑动），<10º/30m（旋转）。

A5.3　DREMWD 电磁波无线随钻测量系统

DREMWD 系统是利用电磁波无线传输技术（EMMWD），将井下随钻测量的井斜角、方位角、工具面角等工程参数以及方位自然伽马地质参数实时传输到地面。图 A5.4 为 DREMWD 系统电磁波传输示意图，图 A5.5 为 DREMWD 系统的地面设备和井下仪器。

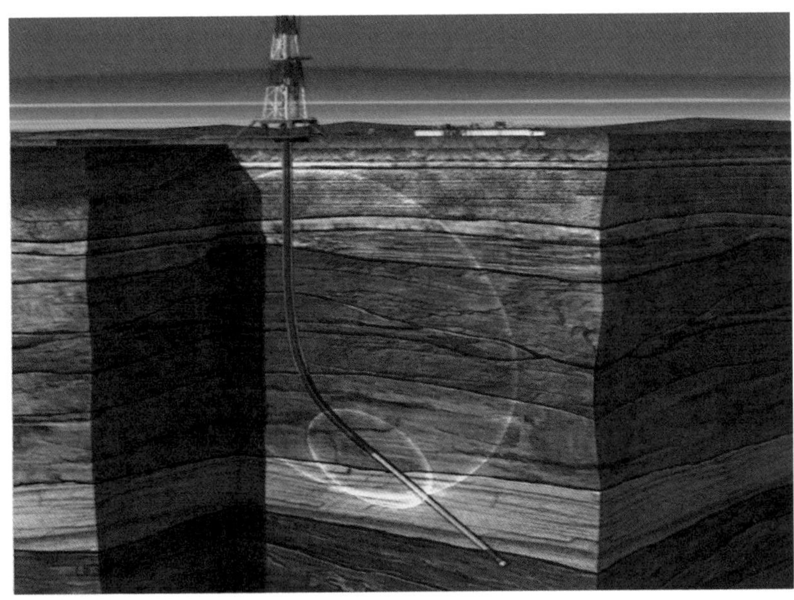

图A5.4　DREMWD系统电磁波传输示意图

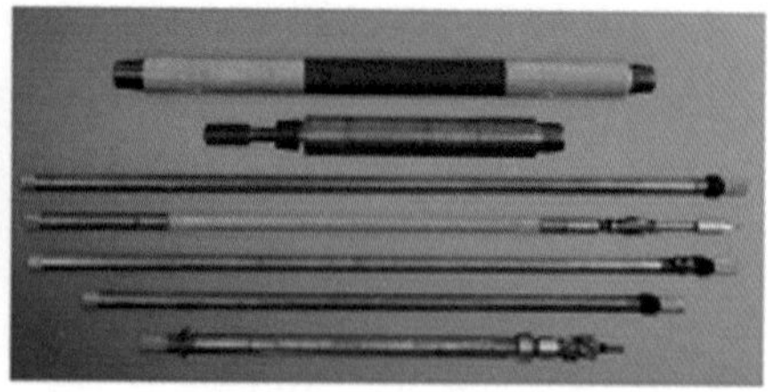

图A5.5　DREMWD系统的地面设备和井下仪器

A5.3.1　系统组成

（1）地面部分：地面接收机，接收天线，司钻显示器，信号处理与分析软件等。

（2）井下部分：大功率涡轮发电机，定向测量探管，方位自然伽马随钻测量短节，电磁波信号发射单元，无磁钻铤绝缘发射天线等。

A5.3.2　功能特点

（1）随钻测量井斜角、方位角、工具面角等工程参数和自然伽马地质参数，由电磁波信号实时上传井下信息。

（2）适用于各种循环介质的油气和煤层气钻井作业。

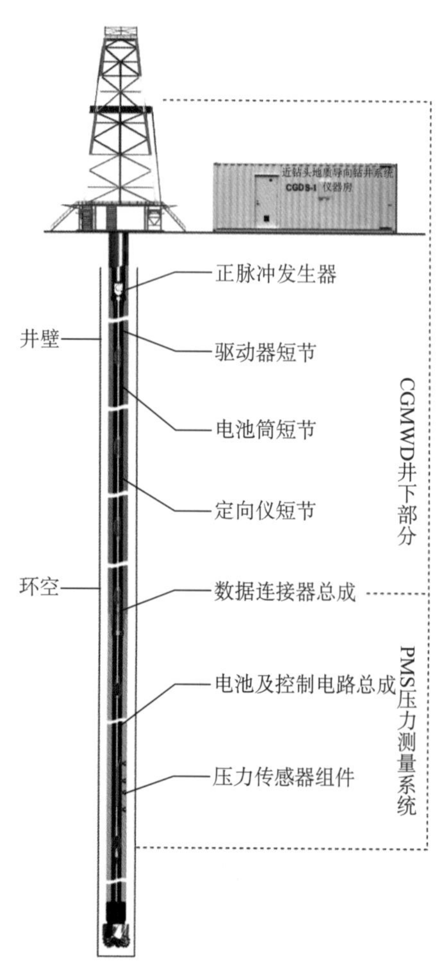

图A5.6　DRPMD系统组成示意图

（3）采用井下大功率发电机技术、低频自适应信号发射器和独特数据调制与检测技术，信号传输深度和数据上传速率高。

（4）采用自然伽马动态随钻测量技术，可实现滑动钻进和旋转钻进实时方位测量。

A5.3.3　主要技术参数

（1）适用井眼：6in，$8^{1}/_{2}$in。

（2）井斜、方位、工具面角测量范围及精度：（0°～180°）±0.1°，（0°～360°）±0.5°，（0°～360°）±0.5°。

（3）自然伽马：（0～250）API±3%FS，双自然伽马传感器。

（4）数据传输速率：3.5～11bit/s。

（5）最高工作压力和温度：100MPa，125℃。

（6）井下涡轮发电机输出功率：30～600W。

（7）适用钻井液/气体排量：15～50L/s，30～100m³/min。

A5.4　DRPWD井底环空压力随钻测量系统

DRPWD系统分为存储型和实时型两种产品，其组成示意图如图A5.6所示，应用软件界面及井下仪器如图A5.7所示。

图A5.7　DRPWD系统应用软件界面及井下仪器

A5.4.1　系统组成

（1）DRMWD 泥浆正脉冲无线随钻测量系统。

（2）井底环空压力测量工具。

（3）数据处理和应用软件。

A5.4.2　功能特点

（1）井下压力测量系统可单独使用，随钻数据实时测量存储、地面回放。

（2）也可与 MWD 系统对接使用，随钻数据实时测量并上传。

（3）适合于复杂地层窄密度窗口下高温高压井的安全钻井作业和复杂地层欠平衡钻井作业。

A5.4.3　主要技术参数

（1）适用井眼：6in，$8^1/_2$ ~ $9^5/_8$in。

（2）可测参数：

柱内 / 环空压力，(0 ~ 140) MPa ± 1%FS；

温度，(−50 ~ 160) ℃ ± 1%FS；

井斜、方位、工具面角，同 DRMWD。

（3）数据传输速率：5bit/s。

（4）最高工作温度：150℃，175℃。

（5）连续工作时间：500h。

（6）采样间隔：(1 ~ 6) 点 /min。

A5.5　DRGRT 随钻侧向电阻率和自然伽马测量工具

DRGRT 工具是 CGDS 近钻头地质导向钻井系统派生出的独立产品，下端配接螺杆马达可实施地质导向作业，是认识地层属性、判断是否储层、确定油 / 水界面的有力工具，DRGRT 系统组成如图 A5.8 所示，井下工具组成如图 A5.9 所示。

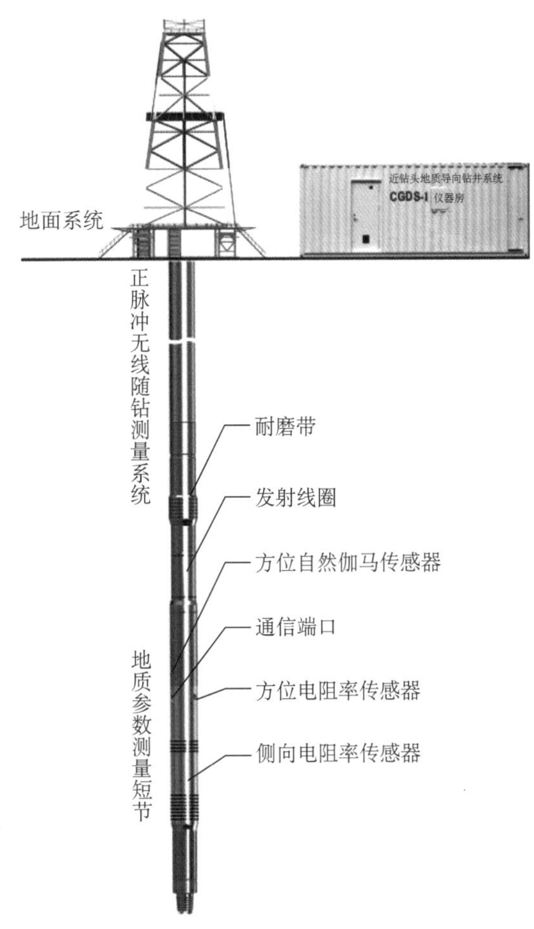

图A5.8　DRGRT系统组成示意图

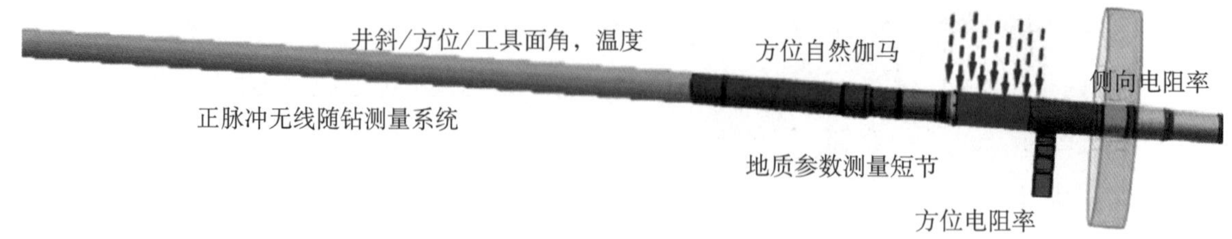

图A5.9　DRGRT井下工具组成示意图

A5.5.1　系统组成

（1）电阻率和自然伽马测量短节。

（2）钻井液正脉冲无线随钻测量系统。

（3）地面信号综合处理和软件系统。

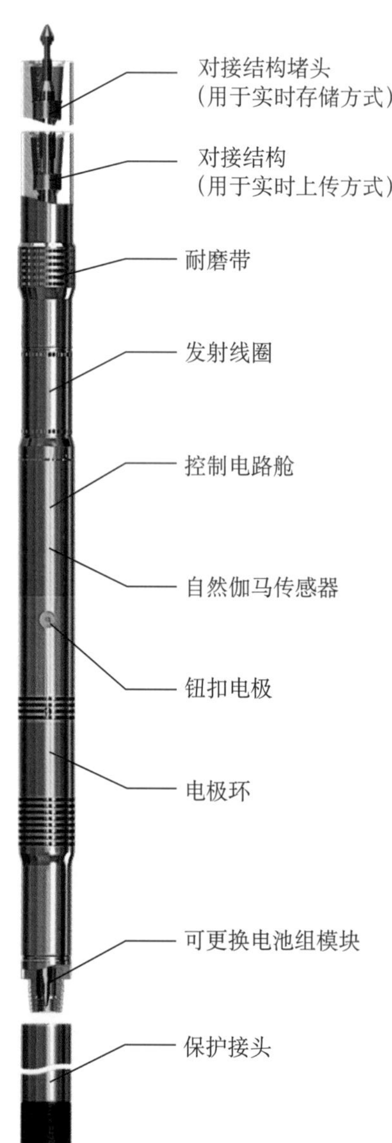

图A5.10　DRNBLog工具组成示意图

A5.5.2　功能特点

（1）具有方位电阻率和方位伽马随钻测量功能，尤其在高阻地层，优于常规 LWD 工具。

（2）用于地层分布清楚且不需近钻头地质导向的井位，可代替常规 LWD 的施工作业。

（3）在施工现场可更换电池组，操作简单，维护方便。

（4）在稍洁净的现场环境，可对电路系统进行检修和更换，节省维修费用和等待时间。

A5.5.3　主要技术参数

（1）适用井眼：$8^1/_2 \sim 9^5/_8$in。

（2）测量地质参数：侧向电阻率（水基钻井液），范围 0.2 ~ 2000Ω · m，探测深度 0.45m；

方位电阻率（水基钻井液），范围 0.2 ~ 200Ω · m，探测深度 0.35m；

方位自然伽马，（0 ~ 250）API ± 3%FS。

（3）测量工程参数：井斜、工具面、方位和温度（范围与精度同 DRMWD）。

（4）最高耐压：140MPa。

（5）最高工作温度：150℃。

（6）最大允许冲击：1000g（0.2ms，1/2sin）。

（7）最大允许振动：15g（10 ~ 200Hz）。

（8）连续工作时间：200h。

A5.6　DRNBLog 地质参数随钻测量工具

DRNBLog 是 CGDS 近钻头地质导向钻井系统派生出的独

立产品，可直连钻头，随钻测量近钻头电阻率、侧向电阻率和自然伽马3个地质参数，是认识地层属性有力工具，如图A5.10所示。

A5.6.1　系统组成

电阻率测量天线系统，自然伽马传感器，压力传感器，测量与控制电路，可更换电池组，对接结构，数据处理软件等。

A5.6.2　功能特点

（1）可测量近钻头处的钻头电阻率、侧向电阻率和自然伽马，以及钻头附近的温度和柱内压力。

（2）单独使用时测量信息采用井下实时存储、地面回放记录方式（存储型），也可与DRMWD系统对接使用，实现随钻信息实时上传。

（3）在施工现场可更换电池组、维修电路，操作简单、方便。

（4）配合转盘钻井使用，通过保护接头直连钻头，可用于产层井段钻井施工，或探井钻井以认识地层属性、判断储层、确定油/水界面等。

A5.6.3　主要技术参数

（1）适用井眼：$8^1/_2 \sim 9^5/_8$in。

（2）最高耐压和工作温度：140MPa，150℃。

（3）最大允许冲击：1000g（0.2ms，1/2sin）。

（4）最大允许振动：15g（10～200Hz）。

（5）连续工作时间：200h。

（6）工具长度：3.5m。

可测参数：

钻头电阻率（水基钻井液）：0.2～5000Ω·m（±0.1 @≤2，±6% FS @2～200，±12% FS @≥200）；

钻头电阻率（油基钻井液）：0.2～5000Ω·m（±0.1 @≤2，±5% FS @2～200，±10% FS @≥200）；

侧向电阻率（水基钻井液）：0.2～500Ω·m（±0.1 @≤2，±6% FS @2～200，±10% FS @≥200）；

自然伽马：(0～250) API±3%FS，分层能力20cm；

柱内压力：(0～140) MPa±1%FS；

温度：(−50～+160) ℃ ±1%FS。

（7）电极环距下过渡接头端面：0.77m。

（8）钮扣电极距下过渡接头端面：1.24m。

（9）自然伽马传感器距下过渡接头端面：1.54m。

A5.7　DRMPR随钻电磁波电阻率测量工具和DRNP非化学源随钻中子孔隙度测量工具

DRMPR工具和DRNP工具是为升级CGDS近钻头地质导向钻井系统而研制的电磁波电阻率

和中子孔隙度测量工具，也可独立与 DRMWD 或 DREMWD 系统组合形成单独使用的随钻测量系统。

A5.7.1 工具组成

（1）DRMPR：电阻率测量天线系统，测量与控制电路系统，信号处理与响应影响校正软件包等。

（2）DRNP：中子发生器及其检测探头，测量与控制电路系统，地面系统软件包，工具本体等。

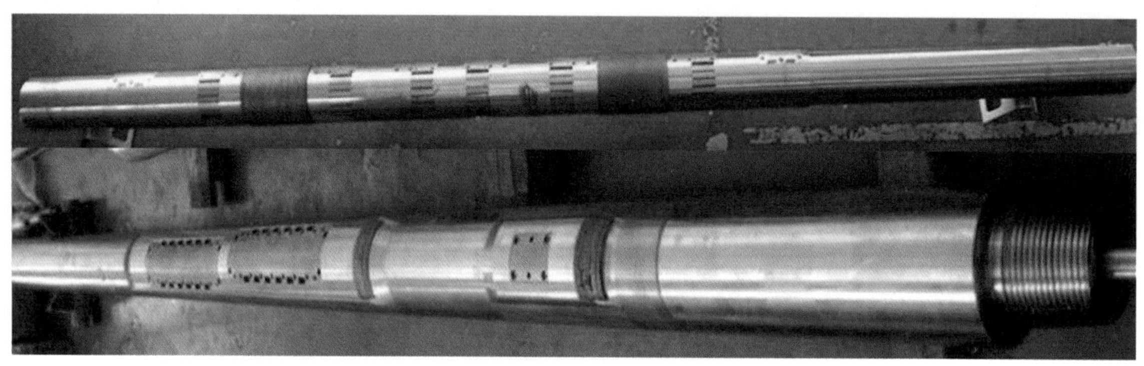

图A5.11 DRMRP工具（上）与DRNP工具（下）

A5.7.2 功能特点

（1）DRMPR 工具：多深度电阻率测量。

（2）DRNP 工具：选用人工可控中子发生器源实现孔隙度测量，并采用自主研发的井下测量与地面操作多重发射安全控制技术，无安全和环保风险。

（3）采用模块化设计，易扩充其他测量参数。

（4）均为自主研发，易扩展成系列产品采用自主研发的总线控制技术，根据现场施工需要单独使用或组合使用，并可融入 CGDS 近钻头地质导向钻井系统满足更高要求的施工需要。

A5.7.3 主要技术参数

（1）适用井眼：$8^1/_2$ ~ $9^5/_8$in。

（2）2MHz 电磁波电阻率：

相位差：0.1 ~ 3000Ω · m（±1% FS @ 0.1 ~ 500 Ω · m，±0.3mS/m @ ≥ 500Ω · m）；

衰减比：0.1 ~ 50Ω · m（±1% FS @ 0.1 ~ 10 Ω · m，±1.0mS/m @ ≥ 10Ω · m）。

（3）400kHz 电磁波电阻率：

相位差：0.1 ~ 1000Ω · m（±1%FS @ 0.1 ~ 10Ω · m，±1.0mS/m @ ≥ 10Ω · m）；

衰减比：0.1 ~ 50Ω · m（±3%FS @ 0.1 ~ 10Ω · m，±5.0mS/m @ ≥ 10Ω · m）。

（4）孔隙度测量范围及精度：1 ~ 100PU（±1PU @ 0 ~ 20PU，±5% @ 20 ~ 50PU）。

（5）孔隙度探测深度：0.125m。

（6）最高工作压力和温度：120MPa，150℃。

（7）最大允许冲击和振动：5000m/s^2（0.2ms，1/2sin），150m/s^2（10 ~ 200Hz）。

（8）无故障工作时间：≥ 200h。